J'ai [...] à vous mon cher ami
et je vous envoye par une occasion
[...] les mots de [...], je travaille
à ceux de [...] qui sont assez nombreux
et que je vous porterai moi-même
vers le 25 de ce mois. j'espère
être à Paris pour cette époque. le
volume sera sans doute terminé dans
tous les cas [...] vous engage à ne mettre
la copie qu'à bon escient et quand
les [...] seront réglés car nous
avons à faire à un homme bien
désagréable je me souviendrai
toujours de la manière dont il m'a
avancé de l'argent mais je me
souviendrai de même aussi mon cher ami

de votre obligeante bienveillance

que je n'ai jamais rencontré que

chez vous. Je vous embrasse

bien cordialement en vous assurant

toute mon amitié

Delhaye

À Monsieur
Audouin rue hautefeuille

Monsieur
N° 30.

à Paris.

Monsieur,

J'ai reçu la lettre que vous avez eu la complaisance de m'écrire le 24 du mois dernier, et j'y vois que je n'ai plus rien à espérer d'une retenue que j'avais prié Mr. Richard de faire sur les honoraires que Bory avait à prétendre pour sa collaboration au 6ᵐᵉ volume du dictionnaire, retenue qui aurait contribué à me faire rentrer une partie de la somme que précédemment Bory a touché à mon insu. Je devais m'y attendre puisque Mr. Richard m'avait témoigné une grande répugnance à se rendre à une décision qui cependant était basée sur la stricte justice, et je n'en suis plus surpris quand vous me dites que Mr. Mr. Richard et Bory sont intimement liés d'amitié. D'après ce que vous me dites que dorénavant mon affaire doit être traitée, vous ne savez comment, entre Bory et moi, il me paraît douteux que Mr. Richard vous ait remis ou indiqué la lettre que je lui ai adressée et par laquelle Bory me fait un abandon formel de tout ce qui pourra lui revenir du dictionnaire à compter du septième volume et jusqu'à la concurrence de 1365 francs 62 c. Somme que je n'ai qu'empêcher Bory de me devoir; car dans le cas de l'affirmative vous n'auriez pas témoigné la crainte que Bory eût senti son amour-propre blessé par une retenue que lui-même aurait offerte. Le tout est de savoir si Bory aura encore part à cette entreprise à dater du 7ᵐᵉ volume, c'est une information que vous pouvez me donner et j'ose l'attendre de votre loyauté qui m'est connue.

Vous me dites que du compte fait de ma collaboration au 6ᵉ volume, il me revient sauf erreur, 200 f. 25 c. Je ne sais comment il se fait que nous ne soyons point d'accord, car après avoir récapitulé une seconde fois tous les articles signés D...Z, je trouve trois feuilles, neuf pages et quelques lignes; or, 3 feuilles et 9

jusqu'à 100 f. la feuille, fait 293 f. & non
200 f. 25, à moins qu'il n'y ait quelque motif inconnu
qui m'eut induit en erreur. quelleque soit la somme
qui me revient pour ce 6e volume, vous m'obligerez beaucoup
de vouloir la remettre à Mr. Pt Prévot auquel j'en
suis redevable.

     Je vous prie d'agréer, monsieur, les témoignages
de haute estime et de parfaite considération avec
lesquelles j'ai l'honneur d'être votre affectionné

       Drapiez

Prof. de chimie 20 Xbre 1816
rue du grivat no 563.

DICTIONNAIRE

CLASSIQUE

D'HISTOIRE NATURELLE,

PAR MESSIEURS

Audouin, Isid. Bourdon, Ad. Brongniart, De Candolle, Daudebard de Férussac, Deshayes, A. Desmoulins, Drapiez, Dumas, Edwards, Flourens, Geoffroy de Saint-Hilaire, Guérin, Guillemin, A. De Jussieu, Kunth, G. De Lafosse, Lamouroux, Latreille, Lucas, C. Prévost, A. Richard, et Bory de Saint-Vincent.

Ouvrage dirigé par ce dernier collaborateur, et dans lequel on a ajouté, pour le porter au niveau de la science, un grand nombre de mots qui n'avaient pu faire partie de la plupart des Dictionnaires antérieurs.

TOME CINQUIÈME.

CRA-D.

PARIS.

REY et GRAVIER, LIBRAIRES-ÉDITEURS,
Quai des Augustins, n° 55 ;

BAUDOUIN FRÈRES, LIBRAIRES-ÉDITEURS,
Rue de Vaugirard, n° 36.

AVRIL 1824.

DICTIONNAIRE

CLASSIQUE

D'HISTOIRE NATURELLE.

Liste des lettres initiales adoptées par les auteurs.

MM.

AD. B.   Adolphe Brongniart.
A. D. J.   Adrien de Jussieu.
A. D..NS.   Antoine Desmoulins.
A. R.   Achille Richard.
AUD.   Audouin.
B.   Bory de Saint-Vincent.
C.P.   Constant Prévost.
D.   Dumas.
D. C..E.   De Candolle.
D..H.   Deshayes.
DR..Z.   Drapiez.
E.   Edwards.

MM.

F.   Daudebard de Férussac.
FL..S.   Flourens.
G.   Guérin.
G. DEL.   Gabriel Delafosse.
GEOF. ST.-H.   Geoffroy de St.-Hilaire.
G..N.   Guillemin.
ISID. B.   Isidor Bourdon.
K.   Kunth.
LAM..X.   Lamouroux.
LAT.   Latreille.
LUC.   Lucas.

La grande division à laquelle appartient chaque article, est indiquée par l'une des abréviations suivantes, qu'on trouve immédiatement après son titre.

ACAL.   Acalèphes.
ANNEL.   Annelides.
ARACHN.   Arachnides.
BOT.   Botanique.
CRUST.   Crustacés.
CRYPT.   Cryptogamie.
ECHIN.   Echinodermes.
FOSS.   Fossiles.
GÉOL.   Géologie.
INF.   Infusoires.
INS.   Insectes.
INT.   Intestinaux.

MAM.   Mammifères.
MIN.   Minéralogie.
MOLL.   Mollusques.
OIS.   Oiseaux.
PHAN.   Phanerogamie.
POIS.   Poissons.
POLYP.   Polypes.
REPT. BAT.   Reptiles Batraciens.
— CHEL.   — Chéloniens.
— OPH.   — Ophidiens.
— SAUR.   — Sauriens.
ZOOL.   Zoologie.

IMPRIMERIE DE J. TASTU, RUE DE VAUGIRARD, N° 36.

DICTIONNAIRE

CLASSIQUE

D'HISTOIRE NATURELLE.

CRA. ois. Syn. vulgaire de Corbeau ou de Corneille. (DR..Z.)

CRAB-CATCHER. ois. Syn. vulgaire, à la Jamaïque, du Martin-Pêcheur blanc et noir, *Alcedo rudis*, L. *V.* MARTIN-PÊCHEUR. (DR..Z.)

CRABE. *Cancer.* CRUST. Ce nom générique avait, dans la classification de Linné, une acception très-générale, et embrassait tous les Crustacés Décapodes, Stomapodes, Amphipodes, et une portion des Isopodes. *V.* chacun de ces ordres. Depuis, il a été successivement restreint, et il ne comprend plus aujourd'hui, dans la méthode de Latreille, que les espèces offrant pour caractères : tous les pieds inférieurs et ambulatoires; test large, évasé à sa partie antérieure en forme de segment de cercle; second article des pieds-mâchoires extérieurs presque carré, avec une échancrure ou troncature à l'angle externe de son extrémité supérieure pour l'insertion de l'article suivant. Ainsi réduit, ce genre renferme la première division de celui des *Cancer* de Fabricius, à l'exception du *Cancer spinifrons* qui constitue le genre Eriphie de Leach. Cet entomologiste anglais, se basant sur des caractères d'une valeur très-secondaire, a établi, aux dépens des Crabes de Latreille, plusieurs petits genres qu'on pourrait tout au plus admettre comme des subdivisions; tels sont ceux qu'il nomme : Pilumne, Carcin, Xanthe. *V.* ces mots. Quant à son genre Crabe proprement dit, il lui assigne pour caractères : antennes extérieures courtes, insérées entre le canthus des yeux et le front, et les intermédiaires dans de petites fossettes creusées au milieu du chaperon; troisième article des pieds-mâchoires extérieurs court, presque carré, échancré vers son extrémité et du côté interne; pinces inégales; carapace large antérieurement, arquée, horizontale ou légèrement inclinée à sa partie frontale, souvent dentée sur les côtés avec son angle latéral très-obtus; partie postérieure de ce test rebordée; orbites ayant une seule fissure au bord postérieur, tant en dessus qu'en dessous; yeux portés sur un pédicule court. Leach décrit deux espèces : le *Cancer Pagurus* et le *Cancer variolosus.* Sans nous arrêter davanà cette distinction, jetons de nouveau les yeux sur le genre Crabe de Latreille. Ce genre, de l'ordre des Décapodes, appartient à la famille des Brachyures, section ou tribu des Arqués. Les individus qui le composent ont une carapace plus large que longue et dont le bord antérieur présente tantôt des dents en scie, tantôt de larges crénelures qui se confondent presque avec les rides du test; d'autres fois des crénelures nombreuses et régulières au bord d'un test uni;

souvent enfin des dentelures qui elles-mêmes sont divisées. Il arrive aussi que le bord antérieur est mousse sans dentelure, et qu'il y a une dent seulement à l'angle externe, ou bien qu'il en existe une très-petite au milieu du bord. Cette carapace est plus ou moins rétrécie postérieurement. Desmarest, auquel on doit des observations curieuses sur la carapace des Crustacés, et qui le premier a fait voir que les impressions qu'elle présente étaient en rapport constant avec les organes essentiels qu'elle recouvre, tels que le foie, l'estomac, le cœur, etc.; Desmarest, disons-nous, a trouvé que dans le genre Crabe les régions de la carapace sont plus ou moins senties et quelquefois très-marquées; la stomacale est très-grande et forme, avec la génitale, une sorte de trapèze; celle-ci se prolonge en pointe sur le milieu de la première; les régions hépatiques antérieures sont assez grandes et situées sur la même ligne que la région stomacale; les régions branchiales commencent en avant des angles latéraux de la carapace, et sont bien indiquées; enfin la région cordiale, placée aux deux tiers de la ligne moyenne du corps, laisse en arrière un espace pour la région hépatique postérieure. A la partie antérieure de la carapace on remarque les yeux rapprochés, portés sur un pédicule court, et les antennes au nombre de quatre, dont les extérieures petites, sétacées, et les intermédiaires ou internes repliées sur elles-mêmes, et cachées le plus souvent dans deux fossettes ordinairement transverses. Les pates antérieures sont très-fortes, et atteignent quelquefois un volume extraordinaire; dans une espèce de Crabe de la Nouvelle-Hollande, elles égalent en grosseur le bras d'un homme; l'abdomen de la femelle est proportionnellement moins large et plus oblong que dans plusieurs autres genres de la famille des Brachyures; celui du mâle est étroit et généralement rétréci d'une manière brusque vers son milieu. Les Crabes, très-communs sur les

côtes de l'Océan, paraissent être bien plus abondans dans les régions équatoriales et des tropiques; ils sont carnassiers, se nourrissent indistinctement de toutes sortes d'Animaux marins privés de vie, et chassent ordinairement la nuit; ils sont craintifs, fuient les endroits fréquentés, et se retirent dans les fentes des rochers. Risso a observé dans la mer de Nice que chaque portée était de quatre à six cents individus qui n'atteignent tout leur développement qu'au bout d'une année. Quelques espèces sont assez bonnes à manger: telles sont sur nos côtes les Crabes Tourteau et Menade. Latreille rapporte à ce genre plusieurs espèces qu'il classe de la manière suivante:

† Les huit tarses postérieurs peu ou point comprimés, et en forme de cône allongé.

I. Antennes extérieures insérées au-dessus du canthus oculaire, presque sur les bords du test; cavités recevant les intermédiaires, longitudinales.

Le CRABE PAGURE, *Cancer Pagurus*, L., ou le Tourteau des côtes occidentales de la France, et le *Cancer fimbriatus* d'Olivi; il a été figuré par Herbst (*Canc.* tab. 9, fig. 59).

II. Antennes extérieures insérées très-près de la base intérieure des pédicules oculaires; cavités recevant les antennes intermédiaires, transverses.

Le CRABE CORALLIN, *Cancer corallinus*, Fabr., figuré par Herbst (*loc. cit.* tab. 5, fig. 40). Il est originaire des Indes-Orientales.

Le CRABE BRONZE, *Cancer œneus*, L., Fabr., représenté par Herbst (*loc. cit.* tab. 3, fig. 39; tab. 10, fig. 58; tab. 21, fig. 120; tab. 53, fig. 1). On le trouve dans les mêmes contrées que le précédent.

Le CRABE VARIOLEUX, *Cancer variolosus*, Fabr. Il habite l'Océan.

Le CRABE CENDRÉ, *Cancer cinereus*, Bosc, ou le *Cancer rivulosus* de Risso. Très-commun sur les côtes de France.

Le CRABE CHAUVE-SOURIS, *Cancer*

Vespertilio, Fabr., représenté par Leach (Fasc. 8, tab. 12).

Le CRABE PORESSA, *Cancer Poressa* d'Olivi et de Risso. De la Méditerranée.

†† Les huit tarses postérieurs fortement comprimés, lancéolés.

Le CRABE MENADE, *Cancer Mœnas*, L., Fabr., ou le *Grancio*, *Granciol* et *Grancella*. Herbst (*loc. cit.* tab. 7, fig. 46 et 47) le représente exactement.

L'espèce désignée par Risso et Olivi, sous le nom d'Arrondi, appartient au genre Atélécycle. *V.* ce mot. Desmarest (Hist. Natur. des Crustacés fossiles, p. 90) a rapporté à ce genre six espèces antédiluviennes.

Le CRABE PAGUROÏDE, *Cancer Paguroïdes*, Desm. (*loc. cit.* pl. 5, fig. 9, la pince seulement). Il a été observé dans une Pierre de nature argilo-sablonneuse dont on ignore la localité.

Le CRABE A GROSSES PINCES, *Cancer macrochelus*, Desm. (*loc. cit.* pl. 7, fig. 1-2), ou le *Cancer lapidescens* de Rumph (*Amboinsche Rariteit*, *Kamer*, lib. II, chap. 84, pl. 60, fig. 3). Cette espèce est incrustée dans un Calcaire qu'on croit originaire de la Chine.

Le CRABE POINTILLÉ, *Cancer punctulatus*, Desm. (*loc. cit.* pl. 7, fig. 3, 4), ou le Crabe pétrifié de Knorr et Walch (Monum. du déluge, T. I, pl. 16, A, fig. 2, 3). Il vient particulièrement des environs de Vérone, et appartient probablement aux formations calcaires qui se remarquent près de cette ville. On le trouve aussi dans quelques autres points de l'Italie.

Le CRABE QUADRILOBÉ, *Cancer quadrilobatus*, Desm. (*loc. cit.* pl. 8, fig. 1, 2). Il a été trouvé assez communément dans le dépôt des Coquilles des environs de Dax.

Le CRABE DE BOSC, *Cancer Boscii*, Desm. (*loc. cit.* pl. 8, fig. 3, 4). Bosc a trouvé cette espèce dans une couche de Marne sablonneuse, très-épaisse, située au-dessous de plusieurs bancs de Pierre calcaire grossière de la colline sur laquelle est construite la citadelle de Vérone.

Le CRABE DE LEACH, *Cancer Leachii*, Desm. (*loc. cit.* pl. 8, fig. 5, 6). On l'a trouvé principalement dans les Argiles plastiques de l'île Shepey, (à l'embouchure de la Tamise). Cette espèce paraît appartenir au genre Xanthe de Leach.

Sous le nom de Crabe on a aussi décrit les Crustacés suivans :

CRABE D'HÉRACLÉE, HÉRACLÉOTIQUE ou OURS. Syn. de Calappe migrane. *V.* CALAPPE.

CRABE DES MOLUQUES. *V.* LIMULE.

CRABE DES PALÉTUVIERS ou CRABE DE VASE. *V.* UCAS.

CRABE FLUVIATILE. *V.* POTAMOPHILE.

CRABE HONTEUX. *V.* CALAPPE.

(AUD.)

CRABIER. MAM. Nom donné à une espèce de Chien du sous-genre Renard, à un Didelphe et à un Raton. *V.* ces mots. (B.)

CRABIER. OIS On a donné ce nom à quelques petites espèces du genre HÉRON. *V.* ce mot. On l'a aussi appliqué à une espèce de Martin-Pêcheur du Sénégal, *Alcedo Cancrophaga*, Lath., Buff., pl. enlum. 334. *V.* MARTIN-PÊCHEUR. (DR.-Z.)

CRABITES. CRUST. Vieux nom des Crustacés fossiles. (AUD.)

CRABRAN. OIS. Syn. vulgaire de la Bernache, *Anas Erythropus*, L. *V.* CANARD, division des Oies. (DR..Z.)

CRABRON. *Crabro.* INS. Genre de l'ordre des Hyménoptères, section des Porte-Aiguillons, famille des Fouisseurs, tribu des Crabronites (Règn. Anim. de Cuvier), établi par Fabricius aux dépens du genre Sphex de Linné, et ayant pour caractères, suivant Latreille : antennes insérées près de la bouche, filiformes ou en fuseau, et dentées dans quelques mâles, de douze à treize articles dont le premier long et cylindrique ; yeux entiers ; mandibules longues, étroites, bifides ou bidentées au bout : palpes courts, presqu'égaux ; languette presqu'entière. L'insertion des antennes et la forme des mandibules distinguent les Crabrons des Philanthes, des Mellines et de quelques petits genres associés à ces derniers. Ils en diffèrent encore par quelques particularités remarquables de leur organisation. Leur corps est allongé; la tête est grosse et paraît presque carrée ; sa partie antérieure située au-dessus du labre présente un reflet brillant, doré ou nacré; les yeux sont entiers, c'est-à-dire sans échancrure, comme dans les Guêpes; les palpes sont courts; les maxillaires ont six articles , sou-vent presqu'égaux, courts, conico-arrondis, et ne présentant guère plus de longueur que les labiaux; ceux-ci n'offrent que six articles; la partie membraneuse et terminale de la lèvre inférieure est échancrée, évasée et festonnée. La première paire de pates est remarquable chez les mâles et dans plusieurs espèces par une dilatation considérable de la jambe qui représente une sorte de coquille très-mince, convexe en dehors, concave en dedans, à l'intérieur de laquelle on croit voir une infinité de petits trous qui ne sont autre chose que des points transparens. C'est à Degéer (T. 11 , p. 810 et pl. 28) qu'on doit la description exacte et détaillée de cette organisation curieuse. Au bout de cette jambe difforme est attaché le tarse qui n'est pas moins monstrueux qu'elle , quoiqu'il ait le même nombre d'articles que les tarses des autres pates ; ces pièces sont tout autrement figurées ; elles sont comprimées ou raccourcies, et gagnent en largeur ce que celles des autres pieds ont en longueur. Le premier article de ce tarse singulier est torse ou courbe , et le plus long de tous ; les trois qui suivent sont beaucoup plus courts , mais d'égale largeur que le précédent à son extrémité. Le cinquième et dernier article a une figure très-irrégulière , il supporte deux pelotes et deux crochets; l'un des crochets est fort court , mais l'autre est long et comme difforme ; ces pates antérieures ont quelqu'analogie avec celles des Dytiques mâles , à cette différence près qu'ici c'est plutôt la jambe que le tarse qui présente un dévelop-

pement monstrueux. Frappé de cette ressemblance, et ayant d'ailleurs observé que cet organe était propre aux mâles, Degéer a supposé avec beaucoup de fondement qu'il leur servait à saisir la femelle et à la retenir pendant la durée de l'accouplement. Les autres pates des Crabrons n'offrent rien de remarquable. Le thorax est convexe , et donne insertion à deux paires d'ailes de moyenne grandeur , dont les antérieures non plissées dans leur longueur, comme chez les Guêpes, offrent, suivant Jurine (Class. des Hyménopt. , p. 209) une cellule radiale , grande , ovale , très-légèrement appendicée , et une cellule cubitale également grande et très-éloignée du bout de l'aile ; cette cellule reçoit une seule nervure récurrente ; l'abdomen , de forme elliptique , est composé de six ou de sept anneaux , suivant le sexe; les mâles qui en offrent le plus grand nombre se font remarquer par l'appareil copulateur dont ils sont armés, et que Degéer a décrit avec soin.

Les Crabrons se nourrissent du suc mielleux des fleurs. On les y rencontre souvent; leurs larves, au contraire, sont carnassières; les femelles pratiquent des trous dans la terre à la manière des Sphex ou des Pompiles. Elles déposent un œuf dans chacun de ces trous , et bouchent leur orifice après y avoir introduit le cadavre de quelques Insectes appartenant ordinairement à l'ordre des Diptères. La larve qui vient à éclore trouve dans cette provision une nourriture toujours suffisante. Walckenaer, dans un travail sur les Abeilles solitaires, a eu occasion d'observer plusieurs espèces de Crabrons qui planaient sans cesse au-dessus des habitations des Halictes perceurs , et cherchaient à y pénétrer. Peut-être étaient-ce des femelles qui butinaient pour leurs petits. Ce genre paraît nombreux en espèces ; Jurine a eu occasion d'examiner vingt-quatre mâles et vingt-sept femelles d'espèces différentes. La plus connue est :

Le CRABRON CRIBLE ou CRIBLÉ, *Cr. cribrarius* de Fabricius, qui peut être considéré comme le type du genre. On le trouve aux environs de Paris. Selon l'observation de Walckenaer, la femelle donne à sa larve la Pyrale chlorane.

Panzer a représenté plusieurs Crabrons sous les noms spécifiques de *serripes*, *lituratus*, *signatus*, *varus*, *vagabundus*, *dentipes*, *lapidarius*, etc. Jurine (*loc. cit.*, pl. 11) figure une nouvelle espèce sous le nom de *Crabro 5-notatus*. Cet auteur rapporte au genre Crabron les *Pemphredron tibialis*, *geniculatus* et *albilabris* de Fabricius. (AUD.)

CRABRONITES. *Crabronites*. INS. Famille de l'ordre des Hyménoptères, section des Porte-Aiguillons, établie par Latreille, et convertie (Règn. Anim. de Cuv.) en une tribu de la famille des Fouisseurs, avec ces caractères : premier segment du corselet linéaire et transversal; pieds courts ou de longueur moyenne; labre caché ou peu découvert; mandibules sans échancrure au bord inférieur; abdomen rétréci à sa base, ovalaire ou elliptique dans les uns, allongé, étroit et terminé en massue dans les autres; tête ordinairement fort grosse. Les Insectes de cette tribu sont très-remarquables par l'habitude qu'ont les femelles de percer des trous dans la terre ou les vieux Arbres pour y déposer leurs œufs, et par le soin qu'elles mettent à approvisionner ces trous de cadavres d'autres Insectes, seule nourriture qui convienne à leurs larves.

Latreille avait établi dans la famille des Crabronites les divisions suivantes :

† Antennes insérées près de la bouche ou au-dessous du milieu de la face de la tête (le plus souvent filiformes).

I. Yeux échancrés.

Genre : TRYPOXYLON.

II. Yeux entiers.

A. Mandibules très-étroites et seulement dentées au bout.

Genres : GORYTE, CRABRON, STIGME.

B. Mandibules fortes, dentées au côté interne.

Genres : PEMPHREDON, MELLINE, ALYSON.

†† Antennes insérées au milieu de la face de la tête (toujours plus grosses vers le bout).

Genres : PSEN, CERCERIS, PHILANTHE. *V.* ces mots. (AUD.)

CRACCA. BOT. PHAN. Nom de plusieurs Légumineuses chez les anciens. Il a été imposé par les modernes à une espèce du genre Vesce. *V.* ce mot. (B.)

CRACELOT. INS. Même chose que Kakrelat ou Kacerlat. *V.* BLATTE. (B.)

* CRACHAT DE COUCOU ou DE GRENOUILLE. INS. *V.* CERCOPE.

* CRACHAT DE LUNE. BOT. CRYPT. L'un des noms vulgaires du Nostoc commun. (B.)

CRA-CRA. OIS. L'un des noms vulgaires de la Rousserole, *Sylvia Turdoïdes*, L. *V.* SYLVIE. On donne ce nom, à Saint-Domingue, au Tacco, *Cuculus Vetula*, L., *V.* COUA; et dans l'Amérique méridionale, à un Héron. *V.* ce mot. (B.)

CRA-CRA. BOT. PHAN. L'un des noms du fruit de l'*Arbutus Uva-Ursi* dans les Alpes. *V.* ARBOUSIER. (B.)

CRACTICUS. OIS. *V.* CASSICAN.

CRADEAU. POIS. L'un des noms vulgaires de la Sardine sur quelques côtes du nord de la France. (B.)

CRADOS. POIS. Syn. vulgaire de jeune Brême. *V.* CYPRIN. (B.)

* CRÆPULA. BOT. *V.* HERPACANTHA.

* CRÆSUS. *Cræsus*. INS. Genre de l'ordre des Hyménoptères, section des Térébrans, famille des Tenthrédines, établi par Leach aux dépens du genre Némate de Jurine, et qui a pour type son *Nematus septentrionalis*. *V.* NÉMATE. (AUD.)

CRAHATE. POIS. Espèce du genre Labre. *V.* ce mot. (B.)

CRAIE. *Creta*. GÉOL. Substance

regardée comme une variété de Chaux carbonatée, dont elle est en effet presque entièrement composée, mais que des caractères importans particularisent, et qui mérite par le rôle considérable qu'elle joue dans la nature que nous lui consacrions un article particulier. Son analyse a donné selon la pureté des qualités mises en expérience : Chaux carbonatée de 70 à 98, Silice de 8 à 20, Magnésie de 1 à 20, Alumine de 1 à 2. La Craie est d'autant plus blanche qu'elle est moins pénétrée de corps étrangers qui lui donnent ordinairement une couleur jaunâtre, grisâtre ou tirant sur le vert; sa texture est lâche, son aspect mat sans la moindre trace cristalline; son grain est fin, peu cohérent, presque impalpable; sa cassure un peu conchoïde; sa pesanteur spécifique varie entre 2,51 et 2,65. La Craie, toujours opaque, est friable dans son état de sécheresse, et happe à la langue; elle est très-employée dans les arts; on en forme des crayons blancs grossiers; elle sert pour nettoyer les Métaux et le Verre, fournit diverses couleurs à la peinture en détrempe; et préparée par pains, après que par des lavages on l'a dégagée de toutes parties hétérogènes, elle donne ce que l'on appelle vulgairement Blanc d'Espagne dans le commerce. La préparation de ce Blanc d'Espagne se fait en concassant la Craie extraite des masses qu'elle forme dans la nature; on la délaye ensuite dans l'eau qui en sépare facilement les molécules; on laisse reposer la Craie ainsi liquéfiée afin que le Sable se précipite; on décante sans remuer le fond, et après plusieurs manipulations semblables on obtient une pâte dont on forme des pains qui se dessèchent assez promptement, et qui se taillent au couteau.

On confond souvent la Craie avec des substances fort différentes, et l'on en étend généralement le nom à beaucoup de Calcaires différens. Il est probable que le *Creta* des anciens, qu'on a regardé comme identique, n'était qu'une Argile propre à faire de la poterie; ils distinguaient le *Fullonia* employé pour le dégraissage des draps, et l'*Argentaria* avec laquelle on marquait en blanc. Il est au reste facile de ne pas reconnaître la Craie quand on n'en étudie que des échantillons isolés; mais si on l'examine répandue en grandes masses dans la nature, toute incertitude disparaît, et ses caractères géologiques ne permettent plus de la méconnaître : elle avait été jusqu'à ces derniers temps, comme le dit le savant Brongniart (Desc. Géol. des environs de Paris, p. 10), considérée comme une roche de formation récente, peu distincte, et ne jouant dans la structure du globe qu'un rôle secondaire. Il résulte de cette fausse opinion qu'on lui a donné des caractères incertains, tant minéralogiques que géognostiques, et qu'on applique souvent son nom à des Marnes calcaires, blanches et tendres, qui ne sont de la Craie ni minéralogiquement, ni géognostiquement.

La Craie se présente en immenses dépôts formant le sol de provinces entières. Ces dépôts ne présentent aucune assise continue ou régulière appartenant à la masse même, c'est-à-dire qu'on ne voit aucune couche nettement séparée dans leur substance, et qui indique la moindre stratification. Partout ces masses nous ont paru le résultat d'un immense délayement; et quand des couches siliceuses s'y sont présentées, nous avons expliqué la formation de celles-ci par un mécanisme particulier, dont l'effet est extrêmement moderne comparativement à la formation de la Craie, et agit continuellement ainsi qu'il sera établi tout à l'heure. Cette absence d'assises dans la masse des grands dépôts crayeux distingue principalement ceux-ci du Calcaire compacte des Alpes et du Jura. Les bancs d'Argile, de Sable ou même de Grès, qu'on prétend avoir observés dans leur étendue, et qu'on a regardés comme y indiquant des stratifications, ne nous paraissent pas plus concluans, et nous en révoquons en doute l'existence dans la véritable Craie blanche. Les fentes verticales appelées *filets* ou *filières* par les carriers, et que présentent les vastes dépôts de Craie, ne sont pas plus importantes ; elles sont dues au desséchement de la masse qui seul y causa les accidens de brisure ou d'inclinaison qu'on y observe. — Les débris de corps organisés fossiles que renferme la Craie peuvent encore la caractériser et la distinguer des autres Calcaires, et surtout de ces Marnes d'aspect assez analogue qu'on serait tenté de confondre avec elle. Ils ne sont pas nombreux, et consistent dans quelques Bélemnites ou Trochus particuliers (*Trochus Basterotii*, Brongniart), l'*Ostrea vesicularis*, quelques autres Conchifères, six ou sept Térébratules et quatre ou cinq Echinodermes. « Aucune de ces espèces, dit encore Brongniart, ne se retrouve dans le Calcaire grossier ; la formation de la Craie est donc parfaitement distincte de la formation du Calcaire grossier qui l'approche ; il ne paraît pas qu'il y ait eu entre ces substances de transition insensible ; au contraire on ne reconnaît pas de différences aussi tranchées entre la Craie et le Calcaire compacte qu'elle recouvre, et nous sommes portés à croire que ces deux formations passent insensiblement de l'une à l'autre. » Nous ajouterons aux preuves qu'on trouvera dans les excellens ouvrages de notre illustre géologue, l'appui de nos propres observations sur le plateau de Maëstricht, qui présente un immense banc de Craie avec assises de Silex, et que surmonte le Calcaire grossier dans lequel des débris de corps organisés différens se retrouvent en changeant insensiblement d'espèces, et passant de celles qui paraissent les plus anciennes à de beaucoup plus modernes. Brongniart démontre même que la formation de la Craie dans les environs de Paris a été suivie de cinq formations très-distinctes, et qui indiquent un long espace de temps, avec de grandes révolutions physiques, entre l'époque du dépôt de la Craie et celles où les continens reçurent la forme qu'ils ont aujourd'hui. Il est remarquable que dans les débris de corps organisés que nous avons dit s'être trouvés dans la Craie on n'ait rencontré qu'une Coquille univalve à spire régulière (le *Trochus Basterotii*), point de Cérites ou de Fuseaux, tandis que ces dernières se rencontrent en si grande profusion quelques mètres au-dessus et dans des couches également calcaires, mais d'une nature différente. Du reste, aucun gîte métallique d'une importance notable ou de Charbon fossile ne se trouve dans la Craie. Le seul Métal qui s'y rencontre est le Fer à l'état de pyrites globuleuses. On peut aisément reconnaître dans la formation de la Craie trois états assez distincts dans leurs parties éloignées, mais qui se confondent par des nuances insensibles dans leur point de contact. L'inférieure, homogène et blanche, est la Craie dans son plus grand état de pureté. La seconde, appelée vulgairement Tufau, est généralement mêlée de Sable, impure et jaunâtre ou grisâtre ; la supérieure, ferrugineuse et pénétrée de grains verts qui la colorent, peut-être appelée Chloritée, c'est la *Glauconie* crayeuse de Brongniart. Telle est du moins la disposition que nous avons observée dans les parties inférieures du bassin de la Meuse, à Folécave en Belgique, non loin de Bruxelles, et dans quelques points des falaises de Normandie que nous avons eu occasion d'examiner.

Une grande partie du nord de la France est de formation crayeuse. Dans le bassin de Paris, fond d'un golfe immense, cette Craie forme des collines entières et des monticules qui durent être des îles ou des écueils dont les côtes antiques étaient hérissées. Les plaines arides de la Champagne Pouilleuse en sont formées ; les côtes du Nord et celles de l'Angleterre qui leur correspondent en empruntent cette éblouissante blancheur qui leur valut le nom d'Albion. La Gallicie, partie autrichienne de la Pologne, d'autres vastes pays de l'Europe, des cantons de l'Afrique, et probablement beaucoup d'autres régions du globe, sont de formation crayeuse.

En examinant attentivement les grandes formations de Craie que nous avons eu occasion de visiter, et dans lesquelles nous avons cherché à nous rendre raison de la présence des couches siliceuses qu'on y remarque, nous avons acquis la certitude qu'on avait jusqu'ici erré sur l'origine de ces assises singulières, certainement fort modernes en comparaison de ce qui les environne. Nos observations ont été faites particulièrement dans les environs de Maëstricht, où la nature semble appeler le géologue à d'importantes confidences. Dans la partie supérieure de ce grand banc, composé de ce Calcaire grossier que Brongniart a si bien distingué de la Craie, on trouve des blocs de Silex; mais ils y sont dispersés en rayons irréguliers plus ou moins considérables; ils n'observent alors aucun ordre régulier dans leur position respective; et, se présentant comme au hasard où travaillent les carriers, forcent souvent ceux-ci à se détourner de leur direction afin de suivre la partie homogène exploitée, dans laquelle nul corps dur n'occasione de défaut ou de résistance. Au-dessous de la région des carrières, lorsque le Calcaire plus pur, parvenant au voisinage de la Craie qu'il recouvre, s'apprête à se confondre avec elle, la disposition des Silex commence à se régulariser; mais les couches qui commencent à se manifester ne se rencontrent pas sur tous les points; ce n'est qu'en se rapprochant des régions inférieures qu'elles affectent cette disposition particulière qui frappe d'étonnement l'observateur attentif. Dans un escarpement que nous nous sommes complus à décrire, et que nous avons soigneusement figuré (Voyage souterrain, p. 183, pl. 11), ces assises siliceuses sont d'autant plus rapprochées que, formées dans la Craie ramollie par l'humidité, le poids des parties supérieures du plateau semble les avoir comprimées les unes contre les autres; on dirait un mur immense construit par des géants. C'est au point où la barque de Liége tourne en suivant un coude de la Meuse qui vient baigner l'escarpement à une demi-lieue au-dessus de Maëstricht, qu'on admire la régularité des assises siliceuses sur l'éblouissante élévation qui se présente aux regards étonnés. Le voyageur a besoin de rappeler toutes les idées qu'il peut avoir du possible pour ne pas s'imaginer qu'il contemple une bâtisse colossale. Cette muraille naturelle s'étend l'espace de quatre ou cinq cents toises. On y creusa des caves et même des granges. Les couches de Silex y sont exactement parallèles, épaisses d'un à trois mètres, et sans que la plus exacte symétrie soit jamais interrompue par quelque bloc amorphe interjeté. La proportion du grand mur de Craie siliceux qui nous occupe, et sa blancheur, rappellent les côtes âpres que l'on nomme falaises de Normandie. Ces lieux si distans présentent encore d'autres rapports; aussi nous semble-t-il que tout indique en eux un système identique de formation, le long duquel on doit reconnaître la côte que baignait l'Océan septentrional quand la Belgique en formait la plage, et que la persévérance batave, à force d'enclaver des polders entre de prodigieuses digues, n'en avait pas conquis sur la mer les alluvions du Rhin et de ses affluens. Faujas de Saint-Fond avait remarqué les couches siliceuses qui nous occupent (Hist. de la Montagne de Saint-Pierre, p. 37); mais il tomba dans une étrange erreur à leur égard; il y entraîna Héricart de Thury, qui répète textuellement d'après lui (Essai potamographique de la Meuse dans le Journal des Mines, n° 70, p. 315) « que l'escarpement taillé à pic dont il est question est composé de couches horizontales d'un Sable fin, blanc et un peu crayeux, qui alternent avec des couches également horizontales de Silex noir, mamelonné et comme branchu, qui ont appartenu autrefois à des Madrépores passés à l'état siliceux, et qu'on y trouve également du bois et des Coquilles passés au même état. » Ce n'est point du Sable fin un peu crayeux qui forme la partie des escarpemens de Maëstricht où se voient les assises siliceuses, mais de véritable Craie dans son plus grand état de pureté. Les Silex n'y sont pas dus à des Madrépores, et encore moins à du bois, ou même à des Coquilles. Les Madrépores ne jouent ici aucun rôle. Claire, ingénieur des Mines, a beaucoup mieux observé la nature de la Craie et des Silex de ces lieux, lorsque, dans une Notice géologique sur Maëstricht (Journal des Mines, n° 214, p. 244), il remarque qu'on voit au voisinage des assises moins de débris fossiles que dans le Calcaire grossier supérieur. Si l'on rencontre dans quelques Silex de cette dernière formation des Madrépores et du bois devenu Silex, ce dont nous doutons sans nier la facilité avec laquelle de tels corps passent à cet état, ce n'est qu'accidentellement; quant aux couches dans la Craie, elles sont dues évidemment à l'eau infiltrante qui, dissolvant par des moyens et à l'aide d'agens qui nous demeurent inconnus la matière des Silex abondamment répandue dans l'épaisseur du plateau, la dépose quand elle rencontre les conditions convenables. C'est au mot SILEX que nous démontrerons cette doctrine.

Il paraît donc qu'en général la Craie repose sur des couches d'Argile; qu'elle est d'autant moins pure, que ses bancs sont plus profonds; que les Fossiles qu'on y rencontre sont de nature fort différente de celle des Fossiles qui abondent dans les couches supérieures; que le Silex s'y dépose par bancs ou assises plus régulièrement qu'ailleurs où on n'en trouve que par rognons; qu'on n'a jamais reconnu au-dessous la moindre trace de terrains d'eau douce; et qu'enfin étant d'une formation fort ancienne, c'était une idée bien bizarre que celle de Patrin qui prétendait trouver l'origine d'une grande partie des masses de Craie dans les feux souterrains.

On a donné le nom de CRAIE DE BRIANÇON à une sorte de Talc laminaire dont il sera question au mot TALC.

(B.)

CRAITONITE ou CRICHTONITE. MIN. (De Bournon.) Fer oxidulé titané, Haüy. Nouvelle espèce établie par de Bournon, et ainsi dénommée en l'honneur de son ami le docteur Chrichton. Elle paraît être un Titanate de Fer, d'après l'essai d'analyse qu'en a fait Berzélius. Sa forme primitive est, suivant de Bournon, un rhomboïde très-aigu dont l'angle plan au sommet est de dix-huit degrés, et qui se divise dans le sens perpendiculaire à son axe. La couleur de ses cristaux est le noir de Fer, joint à un éclat très-vif; celle de la poussière est le noir foncé. Ce Minéral raye la Chaux fluatée et non le Verre; sa cassure est conchoïde et éclatante; il est sans action sur l'aiguille aimantée; au chalumeau il est infusible et inaltérable, lorsqu'il est seul; il se comporte avec les flux comme l'Oxidule de Fer pur. Les formes sous lesquelles il se présente le plus ordinairement sont des rhomboïdes aigus ou obtus, dont les sommets sont remplacés très-profondément par deux faces perpendiculaires à l'axe; on en connaît aussi une variété lamelliforme. Ce Minéral se trouve dans le département de l'Isère sur le même Feldspath qui sert de gangue aux Cristaux d'Anatase. (G. DEL.)

CRAM. BOT. PHAN. V. CRAN.

CRAMBE. *Crambus.* INS. Genre de l'ordre des Lépidoptères, famille des Nocturnes, tribu des Tinéites, établi par Fabricius, et ayant suivant lui pour caractères: quatre palpes; les antérieurs plus courts, plus épais à leur extrémité et tronqués obliquement; les postérieurs avancés, comprimés, connivens; antennes sétacées. Latreille, prenant en considération le port des ailes qui tantôt forment un triangle aplati et allongé, et tantôt sont roulées autour du corps à la manière de plusieurs teignes, a dispersé les espèces qui offrent le premier de ces deux arrangemens dans les genres Aglosse, Botis, Herminie, et il a restreint le genre *Crambus* de Fabricius à celles qui présentent pour caractères : palpes inférieurs grands, avancés ; ailes roulées autour du corps, et lui donnant une forme presque cylindrique. Ainsi restreint, ce genre comprend plusieurs espèces européennes figurées par Hübner, et dont les plus remarquables sont le CRAMBE DES PRÉS, *Crambus pratensis;* le CRAMBE DES PINS, *Crambus Pineti;* le CRAMBE ARGENTÉ, *Crambus argenteus.* On trouve ces Lépidoptères dans les pâturages secs sur les Plantes. Le CRAMBE INCARNAT, *Crambus carneus,* et quelques autres espèces pourraient, suivant Latreille, former un sous-genre propre.   (AUD.)

CRAMBE. *Crambe.* BOT. PHAN. Genre de la famille des Crucifères et de la Tétradynamie siliculeuse, L., établi par Tournefort et adopté par tous les botanistes qui l'ont suivi. Dans son grand travail sur les Crucifères, le professeur De Candolle (*Syst. Veget. Nat.* T. II, p. 650) le caractérise ainsi : calice étalé, égal à sa base; pétales égaux et entiers ; filets des étamines très-longs, munis d'une dent située près de leur sommet et latéralement ; ovaire ovoïde ; style nul ou très-court; stigmate capité ; silicule coriace, à deux articulations ; chaque article indéhiscent et uniloculaire, l'inférieur stérile et faisant fonction de pédicelle, le supérieur monosperme et globuleux. Le cordon ombilical s'élève de la base de la loge, se recourbe vers son sommet; et suspend une semence sphérique, dont les cotylédons sont épais, presque foliacés, profondément émarginés et condupliqués, c'est-à-dire pliés longitudinalement de manière à cacher la radicule dans leur plicature. Cette disposition des cotylédons, jointe à la structure du fruit, a fait placer les Crambes, par De Candolle, dans sa seizième tribu qu'il nomme RAPHANÉES ou Orthoplocées Lomentacées.

Ce genre, un des plus naturels entre les Crucifères, et des plus faciles à distinguer et par son port et par les caractères que nous venons d'énoncer, se compose de Plantes herbacées ou sous-frutescentes. Elles ont des feuilles caulinaires, alternes, pétiolées, dentées ou incisées, pinnatifides ou lyrées. Leurs fleurs sont blanches, portées sur des pédicelles droits, filiformes et sans bractées ; elles sont très-nombreuses, et forment des grappes allongées disposées en panicules très-lâches.

Treize espèces ont été décrites par De Candolle (*loc. cit.*); il les a distribuées en trois sections auxquelles il a donné les noms de *Sarcocrambe*, *Leptocrambe* et *Dendrocrambe.* La première de ces sections en contient à elle seule les deux tiers, et c'est elle qui renferme le *Crambe maritima*, L., dont nous allons donner une description succincte : en général, les Plantes de ce genre habitent la région méditerranéenne depuis les îles Canaries jusqu'en Orient, et principalement en Perse. Le *C. maritima* fait seul exception à cette spécialité de distribution géographique. On le trouve aussi sur les côtes des mers de l'Europe boréale.

Le CRAMBE MARITIME, *Crambe maritima*, L., a une racine épaisse dont le collet porte plusieurs tiges hautes de près d'un mètre, très-rameuses, lisses, glauques et charnues. Ses feuilles inférieures sont pétiolées, oblongues ou presque arrondies, ondulées, sinuées et dentées ; les supérieures sont presque linéaires, aiguës et entières. Cette Plante, connue vulgairement sous le nom de *Chou de Mer*, est maintenant cultivée dans les jardins de la Grande-Bretagne pour des usages comestibles. Goodenough a donné un procédé pour rendre plus tendres et plus agréables ses turions ou premières tiges naissant du collet de la racine. Il consiste à les faire étioler, en les abritant de la lumière solaire au moyen de vases cylindriques percés au sommet. Ils deviennent alors tendres et charnus; on les fait cuire à la manière des Asperges, et leur saveur est à peu près celle des Choux-Fleurs.

(G..N.)

CRAMBION. BOT. PHAN. (Dioscoride.) Adanson regarde cette Plante comme une espèce de Tithymale. *V.* EUPHORBE. (B.)

CRAMBITES. *Crambites.* INS. Famille de l'ordre des Lépidoptères établie par Latreille avec ce caractère : quatre palpes apparens. Cette famille, qui comprenait les genres Botys, Aglosse, Gallerie, Crambe et Alucite, a été réunie (Règn. Anim. de Cuv.) à celle des Nocturnes, et fait partie de la quatrième et de la septième tribu. (AUD.)

CRAMBUS. INS. *V.* CRAMBE.

CRAMERIA. BOT. PHAN. Pour *Krameria. V.* ce mot.

CRAMPE. POIS. Syn. vulgaire de Torpille. *V.* ce mot. (B.)

CRAN ou CRAN DE BRETAGNE. BOT. PHAN. On l'écrit aussi CRAM. Noms vulgaires du *Cochlearia Armoracia,* L., *Armoracia rustica,* Baumg. *V.* ARMORACIA et COCHLEARIA. (B.)

CRAN ET CRON. MIN. Syn. de Craie et de Falhun. *V.* ces mots. (B.)

*CRANCHIE. *Cranchia.* MOLL. Leach a divisé les Céphalopodes Décapodes en deux familles, les Sépiolidées et les Sépiacés ; dans les Sépiolidées il propose deux nouveaux genres, Sépiole et Cranchie. Ce dernier genre, qu'il dédie à Cranch, voyageur-naturaliste anglais qui a montré le plus grand zèle pour la zoologie, est caractérisé de la manière suivante : nageoires terminales, rapprochées et libres à leur sommet; les pieds ordinaires inégaux; la paire supérieure très-courte ; la deuxième et la troisième graduellement plus longues ; le cou réuni au sac postérieurement et de chaque côté par des brides épaisses. Les deux espèces qui viennent des mers de l'Afrique occidentale, sont :

Le CRANCHIE RUDE, *Cranchia scabra,* Leach (*Nova Miscell. Zool.* T. III, p. 137, et Journ. de Phys., mai 1818, p. 395), figuré dans le même recueil, juin 1818, fig. 6. Le sac est couvert de petits tubercules.

Le CRANCHIE TACHETÉ, *Cranchia maculata,* Leach (*loc. cit.,* fig. 3). Celle-ci a le sac lisse, maculé de taches ovales ou rondes. (D..H.)

*CRANDANG. BOT. PHAN. Syn. de Limon à Java. (B.)

CRANE. ZOOL. Ce mot, dans son acception la plus restreinte, signifie seulement la boîte osseuse de l'encéphale; mais comme la face est immédiatement continue au Crâne, comme tous les os antérieurs du Crâne font partie de la face, et comme tous les os de la face, sans exception, s'articulent avec ceux du Crâne, même dans plusieurs genres de Mammifères, par exemple, les intermaxillaires dans l'Aie-Aie, les Cachalots; comme enfin le mot Crâne en zoologie s'entend de la totalité de la charpente osseuse de la tête, c'est dans toute l'extension de ce dernier sens que nous allons en traiter ici.

Le Crâne proprement dit renferme les organes encéphaliques ou cérébraux et l'organe de l'ouïe ; la face est le siége des organes de la vue, de l'odorat et du goût; et dans tous les Animaux pourvus de mufles, de l'organe spécial du toucher. Plus les organes des sens sont développés, plus la proportion de la face au Crâne grandit ; et plus les organes cérébraux se développent, plus la proportion du Crâne à la face augmente. Comme le volume des organes cérébraux avait été pris pour mesure de l'intelligence, attendu qu'en général, dans les Mammifères et les Oiseaux, l'amplitude de la capacité du Crâne représente le volume de l'encéphale, on avait pris le rapport que l'aire de la capacité du Crâne offre avec l'aire de la face, pour mesure proportionnelle de l'intelligence des Animaux. C'est Cuvier qui avait proposé cette dernière mesure. En général, le Crâne et la face se balancent ainsi par la réciprocité de leurs développemens ; mais ce n'est pas une règle absolue. Ainsi chez plusieurs Phoques et Dauphins, le Crâne et le cerveau, proportions gardées, sont presque aussi développés que chez l'Homme, et cependant la face n'y en a pas moins elle-même un très-grand excès de développement. Nous dirons plus loin pourquoi nous n'admettons pas cette mesure des aires comme généralement et absolument exacte. Nous allons d'abord démontrer la fausseté de celle qui était précédemment employée.

Camper observant que, dans l'Homme, le degré de proéminence du front coïncidait assez ordinairement avec le degré des facultés intellectuelles, et que dans les diverses espèces d'Homme cette proéminence du front diminuait avec l'ensemble de leurs facultés, exprima la quantité de cette proéminence par l'angle que la ligne tangente au point le plus saillant du front et aux incisives supérieures, fait avec une autre ligne qui partage en deux le plan passant par les trous auditifs extérieurs et le bord inférieur de l'ouverture antérieure des narines. Cette mesure ne pouvait qu'exprimer à peu près, dans l'Homme même, la proportion du volume du cerveau; car elle suppose les contours extérieurs du Crâne parallèles à ses contours intérieurs. Or, dans l'Homme, il arrive chez certains individus que ce parallélisme est loin d'exister. Les sinus frontaux creusés dans l'épaisseur du coronal, en se propageant quelquefois outre mesure, causent une saillie des contours extérieurs, derrière laquelle le cerveau se trouve fort reculé. Dans les Animaux l'angle facial devient bien plus infidèle. Par exemple, dans l'Eléphant, chez les Mammifères, et chez les Oiseaux, dans la Chouette et le Hibou, à qui le volume de leur Crâne et la proéminence de leur front faisaient attribuer une certaine supériorité d'intelligence, la table intérieure du Crâne est écartée de l'externe d'une quantité qui équivaut au quart, ou même sur le front, à la moitié du diamètre total du Crâne. Or, on voit que pour que la ligne faciale représentât le volume du cerveau, il faudrait la conduire du bord de l'intermaxillaire à travers la face, de manière à ce qu'elle fût tangente au point le plus saillant en avant du contour intérieur du Crâne. Mais dans ce trajet une grande partie de la face se trouverait éliminée, et l'on ne pourrait rien conclure du résultat, puisqu'une partie de l'un des termes du rapport serait ainsi retranchée. L'angle facial doit donc être exclu comme mesure proportionnelle de l'intelligence des Animaux. Il ne doit plus servir qu'aux artistes pour mesurer, d'après nos idées sur le beau, le degré de majesté de la figure humaine, et la mettre en proportion avec la supériorité de nature ou de génie attribuée aux Hommes et aux divinités que la politique et la religion exposent aux adorations et aux respects du peuple.

Si le volume de l'encéphale, ou, ce qui est la même chose, des organes cérébraux, donnait une mesure proportionnelle de l'intelligence, le rapport qu'a proposé Cuvier entre l'aire du Crâne, dans ses contours intérieurs, et l'aire de la face, ne serait pas encore une expression constante de cette mesure. Mais nous avons fait voir (Rech. anat. et phys. sur le syst. nerveux, et Mém. spéc. sur ce sujet, Journ. compl. du Dict. des Sc. médic., 7 septembre 1822) que ce n'était pas le volume hydrostatique de l'encéphale, mais l'étendue des surfaces que développe ce volume qui était la mesure la plus approximative des facultés intellectuelles dans tous les Animaux. Or, comme le nombre et la profondeur des sillons et des replis dont se creuse le cerveau sont tout-à-fait indépendans de l'amplitude du Crâne; et, comme un cerveau plus petit, mais plissé, peut, selon le nombre et la profondeur de ses plis, offrir quatre, huit ou dix fois plus de surfaces qu'un cerveau double, mais dont les contours forment des courbes régulières, on voit que l'aire du Crâne ne peut point offrir de données pour le calcul qu'on se propose. En outre, dans les Poissons comme dans les Reptiles, jamais l'encéphale ne remplit le Crâne; il n'en occupe pas ordinairement plus de la moitié ou au plus les trois quarts. Dans la Tortue européenne, par exemple (*V*. les planches de notre Anat. et Physiolog. des syst. nerv.), l'aire de la coupe ventrale de l'encéphale est presqu'un tiers plus petite que l'aire de la cavité cérébrale, et dans les Poissons, soit osseux, soit cartilagineux, la disproportion est constamment plus grande encore. L'aire du Crâne ne peut donc ici servir de mesure au cerveau, ni conséquemment aux facultés intellectuelles. Le rapport de l'aire du Crâne à l'aire de la face ne pourrait donc être appliqué qu'à des Animaux où les contours de l'encéphale ont des courbes régulières, c'est-à-dire où l'encéphale n'a point d'anfractuosités et où la périphérie de la cavité cérébrale représente justement le volume de l'encéphale; tel est le cas de la plupart des Rongeurs, des Edentés, etc., chez les Mammifères, et de tous les Oiseaux.

Ce qui constitue l'individualité ou la nature particulière de chaque Animal, c'est le nombre des facultés qu'il possède, le degré de perfection de chacune d'elles, et leur combinaison harmonique sous le rapport du nombre et de la perfection. Chacune de ces données et l'ensemble qui en résulte varient à l'infini, comme on sait, d'une espèce à l'autre. De-là cette diversité de structure et de proportions réciproques dans les organes des sens et du cerveau, organes dont l'activité en exercice constitue ces facultés. Et comme le développement de ces organes produit nécessairement le degré d'amplitude de la cavité osseuse qui les contient, on voit d'abord quelle doit être la diversité des Crânes parmi les Animaux vertébrés. Or, nonobstant cette diversité dans la configuration des têtes osseuses, et dans la proportion de leurs parties, il est à peu près démontré aujourd'hui que le nombre de leurs élémens ou pièces osseuses primitives est uniforme, et qu'à travers la diversité de formes et de fonctions qui

d'une classe à l'autre déguise ces élémens osseux, et même les transporte d'un organe à un autre, chacun de ces élémens conserve invariablement avec les autres les mêmes rapports de situation; et qu'il s'anéantit plutôt que de perdre son rang dans le système pour enjamber en avant ou en arrière, à droite ou à gauche de sa position ordinale. C'est surtout Geoffroy Saint-Hilaire (Ann. et Mém. du Muséum et Philos. anat. T. I et II) qui a analysé la multitude de toutes ces combinaisons de formes et de nombres auxquelles sont assujettis les os de la tête des Vertébrés dans leur état adulte. Comme nous l'avons déjà dit (art. ANATOMIE, § 1), il reconnut qu'en remontant pour tous les Animaux vertébrés le plus près possible de la formation de l'être, quel que fut le nombre d'os définitifs dont se compose le Crâne de l'adulte, ce nombre est identique pour tous dans les premiers temps de la vie; que la diminution ultérieure du nombre des os dans les Mammifères et surtout dans les Oiseaux, n'était qu'apparente, et dépendait de la réunion deux à deux, trois à trois ou même davantage, de pièces voisines; que, par l'effet de ces réunions, des os pairs devenaient des os symétriques : tel est, par exemple, le frontal de l'Homme adulte comparé aux frontaux de l'enfant ou bien aux frontaux de la plupart des Mammifères; que ces réunions ne confondaient pas seulement des os situés sur la ligne médiane, comme les frontaux que nous venons de citer, mais confondaient aussi des os collatéraux à droite ou à gauche de cette ligne : tel est, par exemple, le temporal de l'Homme où se trouvent soudés le tympanal, le rocher, la caisse, le mastoïdien, le styloïde, etc. Il en conclut donc que les variations dans le nombre des os définitifs du Crâne chez les différens Vertébrés adultes dépendaient du degré d'ossification propre à chacun d'eux, et que, selon l'extension de ce degré, un plus grand nombre de pièces se réunissaient, et qu'ainsi un plus petit nombre en restait définitivement isolé.

Voici, d'après les principes précédens, la composition du Crâne dans tous les Animaux vertébrés en procédant d'avant en arrière : 1° le premier sphénoïde formant la partie antérieure du sphénoïde humain résulte de deux paires de pièces latérales, l'une supérieure, savoir les Ingrassiaux ou ailes d'Ingrassias; l'autre inférieure, les Bertinaux ou cornets sphénoïdaux de Bertin. Ces deux paires de pièces latérales flanquent à droite et à gauche une pièce médiane dite entosphénal; les deux frontaux forment l'arc supérieur de la cavité médullaire de cette sorte de vertèbre; 2° le second sphénoïde a pour base l'hyposphénal flanqué également de deux paires de pièces latérales, l'une en haut, l'autre en bas. La paire supérieure résulte des ptéréaux ou grandes ailes du sphénoïde; la paire inférieure des ptérigoïdaux ou apophyses ptérigoïdes externes. Les deux pariétaux forment l'arc supérieur de la cavité médullaire de cette autre vertèbre. La cavité du système sanguin de ces deux vertèbres est fermée inférieurement par les deux palatins pour la première, et par les hérisseaux ou apophyses ptérigoïdes internes pour la seconde. L'on voit, d'après l'ordre de connexion de ces parties osseuses rattachées ainsi à deux systèmes de pièces similaires ou de vertèbres, que l'étude de la face est inséparable de celle du Crâne, puisque plusieurs os de la face sont des dépendances de l'une ou de l'autre de ces deux premières vertèbres craniennes; 3° l'occipital humain résulte de trois paires de pièces osseuses, étagées l'une sur l'autre, et dont l'inférieure repose sur une pièce unique et médiane dite basilaire ou sous-occipitale. Cette pièce impaire répond à l'entosphénal de la première vertèbre cranienne, à l'hyposphénal de la seconde. C'est donc l'analogue du corps d'une vertèbre. Les deux pièces de la paire inférieure restent

écartées l'une de l'autre vers la ligne médiane où leurs bords internes plus ou moins échancrés circonscrivent la moelle allongée, et forment la plus grande partie du trou occipital; ce sont les occipitaux latéraux ou ex-occipitaux. Les pièces de la paire intermédiaire sont au contraire juxta-posées sur la ligne médiane, et complètent supérieurement le trou occipital. Ce sont les occipitaux supérieurs ou sur-occipitaux; enfin les pièces de la paire supérieure ou troisième paire, soudées aussi par leurs bords internes, ont reçu le nom d'interpariétal parce qu'elles se trouvent plus ou moins engagées entre les pariétaux. Or, il y a un rapport constant entre l'étendue en surface de ces os, et le développement de parties encéphaliques déterminées. Ainsi, par exemple, les occipitaux latéraux et les occipitaux supérieurs de la troisième vertèbre grandissent les premiers comme les lobes latéraux; les seconds comme le lobe médian du cervelet. Les interpariétaux ou troisième paire d'occipitaux grandissent comme les lobes optiques ou tubercules quadrijumeaux; les pariétaux représentent le développement des deux lobes postérieurs de chaque hémisphère cérébral; voilà pourquoi ils sont plus grands dans l'Homme que dans tout le reste des Vertébrés. Les frontaux paraissent en rapport avec le lobe antérieur des hémisphères cérébraux. Ils le sont aussi avec les lobes olfactifs et les narines. Voilà pourquoi ils sont quelquefois plus développés ailleurs que dans l'Homme, quoique le cerveau soit, alors seulement, plus petit. Mais à mesure que chaque appareil encéphalique diminue, et surtout que l'ensemble de l'encéphale ne se compose plus que des lobes correspondans aux nerfs des sens, des os qui faisaient partie du Crâne dans les Mammifères, par exemple, et dont la face interne était contiguë à une partie encéphalique, cessent aussi à mesure de faire partie de la boîte cérébrale, et deviennent tout-à-fait libres en dehors pour servir à d'autres usages. Tels sont, par exemple, dans les Poissons et les Reptiles, le temporal, le mastoïdien, la caisse et le rocher, etc. Alors ces os dont nous n'avons point parlé plus haut parce qu'ils ne font pas partie nécessaire du Crâne, et que, dans les Reptiles et les Poissons, ils deviennent partie intégrante de la face ou des mâchoires, non-seulement ne s'élargissent plus en une même et commune surface, comme dans l'Homme et les Mammifères voisins, mais jouent librement les uns sur les autres par des articulations plus ou moins mobiles : de-là deux ou trois bras de levier ajoutés à la mâchoire inférieure dans les Ophidiens; à cette mâchoire et à l'opercule dans les Poissons. Enfin, pour en revenir à la mesure des facultés intellectuelles par une proportion anatomique prise sur les parois du Crâne, nous dirons que plus il y a d'os employés à former ces parois, et plus larges sont les surfaces pour lesquelles chacun de ces os intervient, plus grand paraît être le développement de la masse encéphalique, et surtout l'organe cérébral contigu à chacune de ces surfaces, ou, ce qui revient au même, la faculté ou le talent dont cet organe est le siége. Nous avons vu chez Geoffroy Saint-Hilaire un assez grand nombre de cerveaux d'Animaux moulés en plâtre coulé dans leurs Crânes. Sur ces plâtres sont représentés en couleur les espaces par lesquels les différens os interviennent dans les parois intérieures du Crâne. On ne peut prévoir les résultats de cette méthode d'observation; mais il est évident néanmoins qu'on n'en pourra tirer aucune donnée en rapport avec les accroissemens de surface de chaque partie encéphalique par le plissement de ses circonvolutions. Or, nous avons démontré que c'est à la quantité de ce plissement et à l'excès relatif des surfaces développées par ces plis, que tiennent et le nombre et la perfection individuelle de ces facultés (*V.* notre Anatomie et Physiologie comparative de tous les systèmes nerveux).

Nous avons décrit les pièces constamment intégrantes du Crâne dans les classes de Vertébrés; nous avons vu que les os intercalaires de la deuxième et de la troisième vertèbre céphalique avaient, par rapport au cerveau, des rapports de voisinage variables. Mais malgré ces variations, ils restent constamment dans les mêmes connexions ordinales; voici cet ordre: le mastoïdien s'interpose entre l'occipital latéral en arrière, le temporal et la caisse en avant; en dedans de la caisse est le rocher; en dehors, le tympanal ou cadre du tympan; en avant la portion écailleuse du temporal s'unit au pariétal en haut, et au sphénoïde en bas.

Dans les Reptiles et les Poissons, comme nous le dirons plus bas, le temporal et le mastoïdien ne faisant plus partie des parois de la cavité cérébrale, les deux vertèbres encéphaliques postérieures se touchent sur tous les points de leur contour, excepté à l'endroit de l'intercalation du rocher. Le repoussement de cet os en dehors du Crâne, disperse sur le côté de la tête, dans les deux dernières classes, toutes les pièces osseuses qui dans les deux autres étaient accumulées autour ou dans l'intérieur de l'organe de l'ouïe.

Les os de l'organe de l'ouïe qui, dans l'Homme et la plupart des Mammifères, sont le plus profondément situés en apparence et le moins susceptibles de dislocation, sont donc, comme on va voir, précisément ceux qui en subissent le plus.

Les appendices inférieurs de la première vertèbre encéphalique sont, comme nous avons vu, les palatins. Les appendices inférieurs de la seconde, sont les apophyses ptérigoïdes internes : dans les Mammifères, les seuls palatins ne sont pas continus avec la base de la première vertèbre ou le premier sphénoïde. Toutes les autres dépendances de cette première vertèbre et de la seconde leur sont soudées. Tout cela forme chez eux, soit le sphénoïde unique, soit les deux sphénoïdes; et ces dépendances ont alors des dimensions d'autant plus courtes que la face est plus petite, par rapport au Crâne. C'est sur ces appendices inférieurs, savoir les palatins et les apophyses ptérigoïdes internes et externes, que la face appuie en bas; en haut, elle repose sur les frontaux, et entre deux, sur l'entosphénal ou le corps même du premier sphénoïde.

La face se divise en autant de régions osseuses qu'elle contient d'organes de sens : 1° sur la ligne médiane, la région nasale; 2° en bas, la palatine; 3° latéralement, l'oculaire.

Comme tous les Animaux vertébrés diffèrent moins entre eux par le nombre ou le développement proportionnel de leurs sens que par le nombre et le développement de leurs organes intellectuels ou cérébraux, et comme, ainsi que nous l'avons vu, chaque organe, soit sensitif, soit intellectuel ou cérébral, est en rapport avec un certain nombre de pièces osseuses qui en dépendent, nous ne trouverons pas dans la combinaison des os de la face les mêmes différences de nombre apparent, que nous avons vues au Crâne.

1°. La cavité osseuse de l'odorat se compose en haut de l'ethmoïde, dont la pièce la plus constante est la lame verticale, de la partie du frontal où s'articulent les os propres du nez, de ces mêmes os; en dehors, des maxillaires et de leurs cornets, et quelquefois de l'intermaxillaire; en bas, de l'intermaxillaire, du maxillaire et du palatin antérieur. L'ethmoïde et ses cornets, et les parties des autres os voisins qui interviennent dans la cavité osseuse de l'odorat, croissent en raison de la prédominance de ce sens; mais c'est surtout suivant l'axe longitudinal de la tête que se fait cet accroissement; de-là la longueur de la face dans les Chiens, les Cochons, les Ruminans, etc.

2°. La cavité palatine ou du goût, formée en haut, par les palatins en arrière, les maxillaires au milieu, et les intermaxillaires en avant, est limitée en bas par les branches de la mâchoire en avant et en dehors, en arrière par l'hyoïde qui lui-même est réellement une dépendance du Crâne auquel, même dans l'Homme quelquefois, il est articulé par une chaîne de trois osselets dont l'apophyse styloïde, articulée ou soudée au rocher, est le supérieur. Selon que cet organe est plus dominant, la partie inférieure de la face, savoir les maxillaires inférieurs et supérieurs, s'allonge davantage ainsi que les intermaxillaires; la région nasale peut être alors presque avortée. C'est ce qui s'observe pour la partie supérieure de cette région chez les Orangs, les Macaques et les Cynocéphales, parmi les Quadrumanes; les Gallinacées, chez les Oiseaux, etc.

3°. La cavité oculaire varie dans les Mammifères plus que dans les trois autres classes. Tantôt elle est fermée de toutes parts excepté en avant, c'est le cas de l'Homme et des Quadrumanes. Tantôt elle n'a de parois qu'en dedans, c'est le cas du plus grand nombre des Mammifères. Mais ici, à la différence des autres sens, la perfection de l'organe ne répond pas au nombre d'os qui sont en rapport avec lui par leurs surfaces. Tout le monde connaît la construction de l'orbite de l'Homme ouvert en avant, de manière que les bords de cette ouverture sont à peu près dans le même plan, et que les plans des deux orbites ne sont inclinés l'un sur l'autre que de quatre ou cinq degrés : trois os contribuent à ses bords, le frontal, le maxillaire et le jugal. Sept os forment ses parois, le frontal, l'ethmoïde, le lacrymal, le palatin, le maxillaire, le jugal et le sphénoïde; les axes des deux orbites forment un angle d'environ quarante-cinq degrés. Dans les Singes, les orbites, composées et dirigées comme dans l'Homme, ont même l'angle de leurs axes encore plus petit. Mais à partir des Chauve-Souris, en allant par les Carnassiers aux Rongeurs, Pachydermes, jusqu'aux Cétacés chez les Mammifères; chez tous les Oiseaux, Reptiles et Poissons, l'angle que forment les axes des orbites va toujours en s'agrandissant, de sorte que, même chez beaucoup de Reptiles et de Poissons, ces deux axes se trouvent sur le prolongement d'une même ligne transversale. Tels sont entre autres les Caméléons qui peuvent, ainsi que la plupart des Cétacés, voir à la fois deux points opposés de l'espace. Dans la plupart des Mammifères, l'orbite n'est formée que par le frontal, le maxillaire et le jugal; la projection des organes de l'odorat et du goût, en avant des orbites, a entraîné dans ce sens l'ethmoïde, le palatin, la partie dentaire et caverneuse du maxillaire, et le lacrymal, en même temps que, par la diminution des parties encéphaliques correspondantes, le sphénoïde s'est trouvé rentré et reculé. Les seuls os qui alors appartiennent à l'œil sont donc les trois qui forment les bords de l'orbite dans l'Homme; et même dans les Oiseaux, beaucoup de Reptiles et de Poissons, le maxillaire n'entre plus dans l'orbite par aucune de ses faces ni même de ses bords. Mais alors le lacrymal intervient ordinairement, de sorte que trois os continuent d'encadrer le globe de l'œil.

Mais si dans les Reptiles et les Poissons, les os dont nous venons de parler, s'écartent l'un de l'autre sur la plus grande étendue de leurs bords, pour former des fentes, des trous, des cavités nouvelles, ou bien agrandir d'autres cavités que celles de l'œil, les os annexés invariablement à cet organe reçoivent des développemens proportionnés au volume et à l'énergie d'action de cet organe, chez la plupart des Animaux de ces deux classes. Déjà, dans les Oiseaux de haut vol surtout, il se développe sur l'arcade orbitaire du frontal un os aplati, très-saillant dans les *Falco*, et que l'on a nommé, à cause de sa position, os palpébral ou susorbitaire.

Dans la plupart des Reptiles et des Poissons osseux, chaque frontal est divisé en trois parties toujours distinctes, nommées antérieure, intermédiaire et postérieure d'après leur ordre de position d'avant en arrière. Sur

TOME V.

le frontal intermédiaire des Reptiles, se développe, en formant un ressaut, l'os susorbitaire ou palpébral, déjà cité dans les Oiseaux. Cet os manque aux Poissons, mais chez la plupart des Osseux, depuis l'os nasal et le cornet inférieur, jusqu'au frontal postérieur, s'étend au-dessous de l'œil un arc de pièces osseuses dont le nombre est de six dans la Morue (*V.* Cuvier, Règn. Anim. T. IV, pl. 8, fig. 3). Ces os surnuméraires dans le Crâne, et plusieurs autres dont il sera question ailleurs, et qui existent, soit isolés, soit en différens points du squelette, n'ont évidemment pas d'analogues, et dérogent, il faut le dire, à la loi de l'unité de composition du système osseux.

4°. La cavité auditive éprouve encore plus de variations que celle de l'œil, au point qu'elle finit par s'effacer tout-à-fait, et que ses os se projettent dans un même plan tout en conservant leurs rapports ordinaires. Cette cavité se prolonge de dehors en dedans au travers du cadre du tympan ou tympanal, et de la caisse où se trouvent articulés l'un sur l'autre, dans l'ordre suivant, le marteau, l'enclume, le lenticulaire et l'étrier. Le marteau s'articule sur le tympanal par l'intermédiaire de la membrane du tympan, et l'étrier sur le rocher par l'intermédiaire de la membrane de la fenêtre ovale. La cavité de ce sens se termine dans le rocher qui en est la partie nécessaire et fondamentale. C'est à quoi se réduit la cavité auditive dans la plupart des Reptiles, en y comprenant toutefois un ou deux des osselets de l'ouïe dans quelques Reptiles, les Batraciens par exemple. Tous ces osselets subsistent néanmoins à leur place dans les Sauriens et les Oiseaux (Phil. Anat. pl. 1, fig. 7, 10 et 11). Dans beaucoup de Mammifères, le mastoïdien agrandit encore la cavité auditive par la communication de la caisse avec les cellules dont il est creusé; et dans les Oiseaux de proie nocturnes, tout le pourtour du Crâne est véritablement un immense développement des cavités auditives par la communication avec le rocher des cellules qui, tout autour du Crâne, écartent les deux tables de ses os. Dans ces mêmes Reptiles, le mastoïdien, le temporal et la caisse n'appartiennent pas plus à la cavité de l'ouïe qu'à celle du cerveau. Projetés en arcades sur les côtés du Crâne en arrière des orbites, ils interceptent des voûtes, des cavités plus ou moins profondes qui servent soit de points fixes aux muscles moteurs de la mâchoire inférieure sur la tête, soit de points mobiles aux muscles qui meuvent la tête sur le cou. Ce dernier cas a lieu chez les Crocodiles; l'autre a lieu chez les Ophidiens ordinaires. Mais chez ceux à mâchoires dilatables, les Pythons, les Boas et les Vipères, le mastoïdien et la caisse deviennent eux-mêmes des bras de levier angulaires, congénères du maxillaire inférieur dans ses mouvemens. (V., pour les Sauriens, Geoff. St.-Hil. Ann. du Mus. t. 10, pl. 4; la tête du Crocodile, Cuv. Règn. Anim. t. 4, pl. 6, f. 7, 8 et 9; la tête de l'Ophisaure, et pl. 7, fig. 1, 2, 3, 4, 5 et 6; tête du Python et du Serpent à sonnette.)

Dans les Poissons, le rocher lui-même n'est plus employé dans l'organe de l'ouïe. Celui-ci est tout entier contenu dans la cavité même du Crâne, ainsi que les appareils membraneux qui dans les trois autres classes occupaient les conduits et les cavités du rocher. Tous ces os creux chez les Mammifères et les osselets même qui étaient contenus dans leur cavité, sont produits au dehors pour servir à de nouvelles fonctions relatives à un autre milieu d'existence. Tous sont mobiles l'un sur l'autre, excepté le rocher. La caisse, centre de mouvement des pièces de l'opercule et des deux mâchoires (Geoff. Phil. Anat. pl. 1, fig. 8), arcboute en arrière l'étrier, en dehors le tympanal, en avant le temporal et le stylhyal (apophyse styloïde). L'étrier, l'enclume, le lenticulaire et le marteau, sous forme écailleuse, constituent le plan mobile connu sous le nom d'opercule. Le tympanal par son extré-

mité inférieure sert à l'articulation de la partie articulaire du maxillaire inférieur, et le stylhyal en dedans rattache au Crâne l'hyoïde par l'intermédiaire de deux branches osseuses dont nous parlerons au mot Opercule. V. ce mot.

Le maxillaire inférieur, par ses relations et ses fonctions, fait réellement partie de la tête osseuse, et par conséquent du Crâne; mais comme les considérations qui s'y rattachent sont surtout relatives à la digestion, nous en parlerons à part. V. MACHOIRES et MAXILLAIRES.   (A. D..NS.)

* CRANE. BOT. CRYPT. (*Lycoperdacées.*) Sorte de Vesse-de-Loup, *Lycoperdon*, décrite par Paulet (pl. 200, fig. 1), et qu'il pense être le Champignon désigné par Cœsalpin sous le nom de *Cranium;* sa couleur et sa grosseur le font ressembler à un Crâne humain. C'est probablement le *Lycoperdon giganteum.*   (AD. B.)

* CRANE DE MER. POLYP. Quelques voyageurs ont donné ce nom à l'*Alcyonium Cranium* de Müller.
                    (LAM..X.)

CRANGON. *Crangon.* CRUST. Genre établi par Fabricius, et placé par Latreille (Règn. Anim. de Cuv.) dans l'ordre des Décapodes, famille des Macroures, section des Salicoques, avec ces caractères : antennes latérales situées au-dessous des mitoyennes, et recouvertes à leur base par une grande écaille annexée à leur pédoncule; antennes mitoyennes ou supérieures à deux filets; les deux pieds antérieurs terminés par une main renflée, à un seul doigt; l'intérieur ou celui qui est immobile, simplement avancé en manière de dent; la seconde paire de pieds filiforme, coudée et repliée sur elle-même dans le repos, terminée par un article bifide, mais à divisions peu distinctes; prolongement antérieur du test, ou le bec très-court. Les Crangons ressemblent aux Alphées par le nombre et la correspondance des pieds en pince, mais ils en diffèrent essentiellement par le doigt inférieur ou immobile des deux premiers pieds et par ceux de la seconde paire qui sont coudés et filiformes. Ce genre, qu'on pourrait confondre au premier abord avec celui des Palémons, s'en éloigne par les deux filets des antennes mitoyennes, par la petitesse du prolongement antérieur de leur carapace et par la manière dont se terminent les deux premières paires de pates. Ces Crustacés ont un test incolore ou tirant un peu sur le vert, marqué souvent d'une infinité de points ou de lignes noires. Ces couleurs changent singulièrement lorsqu'on les cuit ou quand on les plonge dans l'esprit de vin. Alors ils se colorent en rouge. On les trouve communément sur nos côtes dans les endroits sablonneux. Ils ont des mouvemens très-brusques, nagent ordinairement sur le dos, et frappent souvent l'eau avec leur abdomen qu'ils replient contre le thorax, et distendent ensuite avec beaucoup de force. Les pêcheurs en prennent en grande quantité dans leurs filets, et s'en servent quelquefois comme d'amorce pour attirer plusieurs Poissons riverains qui s'en nourrissent. On les sert aussi sur nos tables, mais leur chair n'est pas à beaucoup près aussi délicate que celle des Chevrettes. On les confond cependant quelquefois avec celles-ci, et on les nomme indistinctement Crevette de mer, Chevrette, Cardon ; mais les Chevrettes proprement dites appartiennent au genre Palémon. *V.* ce mot.

Les espèces les plus connues sont :

Le CRANGON BORÉAL, *Cr. boreas*, décrit et représenté par Phipps (Voy. au Nord, pl. 11, fig. 1). Il est le plus grand de ceux que l'on connaît; Herbst (*Canc.* tab. 39, fig. 2) a copié cette figure.

Le CRANGON VULGAIRE, *Cr. vulgaris*, Fabr., vulgairement le Cardon, représenté par Roësel (T. III, tab. 63, fig. 1, 2). Il est très-commun sur les côtes de l'Océan.

Le CRANGON ÉPINEUX , *Cr. spinosus*, Leach, sur les côtes méridionales de l'Angleterre.

Risso (Hist. des Crust. de Nice, p. 81) décrit deux espèces nouvelles de Crangon : la première, qu'il nomme Crangon fascié, *Cr. fasciatus*, et qu'il représente (tab. 3, fig. 5), semble appartenir, suivant Latreille, à un autre genre ; la seconde, qu'il ne figure pas, porte le nom de Crangon ponctué de rouge, *Cr. rubro-punctatus*. L'une et l'autre ont été trouvées dans la mer de Nice sur les bas-fonds sablonneux.

(AUD.)

CRANIA. BOT. PHAN. (Théophraste.) Syn. de *Cornus mascula*. *V.* CORNOUILLER.

(B.)

CRANICHIS. *Cranichis.* BOT. PHAN. Famille des Orchidées, Gynandrie Monandrie. Swartz, qui a établi ce genre dans sa Flore des Indes-Occidentales, lui a donné pour caractères : un calice déjeté latéralement; les trois divisions externes et les deux divisions internes à peu près égales entre elles, rapprochées dans leurs parties inférieure et moyenne, un peu écartées supérieurement, quelquefois tout-à-fait écartées; le labelle est supérieur, placé entre les deux folioles internes ; il est concave et recouvre les organes sexuels ; le gynostème est dressé, un peu dilaté dans sa partie supérieure qui porte antérieurement une anthère à deux loges, terminée en pointe à sa partie supérieure. Chaque loge renferme une masse de pollen pulvérulent. Le stigmate est placé au-dessous de l'anthère, à la face antérieure du gynostème ; l'ovaire est à peine tordu. Le fruit est une capsule trigone s'ouvrant en trois valves.

Ce genre ne se compose que d'espèces américaines, la plupart originaires de la Jamaïque, d'où Swartz en a rapporté six. Elliot en a trouvé une en Caroline, à laquelle il donne le nom de *Cranichis multiflora*. Ce sont en général de petites Plantes à racines fasciculées, à tige simple, quelquefois dépourvue de feuilles, portant des fleurs assez petites, disposées en épis. Aucune d'elles n'est cultivée dans nos serres.

(A. R.)

CRANIE. *Crania.* MOLL. Le genre Cranie, institué par Bruguière, avait été confondu par Linné parmi les Anomies. Il ne connaissait qu'une seule espèce qui pût se rapporter au genre de Bruguière, c'est l'*Anomia Craniolaris* qui est encore, à ce qu'il paraît, la seule espèce vivante connue. Depuis Bruguière, presque tous les conchyliologues ont admis ce genre ; Lamarck, Megerle, Ocken, Férussac, Defrance, Blainville, sont de ce nombre ; Cuvier n'en fait pas mention, il ne le cite même pas parmi les Anomies. Quoi qu'il en soit, ce genre ne doit plus être placé parmi les Multivalves comme le pensait Bruguière, car il n'a, avec eux, aucuns rapports de forme et de structure, et ces trous dont la valve inférieure paraissait percée pour l'insertion des muscles sur des osselets analogues à ceux des Anomies, sont un fait que l'observation a détruit. Les Cranies n'ont aucune charnière ; dépourvues de ligamens et de dents propres à retenir les deux valves, il est fort rare de les trouver ensemble dans les espèces fossiles surtout ; il n'y en a que quelques-unes qui soient connues parfaites ; la valve inférieure seule des autres, fixée aux différens corps sous-marins, se retrouve plus facilement. Le nombre des espèces connues n'est pas encore considérable ; c'est Defrance qui en a fait connaître le plus dans le Dictionnaire des Sciences Naturelles. C'est d'après lui et d'après ce que nous possédons dans notre collection, que nous allons donner les caractères génériques suivans : coquille inéquivalve, suborbiculaire ; valve inférieure presque plane, percée du côté interne de trois trous inégaux et obliques ; valve supérieure convexe ou conique, semblable à une petite patelle, munie intérieurement de deux callosités saillantes ; point de dents ni de ligament cardinal ; Animal inconnu. — On sera toujours embarrassé de placer convenablement les Cranies dans l'ordre des rapports, avant de connaître l'Animal qui habite cette singulière Coquille. Les Hipponices de Defrance, également placés sur une base adhérente tantôt par une grande surface, tantôt par un point seulement de leur face inférieure, sembleraient indiquer des rapports entre des genres que l'on a éloignés dans des classes différentes. Pourquoi, avant de connaître les Animaux des uns et des autres, a-t-on placé les uns parmi les Univalves dans le genre Cabochon, tandis que les autres sont rangés parmi les Bivalves dans cette famille des Rudistes de Lamarck, qui semble être un réceptacle où l'on a jeté des genres dont les caractères sont peu connus ? On ne pourra répondre à cette question que lorsque l'on aura quelques connaissances positives des Animaux, les caractères tirés des coquilles étant insuffisans.

CRANIE EN MASQUE, *Crania personata*, Lamk. (Anim. sans vert. T. VI, 1re part., p. 238) ; Blainville (Dictionn. des Sc. Nat.) ; *Anomia Craniolaris*, L. (p. 3340), figurée dans l'Encyclopédie (pl. 171, fig. 1 et 2) et dans Chemnitz (T. VIII, t. 76, fig. 687). C'est une Coquille orbiculaire que l'on trouve non-seulement dans la mer des Indes, mais aussi dans la Méditerranée sur les Polypiers ; sa valve inférieure est plane, adhérente, présentant trois impressions dont la position en forme de triangle, et la forme de celle du milieu, lui donnent assez l'apparence d'un masque de tête de mort ; la valve supérieure est convexe, conique, blanchâtre, munie à l'intérieur de deux callosités qui semblent avoir servi à l'insertion des muscles.

CRANIE ÉPAISSE, *Crania Parisiensis*, Lamk. (*loc. cit.*) ; Defrance (Dict. des Sc. Nat.). Elle est très-bien figurée dans les Vélins du Mus. d'Hist. Naturelle (n° 47, fig. 7 *bis*) d'après un bel individu de la collection de Defrance. On la trouve assez fréquemment à Meudon et dans les autres lieux des environs de Paris où l'on exploite de la Craie. On ne connaît que la valve inférieure qui est fixée, soit aux Oursins, soit à des fragmens de *Catillus*. Cette valve est épaisse, plane, ovale, arrondie, adhérente par sa face inférieure; elle présente en dedans des stries rayonnantes et trois impressions profondes; le bord est élevé, lisse, fort épais.

CRANIE MONNAIE, *Crania Nummulus*, Lamk. (*loc. cit.* n° 2). Cette espèce fossile avait été prise par Linné, mais à tort, pour l'analogue de l'*Anomia Craniolaris*. Cette Coquille, que l'on nomme vulgairement *Monnaie de Bratienbourg*, est une espèce distincte dont on ne connaît également qu'une valve qui est probablement l'inférieure, quoiqu'on n'y remarque pas de traces évidentes d'adhérence; elle est suborbiculaire, présentant des stries rayonnantes à l'intérieur, ainsi que trois fossettes obliques; quelques stries concentriques se remarquent vers le bord qui lui-même est lisse; elle est fossile. De Suède.

Deux autres espèces sont connues: la CRANIE ANTIQUE, *Crania antiqua*, et la CRANIE STRIÉE, *Crania striata*, pour la connaissance desquelles nous renvoyons à l'ouvrage de Lamarck (Anim. sans vert. T. VI, 1ʳᵉ part., p. 239).   (D..H.)

CRANIOIDES. *Cranioides.* POLYP. FOSS. Bertrand Scheuzer a donné ce nom à un Polypier fossile du genre Méandrine, ou bien à la portion supérieure de quelque grand Oursin également fossile.   (LAM..X.)

CRANIOLAIRE. *Craniolaria.* BOT. PHAN. Ce genre, établi par Linné, et placé dans sa Didynamie Angiospermie, appartient à la famille des Bignoniacées. Lamarck (Encycl. 2, p. 212) a réuni aux *Martynia* le *Craniolaria annua*, L., en lui donnant le nom de *M. spathacea;* d'un autre côté, le *Craniolaria fruticosa*, L., ayant été reconnu par Jussieu comme appartenant aux *Gesneria*, la plupart des auteurs, et entre autres Swartz, Willdenow et Persoon, ont cessé de compter le *Craniolaria* au nombre des genres, et ses deux espèces ont été fondues dans les deux genres précités avec le nom spécifique de *Craniolaria*. Cependant, ce genre avait été bien distingué par Jussieu (*Gener. Plant.*, p. 140), et dans ces derniers temps, Kunth (*Nova Genera et Spec. Plant. Æquin.* vol. III, p. 153) l'a caractérisé de la manière suivante: calice campanulé spathiforme, à cinq dents et fendu latéralement; corolle à tube trèslong, à gorge campanulée, à limbe bilabié; la lèvre supérieure bifide, l'inférieure trifide; le lobe du milieu plus large; quatre étamines didynames avec une cinquième rudimentaire; stigmate bilamellé; drupe ovoïde, pointue, renfermant une noix ligneuse, dont le sommet a deux petites cornes et qui est quadriloculaire; quatre graines, souvent réduites à une seule dans chaque loge, ovées, un peu comprimées et non ailées.

La CRANIOLAIRE ANNUELLE, *Craniolaria annua*, L., unique espèce du genre, est une Plante herbacée, trèsvelue et visqueuse; à feuilles opposées, quinquélobées, à fleurs blanches, panachées vers l'entrée de la corolle et disposées en grappes. Elle croît dans les contrées équatoriales de l'Amérique, et principalement parmi les touffes de Graminées dans la république de Colombie, où, selon Humboldt et Bonpland, les habitans, qui donnent à sa racine le nom de *Scorzonera*, en préparent une boisson amère qu'ils regardent néanmoins comme rafraîchissante.   (G..N.)

CRANIOLARIS. MOLL. Syn. de Cranie en masque. *V.* CRANIE. (D..H.)

CRANION. BOT. CRYPT. Ce nom, chez les anciens, désignait plus particulièrement la Truffe ou de fort gros Lycoperdons, qui devenaient semblables au crâne des enfans. Dans Théophraste, il est appliqué à l'une des quatre grandes divisions que ce botaniste fit des Champignons. *V.* CRANE. BOT. CRYPT.   (B.)

CRANIQUE. BOT. PHAN. Pour *Cranichis. V.* ce mot.   (B.)

CRANIUM. MOLL. Nom vulgaire que l'on donne aux Cranies, surtout aux espèces fossiles. (D..H.)

CRANQUILLIER. BOT. PHAN. L'un des noms vulgaires du *Lonicera Peryclimenum*. *V*. CHÈVREFEUILLE. (B.)

CRANSON. BOT. PHAN. *V*. COCHLÉARIA.

CRANTZIE. *Crantzia*. BOT. PHAN. Un grand nombre de genres ont successivement été établis sous ce nom qui rappelle celui du botaniste Crantz connu par plusieurs travaux importans. Mais aucun de ces genres n'a été adopté par les botanistes; en sorte qu'aujourd'hui il n'existe réellement pas un genre qui porte ce nom. Ainsi le *Crantzia aculeata* de Schreber est le *Toddalia aculeata* de Lamarck. Le *Crantzia* de Scopoli est le *Besleria cristata* de Linné. Le genre *Crantzia*, proposé par Swartz, est le même que le genre *Pachysandra* établi par le professeur Richard dans la Flore de l'Amérique septentrionale de Michaux. Nuttal, dans ses genres de l'Amérique septentrionale, a proposé un genre *Crantzia* pour l'*Hydrocotyle lineata* de Michaux. Mais ayant vu et examiné plus d'espèces d'Hydrocotyle qu'aucun autre botaniste, nous pouvons assurer que ce genre ne peut être admis, et que si l'on voulait séparer les espèces nombreuses de ce genre d'après les différences qu'elles offrent, il faudrait établir au moins six ou sept genres. Le *Crantzia* de Vahl et de Swartz (*Prodrom.*) est le *Tricera lævigata* du même auteur (*Flor. Ind.-Occident.*). Enfin, dans le second volume de son *Syst. Nat.*, le professeur De Candolle cite un genre *Crantzia* de Lagasca (*Flor. Hispan. ined.*), qui se compose de deux espèces : l'une, *Crantzia ochroleuca*, Lag., est le *Brassica austriaca* de Jacquin et l'*Erysimum austriacum* de De Candolle; l'autre, *Crantzia frutescens*, Lagasc., est le *Brassica arvensis* de Linné ou *Moricandia arvensis* de De Candolle. (A. R.)

CRAOUILLE ou CRAOUILLÈRE. OIS. Même chose qu'Agasse-Cruelle. *V*. ce mot. (B.)

CRAPA. POIS. Espèce du genre Serran. *V*. ce mot. (B.)

CRAPAUD. *Bufo*. REPT. BATR. Genre de la famille des Anoures de l'ordre des Batraciens, long-temps confondu avec les Grenouilles, par les naturalistes qui avaient adopté sans exception la classification de Linné, et que Cuvier n'a conservé que comme sous-genre dans son Histoire du Règne Animal. Laurenti avait indiqué la séparation des Crapauds d'avec les Grenouilles d'après Bradley, mais les caractères sur lesquels il établissait cette division étaient la plupart faux. Ceux qu'on doit adopter consistent : dans la dimension des pates de derrière qui n'excèdent jamais la longueur du corps; dans la disposition des doigts antérieurs qui sont unis, courts, plats et inégaux; dans la langue qui, plus libre qu'elle ne l'est chez les Grenouilles, n'est fixée qu'aux bords de la mâchoire inférieure; enfin, dans les verrues dont est couverte leur peau rude, et dont deux beaucoup plus grosses, appelées parotides, sont situées sur le cou. Ce dernier caractère est le plus décisif. Les Crapauds ont d'ailleurs un aspect hideux avec des couleurs tristes et mal assorties; leur allure est ignoble, tandis que les Rainettes et les Grenouilles sont ordinairement sveltes et parées de teintes agréables; leurs mœurs sauvages et abjectes semblent justifier l'espèce de réprobation dans laquelle ils vivent abandonnés. On les regarde généralement comme venimeux, et l'on raconte dans les campagnes une foule de fables sur la propriété qu'ils ont de charmer les Hommes et les Animaux par l'effet de leurs regards et de leur souffle. Les misérables faiseurs de dupes qui s'adonnent, chez les villageois, aux pratiques superstitieuses de la magie, les font entrer dans leurs conjurations ou dans leurs remèdes. Le Crapaud joue toujours un rôle important dans les histoires de sorciers, et l'on se rappelle cet infortuné Vannini qui fut brûlé vif par arrêt de parlement parce qu'on avait trouvé chez lui un Crapaud renfermé dans un bocal de verre. — Le Crapaud, tout dégoûtant qu'il est, ne doit pas être aussi malfaisant qu'on le suppose communément; cependant il laisse ou fait suinter de son corps une humeur jaunâtre, fétide et horriblement âcre, qui, selon Cuvier, peut être nuisible aux petits Animaux, quand ceux-ci en sont touchés. Lorsqu'on le tourmente, il se gonfle et lance par l'anus une liqueur particulière qui n'est pas de l'urine comme se l'imagine le vulgaire, et qui, si elle arrive dans les yeux, y cause une grande irritation et de vives douleurs. Son haleine passe pour infecte. Il se nourrit de Vers, de Chenilles, de petits Insectes, et même des Abeilles mortes qui sont rejetées des ruches. Linné dit qu'il se délecte de Cotule, d'Actée et de Stachys fétide. Nous avons surpris l'espèce commune mangeant des Fraises. — Les Crapauds sont en général nocturnes; ils habitent les endroits frais et obscurs, les trous des vieux murs, sous les pierres et dans la terre; n'en sortent que lorsque des pluies abondantes viennent en été pénétrer le sol, et paraissent souvent dans ce cas, en si grande quantité, que l'on a cru qu'il en tombait du ciel; c'est surtout dans le fort de l'été que ce phénomène a lieu, et nous avons même observé parfois une si grande quantité de petits Crapauds sautant sur la terre après une ondée, que nous aurions été tentés de croire à la tradition populaire si la raison ne nous en eût démontré l'impossibilité. — Les Crapauds habitent beaucoup moins les eaux que ne le font les Grenouilles; ils ne semblent même s'en rapprocher que pour y venir déposer leurs œufs. Ils y deviennent souvent la proie des Brochets et même des Anguilles; à terre, ce sont les Serpens, les Hérons, les Cigognes et les Buses, qui leur font une guerre

cruelle. Nous en avons trouvé dans des Couleuvres, qui, ayant été avalés tout vifs, n'étaient pas encore morts après être demeurés quelques jours dans l'estomac de leur vorace ennemi. On prétend que les Loups et les Renards ne les dédaignent pas; nous avons de la peine à croire qu'aucun Mammifère s'en puisse nourrir; en effet, il suffit d'avoir vu un Chien mordre un Crapaud, et, la gueule enflammée, l'abandonner avec des cris arrachés par la douleur, pour juger que la matière âcre qui suinte des pustules de l'ignoble proie, est un moyen de défense certain contre tout être dont les lèvres, la langue et le palais sont les parties destinées aux perceptions du goût, l'un des sens les plus délicats.

L'anatomie de ces Animaux, grâce aux recherches de Roësel et de Klœtzke, est assez bien connue. Les os de la région supérieure de leur tête sont rugueux à leur superficie; à l'exception de la symphise du menton et des intermaxillaires, ceux du crâne et de la face sont totalement soudés chez les adultes. Les osselets de l'ouïe au nombre de deux, savoir le marteau et l'étrier, sont proportionnellement fort grands et cartilagineux; un ou deux Crapauds seulement ont des dents dont la morsure n'est pas venimeuse. Le nombre des vertèbres est, selon les espèces, de sept à huit; leurs apophyses, sont fortes et longues, et les transverses fort larges. Le sacrum est robuste, comprimé, terminé par une longue pointe, mais sans coccyx. Il n'y a aucune apparence de côtes; le sternum est large, uni en devant avec les os de la fourchette et les clavicules, il varie de forme dans quelques espèces; l'omoplate est brisée et composée de deux pièces articulées dont la supérieure se rapporte vers l'épine. Les os de l'avant-bras sont soudés entre eux de manière à n'en former qu'un seul qui est cependant creusé inférieurement par un sillon peu prononcé. Le nombre des os du carpe est ordinairement de huit sur trois rangs, d'autres fois de six sur deux rangs; ceux du métacarpe sont au nombre de quatre avec quatre doigts et un pouce rudimentaire; le fémur est dépourvu de trochanter. Un os particulier aux Batraciens, considéré à tort par quelques naturalistes comme l'analogue des os de la jambe, vient ensuite. La rotule, pareille à celle de l'Homme, est placée dans l'épaisseur des tendons. Le tibia et le péroné demeurent séparés dans toute leur longueur. Le tarse se compose de quatre os dont le dernier est fortement crochu, et le métatarse de cinq. — L'appareil musculaire est peu compliqué, mais la fibre qui le compose est très-forte, très-irritable et très-sensible à l'action galvanique. — Quoique les nerfs soient très-distincts et très-gros chez les Crapauds, la cavité du crâne qui en est le point de départ est très-resserrée, et le cerveau y occupe un fort petit espace; ses hémisphères sont lisses, sans convolutions, allongés et étroits; les couches optiques, placées en arrière, sont grandes avec un ventricule qui communique au ventricule moyen; le cervelet est aplati, triangulaire, appliqué en arrière sur la moelle allongée; il n'existe ni tubercules quadrijumeaux, ni pont de Varole. Le sens de l'odorat ne doit pas être très-développé; celui de la vue l'est beaucoup davantage; trois paupières garantissent l'œil qu'humecte un liquide analogue aux larmes. La membrane du tympan est à fleur de tête en arrière et au-dessous de l'œil, sans qu'il y ait ni conque ni pavillon, en un mot, d'oreille externe; l'appareil de l'ouïe offre du reste plus d'un rapport avec celui des Poissons cartilagineux. Les doigts, dépourvus d'ongles, sont revêtus d'une peau très-fine qui peut faire supposer que le tact y est très-développé. La langue est entièrement charnue, attachée au bord de la mâchoire inférieure, et repliée dans la bouche dont elle peut sortir pour y rentrer à volonté; elle doit être sensible au goût si l'on en juge par la couche glanduleuse qui la revêt. — L'estomac, qui est assez dilaté, se rétrécit graduellement, puis,

se recourbant en un petit tuyau étroit dont les parois sont épaisses, aboutit au pylore; la longueur des intestins équivaut à peu près au double de celle du corps; le rectum est cylindrique, et l'anus garni d'un sphincter; cet anus correspond à un cloaque et sert conséquemment au passage du résultat des organes de la digestion et de la génération. Le cœur, fort simple, n'a qu'une seule oreillette plus large que sa base, et affermie par des colonnes charnues; il renferme un seul ventricule conique dont la cavité s'ouvre dans le tronc commun des artères par un orifice unique au-dessous de l'ouverture auriculo-ventriculaire. Par la répartition des artères qui y aboutissent, une partie du sang seulement passe par les poumons; ceux-ci forment deux sacs dont les parois intérieures sont divisées par des feuillets membraneux en cellules polygonales nombreuses où la respiration s'opère suivant un mode particulier, puisqu'il n'y a ni côtes ni diaphragme. L'air y est introduit par la déglutition; la bouche se ferme, la gorge se dilate, il s'y produit un vide, et l'air extérieur se précipite par les narines; alors le pharynx se ferme et l'air ne trouve d'autre issue que la glotte. L'expiration a lieu par la contraction des muscles du bas-ventre, de sorte que si l'on ouvre le ventre à un Crapaud, l'action de ses muscles venant à cesser, les poumons se dilatent sans pouvoir plus s'affaisser, et si l'on contraint l'Animal à tenir la bouche ouverte, ne pouvant plus renouveler l'air de ses poumons, il meurt asphyxié. Roësel a parfaitement figuré dans de magnifiques planches (*Hist. Nat. Ranar. nost.*, pl. 19, 21, 23 et 24) l'anatomie de quelques espèces de Crapauds d'Europe, et l'on peut y avoir recours pour l'étudier.

Les Crapauds mâles ont, durant le temps des amours, les pouces des mains armés de pelotes composées de papilles dures qui s'étendent jusque sur la paume; c'est au moyen de ces pelotes qu'ils se cramponnent sur le dos des femelles pendant la ponte. Cette opération a lieu au premier printemps; elle varie selon les espèces connues; on en verra le singulier mécanisme quand nous traiterons de chacune d'elles. Les Crapauds passent pour jouir d'une grande longévité; on en cite un qui, s'étant familiarisé avec les habitans d'une maison sous l'escalier de laquelle il se tenait, mourut au bout de trente ans par un accident, et qui, parvenu à une taille monstrueuse, semblait devoir vivre encore fort long-temps. Ils peuvent aussi vivre presque privés d'air et sans manger. On connaît les expériences à l'aide desquelles on a prouvé la certitude de ce fait étrange. Des Crapauds ayant été enveloppés dans des boules de plâtre, et blottis dans le centre, n'y étaient pas morts au bout de dix-huit mois de solitude, d'obscurité et de privations. On eut tort cependant d'en conclure que l'air n'était pas nécessaire à ces Animaux pour exister. Edwards, auquel la science doit tant de découvertes curieuses sur la respiration des Reptiles, Edwards, notre savant ami et collaborateur, a prouvé qu'un peu d'air parvenait au Crapaud à travers les pores du plâtre, et que ces Crapauds y mouraient assez promptement si le plâtre demeurait plongé dans l'eau. Nous avons depuis fait mourir des Crapauds en les enduisant de suif. Cependant, le peu d'air nécessaire à l'existence des Crapauds, n'en est pas moins un fait très-remarquable en histoire naturelle. — Le genre qui nous occupe contient aujourd'hui au moins une trentaine d'espèces dont une dixaine se trouvent en Europe; on le divise de la manière suivante en trois sections :

† Les doigts des pates postérieures totalement libres comme ceux des pates antérieures, ou à peine semi-palmés.

Le CALAMITE ou CRAPAUD DES JONCS, *Bufo Calamita*, Laur., *Amph.* n. 9; Encycl. Rept., p. 18, pl. 4, f. 6 (copiée de Roësel); Daudin, pl. 28,

f. 1 ; *Bufo terrestris fœtidus*, Roës., p. 107, pl. 24 ; *Rana Bufo, β*, L.; Gmel. , *Syst. Nat.* XIII, 1, p. 1047.

Si la vivacité ou l'élégance des couleurs pouvait déguiser la laideur ou l'abjection des formes, l'on pourrait dire du Calamite qu'il est le plus beau des Crapauds. L'iris brillant de son œil est du plus beau vert tendre mélangé de filets noirs ; son dos présente la teinte verdoyante du feuillage, et de nombreuses taches vertes se voient encore sur ses flancs, sur ses cuisses et sur ses bras. On dirait des perles d'émail sur un fond de perles blanches ; une raie jaune règne tout le long du dos depuis l'extrémité de la tête jusqu'à l'anus, et comme une large broderie de la même couleur règne également sur les flancs, ces teintes sont relevées de points écarlates, et la même nuance rouge vif forme une tache en manière de sourcil au-dessus de l'œil, ainsi que d'autres taches à l'extrémité de tous les doigts ; mais une telle parure couvre un corps raccourci, grossièrement arrondi, que traînent avec peine sur la terre quatre membres épais et grossiers. L'Animal n'a guère que deux pouces de longueur. Il est assez commun dans les parties tempérées de l'Europe et dans les environs de Paris. En quelques cantons de l'Allemagne, il s'introduit jusque dans les maisons. Il habite en général les lieux secs, parmi les Graminées, et se réunit, en petites sociétés, pour passer l'hiver dans une espèce d'engourdissement parmi les rochers et entre les fentes des vieux murs. Il ne s'approche des eaux qu'au temps de la ponte qui a lieu vers le mois de juin, comme dans le Crapaud commun. Le cri du mâle ressemble à celui de la Rainette verte. L'humeur qui transsude de ses pustules répand une odeur forte qu'on a comparée à celle de la poudre à canon.

Nous avons souvent observé dans les environs de Bordeaux une variété un peu plus petite de cet Animal, qui n'a point de mauvaise odeur, et qui, mieux examinée, pourra peut-être s'élever au rang d'espèce. Elle est d'une couleur brunâtre fort pâle qui devient quelquefois celle du nankin ; aux taches rouges de son corps se mêlent quelques autres taches noirâtres, particulièrement derrière les yeux ; la ligne dorsale, au lieu d'être jaune, est d'un brun plus foncé que le reste.

Le RAYON VERT, *Bufo variabilis*, Gmel., *Syst. Nat.*, p. 1051 ; Encycl. Rept., p. 12, pl. 6, f. 2 (mauvaise, et d'après Pallas) ; Daud., pl. 28, f. 2 ; *Bufo Schreberianus*, Laur., *Amph.*, n. 7. Cette espèce, plus svelte que la précédente, et dont la forme approche un peu de celle de la Grenouille, se trouve surtout en Allemagne où on la mange. Elle se tient dans les lieux sombres, et la propriété qu'elle a de changer de couleur la rend fort remarquable ; selon qu'elle dort ou qu'elle veille, et qu'elle se tient au soleil ou dans l'obscurité, elle est blanchâtre ou brune, et tachetée de jaune ou de vert. Ces teintes s'altèrent dans l'esprit de vin où l'Animal devient grisâtre.

L'ACCOUCHEUR, *Bufo obtetricans*, Laurent., *Amph.*, n. 12 ; Daudin, pl. 22, fig. 1 ; *Rana Bufo*, ♂, Gmel., *Syst. Nat.* XIII, 1, p. 1047. Cette petite espèce n'est pas rare dans les environs de Paris où ses mœurs singulières n'ont été cependant observées que fort tard, et c'est au savant Brongniart que l'on en doit la connaissance. Sa couleur est grisâtre ; il est ponctué de noir sur le dos et de blanc sur les côtes ; l'iris de l'œil est doré ; les parotides sont peu saillantes. L'Accoucheur vit à terre et loin des eaux que la femelle ne fréquente pas même au temps de la ponte. A cette époque, le mâle débarrasse sa compagne de ses œufs qui sont assez gros et au nombre de soixante environ. Après cette opération, il se les attache sur le dos au moyen de filets de matière glutineuse dont ils sont accompagnés, et chargé de ce précieux fardeau il le porte partout avec lui, prenant les plus grandes précautions pour qu'il n'arrive aucun

accident à une progéniture dont, contre l'ordre habituel de la nature, la mère ne s'occupe plus, laissant au père tous les soins de la famille. Lorsque les yeux des Têtards que renferment ces œufs commencent à devenir apparens dans leur transparence, ce qui a lieu après quelques jours, et qui indique que les petits ne tarderont pas à éclore, le Crapaud Accoucheur recherche une eau stagnante pour les y abandonner ; ici finit son ministère ; les Têtards ne tardent pas à éclore et nagent aussitôt, destinés par le mécanisme de leur organisation à reproduire la merveille de leur accouchement sans en avoir reçu de leçons que par le développement d'un instinct irrésistible.

L'ÉPINEUX, *Bufo spinosus*. Bosc a le premier mentionné cette espèce qui n'a pas encore été figurée. Elle se trouve assez communément dans la France tempérée où elle acquiert la plus grande taille parmi les Crapauds. Son diamètre n'a pas moins que trois à cinq pouces ; sa couleur est brune, et les tubercules de sa peau rugueuse sont terminés sur les flancs par des pointes hérissées. L'Epineux habite dans la terre, et fuit soigneusement la lumière du jour. Les laboureurs le trouvent assez fréquemment dans le sol d'où la charrue le déloge, et prétendent qu'il n'en sortirait jamais s'il n'y était ainsi forcé. On ne le voit nulle part dans le voisinage des eaux, ce qui fait supposer qu'il dépose ses œufs dans les sources souterraines ou du moins dans les infiltrations qui pénètrent le sol. Ces œufs n'ont jamais été observés, non plus que les Têtards qui en résultent.

Les *Bufo Surinamensis*, Daud., pl. 33, f. 2 ; — *Bengalensis*, Daud., pl. 25, f. 1 ; — *horridus*, Daud., pl. 36 ; — *gutturosus*, Daud., pl. 30, f. 2 ; — *lœvis*, Daud., pl. 30, fig. 1 ; — *Bufo pustulosus*, Laurent., *Amph.*, n. 4 ; Encycl. Rept., p. 15, pl. 7, f. 1 ; *Rana ventricosa*, β, Gmel., *Syst. Nat.*, XIII, 1, p. 1049 ; — *Bufo Agua*, Daud. ; *Bufo Brasiliensis*, Laur.,

Amph., n. 3, espèce presque gigantesque de sept à huit pouces de long ; —*Bufo viridis*, Laur., *Amph.*, n. 8 ; le Vert., Lac., Quadr. Ov., p. 587; *Rana Sitibunda*, Pall., Gmel., *Syst. Nat.*, XIII, 1, p. 1050; — *Bufo gibbosus*, Laurent, *Amph.*, n. 6, Lac., Quadr. Ov., pl. XI, reproduite dans l'Encycl., pl. 6, f. 7 ; Gmel., *Syst. Nat.*, XIII, 1, p. 1047; —*Bufo ventricosus*, Laurent., *Amph.*, n. 5; — les *Rana fusca*, *ovalis* et *lineata*; enfin le Coureur, *Bufo cursor* de Lépéchin, sont, avec quelques autres espèces plus ou moins connues, celles qui complètent cette première division.

†† Les doigts des pieds postérieurs palmés ; ceux des mains toujours libres.

Le CRAPAUD COMMUN, *Bufo vulgaris*, Encycl. Rept., p. 16, pl. 6, fig. 1 (mauvaise, ne représentant que trois doigts non palmés aux pieds de derrière); Daud., 24; *Rana Bufo*, L., Gmel., *Syst. Nat.*, XIII, 1, p. 1047; *Bufo terrestris, dorso tuberculis exasperato, oculis rubris*, Roësel, *Ran. nost.*, pl. 20. Ce Crapaud, le type du genre, le plus abject de tous, celui qui se présente le plus souvent sous les pas de l'Homme, n'a pas besoin d'être décrit. On sait que sa taille s'étend de deux à cinq pouces. La manière dont il se gonfle quand on le tourmente vient de ce que sa peau n'est point attachée à son corps ; elle n'y est fixée que par le bord des mâchoires, les articulations et la ligne dorsale; l'Animal y est comme dans un sac, et lorsqu'il se sent surpris, loin de chercher son salut dans une fuite que sa lourdeur rendrait inutile, il ne semble l'attendre que du mépris qu'il inspire; il s'arrête aussitôt, se boursoufle, et se forme de l'air dont il sait s'environner, comme d'un matelas sur lequel les coups qu'on lui porte viennent s'amortir. Fort commun dans les jardins des environs de Paris, il y fait la chasse aux Cloportes, aux jeunes Limaces, aux Cousins et aux Mouches. Il fait souvent entendre un bruit qui ressemble à la voix de l'Homme irrité ou à l'aboiement du Chien. La durée de sa vie est ordinairement de quinze ans ; il ne produit qu'à quatre. L'époque de ses amours si élégamment décrits par le poëte Delille a lieu vers le mois d'avril. L'accouplement se fait ordinairement dans l'eau ; il a cependant quelquefois lieu sur terre ; dans ce cas, la femelle, après l'acte, se rend dans quelque marais en y portant le mâle sur son dos. Là, celui-ci retire avec ses pieds de derrière des œufs qu'il féconde encore à mesure qu'ils sortent en longs cordons glaireux où nous les voyons disposés alternativement par paires. Ces cordons ont quelquefois jusqu'à quarante pieds d'étendue. Pendant qu'ils sont émis, on voit plusieurs mâles jaloux s'approcher du couple uni, chercher à renverser le mâle qu'a choisi la femelle, et à s'emparer de sa place. S'ils ne peuvent réussir, ils prennent le parti de se grouper autour de l'issue par où sortent les œufs, afin d'y épancher leur liqueur spermatique, et comme la plupart des Crapauds ont les mêmes habitudes et viennent se grouper de la même manière près de toute femelle de Batracien en ponte, de-là peut-être la variété considérable qu'on observe dans un genre où les métis doivent être fort communs. De ces œufs sortent de très-petits Têtards tout noirs qui d'abord se fixent par leur bouche contre les Plantes aquatiques, et qui bientôt, munis de branchies externes comme des Poissons, se mettent à nager dans les eaux. Leur ventre est souvent doré. On en trouve d'innombrables quantités dans les mares, et même dans les ornières des landes où, jusqu'aux Hirondelles, des milliers d'ennemis les viennent attaquer. L'évaporation en fait périr un fort grand nombre. Nous en avons compté une fois dix-neuf cents dans un trou de quelques pouces de diamètre et qui fut bientôt desséché par les ardeurs du soleil de mai. Un Canard se délecta du résidu de leurs cadavres. Daudin a donc été induit en erreur quand il a soutenu, contre l'opinion reçue, que le Crapaud commun déposait ses œufs dans les sources souterraines. S'il eût traversé, vers la fin d'avril, l'espace désert qui sépare Bordeaux de Bayonne, il eût vu les Têtards de cette espèce remplir indifféremment toutes les eaux, et jusqu'à celles qui, exposées au plus grand éclat du jour, séjournent dans les traces des roues de charrettes sur les routes détestables des Landes aquitaniques.

Le CENDRÉ, *Bufo cinereus*, Daud., pl. 25, 1. Ce Crapaud est encore européen. On le confond généralement avec le précédent; mais ses yeux d'un jaune doré sont plus petits; sa tête arrondie est moins large; sa teinte cendrée uniforme, et sa taille de deux pouces tout au plus. Il vit par troupes dans les parties sèches et sablonneuses des pays de montagne. Ses verrues présentent quelquefois des teintes cuivreuses; il pénètre jusque dans les maisons.

Le BRUN, *Bufo fuscus*, Laurenti, *Amph.* n° 10; Encycl. Rept., p. 15, pl. 6, f. 3; Daud., pl. 26, f. 1-2-3; *Rana Bombina*, γ, Gmel. (*Syst. Nat.* XIII, 1, p. 1048); *Bufo aquaticus allium redolens, maculis fuscis*, Roësel, *Ran. nostr.*, pl. 69, pl. 17-19. Cette espèce, plus leste que les autres Crapauds, et qui saute à peu près comme les Grenouilles, habite aussi le voisinage des eaux dans lesquelles on le trouve assez souvent; il est varié de brun et de blanchâtre; on dirait de l'écaille; ses yeux brillans présentent cette particularité que la pupille y est verticale au lieu d'être horizontale comme dans les autres espèces; les doigts de derrière sont longs et entièrement palmés, ce qui facilite beaucoup la natation. Quand on tourmente cet Animal, il répand une forte odeur d'ail. Ses œufs sortent en un seul cordon moins long, mais plus épais que dans le Crapaud commun, et disposés presque confusément sur plusieurs rangs. Le Têtard qui en naît n'a qu'une ouverture branchiale du côté gauche; il est le plus gros de ceux d'Europe,

et devient souvent si considérable à l'instant où les pates lui poussent que dans certains cantons on le confond avec les Goujons dans les fritures. Ce Têtard donne dans nos climats une idée assez juste de celui du *Rana paradoxa*; et lorsqu'il devient totalement Crapaud, on dirait qu'il diminue d'abord. Nous l'avons souvent observé confondu avec les petits Têtards noirs du Crapaud commun, et les figures de Roësel en donnent l'idée la plus exacte. Ce Crapaud coasse à peu près comme la Grenouille.

Le SONNANT ou PLUVIAL, *Bufo Bombinus*, Daud., pl. 26, f. 1-3; Crapaud à ventre jaune, Cuv., R. A. T. II, p. 96; *Bufo igneus*, Laurenti, *Amph.*, n° 13; Crapaud couleur de feu, Encycl. Rept., pag. 13, pl. 6, f. 5-6; *Bufo vulgò igneus dictus*, Roës., *Ran. nostr.*, p. 97, pl. 22-23; vulgairement Crapaud d'eau. Cette petite espèce, qui n'a guère plus de deux pouces de long, n'a presque rien de la laideur des autres Crapauds; et si ce n'était les pustules verruqueuses de son dos et la teinte noire et terreuse de ses parties supérieures, on dirait, à la longueur de ses pates postérieures, une Grenouille dont la tête plus arrondie aurait seulement son museau plus obtus; du reste ses yeux, quoique petits, sont ardens; et, contre la règle commune qui veut que les parties des Plantes et des Animaux le moins exposés à la lumière soient le moins richement colorées, c'est le dessous du corps qui, dans l'Animal qui nous occupe, lui mérita le nom de couleur de feu. En effet, la partie inférieure de la tête, le ventre et le dessous des cuisses et des bras, avec la paume de la main et la plante des pieds, sont d'une teinte jaune brillant avec des reflets d'un roux vif, marbrés de taches d'un bleu souvent assez agréable à l'œil. Ce Crapaud se tient presque toujours dans l'eau, où il nage et saute entre les Potamots, les Nénufars et les Conferves. Il ne fuit pas la lumière comme les autres espèces, et semble au contraire se complaire à la clarté du soleil le plus ardent. C'est quand il est échauffé par les rayons vivifians de cet astre, qu'il répand, si l'on vient à le tourmenter, une odeur d'ail très-sensible. Son cri est sourd, triste, et ressemble un peu à celui de quelques Oiseaux de nuit ; il se compose d'un seul son qu'on a comparé assez mal à propos à celui d'une cloche ; dans le midi de la France et pendant les nuits d'été, il se mêle souvent à celui des Grenouilles dont il fait une sorte de basse. Le Crapaud sonnant pond des œufs un peu plus gros que ceux de ses congénères, disposés par paquets et non en cordons, et forme conséquemment le passage des Crapauds aux Grenouilles. Les Têtards qui en proviennent sont fauves, et de bonne heure présentent de petites taches bleues sous le ventre ; leur queue est fort large dans le sens vertical, et d'abord munie de crêtes ou de quelques dentelures en forme de frange, indiquant encore un passage aux Tritons avec qui le Crapaud dont il est question offre beaucoup de ressemblance à l'instant où les pates commencent à lui pousser. Nous avons fait sur ces Têtards, fort communs dans nos landes, une expérience qui aurait besoin d'être recommencée, à laquelle malheureusement notre départ pour l'armée ne nous permit pas de donner toute la suite nécessaire ; cette expérience nous offrit des résultats fort singuliers. Nous n'avons pas ouï dire que les membres coupés des Anoures se puissent reproduire, tandis qu'on sait que les Urodèles ont la propriété, comme les Crustacés, de reproduire leurs pates coupées. Ayant retranché la queue des Têtards du Crapaud qui nous occupe, ils mouraient promptement, ainsi qu'il arriva à des Tritons privés de cette partie ; mais quand nous coupâmes leurs pates naissantes, elles commençaient à se reproduire à l'instant où nous fûmes forcés d'abandonner nos sujets mutilés. Ayant depuis coupé les pates à l'Animal adulte, ceux-ci sont restés estropiés comme l'auraient été pour

toujours d'autres Crapauds. Notre Têtard aurait donc une faculté reproductive commune avec celle des Tritons, et qu'il perdrait en devenant définitivement Crapaud. Nous recommandons aux naturalistes de suivre de tels essais demeurés sans résultat définitif. — Le Crapaud sonnant, lorsqu'on le surprend hors de l'eau, essaye d'abord de fuir en sautant ; s'il sent l'inutilité de ses efforts, il s'arrête et se recourbe le plus qu'il peut, en rapprochant sa tête de sa partie postérieure, et en creusant son dos pour renfler l'abdomen. Roësel a fort bien figuré cette posture, qui rappelle celle que prennent sur la voie publique les petits bateleurs dans ceux de leurs tours de force où ils marchent sur le ventre.

Les *Bufo Chloragaster*, Daud., pl. 23, f. 2, de Java ; — *salsus* de Schranck, qui habite les eaux salées des réservoirs du pays de Saltzbourg et d'Autriche, espèce très-réelle encore qu'on l'ait regardée comme une variété du Sonnant ; — *Ridibunda* de Pallas, qu'il ne faut pas confondre avec le *Bombinus*; — *Vespertina*, Pall., qui, de même que le précédent, se trouve en Sibérie et dans le bassin de la Caspienne ; — *Margaritifer*, Daud., pl. 33, f. 1 ; — *Rana Typhonia*, Gmel., *Syst. Nat.*, XIII, 1, p. 1032, qui n'est pas une Grenouille ; — *Bufo nasutus* de Schneider, qu'on appelle *Aquaqua* au Brésil ; — *Musicus*, Daud., pl. 33, f. 5 ; vulgairement le Criard à la Nouvelle-Angleterre ; — *Rana musica*, L., qui se trouve aussi à Surinam ; — *Humoralis*, Daud. ; *Rana marina*, L., vulgairement l'Epaule armée à Cayenne, où sa taille n'est pas moindre de huit à neuf pouces ; — *semi-lunatus*, Schneid., de Surinam ; — *Cyanophlyctis*, Daud., des Indes-Orientales ; — et *cornutus*, Daud., pl. 38, le Cornu, Encycl. Rept., p. 7, f. 5, sont à peu près les principales espèces qui complètent cette division. La dernière surtout est d'une figure monstrueuse ; sa taille est assez grande ; sa tête presqu'aussi grosse que son corps ; sur les yeux s'élèvent comme deux cornes. On trouve ce Crapaud à Surinam et dans la Caroline.

††† Tous les doigts palmés ou semi-palmés, même ceux des mains. ʹ

Les *Bufo Panamensis* de Daudin, *Arunco* de Molina, qui se trouve au Chili, et *Spinipes* de Schneider, rapporté de la Nouvelle-Hollande, forment cette section, à laquelle on rapporte un Crapaud de Roësel, *Bufo Roeselii*, Daud., qui nous paraît être un double emploi du Crapaud commun. En effet, il n'y a pas de *Bufo vulgaris* dans Roësel, quoiqu'on indique ce nom comme synonyme de l'espèce douteuse. Aucune figure de Roësel ne représente de Crapaud qui ait les pieds antérieurs palmés ou semi-palmés. Toutes ont les doigts de devant parfaitement libres. On dit que ce *Bufo Roeselii* est fort commun dans les mares d'Auteuil près de Paris, qu'on en fait en ce lieu une pêche fort abondante et lucrative durant la nuit; qu'après l'avoir pris on le coupe par la moitié, et qu'on transporte dans les marchés de Paris ses cuisses qui s'y vendent avec celles des Grenouilles pour l'usage de la table. Nous n'avons pas vu pêcher de tels Crapauds; mais nous avons fréquemment vu en plusieurs endroits, non-seulement le *Bufo vulgaris* et le *Bufo fuscus*, mais d'autres Batraciens fort ressemblans, qui nous paraissent être des métis de ce dernier Crapaud et des Grenouilles, pris, tués et préparés pour être transportés à Paris, où l'on vend indifféremment les cuisses de toutes sortes de Batraciens; les marchandes qui font cette sorte de trafic ont, à la vérité, des Grenouilles vivantes dans des paniers ou dans des baquets, et les tuent sous les yeux des acheteurs quand ceux-ci l'exigent; mais pour peu qu'on achète des cuisses tout écorchées, exposées sur leur établi, il est probable qu'on achète des cuisses de Crapauds. Comme il n'en résulte aucun inconvénient, et que jamais personne n'en a éprouvé le moindre mal, il est bien clair que les Crapauds ne sont pas vénéneux,

et que les odeurs désagréables que répandent plusieurs d'entre eux, proviennent uniquement d'humeurs suintant des pustules de leur peau, et que lorsqu'on ôte cette peau que nous avons dit ne point être adhérente, la chair demeure sans odeur ni mauvais goût. Adanson rapporte que les nègres du Sénégal ont si peu d'horreur des Crapauds, que ces Animaux étant toujours froids, à cause de l'évaporation continuelle qui a lieu à leur surface, ils se les appliquent sur le front, pour se rafraîchir, quand ils en rencontrent dans leurs voyages. (B.)

CRAPAUD. *Bufo.* MOLL. Montfort (Conch. Syst. T. II, p. 574) avait séparé sous ce nom générique une coupe naturelle dont les élémens se trouvaient répandus dans le genre Murex de Linné. Lamarck l'adopta en lui donnant et un autre nom et des caractères bien mieux circonscrits. Le nom de Ranelle de Lamarck a prévalu. *V.* ce mot. (D..H.)

CRAPAUD AILÉ. MOLL. Nom marchand du *Strombus latissimus*, L. *V.* STROMBE. (B.)

CRAPAUD DE MER. POIS. Syn. de *Scorpena horrida*, L.; et de *Lophius Histrio*, L. (B.)

*CRAPAUD ÉPINEUX. REPT. SAUR. Syn. de Tapaye, espèce du genre Agame. *V.* ce mot. (B.)

CRAPAUD - VOLANT. OIS. Syn. vulgaire d'Engoulevent. *V.* ce mot. (DR..Z.)

CRAPAUDINE. POIS. Nom donné à l'Anarrhique Loup, dans l'idée où l'on était que les pétrifications appelées Bufonites étaient les dents fossiles de ce Poisson. (B.)

CRAPAUDINE. BOT. PHAN. Nom vulgaire du genre Sidéritis. *V.* ce mot. (B.)

CRAPAUDINE. MIN. Nom donné par Galitzin au Minéral décrit par le docteur Withering dans les Transactions philosophiques de Londres, et qui se compose de Silice, 63; Alumine, 14; Chaux, 7; Fer oxidé, 16.

Ce Minéral paraît être la base de la Variolite. *V*. ce mot.   (A.R.)

CRAPAUDINES. POIS. FOSS. *V*. BU-FONITES.

CRAPE. CRUST. Pour Crabe. *V*. ce mot.   (B.)

CRAPECHEROT. OIS. Pour Crau-pecherot. *V*. ce mot.   (B.)

CRAQUELINS ou CRAQUELOT. CRUST. Nom vulgaire que donnent les pêcheurs aux Crustacés qui, venant de changer de peau, sont encore mous, et sont employés comme appât. (B.)

CRASPEDARIUM. MOLL. Nom donné par Hill à la Verticelle carrée. *V*. VERTICELLE.   (D..H.)

CRASPÈDE. *Craspedum*. BOT. PHAN. Loureiro (*Fl. Cochinch.* 2, p. 441) avait institué ce genre pour une Plan-te que Poiret (Encycl. méth. Suppl. 2, p. 104) a réunie au genre *Elæo-carpus*, et que DeCandolle (*Prodrom. Syst. Veg.* 1, p. 520) rapporte à la fa-mille des Elæocarpées et au genre *Di-cera* de Forster, exprimant toutefois ses doutes sur la justesse de cette réu-nion. Le *Craspedum tectorium*, Lour., habite les forêts de la Cochinchine. Ses feuilles sont oblongues, crénées et acuminées; ses fleurs monogynes, réunies en masse et formant une sorte d'épi terminal; sa baie est uniloc-laire et polysperme. *V*. au surplus les mots DICÈRE et ELÆOCARPE. (G..N.)

CRASPÉDIE. *Craspedia*. BOT. PHAN. Dans le Prodrome de la Flore des îles australes de Forster, les caractè-res d'un genre de la famille des Sy-nanthérées et de la Syngénésie ségré-gée, se trouvent exposés sous le nom de *Craspedia*, mais sans description des espèces. Willdenow et Persoon n'ont apporté aucune critique, en exposant les caractères de ce genre, et l'ont admis tel que Forster l'a don-né. Ce genre a donc été assez mal dé-crit dans son origine, pour être mé-connu, et c'est ce qui nous explique pourquoi Labillardière (Voyage à la recherche de Lapeyrouse, T. I, p. 186) a décrit la même Plante sous le nouveau nom de *Richea*, que R.

Brown a transporté à un genre de la famille des Epacridées. Le *Richea glauca* de Labillardière est bien cer-tainement la même Plante que le *Cras-pedia uniflora* de Forster; mais com-me ce dernier nom est plus ancien, il a été conservé de préférence au *Ri-chea* ainsi qu'au *Cartodium*, sous le-quel Solander avait encore désigné le genre en question dans les dessins d'objets d'histoire naturelle rapportés du second voyage de Cook et conser-vés dans la bibliothèque de sir Joseph Banks. Voici les caractères génériques tracés par Labillardière, et dont R. Brown (*Observations on the Compo-sitæ*, p. 106) a vérifié l'exactitude, en ajoutant quelques remarques que nous exposerons plus bas : involucre géné-ral composé de folioles nombreuses, égales et disposées sur un seul rang; capitules ou calicules nombreux, con-tenant cinq à six fleurs à corolles in-fundibuliformes, hermaphrodites; réceptacle paléacé; akènes obovés, un peu velus et couronnés par une ai-grette plumeuse. R. Brown observe que l'involucre général est formé de bractées qui soustendent les capitules partiels et sont en même nombre qu'eux, et que les paillettes du récep-tacle sont analogues à ces bractées. Il est essentiel, ajoute le botaniste an-glais, de faire attention à cette struc-ture qui devient surtout importante, si on veut établir une comparaison entre le *Craspedia* et deux autres genres voisins nommés par l'auteur *Calocephalus* et *Leucophyta*. Indé-pendamment du *Craspedia uniflora* de Forster, R. Brown dit en avoir encore observé une autre espèce dont il ne donne aucune description.

                   (G..N.)

CRASPÉDOSOME. *Craspedosoma*. INS. Genre de l'ordre des Myriapo-des établi par Leach (*Trans. of the Linn. Societ.* T. XI) et rangé par La-treille dans la famille des Chilogna-thes, à côté des Jules et dans le genre Polydème. Ils ressemblent à ces der-niers par la forme linéaire de leur corps, par l'habitude de se rouler en spirale et par les segmens comprimés sur les côtés inférieurs, avec une saillie en forme de rebord ou d'arête en dessus. Ils en diffèrent par leurs yeux distincts. *V*. POLYDÈME. (AUD.)

*CRASSANGIS. BOT. PHAN. A. Du Petit-Thouars, dans son Histoire des Orchidées des îles australes d'Afrique, a ainsi nommé une Plante de la section des Epidendres et du genre *Angræcum*, auquel il substitue le nouveau nom d'*Angorchis*; le mot de *Crassangis* est lui-même formé de la réunion des deux noms générique et spécifique, *Angræcum crassum*, de la nomenclature généralement adoptée. Cette Plante, figurée (*loc. cit.*, t. 70 et 71), croît dans l'île de Madagascar où elle fleurit au mois de juillet. Ses feuilles sont rubanées, terminées par deux lobes; ses fleurs grandes et blanchâtres, ayant un labelle concave, à bords entiers, capuchonné et terminé par un éperon allongé, sont disposées le long d'un axe qui part latéralement de l'aisselle des feuilles. La Plante a une hauteur de trois à quatre décimètres.　　　　(G..N.)

CRASSATELLE. *Crassatella*. MOLL. Ce genre, que Lamarck avait d'abord fait connaître sous le nom de PAPHIE, *Paphia*, dans la première édition des Animaux sans vertèbres, reçut de lui le nom de Crassatelle, d'abord dans les Annales du Muséum, et ensuite dans la seconde édition des Animaux sans vertèbres; c'est cette seconde dénomination qui a été adoptée par les conchyliologues. Autant ce genre est peu nombreux en espèces vivantes, autant il se trouve abondamment fossile; mais comme le remarque Defrance (Dict. des Sc. Nat.), il ne se rencontre jamais dans la Craie ou dans les terrains qui sont au-dessous d'elle; on ne le voit que dans les terrains tertiaires et surtout dans ceux des environs de Paris, quoiqu'il y en ait aussi quelques espèces en Angleterre dans l'Argile de Londres, qui remplace, par sa position géologique et la nature des Fossiles qu'elle renferme, nos terrains parisiens. Quelques espèces de ce genre avaient été connues de Chemnitz, de Gmelin, de Bruguière; mais les deux premiers les avaient confondues avec les Vénus, et le dernier avec les Mactres, avec lesquelles elles ont effectivement bien des rapports; mais on n'avait aucune idée de ces belles Crassatelles si rares et si précieuses qui furent rapportées dans ces derniers temps de la Nouvelle-Hollande, et qui se voient dans la magnifique collection du Muséum, espèces d'autant plus intéressantes que l'une d'elles nous offre l'analogue d'une de nos plus communes Coquilles fossiles des environs de Paris. Ce fait ainsi que celui relatif au Cérithe Géant, et quelques autres semblables, font penser que ce pourrait bien être dans ces mers éloignées que l'on devra chercher, non pas tous les analogues de nos espèces fossiles en général, mais peut-être une quantité suffisante pour en tirer des conclusions satisfaisantes qui tendraient à prouver un changement notable de température, quelle qu'en soit la cause première. Quoi qu'il en soit de ces considérations générales, qui, si elles étaient appuyées d'un grand nombre de faits, pourraient bien servir de véritable base à l'histoire de la terre, voici les caractères qui distinguent les Crassatelles des genres voisins: coquille inéquilatérale, suborbiculaire ou transverse; valves non bâillantes; deux dents cardinales subdivergentes, et une fossette à côté; ligament intérieur inséré dans la fossette de chaque valve; dents latérales nulles.

Si nous considérons quelle place doivent occuper les Crassatelles dans la série des genres, nous verrons, d'après les caractères énoncés, qu'elles doivent se rapprocher beaucoup des Mactres dont elles ont le ligament intérieur, et des Érycines dont quelques espèces se rapprochent assez pour avoir été confondues dans ce dernier genre par quelques conchyliologues. Cuvier (Règn. Anim. T. 11, p. 474) place les Crassatelles à côté des Cardites et des Vénéricardes, quoique dans ces derniers genres la position du ligament et la disposition de la charnière soient bien différentes. Il dit : « Je ne doute guère que ce ne soit encore la place des Crassatelles que l'on a rapprochées tantôt des Mactres, tantôt des Vénus; » et plus bas : « Leurs valves deviennent très-épaisses avec l'âge, et l'empreinte des bords du manteau donne à croire que, comme les précédentes (les Cardites et les Vénéricardes), elles n'ont pas de tubes extensibles. » Cette manière d'énoncer avec doute et avec une grande réserve les caractères qui pourraient le mieux servir à placer convenablement ce genre, fait penser que Cuvier avait lui-même peu de données, et que ce n'est que par une analogie éloignée qu'il l'a provisoirement placé comme cinquième genre des Mytilacés. Férussac (Tableaux syst. des Anim. moll. p. 42) établit une famille pour les Crassatelles, en y joignant le genre Crassine. Ces deux genres, s'ils ont entre eux certains rapports, manquent de ceux relatifs à la charnière et à la position du ligament. *V.* CRASSATELLES.

Le nombre des espèces vivantes connues n'est pas encore considérable. Celui des espèces fossiles le surpasse de beaucoup. Nous nous contenterons de citer les espèces suivantes qui nous ont paru les plus dignes de fixer l'attention :

CRASSATELLE DE KING, *Crassatella Kingicola*, Lamk., Ann. du Mus., vol. 6, p. 408, et Anim. sans vert. T. v, p. 481, n° 1. Cette Crassatelle rare et précieuse est revêtue d'un épiderme brun qui disparaît vers les crochets; elle est ovale, orbiculaire, épaisse, enflée, d'un blanc jaunâtre, obscurément rayonnée et ornée à sa surface de stries très-fines et très-serrées, quelquefois irrégulières, présentant plutôt des traces d'accroissement : les crochets sont plissés, peu proéminens. Cette Coquille, large de deux pouces neuf lignes, se trouve dans les mers de la Nouvelle-Hollande, à l'île de King.

CRASSATELLE SILLONNÉE, *Crassatella sulcata*, Lamk.; Ann. du Mus.

p. 408 et 409, n° 2; pour la fossile, Anim. sans vert., *loc. cit.* n° 3. Celle-ci est une des espèces les plus intéressantes, puisqu'elle nous offre l'analogue d'une de nos espèces fossiles que l'on trouve abondamment aux environs de Beauvais, à Bracheux et à Abbecourt. C'est une Coquille ovale, trigone, très-inéquilatérale, un peu enflée, élégamment sillonnée transversalement; le côté antérieur est anguleux, proéminent; les sillons diminuent de grosseur vers les crochets, deviennent des stries très-fines qui finissent par disparaître au sommet; la lunule et le corselet sont bien marqués et enfoncés. Cette espèce, qui vient des mers de la Nouvelle-Hollande, à la baie des Chiens-Marins, présente plusieurs variétés; la première ne diffère que par le volume; c'est le Fossile de Bracheux. La seconde est moins arrondie, bien plus transverse, mais plus épaisse et plus globuleuse, presque bossue, également fossile de Bracheux et d'Abbecourt; la troisième enfin est plus déprimée et présente des sillons ou des plis plus réguliers, ce qui rend la Coquille plus élégante.

Outre les espèces fossiles figurées par Sowerby dans le *Mineral Conchology* et celles décrites par Lamarck dans les Annales du Muséum, nous avons eu occasion de recueillir aux environs de Paris plusieurs espèces inconnues dont nous citerons seulement la plus remarquable.

CRASSATELLE SCUTELLAIRE, *Crassatella scutellaria*, N. Cette grande Coquille ovale, trigone, aplatie, dont le test est très-épais, a le bord antérieur anguleux, subrostré. De la lunule et du bord postérieur partent des sillons qui s'aplatissent sur la surface de la Coquille, et qui y disparaissent vers le milieu; la lunule est très-enfoncée; le corselet l'est aussi, et il est circonscrit par une côte saillante; les crochets sont peu proéminens; la lame cardinale est large; l'impression du ligament est grande, irrégulièrement triangulaire; le bord inférieur des valves est crénelé; elle est longue de deux pouces trois lignes et large de deux pouces neuf lignes. Nous l'avons découverte à Abbecourt, à deux lieues de Beauvais, dans une localité semblable à celle de Bracheux, mais plus importante; car elle pourra servir à décider l'âge et la vraie position géologique des Fossiles de cette dernière localité. (D..H.)

*CRASSATELLES. MOLL. Férussac, dans ses Tableaux systématiques des Animaux mollusques, p. 42, propose de faire avec les genres Crassatelle et Crassine (Astarté, Sowerby) une famille particulière sous le nom de Crassatelles; il place cette famille parmi les Mytilacés, comme Cuvier l'avait fait pour le genre Crassatelle seul. Nous ignorons quels sont les motifs qui ont engagé Férussac à ranger les Crassatelles dans un ordre qui en paraît si différent. Cet auteur n'ayant rien publié qui puisse nous éclairer, nous conserverons notre opinion, qui est celle de Lamarck et d'autres conchyliologues, de placer ce genre dans la famille des Mactracées, tout près des Mactres et non loin des Erycines qui commencent à laisser apercevoir des dents latérales qui sont ordinairement avortées ou peu marquées dans les Crassatelles. V. CRASSATELLE. Nous nous sommes également demandé pourquoi le même auteur avait placé dans une même famille les Astartés et les Crassatelles, qui n'ont d'autres rapports que l'épaisseur des valves et leur *facies* qui, quoique particulier à ce genre, a pourtant quelque ressemblance avec celui des Crassatelles. Autrement le genre Astarté ou Crassine de Lamarck a des rapports évidens avec les Vénus; un ligament extérieur, deux dents cardinales, une coquille parfaitement close, sont des caractères qui les placent près de ces dernières. (D..H.)

CRASSINA. BOT. PHAN. (Cœsalpin.) Syn. de Zinnia. V. ce mot. (B.)

*CRASSINE. *Crassina.* MOLL. Lamarck (Anim. sans vert. T. v, p. 54), par un double emploi, avait sous ce nom formé un genre déjà établi par Sowerby (*Mineral Conchol.*) sous celui d'Astarté; malgré sa postériorité, la dénomination de Crassine avait été adoptée par quelques naturalistes; il est juste pourtant que le nom le plus ancien soit celui qui prévale. V. ASTARTÉ. (D..H.)

CRASSOCEPHALUM. BOT. PHAN. Mœnch a proposé d'établir un genre sous ce nom avec le *Senecio cernuus* de Linné, mais ce genre n'a pas été adopté. V. SENEÇON. (A. R.)

CRASSOPETALON. BOT. PHAN. V. CROSSOPETALON.

CRASSULA. BOT. PHAN. V. CRASSULE.

CRASSULACÉES. *Crassulaceæ.* BOT. PHAN. Cette famille, que l'on désignait autrefois sous les noms de Sempervivées ou de Joubarbes, appartient à la classe des Dicotylédons à étamines périgynes. Elle se compose de Plantes généralement herbacées ou plus rarement frutescentes, et son nom rappelle une des particularités les plus remarquables de leur organisation, qui consiste à avoir des feuilles épaisses et charnues, tantôt alternes, tantôt opposées. Les fleurs qui présentent quelquefois un éclat très-vif, offrent différens modes d'inflorescence. Leur calice est profondément divisé; la corolle se compose d'un nombre plus ou moins considérable de pétales, égal à celui des divisions du calice, avec lesquelles ils alternent; quelquefois la corolle est complètement monopétale. Le nombre des étamines est le même ou plus rarement double de celui des pétales ou des lobes de la corolle monopétale; quand elles sont en nombre double, il arrive quelquefois que la rangée intérieure avorte ou se compose de corpuscules ou appendices de forme variée. Les étamines sont insérées à la base ou à l'onglet de chaque pétale, et l'insertion est toujours périgynique. Au fond de la fleur, on trouve constamment plusieurs pistils distincts et supérieurs, quelquefois légèrement soudés entre eux par leur base. Leur nombre varie de trois à douze et même au-delà. Chacun d'eux se compose d'un ovaire plus ou moins allongé, à une seule loge, qui contient plusieurs ovules attachés à un trophosperme sutural et placé du côté interne. Le style est un peu oblique et se termine par un stigmate simple et petit; en sorte que chaque pistil ressemble beaucoup à celui des Renonculacées polyspermes. Le fruit se compose d'autant de capsules uniloculaires et polyspermes qu'il y avait de pistils dans chaque fleur. Ces capsules s'ouvrent par la suture longitudinale qui règne sur leur côté interne; les graines sont attachées aux deux bords rentrans de la suture. Elles se composent d'un embryon plus ou moins recourbé, enveloppant en quelque sorte un endosperme farineux. Cette famille se rapproche des Caryophyllées, dont elle diffère par son insertion périgynique. Elle a aussi de grands rapports avec les Saxifragées, les Nopalées, les Portulacées et les Ficoïdes qui sont également pourvues d'un endosperme farineux; mais elle s'en distingue surtout par la pluralité de ses pistils.

Les genres de cette famille sont peu nombreux. Les principaux sont : *Tillæa*, L.; *Bulliarda*, D.C.; *Crassula*, L., auquel il faut réunir les genres *Larochea*, *Globulæa*, *Turgosea*, etc., établis par Haworth (*V*. le mot CRASSULE); *Cotyledon*, D. C.; *Kalanchoe*, Adans.; *Verea*, Willd.; *Bryophyllum*, Lamk.; *Sedum*, L.; *Rhodiola*, L.; *Sempervivum*, L.; *Septas*, L.

Jussieu rapproche également de cette famille les genres *Penthorum* de Gronovius et *Cephalotus* de Labillardière et de R. Brown. (A. R.)

CRASSULE. *Crassula*. BOT. PHAN. L'un des genres les plus considérables de la famille des Crassulacées, qui en a tiré son nom, et qui lui-même emprunte le sien du latin *crassus*, épais. Il fait partie de la Pentandrie Pentagynie, L., et se compose de près d'une centaine d'espèces, qui croissent pour la plupart dans les contrées chaudes du globe, particulièrement au cap de Bonne-

Espérance. Les auteurs modernes, et spécialement De Candolle (Plantes grasses) et Haworth (*Plantæ succulentæ*) ont modifié les caractères du genre *Crassula* de Linné et de Jussieu. Ainsi le premier en a retiré, pour en former un genre nouveau sous le nom de *Larochea*, les espèces peu nombreuses qui ont la corolle monopétale, ne laissant parmi les véritables Crassules que celles dont la corolle est formée de cinq pétales. Haworth a beaucoup multiplié le nombre des divisions génériques, et a formé sept genres avec les espèces décrites par les différens auteurs sous le nom de *Crassula*. De ces genres trois contiennent les espèces à corolle monopétale : ce sont *Larochea*, *Kalosanthes* et *Vauhanthes*; quatre, celles dont la corolle est pentapétale : ils portent les noms de *Crassula*, *Curtogyne*, *Turgosea* et *Globulæa*. Nous pensons que dans un genre aussi naturel ces coupes ne doivent être considérées que comme de simples sections, et non comme des genres réellement distincts : aussi ne les envisagerons-nous que comme telles dans le cours de cet article.

On peut distinguer les Crassules aux caractères suivans : leur calice est à cinq divisions très-profondes; la corolle est formée de cinq pétales, ou est monopétale, régulière, ordinairement infundibuliforme et à cinq lobes; les étamines, au nombre de cinq, sont insérées sous les ovaires ou à la base de la corolle monopétale. On trouve généralement à la base des ovaires cinq écailles glanduleuses qui manquent dans une seule espèce dont Haworth a fait son genre *Vauhanthes*. Les pistils sont au nombre de cinq; chacun d'eux se compose d'un ovaire uniloculaire polysperme et d'un style plus ou moins allongé; le fruit est formé de cinq capsules uniloculaires et polyspermes.

Les Crassules, ainsi que l'indique leur nom, sont toutes des Plantes grasses; leurs tiges et leurs feuilles sont épaisses et charnues; leurs fleurs, qui offrent une inflorescence très-variée, sont quelquefois peintes des couleurs les plus vives : aussi en cultive-t-on un grand nombre dans les serres des amateurs. Nous allons mentionner ici les espèces les plus remarquables, en les divisant en sept sections qui correspondront aux sept genres établis par De Candolle et Haworth.

† *Corolle monopétale.*

§ I. — LAROCHEA, De Cand., Haworth. Calice à cinq divisions ; corolle monopétale, régulière, infundibuliforme ; tube court et seulement de la longueur du limbe, qui est à cinq divisions ; fleurs en corymbes terminaux, sans involucre.

Ce genre, établi d'abord par De Candolle, adopté par Haworth dans son *Synopsis*, a été modifié par ce dernier dans sa Révision des Plantes grasses, où il n'y a laissé que deux espèces, *Larochea falcata* et *Larochea perfoliata*, et a formé des autres un nouveau genre sous le nom de *Kalosanthes*.

Le *Larochea falcata*, De Cand., Plant. grass., t. 103, ou *Crassula falcata*, Botan. Mag. 2035, est originaire du cap de Bonne-Espérance. C'est un Arbuste légèrement ligneux à sa base, portant des feuilles glabres opposées, presque connées et réfléchies en forme de faux ; ses fleurs sont rouges, disposées en corymbes et portées sur des pédoncules dichotomes.

§ II. — KALOSANTHES, Haworth, *Revis. succulent. Plants*, p. 6. Toutes les espèces de cette section sont originaires du cap de Bonne-Espérance ; elles diffèrent seulement des *Larochea* par leur inflorescence en forme de capitules environnés d'un involucre ; leur corolle est également infundibuliforme, mais son tube est trois fois plus long que les divisions du limbe. Haworth rapporte à ce genre huit espèces, qui toutes sont des Arbustes peu élevés, dont les feuilles sont imbriquées en croix, vertes, ordinairement allongées et ciliées de poils roides sur leurs bords ; leurs fleurs sont très-nombreuses, ayant généralement la même

forme que celle du Jasmin ; leur couleur est blanche ou rouge. On remarque parmi ces espèces :

Le KALOSANTHE ROUGE, *Kalosanthes coccinea*, Haw., loc. cit. p. 8 ; c'est le *Larochea coccinea*, D. C., loc. cit. T. 1, ou *Crassula coccinea* des jardiniers. Ses feuilles sont imbriquées, très-rapprochées les unes contre les autres ; ses fleurs, d'une belle teinte pourpre, forment un corymbe dichotome au sommet des ramifications de la tige. Cet Arbuste, dont la tige acquiert de deux à trois pieds d'élévation, est très-fréquemment cultivé dans les jardins.

Le KALOSANTHE ODORANT, *Kalosanthes odoratissima*, Haw., loc. cit. p. 7, ou *Crassula odoratissima*, Andrews, *Repos.* t. 26, a ses fleurs presque roses et répandant une odeur très-forte analogue à celle de la Tubéreuse ; ses feuilles sont linéaires, lancéolées, obtuses.

§ III. — VAUHANTHES, Haw. *Revis. suc. Plants*. Cette section, formée d'une seule espèce, se distingue des deux précédentes et de toutes les autres Crassules par l'absence des écailles qui accompagnent l'ovaire ; c'est le *Crassula dichotoma*, L., ou *Vauhanthes chloræflora*, Haworth, petite Plante annuelle, glabre et ayant tout-à-fait le port d'une *Chlora*. Elle croît au cap de Bonne-Espérance.

†† *Corolle polypétale.*

§ IV. — CRASSULE, *Crassula*, Haworth, loc. cit. Cette section, la plus nombreuse en espèces, a ses fleurs disposées en cime ; leur corolle est formée de cinq pétales, quelquefois légèrement soudés entre eux par leur base ; les pistils sont au nombre de cinq, accompagnés d'écailles hypogynes qui ne sont probablement que des étamines difformes et stériles. Ce sont toutes des Arbustes ou des Herbes annuelles qui ont généralement les feuilles opposées en croix. Nous citerons ici :

La CRASSULE TÉTRAGONE, *Crassula tetragona*, D. C., Pl. gr., t. 19. Arbuste de trois pieds d'élévation, ayant la tige lisse, droite et roussâtre, portant des feuilles à quatre angles obtus, arquées en dessus, très-rapprochées et disposées sur quatre rangs; ses fleurs, blanches et assez petites, forment des cimes rameuses et terminales. Elle vient du Cap.

La CRASSULE A FLEURS BLANCHES, *Crassula lactea*, Willd., *Sp.*, D. C., Pl. grass. Cette espèce est assez petite; ses tiges sont ordinairement étalées, épaisses et roides; ses feuilles sont rapprochées, opposées et presque connées à leur base qui est rétrécie; les fleurs sont assez grandes, d'un blanc pur, et disposées en cimes paniculées. Elle croît au cap de Bonne-Espérance.

Nous ne possédons en France que trois espèces de ce genre, qui sont : la Crassule rougeâtre, la Crassule de Magnol et la Crassule d'Angers.

La CRASSULE ROUGEATRE, *Crassula rubens*, L., D. C., Pl. gr., t. 55, est une petite Plante annuelle, très-commune dans les vignes et au pied des haies; ses tiges sont hautes de trois à quatre pouces, un peu velues, rougeâtres; ses feuilles sont alternes, charnues et presque cylindriques; ses fleurs sont rosâtres et sessiles.

La CRASSULE D'ANGERS, *Crassula Andegavensis*, D. C., Fl. Fr., Suppl. p. 522. Cette petite espèce ressemble beaucoup par son port au *Sedum atratum* dont elle diffère par ses caractères. Elle est entièrement glabre; sa tige est grêle, simple à sa base, divisée en trois rameaux dressés; ses feuilles sont opposées dans le bas, alternes dans le haut, ovoïdes, allongées et dressées; ses fleurs très-petites et d'un blanc rougeâtre naissent sur les ramifications de la tige. Elle croît en Anjou et dans d'autres parties de la France.

§ V. — CURTOGYNE, Haw., *loc. cit.* On distingue ce groupe par ses ovaires cylindriques, allongés, renflés à leur sommet qui se termine par un long style; les fleurs sont disposées en cimes; les feuilles sont ondulées, ciliées sur les bords, imbriquées sur quatre rangs. Cette section ne comprend que deux

espèces, originaires l'une et l'autre du cap de Bonne-Espérance, et qui forment des Arbustes d'un pied de hauteur. L'une est le *Curtogyne undata*, Haworth (*Revis.* p. 8); l'autre le *Curtogyne undulata*, *id.* Ces deux Plantes sont cultivées dans les serres chaudes.

§ VI. — TURGOSEA, Haworth, *loc. cit.* Cette section comprend les espèces qui ont les fleurs disposées en épis ou en thyrses, accompagnées de bractées; la corolle formée de cinq pétales légèrement mucronés un peu au-dessous de leur sommet; les écailles du disque émarginées. Ce sont des Herbes bisannuelles, charnues, velues, ayant les feuilles opposées en croix; les fleurs petites et rosâtres. On y rapporte les espèces suivantes, qui toutes viennent du cap de Bonne - Espérance : *Crassula linguæfolia*, Haworth; *C. tomentosa*, Thunb., *Cap. prod.* 56 ; *C. pertusa*, Haworth; *C. obovata*, Haw.; *C. Aloides*, Ait. Kew., 394.

§ VII. — GLOBULÆA, Haworth, *loc. cit.* La corolle est formée de cinq pétales dressés portant chacun un globule jaune à leur sommet. Ce caractère est le seul qui distingue cette section des vraies Crassules. Haworth y rapporte six espèces, toutes originaires du cap de Bonne-Espérance. Ce sont les *Crassula cultrata*, Bot. Mag. 1940; *Crass. capitata*, Cat. Hort. Dyck.; *Crassula obvallaris*, Haworth; *Crassula canescens*, id.; *Crassula sulcata*, id.

Toutes les espèces de Crassules, à l'exception du petit nombre de celles qui sont indigènes de l'Europe, demandent la serre chaude. Elles doivent être plantées dans une bonne terre franche, mélangée d'un peu de sable, mais sans addition d'aucun engrais. Il ne faut les arroser que très-rarement. La serre dans laquelle on les place doit être bien aérée et non humide. Rien n'est plus facile que la multiplication des Plantes grasses en général, et particulièrement des Crassules, par le moyen des boutures. Il suffit d'en séparer une feuille ou un jeune rameau vers le mois de juin, de laisser la plaie se bien sécher pendant une huitaine de jours avant de l'enterrer, et de le placer ensuite dans une couche où la chaleur soit modérée. Elle ne tarde pas à pousser de nouvelles racines, et à former un nouveau sujet. On peut encore les multiplier par le moyen des graines. (A. R.)

CRASSULÉES. BOT. PHAN. Pour Crassulacées. *V.* ce mot. (B.)

* **CRASSUVIA.** BOT. PHAN. Commerson avait donné le nom de *Crassuvia floripendula* à une Crassulacée de l'Ile-de-France, que l'on a reconnue depuis être la même Plante que le *Kalanchoe pinnata*, Lamarck. *V.* KALANCHOE. (G..N.)

CRAT. POIS. Syn. d'Esturgeon. *V.* ce mot. (B.)

* **CRATÆA** OU **CRATEIA.** BOT. PHAN. (Dioscoride.) Même chose que Philomédion. *V.* ce mot. (B.)

CRATÆGONUM OU **CRATEOGONON.** BOT. PHAN. (Dioscoride.) Selon Lobel, synonyme de Mélampyre. *V.* ce mot. Rumph appliqua le second de ces noms, en le latinisant, à l'*Oldenlandia verticillata.* (B.)

CRATÆGUS. BOT. PHAN. *V.* ALISIER.

CRATEIA. BOT. PHAN. *V.* CRATÆA.

CRATEOGONON. BOT. PHAN. *V.* CRATÆGONUM.

* **CRATÉRANTHÈME.** *Crateranthemum.* POLYP. Le genre formé et fort imparfaitement décrit sous ce nom par Donati, paraît être une Sertulariée de l'Adriatique. (B.)

CRATÈRE. GÉOL. *V.* VOLCAN.

* **CRATERELLA.** BOT. CRYPT. (*Champignons.*) Persoon avait d'abord séparé sous ce nom les espèces de Théléphores à chapeau contourné en forme d'entonnoir. Telles sont celles qui croissent sur la terre, le *Thelephora caryophyllea* et le *Thelephora terrestris.* Il en a depuis formé une section parmi les Théléphores sous le nom de *Phylacteria. V.* ce mot et THÉLÉPHORE. (AD. B.)

CRATÉRIE. *Crateria.* BOT. PHAN. Le genre *Chætocrater* de Ruiz et Pavon, auquel Persoon a donné le nom de *Crateria*, paraît être le même que le genre *Anavinga* de Lamarck. *V.* ANAVINGA et CASEARIA. (A. R.)

* **CRATERIUM.** BOT. CRYPT. (*Lycoperdacées.*) Ce joli genre, voisin des Trichia, a été établi par Trentepohl dans les *Catalecta* de Roth, fasc. 1, p. 224; il est un des mieux caractérisés de ce groupe de Lycoperdacées. Son péridium est pédicellé, membraneux, et en forme de coupe ou de godet; il est tronqué au sommet, et fermé par un opercule plat; les sporules sont entremêlées de filamens. La forme de ce péridium et de son opercule rappelle celle des capsules de certaines Mousses, telles que les Gymnostomes.

Deux espèces extrêmement petites appartiennent à ce genre; elles croissent sur les bois morts et sur les feuilles pourries; leur couleur est d'un brun marron; l'opercule est blanc; une troisième espèce ne se range qu'avec doute dans ce genre, c'est l'*Arcyria leucocephala* de Persoon; son opercule, au lieu de se détacher complètement du péridium, se détruit irrégulièrement. Ces trois espèces ont été très-bien figurées par Dittmar (*Deutschlands Pilze*, fasc. 2, n. 17-18-19). (AD. B.)

CRATÉVIER. *Cratœva.* BOT. PHAN. Vulgairement Tapier. Genre de la famille des Capparidées, et placé par Linné, qui l'a établi, dans la Dodécandrie Monogynie. Ses caractères sont: un calice à quatre sépales; quatre pétales plus grands que le calice; étamines en nombre qui varie de huit à vingt-huit; torus allongé ou hémisphérique; baie stipitée, ovée, globuleuse, pulpeuse intérieurement, munie d'une écorce mince. Ce genre dont nous venons d'exposer les caractères d'après De Candolle (*Prodromus Systematis universalis regni* *veget.* T. 1, p. 242) qui le place en tête de la tribu des Capparées, est composé maintenant de douze espèces dont la plupart étaient des Capparis dans différens auteurs. Ainsi les *Capparis magna* et *falcata* de Loureiro, le *Capparis radiatiflora* de la Flore du Pérou, etc., sont à présent rapportés au genre Cratæva. Le genre *Othrys* de Du Petit-Thouars (*Gener. Nov. Madag.*, n. 44) est composé uniquement du *Cratæva obovata*, Vahl, espèce conservée par De Candolle. Nous ne ferons qu'indiquer les espèces absolument nouvelles : *C. læta* et *Adansonii* du Sénégal, *C. tapioïdes* et *acuminata* de l'Amérique méridionale. En général les Plantes de ce genre sont des Arbrisseaux inermes à feuilles composées de trois folioles.

Le Cratévier Tapier, *Cratæva Tapia*, L., est un Arbre élevé de douze mètres et plus, dont la cime étalée et fort touffue est formée de rameaux nombreux garnis de feuilles ternées et pétiolées, dont les fleurs sont terminales, portées sur de longs pédoncules, et disposées en une panicule lâche et étalée. Cet Arbre croît dans le Brésil et à la Jamaïque. Plumier en a donné une figure sous le nom de *Tapia arborea triphylla (Gener. Amer.* t. 21); mais c'est à tort qu'on lui a ajouté comme synonymes le *Cratæva inermis* de la *Flora Zeylonica*, ainsi que le *Niirvala* de Rhéede, qui se rapportent à l'espèce suivante.

Le Cratévier religieux, *Cratæva religiosa*, croît dans les Indes-Orientales et dans les îles de la Société. C'est aussi un Arbre assez élevé qui a les plus grands rapports avec le précédent, mais que son bois plus dur, ses rameaux plus nombreux, ses feuilles lancéolées, elliptiques, amincies aux deux extrémités, distinguent suffisamment. On en trouve une très-belle figure dans Rhéede (*Hort. Malab.* 3, t. 42) qui lui a conservé le nom malabare de *Niirvala*. Il est aussi nommé dans le pays *Ranabelou* et *Pretonou* par les Brames, et *Pee do morto* par les Portugais. Les Indous emploient ses diverses parties, son écor-

ce, ses feuilles, et surtout son fruit, en cataplasmes pour résoudre les tumeurs lymphatiques et pour provoquer les urines ; mais la grande quantité d'ingrédiens qu'ils font aussi entrer dans ces topiques nous porte à penser que leurs vertus ne dépendent pas uniquement du *Cratæva religiosa*. (G..N.)

*CRATIUM. MOLL. Nous trouvons ce mot dans le Dictionnaire des Sciences naturelles, avec cette explication : « D'Argenville nomme ainsi l'*Ostrea frons* de Linné. » Nous n'avons qu'une observation à faire, c'est que Cratium ne se trouve pas dans D'Argenville, et que Linné n'a nommé aucune espèce de son genre Huître, *Ostrea frons*. (D..H.)

* CRATOCHWILIA. BOT. PHAN. Syn. de Cluytia dans Necker. *V.* CLUYTIA. (A.D.J.)

CRAUPECHEROT. OIS. Syn. vulgaire de Balbusard. *V.* AIGLE. (B.)

CRAUROPHYLLON. BOT. PHAN. (Thalius.) Syn. de *Cucubalus Otites*, L. (B.)

CRAVAN ou CRAVANT. OIS. Espèce du genre Canard, du sous-genre Oie. *V.* CANARD. (B.)

CRAVAN. MOLL. L'article du Dictionnaire où nous avons trouvé ce mot, dit seulement que c'est le nom vulgaire des Anatifes en quelques endroits, sans en citer aucun. Il nous est impossible de vérifier le fait. (D..H.)

CRAVATE. OIS. Sous ce nom, avec quelque épithète, on a désigné vulgairement les espèces suivantes d'Oiseaux :

CRAVATE-BLANCHE , *Lanius albicollis*, Levaill., Ois. d'Afr., pl 115, dont Vieillot a fait, ainsi que de plusieurs autres espèces, son genre Gonolek. *V.* PIE-GRIÈCHE.

CRAVATE-DORÉE , l'Oiseau-Mouche Rubis-Topaze, jeune âge. *V.* COLIBRI.

CRAVATE - FRISÉE (Levaillant), le Philédon Kogo, *Merops Cincinnatus*, Lath. *V.* PHILÉDON.

CRAVATE-JAUNE, l'*Alauda capen-*

sis, L., Buff., pl. enl. 504, f. 2. *V.* ALOUETTE.

* CRAVATE-NOIRE, le *Trochilus nigricollis*, Vieill. De l'Amérique méridionale. *V.* COLIBRI.

* CRAVATE-VERTE, le *Trochilus gularis*, Lath., qui est le Hausse-Col vert dans son premier plumage. *V.* COLIBRI.   (DR..Z.)

CRAVE. OIS. Genre qui, dans le Dictionnaire des Sciences naturelles, correspond à notre genre Pyrrhocorax. *V.* ce mot.   (DR..Z.)

CRAVICHON. BOT. PHAN. L'un des noms vulgaires du Prunellier. (B.)

CRAX. OIS. *V.* HOCCO.

CRAYE. MIN. Pour Craie. *V.* ce mot.   (B.)

CRÉAC. POIS. L'un des noms de l'Esturgeon dans le midi de la France. On appelle à Bordeaux l'Ange, *Squalus squatina*, L., Créac de Buch, et non de Rusc, comme l'écrit Rondelet.   (B.)

CRÉADION. OIS. Vieillot a établi sous ce nom un genre qu'il a formé aux dépens de quatre espèces de Philédons, des méthodes de Cuvier et de Temminck. L'étymologie grecque de ce nom générique exprime un caractère essentiel, celui des caroncules qui garnissent diverses parties de la tête de ces Oiseaux. *V.* PHILÉDON.   (DR..Z.)

* CRÉAL. POIS. Pour Créac. *V.* ce mot.   (B.)

CRÉAM. BOT. PHAN. Même chose que Codlings. *V.* ce mot.   (B.)

CRÉATION. On ne doit pas s'attendre, dans un ouvrage strictement consacré à l'histoire naturelle, à nous voir traiter ce mot dans le sens où l'emploie communément la métaphysique qui nous est totalement étrangère; mais nous ne saurions l'éliminer d'un Dictionnaire où, tous les êtres existans devant être au moins génériquement indiqués, un mot sur leur origine devient indispensable.

En histoire naturelle comme en philosophie, le mot CRÉATURE est souvent employé pour exprimer les corps organisés, et la créature est censée le résultat d'une force toute-puissante qui voulut que l'univers fût peuplé. Sans nous permettre d'examiner quelle fut cette force, puisqu'elle semble n'avoir voulu manifester son existence que par les résultats de sa volonté, nous déclarerons qu'elle nous paraît devoir être évidente pour quiconque sondera attentivement et de bonne foi le vaste ensemble de la Création. Les plus incrédules ne sauraient la méconnaître pour peu qu'ils voulussent prendre la peine d'étudier les lois immuables qu'elle donna à tous les élémens en les contraignant à se féconder les uns les autres, suivant un plan duquel rien ne s'écarte dans la nature. Prétendre saisir l'imposant ensemble de ce vaste plan, limiter les moyens dont la force créatrice se réserva la disposition, oser enfin supposer à cette force d'autres limites que celles qu'elle voulut s'imposer, nous semblerait un acte de témérité, et l'examen de telles questions sortirait du cadre de ce Dictionnaire.

La Création, comme l'entend le vulgaire, ou l'univers évoqué du néant, serait une absurdité, un mystère monstrueux auquel n'ordonnent de croire aucunes traditions même sacrées. *Rien* ne peut produire quoi que ce soit, et le livre respecté qui forme la base des croyances de l'Europe civilisée s'explique formellement à cet égard, lorsque, consacrant dans son texte indestructible l'éternité de la matière, base de toute Création, il dit expressément : « Au commencement la terre était informe et nue, et l'esprit de Dieu était porté sur les eaux. » Or nous verrons au mot MATIÈRE que la terre informe et nue, ainsi que l'eau où surnageait l'esprit de Dieu, n'étaient pas le *Néant*, mais bien un amas informe de molécules antérieures. Il est évident que la Genèse n'entend exprimer, en racontant les merveilles de la première semaine, que le réveil du Seigneur, s'il est permis d'employer cette expression, « réveil, avons-nous dit ailleurs, qui introduisant de nouveaux élémens, tels que la lumière, au milieu de l'inertie d'une matière préexistante, qui lui impriment le mouvement, ame du monde, et qui donnant des lois organisatrices à ce que l'absence de ces lois et du mouvement avait tenu dans un état de mort, féconda enfin l'univers. »

Nous ne suivrons pas l'histoire assez connue de cette Création, telle que nous la rapporte un ouvrage au sens duquel l'histoire naturelle prête tout l'appui de ses vérités. Nous nous bornerons sur ce point à une simple indication de quelques faits irrécusables.

Sept espaces de temps, appelés arbitrairement journées, suffisent, dans cette histoire mystérieuse, pour l'exécution du plan magnifique dont le genre humain complète l'ensemble. La voix du Créateur retentit dans les ténèbres qui couvrent la face de l'abîme, la lumière brille, la matière est émue, le mouvement commence, et le premier jour a lui. Alors successivement le temps est marqué par la révolution des corps célestes lancés dans les vastes orbites qui leur sont tracés. Les mers commencent à mugir dans les bassins que circonscrit l'*aride* ou terre ; les Plantes parent cette terre qui cesse d'être aride, les Poissons animent les eaux, les Oiseaux du ciel succèdent à ceux-ci, les Bêtes des champs et des forêts naissent à leur tour, l'Homme apparaît le dernier. Eh bien! tel a dû être la marche des choses. Les eaux couvrirent évidemment le globe; tout raisonnement par lequel on voudrait attaquer cette vérité ne saurait tenir contre l'énoncé de cette loi, qui, contraignant les fluides à chercher l'équilibre, commandait dès-lors aux flots de baigner les plaines quand ils se brisaient sur le sommet des monts où nous retrouvons les traces de leur primitif séjour. Des restes d'Animaux marins, premiers témoins de l'antique présence de la mer sur tous les points de notre planète, et auxquels ne font que succéder d'autres Fossiles, sont en même temps la preuve irrécusable que l'Océan, vieux père du

monde, comme l'appelaient les anciens, fut aussi le berceau de la vie. Lorsqu'aucun des êtres qui respirent dans l'atmosphère n'y trouvait de patrie, les Crustacés, les Mollusques et les Poissons préparaient lentement leurs demeures; et comme si la Création de tout ce qui embellit l'univers eût été le résultat des conceptions d'une puissance infinie à laquelle cependant ses propres œuvres donnaient chaque fois une expérience nouvelle, la plupart des plus simples créatures de la mer, pénétrables par la lumière, à peine organisées, fragiles et tout au plus susceptibles de percevoir, ne semblent être que des ébauches. Elles ne sauraient encore jouir de ces facultés conséquentes de plus de complication, et qui font de la vie un don si précieux pour les créatures plus parfaites qui les suivirent. Où étaient alors les Végétaux qui ombragent nos campagnes, les Oiseaux qui les égaient en chantant le retour de l'aurore, les Reptiles qui rampent à la surface de la terre, les Animaux qui broutent l'Herbe, ceux qui dévorent, les Herbivores et ces Insectes qui animent l'air ou vivent aux dépens de toutes les autres productions du sol ? Ces grandes hordes vivantes ne purent se développer que successivement, et à mesure que l'une d'elles venait fournir aux suivantes les moyens de subsister. Nous avons vu aux mots ANTHROPOLITES et ANIMAUX PERDUS, nous verrons encore ailleurs que l'Homme plus moderne que le reste des Animaux, vivant de Plantes et de chair, ne devait naître qu'à l'époque où les Plantes et la chair, existant déjà, pouvaient fournir à ses besoins. L'Homme est si moderne en comparaison des autres créatures, que tandis que des feuilles et de frêles Insectes sont devenus des monumens ineffaçables de l'existence de races détruites, on ne saurait rencontrer nulle part les indices de ses débris. On dirait que son orgueil, blessé de ne pouvoir retrouver dans les fastes du vieux monde des titres de noblesse dans les fragmens de ses premiers pères, a voulu triompher de l'oubli par les monumens de ses mains. Les Pyramides sont peut-être l'ouvrage d'un peuple aussi avancé que nous dans les sciences naturelles, et qui, étant humilié de ne voir dans aucun site calcaire des témoins qui pussent attester l'antiquité de sa race, voulut survivre par des souvenirs aux grandes révolutions physiques qui pouvaient, d'un moment à l'autre, changer tout un ordre de choses contemporain.

Telle fut la marche de la Création dans la nature autant qu'il nous est donné de l'y reconnaître, telle est celle qu'indiquent aussi les livres sacrés; mais ici se vient présenter une question nouvelle ou du moins à laquelle, seul à peu près, nous nous sommes arrêtés sérieusement autrefois, et qui mérite toute l'attention des naturalistes philosophes. Lorsqu'admettant un plan de Création successif dans l'ensemble de l'univers, on en suit la progression dans le sens que nous venons d'indiquer, doit-on conclure de ce que les traditions demeurent muettes après la naissance de notre espèce, que la force créatrice se soit à jamais arrêtée quand elle eut enfanté l'Homme? Est-il ordonné de croire que rien n'ait pu être créé depuis? Outre que le développement de chaque être éprouve des modifications individuelles qui rendent souvent le même être une créature presque différente du type spécifique, en fait une sorte de Création actuelle, et que les variétés ou Hybrides qui se perpétuent sont encore des Créations de tous les jours; des Créations plus décidées et complètes, d'espèces, de genres et de familles entières de Plantes ou d'Animaux, ne peuvent-elles pas avoir lieu continuellement, et n'est-ce pas restreindre injurieusement la puissance créatrice que de soutenir qu'ayant en quelque sorte brisé ses moules et fatiguée de produire, il ne lui serait plus donné de modifier et d'augmenter son ouvrage? Il est bien certain, par exemple, que les Vers intestinaux

qui habitent dans l'Homme ne purent précéder celui-ci dans l'ordre de la Création, et n'ont dû en faire partie qu'après que notre espèce y eut été introduite.

Pour rendre à cet égard nos idées plus faciles à saisir, nous chercherons un point du globe évidemment moderne en comparaison du reste de son étendue, et nous examinerons comment la végétation et la vie ont pu s'y développer en couvrant ce point de Plantes et d'habitans. Nous choisirons comme exemple l'île de Mascareigne, qui, située à cent cinquante lieues du point le plus voisin de Madagascar, d'où l'on pourrait d'abord supposer que lui vinrent des graines et des Animaux, ne contient pas une parcelle de terre ou de pierre qui n'ait été originairement soumise à l'action violente des feux souterrains. Nous avons démontré ailleurs que toute la masse de ce point du globe convulsivement élevé au sein de l'Océan fut originairement incandescente et liquéfiée par le feu; dans l'endroit où nous le trouvons, la mer roulait encore ses vagues, que la moitié du monde avait été exondée. Déjà des torrens dépouillaient d'antiques montagnes en arrachant à leur cime les atterrissemens destinés à augmenter l'Afrique, l'Europe et l'Asie, que Mascareigne n'était point encore sortie du sein des flots. Tout dans cette île est neuf en comparaison de ce qu'on voit sur l'ancien continent; tout y porte un caractère de jeunesse, une teinte de nouveauté qui rappelle ce que les poëtes ont chanté du monde naissant et qu'on ne retrouve que dans quelques autres îles formées aussi dans les derniers âges. Mascareigne fut d'abord un de ces soupiraux brûlans au milieu des eaux, comme on a vu presque de nos jours s'en former à Santorin ou dans les Açores. Des éruptions fréquentes en élevèrent la fournaise, au moyen des couches de laves ardentes qui, s'y superposant sans interruption, formèrent enfin une montagne, que des tremblemens de terre terribles vinrent lacérer, et sur la surface échauffée de laquelle les eaux pluviales, se réduisant aussitôt en vapeur, n'arrosaient aucun Végétal possible, ne rafraîchissaient aucun vallon. Les Salamandres de la Fable, seules, eussent pu devenir les hôtes de ce brûlant écueil; comment une aimable verdure le vint-elle ombrager? Comment des Animaux attachés au sol choisirent-ils pour patrie un rocher nécessairement inhabitable, long-temps encore après son apparition et durant son accroissement? Les vents, les courans, les Oiseaux et les Hommes ont suffi, répondra-t-on, pour couvrir Mascareigne de Végétaux et de créatures vivantes!... 1°. Les vents, enlevant d'un souffle impétueux les graines des Végétaux, les transportent à de grandes distances, au moyen des ailes et des aigrettes dont plusieurs sont munies.

2°. Les courans, asservis à une marche régulière dans la Zône-Torride, entraînent avec eux des fruits qu'ils ramassent sur certains rivages, et qu'ils abandonnent sur des rivages opposés.

3°. Les Oiseaux, qui se nourrissent de baies, en rejettent les semences prêtes à germer.

4°. Les Hommes enfin, qui naviguent depuis tant de siècles, ont pu autrefois aborder à Mascareigne, et y répandre les Animaux que nous y retrouvons.

1°. Les vents emportent effectivement avec eux, et même fort loin, les semences légères d'un certain nombre de Végétaux; mais il est douteux qu'ils les promènent jusqu'à cent cinquante lieues pour les déposer précisément sur un point presque imperceptible en comparaison de l'immense étendue des mers environnantes. Les Végétaux à semences aigrettées et ailées, susceptibles de voyager par les airs, ne sont d'ailleurs pas en grand nombre, surtout dans l'île qui nous occupe, et dans laquelle, conséquemment, les vents n'ont pu porter que fort peu d'espèces de Plantes, s'ils en ont porté.

2°. Les courans de la mer entraînent à la vérité, parmi les débris qui leur parviennent du rivage, quelques fruits capables de surnager; nous convenons que de temps en temps ces fruits roulés à terre, roulés dans l'eau, abordent sur des rives lointaines. Les Cocos de Praslin, qu'on nomme vulgairement Cocos des Maldives, en fournissent la preuve. Mais ces graines, qui ont si long-temps vogué, germèrent-elles jamais? L'eau salée frappe de mort les germes de tous les Végétaux ou du moins du plus grand nombre. Les botanistes qui s'étudient à transporter des Plantes dans les navires, savent que lorsque les bourgeons et même les semences en sont touchés par l'onde amère, tout est perdu; les rejetons languissent et s'étiolent sans jamais prospérer ni se reproduire. Quels sont d'ailleurs les Végétaux dont les vagues pourraient trouver les graines en bon état au bord de la plage? Ce ne sont que des espèces littorales dont le nombre est très-restreint; quelques Salicornes, des Soudes, des Statices ou de misérables Crucifères. Ces Plantes sont à peu près inconnues à Mascareigne. Les fruits des Arbres de l'intérieur des terres et des montagnes, qui se rencontreraient au rivage, n'auraient pu y être entraînés que par les pluies ou par accident: ayant été alternativement exposés à l'humidité ou aux ardeurs du soleil hors du sein de la terre, ils auraient perdu la faculté de produire. Ces Cocos, venus par mer des Séchelles, enveloppés d'une coque et d'une bourre impénétrable à l'eau, et abordés sur les plages de l'Inde ou de ses archipels, y ont-ils jamais donné des rejetons? et l'Arbre qui donne les fruits errans, connus par tout le monde à cause de leur forme bizarre, s'est-il jamais naturalisé ailleurs qu'à Praslin?

3°. On ne peut disconvenir que certains Oiseaux frugivores sèment à la surface des continens qu'ils habitent et sur l'écorce des Arbres où ils se reposent, les graines de certains Végétaux dont les fruits les nourrissent habituellement, le Gui en est la preuve sur nos Pommiers; mais ces Oiseaux frugivores sont en général sédentaires; ils ne se déplacent jamais dans les régions où la variété des saisons ne les force pas d'en consacrer une aux migrations. Rien ne les attirant sur un écueil nécessairement stérile, très éloigné de toute côte qu'ils ont pu habiter d'abord, et hors de la portée de leur vol généralement restreint; ils n'y ont pas porté le petit nombre de graines dont l'organisation peut supporter la chaleur de l'estomac pendant le très-court espace de temps nécessaire à la digestion. Les Oiseaux à vol soutenu, habitués à se réfugier sur les rochers maritimes, ne se nourrissent que de Poissons et de Vers marins; ils ont été probablement les premiers habitans de Mascareigne, mais ils n'ont pu y porter les semences de quelque Plante que ce soit.

4°. Les Hommes enfin, en quelque temps qu'ils eussent abordé dans l'île qui nous sert d'exemple, qu'ils en aient défriché et ensemencé le sol, et qu'ils y aient jeté des Animaux domestiques; les Hommes, disons-nous, n'y ont pas planté des Mousses, des Lichens et des Conferves avec tant d'autres Végétaux qu'on ne cultive nulle part et dont on ne retire pas la moindre utilité. Les Hommes qui auraient pu porter des Cerfs, des Chèvres et quelques Insectes qui les suivent partout en dépit d'eux-mêmes, qui ont évidemment introduit des Oiseaux (les Martins) pour faire la guerre à ces Insectes importuns, n'ont pas lâché ces Singes auxquels on fait une guerre active, ces grandes Chauve-Souris et ces Tortues de terre dont la délicatesse de la chair causa la destruction; ces Sauriens dont leurs habitations sont remplies; ces Rats musqués qui infectent leurs demeures; cette foule d'Araignées qui en salissent les encoignures ou filent loin d'eux dans les campagnes; enfin ces Papillons nombreux qui ornent les airs de leurs brillantes couleurs. Ils n'ont pas davantage peu-

plé les torrens et mares d'eau douce de Poissons particuliers, des Insectes, des Écrevisses et des Navicelles qu'on y trouve. Ils n'ont pas surtout porté avec eux ce Dronte, Oiseau monstrueux, qu'ils furent si étonnés d'y voir et dont ils exterminèrent la race : où l'eussent -- ils pris, d'où l'auraient-ils amené? Il n'exista jamais ailleurs; il fut propre au sol, et Création locale d'une nature trop hâtée de produire, il semblait porter dans son ridicule ensemble le cachet d'une certaine inexpérience organisatrice. Il est impossible de supposer que le moindre de ces Animaux ait été porté par l'Homme, par la mer ou par les vents.

D'ailleurs, tous les êtres qu'on voit, non-seulement à Mascareigne et dans les îles les plus voisines, mais encore sur toutes les autres îles de l'univers, ne pourraient y être venus d'autre lieu, quand on parviendrait à démontrer la possibilité du voyage, puisque, outre un certain nombre d'espèces qu'on retrouve dans les climats analogues, chaque archipel présente quelque espèce, quelque genre même qui sont exclusivement propres au pays, qu'on ne revoit nulle part, et qui, par conséquent, n'ont dû être créés que sur les lieux mêmes. Or, comme il ne peut être douteux que beaucoup de ces îles sont plus nouvelles que les continens, et que par conséquent tout ce qu'on y voit est plus récent, il faut nécessairement admettre la possibilité de Créations modernes, de Créations actuelles, et même de Créations futures qui ont ou auront lieu, lorsqu'un concours de circonstances déterminantes a ou aura lieu sur quelque point existant ou futur de notre univers.

Cependant partout la Création s'effectue suivant un même plan. Il n'y existe que des aberrations individuelles par lesquelles se constituent des espèces diverses; mais toutes ces espèces doivent rentrer nécessairement dans un ordre déjà établi; on n'a trouvé et l'on ne trouvera nulle part de ces monstruosités constantes et transmissibles par la génération, dont la poétique mythologie ou d'ignorans voyageurs peuplaient jadis les régions peu connues. Partout, dès qu'une série d'êtres est établie, il lui en succède une autre que son organisation subordonnait à quelque existence préalable : ainsi l'Arbre n'y précédera point la Mousse ou le Lichen qui doivent préparer le sol destiné à supporter ses racines; l'Oiseau granivore n'y saurait naître avant le Végétal qui doit le nourrir de ses semences; le Mammifère broutant attendra pour paraître que le feuillage assure son existence, et l'Animal sanguinaire ne pourra se développer que lorsque la vie s'exercera dans toute son étendue parmi les séries qui lui doivent servir de proie. Comme si tout n'était qu'essais dans cette succession de légions organisées, c'est dans ces terres nouvelles presque encore vierges, qu'on rencontrera le plus de ces anomalies d'organisation si rares sur les vieilles parties des deux hémisphères; on y verra le Dronte aux pieds palmés avec les formes du Dindon, les Monotrèmes au corps de Loutre avec leur constitution d'Oiseau, et la Mimeuse hétérophille avec le feuillage d'un Saule. — Les naturalistes qui s'occupent phylosophiquement de la science auront remarqué combien, dans les îles isolées et dans la plupart des archipels, sont nombreux les Végétaux *polymorphes*, c'est-à-dire ceux dont les parties varient non-seulement dans les mêmes espèces, mais encore dans les mêmes individus. Rien n'est plus étrange que les caprices de la végétation dans les îles volcaniques et conséquemment moins anciennes que les continens. Un botaniste prudent ne peut trop craindre de faire jusqu'à trois ou quatre espèces des Plantes qui lui viennent desséchées de tels pays; on dirait que la nature, en se hâtant d'abord de constituer des types par le perfectionnement des organes les plus importans à l'accomplissement de ses

vues propagatrices, semble négliger la forme d'organes accessoires, qu'elle abandonne à l'avenir le soin de régulariser. Au contraire, dans les vieilles parties des vieilles terres, dans ces monts altiers qui ont vu s'écouler tant de siècles et descendre une portion des continens de leurs sommets dépouillés, enfin dans ces lieux où la végétation doit être extrêmement ancienne, les Plantes, contraintes de croître selon une forme à peu près immuable, n'offrent que rarement de ces écarts si fréquens dans les pays nouveaux. Nous ne craignons pas d'être démentis en avançant que Mascareigne seule, qui nous servira encore cette fois d'exemple, renferme, dans ses cinquante et quelques lieues de circonférence, plus d'espèces polymorphes que toute la terre ferme de l'ancien monde. Les Plantes variables qui semblent être la manifestation d'une végétation d'essai sont plus fréquentes parmi les Cryptogames et les Aquatiques. C'est aussi parmi les habitans des eaux qu'on remarque les formes les plus bizarres, en quelque sorte les plus contradictoires, et les métamorphoses les plus singulières. Si l'eau fut le berceau de toute organisation, si c'est dans sa fluidité que la voix du Créateur ordonna le commencement de l'existence lorsque la lumière introduite dans le chaos vint tout vivifier, on entrevoit la raison de cette *polymorphie*, qu'on nous passe un moment cette expression. Par un rapport naturel entre la faculté organisatrice dont on pourrait supposer l'eau douée et les élémens qu'elle peut réunir pour ses Créations dans les points les plus opposés du globe, on remarquera que les êtres aquatiques sont souvent identiques dans les lieux les plus distans de l'univers. Des Algues, des Varecs, des Conferves de nos contrées se retrouvent jusque chez nos Antipodes. Des Mousses et des Lichens sont les mêmes partout; l'Adianthe capillaire existe sur tous les points tempérés de l'ancien continent et de ses archipels; et sans ajouter d'exemples surabondans dans la botanique, nous citerons, parmi les Animaux, les Infu-soires, ces ébauches de l'existence, dont plusieurs végètent peut-être autant qu'ils vivent, et dont la plupart sont les mêmes partout. Voilà donc à bien des latitudes les rudimens des deux règnes qui sont les mêmes ou du moins très-analogues. On serait tenté d'en conclure qu'en chaque lieu la végétation et la vie durent et doivent commencer de la même façon ; qu'en raison des élémens d'existence qu'offre chaque lieu, les êtres s'y doivent former selon des lois respectées, et que la température ou d'autres causes modifiant sans cesse, et selon les lois, un petit nombre d'espèces primitives, celles-ci renaissent toujours pour passer à d'autres états à mesure que, s'éloignant de la forme des types, les premières modifications adoptent des formes fixes et déterminées sous lesquelles on les voit se perpétuer en espèces constantes ; espèces qui, par leurs variétés, peuvent à leur tour devenir les souches d'espèces nouvelles. Nous ne suivrons pas ici les nuances par lesquelles les Plantes et les Animaux ont dû passer pour se multiplier sous tant de formes. Ce travail, dont les résultats ne seraient pas moins utiles que celui à l'aide duquel les géologues cherchent à établir l'ordre de formation des couches du globe, cesse d'appartenir à l'histoire de la Création dans le sens où nous avons dû nous en occuper ; il rentre dans l'étude méthodique qui consiste aujourd'hui à former un tableau des productions naturelles, dans l'ordre de croissance ou de décroissance qui les élève ou les rabaisse, selon que leurs organes sont plus simples ou plus compliqués.

Quelque révoltante que puisse être pour certaines personnes l'idée de ces Créations continuelles qui se reproduisent par la génération, non-seulement il est impossible pour tout bon esprit de ne la point admettre, mais il sera peut-être bientôt évident qu'il existe des Créations spontanées, c'est-à-dire qui non-seulement peuvent avoir lieu selon que les élémens s'en trouvent réunis, mais qui, ne se perpétuant pas d'elles-mêmes, peuvent avoir lieu toutes les fois que les causes occasionelles s'en renouvellent. C'est dans ce fait, à peu près certain, où les têtes étroites, impérieusement soumises aux vieilles routines croiront voir un argument de ce qu'ils appellent incrédulité ; c'est dans ce fait, disons-nous, que l'on reconnaît au contraire un effet merveilleux de cette législation incompréhensible et sublime qui voulut, en imprimant des lois à la matière, prouver que ses ressources étaient inépuisables. En effet, c'est encore ici que le microscope accourant au secours de notre faiblesse, et nous initiant en quelque sorte dans les confidences du Créateur, nous procure de véritables révélations non moins propres que toute autre à pénétrer de respect et d'admiration quiconque les sait comprendre. Ici l'Homme lui-même, associé à la puissance organisatrice, peut devenir créateur à son tour. Qu'il prenne quelques parties d'un corps organisé, qu'il les place en infusion dans l'eau la plus pure où de grossissantes lentilles lui auront démontré qu'il n'existe rien de vivant, et que garantissant son infusion du contact des agens extérieurs, il l'observe attentivement : bientôt des êtres doués de vie se développeront sous ses yeux. Ces êtres seront bien simples, mais ils n'en seront pas moins existans. Il ne tardera pas à s'en présenter de plus compliqués, et diverses espèces se montreront ou successivement ou toutes à la fois. Il en sera d'identiques dans une infinité de productions différentes mises en expérience. Telle substance n'en donnera qu'un petit nombre d'espèces, telle autre en produira une infinité. Qu'on mêle deux ou trois de ces infusions, des espèces propres à chacune y vont disparaître ; d'autres, communes, y vont persévérer, et des espèces ternaires vont à leur tour s'y développer. Ce fait est hors de doute ; nous l'avons constamment vérifié. Que maintenant on choisisse, pour en faire l'expérience, une Plante propre au Canada, par exemple ; qu'après l'avoir soumise à l'expérience et quand elle a produit des Animalcules, on en mêle l'infusion avec celle d'un Végétal de l'Inde ou de la Nouvelle-Hollande, et qu'il en résulte, comme la chose ne manquera pas d'arriver, quelque Infusoire qui ne se trouvait ni dans l'un ni dans l'autre des deux liquides, n'aura-t-on pas opéré une véritable Création, un être que la nature n'avait pas arrêté dans son plan primitif, puisqu'elle avait semblé vouloir rendre impossible par les distances le rapprochement des corps qui viennent y donner lieu, mais qui n'en est pas moins l'ouvrage de ses immuables lois, et qui doit se reproduire toutes les fois que les circonstances seront les mêmes? Certes, un pareil fait n'est pas en faveur de la doctrine qui attribuerait à l'aveugle hasard l'ordre sublime auquel nous concourons par notre existence; il commande au contraire une admiration qui porte au respect pour le législateur souverain; car il est impossible de voir tout ce qui existe irrévocablement soumis à des lois immuables, et de former le projet follement audacieux de se soustraire au frein salutaire de l'ordre établi. La contemplation de cet ordre dans la nature en fait chérir l'image jusque dans l'état social.   (B.)

CRÉATURE. *V.* Création.

* CRECER. ois. Syn. vulgaire de la Draine, *Turdus Viscivorus*, L. *V.* Merle.   (DR..Z.)

* CRÉCERELLE. ois. Espèce du genre Faucon, *Falco Tinnunculus*, L. *V.* Faucon.   (B.)

* CRÉCHET. ois. Syn. vulgaire du Motteux, *Motacilla Œnanthe*, L. *V.* Traquet.   (DR..Z.)

CREIDION. bot. phan. Syn. d'Æthuse selon quelques-uns, et de Ciguë selon d'autres commentateurs.   (B.)

* CREIN. bot. phan. (J. Bauhin.) Syn. de *Pinus Pumilio* en Bourgogne. *V.* Pin.   (B.)

CRÉMAILLÈRE. bot. phan. L'un des noms vulgaires de la Cuscute ordinaire.   (B.)

* CRÉMANIUM. bot. phan. Ce genre de la famille des Mélastomacées vient d'être constitué tout récemment par David Don, dans les Mémoires de la Société Wernérienne d'Edimbourg, aux dépens du genre *Melastoma*, et a été ainsi caractérisé : calice campanulé, dont le limbe urcéolé, à quatre ou plus rarement à cinq dents, est persistant; quatre ou cinq pétales; anthères courtes, cunéiformes, s'ouvrant au sommet par deux trous; stigmate orbiculé et pelté; baie capsulaire à quatre ou cinq loges. Ce genre a le port du *Blakea*, et il concorde avec lui par la déhiscence de ses anthères; mais son inflorescence et les formes de son calice ainsi que de son stigmate l'en éloignent beaucoup. Il se compose d'Arbrisseaux du Pérou, rameux, étalés, grimpans ou dressés. Les feuilles sont pétiolées, coriaces, dentées en scie ou rarement entières, à trois ou cinq nervures qui manquent dans quelques espèces.

Onze espèces composent ce genre et ont été partagées en deux sections, selon que les fleurs sont octandres ou décandres. Presque toutes sont nouvelles ou inédites dans les herbiers sous le nom de *Melastoma*. Le *Melastoma vaccinioides* (Bonpl. Monogr. p. 15, t. 18) appartient à ce genre. (G..N.)

CREMASTOCHEILE. *Cremastocheilus*. ins. Genre de l'ordre des Coléoptères, section des Pentamères, établi par Wilhem Knoch (*Neue Beytrage zur Insectenkunde*, p. 115), et adopté par Latreille qui le classe (Règn. Anim. de Cuv.) dans la famille des Lamellicornes, tribu des Scarabéides. Il a pour caractères : antennes composées de dix articles dont le premier triangulaire, très-grand, recouvre le second, et dont les trois derniers sont réunis en une massue courte et lamellée; chaperon transversal à bord antérieur relevé et arqué; mandibules cornées, membraneuses à leur partie moyenne; mâchoires cornées, se terminant par une dent aiguë en forme de faux, et garnies à leur côté interne de soies roides; palpes maxillaires filiformes, de quatre articles, le premier très-court et le dernier cylindrique, plus long que tous les autres; menton ayant la forme d'un bassin ovale et transversal et recouvrant presque tout le dessous de la tête; corselet en carré plus large que long, échancré aux angles qui se dilatent et finissent en manière de tubercule; pieds courts avec les crochets des tarses petits. Knoch donne le développement détaillé de tous ces caractères et les représente avec soin (pl. 3, fig. 2-12, et pl. 9, fig. 9); Latreille s'accorde avec lui sur tous les points, à l'exception d'un seul. Il considère comme le menton cette pièce remarquable et caractéristique que Knoch nomme la lèvre inférieure. Sous beaucoup d'autres rapports, les Cremastocheiles ressemblent aux Trichies. On n'en connaît qu'une espèce.

Le Cremastocheile du Chataignier, *Cremastocheilus Castaneæ*, Knoch (*loc. cit.* pl. 3, fig. 1). Il est originaire de l'Amérique septentrionale.   (AUD.)

CRÊME. CHIM. Matière qui se sépare du lait, et surnage ce liquide animal, quand il a reposé sans altération dans un lieu frais. La Crême, quoiqu'épaisse, est plus légère que le lait. Elle est d'un blanc jaunâtre, d'une odeur et d'une saveur douces et agréables. Elle paraît composée de Stéarine, d'Elaïne, d'acide butirique et d'une matière colorante jaune, tenus en dissolution dans une eau chargée de caséum. L'analyse chimique en a fait obtenir, en outre des acides lactique, acétique et carbonique, du chlorure de Potassium, du phosphate de Chaux, etc.   (DR..Z.)

* CRÊME DE CHAUX. MIN. On donne ce nom à la pellicule croûteuse qui se forme au-dessus de la dissolution aqueuse de la Chaux. C'est un véritable carbonate de Chaux produit aux dépens de l'acide carbonique, dont l'atmosphère est presque toujours chargé.   (DR..Z.)

* CRÊME DE TARTRE. MIN. Surtartrate de potasse qui se rassemble en croûte cristalline au-dessus de la dis-solution saturée de tartre brut. Ce sel est employé en médecine comme purgatif doux et l'un des moins désagréables. On s'en sert quelquefois dans l'économie domestique comme assaisonnement de certains mets.   (DR..Z.)

CREMIS. POIS. Pour Chromis. *V.* ce mot.   (B.)

CRÉMOCARPE. *Cremocarpium.* BOT. PHAN. Le fruit des Ombellifères, qui se compose de deux akènes ou coques monospermes et indéhiscentes, réunies par le moyen d'une columelle centrale, offre l'exemple de l'espèce de fruit que Mirbel appelle Crémocarpe. C'est le Diakène du professeur Richard. *V.* DIAKÈNE.   (A. R.)

* CRÉMOLOBE. *Cremolobus.* BOT. PHAN. Genre de la famille des Crucifères et de la Tétradynamie siliculeuse de Linné, fondé par De Candolle (*Syst. Nat. Veget.* T. II, p. 418) aux dépens des Biscutelles, et caractérisé ainsi: sépales du calice égaux à leur base; pétales entiers; étamines libres sans appendices; silicule pédicellée, à deux écussons, supportant un style persistant, court, épais, à peu près pyramidal; scutelles très-comprimées, comme pendantes de la base du style, orbiculées, adnées par leur côté le plus étroit, entourées d'un rebord membraneux ailé; semence comprimée, solitaire dans chaque loge; embryon dont la radicule est ascendante et les cotylédons accombans. Ce genre, qui présente beaucoup d'affinités avec les Biscutelles, s'en distingue par son style épais, pyramidal, sa silicule pédicellée, à loges pendantes et non adnées dans toute leur longueur, et par son embryon non renversé, c'est-à-dire que sa radicule est ascendante au lieu d'être descendante, comme dans le genre Biscutelle.

Toutes les espèces du genre *Cremolobus* habitent le Pérou et le Chili. Ce sont des Plantes herbacées ou des sous-Arbrisseaux glabres, à tiges cylindriques unies, à feuilles caulinaires, ovales ou oblongues, dentées en scie ou entières, à fleurs jaunes, nombreuses, disposées en grappes allongées et portées sur des pédicelles filiformes et dépourvus de bractées. Les trois espèces dont ce genre se compose ont été figurées sous les noms de *Biscutella peruviana*, *Biscutella suffruticosa* et *Biscutella chilensis*; dans la Dissertation sur les Biscutelles par De Candolle (Ann. du Mus. 18, t. 4, 5 et 6). (G..N.)

* CREMONIUM. BOT. CRYPT. (*Mucédinées.*) Genre de Champignons Byssoïdes établi par Link (Berl. Mag., 3, p. 15, t. d, f. 20). Ce sont des filamens rameux, réunis et enlacés de manière à représenter en quelque sorte une toile d'Araignée. Ils sont cloisonnés intérieurement, et portent à la partie interne de leurs extrémités de petits globules. Link en a décrit deux espèces qui vivent sur le tronc et les feuilles des Arbres.

(A. R.)

* CRÉMONTIE. *Cremontia.* BOT. PHAN. Le genre que Commerson avait établi sous le nom de *Cremontia* a été réuni aux Ketmies par Cavanilles. C'est l'*Hibiscus liliiflorus*, qui croît à l'île de Bourbon. *V.* KETMIE. Ce nom de Crémontie venait de celui d'un ancien intendant appelé de Crémon, et dont une excursion au volcan est encore présente au souvenir des habitans du pays, à ce que dit Bory de Saint-Vincent dans la Relation de ses Voyages. (A. R.)

CRENAMON.*Crenamum.*BOT.PHAN. Ce genre d'Adanson comprend les genres Barkhausie de Mœnch et Helmintie de Jussieu, qui ne peuvent être réunis. *V.* BARKHAUSIE, CRÉPIDE et HELMINTIE. (A. R.)

CRÉNATULE. *Crenatula.* MOLL. Ce genre fut créé par Lamarck (Annales du Mus., vol. 3, pag. 25), et adopté par presque tous les conchyliologues. Les Coquillages que renferme ce genre, présentent des particularités remarquables tant dans leur manière habituelle de vivre que par la disposition du ligament qui en fait un passage bien évident du genre Pinne, compris dans la famille des Mytilacées de Lamarck avec ceux de la suivante, les Malléacées (Perne,

Marteau, Avicule, etc.). En effet, ce genre présente un ligament marginal continu, étendu sur le bord, tandis que, dans les Crénatules, on voit le ligament divisé dans des échancrures du bord cardinal, et, par cela même, commencer à se montrer multiple, comme dans les Pernes; il est tout-à-fait divisé par portions bien distinctes non continues et sur un très-large bord. L'Animal des Crénatules n'est point connu; mais vivant dans les Eponges et n'ayant jamais été vu que dans cette circonstance d'habitation, cela donne à penser qu'outre les modifications qui se remarquent sur les Coquilles, il a dû lui-même en éprouver de particulières, en relation au moins avec sa manière de vivre. Les caractères distinctifs de ce genre sont faciles à saisir : une coquille subéquivalve, aplatie, feuilletée, un peu irrégulière; aucune ouverture latérale pour le byssus; charnière latérale, linéaire, marginale, crénelée; crénelures sériales, calleuses, creusées en fossettes, et qui reçoivent le ligament. Tels sont ceux exprimés par Lamarck (Anim. sans vert. T. VI, part. 1, p.136), et qui s'aperçoivent à la simple inspection des Coquilles qui nous occupent. Bruguière avait connu une Coquille de ce genre, mais il l'avait confondue avec les Moules, comme on le voit par la figure 2 de la 216e planche de l'Encyclopédie. Cuvier (Règn. Anim. T. II, pag. 466) l'a adoptée et l'a placée entre les Arrondes (Avicules, Brug.), les Pernes et les Jambonneaux(Pinnes, Lamk.) — Férussac (Tableaux syst. des Anim. moll.) place, dans sa famille des Aviculées, le genre Crénatule qui, comme Lamarck l'a dit le premier, sert de passage des Pernes et des Inocérames de Sow. (*Catillus*, Brong.) aux Pinnes; enfin, il a été adopté par Schweiger, Ocken, Blainville, etc. Les espèces du genre Crénatule sont rares et encore peu connues ; elles habitent les mers chaudes, et il n'est pas venu à notre connaissance qu'on en ait rencontré à l'état fossile. Parmi les espèces que nous citerons, nous choisirons de préférence celles qui ont été figurées, la description la mieux faite ne pouvant quelquefois suppléer entièrement une figure même médiocre.

CRÉNATULE AVICULAIRE, *Crenatula avicularis*, Lamk., Ann. du Mus. T. III, pag. 29, t. 2, f. 12; et Anim. sans vert. T. VI, part. 1re, pag. 137, n° 1. La figure de Schrœter (3, t. 9, fig. 6) n'est pas faite avec assez d'exactitude pour qu'on puisse la citer comme appartenant précisément à cette espèce. La Crénatule aviculaire est une Coquille rhomboïdale arrondie, comprimée, très-mince, presque membraneuse, rouge avec des bandes rayonnantes, blanches sur la surface. Elle se trouve dans les mers de l'Amérique méridionale.

CRÉNATULE VERTE, *Crenatula viridis*, Lamk., Anim. sans vert. T. VI, 1re part., pag. 137, n° 5. Cette espèce singulière mérite d'être citée d'abord comme la plus grande du genre; ensuite par ces appendices linguiformes qui prolongent les crochets. C'est une Coquille peu régulière, ovale, oblongue, verdâtre et présentant des appendices terminaux, des crochets obliquement proéminens; elle est longue d'un décimètre environ, en y comprenant l'appendice des crochets. Elle se trouve dans les mers de l'Asie australe.

CRÉNATULE MYTILOÏDE, *Crenatula mytiloïdes*, Lamk., Ann. du Mus. T. III, pag. 30, pl. 2, fig. 3 et 4; et Anim. sans vert. T. VI, prem. part. pag. 138, n° 6. Celle-ci est petite, violette, ovale, oblongue, aiguë vers les sommets, obscurément rayonnée; elle se reconnaît surtout par des lames voûtées qui garnissent intérieurement les crochets. Elle vient de la mer Rouge. (D..H.)

CRÉNÉE. *Crenea*. BOT. PHAN. Genre fondé par Aublet (Plantes de la Guiane, pag. 523, tab. 209), et rapporté à la famille des Salicariées et à l'Icosandrie Polygynie, L. Il offre pour caractères : un calice urcéolé à quatre divisions larges, aiguës et égales entre elles; quatre pétales blancs arrondis, attachés entre les divisions du calice; étamines au nombre de quatorze, insérées sur la partie supérieure du calice au-dessous des pétales, déjetées du même côté après l'épanouissement de la fleur; ovaire sphérique surmonté d'un style courbé, et terminé par un stigmate oblong et rouge; capsule verte, petite, acuminée, enveloppée par le calice persistant, à cinq loges renfermant une multitude de graines très-petites.

La CRÉNÉE MARITIME, *Crenea maritima*, sur laquelle Aublet a établi le genre, est une Plante herbacée qui croît dans les eaux saumâtres, sur les bords de la Crique Fouillée dans l'île de Cayenne. Elle pousse plusieurs tiges hautes environ d'un mètre, quadrangulaires et garnies de feuilles opposées, lisses, entières, ovales, obtuses et rétrécies près de leur base. Les fleurs sont portées sur des pédicelles supportés eux-mêmes par des pédoncules axillaires, accompagnés de deux bractées squammiformes. Meyer (*Primitiæ Floræ Essequeboensis*) a fait connaître une seconde espèce de ce genre, et lui a donné le nom de *Crenea repens*. (G..N.)

* CRÉNELÉ. *Crenatus*. BOT. Ce mot adjectif s'emploie pour les organes planes des Végétaux dont le bord offre des lobes très-courts, arrondis, séparés par des sinus aigus et peu profonds. Ainsi, les feuilles de la Bétoine, du Tremble, de l'Hydrocotyle vulgaire, sont crénelées. (A. R.)

CRÉNELÉE. POIS. (Bonnaterre.) Espèce du genre Perche. *V.* ce mot. (B.)

* CRÉNIDENTÉ. POIS. Espèce du genre Spare. *V.* ce mot. (B.)

CRÉNILABRE. *Crenilabrus*. POIS. Sous-genre de Labres établi par Cuvier. *V.* LABRE. (B.)

CRÉNIROSTRES. Dénomination particulière aux Oiseaux dont le bec a des échancrures sur les bords tranchans de ses mandibules. (DR..Z.)

CRÉODE. *Creodus*. BOT. PHAN.

(Loureiro.) Syn. de Chloranthe. *V.* ce mot. (B.)

CRÉOLE. MOLL. Nom marchand de la *Venus Dysera*. *V.* VÉNUS. (B.)

CRÉOPHAGES. *Creophagi.* INS. Famille de l'ordre des Coléoptères, établie par Duméril et correspondant à celle désignée par Latreille sous le nom de Carnassiers. *V.* ce mot. (AUD.)

* **CREPANELLA.** BOT. PHAN. (Camérarius.) Syn. de Dentelaire. *V.* ce mot. (B.)

***CREPELIA.** BOT. PHAN. (Schrank.) Syn. de *Lolium temulentum.* *V.* IVRAIE. (B.)

* **CREPIDARIA.** BOT. PHAN. Haworth, dans son *Synopsis* des Plantes grasses, sépare sous ce nom plusieurs espèces d'Euphorbes, dans lesquelles l'involucre rappelle par sa forme celle d'un chausson. Ce genre est le même que le *Pedilanthus*. *V.* ce mot.

(A. D. J.)

CRÉPIDE. *Crepis.* BOT. PHAN. Famille des Synanthérées, tribu des Chicoracées de Jussieu, Syngénésie égale. Tournefort et Vaillant confondaient ce genre avec celui des Epervières (*Hieracium*); il en fut séparé par Linné qui, en le constituant, ne sut à son tour éviter la confusion de plusieurs genres dont la distinction a plus tard été généralement admise. Il était en effet fort difficile, à l'époque où vivait Linné, de pouvoir circonscrire avec quelque exactitude ce groupe de Plantes, quand l'histoire spécifique de chacune d'elles était si embrouillée. Nous allons voir qu'aujourd'hui même nous ne sommes pas encore bien certains de nous entendre sur ce point. Ce fut Mœnch qui, le premier, constitua un genre à part, sous le nom de *Barckhausia*, aux dépens de quelques *Crepis* de Linné. Ce genre a été adopté par De Candolle, dans la seconde édition de la Flore Française; mais plusieurs botanistes ont continué de le regarder comme identique avec le Crepis, malgré ses aigrettes stipitées. Ce caractère,

joint à un ensemble de notes particulières, paraît néanmoins assez bien le distinguer; et si un auteur aussi célèbre que Lamarck s'est abstenu d'en faire un genre particulier, il l'a du moins éloigné des Crépides, en le plaçant (moins heureusement peut-être) parmi les Picrides. Adanson, Gaertner et Willdenow ont détaché des Crepis un genre que le premier avait nommé *Tolpis.* Jussieu (*Genera Plantarum*, p. 169) lui donna des caractères précis ; et quoique la dénomination de *Drepania* qu'il proposa, fût postérieure à celle d'Adanson, elle n'en a pas moins été adoptée, contre l'usage, par Desfontaines, De Candolle et d'autres botanistes français. *V.* DRÉPANIE. Toutes les espèces Linnéennes ne font pas partie du genre en question; ainsi le *Crepis pulchra* de Linné appartient aux *Prenanthes ;* le *Crepis albida* de Villars est devenu un *Picridium* ; et le *Crepis rhagadioloïdes* doit être réuni au *Zacintha*, ou, d'après Mœnch, former un genre particulier. Nous ne parlerons pas ici des autres petits démembremens de ce genre, qui n'ont été admis que par ceux qui les ont proposés, tels que le *Wibelia* de la Flore de Wettéravie, le *Berinia* de Brignoli, les *Medicusia* et *Hostia* de Mœnch, etc. Nous croyons aussi que ce n'est pas le lieu de signaler les nombreuses transpositions des espèces de *Crepis*, parmi les genres *Hieracium*, *Apargia*, *Andryala*, *Picris*, *Chondrilla*, etc.; et réciproquement la réunion de quelques espèces de ces derniers genres avec celles des Crépides; mais il nous semble qu'en admettant le retranchement du *Barckhausia* et du *Tolpis* ou *Drepania*, on peut assigner au Crepis les caractères suivans : involucre sillonné, composé d'une série simple de folioles, ventru à sa base et ceint d'un calicule composé de folioles courtes et étalées; aigrette sessile formée de poils simples.

Après avoir éliminé des Crépides les espèces qui composent les genres Barckhausie et Drépanie, le nombre de celles qui appartiennent légitimement au genre que nous traitons en ce moment, se trouve encore assez considérable. Il s'élève aujourd'hui à plus de soixante; mais il faut convenir que ces espèces sont dans une déplorable confusion, et demandent l'examen d'un monographe judicieux et riche en matériaux. Comme les Chicoracées forment une tribu très-naturelle, leurs genres et leurs espèces se nuancent de manière à offrir de fréquentes ambiguités; et l'on serait tenté d'accuser uniquement la nature d'être la source de nos erreurs. Mais le défaut d'observation, et peut-être aussi un vain amour-propre, ont contribué puissamment à embrouiller notre genre. Sur de mauvaises descriptions, on a cru reconnaître telle espèce, et telle autre a été méconnue et considérée comme nouvelle, parce qu'elle paraissait légèrement s'éloigner d'une autre précédemment décrite. Chacun peut pressentir les fâcheuses conséquences d'un tel procédé d'étude; nous n'insisterons donc pas sur ce sujet; car pour nous borner à un petit nombre d'exemples, croira-t-on qu'une seule espèce, le *Crepis taurinensis*, Willd., a reçu jusqu'à douze noms différens? Si l'on remarque ensuite que le *Crepis virens* de Linné est une autre Plante que le *C. virens* de De Candolle; qu'il y a aussi deux *Crepis radicata*, plusieurs *Crepis tectorum* décrits par différens auteurs, on aura quelque idée de l'embarras où est jeté celui qui veut connaître les Crépides, et on partagera sans doute les doléances que l'intérêt de la science nous a inspirées.

Les cinq espèces de Crépides décrites dans la Flore Française, sont des Plantes herbacées qui se trouvent dans les prés, sur les bords des routes et des champs, et sur les toits de chaume ainsi que sur les vieux murs. Elles ont un involucre pubescent; leurs fleurs d'un beau jaune, disposées en corymbes ou en panicules lâches, font un assez joli effet. Le *Crepis tectorum* est commun en certaines contrées de la France, et notamment à Fontainebleau. Le *Cre-*

pis virens couvre, sur la fin de l'été, les endroits secs de toute l'Europe. Son extrême abondance l'y fait remarquer; car s'accommodant de toutes sortes de terrains, cette petite Plante vient partout, mais elle préfère pour station le long des murs et des haies. Enfin elle pénètre jusque dans l'intérieur des villes, et figure au premier rang dans la Flore des places publiques de Paris.

Les Crépides, malgré le nombre considérable et l'élégance de leurs espèces, sont peu estimées comme Plantes d'ornement. On n'en cultive que quatre ou cinq, dont deux, les *Crepis rigens* et *filiformis*, H. Kew, originaires des Açores et de Madère, exigent l'orangerie.

La CRÉPIDE ROUGE, *Crepis rubra*, L., est une jolie Plante qui, par ses fleurs d'un beau rose foncé, a pour ainsi dire forcé les amateurs de la distinguer de ses congénères. Elle est originaire d'Italie, et se cultive avec la plus grande facilité dans nos jardins où on la multiplie très-facilement par ses graines. Cette Plante a été rapportée au genre *Barckhausia* par quelques auteurs, et aux Picrides par Lamarck. (G..N.)

* CRÉPIDOTUS. BOT. CRYPT. (*Champignons.*) Nom donné par Nées à une section des Agarics à pédicule excentrique, ou *Pleuropus* de Persoon, caractérisée par son pédicule tout-à-fait latéral, et son chapeau demi-circulaire; tels sont les *Agaricus stipticus*, *spathulatus*, etc. (AD. B.)

CRÉPIDULE. *Crepidula*. MOLL. Ce genre, fait par Lamarck aux dépens des Patelles de Linné, s'en distingue en effet d'une manière bien tranchée, ainsi que les Calyptrées et quelques autres qui y étaient confondues. Placées dans la famille des Calyptraciens, les Crépidules sont mises dans l'ordre le plus convenable de leurs rapports, et la connaissance de l'Animal sur lequel Adanson (Voyag. au Séneg., p. 38, pl. 2, n° 8, 9, 10) nous a donné quelques détails, ainsi que Beudant (Nouv. Bullet. des

Sciences, p. 237 , n. 42), doit nous confirmer de plus en plus dans l'opinion de Lamarck sur ces Animaux, touchant l'ordre et la famille où ils doivent être placés. Marchant sur un disque ventral , l'Animal des Crépidules offre des organes respiratoires qu'Adanson avait indiqués sans qu'on pût trop les reconnaître, mais que les observations de Beudant sur l'Animal vivant , ainsi que celles de Lamarck sur un Animal conservé dans l'Alcohol, ont fait connaître exactement; cependant les caractères énoncés par Cuvier diffèrent un peu de ceux donnés par Beudant et par Lamarck , ce qui tiendrait peut-être à ce que l'Animal observé par le célèbre auteur du Règne Animal était d'une autre espèce. Quoi qu'il en soit des légers changemens qui peuvent se remarquer dans le mode respiratoire, selon les diverses espèces, tous ces Animaux nous offrent les caractères propres à la famille, et tous ceux qui sont nécessaires pour former un genre bien tranché et fait sur de bons caractères. Les voici tels que Lamarck les a donnés : Animal ayant la tête fourchue antérieurement; deux tentacules coniques , portant les yeux à leur base extérieure; bouche simple, sans mâchoires, placée dans la bifurcation de la tête; une branchie en panache , saillante hors de la cavité branchiale , et flottant sur le côté droit du cou; manteau ne débordant jamais la coquille; pied petit; anus latéral; coquille ovale, oblongue, à dos presque toujours convexe , concave en dessous, ayant la spire fort inclinée sur le bord; ouverture en partie fermée par une lame horizontale. Les espèces, soit vivantes, soit fossiles, qui appartiennent à ce genre, sont peu nombreuses ; nous ne mentionnerons que celles qui présentent le plus d'intérêt.

CRÉPIDULE PORCELLANE , *Crepidula Porcellana*, Lamk., Anim. sans vert. T. VI , part. 2 , p. 24, n. 2 ; *Patella Porcellana* des auteurs. Gualtiéri (Ind., p. 9, tab. 69, f. 9) dit dans sa phrase latine que Pe-

tro Michelio l'a nommée Patelle Crépidule; d'où il est bien probable qu'on a employé depuis ce nom comme générique de spécifique qu'il était. Adanson a connu la coquille et l'Animal de la Crépidule Porcellane ; il l'a nommé le Sulin (Voyag. au Sénég., p. 38, pl. 2, fig. 8). Il a donné de l'Animal une description peu satisfaisante, et il ne l'a pas fait représenter dans ses figures. La coquille est bien figurée dans Lister (Conch., tab. 545, fig. 34) et dans Martini (Conch. T. 1 , tab. 13 , fig. 127 et 128). Elle est ovale , oblongue ; son sommet est recourbé sur le bord; sa couleur est le plus souvent blanche, parsemée de taches triangulaires , roussâtres ou brunes. D'après la figure d'Adanson, elle aurait jusqu'à un pouce et demi de longueur. On la trouve dans les mers de l'Inde et à l'île de Gorée où il paraît qu'elle est assez commune. Elle adhère aux rochers, et s'y fixe avec tant de force, qu'on casse quelquefois la coquille sans avoir détaché l'Animal.

CRÉPIDULE DE GORÉE , *Crepidula Goreensis, Patella Goreensis*, L., *Syst. Nat.* p. 3694 , n. 10. C'est une espèce qu'Adanson le premier a reconnue ; il l'a nommée le Jénac (Voyag. au Sénég. , p. 41 , tab. 2, fig. 10); il donne pour l'Animal de cette espèce des détails assez curieux ; les tentacules ont vers leur extrémité des petits tubercules blancs qui les font paraître chagrinés; le pied et le manteau le sont également; du manteau et vers le derrière de la tête, on aperçoit huit filets cylindriques assez longs qui, d'après Cuvier, seraient les branchies sortant hors de la cavité branchiale. Cette espèce , longue de cinq à six lignes, se trouve sur les rochers de l'île de Gorée , mais elle y est rare : elle est blanche , lisse , très-mince, ovale et très-aplatie.

CRÉPIDULE ÉPINEUSE , *Crepidula aculeata*, Lamk., Anim. sans vert. T. VI , part. 2, p. 25, n. 3 ; *Patella aculeata*, L., p. 3693, n. 6, figurée dans Favanne (Conch. pl. 4, f. 3), dans Dacosta (Conch. tab. 2, fig. 2), et dans Chemnitz (Conch. T. x, tab. 168, fig. 1624 et 1625). La Crépidule épineuse se reconnaît très-facilement : elle est ovale , aplatie ; son sommet , courbé vers le bord gauche , fait un tour de spire environ ; elle est blanche , avec des flammules roussâtres , et chargée de petites côtes peu régulières qui portent des épines ou des écailles. Sa longueur est de onze ou douze lignes ; elle habite les mers de l'Amérique méridionale où ~¹ la trouve rarement.

Jusqu'à présent les environs de Paris n'ont offert aucune Coquille de ce genre ; une seule semblait s'y rapporter , mais elle nous a paru devoir appartenir à une autre famille , les Néritacées, ou à quelques autres Coquilles qui ont, avec elle des traits de ressemblance. Elle doit former un genre qui fait le passage des Navicelles avec les Néritines. Ce sera à l'article TOMOSTOME que nous donnerons l'extrait des observations qui nous sont propres sur ce genre de Coquillage.

Defrance , dans le Dictionnaire des Sciences naturelles, a fait connaître trois espèces de Crépidules fossiles.

CRÉPIDULE DE HAUTEVILLE , *Crepidula Altavillensis* , Def., que nous présumons devoir appartenir à notre genre Tomostome : son sommet est subcentral , ce qui est assez étonnant pour une Coquille de ce genre ; l'ouverture est petite, opposée au sommet ; la coquille est épaisse et aplatie.

CRÉPIDULE BOSSUE , *Crepidula gibbosa*, Def. (*loc. cit.*), qui se trouve dans les falunières de la Touraine, et à Leoignan près Bordeaux. Elle est convexe, bossue, profonde; son sommet s'incline vers le bord ; elle est toute chargée de petites aspérités irrégulières.

CRÉPIDULE D'ITALIE, *Crepidula Italica*, Def. (*loc. cit.*), espèce remarquable en ce que, d'après ce savant, elle offre l'exemple d'un analogue avec une Coquille actuellement vivante dans la mer de l'Inde, et que l'on nomme vulgairement la Sandale.

Elle est encore remarquable en cela qu'elle paraît se fixer dans l'intérieur des Coquilles abandonnées où elle se moule pour ainsi dire tout entière sur les diverses formes que ces corps présentent : aussi elle est irrégulière, lisse, très-mince, tantôt concave, tantôt convexe ; son sommet est appuyé sur le bord. On regrette que Defrance n'ait pas donné le nom linnéen de la Crépidule que l'on nomme vulgairement la Sandale. Il nous est impossible , d'après cette indication , de préciser l'espèce , les marchands donnant ce nom vulgaire à toutes les Coquilles du genre. (D..H.)

CRÉPIDULIER. MOLL. Animal des Crépidules. *V.* ce mot. (B.)

CRÉPIE. BOT. PHAN. Pour Crépide. *V.* ce mot. (B.)

★ CRÉPINETTE. BOT. PHAN. (Olivier de Serre.) Syn. de *Polygonum aviculare*, L. *V.* RENOUÉE. (B.)

CRÉPINIÈRE. BOT. PHAN. Syn. vulgaire de *Berberis Cretica*, L. *V.* VINETTIER. (B.)

CREPIS. BOT. PHAN. *V.* CRÉPIDE.

CRÉPOLE. BOT. PHAN. Syn. de Crépide. *V.* ce mot. (B.)

CRÉPUSCULAIRES. *Crepuscularia.* INS. Grande famille de l'ordre des Lépidoptères, instituée par Latreille (Règn. Anim. de Cuv.), et comprenant tous les individus qui ont près de l'origine du bord externe de leurs ailes inférieures une soie roide, écailleuse, en forme d'épine ou de crin qui passe dans un crochet du dessous des ailes supérieures, et les maintient, lorsqu'elles sont en repos , dans une situation horizontale ou inclinée. Ce caractère se retrouve encore dans la famille des Nocturnes ; mais les Crépusculaires diffèrent de celles-ci par leurs antennes en massue allongée, soit prismatique , soit en fuseau. Latreille ajoute que les Chenilles ont toujours seize pattes ; leurs chrysalides ne présentent point ces pointes ou ces angles que l'on voit dans la plupart des chrysalides des Lépidoptères diurnes, et sont ordinairement renfermées dans une coque, ou cachées, soit dans la terre, soit sous quelques corps. Les Lépidoptères crépusculaires ne volent ordinairement que le matin ou le soir. Pendant le jour ils restent fixés contre différens corps, tels que des murailles, des troncs, des branches ou des feuilles d'Arbres.

Cette famille embrasse le grand genre Sphinx de Linné, qui a été subdivisé en plusieurs sous-genres dont les plus importans sont : Castnie, Sphinx proprement dit, Smérinthe, Sésie, Zygène, Glaucopide. *V.* ces mots.   (AUD.)

CRÉQUIER. BOT. PHAN. L'un des noms vulgaires du Prunellier. (B.)

CRESCENTIE. *Crescentia.* BOT. PHAN. Vulgairement Calebassier ou Couis. Ce genre de la Didynamie Angiospermie de Linné, fut établi par ce célèbre naturaliste qui le caractérisa ainsi : calice caduc à deux divisions égales; corolle presque campanulée, à tube très-court, dont l'entrée est ventrue et courbée, à limbe droit, quinquéfide, divisé en segmens dentés, sinueux et inégaux; quatre étamines didynames, avec une cinquième rudimentaire; anthères bilobées; un style surmonté d'un stigmate capité, ou plutôt bilamellé, d'après Jacquin et Kunth. Le fruit est une baie cucurbitiforme, uniloculaire, couverte d'une écorce solide, pulpeuse intérieurement et remplie d'un grand nombre de semences nageant au milieu de la pulpe. Dans son *Genera Plantarum*, p. 127, Jussieu place ce genre à la suite des Solanées. D'un autre côté Kunth (*Genera Nov. et Spec. Plant. æquin.* T. III, p. 157) le range dans les genres voisins des Bignoniacées, et le place près du nouveau genre *Aragoa.* Plumier l'avait autrefois désigné sous le nom de *Cujète* qui a été admis comme spécifique pour l'espèce la plus remarquable et la plus répandue. Les Crescenties sont de petits Arbres à feuilles alternes, le plus souvent réunies en touffes simples,

ou quelquefois ternées et pinnées ; leurs fleurs sont presque solitaires sur le tronc ou sur les rameaux. On en compte sept espèces, toutes indigènes des contrées équinoxiales de l'Amérique ; il y en a trois nouvelles décrites dans le magnifique ouvrage sur les Plantes d'Amérique par Humboldt, Bonpland et Kunth. Nous nous contenterons de donner ici quelques détails sur l'espèce la plus intéressante.

La **CRESCENTIE CUJÈTE**, *Crescentia Cujete*, L., dont Persoon a élevé au rang d'espèces les deux variétés déjà indiquées par Plumier et Lamarck sous les noms de *C. angustifolia* et *minima*, est un Arbre de médiocre grandeur, très-commun dans les Antilles et dans toute l'Amérique équinoxiale, ayant le tronc tortueux, assez épais et recouvert d'une écorce ridée et grisâtre ; ses rameaux forts, longs, très-divisés et étendus horizontalement, sont garnis à chaque nœud de neuf à dix feuilles fasciculées, lancéolées, rétrécies vers la base et terminées par une longue pointe, entières, glabres et presque sessiles. Les fleurs, d'un blanc pâle et d'une odeur désagréable, pendent chacune au moyen d'un pédoncule long de trois centimètres. Il leur succède des fruits ovoïdes qui varient de grosseur selon les individus depuis cinq à six centimètres jusqu'à trois décimètres d'épaisseur. Ces fruits, couverts d'une écorce verte, unie et presque ligneuse, sont composés intérieurement d'une chair pulpeuse, succulente, ayant un goût aigrelet que les habitans des lieux où croît le Cujète regardent comme une panacée contre une foule de maladies différentes, telles que la diarrhée, l'hydropisie, les contusions, etc., etc., et qu'ils administrent sous forme de syrop ; mais c'est l'écorce ligneuse de ces fruits qui augmente leur utilité. On vide leur intérieur en faisant macérer dans l'eau bouillante leur pulpe, afin de les vider, ou en les faisant cuire au four. La pulpe étant évacuée, il ne reste que l'enveloppe crustacée qui sert aux Américains à fabriquer des vases de diverses formes qu'ils enjolivent en les peignant de couleurs variées , soit avec le Rocou, soit avec l'Indigo , etc. Ces usages étant à peu près les mêmes, et la forme du fruit ayant beaucoup de rapports avec celle de nos Courges ou Calebasses, c'est de-là que provient le nom de Calebassier, vulgaire chez les créoles.   (G..N.)

CRESPIS. BOT. PHAN. Même chose que Crépis, et quelquefois le Laitron également appelé CRESPINULUS. (B.)

CRESSABOUT. BOT. PHAN. Syn. de Cucubale Behen dans les montagnes de l'Auvergne, où l'on mange les feuilles de cette Plante, selon Bosc.   (B.)

CRESSE. *Cressa.* BOT. PHAN. Famille des Convolvulacées, Pentandrie Digynie. Linné a établi ce genre que Tournefort confondait avec son *Quamoclit*, et lui a donné pour caractères : un calice à cinq divisions profondes ; une corolle infundibuliforme un peu plus grande que le calice , à limbe divisé en cinq segmens planes ; étamines saillantes ; ovaire biloculaire à loges dispermes, surmonté de deux styles et de deux stigmates capités ; capsule uniloculaire et monosperme (par avortement), à deux valves qui se séparent par la base à la maturité. Les Plantes de ce genre sont de petites Herbes non lactescentes , couvertes d'un duvet soyeux ; leurs feuilles sont éparses et très-entières ; les fleurs axillaires disposées en bouquets serrés aux extrémités des rameaux , et accompagnées de deux petites bractées.

La CRESSE DE CRÈTE, *Cressa Cretica,* L., seule espèce décrite par Linné , est une Plante fort petite, dont les fleurs sont jaunes, et la tige très-rameuse couchée et étalée par terre. Elle habite toute la région méditerranéenne, depuis la Crète et les autres îles de l'Archipel grec jusque sur les côtes de France et d'Espagne, particulièrement , au rapport de Bory de Saint - Vincent, dans le canton de l'Andalousie appelé Marisma où on la brûle avec les autres Plantes des-

tinées à faire de la Soude ; elle a été aussi trouvée par Desfontaines près de Tunis en Afrique.

Retz (*Obs.* 4 , p. 24) a fait connaître une autre espèce fort voisine de la précédente ; car elle n'en diffère que par sa corolle un peu soyeuse au sommet et par sa capsule tétrasperme. Or, d'après la description du caractère générique, l'ovaire étant toujours biloculaire et les loges dispermes , ce serait le cas de la Cresse de Crète dont la capsule n'aurait pas été modifiée par des avortemens. Il l'a nommée *Cressa Indica ,* parce qu'elle croît dans les lieux maritimes de l'Inde. De même Kunth (*Nova Genera et Species Plant. œquinoct.* T. III, p. 119) a donné le nom de *Cressa Truxillensis* à une nouvelle espèce qui a beaucoup de rapports avec la précédente, et qui croît près de Truxillo au Pérou. C'est la même Plante que Rœmer et Schultes (*Syst. Veget.* 6 , p. 207) ont encore nommée *Cressa arenaria* d'après Willdenow.
                        (G..N.)

CRESSERELLE. OIS. Espèce du genre Faucon , *Falco Tinnunculus ,* Lath. , Buff. , pl. enl. 401 et 471. *V.* FAUCON.   (DR..Z.)

* CRESSERELLETTE. OIS. Espèce du genre Faucon, *Falco Tinnunculoïdes. V.* FAUCON.   (DR..Z.)

CRESSON. BOT. PHAN. Ce nom qui est synonyme de *Cardamine* (*V.* ce mot) a été donné à un grand nombre de Végétaux appartenant à des genres et à des familles différentes , mais qui tous sont remarquables par une saveur piquante et plus ou moins agréable. Ainsi on a nommé :

CRESSON ALÉNOIS ou NASITORT , le *Lepidium sativum* de Linné , ou *Thlaspi sativum* de Desfontaines.

CRESSON DU BRÉSIL, le *Spilanthus oleraceus ,* L.

CRESSON DE CHIEN , le *Veronica Beccabunga ,* L.

CRESSON D'EAU , le *Sisymbrium Nasturtium ,* L., ou *Nasturtium officinale* de De Candolle.

CRESSON D'INDE , la Capucine ordinaire, *Tropœolum majus,* L. ; appelée *Nasturtium indicum* par les anciens botanistes.

CRESSON DE L'ILE - DE - FRANCE. Dans cette île, où le Cresson d'eau est naturalisé, on nomme aussi Cresson le *Spilanthus Acmella*, L., qui forme aujourd'hui un genre distinct sous le nom d'*Acmella*. *V.* ACMELLE.

CRESSON DORÉ, la Saxifrage dorée. *V.* DORINE.

CRESSON DE FONTAINE. C'est le Cresson par excellence, celui dont on fait une très-grande consommation, soit comme aliment, soit comme médicament antiscorbutique, en un mot le *Nasturtium officinale*, D. C.

CRESSON DE JARDIN. C'est le *Thlaspi sativum*, Desf.

CRESSON DU PARA. C'est le *Spilanthus oleracea.* *V.* SPILANTHE.

CRESSON DU PÉROU, la Capucine.

CRESSON DES PRÉS. On appelle ainsi vulgairement la Cardamine des prés. *V.* CARDAMINE.

CRESSON DE RIVIÈRE, le *Sisymbrium sylvestre*, L., ou *Nasturtium sylvestre*, D. C.

CRESSON DE ROCHE, la Saxifrage dorée.

CRESSON DES RUINES OU DES DÉCOMBRES, le *Lepidium ruderale*, L.

CRESSON SAUVAGE, l'un des noms du *Coronopus Ruellii*, D. C.

CRESSON DE SAVANNE. Plusieurs Plantes qui croissent dans les savanes portent ce nom; tels sont le *Lepidium didymum*, L., une espèce de *Pectis*, etc.

CRESSON DE TERRE, l'un des noms vulgaires de l'Herbe de Sainte-Barbe, *Barbarea officinalis*. (A. R.)

CRÉTACÉ. GÉOL. De la nature de la Craie. *V.* ce mot. (B.)

* CRÊTE. *Crista.* OIS. Caroncule charnue, ordinairement colorée d'un rouge très-vif, et qui décore la tête du Coq domestique. Elle manque dans quelques variétés. On a étendu ce nom à d'autres appendices qui, dans certains Animaux ou dans quelques parties de ceux-ci, rappellent la figure de la Crête du Coq. (B.)

CRÊTE DE COQ. MOLL. Cette dénomination vulgaire s'applique surtout à l'*Ostrea Crista Galli* de Linné, et, en général, à toutes les Huîtres qui ont à peu près la même forme. (D..H.)

CRÊTE DE COQ. BOT. PHAN. On donne vulgairement ce nom au *Celosia cristata*, ainsi qu'aux Rinanthes, d'où est venu à ces dernières le nom de Cocrêtes ou Cocristes. On l'applique à Cayenne aux Héliotropes. (B.)

CRÊTE DE PAON. BOT. PHAN. Nom vulgaire, dans certaines colonies, des *Guilandina Bonducella* et *paniculata*, du *Cœsalpinia Sapan*, de l'*Adenanthera pavonina*, de la Poinciane, du Pongam, et autres Arbres dont les fleurs produisent des étamines prolongées hors de la corolle, et imitant la figure de l'aigrette qui couronne la tête du plus beau de nos Oiseaux domestiques. (B.)

CRÉTELLE. *Cynosurus.* BOT. PHAN. Genre de la famille des Graminées et de la Triandrie Digynie, L. La structure de ce genre, qui cependant est fort simple, n'a pas encore été exposée d'une manière claire et précise par aucun agrostographe, même parmi les plus modernes, et c'est faute de cette connaissance exacte que l'on a séparé de ce genre quelques espèces pour en former le genre Chrysure ou Lamarckie. En effet nous allons voir tout à l'heure, en comparant les caractères des vraies Crételles ou Cynosures avec ceux des Chrysures précédemment exposés, qu'il n'existe aucune différence réelle. Le type du genre *Cynosurus* est le *Cynosurus cristatus*, L., jolie petite Graminée très-commune dans tous nos prés. Son chaume est simple, grêle, haut d'environ deux pieds; il porte des feuilles alternes et étroites. Les fleurs forment au sommet du chaume un épi unilatéral. A chaque dent de l'axe qui est un peu sinueux et comprimé, on trouve quatre épillets disposés deux par deux et légèrement pédonculés. Chaque couple se compose donc de deux épillets très-rapprochés l'un de l'autre; l'extérieur est comprimé et formé simplement d'écailles minces, distiques, lancéolées, très-aiguës, fortement carenées et denticulées sur leur carène; ces écailles sont autant de fleurs avortées. L'épillet intérieur est fertile; il contient quatre et plus souvent cinq fleurs dont la supérieure seulement est mâle ou neutre. La lépicène est à deux valves-lancéolées très-aiguës, minces, à peu près égales, légèrement carenées sur leur dos; chaque fleur offre une glume formée de deux paillettes presque égales entre elles, un peu carenées; l'extérieure un peu plus longue est obtuse à son sommet qui offre une soie très-courte et roide; la supérieure est légèrement bifide à son sommet; les deux paléoles de la glumelle sont courtes, ovales et poilues; le style est simple à sa base, bifide supérieurement où il porte deux stigmates velus; le fruit est enveloppé dans les écailles florales.

Pour peu que l'on compare ces caractères avec ceux que nous avons précédemment donnés du genre Chrysure, il sera facile de s'assurer qu'ils n'offrent entre eux aucune différence notable. En effet, la prétendue bractée des Crételles est évidemment, ainsi que l'involucre des Chrysures, formée par les écailles florales d'épillets dont les fleurs sont restées stériles par l'absence des organes sexuels. Nous pensons donc que ces deux genres doivent être de nouveau réunis en un seul qui conservera le nom de *Cynosurus*. (A. R.)

CRÊTE MARINE. BOT. PHAN. Pour Christe et Criste marine. *V.* ce mot. (B.)

* CRÉTIN. MAM. Variété, par appauvrissement, de quelques espèces du genre Homme. *V.* ce mot. (B.)

*CRÉTOIS. POIS. Espèce du genre Scare. *V.* ce mot. (B.)

CREUSET. BOT. CRYPT. (*Champignons.*) Paulet appelle ainsi une petite espèce du genre Agaric, qui croît dans les caves, et qu'il figure pl. 5g

de son Traité des Champignons. *V.* AGARIC. (A. R.)

*CREUSIE. *Creusia.* MOLL. Leach, dans sa classification des Cirrhipèdes, a proposé sous ce nom un genre nouveau démembré des Balannes, parce que l'opercule n'a que deux pièces au lieu de quatre; une seule espèce a été indiquée par l'auteur. C'est la CREUSIE ÉPINEUSE, *Creusia spinulosa*, que Blainville (Dict. des Scienc. nat.) rapporte à la Balanne des Madrépores de Bosc. (D..H.)

CREUSOT. BOT. CRYPT. L'un des noms vulgaires des grandes Pezizes en entonnoir. (B.)

CREUTZBOCK. MAM. Syn. de Guib, espèce du genre Antilope. *V.* ce mot. (R.)

CREVALE. POIS. Espèce de Gastérostée du sous-genre Centronote. *V.* GASTÉROSTÉE. (B.)

CRÊVE-CHASSIS. OIS. Syn. vulgaire de Mésange Charbonnière. *V.* MÉSANGE. (B.)

CREVETTE ou CHEVRETTE. *Gammarus.* CRUST. Ce genre, établi originairement par Fabricius, et qui correspond à l'ordre des Amphipodes de Latreille, principalement au genre Talitre, a subi depuis sa fondation un grand nombre de changemens importans et a été beaucoup subdivisé. Il ne comprend plus aujourd'hui dans la méthode de Leach et de Latreille que les espèces qui offrent pour caractères : quatre antennes, dont les deux supérieures aussi longues ou plus longues que les deux autres, et dont le pédoncule est de trois articles, avec une petite soie articulée au bout du troisième; les quatre pieds antérieurs semblables dans les deux sexes, et terminés par un seul doigt. Les Crevettes proprement dites ont les antennes insérées entre les yeux, au devant de la tête, composées de trois articles principaux qui en sont la base et d'un quatrième sétacé, multiarticulé et terminal; un petit appendice sétacé, de quelques articles, se remarque à l'extrémité interne de la troisième pièce des antennes supérieures. Il a quatorze pieds; les quatre antérieurs sont terminés par une main large, comprimée, munie d'un crochet robuste, susceptible de mouvemens, et qui correspond au doigt mobile des pinces des autres Crustacés. Les pieds qui suivent finissent insensiblement en un ongle simple et légèrement courbé dans quelques-uns. L'abdomen est pourvu de longs filets bifides et très-mobiles, placés de chaque côté. Il se termine en une queue à laquelle on remarque trois paires d'appendices allongés, bifurqués, ciliés, étendus à peu près dans la direction du corps; celui-ci est oblong, comprimé, arqué et divisé en treize articulations, y compris la tête; les premiers anneaux présentent une pièce latérale mobile articulée avec eux et recouvrant la base des pates; ces pièces singulières correspondent, suivant nous, aux flancs des Insectes et des autres Crustacés. *V.* THORAX. Les Crevettes sont très-abondantes dans les eaux douces courantes et dans la mer. L'espèce la mieux connue et qui peut être considérée comme le type du genre, est la suivante :

CREVETTE DES RUISSEAUX, *Gammarus Pulex*, Fabr., figurée par Roësel (T. III, pl. 62, fig. 1-7); par Geoffroy (Hist. des Ins.), et par Degéer (Mém. sur les Insect. T. VII, pag. 525, pl. 33). Ce dernier observateur, qui nomme cette espèce Squille aquatique, décrit et représente avec soin les différentes parties de son corps; elle est petite et ne dépasse guère un demi-pouce; le corps, qui est allongé et qui diminue peu à peu de grosseur, est aplati et comme comprimé, de sorte qu'il paraît plus haut que large, et c'est la raison pour laquelle la Crevette, quand elle est placée sur le fond de l'eau, s'y trouve toujours couchée sur l'un ou l'autre côté et nage sur ce fond, dans cette position, sans pouvoir prendre une autre attitude; mais quand elle nage au milieu

de l'eau ou entre deux eaux, elle tient son corps de champ ou perpendiculairement sur le ventre, et ne paraît se poser sur le dos qu'accidentellement, lorsqu'elle est entraînée par le mouvement du liquide. C'est principalement à l'aide de leur abdomen et de leur queue qu'ils rapprochent alternativement de la face inférieure du corps et redressent ensuite, que ces Crustacés opèrent les changemens de place. Degéer a reconnu qu'ils étaient carnassiers et se nourrissaient d'Insectes, de Poissons et d'autres Animaux privés de vie; il a aussi remarqué qu'ils changeaient de peau à la manière des Écrevisses. Cette espèce est très-commune aux environs de Paris.

La CREVETTE MARINE, *Gammarus marinus*, Leach (*Trans. of the Linn. Societ.* T. XI, p. 359), qui est la même que son *Gammarus Pulex* (*Edinb. Encycl.* T. VII, p. 402-432). Elle habite les côtes de l'Angleterre.

La CREVETTE LOCUSTE, *Gamm. locusta*, Leach (*Trans. of the Linn. Societ.* T. XI, p. 359), ou le Cancer, *Gammarus*, de Montagu (*Trans. of the Linn. Societ.* T. IX, p. 92). Elle a été confondue avec le *Gammarus Pulex* de Linné; elle est assez rare en France, mais on la trouve communément sur les côtes d'Angleterre. Surriray, naturaliste distingué du Hâvre, a observé qu'elle était phosphorescente. (AUD.)

CREVETTINES. *Gammarinœ.* CRUST. Famille établie originairement par Latreille (*Gener Crust. et Ins.* T. I, p. 57) qui l'a rangée ensuite (Règn. Anim. de Cuv.) dans l'ordre des Amphipodes et dans la section des Cystibranches, qui appartient à l'ordre des Isopodes. *V.* ces mots. (AUD.)

CREVICHES. CRUST. L'un des synonymes vulgaires de Crevette. *V.* ce mot. (B.)

CREX. OIS. Le Râle de Genêt dans Aristote, selon la plupart des ornithologistes, et, selon Savigny, la Demoiselle de Numidie, *Ardea Virgo*, L.

Illiger en fait le nom scientifique des Poules-d'eau. (B.)

CRIARD.ois.Espèce du genre Coucou et synonyme de Pluvier à collier. *V.* Coucou et Pluvier. On a souvent donné ce nom aux Corbeaux, et collectivement aux Oiseaux de rivage. (B.)

CRIARD. rept. oph. Espèce du genre Crapaud. *V.* ce mot. (B.)

*CRIAS. bot. phan. *V.* Cucullée.

* CRIBLETTE. bot. crypt. (Bridel.) Syn. de Cinclidium. *V.* ce mot. (B.)

CRIBRAIRE. *Cribraria.* bot. crypt. (*Lycoperdacées.*) Schrader a fondé ce genre, et en a décrit et figuré plusieurs espèces avec beaucoup de soin dans ses *Nova Plantarum Genera.* Il diffère des autres genres du même groupe par son péridium membraneux presque globuleux, stipité, qui se détruit dans sa moitié supérieure de manière à n'être plus formé dans cette partie que par un réseau délicat produit par les filamens du péridium ; ce péridium est rempli de sporules agglomérées qui s'échappent par les ouvertures du réseau filamenteux.

Les espèces de ce genre sont très-petites, mais d'une forme très-élégante ; elles croissent en groupe souvent assez nombreux sur les bois morts ou sur les feuilles sèches. Persoon a réuni sous le nom de *Cribraria* les deux genres *Dictydium* et *Cribraria* de Schrader. De Candolle n'en fait qu'une section des *Trichia* ; la différence de ces deux genres nous semble trop grande pour qu'on puisse les réunir ; mais quant au Dictydium, il diffère en effet très-peu des *Cribraria*, et doit peut-être leur être réuni. *V.* Dictydium. (AD. B.)

CRICET. mam. Syn. de Rat-Taupe. *V.* Aspalax et Hamster. (B.)

CRICETINS. mam. Desmarest a proposé d'établir sous ce nom une petite famille de Rongeurs, qui renfermerait les Marmottes et les Hamsters. (B.)

CRICETUS. mam. *V.* Hamster.

CRICHTONITE. min. *V.* Craitonite.

CRICKS ou CRIKS. ois. On nomme ainsi diverses espèces qui forment une famille ou division dans le genre Perroquet. *V.* ce mot. (DR..Z.)

*CRICOMPHALOS. moll. Klein, dans sa Méthode conchyliologique, donne ce nom générique, qu'il écrit *Circomphalos,* mais à tort, à toutes les Coquilles bivalves ombiliquées, dit-il, qui sont arrondies. Ce genre est placé dans sa famille des *Diconchæ ombilicatæ* qui renferment toutes les Coquilles bivalves dont la lunule, plus ou moins enfoncée, était nommée par lui ombilic. On sent qu'une division établie sur de tels caractères devait rassembler dans un même cadre les objets les plus disparates, et renfermer des Coquilles de genres fort différens. Il n'est pas étonnant de voir tout cela tomber dans un juste oubli. (D..H.)

* CRICOSTOME. moll. Dans sa Méthode conchyliologique, Klein donne ce nom générique à toutes les Coquilles univalves dont le dernier tour, ayant son diamètre plus grand que la spire, offre une ouverture entière, circulaire, sans dents ou striée. Cette division, si l'on ne considère que la forme de la coquille, sans porter aucune attention aux autres caractères, rassemble beaucoup de Coquilles qui ont entre elles une assez grandes ressemblance ; aussi, vers ces derniers temps, Blainville, dans le tableau où il a exposé sa méthode conchyliologique d'après les formes, dans le Dictionnaire des Sciences naturelles, a employé ce mot pour réunir sous le même caractère un certain nombre de genres pour en faire une famille. *V.* Cricostomes. (D..H.)

* CRICOSTOMES. moll. Ce mot, emprunté à Klein, et qui se trouve également dans la table alphabétique des mots employés en histoire naturelle, donnée par d'Argenville à la fin de la Zoomorphose, a été employé

par Blainville dans le Dictionnaire des Sciences naturelles pour une famille qu'il propose de former avec tous les genres qui ont l'ouverture arrondie, le péristome continu, et qui offrent constamment un opercule ; ainsi les Paludines, les Valvées, les Cyclostomes, les Scalaires, les Dauphinules, les Turbos, etc., en feraient partie. Cette famille, faite avec des Coquilles qui renferment des Animaux différens, ne peut être convenable que dans une méthode basée seulement sur les formes, abstraction faite de tout autre caractère. Aussi, c'est dans ce but que ce savant l'a formée, comme on peut s'en assurer en consultant le tableau systématique à l'article CONCHYLIOLOGIE du Dictionnaire des Sciences naturelles.

(D..H.)

* CRICRI. OIS. L'un des noms vulgaires du Proyer. *V.* BRUANT. (B.)

CRI-CRI. INS. Nom vulgaire du Grillon domestique. (B.)

CRIGNARD ET CRIQUET. OIS. Syn. vulgaires de Sarcelle. *V.* ce mot. (B.)

CRIGNON ou CRINON. INS. Même chose que Cri-Cri. *V.* ce mot. (B.)

CRIKS. OIS. *V.* CRICKS.

CRIMNON. BOT. PHAN. Dioscoride nous apprend que c'était une farine extraite du Maïs mêlé avec un Froment qu'on présume être le *Triticum monococcum* ou le *Spelta*. (B.)

CRIN. ZOOL. *V.* POIL.

CRIN. POIS. Espèce du genre Labre. *V.* ce mot. (B.)

CRIN DE CHEVAL. BOT. CRYPT. (*Lichens.*) Nom vulgaire de l'*Alectoria jubata*. *V.* ALECTORIE. (B.)

CRIN DE FONTAINE ou DE MER. ANNEL ? Noms vulgaires du Dragonneau. *V.* ce mot. (B.)

CRINCELLE. OIS. Syn. de Crécerelle. *V.* ce mot et FAUCON. (B.)

*CRINIGER. OIS. (Temminck.) *V.* CRINON.

CRINITA. BOT. PHAN. Les deux genres établis sous ce nom par Houttuyn et Mœnch, n'ont été ni l'un ni l'autre adoptés. Le *Crinita capensis* d'Houttuyn est le *Pavetta cafra* de la famille des Rubiacées. Les *Crinita linearifolia* et *punctata* de Mœnch sont deux espèces du genre Chrysocome. *V.* ce mot. (A. R.)

CRINODENDRE. *Crinodendron.* BOT. PHAN. Genre établi par Molina (Hist. nat. du Chili, 179), adopté par Cavanilles (Dissert. 5, p. 300, t. 158, f. 1) et par Jussieu, mais dont on n'a pu encore bien déterminer la place dans la série des ordres naturels. Il appartient à la Monadelphie Décandrie, L. Voici les caractères qui lui ont été assignés : ses fleurs sont incomplètes ; son calice est pétaloïde, subcampanulé, formé de six sépales rapprochés et contigus latéralement ; les étamines, au nombre de dix, sont monadelphes par la moitié inférieure de leurs filets ; la moitié supérieure est libre ; les anthères sont ovoïdes et dressées ; l'ovaire est supère, ovoïde, terminé par un style simple, subulé, un peu plus long que les étamines. Le fruit est une capsule coriace, trigone, à une seule loge, s'ouvrant avec élasticité par son sommet, et contenant trois graines arrondies, à peu près de la grosseur d'un Pois.

Une seule espèce constitue ce genre; c'est le *Crinodendron Patagua* (Mol. *loc. cit.*, Cuv. *loc. cit.*), grand Arbre élégant, toujours orné de son feuillage, et dont le tronc a jusqu'à sept pieds de diamètre. Ses feuilles opposées et pétiolées sont lancéolées, dentées en scie, d'un vert clair, dépourvues de stipules ; les fleurs, qui exhalent l'odeur du Lis, sont portées sur des pédoncules axillaires et uniflores. Ce bel Arbre croît au Chili où il a été observé par Molina ; il y est connu sous le nom vulgaire de *Patagua*.

(A. R.)

* CRINOIDES. *Crinoïdea.* ÉCHIN. Famille établie par Müller pour les Animaux du genre Encrine de Lamarck. Müller a publié, en 1821, un

excellent et bel ouvrage sur ces êtres. Il est intitulé Histoire naturelle des Crinoïdes ou Animaux en forme de Lis, avec des observations sur les genres Astérie, Euryale, Comatule et Marsupites (un vol. in-4° avec gravures enluminées). Ce sont des Animaux à colonnes rondes, ovales ou angulaires, composées de nombreuses articulations ayant à leur sommet une série de lames ou de plaques formant un corps qui ressemble à une coupe contenant les viscères. Du bord supérieur de ce corps sortent cinq bras articulés, se divisant en doigts tentaculés plus ou moins nombreux qui entourent l'ouverture de la bouche située au centre d'un tégument écaillé qui s'étend sur la cavité abdominale, et qui peut se contracter en forme de cône ou de trompe. Tous les Crinoïdes adhèrent à des corps solides par des appendices radiciformes ; ce sont des Animaux fixes ou dépourvus de la faculté locomotive. Les colonnes et les fragmens des colonnes des Crinoïdes, si communs dans les terrains à Fossiles, soit anciens, soit modernes, ont attiré l'attention des naturalistes dès la plus haute antiquité. Les noms qu'on leur a donnés, fondés sur des idées superstitieuses, sur leur ressemblance avec d'autres corps et sur leur usage, variaient beaucoup. On les nommait Grains de rosaire, Larmes de géans, Pierres de fée, Pierres à roue, Torchites, Entrochites, Astéries, Pierres étoilées, etc. Agricola considérait ces corps comme des infiltrations inorganiques, semblables aux Stalactites. D'autres les ont regardés comme des articulations vertébrales de Poisson, comme des Coraux, etc., et quelques-uns, qui ont plus soigneusement observé la colonne et sa terminaison, les ont comparés aux Plantes, d'où le nom de Lis pierreux a été donné aux extrémités supérieures de notre genre *Encrinus*. Lhuid a été le premier qui les ait considérés comme faisant partie d'un Animal étoilé, et quand cette idée fut accueillie par des observateurs, quand il fut admis qu'ils appartenaient probablement à l'Astérie (l'Euryale Stelléride de Lamarck), et qu'ils pouvaient même exister dans des mers non encore explorées, on commença des recherches pour tâcher de les découvrir dans un état de vie ou au moins récent. Bientôt parut pour la première fois le *Pennatula Encrinus* de l'immortel Linné, qu'Ellis décrit comme une Hydre. Mais un plus sévère examen a prouvé qu'il diffère si matériellement de l'Encrinite, qu'il a fourni à Lamarck le type de son nouveau genre *Umbellularia*. Peu de temps après, on trouva une portion d'Animal qui ressemblait aux colonnes astériales si fréquentes dans les terrains secondaires, offrant les mêmes caractères génériques. Linné a improprement classé cette espèce dans le genre *Isis* sous le nom d'*Isis Asteria*, erreur que Lamarck a rectifiée en la plaçant dans son genre *Encrinus*, sous le nom d'*Encrinus caput Medusæ*, et nous l'avons reportée dans le genre *Pentacrinites*, en conservant le nom spécifique adopté par Lamarck.

Quelques espèces, comme le *Cyathocrinites rugosus*, etc., se trouvent parmi les plus anciennes traces de restes organiques dont la gangue est une Pierre calcaire de transition. D'autres espèces des genres *Poteriocrinites* et *Cyathocrinites* se rencontrent dans les premiers terrains secondaires, dans tous ceux qui ont succédé jusqu'à ceux de l'époque actuelle, puisque l'on en rencontre une espèce encore vivante dans nos mers, mais très-rarement. L'*Apiocrinites rotundus* ne se trouve qu'adhérent à un lit de formation oolithique, et l'*Apiocrinites ellipticus* dans la Craie et dans le Calcaire jurassique. Il paraît aussi que beaucoup d'espèces de Crinoïdes ont été très-généralement distribuées sur notre globe, tandis que d'autres ne s'observent que dans des localités très-circonscrites.

Le caractère essentiellement distinctif de la famille des Crinoïdes est la colonne formée d'articulations nombreuses qui la séparent des Polypes, tandis que les bras et les doigts qui entourent la bouche prouvent son affinité avec les Stellérides. Les tégumens des Crinoïdes paraissent avoir joui de la faculté de former par sécrétion un nombre de concrétions calcaires qui sont devenues des articulations ou ossicules composant ce qu'on peut appeler le squelette de l'Animal. On ne peut pas, il est vrai, les nommer strictement des os, depuis que cette dénomination est presque limitée par l'usage aux parties constitutives des Animaux à vertèbres, au lieu que les concrétions ossiculaires des Crinoïdes ont, en plusieurs points (et probablement aussi dans leur composition chimique), une plus grande analogie avec les plaques du test des Oursins et les articulations des Astéries. Quelle que soit la différence, tant pour la disposition que pour l'arrangement, qui existe entre les ossicules et les os des Animaux à vertèbres, ils sont évidemment destinés aux mêmes usages généraux, à former la charpente solide de tout le corps, à protéger les viscères, et, autant que nous pouvons raisonnablement le croire aujourd'hui, à former les points d'attache d'un système musculaire régulier. Les dépressions et les trous qui se voient dans les ossicules prouvent que le tégument gélatineux qui les recouvrait était doué de l'action musculaire et pouvait produire les effets qui résultent de cette action. Le mouvement des bras, des doigts et des tentacules ne pouvait avoir lieu que de cette manière. Sur le sommet de la colonne sont placées des séries d'ossicules que leur position et leur usage ont fait nommer le bassin, les épaules, les jointures des plaques costales et intercostales, qui varient de nombre, et qui manquent partiellement dans quelques genres. Ils forment (avec les plaques de la poitrine et de la tête) une sorte de corps sous-globulaire ayant la bouche au centre, et contenant les viscères et l'estomac de l'Animal, d'où les fluides nourriciers sont portés par un canal alimentaire dans la colonne, aux bras et aux doigts tentaculés. Lorsque ces ossicules sont courts et épais, qu'ils sont liés par des surfaces régulièrement articulées, comme dans les *Apiocrinites*, ou ankylosées peut-être ensemble, comme dans les *Eugeniocrinites*, Müller les nomme des joints. Quand ils prennent une forme plus variée et plus plate, et qu'ils n'adhèrent que par des sutures recouvertes d'un tégument musculaire, il les appelle plaques. La différence de ces modes de structure a mis à même de former quatre divisions dans la famille des Crinoïdes, et comme le nombre de plaques ou joints sur lesquels l'épaule est assise, et aussi le nombre de doigts et l'arrangement des phalanges varient, ils offrent avec la forme de la colonne de bons caractères pour établir des genres et déterminer des espèces. Il est à présumer que les Crinoïdes se nourrissaient d'Animaux moins solides qu'eux-mêmes, probablement d'Infusoires, de Polypes, de Méduses, etc. Ce qui rend la chose plus certaine, ce sont leurs nombreux doigts tentaculés, formant un admirable appareil rétiforme pour saisir les corps les plus petits. Müller pense que les Crinoïdes ne se propageaient que par des œufs, leur structure organique si compliquée ne leur permettant pas de s'accroître par la séparation des parties de l'Animal ou par des bourgeons. Les accidens multipliés auxquels sont exposées les nombreuses parties constituantes des Crinoïdes, font croire qu'ils possédaient la faculté de réparer leurs pertes par la reproduction de ces mêmes parties, et l'échantillon du *Pentacrinus caput Medusæ*, que possède depuis peu John Tobin, semble en donner une preuve évidente.

La manière dont les nombreuses concrétions ossiculaires sont liées ensemble par une substance musculaire gélatineuse rend leur séparation après la mort de l'Animal très-aisée à expliquer; elle démontre également pourquoi les échantillons parfaits sont si rares dans l'état fossile.

Les Animaux qui composent cette famille sont classés dans trois grandes sections divisées en neuf genres suivant le tableau ci-joint :

1. CRINOÏDES ARTICULÉS : Apiocrinites, Pentacrinites, Encrinites.

2. CRINOÏDES A DEMI-ARTICULÉS : Potériocrinites, Cyathocrinites, Actinocrinites, Rhodocrinites, Platycrinites.

3. CRINOÏDES RÉUNIS : Eugéniocrinites. *V*. ces différens noms.

(LAM..X.)

CRINOLE. *Crinum*. BOT. PHAN. Genre très-intéressant de la famille des Amaryllidées de R. Brown et de l'Hexandrie Monogynie, qui se compose d'environ vingt à vingt-cinq espèces. Ce sont des Plantes à racines bulbifères, répandues sous les latitudes les plus chaudes du globe, et qui par l'éclat et la grandeur de leurs fleurs attirent l'attention des amateurs et sont cultivées avec un grand soin. Ces fleurs sont généralement blanches, disposées en ombelle simple ou en sertule au sommet d'une hampe simple, et enveloppées dans une spathe de plusieurs folioles avant leur épanouissement. Leur calice forme un long tube à sa partie inférieure, et est soudé avec l'ovaire qui est infère. Le limbe est à six divisions égales, étalées ou réfléchies ; les étamines au nombre de six ont leurs filets distincts et insérés vers le sommet du tube ; l'ovaire est infère, à trois loges polyspermes ; le style est simple, terminé pas un stigmate obtus ; le fruit est une capsule fréquemment à une seule loge, par suite d'avortement, contenant un très-petit nombre ou même une seule graine ; les graines sont grosses, arrondies et bulbiformes.

Nous allons décrire succinctement deux ou trois des espèces les plus remarquables de ce genre, de celles surtout qui figurent le plus fréquemment dans nos jardins.

CRINOLE D'ASIE, *Crinum asiaticum*, L., Redouté, Liliac., t. 348.

Cette espèce est l'une des plus belles Plantes bulbeuses qu'on puisse cultiver dans les jardins. Sa racine se compose d'un grand nombre de fibres cylindriques simples que surmonte un bulbe allongé, peu distinct, ayant cinq à six pouces de diamètre, et un pied et plus de hauteur, et entièrement semblable, mais dans des proportions beaucoup plus grandes, au bulbe du Poireau (*Allium Porrum*, L.). De la partie supérieure de ce bulbe naissent un grand nombre de feuilles lancéolées, oblongues, demi-étalées, creusées en gouttière dans leur moitié inférieure, planes supérieurement, longues de deux à trois pieds et larges de deux à trois pouces. De l'aisselle des feuilles extérieures sortent plusieurs hampes simples, un peu comprimées, qui se terminent chacune par un grand nombre de belles fleurs blanches, formant un sertule ou ombelle simple. Les filets des étamines qui sont fort longs, étalés, d'une couleur purpurine, portent à leur sommet une anthère allongée et jaune. Cette belle Plante que l'on voit assez fréquemment fleurir dans nos serres, est originaire de l'Inde. Elle présente une particularité fort digne d'être remarquée, et qui s'observe également dans plusieurs autres espèces ainsi que dans les genres *Amaryllis* et *Calostemma*. A la place des graines, on trouve presque constamment dans la capsule des tubercules arrondis, charnus, blanchâtres, de la grosseur d'une petite Noix, et que l'on considère généralement comme des bulbilles solides, analogues à celles qui se développent sur différentes parties, et quelquefois à la place des fleurs dans beaucoup de Liliacées. Mais ces prétendues bulbilles n'avaient point encore été examinées avec soin, et leur structure n'était pas encore bien connue. Une analyse soignée, faite sur deux espèces (*Crinum Taïtense* et *Crinum erubescens*), nous a démontré que ces corps n'étaient ni des tubercules, ni des bulbilles, ainsi qu'on l'avait cru jusqu'alors. Ce sont de véritables graines, mais qui par des circonstances particulières ont pris un développement extraordinaire. Voici ce que nous avons vu : à l'extérieur, ces graines sont recouvertes d'une pellicule assez épaisse, sèche, cassante, s'enlevant par plaques. Quoiqu'elles soient ordinairement globuleuses, elles offrent une dépression sur un de leurs côtés, dépression qui est le véritable hile ou point d'attache. Toute la masse intérieure se compose d'un corps charnu, blanc, légèrement verdâtre à sa circonférence. Vers la partie inférieure de la graine, près du hile, on trouve un petit corps irrégulièrement ovoïde, un peu recourbé, plus renflé à sa partie moyenne qu'à ses deux extrémités qui sont obtuses; ce corps est l'embryon; l'extrémité inférieure est la radicule, qui, au moment de la germination, s'allonge, perce l'endosperme et le tégument propre de la graine, entraînant avec elle au dehors la gemmule qui, comme dans tous les autres embryons monocotylédonés, est renfermée dans le cotylédon. D'après ce court exposé, il est impossible de ne pas reconnaître la structure de la graine dans ces corps considérés jusqu'à présent comme des bourgeons solides ou des bulbilles.

CRINOLE ROUGEATRE, *Crinum erubescens*, Willd., Red., Liliac., t. 27. Originaire de l'Amérique méridionale, cette belle espèce offre un bulbe allongé, de la grosseur du poing; des feuilles planes ou légèrement canaliculées, lancéolées, très-longues. Du milieu de ces feuilles naît une hampe simple un peu comprimée, d'un pied et plus de hauteur, d'une teinte rouge pourpre très-foncée. Les fleurs forment une ombelle simple; elles sont grandes et légèrement lavées de pourpre à l'extérieur. On la cultive dans les serres.

CRINOLE D'AMÉRIQUE, *Crinum americanum*, L., Redouté, Liliac., t. 532. Une touffe de racines blanches épaisses soutient des feuilles lancéolées, longues de deux pieds, larges de trois à quatre pouces. La hampe qui est plus courte que les feuilles et un peu plus comprimée, porte une ombelle simple ou sertule de grandes fleurs blanches et presque sessiles; les filets staminaux et le style sont purpurins. Elle est originaire d'Amérique.

CRINOLE DE COMMELIN, *Crinum Commelini*, Jacq. Schœn., t. 202, Red., Liliac., t. 522. Elle vient aussi de l'Amérique méridionale. Voisine et souvent confondue avec la précédente, cette espèce s'en distingue par son bulbe ovoïde, de la grosseur de celui d'une Tulipe, souvent stolonifère à sa base. Ses feuilles sont très-étroites et presque linéaires, longues d'un pied seulement. Sa hampe plus courte qu'elles, comprimée et de couleur purpurine, porte trois ou quatre fleurs blanches d'abord enveloppées dans une spathe purpurine.

On cultive encore dans les jardins plusieurs autres espèces de ce genre, qui toutes sont remarquables par la beauté, la grandeur et l'éclat de leurs fleurs.

Plusieurs Plantes d'abord placées dans le genre *Crinum* en ont été retirées pour former d'autres genres distincts. Ainsi le *Crinum africanum* de Linné, qui a l'ovaire libre, les graines terminées par une aile membraneuse, forme le genre *Agapanthus* de l'Héritier, genre qui appartient à la famille des Hémérocallidées de Robert Brown. Les *Crinum angustifolium*, L., et *C. obliquum* constituent le genre *Cyrtanthus*. On a rapporté au genre *Hæmanthus* les *Crinum tenellum* et *Crinum spirale* de Kerr. *V.* AGAPANTHE, HÆMANTHE et CYRTANTHE.

(A. R.)

* CRINON. *Criniger*. ois. (Temminck.) Genre de l'ordre des Insectivores. Caractères : bec médiocre, même assez court, fort, comprimé vers la pointe, un peu élargi à la base qui est garnie de soies longues et roides; mandibule supérieure inclinée et légèrement échancrée vers la pointe; narines ovoïdes, ouvertes, placées

près de la base du bec; pieds courts; tarse moins long que le doigt du milieu; le doigt externe uni à l'intermédiaire jusqu'à la seconde articulation, plus allongé que l'interne qui est libre; les trois premières rémiges étayées, les trois suivantes les plus longues.

Ce genre a été établi par Temminck sur l'inspection de cinq espèces qui n'avaient jusqu'alors trouvé place dans aucune méthode; comme elles étaient toutes africaines, ce savant ornithologiste a cru que les Crinons étaient propres aux régions occidentales de l'Afrique; une sixième espèce nous a été envoyée récemment de Java; conséquemment, on peut regarder les Crinons comme habitans de toutes les parties méridionales de l'ancien continent. Il n'a encore été rien publié sur les mœurs et les habitudes de ces Oiseaux qui probablement ne se sont point montrés dans les parties de l'Afrique qui ont été parcourues, d'une manière si utile pour la science, par l'intrépide Levaillant.

Crinon barbu, *Criniger barbatus*, Temm., pl. color. 88. Parties supérieures d'un vert olive foncé avec le bord extérieur des rémiges d'un vert plus pâle; nuqué garnie de soies roides et assez longues; parties inférieures d'un vert olivâtre clair; plumes du menton et du haut de la gorge, longues, lâches et jaunes, bordées de verdâtre; de semblables plumes, mais plus étroites, recouvrent toute la région des oreilles; rectrices un peu etagées d'un vert brunâtre supérieurement, et jaunâtre inférieurement; bec brun bordé de fauve; iris orangé; pieds bruns. Taille, sept pouces. De la Guinée.

Crinon cendré, *Criniger cineraceus*, Temm. Parties supérieures d'un gris cendré, tirant sur le bleuâtre; rémiges et rectrices d'un cendré noirâtre; parties inférieures blanches; joues et flancs d'un cendré bleuâtre; plumes de la poitrine et du cou bordées de cendré clair; des soies très-fines et très-courtes à la nuque; bec noirâtre;

pieds blanchâtres. Taille, sept pouces. D'Afrique.

Crinon olivâtre, *Criniger olivaceus*, Temm. Parties supérieures olivâtres; rectrices brunes; parties inférieures jaunes, avec les flancs verdâtres; menton, gorge et poitrine jaunes; des fines soies à la nuque; bec et pieds cendrés. Taille, sept pouces. La femelle a les parties supérieures d'un brun cendré olivâtre; les rémiges frangées d'olivâtre; les rectrices noirâtres; le menton jaune; les parties inférieures cendrées, avec le milieu du ventre jaunâtre; le bec cendré et les pieds jaunâtres. De la côte occidentale d'Afrique.

Crinon poliocéphale, *Criniger Poliocephalus*, Temm. Parties supérieures d'un fauve de feuille-morte; tête et joues d'un cendré noirâtre; une bande blanche entre l'œil et les narines; rémiges et rectrices d'un brun noirâtre; parties inférieures d'un fauve isabelle; gorge d'un blanc pur; soies de la nuque courtes et très-fines; bec noir; pieds jaunâtres. Taille, six pouces six lignes. De la côte de Guinée.

Crinon a queue rousse, *Criniger ruficaudus*, Temm. Parties supérieures d'un vert d'olive assez sombre; avec les plumes lisérées d'une teinte un peu plus claire; parties inférieures d'un vert jaunâtre; plumes de la gorge lâches et jaunes, bordées de verdâtre; rémiges lisérées de brun; rectrices d'un roux foncé; les soies de la nuque assez longues et roides; bec noirâtre; pieds fauves. Taille, sept pouces. De Sierra-Leone.

Crinon a tête brune, *Criniger fuscicapillus*. Parties supérieures d'un vert olivâtre; front, sommet de la tête et nuque bruns; celle-ci est garnie de quelques poils assez longs et minces; rémiges bordées de brun à reflets noirâtres; rectrices d'un roux irisé de brun et d'olivâtre; parties inférieures jaunes avec les flancs verdâtres; menton et gorge d'un blanc qui se nuance de grisâtre vers le haut de la poitrine; dessous des ailes d'un roux changeant en brun; bec d'un brun plombé ; pieds fauves. Taille, six pouces six lignes. De Java.

(DR..Z.)

CRINON. *Crino.* INTEST. Ce genre, observé par Chabert et Bruguière, aurait pour caractères : un corps allongé, cylindrique, grêle, nu, atténué vers ses bouts, et ayant sous l'extrémité antérieure, un ou deux pores, ou une fente transverse ; un morceau de crin blanc, d'un à deux pouces de longueur, donnerait une idée complète de la forme, de la grosseur et de la couleur des êtres de ce genre qu'on trouve en quantité dans les artères, les intestins ainsi qu'à la surface externe de tous les viscères, notamment dans le bas-ventre des Animaux domestiques et même de l'Homme. Les Crinons sont articulés ; leur tête paraît fendue ; leur queue est plus grosse et l'anus paraît situé vers le milieu. On assure que ces Animaux, dont la multiplication chez l'Homme, cause une maladie dont les symptômes ressemblent à ceux du scorbut, sortent quelquefois des corps des Animaux en quantité considérable, à travers la peau, par les yeux, les oreilles, les naseaux et l'anus, ce qui cause un grand soulagement. Bruguière dit en avoir vu sortir de la région dorsale d'un enfant ; ils ressemblaient à des petits poils gris, et l'on ne distinguait leur animalité qu'au mouvement de quelques-uns d'entre eux. Chabert indique l'huile empyreumatique, comme le remède propre à détruire un tel fléau. Lamarck avait d'abord adopté ce genre ; mais Rudolphi prétend que les observations sur lesquelles le genre qui nous occupe fut établi, sont imparfaites, et que les prétendus Crinons ne sont que de jeunes Strongles, de naissantes Filaires, des Hamulaires, ou même des corps inorganisés. Il croit pouvoir assurer qu'il ne s'en trouve point dans l'Homme. Cependant il existe dans les vaisseaux artériels, un Ver dans lequel on reconnaît tout ce que les helminthologues français ont dit de leur Crinon, et nous ne trouvons entre cet Animal et les véritables Vibrions

qu'une différence de taille. De nouvelles observations deviennent donc nécessaires pour lever tous les doutes à cet égard.

(B.)

CRINON. BOT. PHAN. *V.* CRINOLE.

CRINULES. *Crinuli.* BOT. CRYPT. (*Hépatiques.*) Mirbel désigne sous ce nom les espèces de poils tordus que l'on observe dans la fructification des Marchanties. *V.* HÉPATIQUES et MARCHANTIE.

(A. R.)

CRINUM. BOT. PHAN. *V.* CRINOLE.

CRIOCÈRE. *Crioceris.* INS. Genre de l'ordre des Coléoptères établi par Geoffroy qui lui assignait pour caractères : antennes cylindriques à articles globuleux ; corselet cylindrique. Ce genre très-naturel, adopté par la plupart des entomologistes, et correspondant au genre Lema de Fabricius, appartient à la section des Tétramères et à la famille des Eumolpes. Latreille le distingue de la manière suivante : languette entière, un peu échancrée ; mandibules bidentées à leur extrémité ; pieds presque de la même grandeur ; antennes moniliformes ; yeux échancrés. Les Criocères, étudiées dans les parties extérieures de leur corps, donnent lieu à quelques autres observations. La tête est très-distincte ; les yeux sont saillans ; les antennes, plus courtes que le corps, sont rapprochées à leur insertion et composées de onze articles offrant des dimensions différentes : le premier est renflé, assez gros ; les deux ou trois suivans sont courts et plus petits ; les autres ont un volume égal et sont cylindriques ; la bouche se compose : 1° d'une lèvre supérieure cornée, arrondie et ciliée antérieurement ; 2° d'une paire de mandibules assez courtes dont le sommet est échancré ou terminé par deux dents ; 3° de deux mâchoires avancées, bifides, supportant des palpes composés de quatre articles dont le premier petit, les deux suivans courts, arrondis, presque coniques, et le dernier ovale ; 4° d'une lèvre inférieure très-

5*

courte, entière, donnant insertion à deux palpes de trois articles, dont le premier petit, le second presque conique, et le dernier ovale; le prothorax est cylindrique et beaucoup plus étroit que les élytres; celles-ci sont dures, très-coriaces, de la longueur de l'abdomen, et recouvrent deux ailes membraneuses; les pates ont une grandeur moyenne, et sont terminées par des tarses de quatre articles, dont les trois premiers larges, garnis de houppes en dessous, et le troisième bilobé, le quatrième mince, arqué et terminé par deux crochets.

Les Criocères sont des Insectes assez petits dont le corps étroit et allongé est orné de couleurs vives. Elles se nourrissent des feuilles de plusieurs Plantes; on les trouve sur les fleurs, dans les jardins et les prés; lorsqu'on les saisit, elles font entendre un bruit assez aigu qui résulte du frottement de l'extrémité supérieure de l'abdomen contre l'extrémité inférieure des élytres. Les espèces propres à ce genre sont très-nombreuses; parmi elles nous n'en citerons qu'une seule, et nous puiserons dans Réaumur des détails curieux sur ses habitudes et son développement.

La Criocère du Lis, *Crioceris merdigera* ou la *Chrysomela merdigera* de Linné, et la Criocère rouge du Lis, *Crioceris rubra* de Geoffroy (Hist. des Ins. T. I, p. 239), décrite et représentée par Réaumur (Mém. sur les Ins. T. III, p. 220 et pl. 17). Cette espèce se nourrit des feuilles du Lis. Après que l'accouplement est fini, dit Réaumur, la femelle se promène sur le Lis, elle cherche un endroit à son gré pour y déposer ses œufs, et cet endroit est toujours en dessous de quelque feuille; elle les y arrange les uns auprès des autres, mais avec peu d'art et de régularité. Chaque œuf sort du corps enduit d'une liqueur propre à le coller sur la feuille contre laquelle il est ensuite appliqué. La femelle en dépose environ huit ou dix les uns auprès des autres; mais Réaumur ne pense pas que la ponte consiste en un seul de ces

tas. Les œufs sont oblongs, allongés; les plus récemment pondus sont rougeâtres, ils brunissent quand la liqueur visqueuse qui les couvre commence à se dessécher. Au bout de quinze jours on voit les petites larves de ces œufs paraître sur le Lis, sans qu'on ait pu encore retrouver une coque vide. Dès que les petits Vers d'une même nichée sont en état de marcher, ils s'arrangent les uns à côté des autres dans un ordre régulier, ayant leur tête sur une même ligne; ils mangent ensemble, et ne mangent que la substance de la feuille du côté sur lequel ils sont placés; à mesure qu'ils croissent, ils s'écartent les uns des autres, et enfin ils se dispersent sur différens endroits de la feuille, et sur différentes feuilles. Alors la larve attaque tantôt le bout de la feuille, tantôt un de ses bords; assez souvent elle la perce au milieu et la mange dans toute son épaisseur. Dans tous les cas, elle se donne peu de mouvement, ne marche guère, ou au moins ne va en avant que quand la feuille qu'elle a attaquée lui manque. Dans quatorze ou quinze jours, ces larves ont pris tout leur accroissement et se disposent à se métamorphoser en nymphe; mais avant de décrire celle-ci, il est essentiel de présenter, d'après Réaumur, une particularité extrêmement remarquable de l'Insecte à l'état de larve. Sur les feuilles de Lis maltraitées, on voit de petits tas d'une matière humide, de la couleur et de la consistance des feuilles un peu macérées et broyées. Chacun de ces petits tas a une figure assez irrégulière, mais pourtant arrondie et un peu oblongue. Cette matière n'est autre chose qu'une couverture propre à chaque larve, et qui la cache presque en entier. Si on y regarde de près, on distingue à un des bouts du tas la tête du Ver; elle est toute noire et ordinairement occupée à faire agir contre la feuille du Lis les deux dents dont elle est armée. On peut aussi apercevoir de chaque côté et assez près de la tête trois jambes noires et écailleuses; elles sont terminées par deux petits crochets que l'Insecte cramponne dans la substance de la feuille. Pour l'ordinaire, tout le reste du corps est caché ; le ventre l'est par la feuille même contre laquelle il est appliqué, et le dessus du corps l'est par la matière dont nous venons de parler. Au reste elle lui est peu adhérente, et il est aisé de l'emporter par un frottement assez léger. Lorsqu'on a mis la larve à nu, on la trouve assez semblable à d'autres larves de différens Coléoptères. Sa tête est petite par rapport à la grosseur de son corps ; le dessus de ce dernier est arrondi ; il se termine par deux mamelons membraneux qui aident aux six jambes écailleuses à le porter en avant ; sa couleur est d'un jaune brunâtre ou verdâtre ; on remarque deux plaques noires et luisantes sur le dessus du premier anneau ; et de chaque côté on voit une file de points noirs ; un de ces points est placé sur chaque anneau sans jambes, et sur le premier et le dernier de ceux qui en ont, ce sont les stigmates ou les ouvertures des organes respiratoires.

La peau de cette larve paraît extrêmement délicate ; elle a une transparence qui porte à la juger telle, car cette transparence permet d'apercevoir les mouvemens de la plupart des parties intérieures. La nature a appris à l'Insecte une façon singulière de mettre sa peau tendre à couvert des impressions de l'air extérieur, et de celles des rayons du soleil ; elle lui a appris à la couvrir avec ses propres excrémens, et a tout disposé pour qu'il le pût faire aisément. L'ouverture de l'anus des autres Insectes est au bout ou près du bout du dernier anneau, et ordinairement dirigée inférieurement. L'anus de notre larve est un peu plus éloigné du bout postérieur, il est placé à la jonction du penultième anneau avec le dernier ; mais ce que sa position a de plus remarquable, c'est qu'il est du côté du dos. La disposition du rectum ou de l'intestin qui conduit les excrémens à l'anus et celle des muscles qui servent à les

faire sortir, répondent à la fin que la nature s'est proposée en mettant là cette ouverture. Les excrémens qui sortent du corps des Insectes sont en général poussés en arrière dans la ligne de leur corps ; ceux que notre larve fait sortir s'élèvent au-dessus du corps et sont dirigés du côté de la tête. Ils ne sont pourtant pas poussés loin ; quand ils sont entièrement hors de l'anus, ils tombent sur la partie du dos qui en est proche ; ils y sont retenus par leur viscosité ; mais ils n'y sont retenus que faiblement. Sans changer lui-même de place l'Insecte donne à ses anneaux des mouvemens qui, peu à peu, conduisent les excrémens de l'endroit sur lequel ils sont tombés jusqu'à la tête. Pour voir distinctement comment tout cela se passe, il faut mettre l'Insecte à nu, et après l'avoir posé sur une feuille de Lis jeune et fraîche, l'observer avec une loupe. Bientôt il se met à manger, et peu de temps après, on voit son anus se gonfler ; il montre des rebords qu'il ne faisait pas paraître auparavant. Enfin l'anus s'entr'ouvre et le bout d'une petite masse d'excrémens en sort. Ce que l'Insecte jette est une espèce de cylindre dont les deux bouts sont arrondis. Nous avons déjà dit (c'est Réaumur qui parle) que quand ce grain d'excrément sort, il est dirigé vers la tête ; cependant, peu après être sorti, il se trouve posé transversalement, ou au moins incliné à la longueur du corps. Les frottemens qu'il essuie et la manière peu régulière dont il est poussé lui donnent cette direction. Il y a des temps où ces grains sont arrangés avec assez d'ordre, où ils sont parallèlement les uns aux autres et perpendiculairement à la longueur du corps ; mais ce n'est guère que sur la partie postérieure et quand l'anus en a fourni un grand nombre, dans un temps court, qu'ils sont si bien arrangés.

L'Insecte qui a été mis à nu a besoin de manger pendant environ deux heures pour que son anus puisse fournir à différentes reprises la quantité de matière nécessaire pour couvrir tout le dessus du corps. Au bout de deux heures cette couverture est complète; mais elle est si mince qu'elle n'a que l'épaisseur d'un grain d'excrément; peu à peu elle s'épaissit. Le même mécanisme qui a conduit les grains jusqu'auprès de la tête, les force à se presser les uns contre les autres. Pour faire place aux excrémens qui sortent, il faut que les excrémens qui sont aux environs de la partie postérieure soient poussés et portés en avant; ils sont mous, cèdent à la pression, s'aplatissent dans un sens et s'élèvent dans un autre, dans celui qui rend plus épaisse la couche qui couvre le corps. La couverture s'épaissit donc peu à peu, et à un tel point que si on l'enlève dans certains temps de dessus le corps de la larve, on juge que le volume de cette couverture est au moins trois fois plus grand que celui de l'Insecte même et qu'elle est d'un poids qui semble devoir le surcharger; plus la couverture est épaisse, plus la figure est irrégulière et plus aussi la couleur brunit. Nous avons dit que les excrémens dont elle est faite ont la couleur et la consistance de feuilles de Lis broyées et macérées; ils ne sont aussi que cela, ils sont d'un jaune verdâtre; mais leur surface supérieure se dessèche peu à peu, et prend des nuances de plus brunes en plus brunes jusqu'au noir; l'habit devient lourd et plus roide; l'Insecte s'en défait apparemment alors; ce qui le prouve, c'est qu'on voit quelquefois des larves de cette espèce qui sont nues; mais ce n'est pas pour rester long-temps dans cet état. Il est aisé à la larve de se débarrasser d'une trop pesante couverture soit en entier soit en partie; elle n'a qu'à se placer de manière qu'elle touche et frotte contre quelque partie du Lis, et se tirer ensuite en avant. Un frottement assez médiocre suffit pour arrêter cette masse et la retenir en arrière. Quand l'Insecte conserve long-temps sa couverture, elle déborde quelquefois sa tête; ce qui la dé-

borde et ce qui recouvre les premiers anneaux est souvent noir et sec pendant que le reste est humide et verdâtre. Cette partie sèche, qui va au-delà de la tête, tombe quelquefois par lambeaux.

Parvenues à l'époque de leur métamorphose en nymphes, les larves s'enfoncent en terre et se construisent avec elle des coques fort irrégulières en dehors, mais qui intérieurement sont tapissées d'une sorte d'étoffe blanche, luisante et argentée, qui est produite par le desséchement d'un liquide écumeux qui sort de la bouche de l'Insecte, dessiccation qui s'opère très-promptement. Deux ou trois jours après la construction de ces coques, la larve se change en une nymphe semblable pour la disposition de ses parties à celles des autres Coléoptères, et ce n'est que douze jours après que l'on voit paraître l'Insecte parfait. *V.*, pour les autres espèces, Fabricius, Olivier, l'Encycl. Méth., les ouvrages de Latreille (*Gener. Crust. et Ins.*, et Règn. Anim. de Cuv.), le Catalogue de Dejean, etc. (AUD.)

CRIOCERIDES. *Criocerides.* INS. Division établie par Latreille (*Gener. Crust. et Ins.* T. III, p. 43) dans la famille des Chrysomélines, et comprenant les genres Sagre, Orsodacne, Mégalope, Donacie, Criocère et quelques autres. Cette division correspond (Règn. Anim. de Cuv.) à la famille des Eupodes. *V.* ce mot. (AUD.)

CRIOPE. *Criopus.* MOLL. (Poli, Test. des Deux-Siciles.) Syn. de Criopoderme. (D..H.)

CRIOPODERME. *Criopodermon.* MOLL. Poli, dans son magnifique ouvrage (Test. des Deux-Siciles), a établi ce genre pour l'Animal de l'*Anomia Caput Serpentis* de Linné, et non pas pour la *Crania*, comme cela a été mis, par erreur sans doute, dans le Dictionnaire des Sciences naturelles, puisque le genre Cranie avait été confondu par Linné avec les Anomies, et que c'est Bruguière le premier qui l'a formé dans les planches de l'Encyclopédie; au reste les Criopodermes de Poli appartiennent aux Orbicules de Lamarck. *V.* ORBICULE. (D..H.)

* CRIPART. ois. Syn. vulgaire du Grimpereau, *Certhia familiaris*, L. *V.* GRIMPEREAU.   (DR..Z.)

CRIQUET. *Acrydium.* INS. Genre de l'ordre des Orthoptères établi par Geoffroy, et correspondant à la dénomination latine de *Gryllus* de Fabricius. Duméril le désigne aussi sous le nom français d'Acridie. Il appartient (Règn. Anim. de Cuv.) à la famille des Sauteurs, et a pour caractères, suivant Latreille : antennes filiformes, insérées entre les yeux à quelque distance de leur bord interne ; bouche découverte ; palpes point comprimés ; pates propres à sauter ; tarses à trois articles ; une pelote entre les crochets.

Les Criquets proprement dits s'éloignent des Pneumores par leurs pieds postérieurs plus longs que le corps, et par leur abdomen solide et non vésiculeux ; ils diffèrent des Truxales par leurs antennes et par leur tête ovoïde ; les différentes parties de leur corps présentent quelques autres particularités curieuses que nous allons successivement passer en revue.

La tête, très-développée, supporte des antennes assez courtes et composées d'une vingtaine d'articulations ; des yeux à réseaux ovales, saillans, situés sur les côtés, et trois petits yeux lisses placés en triangle sur son sommet ; la bouche se compose d'une lèvre supérieure grande, large, légèrement échancrée à son bord antérieur ; de mandibules fortes, tranchantes, irrégulièrement dentées ; de mâchoires terminées par trois dents, et supportant à la fois les galettes qui les recouvrent entièrement, et une paire de palpes filiformes composés de cinq articles ; enfin d'une lèvre inférieure, large, avancée, bifide à son extrémité, à divisions égales, et donnant insertion à deux palpes filiformes de quatre articles ; le prothorax, de même largeur que le corps, présente quelquefois à sa partie supérieure des espèces de carènes se prolongeant transversalement sur les côtés en de légères impressions qui paraissent être les indices des divisions naturelles de cette partie ; la poitrine du mésothorax et du métathorax, ou plutôt le sternum est large, aplati et très-différent de celui des Sauterelles, chez lesquelles il a l'apparence de deux lames triangulaires foliacées ; les élytres sont coriaces, étroites, et aussi longues que les secondes ailes ; celles-ci, recouvertes par les premières, sont fort amples, réticulées, pliées longitudinalement à la manière d'un éventail, et colorées souvent en bleu ou en rouge très-vif ; les pates ont des longueurs inégales ; les quatre antérieures sont de grandeur moyenne, mais les postérieures acquièrent des dimensions considérables, et sont propres au saut ; l'abdomen est remarquable par l'absence d'une tarière saillante chez la femelle, et par un organe particulier situé de chaque côté tout près de la base, au-dessus des cuisses des pates postérieures, et sur le premier segment nommé médiaire par Latreille. Cet organe, qui se montre à l'extérieur par une ouverture ovalaire assez profonde qui est fermée en partie par une membrane, a été décrit par Degéer, par Olivier, et, dans ces derniers temps (Mém. du Mus. d'Hist. nat. T. VIII, p. 122), par Latreille, qui compare directement cet appareil à celui des Cigales, et le considère comme une poche pneumatique formant un véritable instrument acoustique. Quoi qu'il en soit, les sons aigus et interrompus que font entendre les Criquets paraissent être dus essentiellement au frottement alternatif de la face interne des cuisses postérieures contre la surface supérieure des élytres. Degéer (Mém. T. III) a décrit et représenté avec soin les organes générateurs de ces Insectes. Les femelles ne tardent pas à pondre après l'accouplement ; leurs œufs sont tantôt déposés contre quelques tiges de Gramen, et alors une matière écumeuse qui se durcit ensuite, les enveloppe et les protège ; tantôt ils sont enfoncés en terre. Les larves, les nymphes et l'Insecte parfait se nourrissent de diverses Plantes, et sont très-communs dans les prairies et dans les champs. Il n'est personne qui ne connaisse les ravages considérables que les Criquets de passage occasionent partout où ils s'arrêtent, et les voyageurs ont souvent parlé de leurs dévastations dans le Levant et en Afrique. Le midi de l'Europe a plus d'une fois éprouvé de semblables dégâts ; la France même en fut témoin à plusieurs reprises. D'Ombres-Firmas rapporte, dans une Notice, que la Provence fut ravagée à certaines époques, et surtout pendant les années 1613, 1720 et 1721, par des troupes innombrables de Criquets ; leur nombre fut aussi très-grand en 1819. Pendant cinq semaines on enterra chaque jour trente-cinq à quarante quintaux de ces Insectes qui alors étaient à l'état de larve ou de nymphe.

Dans les contrées où les espèces de Criquets sont grosses et nombreuses, par exemple en Barbarie, les habitans les font rôtir, et les considèrent comme un excellent manger. Ils les conservent dans la saumure après leur avoir arraché les ailes et les élytres.

Ce genre est très-nombreux en espèces ; nous citerons le CRIQUET STRIDULE , *Acrydium Stridulum*, Oliv., ou le Criquet à ailes rouges de Geoffroy (Hist. des *Ins.* T. 1, p. 393, n. 3). Il est figuré par Roësel (Ins. T. II, tab. 21 , fig. 1), et par Schæffer (*Elem. ins.*, tab. 15 , et *Icon. Ins.*, tab. 27, fig. 10, 11). Il peut être considéré comme le type du genre. On le trouve dans presque toute l'Europe.

Le CRIQUET ÉMIGRANT, *Acr. migratorium*, Oliv., vulgairement la Sauterelle de passage ou le Criquet de passage de Degéer (Mém. sur les Ins. T. III, p. 466, n. 1 , pl. 23 , fig. 1), représenté par Roësel (*loc. cit.*, tab. 24) et par Schæffer (*Icon. Ins.*, tab. 14, fig. 4, 5). On le trouve dans l'Orient, en Barbarie, en Égypte ; il

vole en troupes innombrables, et dévaste toutes les contrées qu'il parcourt ; c'est à cette espèce que se rapportent les dégâts observés en Provence et dans d'autres pays. *V.* l'Encyclopédie méthodique.   (AUD.)

CRISIE. *Crisia*. POLYP. Genre de l'ordre des Cellariées dans la division des Polypiers flexibles , à Polypes placés dans des cellules non irritables, confondus avec les Cellaires par Lamarck. Voici son caractère : Polypier phytoïde, dichotome ou rameux, à cellules à peine saillantes , alternes , rarement opposées avec leur ouverture sur la même face. Les Crisies, placées par les naturalistes parmi les Cellaires et les Sertulaires, en diffèrent par la forme des cellules, leur situation , et par plusieurs autres caractères tellement tranchés, que l'on peut s'étonner avec raison que des zoologistes célèbres aient réuni dans le même genre des Polypiers aussi disparates que le *Cellaria salicornia* et le *Crisia ciliata* ou toute autre espèce. Dans la première, les cellules sont éparses sur toute la surface ; dans la seconde, elles sont alternes, très-rarement opposées à l'ouverture sur la même face, ce qui fait paraître les cellules situées de la même manière, quoique leur position soit différente. Toutes les Crisies présentent des formes analogues entre elles , et qui rendent les Polypiers de ce groupe faciles à distinguer ; leur substance est en général calcaire, avec des articulations plus ou moins cornées. La couleur varie peu dans les Crisies desséchées ; c'est un blanc plus ou moins sale, quelquefois très-pur, d'autres fois tirant sur le jaune ou le violet. La grandeur ordinaire est de quatre à six centimètres ; dans quelques espèces, elle est environ d'un décimètre ; nous n'en connaissons pas au-dessus de cette hauteur. Les Cellaires ne sont jamais parasites sur les Hydrophytes , tandis que la plupart des Crisies semblent se plaire exclusivement sur ces Végétaux qu'elles embellissent de leurs petites touffes blanches et crétacées; on les trouve à toutes les époques de l'année dans les mers tempérées de l'hémisphère boréal; elles sont rares dans les climats froids ainsi que dans les mers équatoriales; au-delà du tropique du capricorne, elles se représentent de nouveau, mais avec trois cellules sur la même face; très-peu se rapprochent de celles d'Europe; leur existence dans tous les lieux paraît dépendre de celle de la Plante marine sur laquelle elles se fixent. Elles ne sont d'aucun usage ni dans les arts ni dans l'économie domestique. Nous avons remarqué qu'il se trouvait une grande quantité de ces productions animales dans la Mousse de Corse de quelques pharmacies, sans que sa qualité en fût altérée.

CRISIE IVOIRE, *Crisia eburnea*, Lamx., Hist. Polyp., p. 138, n. 224; Ellis Coral., p. 54, tab. 21, fig. a, A. Joli petit Polypier remarquable par le blanc nacré de ses articulations séparées les unes des autres par un petit disque noirâtre; il forme des touffes nombreuses sur les Hydrophytes et les Polypiers des mers d'Europe.

CRISIE VELUE, *Crisia pilosa*, Lamx., p. 139, n. 246; *Cellularia pilosa*, Pall. Elench., p. 72, n. 29. Sa tige est droite, dichotome, formée de cellules alternes, obliques, unilatérales, avec l'ouverture garnie d'un ou de deux poils longs et flexibles. Elle est assez commune sur les productions marines de la Méditerranée.

CRISIE FLUSTROÏDE, *Crisia flustroïdea*, Lamx., p. 141, n. 252; Ellis Corall., p. 119, tab. 38, fig. 7, G, N. Frondescente, plane, tronquée aux extrémités, couverte de cellules allongées avec deux petites dents au bord antérieur. Pallas la cite comme une variété de la Cellulaire aviculaire, quoiqu'elle en diffère beaucoup par sa ramification, son port, ainsi que par les cellules sur deux rangs au moins dans la Crisie flustroïde. Elle couvre de ses petites houppes des productions marines de tout genre; nous en avons même trouvé sur des Homards auxquels elles donnaient un aspect fort singulier.

CRISIE A TROIS CELLULES, *Crisia tricyttara*, Lamx., p. 142, pl. 3, fig. 1, A, B, C. Belle espèce à articulations obliques, composées de deux ou trois rangs de cellules oblongues. Elle n'est pas rare sur les Hydrophytes des mers australes qui renferment d'autres espèces analogues à celles-ci, mais inédites et très-différentes de celles d'Europe.

CRISIE ÉLÉGANTE, *Crisia elegans*, Lamx., Gen. Polyp., p. 6, tab. 65, fig. 4, 7. Sa tige se ramifie et se courbe avec grâce, caractère rare parmi les Crisies, en général presque pierreuses et roides; ses articulations sont peu distinctes et composées de cellules lyrées. Elle se trouve au cap de Bonne-Espérance.

Ce genre offre encore la CRISIE CILIÉE, Lamx., p. 138. Mers d'Europe. —CRISIE RABOTEUSE, Lamx., p. 139. Mers d'Europe. — CRISIE ÉPINEUSE, Lamx., p. 140. Mers du Japon. — CRISIE RAMPANTE, Lamx., p. 140. Mers d'Europe. — CRISIE AVICULAIRE, Lamx., p. 141. Europe.—CRISIE TERNÉE, Lamx., p. 142. Mers d'Ecosse. — CRISIE PLUMEUSE, Lamx., p. 142. Mers d'Europe.

Les collections renferment encore beaucoup de Crisies non décrites.

(LAM..X.)

CRISITE. BOT. PHAN. Pour Chrysitrix. *V*. ce mot.

CRISOCOME. BOT. PHAN. Pour Chrysocome. *V*. ce mot.

CRISOGONE. BOT. PHAN. Pour Chrysogone. *V*. ce mot.

CRISONIUM ET CRISSONIUM. BOT. PHAN. *V*. CRESSE.

CRISPITE. MIN. (De Lamétherie.) *V*. TITANE.

* CRISSAN. BOT. PHAN. Nom javanais d'une Cypéracée ou Graminée de l'Inde, qui est le *Carex Amboinica* de Rumph et *Schœnus paniculatus* de Burman. (B.)

CRISTA. BOT. PHAN. Ce mot, qui en latin signifie crête, a été employé, soit seul, soit avec des épithètes, pour désigner diverses Plantes. Le Crista de Cæsalpin était le *Melampyrum pratense* et le *Pedicularis tuberosa*. Linné appelle ainsi un *Cæsalpinia*. *Crista Galli* encore est un Rhinanthe et un Sainfoin, etc., etc.   (B.)

CRISTAIRE. *Cristaria.* BOT. PHAN. Genre de la famille des Malvacées et de la Monadelphie Polyandrie, proposé par Cavanilles et adopté par Persoon et Pursh, qui y ont chacun ajouté une espèce nouvelle. Voici les caractères de ce genre : son calice est simple, à cinq divisions profondes, lancéolées et aiguës ; sa corolle est formée de cinq pétales onguiculés à leur base ; les étamines sont très-nombreuses et monadelphes ; l'ovaire est arrondi, déprimé, multiloculaire, surmonté d'un grand nombre de styles qui correspondent chacun à une loge.

Le fruit se compose d'autant de capsules uniloculaires, réniformes, rapprochées les unes contre les autres latéralement, qu'il y a de styles ; chacune d'elles est percée d'un trou sur ses deux côtés et surmontée de deux ailes membraneuses redressées. Ce genre est fort voisin des *Sida* et des *Anoda*. Il se compose de trois espèces originaires du Chili et du Pérou. L'une, *Cristaria glaucophylla*, est figurée par Cavanilles (*Icon.*, 5, p. 11, t. 418). Une seconde a été décrite et figurée avec soin par L'Héritier (*Stirpes*, 1, p. 119, t. 57).

Sonnerat, dans son Voyage aux Indes, a décrit et figuré (vol. 2, p. 247, t. 140) sous le nom de *Cristaria Coccinea* le *Combretum purpureum*, Willd. *V.* COMBRET.   (A. R.)

CRISTAL. MIN. Mot tiré du grec *Krustallos*, dont le sens est *Eau congelée ;* c'était le nom que les anciens donnaient à la variété incolore de Quartz-Hyalin, qu'ils regardaient comme provenant d'une eau qui avait subi une forte congélation. C'est par l'effet d'une semblable comparaison que dans les arts on applique aujourd'hui le même nom à cette espèce de Verre blanc, très-pesant, dont on fait des vases, et que l'on emploie à la garniture des lustres. Anciennement le mot de Cristal rappelait l'idée d'un certain corps régulier, savoir d'un prisme hexaèdre terminé par deux pyramides à six faces ; dans la suite, le même nom a été appliqué par extension à tous les autres corps naturels, qui se montraient aussi sous des formes géométriques. *V.* CRISTALLISATION.   (G. DEL.)

CRISTALLINE. BOT. PHAN. L'un des noms vulgaires du *Mesembryanthemum cristallinum*, L.   (B.)

CRISTALLISATION ET **CRISTALLOGRAPHIE.** MIN. Parmi les différens modes d'équilibre auxquels parviennent les molécules homogènes des corps inorganiques pendant l'acte de leur solidification, et qui donnent lieu à ces nombreuses variétés de texture observées dans les individus d'une même espèce minérale, il en est un sur lequel influent particulièrement les forces d'attraction dépendantes de la forme de ces molécules, et qui réunit à un ensemble de propriétés remarquables l'avantage de pouvoir être défini d'une manière géométrique. Telle est en effet la condition générale à laquelle cet équilibre est assujetti, que les particules similaires dont le solide est l'assemblage sont toutes situées parallèlement les unes aux autres, en même temps qu'elles sont espacées symétriquement entre elles. Leurs faces homologues, leurs axes correspondans, sont tournés dans le même sens, et leurs centres de gravité sont alignés sur des plans suivant un certain nombre de directions fixes

Cette agrégation régulière des particules intégrantes d'un corps est ce qu'on nomme Cristallisation : elle se manifeste à nos yeux par des caractères qui la distinguent nettement de l'agrégation irrégulière et confuse. Ces caractères sont : une structure laminaire à l'intérieur, dans plusieurs sens à la fois, et à l'extérieur une configuration polyédrique qui est toujours en rapport avec la structure interne. D'autres indices non moins sûrs de cet arrangement compassé des molécules d'un corps, se joignent aux caractères précédens , ou même suppléent à leur absence dans certains cas. Telles sont les actions diverses qu'éprouvent les rayons lumineux dans leur passage à travers les interstices de ces molécules, suivant les sens différens dans lesquels ils les pénètrent, actions dont nous étudierons les effets en détail dans un article à part , en même temps que nous montrerons leur parfait accord avec les phénomènes importans que nous allons exposer. (*V*. Réfraction double.)

Tout Cristal, c'est-à-dire tout corps que la Cristallisation a marqué de son empreinte, est susceptible d'être divisé mécaniquement ou de se séparer par la percussion en une multitude de lames planes parallèles entre elles. Ce mode particulier de division ou de cassure , que l'on désigne communément par le nom de clivage , se répète avec plus ou moins de facilité dans un certain nombre de directions , en sorte que si l'on considère isolément ces différens sens de clivage , on peut se figurer le Cristal comme étant dans chacun d'eux un assemblage de lames planes superposées les unes aux autres , tandis qu'au contraire, si l'on a égard à tous les sens de clivage à la fois , on peut se représenter le même Cristal comme une succession de couches ou d'enveloppes polyédriques qui se recouvrent mutuellement depuis le centre jusqu'à la surface. Quant à la forme extérieure, elle est toujours celle d'un polyèdre, soit régulier , soit simplement symétrique, c'est-à-dire terminé par des faces égales et parallèles deux à deux. Quelquefois elle ressemble à celle du solide intérieur , ou de cette espèce de noyau central que détermine l'ensemble des plans de clivage ; mais le plus souvent elle en diffère , et elle éprouve dans la même espèce , c'est-à-dire dans une série de Cristaux composés de molécules identiques, des va-

riations assez grandes, soumises toutefois à certaines règles que nous ferons bientôt connaître.

Mais avant de passer à l'examen de ces résultats généraux déduits de l'observation des formes extérieures , considérons le Cristal en lui-même , ou relativement à sa structure polyédrique, et pour nous rendre facilement compte de cette structure, prenons pour exemple le cas le plus simple et le plus ordinaire , celui dans lequel le clivage a lieu dans trois directions seulement. Nous supposons donc le Cristal divisible dans ces trois sens, suivant des plans parfaitement lisses que nous nommerons avec Haüy *joints naturels*, parce qu'ils passent entre ses lames composantes. Ces joints ne sont pas le produit immédiat de l'opération mécanique que subit le corps. Ils préexistaient dans le Cristal encore intact, et le clivage ne fait réellement que les mettre à découvert. On est donc conduit à se représenter la matière de ce Cristal comme naturellement divisée par trois séries de plans parallèles en petits parallélipipèdes, tous de la même forme , et c'est ce que l'observation directe paraît confirmer. En effet, si nous frappons avec un marteau sur ce Cristal, nous le verrons se partager aussitôt en fragmens réguliers d'une figure constante, qui seront par exemple des rhomboïdes de cent cinq degrés environ, si le Cristal appartient au Spath d'Islande. Ces rhomboïdes , à leur tour, se sépareront en d'autres rhomboïdes plus petits , lesquels se subdiviseront ultérieurement en fragmens toujours semblables , et en poursuivant l'opération de la même manière nous finirons par obtenir des corpuscules rhomboïdaux qui échapperont à nos sens par leur extrême petitesse. Au-delà de ce terme apparent, uniquement relatif à l'imperfection de nos organes , l'analogie nous porte à continuer par la pensée les mêmes divisions successives. Mais il faut bien que ces divisions aient des bornes réelles si la matière est physiquement composée d'atômes, comme le supposent toutes nos théories. Allons jusqu'à cette limite, et nous aurons, en dernière analyse, décomposé le Cristal en rhomboïdes élémentaires dont tel était l'assortiment dans le Cristal entier, que leurs faces se trouvaient de niveau dans le sens des plans de clivage, en sorte que nous pourrons nous représenter ce Cristal comme étant un assemblage de rhomboïdes égaux et juxtaposés par leurs faces.

Cette manière de concevoir la structure des Cristaux comme une agrégation de particules réunies entre elles par des plans, paraît la plus simple et la plus naturelle lorsqu'on ne considère que le résultat sensible de l'espèce d'anatomie que nous venons d'exécuter, et qu'on fait abstraction des données particulières que peut fournir la physique sur la constitution moléculaire des corps. En effet, elle suppose que les choses sont en elles-mêmes telles qu'elles s'offrent à nos observations, et l'on ne peut, par conséquent, lui refuser une sorte de réalité apparente ; aussi a-t-elle été admise (au moins hypothétiquement) par Haüy, comme base de ses explications théoriques des phénomènes de la Cristallisation, et comme fondement de toutes ses déterminations cristallographiques, auxquelles elle ne peut d'ailleurs rien ôter de leur certitude, ainsi que nous le prouverons dans le cours de cet article. Mais, à considérer la chose sous le point de vue de la physique, il répugne aux notions que nous avons des effets généraux de l'attraction moléculaire, et de la variété des combinaisons auxquelles elle donne naissance, que la forme polyédrique puisse convenir à la fois aux élémens des corps simples et à cette multitude d'élémens composés de différens ordres qui résultent du concours de leurs affinités mutuelles, et qui ne sont probablement que des aggrégats de parties simples en équilibre autour d'un centre. Il est plus conforme aux lois de la mécanique de se représenter ces élémens comme des corpuscules sphéroï-

daux, ayant des pôles de diverse force, ou, si l'on veut, des axes différens, qui déterminent les directions de plus grande ou de moindre affinité. Il importe donc de remarquer ici que la division par plans, qui est un des caractères essentiels des Cristaux, n'entraîne pas nécessairement l'existence de molécules polyédriques juxtaposées par leurs faces, et que les joints naturels qu'ils présentent sont moins la conséquence immédiate de la forme des molécules que de la manière symétrique dont elles sont espacées entre elles, en sorte que l'on conçoit que ces joints subsisteraient encore si toutes les molécules, sans changer de place, étaient réduites à leurs centres de gravité. Il résulte en effet de la disposition en quinconce et du parallélisme des élémens d'un Cristal, que sa masse est traversée par des fissures planes dans une infinité de sens, suivant lesquels les élémens se tiennent avec des degrés de force plus ou moins considérables. Vient-on à rompre leur équilibre par un effort extérieur, ils tendent alors à se séparer en couches régulières dans les directions de la moindre cohérence.

Ce qu'on nomme joint naturel n'est donc rien autre chose qu'un plan mené dans l'une de ces directions, et qui touche à la fois dans des points correspondans toutes les molécules des diverses files ou rangées dont se compose une même lame. Par conséquent, les petits solides qui résultent de la combinaison des différens joints naturels, et qu'on suppose donner les véritables formes des molécules, ne représentent réellement que des polyèdres circonscrits à ces molécules, mais qui peuvent en tenir lieu comme élément de la structure et comme caractère spécifique, parce qu'ils sont invariablement liés avec elles par leurs dimensions.

L'explication précédente de la structure des Cristaux et de leur constitution moléculaire, laisse un plus grand nombre de chances aux proportions variées des combinaisons chimiques, et permet d'entrevoir la possibilité d'une relation entre la composition atomistique et la forme cristalline, telle qu'elle paraît résulter des curieuses recherches de Mitscherlich. En effet, que l'on suppose deux sels dont la formule de composition soit la même, ou qui renferment des nombres égaux d'atômes de base et d'acide. Si l'acide est de même nature dans les deux sels, et si les bases qui les différencient sont d'ailleurs chimiquement équivalentes, ou du moins très-voisines par leurs affinités, on concevra sans peine que ces élémens, dont les uns sont identiques, les autres analogues, étant en pareil nombre de part et d'autre, se réunissent entre eux de la même manière, et produisent par leur assortiment des molécules complexes de forme à peu près semblable, dont les forces de cohésion soient peu différentes. Dans ce cas les deux sels devront présenter des Cristaux du même genre, qui seront très-rapprochés par les mesures de leurs angles. Des molécules *isomorphes* de nature diverse pourront même cristalliser ensemble, ou les unes au milieu des autres, comme si elles étaient de la même espèce, et ce mélange pourra avoir lieu en toutes proportions sans qu'il en résulte dans la forme du mixte des variations sensibles.

Ce que nous avons dit de la différence de force avec laquelle les lames d'un Cristal adhèrent les unes aux autres, suivant la direction qu'elles ont dans l'intérieur de la masse, donne lieu à distinguer les clivages, ou les joints naturels sensibles, en divers ordres d'après le degré de netteté ou de facilité avec lequel on peut les obtenir; mais remarquons auparavant que dans un Cristal le même clivage est souvent multiple, ou se répète en plusieurs sens avec une égale netteté. Ce cas est celui des clivages parallèles aux faces du rhomboïde de la Chaux carbonatée, de l'octaèdre du Spath fluor, du cube de la Galène, etc. En général, lorsque le nombre des clivages également nets est suffi-

sant pour qu'il puisse résulter de leur combinaison un polyèdre complet, ce solide est toujours une forme simple, régulière ou symétrique, c'est-à-dire terminée par des faces égales, semblables et semblablement placées par rapport à un point ou à un axe central. Le clivage le plus apparent, soit simple, soit multiple, que présente une substance cristallisée, lorsqu'elle est pure et transparente, est son clivage *principal* ou du premier ordre: tel est celui qui donne les faces du rhomboïde ordinaire de la Chaux carbonatée. Mais ce même rhomboïde laisse quelquefois apercevoir des clivages *secondaires* parallèles à ses bords supérieurs ou à son axe, et beaucoup moins sensibles que le premier. Lorsque les joints naturels d'un ordre élevé ne se montrent ainsi qu'accidentellement, et le plus souvent sous l'influence d'une substance étrangère régulièrement interposée entre les couches du Cristal, on les désigne par le nom de *joints surnuméraires*. Si le clivage principal n'a lieu que dans une ou deux directions seulement, auxquels cas il ne peut plus produire par lui-même de forme simple et complète; il se combine alors avec des clivages de différens ordres, et le noyau résultant de leur ensemble est composé d'autant de sortes de faces, distinguées par leurs figures et par leurs positions, qu'il y a d'ordres différens de clivages. Dans ces cas, on observe fréquemment une grande inégalité d'éclat entre les divers joints naturels, dont quelques-uns ne peuvent plus s'obtenir d'une manière continue, et ne se reconnaissent qu'à la coïncidence des reflets qui partent d'une multitude de petites lames parallèles, et que l'on voit briller dans les fractures du Cristal, lorsqu'on le présente à une vive lumière.

Ce qui précède suffit pour donner une idée de l'importance dont peut être la considération de la structure cristalline, relativement à la distinction des espèces minérales. Cette structure est une sorte d'organisation constante pour chaque espèce, mais variable d'une espèce à l'autre par des différences que l'on peut apprécier avec une exactitude rigoureuse. La détermination de cette structure est en effet toute géométrique, puisqu'elle se réduit à celle du *solide de clivage*, ou de cette espèce de noyau polyédrique que l'on peut concevoir inscrit dans chaque Cristal, et qui est donné par la réunion de ses principaux joints naturels. On arrive à la connaissance de ce solide, en partie par l'observation directe des plans qui le terminent, en partie par l'étude de la forme extérieure, qui est le second caractère essentiel du Cristal. A la vérité cette forme est sujette à varier dans les différens Cristaux d'une même espèce ; mais cette variation est soumise à des lois qui la restreignent dans de justes limites, de manière qu'à chaque solide de clivage correspond un ensemble de formes qui lui est propre. Toutes ces formes ont avec lui, et conséquemment entre elles, des relations qui permettent de les déduire les unes des autres. On peut regarder leur noyau comme une unité à laquelle on les ramène, ou comme une sorte de moyen terme qui sert à les comparer plus aisément.

Venons maintenant aux résultats généraux d'observation qui sont relatifs aux formes extérieures des Cristaux. Sous ce rapport, la Cristallisation peut être considérée de deux manières : ou géométriquement, en ce qui concerne les relations mathématiques des différentes formes entre elles, ou physiquement, en ce qui concerne les causes de leurs variations dans la même espèce. Nous traiterons en premier lieu de la Cristallisation considérée géométriquement, la seule qui intéresse la minéralogie proprement dite. On sait tout ce que cette belle partie de la science doit aux profondes recherches de l'abbé Haüy, que l'on peut regarder, à si juste titre, comme le fondateur de la Cristallographie. Présenter l'histoire de nos connaissances en ce genre, c'est pour ainsi dire faire une analyse complète des travaux de ce savant illustre, dont la vie tout entière a été consacrée au perfectionnement de son ingénieuse théorie. Nous nous bornerons à résumer ici rapidement, et dans l'ordre qui paraît le plus naturel, les résultats de ces importans travaux, en renvoyant le lecteur, pour les développemens nécessaires, au Traité de Cristallographie, publié en 1822, où ces résultats ont été exposés avec tout le soin convenable. Nous parlerons ensuite des différens points de vue sous lesquels ce sujet intéressant a été envisagé par quelques minéralogistes, et principalement par ceux de l'école allemande.

Examinons d'abord quels sont les faits généraux donnés par la simple observation des Cristaux naturels. Le premier consiste dans la diversité des formes sous lesquelles la même substance peut s'offrir. La Chaux carbonatée, par exemple, prend, suivant les circonstances, la forme d'un rhomboïde, celle d'un prisme à six pans, celle d'un dodécaèdre à triangles scalènes, celle d'un autre dodécaèdre à faces pentagonales, etc. Le Fer sulfuré cristallise tantôt en cube, tantôt en octaèdre régulier, souvent en dodécaèdre, dont les faces sont des pentagones, ou en icosaèdre à faces triangulaires. On rencontre quelquefois le même Minéral sous des formes du même genre, mais distinguées entre elles par la mesure de leurs angles. Ainsi la Chaux carbonatée présente un certain nombre de rhomboïdes dont les uns sont aigus et les autres obtus. Ces variations remarquables que subissent les formes des Cristaux originaires d'une même espèce, ne se font point au hasard, ni par nuances insensibles. Il y a constance dans les angles de chacune des formes en particulier, comme il est aisé de le reconnaître sur les individus semblables qui proviennent de diverses localités ; et si l'on compare entre elles des formes du même genre, mais dissemblables, on trouve toujours entre leurs angles des différences appréciables et constantes.

Cette invariabilité dans les inclinaisons des faces des Cristaux est un second fait d'observation, de la plus haute importance en Cristallographie, et qui a été constaté pour la première fois par les travaux de Romé de l'Isle. Il fournit au minéralogiste un caractère d'une grande précision, et qui a sur tous les autres l'avantage d'être comme un point fixe au milieu des diverses causes qui altèrent soit la composition, soit la symétrie des Cristaux. Mais on sent que, pour en faire usage, il est indispensable d'avoir des moyens de mesurer les angles des Cristaux avec beaucoup d'exactitude. On emploie à cet effet des instrumens nommés *Goniomètres*, et qui sont de deux sortes : les uns prennent l'ouverture de l'angle que l'on cherche en s'appliquant immédiatement sur les faces du Cristal. Les autres en donnent indirectement la valeur, à l'aide de la réflexion d'un objet lointain et linéaire sur ces mêmes faces, lorsqu'elles sont miroitantes. Nous ne dirons rien ici de la manière d'opérer avec ces instrumens, dont la description se trouve dans la plupart des traités de minéralogie d'une publication récente. De même, dans l'exposé qui va suivre, nous nous abstiendrons de définir autrement que par leur simple dénomination, les divers solides dont nous aurons à parler, parce qu'ils sont tous décrits et figurés avec soin dans les ouvrages de Cristallographie.

Le principe de la constance des angles dans chacune des formes diverses d'un Minéral, semble annoncer que leurs variations ont été soumises à des règles d'après lesquelles toutes ces formes sont liées entre elles dans la même espèce. Aussi, quelque disparates que soient au premier abord les Cristaux d'une substance, lorsqu'on les rapproche l'un de l'autre au hasard, on s'aperçoit aisément, en les comparant tous ensemble avec attention, qu'ils ne sont en réalité que des modifications les uns des autres, et qu'on peut les ordonner en une série qui rende sensible le passage graduel de l'une des formes regardée comme *primitive* ou fondamentale à toutes les autres qui, relativement à elle, sont les formes *secondaires* ou les dérivées. Les modifications qui caractérisent chacun des termes de cette série, consistent dans le remplacement des bords ou des angles de l'un des termes précédens, par des facettes qui d'abord très-petites, et n'altérant que faiblement la forme à laquelle elles s'ajoutent, augmentent peu à peu d'étendue aux dépens des faces primordiales, jusqu'à ce que celles-ci disparaissent entièrement, auquel cas on obtient un solide tout nouveau, qui n'a plus rien de commun avec le premier. Dans la succession des formes intermédiaires, composées de deux ordres différens de faces, toutes celles qui se rapprochent de l'une des deux extrêmes, portent plus particulièrement son empreinte : on dit alors que cette forme est *dominante* dans le Cristal, et l'on comprend sous le nom de *modifications* toutes les facettes additionnelles qui mènent à l'autre forme par leur extension progressive. On voit d'après cela que l'ensemble des formes cristallines qui se rencontrent dans la même espèce, se partage en formes complètes, sans modifications, et en formes dominantes avec modifications, offrant les passages des premiers solides les uns aux autres.

Les facettes qui modifient une forme dominante quelconque, sont assujetties dans leur disposition générale à une loi, à laquelle Haüy a donné le nom de *loi de symétrie*, et qui consiste en ce que les bords ou les angles solides de cette forme qui sont identiques entre eux, reçoivent tous à la fois les mêmes modifications, tandis que les bords ou angles qui diffèrent, ne sont pas semblablement modifiés. De plus, les facettes particulières qui modifient telle arête ou tel angle solide, sont en rapport avec le nombre et la figure des faces qui concourent à la formation de cette arête ou de cet angle solide. Si ces faces sont égales et semblables, ou bien la modification est simple, et alors elle résulte d'une seule facette également inclinée sur chaque face, ou bien elle est multiple et se compose alors de plusieurs facettes également disposées à l'égard des mêmes faces. Au contraire, si ces dernières sont inégales et dissemblables, la modification est simple et différemment inclinée sur chacune d'elles.

La loi que nous venons d'exposer est extrêmement importante, en ce qu'elle permet de circonscrire nettement et pour ainsi dire d'embrasser d'un seul coup-d'œil l'ensemble des variétés de formes, sous lesquelles un Minéral peut s'offrir. Il suffit en effet de connaître une seule des formes simples ou dominantes de la série, pour être en état de reproduire la série tout entière, par une gradation de passages d'un terme à l'autre, et en épuisant toutes les combinaisons possibles de facettes modifiantes, lesquelles combinaisons sont toujours en nombre très-limité, et dépendent du degré de symétrie qui règne entre les parties du type fondamental. On comprend sous le nom de *Système de Cristallisation*, toutes les formes qui peuvent ainsi se déduire les unes des autres et coexister dans la même espèce minérale. Il y a six principaux systèmes de Cristallisation, que nous distinguerons entre eux par leurs formes fondamentales, c'est-à-dire par celles que l'on emploie comme bases de la dérivation de toutes les autres, et que l'on choisit ordinairement parmi les plus simples, telles que les prismes ou les octaèdres. Le choix de la forme fondamentale est d'ailleurs parfaitement arbitraire, puisque les rapports de symétrie qui servent à établir la dérivation, sont réciproques entre toutes les formes dominantes, ainsi qu'on le verra par les développemens dans lesquels nous allons entrer au sujet de chaque système.

I. *Système de Cristallisation du cube, ou de l'octaèdre régulier.*

La forme fondamentale de ce sys-

tème ayant tous ses angles identiques ainsi que tous ses bords, la modification qui atteindra l'un des angles ou des bords, devra se répéter sur tous les autres. Nous nous bornerons à considérer ici les formes complètes qui résultent de chaque espèce de modification, supposée parvenue à sa limite : 1° modification par une face sur tous les angles du cube; forme dérivée: octaèdre régulier. Ce dernier solide, modifié de la même manière, reproduirait le cube. 2°. Modification par une face sur tous les bords; forme dérivée: dodécaèdre rhomboïdal. 3°. Modification par deux faces sur tous les bords; forme dérivée : hexatétraèdre, ou solide composé de vingt-quatre triangles égaux et isocèles, offrant l'aspect d'un cube dont les six faces sont recouvertes de pyramides droites quadrangulaires. 4°. Modification sur les angles par trois faces tournées vers celles du cube; forme dérivée : solide composé de vingt-quatre trapézoïdes égaux et semblables. On n'en connaît qu'un seul dans la nature; c'est celui que l'on nomme plus particulièrement *Trapézoèdre*, et que reproduit le dodécaèdre rhomboïdal par une modification simple sur tous ses bords. 5°. Modification sur les angles par trois faces tournées vers les arêtes du cube; forme dérivée : solide composé de vingt-quatre triangles égaux et isocèles, offrant l'aspect d'un octaèdre régulier, dont les faces sont surmontées de pyramides droites triangulaires. On voit que le même solide se déduirait de l'octaèdre, par une modification double sur tous ses bords. 6°. Modification sur les angles par six faces, disposées deux à deux au-dessus de celles du cube; forme dérivée : solide composé de quarante-huit triangles scalènes, offrant l'aspect d'un dodécaèdre rhomboïdal, dont les faces sont recouvertes de pyramides droites quadrangulaires.

Telles sont toutes les modifications symétriques, dont le cube est susceptible. Ainsi, les sept formes suivantes, le cube, l'octaèdre régulier, le dodécaèdre rhomboïdal, le trapézoèdre, les deux espèces de solides à vingt-quatre triangles isoscèles, et enfin le solide à quarante-huit triangles scalènes, sont les seules formes simples qui composent le premier système de Cristallisation. Ce sont du moins celles qui remplissent dans leur dérivation mutuelle toutes les conditions de la loi de symétrie que nous avons exposée plus haut. Il est encore d'autres formes qui ont, avec les précédentes, des rapports évidens, et qui se rencontrent avec plusieurs d'entre elles dans la même espèce, mais qu'on ne peut faire rentrer dans le système du cube, qu'en ajoutant une condition nouvelle à cette loi de symétrie. Ces formes s'obtiennent par la séparation de quelques-unes des premières en deux solides semblables, ayant chacun la moitié du nombre des faces de la forme entière, et se trouvant l'un à l'égard de l'autre dans une position renversée. C'est ainsi que l'octaèdre originaire du cube peut être considéré comme une réunion de deux tétraèdres réguliers ; l'hexatétraèdre, comme un assemblage de deux dodécaèdres à faces pentagonales symétriques, etc. Ces deux nouveaux polyèdres, savoir le tétraèdre régulier et le dodécaèdre à plans pentagones, peuvent être pris pour les types de deux systèmes secondaires, qui ont leur existence propre dans la nature, et que nous allons essayer de développer ici en peu de mots.

A. Système du tétraèdre régulier.

Ce solide fondamental ayant, comme le cube, tous ses bords égaux, et tous ses angles identiques, admet pareillement six espèces de modifications symétriques. La première a lieu par une seule face sur les bords ; elle produit un cube. La seconde a lieu par deux faces sur les bords ; son résultat est un dodécaèdre à triangles égaux et isoscèles, offrant l'aspect d'un tétraèdre dont les faces sont surmontées de pyramides droites, triangulaires. On obtiendrait ce solide par la suppression de la moitié des faces du trapézoèdre. La troisième modifi-

cation a lieu par une seule face sur les angles ; elle reproduit le tétraèdre régulier dans une position inverse, et par conséquent de sa combinaison avec les faces primitives doit résulter un octaèdre régulier. La quatrième modification a lieu sur les angles par trois faces tournées vers celles du tétraèdre ; elle conduit en général à un dodécaèdre à faces trapézoïdales, et dans un cas particulier au dodécaèdre à plans rhombes. La cinquième modification a lieu sur les angles par trois faces tournées vers les arêtes ; elle reproduit le dodécaèdre à triangles isoscèles, donné par la seconde modification, mais dans une position inverse ; et de la combinaison de ces deux formes semblables résulte le trapézoèdre. Enfin, la sixième modification a lieu sur les angles par six facettes disposées deux à deux au-dessus des faces primitives. Son résultat est un solide à vingt-quatre triangles isoscèles, analogue à celui que nous avons nommé plus haut *hexatétraèdre*. Telles sont les formes simples qui peuvent être dérivées du tétraèdre par des modifications symétriques. Parmi les espèces minérales connues, deux seulement se rapportent à ce système, savoir : le Cuivre gris et le Zinc sulfuré.

B. Système du dodécaèdre pentagonal.

Ce solide, qui est la moitié de l'hexatétraèdre, est terminé par douze pentagones semblables, ayant chacun quatre côtés égaux, et un cinquième plus grand que les quatre autres et qu'on peut considérer comme la base du pentagone. Le dodécaèdre pentagonal régulier, ou celui dans lequel tous les côtés des pentagones seraient égaux, n'existe point parmi les Cristaux naturels ; on n'y connaît même qu'un seul dodécaèdre symétrique, quoiqu'on puisse aisément en concevoir une infinité d'autres différens par la mesure de leurs angles. Ce solide a six grandes arêtes dont chacune sert de base à deux pentagones voisins, et qui sont identiques entre elles ; elles sont situées deux à deux dans trois plans qui se coupent à angles droits. Les autres arêtes plus petites, au nombre de vingt-quatre, sont pareillement identiques entre elles, mais non avec les précédentes. Il y a deux espèces d'angles solides, savoir : huit angles composés de trois angles plans égaux, et douze autres composés de deux angles plans égaux, et d'un troisième plus ouvert. D'après cette disposition symétrique des parties du dodécaèdre, il est aisé de voir quelles sont les différentes modifications dont il est susceptible. Nous nous bornerons à citer pour exemples celles qui ont été observées dans la nature : 1° modification par une face sur les grandes arêtes ; forme dérivée : le cube. 2°. Modification par une face sur les huit angles de la première espèce ; forme dérivée : octaèdre régulier. De la combinaison de cette forme avec la fondamentale résulte l'icosaèdre symétrique, composé de deux espèces de triangles, huit équilatéraux, et douze isoscèles. 3°. Modification sur les mêmes angles par trois faces tournées vers celles du dodécaèdre ; forme dérivée : solide à vingt-quatre faces triangulaires isoscèles, portant l'empreinte de l'octaèdre. Ce solide, en se combinant avec les six faces du cube, donne le triacontaèdre, composé de six faces rhombes, et de vingt-quatre trapézoïdes irréguliers. 4°. Modification sur les mêmes angles par trois faces tournées vers les petites arêtes du dodécaèdre ; forme dérivée : le trapézoèdre. 5°. Modification par une seule face sur les douze angles solides de la seconde espèce ; forme dérivée : solide à douze faces trapézoïdales, qui, dans un cas particulier, devient le dodécaèdre à plans rhombes. Parmi les espèces minérales connues, deux seulement se rapportent au système du dodécaèdre pentagonal, savoir : le Fer sulfuré commun et le Cobalt gris. On voit que les deux systèmes secondaires dont nous venons de parler sont extrêmement rares dans la nature ; le nombre des espèces qui ren-

trent dans le système régulier est beaucoup plus considérable ; il s'élève presque jusqu'à trente.

II. *Système de Cristallisation du prisme droit à base carrée, ou de l'octaèdre à base carrée.*

La première de ces formes a deux espèces d'arêtes, les arêtes longitudinales et les arêtes des bases. Tous ses angles solides sont identiques, mais compris sous des faces de deux figures différentes. D'après cela, elle peut être modifiée : 1° par une simple face sur les arêtes des bases ; forme dérivée : octaèdre à base carrée. 2°. Par une seule face sur les arêtes longitudinales ; forme dérivée : prisme droit à base carrée, différent du premier par sa position ; les sections principales des deux prismes étant à 45° l'une de l'autre. La combinaison des deux prismes donnerait un prisme octogone régulier, si leurs dimensions étaient respectivement égales. 3°. Par une seule face sur les angles ; forme dérivée : octaèdre à base carrée, ayant à l'égard du premier la même position relative que les deux prismes précédens ont l'un avec l'autre. De la combinaison des deux octaèdres peut résulter une pyramide double, régulière, à base octogone. 4°. Par deux faces sur les angles ; forme dérivée : double pyramide à huit triangles scalènes, tous égaux entre eux. On connaît à peu près vingt espèces minérales qui se rapportent au système de Cristallisation du prisme droit à base carrée. De ce nombre sont le Zircon, l'Idocrase, l'Harmotome, la Méionite, etc.

III. *Système du prisme droit à base rectangle, ou de l'octaèdre rhomboïdal.*

On peut prendre indifféremment pour type du troisième système le prisme ou l'octaèdre droit, à base rectangle ou rhombe ; nous adopterons pour forme fondamentale le prisme rectangulaire. Ce prisme a tous ses angles identiques, mais composés de faces inégales ; les arêtes sont de trois sortes : celles qui ont une même direction sont identiques entre elles, et diffèrent de toutes les autres. D'après cette corrélation des parties du prisme, il peut être modifié : 1° par une face sur chacun des quatre bords d'une même espèce. Cette modification, en se combinant avec les deux faces de la forme fondamentale dont les arêtes sont restées intactes, donne un prisme rhomboïdal droit ; et comme une modification de ce genre peut avoir lieu sur chaque sorte d'arêtes, il en résulte trois prismes rhomboïdaux qui diffèrent par leur position et par la mesure de leurs angles. Si ces modifications, au lieu de se combiner chacune avec deux faces de la forme fondamentale, se combinent deux à deux entre elles, elles produiront trois octaèdres rectangulaires, qui auront entre eux les mêmes positions relatives que les trois prismes rhomboïdaux dont nous venons de parler, c'est-à-dire que leurs axes se couperont mutuellement à angles droits. 2°. Le prisme rectangulaire peut être modifié par une face sur chacun des huit angles solides ; le solide dérivé est un octaèdre rhomboïdal composé de huit triangles égaux et scalènes. Telles sont les formes simples auxquelles peuvent se ramener toutes celles qui font partie du troisième système de Cristallisation. Le nombre des espèces minérales qui se rapportent à ce système s'élève à plus de quarante, parmi lesquelles se trouvent le Soufre, l'Arragonite, la Topaze, le Péridot, le Sulfate de Baryte, etc.

IV. *Système du prisme droit à base obliquangle, ou du prisme oblique à base rectangle.*

La forme fondamentale de ce système est composée de deux espèces de faces, savoir de quatre rectangles et de deux parallélogrammes obliquangles. Elle peut être considérée de deux manières, suivant que la position de ces parallélogrammes est horizontale ou verticale. Dans le premier cas, elle se présente comme un prisme droit à base obliquangle, et dans le second cas, comme un prisme oblique rectangulaire. Ces deux espèces de prismes ne faisant réellement qu'un seul et même solide, leurs systèmes de Cristallisation doivent être parfaitement identiques. Nous les réunirons ici en adoptant pour type unique le prisme droit irrégulier. Les angles solides de ce prisme sont égaux quatre à quatre, et formés chacun de trois faces inégales. Parmi les arêtes, celles qui sont horizontales et parallèles sont identiques ; les bords verticaux ne sont égaux que deux à deux. D'après cette corrélation des parties du prisme, nous avons à distinguer trois espèces de modifications : 1° modification simple sur deux arêtes verticales opposées ; elle transforme le solide fondamental en un prisme hexaèdre. Si les deux modifications relatives aux deux couples d'arêtes ont lieu simultanément, la forme qui en résulte est un second prisme droit à base obliquangle, de même hauteur que le premier, mais tourné dans un autre sens. 2°. Modification simple sur quatre arêtes horizontales et parallèles ; forme dérivée : prisme oblique à base rhombe dans une position renversée. Une modification analogue sur les quatre autres arêtes horizontales donne un second prisme rhomboïdal tourné dans un sens différent. Si les deux modifications ont lieu simultanément, elles produisent un octaèdre droit à base obliquangle située horizontalement. 3°. Modification simple sur les quatre angles solides dont les sommets sont dans un même plan diagonal. En se combinant avec les pans de la forme fondamentale, elle donne naissance à un octaèdre dont la base est verticale. Une semblable modification sur les autres angles solides produit un second octaèdre à base verticale et tourné dans un sens différent. Si les deux modifications se combinent, on obtient encore un octaèdre à base obliquangle horizontale comme dans le cas de la seconde modification. Enfin, si les deux modifications sur les arêtes verticales ont lieu avec l'une ou l'autre des modifications sur les arêtes horizontales, il en résulte encore deux nouveaux octaèdres à base verticale. Ainsi les prismes droits à base obliquangle, les prismes obliques rhomboïdaux, les octaèdres droits à base de parallélogramme, sont les seules formes simples auxquelles se ramènent toutes celles du quatrième système de Cristallisation. Le nombre des espèces connues qui rentrent dans ce système est de seize au moins ; parmi elles se trouvent le Feldspath, le Gypse, l'Epidote, le Pyroxène, l'Amphibole, l'Euclase, le Cuivre carbonaté bleu, etc.

V. *Système du rhomboïde.*

Ce solide fondamental est susceptible d'un grand nombre de modifications, qui s'identifient tellement dans leurs résultats que l'ensemble des formes simples du système peut se réduire à deux solides secondaires ; encore l'un de ces solides peut-il être considéré comme un assemblage de deux solides égaux de la première espèce. Mais toutes les formes du même genre, qui résultent de modifications diverses, sont distinguées entre elles par leurs positions relatives dans les combinaisons. Le rhomboïde fondamental peut être modifié : 1° par une simple face sur les arêtes des sommets ; forme dérivée : rhomboïde plus obtus que le générateur ; 2° par une face sur les angles des sommets ; cette modification produit deux faces horizontales qui deviennent les bases des Cristaux, dans lesquels elles se combinent avec d'autres formes ; 3° par une face sur les bords inférieurs ; le résultat est six plans verticaux également distans de l'axe, et qui forment avec les deux plans horizontaux de la modification précédente un prisme hexaèdre régulier ; 4° par une face sur chacun des six angles latéraux, laquelle peut être tournée, soit vers les faces du rhomboïde, soit vers les arêtes ; il en résulte six plans qui, en général, s'inclinent également trois à trois des deux côtés de l'axe, et pro-

duisent un rhomboïde ; dans un cas particulier, les six plans sont parallèles à l'axe, et donnent naissance, par leur combinaison avec les faces de la seconde modification, à un autre prisme hexaèdre, qui est tourné de trente degrés dans le sens horizontal par rapport au premier. Le rhomboïde dérivé peut être semblable au rhomboïde générateur, lorsqu'il se trouve placé à son égard en sens contraire ; dans ce cas, les deux rhomboïdes, en se combinant, composent un dodécaèdre bipyramidal, formé de deux pyramides hexaèdres régulières, opposées base à base ; 5° sur les angles des sommets par trois faces tournées, soit vers les plans, soit vers les arêtes du solide fondamental ; forme dérivée : rhomboïde, dont la position varie dans l'un et l'autre cas ; 6° par deux faces sur les arêtes des sommets ; forme dérivée : dodécaèdre à triangles scalènes égaux, que l'on peut considérer comme la réunion de deux rhomboïdes égaux, disposés de manière que l'un est censé avoir tourné de 60° par rapport à l'autre autour de l'axe commun ; 7° par deux faces sur les arêtes latérales ; forme dérivée : autre dodécaèdre à triangles scalènes ; 8° sur les angles latéraux, par deux faces reposant sur les arêtes des sommets ; forme dérivée : dodécaèdre à triangles scalènes ; 9° sur les angles des sommets, par six faces disposées deux à deux au-dessus des plans du solide fondamental ; forme dérivée : nouveau dodécaèdre à triangles scalènes, qui peut se changer dans un cas en double pyramide droite hexaèdre. — On connaît environ trente espèces minérales, dont les Cristaux se rapportent au système du rhomboïde : parmi ces espèces se trouvent le Carbonate de chaux, l'Emeraude, etc.

VI. *Système de Cristallisation du prisme quadrangulaire irrégulier ou de l'octaèdre irrégulier.*

Nous n'avons pas besoin de développer ce système, dont le type n'offre de parties identiques que celles qui sont opposées l'une à l'autre, et n'admet par conséquent que des modifications simples, produisant chacune un couple de faces parallèles. En combinant ces modifications trois à trois ou quatre à quatre, on obtient des prismes ou des octaèdres irréguliers. Parmi le très-petit nombre de substances minérales, dont les Cristaux peuvent être rapportés à ce système, nous citerons l'Axinite et le Sulfate de cuivre.

Dans l'énumération rapide que nous venons de faire, des formes simples produites par les différentes sortes de modifications prises isolément, nous avons fait abstraction des variations qu'elles peuvent éprouver dans les mesures de leurs angles, pour ne considérer que le nombre et la disposition de leurs faces ; mais nous n'avons ainsi que des types généraux auxquels se ramènent toutes les formes individuelles existantes dans la nature. Chacun de ces types comprend sous lui un certain nombre de variétés de la même espèce de solide ; et tous ces polyèdres simples peuvent ensuite se combiner entre eux deux à deux, trois à trois, etc., pour donner naissance à des polyèdres très-composés. De-là ce nombre prodigieux de formes décrites par les minéralogistes, et que la Cristallographie nous apprend à distinguer nettement les unes des autres ; car de même que la Cristallisation a prescrit des règles aux modifications qui altèrent complètement la forme d'un Minéral, de même elle a soumis à des lois les simples changemens qu'une même espèce de forme éprouve dans l'assortiment de ses faces, en établissant des relations entre les angles variables de cette forme, et les dimensions constantes du solide fondamental. Ce sont ces relations mathématiques qui constituent ce qu'Haüy a nommé la Théorie de la structure des Cristaux. Nous allons essayer d'en développer les principes à l'aide du raisonnement seul.

Nous avons vu que les directions de clivage étaient constantes et en nombre déterminé dans tous les Cristaux originaires d'une même substance, quelles que fussent leurs formes extérieures ; et que par conséquent ces Cristaux pouvaient être considérés comme composés intérieurement de lames planes, dans chacune de ces directions. Nous avons également remarqué que ces lames, prises par couples dans les sens de clivage à la fois, et combinées entre elles, donnaient une suite d'enveloppes polyédriques, superposées l'une à l'autre, et croissant en étendue sans changer de forme, depuis le centre du Cristal jusqu'au terme où elles atteignaient sa surface. Tous les Cristaux qui appartiennent à une même espèce minérale, renferment donc un solide de forme invariable, inscrit dans chacun d'eux, et qu'on peut en extraire à l'aide de la division mécanique. Haüy a donné à ce solide le nom de Noyau ou de forme primitive. Il se rencontre quelquefois comme produit immédiat de la Cristallisation. La forme du noyau, qui est constante dans les Cristaux composés des mêmes molécules, varie en général d'une espèce à l'autre, soit par le nombre et par la figure de ses faces, soit seulement par la mesure de leurs incidences mutuelles. Les noyaux de toutes les substances connues se rapportent aux cinq genres suivans : le parallélipipède, l'octaèdre, le tétraèdre régulier, le prisme hexaèdre pareillement régulier et le dodécaèdre rhomboïdal.

La *molécule intégrante* d'un Cristal est le dernier résultat de sa division mécanique, ou le solide le plus simple auquel on arrive en sous-divisant le noyau parallèlement à ses différentes faces. Si ce noyau est un parallélipipède, il est évident que sa sous-division donne de petits parallélipipèdes semblables à lui-même et réunis par leurs faces. Mais toutes les autres formes primitives, sous-divisées de la même manière, se résolvent en petits solides d'une forme différente. Dans le prisme hexaèdre régulier, les plans diagonaux étant parallèles aux faces latérales, il existe rois clivages qui passent par l'axe, et qui décomposent le prisme hexaèdre en six prismes triangulaires équilatéraux, réunis par leurs faces, et représentant les molécules intégrantes. Dans le dodécaèdre rhomboïdal, il y a six clivages qui passent par le centre, et qui sous-divisent le solide en vingt-quatre tétraèdres symétriques, réunis par leurs faces, lesquelles sont des triangles isoscèles tous égaux entre eux. Dans l'octaèdre et le tétraèdre, les clivages qui passent par le centre sont au nombre de quatre, et mènent à des solides partiels de deux formes différentes, savoir : des tétraèdres et des octaèdres. Mais comme on ne peut admettre deux sortes de molécules dans un même Cristal, Haüy choisit dans ce cas, pour représenter la forme élémentaire, le solide le plus simple ou le tétraèdre, et il suppose que les molécules, au lieu d'être juxtaposées par leurs faces, comme dans les cas précédens, sont réunies par leurs bords de manière à laisser entre elles des vacuoles de figure octaèdre. C'est en effet la seule manière dont les tétraèdres réguliers puissent être symétriquement agrégés entre eux. On voit, par les détails dans lesquels nous venons d'entrer, qu'il n'existe que trois formes de molécules intégrantes, employées par la Cristallisation comme élémens de la structure des corps polyédriques : ces formes sont le tétraèdre, le prisme triangulaire équilatéral et le parallélipipède. On peut même, par une considération ultérieure, les réduire à une seule qui est celle de ce dernier solide; car les prismes triangulaires et les tétraèdres sont toujours assortis de manière qu'étant pris deux à deux, ou six à six, ils composent des parallélipipèdes, en sorte que le Cristal peut être conçu comme un assemblage de ces mêmes parallélipipèdes juxta-posés par leurs faces. Ce sont des molécules du second ordre, qui remplacent les premières avec avantage dans les applications de la théorie. Haüy leur donne le nom de *molécules sous-*

tractives; on sentira bientôt la raison de cette dénomination.

Ainsi, en dernière analyse, un Cristal quelconque peut être regardé comme un aggrégat de petits parallélipipèdes similaires, disposés parallèlement de manière que si on les suppose rapprochés jusqu'au contact, ils ne laissent aucun vide entre eux. Si l'on considère seulement ceux de ces parallélipipèdes dont les centres sont également espacés sur une même ligne droite, on aura ce qu'on appelle une file ou une *rangée* de molécules. Plusieurs rangées semblables, juxtaposées par leurs faces, composeront les lames cristallines; et ces lames, superposées entre elles, reproduiront la masse du Cristal. Les petits parallélipipèdes, les rangées linéaires de ces molécules, les lames planes formées de ces rangées, tels sont les divers élémens que nous avons à considérer dans la structure des Cristaux. Remarquons, avant d'aller plus loin, que l'on peut distinguer trois sortes de rangées de molécules. Dans la première, les molécules sont simples et réunies par leurs faces; la ligne qui traverse leurs centres est parallèle à l'un de leurs bords. Dans la seconde, les molécules sont pareillement simples, mais elles se réunissent par une de leurs arêtes, en formant des rentrées et des saillies alternatives; la ligne centrale est alors parallèle à l'une des diagonales de ces molécules. Enfin, dans la troisième espèce de rangée, les molécules sont composées, ou résultent du groupement des molécules simples deux à deux, trois à trois, quatre à quatre, etc. Ces molécules composées se réunissent de même par leurs arêtes; mais la ligne centrale, passant par une de leurs diagonales, se trouve par cela même inclinée en même temps au côté et à la diagonale des molécules simples. On peut donc concevoir, dans une lame cristalline, des rangées de molécules dont la direction soit variable à l'infini, et intermédiaire entre celle des bords et des diagonales de chaque molécule simple.

Il est aisé maintenant de se rendre compte des différences que présentent dans leur structure les formes cristallines d'une même espèce minérale. Toutes ces formes ayant une partie constante qui est leur noyau, il ne s'agit que de déterminer la partie enveloppante qui varie pour chacune d'elles ; or cette variation ne peut provenir que des changemens que subissent, dans leur figure et leur étendue, les lames cristallines qui s'élèvent pyramidalement au-dessus des faces du noyau. Ces lames doivent décroître en général par la soustraction régulière d'une ou de plusieurs rangées de molécules, puisqu'elles produisent, par la retraite successive de leurs bords, des faces planes, inclinées à celles du noyau ; et ce décroissement uniforme doit avoir lieu tantôt parallèlement aux arêtes du solide primitif, tantôt parallèlement à ses diagonales, ou dans un sens quelconque intermédiaire, puisque les faces du solide secondaire circonscrivent le noyau dans toutes sortes de directions, en le touchant, soit par un de ses bords, soit par un de ses angles. Haüy donne le nom de *Décroissemens sur les bords* à ceux qui se font par la soustraction de rangées parallèles aux bords ; celui de Décroissemens sur les angles à ceux dans lesquels les rangées soustraites sont parallèles aux diagonales ; et celui de Décroissemens intermédiaires à ceux dans lesquels la direction de ces rangées est inclinée en même temps au côté et à la diagonale. Les lames successives sur lesquelles le décroissement opère uniformément, sont tantôt simples ou n'ayant que l'épaisseur d'une seule molécule, et tantôt composées de plusieurs lames simples qui sont censées n'en faire qu'une. Dans le premier cas, la quantité qui indique la loi du décroissement ou le nombre de rangées soustraites est toujours un nombre entier ; dans le second cas on lui donne la forme d'une fraction dont le numérateur représente le nombre de rangées soustraites dans le sens de la largeur de la lame, et le

dénominateur celui des rangées soustraites dans le sens de la hauteur. L'expérience prouve que les lois de décroissement dans les Cristaux naturels sont toujours extrêmement simples ou exprimées par les plus petits nombres, tels que 1, 2, 1/2, etc., et que celles dont l'expression est la plus simple sont en même temps les plus ordinaires. Lorsqu'on connaît la loi d'un décroissement et les dimensions du solide primitif, la face qui en résulte est par-là même déterminée, et le calcul de ses inclinaisons sur les faces du noyau se réduit à la solution d'un problème de trigonométrie.

La manière dont nous venons de concevoir la génération des formes secondaires suppose que la forme primitive est modifiée par une addition de lames empilées sur ses différentes faces. On pourrait imaginer au contraire qu'au lieu de s'accroître elle diminue par la soustraction de plusieurs rangées de molécules dont l'effet serait de tronquer ses arêtes ou ses angles solides, et de les remplacer par de nouveaux plans. Ces plans retrancheraient alors du solide primitif de petites pyramides ou des espèces de coins dont les dimensions seraient en rapport avec les nombres de rangées soustraites à la naissance du décroissement, et l'on déterminerait la position de chaque plan par le calcul des angles du solide retranché. Ce calcul ne présente aucune difficulté. Mais il ne suffit pas souvent de connaître les incidences de ces plans sur les faces du noyau. Il importe encore de calculer les incidences mutuelles des faces secondaires, soit d'un même ordre, soit de différens ordres. C'est à quoi l'on parvient à l'aide de la trigonométrie sphérique, ou de formules algébriques préparées pour cet objet. Haüy a construit des formules de ce genre qui peuvent servir avec avantage dans la solution des principaux problèmes de la Cristallographie. Cependant la multiplicité des cas différens auxquels il applique des formules particulières restreint beaucoup leur degré de généralité. Pour en obtenir une qui convienne à tous les cas à la fois, et donne immédiatement l'angle de deux faces quelconques dont la génération est connue, il faut avoir recours au seul moyen que fournit la géométrie de Descartes, et qui consiste à rapporter les positions de toutes les faces cristallines à trois axes fixes pris dans l'intérieur du noyau. Lamé a déjà indiqué ce moyen aux cristallographes dans un des numéros des Annales des Mines (*V*. T. IV, p. 69); mais il s'est contenté de généraliser la formule ordinaire de l'inclinaison de deux plans, en supposant les axes obliques, et en les dirigeant constamment dans le sens des côtés de la molécule soustractive. Cette formule devient alors d'une complication telle, qu'on peut à peine la développer dans son entier, et elle renferme, sous le signe radical, des lignes trigonométriques dont l'expression est elle-même irrationnelle, ce qui rend la solution presque impossible. Pour avoir une formule simple et praticable, il faut que les axes soient rectangulaires ; alors elle n'est plus fonction que de neuf quantités élevées au carré, savoir : trois constantes qui représentent les dimensions du solide primitif parallèlement aux axes, et six variables qui mesurent les effets des décroissemens dans le sens des mêmes axes. On appréciera l'avantage de cette formule si l'on fait attention que plus des deux tiers des substances connues se rapportent à un système de Cristallisation rectangulaire, et qu'ainsi elle est à leur égard d'une application immédiate. Les autres substances, à l'exception d'un très-petit nombre, peuvent se ramener à un système en partie rectangulaire, tel que celui du prisme rectangle à base oblique dans lequel deux des trois axes sont encore déterminés par la nature du solide primitif. On fait usage de la formule dans ce cas, après avoir préalablement substitué un noyau hypothétique entièrement rectangulaire au véritable noyau, ce qui revient à opérer ce que les géomètres appellent un changement de coordonnées.

Nous venons de voir en quoi consistent les relations dont nous avons parlé plus haut, entre les inclinaisons variables des faces secondaires et les dimensions constantes du solide primitif ; comment ces relations s'établissent au moyen de certaines indéterminées qui représentent l'effet initial des décroissemens sur les côtés du noyau, et ne varient qu'entre des limites très-resserrées, en restant toujours simples et rationnelles ; comment enfin ces mêmes relations peuvent s'exprimer de la manière la plus générale par une seule formule analytique. Cette formule fournit la solution de deux problèmes inverses l'un de l'autre. Le premier a pour but de calculer toutes les formes secondaires possibles d'une substance, d'après la forme primitive supposée connue ; le second consiste à retrouver les dimensions de cette forme primitive en partant des formes secondaires déterminées par l'expérience. Ce dernier est d'une grande importance en Cristallographie ; car, s'il est quelques formes primitives dont les dimensions soient données *à priori* ou par la seule observation du clivage, il en est d'autres que la division mécanique ne fait connaître qu'imparfaitement, et pour lesquelles il est absolument indispensable d'avoir recours au calcul. *V*., pour la manière de résoudre ce problème, le Traité de Cristallographie d'Haüy (T. II, p. 340).

Si l'on compare entre elles toutes les formes secondaires du même genre qui proviennent d'une même forme primitive, on trouve qu'elles composent des séries dont tous les termes se déduisent les uns des autres par le même procédé, et sont liés entre eux par une même loi mathématique, en sorte qu'il suffit d'en connaître un seul pour pouvoir les connaître tous. On peut même obtenir directement la relation qui existe entre les formes séparées par un nombre quelconque de formes intermédiaires ; et cette relation fournit un caractère général pour reconnaître de suite si une forme donnée se trouve comprise ou non dans une certaine série. Malus est le premier savant qui ait enseigné la génération et le calcul de ces séries, du moins en ce qui concerne les formes rhomboïdales (*V.* sa Théorie de la double réfraction ; Paris, 1810, pages 121 et 258). Haüy et Weiss en ont également fait mention dans leurs ouvrages.

Mohs a fondé sur l'existence de semblables séries dans chaque espèce de formes secondaires simples, le principal caractère distinctif des systèmes de Cristallisation. Les formes qu'il regarde comme *simples*, sont celles que terminent des faces parfaitement identiques, c'est-à-dire égales, semblables et semblablement placées. Tels sont les rhomboïdes et les doubles pyramides à quatre, ou six, ou huit triangles isoscèles ou scalènes. Les formes *composées* résultent de l'assemblage de différens ordres de faces, dont chacun appartient à une forme simple particulière : Mohs leur donne le nom de *combinaisons*. L'analyse ou le développement des combinaisons est, suivant lui, l'un des points les plus importans de la Cristallographie. Ce développement se réduit à montrer quelles sont les formes simples qui entrent dans une combinaison, dans quels rapports de position ces formes sont l'une à l'égard de l'autre, et quel rang elles occupent dans les séries dont elles font partie. Tous les termes de chaque série procèdent suivant des lois constantes, qui permettent d'en calculer un quelconque, lorsque son rang est connu. Mohs considère d'abord la série de rhomboïdes dont telle est la loi de dérivation, que les faces de chacun d'eux sont tangentes aux arêtes de celui qui précède. Tous ces rhomboïdes ont alors le même axe, et diffèrent par leurs projections horizontales. Mais si l'on fait varier leurs volumes, de manière qu'ils aient tous la même projection, les axes suivront

entre eux la progression géométrique 1, 2, 4, 8., etc. ; et celui de la forme dérivée dont le rang est marqué par le nombre *n*, sera égal à l'axe de la forme fondamentale multiplié par la puissance *n* de 2. Quand on connaît dans un rhomboïde le rapport de l'axe au côté de la projection horizontale, ce rhomboïde est parfaitement déterminé : or, le côté de la projection horizontale, étant le même pour tous les termes de la série, doit être regardé comme égal à l'unité ; le nombre qui marque le rang d'un terme, fait connaître l'axe de ce terme ; donc il en est le véritable signe cristallographique. La série que nous venons de considérer, se prolonge de part et d'autre de la forme fondamentale, vers des limites qu'elle atteint lorsque le nombre *n* devient infini. Ces limites ne sont autre chose que des prismes hexaèdres réguliers, dont l'axe est infiniment grand ou infiniment petit, c'est-à-dire qu'elles donnent les pans et les bases des formes prismatiques que l'on observe dans le système rhomboédrique. On doit distinguer dans les différens termes d'une même série leur position relative, telle qu'elle est amenée par la dérivation : deux rhomboïdes sont en position parallèle, lorsque leurs faces sont dirigées dans le même sens ; ils sont en position tournée (*in verwendeter Stellung*), lorsque les faces de l'un sont tournées vers les arêtes de l'autre ; alors leurs sections principales s'inclinent sous un angle de 60° ou de 180°. En général, deux termes d'une série, entre lesquels se trouve un nombre pair de termes, sont l'un à l'égard de l'autre dans cette dernière position : ils sont au contraire en position parallèle, lorsqu'il y a un nombre impair de formes intermédiaires. La position relative de deux rhomboïdes qui font partie d'une même combinaison se détermine d'après celle des arêtes de leur commune intersection. — Les pyramides doubles à six côtés scalènes forment entre elles des séries qui procèdent suivant la même loi que les séries de rhomboïdes auxquelles elles correspondent : on les déduit de ces dernières, en multipliant tous les axes à la fois par un même nombre rationnel, et en menant par les extrémités des nouveaux axes des plans qui passent par les arêtes latérales des rhomboïdes. Ces séries ont pour limites des prismes à douze pans, dont les angles sont alternativement égaux, et dont la coupe transversale est égale à celle de la série des pyramides. — Ces séries de pyramides à leur tour produisent de nouvelles séries de rhomboïdes, que Mohs appelle *secondaires* (*Neben-Reihen*). On les obtient en plaçant des plans sur les bords analogues des pyramides déduites de la série *principale*. Enfin les pyramides à six côtés isoscèles, forment encore des séries qui suivent la loi générale des formes dérivées des rhomboïdes. Toutes ces séries de formes homogènes, procédant suivant la même loi, composent par leur assemblage ce que Mohs appelle le *Système de Cristallisation rhomboédrique*. — Il existe deux autres formes fondamentales, dont chacune donne naissance à des séries de formes homogènes, procédant suivant une loi qui leur est propre, et composant par leur ensemble un système particulier. Ces formes sont les doubles pyramides à quatre triangles isoscèles, et les doubles pyramides à quatre triangles scalènes. Les premières produisent seulement des séries de formes pyramidales ; les secondes au contraire produisent deux sortes de séries, les unes de pyramides à quatre triangles scalènes, et les autres de prismes rhomboïdaux illimités dans le sens de leur axe, que l'on peut encore considérer comme des pyramides à triangles scalènes, dont une des diagonales de la base est devenue infiniment grande. Deux prismes de ce genre, en se combinant de manière que leurs axes soient perpendiculaires l'un à l'autre, donnent naissance à un octaèdre rectangulaire. Les limites des séries de prismes rhomboïdaux sont de simples couples de faces parallèles, dirigés les uns dans le sens

de l'axe de la forme fondamentale, et les autres perpendiculairement à cet axe.

—La dernière forme fondamentale admise par Mohs, est le cube : ici les formes en rapport les unes avec les autres par leurs propriétés, ne sont plus de la même espèce ; elles ne composent plus des séries infinies dont les termes ne se distinguent entre eux que par la mesure de leurs angles ; mais elles sont en nombre limité et de nature différente. Quelques-uns des solides dérivés du cube, sont susceptibles de se résoudre en deux formes simples, identiques, et possédant chacune la moitié du nombre des faces de la forme entière. Ces subdivisions régulières d'une même forme, peuvent exister individuellement ou faire partie des combinaisons dans les Cristaux naturels. — On voit par ce qui précède que Mohs n'admet que quatre formes simples comme fondamentales, et par conséquent quatre systèmes de Cristallisation, comprenant l'ensemble des formes qui en dérivent. Le premier système est le *rhomboédrique ;* il est ainsi nommé, parce que les formes qu'il renferme possèdent les propriétés générales du rhomboïde. Le second est le système *pyramidal*, dont toutes les formes sont en général des pyramides : il dérive de l'octaèdre à base carrée. Le troisième est le système *prismatique*, qui renferme une grande variété de prismes quadrangulaires : il dérive de l'octaèdre rhomboïdal. Enfin le quatrième système est le *tessulaire*, dont toutes les formes possèdent les propriétés générales du cube. La dénomination de *système* de Cristallisation ne s'emploie, pour désigner un ensemble de formes dérivées, que d'une manière générale, et lorsqu'on a seulement égard à l'espèce de la forme fondamentale. Mais si l'on considère particulièrement une forme de dimensions données, comme celle qui est propre à une certaine substance, alors l'ensemble de ses dérivées prend le nom de *série de Cristallisation*. Une pareille série est déterminée, lorsque l'on connaît les mesures de l'un de ses membres, pourvu que ce ne soit pas une limite. — Les combinaisons des formes simples sont soumises à deux lois générales : la première est que la nature ne combine entre elles que des formes qui appartiennent à une même série de Cristallisation ; la seconde consiste en ce que la jonction de deux formes se fait dans les positions que leur donne le procédé de leur dérivation. De ces deux lois dépend la *symétrie* des combinaisons, qui ne doit pas être considérée, suivant Mohs, comme la loi fondamentale de la Cristallisation. Il arrive quelquefois que les combinaisons ne renferment que la moitié du nombre des faces que possèdent les formes simples avant leur réunion : telles sont les combinaisons que Mohs appelle hémi-tessulaires, hémi-rhomboédriques, hémi-pyramidales, hémi-prismatiques et tétarto-prismatiques. Ces deux dernières servent à rendre raison des prismes à base oblique que l'on observe dans la nature. Ce ne sont point des formes simples, mais de véritables combinaisons qui appartiennent au système prismatique. (Mohs, *die Charaktere der Klassen, Ordnungen*, etc. Dresde, 1821).

Weiss a cherché dans un de ses Mémoires à assigner un caractère géométrique aux différens systèmes de Cristallisation. Il les partage d'abord en deux grandes divisions, suivant que les formes dont ils se composent sont susceptibles d'être ramenées à trois dimensions perpendiculaires entre elles, ou bien à quatre dimensions, dont trois sont dirigées dans un même plan sous des angles de 120°, et la quatrième est perpendiculaire aux trois autres. Il admet ensuite que dans les Cristaux naturels, où ces dimensions sont déterminées et font la fonction d'*axes*, les faces qui se coordonnent symétriquement à l'entour de ces axes peuvent exister toutes ensemble, ou être réduites à la moitié de leur nombre, par l'effet de certaines vertus polaires, propres aux différens côtés des mêmes axes.

Ire Division. — Trois axes perpendiculaires entre eux. Il peut arriver trois cas : 1° les trois axes peuvent être égaux entre eux ; le système de Cristallisation relatif à ce cas est nommé par Weiss *Sphæroedrisches System*. Si toutes les faces que détermine l'ensemble des axes existent sur le Cristal, le système a pour type l'octaèdre régulier, et il prend le nom de *Homosphæroedrisches System*. S'il n'existe que la moitié des faces exigées par la symétrie, c'est alors le système hémisphéroédrique, auquel se rapportent le tétraèdre régulier et le dodécaèdre pentagonal. 2°. Deux axes sont égaux et le troisième est différent ; forme fondamentale : octaèdre à base carrée. 3°. Aucun des trois axes n'est égal aux autres.

a. Toutes les faces qu'ils déterminent existent sur le Cristal (*Zwei-und-Zweigliederiges System*). Type fondamental : octaèdre rhomboïdal.

b. La moitié d'un certain ordre de faces existe ; l'autre moitié a disparu par le prolongement des premières (*Zwei-und-Eingliederiges System*). Type : prisme oblique rhomboïdal.

c. La suppression de certaines faces a eu lieu dans plusieurs sens, de manière à produire des formes qui paraissent tout-à-fait irrégulières (*Ein-und-Eingliederiges System*). Type fondamental : prisme oblique irrégulier.

IIe Division. — Quatre axes, dont un perpendiculaire aux trois autres. 1°. Toutes les faces existent sur les Cristaux (*Sechsgliederiges System*). Forme fondamentale : dodécaèdre à triangles isocèles. 2°. La moitié du nombre des faces a disparu par le prolongement des autres (*Drei-und-Dreigliederiges System*). Forme fondamentale : rhomboïde. *V*. la Dissertation de Weiss, qui a pour titre : *De Indagando formarum Cristallinarum Charactere*, etc. Leipsick, 1809, et son Mémoire intitulé : *Natürliche-Abtheilung der Krystallisations Systeme*, parmi ceux de l'Académie de Berlin pour l'année 1814.

Leonhard admet des divisions analogues dans l'ensemble des systèmes de Cristallisation, et pour rendre raison de cette dérogation remarquable à la loi de symétrie, par laquelle certaines formes semblent perdre la moitié de leurs faces, il combine avec cette loi une autre loi de Cristallisation qu'il nomme *Loi de polarité*, et qui tend à modifier l'action de la première. Elle consiste en ce que certaines parties d'un parallélipipède rectangle, opposées diamétralement l'une à l'autre, et par conséquent identiques, se comportent comme si elles étaient différentes, tandis que celles qui sont diagonalement opposées sur une même face se comportent comme identiques, et réciproquement (*Handbuch der Oryktognosie*, p. 41 , Heidelberg, 1821).

Dans la description que nous avons donnée plus haut, des différens systèmes de Cristallisation, nous nous sommes bornés, pour établir le caractère général et déterminer l'étendue de chacun d'eux, à la seule considération de la symétrie des modifications admise comme un résultat d'expérience. En cela nous avons suivi la marche qui a été tracée par Brochant, dans son excellent article du Dictionnaire des Sciences naturelles, et qu'ont adoptée plusieurs minéralogistes. Beudant, dans ses cours, et Brooke, dans un ouvrage récent, ont rendu très-clair et très-méthodique un exposé semblable qu'ils ont fait du même sujet en classant avec soin les différentes sortes de modifications, et les représentant par des figures qui indiquent le passage successif d'une forme à une autre. (*V.* l'ouvrage de Brooke, intitulé : *A familiar Introduction to Cristallography*, etc. Londres, 1823).

— Jusqu'à présent nous avons considéré la Cristallisation sous un point de vue purement géométrique, nous étant bornés à décrire ses produits, sans examiner les circonstances de leur formation. A la vérité nous avons conçu théoriquement les formes secondaires comme devant leur origine à une addition progressive de la-

mes planes sur les différentes faces d'un noyau primitif; mais ce n'était là qu'une hypothèse propre à faciliter l'expression des lois de leur structure. Il est prouvé par l'expérience que les Cristaux s'accroissent au contraire par une superposition d'enveloppes concentriques, qui, en se succédant l'une à l'autre, augmentent de dimensions sans changer de forme, du moins tant que les forces cristallisantes ne varient pas sensiblement. Il resterait maintenant à envisager la Cristallisation sous le point de vue de la physique, à remonter aux causes qui déterminent un arrangement constant des molécules dans l'intérieur des Cristaux, et à rechercher celles qui font varier leurs formes extérieures dans la même espèce. Mais on n'a à cet égard que des conjectures vagues ou des faits en petit nombre, qui ne permettent pas encore la solution de cette importante question. On peut entrevoir tout au plus la raison des lois symétriques auxquelles les modifications sont assujetties, et apprécier quelques-unes des circonstances qui ont pu influer sur ces modifications. Beudant a fait un grand nombre de recherches sur les substances qui cristallisent dans les laboratoires, et il a reconnu qu'en général les causes qui paraissaient produire des variations de forme dans les Cristaux d'un même Sel pouvaient se réduire à trois, savoir : 1° les mélanges mécaniques qui existent dans la solution, et qui sont entraînés par la Cristallisation du Sel ; 2° la nature du liquide dans lequel cette Cristallisation a lieu ; 3° les mélanges chimiques de matières étrangères qui se combinent avec le Sel en proportions indéfinies. Les mélanges mécaniques rendent en général la forme d'une substance beaucoup plus simple et plus nette qu'elle ne le serait dans le Cristal supposé pur. C'est ainsi que dans la nature, le Carbonate de Chaux mélangé de Sable, que l'on a appelé Grès de Fontainebleau, cristallise toujours en rhomboïde complet et d'une parfaite régularité. Le changement de nature du dissolvant entraîne ordinairement un changement de forme dans les Cristaux : Beudant a trouvé, par exemple, que l'Alun, qui dans l'eau pure cristallise en octaèdres légèrement modifiés sur les bords, donne constamment des Cristaux cubo-octaèdres dans l'Acide nitrique, et des Cristaux cubo-icosaèdres dans l'Acide hydrochlorique. Enfin les mélanges chimiques ont également une grande influence sur la Cristallisation des Sels, et l'on peut conclure par analogie qu'il doit en être de même dans les produits de la nature. Ainsi, le Sulfate de Fer cristallise en prismes rhomboïdaux obliques, très-approchans d'un rhomboïde, et parfaitement simples, lorsqu'il est mélangé de Sulfate de Cuivre ou de Sulfate de Nickel; mais ces prismes sont modifiés plus ou moins profondément sur deux angles solides opposés, si le mélange a lieu avec le Sulfate de Zinc. Un excès de base ou d'Acide dans la solution produit également des modifications de forme dans les dépôts cristallins. Relativement aux Cristaux naturels, on remarque que les modifications sont toujours en rapport avec les localités d'où proviennent les Cristaux, c'est-à-dire avec la nature des terrains ou des gangues, dans lesquels ils se rencontrent. Ainsi les Cristaux de Carbonate de Chaux du Derbyshire sont tous des dodécaèdres à triangles scalènes, plus ou moins modifiés sur leurs angles ou sur leurs bords, tandis qu'au contraire la forme prismatique domine constamment dans les Cristaux du Hartz. On pourrait multiplier les observations de ce genre à l'égard de beaucoup d'autres espèces (*V.* le Mémoire de Beudant sur les Sels artificiels, Annales des Mines, 1818). (G. DEL.)

CRISTALLITES. MIN. On a donné ce nom aux Cristaux qui se forment dans le Verre fondu, ou dans toute autre matière terreuse vitrifiée.

CRISTARIE. BOT. PHAN. Pour Cristaire. *V.* ce mot.

CRISTATELLE. *Cristatella.*

POLYP. Genre de l'ordre des Polypes nus de Cuvier, classé par Lamarck parmi les Polypiers fluviatiles. Ce sont, dit ce dernier auteur, des Polypiers globuliformes, gélatineux, libres, à superficie chargée de tubercules courts, épars, polypifères. Du sommet de chaque tubercule sort un Polype, dont l'extrémité se divise en deux branches rétractiles, arquées, garnies de tentacules disposés en dents de peignes; bouche située au point de réunion des deux branches tentaculaires. Les Animaux que Roësel nous a fait connaître, et dont le genre Cristatelle a été formé, sont des Polypes composés, très-singuliers, et qui semblent à peine appartenir à l'ordre des Polypes à Polypier. Ils nous présentent un très-petit corps globuleux, gélatineux, jaunâtre et muni de quelques tubercules courts et épars. Ces petits corps sont libres, nagent ou se déplacent dans les eaux, et semblent ainsi se mouvoir à l'aide des deux branches tentaculaires de chacun de leurs Polypes. Ces Polypes sont très-voisins des Vorticelles, dans la famille desquelles les place Bory de Saint-Vincent, et cependant ne sont plus réellement des Rotifères. En effet, sans posséder un organe uniquement rotatoire à leur bouche, les Cristatelles y en présentent un moyen entre celui des Rotifères et les tentacules en rayons des autres Polypes, et surtout des Plumatelles, avec lesquelles on sent qu'elles ont déjà des rapports. Ce qui appuie cette considération, c'est que si les deux branches pectinées des Cristatelles représentent les deux demi-cercles ciliés des Rotifères, elles ne se bornent point aux mêmes fonctions; car ces parties peuvent se contracter et se mouvoir indépendamment les unes des autres, et n'ont que des mouvemens semi-rotatoires. Le corps globuleux et commun des Cristatelles a une enveloppe mince, submembraneuse et transparente, qui en forme le Polypier, et qui fournit à chaque tubercule de ce corps un tube très-court qui est la cellule de chaque Polype. Cette considération indique les rapports des Cristatelles avec les Plumatelles, dont le Polypier tubuleux est bien connu. Elle montre que les Cristatelles, ainsi que la Difflugie, offrent réellement les ébauches ou les plus imparfaits des Polypiers, et en même temps la singulière particularité d'avoir un Polypier libre qui nage avec elles. Les Cristatelles habitent les eaux douces et vives, partout où se trouvent des Conferves et des Ephydaties; leur couleur jaune, leur grosseur égale à celle d'une graine de Chou, les rendent faciles à observer; elles ne sont pas rares en France.

(LAM..X.)

CRISTAUX ÉPIGÈNES. MIN. V. ÉPIGÉNIES.

CRISTAUX HÉMITROPES. MIN. V. HÉMITROPIES.

CRISTAUX MACLÉS. Syn. de Cristaux Hémitropes. V. ce mot.

(G. DEL.)

CRISTELLAIRE. *Cristellaria.* MOLL. Ce genre, établi par Lamarck (Pl. de l'Encycl. 467, 1816, et Anim. sans vert. T. VII, p. 607), avait déjà été fait par Montfort qui avait proposé un genre presque pour chaque espèce; les plus légères différences suffisant à ce savant pour faire de nouvelles coupes. C'est ainsi que les Scortimes, les Linthuries, les Pénéroples, les Astacoles, les Cancrides et peut-être les Périples doivent faire partie du genre Cristellaire auquel Lamarck les a réunis de fait sans avoir cité Montfort; mais on le voit facilement par les citations qui se rencontrent très-justes pour les figures de Cristellaires de Lamarck et pour celles citées par Montfort pour les différens genres, ces deux auteurs ayant puisé aux mêmes sources, l'ouvrage de Soldani et surtout celui de Fichtel et Moll (*Testac. Microscop. cum tabul.*). Tous les auteurs qui, avant Lamarck, ont parlé des Polythalames dont il est question, les rapportaient au genre Nautile avec lequel ils n'ont d'autres rapports que d'être cloisonnés comme eux. Les caractères suivans lèveront tous les doutes à cet égard : coquille

semi-discoïde, multiloculaire, à tours contigus, simples, s'élargissant progressivement; spire excentrique, sublatérale; cloisons imperforées.

On connaît plusieurs espèces de Cristellaires à l'état frais et marin; mais il paraît que ces petits Coquillages sont rares, car jamais nous n'avons eu occasion d'en observer. Il en est autrement des espèces fossiles qui sont bien connues, soit par les figures de l'Encyclopédie, soit par celles de Soldani ou de Fichtel. Nous allons citer les espèces les mieux caractérisées dans l'un et l'autre état :

CRISTELLAIRE PETITE ÉCAILLE, *Cristellaria squammula*, Lamk., An. sans vert. T. VII, p. 607, n° 1, et Encycl., pl. 467, fig. 1, a, b, c, et fig. 2, a, b, c, la même sous le nom de *Cristellaria dilatata*. Montfort en a fait son genre Pénérople, *Peneroplis* (*Conchyl. Syst.* T. 1, pag. 258). C'est le *Nautilus planatus* de Fichtel, *Test. Microscop.*, p. 93, tab. 16, fig. a à h. Cette petite Coquille, à peine d'une ligne de diamètre, se trouve à l'état frais, d'après Montfort, sur les plages de Livourne. Elle est transparente, irisée, formée d'une série de cloisons marquées à l'extérieur par un renflement ou une côte; elle s'élargit en forme de corne d'abondance à sa base; elle est très-aplatie, et le plus grand nombre des individus présente une flexuosité à la base.

CRISTELLAIRE PAPILLEUSE, *Cristellaria papillosa*, Lamk., Anim. sans vert. T. VII, p. 607; Encycl., pl. 467, fig. 3, a, b, c, d, et la même sous les noms de *Cristellaria producta*, *serrata* et *nudata*, fig. 3, 4 et 5. — *Cristellaria Cassis*, Def., Dictionn. des Sc. natur.; le Linthurie casqué, *Linthuris cassidatus*, Montf., *Conch. Syst.* T. 1, p. 254. — *Nautilus Cassis*, Fichtel, *Test. Microsc.*, tab. 17, fig. A à J, et tab. 18, fig. A, B, C. Celle-ci se distingue constamment et facilement par des granulations plus ou moins régulières quelquefois suivant la direction des loges qui cachent la spire, ainsi que par une crête le plus souvent régulière ou un peu onduleuse sur les bords, qui entoure toute la coquille, à l'exception de l'ouverture qui est étroite et fermée par un diaphragme fendu dans toute la longueur; quelques individus ont deux à trois lignes de longueur. Ils se trouvent fossiles à la Coroncine près de Sienne en Toscane.

Nous pourrions citer encore d'autres espèces, mais nous renvoyons aux genres Scortime, Astacole, Cancride et Périple de Montfort (*loc. cit.*), à l'ouvrage de Fichtel et Moll (*Test. Microsc.*), à l'Encyclopédie pour quelques espèces bien figurées pl. 467, et enfin à l'ouvrage de Lamarck (Anim. sans vert., *loc. cit.*). (D..H.)

* CRISTE MARINE. BOT. PHAN. Même chose que Christe marine. *V*. ce mot et CRITHME. (B.)

* CRITAME. *Critamus*. BOT. PHAN. Dans son travail sur les Ombellifères, le professeur Hoffmann a fait un genre du *Sium cicutæfolium* qu'il nomme *Critamus dauricus*. (A. R.)

CRITHME. *Crithmum*. BOT. PHAN. On appelle ainsi un genre de Plantes de la famille naturelle des Ombellifères et de la Pentandrie Digynie, qui se reconnaît aux caractères suivans: son involucre et ses involucelles sont composés de plusieurs folioles linéaires; ses pétales sont roulés et égaux entre eux; ses fleurs sont jaunâtres, et ses fruits ellipsoïdes, striés, un peu comprimés.

Le CRITHME COMMUN ou BACILLE, PERCEPIERRE, etc., *Crithmum maritimum*, L., est une Plante vivace qui croît en abondance sur les rochers des bords de la mer. Sa tige herbacée, cylindrique, glauque, rameuse, charnue, haute d'un pied et plus, porte des feuilles également charnues, engaînantes à leur base, décomposées en un très-grand nombre de folioles ovales, lancéolées, aiguës, épaisses, glabres et d'un vert glauque; les fleurs sont polygames et d'un blanc jaunâtre, disposées en ombelles terminales à l'extrémité des ramifications de la tige; celle du centre, qui est plus grande, se com-

pose de fleurs hermaphrodites et fertiles; toutes les autres ombelles n'ont que des fleurs mâles et stériles par l'absence des styles et des stigmates; l'involucre est régulier, composé de huit à douze folioles lancéolées, aiguës, charnues et réfléchies; chaque ombellule, portée sur un pédoncule strié, cylindrique, long d'un pouce, est environnée par un involucelle de neuf à douze folioles ovales, aiguës, étalées, disposées sur deux rangs; le fruit est ellipsoïde, glabre, comprimé et strié longitudinalement. Toute la Plante est odorante et aromatique; la saveur est légèrement piquante, un peu salée. On la cultive fréquemment dans les jardins sous le nom de Passe-Pierre, et on l'emploie beaucoup comme assaisonnement, après l'avoir fait confire dans le vinaigre. Elle est diurétique. Dans son travail sur les Ombellifères (*In Rœmer et Schultes System. Veget.* 6), le professeur Sprengel place la Plante que nous venons de décrire parmi les Cachrys. *V*. CACHRYDE. (A. R.)

CRITHMUS. BOT. PHAN. (Rumph, *Amb.* 6, pl. 49.) Syn. de *Sesuvium portulacastrum*. *V*. SÉSUVIE. (B.)

CRITONIE. *Critonia*. BOT. PHAN. Genre de la famille des Synanthérées, dont le nom a été substitué par Browne à celui de *Dalea* d'abord employé par lui. Ce genre a été rapporté à l'Eupatoire par Linné. Gaertner a pensé que le Genre *Kuhnia* de Linné fils ne différait pas du *Critonia*. Mais il paraît, d'après les caractères indiqués par Browne lui-même, que sa Plante est différente de celle de Linné fils. Au reste, le genre de Browne est encore trop imparfaitement connu pour qu'on puisse rien décider de positif à cet égard. (A. R.)

CROACE. OIS. L'un des noms vulgaires de la Corbine, d'où vient, selon Vieillot, l'étymologie du mot croassement. N'est-il pas plus probable que croassement est la racine du mot Croace? (B.)

* CROASSEMENT. OIS. Qu'il ne

faut pas confondre avec coassement qui est la voix des Batraciens. Voix ou cris des Oiseaux du genre Corbeau et particulièrement de la Corbine. (B.)

CROC. MAM. *V.* DENT.

CROC ET **CROC DE CHIEN.** BOT. PHAN. On donne ce nom dans les colonies françaises à diverses Plantes armées de forts aiguillons, telles qu'une Pitonie, un Jujubier, une Ximénie, une Morelle, etc. *V.* ces mots. On appelle aussi Croc, dans le midi de la France, le *Vicia cracca* et autres espèces du même genre qui s'accrochent au moyen de vrilles.
(B.)

CROCALITE. MIN. Nom donné à une variété de Mésotype en globules radiés, trouvée dans la vallée de Fassa, en Tyrol. (G. DEL.)

CROCHET DE MATELOT. MOLL. Nom vulgaire et marchand du *Strombus Chiragra*, L., espèce du genre Ptérocère. *V.* ce mot. (B.)

CROCHETS. MAM. *V.* DENTS.

CROCISE. *Crocisa.* INS. Genre de l'ordre des Hyménoptères, section des Porte-Aiguillons, établi par Jurine (Méth. de Class. des Hyménopt. p. 239) et ayant, suivant lui, pour caractères : une cellule radiale petite, d'une forme ovale-arrondie ; trois cellules cubitales, la première grande, la deuxième petite, très-resserrée dans sa partie antérieure et recevant la première nervure récurrente ; la troisième plus grande recevant la seconde nervure et étant bien distante du bout de l'aile ; mandibules bidentées ; antennes filiformes, composées de douze anneaux dans les femelles, et de treize dans les mâles ; le premier anneau conique et allongé. Ce genre, très-voisin de celui des Nomades auquel il ressemble sous plusieurs rapports, a été rangé par Latreille (Règn. Anim. de Cuv.) dans la famille des Mellifères, tribu des Apiaires. Ce savant entomologiste avait d'abord désigné sous le nom de Mélecte une division correspondant à celle des Crocises de Jurine. Plus tard (*Gener.*

Crust. et Ins. T. IV, p. 172) il a divisé son groupe des Melectes en deux sous-genres, et a réuni avec Panzer, sous le nom de Melectes proprement dites, les espèces ayant six articles aux palpes maxillaires, pour conserver la dénomination de Crocise à celles qui ne présentaient que trois articulations à ces parties. Latreille, en adoptant ce dernier genre qui est le même que celui de *Thyreus* de Panzer, ajoute quelques caractères à ceux de Jurine. Les Crocises ont, suivant lui, les antennes courtes, filiformes, un peu divergentes au troisième article ; les trois petits yeux lisses disposés sur une ligne droite et transverse ; le labre extérieur incliné ou courbé et en demi-ovale ; les mandibules étroites, arquées, pointues, avec une seule dent au côté interne ; et les divisions latérales de la languette ou les paraglosses en forme de soie, et presque aussi longues que les palpes labiaux ; leur corps offre des espaces presque ras ou peu velus, et d'autres garnis de poils assez épais, et formant çà et là des taches tantôt blanches ou grises, tantôt verdâtres ou bleuâtres sur un fond très-noir ; l'écusson est prolongé, aplati, échancré ou terminé par deux dents ; l'abdomen est ovoïdo-conique. A cette description de Latreille on peut ajouter les observations suivantes de Jurine : les mâles ont le dernier segment abdominal terminé par une lame large et un peu échancrée, tandis que celui des femelles paraît trifide, c'est-à-dire composé du bout de l'aiguillon et de deux petites palettes latérales couvertes de poils ; les taches blanches, dont les jambes des Crocises sont souvent annelées, ont plus d'étendue chez les mâles que chez les femelles. Ces Insectes ne paraissent pas recueillir le pollen des fleurs ; mais ils déposent leurs œufs dans les nids des autres Apiaires ; aussi les voit-on voltiger sans cesse aux environs des murs qui contiennent ces nids et qui sont exposés au soleil. Latreille rapporte à ce genre quelques espèces ; parmi elles nous citerons :

La **CROCISE PONCTUÉE**, *C. punctata*

ou la *Melecta punctata* de Fabricius; elle est commune près de Paris.

La CROCISE SCUTELLAIRE, *C. scutellaris* de Panzer (*Faun. Insect. Germ.* fasc. 32, fig. 7), qui paraît être distincte de la *Melecta scutellaris* de Fabricius; on la trouve aussi aux environs de Paris, mais moins communément que l'espèce précédente. La *Crocisa atra* de Jurine appartient au genre Mélecte de Latreille. (AUD.)

CROCODILE. *Crocodilus.* REPT.

SAUR. Genre très-remarquable dans la classe des Reptiles, où il forme seul une petite famille naturelle particularisée par la grande stature des espèces qui la composent. La queue des Crocodiles est aplatie par les côtés, revêtue, ainsi que le dessus et le dessous du corps, d'écailles carrées et souvent relevées de crêtes; les pieds de derrière sont palmés ou demi-palmés; cinq doigts se voient devant et quatre postérieurement, dont trois seulement sont armés d'ongles à chaque pied, de sorte que deux devant et un seul derrière en sont dépourvus; la langue est charnue, attachée au plancher de la bouche jusque très-près des bords, et nullement extensible, ce qui porte le vulgaire à croire que ces Animaux en sont privés; des dents aiguës sont disposées sur une seule rangée; une seule verge existe dans le mâle; des plaques plus ou moins saillantes, relevées d'arêtes, couvrent les parties supérieures; les oreilles sont fermées extérieurement par deux lèvres charnues; les narines forment un long canal étroit qui ne communique intérieurement que dans le gosier; les yeux sont munis de trois paupières; deux petites poches qui s'ouvrent sous la gorge, contiennent une substance musquée; on observe la même chose près de l'anus. —L'anatomie des Crocodiliens présente aussi des caractères communs à toutes les espèces, et qui distinguent très-bien leur squelette de celui des autres Sauriens; Faujas en a fait graver un très-beau de l'espèce des Indes (Hist. de la Mont. de Maëstr. pl. XLIV), qu'il croyait appartenir à celle

du Nil, et cette excellente figure, jointe à la parfaite description de Cuvier (Ann. du Mus. T. XII, p. 1-26), donnera une idée parfaite de l'ostéologie des Animaux de cette importante famille. Les vertèbres du cou y portent des espèces de fausses côtes qui, se touchant par leurs extrémités, empêchent l'Animal de tourner la tête entièrement de côté; leur sternum se prolonge au-delà des côtes et porte de fausses côtes d'une espèce toute particulière, qui ne s'articulent pas avec les vertèbres, mais ne servent qu'à garantir le bas-ventre. La mâchoire inférieure se prolongeant derrière le crâne, il semble que la supérieure soit mobile, et les anciens, qui l'ont cru, ont établi cette erreur, quoiqu'il soit certain que cette mâchoire supérieure ne remue qu'avec le reste de la tête. Ce sont les seuls Sauriens qui manquent d'os claviculaires; mais leurs apophyses coracoïdes s'attachent au sternum comme dans toutes les autres. Les poumons ne s'enfoncent pas dans l'abdomen, comme il arrive chez le reste des Reptiles, et des fibres charnues, adhérentes à la partie du péritoine qui recouvre le foie, leur donnent une apparence de diaphragme, ce qui joint, dit Cuvier (Règn. Anim. T. II, p. 19), à leur cœur divisé en trois loges, et où le sang, qui vient du poumon, ne se mêle pas avec celui du corps aussi complètement que dans les autres Reptiles, rapproche davantage les Crocodiles des Quadrupèdes à sang chaud. Leur caisse et leurs apophyses ptérigoïdes sont fixées au crâne, comme dans les Tortues. La conformation de leurs mâchoires ne permet pas à ces Animaux de broyer leur nourriture; ils ne peuvent que déchirer leur proie et la briser avant de l'avaler. Leurs yeux sont généralement très-rapprochés l'un de l'autre, et placés obliquement au-dessus de la tête. Leur cerveau est très-petit; leur œsophage très-ample et susceptible d'une grande dilatation; ils n'ont pas de vessie; le nombre de leurs vertèbres est de soixante, dont sept pour le cou et trente-trois pour la queue. Leur peau, fort dure, est défendue par des écailles et des plaqués carenées qui, la recouvrant comme une armure, les mettent à l'abri des attaques de tous les autres Animaux. Pour blesser le Crocodile, il faut l'atteindre à quelque joint, comme ces hommes d'armes bardés de fer qu'avant l'invention de la poudre on ne pouvait tuer que lorsqu'on les atteignait au défaut de la cuirasse. De tels avantages défensifs n'existent qu'aux dépens de l'agilité : aussi, presqu'impénétrables comme les anciens paladins, les Crocodiles sont-ils les plus pesans des Animaux. Leurs armes défensives et offensives et leur cruauté les ayant, outre leur grande taille, rendus de tout temps fort célèbres, il n'était pas besoin d'exagérer leur force et leur puissance, ni de les comparer à l'Aigle ou au Lion pour nous intéresser à leur histoire; un Saurien, quel qu'il soit, ne peut avoir le moindre rapport de mœurs ou d'instinct avec un Oiseau ou un Mammifère. Cependant les Crocodiliens ont quelques supériorités sur le reste de la classe des Reptiles en tête de laquelle ils sont placés; leur force semble leur donner une confiance en eux-mêmes, d'où résulte une démarche grave et qui n'est pas sans majesté; aussi, dans l'antiquité, les Hommes leur portèrent-ils un respect qui dégénéra bientôt en culte, ainsi qu'on le verra dans la suite de cet article. Toutes leurs espèces se tiennent habituellement dans les eaux douces; mais non-seulement quelques-unes les quittent parfois pour s'avancer assez loin dans la mer, on en voit souvent se promener sur le rivage des grands fleuves ou des marais des pays chauds, et venir y déposer leurs œufs sous l'influence d'un soleil ardent. La femelle n'abandonne pas au hasard le sort de sa progéniture. Elle lui construit des espèces de nids, veille sur ses petits et leur prodigue des soins protecteurs d'autant plus tendres, que le mâle cherche, dit-on, à les dévorer.

La plus grande confusion a long-temps régné dans l'histoire des Crocodiliens, et les naturalistes les plus célèbres croyaient encore naguère qu'il n'existait qu'une seule espèce là où nous en connaissons aujourd'hui au moins seize, constituant trois sous-genres, un genre entier et une famille naturelle toute particulière. Telle est l'erreur où nous jette souvent le premier aspect de ces grandes races d'Animaux que caractérisent des formes très-prononcées ou quelques traits frappans communs à tous leurs individus, que, nous bornant à remarquer une étrange physionomie dont l'imagination est fortement émue, nous croyons d'abord voir toujours le même être dans des espèces différentes. Long-temps on a cru à une seule espèce d'Eléphant, à un seul Rhinocéros, à un ou deux Cachalots; aujourd'hui ces groupes extraordinaires par leur taille et leur forme se sont accrus; et depuis que, pour s'occuper des spécialités, on ne s'arrête plus à ce premier coup-d'œil superficiel qui surprit tant de voyageurs et de naturalistes, on n'est pas moins en garde contre la tendance à réunir des espèces différentes sous une même désignation, que contre la tendance contraire qui porte certaines personnes à multiplier sans nécessité les espèces et jusqu'aux genres. « La détermination précise des espèces et de leurs caractères distinctifs fait, dit judicieusement Cuvier (Ann. du Mus. T. x, p. 8), la première base sur laquelle toutes les recherches en histoire naturelle doivent être fondées. Les observations les plus curieuses, les vues les plus nouvelles perdent tout leur mérite quand elles sont dépourvues de cet appui, et, malgré l'aridité d'un tel travail, c'est par-là que doivent commencer tous ceux qui se proposent d'arriver à des résultats solides. » En effet, si l'on eût été plus convaincu en France, vers les deux tiers du siècle dernier, de cette vérité si bien énoncée par le savant professeur dont nous venons de transcrire quelques lignes, l'histoire naturelle eût fait des progrès beaucoup plus rapides, et la fureur d'écrire des pages éloquentes sur des choses mal connues ou qu'on n'entendait pas, n'eût pas égaré beaucoup de personnes capables de bien observer, mais qui malheureusement imaginèrent qu'un style éblouissant peut, dans les sciences exactes, dispenser de ces connaissances positives qu'on a tenté de flétrir du nom de minuties. Il appartenait à celui qui, tout en signalant l'importance des plus petits détails, ne négligea pas l'art de se faire lire, de débrouiller l'histoire confuse des Crocodiles, comme pour mettre habilement en pratique ses excellens préceptes. L'illustre et laborieux Cuvier se procurant un grand nombre de ces Animaux conservés dans les collections de Paris, ou des débris de celles des espèces qu'il ne pouvait trouver entières dans nos musées, et consultant tout ce qui avait été écrit avant lui sur une matière obscure, publia, en 1807, dans les Annales du Muséum d'Histoire naturelle, un Mémoire sur les différentes espèces de Crocodiles vivans, qui fixa toutes les incertitudes, et qui nous paraît un modèle parfait de monographie. Il est aujourd'hui même impossible de rien ajouter à ce grand travail quant au fond; tout y a été examiné, comparé, pesé et discuté; les incertitudes qu'on y signalait se sont peu à peu résolues d'après la marche philosophique qu'indiquait l'auteur; le temps ne pourra que confirmer des observations si bien faites, et ajouter tout au plus quelques espèces inédites à celles que Cuvier sut établir avec une rare sagacité. — Linné, rapportant à un même Animal tout ce qu'on avait écrit sur les Crocodiles, soit du nouveau, soit de l'ancien monde, et même dans l'antiquité, n'en reconnaissait, sous le nom de *Lacerta Crocodilus*, qu'une espèce unique. Jusqu'à ces derniers temps, le nombre des Crocodiles varia de trois à quatre, suivant les auteurs qui, rapportant tour à tour et comme s'ils ne se fussent

pas même donné la peine de les consulter, les figures de Crocodiles qu'ils trouvaient dans les relations de voyages, dans Séba ou dans tout autre ouvrage publié, embrouillèrent leur synonymie d'une manière inextricable. On peut donc regarder comme à peu près indifférent pour la science tout ce qui fut écrit ou compilé sur l'histoire des Crocodiles avant Cuvier; on ne doit excepter de cet amas d'erreurs et d'inutilités que les recherches de notre illustre collaborateur, Geoffroy Saint-Hilaire, qui, travaillant dans le même esprit que Cuvier, et ayant fait connaître les espèces du Nil, s'est associé à la gloire d'un travail qui nous servira de guide pour la rédaction de cet article.

Cuvier, après avoir isolé les Crocodiles des autres Sauriens, les divise en trois sous-genres qu'il nomme Caïmans (*Alligatores*), Crocodiles proprement dits (*Crocodili*), et Gavials (*Longirostres*). L'ordre de ces divisions, que nous suivons ici, a seulement été interverti dans le Règne Animal du même auteur qui a trouvé dans la disposition des plaques que nous appellerons nuchales et cervicales, et que ces Animaux portent sur le cou, des caractères excellens pour distinguer les espèces.

† CAÏMANS, *Alligatores*. Ils ont la tête moins oblongue que les Crocodiles proprement dits; la longueur et la largeur de cette partie, prise à l'articulation des mâchoires, est le plus souvent comme trois à deux; elle n'a jamais plus du double; la largeur du crâne fait plus du quart de la longueur totale de cette tête; les dents sont inégales; on en compte au moins dix-neuf, et quelquefois jusqu'à vingt-deux de chaque côté; en bas au moins dix-neuf, et souvent vingt en haut; les premières de la mâchoire inférieure percent à un certain âge la mâchoire supérieure; les quatrièmes, qui sont les plus longues, entrent dans le creux de cette mâchoire supérieure, où elles sont cachées quand la bouche est fermée; elles ne passent point dans les échancrures; les jambes et

les pieds de derrière sont arrondis et n'ont ni crêtes ni dentelures à leurs bords; les intervalles des doigts ne sont remplis qu'à moitié par une membrane courte; les trous du crâne, dans les espèces qui en ont, sont fort petits; l'une des espèces en manque entièrement. — Le nom de Caïman est emprunté du langage créole; il désigne dans les colonies françaises, hollandaises, portugaises et espagnoles, tous les Crocodiles indifféremment. Marcgraaff le fait dériver de la langue du Congo; ce qui paraît vrai, car on a remarqué à Saint-Domingue que les Nègres qui viennent de cette partie de l'Afrique donnent d'abord le nom de Caïman aux Crocodiles qu'ils rencontrent, avant d'avoir pu savoir un mot de la langue du pays. Les colons anglais appellent ces mêmes Animaux *Alligators*. On dit *Alligator* dérivé d'*Allegater*, qui, ajoute-t-on, désigne le Crocodile dans l'Inde. C'est une erreur; *Allegater* ainsi qu'*Alligator* sont venus par corruption de l'espagnol et du portugais *el Lagarto*, le Lézard. — Tous les Caïmans connus jusqu'à ce jour, et dont la patrie est constatée, sont de l'Amérique.

1. CAÏMAN A MUSEAU DE BROCHET, *Alligator* (*Lucius*) *rostro depresso parabolico, scutis nuchæ quatuor*, Cuv., Ann. Mus. T. x, p. 28, pl. 1, fig. 8 (le squelette de la tête en dessus), fig. 15 (le même vu de profil); et pl. 2, fig. 4 (les plaques nuchales et cervicales); *Lacertus maximus*, Catesb. *Carol.* 2, t. 63. Cette espèce, l'une de celles que Gmelin (*Syst. Nat.* XIII, T. II, part. III, p. 1058) avait confondues sous le nom de *Lacerta Alligator*, paraît être propre à l'Amérique septentrionale et peut être unique dans cette partie du Nouveau-Monde. C'est à elle qu'on doit rapporter tout ce qui a été dit sur les Crocodiles des Carolines, des Florides et de la Louisiane. La figure citée de Catesby, quoique médiocre, lui convient assez bien, tandis que celle de Hernandez (*Hist. Nat. Mex.* 325) semble être celle d'un vrai Crocodile. L'espèce dont il s'agit a été pour la première fois authentiquement rapportée au Muséum d'Histoire naturelle par notre ancien ami et confrère, feu le voyageur Michaux; elle s'élève assez loin vers le nord, et remonte le Mississipi ou ses affluens jusque vers le 32e degré de latitude nord, c'est-à-dire hors de la région équinoxiale passé laquelle on ne voit plus de Crocodiles dans l'ancien monde. En Amérique il fait cependant quelquefois très-froid en hiver à de telles latitudes. On rapporte que ces Animaux, à la Louisiane, se tiennent dans la boue, s'y enfoncent quand vient la mauvaise saison, et y tombent dans un sommeil léthargique, même avant la gelée. Ce sommeil est si profond, qu'on les peut couper en morceaux sans qu'ils donnent le moindre signe de sensibilité; mais les jours chauds les raniment aussitôt. Catesby dit la même chose de ceux qu'il a observés en Caroline, et qui ont été depuis fort bien étudiés par Bosc que nous laisserons parler. « Les œufs du Caïman (c'est ainsi que ce savant nomme le Crocodile qu'il a vu dans ses voyages en Amérique) sont à peine égaux à ceux d'une Poule-d'Inde; ils sont blanchâtres comme ceux du Crocodile du Nil, mais plus petits, et leur coque est d'une nature parfaitement semblable à celle des œufs d'Oiseaux; ils sont bons à manger, quoique sentant un peu le musc, et les habitans les recherchent. Dès que les petits sont nés ils vont se jeter à l'eau; mais la plus grande partie y devient la proie des Tortues, des Poissons voraces, des Animaux amphibies, et même, dit-on, des vieux Crocodiles. Ceux qui survivent ne se nourrissent la première année que de larves d'Insectes et de très-petits Poissons. J'en ai conservé pendant plusieurs mois une nichée entière composée d'une quinzaine d'individus, et que j'avais prise au filet dans une mare voisine de mon habitation en Caroline; j'ai observé qu'ils ne mangeaient jamais que les Insectes vivans, et qu'il fallait même que ces Insectes se missent en mouvement pour les détermi-

ner à se jeter dessus, ce qu'ils faisaient alors avec une grande voracité, et en se disputant souvent le même objet. Au reste, ils ne cherchaient en aucune manière à me faire de mal lorsque je les prenais dans les mains. Au bout de la première année, les Crocodiles ne sont que de petits et faibles Animaux; ce n'est que dans le courant de la seconde qu'ils prennent des dents redoutables, et que leur crâne acquiert une épaisseur suffisante pour les mettre à l'abri des coups. La durée de leur vie est inconnue; mais il y a des faits qui tendent à prouver qu'elle doit s'étendre autant et plus même que celle d'un Homme. Ils ne muent pas, et par-là évitent une crise qui est fatale à la plupart des Reptiles. Le nombre des ennemis capables de les détruire est d'ailleurs fort peu nombreux lorsqu'ils ont acquis toute leur force. Ils peuvent rester très-longtemps sans manger. C'est sur le rivage des grands fleuves, au milieu des lacs marécageux, qu'ils s'établissent de préférence : ils s'y rencontrent quelquefois en troupes nombreuses; là ils trouvent sécurité d'un côté et abondance de l'autre; ils y vivent de Grenouilles, de Poissons, d'Oiseaux aquatiques, enfin de tous les Animaux qu'ils peuvent attraper. Les Chiens, les Cochons, et même les Bœufs, ne sont pas à l'abri de leur voracité. On rapporte qu'ils les saisissent au museau ou par les jambes quand ils vont boire, et les entraînent dans l'eau afin de les noyer. Je me suis amusé quelquefois en Caroline à les faire sortir de leurs retraites et accourir vers moi en faisant japer mon Chien de chasse sur les bords des rivières. Je leur lâchais ordinairement mes deux coups de fusil; mais quelquefois je les laissais approcher pour pouvoir leur donner quelques coups de bâton; ce dont ils ne s'effrayaient pas beaucoup. Jamais ils n'ont cherché à m'attaquer; ils se retiraient gravement lorsqu'ils voyaient qu'il n'y avait rien à gagner pour eux autour de moi. Quoique lourds,

ils nagent avec facilité; mais leurs mouvemens deviennent encore plus pesans lorsqu'ils sont à terre. Dès que les Nègres de la Caroline en aperçoivent qui sont trop éloignés de leur retraite, ils leur coupent le chemin, se mettent plusieurs à leur poursuite, les tuent à coups de hache, et se régalent de leur queue. J'en ai trouvé souvent morts ainsi mutilés, qui répandaient une odeur d'ammoniaque si infecte, que, quelque désir que j'eusse d'observer la marche de leur décomposition, et de chercher des Insectes que je pouvais espérer de récolter autour d'eux, je n'ai jamais pu en approcher. Les Vautours même, pour qui la chair la plus corrompue est un régal, abandonnent celle-ci dès qu'elle est arrivée à un certain degré d'altération. En Caroline les Crocodiles se font des trous ou des terriers très-profonds, où ils passent l'hiver en entier, et même toute la journée pendant l'été. Ces trous sont non-seulement le plus souvent placés dans les marais qui accompagnent presque toutes les rivières, mais aussi quelquefois sur le bord de mares très-petites situées au milieu des bois. J'ai tenté tous les moyens possibles d'en prendre avec des piéges de plusieurs sortes à l'entrée de ces trous, mais je n'ai jamais pu y réussir. Tous les matins mes piéges étaient détendus, et les Crocodiles étaient sortis sains et saufs. On les prend cependant assez facilement dans ce pays avec des Oiseaux et de petits Quadrupèdes vivans qu'on lie à un gros hameçon attaché à un Arbre par le moyen d'une chaîne de fer. Dans la Floride, où la population est moins nombreuse et la chaleur plus considérable, les Crocodiles se trouvent en bien plus grande abondance; Bartram, dans la Relation de son voyage sur la rivière Saint-Jean, rapporte en avoir vu les eaux couvertes dans des espaces considérables : ils y gênaient la navigation au point de l'obliger plusieurs fois de l'interrompre. » Ce même Bartram ajoute que la femelle dépose ses œufs par couches avec des lits alternatifs de terre gâchée et en forme de petits tertres de trois à quatre pieds de hauteur. Il assure avoir trouvé des Crocodiles dans le bassin d'une fontaine thermale dont l'eau vitriolique était à un degré de chaleur fort élevé. Ce qu'il dit des combats que ses compagnons armés soutinrent avec un de ces Animaux qui venait attaquer son camp, peut paraître exagéré à ceux qui ont vu ailleurs les Crocodiles attaquer rarement les Hommes, et qui ont lu ce qu'en rapporte Bosc. Celui-ci dit encore qu'en été, et surtout au temps des amours, les Crocodiles font entendre des mugissemens presque aussi forts que ceux d'un Bœuf, et qu'on ne peut comparer à aucun autre cri. Outre les caractères communs avec ses congénères, le Caïman à mâchoire de Brochet a son museau aplati, dont les côtés sont presque parallèles et se réunissent en avant par une courbe à peu près parabolique; les bords des orbites sont très-relevés, mais il n'y a point comme dans l'espèce suivante une crête transversale qui les unisse; il y a sur le dos dix-huit rangées transversales de plaques relevées chacune d'une arête; le nombre des arêtes ou des plaques de chaque rangée est ainsi qu'il suit: une rangée à deux arêtes, deux à quatre, trois à six, six à huit, deux à six; et le reste à quatre, sans compter les impaires qui se trouvent quelquefois sur les côtes; ces arêtes sont assez élevées et à peu près égales; mais sur la queue les arêtes latérales dominent, comme dans tous les Crocodiles proprement dits, jusqu'à ce qu'elles se réunissent. Il y en a dix-neuf rangées transversales jusqu'à la réunion des deux crêtes, et autant après; mais ce dernier nombre est plus sujet à varier que celui des plaques du dos; la couleur du dessus est d'un brun verdâtre très-foncé; le dessous est d'un blanc teint de vert, et les flancs sont rayés assez régulièrement des deux couleurs. La longueur totale comprend sept largeurs et demie de tête. Ces Animaux ne mangent jamais dans l'eau, d'où ils retirent leur proie pour la dévorer à terre après l'avoir noyée. Ils préfèrent la chair du nègre à celle du blanc, évitent les eaux saumâtres, ne se rendent jamais dans la mer par la crainte que leur inspirent les grandes Tortues et les Requins qui les attaquent; enfin ils tiennent toujours leur gueule fermée pendant leur sommeil.

2. Le CAÏMAN A LUNETTES, *Alligator* (*Sclerops*) *porcá transversá inter orbitas, nuchœ fasciis osseis quatuor cataphracœ*, Cuv., *loc. cit.*, p. 31, pl. 1, fig. 7 (le squelette de la tête en dessus), fig. 16 (le même vu de profil), et pl. 2 (les plaques nuchales et cervicales); le Caïman, Encycl. Rept., p. 35, pl. 2, fig. 1 et 2 (d'après Sybile-de-Mérian, *Surin.*, pl. LXIX); *Lacerta Crocodilus*, L., *Amœn. ac.* 1, p. 151; Séba, I, pl. CIV, f. 10; *Crocodilus Americanus*, Laurent., *Amph.*, n. 841; Jacare, Marcgr., *Brasil.*, 242. Cet Animal, connu plus particulièrement sous le nom de Crocodile de la Guiane, et qu'Azzara appelle Yacaré, est évidemment le même que le Jacare de Marcgraaff, et l'un de ceux dont le compilateur Gmelin a entassé divers synonymes sous le nom de *Lacerta Alligator*. Son museau, quoique large, n'a pas ses bords parallèles; la figure de ce museau est un peu plus triangulaire que dans l'espèce précédente; la surface des os de la tête est très-inégale, et comme cariée et rongée par de petits trous; les bords inférieurs des orbites sont très-relevés; le crâne n'est percé derrière les yeux que de deux trous assez petits; outre quelques écailles répandues derrière l'occiput, la nuque est armée de quatre bandes transversales très-robustes qui se touchent et vont se rendre à la série des bandes du dos. Les deux premières sont chacune de quatre écailles, et, par conséquent, relevées de quatre arêtes dont les moyennes sont quelquefois très-effacées; les deux autres n'en ont plus souvent que deux; les plaques transversales du dos sont au

nombre de deux rangées à deux arêtes, de quatre à six, de cinq à huit, de deux à six, et de quatre à quatre; mais, avec l'âge, des écailles latérales, peu marquées d'abord, prennent la forme des autres, et il faut ajouter deux au nombre des plaques à arêtes de chaque rangée. Il est au reste rare de trouver deux individus parfaitement semblables à cet égard. La couleur de l'Animal est d'un vert bleu en dessus avec des marbrures irrégulières verdâtres et jaunâtres plus ou moins pâles en dessous. Azzara parle d'une variété rousse plus grande et plus féroce que la variété ordinaire. Correa de Serra a rapporté à Cuvier que les Jacares du Brésil méridional différaient aussi un peu de ceux du Brésil septentrional, qui sont les mêmes que les Caïmans de Cayenne. Tous acquièrent une fort grande taille ; le Muséum d'Histoire naturelle en possède un individu de onze pieds ; Cuvier en a vu de quatorze. Le Caïman à lunettes est proprement le Crocodile de l'Amérique méridionale ; il s'y étend jusque par le trente-deuxième degré sud, c'est-à-dire à la même distance de l'équateur que le précédent remonte dans le Nord. Sa vitesse à la course n'équivaut pas à la moitié de celle de l'Homme, qu'il n'attaque jamais, ou du moins que très-rarement, et dans le cas seulement où celui-ci menace ses œufs que la femelle défend courageusement ; elle en pond jusqu'à soixante et les dépose dans le sable, en prenant la précaution de les cacher sous une légère couche de paille ou de feuilles sèches, qui n'intercepte pas l'influence salutaire de la chaleur du soleil. Ce Crocodile passe la nuit dans l'eau, et le jour étendu sur le sable exposé à l'ardeur du jour; mais à peine aperçoit-il le chasseur ou son chien, qu'il se précipite dans les rivières ou dans les marais où il se plaît. On assure qu'en certains lieux, quand ces marais se dessèchent, ce qui reste de vase fluide dans leurs enfoncemens est tellement rempli de ces Caïmans qu'on ne voit plus que leur dos, leur tête et leur queue. Probablement alors les gros dévorent les petits. Ils évitent l'eau de la mer, et sont très-communs à Cayenne. C'est donc à tort que Séba a prétendu que l'Animal dont il donne une figure que nous rapportons à l'espèce dont il est question lui était venu de Ceylan. Azzara dit que les habitans du Paraguay se servent pour prendre le Yacaré d'une flèche construite de telle sorte qu'étant lancée dans son flanc, elle y laisse le fer dont elle est armée, mais de manière à s'en détacher, et que les deux parties restent néanmoins unies l'une à l'autre à l'aide d'une longue corde. L'Animal blessé se retire dans quelque trou sous l'eau, mais son asile est signalé par la partie flottante du trait, et l'on peut aisément l'y atteindre pour achever de lui ôter la vie.

3. Le CAÏMAN A PAUPIÈRES OSSEUSES, *Alligator (palpebrosus) palpebris osseis, nuchæ fasciis osseis quatuor cataphractæ*, Cuv., *loc, cit.*, p. 35, pl. 1, fig. 6 (le squelette de la tête vu par-dessus), fig. 17 (le même vu de profil), et pl. 2, fig. 2 (les plaques nuchales et cervicales). Cuvier pense que cette espèce est celle que Blumenbach avait sous les yeux quand il voulut désigner le Crocodile qu'il appelait *Lacerta Crocodilus*. La plus grande confusion règne dans l'histoire de cette espèce qui vient de Cayenne, et qu'on a quelquefois regardée comme la femelle de l'espèce précédente. Elle a d'abord un rang de quatre plaques carénées, séparées derrière la nuque que suit un autre rang de six plaques plus petites, isolées, par paires, et après lequel viennent cinq paires de plaques plus grandes, étroitement contiguës par leur côté intérieur. Les plaques dorsales commencent par un rang de quatre plus petites; les autres, par six sur chaque rang, forment un carrelage assez régulier, marqué d'arêtes très-vives et continues. Les mœurs de cet Animal sont inconnues, et Cuvier en recommande l'étude aux voyageurs.

4. Le CAÏMAN HÉRISSÉ, *Alligator trigonatus*, Schneider, *Hist. Amph.*, II, pl. 1 et 2 ; Caïman à paupières osseuses, seconde variété, Cuv., *loc. cit.*, pl. 2, fig. 1 (les plaques nuchales et cervicales); Séba, T. 1, pl. 105, fig. 3. Cette espèce, encore moins bien connue que la précédente, a été désignée également mal à propos par Séba comme venant de Ceylan. On doit la rechercher en Amérique. Cuvier pense que le Crocodile à large museau de Daudin est le même, et croit que l'on possède au Muséum l'individu provenant de la collection du Stathouder, qui a servi de modèle à la figure de Séba, copiée par Shaw comme convenable au Crocodile ordinaire ou du Nil. Un individu de cette espèce, étiqueté de la main d'Adanson *Krokodile noir du Niger*, et conservé au Muséum d'Histoire naturelle, fait présumer que l'Hérissé est originaire de l'Afrique occidentale. Ce serait alors le seul Caïman connu jusqu'ici qui ne vînt pas du Nouveau-Monde. C'est aux voyageurs éclairés à lever de tels doutes.

5. Le CAÏMAN DE CUVIER, *Alligator Cuvierii*, N.; *Crocodilus Cuvierii*, Leach., *Mis. zool.* pl. 102. Cette espèce, dédiée au naturaliste qui tira du chaos l'histoire des Animaux qui nous occupent, est originaire de l'île Dauphine, dépendante de l'Amérique méridionale.

†† CROCODILES PROPREMENT DITS, *Crocodili*. Ils ont la tête oblongue, deux fois plus longue que large, et quelquefois plus large encore; la longueur du crâne fait moins de la longueur totale de cette tête ; les dents inégales sont au nombre de quinze à chaque côté en bas, et de dix-neuf en haut. Les premières de la mâchoire inférieure percent à un certain âge les supérieures; les quatrièmes, qui sont les plus longues de toutes, passent dans des échancrures, et ne sont point logées dans des creux de la mâchoire supérieure. Les pieds de derrière ont le plus souvent à leur bord externe une crête dentelée; les intervalles de leurs doigts, au moins des externes, sont entièrement palmés; leur crâne a derrière les yeux deux larges trous ovales que l'on sent au travers de la peau, même dans les individus desséchés. On distingue facilement les vrais Crocodiles des Caïmans, parce que les quatrièmes dents inférieures de ceux-ci sont reçues dans des creux de la mâchoire supérieure, et des Gavials, dont le museau est incomparablement plus mince et plus allongé, et dont les deux premières dents, ainsi que les deux quatrièmes inférieures, passent dans des échancrures de la mâchoire supérieure. — Le nom de Crocodile, employé dès l'antiquité la plus reculée, est, selon Hérodote, de racine ionienne. Les Grecs le donnèrent à l'Animal du Nil que les habitans du pays appelaient *Chamsès*, d'où les Égyptiens modernes ont tiré le nom actuel de *Temsach*, parce qu'ils lui trouvèrent des rapports de figure avec le *Koslordylos* de leurs haies qui était le vrai *Stellio* des Latins, devenu aujourd'hui un *Gecko*. — Il n'existe dans aucun genre autant de difficulté pour débrouiller la synonymie des espèces que dans celui-ci. L'habitude où l'on avait été jusqu'à Cuvier de rapporter au Crocodile antiquement connu, et qui fit long-temps l'une des principales célébrités du Nil, tous les Crocodiles, soit de l'Asie, soit de l'Afrique, et plus tard du Nouveau-Monde, la ressemblance qu'ont entre elles la plupart des espèces de l'ancien continent qui parvenaient dans les premières et informes collections de l'Europe, les figures détestables données de ces Animaux par la plupart des voyageurs, tout a contribué à jeter dans le plus grand désordre un chapitre de la science où il semblait à jamais impossible de rétablir l'ordre, et sur lequel Geoffroy de Saint-Hilaire attira le premier l'attention des savans par les excellens Mémoires qu'il donna sur les Crocodiles du Nil. La connaissance exacte de ceux-ci ne remonte pas au-delà de l'époque où l'il-

lustre professeur prit part à la gloire des armées françaises, quand celles-ci pénétrèrent jusqu'aux frontières de l'Ethiopie. Par les soins des deux savans célèbres que nous venons de citer, nous connaissions déjà parfaitement six espèces de Crocodiles proprement dits. Les belles collections commencées dans notre famille par notre aïeul Journu, augmentées par les soins de l'un de nos oncles, le comte de Tustal, accrues par nos voyages, et qui font aujourd'hui la plus belle partie des richesses naturelles du Muséum de Bordeaux, ont mis Graves, l'un de nos proches parens, en état d'en augmenter le nombre par la description de deux belles espèces parfaitement constatées, et que nous intercalerons à leur place dans l'article que nous consacrons au second sous-genre de Crocodiles.

6. Le CHAMSÈS, *Crocodilus Chamses*, N.; Crocodile vulgaire, Cuv. *loc. cit.* p. 40, pl. 1, fig. 5 (le squelette de la tête vu en dessus); fig. 12 (le même vu de profil), et pl. 2, fig. 7 (les plaques nuchales et cervicales); Geoffr., Ann. Mus. T. x, p. 82, pl. 3 (mal à propos numérotée 4), fig. 1 (parfaite); *Lacerta Crocodilus*, L., Gmel., *Syst. Nat.* XIII, t. 1, *pars* 3, p. 1057; Séba, 1, tab. 104, fig. 12. Tout anciennement célèbre que fût cet Animal, le Crocodile par excellence, on n'en avait que de détestables figures et d'imparfaites descriptions, jusqu'à l'époque où Geoffroy l'examina avec cette sagacité qui le caractérise, et en publia l'histoire comparée avec celle du Crocodile de Saint-Domingue (*Crocodilus acutus*, Cuv.), et de l'espèce suivante. Empruntons donc le texte de Geoffroy même. « Le Crocodile du Nil a été vu par un grand nombre de voyageurs; c'est probablement celui dont Belon a donné la figure; elle rend assez bien le renflement de la partie antérieure du cou; mais elle est d'ailleurs vicieuse, surtout à l'égard des pieds qui ne sont ni tétradactyles, ni tout onguiculés. Il paraît encore que c'est un individu de cette espèce qui fut disséqué par les premiers anatomistes de l'Académie des sciences. La tête du Crocodile vulgaire est dans la proportion de 10 à 20, ou, autrement, a deux fois la longueur de sa base. Ses yeux sont plus écartés que dans les autres espèces : l'intervalle qui les sépare est creusé en gouttière, sans offrir la moindre apparence de crête. Son chanfrein en avant est aussi parfaitement plane; les deux dernières rangées de plaques sur le cou sont plus rapprochées l'une de l'autre et les plaques plus larges que longues : celles de la première rangée sont à peu près à une même distance respective. Quant aux rangées d'écailles sur le dos, j'en ai compté dix-sept; puis dix-huit sur le gros tronçon de la queue, et vingt-une sur la seconde portion qui la termine en ne comprenant dans ce nombre que les rangées à une seule crête médiane : ce qui donne cinquante six en tout, ou six de moins que dans le Crocodile de Saint-Domingue. Les plaques du dos sont remarquables par l'égalité de leur volume, leur forme exactement carrée, et les crêtes de chacune, qui sont peu et également élevées. La couleur est d'un verd tirant sur le bronze; c'est le même arrangement que le Crocodile de Saint-Domingue, sauf que le noir est étendu par plaques dans celui-ci, et qu'il est apparent dans l'autre sous la figure de rayures étroites qui partent des crêtes comme d'autant de centres distincts; les écailles sont en outre creusées dans le même sens. Les flancs et le dessus des jambes ne sont que nuancés de noir : le vert y domine davantage que sur le dos; il est l'unique couleur du ventre. » Le Muséum d'Histoire naturelle possède des individus du Crocodile qui nous occupe depuis un et deux pieds jusqu'à douze de longueur. Cette espèce acquiert une bien plus grande taille encore : on la retrouve sans doute dans tous les grands fleuves de l'Afrique. Il est du moins certain qu'elle habite le Sénégal, le Zaïre et dans le Jooliba. Elle était autrefois commune jusque dans

le Delta; aujourd'hui il faut remonter beaucoup le Nil pour la rencontrer : ce qui prouve que ces régions, maintenant beaucoup moins peuplées sans doute qu'elles pourraient l'être, ne l'ont cependant jamais été autant qu'on l'a prétendu, malgré les grands monumens qui sont restés de la magnificence de leurs premiers habitans. En dépit du respect que purent avoir ces hommes superstitieux pour les Crocodiles, il n'est pas croyable qu'ils l'eussent laissé se multiplier au point, qu'aux environs d'Ambos et d'Arsinoë, il y eût du danger à se laver les pieds ou les mains dans la rivière. Quel que fût son respect héraldique pour les Ours qu'elle élevait dans les fossés de sa capitale, l'aristocratique république de Berne n'en faisait pas moins une chasse active aux autres Ours de ses environs. Les Crocodiles et les Ours, comme tous les autres Animaux de proie dangereux ou incommodes pour l'Homme, deviennent nécessairement rares et finissent par disparaître partout où notre espèce établit sa domination. — Nous ne reproduirons pas ici toutes les fables qu'on a débitées sur le Crocodile du Nil, sur sa voracité, sur la guerre que lui faisait l'Ichneumon; on ne s'occupe dans ce Dictionnaire que de choses utiles à connaître. Nous proposerons seulement dans les rapports du Crocodile commun du Nil avec l'antiquité, d'adopter, pour le désigner spécifiquement, le nom de Chamsès qui est le véritable; celui de *vulgaire* ne rend pas une idée assez juste, car les autres espèces sont également vulgaires dans les contrées où on les rencontre, tandis que le Chamsès ne s'y trouve pas; autant qu'il est possible, on doit préférer des noms qui n'impliquent contradiction nulle part, et qui se trouvent consacrés par l'antique usage. Geoffroy, en restituant le nom de *Suchus* à l'espèce suivante, nous a donné l'idée de cette légère innovation, la seule qu'on puisse se permettre après le beau travail de Cuvier. — Aujourd'hui le Chamsès ne se tient en Egypte que

dans les régions supérieures du Nil et dans les parties où il ne s'engourdit jamais comme il le faisait au temps d'Hérodote, parce qu'il faisait moins chaud vers l'embouchure du fleuve fécondateur que vers la contrée où se trouvent maintenant les Crocodiles. Ces Animaux parviennent, d'après le voyageur Hasselquitz qui a confirmé les traditions anciennes à l'égard de leur taille, aux plus fortes dimensions. On prétend qu'il en existe aujourd'hui même qui ont jusqu'à trente pieds et plus de longueur, ce qui n'est pas une preuve qu'on en ait jamais vu de vingt-six coudées, comme les historiens l'ont avancé. La femelle pond deux ou trois fois par an, mais à des distances très-rapprochées, une vingtaine d'œufs qu'elle enterre dans le sable et qu'elle abandonne à la chaleur équinoxiale qui les fait éclore au bout d'une quinzaine de jours selon les uns, et d'une vingtaine selon les autres. Les Ichneumons détruisent beaucoup de ces œufs, dont la grosseur est double de celle des œufs d'Oie, qu'enveloppe une coque blanche et calcaire, et auxquels la mère, bien différente de la femelle des Caïmans, ne prend aucun intérêt. Malgré la forte odeur de musc que répand le Chamsès; les habitans des rivages qu'il fréquente recherchent beaucoup sa chair, ainsi que le faisaient, selon Hérodote, chez les anciens Egyptiens, les habitans d'Eléphantine. On voit par cet exemple que l'idée de manger des Dieux, comme tant d'autres singularités humaines, s'est rencontrée chez plus d'un peuple, et n'est pas une nouveauté dans l'histoire des religions modernes.

7. Le Suchos, *Crocodilus Suchus*, Geoffroy, *loc. cit.*, p. 84, pl. 3, fig. 2, 3 et 4 (le squelette de la tête d'après un individu momifié). *V.* pl. de ce Dict. « Il existe au moins une variété de Crocodiles, dit Cuvier, et dont Geoffroy a trouvé la tête embaumée dans les grottes de Thèbes. Elle est un peu plus plate et plus allongée que celle du Crocodile vulgaire. Nous en

avons au Muséum deux individus entiers et deux têtes de même forme. L'un des deux premiers a été donné par Adanson et étiqueté de sa main *Krokodile vert du Niger*. Outre les différences dans la forme de la tête, ces individus en offrent quelques-unes dans les nuances de leurs couleurs. Ces différences, jointes au témoignage des pêcheurs de la Thébaïde, autorisent la distinction admise par Geoffroy, sinon d'une espèce, au moins d'une race particulière de Crocodile vivant avec l'autre en Egypte. »— « Si je n'avais eu à ma disposition, dit Geoffroy, que le crâne de ma momie, je ne me serais pas permis d'établir cette espèce, dans la crainte que les différences dont j'ai parlé ci-dessus, ou fussent simplement particulières à l'individu qu'on avait embaumé, ou ne tinssent qu'à l'âge sous des points de vue que je n'aurais pas saisis ; mais j'ai eu occasion de voir un crâne deux fois plus long, et qui est d'ailleurs parfaitement semblable à celui que j'ai extrait de ma momie, et j'ai aussi trouvé dans nos collections un individu très-bien préparé qui appartient certainement à la même espèce. Le Suchos tient beaucoup plus du Crocodile de Saint-Domingue que du précédent ; il s'en rapproche surtout par sa forme effilée et par les proportions de son crâne. Toutefois, il n'en a pas les bosses au-devant des yeux ; son chanfrein n'est ni sillonné ni aplati comme celui de l'autre espèce ; mais, sous le rapport de la disposition et de la forme des plaques, le Suchos de la collection du Muséum offre plus de rapports avec l'autre Crocodile du Nil ou Chamsès. Ces plaques sont en même nombre et pourvues de crêtes toutes aussi saillantes les unes que les autres ; les plaques du cou sont toutefois différentes en ce qu'elles sont beaucoup plus larges ; les couleurs sont à peu près les mêmes que celles des autres Crocodiles, à cette différence près que le noir est distribué par petites taches sur un fond vert clair. » Geoffroy ne croit pas

que son Crocodile atteigne au-delà de sept pieds de longueur, et pense qu'il doit se trouver, comme le précédent, dans tous les grands fleuves de l'Afrique, mais surtout dans le Niger. Ce n'est point ici le lieu d'examiner si le Suchos de Geoffroy, moins féroce et plus timide que le grand Crocodile ordinaire du Nil, fut celui que les anciens Égyptiens adoraient spécialement sous le nom de Suchus, et si ce nom de Suchus était un nom spécifique ou le nom propre de l'individu adoré, comme Apis ne signifiait pas un Bœuf, mais le Bœuf exposé à l'adoration des fidèles de ce temps. Qu'importe ce qu'ont pu dire à ce sujet Hérodote, Aristote, Diodore, Pline, Ælien, Strabon, Plutarque, Cicéron, Damasius cité par Photius, et, après tous ces anciens, Bochard, Kircher, Paw, Jablonski et Larcher ? Les doctes controverses qui résulteraient de la comparaison de leurs écrits n'ont pas, en histoire naturelle, le mérite qu'y acquiert la description exacte de la moindre partie d'un crâne embaumé depuis plusieurs milliers d'années, quand cette description aide à exhumer une espèce inédite à travers la poussière des sépulcres, et que cette espèce a survécu non-seulement à des peuples qui lui adressèrent des vœux, mais encore à la plus grande partie des monumens et des usages par lesquels ces peuples orgueilleux croyaient triompher de l'oubli, et rendre leur mémoire éternelle.

8. **Crocodile a deux arêtes**, *Crocodilus (biporcatus) rostro porcis 2 subparallelis, scutis nuchæ 6, squamis dorsi ovalibus, octofariam positis,* Cuv., *loc. cit.*, p. 48, pl. 1, fig. 4 (squelette de la tête vu en dessus) ; fig. 13 (le même vu de profil), et pl. 2, fig. 8 (les plaques nuchales et cervicales) ; *Crocodilus porosus* de Schneider ; Séb. Mus. T. 1, pl. 103, fig. 1, et pl. 104, fig. 12, que le compilateur Gmelin rapporte à son *Lacerta Gangetica*. Cette espèce est à proprement parler le Crocodile des Indes et des archipels asiatiques. C'est elle qui habite les rivages

des Séchelles , de Ceylan , de Java et de Timor où n'existent cependant pas de grands fleuves. Le Crocodile à deux arêtes s'avance quelquefois dans les flots de la mer , sans cependant s'éloigner jamais du rivage. C'est encore de lui qu'on nous a deux fois apporté de très-jeunes individus vivans à l'Ile-de-France, où plusieurs habitans nous conjurèrent de les faire mourir, dans l'appréhension peu fondée qu'on ne les laissât échapper, et qu'ils ne multipliassent dans le pays. On en possède au Muséum des individus, depuis leur sortie de l'œuf jusqu'à la taille de douze pieds. Il ressemble assez au *Chamsès*, mais il en diffère parce que ses plaques cervicales sont très-différemment groupées , et que les dorsales, plus petites et plus nombreuses, ont une tout autre forme, et laissent entre elles des espaces triangulaires qui , par l'opposition de leur base, forment des espèces de bandes intermédiaires, de losanges ou de petits carrés joints par leurs angles aigus ; des pores qui ne sont sensibles dans le Crocodile ordinaire du Nil que sur le reste des écailles des très-jeunes individus , se développent au contraire avec l'âge dans celui-ci, et lui donnent un aspect tout particulier. La couleur de ce Crocodile est plus brune que dans les précédens , et des taches encore plus foncées , isolées sur les flancs, se rapprochent en bandes noirâtres sur le dos. Labillardière nous apprend qu'on croit généralement à Java que l'Animal dont il est question ne dévore jamais sa proie sur-le-champ, mais qu'il l'enfouit dans la vase où, après l'avoir laissée trois ou quatre jours se corrompre , il va la rechercher. La même habitude s'observe dans d'autres espèces.

9. CROCODILE A LOSANGE , *Crocodilus* (*rhombifer*) *rostro convexiore ; porcis 2 convergentibus, scutis nuchæ* 6, *squamis dorsi quadratis sexfariam positis ; membrorum squamis crassis, carinatis*, Cuv., *loc. cit.*, pag. 65, pl. 1, f. 1-5 (le squelette de la tête vu en dessus , en dessous et de profil). On ignore la patrie de cette espèce très-imparfaitement connue , recommandée aux recherches des voyageurs , décrite sur deux individus mutilés, dont aucune figure n'a été gravée, dont les écailles affectent à peu près la même disposition que celle du Chamsès du Nil , et dont enfin le fond de la couleur verdâtre est tout piqueté en dessus de petites taches brunes très-marquées.

10. CROCODILE A CASQUE , *Crocodilus* (*galeatus*) *cristâ elevatâ bidentatâ in vertice, scutis nuchæ* 6, Cuv., *loc. cit*, p. 51, pl. 1, fig. 9 (le squelette de la tête en dessus); *Crocodilus Siamensis* de Schneider, Encycl. Rept., pl. 1, fig. 3 (médiocre et donnée comme celle du Crocodile ordinaire); Faujas, Hist. de la Mont. de Saint-Pierre de Maëstricht, pl. 43 (encore donnée pour celle du Crocodile du Nil). Cette espèce dont on doit la connaissance aux missionnaires français qui en firent la description à Siam (*V.* Mém. de l'Acad. des Sc. avant 1699, T. III, p. 2, p. 255, pl. 64), est à peu près la seule que Cuvier n'ait point vue. Sa figure a été reproduite dans l'Hist. génér. des Voyages et jusque dans le Dictionnaire de Déterville comme celle du Crocodile de l'antiquité , et, dans toutes ces copies, on a soigneusement conservé les deux crêtes dentelées que le dessinateur fit régner jusqu'à l'extrémité de la queue, et omis les palmures des pieds de derrière, qui sont des fautes grossières que contredit formellement la description. Le Crocodile à casque , remarquable par les deux crêtes triangulaires, osseuses, implantées l'une derrière l'autre sur la ligne moyenne du crâne, est aussi de la grande taille. L'individu décrit avait dix pieds de long. Il n'en existe pas d'individus dans les galeries du Muséum d'Histoire naturelle.

11. CROCODILE A DEUX PLAQUES, *Crocodilus* (*bisulcatus*) *squamis dorsi intermediis quadratis, exterioribus irregularibus subsparsis, scu-*

tis nuchæ 2, Cuv., *loc. cit.* p. 53, pl. 2, f. 6 (les plaques nuchales et cervicales). Il paraît que cette espèce imparfaitement connue, décrite d'après deux individus en assez mauvais état, est le Crocodile noir d'Adanson (Sénégal, p. 73), dont Gmelin et Gronou ont fait, on ne voit pas pourquoi, un synonyme de leur *Lacerta Gangetica* qui est le Gavial. On ne connaît pas positivement sa patrie qu'on présume être la côte occidentale d'Afrique. Sa couleur est plus foncée que celle des autres Crocodiles ; ses mâchoires sont plus allongées que celles du Chamsès, mais moins que celles de l'espèce de Saint-Domingue à laquelle il ressemble d'ailleurs par la disposition des plaques du dos. Il est surtout caractérisé par les cervicales qui sont au nombre de quatre, dont deux plus petites situées près de la nuque, et deux fort grandes qui semblent isolées au milieu du cou.

12. CROCODILE DE GRAVES, *Crocodilus (Gravesii) rostro æquali ad basim plano, scutis nuchæ sex, squamis omnibus tuberculosis, dorsalibus quinque sexfariam dispositis, pedibus cristatis,* N. V. pl. de ce Dict. ; *Crocodilus planirostris,* Graves, Ann. gén. des Sc. phys. T. II, p. 348. Nous ignorons précisément quelle est la patrie de cette espèce, mais nous avons des raisons de la croire africaine, et même des côtes du Congo, parce que la peau en avait été anciennement vendue à notre aïeul Journu, avec beaucoup d'autres objets d'histoire naturelle, par un chirurgien de navire qui avait souvent été à la traite des Nègres dans cette contrée. Cette peau, parfaitement restaurée et empaillée, faisait partie de la magnifique collection réunie par notre famille durant trois générations, et donnée depuis la révolution à l'Académie de Bordeaux où elle existe encore. L'excellente description qu'en a faite Graves, notre proche parent, qui fut conservateur de ce trésor lorsque nous fûmes appelé aux armées, doit mériter à ce jeune et modeste naturaliste la dé-

dicace que nous lui faisons d'une espèce remarquable dont nous donnerons la figure. L'épaisseur de son corps et de ses membres lui donne une forme trapue et un aspect de pesanteur qu'on ne retrouve dans aucun autre Saurien. Sa largeur est au moins le cinquième de sa longueur totale, tandis que dans les autres elle n'est jamais que le huitième au plus. Sa tête fait le neuvième de sa longueur totale qui, dans l'individu décrit, est de trois pieds dix pouces et demi. Sa plus grande circonférence par le milieu du corps est de deux pieds trois pouces. La tête ne présente aucune convexité ni saillie de bosses frontales, de sorte que le chanfrein est parfaitement plane. Le crâne est percé de deux fosses ovales, médiocres ; tous les os en sont comme rongés et percés de petits trous, ainsi que dans le Caïman à lunettes ; il est muni à son bord postérieur de cinq petits tubercules en forme de dents. Sa tête représente un triangle isoscèle allongé ; l'extrémité du museau arrondie, et sa surface couverte de gros tubercules obtus, disposés sans ordre régulier ; le grand diamètre des yeux qui sont à seize lignes de distance l'un de l'autre est de dix lignes ; la mâchoire supérieure est garnie de dix-huit dents pointues de chaque côté, dont la quatrième et la dixième sont les plus fortes ; l'une des quatrièmes ayant été cassée, on remarque dans sa cavité une petite dent de la même forme ; la mâchoire inférieure a quinze dents de chaque côté ; la quatrième est reçue dans une échancrure latérale de la mâchoire supérieure ; une autre échancrure prolongée reçoit aussi les neuvième, dixième et onzième dents ; cette mâchoire inférieure est remarquable par son épaisseur qui, au premier coup-d'œil, la fait paraître plus large que la supérieure ; le cou est encore plus large et plus gros que la tête ; derrière l'occiput on voit quatre nuchales tuberculeuses, transverses ; à quinze lignes de celles-ci se trouvent six cervicales disposées sur deux lignes parfaitement droites, quatre antérieures et deux postérieures, assez petites, élevées en tubercules pointus, à côtés inégaux, et entremêlées dans leur distance de petits tubercules, tels qu'on les trouve sur le reste du cou; le dos est recouvert de dix-huit rangées de petites plaques carrées dont les unes se terminent en tête de clou, d'autres en pointes un peu recourbées, et quelques autres en lames tranchantes. La première rangée a seulement deux plaques; les onze suivantes en ont chacune six; puis viennent cinq rangées de quatre plaques, et enfin une dernière de dix; dans les intervalles de ces rangées on observe quelques autres tubercules très-petits; le plastron dorsal composé de toutes ces plaques est large de quatre pouces, et forme un parallélogramme assez régulier; les flancs sont garnis, ainsi que les côtés du cou, de petites écailles arrondies, portant chacune un tubercule émoussé, et entremêlées d'autres très-petites écailles bosselées; la queue ne présente que vingt-neuf rangées transversales au lieu de trente-cinq qu'on trouve ordinairement dans les autres Crocodiles; elle occupe seule la moitié de la longueur totale de l'Animal; les plaques qui la recouvrent, tant en dessus que latéralement, sont parfaitement semblables en petit à celles du dos, c'est-à-dire carrées et tuberculeuses; les crêtes peu sensibles qui résultent du prolongement de leurs tubercules sont épaisses, obtuses, immobiles et comme osseuses; elles commencent à la sixième rangée, et se réunissent à la dix-septième; la crête terminale n'est pas plus saillante que les autres; les membres, qui sont très-gros, ont leurs plaques supérieures et latérales prolongées en tubercules obtus, en sorte que la superficie de l'Animal paraît hérissée de protubérances; les pieds antérieurs ont cinq doigts; les postérieurs en ont quatre entièrement palmés, dont les trois intérieurs présentent des ongles totalement émoussés; le contour des pates est arrondi, et ne porte

aucune apparence de crête semblable à celles de la queue; le dessous est entièrement revêtu de plaques carrées, disposées par bandes transversales, lisses et unies, mais dans lesquelles on observe une certaine disposition à devenir tuberculeuses; sous le cou et la mâchoire inférieure ces petites plaques sont plus épaisses et munies d'un pore; des pores pareils se retrouvent dans les rangées qui avoisinent les cuisses et sous les membres; la couleur des parties supérieures est d'un brun foncé noirâtre, celle des parties inférieures est d'un jaune sombre. L'individu décrit paraît avoir été fort vieux, à en juger par l'épaisseur des os et la force des tubercules qui ne sont pas le produit d'une disposition particulière de l'épiderme, mais qui résultent de la substance même des plaques. Cet Animal s'éloigne par ses formes du sous-genre dont il présente du reste exactement tous les caractères. Il pourrait bien en être une espèce plus terrestre qu'aquatique, si l'on en juge par la petitesse et l'immobilité de ses crêtes, et peut-être Laurenti l'a-t-il eu en vue en mentionnant son *Crocodilus terrestris* (*Amph.*, n. 86) dont la synonymie, établie comme au hasard, ne convient pas à son Saurien.

13. CROCODILE A MUSEAU EFFILÉ, *Crocodilus (acutus) 2 squamis dorsi intermediis quadratis, exterioribus irregularibus subsparsis, scutis nuchæ 6, rostro productiore ad basim convexo*, Cuv., *loc. cit.*, p. 55, pl. 1, fig. 3 (le squelette de la tête vu par-dessus), fig. 14 (le même vu de profil), et pl. 2, fig. 5 (les plaques nuchales et cervicales); Geoffroy, Ann. du Mus. T. x, p. 79, et T. ii, pl. 27, fig. 1 (parfaite); Séba, *Mus.* T. 1, pl. 104, fig. 1-9. Cuvier pense qu'on peut aussi rapporter à cette espèce la figure de la planche cent sixième du même Séba, qui, remplie de défauts essentiels, dont l'un des moins importans est encore l'augmentation imaginaire du nombre des doigts aux pieds de derrière, a été la source de plus d'une

erreur. Geoffroy Saint-Hilaire a le premier bien caractérisé et décrit cette espèce, qui est le Crocodile des Antilles et particulièrement de Saint-Domingue où on l'appelle Caïman. Il est extrêmement commun dans toutes les rivières et les mares de cette grande île, où l'on imagina long-temps qu'il était identique avec le Chamsès ou Crocodile du Nil. Plumier en avait déjà, vers la fin du dix-septième siècle, fait l'anatomie, et des communications des manuscrits de ce religieux avaient mis Bloch à portée d'en parler, mais imparfaitement. La largeur de la tête à l'articulation des mâchoires est deux fois et un quart de sa longueur. La longueur du crâne ne fait qu'un peu plus du cinquième de celle de toute la tête; les mâles ont cependant toutes ces proportions un peu plus courtes que les femelles, et qui se rapprochent un peu de celles des femelles du Crocodile ordinaire du Nil, surtout quand ils sont jeunes. Les bords des mâchoires sont plus fortement festonnés en ligne sinueuse que dans les autres espèces. Les plaques nuchales et cervicales sont à peu près pareilles à celles du Chamsès, mais les dorsales sont fort différemment disposées, ne formant proprement que quatre lignes d'arêtes, comme dans le Crocodile à deux plaques. La tête équivaut à un peu plus du septième de la longueur totale. Les écailles inférieures ont chacune un pore. Le dessus du corps est d'un vert foncé, tacheté et marbré de noir, le dessous est d'un vert pâle. Le docteur Descourtils a soigneusement observé les mœurs du Crocodile de Saint-Domingue; il nous apprend que les mâles sont beaucoup moins nombreux que les femelles; qu'ils se battent entre eux avec acharnement; que l'accouplement se fait dans l'eau sur le côté; que l'intromission dure à peine vingt-cinq secondes; que les mâles sont propres à la génération à dix ans, et les femelles à huit ou neuf; que la fécondité de celle-ci ne dure guère que quatre ou cinq ans; que ces femelles se creusent avec les pates et le museau un trou

circulaire dans le sable sur un tertre un peu élevé afin d'y déposer vingt-huit œufs humectés d'une liqueur visqueuse rangés par couches séparées d'un peu de terre, et recouverts d'un peu de limon battu; enfin que la ponte a lieu en mars, avril et mai, et que les petits éclosent au bout d'un mois. Ces petits n'ont que neuf à dix pouces au sortir de l'œuf, mais ils croissent jusqu'à plus de vingt ans et atteignent seize pieds au moins de longueur. Lorsqu'ils éclosent, la femelle vient gratter la terre pour les délivrer, les conduit, les défend et les nourrit en leur dégorgeant la pâture pendant trois mois, espace de temps pendant lequel le mâle cherche à les dévorer. Comme les autres Crocodiles, celui de Saint-Domingue ne peut manger sous l'eau sans courir risque de s'étouffer, mais il y entraîne ses victimes, les y enfouit durant quelques jours sous la vase, et ne les mange qu'après que la putréfaction s'y est manifestée. Il préfère aussi la chair du nègre à celle du blanc. Le docteur Descourtils ajoute que ce Crocodile, plus flexible que ses congénères, peut porter l'extrémité de sa queue à sa bouche.

14. CROCODILE DE JOURNU, *Crocodilus (Journei) rostro productiore subcylindrico; scutis nuchæ sex; squamis dorsi subrotundis sexfariam dispositis; squamis omnibus eporosis* (*V*. planches de ce Dictionnaire); Crocodile intermédiaire, Graves, *loc. cit.*, p. 344. C'est à la mémoire de notre aïeul que nous dédions cette belle espèce, espèce dont l'acquisition fut faite vers le milieu du siècle dernier, qu'on soupçonnait être originaire de l'Amérique, et qui se voit maintenant dans le Muséum de Bordeaux. Ayant perdu la description que nous en avions rédigée lorsque l'Animal était sous nos yeux, nous donnerons celle que la science doit à Graves; elle n'est pas moins soigneusement faite que celle qu'on a lue au n° 12. La longueur totale de l'individu, parfaitement conservé et préparé par notre aïeul lui-même, est de huit pieds sept pouces neuf lignes, où la tête entre pour plus

d'un sixième et la queue pour près de la moitié. La longueur de la tête est plus du double de sa largeur; cette partie est oblongue, ayant son museau beaucoup plus effilé que celui des autres Crocodiles, et se rapprochant déjà par sa forme du museau des espèces qui formeront le sous-genre suivant. Ce museau est convexe et allongé, presque en cylindre dans son tiers inférieur, ce qui donne d'abord au Crocodile de Journu l'aspect d'un Gavial dont la tête serait antérieurement tronquée; le dessus du crâne est revêtu d'une plaque saillante, un peu déprimée, à peu près quadrangulaire et ondulée à son bord postérieur. Les yeux sont placés antérieurement à cette convexité; au-dessus de chacun d'eux se trouve un sillon large et profond qui se continue vers l'occiput. Les oreilles sont percées dans ce sillon; le museau est parfaitement lisse, nu, arrondi et légèrement élargi à son extrémité; les narines y sont percées dans un enfoncement membraneux situé à un pouce au-dessus de l'extrémité. La mâchoire supérieure porte dix-huit dents pointues, fortes et coniques de chaque côté; les quatrièmes et dixièmes sont une fois plus grandes que les autres; ces dernières ont jusqu'à quatorze lignes de largeur. La mâchoire inférieure est munie de seize dents de chaque côté; les deux extérieures traversent en entier l'extrémité de la mâchoire supérieure; les quatrièmes, longues de quinze lignes, sont reçues dans une échancrure latérale de la mâchoire supérieure. Les bords des mâchoires sont très-festonnés; les yeux un peu enfoncés, situés à deux pouces l'un de l'autre, avec leurs paupières rudes et écailleuses. Le cou, gros et à peu près cylindrique, supporte immédiatement derrière le crâne cinq nuchales ovales, petites, très-écaillées, disposées sur une ligne transverse. A quatre pouces en arrière sont les cervicales, au nombre de six, disposées en un groupe arrondi, et toutes pourvues d'arêtes; deux sont antérieures, quadran-

gulaires, à côté convexe ÷ deux latérales plus petites de moitié, à arêtes plus tranchantes, et deux postérieures semblables aux latérales, mais plus petites de moitié. A quatre pouces derrière ces plaques commencent les dorsales distinctement disposées sur six rangs. Celles des deux rangs du milieu sont à peu près carrées, celles des autres rangs se rapprochent d'autant plus de la forme ovale ou arrondie, qu'elles sont plus voisines des flancs. Toutes sont munies d'arêtes longitudinales très-fortes. On compte seize rangées transversales jusqu'à l'origine de la queue; la première n'est composée que de cinq plaques, les dix suivantes en ont chacune six; premièrement deux rangs de cinq, ensuite un rang de quatre, et enfin deux de trois. Indépendamment des six rangées longitudinales, on aperçoit de chaque côté, un autre rang écarté de plus de trois pouces des autres et composé seulement de six plaques ovales éloignées les unes des autres. La queue a dix-huit rangées transversales jusqu'à la réunion des crêtes, et dix-sept après cette réunion. Les arêtes des rangées externes ne se changent en crêtes qu'au septième rang, et celles des plaques intermédiaires cessent d'être sensibles dès le quatrième. La crête caudale est très-forte, formée de lanières distinctes, longues de trois pouces, dirigées en arrière. Les côtés du cou et des flancs sont couverts d'écailles nues, luisantes, ovales ou arrondies, plus grandes sur les flancs, plus petites, comme réticulées sur le cou. Le dessous est garni de rangs transversaux d'écailles carrées, mais plus petites sur le cou et entre les cuisses, et très-grandes sous la queue, et l'on n'y trouve absolument aucune trace de pores. Les écailles des côtés de la queue sont ovales. Les membres sont gros sans être trapus, arrondis dans leurs contours, munis chacun sur le bord extérieur de la dernière articulation d'une crête semblable à la crête caudale, mais plus petite; ils sont revêtus d'écailles irrégulières en dessus, parfaitement rhomboïdes et réticulées à la surface inférieure. Les pieds antérieurs ont cinq doigts libres dont les deux extérieurs sont privés d'ongles, et les trois intérieurs munis chacun d'un ongle pointu long de six lignes. Les pieds de derrière sont bien palmés ; ils ont trois doigts munis chacun d'un ongle droit très-fort, long de dix-huit lignes, et un quatrième doigt extérieur sans ongle. Le Crocodile de Journu est d'un vert jaunâtre foncé qui, durant la vie, n'a pas dû être sans un certain éclat. Les plaques carénées sont couvertes de points bruns. Les flancs sont jaunâtres, le ventre tout-à-fait jaune et la queue verte marbrée en dessous. On voit, par cette description, combien notre espèce est intéressante ; elle forme un passage aux Gavials et se distingue aisément, même au premier coup-d'œil, de toutes les autres.

Les *Crocodilus carinatus*, *oopholis* et *palmatus* de Schneider, appartiennent bien certainement au sous-genre dont nous venons de nous occuper ; mais Cuvier déclare n'avoir pu discerner, dans les courtes indications que donne de ces espèces le naturaliste qui les mentionna, des caractères suffisans pour les rapporter plutôt à une espèce qu'à une autre.

Le *Crocodilus Pentonix*, du même auteur, est sans doute un Animal imaginaire auquel il rapporte, sans raisons suffisantes, le *C. terrestris* de Laurenti, et qui fut fondé d'après une figure vicieuse de Séba, que nous avons citée en parlant du Crocodile à museau effilé, n° 13.

††† GAVIALS, *Longirostres*. Ils ont le museau rétréci, cylindrique, extrêmement allongé, un peu renflé au bout ; la longueur de leur crâne répond à peine au cinquième de la longueur totale de la tête ; les dents sont presque égales ; vingt-cinq à vingt-sept de chaque côté en bas ; vingt-sept à vingt-huit en haut ; les deux premières et les deux quatrièmes de la mâchoire inférieure passent dans les échancrures de la supérieure, et non pas dans des trous ; le crâne a de grands trous derrière

les yeux, et les pieds de derrière sont dentés et palmés comme ceux des Crocodiles proprement dits ; la forme grêle de leur museau les rend, à taille égale d'ailleurs, beaucoup moins redoutables que les Crocodiles des deux autres sous-genres ; ils vivent de Poisson, et sont jusqu'ici tous asiatiques. Le nom de Gavial est indien. C'est Lacépède qui, le premier, l'a fait passer dans notre langue pour désigner l'espèce devenue depuis le type du sous-genre.

15. GRAND GAVIAL, *Crocodilus* (*Gangeticus*) *vertice et orbitis transversis*, *nuchœ scutis* 2, Cuv., *loc. cit.*, p. 60, pl. 1 (le squelette de la tête vu en dessus) ; fig. 10 (le même vu de profil), et pl. 2, fig. 11 (les nuchales et cervicales, sous le nom de grand Caïman) ; le Gavial, Lacép., *Quadr. ov.*, p. 235, pl. XV (médiocre), Encycl. Rept., p. 34, pl. 1, fig. 4 (copiée de Lacépède.) ; Crocodile du Gange ou Gavial, Faujas, Hist. de la Montagne de Saint-Pierre, pag. 235, pl. XLVI, et le squelette de la tête, pl. XLVII (ces figures sont excellentes) ; *Crocodilus longirostris* de Schneider ; *Lacerta Gangetica*, Gmel. (*Syst. Nat.* XIII, t. 1, *pars* 3, p. 1057, *Syn. Adansonii et Sebœ exclus.*) ; *Lacerta Crocodilus*, Edw., *Trans.* t. 49, pl. 19 (mauvaise figure). Cette espèce indienne fut évidemment connue des anciens ; car Ælien (*lib.* XII, *cap.* 41) s'exprime ainsi : « Le Gange nourrit deux sortes de Crocodiles ; les uns sont *innocens* et les autres *cruels*. » Or, le Gavial qui fait sa nourriture unique de Poissons et de Reptiles aquatiques, n'attaque jamais les autres Animaux, et encore moins l'Homme. Il n'en parvient pas moins à une taille gigantesque ; son museau est presque cylindrique ; sa tête s'élargit singulièrement en arrière. On lui compte vingt-cinq dents de chaque côté de la mâchoire inférieure, et vingt-huit de chaque côté de la supérieure, en tout cent six ; la longueur du bec est à celle du corps comme un est à sept et demi. Cette espèce est trop caractérisée pour que nous nous étendions davantage sur sa description.

16. Petit Gavial, *Crocodilus* (*tenuirostris*) *vertice et orbitis angustioribus*, *nuchæ scutis* 4, Cuv., *loc. cit.*, p. 61, pl. 1, fig. 1 (le squelette de la tête vu par-dessus); fig. 11 (le même vu de profil), et pl. 2, fig. 12 (les nuchales et les cervicales sous le nom de petit Caïman); petit Crocodile d'Asie et petit Gavial à gueule très-allongée, Fauj., *loc. cit.*, p. 237, pl. xlviii (figure excellente). On ignore quelle est positivement la patrie de ce Crocodile, dont Cuvier recommande la recherche aux voyageurs naturalistes. On ignore encore à quelle taille il peut parvenir. La longueur de son museau ou plutôt de son bec dans l'individu décrit est à celle du corps, comme un est à sept; la nuque est armée derrière le crâne de deux paires d'écussons ovales, que suivent quatre rangées transversales; la première de deux grandes plaques; les deux suivantes de deux grandes et deux petites; la quatrième de deux grandes, dont les dorsales sont la continuation. On n'est pas fixé sur le nombre des dents, qui paraît devoir être le même que dans l'espèce précédente.

Crocodiles fossiles.

Les Crocodiles sont des Animaux antiques sur le globe; ils y précédèrent sans doute la plupart des Mammifères; du moins les ossemens fossiles assez nombreux qui en ont été retrouvés et décrits par les naturalistes viennent de bancs de Marne endurcie, grisâtre et pyriteuse, inférieure à la Craie et conséquemment antérieure à cette Craie, c'est-à-dire de formation très-ancienne. Les côtes de la Manche surtout, soit au Hâvre, soit à Honfleur, soit enfin au Calvados, ont fourni des débris de Crocodiles tellement constatés, qu'on peut déterminer à quels sous-genres appartiennent les espèces dont ces débris attestent l'existence contemporaine de Coquilles dont les analogues vivans ne se retrouvent plus. C'est encore Cuvier qui, portant le flambeau de l'observation dans un chaos dont les écrivains ses prédécesseurs semblaient s'être complu

à épaissir les ténèbres, a parfaitement établi dans un Mémoire lumineux sur les ossemens fossiles de Crocodiles (inséré au tome xii des Annales du Muséum, p. 73 à 110), 1° que les bancs marneux des côtes de la Normandie recèlent les ossemens de deux espèces appartenant l'une et l'autre au sous-genre Gavial, mais toutes deux inconnues; 2° que l'une des deux au moins se retrouve en d'autres lieux de la France, particulièrement à Alençon ainsi que dans les environs d'Angers et du Mans; 3° que le squelette découvert au pied des falaises de Whitby, dans le comté d'Yorck en Angleterre, et que Faujas avait regardé comme celui d'un Cachalot, avait appartenu à l'une des deux espèces trouvées à Honfleur; 4° que les débris de Crocodile trouvés dans le Vicentin lui appartinrent encore; 5° que des fragmens trouvés à Altorf, dans les environs de Nuremberg, ont appartenu à un Crocodile différent du Gavial, quoique voisin, qui pouvait bien être identique avec l'une des espèces d'Honfleur, mais qui différait de celle dont il reste le plus de fragmens reconnaissables; 6° que les portions du squelette trouvées à Elston, dans le comté de Nottingham en Angleterre, et décrit par Stukely, appartinrent à un Crocodile d'espèce indéterminable; 7° que les prétendus Crocodiles trouvés avec des Poissons dans les Schistes pyriteux dè Thuringe sont des Reptiles d'un tout autre genre, et probablement des Monitors; 8° enfin que tous ces Quadrupèdes ovipares fossiles se rencontrent dans des couches très-anciennes parmi les secondaires, et bien antérieures même aux couches pierreuses régulières qui recèlent des ossemens de Quadrupèdes de genres inconnus, tels que des Palæotherium et Anoplotherium; ce qui n'empêche pas qu'on ne retrouve aussi avec ces derniers quelques vestiges de Crocodiles entre les couches gypseuses des environs de Paris. — Outre les trois espèces de Crocodiles perdus, dont les recherches de Cuvier démontrent l'antique existence en Europe, et dont les deux premières appartiennent au sous-genre Gavial, notre collaborateur Lamouroux en a mentionné le premier une quatrième, qu'il se proposait de faire connaître sous le nom de *Crocodilus Coadunensis*, parce qu'elle avait été découverte dans les environs de Caen ; Cuvier a fait à l'égard de cette dernière espèce, après l'avoir examinée attentivement, une communication à l'Institut, communication qui fera partie de l'édition de ses Ossemens fossiles que donne en ce moment l'illustre professeur. Nous y renverrons nos lecteurs.

Le grand Saurien de Maëstricht, dont Faujas a fait graver jusqu'à trois fois, et avec une prédilection toute particulière, la tête pétrifiée, conservée dans les galeries du Muséum, et que ce savant s'obstinait à regarder comme ayant dépendu d'un Crocodile gigantesque, fut un Monitor, et nous en traiterons à l'article consacré à ce genre de Sauriens.

Nous avons dû nous étendre sur un genre fort intéressant par son isolement entre les Reptiles, par le rôle qu'y jouent ses gigantesques espèces, par les traditions qui mettent en contact son histoire et celle de l'Homme, et par la nécessité d'indiquer les recherches que doivent faire désormais les voyageurs pour compléter ce que les savantes observations de Cuvier et de Geoffroy nous ont appris de positif sur les Crocodiles.   (B.)

CROCODILIENS. REPT. OPH. Famille de Sauriens qui ne se compose que du genre Crocodile. *V.* ce mot.
                         (B.)

CROCODILION. *Crocodilium.* **BOT. PHAN.** Genre de la famille des Synanthérées, Cinarocéphales de Jussieu, tribu des Centaurées de Cassini et de la Syngénésie Polygamie frustranée L. Constitué par Vaillant aux dépens des *Carduus* et *Jacea* de Tournefort, il avait ensuite été réuni au *Centaurea* par Linné ; mais Jussieu (*Genera Plantarum*, p. 175) l'en a séparé de nouveau, et se fondant sur la dégénérescence épineuse des écailles de l'invo-

lucre, a même distribué les deux genres *Crocodilium* et *Centaurea* dans deux sections différentes. Voici les caractères qui servent à le distinguer : calathide radiée ; fleurons du centre nombreux et hermaphrodites ; ceux de la circonférence disposés sur un seul rang, très-développés et stériles ; involucre formé d'écailles imbriquées, coriaces, prolongées en un appendice suborbiculaire, scarieux et terminé au sommet par une épine ; akènes surmontés de deux aigrettes, comme dans le genre *Centaurea*.

Le type de ce genre est le CROCODILION DE SYRIE, *Crocodilium Syriacum*, Cass., *Centaurea Crocodilium*, L., Plante annuelle à tige rameuse, striée et hérissée, à feuilles pinnatifides, terminées par un grand lobe denticulé. Ses fleurs, solitaires au sommet de longs pédoncules, sont d'une fort belle couleur pourprée. Cette Plante est indigène du Levant. Dans la Flore Française, De Candolle, réduisant de nouveau le groupe des *Crocodilium* au rang de simple section du genre *Centaurea*, n'en décrit qu'une seule espèce. C'est le CROCODILION DE SALAMANQUE, *Centaurea Salmantica*, L., très-jolie Plante à fleurs d'un rouge intense, et qui est très-commune dans les contrées les plus méridionales de la France, et notamment dans le département des Bouches-du-Rhône.   (G..N.)

Les anciens, notamment Dioscoride et Pline, appelaient Crocodilion une Plante épineuse des bords des eaux, dont les modernes empruntèrent le nom pour désigner le genre qui vient de nous occuper, et qu'Adanson croit être l'*Echinops Ritro*. (B.)

CROCODILODÉS. BOT. PHAN. Quatre Plantes de la famille des Synanthérées ont ainsi été nommées par Vaillant. Linné les avait rapportées à son genre *Atractylis* ; mais d'après Gaertner, deux seulement doivent demeurer dans ce genre ; une troisième entre dans le genre *Circellium*, et la quatrième constitue le genre *Agriphyllum* de Jussieu, ou *Apuleia* de Gaertner. *V.* Agriphylle et Circèle. (A. R.)

CROCODILOIDEA. bot. phan. Section du genre Centaurée, établi par Linné et correspondant au genre Crocodilion de Vaillant. (A. R.)

CROCOTE ou CROCOTTE. mam. D'où *Crocuta.* Nom scientifique d'une espèce d'Hyène. Ces mots paraissent avoir désigné le même Animal chez les anciens, qui les appliquaient aussi au métis du Loup et du Chien. (B.)

CROCUS. bot. phan. *V.* Safran. On a mal à propos étendu ce nom à des Amomes de l'Inde, dont les racines, aromatiques et teignant en jaune, sont employées dans le commerce. *V.* Amome. (B.)

CROCUTA. mam. Nom scientifique d'une espèce du genre Hyène. *V.* ce mot et Crocote. (B.)

* CROCYNIA. bot. crypt. (*Lichens.*) Achar a désigné sous ce nom la troisième section du genre *Lecidea* qui ne renferme que le *L. Gossypina*; elle diffère beaucoup des autres espèces du même genre par sa croûte filamenteuse et irrégulière. *V.* Lécidéa. (AD. B.)

CROISEAU. ois. L'un des noms vulgaires du Biset. *V.* Pigeon. (B.)

CROISETTE. bot. phan. Nom proposé par quelques botanistes français pour désigner le genre *Crucianella. V.* Crucianelle. Ce nom est vulgairement appliqué à plusieurs Rubiacées qui ont leurs feuilles disposées en croix. (B.)

CROISETTE. min. (Daubenton.) *V.* Staurotide.

CROISEURS. ois. Nom vulgaire des Mouettes parmi les marins français. (B.)

CROISSANT. pois. Espèces des genres Labre et Tétraodon. *V.* ces mots. (B.)

CROIX. bot. phan. Ce nom, avec l'addition de quelque épithète, a été donné à des Plantes dont certaines parties présentaient quelque analogie

avec la figure d'une croix; ainsi l'on a nommé :

Croix de Calatrava, l'*Amaryllis formosissima*, L.

Croix de chevalier, le *Lychnis Chalcedonica*, et à Cayenne le *Tribulus cistoïdes.*

Croix de Jérusalem ou de Malte, encore le *Lychnis Chalcedonica*, qui, outre la forme de ses fleurs, doit son nom à ce qu'il a été rapporté en Europe par les chevaliers croisés.

Croix de Lorraine, le *Cactus spinosissimus.*

Croix de Saint-André, le *Valantia cruciata* et un Ascyron.

Croix de Saint-Jacques, l'*Amaryllis formosissima*, etc. (B.)

CROIX ou CRUCIFIX DE MER. moll. L'un des noms vulgaires et marchands de l'*Ostrea Malleus*, L. *V.* Marteau. (B.)

CROKER. pois. (Garden.) Syn. de *Perca undulata*, L. *V.* Sciène. (B.)

* CRONARTIUM. bot. crypt. (*Mucédinées.*) Fries a donné ce nom à un genre qu'il a séparé des *Erineum* dont il diffère par ses filamens simples, cylindriques, non cloisonnés, égaux dans toute leur étendue. Ce genre, qui a pour type l'*Erineum asclepidium* de Funck, ne paraît pas devoir être séparé des vrais *Erineum* dont il diffère à peine. (AD. B.)

CRONION. bot. phan. (Dioscoride.) Syn. de Pied-d'Alouette. *V.* Dauphinelle. (B.)

CROQUE-ABEILLES. ois. Syn. vulgaire de Mésange charbonnière, *Parus major*, Lath. *V.* Mésange. (DR..Z.)

CROSSANDRE. *Crossandra.* bot. phan. Le docteur Salisbury a proposé d'établir sous ce nom un genre particulier formé du *Ruellia infundibuliformis. V.* Ruellie. (A. R.)

CROSSOPETPE. min. Nom donné par Gmelin à l'Harmotome. *V.* ce mot. (G. DEL.)

CROSSOPHYTON. bot. phan. Syn. de Leontopodium. *V.* ce mot. (B.)

CROSSOSTYLE. *Crossostylis.* BOT. PHAN. Genre de la Polyandrie Monogynie, L., établi par Forster (*Nova Genera*, 88, t. 44), et que Jussieu, dans son *Genera Plantarum*, a placé parmi les Plantes *incertæ sedis*, en indiquant toutefois ses affinités avec les Salicariées. Voici ses caractères : calice tétragone à quatre divisions, persistant et inséré au sommet de l'ovaire ; corolle périgyne, composée de quatre pétales onguiculés et alternes avec les divisions du calice ; étamines au nombre de vingt ou environ, à filets soudés et formant un anneau urcéolé qui porte aussi de petits filets stériles et alternes avec les étamines ; ovaire unique, portant un style persistant et un stigmate à quatre lobes divisés eux-mêmes en trois parties ; le fruit est une baie hémisphérique, striée, uniloculaire et contenant un grand nombre de graines très-petites et attachées à un placenta central. On n'a pas encore de description de la Plante sur laquelle ce genre a été fondé. Forster (*loc. cit.*) la mentionne sous le nom de *Crossostylis biflora*, et l'a découverte dans les îles de l'océan Pacifique.   (G..N.)

CROTALAIRE. *Crotalaria.* BOT. PHAN. Famille des Légumineuses, et Diadelphie Décandrie, L. Ce genre, connu des botanistes antérieurs à Tournefort, ne fut bien établi que par ce père de la botanique française. Dillen et Linné l'ont ensuite adopté et ont ainsi fixé ses caractères : calice divisé en trois segmens profonds dont l'inférieur est légèrement trifide, ou, ce qui revient au même, partagé, selon Lamarck, en cinq découpures inégales ; étendard de la corolle souvent beaucoup plus long que les ailes et la carène ; celle-ci est très-recourbée, obtuse ou arrondie antérieurement, et terminée en pointe ; toutes les étamines réunies avec une fissure latérale, monadelphes, quoiqu'on ait placé ce genre dans la Diadelphie pour ne pas l'éloigner de ses voisins naturels ; légume enflé, ovale, cylindrique, pédicellé, uniloculaire et ne

contenant qu'un petit nombre de semences réniformes. Les Plantes de ce genre sont des Arbres ou des Arbrisseaux à feuilles quelquefois simples, le plus souvent ternées, rarement digitées, munies de stipules distinctes du pétiole ; leurs fleurs sont disposées en épis, soit terminaux, soit axillaires, ou opposés aux feuilles.

Thunberg (*Prodr. Fl. capens. præf.* T. II) a séparé de ce genre plusieurs espèces linnéennes, et en a constitué le genre *Rafnia* que Willdenow a adopté, en y faisant entrer le *Crotalaria perfoliata*, L., et le *Borbonia cordata* d'Andrews. Quoique nous admettions avec plusieurs auteurs ce nouveau genre (*V*. RAFNIE), il est difficile de se ranger à l'avis de Willdenow relativement à la première de ces deux Plantes. Le *Crotalaria perfoliata*, L., Plante de la Caroline, ne doit pas être intercalé au milieu d'un groupe de Plantes toutes indigènes du cap de Bonne-Espérance, et doit rester un *Crotalaria* tant qu'on ne sera pas fixé sur la place qu'il occupe, soit dans le genre *Sophora*, selon Walter, soit parmi les *Podalyria*, d'après Michaux. Aiton en a aussi fait le type de son genre *Baptisia*. D'un autre côté, l'établissement d'un nouveau genre aux dépens des *Crotalaria* a encore été proposé par Desvaux ; il l'a nommé *Neurocarpum* et l'a formé avec le *Crotalaria Guianensis*, Aubl., et le *Crot. elliptica*, Poiret. Enfin, Thunberg a encore distingué comme genre particulier le *Crotalaria cordifolia*, L., et lui a donné le nom d'*Hypocalyptus obcordatus* ; c'est cette Plante que Bergius avait appelée *Spartium sophoroides*.

La distinction de ces divers genres laisse encore dans celui des Crotalaires un grand nombre d'espèces. On en compte aujourd'hui plus de quatre-vingts, répandues dans les contrées voisines des tropiques, mais elles sont plus fréquentes dans l'Amérique méridionale, les Indes-Orientales et le cap de Bonne-Espérance, que dans les autres régions ; quelques-unes remontent assez haut dans l'hémisphère boréal, puisqu'elles se trouvent en Chine ou dans les Etats-Unis du nord de l'Amérique. Aucune n'étant remarquable par ses usages économiques, il nous suffira d'exposer ici une description abrégée des deux Plantes qui par la beauté de leurs fleurs méritent d'être plus particulièrement distinguées.

La CROTALAIRE A FLEURS PURPURINES, *Crotalaria purpurea*, Venten., Malm. T. II, tab. 66, est un Arbrisseau originaire du cap de Bonne-Espérance, qui par l'agrément et la belle couleur de ses fleurs se distingue facilement de ses congénères. Il fleurit vers le milieu du printemps, et on le rentre dans l'orangerie à l'approche de l'hiver. Ventenat observe que cette Plante a beaucoup d'affinités avec le *Crotalaria cordifolia*, L., mais qu'elle s'en distingue essentiellement par son légume renflé; il incline donc à séparer celle-ci, comme l'a fait Thunberg, et à adopter son genre *Hypocalyptus*.

La CROTALAIRE ARBORESCENTE, *Crotalaria arborescens*, Lamck., est un Arbrisseau indigène, comme le précédent, du cap de Bonne-Espérance, et que Bory de Saint-Vincent a retrouvé à l'Ile-de-France; il ressemble assez au Baguenaudier par ses fleurs jaunes, et au Cytise des Alpes par son feuillage. On le cultive au Jardin des Plantes de Paris ainsi qu'une autre belle espèce, le *Crotalaria juncea*, L., à laquelle une tige effilée, des feuilles lancéolées et couvertes d'un duvet argenté et de grandes fleurs d'une vive couleur de Soufre, donnent un aspect fort élégant.   (G..N.)

CROTALE. *Crotalus.* REPT. OPH. Vulgairement *Serpent à sonnettes.* Nom auquel répond à peu près celui qu'ont adopté les naturalistes; ce nom, tiré du grec, signifie dans cette langue une cresselle ou tout autre petit instrument faisant du bruit par percussion. Ce genre appartient à la famille des Venimeux à crochets isolés de Cuvier, et à celle des Hétérodermes de Duméril. Ses caractères sont:

des plaques transversales simples sous le corps et sous la queue, dont l'extrémité est garnie de plusieurs grelots vides, ayant leur substance pareille à celle des écailles, emboîtés lâchement les uns dans les autres et se mouvant en causant un certain bruit qu'on a comparé à celui produit par du parchemin froissé ou deux grosses plumes d'Oiseau frottées l'une contre l'autre.— De tous les Serpens, les Crotales passent pour être les plus dangereux par leur morsure, dont l'effet n'avait pas besoin d'être exagéré pour être encore des plus terribles. Il est heureux que la nature n'ait pas joint à ce puissant moyen de destruction la grande agilité des Boas; les Crotales seraient devenus alors un véritable fléau dans l'ensemble de la création. Leurs habitudes sont tranquilles et leur démarche est lente; ils ne font usage de leur venin que pour se procurer la nourriture nécessaire, n'attaquant jamais sans y être poussés par le besoin ou par des provocations réitérées. Les Crotales habitent exclusivement l'Amérique, depuis le midi des Etats-Unis jusque vers le milieu du Brésil; les parties les moins peuplées de la Caroline surtout sont la patrie de prédilection de ces Animaux; et c'est là qu'on en rencontre le plus. C'est encore là que notre savant et ancien ami, l'illustre Bosc, dont les recherches ont presque épuisé l'histoire naturelle de ce pays, a parfaitement observé leur histoire; nous ne pouvons mieux faire, ainsi qu'on l'a fait ailleurs, que de citer textuellement ce qu'en a dit ce naturaliste, en ajoutant à cette citation la mention de l'ouvrage utile où nous l'avons puisée (*V.* Dict. de Déterville, T. VIII, p. 474 et suiv.). « Le nombre des grelots de la queue des Crotales varie non-seulement dans toutes les espèces, mais même dans beaucoup d'individus d'une même espèce. Ce sont des pyramides tronquées à quatre faces, dont deux, opposées, sont beaucoup plus courtes que les autres, et qui s'emboîtent réciproquement, de manière qu'on ne voit que le tiers de chacune. Cet emboîtement a lieu par le moyen de trois bourrelets circulaires, répondant à autant de cavités de la pyramide supérieure, de manière que la première pyramide qui tient à la chair, n'a que deux cavités, et que la dernière, celle qui est à l'extrémité, n'en a pas du tout. C'est par le moyen de ces bourrelets de diamètres inégaux, que les grelots se tiennent sans être liés ensemble, et qu'ils peuvent se mouvoir avec bruit dès que l'Animal agite sa queue. Ces pièces, excepté la première, ne tenant point à l'Animal, ne peuvent recevoir de nourriture; aussi ne croissent-elles pas; la dernière, c'est-à-dire la première formée, est toujours fermée et plus petite. De l'accroissement des dernières vertèbres de la queue, dépend la grandeur de la dernière pièce des grelots puisque ces pièces se moulent primitivement sur elles. Il est très-probable qu'il s'en produit tous les ans par suite de la mue. J'ai observé un assez grand nombre de Crotales de différentes espèces dans la Caroline, et je crois avoir remarqué que si le nombre des sonnettes varie dans la même espèce de même âge, c'est parce qu'elles sont sujettes à se séparer par accident. Il est très-certain pour moi, d'après mes observations et le dire des habitans du pays, que les Crotales ne perdent et ne renouvellent pas leurs sonnettes chaque année, et qu'on peut toujours, par le moyen du calcul, trouver le nombre de celles qui manquent, puisque toutes croissent dans une proportion régulière. Un individu que je possède dans ma collection, comparé à plusieurs autres plus grands et plus petits, m'a prouvé qu'un Crotale qui a six grelots, dont le dernier est entièrement fermé à son extrémité, doit avoir cinq ans. C'est cette fermeture du dernier grelot qui annonce l'intégrité du nombre de ceux produits depuis la naissance de l'Animal. On dit que le bruit de ces sonnettes s'entend à plus de soixante pieds, et cela se peut pour quelques espèces; mais je ne l'ai jamais pu en-

tendre à plus de douze ou quinze pieds, encore était-ce celui d'un individu que j'avais attaché par le cou à un arbre et qui se débattait avec une grande violence. Dans l'état de marche ordinaire, le bruit est si faible, qu'il faut être sur l'Animal et même prêter l'oreille pour l'entendre. — L'odeur des Crotales est très-mauvaise et se sent souvent de fort loin; elle est principalement due à la décomposition des Animaux qu'ils ont mangés, décomposition qui est singulièrement accélérée par le venin dont ces Animaux ont été imprégnés. J'ai remarqué que ceux qui avaient le ventre vide, ne transmettaient qu'une bien plus faible odeur, analogue à celle de la Couleuvre à collier, et qui est fournie par les glandes voisines de l'anus. Lorsqu'ils sont morts, ils se décomposent eux-mêmes très-rapidement, et l'odeur ammoniaco-putride que leur corps exhale est si fétide, qu'il faut un grand courage pour en approcher, et qu'il est presque impossible de les remuer sans se trouver mal. — Les Serpens à sonnettes peuvent vivre long-temps; on en cite qui avaient quarante à cinquante sonnettes, c'est-à-dire quarante à cinquante ans, et huit à dix pieds de long; mais on n'a cependant à cet égard que des notions fort confuses. Dans les pays où il y a un hiver, en Caroline, par exemple, ils se terrent pendant les froids comme les Serpens d'Europe, tandis qu'à Cayenne on les trouve toute l'année en activité. — C'est aux dépens de petits Quadrupèdes, tels que les Lièvres, les Écureuils, les Rats, etc., d'Oiseaux qui cherchent leur nourriture sur la terre et de divers Reptiles, que vivent les Serpens à sonnettes. Ils se tiennent ordinairement contournés en spirale dans les lieux dégarnis d'herbes et de bois, le long des passages habituels des Animaux sauvages, surtout dans ceux qui conduisent aux abreuvoirs : là ils attendent tranquillement que quelque victime se présente; dès que celle-ci se trouve à leur portée, ils s'élancent sur elle avec la rapidité d'un trait , et lui versent leur poison dans les veines. Rarement un Animal surpris par un Serpent à sonnettes cherche-t-il à fuir : il est comme pétrifié de terreur à son aspect, et va même, dit-on, au-devant du triste sort qui l'attend. De ce fait exagéré, découle naturellement l'opinion où l'on est généralement, en Amérique comme en Europe, qu'il suffit qu'un Serpent fixe un Ecureuil ou même un Oiseau placés sur un arbre , pour les charmer, c'est-à-dire les obliger à descendre et à venir se faire avaler. Lorsqu'on met des Animaux dans une cage où il y a de ces Serpens, ils sont saisis d'une frayeur mortelle, s'éloignent le plus qu'ils peuvent de lui, mais ne perdent point leurs facultés physiques : il est, au reste, rare que dans ce cas les premiers les acceptent pour nourriture; ils se laissent assez ordinairement mourir de faim , lorsqu'ils sont réduits en captivité. — Tous les Animaux, excepté les Cochons qui s'en nourrissent, craignent les Serpens à sonnettes; les Chevaux, et surtout les Chiens , les éventent de loin , et se gardent bien de passer auprès d'eux. Je me suis amusé plusieurs fois à vouloir violenter mon Cheval et mon Chien pour les diriger vers un de ces Serpens; mais ils auraient été plutôt assommés sur la place que de s'en approcher. Ils sont cependant assez souvent leurs victimes , ainsi que j'ai eu occasion de m'en assurer. C'est principalement dans les temps orageux et lorsque l'atmosphère est fort chargé d'électricité , enfin lorsque le temps est lourd et chaud, qu'ils sont le plus dangereux. Mais l'Homme en devient facilement le maître, lorsqu'il peut les apercevoir de loin et prendre ses précautions. D'abord ils ne l'attaquent jamais ; en second lieu ils ne sont point craintifs, se laissent approcher , et par conséquent on peut choisir une position avantageuse, et les tuer d'un seul coup de bâton donné sur l'épine du dos. Je les redoutais si peu, que j'ai pris en vie tous ceux que j'ai rencontrés et qui n'étaient pas

trop gros pour pouvoir être conservés dans l'esprit de vin. Lorsqu'ils sont saisis par la tête, ils ne peuvent, comme les autres Serpens, relever leur queue et l'entortiller autour des bras de l'agresseur, et par conséquent faire usage de leur force pour se dégager. Ils sont au reste très-vivaces. Tyson en disséqua un qui vécut quelques jours après qu'on lui eut arraché la plupart des viscères et que sa peau eut été déchirée ; ses poumons, qui étaient composés de petites cellules, et terminés par une grande vessie, demeurèrent enflés jusqu'à ce qu'il fût expiré. J'ai fait des observations analogues sur ceux qui sont tombés entre mes mains. — Quoique les plaies que produit un Serpent à sonnettes soient de plus d'un pouce de large , sa morsure, dit-on, se sent à peine; mais au bout de quelques secondes, une enflure, accompagnée d'élancemens, se développe autour du membre ; bientôt elle gagne tout le corps, et souvent au bout de quelques minutes, l'Homme ou l'Animal blessé n'existe déjà plus. Les derniers degrés de l'agonie sont extrêmement douloureux : on éprouve une soif dévorante qui redouble si l'on cherche à l'étancher; la langue sort de la bouche et acquiert un volume énorme ; un sang noir coule de toutes les parties du corps , et la gangrène se montre sur la blessure. Malgré la violence de ces symptômes et la rapidité des progrès du mal , on guérit souvent de la morsure des Crotales; mais il faut pour cela que les crochets n'aient point pénétré dans une artère, et pas trop près du cou. Je crois pouvoir déduire d'une observation qui m'est propre, que souvent dans ce cas on meurt asphyxié par suite de l'enflure des organes de la respiration ; et qu'alors l'opération de la bronchotomie pourrait sauver le malade. — Le poison des Crotales se conserve sur le linge, même après qu'il a été mis à la lessive; et on a des faits qui constatent la mort de personnes dont les plaies avaient été pansées avec ce linge. Il se conserve sur la dent de l'Animal après qu'il est mort. On cite qu'un homme fut mordu à travers ses bottes et mourut. Ces bottes furent successivement vendues à deux autres personnes qui moururent également, parce que l'extrémité d'un des crochets à venin était restée engagée dans le cuir. » — On emploie communément contre la morsure des Crotales trois moyens qui consistent dans la succion et la ligature au-dessus de l'endroit mordu si la chose est possible, dans les caustiques et dans les médicamens internes. Ces derniers viennent ordinairement trop tard et sont d'un faible secours dans un cas où les accidens se succèdent avec une telle promptitude, qu'on cite des exemples où des Hommes mordus ont péri en peu de minutes. Les caustiques peuvent produire un meilleur effet d'abord, mais leur emploi est bien douloureux et peut augmenter le mal pour peu que le ravage ait commencé. Les chasseurs se servent de la poudre de leur fusil allumée sur la plaie, après avoir dilaté celle-ci au moyen d'une scarification. La succion paraît ce qu'il y a de plus efficace, mais on trouve rarement quelqu'un qui veuille prodiguer ce secours dans le préjugé où l'on est que le venin du Crotale est mortel de quelque manière qu'il parvienne dans le corps. C'est une erreur, et il paraît que non-seulement le venin des Serpens n'est dangereux qu'autant que des morsures l'introduisent dans la circulation, mais qu'il en est de même de tous les virus dont l'absorption est le résultat de morsures. Ainsi nous avons vu Vailly, officier de santé en chef de l'un des corps d'armée dont nous faisions partie en Espagne, sucer les plaies faites à une dame par un Chien évidemment enragé, avaler même le résultat de la succion pour rassurer la malade qu'il parvint à guérir d'abord moralement, et n'en pas éprouver le moindre malaise. Vailly poussa le courage jusqu'à prendre de la salive qui découlait des gencives de l'Animal hydrophobe qui mourut peu de jours après, attaché

dans la niche où l'héroïque docteur l'avait placé afin d'observer le cours de la cruelle maladie que ce Chien avait communiquée à plusieurs autres Animaux sur lesquels il s'était d'abord jeté. On recommande contre la morsure des Crotales le *Prenanthes alba*, une espèce d'Hélianthe, la Spirée trifoliée, le *Polygala Seneka*, avec les *Aristolochia serpentaria* et *anguicida*. Palisot-Beauvois ajoute qu'on peut aussi se servir utilement de l'écorce pilée des racines de Tulipier : en général les médicamens purgatifs, sudorifiques, ou appliqués en cataplasme et en fomentation au plus haut degré de chaleur supportable, peuvent soulager, guérir même; mais parmi les personnes blessées qui échappent à la mort, il en est peu qui ne conservent des traces profondes de l'accident qui menaça leur vie. Bosc affirme que des taches jaunes sur la partie intéressée, des enflures, de grandes douleurs et une faiblesse périodique, en perpétuent le pénible souvenir. Les effets de la morsure des Crotales sont fort prompts, avons-nous dit; si l'on s'en rapporte aux expériences faites par plusieurs personnes et insérées dans divers recueils scientifiques, des Chiens y ont succombé en quinze secondes. Cependant l'effet ordinaire se prolonge de dix minutes à trois heures. Un Crotale contraint à se mordre lui-même a succombé en douze minutes. Par l'action du poison, non-seulement ces Serpens s'approprient la possession de leurs victimes, mais encore ils en accélèrent la décomposition, ce qui hâte l'opération digestive dans l'estomac de l'Animal, lequel, de même que les autres Serpens, ne mâche pas sa proie, mais l'avale tout entière.— Les Crotales ne montent pas aux Arbres; ils ne se replient pas avec cette grâce flexible qui sied si bien aux Couleuvres; ils rampent presqu'en ligne droite, et pas assez vite pour atteindre un Homme à la course; dans leur position habituelle et lorsqu'ils se tiennent en embuscade, ils se contournent en spirale. Un assez gros individu vivant que nous avons eu occasion d'observer, et qu'on a conservé quelque temps à Bordeaux d'où on le conduisit à Paris, se blotissait habituellement de la sorte, et dressait quelquefois la partie supérieure de son corps jusqu'à la moitié de la longueur en ligne droite, tenant sa tête horizontalement, pour observer avec une sorte de gravité ce qui se passait autour de lui. — On prétend qu'avant la découverte de l'Amérique, les Crotales étaient pour les Sauvages des objets de respect et d'adoration, parce qu'ils détruisent les autres Reptiles. Depuis que la civilisation a pénétré dans cette partie du monde et conquis à la culture le sol que couvrirent si long-temps d'impénétrables forêts, les naturels ont partagé pour les Crotales l'horreur qu'ils inspirent aux Européens ; plusieurs hordes en mettent la tête à prix ; les colons leur font une guerre active, et le nombre en diminue considérablement. On n'en voit même plus de gros dans les environs des villes et des habitations. Il était autrefois commun d'en rencontrer qui dépassaient six ou huit pieds de longueur ; ils ont aujourd'hui rarement le temps d'atteindre à cinq. Les Sauvages mangent leur chair. Dans les contrées où l'hiver se fait ressentir, les Crotales s'engourdissent. On les rencontre alors dans les trous, dans les cavernes et sous les couches épaisses que forment les Sphaignes dans les marais ; ils y sont presque toujours réunis en certaine quantité, et même avec des Crapauds qui n'en ont rien à craindre, saisis qu'ils sont du froid qui leur est commun. A Cayenne, les Crotales ne s'engourdissant jamais, sont dangereux toute l'année. Châteaubriant rapporte que ces Animaux sont sensibles aux effets de la musique, et qu'il a vu dans le Haut-Canada, sur les bords de la rivière Génésie, un naturel apaiser la colère de l'un de ces Serpens avec les sons de sa flûte ; le Crotale charmé finit même, selon l'auteur d'Attala, par suivre le Sauvage. — Telle

est l'indolence habituelle des Crotales quand le besoin ne les presse pas, ou que la grosseur d'un Animal met celui-ci au-dessus du volume qu'ils peuvent avaler, qu'on a vu des voyageurs les heurter involontairement du pied sans en être mordus. Ils attendent, ainsi qu'il a été dit, des provocations réitérées pour s'élancer, blesser et épuiser leur venin dans une occasion dont il ne doit résulter que la mort, inutile pour eux, d'un Animal trop considérable. On dirait que, soigneux de conserver leurs provisions mortelles pour s'assurer quelque repas proportionné à la capacité de leur estomac, les Crotales avertissent, avant de frapper, l'Homme dont la vie ou le trépas sont indifférens à leur appétit. Provoqués par celui qui les rencontre, ils se roulent ; et, prêts à s'élancer, ils attendent une nouvelle insulte ; pour peu que cette insulte se fasse attendre, ils s'éloignent en rampant doucement presque en ligne droite ; l'attaque est-elle réitérée, ils se roulent de nouveau, agitent leurs grelots avec rapidité, retirent leur cou qui s'aplatit ainsi que la tête ; bientôt leurs yeux étincellent, leurs joues se gonflent, les lèvres se contractent, enfin une large gueule s'ouvre et montre les redoutables crochets dans lesquels ces Reptiles placent leur confiance ; ils agitent aussi la langue, et semblent observer l'effet que produisent de telles démonstrations de colère. Ce n'est qu'à la dernière extrémité que le Crotale s'élance pour mordre, mais ce n'est qu'à coup sûr qu'il frappe l'agresseur ; jamais il ne hasarde son attaque, et dès qu'il se décide à mordre, il blesse et répand son venin. — Comme les autres grands Serpens, les Crotales sont ovipares ; cependant on assure qu'ils n'abandonnent pas leur progéniture éclose. C'est une opinion commune dans quelques-unes des Antilles, qu'ils la dévorent ; mais cette erreur tient à la manière dont au contraire ils la protègent. Beauvois a vu, et d'autres personnes ont vu également, de vieux Crotales surpris, s'arrêter tout-à-coup, ouvrir leur bouche le plus possible et y recevoir leurs petits hâtés de s'y réfugier. Ce fait est irrécusable, attesté par un homme tel que Beauvois, mais n'en est pas moins fort extraordinaire; il a donné lieu au préjugé des colons à l'égard de la voracité des Crotales.—Le nombre des espèces de ce genre se monte à huit selon Latreille. Le voyage de Humboldt l'a grossi de deux nouvelles. On divise ces espèces en deux sections selon qu'elles ont la tête garnie en dessus d'écailles semblables à celles qui recouvrent le corps, ou que la tête est couronnée de plaques au lieu d'écailles.

† Tête couverte d'écailles.

Le BOIQUIRA, *Crotalus horridus*, L., Gmel., *Syst. Nat.*, XIII, 1, *pars* 111, p. 1080; Encycl. Serp., p. 1, pl. 2, f. 3. C'est le *Caudisona terrifica*, Laur., *Amph.*, n° 203; le *Boicininga* de Pison et Marcgraaff, le *Teuhtlacot-Zauhqui* de Hernandez, enfin l'un des plus redoutables Crotales par l'activité de son venin. Son nom mexicain signifie reine des Serpens, par allusion à sa puissance. Il atteint de quatre à six pieds de longueur; une suite de grandes taches noires en losange, bordées de jaunâtre, règne le long du dos. Le reste des teintes est d'un cendré brunâtre. P. 166, E. 26.

Le CROTALE A QUEUE NOIRE, *Crotalus atricaudatus*. C'est à Bosc que les naturalistes doivent la connaissance de cette espèce qui n'a pas été observée depuis qu'il l'a découverte. Nous nous bornerons conséquemment à répéter ce qu'il en rapporte : « Deux taches brunes, dit-il, se voient à l'extrémité postérieure du corps; le dos est d'un gris rougeâtre ponctué de brun, avec des fascies de la même teinte, irrégulières, anguleuses ou chevronnées, transversales, et d'autres taches plus claires, latérales; une raie fauve règne le long du dos, la queue est noire.» Cette espèce a de trois à quatre pieds de long. P. 170, E. 26.

Le DURISSUS, *Crotalus Durissus*,

L., Gmel., *loc. cit.*, p. 1081; Encycl. Serp., p. 2, pl. 3, fig. 4, sous le nom de Muet; *Caudisona Durissus*, Laurent., *Amph.* n° 204. Cette espèce, qui habite jusqu'au quarante-cinquième degré de latitude, est la plus répandue dans l'Amérique septentrionale. C'est elle qu'on y appelle par excellence le Serpent à sonnettes et sur laquelle Bosc a principalement observé les mœurs des Crotales. Les plus gros individus qu'il ait vus ne dépassaient pas cinq pieds; l'un d'eux avait dans son estomac un Lièvre tout entier. Ce Serpent a aussi été l'objet des recherches de Catesby, de Kalm et de Beauvois; il se tient souvent près des eaux où il nage avec la plus grande facilité, en distendant sa peau et la gonflant d'air. Sa couleur est d'un gris jaunâtre, avec plus de vingt bandes noires irrégulières et transverses sur le dos. Cette espèce a souvent été confondue avec la première, et le nom de l'une a été donné indifféremment à l'autre. P. 170, 172, E. 21, 30.

Le DRYNAS, *Crotalus Drynas*, L., Gmel., *loc. cit.*, p. 1081; Encycl. Serp., p. 2, pl. 1, f. 2 (sous le nom de *Teuthlaco*); *Caudisona Drynas*, Laurent., *Amph.*, n° 206. Latreille pense avec raison que le synonyme de Séba, rapporté à ce Serpent, convient au Bruyant. Son corps est tout blanc, avec quatre rangées longitudinales de taches ovales d'un brun clair. P. 165, E. 30.

Le CAMARD, *Crotalus Simus*, Latr., Séba, *Mus.* T. II, tab. 45. Mal à propos regardé comme un Serpent de Ceylan, où il n'y a point de Crotales, par ce dernier auteur qui a induit si souvent les naturalistes en erreur par la quantité de fausses indications dont il a trop souvent accompagné le grand nombre d'assez bonnes figures que nous lui devons. Sa taille n'atteint que celle du Boiquira, dont les couleurs en losanges noirs qui règnent sur son dos le rapprochent; mais il a le museau tronqué d'une manière fort remarquable avec treize taches noires en forme de chevrons bordés de gris sur les flancs ; le ventre est blanc. p. 163, e. 19.

Les Crotales a losange, *Crotalus rhombifer*, p. 242, e. 23, Bruyant, *Crotalus strepitans*, Daud., et sans tache, Latr., *Caudisona orientalis*, Laur., *Amph.*, n° 207, p. 164, e. 28, sont les autres espèces de cette division.

†† Tête couverte de plaques.

Le Millet, *Crotalus miliarius*, L., Gmel., *loc. cit.*, p. 1080, Encycl. Serp., p. 1, t. 1, f. 1 (d'après Catesby, T. ii, tab. 24). Ce Crotale est fort connu dans quelques parties de l'Amérique septentrionale sous le nom de Vipère de la Louisiane, que ses morsures cruelles ont rendu effroyablement célèbre. On le regarde comme le plus dangereux de tous ; on prétend que nul être n'a survécu trois heures à l'effet meurtrier de ses crochets, et le Millet est d'autant plus à craindre que, fort petit et n'excédant pas un pied et demi de longueur, il se glisse inaperçu près de ses victimes. D'autres fois il se tient roulé sur les troncs des Arbres abattus au milieu des lieux marécageux, où il guette les Grenouilles dont il fait sa nourriture habituelle. Il ne s'épouvante de la présence d'aucun Animal, et ne se sauve pas à l'aspect de l'Homme souvent exposé à poser sa main au lieu même où se blottit le Millet, ou à s'asséoir dessus. Ses couleurs rappellent, par leur variété et leur disposition, mais en petit, celles dont s'embellit la robe du Boa Devin. On le trouve depuis la Caroline jusque dans les régions désertes qui s'étendent à l'ouest de la Nouvelle-Orléans. p. 132, e. 32.   (B.)

* CROTALINE. rept. oph. Espèce du genre Couleuvre. *V*. ce mot.

* CROTALOPHORE. rept. oph. (Séba et Gronou.) Syn. de Crotale. *V*. ce mot.   (B.)

CROTON. bot. phan. Ce genre, qui appartient aux Euphorbiacées, est, parmi elles, le plus riche en espèces après l'Euphorbe, et mériterait,

peut-être mieux que ce dernier, de servir de type à cette famille. Comme on lui a réuni beaucoup de Plantes peu semblables entre elles, la définition du genre serait confuse et mal déterminée, si on les conservait toutes. Il devient donc nécessaire d'en écarter un certain nombre d'espèces, et les caractères établis avec plus de rigueur, d'après la masse encore considérable qui reste, sont les suivans : fleurs monoïques, ou très-rarement dioïques ; dans les mâles, un calice quinquéparti ; cinq pétales avec lesquels alternent cinq petites glandes ; des étamines en nombre défini (ordinairement de dix à vingt), ou plus rarement indéfini, dont les filets libres, infléchis dans le bouton et redressés après l'expansion de la fleur, s'insèrent à un réceptacle dépourvu ou couvert de poils, et dont les anthères adnées au sommet de ces filets regardent du côté interne ; dans les femelles, un calice quinquéparti, persistant ; pas de pétales ; trois styles tantôt bifides, tantôt divisés régulièrement en un plus grand nombre de parties, et les stigmates en rapport avec ces divisions ; un ovaire entouré à sa base de cinq glandes ou appendices d'autre consistance, creusé intérieurement de trois loges contenant chacune un ovule, et devenant un fruit capsulaire à trois coques qui s'ouvrent en deux valves.

Ce genre renferme des Arbres, des Arbrisseaux, des sous-Arbrisseaux ou des Herbes. Leurs feuilles, pourvues de stipules, sont alternes, souvent munies inférieurement de deux glandes, entières, dentées ou lobées, couvertes tantôt d'écailles argentées ou dorées, tantôt de poils en étoiles qu'on doit regarder comme très-caractéristiques ; on en retrouve ordinairement de semblables sur les rameaux, les pédoncules, les calices et les capsules. Les fleurs, munies chacune de bractées, sont disposées en épis ou en grappes axillaires ou plus souvent terminales, lâches ou serrées, tantôt courtes et ressemblant à des têtes, tantôt plus ou moins allongées ;

elles sont toutes du même sexe dans le même épi, ou bien des mâles sont entremêlés à des femelles, ou enfin, ce qui est le plus ordinaire, les mâles sont supérieurs, les femelles situées plus bas. On peut diviser les espèces de ce genre, comme l'a fait Kunth dans son bel ouvrage où il en fait connaître un très-grand nombre de nouvelles, en celles dont les feuilles sont revêtues d'écailles et celles dont les feuilles sont couvertes de poils étoilés; dans ces dernières, ces feuilles sont entières, et alors leur contour présente des différences qui peuvent servir de base à une subdivision nouvelle; ou bien elles sont découpées en lobes assez profonds. La tige, herbacée ou frutescente, fournit encore des caractères utiles.

Le genre Croton, resserré dans les limites que nous avons assignées, comprend encore près de cent cinquante espèces. Les régions équinoxiales des deux Amériques semblent presque exclusivement leur patrie, puisque les neuf dixièmes environ en sont originaires. Nous ne pouvons ici entrer dans des détails spécifiques; nous nous contenterons donc d'indiquer quelques Crotons remarquables par leurs usages et leurs propriétés. — Toutes les parties du *C. Tiglium*, et surtout les graines connues communément sous le nom de graines des Moluques ou de Tilly, sont imprégnées de ce principe âcre qui semble un attribut de la famille entière. La médecine, qui les avait autrefois employées, en avait presque entièrement rejeté l'usage plus tard, à cause de quelques expériences malheureuses. Il vient d'être introduit de nouveau en Angleterre, où l'huile de Tiglium est administrée comme purgation dans les cas où il est besoin d'un agent très-énergique à faible dose. Cette énergie paraît due à un principe de nature résineuse qu'on a proposé de nommer Tigline. — L'écorce connue en médecine sous le nom de Cascarille, et souvent employée comme succédanée du Quinquina avec lequel elle fut même confondue dans le principe,

appartient à une autre espèce de Croton. — Les *C. balsamiferum*, *origanifolium*, *niveum* et *aromaticum*, possèdent une propriété analogue, mais moins prononcée; et, dans ces espèces, le principe excitant se borne à des effets faibles et généraux.

Si nous n'avons pas mentionné une autre espèce bien remarquable, le *C. tinctorium*, L., qui fournit le Tournesol, c'est qu'elle paraît s'éloigner de ce genre et devoir en former un distinct que Necker a nommé *Crozophora*, *V.* ce mot, dans lequel plusieurs autres espèces viennent se grouper autour d'elle.

Les espèces dépourvues de pétales, et dans lesquelles l'ovaire est surmonté de trois styles plumeux, doivent être réunies au *Rottlera* de Roxburgh. *V.* ce mot.

Le *C. variegatum* de Linné ou *Codiœum* de Rumph paraît aussi devoir former un genre distinct. *V.* CODIŒUM. Enfin les *C. castanifolium* et *palustre*, dans lesquels dix étamines sont réunies en une colonne qui supporte un rudiment de pistil; les trois styles découpés profondément en un grand nombre de divisions divergentes et simulant un éventail; les diverses parties hérissées de poils simples, terminés quelquefois par une glande; ces deux espèces, disons-nous, pourraient peut-être former elles-mêmes un nouveau genre, ainsi que le *C. tricuspidatum* qui n'a que cinq étamines monadelphes, et une seconde espèce inédite fort voisine.

D'un autre côté, plusieurs genres établis par divers auteurs doivent se fondre dans le Croton. Tels sont l'*Aroton*, le *Luntia*, le *Cinogasum*, que Necker a établis sur des espèces presque isolées et qu'il ne paraît pas avoir étudiées. Tel est encore le *Tridesmis* de Loureiro, qui, d'après un échantillon conservé dans l'Herbier du Muséum d'Histoire naturelle, n'est autre chose qu'une espèce de Croton à styles multipartis.

Il existe de ce genre une monographie assez étendue, celle de Geïseler, mais dont les descriptions sont trop souvent incomplètes. La partie botanique du Voyage de Humboldt, rédigée par Kunth, et l'Encyclopédie méthodique, sont les ouvrages où l'on trouve le plus de documens pour l'étude de ses espèces.

Le nom de CROTON, emprunté des anciens, désignait le Ricin. *V.* ce mot. (A. D. J.)

CROTONOPSIS. BOT. PHAN. Genre de la famille des Euphorbiacées, établi par Michaux dans sa Flore de l'Amérique septentrionale (T. II, p. 185, t. 46). Il a pour caractères : des fleurs monoïques ; dans les mâles, un calice à cinq divisions avec lesquelles alternent cinq pétales ; cinq étamines dont les filets libres et saillans portent des anthères appliquées en dedans de leur sommet légèrement dilaté : dans les femelles, un calice à cinq divisions, dont les deux qui regardent le côté de la tige avortent en général, et à chacune desquelles est opposée une petite écaille ; trois stigmates presque sessiles et légèrement bilobés ; un ovaire uniloculaire, renfermant un ovule unique inséré à son sommet. Le fruit est sec et indéhiscent ; la tige herbacée et parsemée de petites écailles furfuracées, qui, répandues en grand nombre sur les feuilles, en argentent la surface inférieure. Les fleurs sont situées aux aisselles des dernières feuilles, et après la chute de celles-ci forment des sortes d'épis. Les calices et les fruits sont couverts de poils en étoile.

On en connaît une seule espèce dont les feuilles alternes varient par leur forme tantôt linéaire, tantôt elliptique ; ce qui en a fait admettre deux par plusieurs auteurs. Ce genre, évidemment voisin du Croton, forme une anomalie dans la famille par l'unité de loge, qui est peut-être le résultat de l'avortement, mais qui néanmoins est confirmée par l'examen de l'ovaire. Au reste, la situation et la structure de la graine sont bien celles d'une Euphorbiacée ; car l'embryon à radicule supérieure est enveloppé par un périsperme charnu. (A. D. J.)

CROTOPHAGA. OIS. *V.* ANI.

CROUPION. *Uropygium.* OIS. L'extrémité du tronc, composé des dernières vertèbres dorsales et que termine une sorte de coccix ressemblant à un soc de charrue ou bien à un disque comprimé. — Il existe dans la partie charnue du Croupion deux glandes qui contiennent une substance oléagineuse, plus abondante chez les Oiseaux aquatiques que chez les autres, et dont ils se servent pour lustrer leurs plumes, et les soustraire à l'action de l'eau qui ne les mouille plus dès que l'Oiseau les a frottées avec son bec imprimé de cette substance. Les plumes uropygiales répondent aux vertèbres, et les plumes de la queue à l'os caudal ou coccix. Dans les descriptions ornithologiques, le mot Croupion s'étend à toute la partie inférieure du dos. (B.)

CROUTE. BOT. CRYPT. Paulet, dans sa bizarre nomenclature, appelle *Croûte à charbon* et *Croûte à glandée,* diverses Sphéries. (B.)

CROVE. BOT. PHAN. Du Dict. de Déterville. Pour Crowée. *V.* ce mot. (B.)

CROWÉE. *Crowea.* BOT. PHAN. Genre établi par Smith pour un Arbuste originaire de la Nouvelle-Hollande, qui vient se placer dans la famille des Rutacées et dans la Décandrie Monogynie.

La CROWÉE A FEUILLES DE SAULE, *Crowea saligna* (*Andrew. Reposit.,* natt. 79 ; Venten., Malm. T. VII), est un petit Arbuste dressé, très-glabre, ayant ses rameaux alternes et triangulaires ; ses feuilles également alternes sont sessiles, linéaires, lancéolées, aiguës, très-entières, glabres, luisantes et parsemées de petits points glanduleux et translucides, comme dans les Myrtes et les Millepertuis. A l'aisselle de chacune des feuilles supérieures, on trouve une seule fleur pédonculée, dressée, assez grande, d'une couleur pourpre. Le calice est étalé à cinq divisions profondes, obtuses, plus courtes que la corolle et ciliées. La corolle se compose de cinq pétales étalés, se recouvrant mutuellement dans leur partie inférieure, sessiles, ovales, lancéolés, aigus. Les étamines sont au nombre de dix, beaucoup plus courtes que la corolle, rapprochées en forme de cône au centre de la fleur et offrant une structure extrêmement singulière. De ces dix étamines qui sont, ainsi que les pétales, insérées au contour d'un disque hypogyne épais et lobé, cinq sont plus courtes que les autres et alternent avec elles; les filamens planes, lancéolés, glabres et recourbés dans leur partie externe et inférieure, velus des deux côtés dans leur moitié supérieure, qui est brusquement réfléchie vers son milieu dans les cinq étamines plus longues, tandis qu'ils sont dressés dans les cinq plus courtes. Les anthères sont introrses et appliquées sur la face interne des filets vers le milieu de leur hauteur. Ces anthères sont bifides à leur base, à deux loges s'ouvrant chacune par un sillon longitudinal. Le disque dont nous avons parlé tout à l'heure, est plus large que la base de l'ovaire, au-dessous duquel il est placé, et offre cinq lobes séparés par autant de sinus arrondis, auxquels s'insèrent les pétales. L'ovaire est hémisphérique, très-déprimé à son centre pour l'insertion du style. Il présente cinq côtes séparées par autant de sillons longitudinaux. Chacune d'elles correspond à une des cinq loges, qui contiennent chacune deux ovules superposés et alternes, et ne sont adhérentes entre elles par leur centre, qu'à leur sommet et à leur base, tandis qu'elles sont séparées par une fente longitudinale dans presque toute leur hauteur: circonstance qui indique qu'ici le pistil se compose de cinq pistils soudés, caractère commun à presque toutes les autres Rutacées. Le style est extrêmement court, épaissi dans sa partie supérieure qui se termine par un stigmate hémisphérique glanduleux, et à cinq côtes arrondies. Ce style est garni et hérissé de poils très-longs et glanduleux à leur base. Le fruit, que nous n'avons

pas vu, se compose de cinq capsules soudées entre elles, à une seule loge, contenant chacune une ou deux graines arillées. Ce joli Arbuste, originaire de la Nouvelle-Hollande, est cultivé dans les jardins des amateurs. Pendant l'hiver il doit être placé dans la serre tempérée. Il demande la terre de bruyère. On le multiplie de boutures sur couches tièdes et sous châssis.

Quant au *Crowea nereifolia*, non-seulement il n'appartient pas au même genre que la Plante dont nous venons de donner la description, mais encore il doit être placé dans une autre famille, celle des Myrtacées: c'est le *Tristania nereifolia*. *V*. TRISTANIE.

(A. R.)

*CROZOPHORA. BOT. PHAN. Sous ce nom Necker a fait un genre distinct d'une des espèces les plus remarquables du genre *Croton*, le *C. tinctorium*, L., que Scopoli nommait *Tournesolia*. Sept espèces environ doivent lui être réunies, et l'on peut les caractériser de la manière suivante: fleurs monoïques; dans les mâles, calice quinquéparti; cinq pétales souvent réunis en partie et couverts d'écailles furfuracées; cinq ou, plus souvent, huit à dix étamines, dont les filets inégaux sont soudés entre eux jusqu'à une assez grande hauteur, et dont les anthères, insérées un peu au-dessous du sommet des filets, regardent en dehors: dans les femelles, un calice à dix divisions linéaires, sans pétales; trois styles bifides; un ovaire ordinairement revêtu d'écailles, à trois loges contenant chacune un ovule; un fruit capsulaire à trois coques. — Les espèces de ce genre sont des Arbrisseaux ou plus ordinairement des Herbes à feuilles accompagnées de stipules caduques, sinueuses dans leur contour, souvent molles et plissées. Les fleurs sont disposées, au sommet ou dans l'écartement des rameaux, en grappes dans lesquelles les femelles sont inférieures et portées sur des pédoncules plus longs; les mâles serrés et situés supérieurement. Les diverses parties de la Plante sont ordinairement couvertes de poils étoilés. — Il est à remarquer que ces espèces diffèrent aussi des véritables Crotons par leur patrie, puisqu'elles sont toutes originaires de l'Europe, de l'Asie, ou de l'Afrique, presque toujours des diverses régions qui forment le littoral de la Méditerranée.

Dans plusieurs, et surtout dans le *C. tinctoria*, la Plante est imprégnée d'un principe colorant rougeâtre qui, extrait et combiné avec les Alcalis, est répandu dans le commerce sous le nom de Tournesol. Ce n'est pas ici le lieu d'entrer dans des détails sur ce produit si utile à la chimie (*V.* Tournesol); il suffit de dire qu'il paraît se retrouver dans plusieurs Végétaux de la même famille. (A. D. J.)

CRUCIALIS. bot. phan. (Cœsalpin.) Syn. de *Valantia cruciata*. (B.)

CRUCIANELLE. *Crucianella*. bot. phan. Genre de la famille des Rubiacées et de la Tétrandrie Digynie, L. Ses caractères n'ont encore été donnés que d'une manière incomplète. En effet ce que les auteurs décrivent comme un calice formé de deux ou trois folioles opposées, fortement carenées, n'est qu'un véritable involucre embrassant immédiatement la base de chaque fleur. Le calice est adhérent avec l'ovaire comme dans toutes les autres Rubiacées, et son limbe n'est pas marqué. La corolle forme un tube long et grêle, et se termine par un limbe à quatre ou à cinq divisions. Le nombre des étamines est égal à celui des lobes de la corolle. L'ovaire est surmonté par un style bifide à son sommet, et dont chaque branche porte un très-petit stigmate. Le fruit se compose de deux coques accolées, non couronnées par le calice, mais enveloppées et cachées par l'involucre qui est persistant. Ce genre renferme une vingtaine d'espèces qui sont des Plantes herbacées annuelles ou vivaces, et quelquefois sous-frutescentes à leur base. Leurs tiges sont anguleuses ; leurs feuilles, généralement étroites, opposées ou verticillées ; les fleurs sont petites et constituent des épis simples, très-rarement une sorte de corymbe. La plupart des Crucianelles croissent en Europe et dans le voisinage de la Méditerranée. Ce genre correspond au *Rubeola* de Tournefort.

En France, on en compte quatre espèces, savoir :

La Crucianelle a feuilles étroites, *Crucianella angustifolia*, L., Lamk., Ill., t. 61. Sa tige est haute de six à huit pouces, carrée, rude au toucher, tantôt simple, tantôt rameuse, articulée ; ses feuilles sont linéaires, étroites, courtes, verticillées par six. Les fleurs sont petites et forment des épis simples au sommet des ramifications de la tige. On la trouve dans les champs après la récolte, dans l'Anjou et tout le midi de la France.

La Crucianelle a feuilles larges, *Crucianella latifolia*, L., est annuelle comme la précédente, et croît dans les mêmes localités. Elle s'en distingue par ses feuilles verticillées par quatre seulement et plus larges. Lamarck les avait réunies ainsi que la suivante sous le nom de *Crucianella spicata*.

La Crucianelle de Montpellier, *Crucianella, Monspeliaca*, L. Cette espèce présente en quelque sorte réunis les caractères des deux précédentes, c'est-à-dire que ses feuilles inférieures sont ovales et verticillées par quatre, tandis que les supérieures sont linéaires, lancéolées et verticillées par cinq ou six. Peut-être cette Plante et les deux précédentes ne sont-elles que des variétés d'une même espèce, ainsi que le pense Lamarck. Elle croît dans les provinces méridionales de la France.

La Crucianelle maritime, *Crucianella maritima*, L. Cette espèce se distingue bien facilement de celles qui précèdent. Elle est vivace et d'un blanc verdâtre ; sa tige est étalée, très-rameuse, rude sur ses angles, et porte des feuilles quaternées, ovales, lancéolées, aiguës, rudes au toucher. Elle couvre les rochers des bords de la Méditerranée, en Provence, en Italie, en Espagne, en Egypte, etc. (A. R.)

* CRUCIATA et CRUCIFERA.

ois. (Charleton). Syn. de Bec-Croisé.
(B.)

CRUCIATA. BOT. PHAN. Genre établi par Tournefort, réparti par les botanistes modernes parmi les Gaillets, les Aspérules et les Valanties auxquelles Adanson a conservé ce nom. On l'avait appliqué également à des Plantes fort différentes, mais dont les feuilles sont aussi quaternées. (B.)

CRUCIFÈRES. *Cruciferæ.* BOT. PHAN. Les Crucifères constituent l'une des familles les plus naturelles du règne végétal. Aussi, tous les genres qui la composent ont-ils été constamment réunis dans une même classe par tous les auteurs systématiques. Ils forment la Tétradynamie ou quinzième classe du système sexuel de Linné. Tournefort les avait tous placés dans la cinquième classe de son système. L'on ne devra donc pas s'étonner de ce que dans cette famille les caractères des genres soient en général peu tranchés et fondés sur des modifications souvent fort légères. Les travaux de Rai, de Crantz, de Gaertner, de Desvaux, de R. Brown, et surtout ceux de De Candolle, ont successivement jeté du jour sur l'histoire des Végétaux intéressans qui composent cette famille dont nous allons exposer les caractères. Le calice est toujours formé de quatre sépales généralement caducs, tantôt dressés, tantôt étalés; deux des sépales qui correspondent aux côtés du fruit, c'est-à-dire aux deux trophospermes, sont quelquefois un peu plus grands, bossus à leur base ou même prolongés en une sorte d'éperon. Les pétales sont au nombre de quatre, opposés deux à deux par leur base, et représentant en quelque sorte une croix; de-là le nom de Crucifères donné aux Végétaux de cette famille. Ces pétales sont rétrécis et plus ou moins longuement onguiculés à leur base; ils alternent avec les sépales du calice; leur lame, dont la figure est très-variable, est tantôt entière, tantôt divisée en deux lobes plus ou moins profonds. Le

plus souvent la corolle est parfaitement régulière; dans quelques genres deux des pétales sont plus grands. Le nombre des étamines est de six dans presque toutes les Crucifères : ces étamines sont tétradynames, c'est-à-dire que quatre sont plus grandes que les deux autres. Les quatre grandes sont disposées en deux paires opposées et placées chacune en face d'un des côtés du fruit : les deux petites correspondent chacune à l'une des faces du fruit. Quelquefois les deux étamines qui forment chaque paire, sont soudées ensemble par leurs filets dans une étendue plus ou moins considérable; de même que ceux des deux petites, ils peuvent présenter une ou deux dents sur leurs parties latérales. Les anthères, dont la forme varie beaucoup, sont introrses et à deux loges. Toutes ces parties, savoir le calice, la corolle et les étamines, sont hypogynes, c'est-à-dire insérées à un réceptacle ou *torus* placé sous l'ovaire. Ce réceptacle présente de deux à quatre tubercules glanduleux placés soit en dehors des grandes étamines, soit à la base même des petites, qui semblent être implantées dessus. Ces corps glanduleux, qui servent souvent de caractères distinctifs entre les genres, constituent un véritable disque épipodique. L'ovaire est constamment simple, ordinairement comprimé, tantôt allongé, tantôt raccourci, à deux loges séparées par une fausse cloison. Chaque loge contient un ou plusieurs ovules attachés au bord externe de la cloison membraneuse, qui n'est qu'un prolongement des deux trophospermes suturaux. Le style est grêle, quelquefois presque nul. Il semble être le prolongement de la fausse cloison, et se termine par un stigmate simple ou bilobé. Le fruit est une silique ou une silicule. Dans le premier cas il est allongé, tantôt comprimé, tantôt cylindrique, quadrangulaire ou conique; dans le second il est court, globuleux ou comprimé. C'est surtout d'après les modifications extrêmement nombreuses que présente le fruit dans sa structure, que sont fondés les caractères des genres dans cette famille. Le nombre des graines renfermées dans chaque loge varie beaucoup. Il n'en existe quelquefois qu'une seule, d'autres fois deux ou un très-grand nombre. Elles sont globuleuses ou planes, et membraneuses sur les bords. Toujours elles sont insérées à la base de la cloison par un podosperme plus ou moins long. Leur embryon est immédiatement situé sous le tégument propre de la graine, et présente, dans la position relative de sa radicule et de ses cotylédons, des différences très-sensibles, indiquées par Gaertner, et dont R. Brown et De Candolle ont montré toute l'importance pour la classification des genres. Ces modifications sont au nombre de cinq : 1° la radicule est redressée et correspond à la fente qui sépare les deux cotylédons que l'on dit alors être *accombans*; 2° la radicule est appliquée sur le dos d'un des cotylédons qui restent planes et sont dits *incombans*; 3° les deux cotylédons, pliés longitudinalement, reçoivent la radicule dans la gouttière qu'ils forment : de-là le nom de cotylédons *condoublés*; 4° les cotylédons sont étroits et roulés en spirale, cotylédons spiraux; 5° enfin ils peuvent être repliés deux fois sur eux-mêmes transversalement; on les dit alors *bipliés*.

Les Crucifères sont toutes des Plantes herbacées annuelles, bisannuelles ou vivaces. On en compte à peine quelques-unes qui sont sous-frutescentes à leur base. Leur racine est généralement perpendiculaire, tantôt grêle et mince, tantôt épaisse et plus ou moins charnue; leur tige est simple ou rameuse, et porte des feuilles alternes simples ou plus ou moins profondément divisées. Les fleurs sont pédicellées et disposées en grappes simples, opposées aux feuilles ou terminales. Quelquefois ces grappes étant très-courtes et les fleurs très-rapprochées, constituent des espèces de corymbes.

Le nombre des Crucifères connues aujourd'hui, est extrêmement considérable et s'est accru très-rapidement, surtout par les recherches des botanistes et des voyageurs russes. Linné n'en décrivit que 234; Willdenow, 413; Persoon, 504. Le professeur De Candolle, dans le second volume de son *Systema naturale Vegetabilium*, vient d'en faire connaître 970, disposées en 94 genres.

Les Crucifères peuvent être considérées comme une famille presque entièrement européenne. Quelques-unes cependant sont éparses dans les diverses autres contrées du globe; mais leur nombre est loin d'égaler celui des Crucifères européennes. L'analogie qui existe entre les caractères botaniques des Plantes de cette famille, existe également dans leurs propriétés médicales. Toutes les Crucifères sont plus ou moins âcres et antiscorbutiques. Ces propriétés sont dues à la présence d'une huile volatile très-active. Lorsque cette huile est en grande quantité, les Crucifères sont très-âcres et irritantes, comme on le remarque également dans les graines des Sinapis, les feuilles de la Passerage, etc. Si à cette huile volatile il se joint des fluides aqueux, sucrés ou mucilagineux, les Crucifères conservent encore en partie leur action stimulante, mais elles peuvent en même temps servir d'aliment. La culture est surtout très-propre à développer en elles les sucs aqueux, le mucilage et le sucre, et à augmenter leurs propriétés alibiles : aussi cultivons-nous dans nos jardins un grand nombre de Plantes de cette famille, qui nous servent d'alimens, tels sont les Choux, les Navets, les Turneps, les Choux-Fleurs, etc.

Jusqu'en ces derniers temps, tous les auteurs systématiques avaient divisé les genres de la famille des Crucifères en deux grandes sections, savoir les *Siliqueuses* et les *Siliculeuses*. Les observations de R. Brown et de De Candolle les ont amenés à reconnaître le peu de fixité et de valeur de cette division. En effet il n'est pas toujours facile de déterminer la limite précise entre la silique et la silicule, puisque la différence entre ces deux fruits ne consiste que dans leur longueur plus ou moins grande. En second lieu, il y a des genres fort naturels du reste, qui offrent à la fois dans les diverses espèces qui les composent des siliques et des silicules. Cette division ne peut donc pas être regardée comme la meilleure; c'est dans la structure de l'embryon, et particulièrement dans la position respective des cotylédons et de la radicule, que De Candolle a puisé les bases des divisions qu'il a établies dans la famille des Crucifères. D'après les cinq modifications que peut présenter l'embryon envisagé sous ce point de vue, l'auteur du *Systema universale* établit cinq ordres dans la famille des Crucifères; ces cinq ordres ou divisions primaires sont ensuite partagés en vingt-une tribus ou divisions secondaires, dont les caractères sont surtout déduits de la forme générale du fruit et de la largeur de la cloison. Nous allons indiquer ici les genres qui composent la famille des Crucifères, en suivant la classification du savant professeur de Genève.

ORDRE Ier. — *Crucifères pleurorhizées.*

Les cotylédons sont planes, accombans, c'est-à-dire que la radicule correspond à la fente qui sépare les deux cotylédons. Les graines sont comprimées.

Ire Tribu. ARABIDÉES.

Silique s'ouvrant longitudinalement; cloison étroite; graines souvent membraneuses sur les bords. *Mathiola*, Brown, D. C.; *Cheiranthus*, Br., D. C.; *Nasturtium*, Br., D. C.; *Leptocarpœa*, D. C.; *Notoceras*, Br., D. C.; *Barbarea*, Scopoli, D. C.; *Stevenia*, Adams et Fisch., D. C.; *Braya*, Sterneb. et Hop., D. C.; *Turritis*, Dillen, D. C.; *Arabis*, L., D. C.; *Macropodium*, Br., D. C.; *Cardamine*, L., D. C.; *Pteronevrum*, D. C.; *Dentaria*, L., D. C.

IIe Tribu. ALYSSINÉES.

Silicule s'ouvrant longitudinale-

ment; cloison large et membraneuse; valves concaves ou planes; graines souvent membraneuses.

Lunaria, L., D. C.; *Savignya*, D. C.; *Ricotia*, L., D. C.; *Farsetia*, Br., D. C.; *Berteroa*, D. C.; *Aubrietia*, Adams, D. C.; *Vesicaria*, Lamk., D. C.; *Schiwereckia*, Besser et Andr., D. C.; *Alyssum*, L., D. C.; *Meniocus*, Desv., D. C.; *Clypeola*, L.; *Peltaria*, L., D. C.; *Petrocallis*, Br., D. C.; *Draba*, L., D. C.; *Erophila*, D. C.; *Cochlearia*, L., D. C.

IIIe Tribu. THLASPIDÉES.

Silicule s'ouvrant longitudinalement; cloison étroite; valves carenées; graines ovoïdes quelquefois membraneuses sur les bords.

Thlaspi, Méd., D. C.; *Capsella*, Desv., D. C.; *Hutchinsia*, Br., D. C.; *Teesdalia*, Br., D. C.; *Iberis*, L.; *Biscutella*, L., D. C.; *Megacarpœa*, D. C.; *Cremolobus*, D. C.; *Menonvillœa*, D. C.

IVe Tribu. EUCLIDIÉES.

Silicule indéhiscente; graines au nombre d'une à deux dans chaque loge.

Euclidium, Br., D. C.; *Ochthodium*, D. C.; *Pugionium*, Gaert., D. C.

Ve Tribu. ANASTATICÉES.

Silicule s'ouvrant longitudinalement; valves offrant à leur face interne de petites cloisons, entre chacune desquelles on trouve une seule graine.

Anastatica, L., D. C.; *Morettia*, D. C.

VIe Tribu. CAKILINÉES.

Silique ou silicule se rompant transversalement en plusieurs pièces articulées, à une ou deux loges contenant chacune une ou deux graines non membraneuses.

Cakile, Scopol., D. C.; *Rapistrum*, Méd., D. C.; *Cordylocarpus*, Desf., D. C.; *Chorispora*, D. C.

9*

ORDRE DEUXIÈME. — *Crucifères no-torhizées.*

Les cotylédons sont planes et incombans, c'est-à-dire que la radicule est redressée contre une de leurs faces. Les graines sont ovoïdes et jamais marginées.

VIIe Tribu. SISYMBRIÉES.

Silique s'ouvrant longitudinalement; cloison étroite; valves concaves ou carenées; graines ovoïdes ou oblongues.

Malcomia, Br., D. C.; *Hesperis*, L., D. C.; *Sisymbrium*, Allion., D. C.; *Alliaria*, Bieb., D. C.; *Erysimum*, L., D. C.; *Leptaleum*, D. C.; *Stanleya*, Nuttal, D. C.

VIIIe Tribu. CAMÉLINÉES.

Silicule ayant les valves concaves, la cloison large.

Stenopetalum, Br., D. C.; *Camelina*, Crantz, D. C.; *Eudesma*, Humb. et Bonpl.; *Neslia*, Desv., D. C.

IXe Tribu. LÉPIDINÉES.

Silicule ayant la cloison très-étroite; les valves carenées ou très-convexes; les graines ovoïdes et en petit nombre.

Senebiera, D. C.; *Lepidium*, L., D. C.; *Bivonæa*, D. C.; *Eunomia*, D. C; *Æthionema*, Br., D. C.

Xe Tribu. ISATIDÉES.

Silicule ordinairement indéhiscente, monosperme et uniloculaire, ayant ses valves carenées; graines ovoïdes oblongues.

Tauscheria, Fischer, D. C.; *Isais*, L., D. C.; *Myagrum*, Tournef., D. C.; *Sobolewskia*, Bieb., D. C.

XIe Tribu. ANCHONIÉES.

Silicule ou silique s'ouvrant transversalement en plusieurs pièces articulées, monospermes.

Goldbachia, D. C.; *Anchonium*, D. C.; *Sterigma*, D. C.

ORDRE TROISIÈME. — *Crucifères orthoplacées.*

Cotylédons incombans et condoublés, c'est-à-dire pliés longitudinale-ment, et recevant la radicule dans la gouttière qu'ils forment; graines presque toujours globuleuses.

XIIe Tribu. BRASSICÉES.

Silique s'ouvrant longitudinalement; cloison étroite.

Brassica, L., D. C.; *Sinapis*, L., D. C.; *Moricandia*, D. C.; *Diplotaxis*, D. C.; *Eruca*, Cavan., D. C.

XIIIe Tribu. VELLÉES.

Silicule à valves concaves, à large cloison.

Vella, L., D. C.; *Boleum*, Desv., D. C.; *Carrichtera*, Adams, D. C.; *Succowia*, Méd., D. C.

XIVe Tribu. PSYCHINÉES.

Silicule ayant les valves carenées; la cloison étroite, les graines comprimées.

Schouwia, D. C.; *Psychine*, Desf., D. C.

XVe Tribu. ZILLÉES.

Silicule indéhiscente, à une ou deux loges monospermes; graines globuleuses.

Zilla, Forsk., D. C.; *Muricaria*, Desv., D. C.; *Calepina*, Adans., D. C.

XVIe Tribu. RAPHANÉES.

Silicule ou silique s'ouvrant transversalement en pièces articulées, monospermes, ou divisées en plusieurs fausses loges monospermes.

Crambe, L., D. C.; *Didesmus*, Desv., D. C.; *Enarthrocarpus*, D. C.; *Raphanus*, L., D. C.

ORDRE QUATRIÈME. — *Crucifères spirolobées.*

Cotylédons linéaires, incombans, roulés en spirale.

XVIIe Tribu. BUNIADÉES.

Silicule indéhiscente à deux ou quatre loges.

Bunias, L., D. C.

XVIIIe Tribu. ERUCARIÉES.

Silicule articulée; article inférieur à deux loges.

Erucaria, Gaert., D. C.

ORDRE CINQUIÈME. — *Crucifères di-plécolobées*.

Cotylédons linéaires incombans, repliés deux fois transversalement.

XIXᵉ Tribu. HÉLIOPHILÉES.

Silique oblongue; cloison allongée, étroite; valves planes ou légèrement concaves.

Chamira, Thunb., D. C.; *Helio-phila*, L., D. C.

XXᵉ Tribu. SUBULARIÉES.

Silicule ovoïde; cloison large, elliptique; valves convexes; loges polyspermes.

Subularia, L., D. C.

XXIᵉ Tribu. BRACHYCARPÉES.

Silicule didyme; cloison très-étroite; valves fort convexes; loges monospermes.

Brachycarpæa, D. C.

Outre les ouvrages que nous avons mentionnés dans le cours de cet article, on peut consulter avec fruit le second volume des *Icones selectæ* de M. Benj. Delessert, qui contient la figure de plus de quatre-vingts espèces rares ou nouvelles de la famille des Crucifères. (A. R.)

CRUCIFIX. MOLL. *V*. CROIX DE MER.

CRUCIFORME, *Cruciformis*. BOT. PHAN. Qui a la forme d'une croix. Cette expression s'applique surtout à la corolle polypétale régulière formée de quatre pétales opposés deux à deux par leur base et disposés en croix. De-là le nom de Crucifères donné aux Végétaux qui offrent cette conformation.

Tournefort appelait *Cruciformes* les Plantes composant la cinquième classe de son système, lesquelles présentent une corolle polypétale cruciforme. *V*. CRUCIFÈRES. (A. R.)

CRUCITE. BOT. PHAN. Pour Cruzite. *V*. ce mot.

CRUCITE. MIN. (De Laméthrie.) *V*. MACLE.

CRUDIE. *Crudia*. BOT. PHAN. Schreber a donné ce nom au genre

Apalatoa d'Aublet. *V*. APALAT. (A. R.)

CRUMEN OU CRUMÈNE. BOT. PHAN. Noms vulgaires du *Lycopus europæus*, L. *V*. LYCOPE. (B.)

CRUMÉNOPHTHALME. POIS. Espèce de Scombre du sous-genre Caranx. *V*. SCOMBRE. (B.)

CRUPINE. *Crupina*. BOT. PHAN. Section du genre Centaurée, de la famille des Carduacées, tribu des Centauriées, établie d'abord par Persoon, adoptée et modifiée par Henri Cassini, qui n'y laisse que la seule *Centaurea Crupina*, L., qu'il considère comme un genre distinct. Ses caractères consistent dans ses capitules ayant les fleurs du centre en très-petit nombre, flosculeuses et hermaphrodites, tandis que celles de la circonférence sont neutres, plus grandes et irrégulières. Les fruits sont attachés immédiatement par leur base, et non latéralement comme dans toutes les autres Centauriées, ce qui diminue beaucoup l'importance attachée à ce caractère, le seul qui distingue réellement les Centauriées des Carduacées. L'aigrette est double; l'extérieure plus grande se compose d'écailles imbriquées, minces, très-étroites et plumeuses; l'intérieure est formée de dix autres écailles plus courtes et tronquées.

H. Cassini ne rapporte à cette section qu'une seule espèce, *Centaurea Crupina*, L., jolie petite Plante annuelle qui croît spontanément dans les provinces méridionales de la France et que nous cultivons dans nos parterres. Sa tige, haute d'un pied et plus, porte des feuilles dont les inférieures sont presque entières, tandis que les supérieures sont profondément pinnatifides, à lobes très-étroits. Les capitules sont groupés au sommet des ramifications de la tige et composés de fleurs purpurines. Persoon et De Candolle rapportaient à ce genre quelques autres espèces, telles que les *Centaurea Lippii* et *C. crupinoïdes*, Desf., Fl. Atl., p. 293; *C. arenaria*, Willd.; *C. crucifolia*, L. (A. R.)

CRUSTACÉS. *Crustacea.* Grande classe du règne animal qui comprend tous les Animaux articulés, à pieds articulés et respirant par des branchies. Leur circulation est double; le sang qui a éprouvé l'effet de la respiration se rend dans un grand vaisseau ventral qui le distribue à tout le corps, d'où il revient à un vaisseau ou même à un vrai ventricule situé dans le dos, lequel le renvoie aux branchies. Leurs branchies sont des pyramides composées de lames ou hérissées de filets, de panaches ou de lames simples, et tiennent en général aux bases d'une partie des pieds. Ceux-ci ne sont jamais en nombre moindre de cinq paires, et prennent des formes variées selon le genre de mouvement des Animaux. Il y a presque généralement quatre antennes et au moins six mâchoires; mais jamais il n'existe de lèvre inférieure proprement dite. Tels sont les signes essentiels qui caractérisent cette classe importante; nous les avons extraits textuellement du Règne Animal de Cuvier (T. III, p. 5), et ils nous paraissent suffisans pour distinguer les Crustacés des Arachnides et des Insectes. L'état actuel de la science ne permet guère de détails plus circonstanciés et plus étendus; ils nous jetteraient dans des spécialités qui trouveront leur place dans la définition de chaque ordre, de chaque famille et de chaque genre. Nous ne saurions toutefois nous abstenir de présenter quelques développemens; mais nous ne le ferons qu'avec la plus grande réserve.

Le corps des Crustacés ne saurait être constamment divisé en tête, thorax et abdomen; à cet égard les différences sont énormes, mais peuvent être ramenées à deux types principaux. Tantôt la tête est bien séparée, et les anneaux qui suivent sont aussi distincts les uns des autres, et ne constituent un thorax qu'autant qu'ils supportent chacun une paire de pates; du reste ils sont également développés, et leur diamètre pris transversalement ou dans le sens de la longueur ne dépasse guère celui de l'abdomen; tantôt la tête est confondue avec les anneaux qui suivent, et ceux-ci, au nombre de cinq, sont plus ou moins confondus entre eux et développés outre mesure, de telle sorte que la partie qui suit ou l'abdomen a toujours une dimension moindre. Que la tête se confonde avec le corps ou qu'elle s'en distingue, elle supporte ordinairement des yeux, des antennes et une bouche.

Les yeux sont ordinairement au nombre de deux; quelquefois on en aperçoit quatre, et dans quelques cas rares, ils paraissent manquer. On en distingue de deux genres, les uns lisses et les autres composés; ces derniers ont un caractère assez constant et qui leur est propre; ils sont pédonculés, c'est-à-dire situés à l'extrémité ou dans le trajet d'une tige de même nature que le test, très-mobile à sa base et située quelquefois dans une fossette particulière. Ces yeux lisses sont toujours sessiles, peu saillans, ronds et ovales.

Les antennes sont très-variables quant à leur nombre, leur composition, leur développement et leur forme. Il y en a tantôt quatre, tantôt deux seulement, ou bien elles disparaissent complètement; chaque antenne est formée de deux parties, le pédoncule et le filet; le pédoncule, qui constitue la base proprement dite, est formé d'un petit nombre de pièces inégalement développées et de figures variables; le filet, qui est triple, double ou simple, se compose au contraire d'une multitude de petits anneaux ajoutés à la suite les uns des autres et ne différant entre eux que par leur dimension qui va en diminuant de la base au sommet.

La bouche est de toutes les parties de la tête la plus variable, quant au nombre, à la forme, au développement et aux usages des diverses pièces qui entrent dans sa composition. Savigny (Mém. sur les Anim. sans vert. 1re part., 1er fasc., 2e Mém., p. 39) a le premier fixé l'attention des zoologistes sur cette partie importante, en déterminant, avec une sagacité rare et selon une méthode toute nouvelle dans la science, la nature des pièces qui concouraient à la former. Latreille a depuis abordé ce genre d'étude, et après avoir rappelé au mot BOUCHE de ce Dictionnaire (*V*. T. II, p. 429) les travaux de Savigny, il a présenté avec clarté le résultat de ses propres observations. Nous renvoyons à cet article qui donnera une idée exacte de la bouche des Crustacés.

Le thorax offre des caractères très-différens suivant qu'il est distinct de la tête ou confondu avec elle; dans le premier cas il se compose d'une série d'anneaux également développés, et supportant chacun une paire de pates; dans le second cette uniformité dans le développement n'est plus aussi sensible, surtout à la partie supérieure qui ne paraît composée que d'une vaste pièce, laquelle a reçu le nom de test ou de carapace. Quoique nous renvoyons au mot THORAX l'étude du thorax dans les Crustacés, nous présenterons ici quelques considérations nouvelles sur la carapace, qui en est une partie constituante. Nous les emprunterons à Desmarest auquel la science est redevable d'un excellent travail sur les Crustacés fossiles (Hist. naturelle des Crustacés fossiles, savoir les Trilobites, par Alex. Brongniart, et les Crustacés proprement dits, par Desmarest, 1 vol. in-4). Voici comme il s'exprime (pag. 73): « Examinant avec soin les carapaces d'un très-grand nombre de Crabes de divers genres que Fabricius et des entomologistes ont distingués, nous avons reconnu que le hasard ne présidait point à la distribution des parties saillantes de ces carapaces, quelques formes irrégulières ou bizarres qu'elles semblent affecter, et qu'au contraire, dans tous les genres de Crustacés, la disposition de ces inégalités était constante et soumise à quelques lois qui n'étaient jamais contrariées. Réfléchissant d'ailleurs que les Crustacés ont leurs principaux organes intérieurs situés immédiatement sous le test ou la carapace, nous avons été conduits à rechercher s'il existait des rapports marqués entre la place qu'occupent ces viscères et la distribution des inégalités extérieures du test. Nous étions d'autant plus fondés à admettre ces rapports, qu'on sait qu'à une certaine époque de l'année tous les Crustacés, après avoir perdu leur vieille enveloppe solide, se trouvent revêtus d'une peau tendre qui durcit à son tour, et se change, au bout de quelques jours, en une croûte aussi résistante que celle qu'elle remplace; et nous pouvions présumer que dans les premiers momens la nouvelle peau se moulait jusqu'à un certain point sur les organes intérieurs, et que son ossification était ensuite influencée par les mouvemens propres à ces organes, ou par le plus ou le moins de développement de chacun d'eux. Partant de cette idée, nous avons fait en quelque sorte, sur une carapace de Crustacé, l'application du système du docteur Gall sur le crâne humain; et nous nous sommes crus d'autant plus autorisés à faire cette application, que les organes mous qui, chez les Crustacés, peuvent modifier les formes extérieures, sont parfaitement distincts les uns des autres, et ont des fonctions bien reconnues. Il est facile de s'assurer, en effet, que les rapports que nous avons pressentis existent; car, si l'on enlève avec quelques précautions le test d'un Crabe de l'espèce la plus commune sur nos côtes (*Cancer Mœnas*, L.), on observe derrière le bord interoculaire un estomac membraneux vésiculeux, ayant deux grands lobes en avant et deux petits en arrière, soutenu dans son milieu par un mince osselet transversal en forme d'arc, et ayant en dessus, entre les deux grands lobes et sur la ligne moyenne, deux muscles longitudinaux qui s'attachent d'une part au bord antérieur du test, et de l'autre à l'osselet transversal. Si l'on examine comparativement la carapace que l'on a détachée, on reconnaît sur celle-ci l'indication des deux lobes antérieurs de l'estomac avec une ligne enfoncée moyenne, correspondant à l'intervalle qui sépare les deux muscles dont il a été fait mention ; derrière l'estomac se voient des corps blanchâtres sinueux en forme d'intestins, et faisant plusieurs circonvolutions : ce sont les organes préparateurs de la génération, les vésicules spermatiques chez les mâles, et les ovaires chez les femelles ; ils aboutissent en dessous dans des lieux différens ; chez les mâles à la base de la queue à droite et à gauche, et chez les femelles vers le milieu de la seconde pièce sternale de chaque côté : mais en dessus ils occupent la même place dans les deux sexes ; rapprochés de la carapace, ces organes nous ont paru occuper l'espace qui se trouve circonscrit par des lignes enfoncées, et que l'on voit derrière celui qui répond à l'estomac. En arrière encore, dans un enfoncement assez marqué, on trouve le cœur qui est déprimé en dessus, et qui en remplit toute l'étendue ; les battemens font facilement reconnaître cet organe ; chaque bord latéral de la cavité où il est placé est solide, très-relevé, et fermé par une cloison verticale qui se rend du sternum à la carapace, et qui contribue à donner de la solidité à celle-ci, en étant fixée entre ces deux surfaces, à peu près comme l'est l'ame d'un violon entre ses deux tables. Cette même cloison sert de support à d'autres cloisons transversales, qui sont en nombre égal à celui des séparations des pièces sternales, et dans l'intervalle desquelles sont situés les muscles moteurs des pates. A droite et à gauche des organes préparateurs de la génération et du cœur, sont deux grands espaces où les branchies sont rangées et étendues sur deux tables osseuses obliques qui ferment en dessus toutes les loges où sont fixés les muscles des pates. Ces branchies sont au nombre de cinq de chaque côté, et chacune présente un double rang de petites lames branchiales transverses ; leur point d'attache est en dehors, et

toutes leurs sommités sont dirigées vers la ligne qui sépare du cœur les organes préparateurs de la génération. Le test présente au-dessus de ces parties, de chaque côté du corps, un espace bombé qui, par son étendue, se rapporte parfaitement avec la place qu'elles occupent en dessous ; enfin des deux côtés de l'estomac, et en avant des branchies, se montre le foie qui est très-volumineux ; sa consistance est molle, sa couleur est jaunâtre, et sa surface présente une multitude de petites parties vermiculées. Ce foie plonge en dessous des viscères médians que nous avons décrits, et se prolonge fort en arrière jusqu'à la base de la queue, de telle façon qu'on le voit encore de derrière le cœur ; il a, dans ce point, le même aspect et la même structure qu'en avant du corps, et il est divisé en deux lobes qui, d'ailleurs, se touchent assez exactement. Dans la carapace les parties qui recouvrent les endroits où le foie est visible, lorsqu'on l'a enlevé, sont moins bombées que les autres, et sont distinctes à cause même de ce manque de saillie, surtout les antérieures.

» Ayant disséqué dans les mêmes vues plusieurs autres Crustacés d'espèces variées, qu'il est possible de se procurer vivans à Paris, tels que le Crabe Tourteau (*Cancer Pagarus*), l'Etrille (*Portunus puber*), l'Araignée de mer (*Inachus squinado*), nous avons reconnu les mêmes rapports entre la distribution des organes internes et la configuration extérieure du test. Dès-lors pouvant nous étayer de l'analogie, nous avons recherché et nous avons trouvé dans presque la totalité des Crustacés brachyures ou des Cancers de Linné les lignes enfoncées qui séparent les espaces qui répondent aux parties internes dont nous venons d'indiquer les dispositions relatives. Dans quelques-uns néanmoins plusieurs de ces indications manquent presque tout-à-fait comme dans certains Leucosies, par exemple ; mais, dans ce cas, la carapace est toute lisse, et aucun autre sillon n'indique de divisions qui ne seraient pas correspondantes à celles que nous avons annoncées. Dans quelques autres la surface de la carapace est, au contraire, marquée d'une infinité de lignes enfoncées et de nombreuses aspérités (*Cancer variolosus* et *Cancer incisus*); mais les divisions principales se retrouvent toujours dans la même disposition.

» Nous avons cru devoir donner le nom de Régions aux divers espaces de la carapace qui recouvrent les organes intérieurs, et distinguer ces régions par des désignations spéciales qui rappellent le rapport qu'elles ont avec ces mêmes organes; ainsi la région stomacale ou celle qui recouvre l'estomac est médiane ou antérieure; la région génitale est médiane et située immédiatement en arrière de la stomacale; la région cordiale est médiane et placée en arrière de la génitale; les régions hépatiques sont au nombre de trois : deux antérieures situées une de chaque côté de la stomacale et en avant des branchiales, une postérieure médiane qui vient entre la cordiale et le bord postérieur de la carapace; les régions branchiales au nombre de deux, une de chaque côté, sont placées entre les régions cordiale et génitale d'une part, et les bords latéraux de la carapace de l'autre. Ces régions varient en étendue dans les divers genres de Crustacés brachyures, et sont plus ou moins fortement tracées. Ainsi les Leucosies, les Dromies, les Pinnothères et les Corystes les ont pour la plupart à peine distinctes, tandis que les Inachus, les Dorippes et les Mictyris surtout les ont au contraire très-prononcées. Les Crabes proprement dits, les Portunes, les Gonoplaces tiennent à peu près le milieu entre tous, sous ce rapport. La région stomacale est ordinairement très-développée dans la plupart de ces Crustacés, et située sur la même ligne transversale que les régions hépatiques antérieures; mais dans quelques genres, comme les Inachus, les Macropodes et autres Crustacés oxyrhynques, et dans les

Dorippes, elle fait saillie en avant et contribue à donner à la forme du corps une figure triangulaire. La région génitale est en général assez distincte et se prolonge presque toujours sur le centre de la stomacale en formant une sorte de pointe qui paraît diviser celle-ci en deux. La région du cœur est constamment apparente et toujours située à la même place, c'est-à-dire un peu en arrière du centre de la carapace, si ce n'est dans les Dorippes où elle confine au bord postérieur de cette même carapace, en faisant disparaître la région hépatique postérieure. Les régions branchiales, au contraire, varient beaucoup; elles n'ont rien de bien remarquable dans les Crabes et les Portunes, tandis qu'elles sont très-saillantes et bombées dans les Dorippes et les Inachus. Dans le dernier de ces genres, elles sont même tellement renflées qu'elles se touchent en arrière et prennent à leur tour la place de la région hépatique postérieure. Dans les Ocypodes ou Crabes de terre, elles sont planes en dessus, et indiquent sur les côtés une partie de la forme carrée de ces Crustacés. Affectant la même figure dans les Grapses ou Crabes d'eau douce, elles présentent chez ceux-ci, à leur surface, des lignes saillantes obliques, qui paraissent correspondre aux paquets de branchies qui sont au-dessous. Dans la plupart des espèces dont les angles latéraux de la carapace sont très-marqués, il en part une ligne transverse saillante qui dessine le bord antérieur de ces régions branchiales; c'est surtout ce qu'on remarque dans la plupart des Portunes et dans les Podophthalmes. Les Gécarcins ou Tourlouroux, dont le test est en cœur et largement tronqué en arrière, ont les régions branchiales si bombées en avant, qu'elles envahissent la place des régions hépatiques. Quant aux régions hépatiques recouvrant des organes inertes de leur nature, elles ne forment jamais de saillies très-marquées; elles se distinguent même des autres régions par leur aplatissement. Les deux antérieures sont le plus ordinairement bien apparentes dans les Crustacés brachyures dont la carapace est carrée ou demi-circulaire, tandis qu'elles sont presque effacées chez ceux dont la forme est triangulaire. La postérieure suit à peu près les mêmes lois.

» Après les Crustacés brachyures, les Macroures doivent attirer notre attention, et nous devons y chercher les régions que nous avons reconnues dans les premiers. Si nous prenons l'Ecrevisse (*Astacus fluviatilis*) pour type de cette famille, nous remarquons que le test de ce Crustacé présente une ligne transversale enfoncée, arquée en arrière, qui se partage en deux portions à peu près égales et qui semble indiquer la séparation d'une tête et d'un corselet; mais lorsque nous enlevons le test, nous reconnaissons que ce qui est en avant de cette ligne recouvre non-seulement les parties qui appartiennent à la tête, mais encore l'estomac et le foie. L'estomac est situé dans la ligne moyenne, et le foie se trouve placé sur les côtés et en arrière de celui-ci; deux forts muscles attachés contre la paroi interne de la carapace servent à mouvoir les mâchoires. La trace de leur insertion est indiquée au-dehors par un espace ovalaire plus finement ponctué et rugueux que ce qui l'environne; sur la seconde partie de la carapace, celle qui est placée derrière le sillon transversal dont nous avons parlé plus haut, se voit en dessus deux lignes enfoncées longitudinales tout-à-fait analogues à celles qu'on observe dans les Crabes à droite et à gauche du cœur, et qui, chez ceux-ci, séparent la région cordiale des branchiales. L'inspection du dessous montre la même disposition, c'est-à-dire le cœur au milieu placé dans une cavité formée par la carapace en dessus, et par les cloisons qui donnent attache aux muscles des pates de chaque côté, et les branchies sur les parties latérales, dans la portion la plus large du test. Les organes préparateurs de la génération sont situés auprès et en

avant du cœur, à peu près comme dans les Crustacés brachyures, mais derrière le foie. En dehors, leur place n'est marquée que par quelques rides. Le foie se montre de nouveau en arrière du cœur, mais se trouve tout-à-fait sous le bord postérieur de la carapace.

» Il est donc possible de distinguer dans la carapace de l'Ecrevisse plusieurs régions, savoir, en avant du sillon transversal : 1° une région stomacale fort vaste, avec laquelle les régions hépatiques antérieures sont confondues de manière à ne pouvoir être séparées; en arrière de ce sillon, 2° une région cordiale moyenne avec laquelle se trouve aussi confondue la région génitale; 3° deux régions branchiales situées latéralement. Le Homard (*Astacus marinus*) présente les mêmes détails. D'autres Crustacés macroures ont cependant les régions hépatiques antérieures et génitales assez bien marquées. Les Galathées ont une région stomacale, une cordiale, deux branchiales, et de plus deux hépatiques tout-à-fait latérales, comme chez les Crabes. Les Scyllares ont la région stomacale triangulaire et très-large en avant, deux petites hépatiques latérales, une génitale très-bombée et épineuse, une cordiale encore plus relevée, également épineuse, et deux branchiales étroites tout-à-fait latérales. La Langouste (*Palinurus quadricornis*) a son test plus compliqué; la région génitale y est plus indiquée, et dans quelques espèces du même genre, les branchiales forment de chaque côté une saillie très-remarquable. Nous bornerons à ceux que nous venons de rapporter les exemples de Crustacés macroures relativement à la conformation extérieure de leur test. Nous ajouterons seulement que dans les Bernard-l'Ermites ou Pagurus, ce test mou, tout déformé et modifié qu'il est par la coquille dans laquelle il est enfoncé, n'en présente pas moins les régions stomacales et hépatiques séparées des cordiales et des branchiales par le sillon transverse qu'on trouve dans les Ecrevisses et les Homards. Ces diverses régions ne sont plus distinctes dans les Crustacés macroures dont le test très-mince et flexible conserve l'apparence cornée, tels que les Palœmons, les Pénées, les Alphées, les Crangons, etc. Quant aux Squilles ou Crustacés stomapodes, leur carapace n'offre plus que la région stomacale dans son milieu, avec deux ailes ou appendices libres, un de chaque côté. La position du cœur dans la partie caudale et celle des branchies, changées en sorte de pates, sous cette même partie, ne laisse aucune trace, sur le test proprement dit, des régions destinées à recouvrir les viscères. »

Envisagée sous ce point de vue, la carapace offre certainement des considérations zoologiques très-curieuses ; Desmarest en a tiré un excellent parti pour l'étude des Crustacés fossiles ; et il a pu, à l'aide des observations ingénieuses que nous venons de transcrire textuellement, arriver à une détermination exacte du genre et de l'espèce, lorsque les pates, les parties de la bouche et autres parties caractéristiques manquaient complétement ou étaient tellement détériorées qu'on ne pouvait en faire aucun usage.

Les membres sont, de toutes les parties, celles qui sont le plus sujettes à varier. Leur nombre, leur disposition, leurs fonctions offrent de très-grandes différences suivant qu'on les examine dans chaque ordre. En général on distingue deux sortes de pates, les vraies et les fausses. Les vraies appartiennent au thorax, et sont composées de six pièces ou articles dont le dernier est nommé tarse ou ongle. La première paire de pates proprement dites a reçu le nom de pinces, lorsque le pénultième article, développé outre mesure, constitue une sorte de doigt immobile, sur lequel se meut de haut en bas le dernier article ou le tarse, de manière à constituer une véritable pince. On a nommé aussi *pieds-mâchoires* un

certain nombre d'appendices locomoteurs, qui viennent s'ajouter accessoirement aux parties de la bouche. *V.* ce dernier mot.

Les fausses pates s'observent sous l'abdomen et à son origine ; elles sont terminées par deux lames ou deux filets. Ces appendices sont tantôt des auxiliaires de l'appareil locomoteur, tantôt des parties accessoires des organes de la respiration ; d'autres fois ils réunissent ces deux usages, et dans la plupart des cas, ils servent tous, ou du moins plusieurs d'entre eux, à soutenir les œufs. L'abdomen, qui fait suite au thorax et qui termine le corps, a été désigné improprement sous le nom de queue ; il varie singulièrement par sa forme, ses proportions et ses usages ; dans tous les cas, il contient l'extrémité du canal intestinal et est pourvu d'appendices particuliers dont nous avons indiqué les fonctions. Nous ne parcourrons pas les nombreuses modifications qu'il éprouve, et nous renverrons cette étude à chacun des ordres et à chacune des familles.

Le système nerveux a beaucoup d'analogie avec celui des Arachnides et des Insectes : il se compose d'un cerveau plus large que long, et dont la face supérieure est quadrilobée. De cette masse encéphalique, partent des filets nerveux pour les yeux et les antennes, et postérieurement deux cordons allongés, embrassant l'œsophage, se réunissant au-dessous de lui en un renflement ou ganglion médian, qui fournit des nerfs aux mandibules, aux mâchoires, etc., et qui, en arrière, donne naissance à la continuation ou au système médullaire proprement dit. Ce système médullaire se compose de ganglions plus ou moins nombreux, qui sont réunis entre eux au moyen d'une paire longitudinale de nerfs. Les organes des sens, la vue, le toucher, l'ouïe, l'odorat et le goût existent évidemment ; mais il n'y a que les trois premiers pour lesquels on ait démontré l'existence d'appareil propre à remplir ces fonctions; le sens de l'ouïe offre même encore quelques doutes quant à son siége.

Les Crustacés ont une circulation double qui s'effectue à l'aide d'un cœur, sorte de ventricule pulmonaire situé sur le dos, et d'un vaisseau ventral qui peut être considéré comme le ventricule aortique. Le sang qui a respiré se rend dans le vaisseau ventral, qui le distribue à toutes les parties du corps, d'où il revient au vaisseau dorsal qui le renvoie aux branchies. Le cœur varie dans sa forme et dans ses proportions. La respiration est une fonction très-développée, et pour laquelle il existe des organes spéciaux nommés branchies; ce sont des sacs pyramidaux, foliacés ou hérissés de filets et de panaches, dont la position est très-variable, qui, par exemple, sont fixés tantôt à la base des pates ambulatoires, tantôt aux appendices extérieurs de la bouche, d'autres fois à l'extrémité postérieure et inférieure du corps; souvent aussi elles remplacent les pates, et servent en même temps à la locomotion et à la respiration.

Les Crustacés sont tous carnassiers; leur système digestif se compose d'une bouche assez compliquée, à laquelle on voit succéder un canal intestinal, généralement droit et court, et auquel on distingue l'œsophage qui a peu de longueur, l'estomac qui offre des différences remarquables dans son développement, et qui, dans le plus grand nombre, est muni d'un appareil crustacé, sur lequel Geoffroy Saint-Hilaire a fixé d'une manière toute spéciale l'attention des anatomistes. A la suite de l'estomac, le canal intestinal se rétrécit et poursuit directement son trajet vers l'anus situé à l'extrémité de l'abdomen. Au-dessous de l'estomac et du cœur, on observe dans le plus grand nombre des Crustacés le foie, organe souvent très-volumineux dans certains temps de l'année; il sécrète la bile qui est versée ensuite dans l'intestin. Les fonctions génératrices sont analogues

à ce qu'on trouve ordinairement ailleurs; les sexes sont séparés, à l'exception peut-être d'un ordre, celui des Entomostracés chez le plus grand nombre desquels on n'a pu encore découvrir de sexes distincts.

Les mâles ont des canaux déférens qui aboutissent à deux verges, lesquelles sortent du thorax derrière la dernière paire de pates; les femelles ont deux vulves s'ouvrant, tantôt sur la troisième pièce sternale, et tantôt à la base même des pates qui correspondent à ce segment sternal, et qui, par conséquent, sont la troisième paire.

Les Crustacés sont ovipares ou ovovipares, le développement des œufs étant plus ou moins prompt; tantôt ils sont attachés, immédiatement après la ponte, à des appendices garnissant la face inférieure de l'abdomen, et connus sous le nom de fausses pates, ou bien à des feuillets particuliers, ou bien encore ils se trouvent enveloppés dans une enveloppe membraneuse, sorte de matrice externe adhérant au corps de l'Animal; tantôt ils sont contenus quelque temps dans le corps de la mère, et y éclosent; d'autres fois enfin, et ce fait paraîtra bien extraordinaire, ils semblent se conserver desséchés pendant un grand nombre d'années à la manière de certaines graines, et n'éclore que lorsque les circonstances favorables à leur développement sont réunies.

Les Crustacés, avons-nous dit, sont carnassiers et se nourrissent principalement de matière animale en décomposition; on les rencontre sous toutes les latitudes. On ne possède encore que très-peu de données sur leur distribution géographique. Voici ce qu'en dit accidentellement Latreille (Mémoire sur la géographie des Insectes, Mémoires du Mus. d'Hist nat.) : « Quoique les Animaux de la classe des Crustacés soient exclus de mon sujet, voici néanmoins quelques observations générales à leur égard, et qui complètent ce travail : 1° les genres Lithode, Coriste, Galathée, Homole et Phronyme, sont propres aux mers d'Europe ; 2° ceux d'Hépate et d'Hippe n'ont encore été trouvés que dans l'océan Américain ; 3° du même et des côtes de la Chine et des Moluques viennent les Limules ; 4° les genres Dorippe et Leucosie habitent particulièrement la Méditerranée et les mers des Indes-Orientales ; 5° celles-ci nous donnent exclusivement les Orithyes, les Matutes, les Ranines, les Albunées, les Thalassines ; 6° les autres genres sont communs à toutes les mers ; mais les Ocypodes ne se trouvent que dans les pays chauds. Les Grapses les plus grands viennent de l'Amérique méridionale et de la Nouvelle-Hollande. »

Les lieux d'habitation des Crustacés sont très-variés : les uns, et c'est le plus grand nombre, habitent les mers, et vivent à des profondeurs considérables, ou bien sur la plage entre les rochers ; les autres se rencontrent dans les eaux douces ; plusieurs sont terrestres et se creusent des terriers assez profonds.

Les auteurs ont long-temps varié sur le rang que devaient occuper les Crustacés dans la série des êtres créés ; mais la plupart sont tombés d'accord pour les placer à la suite des Animaux vertébrés ; personne ne s'était occupé de signaler leurs points de contact avec cette dernière classe, lorsqu'un célèbre anatomiste, Geoffroy Saint-Hilaire, entreprit un travail spécialement destiné à faire connaître l'analogie intime qui existe entre le système solide extérieur des Crustacés, des Arachnides et des Insectes, et le squelette des Animaux vertébrés. Ce travail est d'une telle importance, et les résultats qu'il comprend intéressent si vivement les entomologistes, que nous croyons indispensable d'entrer à son égard dans tous les développemens nécessaires à l'intelligence du sujet. Nous les extrairons d'un travail qu'il a présenté à l'Académie des sciences, dans la séance du 26 août 1822. On n'a pas oublié que dès l'année 1820 Geoffroy Saint-Hilaire a commencé la publication de ses recherches sur le système solide des Animaux articulés, en déclarant que les Insectes (c'est-à-dire les Arachnides, les Insectes proprement dits, et plus particulièrement les Crustacés) vivent au-dedans de leur colonne vertébrale comme les Mollusques au sein de leur coquille ; véritable squelette pour ces derniers, sorte de squelette contracté. Cette proposition, toute nouvelle et directement opposée aux idées reçues, ne pouvait être admise ou même contestée que lorsque son auteur aurait fait part des motifs sur lesquels était basée sa conviction personnelle ; que lorsqu'il aurait fourni les diverses preuves à l'appui de son opinion : adopter plus tôt ses idées ou entrer à leur égard dans une discussion, eût été en même temps prématuré et peu convenable. Le professeur Geoffroy Saint-Hilaire, dont le nom se rattache à un si grand nombre de travaux importans, ne pouvait interpréter autrement cette espèce de réserve que les savans ont eue à son égard, et il paraît en avoir saisi le véritable motif, puisque c'est par de nouvelles observations qu'il interroge aujourd'hui leur silence. Il a compris que pour faire admettre la présence d'une vertèbre dans les Insectes, il fallait, avant tout, l'étudier là où elle existe pour tout le monde ; aussi a-t-il entrepris, sur sa composition, un travail fort curieux qu'il est d'abord indispensable de faire connaître.

Le Carrelet, *Pleuronectes rhombeus*, dont la vertèbre est composée de matériaux distincts, a présenté à l'auteur des conditions très-favorables, et une manière d'être qui, d'une part, lie ce Poisson aux Animaux des classes élevées, et le fait tenir de l'autre à ceux des séries inférieures. C'est principalement de cette espèce de Poisson qu'il sera ici question.

Geoffroy distingue dans une vertèbre deux parties essentielles, le *noyau* et les *branches latérales*. Le noyau vertébral, que les anatomistes appellent corps de la vertèbre, et que l'auteur nomme *cycléal*, n'est pas toujours plein comme on le remarque dès le jeune âge chez l'Homme et les autres Mammifères; dans son principe il est tubulaire, c'est-à-dire qu'il constitue une sorte d'anneau qui, se remplissant à l'intérieur par une suite de couches concentriques, s'oblitère de jour en jour, et ne laisse plus enfin, dans certains Poissons seulement, qu'un trou qui le perfore au centre. — Les branches latérales sont supérieurement les lames vertébrales qui, par leur réunion, constituent le canal vertébral, et inférieurement les côtes, qui tantôt réunies forment un véritable canal, et tantôt libres deviennent flottantes par une de leurs extrémités. Le système médullaire, situé au-dessus et le long des corps vertébraux, et le vaisseau aortique placé au-dessous, et dirigé dans le même sens, avaient besoin de protecteurs, et ce sont les branches latérales qui, en haut et en bas, les leur fournissent. Ici Geoffroy Saint-Hilaire a cru devoir établir des distinctions qui n'avaient pas encore été faites, et créer de nouveaux noms pour des parties dont l'étude avait été en général fort négligée. Supérieurement le système médullaire est recouvert par deux tiges osseuses qu'il nomme individuellement *périal*. Chez les Mammifères où la moelle épinière est d'un certain volume, les périaux qui correspondent aux lames vertébrales s'étendent dans toute leur longueur autour de la tige médullaire, et constituent par leur réunion le canal propre de la vertèbre. Il en est tout autrement si on examine les vertèbres de la région post-abdominale des Poissons. La moelle épinière, étant en ce lieu réduite à l'état d'un filet grêle, ce ne sont plus les périaux dans toute leur longueur, mais seulement une partie d'eux-mêmes qui la cloisonnent; cependant une dimension ne se perd

point qu'elle ne donne lieu à l'augmentation dans un sens opposé, et en vertu de cette loi invariable, les périaux des Poissons, au lieu d'être épais et courts, comme dans les Mammifères, sont grêles, prodigieusement longs, et soudés entre eux dans la plus grande portion de leur étendue. Les périaux ne sont pas les seules pièces qui se montrent à la partie supérieure du cycléal. Lorsqu'il arrive que la moelle épinière occupe un grand espace, les périaux ne suffisent plus pour l'entourer; alors ils s'écartent, et on distingue de nouvelles pièces au nombre de deux de chaque côté, et portant individuellement le nom d'*épial*. Les épiaux sont, s'il est permis de s'exprimer ainsi, des protecteurs auxiliaires pour la moelle épinière toutes les fois que celle-ci est très-développée; ils ont pour usage de la recouvrir et de lui constituer une enveloppe; c'est ce qui a lieu constamment dans le crâne. Si, au contraire, la tige médullaire, très-peu développée, ne réclame pas leur secours, ils sont employés à des usages secondaires assez variés. On les voit, dans ce cas, servir de baguette aux nageoires dorsales, se désunir et se superposer de manière que l'un, après avoir monté sur l'autre, devient quelquefois extérieur, tandis que le second se maintient au-dedans. Ce changement de place n'a cependant rien de réel, et chacune des pièces conserve l'une à l'égard de l'autre des relations invariables. Voulant exprimer à la fois, d'une part, l'origine et la destination commune de ces pièces, lorsqu'elles appartiennent à un appareil au-dedans duquel s'exécutent les plus importans phénomènes de la vie, et d'autre part, leur variation et leur isolement pour le cas où l'une de ces pièces se sépare et se distingue de sa congénère, Geoffroy ne s'est pas borné aux dénominations simples qui précèdent, il leur a joint une préposition significative qu'on devra ajouter au nom principal, lorsque les pièces seront disposées en série unique. On remarquera donc alors au-dessus du cycléal, non pas le périal et l'épial qui, étant doubles et en regard, constituent quatre pièces, mais bien le *méta-périal* et le *cyclo-périal*, auxquels feront suite le *pro-épial* et l'*en-épial*.

Telles sont les parties que Geoffroy Saint-Hilaire a distinguées au-dessus du corps de la vertèbre, et que les anatomistes avaient confondues sous le nom de lames vertébrales : très-visibles dans certains Poissons, elles ne sont pas moins distinctes dans les Mammifères ; seulement il faut les étudier dans l'état de fœtus, et avant qu'elles ne se soient confondues en se soudant. Ceci conçu, il devient très-aisé d'acquérir la connaissance des pièces situées au-dessous du cycléal ; elles sont en même nombre, et se comportent dans bien des cas de la même manière que les précédentes. Supérieurement, c'était la moelle épinière qui devait être protégée par les appendices de la vertèbre ; ici, c'est le système sanguin, auquel viennent s'ajouter quelquefois les organes de la digestion et ceux de la respiration, qui réclament la même assistance. Les deux pièces qui s'observent d'abord et qui s'appuient sur le cycléal, portent chacune le nom de *paraal*; les paraaux se conduisent exactement comme les périaux. Dans les vertèbres post-abdominales des Poissons, et en particulier du Carrelet, le paraal de droite est soudé au paraal de gauche et constitue un anneau pour le vaisseau sanguin. A la partie antérieure du corps, au contraire, où il existe un système sanguin très-développé, un canal intestinal, etc., ils s'écartent et forment ce qu'on avait désigné sous le nom de *côtes*, et particulièrement sous celui de *côtes vertébrales*; c'est alors que, ne pouvant se réunir par leur sommet, les paraaux sont suivis et aidés par deux pièces désignées par les anatomistes sous le nom de *côtes sternales*, et que Geoffroy nomme individuellement *cataal*. Les cataaux sont aux paraaux, ce que les épiaux étaient supérieure-

ment aux périaux ; ils sont des auxiliaires protecteurs du système sanguin, respiratoire et digestif ; ils ont, en outre, cet autre point de ressemblance, que, devenant dans plusieurs circonstances inutiles pour cet usage, ils passent à des fonctions secondaires, font partie des nageoires anales, constituent des aiguillons extérieurs, etc. Dans ce cas, Geoffroy ajoute les mêmes prépositions employées pour la partie supérieure ; ainsi, lorsque les pièces seront rangées en séries, on trouvera au-dessous du cycléal le *cycloparaal* et le *méta-paraal*, puis l'*en-cataal* et le *pro-cataal*. Tels sont les rapprochemens curieux et bien dignes d'intérêt, que Geoffroy Saint-Hilaire a d'abord eu pour but d'établir.

Il nous était indispensable de le suivre dans tous ces détails, afin qu'abordant avec lui l'étude de la vertèbre chez les Crustacés, nous nous trouvions avec un égal avantage sur son terrain et plus à portée de saisir sa manière de voir. Quiconque, n'adoptant pas cette route, entreprendrait la comparaison immédiate des Animaux vertébrés et des Crustacés, sous le rapport de leur système solide, ne devrait point se flatter d'avoir saisi les idées fondamentales de l'auteur, et encore moins se permettre de porter à leur égard le moindre jugement.

Les Crustacés vivent au-dedans de leur colonne vertébrale, c'est-à-dire que leur cycléal n'étant pas entièrement plein comme dans les hauts Animaux vertébrés, ou n'étant pas rempli de couches concentriques qui ne laissent au plus qu'un trou à peine perceptible, comme dans les Poissons, se trouve contenir chez eux le cordon nerveux, le vaisseau sanguin, les viscères, les muscles, etc., et constitue par cela même un anneau très-ample, dont le diamètre égale la largeur tout entière de l'Animal.

Ceci admis, les résultats suivans en découleront naturellement : 1° l'épaisseur de cet anneau ou la solidité du tube vertébral sera toujours en raison inverse de l'étendue de sa circonférence; 2° le tube vertébral se trouvant rejeté au-dehors sur la limite du derme, en sera immédiatement revêtu; 3° les muscles ne s'opposant pas au contact immédiat, puisqu'ils sont renfermés dans le cycléal, ce tube osseux s'unira et se confondra avec le tube épidermique; 4° les volumes respectifs des deux tubes osseux et épidermique pourront varier graduellement en raison directe ou en raison inverse l'un de l'autre : ainsi que le tissu dermoïque soit plus abondamment nourri que le tissu osseux, et acquière en proportion plus d'épaisseur, on aura les enveloppes solides et de consistance cornée des Coléoptères; qu'au contraire, le tissu osseux prédomine sur l'épidermique, il en résultera le test résistant des Crabes, des Homards, etc.; 5° enfin tous les organes restant concentrés dans le tube vertébral, aucun autre tube ne sera nécessaire au-dehors, et il ne devra plus exister de doubles pièces qui fassent la fourche en dessus et en dessous du cycléal, ou qui, en se réunissant, constituent des cloisons pour enfermer le système médullaire et le système sanguin. — Si donc les autres parties de la vertèbre, qu'on se rappellera avoir été distinguées dans les Poissons en périaux et épiaux situés en haut, et en paraaux et cataaux placés en bas, se retrouvent chez les Crustacés, elles ne seront plus que des dépendances fort peu importantes du cycléal, ne pouvant être appropriées qu'au mouvement progressif. Or, l'observation fait apercevoir dans la classe des Animaux articulés, sur le dehors de chaque tube vertébral, ou de chaque anneau, une double série de pièces que tout le monde sait être des appendices locomoteurs, et que Geoffroy considère comme les analogues de celles qui viennent d'être nommées. La manière de voir de l'illustre auteur de l'Anatomie philosophique, se réduit donc à considérer chaque anneau d'un Animal articulé

comme un corps de vertèbre creux, et chaque paire de pates qu'il supporte comme les appendices de ce corps vertébral qui, ici, passent aux usages secondaires de la locomotion, tandis que dans les Animaux élevés, ils se réunissent le plus souvent pour former des anneaux protecteurs du cordon nerveux, du système sanguin, etc. On pouvait cependant opposer à ces résultats un fait plausible : les appendices vertébraux des Poissons et leurs nageoires dorsales ou anales s'élèvent verticalement; au contraire, les pates des Insectes qu'on leur compare, sont étendues horizontalement. Est-ce bien là ce qu'indique le principe des connexions? Geoffroy Saint-Hilaire a prévu cette objection; pour y répondre, il établit qu'il n'est pas inhérent aux Animaux que leur thorax soit transporté en présentant toujours la même surface au sol. Personne n'ignore que les Pleuronectes nagent étant posés sur leurs flancs, d'où il arrive que quelques-unes de leurs nageoires qui, dans d'autres Poissons, sont dirigées verticalement, se trouvent chez eux étendues horizontalement. Il se demande alors si ces Insectes ne sont pas, sous le rapport de la station, des Animaux semblables aux Pleuronectes, c'est-à-dire s'ils n'étendent pas de la même manière à droite et à gauche les moyens dont ils disposent pour leur transport; Geoffroy pense donc que les Crustacés (car c'est toujours cette classe qu'il entend donner pour exemple), dans la position où nous les voyons, ne marchent pas, comme il nous semble, sur le ventre, mais sur le côté, convertissant ainsi l'un de leurs flancs en face ventrale, et l'autre en face dorsale; dès-lors on conçoit comment ils rendent horizontales (les portant à droite et à gauche) les parties qui dans les Poissons sont généralement verticales. La queue ne fait pas exception, et il est aisé de voir qu'elle est elle-même horizontale. Observons d'ailleurs que la position du corps, relativement au sol, est très-variable chez les Animaux articulés ; la plupart marchent à la ma-nière des Crabes, des Araignées et des Scarabées, et convertissent, suivant l'expression de Geoffroy, l'un de leurs flancs en face ventrale ; mais on en trouve un assez grand nombre qui affectent des positions toutes différentes. Nous nous bornerons à fournir quelques exemples bien connus, sans avoir la prétention de précéder Geoffroy dans l'usage qu'il pourrait en faire à l'appui de sa manière de voir.

Les Amphipodes, qui constituent un ordre dans la classe des Crustacés, sont toujours placés sur le côté ; leurs appendices ont par cela même une direction verticale, et si nous avons bien conçu l'opinion de l'auteur, ces Animaux présenteraient l'état normal, puisque le côté sur lequel ils sont couchés, et qui pour lui n'est autre chose que la face ventrale, dans le Pleuronecte, par exemple, repose immédiatement sur le sol. Les Phronimes, les Chevrettes (*Gammarus*), les Talitres, les Corophies sont dans ce cas. L'Achlysie du Dytique, espèce d'un genre nouveau que nous avons établie dans la classe des Arachnides (Mém. de la Soc. d'Hist. natur. T. 1), est, à cause de son organisation singulière, placée sur le flanc, du moins à l'époque où nous l'avons observée.

D'autres Animaux articulés sont tout-à-fait renversés, et convertissent réellement leur dos en face ventrale. Geoffroy Saint-Hilaire ne négligera sans doute pas ces observations, lorsque, dans un Mémoire suivant qu'il annonce, il étudiera la position relative des organes à l'intérieur du corps. Plusieurs Crustacés de l'ordre des Branchiopodes présentent cet entier renversement ; les Apus, les Branchipes, etc., nagent presque constamment sur le dos. Tout le monde sait que plusieurs Insectes Hexapodes, le Notonecte en particulier, se trouvent dans le même cas.

Les rapports qui existent entre les Crustacés et les classes voisines, telles que les Annelides, les Arachnides et les Insectes, ont été signalés depuis long-temps par les classificateurs. Les anciens naturalistes plaçaient les Crustacés entre les Poissons et les Mollusques ; Linné les réunissait aux Insectes qui comprenaient également les Arachnides, et il les rangeait avec celles-ci dans une division particulière désignée sous le nom d'Aptères. Brisson revint à la classification ancienne ; il distingua les Crustacés des Insectes, les plaça à la suite des Poissons ; mais il leur associa les Myriapodes et les Arachnides. Dans la Méthode de Fabricius, les Crustacés firent de nouveau partie des Insectes, et ils constituèrent le quatrième ordre sous le nom d'*Agonata*. Latreille (Précis des caractères généraux des Insectes) établit trois ordres : le premier sous le nom de Crustacés, le second sous celui d'Entomostracés, et le troisième sous celui de Myriapodes. Plus tard, Cuvier, se fondant sur des caractères anatomiques, effectua un changement motivé ; il transporta d'abord (Tableau élémentaire de l'hist. nat. des Anim.) les Crustacés à la tête de la classe des Insectes, et peu de temps après (Leçons d'Anatomie comparée), il établit d'une manière distincte et nullement arbitraire la classe des Crustacés.

Si nous jetons maintenant un coup-d'œil sur les divisions qui ont été établies dans les Crustacés constituant une classe ou simplement un ordre, nous verrons qu'à mesure que la science a marché, elles ont augmenté dans une proportion considérable. Linné partageait les Crustacés en trois genres : les Crabes, *Cancer*, qu'il subdivisait en Brachyures (queue courte) et en Macroures (queue longue), les Cloportes, *Oniscus*, et les Monocles, *Monoculus*. Fabricius, profitant des observations de Daldorff, a divisé (*Entom. Syst. Suppl.*) les Crustacés en trois ordres : 1° les *Polygonata*, composés des genres *Oniscus* et *Monoculus* de Linné ; 2° les *Kleistagnata*, comprenant les Crabes Brachyures du même auteur et une portion des Limules de Müller ; 3° les *Exochnata*, embrassant la division des Crabes Macroures de Linné. Cuvier (Tableau élément. de l'hist. des Anim.) établit des coupes qui renferment les grands genres *Monoculus*, *Cancer* et *Oniscus*, L.

Lamarck (Syst. des Anim. sans vert.) divise la classe des Crustacés en deux ordres : les Pédiocles (yeux pédiculés) et les Sessilocles (yeux sessiles). Latreille (*Gener. Crust. et Ins.* et Considér. génér.) partage cette classe en deux ordres : le premier porte le nom d'Entomostracés et le second est désigné sous celui de Malacostracés ; dans cet arrangement, les *Oniscus* étaient réunis aux Arachnides. Quelques années plus tard (en 1817, Règn. Anim. de Cuv.), le même savant a publié une nouvelle méthode dans laquelle, prenant pour bases de ses divisions la situation et la forme des branchies, la manière dont la tête s'articule avec le tronc et les organes masticateurs, il divise la classe des Crustacés en cinq ordres : 1º les Décapodes, *Decapoda* (dix pieds); 2º les Stomapodes, *Stomapoda* (bouche-pieds); 3º les Amphipodes, *Amphipoda* (pieds dirigés en tout sens); 4º les Isopodes, *Isopoda* (pieds égaux); 5º les Branchiopodes, *Branchiopoda* (pieds-branchies). Nous ne devons entrer ici dans aucun détail sur ces ordres qui seront traités respectivement à leur place alphabétique.

Leach a fait connaître (*Trans. of the Linn. Societ.* T. XI) une classification complète de l'ordre des Crustacés, dans laquelle il établit un grand nombre de genres nouveaux et plusieurs divisions. Nous nous bornerons à présenter les caractères des principales divisions.

Classe : Crustacés. — Sous-classe première : Malacostracés, *Malocostraca*. Bouche composée de mandibules, de plusieurs mâchoires, et recouverte par des pieds-mâchoires, tenant lieu de lèvre inférieure ou la représentant ; mandibules souvent palpigères ; dix à quatorze pates uniquement propres à la locomotion ou à la préhension, ayant souvent les organes respiratoires annexés à leur base; corps tantôt recouvert par un test cal-

caire plus ou moins solide sous lequel la tête est confondue, tantôt divisé en anneaux avec la tête distincte; point de métamorphose.

Légion 1ʳᵉ. Podophtalmes, *Podophtalma* (Pédiocles, Lamk.). Des yeux composés, placés au bout d'un pédoncule mobile ; point d'yeux simples; mandibules pourvues d'un palpe; pieds-mâchoires ayant tous un palpe adhérent à leur base. Cette division comprend les Décapodes et les Stomapodes de Latreille.

Légion 2ᵉ. Edriophthalmes, *Edriophthalma* (Sessilocles, Lamk.). Des yeux sessiles ordinairement composés, mais quelquefois situés sur les côtés de la tête ; les mandibules souvent munies d'un palpe; tête presque toujours distincte du corps. La légion des Edriophthalmes embrasse les Amphipodes, les Isopodes et les Branchiopodes de l'entomologiste français. *V.* tous ces mots.

Crustacés fossiles.

Depuis que la connaissance des corps organisés fossiles a été reconnue indispensable pour l'étude de la géologie, on s'est occupé avec soin de les recueillir et de les décrire. Les Animaux vertébrés et les Coquilles ont principalement fixé l'attention des zoologistes et des géologues. Les uns étaient trop remarquables et les autres trop nombreux pour ne pas être d'abord observés ; à cet égard il suffit de rappeler les travaux de Cuvier et Lamarck; mais il restait une lacune à remplir. Quelques Animaux articulés avaient accidentellement été observés. Gesner, Aldrovande, Scheuchzer, Bajer, Séba, Sachs, Linné, Mercatus, Rumph, Knorr, Walch, Schlotheim, Wahlenberg, etc., en avaient signalé ou fait connaître un plus ou moins grand nombre; le besoin de la science exigeait qu'on réunît tous ces faits et qu'on en ajoutât de nouveaux. Ce travail important a été entrepris dans un ouvrage ayant pour titre : Histoire naturelle des Crustacés fossiles sous les rapports zoologiques et géologiques, savoir : les Trilobites, par Alexandre Brongniart, et les Crustacés proprement dits, par Anselme-Gaëtan Desmarest (un vol. in-4° avec fig. Paris, 1822. Levrault). Nous renvoyons à l'article TRILOBITES l'étude des Animaux fossiles qu'on désigne sous ce nom, et nous jetterons ici un coup-d'œil général sur les Crustacés proprement dits, en empruntant à l'excellent ouvrage de Desmarest tout ce que nous allons en dire. « Le nombre des vrais Crustacés fossiles que nous avons pu examiner, dit cet observateur exact, est de trente-quatre. Ils ont été trouvés dans divers terrains, et leur mode de pétrification n'est pas toujours le même; les uns ont gardé leur propre test, et les autres n'offrent que des empreintes extérieures ou des moules intérieurs; quelques-uns sont pétrifiés en matière calcaire, et d'autres sont changés en fer sulfuré. Les plus anciennement enfouis sont ceux des bancs de la pierre calcaire argileuse de Pappenheim, qu'on est fondé à considérer comme dépendante de la formation du calcaire du Jura; c'est là que l'on trouve la seule espèce assez différente de celles qui vivent maintenant, pour être considérée comme appartenant à un genre distinct; c'est là aussi que l'on rencontre le Limule qui constitue un genre étranger aux rivages européens. Les Argiles bleues intérieures à la Craie, auxquelles les Anglais donnent le nom de *Blue-Lias*, et qui composent une partie du pied des falaises de Normandie, entre le Hâvre et Dives; les écueils connus sous le nom de Vaches-Noires, et une partie des rochers du Calvados, renferment, avec des ossemens de Crocodiles, des débris de Crustacés, et notamment ceux d'une espèce à longues pates et à grande queue, qui paraît être une Langouste, ainsi que ceux de deux autres en trop mauvais état pour être décrites, mais dont une se rapporte, à n'en pas douter, au genre Scyllare. — La formation de Saint-Pierre de Maëstricht contient, avec des Coquilles bien reconnues pour appartenir au dépôt crayeux, des pinces de Crustacés isolées, qui ont été figurées par

Faujas comme étant celles d'un Pagure, et Mantell vient de trouver, dans la Craie d'Angleterre, les débris de plusieurs Crustacés Macroures et Brachyures. — L'Argile plastique, dont est composée l'île de Shepey à l'embouchure de la Tamise, contient assez fréquemment les carapaces d'un Crabe déterminable et des fragmens de Crustacés Macroures. — La formation du calcaire de sédiment supérieur, ou terrain tertiaire (désigné, pour les environs de Paris, sous le nom de Calcaire grossier), nous a fourni quelques Crustacés, et dans ce nombre nous plaçons ceux de Dax et de Vérone, et celui que nous avons trouvé nous-mêmes dans les bancs de Marne calcaire de Montmartre, qui forment la ligne de démarcation entre les dernières couches du calcaire marin et la formation gypseuse d'eau douce. Les terrains calcaréo-trappéens du Vicentin, que Brongniart regarde comme de formation contemporaine à celle du calcaire de sédiment supérieur, nous ont offert des Crustacés fort voisins de deux espèces qui vivent sur nos côtes, le Crabe commun (*Cancer Mœnas*) et la Langouste (*Palinurus quadricornis*). — Enfin, si aux Crustacés proprement dits on joint les Asellotes et les Entomostracés, on aura retrouvé deux représentans fossiles de ces familles dans les terrains les plus récemment déposés. Les couches marines de Marnes verdâtres, supérieures au Gypse à Montmartre, nous ont offert, dans un de leurs feuillets, au-dessus d'un banc de Coquilles bivalves qu'on a rapportées au genre Cythérée, et au milieu de nombreux Spirorbes, un Crustacé peu déterminable, il est vrai, à cause de sa petitesse, mais qu'on ne peut cependant éloigner des Sphéromes ou des Idotées. Enfin, le terrain d'eau douce de la vallée de l'Allier, en Bourgogne, a présenté des bancs épais, tout pétris de petites Coquilles bivalves, que nous avons cru devoir rapporter, à cause de leurs formes générales et de leur minceur, au genre Cypris. — Un assez grand nombre de Fossiles particulièrement rapprochés des Ocypodes ou des Crustacés voisins de ceux-ci, nous sont rapportés des Philippines et des autres îles de l'archipel Indien. Ils sont incrustés dans un calcaire grisâtre d'aspect marneux, assez dur, et qui n'est pas susceptible de se délayer ou de faire pâte avec l'eau. — Le test de ces Crabes est ordinairement conservé; mais sa nature a été modifiée; il est bien plus solide que celui des espèces qui vivent maintenant, et renferme beaucoup moins de matière animale. Quelques voyageurs assurent que ces débris se rencontrent sur les bords de la mer, et paraissent croire qu'ils appartiennent à des Crabes dont les espèces vivent actuellement, et s'empâtent ainsi dans l'Argile, comme le font quelques petits Poissons sur les côtes de l'Islande, de la Rochelle, de Scapezzano, dans la Marche d'Ancône, etc. Cette assertion paraît avoir peu de probabilité, car il est très-remarquable que ces Crustacés ainsi encroûtés soient apportés des contrées lointaines où on les trouve en si grand nombre, et que les espèces vivantes, qu'on dit être les leurs, soient encore tout-à-fait inconnues. Néanmoins si cette analogie était démontrée, on ne pourrait pas pour cela les retirer de la série des Crustacés fossiles dont il s'agit; car elles ont acquis toutes les conditions des corps pétrifiés, c'est-à-dire qu'elles sont maintenant soustraites aux causes qui opèrent la décomposition des êtres organisés après leur mort. Ce serait un ordre de Fossiles nouveaux, celui des Fossiles contemporains de notre création, et dont quelques naturalistes nient encore l'existence.

» Telle est la disposition géologique des Crustacés sur la surface du globe. Leur série commence où celle des Trilobites finit, et elle s'étend jusqu'aux dépôts les plus récens. »

Desmarest adopte, pour le classement des Crustacés fossiles, la méthode de Latreille (Règn. Anim. de Cuv.), et voilà le résultat du nombre d'espèces qui lui étaient connues à l'é-

poque de la publication de son ouvrage. Dans l'ordre des Décapodes, se trouve la famille des Brachyures, qui renferme vingt-quatre espèces distribuées dans douze genres de la manière suivante : Portune, deux espèces ; Podophthalme, une ; Crabe, cinq ; Grapse, une ; Gonoplace, cinq ; Gélasime, une ; Gérarcin, une; Atélécycle, une ; Leucosie, trois ; Inachus, une ; Dorippe, une ; Ranine, une.

La seconde famille du même ordre, celle des Macroures, comprend six espèces partagées en cinq genres ; savoir : Pagure, une ; Langouste, deux ; Palémon, une ; Eryon, une ; Scyllare, une. Les deux ordres des Stomapodes et des Amphipodes n'ont encore fourni aucune espèce fossile; dans celui des Isopodes, on ne connaît que deux espèces rapportées avec doute au genre Sphérome. L'ordre des Branchiopodes n'a encore offert que deux espèces, dont l'une appartient au genre Limule et l'autre au genre Cypris. *V*., pour les détails, chacun de ces mots.

Desmarest, depuis la publication de son travail, a eu occasion d'observer quelques espèces nouvelles ; il les fera successivement connaître dans l'ouvrage périodique connu sous le titre d'Annales des Sciences naturelles. (AUD.)

CRUSTACITES. CRUST. On a quelquefois donné ce nom aux Crustacés fossiles. (B.)

CRUSTA-OLLÆ. BOT. PHAN. (Rumph.) Nom donné à plusieurs Plantes de l'Inde fort différentes, entre autres à une Gratiole ainsi qu'à une Oldenlandie dont Forster a fait son genre Dentella. (B.)

CRUSTODERMES. POIS. Blainville a donné ce nom mérité par l'enveloppe dure qui les recouvre, aux Poissons qui, dans le système de Linné, composaient l'ordre des Branchiostèges. *V*. ce mot. (B.)

CRUSTOLLE. BOT. PHAN. Des auteurs français ont donné ce nom, tiré de *Crusta - Ollæ*, au genre dédié à la mémoire de Ruellius. Ce changement de nom n'est pas heureux, puisqu'aucune des Plantes de Rumph, désignées sous le nom radical, ne fait partie du genre *Ruellia;* il n'est pas juste, puisqu'il relègue dans la langue latine le nom d'un botaniste qui rendit plus d'un service à la science. *V*. RUELLIE.   (B.)

CRUZEIRO. BOT. PHAN. On ne sait à quel genre rapporter la Plante du Brésil désignée sous ce nom, et dont on dit que l'écorce est encore plus amère que celle du Quina. (B.)

CRUZETA. BOT. PHAN. (Jacquin.) Syn. de *Mussænda spinosa* à la Martinique.   (B.)

CRUZITE. *Cruzita.* BOT. PHAN. Et non *Crucita.* Genre fondé par Lœfling et Linné, placé dans la Tétrandrie Digynie et rapporté par Jussieu à la famille des Atriplicées. Ses caractères sont : calice ou périanthe persistant, divisé profondément en quatre parties, et muni à sa base de trois bractées particulières; quatre étamines dont les filets sont très-courts et portent de petites anthères; ovaire supérieur ovale, obtus, comprimé et surmonté d'un style très-court, divisé en deux branches portant chacune un stigmate. Le fruit est une caryopse recouverte par le périanthe, caduque ainsi que celui-ci. — Une seule Plante constitue ce genre : elle a une tige droite, ferme et haute d'un mètre et demi; ses feuilles sont, de même que ses rameaux, opposées, lancéolées et très-entières. Les fleurs, extrêmement petites comme celles des autres genres de la famille, sont portées sur des épis paniculés. Elle a pour patrie la république de Colombie, et particulièrement les environs de Cumana. C'est donc par erreur d'origine que Linné, en décrivant cette Plante, lui donna le nom de *Cruzita hispanica.* Rœmer et Schultes n'ont pas détruit l'idée fausse qu'entraîne un nom spécifique contradictoire avec les faits, en lui substituant celui d'*hispano-americana*,

voulant sans doute concilier ainsi la dénomination linnéenne avec celle de *C. americana*, proposée par Lamarck et la seule que l'on doive admettre, puisqu'il est constant que la Plante dont il s'agit ne croît pas spontanément en Espagne, et que sa véritable patrie ne peut plus être regardée comme dépendante de cet empire.
(G..N.)

CRYEROZES. ZOOL. Hermann, professeur à Strasbourg, proposait de substituer ce mot qui signifie froid, effrayant, livide, à celui de Reptiles. Ce changement sans utilité et même sans justesse, car il est des Reptiles fort élégans, n'a pas été adopté.   (B.)

CRYMOPHYLE. OIS. (Vieillot.) *V*. PHALAROPE.

CRYOLITHE. MIN. On a donné ce nom, qui signifie Pierre de glace, à l'Alumine fluatée alcaline. *V*. ALUMINE.   (B.)

CRYPHIE. *Cryphia.* BOT. PHAN. Genre de la famille des Labiées et de la Didynamie Gymnospermie, L., fondé par R. Brown qui lui assigne les caractères suivans : calice fermé, à deux lèvres entières et égales, et muni de deux bractées; corolle renfermée dans le calice; la lèvre supérieure en forme de casque et très-courte, l'inférieure ayant le lobe du milieu plus grand; anthères mutiques. Ce genre, intermédiaire entre le *Chilodia* du même auteur et le *Prostanthera* de Labillardière, se compose de deux espèces trouvées par R. Brown sur les côtes méridionales de la Nouvelle-Hollande. Ce sont deux petites Plantes frutescentes, pleines de glandes qui sécrètent une huile volatile d'une odeur pénétrante. Leurs feuilles sont entières et petites comme celles du Serpolet, d'où le nom de *C. serpyllifolia*, donné à la principale espèce; car pour la *C. microphylla*, de l'aveu même de l'auteur, elle pourrait mieux n'être considérée que comme une variété de la précédente. Leurs fleurs sont solitaires et portées sur des pédoncules axillaires. (G..N.)

CRYPHIOSPERME. *Cryphiospermum*. BOT. PHAN. Dans sa Flore d'Oware et de Benin, Palisot de Beauvois a décrit et figuré, sous le nom de *Cryphiospermum repens*, une Plante de la famille des Synanthérées qu'il rapportait aux Chicoracées, et que plus tard l'illustre R. Brown a reconnue être le *Cœsulia radicans* de Willdenow, qui appartient à la section des Corymbifères et à la tribu des Hélianthées de Cassini. Ce dernier ayant fait de la Plante de Willdenow un genre distinct sous le nom d'*Enydra*, nous renvoyons à ce mot. (A. R.)

* CRYPHYON. *Cryphyum*. BOT. CRYPT. (*Mousses.*) Palisot de Beauvois proposait d'appeler ainsi le genre *Calymperes* de Swartz. *V*. CALYMPÈRES. (A. R.)

CRYPSANTHA. BOT. CRYPT. (Beauvois.) Syn. d'Hedwigie. *V*. ce mot. (B.)

CRYPSIDE. *Crypsis*. BOT. PHAN. Genre de la famille des Graminées et de la Triandrie Digynie, L., établi sur quelques Plantes confondues autrefois parmi les *Phleum* et les *Anthoxanthum*, et ainsi caractérisé dans Aiton (*Hort. Kew.* 2e édit., 1, p. 68), et dans Kunth (*Synopsis Plant. orbis novi*, 1, p. 207) : calice (*lépicène*, Rich.) à deux valves linéaires, uniflore; corolle (*glume*, R., *paillettes*, Palis. Beauv.) bivalve et mutique; deux écailles hypogynes; une à trois étamines; deux styles; stigmates plumeux; caryopse libre. Les fleurs sont en épis simples, disposées sur un axe formant un capitule rond ou allongé et comme involucrées par la gaîne des feuilles supérieures. Palisot-Beauvois (*Agrostograph. Nov.* p. 22) a distrait des Crypsis quelques espèces qu'on y avait rapportées, et en a formé le nouveau genre *Heleochloa*. Celui-ci n'est considéré par la plupart des auteurs que comme une section du premier, et, en effet, les différences tirées de la structure des paillettes (*glume*, Rich.), lesquelles sont entières et courtes dans le premier genre, bifides et enveloppant le fruit dans le second, ainsi que celles fournies par les ovaires munis, dans les *Crypsis*, d'un bec épais et émarginé, et simplement aigus dans les *Heleochloa*, paraissent trop légères pour en autoriser la distinction. Panzer (*Ideen*, p. 24 et 26, t. 8) a néanmoins admis ces deux genres, en réformant toutefois leurs caractères. *V*. HELEOCHLOA. Le genre *Crypsis* a reçu deux synonymes qu'il est utile de mentionner, savoir : le *Pallasia* de Scopoli et l'*Antitragus* de Gaertner (*de Fruct.* 2, p. 7, t. 80). Si à l'exemple de Kunth (*loc. cit.*) et de Rœmer et Schultes, l'on admet la réunion des Heleochloa aux Crypsis, on comptera dans ce dernier genre une dixaine d'espèces dont deux, *Crypsis aculeata* et *C. alopecuroïdes*, sont indigènes d'Europe. La première croît sur le littoral de la Méditerranée dans les terrains sablonneux. La structure des gaînes supérieures de ses feuilles lui donne un aspect tellement particulier, qu'on ne peut la comparer à aucune autre Graminée. C'est sans doute ce qui a causé l'étrange méprise de Linné, lorsqu'il l'a nommée *Schœnus aculeatus*. La synonymie si embrouillée des espèces de ce genre, transportées au gré des auteurs dans plus de six genres différens, prouve la nécessité d'une revue de ces Graminées. Trois espèces nouvelles ont été rapportées de l'Amérique méridionale par Humboldt et Bonpland, et décrites sous les noms de *Cripsis macrura*, *C. phleoides* et *C. stricta*, dans leur bel ouvrage rédigé par C. Kunth (*Nov. Gener. et Spec. Plant. Æquin.* 1, p. 141). (G..N.)

CRYPSIRINA. OIS. Et non *Crypsirnaa*. *V*. TEMIA. (B.)

CRYPTANDRE. *Cryptandra*. BOT. PHAN. Genre établi par Smith (*Trans. Soc. Linn.*, v. 4, p. 217), appartenant à la Pentandrie Monogynie, L., et rapporté avec doute à la famille des

Rhodoracées de Jussieu. Ses caractè-res sont : calice à cinq divisions très-profondes ressemblant à des bractées ; corolle tubuleuse, soyeuse extérieu-rement, à limbe partagé en cinq seg-mens entre lesquels se trouvent cinq écailles en forme de cornets ; cinq éta-mines insérées immédiatement au-dessous de ces écailles ; stigmate trifi-de ; capsule supérieure à trois valves qui, par leur introflexion, constituent trois loges, chacune renfermant une semence solitaire et comprimée. A l'espèce (*Crypt. australis*) sur laquelle Smith établit ce genre, cet auteur en a depuis ajouté deux autres (*in Rees Cyclopæd.*), l'une qu'il a nommée *Cryptandra ericifolia*, et l'autre *C. amara*; elles sont indigènes de la Nouvelle-Hollande, aux environs du port Jackson. Rudge les a figurées toutes deux dans le dixième volume des Transactions de la Société Lin-néenne de Londres, table 18, p. 294. Il serait à désirer qu'il eût pu faire connaître l'organisation du fruit de ces Plantes comme celle de leurs fleurs, qui y est très-bien dessi-née. C'est d'après les descriptions in-sérées dans ce Mémoire que nous avons exposé les caractères génériques précédens.   (G..N.)

* CRYPTANGIS. BOT. PHAN. Nom proposé par Du Petit-Thouars (Hist. des Orchidées des îles australes d'A-frique) pour une Orchidée de la sec-tion des Epidendres et du genre *An-gorchis* du même botaniste, ou *An-græcum* des auteurs. Elle est figurée (*loc. cit.*, t. 50) sous le nom d'*Angræcum inapertum*. C'est une petite Plante haute de quinze lignes à peu près, indigène des îles de France et de Mascareigne, à feuilles rapprochées, lancéolées, aiguës, et à petites fleurs blanches pédonculées.   (G..N.)

CRYPTE. *Cryptus.* INS. Genre de l'ordre des Hyménoptères, établi par Jurine (Classif. des Hymén., p. 49), et fondé antérieurement par Latreille, sous le nom d'Hylotome. *V.* ce mot. Fabricius avait déjà employé le nom de Crypte, pour désigner un autre

genre de l'ordre des Hyménoptères. Celui-ci, fondé aux dépens des Ichneu-mons, est rangé par Latreille (Règn. Anim. de Cuvier) dans la famille des Pupivores, tribu des Ichneumo-nides. Les caractères du genre Crypte dont il est ici question, sont loin d'être constans et ne peuvent souvent être applicables qu'à l'un des sexes; il est donc difficile de savoir exactement ce qui le constitue ; Latreille pense que d'après la forme générale des es-pèces dont il se compose, Fabricius a voulu séparer en un groupe parti culier celles qui ayant l'abdomen porté sur un filet très-distinct, ovale, ou presque cylindrique, voûté, sont pourvues en outre d'une ta-rière saillante, ordinairement courte ou peu allongée. On a établi quel-ques divisions fondées sur la cou-leur blanche de l'écusson, ou l'exis-tence d'une bande de même cou-leur aux antennes ; elles compren-nent un assez grand nombre d'espè-ces.

Le CRYPTE ARMATEUR, *Crypt. ar-matorius*. Il se trouve en France et en Allemagne.

Le CRYPTE BORDÉ, *Crypt. margi-natorius*. Originaire d'Europe.

Le CRYPTE DISSIPATEUR, *Crypt. profligator*. Fabricius rapporte à cette espèce l'Ichneumon, n. 46, de Geof-froy (Hist. des Ins. T. II, p. 341).

Gravenhorst (*Monogr. Ichneumo-num pedestrium*) a fait connaître plu-sieurs femelles qui sont aptères. Ce sont les Cryptes Hémiptère, Puli-caire, agile et Coureur.

Le CRYPTE DES OEUFS, *Crypt. ovu-lorum*, vit à l'état de larve dans l'in-térieur des œufs de certains Lépidop-tères.

Le CRYPTE DES PUCERONS, *Crypt. Aphidium*, se nourrit pendant son premier âge aux dépens du corps d'un Puceron. Dans plusieurs espèces, les larves se filent des coques soyeu-ses, entourées d'une enveloppe com-mune (*Cryptus globatus*), ou dépour-vues de cette enveloppe (*Cryptus glo-meratus*), mais adossées cependant les unes aux autres.

Les larves du Crypte alvéolaire, *Crypt. alvearius*, sont remarquables par l'habitude qu'elles ont de construire leur coque sur un même plan, de manière que lorsque celles-ci sont vides, elles représentent en petit les alvéoles d'un gâteau d'Abeilles.

(AUD.)

* CRYPTE. *Crypta*. BOT. PHAN. Le professeur Nuttal, dans ses genres de l'Amérique du Nord, propose d'établir un genre distinct pour le *Peplis americana* de Pursh, auquel il donne le nom de *Crypta*, et qu'il caractérise de la manière suivante : son calice est composé de deux sépales ; sa corolle de deux ou trois pétales rapprochés ; l'ovaire est surmonté de deux ou trois stigmates très-petits, sessiles ; le fruit est une capsule à deux ou trois loges, s'ouvrant en autant de valves. Chaque loge contient quatre ou cinq graines presque cylindriques et striées. (A.R.)

* CRYPTERPIS. BOT. PHAN. C'est ainsi que Du Petit-Thouars désigne une Orchidée des îles de France et de Mascareigne, appartenant à la section des Helléborines et à son genre *Erporchis*, qui est le même que le *Goodiera* de Brown. Sous le nom de *Goodiera occulta* (*Erporchis Crypterpis*), est figurée (Histoire des Orchidées des îles australes d'Afrique, t. 28) une Plante qui paraît être la même que celle appelée *Goodiera bracteata* dans le texte du premier tableau. Ses fleurs sont petites et purpurines, ses feuilles ovales longues d'un décimètre. Cette Plante a environ un demi-mètre de hauteur. La planche 30 de l'ouvrage cité plus haut représente, sous le nom de Crypterpis, cette Plante en entier, mais diminuée au moins des deux tiers. (G..N.)

* CRYPTES. GÉOL. On donne ce nom, qui est à peu près synonyme de cavernes, à des galeries souterraines plus ou moins étendues, dont la plupart paraissent avoir été creusées de main d'Homme. Sous ce point de vue les Cryptes sortiraient du domaine de la science à laquelle nous avons consacré ce Dictionnaire ; mais quelques-unes, ayant facilité aux géologues un accès instructif dans les entrailles de notre planète, méritent de leur part quelque attention. Les Cryptes diffèrent des galeries de mines, en ce qu'elles sont ordinairement horizontales, ayant été creusées sur les pentes de quelque escarpement. Les côtes du Nil en sont criblées en plusieurs endroits, particulièrement dans les environs de l'antique Thèbes aux cent portes, et, ces cavités, silencieux asiles des trépassés, furent consacrées aux sépultures d'un peuple superstitieux qui croyait mettre ses dépouilles mortelles à l'abri de la destruction en les confiant embaumées au sein des roches calcaires du rivage : vain espoir ! la religion et les mœurs ont changé sur cette terre classique de la superstition et des premières sciences. Le Bédouin barbare, le Musulman grossier, ont profané le sanctuaire lugubre de la mort, et des ossemens que la sentence des sages avait comme confiés aux siècles pour se relever vivans au jour suprême de la résurrection, servent aujourd'hui à chauffer les fours d'une population renouvelée, ou d'appât à la curiosité des voyageurs européens qui, sur les traces des Geoffroy Saint-Hilaire et des Caillaud, vont interroger l'histoire de la première Egypte au fond de ses sépultures violées. — L'Italie aussi a ses Cryptes qui furent consacrées aux cendres des décédés. C'est une opinion établie dans les environs de Rome, où l'on en cite de célèbres, que les dépouilles de saints martyrs y furent déposées par les premiers chrétiens. On a beaucoup exagéré l'étendue et la majesté ténébreuse de ces derniers asiles des victimes d'un paganisme intolérant. Les Cryptes de Maëstricht l'emportent de beaucoup en importance sur toutes celles qui nous sont connues. Nous les avons décrites soigneusement dans un ouvrage particulier, où nous renverrons le lecteur. Il suffira de dire ici que ces vastes galeries souterraines, dont les premiers ouvriers existèrent avant l'invasion des Romains dans les Gaules, sont tous les jours augmentées par les travaux des générations qui se succèdent, et fournissent sans cesse de nouveaux matériaux à l'étude de l'histoire naturelle. C'est leur exploitation qui nous a fait connaître ces débris fossiles dont Faujas de Saint-Fond a fait le sujet d'un grand ouvrage, où malheureusement ne règne point assez de méthode; on y a trouvé particulièrement des squelettes de gigantesques Sauriens, mal à propos regardés comme ceux de grands Crocodiles. Leurs parois nous initient aux procédés qu'emploie la nature dans la formation lente et continuelle des couches siliceuses de la Craie. Les fouilles qui s'y continuent ont appelé l'attention des savans sur ces cavités singulières qu'on nomme orgues géologiques. *V.* ce mot, CRAIE, SILEX et MONITOR. Ces Cryptes, immenses ouvrages de plusieurs milliers de siècles, sont les seuls objets qui frappent les yeux et l'esprit du vulgaire dans les environs de Maëstricht, et l'on en a raconté de telles merveilles que Buffon, induit en erreur en les comparant poétiquement au labyrinthe de Crète, prétend qu'abandonnées pendant un long espace de temps, il ne serait pas aisé de reconnaître si ces excavations ont été le produit de la nature, ou faites de main d'Homme. On connaît, ajoute ce grand écrivain, des carrières qui sont d'une étendue très-considérable; celle de Maëstricht, par exemple, où l'on dit que cinquante mille personnes peuvent se réfugier, et qui est soutenue par plus de mille piliers qui ont vingt ou vingt-cinq pieds de hauteur. L'épaisseur de la terre au-dessus est de plus de vingt-cinq brasses; il y a dans plusieurs endroits de cette carrière de l'eau, et de petits étangs où l'on peut abreuver le bétail. (Preuves de la théorie de la terre, art. XVII.) Les Cryptes de Maëstricht peuvent contenir plus de cinquante mille personnes; plus de mille piliers s'y pourraient compter; les dimensions de ces piliers sont beaucoup plus imposan-

tes que ne le dit Buffon; mais on ne trouve nulle part dans ces souterrains des étangs où se puisse abreuver le bétail; et si ce n'est en un seul point, où quelques gouttes filtrantes entretiennent quatre ou cinq pintes d'eau médiocre dans un petit réservoir en forme de cuvette, les carrières dont il est question sont remarquables par l'absence de toute humidité, ce qui contribue à la conservation des moindres traits dont les curieux charbonnent les parois, et à rendre la température parfaitement égale. Cette température, observée à longues années de distance par Van-Swinden, par Faujas et par nous, dans des saisons différentes, est constamment de 8° au thermomètre de Réaumur. — On cite encore des Cryptes fort étendues dans quelques parties des montagnes de Hongrie.— L'Espagne en offre aussi d'importantes. On prétend qu'elles existent surtout dans les provinces vascongades, et qu'elles y sont d'une immense étendue; on attribue l'origine de celles-ci aux travaux des chrétiens qui cherchaient vers le centre de la terre cette précieuse liberté dont les Maures les dépouillaient à sa surface. On en a découvert récemment d'immenses dans l'Amérique septentrionale, œuvres de peuples inconnus, qui les consacrèrent, comme dans l'ancien Monde, aux cadavres de leurs pères. Ces Cryptes du nouveau continent recèlent encore des squelettes gigantesques environnés de squelettes de nains. On ne saurait trop recommander aux voyageurs d'examiner leurs parois sur lesquelles il pourront découvrir des Fossiles précieux, et surtout les débris humains qu'ils renferment.   (B.)

CRYPTIQUE. *Crypticus.* INS. Genre de l'ordre des Coléoptères, section des Hétéromères, établi par Latreille (Règn. Anim. de Cuv.) aux dépens des Pédines dont il formait originairement une division: il appartient à la famille des Mélasomes, et offre pour caractères: labre transversal, entièrement à découvert, et non reçu dans une échancrure du chaperon ; palpes maxillaires terminés par un fort article en forme de hache ; antennes presque de la même grosseur, formées, en majeure partie, d'articles en cône renversé, avec le dernier ovoïde ou presque globuleux. Les Cryptiques sont des Insectes ailés qui, outre la différence résultant de la réception du labre dans une échancrure du chaperon, s'éloignent des Pédines par les articles de leurs antennes qui sont plus allongés ; par leurs palpes maxillaires plus saillans et terminés plus directement en forme de hache ; enfin par leurs jambes antérieures étroites. — Ce genre a pour type le CRYPTIQUE GLABRE, *Crypt. glaber*, ou le Ténébrion noir lisse de Geoffroy (Hist. des Ins., T. 1, p. 351), qui est le même que le *Blaps glabra* de Fabricius. On le trouve dans les endroits secs et sablonneux aux environs de Paris ; il en existe plusieurs autres espèces originaires de l'Espagne et du cap de Bonne-Espérance. Le général Dejean (Catalog. des Coléoptères, p. 66) en mentionne six, dont quelques-unes sont nouvelles.

(AUD.)

CRYPTOBRANCHES. POIS. C'est-à-dire à branchies cachées. Ordre établi par Duméril parmi la classe des Poissons osseux, qui correspond à celui des Chismopnes, parmi les Cartilagineux. Ses caractères consistent dans les branchies sans opercules, mais à membrane. Cet ordre ne renferme que les deux genres Styléphore et Mormyre. *V*. ces mots. (B.)

* **CRYPTOCARPE.** *Cryptocarpus.* BOT. PHAN. Famille des Chénopodées, Tétrandrie Monogynie., L. Ce genre, établi par C. Kunth (*in Humboldt et Bonpl. Nov. Genera et Spec. Pl. æquin.*, v. 2, p. 187) offre les caractères suivans : périanthe campanulé à quatre ou cinq divisions courtes ; quatre étamines saillantes, à anthères didymes ; style simple ; akène lisse renfermé dans le calice persistant. Il se compose de Plantes herbacées, à feuilles alternes très-entières, à

fleurs pédicellées ou presque sessiles, disposées en épis dichotomes ou en panicules terminales et axillaires.

Les deux espèces connues sont figurées (*loc. cit.* tab. 123 et 124) sous les noms de *Cryptocarpus globosus* et *C. pyriformis.* Willdenow, abusé par quelques ressemblances extérieures de la première avec les Plantes du genre *Boerrhaavia*, l'avait placée dans celui-ci, et l'avait nommée *B. rhomboïdea.* Cette erreur a été reproduite par Link (*Jahrb. der Gewæchskunde*, 1. 3, p. 66). Ces Plantes croissent en Amérique, mais elles se trouvent en des contrées fort éloignées, puisque la première est de la Havane, et l'autre du pied des Andes au Pérou.

(G..N.)

CRYPTOCARPHE. *Cryptocarpha.* BOT. PHAN. H. Cassini, voulant rectifier les caractères assignés par lui au genre *Acicarpha* de la famille des Calycérées, a reproduit ce genre sous le nom de *Cryptocarpha. V*. ACICARPHA.

(A. R.)

CRYPTOCARYE. *Cryptocarya.* BOT. PHAN. Genre de la famille des Laurinées et de la Dodécandrie Monogynie, L., fondé par R. Brown (*Prodr. Fl. Nov. - Holl.*, p. 402) et caractérisé de la manière suivante : fleurs hermaphrodites ; périanthe à six divisions égales, à limbe caduc ; douze étamines disposées sur deux rangs, dont trois stériles, intérieures, opposées aux découpures intérieures du périanthe ; anthères biloculaires ; six glandules alternes avec les filets intérieurs ; fruit renfermé dans le tube du périanthe, qui s'est accru pendant la maturation, s'est fermé et converti en une sorte de baie. Ce genre, voisin du *Cassyta*, L., et de l'*Endiandra*, R. Brown, se distingue du premier, outre la diversité de son port et de son inflorescence, par la singulière structure de son tube floral fructifère, et du second également par ce caractère et par l'hermaphroditisme de neuf de ses étamines, tandis que dans l'*Endiandra*, neuf au contraire sont stériles. Les trois espèces que R. Brown a découvertes au port Jackson et sur le littoral intratropical de la Nouvelle-Hollande, portent les noms de *Cryptocarya glaucescens*, *C. triplinervis* et *C. obovata*. Ce sont des Arbres qui ont tout-à-fait le port et l'inflorescence du Cannellier, mais qui en diffèrent génériquement et par leurs anthères biloculaires et par leur fruit que recouvre le tube du périanthe. C. Kunth (*Nova Genera et Spec. Plant. œquinoct.* T. II, p. 167) a décrit une nouvelle espèce sous le nom de *Cryptocarya dubia*, rapportée par Humboldt et Bonpland des environs de Santa-Fé de Bogota; mais il ajoute qu'elle constituera probablement un genre distinct.   (G..N.)

* CRYPTOCÉPHALE. MAM. *V.* ACÉPHALE.

CRYPTOCEPHALUS. INS. *V.* GRIBOURI.

CRYPTOCÈRE. *Cryptocerus.* INS. Genre de l'ordre des Hyménoptères établi par Latreille qui le place (Règn. Anim. de Cuv.) dans la section des Porte-Aiguillons, famille des Hétérogynes, tribu des Formicaires, et lui assigne pour caractères : des individus neutres, aptères, pourvus d'un aiguillon; pédicule de l'abdomen formé de deux nœuds; tête grande, aplatie, avec une rainure de chaque côté pour loger une partie des antennes dans tous les individus. Ce genre, qui correspond à la neuvième famille ou à celle des *Chaperonnées* de l'Hist. nat. des Fourmis, avait été établi par Latreille (Hist. gén. des Ins.) sous le nom de Céphalote auquel a succédé celui de Cryptocère adopté depuis par Fabricius. Il se rapporte, suivant Latreille, au genre Manique de Jurine (Classif. des Hymén. p. 276) d'après la disposition des nervures des ailes; ces ailes ont une cellule radiale, grande et appendiculée, et deux cellules cubitales dont la seconde atteint le bout de l'aile; mais ce qui distingue le genre dont il est question de tous les autres, c'est la rainure particulière qu'on observe de chaque côté de la tête et qui est destinée à recevoir les antennes; celles-ci sont coudées et plus grosses vers le bout; les mandibules sont triangulaires et dentées; on observe des palpes maxillaires courts, filiformes et de cinq articles; la tête est grande, aplatie, presque carrée; les deux premiers anneaux de l'abdomen sont petits, noueux, le troisième fort grand renferme ceux qui suivent. Les Cryptocères appartiennent tous à l'Amérique méridionale; on ne possède aucun renseignement sur leurs mœurs. Fabricius en décrit cinq espèces dont la plus connue et celle qui peut être considérée comme type du genre, est le CRYPTOCÈRE TRÈS-NOIR, *Crypt. atratus*, Latr., Fabr., ou la *Formica quadridens* de Degéer, décrit et figuré par Latreille (Hist. nat. des Fourmis, p. 272, pl. 12, fig. 74, A, B.)   (AUD.)

CRYPTODIBRANCHES. MOLL. Blainville, dans sa Classification des Mollusques, appelle ainsi la classe des Céphalopodes. *V.* ce mot. (D..H.)

CRYPTOGAMIE. *Cryptogamia.* BOT. Linné a désigné sous ce nom qui signifie *noces cachées*, la vingt-quatrième classe de son système sexuel, dans laquelle il a placé tous les Végétaux qui ne lui ont pas présenté des organes distincts pour les deux sexes, ou dans lesquels du moins ces organes revêtent des formes très-différentes de celles des étamines et des pistils des autres Végétaux: depuis, ce nom a été assez généralement adopté pour désigner ce vaste groupe de Végétaux aussi singuliers par leur mode de végétation que par la structure de leurs organes reproductifs. Quelques auteurs cependant ne voulant pas même admettre dans ces êtres un mode de fécondation insolite et caché, et pensant que leurs germes ou corpuscules reproducteurs se développent sans fécondation, leur ont donné le nom d'AGAMES. *V.* ce mot. D'autres, comme Palisot de Beauvois, changeant le nom, mais conservant l'idée de Linné, ont imposé à cette classe le nom d'ÆTHÉOGAMIE (noces inusitées);

Jussieu, fondant ses premières divisions sur la structure de l'embryon et admettant l'absence des cotylédons dans tous ces Végétaux, leur a donné le nom d'*Acotylédons*, que De Candolle et R. Brown ont limité à une partie seulement de ces Plantes. Ceux-ci admettent l'absence des cotylédons seulement dans celles qui ne sont composées que de tissu cellulaire, et rangent les autres parmi les Monocotylédones, sous le nom de *Monocotylédones Cryptogames*. Enfin, Richard, pensant que ces Végétaux sont dépourvus de toute espèce de fécondation et qu'il ne peut exister de véritable embryon sans une fécondation préalable, leur a donné le nom de *Végétaux inembryonés*. La diversité des opinions à l'égard de ces êtres singuliers suffit pour faire sentir la difficulté de leur étude et la différence qui existe entre eux et les autres Végétaux. Quelques naturalistes n'apercevant que ces différences, sans sentir les points de rapprochement, ont été jusqu'à proposer d'en former un règne à part entre les Animaux et les Végétaux. Sans admettre ces idées que repousse l'analogie d'organisation intérieure, nous pensons que ces Végétaux présentent un ensemble de caractères assez important pour en former dans le règne végétal une grande division tout-à-fait séparée des Plantes phanérogames, et beaucoup plus différente de ces dernières qu'aucune des familles qui les composent ne le sont entre elles. Ainsi, il existe certainement plus d'analogie entre la dernière famille des Plantes dicotylédones et la première des Plantes monocotylédones, entre les deux extrémités de la chaîne des Végétaux phanérogames, qu'entre une Plante quelconque de ces derniers et le Végétal cryptogame le plus parfait. La grande différence qui existe entre l'organisation de ces deux séries de Végétaux, a fait adopter, pour la Cryptogamie, une terminologie entièrement différente de celle employée pour les Plantes phanérogames; les modifications nombreuses que présentent les

diverses familles de Cryptogames ont même fait souvent employer dans chaque famille des termes particuliers; ces termes en outre ont beaucoup varié suivant les auteurs. Nous ne pourrons donc faire connaître que ceux qui s'appliquent à la Cryptogamie en général, et qui sont le plus communément employés; les autres seront expliqués à leur ordre alphabétique, ou en traitant de la famille à laquelle on les a spécialement appliqués.

Le nombre des organes des Plantes cryptogames est en général moins considérable que celui des Plantes phanérogames; mais leurs formes variant beaucoup plus d'une famille à l'autre, ils ont souvent reçu des noms différens dans chaque famille; et l'un des objets les plus importans de recherches sera de fixer les rapports de ces organes dans les divers ordres de la Cryptogamie. Presque tous les Végétaux cryptogames présentent, comme les Plantes phanérogames, deux systèmes d'organes. Les uns sont les organes de la reproduction : dans quelques familles telles que celle des Urédinées, la Plante entière est limitée à ces organes. Les autres sont des organes végétatifs ou destinés à produire, à supporter et à protéger les premiers : ils varient extrêmement depuis les Fougères, les Lycopodes, etc., où l'on trouve les mêmes organes de la végétation que dans les Plantes les plus parfaites, jusqu'aux Hypoxylées, aux Chaodinées, ou aux Urédinées où ils sont bornés à un simple conceptacle ligneux, ou à une masse muqueuse, ou bien enfin dans lesquels ils paraissent manquer entièrement.

Les organes reproducteurs consistent en séminules diversement situées et enveloppées, et en organes fécondans, qu'on n'a observés d'une manière satisfaisante que dans un petit nombre de familles. Les séminules, ou sporules (*sporuli, seminula, gongyla*), sont de petits corps arrondis dont la ténuité n'a pas permis de bien étudier la structure, et qui présentent probablement des modifications importantes suivant les diverses familles. Dans les Cryptogames celluleuses (Champignons, Lichens, Algues, etc.), ces séminules ne paraissent formées que d'une masse homogène celluleuse, ou quelquefois presque fluide à l'intérieur, dépourvue de toute espèce de tégument propre. Il n'est pas encore certain si les séminules des Cryptogames plus parfaites (Mousses, Fougères, Lycopodes, etc.), présentent un épisperme ou tégument propre, et par conséquent si dans la germination il n'y a qu'extension de toutes les parties de la graine, ou s'il y a rupture de ce tégument pour laisser développer la partie interne ou l'embryon de ces séminules. Le premier cas est évident pour les Cryptogames celluleuses; leurs séminules, placées dans des circonstances propres à leur développement, s'étendent et s'allongent dans diverses directions, sans percer aucune enveloppe : ce sont, pour ainsi dire, des embryons nus, dépourvus de tout tégument.

Ces séminules sont en général réunies plusieurs dans une même capsule (*theca, sporidium*). Lorsque leur nombre est peu considérable, il est en général fixe dans une même espèce, quelquefois même dans toutes les espèces d'un genre. Ainsi toutes les Pezizes paraissent présenter huit sporules dans une même capsule; le *Geoglossum viscosum* en a trois, l'*Erysiphe biocellata*, deux; elles sont plus nombreuses dans les capsules des Urédinées, dans celles des Mucors, et elles paraîtraient au contraire réduites à une seule dans celles de la plupart des Mucédinées et des Lycoperdacées. En effet, si on donne le nom de sporules ou de séminules aux points opaques renfermés dans les capsules des vrais Champignons à membrane fructifère, dans celles des Fucoïdées, dans les tubes des Conferves, on ne doit pas désigner par le même nom les grains qui composent la poussière des Lycoperdacées ou des Mucédinées et celle des Lichens ; les premiers se

développent toujours dans l'intérieur d'une enveloppe membraneuse, dans laquelle ils sont libres comme un embryon dans la graine, et non adhérens aux parois comme une graine dans sa capsule; les secondes, au contraire, sont fixées à des filamens, et sont évidemment analogues aux capsules (*thecæ, sporidium, sporangia*) des Champignons hyménothèques, si ce n'est qu'elles ne contiennent qu'une seule sporule au lieu d'en renfermer plusieurs. Le caractère des sporules est donc de se développer librement, nageant au milieu du fluide qui remplit les capsules; celui des capsules est d'être insérées par un de ses points aux filamens ou à la substance charnue ou ligneuse, enfin aux organes végétatifs du Végétal cryptogame. Cette distinction est très-importante pour ne pas confondre les divers organes de ces Plantes; les sporules diffèrent des graines par ce caractère essentiel qu'à aucune époque elles n'adhèrent aux parois de la capsule sur lesquelles on n'observe pas de placentas; aussi ne voit-on sur ces sporules aucune trace de points d'insertion. Si on ouvre une capsule de Plante cryptogame long-temps avant la maturation des séminules, on ne la trouve remplie que par un fluide mucilagineux; ainsi nous regardons comme du même ordre, c'est-à-dire comme enveloppant immédiatement de vraies sporules qui se sont développées librement dans leur intérieur, les capsules des Fougères, des Lycoperdacées, des Marsiléacées, des Charagnes, les grains arrondis des Prêles qui sont probablement des capsules monospermes; l'urne des Mousses, la capsule des Hépatiques, les capsules composant les apothécies des Lichens, figurées à tort par Acharius comme des grains pulvérulens et qui paraissent plus analogues aux capsules des vrais Champignons, les capsules qui couvrent la membrane de ces Champignons, celles qui remplissent le péridium des Hypoxylées, celles qui composent entièrement les Urédinées, enfin la poussière des Lycoperdacées et des Mucédinées, et les capsules des Fucoïdées. Malgré leur analogie, on a donné à ces organes des noms différens suivant les familles, dénominations que nous indiquerons en traitant chacune de ces familles.

Nous croyons cependant qu'il est avantageux de limiter le nombre de ces noms, afin qu'on sente mieux les rapports de structure des Plantes de familles différentes. Dans les Crypto-games vasculaires et dans les Mousses et les Hépatiques, on désigne géné-ralement cette enveloppe immédiate des sporules par le nom de Capsule, (*Capsula*.) Parmi les Cryptogames cel-luleuses, aphylles, nous pensons qu'on devrait donner le nom de Thè-que (*Theca*) aux capsules membra-neuses oblongues, fixées par une de leurs extrémités et renfermant plu-sieurs sporules, comme on l'observe dans les Champignons et les Hypoxy-lons, et celui de Sporidies ou mieux de Sporanges (*Sporidia, Sporangia*), aux capsules opaques de formes variables, libres ou renfermées dans des concep-tacles, souvent cloisonnés et renfer-mant plusieurs sporules : telles sont celles des Urédinées et des Fucacées. On réserverait le nom de Spores (*Spo-ra*) aux sporules fixées à des filamens et probablement enveloppées dans un tégument membraneux confondu avec elles, et qui par conséquent se-raient des capsules monospermes : telles sont celles des Lycoperdacées, des Urédinées, des Lichens, des Ul-vacées. Au contraire, les tégumens des Fougères, les involucres des Mar-siléacées, les disques et les cornets membraneux des Prêles, la coiffe des Mousses, le péridium des Lyco-perdacées et des Hypoxylées, la volva des Champignons, les conceptacles des Fucoïdées, ne sont que de vrais involucres dépendans des organes de la végétation.

Les organes de la fructification des Plantes cryptogames dans le sens le plus général se réduisent donc à des capsules uniloculaires ou très-rare-ment multiloculaires, renfermant une ou plus souvent plusieurs sporules,

tantôt isolées sur quelque partie des organes de la végétation (Mousses, Hépatiques, Charagnes), tantôt réunies plusieurs sur une même membrane (Champignons, Lichens), ou enve-loppées dans un involucre commun (Marsiléacées, Equisétacées, Hypo-xyles, Lycoperdacées, Fucacées). Nous ne pourrions pas donner plus de détails sur la structure de ces or-ganes, sans entrer dans des spéciali-tés sur chaque famille, qui ne peuvent être de notre sujet en ce moment.

Quant aux organes fécondateurs, il existe encore plus de doute à leur égard que sur aucun point de la structure des Plantes cryptogames; quelques auteurs, comme nous l'a-vons dit, ont entièrement rejeté leur existence; d'autres ont voulu en trou-ver dans toutes les Cryptogames, et les ont pour ainsi dire créés, lorsqu'ils n'ont pas pu les découvrir. Une seule famille de Cryptogames nous en pa-raît évidemment pourvue, ce sont les Marsiléacées; leur organisation an-nonçait l'existence de ces organes, et des expériences directes ont prouvé leur présence dans le *Salvinia*. *V.* Marsileacées et Salvinie. Dans les Characées, les Equisétacées, les Mousses et les Hépatiques, leur exis-tence est encore très-douteuse, quoi-que les observations d'Hedwig et de quelques autres auteurs puissent fai-re présumer leur existence. On n'a rien observé dans les autres familles, qui puisse représenter des organes mâles, et la fécondation, si elle existe dans ces Plantes, est un mystère qui probablement ne pourra pas de long-temps être dévoilé. Les Con-jugées de Vaucher (*Zygnema* d'A-gardh) présentent seules des phé-nomènes qui paraissent indiquer une sorte de fécondation. *V.* Arthro-diées.

Nous discuterons, en traitant cha-que famille, la probabilité de chacu-ne des théories qu'on a formées sur leur mode de reproduction sexuelle.

Les organes de la végétation va-rient encore plus dans leur forme et leur structure; ils manquent complètement dans un grand nombre d'Urédinées qui ne sont formées que par une réunion de sporidies libres. Dans d'autres ils ne forment qu'une petite base filamenteuse qui supporte ces sporidies; dans les familles formées aux dépens des Conferves de Linné, les Arthrodiées, les Chaodinées, les Confervées, les Céramiaires, dans plusieurs Ulvacées, dans les Mucédinées, ils se présentent sous la forme de filamens tubuleux, continus ou articulés, simples ou rameux, qui supportent ou renferment les organes reproducteurs; dans les Ulvacées et dans plusieurs Champignons, ce ne sont que des membranes diversement repliées. Dans d'autres Champignons, au contraire, ils présentent une réunion d'organes assez différens; on distingue un pédicule qui supporte une expansion charnue de forme variable dont la surface est couverte de thèques; dans les Lycoperdacées, ils sont formés d'un pédicule terminé par un péridium, sorte d'involucre charnu ou filamenteux qui renferme les spores. Enfin dans les Fucacées et dans les Lichens, on distingue une véritable fronde, ou d'expansion membraneuse ou foliacée, qui porte dans certains points les organes de la fructification. On arrive ainsi aux Hépatiques et aux Mousses qui, quoique dépourvues de vrais vaisseaux, présentent cependant une tige distincte et des expansions vertes tout-à-fait semblables à des feuilles; les autres familles de Cryptogames n'offrent, sous le rapport de leur végétation, presqu'aucune différence avec les Plantes phanérogames, et surtout avec les Monocotylédones, parmi lesquelles De Candolle et R. Brown les avaient placées; elles sont, comme elles, pourvues de vaisseaux, de feuilles et de tiges quelquefois arborescentes.

Les divers caractères réunis de la végétation et de la fructification permettent de diviser la Cryptogamie en trois classes et en vingt familles bien distinctes que nous allons simplement énumérer. Nous renverrons aux articles spéciaux de chacune de ces familles pour les caractères détaillés de chacune d'elles, et pour l'énumération des genres que nous pensons devoir y être rapportés.

Iʳᵉ CLASSE. — Végétaux cryptogames dépourvus de vaisseaux et d'appendices foliacés; aucune trace d'organes sexuels; sporules contenues dans des capsules indéhiscentes ou se rompant irrégulièrement, dépourvues de toute espèce de tégument propre.

ARTHRODIÉES, Bory;
CHAODINÉES, Bory;
CONFERVÉES, Bory;
CÉRAMIAIRES, Bory;
ULVACÉES, Agardh;
FUCACÉES, *Fucaceœ* et *Florideœ*, Agardh;
URÉDINÉES;
MUCÉDINÉES;
LYCOPERDACÉES;
CHAMPIGNONS;
HYPOXYLONS;
LICHENS.

IIᵉ CLASSE. — Végétaux cryptogames dépourvus de vaisseaux, mais garnis de frondes ou appendices foliacés; organes sexuels douteux; sporules renfermées en grand nombre dans des capsules régulièrement déhiscentes, pourvues d'un tégument propre.

HÉPATIQUES;
MOUSSES.

IIIᵉ CLASSE. — Végétaux cryptogames pourvus de vaisseaux et de frondes foliacées; organes sexuels existant d'une manière certaine dans quelques-uns d'entre eux; sporules contenues dans des capsules polyspermes et déhiscentes, ou monospermes et indéhiscentes.

ÉQUISÉTACÉES;
FOUGÈRES;
LYCOPODIACÉES;
MARSILÉACÉES;
CHARACÉES. *V.* tous ces mots.

(AD. B.)

* CRYPTOGRAMMA. BOT. CRYPT. (*Fougères.*) R. Brown, dans l'Appendice au voyage de Franklin au Pôle arctique, décrit sous ce nom un nouveau genre de Fougères, caractérisé par ses capsules pédicellées, disposées en groupes linéaires ou ovales, le long des nervures secondaires et

obliques des pinnules, et recouvertes par un tégument commun formé par le bord de la fronde qui se replie jusqu'au milieu de la pinnule. Le type de ce genre est le *Cryptogramma acrostichoïdes*, petite Fougère à frondes bipinnatifides, dont les pinnules des feuilles stériles sont ovales et crénelées; les groupes des capsules sont linéaires et finissent par couvrir toute la surface inférieure des pinnules. Cette espèce croît dans l'Amérique boréale entre le 56° et le 60° de latitude. Le célèbre botaniste qui a fondé ce genre, pense que le *Pteris crispa* de Linné doit se ranger dans ce même genre, quoique cette Fougère diffère de l'espèce précédente par ses groupes de capsules presque ronds.

(AD. B.)

* CRYPTOGYNIA. bot. crypt. *V.* Ceratopteris.

* CRYPTOLOBE. *Cryptolobus.* bot. phan. Le professeur Sprengel a proposé d'établir sous ce nom un genre nouveau pour le *Glycyne subterranea. V.* Glycyne.   (A. R.)

CRYPTONIX. *Cryptonix.* ois. (Temminck.) Genre de l'ordre des Gallinacés. Caractères : bec gros, fort, comprimé; les deux mandibules égales en longueur; la supérieure droite, un peu courbée à la pointe; narines longitudinales placées vers le milieu de chaque côté du bec et recouvertes par une membrane nue; trois doigts en avant réunis à leur base par une petite membrane; un derrière, dépourvu d'ongles et ne posant point à terre; tarse long; ailes courtes; la première rémige très-courte, les quatrième, cinquième et sixième les plus longues. Ce genre ne renferme, à proprement parler, qu'une seule espèce dont on a pendant long-temps séparé le mâle d'avec la femelle, faute de les avoir bien observés, et placé isolément chacun d'eux dans des genres différens. Du reste, le Cryptonix est encore fort peu connu, et il ne nous est même rien parvenu de certain relativement à ses mœurs et à ses habitudes.

Cryptonix couronné, *Columba cristata*, Gmel., *Rouboul de Malacca*, Sonnerat; *Lipanix cristata*, Vieill. Parties supérieures d'un vert foncé; six brins noirs et roides, s'élevant en panache sur le front; sommet de la tête blanc, garni de longues plumes d'un rouge mordoré, formant une huppe assez roide qui s'incline sur l'occiput; joues et cou noirs; tectrices alaires d'un brun plus ou moins clair, varié de roussâtre et de noir; parties inférieures d'un violet noirâtre; bec grisâtre, fauve en dessous; iris jaune; pieds fauves. Taille, dix pouces. Des îles de la Sonde. La femelle a les parties supérieures vertes, la tête d'un vert brun, le tour des yeux et les tempes rougeâtres; les rémiges et les rectrices d'un brun noirâtre; les tectrices alaires variées de brun, de rouge et de noir; les parties inférieures d'un brun noirâtre; le bec et les pieds rouges. *Perdix viridis*, Lath.; *Tetrao viridis*, Gmel.

Vieillot décrit d'après Latham une deuxième espèce, sous le nom de Rouboul de Guzurat, *Perdix Cambaiensis*, Lath. Elle n'a que cinq pouces et demi de longueur; le bec robuste, court; le plumage d'un roux jaunâtre rayé transversalement de roux foncé. Cette espèce n'existe, dit-on, qu'au Muséum britannique.

(DR. Z.)

* CRYPTOPÉTALE. *Cryptopetalum.* bot. phan. Genre établi par Henri Cassini pour une petite Plante annuelle originaire du Pérou, et qu'il nomme *Cryptopetalon ciliare*. Sa tige est rameuse, diffuse, garnie de deux rangées de poils opposés; ses feuilles sont sessiles, connées, linéaires, lancéolées, bordées de très-longs cils, charnues et glanduleuses à leur face inférieure; les capitules sont solitaires au sommet des ramifications de la tige, radiés et formés de fleurs jaunes. Les fleurons du disque sont réguliers, hermaphrodites et fertiles. Les demi-fleurons de la circonférence sont courts et femelles. L'involucre est cylindrique et formé de cinq écailles. Le réceptacle est garni de soies; les fruits sont hérissés et portent une aigrette squammeuse.

Ce genre fait partie de la famille des Synanthérées. Cassini le place dans sa section des Hélianthées auprès du genre *Kleinia*. (A. R.)

* CRYPTOPETRA. ÉCHIN. Mercati donne ce nom à des Oursins fossiles appartenant aux Spatangues de Lamarck. *V.* SPATANGUE. (B.)

CRYPTOPHAGE. *Cryptophagus.* INS. Genre de l'ordre des Coléoptères, section des Pentamères, établi par Paykull d'après Herbst, et qui correspond, suivant Latreille, au genre Ips. Le nom de *Cryptophagus* a cependant été adopté par Schonherr (Syn. Ins., 1, 2, p. 96) qui en mentionne trente-trois espèces dont deux douteuses. *V.* IPS. (AUD.)

CRYPTOPHTHALME. *Cryptophthalmus.* CRUST. Genre de l'ordre des Décapodes, section des Salicoques, établi par Rafinesque, et ayant pour caractères : antennes antérieures de trois filets ; pieds antérieurs chiliformes, ceux de la seconde paire moins gros, didactyles, formés de onze articles, les autres simples ; écailles des antennes extérieures dentelées ; yeux cachés sous deux prolongemens de la carapace. Ce genre, sur lequel il serait bon d'avoir de nouveaux détails, afin de fixer définitivement la place qu'il occupe, ne contient encore qu'une espèce, le CRYPTOPHTHALME ROUGE, *Cryptophthalmus ruber*, Raf. Il est glabre, rougeâtre ; sa carapace est entière ; son rostre consiste en une simple épine ; les mains des pates sont déprimées et hérissées latéralement ; la plus grande est à trois angles en dessous ; l'extrémité de la queue est quadridentée et ciliée. Cette espèce n'a encore été trouvée que dans les mers de Sicile. (AUD.)

*CRYPTOPHYLIS. BOT. PHAN. Nom proposé par Du Petit-Thouars (Histoire des Orchidées des îles australes d'Afrique) pour une Orchidée de la section des Epidendres, et de son genre *Phyllorchis* ou *Bulbophyllum* des au-

teurs. Cette Plante, figurée (*loc. cit.* t. 92 et 93) sous les noms de *Bulbophyllum occultum* et *Phyllorchis Cryptophylis*, est remarquable par les énormes bractées qui sont imbriquées sur l'épi et par les bourgeons bulbiformes qui naissent sur sa souche, et dont sortent les feuilles qui sont binées, ovales et terminées par deux lobes arrondis. Elle a de petites fleurs d'un rouge obscur, et elle croît dans les îles Maurice et de Mascareigne, (G..N.)

*CRYPTOPLAX. MOLL. Tel est le nom que Blainville (Supp. à l'Encycl. d'Edimbourg) a donné à un genre fort curieux qui a beaucoup de rapports avec les Oscabrions, et que Lamarck a nommé Oscabrelle. Comme ce nom a été généralement adopté, nous y renvoyons. *V.* OSCABRELLE. (D..H.)

CRYPTOPODES. *Cryptopoda.* CRUST. Section établie par Latreille (Règn. Anim. de Cuv.) dans la famille des Brachyures, ordre des Décapodes, et ayant, suivant lui, pour caractères : test demi-circulaire, en voûte, avec les angles postérieurs dilatés de chaque côté, et recouvrant les quatre dernières paires de pieds dans leur contraction. Cette division comprend les deux genres Migrane ou Calappe, et Æthre. *V.* CALAPPE. (AUD.)

*CRYPTOPS. *Cryptops.* INS. Genre de l'ordre des Myriapodes et de la famille des Chilopodes de Latreille (Règn. Anim. de Cuv.), établi par Leach (Mélanges de zoologie, T. III, p. 42) et qui ne diffère des Scolopendres proprement dites, que par l'oblitération des yeux, un corps plus étroit et par l'absence des dentelures au bord supérieur de la seconde lèvre. Leach ne cite que deux espèces de Cryptops : il nomme la première *hortensis*, et en donne une figure ; la seconde est dédiée à Savigny, sous le nom de *Savignii*. L'une et l'autre ont été trouvées en Angleterre dans des jardins. (AUD.)

*CRYPTORHYNQUE. *Cryptorhyn-*

chus. INS. Genre de l'ordre des Coléoptères, section des Tétramères, famille des Rhinchophores de Latreille (Règn. Anim. de Cuv.), et qui est réuni maintenant aux Rhynchænes dont il ne différait que sous le rapport du nombre d'articles aux antennes. Il avait pour caractères : antennes de onze articles insérées près du milieu de la trompe ; massue plus ou moins ovale, et formée brusquement de trois articles ; trompe appliquée contre la poitrine. Le *Rhynchænus Pericarpius*, Fabr., en était le type. *V.* RHYNCHÆNE. (AUD.)

CRYPTOSPERME. *Cryptospermum.* BOT. PHAN. Persoon, dans son *Synopsis Plantarum* (1, pag. 122), établit sous ce nom un genre distinct pour l'*Opercularia paleata*, décrit et figuré par Thomas Young, dans le troisième volume des Actes de la Société Linnéenne de Londres. *V.* OPERCULAIRE. (A. R.)

*CRYPTOSPORIUM. BOT. CRYPT. (*Urédinées.*) Ce petit genre, décrit par Kunze (*Myc. hefte.* 1, p. 1), se rapproche beaucoup des genres *Fusidium* et *Fusarium* de Link ; mais il diffère de l'un et de l'autre, en ce qu'il se développe sous l'épiderme des Plantes qu'il ne déchire même pas et qu'il est dépourvu de toute base distincte. Kunze le caractérise ainsi : sporidies fusiformes, réunies en groupes sous l'épiderme qu'elles ne déchirent pas. La seule espèce qu'il ait décrite porte le nom de *C. atrum* ; elle croît sur les feuilles et les tiges de Graminées. (AD. B.)

* **CRYPTOSTEMME.** *Cryptostemma.* BOT. PHAN. Genre de la famille des Synanthérées, tribu des Arctotidées, établi par Robert Brown dans la seconde édition du Jardin de Kew pour les *Arctotis calendulacea* et *Arctotis hypochondriaca*, qui diffèrent du genre Arctotis par leur réceptacle creusé d'alvéoles, leur aigrette paléacée, cachée par les poils lanugineux qui couvrent le fruit. L'involucre est formé d'écailles imbriquées ; les fleurons du centre sont réguliers et hermaphrodites ; les demi-fleurons sont neutres et beaucoup plus grands. Ces deux espèces croissent en Afrique. (A. R.)

* **CRYPTOSTOME.** *Cryptostoma.* INS. Genre de l'ordre des Coléoptères, section des Tétramères, établi par Dejean (Catalog. des Coléopt., p. 34) aux dépens des Taupins. Ce nouveau genre, encore inédit et dont nous ignorons les caractères, ne renferme qu'une seule espèce, l'*Elater spinicornis* de Fabricius ; elle est originaire de Cayenne. (AUD.)

* **CRYPTOSTOME.** *Cryptostoma.* MOLL. Ce genre, que Blainville a établi pour des Animaux mollusques d'une forme très-singulière, et qui ont les rapports les plus évidens avec les Sigarets, doit venir se ranger près d'eux dans les méthodes de classification. C'est dans le Dictionnaire des Sciences naturelles que nous avons pris connaissance des observations qui concernent ce nouveau genre ; et c'est à l'article MOLLUSQUE de l'Encyclopédie d'Edimbourg qu'il a été décrit pour la première fois. Il est caractérisé par un Animal linguiforme aplati, un peu plus convexe postérieurement qu'antérieurement, ayant la bouche cachée sous le rebord antérieur du manteau, et se reconnaît surtout par la grandeur du pied qui est énorme proportionnellement au reste du corps dont il a quatre à cinq fois les dimensions ; les yeux sont placés à la base et à la partie externe des tentacules. A la partie postérieure et la plus élevée de l'Animal, on remarque une coquille qui est intérieure, et qui, comme dans les Sigarets, est destinée à protéger les organes de la respiration. Blainville, aux articles cités ci-dessus, donne sur la structure de l'Animal des détails très-étendus auxquels nous renvoyons, n'ayant pas eu nous-mêmes occasion de voir les Animaux dont il s'agit. Il nous suffira d'ajouter que la coquille ressemble tellement à celle des Sigarets, que l'on serait porté à la placer avec eux si on ne connaissait pas l'Animal qui les porte. Il n'y a encore que deux

espèces de Cryptostomes de connues ; ce sont les suivantes :

CRYPTOSTOME DE LEACH, *Cryptostoma Leachi*, Blainv. (Encycl. d'Edimbourg et Dict. des Sciences natur.) Cette espèce est ovale, oblongue, plus allongée que la suivante ; les tentacules sont petits, plus coniques, plus étroits et plus distans ; les appendices de leur base sont aussi plus petits ; la partie antérieure du corps plus longue que la postérieure.

CRYPTOSTOME RACCOURCI, *Cryptostoma breviculum*, Blainv. (*loc. cit.*) Celui-ci est large, plus arrondi ; la partie antérieure presque égale à la postérieure ; les tentacules sont grands, larges et déprimés ; les appendices de leur base y sont proportionnés, et conséquemment plus grands que dans la première espèce ; quoique la coquille du Cryptostome raccourci ne soit point connue, Blainville pense qu'elle doit présenter des différences au moins dans le volume.

(D..H.)

* CRYPTOSTOME. *Cryptostomum*. BOT. PHAN. Schreber appelle ainsi et sans fondement le genre *Montabea* d'Aublet. *V.* MONTABÉE.

(A. R.)

CRYPTOSTYLE ou CRYPTOSTYLIDE. *Cryptostylis*. BOT. PHAN. Famille des Orchidées et Gynandrie Diandrie, L. Ce genre, que Labillardière a confondu avec le *Malaxis*, en est très-distinct, selon R. Brown qui l'a constitué (*Prodrom. Flor.Nov.-Hol.*, p. 317) et lui a assigné les caractères suivans : périanthe à cinq folioles linéaires et étalées ; labelle postérieur entier, sessile, large, recouvrant une colonne (gynostème, Rich.) très-courte, dont la base est concave ; anthère parallèle au stigmate stipitée de chaque côté de la colonne. Trois espèces, que R. Brown a nommées *Cryptostylis longifolia*, *C. ovata* et *C. erecta*, habitent la Nouvelle-Hollande. La première a été décrite et figurée par Labillardière (*Nov.-Holl.*, 2, p. 62, t. 212) sous le nom de *Malaxis subulata*. Les bulbes de ces Orchidées sont fasciculées ; leurs

feuilles radicales sont planes, pétiolées et en petit nombre ; leurs fleurs, terminales au sommet d'une hampe vaginale, sont disposées en épi, inodores et d'une couleur sale et roussâtre.

(G..N.)

CRYPTURUS. OIS. *V.* TINAMOU.

CRYSOMITÈRES. OIS. Syn. grec de Chardonneret. *V.* GROS-BEC. (B.)

* CRYSOPHTHALME. BOT. CRYPT. Espèce du genre Borrera. *V.* ce mot.

(B.)

* CRYSTALINE. BOT. PHAN. Syn. de Glaciale, espèce du genre Mésembryanthème.

(B.)

CRYSTANE. BOT. PHAN. (Dioscoride.) Syn. de Chélidoine. *V.* ce mot.

(B.)

CRYTALION. BOT. PHAN. (Dioscoride.) Syn. de *Plantago Psylium*. (B.)

CRYTOPS. INS. Pour Cryptops. *V.* ce mot.

(AUD.)

CTEISION. *Cteisium*. BOT. CRYPT. (*Fougères*.) Le genre nommé ainsi par Michaux est le même que le *Lygodium* de Swartz. *V.* LYGODIE.

(A.R.)

CTÈNE. *Ctenus*. ARACHN. Genre de l'ordre des Pulmonaires, famille des Fileuses, section des Citigrades, établi par Walckenaer (Tableau des Aranéides, p. 18, pl. 3, fig. 22), et ayant pour caractères : huit yeux inégaux entre eux, occupant le devant et les côtés du corselet, placés sur trois lignes transverses s'allongeant de plus en plus, et disposés de manière à former un groupe de quatre au centre, et de deux de chaque côté et en avant ; lèvre carrée, plus longue que large, rétrécie à sa base ; mâchoires droites, écartées, plus hautes que larges, coupées obliquement et légèrement échancrées à leur côté interne ; pates allongées, étendues latéralement ; cuisses renflées ; la première paire plus longue que la seconde, et la seconde plus que la troisième. Ce genre paraît très-naturel ; mais il a besoin d'une révision, les caractères que Walckenaer lui assigne ayant été pris sur une seule espèce exotique envoyée de Cayenne à la Société d'Hist. Nat. de Paris ; mais qui manquait de la quatrième paire de pates et de l'abdomen. Une seconde espèce des environs de Paris, figurée par Oudinot dans un dessin inédit, paraît aussi, à cause de la disposition de ses yeux, appartenir au genre Ctène ; enfin on y rapporterait une troisième espèce représentée dans Albin (pl. 34, fig. 167).   (AUD.)

* CTENION. *Ctenium.* BOT. PHAN. Panzer a décrit, sous le nom de *Ctenium Carolinianum*, le *Chloris monostachya* de Michaux, qui forme le genre *Campulosus* de Desvaux. *V.* CHLORIDE et CAMPULOSE.   (A. R.)

* CTÉNITE. MOLL. Les anciens oryctographes désignaient ainsi les Coquilles fossiles du genre Peigne. *V.* ce mot.   (D..H.)

CTÉNODE. *Ctenodes.* INS. Genre de l'ordre des Coléoptères, section des Tétramères, fondé par Olivier (Hist. Nat. des Coléopt. T. VI, n. 95 *bis*, p. 779) qui lui assigne pour caractères : antennes pectinées, plus longues que le corselet ; lèvre supérieure coriace, légèrement échancrée ; mandibules cornées, comprimées, arquées, intérieurement ciliées ; mâchoires cornées, bifides ; division extérieure plus grande, velue à l'extrémité, l'intérieure aiguë, ciliée ; lèvre inférieure grande, bifide, à divisions distantes, arrondies ; quatre palpes courts, filiformes, les antérieurs quadriarticulés avec le premier article très-court, les suivans coniques, le dernier ovale oblong ; les palpes postérieurs triarticulés avec le premier article très-court ; le second conique, le dernier ovale oblong. Olivier avait placé ce nouveau genre qui tire son nom de la forme de ses antennes en peigne, à côté des Hispes ; mais Latreille pense qu'il appartient à la famille des Longicornes, et qu'il fait le passage des Priones aux Capricornes ou aux Lamies. Olivier en décrit et représente (*loc. cit.*) une seule espèce.

Le CTÉNODE A DIX TACHES, *Cten. decemmaculata.* Il est originaire de l'Amérique méridionale. Latreille a reçu de Mac Leay une autre espèce

trouvée au Brésil, et qui paraît voisine de la précédente.   (AUD.)

* CTÉNOIDE. MOLL. Sous ce nom Klein (*Ostracod.* p. 134) avait séparé des Peignes de Linné une coupe naturelle qui répond assez bien au genre Lime de Bruguière, adopté par Lamarck et presque tous les conchyliologues. *V.* LIME.   (D.-H.)

CTÉNOPHORE. *Ctenophora.* INS. Genre de l'ordre des Diptères, établi par Meigen aux dépens des Tipules de Linné et rangé par Latreille (Règn. Anim. de Cuv.) dans la famille des Némocères, tribu des Tipulaires. Ses caractères sont : point d'yeux lisses ; palpes allongés, courbés, de cinq articles, dont le dernier noueux ou paraissant divisé en plusieurs petits articles ; ailes réticulées, écartées ; antennes filiformes, en peigne dans les mâles, en scie dans les femelles. Ce genre, que Latreille (*loc. cit.*) réunit aux Tipules proprement dites, peut en être distingué sous plusieurs rapports. Il se compose d'espèces très-grandes et dont le corps est bariolé de jaune et de noir. Les larves de ces Insectes se trouvent dans le terreau des Arbres pourris ; elles ont le corps formé de douze anneaux, allongé, cylindrique, armé à sa partie antérieure d'une tête écailleuse comme les Chenilles ; elles diffèrent beaucoup de celles-ci par la position des stigmates, dont les plus apparens sont au nombre de deux et se trouvent situés sur l'anneau terminal. Leur circonférence est hérissée de petits tentacules ; les nymphes sont nues, immobiles, et présentent sur le corselet deux appendices qui sont des organes respiratoires correspondant à ceux qu'on observe sur le thorax des larves de Cousins ; le bord des anneaux de l'abdomen est garni de petites épines. Les espèces propres à ce genre sont peu nombreuses, mais assez bien connues. Parmi celles qu'on trouve en France, nous citerons :

CTÉNOPHORE PECTINICORNE, *Ctenoph. pectinicornis*, Meig. Elle a été représentée par Schæffer (*Icon.*

Insect., tab. 106, fig. 5 et 6) et décrite par Degéer (*Mem. Ins.* T. IV, p. 400 et pl. 25, fig. 3). Latreille y rapporte, ou du moins regarde comme en étant très-voisine la Tipule variée de brun, de jaune et de noir, de Geoffroy (Hist. des Ins. T. II, pl. 19, fig. 1). Elle n'est pas rare aux environs de Paris.

CTÉNOPHORE BLONDINE, *Cten. flaveolata*, Meig. (Dipt., part. 1, tab. 4, fig. 18, in-4°), représentée par Réaumur (*Mem. Ins.* T. V, tab. 1, fig. 14-16).

CTÉNOPHORE NOIRCIE, *Ctenoph. atrata*, Meig., ou la *Tipula ichneumonea* de Degéer (*loc. cit.*, pl. 19, fig. 10). *V.*, pour les autres espèces, Meigen (Descript. syst. des Dipt. d'Europe, in-8°).   (AUD.)

*CTÉNOSTOME. *Ctenostoma.* INS. Genre de l'ordre des Coléoptères, section des Pentamères, établi par Klug (*Nova Acta Acad. Cæs. Leop.-Carol. natur. Curios.* T. X, *pars* 2) et adopté par Latreille, qui le place dans la section des Cicindélètes et lui assigne pour caractères : troisième article des deux tarses antérieurs des mâles dilaté près de son origine, en devant et obliquement, en manière de lobe ovoïde, ou formant un demi-cœur. Les Cténostomes ont le corps étroit et allongé, avec le corselet en forme de nœud globuleux, et l'abdomen ovoïde, allongé, rétréci en devant ; les antennes sont sétacées, longues et menues ; les six palpes sont très-saillans, les quatre extérieurs fort allongés, avec le dernier article un peu plus gros, presque ovoïde ; les labiaux un peu plus longs que les maxillaires externes, avec les deux premiers articles fort courts ; l'onglet des mâchoires est nul ou très-petit, et se confond avec les cils internes ; il n'existe point d'ailes. Les Cténostomes diffèrent des Tricondyles et des Colliures par le pénultième article de leurs palpes labiaux qui est long et presque cylindrique ; ils se rapprochent sous ce rapport des Thérates dont ils s'éloignent cependant par la présence d'une dent au milieu du bord supérieur du menton dans son échancrure, et

par des palpes maxillaires internes très-distincts des deux articles, recouvrant comme de coutume l'extrémité supérieure des mâchoires. Ces divers caractères appartiennent également aux genres Manticore, Mégacéphale et Cicindèle ; mais les Cténostomes en sont suffisamment distingués par la forme particulière de leurs tarses et quelques autres signes qui ont été indiqués. Fischer (*Genera Ins. Syst. exposita*, p. 98) a établi, sous le nom de *Caris*, un genre qui paraît correspondre au genre *Ctenostoma* de Klug. Les parties sur lesquelles Fischer base ses caractères sont représentées au trait ; en les comparant à celles figurées par Klug, on aperçoit des différences telles qu'il est permis de douter que l'espèce de Fischer soit identique avec celle décrite par Klug. Quoi qu'il en soit, les caractères que celui-ci assigne à son nouveau genre sont très-développés et paraissent avoir été observés avec scrupule. On les trouvera consignés en entier dans un journal français (Annales des Sc. nat. T. 1, 1824). Klug décrit une seule espèce, la *Ctenostoma Formicarum* ou le *Collyris formicaria*, Fabr. (*Syst. Eleuth.* T. 1, p. 226, n° 3). Fischer assigne à cette espèce le nom de *Caris trinotata*, et au-dessus de la figure qu'il en donne (*loc. cit.*, tab. 1), il change le nom spécifique, soit avec intention, soit par oubli, en celui de *fasciata*. Latreille et Dejean (Hist. nat. des Coléopt., 1re livr., p. 35, tab. 2, fig. 1) représentent le mâle de cette espèce sous le nom de *Ctenostoma formicaria*. Cette espèce est originaire de Para au Brésil ; on l'a trouvée à Rio-Janeiro.   (AUD.)

* CUA OU KUA. BOT. PHAN. Syn. malabare de Zédoaire, *Amomum Zedoaria*, L.   (B.)

*CUBA ET CUBÆA. BOT. PHAN. Le genre *Tachigalea* d'Aublet a été nommé à tort *Cuba* et *Cubæa* par Scopoli et Schreber. Le nom d'Aublet doit être conservé. *V.* TACHIGALI.
    (A. R.)

CUBÆA. BOT. PHAN. *V.* CUBA.

* CUBALOS. ois. (Stibbs.) Petit
Oiseau du pays de Gambie , rapporté
au *Loxia Melanocephala* , L. *V.*
Gros-Bec.   (B.)

CUBÈBE. *Cubeba.* bot. phan. On
appelle ainsi les fruits d'une espèce de
Poivrier (*Piper Cubeba*) originaire de
l'Inde , et qu'on connaît dans les
pharmacies sous les noms de Poivre à
queue , *Piper caudatum.* Ces fruits
sont globuleux, pisiformes , à surface
brunâtre et ridée ; leur saveur est
âcre, aromatique et poivrée. Pendant
long-temps on en a fait peu usage en
médecine ; mais depuis un petit nombre d'années ils ont été mis fort en
vogue par les médecins anglais , dans
le traitement des blennorrhagies uré-
trales récentes et inflammatoires. Administrée à la dose d'un gros et demi,
dose que l'on répète trois fois dans la
journée , la poudre de Cubèbe fait
cesser immédiatement tous les accidens qui accompagnent cette maladie.

Analysés par le célèbre Vauquelin,
les fruits de Cubèbe ont donné pour
résultats : 1° une huile volatile presque concrète ; 2° une résine presque
semblable à celle du baume de Co-
pahu ; 3° une petite quantité d'une
autre résine colorée ; 4° une matière
gommeuse colorée ; 5° un principe
extractif analogue à celui que l'on
trouve dans les Plantes légumineuses ;
6° quelques substances salines. (A. R.)

CUBÉE. bot. phan. *V.* Cuba.

CUBICITE. min. Nom donné par
Werner à l'Analcime ou à la Zéolithe
cubique, à cause de la forme de ses
cristaux. *V.* Analcime.   (G. del.)

CUBLA. ois. Espèce du genre
Pie-Grièche, *Lanius Cubla* , Lath. ,
Levail. , Ois. d'Afrique, pl. 73. *V.*
Pie-Grièche.   (DR..Z.)

CUBOSPERME.*Cubospermum.*bot.
phan. Le genre décrit sous ce nom
par Loureiro (Flore de la Cochinchine), est une espèce de *Jussiœa.*
V. Jussiée.   (A. R.)

* CUBRICUNCHA. pois. (Laché-

naye-Desbois.) Syn., dans l'Inde, de
Pleuronectes Argus.   (B.)

CUCAMÉLÉ. bot. crypt. Même
chose que Coulemelle. *V.* ce mot. (B.)

CUC-CHAOC. bot. phan. Syn. cochinchinois d'*Arum Dracuntium. V.*
Gouet.   (B.)

* CUCHARILLAS. bot. phan.
C'est-à-dire *Petites cuillers.* Nom vulgaire , chez les habitans de Loxa et
d'Ayavaca au Pérou, de l'*Oreocallis
grandiflora* , R. Br. , ou *Embothrium
grandiflorum* de Lamck. , Humb. et
Bonpland , Arbrisseau de la famille
des Protéacées.   (G..N.)

CUCI. bot. phan. (Pline.) Syn. de
Doum. *Cucifera* et *Cuciophora* désignent le même Arbre dans quelques
auteurs anciens. *V.* Cucifère. La
racine de ces mots est arabe.   (B.)

CUCIFÈRE. *Cucifera.* bot.
phan. On trouve dans Théophraste
la description détaillée d'un Palmier
d'Égypte , qu'il nomme *Cucifera.*
Ce Palmier est connu des Arabes
sous le nom de *Doum.* Gaertner l'a
placé dans le genre *Hyphœne* , sous
le nom d'*Hyphœne crinita.* Mais
cet Arbre n'avait encore été que fort
imparfaitement observé, lorsque Delile a donné une description très-
détaillée de ses fleurs et de ses fruits
dans le grand ouvrage d'Égypte (Botanique, pl. 1 , 2). Il lui a conservé le
nom de *Cucifera*, le premier qu'il a
porté et sous lequel on en trouve la
description dans Théophraste.

Le Doum, *Cucifera thebaïca*(Delile,
loc. cit.), croît dans les plaines sablonneuses auprès des antiques monumens
de Philæ , de Thèbes et de Denderah.
Son tronc, qui s'élève à une hauteur
de vingt-cinq à trente pieds , offre à
sa base, qui est simple, une circonférence de trois pieds environ. Sa
surface est marquée d'anneaux superposés , mais faiblement marqués. Peu
au-dessus du sol, il se partage en deux
branches à peu près égales , qui chacune se bifurquent en deux autres
rameaux souvent divisés de nouveau.
Les rameaux sont couronnés de fais-

ceaux de feuilles palmées, longues de six à sept pieds, portées sur des pétioles de trois à quatre pieds de longueur, demi-cylindriques, creusés en gouttière, engaînant à leur base et garnis d'épines sur leurs bords; la lame de la feuille est plissée en éventail, et les folioles qui la composent sont soudées dans la moitié inférieure de leur hauteur. Les fleurs sont dioïques, disposées en grappes rameuses renfermées dans des spathes qui naissent à l'aisselle des feuilles. Les fleurs mâles ont un calice à six divisions, dont trois extérieures étroites sont redressées contre un pédicelle qui porte les trois intérieures plus larges et étalées. Les étamines sont au nombre de six. Le calice des fleurs femelles est plus grand que celui des fleurs mâles, et ses six divisions sont presque égales. L'ovaire est libre, placé au centre du calice, à trois lobes et à trois loges dont une seule est généralement fertile, tandis que les deux autres avortent. Le fruit est une drupe sèche, tantôt simple, quelquefois bilobée ou même à trois lobes très-marqués. Son écorce est fine, d'un brun clair, recouvrant un tissu fibreux, abreuvé d'un suc pulpeux, douceâtre et un peu aromatique : intérieurement ce tissu fibreux recouvre un noyau osseux qui contient une amande de forme conique, ou irrégulièrement ovoïde. Il se compose d'un endosperme corné, creux à son centre, renfermant un petit embryon placé dans une cavité creusée vers le sommet. Ces fruits ne sont d'aucun usage. Le bois du Doum est plus dur que celui du Dattier. On s'en sert pour former des planches et des solives. Le Palmier-Doum a de l'affinité avec le genre *Chamærops*, dit Delile, dont les feuilles ont presque la même forme; mais l'embryon placé au côté de la graine dans le Chamærops, et au sommet dans le Doum, établit entre ces deux genres une distinction importante et facile à saisir. (A. R.)

CUC-TANGO. BOT. PHAN. Syn. cochinchinois du *Buphthalmum ocraceum* de Loureiro. (B.)

CUCUBALE. *Cucubalus.* BOT. PHAN. Vulgairement Carnillet. Ce genre, de la famille des Caryophyllées et de la Décandrie Trigynie, L., était autrefois composé d'un grand nombre d'espèces qui, n'étant unies entre elles que par des caractères absolument semblables à ceux du genre Silène, ont été rapportées à ce dernier. Comparons, en effet, les Cucubales de Linné avec ses Silènes, et nous n'y trouverons ni diversité d'organisation dans les organes floraux (car est-ce un caractère bien important que la gorge de la corolle nue ou munie d'écailles peu apparentes?), ni changement bien notable dans le *facies*. Gaertner (*de Fruct.*, 1, p. 376, t. 77) a le premier restreint le genre Cucubale au seul *Cucubalus bacciferus*, L., et son opinion a été adoptée par Smith et De Candolle. Voici les caractères assignés à ce genre : calice campanulé, nu et à cinq dents; cinq pétales onguiculés, à limbe bifide; fruit uniloculaire, charnu, et par conséquent indéhiscent. Cette consistance du fruit, si extraordinaire dans les Caryophyllées, est la seule différence qui sépare ce genre des Silènes. Elle n'a pas paru suffisante à Roth (*Fl. Germ.*, 1, p. 192) pour en autoriser la distinction. D'un autre côté, Gmelin (*Act. Petrop.*, 1759, vol. 14, p. 225, t. 17) avait déjà pressenti la distinction de cette Plante comme genre particulier, et lui avait donné le nom de *Lychnanthos*, qui n'a pas été conservé à cause de son impropriété, et parce que celui de *Cucubalus* restait sans emploi. Il est remarquable qu'aucune nouvelle espèce n'ait été ajoutée à celle qui fait le type du genre quand tous les jours nous voyons les genres voisins se grossir prodigieusement. Dans l'énumération la plus complète et la plus récente que nous possédions (D. C., *Prodrom. System. univ.*, 1, p. 367) on ne compte toujours que le Cucubale porte-baie, *Cucubalus bacciferus*, Plante herbacée que l'on trouve çà et là dans les haies de l'Europe, dont les feuilles sont ovales, les calices campanulés, les pétales écartés, et les rameaux divariqués. Müller l'a figurée (*Icones*, t. 112). ,   (G..N.)

* CUCUFA ou CUCUPHA. OIS. Syn. arabe d'*Upupa Epops*. *V.* HUPPE.   (B.)

CUCUJE. *Cucujus*. INS. Genre de l'ordre des Coléoptères, section des Tétramères, établi par Fabricius, et rangé par Latreille (Règn. Anim. de Cuv.) dans la famille des Platysomes. Ses caractères sont : corps oblong, de la même largeur partout, allongé et déprimé; tête triangulaire ou en cœur; yeux arrondis; antennes de la même grosseur, plus courtes que le corps, composées de onze articles presque en forme de toupie; labre extérieur avancé entre les mandibules, arrondi; mandibules fortes, saillantes, dentelées; mâchoires et languette bifides; palpes courts, presque filiformes; corselet presque carré ou en forme de cône tronqué et ordinairement sillonné; pieds courts avec les cuisses presque en massue; articles des tarses entiers. Les Cucujes s'éloignent des Parandres par l'avancement du labre entre les mandibules, la languette bifide, le corps aplati et par des tarses beaucoup plus courts; ils se distinguent des Uléïotes et des Brontes par la petitesse des antennes qui ont la forme de chapelet. Ces Insectes, dont on ne connaît qu'un petit nombre d'espèces, vivent dans les Végétaux desséchés ou sous les écorces des Arbres morts. Parmi les espèces européennes, nous remarquerons :

Le CUCUJE DÉPRIMÉ, *Cuc. depressus*, Fabr., figuré par Olivier (Ins., Coléopt. T. IV, n° 74 bis, pl. 1, fig. 2). On le trouve en Allemagne et en Suède où il est très-rare.

Le CUCUJE BIMACULÉ, *Cuc. bimaculatus*, Oliv. (*loc. cit.*, pl. 1, fig. 4), ou le *Cucujus monilis* de Fabricius, se trouve en Allemagne et aux environs de Paris..

Dejean (Catal. des Coléopt., p. 103) mentionne onze espèces, dont une est originaire de Saint-Domingue et l'autre de Cayenne.   (AUD.)

CUCUJIPES. *Cucujipes*. INS. Famille de l'ordre des Coléoptères, section des Tétramères, fondée par Latreille (Considér. génér., p. 152), et ayant, suivant lui, pour caractères distinctifs : corps oblong et très-aplati; tête non globuleuse; palpes filiformes ou plus gros au bout; antennes de la même grosseur (toujours de onze articles). Cette famille comprenait les genres Parandre, Cucuje et Uléïote; elle correspond (Règn. Anim. de Cuv.) à celle des Platysomes. *V.* ce mot.   (AUD.)

CUCUJUS. INS. Nom vulgaire sous lequel Nuremberg, Marcgraaff et Herrera ont désigné des Coléoptères phosphorescens de l'Amérique méridionale, et qui paraissent être des Taupins. Geoffroy (Hist. des Ins.) s'est servi du mot *Cucujus* pour l'appliquer au genre *Buprestis* de Linné; mais cette dénomination n'a pas prévalu, et le nom de *Cucujus*, en français Cucuje, a été employé par Fabricius pour désigner un genre très-différent. *V.* CUCUJE.   (AUD.)

* CUCULINES. INS. *V.* APIAIRES.

CUCULLAIRE. *Cucullaria*. BOT. PHAN. Schreber, qui s'est très-légèrement arrogé le droit de changer les noms des genres fondés par Aublet, appelle ainsi le *Vochysia* de cet auteur. *V.* VOCHY. Ce nom a aussi été donné spécifiquement par divers botanistes au *Valantia cruciata* ainsi qu'à une Fumeterre dont Rafinesque a fait son genre *Cucullaria*, autrefois établi par B. Jussieu (*Act. Paris.*, 1743).   (A. R.)

CUCULLAN. *Cucullanus*. INTEST. Genre de l'ordre des Nématoïdes établi par Müller, dont les caractères sont : corps cylindrique, élastique, atténué en arrière; bouche orbiculaire; capuchon strié; organe génital mâle double. Il renferme un petit nombre de Vers qui se rencontrent dans le canal intestinal de quelques Poissons. Les Cucullans sont très-petits; ils se reconnaissent facilement à une espèce d'ampoule striée qui commence l'intestin, et que Müller a comparée à un capuchon, parce qu'ils sont très-atténués en arrière. Il n'est pas aussi facile de bien distinguer les espèces entre elles; plusieurs nous paraissent avoir des rapports tels, qu'on sera probablement forcé de les réunir. La peau des Cucullans est striée transversalement comme celle des Ascarides. Sa ténuité ne permet pas d'en distinguer l'organisation. La tête est arrondie, souvent distincte du corps par une dépression large, peu profonde; la bouche est grande, circulaire; quelquefois garnie de papilles; le corps, d'abord égal ou plus gros que la tête, s'atténue vers son extrémité postérieure que l'on nomme la queue; elle est droite dans la femelle, presque toujours infléchie dans le mâle, et assez souvent garnie sur les côtés de prolongemens membraneux que l'on nomme ailes. L'intérieur de la tête est muni d'une sorte d'ampoule ou de capuchon qui se continue avec la bouche en avant, et qui, en arrière, donne naissance à l'intestin. Ce capuchon est globuleux ou ovalaire et coloré; les stries longitudinales qui le parcourent sont de la même couleur, mais plus foncées, et tranchent agréablement sur le fond de cet organe singulier. Il est augmenté en arrière par un prolongement transversal uni se partageant sur les côtés en deux appendices assez longs, dirigés en arrière. On les a regardés comme des crochets. Rudolphi pense avec plus de vraisemblance que ce pourraient être des vaisseaux. Le capuchon est susceptible de se contracter; Rudolphi l'a vu resserré au point de ressembler à une tache au centre de la tête. C'est sans doute au moyen de ce capuchon que les Cucullans se fixent avec tant de force aux villosités des intestins; ils s'en servent comme d'une ventouse. En naissant de ce capuchon, l'intestin est très-étroit et libre dans un espace égal à peu près à deux fois la longueur de la tête, et dans lequel il exécute des mouvemens très-marqués; il est bientôt environné par les organes génitaux; il

grossit un peu, fait quelques flexuosités, et se termine à l'anus voisin du bout de la queue. L'intestin est presque toujours de couleur de sang. Dans le mâle les vaisseaux spermatiques entourent l'intestin; les verges au nombre de deux sortent près du bout de la queue (du côté de sa concavité) d'un petit tubercule en forme de gaîne. On ne peut quelquefois distinguer qu'une verge; dans quelques espèces, elles sont aplaties; les ovaires des femelles très-longs et très-grands entourent l'intestin. La petitesse des Cucullans ne permet pas d'avoir des notions précises sur la structure de leurs organes génitaux internes. L'analogie porte à croire qu'ils sont disposés comme la plupart de ceux des autres Nématoïdes, c'est-à-dire que les ovaires sont doubles et le conduit séminifère unique. Dans les espèces vivipares, les ovaires (pendant la vie de l'Animal) éprouvent un mouvement d'oscillation très-remarquable, et l'on peut voir même les petits s'agiter dans leurs enveloppes. La vulve est placée en arrière du milieu du corps. Elle ressemble à un tubercule bilobé, très-saillant dans les femelles fécondées, peu apparent dans celles qui n'ont ni petits ni œufs dans leurs ovaires. Quelques espèces sont ovipares et d'autres vivipares. Les petits Cucullans sont transparens; leur capuchon n'est point visible; ils ont la queue très-aiguë, et tiennent fortement par cette partie aux membranes de l'œuf. Les œufs sont grands et marqués d'une tache obscure.

Le genre Cucullan est, jusqu'à présent, composé de dix-sept espèces. Les huit dernières sont douteuses; en voici la nomenclature d'après Rudolphi: le Cucullan élégant, hab. les intestins de l'Anguille, du Turbot, etc.— Cuc. tronqué, hab. l'intestin du Silure. — Cuc. ailé, l'intestin du Turbot. — Cuc. globuleux, l'intestin de la Truite saumonée. — Cuc. Tête-Noire, l'intest. du petit Maquereau et de la Bonite.—Cuc. favéolé, l'intest. des Gades, du Mole, du Congre.—

Cuc. accourci, l'intest. du *Perca cirrosa.* — Cuc. Nain, l'intestin du Moineau de mer, du Picaud. — Cuc. Hétérochrome, l'intest. du Picaud. — Cuc. de la Tortue orbiculaire. — Cuc. de la Vipère commune. — Cuc. de l'Esturgeon. — Cuc. de la Plie. — Cuc. de la Sole. — Cuc. de la Perche de Norwège. — Cuc. de la Mendole. — Cuc. de la Tanche.   (LAM..X.)

*CUCULLANGIS. BOT. PHAN. Dans la nouvelle nomenclature de Du Petit-Thouars (Hist. des Orchidées des îles australes d'Afrique), c'est le nom proposé pour l'*Angræcum cucullatum*, Orchidée de la section des Epidendres et caractérisée par sa fleur ouverte, ayant un labelle en capuchon. Cette Plante, que Du Petit-Thouars place dans son groupe des *Angorchis*, croît sur les troncs d'Arbres aux îles de France et de Mascareigne. Ses feuilles sont rapprochées, rubanées et bilobées, et ses fleurs ont une couleur blanchâtre. Elle est figurée dans l'ouvrage de Du Petit-Thouars ci-dessus mentionné, t. 48.   (G..N.)

CUCULLARIA. BOT. CRYPT. (*Champignons.*) Nom donné par Fries à une section du genre Leontia. *V.* ce mot.   (AD. B.)

*CUCULLATA. BOT. PHAN. (Daléchamp.) Syn. de *Pinguicula vulgaris.* *V.* PINGUICULE.   (B.)

CUCULLE. INS. Dénomination française que Geoffroy (Hist. des Ins. T. I, p. 356) appliquait à un genre de Coléoptères qu'il avait créé sous le nom de *Notoxus.* Les entomologistes l'ont traduit par celui de Notoxe. *V.* ce mot.   (AUD.)

CUCULLÉE. *Cucullæa.* MOLL. Les Cucullées, les Pétoncles et les Nucules ont été séparées du genre Arche de Linné, dans lequel on les avait long-temps rangées. Cette utile réforme que nous devons à Lamarck (Anim. sans vert., première édit., pag. 116) ne permettra plus de confusion dans des objets qui, quoique présentant des rapports, ont pourtant entre eux des différences assez grandes ; il faut dire cependant que les Cucullées sont parmi ces genres celles qui présentent le moins de caractères tranchés. En effet, elles ne diffèrent des Arches que par des dents latérales transverses en plus ou moins grand nombre sur les angles antérieurs et postérieurs de la charnière. Du reste, la disposition des crochets et du ligament, ainsi que la forme générale, tendraient à les confondre dans ce dernier genre. Plusieurs conchyliologues, et nous sommes de ce nombre, admettent le genre Cucullée avec cette restriction qu'il est nécessaire de connaître l'Animal, ou du moins d'avoir sur lui quelques notions qui puissent faire connaître quelques différences organiques entre lui et celui des Arches que Poli a si bien décrit et figuré. Voici au reste les caractères qu'on peut lui donner, n'en connaissant que les coquilles : coquille équivalve, inéquilatérale, trapéziforme, ventrue, à crochets écartés, séparés par la facette du ligament : impression musculaire antérieure formant une saillie à bord anguleux ou auriculé ; charnière linéaire, droite, munie de petites dents transverses, et ayant à ses extrémités deux à cinq côtes qui lui sont parallèles ; ligament tout-à-fait extérieur.

Les Coquilles qui appartiennent à ce genre sont généralement très-renflées, grosses et épaisses, surtout dans les espèces fossiles ; le côté antérieur est séparé du reste par une sorte d'angle obtus qui coupe la Coquille, ce qui rend le corselet fort large ; les impressions musculaires qui, dans la plupart des autres Conchifères, sont enfoncées, ici présentent des élévations, des saillies plus ou moins considérables, surtout pour l'impression antérieure qui prend quelquefois la forme d'une languette auriculiforme. Ce genre se compose d'un très-petit nombre d'espèces ; une seule vivante ou à l'état frais, quelques autres fossiles, généralement dans des terrains anciens. Ménard de la Groye nous a dit en avoir trouvé des moules et des impressions dans un calcaire

oolitique des environs du Mans.
Basterot en a trouvé également, mais
aussi peu reconnaissables que les
premières, à Sauces, près Rethel, dans
le sable vert. Celles des environs de
Paris paraissent même devoir appartenir aux plus anciens dépôts qui se
sont formés sur la Craie, comme
quelques observations qui nous sont
propres tendraient à nous le faire
penser.

CUCULLÉE AURICULIFÈRE, *Cucullæa auriculifera*, Lamk. (Anim. sans
vert. T. VI, part. 1re, p. 34, n° 1).
Ce fut d'abord dans la première édition des Animaux sans vertèbres que
Lamarck, pour cette espèce et la suivante, proposa le genre Cucullée auquel elles servirent de type. Linné
(pag. 3311) la nomma *Arca cucullata*, ainsi que Chemnitz (Conch. 7,
tab. 53, fig. 526 et 527). Bruguière
(Dict. encycl. n° 11) lui donna le nom
d'*Arca concamera*. Elle est très-bien
figurée dans l'Encycl. (pl. 304, fig.
1. A, B, C). Elle se distingue facilement comme espèce par les attaches
musculaires, par les stries fines qui
se croisent sur sa surface, par sa couleur fauve cannelle en dehors, et violâtre en dedans, surtout vers le côté
antérieur, ainsi que par sa charnière
qui ne présente qu'une ou deux côtes
transverses. Cette Coquille, nommée
vulgairement le Coqueluchon, vient
de la mer des Indes où elle est fort
rare. Elle acquiert quelquefois jusqu'à
trois pouces huit lignes de largeur.

CUCULLÉE CRASSATINE, *Cucullæa
Crassatina*, Lamk. (*loc. cit.* et Ann.
du Mus. T. VI, pag. 338), figurée
dans Knorr (pag. 11, t. 25, fig. 12).
Celle-ci présente quelquefois plus de
longueur que la précédente et atteint
jusqu'à quatre pouces de large; elle
se distingue en outre par les impressions musculaires qui, quoique saillantes à l'intérieur, ne présentent
point un appendice auriforme; les
côtés de la charnière plus larges sont
munis de quatre à cinq côtes transverses. Ce qui est surtout remarquable dans cette espèce, c'est que, par la
disposition des stries, on pourrait en

faire deux; car l'une des valves a les
stries transverses très-fortes, tandis
que sur l'autre ce sont les longitudinales qui sont le mieux marquées. Il
faut avoir eu souvent occasion de les
voir encore réunies par le sable
qu'elles renferment, pour s'en faire
une plus juste idée. On la trouve fossile aux environs de Beauvais, à Bracheux et à Abbecourt, où elle est
très-commune, mais aussi très-fria-
ble.   (D..H.)

* CUCULLIFORME. BOT. PHAN.
C'est-à-dire *roulé en cornet*. Tels sont
les pétales de diverses Plantes, ceux
de l'*Aquilegia vulgaris*, par exemple.
(B.)

CUCULUS. OIS. *V.* COUCOU.

* CUCUMIS. MOLL. Klein (*Ostracod.* p. 78) sépara sous cette dénomination générique, des Volutes de
Linné, des Coquilles qui appartiennent presque toutes au genre Marginelle de Lamarck. *V.* ce mot. (D..H.)

CUCUMIS. BOT. PHAN. *V.* CON-
COMBRE.

* CUCUP-GUACU. POIS. Syn. brésilien de *Bodianus guttatus*, espèce
du genre Bodian.   (B.)

CUCURBITA. BOT. PHAN. *V.*
COURGE.

CUCURBITACÉES. *Cucurbitaceæ.*
BOT. PHAN. Famille naturelle de
Plantes dont les Courges, les Melons et les Concombres nous offrent
des modèles, et que l'illustre Jussieu
avait placée dans sa quinzième classe,
c'est-à-dire parmi les Plantes Diclines. En effet, toutes les Cucurbitacées ont des fleurs unisexuées généralement monoïques. La classe des
Diclines ayant été justement supprimée, la famille des Cucurbitacées
vient prendre rang parmi les familles
polypétales à ovaire infère. Nous allons exposer les caractères propres à
distinguer ce groupe intéressant.

Les Cucurbitacées sont toutes des
Plantes herbacées, en général annuelles, très-rarement vivaces. Leur
racine est grêle dans les espèces annuelles, fréquemment épaisse, char-

nue et tubériforme dans celles qui sont vivaces. Les tiges sont ou étalées sur le sol, ou volubiles au moyen des vrilles nombreuses qu'elles présentent. Ces tiges sont tantôt cylindriques, tantôt anguleuses, fréquemment creuses intérieurement. Leur surface externe, ainsi que celle de toutes les autres parties herbacées de ces Végétaux, est souvent hérissée de poils très-rudes. Les feuilles sont alternes, pétiolées, plus ou moins profondément lobées. Les vrilles naissent un peu sur la partie latérale des pétioles. Elles sont simples ou rameuses. Les fleurs sont presque constamment unisexuées et monoïques; très-rarement elles sont hermaphrodites. Elles offrent un calice et une corolle; le premier est tubuleux à sa base et adhérent avec l'ovaire infère, dans les fleurs femelles ou hermaphrodites; cette partie inférieure et tubuleuse manque dans les fleurs mâles. En général les deux enveloppes florales sont tellement soudées et confondues entre elles par leur partie inférieure, qu'un grand nombre d'auteurs les considèrent comme un périanthe simple. Nous examinerons cette opinion après avoir fini de tracer le caractère général des Cucurbitacées. Le limbe du calice est à cinq divisions plus ou moins profondes et qui, fréquemment, paraissent naître de la face externe de la corolle. Celle-ci est formée de cinq pétales, rarement distincts les uns des autres, le plus souvent soudés entre eux, de manière à constituer une corolle monopétale, à cinq lobes plus ou moins profonds. Dans les fleurs mâles, l'ovaire et le tube du calice qui adhèrent avec lui manquent totalement. Les étamines sont au nombre de cinq; leurs filets sont réunis et soudés, tantôt en une colonne simple et centrale, ou en trois faisceaux inégaux, dont deux sont formés chacun de deux filets réunis, le troisième étant simple, c'est-à-dire qu'elles sont monadelphes ou polyadelphes. Les anthères ont une organisation extrêmement singulière et la même

dans tous les genres de la famille, à l'exception du *Gronovia*. Elles sont linéaires, à une seule loge s'ouvrant par toute la longueur d'un sillon longitudinal. Chaque anthère, placée au sommet d'un des filamens qui s'élargit vers sa partie supérieure, est recourbée trois fois sur elle-même, de manière à représenter irrégulièrement une ∽ placée horizontalement et dont les branches seraient très-rapprochées les unes des autres; et comme dans le plus grand nombre des genres, les étamines sont disposées en trois faisceaux ainsi que nous l'avons expliqué précédemment, les anthères sont également réunies, savoir : quatre deux à deux, la cinquième restant simple. Le centre de la fleur est occupé par un disque ou bourrelet concave et glanduleux qui semble être le vestige de l'organe sexuel femelle avorté. Dans les fleurs femelles, on trouve sur le sommet de l'ovaire un rebord circulaire, saillant et glanduleux qui forme un véritable disque épigyne. Le style est ordinairement simple, épais et charnu, quelquefois un peu trilobé à son sommet qui se termine par trois stigmates épais, glanduleux, souvent bilobés. La structure de l'ovaire est encore aujourd'hui un sujet de contestation parmi les botanistes. Nous reviendrons sur ce point lorsque nous aurons fini l'énumération des caractères généraux de cette famille. Il est toujours à une seule loge; dans deux genres seulement il ne contient qu'un seul ovule attaché immédiatement au sommet (*Sicyos* et *Gronovia*). Dans tous les autres genres de la famille, il renferme un nombre plus ou moins considérable d'ovules attachés horizontalement à trois trophospermes pariétaux très-épais, triangulaires, contigus les uns aux autres par leurs côtés et remplissant totalement la cavité de l'ovaire. Le fruit varie beaucoup dans sa grosseur, sa forme, et même ses caractères intérieurs. En général, il est charnu intérieurement, et reste en cet état jusqu'à parfaite maturité; d'autres fois il se dessèche après avoir été manifestement charnu. La partie externe du péricarpe est assez souvent épaisse, dure et presque ligneuse. Coupé en travers, le fruit des Cucurbitacées présente, dans le plus grand nombre de cas, une cavité irrégulière aux parois de laquelle sont attachées les graines, au milieu d'un tissu cellulaire et filamenteux très-épais. Dans la Bryone, où le fruit est très-petit en comparaison des graines, dont le nombre varie de trois à six, on n'aperçoit pas cette cavité; tout l'intérieur du péricarpe paraît en quelque sorte rempli par les graines. Dans l'espèce de Courge connue sous le nom de *Pastèque* ou *Melon d'eau* (*Cucurbita Citrullus*, L.), l'intérieur du fruit, au lieu d'offrir une cavité interne, est plein et charnu, et les graines sont placées chacune dans autant de petites cavités, dans le voisinage des parois du péricarpe. Ce fruit reste constamment indéhiscent. Cependant dans le genre *Ecballium* de Richard, les graines à l'époque de leur maturité ne restent pas dans le péricarpe. Au moment où, par une cause quelconque, on détache le fruit du pédoncule qui le supportait, celles-ci sont lancées avec force et rapidité, par l'ouverture qui se forme à sa base.

Les graines, ainsi que nous venons de le voir, sont placées au milieu d'un tissu cellulaire filamenteux, quelquefois abreuvé d'une très-grande quantité de sucs aqueux. Elles sont en général ovoïdes et très-comprimées, entières ou échancrées à leur sommet, planes sur leurs bords ou relevées d'un petit bourrelet saillant. Chaque graine est entièrement recouverte par ce tissu, et y adhère par tous les points de sa surface externe. Son tégument propre est assez épais, coriace, fréquemment composé de deux feuillets superposés. L'embryon, dépourvu d'endosperme, a la même direction que la graine, c'est-à-dire que sa radicule qui est courte et conique, est tournée vers le hile. Ses deux cotylédons sont assez épais et charnus. La gemmule

est extrêmement petite et à peine développée.

Tels sont les caractères généraux que présentent les genres qui constituent la famille des Cucurbitacées. Quelques points de leur organisation nous paraissent dignes d'être brièvement discutés, étant encore l'objet d'opinions diverses entre les botanistes.

1°. *Du périanthe*. Nous avons dit que les Cucurbitacées étaient pourvues d'un périanthe double, c'est-à-dire d'un calice et d'une corolle. Cependant un grand nombre d'auteurs les considèrent comme monopérianthées. Cette opinion nous paraît peu exacte. Ces Plantes ont réellement un calice et une corolle, mais ces deux organes sont confluens et soudés par leur base. Cependant cette soudure n'est jamais telle qu'on ne puisse facilement les distinguer l'un de l'autre, et les lobes qui constituent le limbe du calice sont distincts de l'enveloppe florale intérieure qui forme la corolle. Il est d'ailleurs un genre de cette famille qui en présente l'organisation réduite à son état de simplicité, et qui établit en quelque sorte le passage entre les Cucurbitacées et les autres familles naturelles qui l'avoisinent; nous voulons parler du *Gronovia*. Dans ce genre, le calice et la corolle sont complètement distincts l'un de l'autre. Le premier, adhérent par son tube avec l'ovaire infère, offre un limbe campanulé à cinq divisions grandes et aiguës. La corolle se compose de cinq pétales très-petits, allongés, spathulés, alternes avec les lobes du calice, et insérés, ainsi que les étamines, à la base des incisions calicinales. Les étamines sont libres et distinctes, et non soudées entre elles comme dans les autres genres de Cucurbitacées. On trouve également au fond de la fleur, sur le sommet de l'ovaire, un disque concave, environnant la base du style, etc. Il résulte de-là, non-seulement que le périanthe est double, mais encore que la corolle est composée de cinq pétales, mais encore que dans le plus grand nombre des cas, la même cause qui tend à souder ensemble la corolle et le calice, réunit également les cinq pétales entre eux. Cette structure de la corolle est également confirmée par l'anatomie et par l'étude des rapports qui existent entre les Cucurbitacées et les autres familles qui sont polypétales.

2°. *De l'ovaire.* L'ovaire est constamment uniloculaire dans les Cucurbitacées et offre trois trophospermes pariétaux, très-épais et triangulaires, qui sont contigus entre eux par leurs deux bords libres; ces bords libres se recourbent à leur base, c'est-à-dire du côté externe ou pariétal, rentrent en quelque sorte dans l'intérieur des trophospermes, et c'est à la convexité de la saillie qu'ils forment que sont attachés les ovules. Entre les faces latérales par lesquelles ces trois corps triangulaires sont contigus, il s'épanche une substance aqueuse et légèrement charnue, qui, sur la coupe transversale d'un ovaire, se montre sous l'apparence de trois lignes divergentes, bifurquées à leur extrémité externe, et portant les graines en cet endroit. Cet ovaire est donc réellement uniloculaire, à trois trophospermes longitudinaux attachés à sa paroi interne. Cependant les anciens botanistes ont décrit l'ovaire des Cucurbitacées comme à trois ou même à un plus grand nombre de loges, prenant pour des cloisons les trois lignes que nous venons de décrire et dont nous avons fait connaître le mode de formation. Auguste Saint-Hilaire considère autrement ces trois lignes. Pour lui, ce sont trois branches ou trois lames d'un trophosperme axillaire, pendant du sommet de la cavité unique de l'ovaire à la manière d'un lustre et portant les graines à chacune des deux branches de leur extrémité externe. Mais cette ingénieuse opinion ne nous paraît pas plus fondée que celle qui attribue plusieurs loges aux Cucurbitacées. Dans l'une et dans l'autre on a méconnu la véritable nature des trois lignes qu'on aperçoit

sur la coupe transversale de l'ovaire, et qu'on a prises tantôt pour des cloisons, tantôt pour des trophospermes, tandis que dans la réalité elles résultent du rapprochement des bords latéraux des trophospermes, le plus souvent soudés par l'intermède d'une substance charnue d'abord fluide.

Le nombre des genres composant cette famille est peu considérable. On peut les diviser en deux sections suivant que le fruit contient une seule ou plusieurs graines.

Iʳᵉ Section. — Fruits monospermes :

Sicyos, L.; *Gronovia*, L., *Sechium*.

IIᵉ Section. — Fruits polyspermes :

Solena, Loureiro; *Bryonia*, L.; *Elaterium*, Jacq.; *Muricia*, Loureiro; *Melothria*, L.; *Anguria*, Plum.; *Momordica*, L.; *Ecballium*, Rich.; *Luffa*, Cavan.; *Cucumis*, L.; *Cucurbita*, L., auquel il faut joindre le *Pepo* de Richard; *Trichosanthes*, L.; *Ceratosanthes*, Burm.; *Myrianthus*, Beauvois.

Plusieurs autres genres avaient d'abord été rapportés aux Cucurbitacées; mais ils en ont été successivement retirés pour former des ordres naturels distincts. Ainsi les *Passiflora*, *Tacsonia*, etc., constituent la nouvelle famille des Passiflorées, dans laquelle doit entrer le genre *Carica* ou Papayer. Les genres *Fevillea* et *Zanonia* forment un petit groupe qu'Auguste Saint-Hilaire a nommé Nandhirobées et qui établit en quelque sorte la transition entre la famille des Passiflorées et celle des Myrtacées.

L'illustre auteur du *Genera Plantarum*, Jussieu, avait placé, ainsi que nous l'avons dit précédemment, les Cucurbitacées dans sa quinzième et dernière classe, c'est-à-dire celle des Diclines. Mais les observations des botanistes modernes ont prouvé que cette classe, composée d'élémens hétérogènes, devait être supprimée, et que les familles qui y avaient été réunies devaient rentrer dans les autres classes de la méthode. Les Cucurbitacées se rapprochent d'un grand nombre d'autres familles par quelques points de leur organisation ; mais elles n'ont avec aucune des rapports tellement marqués que l'on puisse bien rigoureusement déterminer leur place dans la série naturelle. Ainsi elles ont par la forme de leur périanthe, par leur ovaire infère, quelque analogie avec les Campanulacées. Mais, ainsi que l'a fort bien établi Auguste Saint-Hilaire, c'est parmi les familles de Plantes à corolles polypétales qu'il faut chercher les rapports de ce groupe. Or, parmi ces familles, les Onagraires sont sans contredit celles qui offrent le plus d'affinités avec les Cucurbitacées. Par le genre *Gronovia* et par plusieurs autres, la famille qui nous occupe a quelque analogie avec les Ribésiées ; dans l'une et dans l'autre l'ovaire est infère, uniloculaire, et les trophospermes pariétaux. Quant aux Passiflorées, il est facile de sentir les points de contact qu'elles présentent avec la famille des Courges dont elles diffèrent par leur ovaire libre et pédicelé, la forme de leurs enveloppes florales, leurs graines arillées et munies d'un endosperme.

(A. R.)

* CUCURBITAINS. INTEST. Vieux syn. de *Tœnia*. *V.* ce mot. (LAM..X.)

* CUCURBITES. ÉCHIN. Mercati a donné ce nom au *Clypeaster altus*, Lamk. La figure qu'il a fait graver, p. 233 de son ouvrage, se rapproche du *Clypeaster marginatus* du professeur du Jardin du Roi. (LAM..X.)

CUCURI. POIS. L'un des syn. vulgaires du Pantouflier. *V.* SQUALE. (B.)

* CUCURUCU. REPT. OPH. Selon Marcgraaff et Pison, c'est un grand Serpent très-venimeux du Brésil, dont la chair est cependant bonne à manger. On ne sait à quel genre rapporter le Cucurucu. (B.)

*CUDO ou CURUTAPALA. BOT. (Rhéede.) Nom malabare d'une espèce du genre Amsonie. *V.* ce mot. (B.)

* CUDOR. OIS. (Levaill., Ois. d'Afr., pl. 107, f. 2.) Syn. de *Turdus aurigaster*, Vieill., espèce du genre Merle. *V.* ce mot. (B.)

CUDRANG. *Cudranus*. BOT. PHAN. C'est ainsi qu'on nomme, au rapport de Rumph, dans les îles Moluques, deux petits Arbres épineux, dont les feuilles sont semblables à celles du Citronnier, et dont les fruits, de la grosseur d'une Fraise, offrent six loges contenant une ou plusieurs graines allongées et aiguës. Ces Végétaux, dont on ne connaît pas la fleur, paraissent avoir des rapports avec les *Limonia*. *V.* LIMONIE. (A. R.)

CUDU-PARITI. BOT. PHAN. (Rhéede.) Syn. malabare de *Gossypium arboreum*. *V.* COTONNIER. (B.)

CUEILLER. OIS. (Belon.) Syn. de *Platalea leucoradia*, L. *V.* SPATULE. (B.)

CUELLARIE. *Cuellaria*. BOT. PHAN. Ce genre, fondé par Ruiz et Pavon, doit être réuni, selon C. Kunth, au *Clethra*. Le *Clethra fagifolia*, une des deux espèces qu'a publiées ce savant botaniste (*Nova Genera et Species. Pl. œquin.* T. III, p. 289), est en effet si semblable au *Cuellaria obovata* de la Flore du Pérou, qu'il est difficile de ne pas admettre la fusion des deux genres. *V.* CLÉTHRE. (G..N.)

CUENTAS. BOT. PHAN. On trouve quelquefois sous ce nom, dans le commerce, des graines rondes comme des pois, dures et noires, qui servent à faire des chapelets dont les grains sont appelés *Cuentas*, c'est-à-dire comptes, en espagnol. Ces graines sont celles du Balisier, *Canna indica*. On mêle quelquefois avec elles les graines du Coix, pour distinguer les *pater* des *ave*. (B.)

CU-EO. BOT. PHAN. Ce nom désigne à la Cochinchine diverses espèces du genre Commeline. Le Cu-Eo-Rai est le *Commelina tuberosa*, dont on mange les tubercules ; le Cu-Eo-Chun, le *C. medica* de Loureiro, dont les racines sont employées comme médicament. (B.)

CUEPI. BOT. PHAN. (Gmelin.) Pour Couepi. *V.* ce mot.

COETLACHTLI. MAM. (Hernandez.) Syn. de Loup du Mexique. *V.* CHIEN. (B.)

CUGUACU-APARA ET CUGUACU-ETE. (Marcgraaff.) Syn. de Cerf au Mexique. (B.)

CUGUACUARANA. MAM. (Marcgraaff.) Syn. de Couguar. *V.* CHIEN. (B.)

* CUICHUNCHULLI. BOT. PHAN. (Joseph de Jussieu.) Nom de pays de l'*Ionidium parviflorum*, Vent. (B.)

CUILLER ET CUILLER-A-POT. MOLL. Nom vulgaire de quelques espèces du genre Cérithe. Les marchands nomment grande Cuiller-à-Pot le *Cerithium palustre* de Lamarck et de Bruguière, et petite Cuiller-à-Pot le *Cerithium sulcatum* des mêmes auteurs. (D..H.)

CUILLER D'ÉBÈNE. MOLL. Nom marchand d'une Coquille fort rare et des plus précieuses du genre Cérithe, que Bruguière et Lamarck ont nommée *Cerithium ebenicum*. (D..H.)

*CUILLER D'IVOIRE. MOLL. Tel est le nom vulgaire d'une grande espèce de Pholade, *Pholas Dactylus* de Linné. *V.* PHOLADE. (D..H.)

CUILLER DES ARBRES. BOT. CRYPT. (*Champignons.*) Paulet (2, p. 110, t. 22, f. 1, 2, 3) décrit et figure sous ce nom plusieurs espèces d'Agaric, presque sessiles et dont le chapeau a la forme d'une cuiller. Ces Champignons, qui croissent sur le Chêne et l'Hippocastane, paraissent se rapporter à l'*Agaricus dimidiatus* de Schæffer. (A. R.)

*CUILLERON. INS. On a désigné sous ce nom une portion de l'aile existant généralement chez les Diptères et qu'on retrouve aussi dans certains Coléoptères. *V.* AILERONS. (AUD.)

CUIR. MAM. *V.* DERME.

*CUIR DES ARBRES. BOT. CRYPT. (*Champignons.*)Nom vulgaire du *Racodium Xylostroma* de Persoon, Champignon filamenteux formant une sorte

de feutre blanchâtre ou de pellicule analogue à une peau mince ou à du cuir. Il porte encore les noms de Peau de gant et d'Amadou blanc. *V.* RACODIE. (A. R.)

CUIR DE MONTAGNE ET CUIR FOSSILE. MIN. L'un des synonymes vulgaires d'Asbeste. *V.* ce mot. (B.)

CUIRANIS. BOT. PHAN. (Dioscoride.) Espèce d'Hellébore selon Adanson. (B.)

CUIRASSÉ. POIS. Syn. d'Armé, espèce de Cotte du sous-genre Aspidophore ; Silure , du sous-genre Cataphracte ; et Centrisque. *V.* ce mot, SILURE et COTTE. (B.)

* CUIRASSÉE. REPT. OPH. Espèce du genre Couleuvre décrite par Pallas sous le nom de *Coluber scutatus.* (B.)

CUIRASSIER. POIS. *V.* LORICAIRE.

CUIRIRI ou SUIRIRI. OIS. L'un des noms de pays du Bentavéo. *V.* ce mot. (B.)

CUISSE. ZOOL. On a désigné sous ce nom la partie du corps d'un grand nombre d'Animaux, ordinairement très-développée, qui s'articule d'une part avec la hanche et de l'autre avec la jambe. Le nom de Cuisse n'a pas toujours une acception aussi précise chez les Insectes, et les auteurs varient beaucoup sur l'application qu'ils en font dans la classe des Crustacés et dans celle des Arachnides. Nous relèverons ces discordances dans notre Anatomie comparée des Animaux articulés dont la partie du système solide est fort avancée. (AUD.)

CUISSE. MOLL. Nom marchand des espèces du genre Perne. *V.* ce mot. (B.)

CUISSE-MADAME. BOT. PHAN. Une variété de Poire. (B.)

*CUISSE DE NYMPHE. BOT. PHAN. Une variété de Rose. (B.)

CUIT. OIS. Espèce du genre Rollier, L. *V.* ROLLIER. (DR..Z.)

CUIVRE. *Cuprum.* MIN. *Kupfer,* Wern. Genre composé de quatorze espèces minérales, dans lesquelles le Métal existe ou libre ou combiné avec l'Oxigène, le Soufre, le Sélénium et les Acides. Ces espèces ont un caractère commun, qui consiste en ce que les corps qui leur appartiennent, étant amenés par le grillage ou par l'action des Acides à un certain état d'Oxidation, communiquent tous à l'Ammoniaque une teinte d'azur très-sensible. Nous allons les décrire successivement, en commençant par celle qui offre le Métal sans combinaison.

CUIVRE NATIF, *Gediegen Kupfer*, Werner. Substance métallique, très-ductile, d'une couleur rouge jaunâtre, pesant spécifiquement 8,584 ; d'une dureté inférieure à celle de l'Acier, mais plus grande que celle de l'Or et de l'Argent ; ayant un éclat supérieur à celui de l'Etain et du Plomb. C'est le plus sonore de tous les Métaux. Il développe par le frottement une odeur stiptique et nauséabonde ; tous les Acides le dissolvent : il est attaqué par l'humidité de l'air, qui le couvre d'une rouille verte, appelée communément *Vert-de-Gris*. Ses formes cristallines appartiennent au système régulier : ce sont le cube, l'octaèdre, le cubo-octaèdre, le cubo-dodécaèdre, etc. Les variétés de formes indéterminables le présentent à l'état de ramifications qui s'étendent dans différens sens, ou qui forment des espèces de réseaux engagés entre les feuillets des pierres. On le rencontre aussi en lames, en filamens ou en grains, et en concrétions mamelonnées ou botryoïdes. — Le Cuivre natif accompagne ordinairement les autres mines du même Métal, dans les terrains d'ancienne formation. Il fait partie des filons, ou se répand sous forme de veines dans la roche environnante. Le pays où il abonde le plus, savoir la Sibérie, le présente engagé dans des Micaschistes, des Gneiss, etc. ; et sa gangue immédiate est souvent un calcaire lamellaire. Les substances minérales qui lui sont ordinairement associées sont le Fer oxidé, le Quartz, la Chaux carbonatée, la Chaux fluatée et la Baryte sulfatée. On le trouve

avec la Prehnite dans la roche amygdalaire d'Oberstein, et avec la Mésotype dans les Wackes de Féroë. Il est enveloppé de matières argileuses à Dognatzka, à Saint-Bel et à Chessy, aux environs de Lyon. On a cité des masses de Cuivre natif, remarquables par leur volume : telle est celle qui a été trouvée à peu de distance de Bahia, au Brésil ; elle pesait, dit-on, 2616 livres.

Le Cuivre est un Métal qui, par ses propriétés, est d'une grande utilité dans les arts. Il fournit la matière d'un grand nombre d'ustensiles de cuisine, que l'on étame intérieurement pour prévenir les funestes effets de l'oxidation. On l'emploie à la confection des pièces d'artillerie et au doublage des vaisseaux ; au moyen de la gravure, il sert à multiplier les copies des chefs-d'œuvre de la peinture ; par son alliage avec l'Etain, il donne le Bronze ou l'Airain, dont on fait des mortiers, des statues, et autres monumens destinés à passer à la postérité. Les surfaces de ces ouvrages se couvrent, à la longue, d'un enduit verdâtre qu'on nomme *Patine*, et qui protège le Métal intérieur contre les injures du temps. On allie le Cuivre à l'Or et à l'Argent dans les monnaies et les pièces d'orfévrerie. L'union du Zinc avec le Cuivre diminue beaucoup la tendance de ce dernier Métal à se convertir en vert-de-gris. Cet alliage porte le nom de Cuivre-Jaune ou de *Laiton*, lorsqu'on l'obtient par la cémentation du Cuivre avec la Calamine ; mais si l'on unit directement les deux Métaux par la fusion, l'alliage est appelé *Similor*, *Tombac*, ou *Or de Manheim*. Dans les arts, on donne le nom de Cuivre de rosette au Cuivre rouge fondu. Le Laiton a moins de ductilité que le Cuivre de rosette ; mais on le fond plus aisément dans des moules, et il se prête mieux à l'action de la lime et du poli. Tout le monde sait que le Laiton fournit la matière des pièces d'horlogerie, des machines de physique, des instrumens destinés aux opérations astronomiques et géodésiques.

Cuivre sulfuré ou Cuivre vitreux, *Kupferglas*, W. Combinaison d'un atome de Cuivre avec un atome de Soufre. En poids, il est formé, sur 100 parties, de 79,73 de Cuivre, et 20,27 de Soufre. Sa texture est ordinairement compacte; et lorsqu'il est cristallisé, ses joints naturels ne se reconnaissent que par un chatoyement à une vive lumière. Sa forme primitive est un prisme hexaèdre régulier, dans lequel le rapport entre la perpendiculaire menée du centre de la base sur un des côtés, et la hauteur, est à peu près celui de 1 à 2. Sa pesanteur spécifique est de 5,3; il est tendre, cassant, s'égrène sous le marteau, et ne se prête point à la division mécanique. La couleur de la masse est un gris sombre ou bleuâtre, tirant sur l'éclat métallique du Fer. Celle de la poussière est noirâtre; au chalumeau, il se fond en bouillonnant et donne un bouton métallique. Traité avec le Borax, il le colore en vert bleuâtre; il est souvent mélangé d'une certaine quantité de Fer, qui rend le bouton attirable à l'Aimant. — Toutes ses variétés de formes présentent le prisme hexaèdre plus ou moins modifié sur les arêtes de la base; un décroissement par une rangée sur ces mêmes bords, donne la variété d'*odécaèdre*, lorsqu'il atteint sa limite. Les faces de cette variété, combinées avec les bases de la forme primitive, constituent la *trapézienne*. Si l'on ajoute les pans du prisme hexaèdre, on obtient l'*uni-annulaire*; en remplaçant les facettes obliques de cette dernière, par d'autres faces plus inclinées, résultant d'un décroissement par trois rangées, on aura la variété dite *ternoannulaire*. Ces deux ordres de faces, pris ensemble, produiront l'*uniternaire*. Enfin, les bords longitudinaux peuvent être remplacés, et les arêtes horizontales modifiées par trois décroissemens successifs d'une, deux et trois rangées; on a dans ce cas la variété *doublante*, la plus composée de celles qui ont été décrites par Haüy. —Les variétés indéterminables sont: le Cuivre sulfuré laminiforme, le

compacte et le pseudomorphique spiciforme, qui porte le nom vulgaire d'*Argent en épis*, et que l'on trouve en petites masses ovales et aplaties, dont la surface présente des espèces d'écailles imbriquées comme celles des cônes de Pin. Aussi quelques naturalistes ont-ils attribué l'origine de cette variété à ces productions végétales; d'autres, au contraire, ont pensé qu'elle pouvait provenir des épis d'une espèce de Graminée. Le Cuivre sulfuré ordinaire est quelquefois accompagné de masses pyriteuses, à texture compacte, présentant, dans leur cassure, des teintes assez vives de violet, de bleu et de verdâtre. Haüy donne à cette variété, qui paraît être le résultat d'une décomposition, le nom de Cuivre sulfuré *hépatique*. — Le Cuivre sulfuré est un des Minerais les plus riches en Métal; il en contient quatre-vingts parties sur cent. Il forme en divers pays des filons très-puissans qui traversent les terrains primitifs, tels que ceux de Gneiss et de Micaschiste. Dans le comté de Cornouailles, il est associé au Cuivre oxidulé et au Cuivre pyriteux; et ses filons accompagnent ceux d'Etain. En Sibérie, où il abonde le plus, on ne le rencontre qu'avec la Malachite soyeuse, au milieu de matières argileuses pénétrées d'Oxide rouge de Cuivre. La variété spiciforme a été trouvée dans un filon à Frankenberg, en Hesse, où elle a aussi pour gangue une Argile. — Le Sulfure de Cuivre se présente fréquemment dans la nature à l'état de mélange ou de combinaison chimique avec d'autres Sulfures, et quelquefois avec un Arséniure ou un Antimoniure. Parmi ces composés, il en est quelques-uns qui pourront former par la suite de nouvelles espèces, et qui sont déjà considérés comme tels par plusieurs minéralogistes. Nous ne ferons que les indiquer ici.

Cuivre sulfuré argentifère, *Silber-Kupferglanz*, Hausmann et Stromeyer, Annales de Phys. de Gilbert, Leipsick, 1816; Argent et Cuivre sulfurés, de Bournon, Catalogue min.,

p. 212, Paris, 1817. Des mines de Culivan en Sibérie.

CUIVRE SULFURÉ PLUMBO-BISMUTHIFÈRE, *Nadelerz*, W.; Bismuth sulfuré plombo-cuprifère, Haüy. *V.* BISMUTH.

CUIVRE SULFURÉ MÊLÉ DE SULFURES D'ANTIMOINE ET DE PLOMB. *V.* BOURNONITE et ANTIMOINE SULFURÉ.

CUIVRE PYRITEUX, *Kupferkies*, W. Sulfure de Cuivre et de Fer au minimum, Berzélius; Pyrite cuivreuse, double Sulfure jaune de Cuivre et de Fer, Bournon. Minéral d'un jaune de laiton foncé, tirant quelquefois sur la couleur de l'Or allié au Cuivre; non malléable, cédant aisément à l'action de la lime. Pes. spécif., 4,315. Fusible au chalumeau en un globule noir qui par un feu prolongé finit par offrir le brillant métallique du Cuivre. Les minéralogistes ne sont point d'accord sur la distinction à établir entre cette espèce et la suivante qui est le Cuivre gris. Berzélius et Haüy regardent comme probable, d'après le rapport des analyses et des formes des deux substances, que le Cuivre gris n'est autre chose qu'un Cuivre pyriteux mélangé d'un Arséniure ou d'un Antimoniure. Si cette opinion est fondée, ces substances doivent avoir le même système de cristallisation, savoir celui du tétraèdre régulier, qui appartient sans aucun doute au Cuivre gris. Haüy a effectivement admis cette forme comme primitive à l'égard des cristaux de Cuivre pyriteux, soit parce que leur forme dominante est en général un octaèdre qui paraît se rapprocher beaucoup du régulier, soit parce que de véritables cristaux de Cuivre gris se présentent fréquemment sous le masque de la Pyrite cuivreuse, à cause de la tendance qu'a cette Pyrite à s'incorporer avec eux et à se mouler sur leur surface. Mais Mohs, ayant mesuré les angles des cristaux octaèdres de Cuivre pyriteux, a trouvé qu'ils différaient sensiblement de ceux de l'octaèdre régulier, et ne pouvaient appartenir qu'à un octaèdre à base carrée qu'il adopte pour forme fondamentale, et dont il fait le caractère distinctif de

l'espèce. L'incidence d'une face de l'une des pyramides sur la face adjacente de la seconde est, selon lui, de 108°40'. Cet octaèdre répond à la variété décrite par Haüy sous le nom d'Epointé symétrique. Souvent il est transposé, c'est-à-dire qu'une de ses moitiés est censée avoir tourné sur l'autre d'un sixième de circonférence. Les formes du Cuivre pyriteux paraissent souvent n'avoir été qu'ébauchées, et les sommets pyramidaux qu'elles présentent tendent encore à favoriser l'illusion d'après laquelle on rapporte ces formes au système du tétraèdre. Le Minéral se rencontre plus ordinairement à l'état de concrétions mamelonnées, ou en masses assez considérables dont la cassure est terne. Il est susceptible d'une altération à la faveur de laquelle sa surface prend un aspect irisé; et comme ses couleurs ont de l'analogie avec celles qui ornent la queue du Paon ou la gorge des Pigeons, on a donné à cette modification le nom vulgaire de Pyrite à gorge de Pigeon ou à queue de Paon. Lorsque cette altération a eu lieu à un degré plus marqué, et qu'elle a pénétré à l'intérieur de la masse, elle produit alors la variété nommée Cuivre hépatique ou panaché, dont la cassure présente différentes teintes de jaune rougeâtre, de bleu et de violet. Elle est souvent fragile et quelquefois se détache par feuillets; c'est le *Bunt-Kupfererz* des minéralogistes allemands. Elle offre des différences dans sa composition, lorsqu'on la compare à celle des variétés d'un jaune pur. Au reste, lorsque l'on parcourt les analyses qui ont été faites de ces dernières, on trouve des variations qui semblent indiquer que les deux Sulfures simples peuvent se combiner en différentes proportions, ce qui donnera probablement lieu à la distinction de plusieurs espèces dans le Cuivre pyriteux. Bournon en a déjà séparé les variétés d'un jaune pâle et d'un grain fin et compacte (*V.* Catal., p. 232). — Le Cuivre pyriteux n'est pas le plus riche des Minerais de Cuivre, mais il est le plus commun et l'un de ceux qu'on exploite le plus ordinairement. Il forme des amas considérables ou des filons très-multipliés dans les terrains primitifs ou intermédiaires, et principalement dans le Gneiss, le Micaschiste, le Schiste talqueux, etc. C'est dans le Micaschiste que se rencontre la variété hépatique près de Témeswar dans le Bannat, et à Roraas en Norwège. Les Minéraux auxquels le Cuivre pyriteux adhère le plus fréquemment sont le Quartz, la Chaux carbonatée, la Baryte sulfatée, le Fer spathique, etc.

CUIVRE GRIS, *Fahlerz*, W. Ainsi nommé à cause de sa couleur la plus ordinaire, qui est le gris métallique. Substance qui paraît formée des principes de l'espèce précédente, mélangés de quelque autre principe variable auquel on attribue sa couleur. Ses cristaux ont pour forme primitive le tétraèdre régulier. Sa cassure est raboteuse et peu éclatante. Elle est facile à briser; sa pesanteur spécifique est de 4,86. La couleur de la poussière est noirâtre, avec une légère teinte de rouge; celle de la surface ressemble à celle de l'Acier poli; mais elle se ternit à l'air. Le Cuivre gris se réduit au feu du chalumeau en un bouton métallique qui contient du Cuivre. Relativement aux différences de composition chimique, on distingue deux variétés principales : 1° le Cuivre gris arsénifère (*Kupferfahlerz*, W.), couleur d'un gris d'Acier clair. Des mines de Jonas et de Jungen-Hohen Birke, près de Freyberg. *V.* les analyses de Klaproth, Beyt. T. II, p. 257. On peut le considérer comme un Cuivre pyriteux mêlé d'Arséniure de Cuivre à différens degrés de saturation, Berzélius, Syst. Min., p. 244. Un fragment, exposé à la simple flamme d'une bougie, répand des vapeurs sans le fondre. 2°. Le Cuivre gris antimonifère (*Bleyfahlerz*, W.); couleur tirant sur le noir de Fer; Cuivre pyriteux mêlé d'Antimoniure de Plomb, Berz., *ibid.* Un fragment, exposé à la flamme d'une bougie, répand des vapeurs et se fond en un globule métallique.

Parmi les variétés dans lesquelles le Cuivre pyriteux se mêle en proportions variables à d'autres Sulfures, on distingue la mine de couleur grise (*Graugültigerz*, W.), qui résulte du mélange avec le Sulfure d'Antimoine, et la mine de couleur noirâtre (*Schwarzgültigerz* et *Schwarzerz*, W.), qui contient en outre du Sulfure d'Argent. On a trouvé, à Guadalcanal en Espagne, le Cuivre gris mélangé de Platine et accompagné d'Argent rouge arsénifère (Vauquelin, Journ. de Phys., nov. 1806). — Parmi les diverses formes de Cuivre gris qui ont été décrites par Haüy, nous citerons la primitive, la dodécaèdre ou cette même forme primitive dont chaque face porte une pyramide triangulaire très-obtuse, l'épointée passant à l'octaèdre régulier, la cubo-tétraèdre, l'*encadrée* dans laquelle les faces primitives se combinent avec celles de la variété dodécaèdre, et enfin la triforme qui est composée de l'octaèdre régulier, du dodécaèdre rhomboïdal et du trapézoèdre. — Le Cuivre gris ne s'est encore offert que sous des formes cristallines ou à l'état massif et compacte. C'est de tous les Minerais de Cuivre le plus communément exploité, et celui dont l'exploitation présente le plus d'avantages, à raison de l'Argent qu'il peut contenir. Il forme des filons très-puissans dans le sol primitif, et principalement dans les terrains de Gneiss, dans les Schistes micacés et talqueux. Il en existe en France, à Sainte-Marie-aux-Mines, dans l'Alsace et à Baygorry dans les Pyrénées occidentales; dans cette dernière localité, il a pour gangue une Chaux carbonatée ferrifère. Le Cuivre pyriteux accompagne très-souvent le Cuivre gris, dont les cristaux en sont quelquefois entièrement recouverts.

CUIVRE OXIDULÉ, Cuivre vitreux et Cuivre rouge, *Rothkupfererz*, W. Oxide de Cuivre au minimum, renfermant sur cent parties 11,22 d'Oxigène, d'après l'analyse de Chenevix. Formes originaires de l'octaèdre régulier. Les joints parallèles aux faces de l'octaèdre sont assez sensibles. La couleur de la poussière et celle de la masse vue par transparence est rouge ; quelques cristaux présentent à la surface le gris métallique. Pesanteur spécifique, 5,4. Ce Minerai est facile à pulvériser ; il est soluble avec effervescence dans l'Acide nitrique. Ses formes les plus ordinaires sont l'octaèdre, le cubo-octaèdre, le dodécaèdre, le cubo-dodécaèdre, l'octaèdre émarginé et le cube. Ses cristaux sont sujets à se décomposer à la surface, qui souvent est recouverte de Malachite. — Les variétés de formes indéterminables sont : 1° le Cuivre oxidulé capillaire, *Haarformiges Rothkupfererz*, W., couleur d'un rouge vif jointe à un éclat soyeux ; 2° le Lamellaire ; 3° le Drusillaire ; 4° le Massif, trouvé en Pensylvanie ; 5° le Terreux, *Zieglerz*, W., appelé communément Cuivre tuilé ; il est toujours pénétré de Fer, et ses fragmens, chauffés à la flamme d'une bougie, agissent sur l'aiguille aimantée. — Le Cuivre oxidulé n'existe point en masses considérables dans la nature, et n'est l'objet d'aucune exploitation. Il accompagne souvent le Cuivre natif et le Cuivre carbonaté ; les Minéraux qui lui sont ordinairement associés sont l'Oxide de Fer et le Quartz. La variété en filamens soyeux, que l'on trouve à Rheinbreitbach, pays de Nassau, a pour gangue un Quartz hyalin. Les cristaux isolés, recouverts de Malachites, viennent de Nicolewski, en Sibérie, et de la mine de Chessy, près de Lyon.

.Cuivre séléNIÉ , Séléniure de Cuivre, Berzélius. Composé d'un atome de Sélénium et d'un atome de Cuivre ; ou en poids de 61,47 de Cuivre et de 38,53 de Sélénium ; couleur analogue à celle de l'Argent natif ; tendre et susceptible de poli ; traité au chalumeau, il répand une forte odeur de Raves ; il est disséminé dans les fissures d'une Chaux carbonatée laminaire de Skrickerum, en Smolande, sous la forme de taches noires qui prennent un poli métallique lorsqu'on les frotte avec la lime, et qui

paraissent être de la Serpentine pénétrée de séléniure de Cuivre.

Cuivre séléNIÉ argental , Haüy ; Eukaïrite , Berzélius. Séléniure de Cuivre et d'Argent, formé d'un atome de biséléniure d'Argent et de deux atomes de séléniure de Cuivre ; couleur d'un gris de Plomb ; mou et se laissant entamer par le couteau ; cassure grenue ; soluble dans l'acide nitrique chauffé et mêlé d'eau froide, en donnant un précipité blanc ; odeur de Raves par l'action du chalumeau, et réduction en grain métallique gris, non malléable ; se trouve à Skrickerum , en Smolande, dans le calcaire lamellaire , avec l'espèce décrite précédemment.

Cuivre hydraté. *V.* Cuivre hydro-siliceux.

Cuivre hydro - siliceux , Haüy, *Kiesel-Kupfer*, Leonhard ; et *Kiesel-Malachit Eisenschüssiges Kupfergrün* , W. ; Cuivre scoriacé. Minéral d'un vert bleuâtre qui se présente en globules composés de petites lames satinées ou en masses compactes, plus ou moins fragiles , à cassure imparfaitement conchoïde et résineuse. Ce serait un hydro - silicate de Cuivre, d'après l'analyse de John , qui l'a trouvé formé sur 100 parties de 49,63 d'Oxide de Cuivre, 28,37 de Silice et 17,3 d'Eau. Sa pesanteur spécifique est de 2,7. Mis dans l'Acide nitrique à froid, il perd sa couleur et devient blanc et translucide. Haüy a rapporté à cette espèce des Cristaux d'un vert obscur qu'on a trouvés en Sibérie, près d'Ekaterinbourg, dans un Oxide de Fer, et auxquels il assigne pour forme primitive un prisme droit rhomboïdal de 105° 20'. Mais Beudant pense que ces Cristaux appartiennent à une autre espèce dont nous allons bientôt parler. Il ne reste plus alors de caractère bien tranché entre le Cuivre hydro-siliceux et l'espèce qui va suivre. Les variétés amorphes de Cuivre hydro-siliceux viennent les unes des monts Ourals en Sibérie et les autres du Chili. Il en existe aussi en Espagne , au cap de Gate, dans le Feldspath porphyrique altéré, qui renferme des Cristaux d'Amphibole.

CUIVRE DIOPTASE, vulgairement *Dioptase*, *Achirite*; *Kupfersmaragd*, W. Cette substance ne se rencontre dans les collections que sous la forme d'un dodécaèdre analogue à celui de la Chaux carbonatée prismée, ayant pour forme primitive un rhomboïde obtus de 123° 58'. Les joints naturels parallèles aux faces de ce rhomboïde sont très-sensibles. La couleur des Cristaux est le vert pur; ils rayent difficilement le verre; ils sont insolubles et conservent leur couleur dans l'Acide nitrique chauffé. D'après l'analyse de Lowitz, ils sont formés de 55 d'Oxide de Cuivre, 33 de Silice et 12 d'Eau. Cette analyse se rapproche de celle que nous avons donnée plus haut pour le Cuivre hydro-siliceux, qui peut-être appartient à l'espèce de la Dioptase, ainsi que l'ont pensé plusieurs minéralogistes. Les Cristaux de cette dernière substance sont extrêmement rares; ils ont été rapportés de la Bucharie par un négociant nommé Achir Mahmed; ce qui lui a fait donner le nom d'Achirite.

CUIVRE MURIATÉ, Haüy, Atacamite; *Salzkupfer*, W. Combinaison d'un atome de sous-muriate de Cuivre et de quatre atomes d'Eau; ou en poids, de 71,45 d'Oxide de Cuivre, 12,36 d'Acide muriatique et 16,20 d'Eau. Ces proportions calculées s'accordent très-sensiblement avec les analyses que Proust et Klaproth ont faites de la variété du Chili. Ce Minéral, que l'on trouve en masses compactes ou aciculaires d'un vert d'émeraude, et sous forme arénacée (Sable vert du Pérou), a pour caractères distinctifs les propriétés suivantes: il colore en vert et en bleu la flamme sur laquelle on projette sa poussière; il est soluble sans effervescence dans l'Acide nitrique. Il ne donne point d'odeur arsénicale par l'action du feu. On observe dans le Sable cuivreux du Pérou des octaèdres cunéiformes; mais leur petitesse ne permet pas d'en mesurer les angles. Le Cuivre muriaté existe à l'état compacte au Pérou; il y est associé à l'Argent sulfuré et au Cuivre muriaté. Les masses aciculaires viennent de Rimolinos dans le Chili, où elles ont pour gangue une Argile ferrugineuse. On trouve au Vésuve des concrétions formées de Cuivre muriaté, qui s'est sublimé dans les fissures des laves.

CUIVRE CARBONATÉ. Haüy réunit sous ce nom les deux substances, l'une de couleur bleue, et l'autre de couleur verte, auxquelles Werner a appliqué les dénominations de *Kupferlasur* et de *Malachit*. Dans son Tableau comparatif il les avait séparées en deux espèces, caractérisées chacune par sa couleur, jointe à la propriété de se dissoudre avec effervescence dans l'Acide nitrique. Il a cru pouvoir les rapprocher, dans la seconde édition de son Traité, d'après des raisons qu'il ne regardait pas lui-même comme entièrement décisives, et que l'état actuel de nos connaissances est loin de confirmer, comme on le verra par la description suivante:

1. Cuivre carbonaté vert, Hydrocarbonate de Cuivre, Berzélius. Combinaison d'un atome de Carbonate simple et d'un atome d'Eau; contenant en poids 71,8 d'Oxide de Cuivre, 20 d'Acide carbonique et 8,2 d'Eau, conformément à l'analyse de Klaproth. Il est susceptible d'une altération qui le fait passer à l'état de Carbonate simple sans Eau. La forme primitive de ses Cristaux est, suivant de Bournon, un prisme rhomboïdal droit d'environ 103°, le même que celui qui a été considéré par Haüy comme appartenant au Cuivre hydrosiliceux. Sa pesanteur spécifique est de 3,5; il est fusible au feu du chalumeau. Ses principales variétés sont le Cuivre carbonaté vert aciculaire radié, en aiguilles terminées par des sommets à plusieurs faces; le fibreux-radié (*Faseriger Malachit*) en aiguilles soyeuses, disposées ordinairement sous la forme d'étoiles; le concrétionné mamelonné (*Dichter Malachit*) en mamelons composés de

couches concentriques de différentes nuances de vert : c'est la variété connue plus particulièrement sous le nom de Malachite ; enfin le terreux (*Kupfergrün*), vulgairement appelé Vert de montagne. Le Cuivre carbonaté vert est fréquemment associé au Cuivre carbonaté bleu dans les mines de Chessy, du Bannat, de Sibérie, etc. La mine de Goumechefsky, en Sibérie, est célèbre par ses Malachites. On les trouve en masses assez considérables qui présentent ordinairement des cavités comme toutes les concrétions en stalactites : on choisit celles qui n'ont pas ce défaut, et on en fait des tables, des revêtemens de cheminée, des tabatières et autres meubles d'un grand prix.

2. Cuivre carbonaté bleu, Cuivre azuré et Azurite, *Kupferlasur*, W. Combinaison d'un atome d'hydrate de Cuivre et de deux atomes de bicarbonate de Cuivre (Berzélius) ; en poids il est formé de 69,13 d'Oxide de Cuivre, de 25,60 d'Acide carbonique et de 5,27 d'Eau. Klaproth a trouvé directement par l'analyse de celui de Sibérie 70 d'Oxide de Cuivre, 24 d'Acide carbonique et 6 d'Eau. Cette substance est d'un bleu d'azur passant au bleu indigo. Sa pesanteur spécifique varie de 3,5 à 3,7. La forme primitive de ses Cristaux est un prisme rhomboïdal oblique dans lequel deux pans font entre eux un angle de 97^q 46', et la base s'incline sur leur arête commune de 97^q 7'. Haüy a décrit sept variétés de formes secondaires qui présentent toutes ce prisme légèrement modifié, soit sur les angles, soit sur les arêtes, et principalement sur celles des bases (*V.* Traité de Minér. T. III, p. 493). —Ses variétés de formes indéterminables sont le Cuivre carbonaté bleu lamelliforme ; l'aciculaire-radié, composé de Cristaux réunis en masse arrondie et qui se terminent à l'intérieur en aiguilles convergentes ; le concrétionné en mamelons striés du centre à la circonférence ; le compacte globuliforme et le terreux, vulgairement Azur ou Bleu de montagne (*Erdige Kupferla-*

sur, W.) Quelquefois le Cuivre carbonaté bleu s'altère à la surface, et passe à la couleur verte en devenant terreux et friable.—Le Cuivre carbonaté tapisse de ses Cristaux les parois des filons qui renferment d'autres Minerais de Cuivre, et il a souvent pour gangue un Fer oxidé brun. On le rencontre aussi en masses sphéroïdales disséminées dans un Psammite quartzeux analogue à celui des houillères. C'est ainsi qu'il se présente à Chessy, près de Lyon, au milieu d'un Grès ancien reposant sur le sol primitif, et renfermant à quelques endroits une terre argileuse, rougeâtre ou blanchâtre, dans laquelle se trouvent les plus beaux groupes de Cristaux, avec le Cuivre oxidulé cristallisé et le Cuivre carbonaté vert fibreux.

CUIVRE PHOSPHATÉ , *Phosphor-Kupfer*, W., Minéral d'une couleur verte à l'intérieur, et souvent noirâtre à la surface, et résultant de la combinaison d'un atome de sousphosphate d'alumine avec un certain nombre d'atomes d'eau. Quelquefois il perd cette eau, et alors sa couleur passe au noir ; sa forme primitive est un octaèdre rectangulaire dont les angles sont, d'après Haüy, de 109^q 28', 112^q 12' et 98^q 12'. Sa pesanteur spécifique est de 4,07, suivant Hersart ; il raye la Chaux carbonatée ; il est soluble sans effervescence dans l'acide nitrique, et fusible à la flamme d'une bougie, en donnant un globule d'un gris métallique. On le rencontre sous la forme de l'octaèdre primitif et sous celle de prismes rhomboïdaux, dont les pans forment une courbure dans le sens latéral. On connaît aussi du Cuivre phosphaté à l'état mamelonné-fibreux et compacte. Ce Minéral a été trouvé aux environs de Rheinbreitbach dans le duché de Berg. Il a pour gangue un Quartz-hyalin blanc ou grisâtre, souvent coloré en jaune brunâtre par l'Oxide de Fer. Les Cristaux de la variété primitive ont été découverts à Schemnitz en Hongrie où ils ont aussi un Quartz pour gangue immédiate.

CUIVRE ARSÉNIATÉ, Haüy. Il est impossible, dans l'état actuel de la science, de prononcer d'une manière définitive sur la nature des substances qui ont été provisoirement réunies et décrites sous ce nom; mais la variation qui paraît se manifester soit dans leur composition chimique, soit dans les caractères tirés de la pesanteur spécifique et de la forme, rend très-probable l'opinion émise par quelques savans, que ces substances doivent être séparées en plusieurs espèces, dont le nombre est au moins de trois, et peut même aller jusqu'à cinq, suivant Bournon qui le premier a publié un travail intéressant sur cette matière. Nous nous contenterons d'indiquer ici ces divisions et les principaux caractères qu'on a cru pouvoir leur assigner.

1. Cuivre arséniaté octaèdre obtus (Haüy), *Linsenerz*, W. et Leonh. Cristaux en octaèdres rectangulaires, dans lesquels les faces des deux pyramides sont respectivement inclinées sous des angles de 65 et de 50 degrés environ. Haüy a présumé que cet octaèdre pouvait être la forme primitive, non-seulement de ces Cristaux, mais encore de toutes les espèces qu'on a distinguées dans le Cuivre arséniaté. On observe des joints naturels, parallèlement à ses faces. Pesanteur spécifique des Cristaux, 2, 8. Ceux-ci rayent le Carbonate de Chaux et non le Spath-Fluor. Leur couleur varie entre le bleu céleste et le vert d'herbe. Ils donnent au feu du chalumeau des vapeurs arsénicales, ainsi que les espèces suivantes, et se réduisent en un grain métallique blanc et cassant, lorsqu'on les traite avec le Carbonate de soude. Ils sont composés, d'après l'analyse de Chenevix, de 49 p. d'Oxide de cuivre, 14 d'Acide arsénique, et 35 d'Eau sur 100 parties.

2. Cuivre arséniaté octaèdre aigu (Haüy), *Olivenerz*, W. Forme dérivée, suivant Bournon, d'un prisme droit rhomboïdal de 96 degrés, modifié sur les angles aigus de ses bases par des faces qui se rencontrent sous

l'angle de 112 degrés. La couleur est le vert brunâtre plus ou moins foncé. Pes. spécif., 4,2. Ce Minéral raye la Chaux fluatée, et non le verre. On le trouve aussi en Cristaux aciculaires ou capillaires, d'un jaune métallique. Il est composé, d'après Chenevix, de 60 d'Oxide de Cuivre, et 39,7 d'Acide arsénique. Perte, 0,3.

3. Cuivre arséniaté mamelonné fibreux ou aciculaire, *Wood-Copper*, W.; Cuivre arséniaté, hématitiforme, Bournon. Pesanteur spécifique, 4,2. Analyse par Chenevix: Oxide de Cuivre, 50; Acide arsénique, 29; Eau, 21. Dureté à peine suffisante pour rayer la Chaux carbonatée.

4. Cuivre arséniaté hexagonal lamelliforme (Haüy), *Kupferglimmer*, W. Cristaux hexaèdres dont les pans sont alternativement inclinés en sens contraire. Forme primitive, suivant Bournon, prisme hexaèdre régulier; suivant Léonhard, prisme oblique rhomboïdal. Pesant. spécif., 2,5. Couleur d'un beau vert d'émeraude. Analyse par Chenevix: Oxide de Cuivre, 58; Acide arsénique, 21; Eau, 21.

5. Cuivre arséniaté prismatique triangulaire; Cuivre arsén. en prisme trièdre de Bournon. Suivant ce minéralogiste, la forme primitive de cette espèce serait le prisme triangulaire équilatéral. Pesanteur spécif., 4,28. Couleur, le vert bleuâtre, qui, par l'action de l'air, passe au vert noirâtre. Analyse par Chenevix: Oxide de Cuivre, 54; Acide arsénique, 30; Eau, 16. Le Cuivre arséniaté se rencontre, dans la nature, dans des terrains granitiques dont le granit s'est altéré par la conversion d'une partie du Feldspath en Kaolin. On le trouve principalement dans le comté de Cornouailles, en Angleterre; à Altenkirken, dans la principauté de Nassau, et aux environs de Limoges, en France.

CUIVRE SULFATÉ, Vitriol bleu, Couperose bleue; *Kupfer-Vitriol*, W. Combinaison d'un atome de bisulfure de Cuivre et d'un atome d'Eau. En poids elle contient: Oxide noir de

Cuivre, 31,80 ; Acide sulfurique, 32,14; Eau, 36,06, conformément à l'analyse de Proust. Substance d'un bleu céleste, translucide lorsqu'elle est pure ; à cassure conchoïde et à saveur stiptique. La forme primitive de ses Cristaux est un parallélipipède obliquangle, dont les angles dièdres sont de 124° 2', 128° 27' et 109° 32'. Elle est plus ou moins modifiée sur ses arêtes, et ses angles opposés, de manière que les formes secondaires portent toujours l'empreinte visible de ce type irrégulier. Le Cuivre sulfaté est soluble dans l'eau ; exposé au feu, il se fond très-vite, et devient d'un blanc bleuâtre. Si l'on plonge dans une solution de ce Sel un morceau de Fer poli, la surface du Fer se couvre bientôt d'un dépôt cuivreux. On trouve le Cuivre sulfaté, sous la forme de concrétions, à Saint-Bel, près de Lyon, et il est presque toujours à l'état de dissolution dans les eaux voisines des mines de Cuivre.

CUIVRE HÉPATIQUE. *V.* CUIVRE. PYRITEUX.

CUIVRE SCORIACÉ. *V.* CUIVRE HYDRO-SILICEUX.

CUIVRE VITREUX. *V.* CUIVRE OXIDULÉ.

CUIVRE VITRIOLÉ. *V.* CUIVRE SULFATÉ.   (G. DEL.)

CUJA. MAM. Molina seul a mentionné jusqu'ici cet Animal du Chili, que sur la légère description qu'il en fait on ne peut classer. Nous rapporterons ce qu'il en dit pour que l'on puisse le reconnaître, si quelque naturaliste a occasion de le rencontrer. Il ressemble au Furet pour la grandeur, la forme du corps et la manière de vivre ; ses yeux sont noirs ; son museau est moyen, relevé à l'extrémité comme le grouin d'un Cochon; le poil tout noir est touffu, mais fort doux ; la queue bien fournie est aussi longue que le corps. Il vit de Souris. La femelle produit deux fois l'an, et fait quatre ou cinq petits à chaque portée. (B.)

* CUJA-RADJA. BOT. PHAN. (Rumph, *Herb. Amb.* T. II, p. 257,

t. 85.) Même chose qu'Amiri. *V.* ce mot.   (B.)

CUJAVILLUS ET CUJAVUS. BOT. PHAN. (Rumph, *Amb.*, 1, pl. 40 et 47.) Syn. de *Psidium pumilum* et de *Psidium pyriferum*, L. *V.* GOYAVIER.   (B.)

CUJELIER. OIS. (Buffon.) Syn. vulgaire de Farlouse, *Alauda mosellana*, Gmel. *V.* PIPIT. (DR..Z.)

CUJÈTE. *Cujeta.* BOT. PHAN. (Plumier.) Espèce du genre Crescentie. *V.* ce mot.   (B.)

CULANG-TSUTSJU. BOT. PHAN. Syn. de Frangipanier à Ternate. (B.)

CUL-BLANC. OIS. L'un des noms vulgaires du Motteux ordinaire, *Motacilla Ænanthe*. On a étendu à plusieurs autres Oiseaux ce nom grossier qui devrait être proscrit de la science, ainsi que tous ceux qui commencent par la même syllabe, et que nous ne rapporterons pas dans ce Dictionnaire, par respect pour le bon langage. (B.)

CULCASIA. BOT. PHAN. (Palisot-Beauvois.) Tiré de *Culcas.* Syn. arabe de Caladium. *V.* ce mot. (B.)

CULCITIUM. BOT. PHAN. Genre de la famille des Synanthérées, Corymbifères de Jussieu, section des Jacobées de Kunth, Syngénésie égale, L., établi par Humboldt et Bonpland (*Plant. æquin.* II, p. 1), et ainsi caractérisé : involucre composé de plusieurs folioles égales réunies par leur base, dépourvu de calicule ; réceptacle garni de poils ; tous les fleurons tubuleux et hermaphrodites ; anthères nues à leur base ; aigrette poilue et sessile. Ce genre a, selon Kunth, une grande affinité avec le *Cacalia*, et devra peut-être lui être réuni; il ne s'en distingue en effet que par le port et l'absence du calicule. Les *Culcitium* sont des Plantes herbacées, laineuses, à tige simple, uniflore, quelquefois, mais rarement, rameuse et pluriflore. Leurs feuilles sont alternes et entières ; leurs fleurs, de couleur jaune, sont le plus souvent penchées.

Outre les deux espèces sur lesquelles le genre a été fondé, et qui ont été décrites et figurées par Humboldt et Bonpland (*loc. cit.*, p. 1 et 4, t. 66 et 67) sous les noms de *Culcitium rufescens* et *C. canescens*, C. Kunth en a publié trois autres qu'il a nommées *C. ledifolium*, *C. reflexum* et *C. nivale*. Ces deux dernières sont figurées (*Nov. Gen. et Spec. Pl. œquin.* T. IV, t. 362 et 363). La tige du *C. reflexum*, couverte de feuilles courtes, larges et réfléchies, lui imprime une ressemblance avec certains Gnaphalium ; aussi Lamarck et Willdenow l'avaient-ils antérieurement placé dans ce genre en le nommant *Gnaphalium uniflorum*. Toutes ces espèces sont indigènes des Andes du Pérou et principalement des hautes chaînes qui avoisinent Quito.   (G..N.)

CUL-DE-LAMPE. MOLL. Toutes les Coquilles turbinées qui ont une spire arrondie et un peu courte, sont dites en forme de Cul-de-lampe. C'est surtout parmi les espèces du genre Sabot, *Turbo*, que l'on a trouvé le plus souvent à faire l'application de cette dénomination vulgaire. (D..H.)

CULEX. INS. *V*. COUSIN.

* **CULEX** OU **CULIX.** BOT. PHAN. (Pline.) C'est, selon certains commentateurs, le *Plantago Psyllium*, selon d'autres le *Conyza pulicaria*.   (B.)

CULHAMIE. *Culhamia.* BOT. PHAN. Vahl a le premier reconnu que l'Arbre décrit par Forskahl sous le nom de *Culhamia* n'était que le *Sterculia platanifolia* de Linné. *V*. STERCULIE.   (A. R.)

CULICOIDE. *Culicoides.* INS. Genre de l'ordre des Diptères, établi par Latreille et ayant, suivant lui, pour caractères : ailes en toit ; un bec conique plus long que la tête ; antennes de quatorze articles, velues, le second et les six suivans cylindrico-ovoïdes, les quatre ou cinq venant après plus allongés, presque cylindriques, le dernier plus grand, cylindrico-ovoïde. Ce genre appartient (Règn. Anim. de Cuv.) à la famille des Némocères et est réuni aux Psychodes, dont il ne diffère que par la bouche formant un bec plus long et par les antennes plus allongées, garnies de poils, mais point disposées en verticilles. On ne connaît encore qu'une espèce propre à ce genre, la CULICOÏDE PONCTUÉE, *Culicoides punctata*, Latr. ; on la trouve en France, elle s'applique souvent contre les vitres des fenêtres. Meigen (Descript. syst. des Dipt. d'Europe, T. I, p. 68) rapporte cette espèce au genre Cératopogon, et ne la distingue pas du *Culex pulicaris* de Fabricius et de Linné. *V*. CÉRATOPOGON.   (AUD.)

* **CULI-HAN.** BOT. PHAN. Cet Arbre de l'Inde, que l'on avait regardé comme une variété de *Laurus Cassia*, paraît être une espèce du même genre, mais très-distincte selon les régions de l'Inde où elle croît. On l'a nommée Culilaban, Culilawan, Culitlawan et Cœlitlawam.   (B.)

CULITAMARA. BOT. PHAN. (Rhéede.) Syn. malabare de Sagittaire à feuilles obtuses.   (B.)

* **CULIT-API.** BOT. PHAN. (Rumph.) Nom malais d'une Rubiacée indéterminée dont l'écorce a une saveur âcre et brûlante, et s'emploie comme médicament.   (B.)

CULIT-BAVANG. MOLL. Syn. malais de la Tonne pelure d'Oignon. *V*. DOLIUM.   (B.)

* **CULIVO-DUDI.** BOT. PHAN. Nom indou de la Cucurbitacée nommée Cœipa-Schora à la côte de Malabar.   (B.)

CULLE. MOLL. Syn. de Solen en quelques parties des côtes de la Méditerranée.   (B.)

CUL-LUISANT OU **CU-LUISANT.** INS. Nom vulgaire du Lampyre femelle. *V*. ce mot.   (AUD.)

CULLUMIE. *Cullumia.* BOT. PHAN. Genre établi par R. Brown (*Hort. Kewens.*, éd. 2), qui fait partie des Synanthérées Corymbifères, section des Arctotidées de Cassini. Brown y réunit les *Berckheya ciliaris*, *setosa* et *squarrosa* de Willdenow, et lui assigne les caractères suivans : l'involucre est formé d'écailles imbriquées, soudées ensemble par leur base, souvent surmontées d'un appendice foliacé. Le réceptacle est plane, profondément alvéolé, portant des écailles subulées ; les demi-fleurons de la circonférence sont neutres ; les fleurons du disque sont égaux, réguliers et hermaphrodites ; les fruits sont dépourvus d'aigrette et enchâssés en partie dans les alvéoles du réceptacle. Ce genre a beaucoup d'analogie avec l'*Arctotheca*; mais il en diffère surtout par son involucre dont les folioles sont soudées.   (A. R.)

CULOTTE DE SUISSE. MOLL. Nom vulgaire et marchand du *Murex Lampus*, L. *V.* ROCHER. On appelle aussi Culotte de Suisse blanche le *Voluta Turbinella*. *V.* VOLUTE.   (B.)

CULOTTE DE SUISSE. OIS. Variété de Coq que l'on appelle aussi Coq d'Hambourg.   (DR..Z.)

CULOTTE DE SUISSE. BOT. PHAN. Une variété de Poire. Ce nom a aussi été donné à la Passionnaire commune, *Passiflora cœrulea*, L.   (B.)

CULPEU. MAM. Cet Animal du Chili, mentionné par Molina, paraît être le Chien de ces contrées.   (B.)

* CULTRIDENDRIS. BOT. PHAN. Nom proposé par Du Petit-Thouars (Hist. des Orchidées des îles australes d'Afrique) pour une Orchidée de la section des Epidendres et qui répond au *Dendrobium cultriforme* de Swartz. Cette Plante ne possède qu'une seule feuille radicale; et ses fleurs, de couleur blanchâtre, sont disposées en une panicule simple. Elle croît dans l'Ile-de-France où elle fleurit au mois de septembre. Du Petit-Thouars l'a figurée tab. 86 de son ouvrage.   (G..N.)

CULTRIROSTRES. OIS. C'est-à-dire *Bec-en-Couteau*. Nom donné par Cuvier à une famille d'Échassiers qui comprend les genres Grue, Héron et Cigogne. *V.* ces mots.   (B.)

CUMAN, ROMAN OU RUMAN. BOT. PHAN. Syn. arabe du Grenadier. *V.* ce mot.   (B.)

CUMARCENA. BOT. PHAN. *V.* COUMAROUNA.

CUMBULU. BOT. PHAN. Rhéede a décrit et figuré sous ce nom un grand Arbre de la côte du Malabar, que Burmann fils avait à tort rapporté au *Bignonia Catalpa*, mais qui, selon Jussieu, a des rapports avec le *Bontia*, le *Cyrtandra* et le *Cordia*, sans probablement appartenir à aucun de ces trois genres.   (A. R.)

CUMÈTE. BOT. PHAN. Espèce du genre *Eugenia*. *V.* ce mot.   (B.)

CUMIN. *Cuminum*. BOT. PHAN. Famille des Ombellifères, Pentandrie Digynie, L. Ce genre, que Tournefort confondait avec le *Fœniculum*, en fut séparé par Linné, et adopté par Jussieu, ainsi que par tous les auteurs modernes. Notre collaborateur A. Richard (Bot. médic., p. 467) le place à la fin de la première section, qu'il établit sous le nom de Pimpinellées, dans la vaste famille des Ombellifères. C. Sprengel, auquel on doit aussi une nouvelle distribution des genres de cette famille, place le Cumin dans la tribu des Amminées. Ce genre est ainsi caractérisée : involucre et involucelles composés d'un petit nombre de folioles ; pétales presqu'égaux, infléchis et légèrement échancrés ; akènes ellipsoïdes, striés. Une seule Plante, indigène de l'Égypte et de l'Éthiopie, compose ce genre. Ses usages thérapeutiques et économiques nous engagent à en donner une description abrégée.

Le CUMIN OFFICINAL, *Cuminum Cyminum*, L., est une Plante annuelle dont la tige, haute de trois décimètres et plus, est rameuse, dichotome, glabre inférieurement, et légèrement velue à sa partie supérieure. Ses feuilles sont biternées et composées de folioles glabres, ovales, lancéolées, découpées en lanières presque capillaires. Ses fleurs, tantôt blanches, tantôt purpurines, sont disposées en ombelles terminales à rayons peu nombreux. On cultive cette Ombellifère assez abondamment en Europe et surtout en Allemagne à cause de ses fruits qui sont quelquefois velus, mais le plus souvent glabres. Ces fruits, improprement appelés graines, ont une saveur aromatique très-agréable aux peuples du Nord qui les mélangent dans leur pain. On dit aussi que les Hollandais en parfument quelques-uns de leurs fromages. Leurs propriétés médicales sont absolument analogues à celles de l'Anis, du Fenouil et d'autres Ombellifères très-odorantes, c'est-à-dire que le Cumin est un stimulant assez énergique; elles y sont seulement plus exaltées; car l'huile volatile, qui est le principe actif de ces propriétés, y est aussi abondante et beaucoup plus pénétrante que dans ces Plantes aromatiques. C'est surtout la médecine vétérinaire qui en fait un grand usage, en l'associant, sous forme de poudre ou d'électuaire, à d'autres médicamens toniques. (G..N.)

On appelle vulgairement dans quelques provinces Cumin bâtard le *Lagœcia Cuminoïdes*, Cumin cornu l'*Hypecoum procumbens*, Cumin des prés le *Carum Carvi*, Cumin noir le *Nigella sativa*, Cumin indien le *Myrtus Cumini*, L., qui appartient aujourd'hui au genre Calyptranthes. On a quelquefois étendu le nom de Cumin jusqu'à l'Anis. (B.)

CUMINOIDES. BOT. PHAN. Le genre *Lagœcia* de Linné était appelé Cuminoïdes par Tournefort. *V*. LAGOECIE. (A.R.)

CUMRAH. MAM. *V*. KUMRAH.

*CUMUDI. BOT. PHAN. Syn. indou de *Villarsia*, le *Tsjeroea citambel* des Malabares, selon Rhéede. (B.)

CUMUNA. BOT. PHAN. (Pline.) Le Chou vert. (B.)

CUNDANGS-CASSI. BOT. PHAN.

Syn. javanais d'*Illecebrum lanatum*, L. (B.)

*CUNÉIFORME. *Cuneiformis*. BOT. PHAN. Qui a la figure d'un coin. Cette épithète s'applique à tous les organes des Végétaux qui vont en s'élargissant dans leur partie supérieure, laquelle est tronquée : ainsi les feuilles de l'*Hydrocotyle triloba*, de la Saxifrage trilobée, les folioles de l'*Adianthum capillus Veneris*, etc., sont Cunéiformes. (A.R.)

CUNÉIROSTRE. OIS. Terme employé pour désigner les Oiseaux dont le bec approche de la forme d'un coin. (B.)

CUNEUS. MOLL. Genre établi par Megerle, et qui, ayant été formé précédemment sous le nom de Cythérée et de Mérétrix, doit être renvoyé à ces articles. (D..H.)

CU-NHANG. BOT. PHAN. Syn. cochinchinois de *Solena heterophylla*, Lour., dont on emploie les racines et les graines comme médicament. (B.)

CUNICULUS. MAM. *V*. LAPIN.

CUNILE. *Cunila*. BOT. PHAN. Vulgairement Conièle. Genre de la famille des Labiées et placé, par les auteurs qui ont suivi le système sexuel, dans la Didynamie Gymnospermie. Linné lui a donné les caractères suivans : calice cylindrique marqué de dix stries, à cinq dents, et velu à l'entrée du tube; corolle bilabiée; la lèvre supérieure droite, plane et échancrée; l'inférieure trilobée; deux étamines stériles (ce qui devrait faire placer ce genre dans la Diandrie avec les Sauges et autres Labiées à deux étamines fertiles). Ce genre n'offre qu'une très-légère différence, dans la forme de sa corolle, d'avec celui des *Ziziphora*, L. Aussi Lamarck, ainsi que d'autres botanistes, les ont-ils réunis. Le *Ziziphora clinopodioïdes*, Lamk. (Illust., I, p. 63), est le *Cunila capitata* de Linné. Les espèces de ces deux genres, encore très-peu nombreuses, sont de petites Plantes herbacées, à fleurs en corymbes ou verticillées, axillaires et terminales. Celles qui constituent le *Cunila* de Linné (*Cunila Mariana* et *C. capitata*) habitent les contrées septentrionales de l'Amérique et de l'ancien continent. Les Ziziphores qui croissent en Orient et dans l'Europe australe ne doivent-elles pas, vu la diversité de leurs habitations, de laquelle résulte ordinairement une différence dans l'organisation, continuer de former un genre particulier ?   (G..N.)

CUNING. POIS. Espèce du genre Spare. *V.* ce mot.   (B.)

* CUNNINGHAMIE. *Cunninghamia*. BOT. PHAN. Ce nom avait d'abord été donné par Schreber au genre *Manalia* d'Aublet ; mais le changement arbitraire opéré par le botaniste allemand doit être considéré comme non avenu, et le genre *Manalia* conservera son nom. Le professeur Richard a proposé le nom primitif de *Cunninghamia* pour un genre de la famille des Conifères, que Salisbury avait nommé *Belis*, nom qui se confond trop avec celui de *Bellis* donné à un genre de la famille des Corymbifères. Nous allons donc exposer les caractères du genre *Cunninghamia* de Richard, qui ne compte que l'espèce suivante :

La CUNNINGHAMIE DE LA CHINE, *Cunninghamia Sinensis*, Richard, Conif., t. 18, f. 3, est le *Pinus lanceolata* de Lambert (Pin., t. 34) et le *Belis jaculifolia*, Salisb. (*Trans. Lin.*, 8). C'est un grand Arbre originaire de la Chine, ayant ses rameaux cylindriques, striés, chargés de feuilles très-rapprochées, sessiles, lancéolées, étroites, très-aiguës, entières, ou légèrement denticulées sur leurs bords, roides et coriaces, d'un vert clair, et glauques à leur face inférieure. Les fleurs sont monoïques ; les chatons mâles sont ovoïdes, formés d'écailles minces, denticulées et imbriquées ; chaque écaille qui est onguiculée à sa base y porte sur le côté externe trois anthères oblongues, pendantes, attachées seulement par leur sommet, contiguës

latéralement (*V.* l'Atlas du Dictionnaire classique, cinquième livraison, où nous avons fait représenter ce genre singulier); chacune de ces anthères nous a paru uniloculaire. Les chatons femelles sont ovoïdes, arrondis, composés d'écailles imbriquées et aiguës, portant à leur face interne une très-petite écaille à laquelle sont attachées trois fleurs renversées. Le chaton fructifère est ovoïde, un peu aigu à son sommet, assez analogue pour la forme et la grosseur au fruit du *Sagus*. Il est formé d'écailles imbriquées aiguës, finement denticulées, portant chacune au-dessous de la petite écaille dont nous avons parlé précédemment trois fruits. Quelques-unes cependant sont stériles. Les fruits offrent la structure suivante : ils sont ovoïdes, très-comprimés, minces et membraneux sur leurs bords, attachés par leur base à la partie supérieure de l'onglet qui termine l'écaille ; le péricarpe, qui n'est autre que le calice, recouvre immédiatement la graine sur laquelle il est intimement appliqué ; il est membraneux latéralement, légèrement ombiliqué dans son sommet qui est renversé ; la graine offre exactement la même forme que le péricarpe auquel elle n'adhère que par sa base ; son épisperme ou tégument propre est membraneux, mince, adhérent à l'amande par son sommet. L'endosperme est charnu, et contient dans son centre un embryon cylindrique renversé, c'est-à-dire ayant la radicule opposée au hile et adhérente avec l'endosperme ; les cotylédons sont au nombre de deux seulement. Cet Arbre commence à se répandre dans les jardins des amateurs. On le rentre dans la serre tempérée pendant l'hiver ; mais il est probable que, si l'on parvient à le multiplier davantage, il finira par s'acclimater en pleine terre.   (A.R.)

CUNOLITES. POLYP. FOSS. *V.* CYCLOLITE et HYSTÉROLITHE. Le nom de Cunolite a été plus particulièrement donné au *Cyclolites elliptica* de Lamarck.   (LAM..X.)

CUNONE. BOT. PHAN. Pour Cunonie. *V*. ce mot.   (B.)

CUNONIACÉES. *Cunoniaceæ*. BOT. PHAN. Jussieu a placé à la suite des Saxifragées plusieurs genres qui s'en distinguent surtout par leur port, leur tige arborescente, leurs feuilles opposées.: tels sont *Weinmannia* et *Cunonia*. Robert Brown (*General Remarks*) a fait de ces genres, auxquels il en a joint quelques autres, une petite famille qu'il a nommée CUNONIACÉES. Nous allons en exposer les caractères, après quoi il sera plus facile de juger des rapports intimes qui unissent ces genres aux véritables Saxifragées, et ne permettent pas peut-être de les en séparer. Les Cunoniacées sont des Arbres ou des Arbustes portant des feuilles opposées avec des stipules intermédiaires ou des feuilles verticillées, le plus souvent simples, quelquefois composées. Leurs fleurs offrent divers modes d'inflorescence; elles sont quelquefois solitaires et axillaires; quelquefois réunies en capitules pédonculés, ou enfin elles forment des grappes ou panicules rameuses. Le calice est monosépale à quatre ou cinq lobes profonds. La corolle se compose de cinq pétales insérés à la base du calice en dehors des étamines. Dans quelques genres la corolle manque entièrement; les étamines sont généralement nombreuses, attachées au pourtour de l'ovaire sur un disque périgyne qui manque dans plusieurs genres. Le pistil est libre et se compose de deux ovaires accolés et soudés à leur base par leur côté interne, terminés chacun par un style assez long au sommet duquel est un très-petit stigmate. Chacun de ces ovaires est à une seule loge et contient un nombre assez considérable d'ovules attachés à un trophosperme placé sur le côté interne qui forme la cloison.

Le fruit est une capsule biloculaire s'ouvrant en général par une fente longitudinale ou restant close. Les graines se composent d'un embryon axile dressé au milieu d'un endosperme charnu.

R. Brown rapporte à cette famille les genres *Cunonia*, L., Lamk., Illust., t. 371; *Weinmannia*, L.; *Ceratopetalum*, Smith; *Callicoma*, Brown; *Codia*, Forst.; *Itea*, L., et *Bauera*, Brown.

Ceux qui compareront avec attention les caractères des Cunoniacées avec ceux des vraies Saxifragées, n'y trouveront aucune différence bien sensible dans l'organisation, et qui justifie l'etablissement de cette famille. Il nous paraît beaucoup plus rationnel de n'envisager les Cunoniacées que comme une simple section des Saxifragées ainsi que Kunth l'a fait récemment dans le sixième volume des *Nova Genera*, qu'il publie avec le célèbre Humboldt.   (A. R.)

CUNONIE. *Cunonia*. BOT. PHAN. Un Arbrisseau originaire du cap de Bonne-Espérance, *Cunonia Capensis*, L., Lamk., Illust., t. 371, forme ce genre qui est devenu le type de la famille douteuse des Cunoniacées. Ses rameaux sont ornés de feuilles opposées, pétiolées, imparipinnées, composées de deux à trois paires de folioles, lancéolées, terminées en pointe à leurs deux extrémités, dentées en scie latéralement, glabres des deux côtés. On trouve une stipule de chaque côté de la tige entre les feuilles. Les fleurs sont petites et forment des grappes allongées, cylindriques, dressées, plus courtes que les feuilles. Le calice est monosépale, à cinq divisions très-profondes et persistantes; la corolle se compose de cinq pétales égaux, dressés. Les étamines sont au nombre de dix, plus longues que la corolle, insérées ainsi que les pétales à la base du calice. L'ovaire est profondément bilobé, chaque lobe se termine à son sommet par un long style. Le fruit est une capsule bilobée à deux loges polyspermes.
      (A. R.)

CUNTO. Même chose que Cœli-Apocaro. *V*. ce mot.   (B.)

CUNTUR. OIS. Ce nom, qu'on trouve dans les anciens voyageurs, désignait chez les Péruviens le Vautour sur lequel on a débité tant de fables, et dont le nom de Condor, adopté par les ornithologistes, n'est que la corruption. *V.* VAUTOUR. (B.)

CUPAMENI. BOT. PHAN. Rhéede nomme ainsi une espèce d'Acalypha, et Adanson, dans ses familles naturelles, adopta ce nom pour désigner le genre. (A. D. J.)

CUPANIE. *Cupania.* BOT. PHAN. Famille des Sapindacées, Octandrie Monogynie. Plumier (*Genera,* 49, t. 19) établit ce genre et Linné l'adopta en lui assignant des caractères qui, quoique assez étendus mais manquant d'exactitude, n'étaient pas suffisans pour fixer d'une manière certaine les idées sur la place qu'il doit occuper dans la série des ordres naturels. Voilà pourquoi l'illustre auteur du *Genera Plantarum,* A.-L. Jussieu, le plaça à la suite des Sapindacées en exposant les caractères donnés par Linné, lesquels, du propre aveu de celui-ci, devaient être vérifiés sur le vivant. Jacquin, en effet, qui examina la Plante dans sa patrie, ne reconnut pas le genre décrit par Linné et en constitua le *Trigonis.* Dans l'Enchiridion de Persoon, les genres *Cupania, Trigonis, Molinæa,* Jussieu, et *Toulicia,* Aubl., sont indiqués comme n'en formant plus qu'un seul. Cependant le professeur De Candolle, dans le Prodrome qu'il publie en ce moment, ouvrage rédigé selon les principes de la méthode naturelle, sépare le *Toulicia* et adopte la réunion des *Trigonis,* Jacq.; *Molinæa,* Jussieu; et *Guioa,* Cavanilles. Il en constitue le genre *Cupania* qu'il place dans la tribu des Sapindées, et auquel il assigne les caractères suivans : calice à quatre sépales; cinq pétales intérieurement glabres et en forme de cornets ; huit étamines; style trifide; capsule à trois valves septifères sur leur milieu, à trois loges contenant chacune une ou deux graines droites et munies d'un arille.

Le genre *Cupania* ainsi défini se compose d'Arbres à feuilles pinnées

sans impaire, à fleurs souvent mâles par avortement. De Candolle (*Prodr. Regn. Veget.* 1, p. 613) partage ce genre en trois sections. La première à laquelle il donne le nom de *Trigonis,* et qui est caractérisée par ses pétales roulés en cornets au sommet, renferme huit espèces, toutes américaines, parmi lesquelles on remarque la Plante décrite par Jacquin sous le nom de *Trigonis tomentosa,* ainsi que trois nouvelles espèces publiées par Kunth (*in Humboldt et Bonpl. Nova Genera et Spec. Plant. æquin.* 5, p. 125, 126 et 127). La seconde section, constituée avec le *Molinæa,* Juss. et Lamk., comprend quatre espèces, toutes indigènes des Indes-Orientales et des îles de France et de Bourbon. Elle est caractérisée par ses pétales planiuscules un peu plus grands que le calice, et ses filets courts et velus.

La troisième section (douteuse) a des pétales obtusément dentés au sommet, insérés sur un disque hypogyne à cinq divisions ou à cinq tubercules. Elle porte le nom d'*Odontaria* et ne contient qu'une seule espèce, *C. dentata* (Flore du Mexique inédite).

La quatrième section, formée du genre *Guioa,* a aussi reçu ce dernier nom. De Candolle incline à penser qu'elle doit continuer d'être considérée comme genre distinct : des pétales planes, plus petits que le calice, des filets glabres, une capsule à trois appendices en forme d'ailes, ou peut-être à trois carpelles distincts, caractérisent suffisamment cette section. Elle ne renferme qu'une seule espèce, *C. lentiscifolia,* Pers., ou *Guioa lentiscifolia,* Cavan. (*Icones,* 4, p. 49, t. 373), Arbre qui croît à Babao, dans les îles des Amis. (G..N.)

CUPARI. BOT. PHAN. *V.* FAUFEL.

CUPA-VEELA. BOT. PHAN. (Rhéede, *Mal.* T. IX, pl. 35.) Syn. de *Vinca parviflora,* L. (B.)

CUPÈS. *Cupes.* INS. Genre de l'ordre des Coléoptères, section des Pentamères, établi par Fabricius et adopté par Latreille qui le classe (Règn. Anim.) dans la famille des Serricornes, tribu des Lime-Bois, et lui assigne pour caractères propres : palpes égaux terminés par un article tronqué; antennes cylindriques. A l'aide de ces signes, on peut distinguer facilement ce genre de celui des Lymexylons et de celui des Atractocères, auxquels il ressemble par une tête entièrement dégagée et séparée du corselet, par la forme linéaire de leur corps, par leur sternum antérieur, ne faisant pas saillie, par leurs mandibules courtes, épaisses, échancrées ou terminées par deux dentelures, par leur mâchoire offrant deux petits lobes dont l'extérieur est allongé; enfin, par une languette bifide et des pieds courts. On ne connaît qu'une espèce propre à ce genre :

Le CUPÈS A TÊTE JAUNE, *Cupes capitata* de Fabricius. Il a été figuré par Coquebert (*Illustr. Icon. Insect.*, fasc. 5, tab. 50, fig. 1) et rapporté par Bosc de la Caroline du Sud; on ne sait rien sur ses mœurs.   (AUD.)

CUPHÉE. *Cuphea*. BOT. PHAN. Genre de Plantes de la famille des Salicariées et de la Dodécandrie Monogynie, L., qui se compose de vingt-cinq à trente espèces dont plus de la moitié ont été découvertes par Humboldt et Bonpland, et viennent d'être récemment décrites d'une manière si exacte par Kunth (*in Humb. Nova Gener. et Spec.*, 6). Toutes ces espèces, qui sont des Arbustes ou des Herbes généralement très-visqueuses, sont originaires des contrées chaudes de l'Amérique. Leurs feuilles sont opposées, plus rarement verticillées par trois ou par quatre, toujours très-entières et dépourvues de stipules. Les fleurs sont solitaires, portées sur des pédoncules extraaxillaires, alternes, accompagnés de bractées et se réunissant pour former des épis ou des grappes terminales. Elles sont ordinairement penchées, en général violettes, mais jamais blanches. Leur calice est tubuleux, présentant supérieurement à sa partie postérieure

une gibbosité ou une sorte d'éperon obtus; son limbe est à douze, rarement à six dents peu profondes; il est coloré et pétaloïde. La corolle est irrégulière, et se compose de six pétales inégaux insérés entre les dents du calice. Les étamines, au nombre d'onze à douze, rarement moins nombreuses, sont inégales, dressées, attachées à la gorge du calice; leurs anthères sont biloculaires, s'ouvrant par leur côté interne. L'ovaire est sessile, libre, accompagné à sa base d'une glande placée du côté de l'éperon; coupé transversalement, il offre une, très-rarement deux loges; contenant de trois à un nombre très-considérable d'ovules dressés, attachés à un trophosperme central. Quand l'ovaire est uniloculaire, ce qui est plus général, le trophosperme se continue supérieurement avec la base du style par le moyen de deux prolongemens filiformes. Le style est simple, terminé par un stigmate également simple ou légèrement bilobé. Le fruit est membraneux, à une et très-rarement à deux loges renfermant une ou plusieurs graines lenticulaires. Ce fruit est enveloppé dans le calice qui persiste; il reste indéhiscent ou s'ouvre seulement d'un côté. Les graines, qui ne sont jamais membraneuses et en forme d'ailes latéralement, se composent d'un tégument mince et coriace, recouvrant immédiatement un embryon dressé dont la radicule est inférieure, les deux cotylédons arrondis et foliacés.

R. Brown a réuni à ce genre le *Parsonia* de Browne, qui n'en diffère que par ses étamines, au nombre de six, au lieu de onze à douze. Le genre *Cuphea* est extrêmement voisin du genre Salicaire, dont il ne diffère que par son calice gibbeux et éperonné à sa base, et par son disque latéral et non circulaire.

Parmi le grand nombre d'espèces qui forment ce genre, nous mentionnerons les suivantes qui ont été figurées, soit dans les *Icones* de Cavanilles, soit dans les *Nova Genera* de Humboldt et Kunth.

CUPHÉE VISQUEUSE, *Cuphea viscosissima*, Jacq. *Vind.* 2, t. 177, Lamk., Ill., t. 407. On cultive communément cette espèce dans les jardins de botanique. Elle est originaire du Brésil. Sa tige, qui est droite et très-visqueuse, s'élève à plus d'un pied et porte des feuilles opposées, ovales, oblongues, très-entières, d'environ un pouce de longueur, rétrécies à leur base en une sorte de pétiole. Les fleurs sont rougeâtres, solitaires et pédonculées. Le calice, qui est rétréci vers son orifice, offre six dents. La capsule est oblongue et uniloculaire.

CUPHÉE EN ÉPI, *Cuphea spicata*, Cavan., *Icon. rar.*, 4, t. 381. Sa tige est herbacée, dressée; ses rameaux sont rudes; ses feuilles oblongues, glabres, un peu rudes sur leurs bords, terminées en pointe à leurs deux extrémités; leurs grappes sont allongées, terminales ou axillaires, composées de fleurs opposées, dont les calices sont velus, les pétales inégaux et l'ovaire polysperme. Elle croît au Pérou et sur les bords du fleuve de la Magdeleine où elle a été observée par Humboldt et Bonpland.

Parmi les nombreuses espèces décrites par Humboldt et Kunth, nous ferons remarquer les deux suivantes :

CUPHÉE VERTICILLÉE, *Cuphea verticillata*, Kunth (*in Humb. Nov. Gen.*, 6, p. 207, t. 552). Elle vient dans les lieux les plus chauds du Pérou. Sa tige herbacée est rameuse; ses rameaux et ses calices sont velus et visqueux; ses feuilles sont verticillées par trois ou quatre, oblongues, aiguës à leur sommet, arrondies à leur base, rudes et visqueuses à leur face supérieure, velues inférieurement; les fleurs sont extraaxillaires, solitaires ou géminées, alternes; les pétales sont inégaux.

CUPHÉE A PETITES FLEURS, *Cuphea micropetala*, Kunth (*loc. cit.*, p. 209, t. 551). Cette espèce se distingue des précédentes par sa tige frutescente, très-rameuse, ayant ses jeunes rameaux et ses calices un peu rudes; ses feuilles oblongues, lancéolées,

roïdes et scabres, terminées en pointe à leurs deux extrémités; les fleurs sont alternes, tournées d'un seul côté, quelquefois opposées; leurs pétales sont fort petits et leur ovaire est à deux loges polyspermes. (A. R.)

CUPIDONE. *Catanance*. BOT. PHAN. Famille des Synanthérées, Chicoracées de Jussieu, Syngénésie égale, L. Ce genre, constitué par Tournefort et Linné, présente les caractères suivans; involucre composé d'écailles nombreuses imbriquées, scarieuses, luisantes, qui augmentent en grandeur de la circonférence au centre, et dont les intérieures entremêlées avec les demi-fleurons sont insérées sur le réceptacle; akènes couronnés par une aigrette sessile formée de cinq écailles élargies à la base et acérées au sommet; réceptacle garni de paillettes. Les espèces qui composent ce genre sont en très-petit nombre; car, en retranchant le *C. græca* de Linné, qui appartient au genre *Scorzonera*, il n'y en a guère que trois décrites par les auteurs. Ces Plantes sont indigènes de nos régions australes, soit des contrées d'Europe et d'Afrique baignées par la Méditerranée, soit des îles de l'Archipel.

La CUPIDONE BLEUE, *Catanance cærulea*, L., qui croît abondamment dans les lieux stériles de nos départemens méridionaux et jusqu'à la latitude de Lyon, est remarquable par ses belles et grandes fleurs d'une couleur azurée et solitaire, au sommet de longs pédoncules.

Le professeur Desfontaines a décrit et figuré une nouvelle espèce sous le nom de *Catanance cæspitosa* (*Flora atlantica*, II, p. 238, tab 217). Cette belle Plante croît en gazon épais sur le mont Atlas, et contribue, par ses longues racines tortueuses, à fixer les sables mobiles de ces contrées. (G..N.)

* CUPRESSINÉES. *Cupressineæ*. BOT. PHAN. Nous avons appelé ainsi la seconde section de la famille des Conifères, qui comprend les genres *Juniperus, Thuya, Callitris, Cupres*

sus et *Taxodium*. Elle est surtout caractérisée par ses cônes ou galbules globuleuses dont les fleurs sont dressées. *V.* Conifères.   (A. R.)

CUPRESSUS. bot. phan. *V.* Cyprès.

* CUPULAIRE. *Cupularis*. bot. phan. En forme de coupe ou de cupule. Cette expression s'emploie pour les calices, les corolles, etc., qui sont planes ou simplement un peu concaves, comme le calice de l'Oranger et du Citronnier par exemple.   (A. R.)

CUPULE. *Cupula*. bot. phan. Assemblage de bractées ou de petites folioles unies par leur base, environnant une ou plusieurs fleurs femelles qu'elles recouvrent en partie ou en totalité, et qu'elles accompagnent jusqu'à leur état de fruit parfait. Cet organe, qui n'est qu'une modification de l'involucre, ne se rencontre jamais que dans des Végétaux à fleurs unisexuées ayant l'ovaire infère. La Cupule présente trois modifications principales; ainsi elle est squammacée ou écailleuse, c'est-à-dire formée de petites écailles imbriquées, comme dans les diverses espèces de Chêne; elle est foliacée ou formée de petites feuilles plus ou moins libres et distinctes, comme dans le Noisetier; enfin elle peut être péricarpoïde, c'est-à-dire composée d'une seule pièce, recouvrant entièrement les fruits et s'ouvrant quelquefois d'une manière plus ou moins régulière, pour les laisser s'échapper à l'époque de leur maturité. Le Châtaignier et le Hêtre nous offrent des exemples de cette sorte de Cupule.

Ce que quelques botanistes considèrent comme une Cupule dans le Pin, le Sapin et en général dans tous les Conifères, est bien plus certainement un véritable calice. *V.* ce que nous en avons dit au mot Conifères.

(A. R.)

CUPULE DE GLAND. bot. crypt. (*Champignons.*) Paulet nomme ainsi une espèce de Pezize figurée par Vaillant (*Botanicon Parisiense*, t. 11, f. 1, 2, 3), et que Linné appelle *Peziza*

Cupularis. Bulliard, Persoon et De Candolle pensent que l'espèce figurée par Vaillant est différente de celle de Linné; ils la nomment *Peziza crenata*. *V.* Pezize.   (A. R.)

* CUPULÉE (fleur). bot. phan. Se dit des fleurs qui sont accompagnées d'une cupule, comme les fleurs femelles du Noisetier, du Hêtre, etc.

(A. R.)

* CUPULIFÈRES. *Cupuliferæ*. bot. phan. On donne communément ce nom aux Végétaux munis d'une cupule.   (A. R.)

CUPULIFÉRÉES. *Cupuliferæ*. bot. phan. Famille naturelle de Plantes qui appartient aux Dicotylédones monopérianthées inférovariées, et qui a été établie par le professeur Richard avec une partie des genres réunis aux Amentacées. Les Cupuliférées, dont le Chêne, le Noisetier, etc., peuvent être considérés comme les types, se composent d'Arbres quelquefois très-élevés, répandus presque également dans toutes les contrées du globe. Leurs feuilles sont simples, alternes, munies chacune à leur base de deux stipules caduques. Leurs fleurs sont constamment unisexuées et presque toujours monoïques; les fleurs mâles forment des chatons longs et grêles, composés d'écailles d'abord imbriquées, puis écartées les unes des autres. Chaque fleur offre une écaille simple, trilobée ou caliciforme, sur la face supérieure de laquelle sont attachées de six à un très-grand nombre d'étamines, sans aucun vestige de pistil. Les fleurs femelles sont généralement placées à l'aisselle des feuilles; elles sont tantôt solitaires, tantôt réunies plusieurs ensemble, de manière à former une sorte de capitule ou de chaton. Toujours elles sont renfermées dans une cupule qui les recouvre presque en totalité; quelquefois chaque cupule ne contient qu'une seule fleur, comme dans le Chêne, le Noisetier; d'autres fois la même cupule est commune à plusieurs fleurs, comme dans le Châtaignier, le Charme et le Hêtre. Chaque fleur, étudiée isolément, offre l'organisation suivante : son ovaire est constamment infère et adhérent avec le calice; son limbe est peu saillant et forme un petit rebord irrégulièrement denticulé; du sommet de l'ovaire naît un style court qui se termine ordinairement par deux stigmates subulés, rarement par trois qui sont planes, comme dans le Chêne par exemple. L'ovaire offre deux ou trois loges, très-rarement un nombre plus grand, comme dans le Châtaignier commun, par exemple, qui en a de quatre à sept. Il est important de remarquer que le nombre des stigmates correspond exactement au nombre des loges du fruit, et que dans les espèces de Châtaignier qui ont six ou sept loges, on trouve un égal nombre de stigmates. Chaque loge contient un ou deux ovules seulement; dans le premier cas, ces ovules sont suspendus, c'est-à-dire attachés au sommet de la loge, mais latéralement; dans le second cas, les ovules sont attachés vers le milieu ou même vers la base de la cloison. Le fruit est constamment un gland, c'est-à-dire un fruit à péricarpe, sec, indéhiscent, provenant d'un ovaire infère, marqué d'un petit ombilic à son sommet, le plus souvent à une seule loge et à une seule graine, par suite d'avortement, quelquefois cependant à deux loges et à deux graines. Ces glands sont enveloppés en tout ou en partie dans une cupule dont la nature varie. Ainsi cette cupule peut ne contenir qu'une seule fleur ou en envelopper plusieurs. Elle peut être formée de petites écailles imbriquées et soudées ensemble dans leur partie inférieure, comme dans le Chêne; elle peut être composée de folioles plus ou moins longues, comme dans le Noisetier, le Charme ; enfin elle peut être analogue à une sorte de péricarpe hérissé de pointes roides et s'ouvrir en plusieurs pièces régulières ou irrégulières, comme dans le Hêtre et le Châtaignier. Les graines, dans tous les genres qui forment cette famille, sont constamment d'une grosseur proportionnelle au volume général du fruit.

Elles se composent d'un tégument propre, d'une couleur brune extérieurement, pulvérulent ou même soyeux. L'embryon est immédiatement placé sous le tégument propre. Il est renversé, ainsi que la graine, et formé de deux cotylédons extrêmement gros et épais, fréquemment soudés entre eux par leur face interne. La radicule est courte et conique.

La famille des Cupuliférées se compose des genres : Chêne, *Quercus* ; Coudrier, *Corylus*; Charme, *Carpinus*; Châtaignier, *Castanea* ; et Hêtre, *Fagus*. Ces genres faisaient partie du groupe des Amentacées, ainsi que nous l'avons dit précédemment. Elle se rapproche des Conifères, qui s'en distinguent surtout par leur endosperme; et leur ovaire, constamment à une seule loge et à un seul ovule. Elle a aussi beaucoup de rapports avec les autres familles qui ont été formées aux dépens des Amentacées, mais elle en diffère par des caractères particuliers. Ainsi elle s'éloigne des Ulmacées, des Salicinées et des Myricées par son ovaire constamment infère, tandis qu'il est supère dans ces trois familles. On la distingue des Bétulacées par la structure de ses fruits qui sont simples, environnés d'une cupule; tandis que dans cette dernière famille, les fruits sont minces, réunis à l'aisselle d'écailles épaisses persistantes qui constituent de véritables cônes.

(A. R.)

* CUPULITE. *Cupulita.* ACAL. Genre de l'ordre des Acalèphes libres, établi par Quoy et Gaimard (Voyage autour du Monde, p. 85, pl. 14 et 15), et caractérisé ainsi qu'il suit: Animaux mous, transparens, réunis deux à deux par leur base et entre eux par les côtés, à la file les uns des autres, formant des chaînes flottantes, dont une des extrémités est terminée par une queue rougeâtre, rétractile, probablement formée par les ovaires ; chaque Animal ayant la forme d'une petite outre, à une seule ouverture communiquant à un canal très-évasé au dedans.

Les auteurs de ce genre ont adopté

le nom de Cupulite, parce que ces Animaux, pris isolément, ont quelques rapports de forme avec la cupule d'un Gland. Chacun d'eux est uni par sa base à un de ses congénères et par les côtés à un autre, de manière à former une chaîne plus ou moins longue, dans le genre de celles des Biphores. De même qu'eux, ils n'adhèrent que faiblement les uns aux autres et peuvent vivre séparés. C'est du moins ce qui eut lieu pour un grand individu qui fut trouvé désuni. Cependant il existe une difficulté à cet égard; si les Cupulites peuvent se séparer impunément, à quoi sert cette espèce de queue rouge qu'on voit à l'une des extrémités de la réunion et qui semble être un chapelet d'ovaires? Elle est contractile et imprime des mouvemens à la masse entière. Appartient-elle à tous, ou seulement à quelques-uns? et en cas de désagrégation complète, que devient-elle? Voilà des questions que de nouvelles observations pourront seules résoudre. Quoi qu'il en soit, chaque Animal, pris séparément, est arrondi sur les côtés, aplati à son fond, et présente à l'autre extrémité un petit col renflé, terminé par une ouverture étroite et arrondie; c'est la bouche, qui s'élargit aussitôt des deux côtés pour former une ample cavité, dans laquelle on ne voit aucune trace de viscères. Les bords de cette cavité servent à la progression de l'individu; et lorsqu'il y en a plusieurs réunis, elle agit de concert avec l'espèce de queue générale pour les mouvemens de la masse. (AUD.)

CURAGE. BOT. PHAN. Syn. vulgaire du *Polygonum hydropiper.* *V.* RENOUÉE.   (B.)

CURAGUA. BOT. PHAN. Molina, dans son Histoire du Chili, mentionne sous ce nom une petite espèce de Maïs qui serait très-remarquable en ce qu'elle aurait ses feuilles dentées.   (B.)

CURANGUE. *Curanga.* BOT. PHAN. Genre établi par A.-L. Jussieu (Ann. du Muséum., v. 9, p. 319) sur une Plante rapportée de Java par Com-

merson et qui ressemble parfaitement au *Serratula amara* de Rumph (Herb. Amboin., v. 5, p. 459, t. 170). Linné l'avait citée comme synonyme de son *Scutellaria indica*, nonobstant ses deux étamines et son fruit capsulaire rempli de graines très-menues, qui l'éloignent de la famille des Labiées. Ce genre semble donc absolument distinct et offre les caractères suivans qui résultent de ceux donnés par Rumph pour la fleur et de l'examen du fruit par Jussieu : calice à quatre divisions, dont deux extérieures beaucoup plus grandes; corolle plus courte que le calice, monopétale, hypogyne, à deux lèvres, dont la supérieure est trilobée, et l'inférieure à un seul lobe beaucoup plus large; deux étamines attachées sous la lèvre supérieure; ovaire libre, surmonté d'un style persistant, et se changeant en une capsule pointue et recouverte par les divisions agrandies du calice, à deux valves et à deux loges pleines de petites graines séparées par une cloison parallèle aux valves, qui porte vers son milieu deux placentas légèrement saillans. D'après ces caractères, le professeur Jussieu assigne à ce genre une place parmi les Scrophularinées, non loin des *Pœderota* et des *Gratiola*; il a fait dériver le nom de Curanga de celui de *Daun Cucurang* qui désigne en malais l'unique espèce dont le genre se compose. Vahl, qui l'avait adopté dans son *Enumeratio Plantarum*, p. 100, avait mal orthographié ce mot en l'écrivant *Caranga*. Une seconde erreur typographique s'est glissée dans un ouvrage important. Rœmer et Schultes (*Syst. Veget.*, 1, p. 138) ont à tort écrit *Curania*, et déjà quelques botanistes ont copié cette nouvelle faute.

Le *Curanga amara* croît à Java et dans les autres îles de l'archipel Indien. Sa tige est herbacée, traçante; ses feuilles sont simples et opposées; ses fleurs sont peu nombreuses et portées sur des pédoncules axillaires. Le nom spécifique de cette Plante indique des propriétés toniques, vérifiées par l'emploi qu'en font les habitans d'Amboine pour guérir les fièvres tierces. C'est, dans cette île, un remède aussi populaire que l'Erythrée petite Centaurée et le Trèfle d'eau, en Europe.   (G.N.)

* CURANIA. BOT. PHAN. (Rœmer et Schultes.) V. CURANGA.

*CURARE. Célèbre poison végétal, en grand usage parmi les habitans de l'Orénoque pour empoisonner leurs flèches, et provenant d'une Liane qui appartient probablement à un genre voisin du Strychnos. Les jeunes rameaux de cette Plante sont presque cylindriques, velus, marqués entre les pétioles d'un rang de poils plus roides, terminés par une pointe filiforme, alternes par l'avortement d'un autre rameau opposé; les feuilles sont opposées, ovales-oblongues, très-aiguës, très-entières, marquées de trois nervures qui s'anastomosent diversement entre elles, membraneuses, presque glabres, bordées de cils, d'un vert tendre, plus pâles en dessous; les fleurs et les fruits encore inconnus. D'après ces caractères, le Curare ne peut être une espèce du genre *Phyllanthus*, parce que les feuilles, dans celui-ci, sont alternes et pourvues de deux stipules, tandis que dans le Curare les feuilles sont opposées et sans traces de stipules. L'idée de Willdenow, que le Curare appartient au genre *Coriaria* dont les baies seules sont vénéneuses, est tout aussi peu admissible. Les feuilles de la Coriaire sont un peu charnues et quelquefois alternes; dans le Curare elles sont membraneuses et constamment opposées entre elles. Les pétioles, dans la Coriaire, sont sensiblement articulés avec les rameaux, et tombent facilement dans les échantillons desséchés; le Curare, au contraire, n'offre point d'articulation. Les petites gemmules dont Jussieu fait mention à l'occasion de la Coriaire ne se rencontrent point dans le Curare. Enfin les jeunes rameaux sont anguleux dans la Coriaire, cylindriques dans le Curare. Ils ont, dans celui-ci, une tendance à se prolon-

ger en vrille comme dans le *Rouhamon* d'Aublet. C'est à ce dernier genre que nous rapporterons le Curare, car les véritables Strychnos paraissent appartenir exclusivement aux Indes-Orientales. Dans le Curare on trouve un rang de petits poils entre chaque paire de pétioles, et ce caractère, observé depuis long-temps dans les Strychnées qui sont connues par leurs propriétés délétères, est d'un grand poids dans le rapprochement que nous croyons être en droit de faire entre des Plantes si vénéneuses.

C'est à Humboldt que nous devons la première et seule connaissance du Curare; c'est de lui que nous empruntons les renseignemens suivans relatifs à la préparation de cette substance, et à son action sur l'économie animale (Voyage aux régions équinoxiales du nouveau continent; par Al. de Humboldt et A. Bonpland, T. II, p. 547-556). « Lorsque nous arrivâmes à l'Esmeralda, dit Humboldt, la plupart des Indiens revenaient d'une excursion qu'ils avaient faite à l'est, au-delà du Rio-Padamo, pour recueillir les *Jouvias* ou fruits du Bertholletia, et la Liane qui donne le Curare. Ce retour était célébré par une fête qu'on appelle dans la mission *la fiesta de las Jouvias*, et qui ressemble à nos fêtes des moissons et des vendanges.... On donne à la Liane (Bejuco) dont on se sert à l'Esmeralda pour la préparation du poison, le même nom que dans les forêts de Javita. C'est le Bejuco de Mavacure, que l'on recueille abondamment à l'est de la mission, sur la rive gauche de l'Orénoque, au-delà du Rio-Amaguaca, dans les terrains montueux et granitiques de Guanaya et de Yumariquin..... On emploie indifféremment le Mavacure frais ou desséché depuis plusieurs semaines. Le suc de la Liane, récemment cueilli, n'est pas regardé comme vénéneux; peut-être n'agit-il d'une manière sensible que lorsqu'il est fortement concentré. C'est l'écorce et une partie de l'aubier qui renferment ce terrible poison. On racle avec un couteau des branches de Mavacure de quatre à cinq lignes de diamètre ; l'écorce enlevée est écrasée et réduite en filamens très-minces sur une pierre à broyer de la farine de Manioc. Le suc vénéneux étant jaune, toute cette masse filandreuse prend la même couleur. On la jette dans un entonnoir de neuf pouces de haut et de quatre pouces d'ouverture. Cet entonnoir est, de tous les ustensiles du laboratoire indien, celui que le maître du poison (c'est le titre que l'on donne au vieux Indien qui est chargé de la préparation du Curare), *amo del Curare*, nous vantait le plus.... C'était une feuille de Bananier roulée en cornet sur elle-même, et placée dans un autre cornet plus fort de feuilles de Palmier. Tout cet appareil était soutenu par un échafaudage léger de pétioles et de rachis de Palmier. On commence à faire une infusion à froid en versant de l'eau sur la matière filandreuse, qui est l'écorce broyée du Mavacure. Une eau jaunâtre filtre pendant plusieurs heures goutte par goutte à travers l'*embudo* ou entonnoir de feuillage. Cette eau filtrée est la liqueur vénéneuse, mais elle n'acquiert de la force que lorsqu'elle est concentrée par évaporation, à la manière des mélasses, dans un grand vase d'argile. L'Indien nous engageait de temps en temps à goûter le liquide. On juge d'après le goût plus ou moins amer si la concentration par le feu a été poussée assez loin. Il n'y a aucun danger à cette opération, le Curare n'étant délétère que lorsqu'il entre immédiatement en contact avec le sang. Aussi les vapeurs qui se dégagent de la chaudière ne sont-elles pas nuisibles, quoi qu'en aient dit les missionnaires de l'Orénoque.

» Le suc le plus concentré du Mavacure n'est pas assez épais pour s'attacher aux flèches. Ce n'est donc que pour donner du corps au poison que l'on verse dans l'infusion concentrée un autre suc végétal extrêmement gluant et tiré d'un Arbre à larges feuilles, appelé Kiracaguero. Comme

cet Arbre croît à un très-grand éloignement de l'Esmeralda, et qu'à cette époque il était tout aussi dépourvu de fleurs et de fruits que le Bejuco de Mavacure, je ne suis pas en état de le déterminer botaniquement..... Au moment où le suc gluant de l'Arbre Kiracaguero est versé dans la liqueur vénéneuse bien concentrée et tenue en ébullition, celle-ci se noircit et se coagule en une masse de la consistance du goudron ou d'un sirop épais. C'est cette masse qui est le Curare du commerce.... On vend le Curare dans des fruits de Crescentia ; mais comme sa préparation est entre les mains d'un petit nombre de familles, et que la quantité de poison qui est attachée à chaque flèche est infiniment petite, le Curare de première qualité, celui de l'Esmeralda et de Mandavaca, se vend à un prix extrêmement élevé. J'en ai vu payer deux onces cinq à six francs. Desséchée, cette substance ressemble à de l'Opium, mais elle attire fortement l'humidité lorsqu'elle est exposée à l'air. Son goût est d'une amertume très-agréable, et nous en avons souvent avalé de petites portions, Bonpland et moi. Le danger est nul si l'on est bien sûr que l'on ne saigne pas des lèvres ou des gencives..... Les Indiens regardent le Curare, pris intérieurement, comme un excellent stomachique. Le même poison préparé par les Indiens Piraous et Salivas, quoique assez célèbre, n'est pas aussi recherché que celui de l'Esmeralda. Les procédés de la fabrication paraissent partout à peu près les mêmes, mais il n'y a aucune preuve que les différens poisons vendus sous le même nom à l'Orénoque et à l'Amazone soient identiques et tirés des mêmes Plantes. A l'Orénoque, on distingue le Curare de Raiz (de racine) du Curare de Bejuco (de Lianes ou d'écorces de branches). Je n'ai vu préparer que le second : le premier est faible et beaucoup moins recherché.....

» Je n'entrerai ici dans aucun détail sur les propriétés physiologiques de ces poisons du Nouveau-Monde (le Woorara, le Curare, le Ticuna), qui tuent avec la même promptitude que les Strychnées de l'Asie (la Noix vomique, l'Upas-Tieuté et la Fève de Saint-Ignace), mais sans provoquer des vomissemens lorsqu'ils sont introduits dans l'estomac, et sans annoncer l'approche de la mort par l'excitation violente de la moelle épinière.... Sur les rives de l'Orénoque, on ne mange guère de Poule qui n'ait été tuée par la piqûre d'une flèche empoisonnée. Les missionnaires prétendent que la chair des Animaux n'est bonne qu'autant que l'on emploie ce moyen. Des grands Oiseaux, par exemple un Guan (*Pava de monte*) ou un Hocco (*Alector*) piqué à la cuisse, meurent en deux à trois minutes; il en faut souvent plus de dix à douze pour faire périr un Cochon ou un Pécari. Bonpland trouvait que le même poison, acheté dans différens villages, présentait de grandes différences............ J'ai mis en contact le Curare le plus actif avec les nerfs cruraux d'une Grenouille sans apercevoir aucun changement sensible, en mesurant le degré d'irritabilité des organes au moyen d'un arc formé par des métaux hétérogènes. Mais les expériences galvaniques ont à peine réussi sur les Oiseaux, quelques minutes après que je les avais tués par une flèche empoisonnée. Ces observations offrent de l'intérêt, si l'on se rappelle que la solution de l'Upas-Tieuté, versé sur le nerf sciatique ou insinué dans le tissu du nerf, ne produit aucun effet sensible sur l'irritabilité des organes par le contact immédiat avec la substance médullaire. Dans le Curare, comme dans la plupart des autres Strychnées, le danger ne résulte que de l'action du poison sur le système vasculaire.... C'est une opinion très-générale dans les missions qu'il n'y a pas de guérison possible si le Curare est frais, bien concentré, et qu'il ait séjourné long-temps dans la plaie, de sorte qu'il soit entré abondamment dans la circulation. De tous les spécifiques

qu'on emploie sur les bords de l'Orénoque, et, selon Leschenault, dans l'archipel de l'Inde, le plus célèbre est le muriate de Soude. On frotte la plaie avec ce sel, et on le prend intérieurement. Je n'ai eu par moi-même aucune preuve directe et suffisamment convaincante de l'action de ce spécifique, et les expériences de Delile et Magendie prouvent plutôt contre l'utilité de son emploi. Sur les bords de l'Amazone, on donne parmi les antidotes la préférence au sucre, et comme le muriate de Soude est une substance à peu près inconnue aux Indiens des forêts, il est probable que le miel d'Abeilles et ce sucre farineux que transsudent les Bananes séchées au soleil, ont été anciennement employés dans toute la Guiane. C'est en vain qu'on a tenté l'Ammoniaque et l'eau de Luce contre le Curare..... On peut impunément blesser des Animaux avec des flèches empoisonnées lorsque la plaie est bien ouverte, et que l'on retire la pointe enduite de poison immédiatement après la blessure. En appliquant dans ce cas le Sel ou le Sucre, on est tenté de les prendre pour d'excellens spécifiques. Les Indiens qui ont été blessés à la guerre par des armes trempées dans du Curare nous ont décrit les symptômes de l'empoisonnement comme entièrement semblables à ceux que l'on observe dans la morsure des Serpens. L'individu blessé sent des congestions vers la tête; des vertiges le forcent de s'asseoir par terre; il a des nausées; il vomit à plusieurs reprises; et, tourmenté par une soif dévorante, il éprouve un engourdissement dans les parties voisines de la plaie. »   (K.)

CURASSO. ois. L'un des noms vulgaires du Hocco. *V.* ce mot. (B.)

CURATARI. bot. phan. Pour Couratari. *V.* ce mot. (B.)

CURATELLE. *Curatella.* bot. phan. Linné a établi sous ce nom un genre de Plantes dicotylédones polypétales, d'abord placé par Jussieu dans la famille des Magnoliacées, mais qui entre dans la nouvelle famille des Dilléniacées de De Candolle. Ses caractères sont : un calice persistant, composé de quatre à cinq sépales arrondis. Les étamines sont fort nombreuses et hypogynes. Les pistils sont au nombre de deux ; les ovaires sont arrondis, soudés ensemble par leur côté interne et inférieur. Chaque ovaire est surmonté d'un style filiforme que termine un stigmate petit et capitulé. Le fruit se compose de deux capsules uniloculaires, contenant chacune une ou deux graines ovoïdes lisses ; elles s'ouvrent en deux valves par leur côté interne.

Ce genre ne se compose que de deux espèces, *Curatella americana*, L., Aubl. Guian. 1, p. 579, t. 232, et *Curatella alata*, Ventenat, Choix de Pl., p. 49, t. 49, qui probablement n'est pas du même genre que la première. Ces deux espèces sont originaires des forêts de la Guiane ; ce sont des Arbustes à feuilles alternes, à pétioles ailés, et à fleurs disposées en grappes ou en panicules. La CURATELLE D'AMÉRIQUE, *Curatella americana*, L., est un Arbrisseau de sept à huit pieds d'élévation ; son tronc est tortueux ; ses feuilles alternes courtement pétiolées, ovales, sinueuses sur les bords, extrêmement rudes des deux côtés. Aussi dans le pays s'en sert-on pour polir les vases de Métal. Les Cayennois le désignent sous le nom d'Acajou bâtard. (A. R.)

CURCAS. BOT. PHAN. C'est le nom spécifique du Médicinier cathartique, *Jatropha* de Linné. Comme cette espèce, ainsi que plusieurs autres, offre deux enveloppes, dont l'une intérieure pétaloïde, quelques auteurs ont proposé d'en faire un genre distinct, auquel Adanson donne le nom de *Curcas*, qui se trouve ainsi synonyme de *Custiglionia* de Ruiz et Pavon. Celui de Jatropha serait alors réservé aux espèces dépourvues de corolle. (A. D. J.)

CURCULIGINE. BOT. PHAN. Même chose que Curculigo. *V.* ce mot.

CURCULIGO. BOT. PHAN. Ce genre a été établi par Gaertner (*de Fruct.*, vol. 1, p. 63) sur une Plante que Rumph avait figurée dans l'Herbier d'Amboine, vol. 5, t. 54, fig. 1. R. Brown (*Prodrom. Nov.-Holl.*, p. 289), en décrivant une espèce de la Nouvelle-Hollande, a ainsi exposé ses caractères génériques : périanthe supère dont le tube est soudé avec le style et persistant ; le limbe à six divisions planes et caduques ; six étamines ; ovaire triloculaire à loges polyspermes, surmonté d'un seul style et de trois stigmates adnés aux angles du style ou rarement séparés. Le fruit est une sorte de baie oblongue, couronnée par le tube du périanthe, et renfermant des graines distinctes de la pulpe, remarquables par leur ombilic latéral et en forme de petit bec. C'est ce véritable ombilic que Gaertner appelle *Processus corneus lateralis*, et qui, en raison de sa ressemblance avec une mandibule de Charanson (*Curculio*), a servi d'étymologie au nom générique. Ce genre, voisin de l'*Hypoxis* et non du *Gethyllis*, ainsi que semblerait l'indiquer la synonymie d'une espèce de ce dernier, a été placé par l'illustre botaniste anglais dans un groupe qui tient le milieu entre les Amaryllidées et les Asphodélées ; il appartient d'ailleurs à l'Hexandrie Monogynie, L. Malgré les observations de Robert Brown (*loc. cit.*, p. 290), qui établissent positivement que les genres *Curculigo* et *Campynema*, Labill., sont essentiellement distincts, Sprengel les a crus identiques. Les espèces de ce genre, au nombre de cinq, sont toutes indigènes du Bengale et des autres grandes contrées du continent de l'Inde. Le *Curculigo orchioïdes*, Gaert., *Orchis Amboinica*, Rumph, a été figuré de nouveau dans la belle Flore de Coromandel, tab. 13, par Roxburg. On cultive cette Plante en Angleterre, ou du moins elle est mentionnée dans l'*Hortus kewensis*, ainsi que les *Curculigo brevifolia*; *C. latifolia*, *C. recurvata* et *C. plicata*; mais quelques auteurs ont rapporté cette dernière au genre

Gethyllis. L'espèce de la Nouvelle-Hollande décrite par R. Brown est le *C. ensifolia.*   (G..N.)

CURCULIO. ins. *V.* Charanson.

CURCUMA. bot. phan. Famille des Cannées de Jussieu ou des Scitaminées de Brown, Monandrie Monogynie. Ce genre, établi par Linné, offre les caractères suivans : périanthe double, l'extérieur à trois divisions courtes ; l'intérieur campanulé, trifide ; labelle trilobé ; anthère double, portant deux espèces d'éperons ; filet de l'étamine pétaloïde et trilobé ; stigmate crochu. Les fleurs sont disposées en épi très-dense sur une sorte de hampe qui s'élève de la racine. Celle-ci est charnue et tubéreuse. Deux espèces indigènes des Indes-Orientales composaient originairement ce genre ; et, parce que leurs racines ont une forme générale fort différente, Linné avait nommé ces Plantes *C. longa* et *C. rotunda* ; mais, selon Roscoë (*Trans. Linn. Soc.*, vol. VIII, p. 351), cette dernière doit être rapportée au genre *Kœmpferia* ; et comme il existait déjà un *K. rotunda*, L., le nom de *K. ovata* lui a été substitué. Le déplacement de cette Plante nous explique les différences du caractère générique donné par Linné ; car Roscoë et Dryander pensent qu'il a été établi sur le *Curcuma rotunda*. Quant aux vrais Curcuma, leur nombre s'est accru depuis quelques années de toutes les espèces nouvelles décrites par Roxburg dans la Flore de Coromandel. Roscoë n'en avait mentionné que trois espèces, savoir, les *C. longa*, *C. Zedoaria* et *C. montana*. Celle-ci est une Plante de l'Inde, figurée dans Roxburg (*Fl. Coromandel.*, vol. 2, tab. 151). Les autres espèces de Roxburg sont toutes indigènes du continent de l'Inde. Nous allons décrire brièvement la première, vu son emploi dans la thérapeutique, les arts chimiques et la teinture.

Le Curcuma long, *Curcuma longa*, a des feuilles lancéolées, longues de plus de trois décimètres, glabres, à nervures latérales, obliques et en-gaînantes à la base. Du milieu de ces feuilles naît un épi court, gros, sessile et imbriqué d'écailles qui soutiennent chacune deux fleurs environnées à leur base de spathes. Rhéede (*Hort. Malabar.*, 2, t. 10) et Jacquin (*Hist.*, vol. 3, t. 4) ont figuré cette Plante. Sa racine a une saveur âcre, un peu amère ; son odeur est pénétrante ; en un mot elle est très-analogue aux autres racines des Plantes de la même famille, telles que le Gingembre, la Zédoaire, le Galanga, et jouit comme elles, mais à un plus faible degré, de propriétés stimulantes. Mais considérée comme substance tinctoriale, cette racine devient très-précieuse. Le principe colorant qu'elle contient est le jaune orangé le plus éclatant qu'on connaisse, mais qui malheureusement n'a point de fixité. Cependant on l'emploie quelquefois pour dorer les jaunes de gaude, et donner plus de feu à l'écarlate. Comme ce principe est soluble dans les corps gras, les pharmaciens en font usage pour colorer leurs huiles, pommades et cérats. Elle sert aussi à préparer le papier de *Curcuma*, réactif extrêmement sensible, et qui décèle la présence des alcalis par la nuance rouge qu'il prend à l'instant même. Pelletier et Vogel ont fait l'analyse de cette racine connue dans le commerce sous le nom de *Terra Merita* (Journal de Pharmacie, T. I, p. 289). Ils y ont trouvé, en outre de la matière colorante qu'ils regardent comme d'une nature particulière et présentant quelque analogie avec les Résines : 1° une substance ligneuse, 2° de la fécule amilacée, 3° une matière brune extractive, 4° une petite quantité de Gomme, 5° une huile volatile très-âcre, et 6° un peu d'Hydrochlorate de Chaux.

Le professeur De Candolle, dans son Essai sur les propriétés des Plantes, fait remarquer que la plupart des Plantes exotiques, riches en matière colorante jaune, ont été nommées improprement *Safran* par les voyageurs, et *Curcuma* par les Arabes, de même que les uns et les autres ont confondu sous les noms de Gingembre et de Galanga les Cannées âcres et amères, ce qui a fort embrouillé la nomenclature de cette famille. (G..N.)

CURCURITO. BOT. PHAN. Espèce de Palmier qui croît sur les bords de l'Orénoque, et dont le genre n'est pas encore suffisamment déterminé. (A. R.)

CUREDENT D'ESPAGNE. BOT. PHAN. Nom vulgaire du *Daucus Visnaga*, L. *V.* VISNAGE. (B.)

* CURÉMA. POIS. (Marcgraaff.) Poisson des eaux douces du Brésil dont la chair est très-bonne, qui n'a pas de dent, et qu'on présume être un Saumon du sous-genre Curimate. (B.)

CURE-OREILLE. INS. et BOT. CRYPT. L'un des noms vulgaires des Forficules, étendu à une espèce de Champignon du genre Hydne, *Hydnum auriscalpium*. (B.)

CURET. BOT. On donne ce nom dans quelques provinces de la France aux Laîches, aux Prêles ainsi qu'aux Charagnes dont on se sert pour nettoyer ou récurer les casseroles à cause de leur rudesse. (B.)

CURIACACA. OIS. (Hernandez.) Syn. de Matuiti des rivages. *V.* ce mot. (B.)

CURIMATE. POIS. Sous-genre formé par Cuvier parmi les Saumons. *V.* SAUMON. (B.)

CURINIL. BOT. PHAN. L'Arbrisseau décrit et figuré sous ce nom dans Rhéede paraît être une Plante de la famille des Apocinées, dont il est impossible de déterminer le genre. C'est un Arbrisseau à tige flexible et presque grimpante, dont les feuilles sont simples et opposées; les pédoncules axillaires et multiflores; les fleurs ont cinq pétales, cinq étamines et un ovaire libre, qui devient un fruit oblong contenant une seule noix. (A. R.)

*CURITIS. BOT. PHAN. Les anciens désignaient une Verveine sous ce nom, suivant Ruel. (B.)

CURLU. OIS. L'un des noms vulgaires du Courli. *V.* ce mot. (B.)

*CURMA. BOT. PHAN. *V.* CHUMAR.

CURMASI. BOT. PHAN. Syn. de Ce-

risier Laurier-Cerise. *V.* CERISIER. (A. R.)

* CURRADAPALA. BOT. PHAN. (L'Ecluse.) Syn. de *Nerium antidyssentericum*, L. *V.* WRIGHTIA. (B.)

* CURRECOU. OIS. Dampier paraît avoir désigné le Hocco sous ce nom dans la Relation de ses Voyages. (B.)

CURRUCA. OIS. Ce nom, que Gesner pense désigner une Fauvette, dans le nid de laquelle le Coucou dépose ses œufs de préférence, a été après lui appliqué par divers ornithologistes à des espèces nombreuses et de genre fort différent. Il est maintenant à peu près banni de la nomenclature scientifique. (B.)

CURRUS. POIS. L'un des noms anciens du Picarel, *Sparus Smaris*. *V.* PICAREL. (B.)

CURSORES. OIS. *V.* COUREURS.

CURSORIPÈDES. OIS. On désigne quelquefois sous ce nom les Oiseaux dont le pied façonné pour la course n'est, comme celui de l'Autruche, composé que de doigts antérieurs au nombre de deux ou de trois. Ils sont peu nombreux. (B.)

CURSORIUS. OIS. (Latham.) *V.* COURE-VITE.

CURTISIE. *Curtisia*. BOT. PHAN. Deux genres ont été établis presque à la même époque sous le nom de *Curtisia*, l'un par Schreber dans son *Genera Plantarum* publié en 1790; l'autre par Aiton dans la première édition du Jardin de Kew, et adopté par Lamarck dans le premier volume des Illustrations des genres. Le premier de ces genres fut adopté par Gmelin (*Systema Vegetab.*) en 1791. Le second le fut par Willdenow (*Species Plant.*) et par Persoon. Le genre fondé par Schreber fut reconnu pour une espèce de *Zanthoxylum*, auquel on donna le nom de *Zanthoxylum simplicifolium*; en sorte qu'il ne resta plus que le genre *Curtisia* établi par Aiton et par Lamarck. Ce genre avait été créé pour un Arbre originaire du cap de Bonne-Espérance, que Burmann avait décrit et figuré dans ses *Decades Plant. Afric.*, p. 235, t. 82, sous le nom de *Sideroxylon*. Nous allons faire voir tout à l'heure combien on avait mal décrit ce genre et combien sa structure était imparfaitement connue : aussi avait-il été impossible d'assigner rigoureusement la place de ce genre dans la série des ordres naturels. La description abrégée que nous allons en donner, a été faite sur les échantillons authentiques de l'Herbier même de Burmann, qui fait partie des magnifiques collections du baron Benjamin Delessert.

La *Curtisia faginea*, Lamk., Ill. gen. 1, p. 295, t. 71, ou *Sideroxylon*, Burm., *Dec. Plant. Afr.*, p. 235, t. 82, est un grand Arbre originaire du Cap. Ses rameaux sont opposés, ainsi que ses feuilles qui sont simples, pétiolées, coriaces, dentées, glabres en dessus, légèrement pubescentes en dessous, surtout dans les feuilles qui garnissent les jeunes rameaux. Les fleurs sont extrêmement petites, disposées en panicule rameuse et terminale, dont les ramifications sont tomenteuses. Le calice est turbiné à sa base qui adhère avec l'ovaire infère; son limbe est à quatre segmens semiovales, aigus, pubescens en dehors, ainsi que le tube qui est strié longitudinalement. Les pétales, au nombre de quatre, sont ovales, aigus, sessiles, un peu plus longs que les segmens du calice ; les quatre étamines, alternant avec les pétales et un peu plus courts qu'eux, ont leurs filets subulés et glabres, leurs anthères introrses, globuleuses, didymes, à deux loges, s'ouvrant par un sillon longitudinal ; le style est court, glabre et se termine par un très-petit stigmate quadrilobé ; le sommet de l'ovaire, qui en est la seule partie saillante au fond de la fleur, est hérissé de poils laineux. Coupé en travers, cet ovaire offre quatre loges, contenant chacune un seul ovule attaché à son sommet. Le fruit est une drupe ou mieux un nuculaine ovoïde allongé, strié longitudinalement, offrant, vers son sommet, un petit rebord formé par les quatre dents du limbe calicinal ; il contient dans son intérieur un seul noyau osseux, à quatre loges monospermes. La différence essentielle et de la plus haute importance, qui existe entre notre description et celle de tous les auteurs, c'est que tous, d'après Lamarck, décrivent le calice comme inférieur, et par conséquent l'ovaire libre, tandis que réellement il est infère. Il nous devient dès-lors assez facile d'assigner la place de ce genre dans la série des ordres naturels. Il nous paraît avoir la plus grande affinité avec le genre *Cornus*, et vient se placer dans le groupe que nous avons désigné sous le nom d'Hédéracées (*V.* Botanique médicale, 2ᵉ partie, p. 449). En effet, le caractère essentiel de cette petite famille, qui nous semble former le passage entre les Caprifoliacées et les Araliacées, consiste dans son ovaire infère, à plusieurs loges uniovulées, dans sa corolle polypétale, et dans son fruit charnu, contenant un ou plusieurs noyaux. Or, ces caractères existent tous dans le genre *Curtisia* qui, par conséquent, doit être placé dans la famille des Hédéracées auprès du genre *Cornus*.   (A. R.)

* CURTOGYNE. *Curtogyne.* BOT. PHAN. Le docteur Haworth, dans son ouvrage intitulé : Révision des Plantes grasses, etc., forme un genre distinct des *Crassula undata* et *Crassula undulata*, auquel il donne le nom de *Curtogyne*. Nous pensons que ce genre doit être simplement considéré comme une section du genre Crassule. *V.* ce mot.   (A. R.)

CURTOPOGON. BOT. PHAN. (Palisot-Beauvois.) *V.* ARISTIDE.

* CURTURADA. OIS. Syn. brésilien de *Tetrao guianensis*, L., espèce du genre Perdrix. *V.* ce mot.   (B.)

CURUA ou **CURUBA.** BOT. PHAN. (Marcgraaff.) Syn. brésilien de *Trichosanthes anguina. V.* TRICHOSANTHE.   (B.)

CURUCAU. OIS. Nom générique des Échassiers au Paraguay. (DR..Z.)

* CURUIRI. bot. phan. (Marc-graaff.) Arbrisseau du Brésil indéterminé, qui ressemble au Groseiller, et donne des fruits bons à manger. (b.)

CURURU. bot. et rept. (Plumier et Pison.) Syn. de Paullinie. *V*. ce mot. C'est aussi le nom de pays du Pipa. (b.)

* CURURURYYRA. rept. oph. Enorme Serpent des rivières du Brésil, teint de belles couleurs, qui dévore les plus grands Animaux, et qui paraît appartenir au genre Boa. (b.)

* CURVANGIS. bot. phan. C'est ainsi que Du Petit-Thouars (Hist. des Orchidées des îles australes d'Afrique) désigne l'*Angræcum recurvum*, Plante qu'il place dans le groupe des Angorchis, et qu'il caractérise par l'éperon du labelle plus long que le pédoncule et coudé. Elle fleurit au mois de février dans les îles de France et de Mascareigne, où Du Petit-Thouars l'a découverte. Ses feuilles sont rapprochées, rubanées et bilobées. Du Petit-Thouars l'a figurée (*loc. cit.*, t. 56). (g. n.)

CURVIROSTRE. *Curvirostra*. ois. On a quelquefois employé ce nom pour désigner les Oiseaux dont le bec est courbé à la pointe. Il a été donné par quelques-uns comme générique au Bec-Croisé, et comme spécifique au même Animal par Linné. *V*. Loxia. (b.)

* CURVOPHYLIS. bot. phan. Nom proposé par Du Petit-Thouars (Hist. des Orchidées des îles australes d'Afrique) pour le *Cymbidium* ou *Bulbophyllum incurvum*. Cette Orchidée, que ce savant place dans le groupe des Phyllorchis, croît à l'Ile-de-France où elle fleurit au mois d'avril; ses fleurs sont pétaloïdes et jaunâtres, et elle n'a qu'une seule feuille ovale et bilobée au sommet et naissant d'un tubercule radical. Du Petit-Thouars en a donné une figure dans l'ouvrage cité plus haut, table 94. (g. n.)

* CUSARDUS. ois. (Gesner.) Syn. de Cochevis, espèce du genre Alouette. *V*. ce mot. (b.)

CUSCO. ois. Syn. de Hocco. *V*. ce mot. (b.)

CUSCUS. mam. *V*. Cusos.

CUSCUTE. *Cuscuta*. bot. phan. Genre de Plantes de la famille des Convolvulacées et de la Pentandrie Digynie, L., qui se compose d'environ vingt-quatre ou vingt-cinq espèces, répandues dans presque toutes les contrées de l'ancien et du nouveau continent. Ce sont toutes de petites Plantes d'un aspect très-singulier; elles sont grêles, dépourvues de feuilles, et s'enlacent autour des herbes voisines aux dépens desquelles elles vivent et s'accroissent, et qu'elles ne tardent point à faire périr. Leurs caractères sont : un calice monosépale à cinq, très-rarement à quatre lobes profonds; une corolle monopétale subcampanulée ou globuleuse, à cinq lobes étalés, garnie intérieurement et vers sa base de cinq appendices découpés en forme de feuilles d'Acanthe, et recourbés sur le pistil; les étamines, au nombre de cinq, sont insérées à la base de chacune des incisions qui partagent le limbe de la corolle; leurs filets sont dressés à peu près de la longueur des divisions de la corolle; les anthères sont introrses, à deux loges; l'ovaire est globuleux, déprimé, légèrement stipité à sa base; il est à deux loges qui contiennent chacune deux ovules ascendans; supérieurement il est bilobé et se termine par deux styles, qui se changent bientôt en deux stigmates cylindriques. Le fruit est une capsule globuleuse ou déprimée, à deux loges et à deux graines, et qui s'ouvre par une scissure circulaire et transversale. Cette capsule ou pyxide est enveloppée dans les enveloppes florales qui sont persistantes. Les graines sont globuleuses, à surface tuberculée; elles contiennent dans l'intérieur d'un endosperme charnu un embryon roulé plusieurs fois sur lui-même en spirale. Cet embryon présente un caractère fort remarquable. Son extrémité cotylédonaire est parfaitement indivise, en sorte que l'embryon est monocotylédoné et non acotylédoné, comme on le dit généralement. A l'époque de la germination, cette extrémité supérieure s'allonge en un filet grêle qui forme la gemmule. Les fleurs, dans toutes les espèces, sont petites, blanchâtres, formant des espèces de petits fascicules à l'aisselle d'une très-petite écaille qui tient lieu de feuille.

La CUSCUTE COMMUNE, *Cuscuta europæa*, L., est commune dans les prés secs, dans les bois taillis, dans les prairies artificielles, et surtout dans celles de Luzerne. Elle vit en parasite sur ces Végétaux, qu'elle finit par étouffer et faire périr. Ses tiges sont grêles, filiformes, tout-à-fait dépourvues de feuilles ; elles sont volubiles de droite à gauche ; les fleurs sont blanches, réunies au nombre de douze à quinze à l'aisselle d'une écaille fort petite. Le premier développement de cette Plante parasite est fort remarquable : ses graines germent sur la terre ; leur radicule s'y enfonce ; leur gemmule, sous la forme d'un petit filament, s'élève ; et aussitôt qu'elle a rencontré une autre Plante, elle s'enroule autour d'elle, s'y cramponne au moyen de petits suçoirs. Dès-lors elle ne tire plus aucune nourriture de la terre, elle vit entièrement aux dépens de la Plante sur laquelle elle est implantée, et bientôt sa tige se sépare de sa racine et ne conserve aucune communication avec le sol.

La CUSCUTE DU THYM, *Cuscuta Epithymum* (Smith), que Linné ne considérait que comme une simple variété de la précédente, avait été distinguée par les anciens. Dioscoride et Pline l'ont mentionnée sous le nom d'*Epithymum*. Elle est plus petite que la première, et s'en distingue surtout par ses fleurs entièrement sessiles, tandis que dans la Cuscute commune elles sont légèrement pédonculées, et par ses corolles à quatre divisions seulement. Elle vient sur le Thym, le Serpolet, la Bruyère, le Chanvre, etc. Elle est ainsi que la précédente fort dangereuse pour les champs de Luzerne, de Chanvre, de Lin, etc., lorsque ses Plantes viennent à les attaquer. En effet, elles s'y répandent avec une effrayante rapidité, et font périr tous les pieds qu'elles attaquent. Le seul moyen de s'opposer aux progrès du mal, c'est de faucher ras de terre les places infestées, ou d'arracher les plans lorsqu'ils sont annuels. Par ce procédé simple, on s'oppose à la multiplication de la Plante par le moyen de ses graines.

Un grand nombre d'espèces de Cuscute croissent dans l'Amérique méridionale. Outre la *Cuscuta americana* décrite par Linné, Ruiz et Pavon en ont fait connaître deux espèces, *Cuscuta corymbosa* et *Cuscuta odorata*. Dans leur magnifique ouvrage (*Nova Genera et Species Am.*), Humboldt, Bonpland et Kunth ont fait connaître sept espèces nouvelles, savoir : *Cuscuta floribunda*, *C. fœtida*, *C. grandiflora*, *C. graveolens*, *C. obtusiflora*, *C. Popayensis*, et *C. umbellata* ; enfin R. Brown, dans son Prodrome, a décrit deux nouvelles espèces observées par lui à la Nouvelle-Hollande, ce sont les *Cuscuta australis* et *C. carinata*.   (A. R.)

*CUSICUSIS. MAM. (Gumila.) L'un des noms de pays du *Simia trivirgata*. *V*. SAPAJOU.   (B.)

CUSOS ou CUSCUS. MAM. On a désigné sous ces noms de petits Animaux des Moluques dont on n'a donné que de très-vagues descriptions, et qui paraissent être des Phalangers. Ils ont la taille de jeunes Lapins, vivent sur les Arbres où ils se nourrissent de fruits ; leur poil est épais, crépu, rude, grisâtre, et leur odeur est désagréable.   (B.)

CUSPAIRE. BOT. PHAN. Pour Cusparie. *V*. ce mot.   (A. R.)

CUSPARIE. *Cusparia*. BOT. PHAN. C'est ainsi qu'on appelle, selon Humboldt, l'Arbre qui fournit l'écorce d'Angusture vraie, et que cet illustre voyageur nomme *Cusparia febrifuga*. Willdenow avait mentionné cet Arbre sous le nom de *Bonplandia trifoliata*, et le professeur Richard en a donné une description et une figure extrêmement exactes et détaillées dans les Mémoires de l'Institut (Scienc. phys., année 1811, (p. 82, t. 10), sous le nom de *Bonplandia angostora*; mais comme Cavanilles avait antérieurement donné le nom de *Bonplandia* à un genre de la famille des Polémoniacées, Humboldt lui a depuis substitué le nom de *Cusparia*, qui rappelle celui que l'Arbre à l'Angusture porte dans le pays où il croît. Le nom de *Cusparia* a été adopté par De Candolle dans un Mémoire qu'il a récemment publié dans les Mémoires du Muséum de Paris (vol. 9, p. 142), où il établit, sous le nom de Cuspariées, une tribu dans la famille des Rutacées, afin d'y ranger les cinq genres *Cusparia*, *Ticorea*, *Galipea*, *Raputia* et *Monniera*. Plus récemment encore, Auguste de Saint-Hilaire (Mém. Mus., vol. 10), dans son Mémoire sur le Gynobase, a fait voir que le genre *Cusparia* de Humboldt ne différait en aucune manière du *Galipea* d'Aublet. Nous renvoyons donc au mot *Galipea* pour donner les caractères de ce genre. *V*. GALIPÉE. (A. R.)

*CUSPARIÉES. BOT. PHAN. De Candolle, ainsi que nous l'avons dit plus haut, a nommé ainsi une section de la famille des Rutacées, dans laquelle il plaçait les genres *Ticorea*, *Cusparia*, *Galipea*, *Raputia* et *Monniera*. Voici les caractères donnés à cette tribu par le savant auteur du *Systema Vegetabilium*. Les Cuspariées ont toutes des pétales au nombre de cinq, ordinairement soudés par leurs bords, de manière à représenter une corolle pseudo-monopétale; quelquefois ils sont simplement agglutinés, et peuvent être facilement séparés sans déchirure. Le nombre des étamines est fort variable; quelques-unes d'entre elles sont stériles et difformes; mais deux au moins sont fertiles. L'ovaire est généralement environné par un rebord glanduleux et saillant qui ne donne attache ni aux pétales, ni aux étamines. L'ovaire est formé de cinq coques réunies à leur centre et terminées par un seul style qui paraît provenir de cinq styles soudés ensemble. Cet ovaire, coupé en travers, présente cinq loges contenant chacune un ovule. Le fruit se compose de cinq coques monospermes, s'ouvrant par leur côté interne, et dont l'endocarpe osseux reste adhérent avec la graine. Celles-ci sont dépourvues d'endosperme.

Les Cuspariées sont des Arbres, des Arbrisseaux ou plus rarement des Plantes herbacées dont les feuilles alternes ou opposées, dépourvues de stipules et pétiolées, sont composées de trois folioles : elles sont souvent glanduleuses. Les fleurs forment le plus souvent des grappes.

Dans son Mémoire sur le Gynobase (Mém. Mus., vol. X), Auguste Saint-Hilaire a savamment disserté sur ce groupe de Plantes, qu'il est impossible de séparer des autres Rutacées. Nous renvoyons à ce mot pour exposer les caractères distinctifs de cette tribu. De Candolle, dans le premier volume du *Prodromus systematis*, etc., profitant des observations d'Auguste Saint-Hilaire, indique les genres suivans comme formant les Cuspariées : *Monniera*, L.; *Ticorea*, Aublet; *Galipea*, Aublet; *Erythrochiton*, Nées et Martius; *Diglottis*, Nées et Martius. *V*. RUTACÉES. (A. R.)

CUSPIDIE. *Cuspidia*. BOT. PHAN. Genre de la famille des Synanthérées, Corymbifères de Jussieu, & de la Syngénésie frustranée, L., établi aux dépens des *Gorteria* par Gaertner (*de Fructib*. T. II, p. 454) qui le caractérise ainsi : involucre ventru, composé d'écailles aiguës et piquantes, les inférieures plus courtes et étalées, les supérieures aciculaires et dressées; réceptacle alvéolé et couvert de paillettes; fleurons du disque hermaphrodites; demi-fleurons de la circonférence femelles et fertiles; akènes lisses surmontés d'aigrettes élégamment plumeuses, un peu plus courtes que le corps du fruit. Dans ce genre, l'involucre dont les folioles sont hérissées d'aiguillons courts et coniques, à peu près comme les fruits de certaines Luzernes; l'involucre, disons-nous, tombe spontanément à la maturité. Après avoir donné comme type du genre le *Gorteria cernua* de Thunberg et Linné fils, dont l'organisation du fruit est figurée sous le nom d'*Aspidalis araneosa* (que l'on ne doit pas conserver, puisque celui de *Cuspidia* accompagne la description), Gaertner indique avec doute comme congénère le *Gorteria spinosa*; mais cette dernière Plante appartient au genre *Berckheya* de Willdenow. H. Cassini a fait aussi entrer dans ce genre le *Gorteria echinata* d'Aiton ou *Agriphyllum echinatum* de Desfontaines, sous la nouvelle dénomination de *Cuspidia castrata*. (G..N.)

CUSSAMBIUM. BOT. PHAN. (Rumph.) Syn. de *Pistachia oleosa* de Loureiro. *V.* PISTACHIER. (B.)

CUSSAREA. BOT. PHAN. (Gmelin.) Pour *Coussarea*. *V.* COUSSARÉE.

. **CUSSO** BOT. PHAN. Nom vulgaire du genre *Hagenia*. *V.* HAGÉNIE. (A. R.)

* **CUSSON.** POIS. (De Laroche.) Syn. de *Squalus Acanthias* aux îles Baléares. *V.* SQUALE. (B.)

CUSSON ou **COSSON.** INS. Nom vulgaire du Charanson du Blé dans certains départemens de la France. *V.* CALANDRE. (AUD.)

CUSSONIE. *Cussonia.* BOT. PHAN. Famille des Araliacées et Pentandrie Digynie, L. Ce genre, établi par Linné fils, fut d'abord rapporté aux Ombellifères; mais son affinité avec le Panax a paru telle au professeur de Jussieu, qu'il l'a regardé comme à peine distinct de ce dernier genre, et qu'il a proposé de lui réunir, dans le cas où il serait conservé, toutes les espèces frutescentes de Panax, ainsi que le *Panax undulata* d'Aublet, l'*Unjala* de Rhéede (quoiqu'il soit décrit comme monosperme), et l'*Aralia umbellifera*, Lamk. Voici, au reste, les caractères qu'on lui a assignés : calice dont les bords sont distans du réceptacle, à cinq dents et persistant; cinq pétales trigones, aigus et sessiles; cinq étamines et deux styles, d'abord dressés, puis écartés, à stigmates simples; fruit presqu'arrondi, à deux coques, à

deux loges, couronné par un rebord. Les Cussonies sont des Arbustes à feuilles digitées, à fleurs disposées en épis ou en ombelles, à rayons peu nombreux et sans collerette. Le nombre de leurs espèces est encore réduit à deux seulement, savoir : la Cussonie à fleurs en thyrse, *Cussonia thyrsiflora*, L. f., et la C. à fleurs en épi, *C. spicata*, L. f. Toutes les deux habitent le cap de Bonne-Espérance. On cultive la première dans les serres chaudes d'Europe, mais elle n'y fleurit pas. (G..N.)

CUSSU ET **CUSSURU-ARU.** MAM. Chez les Malais à Amboine, probablement la même chose que Cusos (*V.* ce mot), ou parfaitement synonyme de Phalanger. (B.)

CUSSU ET **CUSSU-CUSSU.** BOT. PHAN. Ces noms désignent à Ternate le *Saccharum spicatum* de Loureiro et le *Panicum colonum* de Linné. (B.)

CUSSUTA. BOT. PHAN. (Rumph.) Pour *Cassytha*. *V.* CASSYTHE. (B.)

* **CUSTINIE.** *Custinia.* BOT. PHAN. Necker appelle ainsi le *Tontelea* d'Aublet, ou *Tonsella* de Schreber. *V.* TONTELÉE. (A. R.)

* **CUSTIGLIONIA.** BOT. PHAN. (Ruiz et Pavon.) *V.* CURCAS. (B.)

* **CUTERÈBRE.** *Cuterebra.* INS. Genre de l'ordre des Diptères fondé par Clarck (*the Bots of Horses*, 2ᵉ édition), et rangé par Latreille dans la famille des Athéricères avec les caractères qui suivent : soie des antennes plumeuse; une trompe, sans palpes apparens, reçue dans une cavité triangulaire, étroite, prolongée jusque près de la fossette située sous le front; dernier article des antennes le plus grand de tous, presqu'ovoïde; articles des tarses et pelotes du dernier proportionnellement plus larges que dans les autres espèces de la même tribu. Les Cuterèbres diffèrent des Céphalémyies et des OEstres par une cavité buccale apparente, par l'écartement des ailes dont les deux nervures longitudinales qui viennent immédiatement après celles du bord

extérieur sont fermées par une autre nervure transverse près du limbe postérieur; ils diffèrent encore par des cuillerons toujours grands, recouvrant les balanciers, et par un corps très-velu; leurs larves, dépourvues de crochets écailleux à la bouche, vivent sous la peau de divers Quadrupèdes herbivores. La plupart de ces caractères leur sont communs avec les Céphénémyies; mais ils s'en éloignent par la soie des antennes plumeuse, par une trompe sans palpes apparens, et par tous les autres signes que nous avons précédemment mentionnés, et qui sont propres au genre Cuterèbre. Les espèces qui appartiennent à ce genre sont peu nombreuses, et ont été observées dans l'Amérique septentrionale. Les mieux connues sont :

La CUTERÈBRE JOUFLUE, *Cuter. buccata*, ou l'*Œstrus buccatus* de Fabricius et d'Olivier. Bosc l'a recueillie à la Caroline; sa larve vit sous la peau d'une espèce de Lièvre du pays.

La CUTERÈBRE EPHIPPIE, *C. Ephippium* de Latreille et Leach. Cette belle espèce, qui ressemble à un gros Taon, est originaire de Cayenne.

La CUTERÈBRE DU LIÈVRE, *Cuter. Cuniculi* de Clark (*loc. cit.*, t. 2, f. 26). Elle a la grosseur du Bourdon terrestre de notre pays. On rencontre sa larve sous la peau du dos des Lièvres des Lapins.

Clark fait connaître deux autres espèces. (AUD.)

CUTICULE. *Cuticula*. BOT. PHAN. L'épiderme est quelquefois désigné sous ce nom. *V.* ÉPIDERME. (A. R.)

*CUTSCHULA. BOT. PHAN. Selon Rauwolf, c'est l'un des noms orientaux de la Noix vomique. (B.)

CUTTERA. BOT. PHAN. Genre proposé par Rafinesque aux dépens des Gentianes, et qui doit renfermer, selon cet auteur, les *Gentiana saponaria* et *ochroleuca*. (B.)

CUVE DE VÉNUS. BOT. PHAN. L'un des noms vulgaires des *Dipsacus vulgaris* et *fullonum. V.* CARDÈRE. (B.)

CUVIÈRE. *Cuviera*. BOT. PHAN. Genre de la famille des Rubiacées et de la Pentandrie Monogynie, L., institué par De Candolle (Annales du Muséum, vol. 9, p. 216) en l'honneur de l'illustre auteur de l'Anatomie comparée. Ses caractères sont les suivans : calice dont le tube très-court est adhérent à l'ovaire; le limbe fort long au contraire est à cinq divisions étalées et foliacées; corolle campanulée, à cinq segmens profonds, très-aigus, et terminés en pointe épineuse à leur sommet; cinq étamines incluses; ovaire non ombiliqué supérieurement, mais surmonté d'un style filiforme, et d'un grand stigmate en forme d'éteignoir pelté ou plutôt d'une cloche renversée et soutenue au centre par un pivot; péricarpe à cinq loges, chacune de celles-ci monosperme. L'auteur de ce genre le place entre le *Vanguiera* et le *Nonatelia* dans la tribu qu'il établit sous le nom de Guettardacées. Ses caractères sont tellement tranchés qu'on ne peut le confondre avec aucun autre genre, soit de la même tribu, tels que les *Psathura*, *Guettarda*, *Erythalis*, *Laugeria*, etc., soit de la famille entière des Rubiacées; sa corolle, formée de pétales épineux, est peut-être le premier exemple qu'on ait observé d'une pareille dégénérescence dans ces organes. La forme si particulière de son stigmate, et le nombre quinaire de toutes les parties du système floral sont encore des signes distinctifs très-faciles à saisir au premier coup-d'œil. Le nom de *Cuviera* a été proposé par De Candolle, malgré l'existence antérieure d'un genre de même nom, établi par Koeler dans la famille des Graminées, mais qui ne diffère en aucune manière de l'*Elymus. V.* ce mot.

On ne connaît encore qu'une seule espèce de ce genre; c'est un Arbuste indigène de Sierra-Léona, rapporté par Smeathman, et que De Candolle a nommé *Cuviera acutiflora*; il en a donné une figure (*loc. cit.*, pl. 15), et l'a accompagnée d'une description de laquelle il résulte que cet Arbuste a des branches divariquées et dures, des feuilles portées sur de courts pétioles, ovales, oblongues, acuminées et coriaces, et des fleurs nombreuses, disposées en panicules terminales.

(G..N.)

CUVIÉRIE. *Cuviera.* ACAL. Péron et Lesueur ont donné ce nom à un petit groupe de Méduses qu'ils considéraient comme un genre particulier. Lamarck l'a réuni avec raison aux Equorées. Les noms d'hommes étant d'ailleurs fort déplacés comme génériques en zoologie, où l'on peut tout au plus les admettre comme spécifiques, il n'est guère possible d'adopter ici ce nom de *Cuviera* déjà consacré en botanique. *V.* CUVIÈRE.

(LAM..X.)

* CUY. MAM. Même chose que Coq. *V.* ce mot.

(B.)

CYAME. *Cyamus.* CRUST. Genre établi par Latreille et classé par lui (*Règn. Anim. de Cuv.*) dans l'ordre des Isopodes, section des Cystibranches; il comprend les genres *Panope* et *Larunda* de Leach, et a pour caractères: quatre antennes dont les deux supérieures plus longues, de quatre articles, le dernier simple ou sans divisions; deux yeux lisses, outre les yeux composés; corps ovale formé de segmens transversaux, dont le second et le troisième n'ayant que des pieds rudimentaires; cinq paires de pieds à crochets, courts ou de longueur moyenne et robustes. Les Cyames ont quelque analogie avec les Leptomères, les Protons et les Chevrolles; mais ils diffèrent essentiellement de ces trois genres par la forme de leur corps, par la longueur moyenne de leurs pates, par le dernier article des antennes supérieures simple, enfin par la présence de deux yeux lisses sur le sommet de la tête, indépendamment des yeux composés. Ce genre se compose de deux espèces dont une est inédite. L'espèce connue, et qui a été rangée par Linné dans le genre *Oniscus*, par Degéer dans celui des Squilles, et par Fabricius avec les Pycnogonons,

porte le nom de Cyame de la Baleine, *Cyamus Ceti* de Latreille; elle est la même que le *Panope Ceti* de Leach (*Edinb. Encycl.* T. VII, p. 404) qui la désigne aussi (*Trans. of the Linn. Societ.* T. XI, p. 364) sous le nom de *Larunda Ceti.* Un grand nombre d'auteurs, parmi lesquels on distingue Pallas (*Spic. Zool., fasc.* 9, t. 4, f. 14) et Müller (*Zool. Dan.*, t. 119, f. 15-17), en ont donné d'assez bonnes figures; mais, parmi les entomologistes qui ont le mieux fait connaître ce singulier Crustacé, on doit surtout distinguer Savigny (*Mém. sur les Anim. sans vert.*, première partie, prem. fasc., p. 54), Latreille (ses divers ouvrages) et Treviranus (*Verm. schrift. Anat. und Phys. inhalts,* 7e Mém., p. 1, f. 1). Nous emprunterons de ces savans observateurs ce que nous allons en dire.

Le corps des Cyames est large, orbiculaire, déprimé, solide et coriace; on peut le diviser en tête, en thorax et en abdomen; la tête est petite, allongée, en forme de cône tronqué; elle supporte des yeux composés, peu saillans, placés sur les côtés de la tête, et en outre deux petits yeux lisses qui occupent son sommet et sont situés sur une ligne transversale. Entre la paire d'yeux composés on remarque quatre antennes placées les unes au-dessus des autres, et pouvant par cela même être distinguées en supérieures et en inférieures; celles-ci sont très-petites et formées de quatre articles; les autres présentent un nombre égal de divisions, et ont la longueur de la tête et du premier segment du thorax réunis; en dessous et en arrière des antennes on observe la bouche composée de parties très-petites, mais dans laquelle Savigny a distingué un labre assez grand, émarginé, deux mandibules à sommet bifide et dont les divisions sont denticulées; on voit ensuite trois pièces en forme de lèvres disposées sur trois plans ou qui se succèdent graduellement. Savigny et Latreille les ont observées avec soin; ce dernier entomologiste la décrit de la manière suivante : la première pièce ou la supérieure, celle qui est immédiatement en arrière des mandibules, forme une espèce de feuillet presque demi-circulaire, et composé de trois parties, une intermédiaire presque triangulaire, profondément bifide à son sommet, et s'élargissant sur les côtés de sa base, pour servir de support aux deux autres pièces qui, sous la figure d'un demi-croissant formé par chacune d'elles, constituent par leur réunion un ceintre au-dessus de la précédente. Savigny représente cette pièce (*loc. cit.*, pl v, f. 1, E), et la considère comme une langue. La pièce qui vient ensuite ou l'intermédiaire ressemble sous plusieurs rapports à la précédente, et peut être également divisée en trois parties (*loc. cit.*, pl. v, f. 1, U). La pièce simple ou celle du milieu présente à son extrémité deux languettes pointues, ayant chacune près du côté extérieur de la saillie qu'elles forment un petit corps conique de deux articles, et semblable à un palpe. Les deux languettes, soudées entre elles sur la ligne moyenne du corps, et laissant encore une trace de leur division première, sont articulées à l'extrémité d'une espèce de support qui se divise à sa base en deux branches, lesquelles, en se contournant de dedans en dehors et d'arrière en avant, se prolongent jusqu'au-dessous des deux pièces latérales. Celles-ci ont, indépendamment d'une articulation qui se soude avec la partie moyenne du support et avec ses branches, une autre pièce en forme de lame, supportant près de son extrémité dorsale un petit appendice semblable à un palpe. Latreille a cru distinguer à cet appendice deux articulations qui ne sont pas indiquées dans la figure de Savigny. Ce dernier observateur admet que les pièces latérales représentent la première paire de mâchoires des Crustacés, et que la pièce moyenne est l'analogue de la seconde paire. Enfin la troisième et dernière partie de la bouche du Cyame est formée de deux petits pieds ou palpes terminés par un onglet, et composés de six articles dont le premier, très-grand et soudé à celui du côté opposé, constitue une sorte de base en carré transversal, évasé en angle au milieu du bord antérieur, et simule la lèvre proprement dite. Savigny représente cette partie (*loc. cit.*, pl. v, f. 1, B), et reconnaît en elle la première paire de mâchoires auxiliaires ou de pieds-mâchoires des Crustacés. En arrière de la tête on remarque une paire d'appendices qui, à proprement parler, est intermédiaire à la tête et au thorax; elle s'articule à un segment rudimentaire qui n'est pas visible en dessus, et qu'on pourrait considérer comme l'ébauche du premier anneau du thorax. Ces deux pieds sont eux-mêmes plus courts et plus grêles que les suivans, de six articles dont le premier, ou la hanche, est cylindrique et proportionnellement plus long que ne l'est le même article aux pieds qui sont placés en arrière; l'avant-dernier article est plus grand, en forme de main, avec un sinus et une dent obtuse en dessous; le dernier consiste, ainsi que dans les autres pieds, en une griffe très-dure, crochue et très-pointue; cette paire de pieds correspond aux seconds pieds-mâchoires. Le thorax est composé de six anneaux séparés par de profondes incisions; les côtés prolongés de ces anneaux donnent naissance latéralement à six membres articulés que la variété de leur forme et du nombre de leurs articles a fait distinguer en pates proprement dites et en pates fausses. Fabricius a même considéré comme des palpes la paire de pates antérieures que nous venons de décrire. La première paire de pieds, celle qui tient au segment antérieur du thorax, est courte, mais robuste, comprimée et large; on compte six articles inégaux dont le radical, ou la hanche, est gros, arrondi, presque en forme de rotule, et dont le pénultième, plus grand et ovoïde, compose avec le dernier une serre terminée par une griffe mobile ou monodactyle. Deux dents assez fortes se remarquent dans une échancrure de l'avant-dernier article ; le second et le troisième anneau du thorax supportent, au lieu de pates, des appendices grêles dont un très-long et l'autre fort court, cachés à la partie inférieure du corps ; à leur base sont, dans les deux sexes, les vésicules branchiales, et, dans la femelle, des écailles valvulaires disposées par paires, et destinées à recouvrir les œufs. Le troisième, le quatrième et le cinquième segment du thorax donnent insertion à de véritables pates assez semblables à la première paire. L'abdomen consiste en une sorte de petit tubercule ou mamelon qui porte l'anus. Selon Treviranus, le canal intestinal des Cyames va droit de la bouche à l'anus en s'élargissant au milieu. Le cerveau se compose de quatre masses dont deux supérieures et deux inférieures ; il donne des nerfs aux yeux, aux antennes, à la bouche ; le cordon nerveux qui en part est composé de sept ganglions fort distincts ; on ne voit ni trachées, ni trous respiratoires ; les pates de la troisième et de la quatrième paires si singulières par leur forme, et les plaques ventrales chez la femelle, ont, suivant lui, pour fonctions, de servir à la respiration. Les ovaires ont une forme irrégulière, les organes mâles se composent de deux tubes ou appendices, se rendant à la verge qui est accompagnée de deux petits organes copulateurs, et se trouve située entre la dernière paire de pates.

Le Cyame de la Baleine, connu vulgairement sous le nom de *Pou de Baleine*, se trouve sur le corps des Baleines, il s'y accroche à l'aide de ses pates ; on en trouve aussi, mais plus rarement, sur le corps des Scombres et des Maquereaux.   (AUD.)

CYAME. *Cyamus*. BOT. PHAN. Salisbury, et à son exemple Smith et Nuttal, appellent ainsi le genre *Nelumbium*. *V.* NELUMBO.   (A. R.)

CYAMÉE. MIN. Pline paraît désigner sous ce nom la Pierre - d'Aigle, *Œtite*, dont *Callimus* était le noyau. La Pierre désignée par D'Argenville sous le nom de Cyamite paraît être la même chose.   (B.)

CYAMOS. BOT. PHAN. Ce mot grec, qui désigne la Fève proscrite par Pythagore, désignait aussi une Plante d'Egypte appelée également *Ciborium* à cause de la forme d'une coupe à laquelle on comparait son fruit, et qui renfermait des espèces de Fèves. On pense généralement que le Cyamos d'Egypte ou *Ciborium* est le Nelumbo. *V.* ce mot.   (B.)

CYAMUS. BOT. PHAN. et CRUST. *V.* CYAME.

CYANEA. ACAL. et BOT. PHAN. *V.* CYANÉE.

CYANÉE. *Cyanea.* ACAL. Genre établi par Péron et Lesueur dans la famille des Méduses, adopté et classé par Lamarck dans ses Radiaires Médusaires, et parmi les Acalèphes libres par Cuvier. Il offre pour caractères : un corps orbiculaire transparent ayant en dessous un pédoncule à son centre ; quatre bras plus ou moins distincts et plus ou moins chevelus ; une ou plusieurs cavités aériennes et centrales ; quatre estomacs et quatre bouches au moins ou disque inférieur. Lamarck a réuni les Chrysaores de Péron aux Cyanées. Cuvier a ajouté à ce genre les Callirhoés, les Obélies, les Océanies et les Évagores. Nous avons cru devoir suivre la méthode de Lamarck, quoique les caractères qui séparent les Chrysaores des Cyanées nous paraissent bien tranchés. En effet, dans les premières, les bras sont parfaitement distincts et non chevelus ; ils sont à peine distincts et comme chevelus dans les dernières. Elles ont un groupe de vésicules aériennes au centre de l'ombrelle ; ces vésicules sont remplacées par une grande cavité dans les Chrysaores. Telles sont les différences qui avaient engagé Péron à faire deux genres distincts de ces deux groupes. Lamarck a cru devoir les réunir parce qu'il n'a pas trouvé ces caractères assez essentiels ni assez constans pour constituer deux genres ; n'ayant observé qu'un très-petit nombre d'espèces, nous avons dû suivre l'opinion du célèbre professeur du Jardin du Roi. — Les Cyanées présentent un assez grand nombre d'espèces, presque toutes originaires des mers tempérées ; elles sont rares dans les mers polaires. Les auteurs n'en indiquent aucune des mers équatoriales. La plus grande partie de celles que l'on connaît se trouvent dans les mers d'Europe ; leur grandeur est moyenne et ne parvient jamais à trois décimètres de largeur.

CYANÉE DE LAMARCK, *Cyanea Lamarcki*, Lamk. Anim. sans vert., 2, p. 518, n. 1. — Dicquemare a décrit et figuré cette espèce sous le nom d'Ortie de mer dans le Journal de Physique du mois de décembre 1784, p. 451. Elle est commune sur les côtes qui bordent la Manche. Son ombrelle est aplatie avec le bord garni de seize échancrures dont huit superficielles ; elle a de plus huit faisceaux de tentacules ; huit auricules marginales ; des vésicules aériennes au centre de l'ombrelle, avec un orbicule intérieur à seize pointes ; du plus beau bleu d'outre-mer.

CYANÉE DE LESUEUR, *Cyanea Lesueuri*, Lamk. 2, p. 519, n. 7. Son ombrelle est entièrement rousse avec un cercle blanc au centre ; trente-deux lignes blanches et très-étroites forment seize angles aigus à sommet dirigé vers l'anneau central. Habite les côtes du Calvados et de la Seine-Inférieure.

CYANÉE POINTILLÉE, *Cyanea punctulata*, Lamk. 2, p. 520, n. 10. — *Chrysaora Spilhæmigona* et *Chrys. Spilogona*, Péron et Lesueur, Ann. 14, p. 365, n. 113 et 114. Lamarck a réuni ces deux espèces de Péron, malgré les différences qu'elles présentent. Dans la première, la moitié plus petite que la seconde, l'on observe trente-deux lignes rousses formant au pourtour de l'ombrelle seize angles aigus, à sommet brun très-

foncé. Dans la C. Spilogone, la moitié plus grande, les lignes sont remplacées par seize grandes taches fauves, triangulaires, situées au pourtour de l'ombrelle. L'âge plus ou moins avancé de ces Animaux peut-il produire ces différences ? Nous le croyons. Ils habitent la Manche.

CYANÉE DE LA MÉDITERRANÉE, *Cyanea mediterranea*, Lamk. 2, p. 520, n. 12. — *Pulmo marinus*, Belon, *Aquat. lib.* 2, p. 438. — Son ombrelle est hémisphérique, glabre, blanche, marquée de stries fauves, rayonnantes, avec quatre bras disposés en forme de croix ou d'étoile, d'une belle couleur de vermillon. Habite la Méditerranée.

A ces espèces, Lamarck ajoute la Cyanée britannique ; d'Angleterre. — Cyan. lusitanique ; du Portugal. — Cyan. Aspilonate, *Chrys. Aspilonata*, Pér. et Les. ; de la Manche. — Cyan. Cyclonate, *Chrys. Cyclonata*, Pér. et Les. ; même lieu. — Cyan. de la Baltique, *Medusa capillata*, L. ; de la mer Baltique. — Cyan. Boréale, *Med. capillata*, Baster ; de la mer du Nord. — Cyan. Arctique, *Med. capillata*, Fabr. ; des mers du Groënland. — Cyan. Pleurophore, *Chrys. Pleurophora*, Pér. et Les. ; des côtes du Hâvre. — Cyan. Pentastome, *Chrys. Pentastoma*, Pér. et Les. ; de la Nouvelle-Hollande. — *Cyan. hexastoma*; de la terre de Diémen. — Cyan. Heptamène ; des mers du Nord. — Cyan. Macrogène ; d'Angleterre. Ces trois dernières sont regardées comme douteuses par Péron et Lesueur, ainsi que par Lamarck lui-même qui réunit, ainsi que nous l'avons déjà dit, le genre Chrysaore aux Cyanées. Les trois espèces douteuses appartiendraient aux Chrysaores.   (LAM..X.)

CYANÉE. *Cyanœa*. BOT. PHAN. De Candolle appelle ainsi la première section qu'il a établie dans le genre *Nymphæa* (*Syst. Veget.* 2, p. 48). Cette section, qui comprend les *Nymphæa scutifolia*, *N. cœrulea*, *N. madagascariensis*, *N. stellata*, et *N.*

pulchella, a pour caractères des anthères prolongées à leur sommet, des fleurs bleues, des feuilles peltées, entières ou sinueuses. *V.* Nénuphar.

(A. R.)

Reneaulme avait, sous le même nom, établi, aux dépens des Gentianes, un genre qui n'a pas été adopté, et dont le type était le *Gentiana Pneumonanthe*; Adanson avait aussi formé le même genre sous le nom de *Ciminalis. V.* ce mot et Gentiane. (B.)

CYANÉE. min. Syn. de Lazulite et de Pierre d'Arménie. *V.* Lazulite et Cuivre carbonaté bleu. (B.)

CYANELLE. *Cyanella.* bot. phan. Genre de Plantes monocotylédones de la famille des Asphodélées, qui offre les caractères suivans : un calice pétaloïde à six divisions profondes et inégales ; six étamines rapprochées, conniventes et monadelphes par leurs filets ; ces étamines sont un peu déclinées ainsi que les fleurs ; leurs anthères sont disposées de la manière suivante : trois supérieures sont recourbées, rapprochées les unes contre les autres latéralement, égales et semblables entre elles ; deux placées sur les côtés sont semblables aux précédentes ; enfin la troisième est plus large et pendante ; toutes sont introrses, allongées, obtuses, à deux loges s'ouvrant à leur sommet par un petit trou commun pour les deux loges dans les cinq anthères supérieures, tandis que l'inférieure offre une petite ouverture pour chacune de ses deux loges ; l'ovaire est globuleux, à trois côtés arrondies, très-obtuses, déprimé à son centre, pour l'insertion du style qui est un peu plus long que les étamines, décliné et recourbé en S, terminé par un très-petit stigmate à trois divisions aiguës ; le fruit est une capsule globuleuse déprimée à son centre, à trois côtes arrondies, obtuses, à trois loges contenant de six à dix graines chacune, et s'ouvrant en trois valves à l'époque de sa maturité.

Les caractères de ce genre n'avaient point encore été donnés d'une manière complète et exacte ; en effet aucun auteur n'a fait mention de la soudure des étamines par leurs filets, ni de la manière dont les anthères s'ouvrent par le moyen d'un trou qui se pratique à leur sommet.

On ne connaît que quatre espèces de ce genre qui toutes sont originaires du cap de Bonne-Espérance. Leur racine est surmontée d'un bulbe arrondi, d'où naissent des feuilles radicales étroites, et une hampe simple qui se termine par des fleurs d'un aspect agréable disposées en épis ou en grappes ; les fleurs qui sont en général munies de petites bractées sur les pédoncules qui les supportent, sont plus ou moins penchées. Nous citerons ici l'espèce la plus connue.

Cyanelle du Cap, *Cyanella capensis*, L., Lamk., Ill. 239. Son bulbe, que mangent les Hottentots après l'avoir fait griller, est arrondi, déprimé ; ses feuilles étroites, linéaires, lancéolées, aiguës, d'un vert clair ; la hampe se termine par une grappe ou panicule de fleurs violacées portées sur des pédoncules presque horizontaux ; leurs étamines sont monadelphes par toute la longueur de leurs filets.

Les autres espèces de ce genre sont les *Cyanella alba*, Thunb., et *Cyanella lutea*, Thunb., *Cyanella orchidiflora*, Jacq. On les cultive toutes quatre dans nos serres. (A. R.)

CYANITE. min. *V.* Disthène.

CYANOPSIDE. *Cyanopsis.* bot. phan. La *Centaurea pubigera* de Persoon est devenue pour H. Cassini le type de ce genre ; il nous a semblé trop peu distinct pour devoir demeurer séparé des autres Centaurées. *V.* ce mot. (A. R.)

* CYANORCHIS. bot. phan. Dénomination employée par Du Petit-Thouars (Histoire des Orchidées des îles australes d'Afrique) pour un genre d'Orchidées de la section des Helléborines. Ce genre ne se compose que d'une seule espèce, l'*Epidendrum*

tetragonum des auteurs, ou le *Tetra-gocyanis* de Du Petit-Thouars ; Plante indigène des îles de France et de Mascareigne, ayant une tige carrée, haute de six à sept décimètres, portant des feuilles ovales aiguës, très-grandes, et des fleurs pourprées disposées en épi le long d'un axe latéral. Elle fleurit dans sa patrie au mois d'avril. Du Petit-Thouars en a fait graver une figure (*loc. cit.* t. 34) qui donne une idée exacte de l'espèce.   (G..N.)

CYANUS. BOT. PHAN. *V.* BLUET.

CYATHA ET CYATHE. BOT. CRYPT. *V.* NIDULAIRE.

CYATHEA. BOT. CRYPT. (*Fougères.*) Ce genre, fondé par Smith dans sa Révision des genres de la famille des Fougères, est l'un des mieux caractérisés de cette famille. Il a cependant subi depuis plusieurs subdivisions ; si on adopte ces nouveaux genres, formés aux dépens du genre Cyathea de Smith, on devra un jour les réunir en un petit groupe particulier dans cette belle famille. Les Cyathées de Smith étaient caractérisées par leurs capsules semblables à celles de toutes les Polypodiacées, insérées sur une partie saillante de la fronde, et enveloppées de toutes parts par un tégument sphérique, naissant de la base du réceptacle qui les supporte. La plupart des espèces qui composaient ce genre, sont remarquables par leur tige arborescente ; mais elles varient assez par la forme de leurs frondes plus ou moins-divisées. L'illustre auteur du Prodrome de la Flore de la Nouvelle-Hollande a introduit plusieurs divisions nouvelles dans ce genre. Les caractères déduits de la fructification s'accordent assez bien avec ceux que fournit le port des différentes espèces qu'on y range ; ces genres sont fondés particulièrement sur la position des-groupes de capsules, par rapport aux nervures, et sur le mode de déhiscence du tégument qui les enveloppe. Ces caractères ont donné lieu aux trois genres *Cyathea*, *Alsophila* et *Hemitelia* de Brown. Le premier se reconnaît à ses groupes de capsules

insérés à l'angle de division des nervures, et entourés par un tégument qui se divise transversalement comme une sorte d'opercule. Les espèces qui appartiennent à ce genre, et par conséquent les véritables *Cyathea*, sont les C. *arborea* (*Polypodium arboreum*, L.), C. *dealbata*, C. *medullaris* et C. *affinis*.

Gaudichaud a rapporté des îles de la mer du Sud une nouvelle espèce voisine des *Cyathea*, qui devra former un genre de plus dans cette division des Fougères si l'on adopte les genres précédens proposés par R. Brown. Le genre *Sphæropteris* de Bernhardi, et probablement le *Dennstaedtia* du même auteur, se rapportent aux Cyathées ; mais la description du dernier est trop imparfaite pour qu'on puisse l'affirmer. Toutes les espèces qui composent le genre Cyathea et les autres genres formés à ses dépens, sont remarquables par leur tige arborescente, simple, droite, marquée d'impressions très-régulières, formées par la chute des feuilles, et surmontée d'un chapiteau de larges feuilles, profondément découpées, qui réunissent au port majestueux des Palmiers l'élégance des formes des autres Fougères ; aussi ces Plantes, qui sont particulières aux parties humides des régions équinoxiales, sont-elles, d'après tous les voyageurs, un des principaux ornemens de ces pays. Leurs troncs et ceux de quelques autres Fougères arborescentes, sont les seuls, parmi ceux des Plantes vivantes que nous connaissons, dont l'organisation soit comparable à celles de quelques-unes de ces tiges si nombreuses dans les formations houillères, et dont l'écorce présente des impressions d'une régularité admirable, qu'on ne retrouve dans aucune tige de Plantes Dicotylédones, ni même parmi les Monocotylédones phanérogames. On doit remarquer cependant à cet égard que les espèces fossiles paraissent toutes différer beaucoup, du moins spécifiquement, des espèces vivantes dont nous avons eu occasion de voir les troncs dans les collections. (AD. B.)

* **CYATHIFORME.** *Cyathiformis.* BOT. Qui a la forme d'un gobelet; par exemple, la corolle du *Symphytum tuberosum*, etc. Plusieurs Lichens et des Champignons sont Cyathiformes. (A. R.)

* **CYATHOCRINITE.** *Cyathocrinites.* ÉCHIN. Genre de la famille des Crinoïdes ou Encrines, établi par Müller dans son Histoire de ces Animaux, appartenant à la division des Inarticulés. Il offre pour caractères : un Animal Crinoïde avec une colonne cylindrique ou pentagonale, composée de nombreuses articulations ayant des bras qui partent irrégulièrement des côtés. Au sommet, adhère un bassin composé de cinq pièces, sur lequel sont placées à la suite les unes des autres cinq plaques costales et cinq bosses, avec une écaille intermédiaire. De chaque bosse part un bras armé de deux mains; ce genre est composé de quatre espèces : le Cyathocr. plane, Müll., *Hist. Crinoïd.* p. 85, pl. 2. — Le Cyath. tuberculeux, Müll. p. 88, pl. 3. — Le Cyath. rugueux, Müll., p. 89, pl. 4; et le Cyath. à cinq angles, Müll., p. 92, pl. 5. Tous ces Fossiles se trouvent en Angleterre. (LAM..X.)

CYATHODE. *Cyathodes.* BOT. PHAN. Genre de la famille des Épacridées de R. Brown et de la Pentandrie Monogynie, L., établi par Labillardière (*Nov.-Holl.*, 1, p. 57) sur deux Plantes qui présentent entre elles assez de différences dans leurs organes reproducteurs pour qu'on ne doive pas les considérer comme absolument congénères. C'était d'ailleurs l'avis de Labillardière lui-même, qui, malgré la différence de leurs fruits, ne les a réunis que pour ne pas multiplier les genres plus qu'il n'est convenable. Cette considération n'a pas arrêté l'auteur du Prodrome de la Flore de la Nouvelle-Hollande; il sépare de ce genre les Plantes de Labillardière et assigne au Cyathode les caractères suivans : calice soutenu par plusieurs bractées écailleuses et imbriquées; corolle infundibuliforme, dont le tube, à peine plus long que le calice, est intérieurement glanduleux, le limbe étalé, un peu ou nullement barbu; cinq étamines, dont les anthères seulement sont saillantes; ovaire à cinq ou dix loges, se changeant en une drupe pulpeuse ou une sorte de baie polysperme; le disque hypogyne cyathiforme et à cinq dents, qui entoure l'ovaire, a servi d'étymologie au nom du genre. Dans l'Encyclopédie méthodique, Poiret a francisé ou plutôt traduit ce nom par celui d'Urcéolaire, que l'on ne saurait adopter, puisque c'est déjà la dénomination d'un genre de Lichens, ainsi que d'un genre de la Diandrie Monogynie proposé par Molina dans la Flore du Chili.

R. Brown (*Prodr. Nov.-Holl.*, p. 539) a décrit six espèces de Cyathodes distribuées en deux sections, d'après la villosité ou la nudité de l'intérieur des lobes de la corolle. La première en contient trois, dont une est le *Cyathodes glauca*, décrit et figuré par Labillardière (*loc. cit.*, 1, p. 57, t. 81); dans la seconde section, Brown fait entrer deux Plantes que Labillardière avait décrites et figurées (*loc. cit.* T. I, p. 48 et 49, t. 68 et 69) sous les noms de *Styphelia abietina* et *Styphelia oxycedrus*. Le *Styphelia acerosa* de Banks et Solander, que Gaertner avait transporté dans le genre *Ardisia*, est une Plante très-voisine de cette dernière, et qui, comme elle, doit faire partie du même genre et de la même section. A celle-ci R. Brown réunit encore trois espèces trouvées dans l'Herbier de Banks, et indigènes des îles de la mer du Sud, mais dont il ne donne point de description. Enfin le *Cyathodes disticha* de Labillardière, Plante sur la place de laquelle son auteur était fort incertain, est devenu le type du genre *Decaspora* de R. Brown. *V.* DÉCASPORE. Toutes les espèces du genre Cyathode sont particulières à la terre de Diémen, dans la Nouvelle-Hollande. Ce sont des Arbustes ou des Arbrisseaux dressés et rameux, à feuilles striées en dessous, à fleurs axillai-

res dressées ou légèrement penchées.
(G.-N.)

CYATHOPHORUM. BOT. CRYPT. (*Mousses.*) Palisot de Beauvois avait nommé ainsi le genre que Smith désigna, à peu près à la même époque, sous le nom de HOOKERIA. *V.* ce mot.
(AD. B.)

CYATHULE. *Cyathula.* BOT. PHAN. Le genre décrit sous ce nom par Loureiro, est peu distinct de l'*Achyranthes. V.* ce mot et COMÈTES. (A. R.)

CYATHUS. BOT. CRYPT. *V.* NIDULAIRE.

CYBÈLE. BOT. PHAN. (Salisbury.) Genre formé aux dépens des Embothrium, et correspondant au Sténocarpe de Brown. *V.* ces mots. (B.)

CYBELION. BOT. PHAN. (Dioscoride.) Syn. de Violette odorante. (B.)

* **CYCADÉES.** *Cycadeæ.* BOT. PHAN. Entraîné par quelques ressemblances extérieures dans le port et l'enroulement des feuilles, le savant auteur du *Genera Plantarum* avait placé, dans son immortel ouvrage, les genres *Cycas* et *Zamia* parmi les Plantes acotylédonées, dans la famille des Fougères. Mais les observations de Du Petit-Thouars et celles du professeur L.-C. Richard, en faisant connaître la structure du fruit et de l'embryon dans ces deux genres, ont fait voir combien ils s'éloignaient des Plantes acotylédonées ou cryptogames auxquelles on les avait associées. En effet, ces Végétaux, qui par leur port rappellent absolument les Palmiers, offrent, dans la structure de leurs fleurs et de leurs fruits, les rapports les plus intimes avec les Plantes dicotylédones, et en particulier avec les Conifères. Aussi le professeur Richard en a-t-il formé une famille sous le nom de Cycadées, famille qu'il place immédiatement à côté des Conifères. Nous allons d'abord en assigner les caractères, après quoi il nous sera facile d'en faire sentir l'analogie avec cette dernière famille et par conséquent de bien déterminer la place que ce groupe doit occuper dans la série des ordres naturels.

Les Cycadées, qui ne se composent que des genres *Cycas* et *Zamia*, sont des Végétaux exotiques ayant le port des Palmiers. Leur tronc cylindrique est quelquefois très-court et à peine marqué; d'autres fois il s'élève à trente ou quarante pieds ou même au-delà, en conservant à peu près un diamètre égal et sans présenter de ramifications, si ce n'est quelquefois tout-à-fait à son sommet. Un bouquet de feuilles étalées en tous sens couronne la tige et ses ramifications; ces feuilles sont très-grandes, pinnées, et avant leur développement les pinnules ou folioles qui les composent, sont roulées sur elles-mêmes, à peu près comme dans les Fougères, circonstance qui n'a pas peu contribué au rapprochement qui a été établi entre les Cycadées et les Fougères. Les fleurs sont constamment dioïques et naissent au milieu des feuilles qui terminent la tige. Les fleurs mâles constituent des espèces de chatons en forme de cônes, ayant quelquefois deux pieds et plus de longueur, composés d'écailles spathulées, renflées à leur sommet qui en est la seule partie visible à l'extérieur, recouvertes à leur face inférieure d'un très-grand nombre d'étamines qui doivent être considérées comme formant chacune une fleur mâle. Chaque étamine ne consiste qu'en une anthère plus ou moins globuleuse ou ovoïde, à une seule loge s'ouvrant par un sillon longitudinal; ces anthères sont solitaires ou réunies base à base, par deux, par trois ou même par quatre. L'inflorescence des fleurs femelles varie dans les deux genres *Cycas* et *Zamia*; dans le premier, un long spadice comprimé, spathuliforme, aigu, denté sur ses deux côtés, porte vers le milieu de chacun d'eux quatre ou cinq fleurs femelles, logées chacune dans une petite fossette longitudinale, au-dessus de laquelle elles sont saillantes. Le *Zamia*, au contraire, a ses fleurs femelles disposées comme ses fleurs mâles en une sorte de cône ou de chaton ovoïde, composé d'écailles peltées, très-épaisses à leur sommet, se terminant par un pédicule qui s'insère au milieu de leur face inférieure : à celle-ci sont attachées deux fleurs femelles renversées. Ces fleurs offrent la même structure dans ces deux genres ; elles sont plus ou moins globuleuses : leur calice, qui détermine leur forme , est immédiatement appliqué sur l'ovaire ; il est globuleux, percé d'une très-petite ouverture à son sommet, se prolongeant en un tube court. L'ovaire est semi-infère, c'est-à-dire que sa moitié supérieure seulement est saillante et libre dans l'intérieur du calice, tandis que sa moitié inférieure est intimement adhérente avec les parois de ce dernier : supérieurement cet ovaire se termine par un petit mamelon allongé que l'on doit considérer à la fois comme le style et le stigmate. Le fruit se compose du calice qui est nécessairement persistant, s'épaissit, devient même légèrement osseux à sa partie interne et recouvre le véritable fruit. Celui-ci est uniloculaire , monosperme et indéhiscent. Son péricarpe est mince , adhère intimement avec le tégument propre de la graine dont il ne peut être séparé. Celle-ci contient une amande qui se compose d'un gros endosperme charnu , devenant dur et corné par la dessiccation, formant toute la masse de l'amande et renfermant à sa partie supérieure un embryon renversé, axillaire , allongé , placé dans une cavité qui occupe les deux tiers de la longueur de l'endosperme. L'embryon est allongé ; son extrémité cotylédonaire , qui est inférieure , est partagée en deux lobes ou cotylédons inégaux, plus ou moins intimement soudés ensemble , mais toujours distincts à leur base où ils sont séparés l'un de l'autre par une fente longitudinale qui traverse toute la masse de l'embryon. Dans cette fente, représentant la base des deux cotylédons, on trouve la gemmule formée de petites feuilles coniques, emboîtées les unes dans les autres. La radicule est à peine distincte de la base du corps cotylédonaire ; elle se termine par une sorte de petite

bandelette mince , roulée et tordue sur elle-même , plus ou moins intimement adhérente avec l'enveloppe ou tégument propre de la graine.

Si nous comparons l'organisation des fleurs dans les Cycadées avec celle des Conifères, il nous sera bien facile de démontrer l'extrême analogie qui existe entre ces deux groupes. Dans l'un et dans l'autre , les fleurs mâles forment généralement des espèces de cônes ou de chatons. Chaque anthère peut être considérée comme une fleur mâle , et ces anthères, le plus souvent uniloculaires , sont attachées à la face inférieure des écailles qui forment les chatons. Dans les Cycadées comme dans les Conifères, les fleurs femelles sont tantôt dressées, tantôt renversées , quelquefois solitaires , quelquefois géminées. Toujours leur ovaire est semi-infère ; leur calice immédiatement appliqué sur le pistil, qu'il recouvre en totalité et qu'il accompagne jusqu'à son état de fruit parfait. Celui-ci contient une seule graine dont le tégument est peu distinct de la paroi interne du péricarpe. Cette graine se compose d'un embryon renfermé dans l'intérieur d'un gros endosperme charnu. Certes il serait difficile de trouver deux familles qui offrissent plus d'analogie dans l'organisation de leurs fleurs. Il est vrai que le port est différent, que tandis que les Conifères ont un *habitus* si particulier, les Cycadées nous rappellent tout-à-fait les Palmiers , et que leur tige offre à peu près la même organisation que dans ces derniers. Mais dans une classification fondée sur la structure de l'embryon, l'organisation de la tige doit-elle avoir plus de valeur que celle de toutes les parties de la fleur et du fruit ? Nous ne le pensons pas, et nous croyons qu'il est bien plus rationnel de placer les Cycadées immédiatement à côté des Conifères que de les rapprocher des Palmiers.

Après avoir parlé des caractères qui rapprochent les Cycadées des Conifères , il devient indispensable d'indiquer ceux qui les en distinguent. Ces caractères consistent : 1° dans le port, qui, comme nous venons de le dire, est tout-à-fait différent ; 2° dans la structure de l'embryon, dont les deux cotylédons sont inégaux et soudés dans les Cycadées, tandis qu'ils sont égaux, distincts et fréquemment au nombre de plus de deux dans les Conifères. (A. R.)

CYCAS. *Cycas.* BOT. PHAN. Genre qui, avec le *Zamia*, constitue la famille des Cycadées, et qui offre pour caractères : des fleurs dioïques ; les mâles formant une sorte de cône ovoïde allongé, composé d'écailles comprimées, dont la face inférieure est couverte d'anthères globuleuses sessiles, constituant autant de fleurs mâles ; les fleurs femelles consistent en de longs spadices comprimés, aigus, subspathulés, portant sur leurs bords quelques fleurs à demienfoncées dans de petites fossettes longitudinales ; ces fleurs sont globuleuses ; leur calice est percé d'une petite ouverture à son sommet. Les fruits sont des espèces de drupes globuleuses. Le tronc est simple, écailleux, couronné par un bouquet de feuilles terminales très-grandes, pinnées et semblables à celles du Dattier.

Ce genre se compose de sept à huit espèces qui croissent sous les tropiques, particulièrement dans l'Inde. On voit assez fréquemment dans nos serres les *Cycas circinalis* et *Cycas revoluta* de Thunberg. *V.* CYCADÉES.
(A. R.)

CYCHRAME. INS. Kugelan a désigné sous ce nom une division dans le genre Nitidule. Ce sont des *Strongylus* pour Herbst, et des *Byturus* pour Latreille. *V.* BYTURE. (AUD.)

CYCHRE. *Cychrus.* INS. Genre de l'ordre des Coléoptères, section des Pentamères, établi par Paykull et Fabricius. Il appartient (Règn. Anim. de Cuv.) à la famille des Carnassiers, tribu des Carabiques. Ses caractères sont, suivant Latreille : jambes antérieures sans échancrure à leur bord interne ; élytres soudées, enveloppant la majeure partie de l'abdomen ; labre profondément échancré ; mandibules longues, étroites, avancées, ayant sous leur extrémité deux dents ; le dernier article des palpes labiaux et des maxillaires extérieurs fort grand, très-comprimé, concave et presque en forme de cuiller ; languette très-petite, divisée en trois pièces, dont la mitoyenne en forme de tubercule, presque triangulaire, soyeuse au bout, et dont les deux latérales membraneuses, étroites, en languette ; échancrure du menton sans dentelures. Les Cychres ont été rangées par Latreille et Dejean (Hist. nat. et Icon. des Coléopt., 1re livrais., p. 87) parmi les Abdominaux, division établie dans la tribu des Carabiques. Ils se rapprochent beaucoup des genres Carabe, Calosome, Pambore et Scaphinote ; mais on trouve des caractères distincts dans les organes de la bouche. Il en est d'autres plus apparens, et qui sont fournis par différentes parties de leur corps, telles que la tête et le prothorax qui sont fort étroits ; les élytres se dilatent sur les côtés, et se prolongent inférieurement pour embrasser le ventre. Les Cychres sont particulièrement originaires des contrées froides : on les trouve dans les forêts, sous les mousses, aux pieds des troncs d'Arbres et sous les pierres. On peut considérer comme type du genre :

Le CYCHRE MUSELIER, *Cychrus rostratus*, Fabr., figuré par Clairville (*Entom. Helvet.* T. II, pl. 19). On le trouve quelquefois sous les pierres aux environs de Paris, dans la forêt de Bondy près du Raincy. Il est moins rare en Allemagne ; on le rencontre aussi en Russie dans les régions du Caucase.

Le CYCHRE D'ITALIE, *Cyc. Italicus* de Bonelli, confondu par quelques auteurs avec l'espèce précédente. Knoch (*Neue Beytrage zur Insectenkunde*, p. 187 et pl. 8) a décrit et représenté sous les noms d'*unicolor*, d'*elevatus* et de *Stenostomus* des espèces propres à l'Amérique du nord. Les deux premières étaient connues de Fabricius ; la troisième paraît nouvelle. Fischer (Entomogr. de la Russie, T. 1 , p 79) décrit sous le nom de *Cychrus marginatus* une espèce rare qui se trouve sous les pierres ou entre les mousses , dans l'île d'Ounalaschka.   (AUD.)

CYCLADE. *Cyclas.* MOLL. Linné et les conchyliologues qui le précédèrent confondirent ce genre, les uns avec les Tellines , les autres avec les Vénus; et dans certains auteurs , dans Linné lui-même, on voit des espèces du même genre parmi les Tellines et les Vénus tout à la fois. C'est à Bruguière que nous en devons la séparation bien nette, quoique depuis on y ait trouvé les élémens d'un autre genre que Bruguière établit dans les Planches de l'Encyclopédie, qui fut admis par Lamarck en 1801, et ensuite par Draparnaud , Schweiguer, Ocken, Cuvier, etc. Quoique ce genre fût très-bien connu, Megerle le proposa de nouveau, en 1811, sous le nom de *Cornea,* qui n'a pas été admis par les conchyliologues français; mais on sentit, et Megerle le sentit le premier, que le genre Cyclade de Bruguière renfermait des Coquilles qui ne présentaient pas toutes les mêmes caractères: Megerle les sépara donc sous le nom générique de Corbicule , Lamarck sous celui de Cyrène (*V.* ces mots), et Férussac proposa pour le genre de ces deux auteurs , un sous-genre nommé *Cyano-Cyclas.* Blainville s'en servit dans le Dictionnaire des Sciences naturelles , comme d'un moyen facile pour distinguer des Coquillages qui peuvent se confondre dans leurs caractères par les passages des espèces; Férussac sentit que la division de Lamarck était préférable à la sienne; car, après la publication du travail de Blainville , il admit , dans ses Tableaux systématiques en 1821 , les genres Cyrène et Cyclade, tels que Lamarck les avait faits dans son grand ouvrage sur les Animaux sans vertèbres (T. v, pag. 556). Le plus grand nombre des conchyliolo-gues, depuis Bruguière , avaient bien senti la nécessité de faire une coupe : aussi presque tous l'admirent dès qu'elle leur fut présentée; et on en verra d'autant mieux la solidité qu'on en examinera avec plus de soin et comparativement les caractères distinctifs. Voici ceux que Lamarck a donnés aux Cyclades : coquille ovale-bombée , transverse , équivalve , à crochets protubérans; dents cardinales très-petites , quelquefois presque nulles; tantôt deux sur chaque valve, dont une pliée en deux; tantôt une seule pliée ou lobée sur une valve, et deux sur l'autre; dents latérales allongées transversalement , comprimées , lamelliformes ; ligament extérieur. Il faut ajouter que l'Animal que nous avons eu souvent occasion d'observer vivant, fait saillir d'un côté deux tubes ou siphons, et de l'autre un pied mince allongé et linguiforme. D'Argenville, dans sa Zoomorphose (pl. 8, fig. 9 et 10), a fait figurer l'Animal d'une Cyclade. Sans savoir précisément à quelle espèce la figure peut se rapporter, il est pourtant probable qu'elle appartient à ce genre de Coquilles ; il serait peut-être possible de la retrouver et avantageux pour en préciser l'espèce , puisque c'est dans la Marne qu'elle a été pêchée. On a été long-temps sans connaître de Cyclades à l'état fossile. Lamarck, le premier, dans les Annales du Muséum , en a décrit une seule espèce. La ténuité, la délicatesse de ces Coquillages donnaient assez de motifs pour penser qu'ils avaient été détruits ; il faut ajouter qu'à cette époque, quoique peu reculée, on ne connaissait encore les terrains d'eau douce que d'une manière superficielle et imparfaite. Depuis , les travaux de Brongniart sur les terrains tertiaires des environs de Paris ont particulièrement fixé l'attention et du géologue et du conchyliologue: l'un y a trouvé une nouvelle source de méditations sur les alternances et sur les mélanges que présentent leurs couches; l'autre un trésor encore fécond eu espèces intéressantes. C'est ainsi que les terrains d'eau douce des environs d'E-pernay nous donnerons l'occasion de faire connaître une espèce encore inconnue que nous y avons recueillie il y a peu de temps.

Les Cyclades habitent toutes les eaux douces des deux continens. Elles sont généralement petites, diaphanes, recouvertes d'un épiderme vert ou brun; jamais leurs crochets ne sont écorchés. Les eaux douces de France en offrent quelques espèces que nous décrirons de préférence.

Cyclade des rivières, *Cyclas rivicola*, Lamk., Anim. sans vert. T. v, pag. 558, n° 1. C'est peut-être le *Cyclas cornea* de Draparnaud (Hist. des Moll., p. 128, pl. 10, fig. 1, 2, 3). La figure qu'en donne Draparnaud la représente très-épaisse avec trois dents bien distinctes à la charnière, tandis que l'espèce dont il est question n'en offre que deux, et quoique plus épaisse que les autres espèces, elle ne l'est pourtant pas autant que dans la figure citée. Ce sont ces différences qui font penser que ce pourrait bien ne pas être la même : c'est la *Cyclas rivicola* de Leach, figurée dans Lister (Conchyl. tab. 159, fig. 14) et dans l'Encyclopédie (pl. 302, fig. 5, A, B, c). Cette Coquille est subglobuleuse, assez solide, élégamment striée, sub-diaphane, d'une couleur cornée, ver-dâtre ou brunâtre; elle présente aussi le plus souvent deux ou trois zônes plus pâles. Elle a vingt millimètres de largeur.

Cyclade cornée, *Cyclas cornea*, Lamarck, Anim. sans vert., *loc. cit.* n° 2; *Tellina cornea*, L., *Syst. Nat.*, p. 1120; *Cyclas rivalis*, Draparnaud, Hist. des Moll., pag. 129, pl. 10, f. 4, 5. Elle se distingue par ses stries qui sont très-fines, par sa couleur d'un corné peu foncé; elle est également subglobuleuse, mais toujours plus mince que la première; elle ne présente vers son milieu qu'une seule zône pâle, et son bord est jaunâtre; elle est plus petite que la précédente : la moitié de la largeur a dix à douze millimètres.

Elle présente deux variétés que La-

marck a fait connaître; la première est plus globuleuse, la seconde plus transverse; et ce qui les rend toutes deux remarquables, c'est qu'elles viennent l'une et l'autre de l'Amérique septentrionale.

Cyclade caliculée, *Cyclas caliculata*, Drap., Hist. des Moll., pag. 130, pl. 10, fig. 14 et 15; Lamarck, Anim. sans vert., *loc. cit.* n° 5; elle est d'une forme rhomboïdale, or-biculaire, déprimée, très-mince, transparente, d'un blanc sale, ou jaune verdâtre peu foncé; ce qui la distingue le mieux, sont ses crochets proéminens et tuberculeux, ainsi que les stries très-fines qui se voient à sa surface. Elle est large de huit millimètres. On la trouve dans les mares aux environs de Paris et de Fontainebleau.

Cyclade lisse, *Cyclas lævigata*, N. Cette petite espèce fossile a la forme de la Cyclade des fontaines, et n'est pourtant pas son analogue; elle est inéquilatérale, déprimée, très-mince, très-fragile, subquadrangulaire; les crochets sont petits, peu proéminens; les dents cardinales sont à peine visibles à une forte loupe; les dents latérales sont bien marquées, l'antérieure est la plus grande et la plus forte; les plus grands individus n'ont pas plus de cinq millimètres de largeur. Nous l'avons trouvée assez rarement dans les Marnes calcaires qui accompagnent les Lignites à la montagne de Bernon près d'Epernay.

(D..H.)

CYCLAME. *Cyclamen.* bot. phan. Vulgairement Pain de Pourceau. Genre de la famille des Primulacées et de la Pentandrie Monogynie, L., établi par Tournefort, et qu'adoptè-rent Linné et Jussieu avec les caractères suivans : calice à cinq divisions; corolle presque rotacée, dont le tube est très-court et le limbe à cinq lobes tellement réfléchis, qu'ils sont rejetés en arrière; cinq étamines à anthères conniventes; capsule charnue, glo-buleuse et à cinq valves. Ce genre se compose de Plantes dont les fleurs sont penchées et solitaires aux sommets de hampes quelquefois nombreuses. Cette disposition des fleurs, jointe à la réflexion des lobes de la corolle, en fait un genre très-distinct. Parmi les espèces dont le nombre s'élève à une dixaine environ, nous mentionnerons ici les plus remarquables par leur élégance et par des qualités actives qui leur ont valu autrefois une grande réputation.

Le CYCLAME D'EUROPE, *Cyclamen europœum*, L., croît dans les bois et entre les pierres brisées des pays montagneux de l'Europe. Ses racines sont des tubercules gros, arrondis, charnus, noirâtres et garnis de fibres menues. Plusieurs hampes, d'abord contournées en spirales, grêles, nues et hautes d'un centimètre, s'élèvent de ces racines et supportent chacune une seule fleur ordinairement rose, dont le fond de la corolle est tourné vers la terre, tandis que les lobes repliés regardent le ciel. Des feuilles arrondies, cordiformes, vertes et tachées de blanc en dessus, rougeâtres en dessous et longuement pétiolées, achèvent de donner à cette Plante l'aspect le plus agréable. L'âcreté des racines du Cyclamen décèle des propriétés médicales extrêmement actives : aussi sont-elles fortement purgatives, errhines et vermifuges. Elles provoquent aussi le flux menstruel ; mais leur emploi, comme celui de beaucoup d'autres substances dites emménagogues, ne peut être que dangereux, surtout s'il est confié à des personnes ignorantes ou dirigées dans de coupables desseins. Aujourd'hui que l'on connaît une foule de meilleurs purgatifs, cette racine est reléguée dans les vieilles pharmacies avec l'onguent d'*Arthanita*, dont elle formait le principal ingrédient, et qui fut autrefois fort estimé comme topique purgatif ou vomitif.

Le CYCLAME DE PERSE, *Cyclamen Persicum*, H. K., est une espèce cultivée par les amateurs de Plantes d'agrément, à cause de la beauté de ses fleurs, dont les pétales sont ordinairement d'un blanc lacté, teints en rose vers leur extrémité, et d'une forme allongée qui augmente leur élégance. Ces fleurs sont portées sur de longs pétioles qui s'élèvent du milieu de plusieurs feuilles radicales oblongues, ovales et crénelées. Cette Plante est la seule qui exige l'orangerie.

Ne nous proposant pas de décrire ici d'autres espèces intéressantes de ce genre, nous indiquerons seulement pour leur culture une situation à l'abri du froid et de l'humidité (quoiqu'elles soient originaires de climats assez tempérés), une terre légère, sablonneuse et pas trop substantielle, de peur qu'elle ne retienne l'eau. Comme la multiplication par graines est toujours un moyen très-long, il est plus convenable de couper les tubercules de manière à laisser un œillet à chaque segment, et de les planter à peu près de même que la Pomme de terre.   (G..N.)

CYCLAMINOS. BOT. PHAN. (Dioscoride.) Syn. de Cyclame et de *Tamnus communis*, plutôt que de Bryone. On a cru aussi y reconnaître la Douce-Amère, le *Cucubalus bacciferus*, et jusqu'au *Convallaria bifolia*. (B.)

* CYCLANTHE. *Cyclanthus*. BOT. PHAN. Ce genre de Plantes monocotylédonées dont Poiteau vient de publier la description et la figure dans le neuvième volume des Mémoires du Muséum, p. 34, pl. 2, est un des plus singuliers que l'on connaisse, et offre une organisation qui n'a point d'analogue dans le règne végétal. Nous allons exposer les caractères de ce genre qui se compose de deux espèces originaires des forêts de la Guiane française et de la Martinique, tels qu'ils ont été présentés par Poiteau, après quoi nous émettrons notre opinion relativement à ce genre. Les fleurs forment un spadice ovoïde allongé porté sur un pédoncule ou hampe simple, environné d'une spathe de plusieurs folioles. Ce spadice se compose de fleurs mâles et de fleurs femelles disposées circulairement. Si l'on se figure, dit l'auteur de ce genre, deux rubans creux, roulés en cercle ou en spirale autour d'un cylindre, l'un plein d'étamines et l'autre plein d'o-vules, on aura une idée assez exacte de ces fleurs et de leur disposition ; et si on supposait ces rubans coupés d'espace en espace par des cloisons transversales, qui en fissent autant de fleurs distinctes, toute la singularité cesserait, et la Plante qui forme le genre *Cyclanthus* entrerait naturelle-ment dans la famille des Aroïdées. Dans les fleurs mâles, le calice est ad-hérent dans presque toute son éten-due avec le calice des fleurs femelles ; il est ouvert à son sommet, et s'étend circulairement ou en spirale continue autour de l'axe du spadice. Les éta-mines sont fort nombreuses, insérées au fond du calice ; leur filet est très-court, leur anthère fort allongée et à deux loges. Le calice des fleurs femel-les est plus grand que celui des fleurs mâles avec lequel il est uni par son côté externe, tandis que par tout son côté interne il est soudé avec la paroi externe de l'ovaire qui est infère. Au-dessus de l'ovaire, le calice se montre sous l'aspect de deux lames divergen-tes et réfléchies, roulées en spirale autour du spadice, comme le calice des fleurs mâles. L'ovaire a la même for-me et la même disposition que le cali-ce des fleurs femelles ; il offre une lo-ge qui se roule autour du spadice, et contient une quantité innombrable d'ovules très-petits qui occupent pres-que toute la paroi interne de l'ovaire. Celui-ci se termine à son sommet par un stigmate bifide qui s'étend de cha-que côté sous la forme d'une lame dentée. On ne connaît pas le fruit mûr.

Deux espèces composent ce genre ; ce sont des Plantes herbacées qui, par leur port, rappellent tout-à-fait un *Pothos* ou toute autre Plante de la famille des Aroïdées. Leur racine est vivace et fibreuse ; les feuilles très-grandes, pétiolées, bifides ou profon-dément biparties ; les fleurs disposées en spadice porté sur une hampe sim-ple.

L'une de ces espèces, *Cyclanthus Plumierii*, Poit., *loc. cit.*, p. 37, t. 3, a été découverte par Plumier qui l'a

figurée pl. 36, 37 et 58 de ses manus-crits. Ses feuilles sont marquées de nervures et simplement bifides à leur sommet. Elle croît à la Martinique et à l'île Saint-Vincent.

L'autre, *Cyclanthus bipartitus*, Poiteau, *loc. cit.*, p. 36, t. 2, a été dé-crite et figurée, pour la première fois, par ce voyageur. Elle se distingue de la précédente par ses feuilles qui sont partagées jusqu'à la base en deux lo-bes lancéolés aigus. Cette Plante est commune au bord des savannes hu-mides et sous les bois frais en terre basse de la Guiane, aux environs de la Gabrielle où on la désigne vulgai-rement sous le nom d'*Arouma Diable*.

La structure de ce genre est telle-ment différente de celle des autres genres de Plantes monocotylédonées, que Poiteau a pensé qu'il formait le type d'un nouvel ordre naturel inter-médiaire entre les Aroïdées et les Pandanées. En effet, l'organisation des fleurs femelles n'a d'analogue dans aucun autre genre connu. Ce-pendant cette singularité est peut-être plus apparente que réelle ; en ef-fet, l'on ne connaît point encore le fruit des Cyclanthes. Ne pourrait-on pas considérer ce que l'on a décrit pour des ovules, comme étant plutôt des pistils très-nombreux attachés aux parois d'un involucre ? Dès-lors ce genre rentrerait dans l'organisation commune aux Aroïdées, dont il se rapproche tant par son port. C'est ce que l'analyse seule du fruit mûr pourrait décider. Notre opinion ac-quiert encore quelque probabilité de plus, lorsque l'on songe que dans toutes les Aroïdées l'ovaire est supé-rieur, tandis que dans les Cyclan-thées, telles qu'elles ont été décrites, il serait infère.   (A. R.)

* CYCLANTHÉES. *Cyclantheæ*. BOT. PHAN. Dans le Mémoire cité à l'article CYCLANTHE, l'auteur pro-pose d'établir une famille, qu'il nom-me *Cyclantheæ*, avec le genre seul dont nous avons tracé ci-dessus les caractères ; cette famille ne se com-posant que de ce genre, puisque ses caractères ne sont pas différens de ceux que nous avons tracés précédemment. *V.* CYCLANTHE.   (A. R.)

CYCLAS. BOT. PHAN. Le genre nommé ainsi par Schreber paraît, selon Jussieu, devoir être réuni au genre *Apalatoa* d'Aublet. *V.* APALATOA.   (A. R.)

CYCLIDE. *Cyclidium.* INF. Genre établi par Müller, et qui appartient à la première division de la classe des Microscopiques, c'est-à-dire à celle où l'on ne reconnaît aucun membre, poil, cirrhe, ou organes rotatoires, ni cavité intestinale. Les caractères qui lui ont été assignés, consistent dans la forme ovoïde, postérieurement atténuée en pointe, du corps qui est comprimé et presque membraneux. C'est principalement dans cette compression qu'existe la véritable distinction, et c'est par elle que les Cyclides diffèrent surtout des *Enchelis* avec lesquelles des observateurs superficiels les pourraient confondre au premier coup-d'œil. Malgré la précision avec laquelle Müller avait tracé les caractères de son genre, cet habile observateur y introduisit plusieurs Animaux qui n'y sauraient demeurer et que nous avons renvoyés ailleurs ; mais nos observations nous ont fourni un grand nombre d'autres espèces dans les infusions végétales. Cependant la difficulté d'observer ces Animaux, la facilité qu'on a d'en produire qui varient prodigieusement dans leur taille, leur agilité, leur transparence et leur épaisseur, doivent rendre le naturaliste fort circonspect sur les limites qu'on peut tracer entre ces espèces. Nous nous bornerons à rapporter ici seulement celles dont nous avons retrouvé les figures dans les auteurs, et dont l'existence nous est parfaitement démontrée par la coïncidence des observations qui nous sont propres et de celles qui nous sont étrangères.

1. CYCLIDE TRANSPARENTE, *Cyclidium hyalinum*, Müll. Inf., p. 84, pl. 11 ; Encycl. Ill., p. 16, pl. 5, f. 14 ; Lamk., Anim. sans vert. T. 1, p 426. Cette espèce est fort petite, d'une transparence parfaite, ovale, aplatie, fort aiguë et presque terminée en queue. On la trouve dans diverses infusions, particulièrement dans celles des Céréales : c'est celle que Gleichen a fort bien connue et qu'on trouve en plusieurs de ses planches, particulièrement aux figures A 2, E 3 de la quatorzième. Elle est fort commune et l'une des plus faciles à créer. Elle nage en vacillant ou comme par un tremblement continuel.

2. CYCLIDE PEPIN, *Cyclidium Nucleus*, Müll. Inf., p. 11, f. 13 ; Gmel., *Syst. Nat.* 13, 1, 3896 ; Encycl. Ill., p. 16, pl. 5, f. 16. On trouve encore quelques individus de cette espèce dans Gleichen (pl. XVII. 1, B 22, E 3 et 23. 3. B 378, G). Sa forme est parfaitement celle du pepin d'une Pomme, et sa couleur un peu brunâtre, plus foncée par derrière. On la rencontre quelquefois mêlée à la suivante ; mais elle s'en distingue aisément, étant un peu plus épaisse et variant moins du pointu à l'obtus dans les mouvemens natatoires.

3. CYCLIDE CERCARIOÏDE, *Cyclidium Cercarioides*. Gleichen a aussi fort bien vu cette espèce (pl. 16, fig. 3, F) qu'il a rencontrée dans une infusion de Maïs. Nous l'avons vue dans plusieurs autres infusions de graines nourricières. Sa forme est celle d'une Poire fort amincie, et sa partie postérieure s'allonge tellement, que, sinueuse dans la natation, elle forme un passage aux Cercaires. Elle est totalement transparente.

4. CYCLIDE ENCHÉLIOÏDE, *Cyclidium Enchelioïdes*, N.; *Enchelis tremula*, Müll. Inf., p. 30. T. IV, f. 15 ; Encycl. Inf., p. 7, t. 2, f. 12. C'est l'une des espèces que Müller avait, au mépris des caractères établis par lui-même, rapportées à un genre auquel elles ne convenaient pas. La compression de son corps la séparait des Enchélides pour la placer ici. Sa figure rappelle assez celle du *Nucleus*; mais elle est beaucoup plus courte et conséquemment comparativement plus renflée. On observe fréquemment sur elle la faculté

qu'ont les Animaux infusoires de se multiplier par sections.

5. CYCLIDE NOIRATRE, *Cyclidium nigricans*, Müll. Inf., p. 82, T, XI, f. 9-10; Encycl. Ill., p. 16, pl. 5, f. 9-10; Lamck. An. p. 5. T. I, p. 425; le Petit-Trait, Gleichen, pl. 19, 2 G. Cette espèce est allongée, fort pointue d'un côté, obscure, agile, s'allongeant souvent beaucoup quand elle nage, et de façon à paraître obtuse par les deux extrémités. Elle est fort commune dans les infusions; Müller l'a vue dans celle des Lenticules, nous presque partout, et Gleichen dans l'eau des Céréales.

6. CYCLIDE OBTUSANTE, *Cyclidium obtusans*, N., Gleichen, pl. 18, 3 D. Cette espèce, parfaitement hyaline et assez grosse, par rapport avec ses congénères, est pyriforme, très-aiguë par sa pointe quand elle s'allonge, mais souvent se contractant de façon à se rendre très-obtuse, tout en gardant son aspect pyriforme. Son mouvement, toujours par le côté aminci, est prompt mais flexueux. On la trouve dans les infusions de Céréales.

7. CYCLIDE VARIABLE, *Cyclidium mutabile*, N. Cette espèce est l'une des plus vulgaires; toutes les infusions la produisent, souvent en immense quantité, se pressant sur le porte-objet du microscope avec une célérité peu commune. Nous croyons même l'avoir reconnue jusque dans des infusions animales. Les planches XX et XXII de Gleichen en sont toutes remplies, outre qu'on en trouve des individus dans la plupart des autres. Le Blé, les Pois, les Fèves, le Chenevis la donnent en abondance ; transparente, agile, ovale, oblongue, quelquefois obtuse ou aiguë des deux côtés, changeant de forme sous l'œil de l'observateur, elle prend indifféremment l'aspect de ses congénères, ou celui d'un Animal différent. La quantité en est quelquefois si grande dans une petite goutte d'eau, que, pour y nager, les individus sont obligés de s'allonger et de se déformer les uns les autres.   (B.)

CYCLOBRANCHES. MOLL. Blainville, dans sa Méthode conchyliologique (Journal de phys., octobre 1816), a proposé sous ce nom une coupe parmi les Malacozoaires céphalophores (Mollusques céphalés, Cuvier); c'est la quatrième division du premier ordre qui renferme lui-même tous les Mollusques dont les organes de la respiration ainsi que la coquille sont symétriques. Il l'a démembrée des Gastéropodes nudibranches de Cuvier, et il lui a donné les caractères suivans : organes de la respiration symétriques, branchiaux, en forme d'arbuscules rangés en demicercles à la partie postérieure du dos; corps nu, tuberculeux, bombé; pied large, propre à ramper, occupant tout l'abdomen; ils sont tous hermaphrodites. Cette coupe, ainsi caractérisée, ne renferme que les trois genres *Onchidore*, *Doris* et *Peronium*. *V.* ces mots ainsi que l'article MOLLUSQUES.   (D..H.)

* CYCLOCARPÉE. *Cyclocarpœa*. BOT. PHAN. Nom donné par De Candolle à sa seconde section du genre *Farsetia* dans la famille des Crucifères, qui comprend les espèces dont la silicule est orbiculée; les étamines les plus petites dépourvues de dents; le limbe des pétales oblong, émarginé et de couleur pourpre. Cette section ne comprend qu'une seule espèce, le *Farsetia suffruticosa*. *V.* FARSETIE.   (A. R.)

* CYCLOCÉPHALE. *Cyclocephala*. INS. Genre de l'ordre des Coléoptères mentionné par Dejean (Cat. des Coléopt., p. 57), et qu'il attribue à Latreille. Ce genre, dont les caractères inédits ne nous sont pas connus, est formé aux dépens des Hannetons de Fabricius, et comprend plusieurs espèces parmi lesquelles on distingue celles désignées par cet auteur sous les noms de *Melolontha geminata*, *barbata*, *signata*, etc. Elles sont toutes originaires de l'Amérique septentrionale ou du Brésil.   (AUD.)

* CYCLOGASTRE. *Cyclogasterus*. POIS. Genre formé d'abord par Gro-

nou, cité par Duméril, et que n'a pas même mentionné Cuvier, tout en le conservant comme sous-genre, sous le nom de Liparis consacré par Artédi entre les Cycloptères. *V.* ce mot. (B.)

CYCLOIDES. POLYP. ÉCHIN. Blainville propose ce nom pour remplacer celui de Cylindroïdes, que des naturalistes ont donné à des Radiaires et à des Echinodermes. (LAM.,X.)

CYCLOLITE. *Cyclolites*. POLYP. Genre de l'ordre des Caryophyllaires dans la division des Polypiers entièrement pierreux, offrant une ou plusieurs étoiles lamelleuses. Lamarck l'a placé dans la première section de ses Polypiers lamellifères. Les Cyclolites ont pour caractères : une masse pierreuse, orbiculaire ou elliptique, convexe et lamelleuse en dessus, sublamelleuse au centre, aplatie en dessous avec des lignes circulaires concentriques ; une seule étoile à lames très-fines entières et non hérissées occupe la surface supérieure. Lamarck, d'après des auteurs anciens, dit qu'il existe une Cyclolite vivante dans l'océan Indien et la mer Rouge ; ce fait semble douteux, d'autant que ces productions animales ne se trouvent fossiles que dans les terrains de seconde formation. Elles se rapprochent beaucoup des Fongies, dont elles diffèrent par les lignes circulaires concentriques de leur surface inférieure, et par les lames glabres de leur étoile. Tout porte à croire que chaque Polypier est formé par un seul Animal, même ceux où il y a deux lacunes. Le nombre des espèces est peu considérable, et les quatre de Lamarck devraient peut-être se réduire à deux ; néanmoins nous les avons adoptées en attendant que nous puissions en observer un plus grand nombre d'individus. Quelques espèces de ce genre ont été figurées ou décrites par Guettard et d'autres oryctographes ; le vague qui règne dans leurs descriptions, nous a empêché d'en faire mention.

CYCLOLITE HÉMISPHÉRIQUE, *Cy-*

clolites hemisphœrica, Lamk., T. II, p. 233, n° 2. Elle est orbiculaire, très-convexe, à lacune oblongue avec des lames nombreuses et très-minces; son diamètre dépasse quelquefois six centimètres (environ deux pouces). On la trouve fossile dans le Dauphiné.

CYCLOLITE ELLIPTIQUE, *Cyclolites elliptica*, Lamk., pag. 234, n° 4 Guett., Mém. 3, pag. 452, tab. 21 fig. 17-18. Cette espèce, vulgairement nommée la Cunolite, est la plus grande de toutes celles que l'on connaît, et facile à distinguer par sa forme ovale ou elliptique; la lacune centrale n'est pas toujours unique ; nous l'avons vue double dans quelques individus : elle se trouve fossile dans plusieurs parties de la France.

La CYCLOLITE NUMISMALE, Lamarck, p. 233, n° 1, que l'on dit vivante dans l'océan Indien ainsi que dans la mer Rouge, se trouve fossile en France; et la CYCLOLITE A CRÊTES, Lamk., p. 234, n. 3, Fossile dont on ignore la localité, complètent, jusqu'à ce moment, le genre dont nous venons de nous occuper. (LAM..X.)

* CYCLOPE. *Cyclopus*. INS. Genre de l'ordre des Coléoptères, section des Tétramères, mentionné par Dejean (Catal. des Coléopt., p. 96) dans la grande famille des Charansons. Il comprend une seule espèce, *Cyclopus tereticollis*, Dej., originaire de l'Ile-de-France. Dans le cas où on admettrait ce nouveau genre, le nom de Cyclope, déjà employé dans la classe des Crustacés, devrait nécessairement être changé. (AUD.)

CYCLOPE. *Cyclops*. MOLL. Genre établi par Denys Montfort (Conchyl. Syst. T. II, p. 370) pour le *Buccinum neriteum*, L., Coquille qui présente, à la vérité, un port assez particulier, mais qui n'offre point un caractère suffisant pour établir des différences génériques. Il n'a point été adopté et ne saurait l'être. *V.* BUCCIN. (D..H.)

CYCLOPE. *Cyclops*. CRUST. Genre

de l'ordre des Branchiopodes et de la section des Lophyropes (Règn. Anim. de Cuv.), établi par Müller aux dépens des Monocles de Linné, de Degéer, de Geoffroy, etc., et ayant pour caractères suivant Latreille : un corps allongé, diminuant insensiblement pour former une queue; deux à quatre antennes, six à dix pates soyeuses; un seul œil. — Le corps des Cyclopes est de forme ovale, allongé, gélatineux et renfermé dans un test fort mince divisé en dessus par des intersections transversales, constituant des anneaux dont le nombre varie de cinq à huit. La partie antérieure de cette espèce de carapace se prolonge en dessous comme un demi-casque ; on ne voit aucune apparence de tête; c'est un tout continu avec le reste du corps ; à l'extrémité, brille un point noir qui est l'œil; à côté sont les antennes, ordinairement au nombre de deux, toujours simples et diminuant insensiblement de grosseur de la base au sommet, garnies de poils partant pour la plupart des divers points de jonction des articles, et très-mobiles; les antennes des mâles, que Müller a considérées comme le siége des organes sexuels, ne jouent pas dans l'accouplement un rôle aussi important; les observations qui relèvent cette erreur et qui fixent d'une manière positive leurs véritables fonctions sont dues à Jurine qui les a consignées dans un ouvrage important (Histoire des Monocles, p. 3) d'où nous les extrairons. Les antennes du mâle du *Cyclops quadricornis*, sont plus grosses et plus courtes que celles de la femelle. Elles ont deux étranglemens, ce qui permet de les diviser en trois parties. La première s'étend depuis la base de l'antenne jusqu'à son premier étranglement, et comprend quinze anneaux, souvent très-peu distincts; la seconde a une étendue moindre, limitée aux six anneaux suivans qui portent tous un renflement à leur partie antérieure, ce qui fait paraître l'antenne bossue en cet

endroit; la troisième partie commence au second étranglement, c'est-à-dire immédiatement après le sixième anneau renflé, et se compose de cinq anneaux dont le premier diffère essentiellement de tous les autres par sa structure, étant grêle, long et un peu contourné à son origine; dans cet endroit il s'articule comme par charnière avec celui qui précède. Quelles que soient les variations apparentes dans le nombre des articles des antennes, les renflemens existent toujours dans l'une et l'autre antenne, et l'anneau qui suit ces renflemens est articulé d'une manière toute particulière. Dans cet anneau réside une irritabilité extrême, ce que Jurine a démontré par des expériences directes. Les antennes des femelles sont bien moins irritables que celles du mâle. Dans l'un et l'autre sexe, ces parties servent de balancier au Cyclope pour le tenir en équilibre dans le liquide; lorsqu'il veut se donner un grand élan, elles agissent de concert avec les pates; elles lui servent aussi de bras pour se soutenir contre les Conferves, ce qui a lieu à l'aide des poils dont ces organes sont hérissés. Dans les mâles, leur singulière structure est en rapport avec des usages fort importans; elles servent à retenir la femelle jusqu'au moment de l'accouplement. Nous reviendrons tout à l'heure sur leurs fonctions. Les antennules sont situées derrière les antennes et placées transversalement au corps de l'Animal. Elles sont composées de quatre articles ornés de plusieurs filets. Jurine donne aussi des détails très-circonstanciés et nouveaux sur les parties de la bouche, dont l'étude avait été avant lui négligée. Il distingue des mandibules internes, des mandibules externes et des mains. Les mandibules internes, placées au-dessous des antennules, sont opposées l'une à l'autre et dans une situation transversale au corps de l'individu. Elles peuvent être divisées en trois parties : le corps de la mandibule, son prolongement et son barbillon.

Le corps présente une figure ovoïde, de laquelle naît intérieurement une espèce de pétiole ou prolongement contourné sur lui-même et terminé par plusieurs inégalités qui sont les dents. Du milieu de la portion ovoïde sort un petit barbillon composé d'un article et de deux longs filets. Si l'on tourne la mandibule, on reconnaît alors que le corps est convexe en dehors et concave en dedans; que dans cette cavité est logé un muscle destiné à en opérer les mouvemens, et que le pétiole, formé par un prolongement du corps lui-même, est dilaté à l'extrémité où sont implantées six dents longues et fortes. Les mandibules internes sont en partie recouvertes par les mandibules externes; elles sont situées un peu plus en arrière que les précédentes, et susceptibles de s'écarter ou de se rapprocher l'une de l'autre à volonté. Ces mandibules sont très-fortes, convexes extérieurement et concaves intérieurement; elles donnent naissance à plusieurs filets et se terminent par deux fortes dents cornées dont l'une est plus longue que l'autre; ces mandibules externes, étant plus saillantes que les internes, sont considérées par Jurine comme deux fortes pinces destinées à saisir tout ce qui sera amené dans leur sphère d'action et à le transmettre ensuite aux mandibules internes qui réduisent les corps, s'ils sont trop gros, en fragmens proportionnés à l'ouverture de la bouche située immédiatement au-dessous. En arrière des mandibules externes, on remarque les mains, organes assez semblables à des pates et offrant deux parties; l'interne, qu'on peut considérer comme un pouce, est beaucoup plus petite que l'externe sur le tronçon de laquelle elle paraît entée; elle est formée de trois anneaux; le premier a dans sa face intérieure une tubérosité qui fournit un long filet composé, et deux petits d'une structure très-simple; le second anneau cylindrique, comme le précédent, ne donne qu'un seul filet vers sa partie supérieure; tandis que le troisième se divise, dès sa naissance, en deux doigts d'où sortent deux longs filets crochus très-penniformes, et une longue épine. La partie externe de la main admet aussi dans sa composition trois articles : le premier, très-large, offre un prolongement sur lequel repose le pouce; de ce prolongement naissent deux grands filets; le second article a une étendue considérable, et de son côté interne sort une forte épine; le troisième est partagé depuis son origine en cinq digitations terminées par de longs crochets mobiles et penniformes. La forme et la position des mains en annoncent la destination; elles servent à établir un courant et à lui donner une direction telle qu'il passe entre les mandibules sans cesse occupées à broyer tous les corps qui se présentent. Les Cyclopes sont carnivores et paraissent cependant pouvoir se nourrir aussi de substances végétales. Les pates ou nageoires sont situées derrière les mains; elles sont au nombre de six à dix. La figure de ces pates a été bien vue par Degéer; chacune d'elles a un article commun qui fournit deux tiges subdivisées en quatre autres articles, d'où sortent surtout à l'extrémité une grande quantité de filets penniformes. Leur position est telle que, quand le Cyclope se tient en repos, elles sont toutes inclinées en avant, et quand il veut nager, il les pousse en arrière avec force et frappe l'eau avec d'autant plus d'efficacité, que ses nageoires parcourent un plus grand espace. Ces petits Animaux se meuvent sans uniformité; ils s'élancent par bonds et par saccades lorsqu'ils veulent se porter quelque part.

L'abdomen, qui sert d'aviron au Cyclope quand il nage, est composé de six anneaux entiers, et d'un septième bifurqué qui supporte des filets assez déliés; il varie dans chaque sexe : dans la femelle, le premier anneau qui est très-court comparativement au second et toujours plus apparent, porte en dessous deux espèces de petites pates composées chacune de deux anneaux, dont le dernier se termine par trois filets. Jurine nomme ces appendices *fulcra* ou supports, parce qu'ils soutiennent les oviductus qui fournissent l'enveloppe des ovaires externes. Le second anneau, moins grand que le troisième, porte en dessous et sur le bord inférieur une papille transversale et oblongue ; on voit en outre de chaque côté, à l'endroit de la réunion avec le troisième anneau, une ouverture qui est l'orifice du canal déférent des œufs, et dont la communication avec l'ovaire est directe : dans le mâle, le second anneau est le plus grand ; on distingue en dessous deux corps ovales assez éloignés l'un de l'autre, qui donnent naissance à deux petits organes que Jurine présume être ceux de la génération. Chacun d'eux est composé de trois articles qui diminuent de grosseur ; le second fournit deux à trois petits filets, et le troisième se termine en pointe. Le troisième anneau de la femelle est remarquable par sa grandeur et par deux autres papilles oblongues, écartées l'une de l'autre en haut et rapprochées en bas au point de se toucher ; Jurine ignore l'usage de ces parties. Les anneaux suivans sont simples et n'offrent rien de remarquable ; le dernier est séparé en deux tiges cylindriques ; chacune d'elles jette près de son extrémité un petit filet latéral, et se termine par quatre autres également pennés, et dont les intermédiaires sont plus longs ; ces deux grands filets portent à la base un très-petit article avec lequel ils s'articulent, ce qui en augmente la souplesse.

L'ovaire externe consiste en un sac ovale rempli d'œufs sortant du second anneau et adhérent de chaque côté à l'abdomen par un pédicule très-délié presque imperceptible ; cet ovaire externe ne se développe que successivement et à mesure que les œufs, situés à l'intérieur du corps, dans un moule particulier que Jurine nomme l'ovaire interne, passent de ce moule dans les enveloppes extérieures ; chacune de celles-ci contient de trente à quarante œufs. Les œufs étant arrivés à leur point de maturité, la membrane de l'ovaire externe s'ouvre, et la mère ne peut se mouvoir sans les disséminer ; en abandonnant l'ovaire, ils ont déjà perdu la forme sphérique qu'ils avaient ; la coquille qui les couvre ne tarde pas à se fendre longitudinalement, et le jeune Cyclope paraît sous forme de Têtard. Il diffère d'abord de ce qu'il doit être ensuite ; au sortir de l'œuf il est presque sphérique, et on ne distingue d'abord que l'œil ; tout-à-coup on voit paraître ses antennes qui se séparent du corps contre lequel elles étaient auparavant fixées, comme si un ressort, en cessant d'agir sur elles, leur permettait de s'étendre ; peu de temps après, les pates de devant se détachent de même, puis celles de derrière. Ce nouveau-né, qui jusqu'alors avait été immobile, agite plusieurs fois ses membres comme s'il voulait apprendre à en connaître l'usage, puis il s'élance par sauts et par bonds dans son élément pour y chercher sa nourriture. Il subit plusieurs mues, et change encore bien des fois de forme avant d'arriver à son entier développement. — Nous avons dit que les organes des mâles n'étaient pas situés dans les antennes, ainsi que Müller le pensait, et comme on l'avait cru depuis lui, ces antennes n'ayant d'autre usage que de retenir la femelle pendant l'acte de la copulation. De tous les faits observés, Jurine a été amené à conclure : 1° que cette phrase de Müller, *Mas medium antennarum ad vulvas feminæ adplicat*, ne présente pas un fait exact, puisque ce n'est pas dans la partie où le mâle fixe ses antennes que se trouvent les vulves ; elles sont situées dans le second anneau de la queue, et forment l'extrémité de l'oviductus ; 2° que le mâle ne peut introduire ses antennes dans le corps de la femelle, puisqu'il n'y a là aucune séparation entre la chair et la coquille, ni aucune ouverture ; il se borne à la saisir par la dernière paire de pates, en l'enveloppant avec ses deux antennes ;

3° que la force qui s'oppose à la séparation de ce couple amoureux, réside dans la construction de l'anneau à charnière du mâle, lequel, comme il a été dit plus haut, est très-irritable. Aussi long-temps que le mâle est agité par des désirs, le bout de ses antennes fait un ressort autour des pates de la femelle, contre lequel les efforts de celle-ci sont impuissans; ce n'est qu'après la jouissance que ce ressort se détend et que l'embrassement cesse; 4° enfin que cet embrassement n'est que le prélude de l'accouplement, qui avait échappé à la perspicacité de Müller. La femelle, ainsi liée par le mâle, le charrie et l'emporte avec elle aussi long-temps qu'elle veut lui résister; mais lorsque fatiguée de ses importunités et de l'état de gêne dans lequel il l'a réduite, ou peut-être excitée elle-même à la jouissance, elle se rend à ses désirs, devient immobile, le mâle, prompt à saisir ce moment, approche sa queue de celle de sa femelle qui paraît en faire autant; il s'opère alors, à ce qu'on peut croire, une double conjonction par les deux parties sexuelles du mâle, qui pénètrent dans les deux vulves de la femelle. Cette conjonction, qui n'est que l'affaire d'un clin-d'œil, se répète plusieurs fois de suite.

On connaît plusieurs espèces, parmi lesquelles la suivante peut être considérée comme le type de ce genre.

Le CYCLOPE QUADRICORNE, *Cyclops. quadricornis*, Müller, *Entom. Ins. Test.* pl. 18, fig. 1-14; *Monoculus quadricornis rubens*, Jurine, *loc. cit.*, pl. 1, fig. 1-11; et pl. 2, fig. 1-9, et les variétés qu'il désigne sous les noms d'*albidus* (pl. 2, fig. 10 et 11), *viridis* (pl. 3, fig. 1), *fuscus* (pl. 3, fig. 2) et *Prasinus* (pl. 3, fig. 5). Cette espèce est la plus commune de toutes. On la trouve dans nos eaux stagnantes.   (AUD.)

CYCLOPHORE. *Cyclophorus.* MOLL. Genre trop légèrement établi par Denys Montfort (Conch. Syst. T.

II, p. 290) aux dépens des Cyclostomes, pour mériter d'être adopté. *V.* CYCLOSTOME.   (D..H.)

CYCLOPHORE. *Cyclophorus.* BOT. CRYPT. (*Fougères.*) Desvaux a établi ce genre (*Natur. Mag. Berl.*, 1811) qui avait déjà été indiqué par Mirbel sous le nom de *Candollea*, nom appliqué précédemment à un autre genre. Les Cyclophores sont caractérisés par leurs capsules entourées d'un anneau élastique, et insérées sur un seul rang et en forme d'anneau autour d'un réceptacle plus saillant; ces groupes de capsules arrondies sont enfoncés dans des dépressions de la fronde. Ce genre, formé aux dépens des Polypodes de Linné et des auteurs plus modernes, est très-naturel, et se reconnaît au premier aspect; les frondes de toutes les espèces connues sont simples, sans nervures visibles, portées sur des tiges rampantes, écailleuses; les groupes de capsules sont rapprochés vers l'extrémité des frondes. A ce genre appartiennent les espèces suivantes : *C. adnascens*, Desv. (*Polypodium adnascens*, Swartz). — *C. heterophyllus*, Desv. — *C. spissus*, Desv. (*Polyp. spissum*, Bory, *in Willd. Spec.*) — *C. longifolius*, Desv. (*Acrostichum longifolium*, Burm.) — *C. stigmosus*, Desv. (*Polyp. stigmosum*, Swartz). — *C. glaber* (*Polyp. acrostichoïdes?* Swartz, *non* Linn.)   (AD.B.)

CYCLOPIDÉES. *Cyclopidæ.* CRUST. Famille de l'ordre des Branchiopodes, section des Lophyropes (Règn. Anim. de Cuv.), établie par Leach qui lui donne pour caractère distinctif : têt d'une seule pièce. Elle comprend les genres Cyclope, Calane et Polyphème. *V.* ces mots.   (AUD.)

CYCLOPIE. *Cyclopia.* BOT. PHAN. Ventenat a nommé *Cyclopia genistoïdes* (*Decad. Nov. Gen.*, p. 3) une Plante désignée par Willdenow sous le nom de *Podalyria genistoïdes*, et figurée dans le *Botanical Magasin*, t. 1259, sous le nom d'*Hettsonia genistoïdes*, et dans *Andrews Botanical*

Repository, t. 427, sous celui de *Gompholobium maculatum*. C'est un Arbrisseau originaire du cap de Bonne-Espérance. Ses jeunes rameaux sont anguleux, et portent des feuilles éparses, sessiles, composées de trois folioles petites, subulées, longues d'un pouce et plus, ayant les bords roulés en dessous; les fleurs, qui sont jaunes, naissent seule à seule à l'aisselle des feuilles; elles sont accompagnées de bractées; le calice est tubuleux, à cinq divisions inégales disposées en deux lèvres, quatre supérieurement et une seule inférieurement; la corolle est papilionacée; l'étendard marqué de stries longitudinales; les dix étamines sont libres; le stigmate est barbu d'un seul côté, et le fruit se compose d'une gousse comprimée et polysperme. Cet Arbuste élégant est cultivé dans nos serres.

(A. R.)

* CYCLOPITE. MIN. (Ferrara.) Syn. d'Analcime. *V.* ce mot. (B.)

CYCLOPTÈRE. *Cyclopterus*. POIS. Genre de l'ordre des Branchiostèges dans le système de Linné, de la famille des Plécoptères, division des Téléobranches, dans la Méthode analytique de Duméril, et placé par Cuvier dans la famille des Discoboles, la troisième de l'ordre de ses Malacoptérygiens subrachiens. « Ce genre a un caractère très-marqué, dit le savant auteur de l'Histoire du Règne Animal, dans les ventrales dont les rayons suspendus tout autour du bassin, et réunis par une seule membrane, forment un disque ovale et concave que le Poisson emploie comme un suçoir pour se fixer contre les rochers. La bouche est large, garnie aux mâchoires et aux os pharyngiens de petites dents pointues; les nageoires sont impaires et distinctes, et les pectorales fort amples, s'unissant presque sous la gorge, comme pour y embrasser le disque formé par les ventrales; l'opercule est petit; les ouïes sont fermées vers le bas et munies de six rayons. Le squelette des Cycloptères est presque entièrement cartilagi-

neux et durcit peu; leur peau est visqueuse et sans écailles; leur estomac est assez grand; on y trouve beaucoup de cœcum, un intestin six à sept fois plus long que le corps, et une vessie natatoire médiocre. » Le nom de Cycloptère, tiré du grec, signifiant nageoire en cercle, indique le caractère saillant du genre qui nous occupe. Deux groupes ou sous-genres existent parmi les Cycloptères.

† LUMPS ou BOUCLIERS, qui ont une première dorsale quelquefois obsolète, mais à rayons simples, et une seconde à rayons branchus, située vis-à-vis l'anale. Leur corps est épais.

Le LUMP ou LOMBE, *Cyclopterus Lumpus*, L., Gmel., *Syst. Nat.*, XIII, t. 1, *pars* 5; p. 1473; Bloch, p. 90; Encycl. Pois., p. 26, pl. 20, f. 63. Gros Poisson des mers du Nord, particulièrement sur les côtes d'Irlande où on le sale et où les pauvres gens s'en nourrissent encore que sa chair soit un fort mauvais manger. Ses cartilages sont verdâtres; sa démarche est lourde; sa taille dépasse rarement trois pieds de longueur; sa première dorsale est plutôt une bosse qu'une nageoire; des boucliers durs, disposés sur plusieurs rangs, garnissent sa surface; il varie avec l'âge pour les couleurs; mais plus communément celles-ci sont distribuées assez vaguement en teintes brunes ou noirâtres sur le dos, blanchâtres sur les côtés, orangées sous le ventre, jaunes tirant sur le rouge aux nageoires. Le Lompe se fixe avec une telle force contre les rochers, au moyen de sa nageoire en ventouse, qu'il est difficile de l'en arracher. On prétend que cette nageoire donne au tact de l'Animal une certaine perfection, et que chez lui les organes de l'ouïe et de la vision sont fort développés. De-là sans doute cette réputation d'intelligence supérieure, de constance dans ses amours monogames, et de tendresse paternelle et maternelle pour des petits soigneusement élevés et courageusement défendus, qu'on a prétendu établir au Lompe; perfections morales qui ont puissamment excité l'éloquente sensibilité du continuateur dé Buffon; celui-ci, de même que son illustre prédécesseur, aimait à rechercher chez les Animaux les traces vraies ou supposées de l'Homme civilisé. Le Lompe, cependant, n'est qu'un Poisson stupide et maladroit que sa pesanteur et son inertie rendent la proie habituelle des Phoques et des Squales. On l'appelle vulgairement Gras-Mollet, ce qui indique la mauvaise consistance de sa chair insipide. Les Cycloptères Paon et bossu, *C. Pavonius* et *gibbosus*, paraissent être des variétés du Lompe, qui auraient été décrites comme espèces sur des individus mal empaillés. D. O. 21, P. 20, V. 6, A. 10. 12, C. 9. 12.

L'ÉPINEUX, *Cycl. spinosus*, Schn. 46 ; *C. Lumpus*, β ; Gmel., *loc. cit.*; —le MENU, *C. minutus*, Pall., *Spic. Zool.*, 7, pl. 2, f. 7–9 ; Gmel., *loc. cit.*, p. 1475; Encycl. Pois., pl. 20, f. 65 ; — le VENTRU, Pall., *loc. cit.*, f. 1–3; Encycl. Pois., pl. 20, f. 66 ; — enfin le *Gobius minutus* de la Zoologie Danoise, pl. 44, f. B , sont les autres espèces constatées du sous-genre dont il est question.

†† CYCLOGASTRES. Ils n'ont qu'une dorsale assez longue ainsi que l'anale; leur corps, lisse et allongé par derrière, y est sensiblement comprimé. Ces Poissons sont généralement plus agiles que ceux du sous-genre précédent.

La SOURIS DE MER, *Cyclopterus Musculus*, Lacép., Pois. T. IV, pl. 15, f. 3, 4. Ce Poisson, le plus petit de son genre et qui n'acquiert guère que sept à huit pouces de longueur, se trouve sur les côtes de Dieppe où Noël l'observa le premier. Sa couleur sombre et son agilité lui ont mérité de la part des pêcheurs le nom qu'il porte. Il est sensiblement distinct de l'espèce suivante dont on a cependant soupçonné qu'il pouvait n'être qu'une variété, en ce que la dorsale et l'anale qui, fort prolongées, atteignent l'insertion de la caudale, ne se confondent cependant pas avec celle-ci. D. 40, P. 33, A. 19, C. 5.

Le LIPARIS, *Cyclopterus Liparis*, L., Gmel., *Syst. Nat.* T. 1, *pars* 3, p. 1477; Bloch, pl. 123, f. 3, 4 ; Encycl. Pois., pl. 20, f. 67. Probablement le même Animal que le Gobioïde smyrnéen de Lacépède. Ce Poisson, dont la taille ne dépasse jamais dix-huit pouces, habite les mers glaciales du Groënland, de l'Europe et de l'Asie septentrionales. Il se plaît à l'embouchure des rivières qui roulent des glaces avec leurs eaux; il descend cependant vers nos côtes; on l'a pêché quelquefois en Hollande, en Angleterre et jusqu'en Normandie. La ligne latérale est très-marquée, le museau arrondi, la tête large et aplatie, la bouche grande avec deux petits barbillons à la lèvre supérieure; le ventre est blanc, les flancs sont jaunâtres, le dos et les nageoires bruns; les impaires ne sont pas positivement toutes réunies en une seule; mais la dorsale et l'anale, se prolongeant jusque sur la caudale, ont l'air de se confondre avec elle sans cesser cependant de demeurer distinctes. Le Liparis se mange en quelques endroits, mais sa chair est médiocre. B. 7, D. 41, P. 34, V. 6, A. 35, C. 19.

Le RAYÉ, *Cyclopterus lineatus*, L., Gmel., *loc. cit.*, p. 1478; Encycl. Pois., p. 28, pl. 86, f. 354 (d'après Lepechin). Ce Poisson, qui se pêche dans la mer Blanche, est bien certainement très-différent du Liparis. Sa longue dorsale, d'abord relevée de manière à paraître double, s'unit entièrement avec la caudale et l'anale sans qu'on puisse distinguer de différence dans la direction des rayons. Sa bouche est grande et sa tête aplatie ; le corps épais par le milieu s'amincit en pointe postérieurement; il est varié dans toute son étendue, ainsi que les nageoires, de lignes parallèles longitudinales, alternativement blanches et brunâtres. Le nombre des rayons n'a pas été compté. Le Rayé pourra être par la suite le type d'un genre que caractériseraient un seul rayon branchial, et les papilles rougeâtres d'une nature particulière qui entourent le bouclier formé par les nageoires inférieures.

Les Gobies de la Zoologie Danoise, pl. 134 et 156, f. a ; — le Gélatineux, *Cyclopterus gelatinosus*, Pall., *Spic. Zool.*, 9, pl. 3, f. 1-6, et le *Montagui* sont les autres espèces du sous-genre Cyclogastre. (B.)

CYCLOPTÈRE. *Cyclopterus*. BOT. PHAN. Le genre établi par R. Brown sous cette dénomination, paraît devoir rentrer dans celui qu'a établi le même auteur sous le nom de Grevillea. *V*. ce mot. (B.)

* CYCLORYTE. *Cyclorytes*, POLYP. Genre de la division des Polypiers sarcoïdes, établi par Rafinesque (Journ. de Phys., 1819. t. 88, p. 428) qui lui donne les caractères suivans : corps polymorphe à plusieurs grandes ouvertures nues, entourées de rides concentriques. Cet auteur prétend que ce genre est très-nombreux en espèces, que déjà il en possède quinze de bien caractérisées. N'en ayant pas vu une seule, nous sommes réduits à copier la phrase de Rafinesque sans pouvoir rien y ajouter. Les Cyclorytes se trouvent aux Etats-Unis d'Amérique. (LAM..X.)

* CYCLOSTERME. *Cyclosterma*, MOLL. Blainville nous apprend, dans le Dictionnaire des Sciences Naturelles, que Mariott a fait connaître sous ce nom, à la Société Royale de Londres, un genre nouveau établi sur une Coquille de l'Inde. Nous n'en connaissons pas les caractères. (B.)

CYCLOSTOME. *Cyclostoma*. MOLL. Ce genre resta confondu chez les anciens conchyliologues parmi les Turbos que D'Argenville appelait Limaçons à bouronde. Linné les plaça partie dans son genre *Turbo*, et partie dans le genre *Helix*, ce que les conchyliologistes qui l'ont suivi ont répété. Bruguière, auquel nous devons tant d'utiles réformes, ne fit pas celle-ci : Lamarck la proposa dans la première édition des Animaux sans vertèbres, et ce qui est à remarquer, c'est que ce fut

pour les Dauphinules, *Turbo Delphinulus*, L., et pour des Coquilles terrestres qui présentent les mêmes caractères, quant à la forme de l'ouverture, que ce genre fut institué. Il ne pouvait donc présenter des caractères satisfaisans ; comprenant dans le même cadre les êtres les plus différens, ce que Lamarck ne tarda pas à sentir aussi dans les Ann. du Mus. (vol. IV, p. 109), il proposa son genre Dauphinule pour séparer toutes les Coquilles marines de son premier genre Cyclostome qui resta par cela même composé des seules Coquilles terrestres. Depuis cet utile changement, l'observation de l'Animal des Cyclostomes terrestres fit voir combien il était nécessaire : aussi tous les conchyliologues l'admirent, Draparnaud le premier, ensuite Férussac, puis Montfort, qui, sur un caractère de nulle valeur, en sépara son genre Cyclophore. Enfin Lamarck (Anim. sans vertèbres, 2ᵉ édition, T. VI, 2ᵉ partie, p. 57 et 142) les plaça dans la famille des Colimaçés, dans la seconde division qui renferme les Coquilles terrestres dont les Animaux n'ont que deux tentacules. Cuvier (Règn. Anim., p. 420) a encore réuni les Cyclostomes aux Sabots dans les Pectinibranches Trochoïdes ; ici le célèbre professeur n'a point fait l'application rigoureuse de ses principes de classification, puisqu'il place parmi les Animaux à branchies ceux-ci qui sont terrestres et pulmonés : aussi il a soin d'avertir qu'ils doivent être distingués des autres *Turbos*, parce qu'ils sont terrestres et pourvus d'une cavité pectorale garnie d'un réseau capillaire sur lequel l'air a un contact immédiat. Férussac, dans ses Tableaux systématiques, en a fait plus raisonnablement, avec les Hélicines, un ordre particulier sous le nom de Pulmonés operculés ; mais cette famille a le défaut de réunir des Animaux à deux et à quatre tentacules ; ils n'ont de commun que l'opercule qui ferme leur coquille, ce qui ne nous paraît pas un caractère d'assez d'importance ; la présence de deux tentacules de plus étant une condition d'organisation bien plus importante que celle de l'opercule, ce motif nous engage donc à laisser le genre Cyclostome dans l'ordre des rapports où Lamarck l'a placé. *V.* COLIMACÉ. Caractères génériques : coquille de forme variable, à tours de spire arrondis ; ouverture ronde régulière ; péristome continu ouvert ou réfléchi avec l'âge ; Animal ayant deux tentacules émoussés, oculés à la base ; cavité respiratoire ouverte au-dessus de la tête, recevant immédiatement le contact de l'air ; pied petit, placé sous le col et muni postérieurement d'un opercule corné fermant exactement l'ouverture de la coquille.

Tous les Cyclostomes sont terrestres et dépourvus de la nacre intérieure ainsi que des épines ou des écailles plus ou moins grandes qui arment la surface des Dauphinules, avec lesquelles il n'est plus permis désormais de les réunir ; mais il est certaines Coquilles fluviatiles desquelles il serait difficile de les distinguer, et avec lesquelles même on les a long-temps confondus. Les Paludines en effet ont aussi le péristome continu, l'ouverture ronde ; mais parvenues à l'âge adulte, elles ne présentent point de bourrelet autour de cette ouverture, ou elle ne se réfléchit point ; elle reste tranchante comme dans le jeune âge. Ce caractère, outre ceux qu'on a tirés de l'organisation, pourrait servir dans le plus grand nombre des circonstances à séparer les Coquilles qui appartiennent à l'un et à l'autre des genres Cyclostome et Paludine. Les coquilles des Cyclostomes varient beaucoup quant à la forme ; quelques-unes ont presque celle des Planorbes, tandis que d'autres sont turriculées et subcylindriques, et depuis ces deux extrêmes on trouve dans le même genre presque toutes les modifications intermédiaires. Le nombre des espèces vivantes est assez considérable ; celui des fossiles est restreint à quelques-unes sur la plupart des-

quelles nous aurons quelques détails intéressans à donner.

CYCLOSTOME TROCHIFORME, *Cyclostoma Volvulus*, Lamk. Anim. sans vert. T. VI, 2ᵉ part., p. 143, n. 2 ; *Helix Volvulus*, L., Gmel. *Syst. Nat.* T. I, p. 3638, pl. 7, n. 91 ; Lister, Conchyl., tab. 50, fig. 48 ; *Cyclostoma Volvulus*, Encycl. (pl. 461, fig. 5, A, B). Ce Cyclostome présente, surtout à la partie supérieure, des tours de spire, des fascies brunes variables ; on le reconnaît par sa forme qui est presque celle d'un Turbo, par son ombilic profond, et par ses stries transverses qui se montrent plus grosses à la partie supérieure des tours de spire et surtout du dernier ; le sommet est aigu ; l'ouverture est blanche ou jaunâtre à l'intérieur ; elle est réfléchie et munie d'un bourrelet. Quoique cette Coquille soit assez commune dans les collections et qu'elle y soit connue depuis plus de cent cinquante ans, on ne sait pas encore le lieu où elle habite. Elle acquiert quelquefois un pouce et demi de diamètre à la base.

CYCLOSTOME VARIABLE, *Cyclostoma variabile*, N. (*V.* pl. de ce Dictionnaire). Nous devons cette espèce aux découvertes de Delalande, voyageur zélé, qui l'a rapportée d'un voyage en Afrique avec une quantité immense d'objets divers, la plupart inconnus. Elle est trochiforme, médiocrement ombiliquée, composée de cinq tours arrondis, lisses, qui présentent sur un fond blanc grisâtre un nombre variable de zônes brunes ; celle du milieu est le plus souvent la plus foncée ; les autres sont d'autant plus multipliées qu'elles sont plus fines, et elles peuvent se rapprocher tellement que la spire de la coquille semble toute brune dans quelques individus ; dans d'autres, presque toutes les bandes pâlissent ou disparaissent, et alors ils sont blancs avec une zône médiane très-pâle ; entre ces deux extrêmes on trouve un grand nombre de variétés, les individus ne présentant jamais une similitude parfaite ; l'ouverture est peu réfléchie et n'a point de bourrelet; son bord est blanc, mais à l'intérieur elle est fauve et laisse apercevoir le même nombre de bandes brunes qu'à l'extérieur. Le plus grand individu de notre collection a près de six lignes de diamètre et sept de longueur.

Cyclostome Momie, *Cyclostoma Mumia*, Lamk. Ann. du Mus. T. IV, p. 115, n. 5, et T. VIII, pl. 37, fig. 1, A, B; Anim. sans vert. T. VII, p. 541, n. 5 (*V.* pl. de ce Dictionnaire). Nous n'aurions pas mentionné cette espèce si depuis peu nous n'avions eu occasion de nous la procurer avec ses couleurs : la figure citée des Annales est médiocre; elle représente trop grossièrement les stries très-fines et croisées qui sont à sa surface. Cette Coquille est turriculée, conique, subcylindrique inférieurement, composée de huit à neuf tours arrondis ornés dans toute leur surface d'un grand nombre de stries très-fines, croisées par d'autres longitudinales moins apparentes. Les individus qui ont conservé leurs couleurs présentent, sur un fond lie de vin obscur, deux bandes d'un rouge brun, qui occupent la partie moyenne de chaque tour de spire; le dernier, en outre, offre une troisième plus large qui entoure l'ombilic; l'ouverture est petite, ovale, à bords réfléchis sur un petit bourrelet marginal subintérieur. Ce Cyclostome, qui n'a ordinairement que neuf à dix lignes de longueur, peut prendre plus de volume. Nous en possédons un individu, le seul que nous ayons jamais vu, qui a un pouce cinq lignes de long. Une particularité remarquable dans le gisement de ce Cyclostome, c'est que, quoiqu'on regarde généralement cette espèce comme terrestre, elle ne se trouve le plus souvent que dans des terrains marins. C'est ainsi qu'on l'observe à Grignon, à Parnes, mais rarement; à la Chapelle près Senlis, dans les grès marins supérieurs, ainsi qu'à Valmondois où elle est commune; au petit village de Chambord entre Parnes et Chaumont, où ont été trouvés les individus qui présentent

encore des couleurs, dans les dernières assises du calcaire grossier. Ce Cyclostome se trouve aussi abondamment dans les terrains de mélanges, où les Coquilles marines prédominent, ce qui fait penser que le mélange a eu lieu dans les eaux salées, comme à Beauchamp; et jusqu'à présent, malgré nos recherches, nous ne l'avons jamais trouvé dans les terrains de mélanges d'eau douce ou dans les véritables dépôts d'eau douce, comme à Épernay, à Reims, à Soissons, etc. Ces observations, qui ont besoin d'être appuyées d'un grand nombre d'autres coïncidentes, porteraient à croire que le Cyclostome fossile qui nous occupe, s'il n'a pas vécu dans la mer, a au moins habité les eaux douces ou saumâtres contemporaines des principaux dépôts marins.

Quelques autres espèces se trouvent fossiles aux environs de Paris. L'étendue de cet ouvrage ne nous permettant pas d'en donner la description, nous renvoyons au IVe vol. des Ann. du Mus., p. 114, où Lamarck les a fait connaître; mais un fait très-intéressant pour la géologie, et que nous a dévoilé Brongniart (Ann. du Mus. tab. 15, pl. 22. fig. 1), c'est l'analogie parfaite qu'il a reconnue entre un Cyclostome fossile et notre Cyclostome élégant si commun dans les Mousses, dans les Herbes qui croissent sur le penchant de nos collines, et même des fossés qui bordent les routes. Cette analogie ne pouvait être plus exacte, même en comparant les objets à la loupe; aussi Brongniart, pour ne point les confondre, a donné au Fossile une seconde épithète; il l'a nommé :

Cyclostome élégant ancien, *Cyclostoma elegans antiquum*. Nous n'en ferons point la description; quiconque a vu un Cyclostome élégant à l'état frais, se fera une idée très-juste du Fossile qui vient des grès de Fontainebleau.   (D..H.)

CYCLOSTOMES. *Cyclostomi.* pois. Première famille établie par Duméril dans l'ordre des Trématopnés, de sa sous-classe des Cartilagineux, et dont les caractères généraux consistent dans l'absence totale d'opercules, de membranes branchiostèges et de nageoires paires; leur bouche est arrondie et dépourvue de mâchoires horizontales, située à l'extrémité d'un corps cylindrique, nu et visqueux. Elle renferme les genres Lamproie, Ammocette, Gastrobranche et Eptatrèmes. Cuvier a conservé cette division parmi ses Chondroptérygiens à branchies fixes, en lui donnant le nom de Suceurs, auquel nous croyons devoir préférer la désignation de Duméril, qui est significative de la forme de la bouche, et parce qu'il existe déjà ailleurs un ordre des Suceurs. Les Cyclostomes ont une forme qui les rapproche des Poissons anguiformes; mais une organisation particulière les singularise et les distingue de tous les autres Animaux de leur classe, comme pour les rapprocher des Annelides auxquels ils forment un passage très-naturel. Ce passage est si étroit qu'on a même balancé pour la place qu'il fallait leur assigner à la suite des uns ou à la tête des autres. Toutes les espèces de cette famille ambiguë sont privées de vessie natatoire; aussi tombent-elles au fond de l'eau dès qu'elles cessent de s'y agiter; leur bouche centrale et privée de mâchoires leur sert pour ainsi dire à jeter l'ancre au milieu des eaux; toutes vivent par la succion de substances animales mortes ou vivantes; quelques-unes sont aveugles; leur squelette est tellement imparfait, qu'on y distingue à peine des vertèbres, représentées par un seul cordon tendineux, rempli d'une substance mucilagineuse, et formé extérieurement d'anneaux cartilagineux à peine distincts les uns des autres. Duméril, dans une savante dissertation sur les Cyclostomes, a établi d'une manière frappante leurs rapports avec des êtres déjà bien imparfaits. Leur système circulatoire rappelle celui des Sangsues; leur peau, dépourvue d'écailles, est visqueuse et molle, et

marquée de plis ou rides latérales et contractiles, plus ou moins sensibles; les organes de la génération ont chez eux la plus grande analogie avec ceux des Lombrics, chez lesquels les œufs tombent de même dans la cavité du ventre sans être conduits au-dehors par des oviductes. Ces œufs, dans les Cyclostomes, s'échappent du cloaque par de petites ouvertures particulières, ainsi que l'a vu Cuvier dans l'Arénicole et dans l'Aphrodite. Il n'est pas constaté que les Cyclostomes soient doués de sexe. (B.)

CYDNE. *Cydnus.* INS. Genre de l'ordre des Hémiptères, section des Hétéroptères, famille des Géocorises, établi par Fabricius aux dépens du genre *Cimex* de Linné et *Pentatoma* d'Olivier; il comprend les espèces désignées sous les noms de *Morio, flavicornis, tristis,* et est réuni par Latreille (Regn. Anim. de Cuv.) au genre Pentatome. *V.* ce mot. (AUD.)

CYDONIA. BOT. PHAN. *V.* COIGNASSIER.

* CYDONIUM. POLYP. Nom scientifique d'un Alcyon avec lequel on a confondu quelques espèces de Polypiers. *V.* ALCYON. (LAM..X.)

CYGNE. *Cycnus.* OIS. Espèce du genre Canard qui sert de type à un sous-genre du même nom. *V.* CANARD.

On a étendu ce nom à un Oiseau de genre fort différent, au Dronte qu'on a appelé mal à propos Cygne encapuchonné. *V.* DRONTE. (B.)

* CYGNES. INS. Nom donné par Joblot à une espèce de notre genre Amibe. *V.* ce mot. (B.)

CYGOGNE. OIS. Pour Cigogne. *V.* ce mot.

CIKAS. BOT. PHAN. On croit que le Palmier désigné sous ce nom par Théophraste, est l'Arbre auquel les modernes ont conservé le nom de Cicas. *V.* ce mot. (B.)

CYLAS. *Cylas.* INS. Genre de l'ordre des Coléoptères, section des Tétramères, fondé par Latreille qui le place (Règn. Anim. de Cuv.) dans la famille des Rhinchophores, tribu des Charansonites, et lui assigne pour caractères : antennes droites, insérées sur un avancement antérieur de la tête et en manière de trompe, terminées par une massue ovale ou cylindrique, formée par le dixième et dernier article. Les Cylas ont le corps proportionnellement plus court que celui des Brentes, avec l'abdomen ovale. Olivier qui adopte ce genre en décrit et représente deux espèces.

Le CYLAS BRUN, *Cylas brunneus*, Oliv. (Hist. des Coléopt. T. v, n. 84 *bis*, Brente, pl. 1, f. 3 A B). Il est originaire du Sénégal.

Le CYLAS FOURMI, *Cylas formicarius*, Oliv. (*loc. cit.* T. v, n. 84 *bis*, Brente, pl. 2, fig. 19). Il a été trouvé à l'Ile-de-France. Dejean (Catal. des Coléoptères, p. 82) porte au nombre de dix les espèces propres à ce genre, en y comprenant les *Brentus apterus*, *scalaris*, *obesus*, *undatus*, etc., de Fabricius. Il y joint avec doute quelques Brentes d'Olivier, et mentionne, sous le nom d'*hispanicus*, une espèce nouvelle qui habite l'Espagne. (AUD.)

CYLIDRE. *Cylidrus*. INS. Genre de l'ordre des Coléoptères, section des Pentamères, famille des Clavicornes, tribu des Clairons, extrait par Latreille du genre Trichode de Fabricius, et ayant, suivant lui, pour caractères : tarses de cinq articles distincts ; antennes fortement en scie, depuis le cinquième article inclusivement ; le dernier des palpes très-long ; celui des maxillaires de la grosseur des précédens, cylindrique ; le même dans les labiaux, en forme de cône renversé et allongé ; mandibules longues et croisées ; tête allongée ; corps long et cylindrique. Ce genre se compose d'une seule espèce : le Cylidre bleu azuré, *Cyl. cyaneus*, Latr., ou le *Trichodes cyaneus* de Fabricius ; il est originaire de l'Ile-de-France.

(AUD.)

CYLINDRANTHÉRÉES. BOT.

PHAN. (Wachendorff.) Syn. de Synanthérées. *V.* ce mot. (A. R.)

CYLINDRE. *Cylindrus*. MOLL. Et non *Cylinder*. Montfort (Conch. Syst. T. II, p. 390) avait établi ce genre composé d'un certain nombre de Cônes qui ont assez généralement la forme d'un cylindre ; mais la manière insensible dont se perdent ces espèces avec d'autres qui n'ont plus la même forme permet à peine d'admettre cette distinction comme coupe dans le genre, à plus forte raison d'en faire un genre distinct ; aussi le genre Cylindre n'a point été admis.

Les anciens conchyliologues donnaient encore le nom de Cylindres indistinctement aux Cônes et aux Olives ; tels furent Lister, Bonanni, etc., et même plus tard D'Argenville et Favanne. (D..H.)

CYLINDRIE. *Cylindria*. BOT. PHAN. Genre de la Tétrandrie Monogynie, L., établi par Loureiro (*Fl. Cochinchin.* 1, p. 86), qui lui donne pour caractères : calice infère, tubuleux, court, persistant, à quatre segmens aigus, colorés et étalés ; corolle à quatre divisions linéaires aiguës, réunies en un tube cylindrique (d'où le nom générique) et marquées d'une fossette au sommet ; étamines à filets presque nuls, à quatre anthères biloculaires, comprimées et renfermées dans les fossettes de la corolle ; l'ovaire ovoïde supporte un style très-court et un stigmate quadrifide. Le fruit est une petite baie sèche, presque ronde, et ne renfermant qu'une seule graine globuleuse et lanugineuse. Ce genre est extrêmement voisin des *Banksia*, dont il ne diffère que par le fruit, et encore dans la figure du *Blimbimgum sylvestre* de Rumph (*Amb.* l. 6, t. 73) que Loureiro cite comme synonyme de sa Plante, le fruit est-il le même que celui des *Banksia*. Cependant Jussieu (Annales du Muséum, 7, p. 480) parle encore de ce genre, et le place parmi les Protéacées, tandis que R. Brown, qui s'est occupé spécialement de cette famille, n'en fait aucune mention. Une seule espèce constitue ce genre : c'est le *Cylindria rubra*, Arbre de grandeur médiocre, à rameaux ascendans , à feuilles lancéolées , glabres et opposées, et à fleurs rouges, petites et nombreuses. Cet Arbre est indigène des forêts de la Cochinchine.   (G..N.)

CYLINDRIFORMES ou CYLINDROIDES.

ins. Famille de l'ordre des Coléoptères et de la section des Tétramères , établi par Duméril , et offrant, suivant lui, pour caractères distinctifs : corps cylindrique ; antennes en massue, non portées sur un bec. Cette famille comprend les genres Clairon, Corynète, Apate, Bostriche et Scolyte. Elle correspond en partie à celle que Latreille a désignée sous le nom de Clairones (*V.* ce mot); mais elle renferme des genres appartenant , les uns à la section des Pentamères , et les autres à celle des Tétramères.   (AUD.)

* CYLINDRITE. moll. foss. Nom que les anciens donnaient indistinctement aux Olives ou aux Cônes fossiles.   (D..H.)

* CYLINDROCLINE. *Cylindrocline.* bot. phan. Genre établi par H. Cassini pour une espèce de Conyze recueillie par Commerson à l'Ile-de-France , mais dont les caractères distinctifs, délayés dans une longue description qui n'est nullement comparative, ne peuvent être facilement saisis.   (A. R.)

CYLINDROIDES. ins. *V.* Cylindriformes.

CYLINDROSOMES. pois.

Famille établie par Duméril, dont nous avons donné les caractères généraux au mot Abdominaux , et dans laquelle l'auteur renferme les genres Anableps , Amie , Misgurne , Pœcilie , Lébias , Cyprinodon , Cobite , Butyrin , Fondule , Triptéronote , Colubrine et Ompolk. *V.* ces mots.   (B.)

* CYLINDROSPORUM. bot. crypt. (*Urédinées.*) Le docteur Greville a décrit sous ce nom, dans sa Flore cryptogamique d'Ecosse , un petit genre voisin des *Fusidium* , dont il ne diffère que par ses sporidies oblongues , cylindriques , obtuses aux deux bouts, non cloisonnées. — Ces sporidies sont réunies en petits groupes sur l'épiderme des feuilles vivantes.   (AD. B.)

CYLISTE. *Cylista.* bot. phan. Genre de la famille des Légumineuses et de la Diadelphie Décandrie, L., établi par Roxburgh (*Flor. Coromand.* V, 1, p. 64 , t. 92) et ainsi caractérisé : calice à quatre divisions plus allongées que la corolle , la supérieure bifide au sommet, l'inférieure plus grande; corolle persistante; légume disperme. Ce genre ne renfermait d'abord qu'une espèce , le *Cylista scariosa* , Roxb., Plante indigène des pays montueux de la côte de Coromandel, dont les tiges sont volubiles, les feuilles ternées, les fleurs en grappes axillaires , comme dans les *Dolichos* et les *Phaseolus*. L'auteur du Jardin de Kew y a réuni le *Dolichos hirtus* d'Andrews (*Reposit.* 446) sous le nom de *Cylista villosa* , Plante du cap de Bonne-Espérance , et que l'on cultive en Angleterre. Sims a aussi décrit, dans le *Botanical Magazine* , une troisième espèce qu'il a nommée *C. albiflora*.   (G..N.)

* CYLIZOMA. bot. phan. (Necker.) Syn. de Deguelia d'Aublet. *V.* ce mot.   (B.)

CYLLÉNIE. *Cyllenia.* ins. Genre de l'ordre des Diptères, famille des Tanistomes , tribu des Bombyliers (Règn. Anim. de Cuv.), établi par Latreille, et ayant , suivant lui, pour caractères : antennes guère plus longues que la moitié de la tête , rapprochées , de trois pièces principales ; la première grande , cylindrique , la seconde la plus courte, en forme de coupe , la dernière ovoïde-conique , avec un petit article au bout; la trompe peu saillante , avancée et renflée à son extrémité , renfermant un suçoir de quatre soies ; point de palpes apparens. Meigen (Descript. syst. des Dipt. d'Europe, T. II, p. 235) adopte ce genre , et lui assigne des caractères analogues. Les Cyllénies ont de gros yeux, et manquent d'yeux lisses ou bien n'en ont pas d'apparens ; les ailes sont étroites ; les pates sont longues avec les cuisses assez fortes , principalement les postérieures ; on observe deux pelotes aux tarses, lesquels sont allongés ; l'abdomen est conico-cylindrique. La seule espèce connue est la Cyllénie tachetée, *Cyll. maculata* de Latreille (*Genera Crust. et Ins.* T. IV, p. 312 et pl. 15 f. 3) ; Meigen (*loc. cit.*, t. 19, f. 10 et 11) représente les deux sexes. Latreille a le premier observé cette espèce au mois de juillet sur les fleurs de Millefeuilles, dans les environs de Bordeaux.

(AUD.)

CYLLESTIS. BOT. PHAN. (Hérodote.) Pain que faisaient les anciens Egyptiens avec une sorte de Blé que Host a nommé *Triticum Zea.* *V.* FROMENT. (B.)

CYLODIE. *Cylodium.* INS. Fabricius avait d'abord désigné ainsi un genre de l'ordre des Coléoptères, auquel il a depuis appliqué le nom de Colydie. *V.* ce mot. (AUD.)

* CYMATITES. POLYP. Bertrand a donné ce nom à des Astraires fossiles. (LAM..X.)

CYMBACHNE. *Cymbachne.* BOT. PHAN. Le genre de Graminées décrit sous ce nom par Retz et Loureiro , ne diffère nullement du *Rottboëlla.* *V.* ROTTBOELLIE. (A. R.)

CYMBAIRE. *Cymbaria.* BOT. PHAN. Genre de la famille des Scrophularinées et de la Didynamie Angiospermie , établi par Linné et ainsi caractérisé : calice partagé profondément en cinq divisions inégales et linéaires; corolle dont le tube est ventru, le limbe à deux lèvres , la supérieure à deux lobes réfléchis, l'inférieure à trois lobes obtus , munis d'un rebord un peu proéminent, qui correspond au renflement vulgairement nommé palais que l'on observe dans la corolle des Muffliers; quatre étamines didynames ; un stigmate; capsule à deux valves, ayant un placenta central à quatre angles ailés et membraneux , qui partagent le fruit en deux ou quatre loges. C'était donc à tort que Linné décrivait cette capsule comme uniloculaire.

La CYMBAIRE DE DAOURIE, *Cymbaria Daourica,* L., est encore l'unique espèce de ce genre. Cette Plante, figurée dans les Illustrations de Lamarck, t. 520, habite les endroits montueux et pierreux de la Daourie. Elle a , dans son aspect extérieur, quelques rapports avec les *Antirrhinum ;* cependant ses tiges blanchâtres, à rameaux opposés , dénudés de feuilles et ne possédant qu'un petit nombre de fleurs , lui donnent un air assez particulier. On la cultive comme Plante de curiosité dans les jardins de botanique. (G. N.)

CYMBALAIRE. BOT. PHAN. *V.* CIMBALAIRE.

*CYMBALE. MOLL. Nom marchand donné à quelques Pintadines d'un grand volume. *V.* PINTADINE. (A. R.)

CYMBALION. BOT. PHAN. (Dioscoride.) Syn. de *Cotyledon Umbilicus.* *V.* COTYLET. Selon Daléchamp, c'est le *Saxifraga Cotyledon.* *V.* SAXIFRAGE (B.)

CYMBE. *Cymbium.* MOLL. Blainville (Dict. des Scienc. Nat.) avait proposé de renouveler ce genre fait par Montfort (Conchyl. Syst. T. II, p. 554) pour l'Iet d'Adanson , et quelques autres Volutes à ample ouverture ; mais les caractères génériques étant de peu de valeur lorsqu'on les compare à ceux des autres Volutes, nous pensons que les Cymbes doivent rentrer dans ce dernier genre. *V.* VOLUTE. (D. H.)

CYMBÈCE ET CYMBEX. INS. Pour Cimbex. *V.* ce mot. (B.)

CYMBIDION. *Cymbidium.* BOT. PHAN. Genre de la famille des Orchidées établi par Swartz, et qui comprend un nombre très - considérable d'espèces toutes exotiques, dont plusieurs ont été retirées pour former des genres à part. Ainsi le *Cymbidium Corallorhiza* et le *Cymb. Odontorhizon* forment le genre *Corallorhiza* (*V.* ce mot); les *Cymb. lineare* et *Cymb. proliferum*, le genre *Isochilus* (*V.* ce mot); le *Cymb. coccineum*, le genre *Ornithidium*; le *Cymb. cucullatum*, le genre *Brassavola*, etc. On peut caractériser de la manière suivante le genre *Cymbidium* : les folioles ou sépales du calice sont étalées, égales entre elles, quelquefois presque dressées ; les deux intérieures sont généralement plus petites ; le labelle est concave, dépourvu d'éperon, articulé avec le gynostème ; celui-ci est dressé, demi-cylindrique et concave antérieurement ; il se termine par une anthère operculaire hémisphérique, à deux loges s'ouvrant par une sorte d'opercule caduc, et contenant deux masses polliniques solides bilobées dans leur partie postérieure ; le stigmate est placé antérieurement un peu au-dessous de l'anthère.

Malgré les espèces distraites de ce genre pour en former de nouveaux, le nombre en est encore considérable. Les unes sont parasites et croissent sur le tronc des autres Arbres ; les autres, au contraire, implantent leurs racines dans la terre. Elles sont originaires des Indes orientales et occidentales. Rob. Brown en a décrit quatre espèces nouvelles dans son Prodrome de la Nouvelle-Hollande. Nous allons mentionner quelques-unes des espèces les plus remarquables.

§ I. *Espèces terrestres.*

CYMBIDION A FEUILLES TRANCHANTES, *Cymbidium ensifolium*, Willd., Sp. Cette jolie espèce, qui est originaire de la Chine et du Japon, a été décrite et figurée dans le magnifique ouvrage des Liliacées de Redouté (t. 113), sous le nom de *Cymbidium sinense*. Ses feuilles sont toutes radicales, ensiformes et marquées de nervures très-apparentes. De leur centre naît une hampe simple portant un petit nombre de fleurs odorantes; leur labelle est ovale, un peu recourbé et maculé. On cultive cette espèce dans les serres.

CYMBIDION A GRANDES FLEURS, *Cymbidium grandiflorum*, Sw. ; *Limodorum grandiflorum*, Aubl., Guian. 2, t. 321. Il est facile de distinguer cette espèce à ses grandes fleurs jaunes, dont les sépales extérieurs sont un peu dressés, ovales, lancéolés et inégaux, et le labelle trilobé et ponctué de rouge ; ses feuilles naissent d'un tubercule arrondi ; elles sont ovales lancéolées ; sa hampe, qui est anguleuse et haute de deux pieds, porte vers son sommet deux à trois fleurs seulement. Cette espèce est originaire de la Guiane.

§ II. *Espèces parasites.*

CYMBIDION ÉCRIT, *Cymbidium scriptum*, Swartz. Cette Plante, qui orne le stipe des Cocotiers, sur lesquels elle végète en parasite dans l'archipel de l'Inde, et que Bory a rapportée de Mascareigne, est une des plus remarquables du genre par la beauté de ses fleurs ; elles sont d'un beau jaune, et forment un long épi au sommet d'une hampe nue ; leurs sépales sont veinés de lignes pourpres qui ressemblent en quelque sorte à des caractères hébraïques ; leurs feuilles forment une touffe peu fournie qui naît du sommet d'un renflement bulbiforme existant à la base de la hampe.

CYMBIDION A FEUILLES D'ALOES, *Cymbidium aloifolium*, Swartz. On trouve cette espèce décrite et figurée dans les Liliacées de Redouté (t. 114) sous le nom d'*Epidendrum aloifolium*. Elle est originaire des Grandes-Indes, et en particulier de la côte du Malabar. Sa racine, qui se compose de grosses fibres cylindriques, s'insinue dans l'écorce des Arbres ; ses feuilles sont oblongues, pliées en gouttière, élargies vers leur sommet, d'un vert obscur; les fleurs sont jaunes mélangées de rouge, et disposées plusieurs ensemble au sommet d'une hampe nue et un peu recourbée. On la cultive quelquefois dans les jardins de botanique.　(A. R.)

CYMBIUM. moll. *V.* Cymbe.

CYMBULIE. *Cymbula.* moll. C'est à Péron et Lesueur que nous devons la connaissance de ce genre que Blainville a placé dans ses Ptérodibranches, dans la classe des Mollusques Céphalophores. Cuvier (Règn. Anim. T. ii, pag. 380) le range parmi les Ptéropodes à tête distincte; et Lamarck (Anim. sans vert. T. vi, 1re part., pag. 292), admettant les Ptéropodes de Cuvier, y a laissé le genre Cymbulie qui s'y trouve placé dans l'ordre naturel des rapports. Quoique l'Animal ne soit qu'imparfaitement connu quant à son organisation intérieure, sa forme et surtout la disposition de ses branchies suffisent pour le mettre dans cette famille dont il offre tous les caractères. Voici ceux de ce genre, tels que Lamarck les a donnés : corps oblong, gélatineux, transparent, renfermé dans une coquille; tête sessile; deux yeux; deux tentacules rétractiles; bouche munie d'une trompe aussi rétractile; deux ailes ou nageoires opposées branchifères, connées à leur base postérieure par un appendice intermédiaire en forme de lobe; coquille gélatinoso-cartilagineuse, très-transparente, cristalline, oblongue, en forme de sabot, tronquée au sommet, à ouverture latérale et antérieure. La disposition seule des branchies, ainsi que la forme des nageoires, suffiraient pour faire placer ce genre singulier à côté des Cléodores et des Hyales; mais ces caractères prennent plus de poids, si on y joint les considérations d'un corps gélatineux, de tentacules rétractiles qui se trouvent dans presque tous les genres de la même famille, et de la coquille qui a tant de rapports avec celle des Hyales. Nous ferons observer que Blainville (Dict. des Scienc. Natur.) n'admet une trompe rétractile qu'avec beaucoup de doute, car le peu de solidité qu'elle offre lui a fait penser que ce pourrait bien être un corps étranger que l'Animal avalait lorsqu'il a été retiré de la mer, et qui lui

serait resté à moitié sorti de la bouche; quoi qu'il en soit, l'existence d'une trompe ne peut entrer comme caractère essentiel pour la détermination du genre et de la famille à laquelle il appartient. Une seule espèce de ce genre est connue, c'est la Cymbulie de Péron, *Cymbulia Peronii* (Lamarck, Anim. sans vert. T. v, 1re part, p. 293), à laquelle Péron lui-même avait donné le nom de *Proboscidea* (Ann. du Mus., t. 15, pag. 66, pl. 3, fig. 10, 11 et 12). Elle se reconnaît par sa coquille en nacelle oblongue, en forme de sabot, hispide en dehors, et par les autres caractères pris comme génériques; elle habite la Méditerranée près de Nice. Elle a environ deux pouces de longueur.　(D..H.)

* CYMBURUS. bot. phan. *V.* Zapanie.

CYME. *Cyma.* bot. phan. Mode d'inflorescence qui a beaucoup d'analogie avec l'ombelle. Les pédoncules primaires partent tous d'un même point; les pédoncules secondaires partent de points différens, mais élèvent les fleurs à la même hauteur, de manière à former une surface convexe comme dans le Sureau et les diverses espèces de Cornouiller.　(A. R.)

CYMINDE. *Cymindis.* ins. Genre de l'ordre des Coléoptères, section des Pentamères, fondé par Latreille aux dépens des Carabes de Fabricius, et rangé (Règn. Anim. de Cuv.) dans la famille des Carnassiers, tribu des Carabiques. Ses caractères sont : palpes maxillaires extérieurs filiformes; les labiaux terminés par un article en forme de hache; corps très-aplati; corselet presqu'aussi long ou plus long que large; élytres tronquées à leur extrémité; jambes antérieures échancrées au côté interne; tarses ayant le pénultième article des tarses entier et les crochets dentelés en dessous. Latreille considère comme des Cymindes les Carabes *humeralis, crassicollis, axillaris* et *miliaris* de Fabricius, ainsi que le *Carabus lineatus* de

Schonherr (*Syn. Insect.*). Le genre Cyminde correspond au genre *Tarus* de Clairville (*Entom. Helvet.*) (AUD.)

CYMINOSMA. BOT. PHAN. Sous ce nom, Gaertner (*de Fruct.* 1, p. 280, t. 58) a établi un genre qu'il a caractérisé ainsi : calice adhérent à l'ovaire à quatre divisions ; corolle formée de huit pétales oblongs et légèrement pubescens en dehors ; étamines et styles inconnus ; baie quadriloculaire, globuleuse, charnue, exhalant une forte odeur de cumin ; chaque loge ne renfermant qu'une graine renversée. Cette description n'était pas assez complète pour que l'on pût prononcer avec certitude sur la place de ce genre. De Candolle (*Prodr. Syst. Nat. Veget.* 1, p. 722) a tout récemment, d'après Kœnig et Dryander, ajouté aux caractères donnés par Gaertner, ceux que présentent le disque charnu qui entoure l'ovaire, et les huit étamines velues à leur base, insérées sur les pétales et alternes avec eux. Ce genre est le même que le *Jambolifera* de Linné, Wahl et Loureiro, et se place naturellement dans la famille des Rutacées. L'unique espèce qui le constituait dans l'origine a été nommée *Cyminosma Ankœnda* par Gaertner, qui lui a donné pour synonyme une Plante mentionnée par Hermann et Burmann (*Thezaur. Zeylan.* , pag. 27) sous le nom d'*Ankœnda*. C'est aussi celui qu'elle porte à Ceylan où elle croît naturellement. Gaertner observe que l'*Ankœnda*, dont parle Linné et que ce célèbre naturaliste rapporte aux Myrtes, est une Plante très-différente de celle qui forme le type du genre en question. Indépendamment de l'espèce précédente, De Candolle (*loc. cit.*) a donné les descriptions abrégées du *Cyminosma pedunculata* ou *Jambolifera pedunculata*, Wahl (*Symbol.* 3, p. 52, tab. 61), qu'il faut distinguer de la Plante décrite sous ce dernier nom par Loureiro (*Cochinch.* 1, p. 283). Elle est aussi indigène de Ceylan. Les *Jambolifera odorata* et *J. resinosa* de Loureiro (*loc.*

cit.), Arbrisseaux de la Cochinchine à feuilles opposées et entières, et à fleurs en corymbes, complètent le genre Cyminosma.   (G..N.)

CYMODICE. *Cymodice*. ou CYMODOCÉE. *Cymodocea*. CRUST. Genre de l'ordre des Isopodes fondé par Leach dans la famille des Cymothoadées, et ayant, suivant lui, pour caractères distinctifs : appendices postérieurs du ventre ayant la petite lame intérieure et extérieure saillante ; corps ne pouvant se ramasser en boule ; abdomen dont le dernier article est échancré à son extrémité, avec une petite lame dans l'échancrure. Ces Animaux, que nous préférons nommer Cymodice plutôt que Cymodocée, nom générique employé dans une autre classe (*V*. l'art. suivant), ces Animaux, disons-nous, ont des yeux s'étendant en arrière jusqu'au bord antérieur du premier segment du corps ; la petite lame postérieure de leur ventre est légèrement aplatie, non foliacée, mais garnie de longs poils sur chaque côté ; la petite lame externe est presque droite extérieurement, élargie intérieurement et pointue vers son extrémité, et la petite lame ventrale postérieure est trèsdilatée extérieurement et brusquement acuminée. Ce genre est trèsvoisin des Dynamènes dont il ne diffère que par la manière dont se termine le dernier article de l'abdomen ; il ressemble aussi beaucoup aux Sphéromes ; mais le corps n'est pas susceptible de se contracter en boule.

Leach (Dictionn. des Scienc. Nat. T. XII, p. 342) décrit quatre espèces :

La CYMODICE ÉCHANCRÉE, *Cym. emarginata*, Leach, dont il existe deux variétés, habite les côtes occidentales de l'Angleterre.

La CYMODICE TRONQUÉE, *Cym. truncata*, Leach, ou la *Cymodocea truncata* de Leach (*Edimb. Encycl.* T. VII, p. 433), qui est la même espèce que l'*Oniscus truncatus* de Montagu, a été observée sur la côte occi-

CYM

dentale du Devonshire, en Angleterre.

La CYMODICE FENDUE, *Cym. bifida*, Leach. Sa localité est inconnue.

La CYMODICE DE LAMARCK, *Cym. Lamarckii*, Leach, recueillie dans la mer de Sicile.   (AUD.)

CYMODOCÉE. *Cymodocea.* CRUST. *V.* CYMODICE.

CYMODOCÉE. *Cymodocea.* POLYP. Genre de l'ordre des Sertulariées, dans la division des Polypiers flexibles à cellules non irritables, que nous avons établi pour des Polypiers phytoïdes à cellules cylindriques, plus ou moins longues, filiformes, alternes ou opposées, portées sur une tige fistuleuse, annelée inférieurement, unie dans la partie supérieure dans la majeure partie des espèces, et sans cloison intérieure. Ces Polypiers ont les plus grands rapports avec ceux de l'ordre suivant ; on serait même tenté de les y réunir sans le caractère que nous présente la situation des Polypes des Tubulariées ; dans ce groupe nombreux, mais encore peu connu, ils sont toujours placés au sommet des rameaux, tandis que dans les Cymodocées ils sont situés sur ces rameaux ou sur leurs divisions. La tige de celles-ci est un tube continu, corné ou cartilagineux, simple ou rameux, et qui doit être rempli, dans l'état de vie, d'une matière animale irritable, à laquelle viennent aboutir les nombreux Polypes placés sur la surface des tiges. C'est ce dernier caractère qui les sépare d'une manière bien tranchée de l'ordre des Tubulariées. Quoique ce genre ait plus de ressemblance avec les Naïs qu'avec les Amathies et les Aglaophénies, on peut le regarder comme réellement intermédiaire entre les Sertulariées et les Tubulariées. La forme des Cymodocées est simple ou peu rameuse ; leur substance est cornée, légèrement transparente et fragile ; leur grandeur varie ainsi que leur couleur, dont la nuance est quel-

quefois d'un fauve rougeâtre, et d'autres fois d'un fauve blond et vif ; elles adhèrent aux corps solides par une base mince et étendue, de laquelle sortent les tiges, ou sur laquelle ces tiges rampent et se contournent avant de s'élever. Ce genre est encore peu nombreux en espèces, quoiqu'il en existe dans des localités très-différentes sous tous les rapports.

CYMODOCÉE CHEVELUE, *Cymodocea comata*, N., Gen. Polyp. p. 15, tab. 67, fig. 12, 13, 14. Elle est remarquable par ses tiges droites, cylindriques, couvertes de petites ramifications capillacées, nombreuses, verticillées, flexueuses, articulées et polypifères ; à chaque articulation l'on observe une cellule courte, annelée à sa base et presque invisible à l'œil nu. Elle habite les côtes d'Angleterre.

CYMODOCÉE RAMEUSE, *Cymodocea ramosa*, N., Hist. Polyp., p. 206, n. 358, pl. 7, fig. 1, A, B. Dans cette espèce, les tiges s'élèvent d'un empatement commun ; elles sont un peu rameuses et annelées, dans presque toute leur longueur, avec des cellules opposées à chaque anneau, et alternes d'un anneau à l'autre. Richard, célèbre botaniste, l'a trouvée dans la mer des Antilles.

La CYMODOCÉE ANNELÉE, N., Gen., tab. 67, fig. 10 et 11, du cap de Bonne-Espérance, et la CYMODOCÉE SIMPLE, N., Hist., pl. 7, fig. 2, A, B, des côtes d'Angleterre et d'Irlande, appartiennent également à ce genre de Sertulariées. (LAM..X.)

CYMODOCÉE. *Cymodocea.* BOT. PHAN. (Delile.) Syn. de *Phucagrostis.* Willd. *V.* ce mot.   (B.)

CYMOPHANE. MIN. C'est-à-dire *Lumière flottante.* Chrysoberyl, W. ; Chrysolite orientale des lapidaires. Substance minérale d'un jaune verdâtre et d'un éclat vitreux dans la cassure ; plus dure que la Topaze, présentant souvent des reflets d'un blanc laiteux mêlé de bleuâtre, et possédant la double réfraction à un haut degré. Sa pesanteur spécifique est de 3,8 ; elle est infusible au chalumeau. Berzélius la regarde comme étant un sous-silicate d'Alumine ; elle renferme, suivant Klaproth, 75,5 d'Alumine, 18 de Silice, 6 de Chaux et 1,5 d'Oxide de Fer ; perte, 3. On ne l'a trouvée, jusqu'à présent, qu'à l'état de Cristaux ou de grains cristallins qui sont toujours transparens ou au moins translucides. Sa forme primitive est un prisme droit, rectangulaire, dans lequel les trois côtés sont entre eux comme les racines carrées des nombres 2, 3 et 6. Nous citerons parmi les formes secondaires décrites par Haüy la Cymophane anamorphique, qui offre l'aspect d'un prisme droit, hexaèdre, et qui dérive de la primitive dont les bases sont remplacées par des sommets dièdres ; la Cym. dioctaèdre, en prisme octogone terminé par des sommets à quatre faces, et l'annulaire, que l'on prendrait pour un prisme hexaèdre dont les arêtes au contour des bases seraient remplacées par des facettes disposées en anneau (*V.* Haüy, Trait. de Min. T. II, p. 306).

La Cymophane a été trouvée au Brésil, à l'île de Ceylan et dans le Connecticut. Celle des États-Unis a pour gangue une roche composée de Feldspath blanc, de Quartz gris et de Talc blanchâtre. Cette roche renferme en outre des Grenats émarginés.

(G. DEL.)

CYMOPOLIE. *Cymopolia.* POLYP. Genre de l'ordre des Corallinées dans la division des Polypiers flexibles à substance calcaire mêlée avec la substance ou la recouvrant, dont les caractères sont : Polypier phytoïde, dichotome, moniliforme, avec des articulations cylindriques, distantes les unes des autres, et couvertes de cellules nombreuses presque visibles à l'œil nu. Deux Polypiers, les *Corallina barbata* et *Rosarium*, nous ont servi à établir ce genre qui diffère de celui des Corallines par la ramification dichotome, de celui des Galaxaures par l'épaisseur de l'écorce crétacée et la

petitesse de l'axe tubuleux intérieur ; et des Amphiroës par la régularité des divisions. Il était impossible de placer les Cymopolies dans aucun de ces genres, et quoique nous n'ayons pu les étudier que dans les descriptions des auteurs, nous nous sommes vus forcés de les séparer pour en former un groupe particulier, facile à reconnaître à la forme des articulations et à la division des rameaux. Aucune Corallinée n'offre des pores aussi visibles que les Cymopolies ; Ellis les a parfaitement figurés dans ses deux ouvrages, et tout fait présumer que ces pores renferment des Polypes, caractère qui les éloigne des Galaxaures dont les Animalcules sont constamment placés aux sommets des ramifications. L'organisation et la couleur paraissent semblables à celles des Corallines. La grandeur ne semble pas dépasser un décimètre. Les auteurs les indiquent comme originaires de la mer des Antilles, principalement des côtes de la Jamaïque.

Ce genre est composé de deux espèces, l'une et l'autre de la mer des Antilles. La première, la CYMOPOLIE ROSAIRE, Lamx. (Gen. Polyp., p. 25, tab. 21, fig. 5, H, H, 1-3), offre des articulations cylindriques dans la partie inférieure, et de subglobuleuses dans les rameaux. La deuxième, nommée CYMOPOLIE BARBUE, Ellis (Corall., p. 68, tab. 25, fig. c, c), se distingue par l'organisation de l'axe, et surtout par la touffe de petits tubes capillacés qui forme une petite houppe à l'extrémité des rameaux. Ce genre aurait besoin d'être étudié de nouveau sur la nature vivante. (LAM..X.)

CYMOTHOA ET CYMOTHOE. *Cymothoa.* CRUST. Genre de l'ordre des Isopodes, fondé par Fabricius, et rangé par Latreille (Règn. Anim. de Cuv.) dans la section des Ptérygibranches avec ces caractères : branchies libres, membraneuses, vésiculaires, disposées sur deux rangs sous la queue ; quatre antennes apparentes ; queue composée de six anneaux

16*

avec un appendice de chaque côté, formé de deux lames portées sur un pédicule commun et mobile; pieds insérés près des bords latéraux du tronc, courts et terminés par un crochet fort, très-aigu et non divisé à sa pointe. Ainsi caractérisé, ce genre comprend plusieurs divisions établies par Leach, *V.* CYMOTHOADÉES, et se trouve au contraire moins restreint que dans l'ouvrage de Fabricius. — Les Cymothoës de Latreille ont, suivant cet auteur, le corps essentiellement composé à la manière des autres Isopodes, et le plus souvent bombé ou convexe, et uni en dessus; la tête est triangulaire, obtuse en devant et souvent reçue à sa base dans une échancrure du premier segment du tronc; elle porte latéralement des yeux peu saillans et à réseaux très-distincts; les antennes, au nombre de quatre, s'observent à son extrémité antérieure et quelquefois sous le chaperon; elles sont ordinairement courtes, presque égales, sétacées, à articles peu nombreux, et situées par paires sur deux rangs les unes au-dessus des autres; la bouche présente les mêmes parties que celle des autres Crustacés Isopodes; le tronc se compose de segmens portant chacun une paire de pieds, et les bords latéraux de plusieurs d'entre eux semblent être augmentés d'un appendice en forme d'article, au-dessus de la naissance des pates. Celles-ci, au nombre de quatorze, sont courtes, également développées et attachées de chaque côté sur le bord même du segment; elles se composent d'une cuisse épaisse et courbée en S, d'une jambe plus mince; enfin d'un ongle très-crochu, très-aigu, et presque aussi long que la jambe; l'abdomen, ou improprement la queue, a six segmens dont les cinq premiers courts, larges, et le dernier grand, et plus ou moins ovale ou arrondi; il n'est point voûté en dessous, tandis que la même pièce l'est beaucoup dans les Sphéromes; à chaque côté du bout de l'abdomen, est articulée une espèce de nageoire, pareille à celles que l'on observe en cette par-

tie dans les Décapodes macroures; les branchies, au nombre de dix à douze environ, forment des espèces de vessies ou de bourses d'une couleur blanche, et qui sont susceptibles de se renfler; elles sont situées sur deux rangs le long du dessous de l'abdomen; la poitrine, dans la femelle, a plusieurs écailles en recouvrement, placées au-dessus des œufs; elles s'écartent pour donner une libre issue aux petits qui éclosent dans ces espèces de matrices extérieures. Chaque ponte est composée, suivant Risso, de trente jusqu'à six cents petits, et elle se renouvelle deux ou trois fois dans l'année.

Les Cymothoës, vulgairement nommées *Poux de mer*, *Œstres* ou *Asiles de Poissons*, sont des Crustacés voraces et parasites. Elles se fixent sur divers Poissons, et semblent affecter de préférence certaines espèces. On les rencontre près des ouies, aux lèvres, à l'anus et dans l'intérieur même de la bouche.

Leach, dans sa Classification des Malacostracés (*Trans. of the Linn. Societ.* T. XI), établit plusieurs petits genres aux dépens des Cymothoës; plus tard (Dict. des Scien. Natur. T. XII), il en a augmenté de beaucoup le nombre. Latreille (Règn. Anim. de Cuv.) a réuni aux Cymothoës proprement dits, ceux que l'entomologiste anglais désigne sous les noms d'*Æga*, de *Limnoria* et d'*Eurydice*. Les Ægas ont des yeux distincts, grenus, et le pédoncule de leurs antennes supérieures très ample; ce petit genre comprend trois espèces désignées par les noms suivans : Æga entaillée, *Æga emarginata*, Leach (*Encycl. Brit.*, Suppl. 1, p. 428, T. XXII), localité inconnue; Æga à trois dents, *Æga tridens*, Leach (*Trans. of the Linn. Societ.* T. XI), elle habite les mers d'Ecosse; Æga bicarinée, *Æga bicarinata*, Leach, localité inconnue. Le dernier caractère assigné aux Ægas les distingue des Eurydices et des Limnories. Les premières ont en outre les yeux distincts, mais point grenus, et les antennes inférieures de la longueur du corps : les secondes ont encore des yeux distincts, mais formés de petits grains, et la tête est aussi large que le premier segment du tronc. Enfin, les Cymothoës de Leach n'ont plus d'yeux bien distincts ; leur tête est petite, étroite, et elles ont pour caractères propres : articles du thorax presque anguleux sur les côtés et postérieurement, les angles arrondis ; les côtes des articles de l'abdomen parallèles, épaisses en dessous ; la dernière jointure transverse et presque coriacée ; la dernière petite lame ventrale presque en forme de stylet, et à peu près égale aux autres. Ainsi restreint, ce genre comprend encore six espèces, *Cymothoa Œstrum*, Fabr. ; *C. Leschenaultii*, Leach ; *C. Dufresni*, Leach ; *C. Matthieui*, *C. Banksii*, *C. trigonocephala*, Leach. Le genre Cymothoë de Latreille comprend nécessairement les espèces précédentes et toutes celles contenues dans les petits genres de Leach, qui en sont un démembrement ; il a pour type la CYMOTHOE ASILE, *Cym. asilus* de Fabricius, ou l'*Oniscus asilus* de Linné, figuré par Pallas (*Spic. Zool. Fasc.* 9, tab. 4, fig. 12). On la trouve dans les mers d'Europe. Il comprend aussi les Idotées *Spora* et *Physodes* de Fabricius, ainsi que les Cymothoës *Œstrum*, *paradoxa*, *falcata*, *imbricata*, *Guadelupensis*, *Americana*. *V*., pour d'autres espèces, Risso (Hist. Nat. des Crust. de Nice, p. 138), et Bosc (Hist. Nat. des Crustacés). (AUD.)

*CYMOTHOADÉES. *Cymothoadæ*. CRUST. Famille établie par Leach et qui embrasse le genre *Cymothoa* de Fabricius et tous ceux qui en ont été extraits depuis. Ses caractères sont : quatre antennes, les antérieures supérieures ; corps aplati ; abdomen formé de quatre, cinq ou six pièces, chacune desquelles est pourvue, sur ses côtés, de deux appendices foliacés, fixés à un pédoncule commun, les dernières de ces pièces sont surajoutées, et toujours plus épaissies par la matière crustacée ; tous les appendi-

ces du ventre sont nus ou à découvert. Leach divise cette famille en plusieurs *stirpes*, races ou sous-familles, de la manière suivante :

I. Corps peu convexe ; abdomen composé de quatre anneaux distincts, dont le dernier est plus grand que les autres ; yeux placés sur le sommet de la tête, écartés l'un de l'autre ; antennes inférieures plus longues.

Genre : SEROLE.

II. Corps convexe ; abdomen composé de cinq anneaux ; les quatre premiers soudés l'un à l'autre, au moins dans leur milieu, le cinquième étant le plus grand ; yeux placés entre le côté et le sommet de la tête, touchant presque au bord antérieur du thorax, et reçus dans une échancrure de chaque côté de son premier anneau ; antennes inférieures plus longues.

Genres : CAMPECOPÉE, NESÉE, CILICÉE, CYMODICE, DYNAMÈNE, ZUZARE, SPHÉROME.

III. Corps convexe ; abdomen composé de cinq ou six anneaux distincts, dont le dernier est plus grand ; yeux placés latéralement ; antennes inférieures plus longues même que la moitié du corps ; ongles tous semblables, légèrement courbés.

Genres : EURYDICE, NELOCIRE, CIROLANE.

IV. Corps convexe ; abdomen composé de six anneaux distincts ; le dernier plus grand que les autres ; yeux placés sur les côtés ; antennes inférieures n'étant jamais plus longues que la moitié du corps ; les ongles de la deuxième, troisième et quatrième paires de pates très-arqués, les autres légèrement courbés.

Genres : CONILÈRE, ROCINÈLE, ÆGA, CANOLIRE, ANILOCRE, OLENCIRE.

V. Corps convexe ; abdomen ayant six anneaux distincts, le dernier plus grand ; yeux peu apparens ; antennes presque égales en longueur.

Genres : Nérocile , Livonèce , Cymothoe.

VI. Corps convexe ; six anneaux distincts à l'abdomen, le dernier plus grand ; yeux placés latéralement, écartés l'un de l'autre et composés de grains distincts ; antennes presque égales en longueur.

Genre : Lininirée.

V. à leur ordre alphabétique chacun des genres cités.   (aud.)

CYNAÈDE. pois. Bosc dit qu'on a établi sous ce nom un nouveau genre dont le Sargue serait le type. *V.* Sparé.   (b)

CYNANCHIQUE. *Cynanchica.* bot. phan. Espèce du genre Aspérule. *V.* ce mot.   (b.)

CYNANQUE. *Cynanchum.* bot. phan. Ce genre de la famille des Asclépiadées et de la Pentandrie Digynie, L., a été modifié dans ses caractères par les travaux de quelques botanistes modernes, et particulièrement par R. Brown (*Wern. Trans.* 1, p. 43). Voici les caractères qu'il lui assigne : son calice est à cinq divisions profondes et étroites ; la corolle est monopétale, rotacée et à cinq divisions égales et profondes ; les appendices staminaux sont, en général, au nombre de cinq et opposés aux lobes de la corolle ; quelquefois leur nombre est beaucoup plus considérable ; ils sont toujours réunis et soudés par leur base ; les anthères sont terminées par une membrane, et contiennent chacune une masse de pollen solide, renflée et pendante. Les deux pistils sont accolés et se terminent par un stigmate apiculé; les fruits sont des follicules ovoïdes allongés, simples, rarement doubles, s'ouvrant par une fente longitudinale et contenant des graines imbriquées, dressées, surmontées d'une aigrette de poils blancs et soyeux, et contenant dans leur intérieur un embryon renversé, dont la radicule est courte et conique, les deux cotylédons ovales obtus.

Les espèces qui composent ce genre sont des Plantes herbacées, ou des Arbustes le plus souvent volubiles ; leurs tiges sont grêles, rameuses, et portent des feuilles opposées, simples et entières; les fleurs, en général assez petites, forment des ombelles simples ou sertules, ordinairement placées entre les pétioles.

Robert Brown réunit à ce genre plusieurs espèces d'abord placées dans d'autres genres, tels que les *Periploca tunicata* de Retz; *Periploca africana,* L.; les *Asclepias Vincetoxicum,* L.; *Asclep. nigra,* L.; *Asclep. sibirica,* L.; *Asclep. Daourica,* Willd. Nous allons faire connaître ici quelques-unes des espèces les plus intéressantes; telles sont :

Le Cynanque dressé, *Cynanchum erectum,* L., Jacq. Hort., t. 38. Cette espèce, que l'on cultive dans les jardins de botanique, est originaire d'Orient. Elle est vivace et pousse chaque année des tiges grêles, dressées, cylindriques, glabres, hautes de deux à trois pieds, portant des feuilles opposées, pétiolées, cordiformes, aiguës, entières, glabres et d'un vert blanchâtre; les fleurs sont blanches, petites, et forment des sertules ou ombelles simples latérales.

Le Cynanque de Montpellier, *Cynanchum Monspeliacum,* L., Cavan. *Icon. rar.,* 1, t. 60. Ses racines sont rampantes et donnent naissance à des tiges herbacées, sarmenteuses, longues de deux à trois pieds, glabres; les feuilles sont opposées, pétiolées, cordiformes, obtuses, glabres et d'un vert blanchâtre; les fleurs sont blanches et forment de petites ombelles simples et latérales. Il paraît que le *Cynanchum acutum* de Linné n'en est qu'une simple variété, dont les feuilles sont plus allongées et aiguës. Cette espèce croît dans les lieux maritimes et sablonneux de la Provence. Nous l'avons recueillie aux environs de Montpellier. Le suc de cette Plante, concrété et mis en masse, porte le nom de *Scammonée de Montpellier* : il est, comme la Scammonée d'Alep, violemment purgatif; mais on en a presque entièrement abandonné l'usage.

Le CYNANQUE DOMPTE-VENIN, *Cynanchum Vincetoxicum*, Rich., Bot. méd. 1, p. 319; *Asclepias Vincetoxicum*, L. C'est une petite Plante vivace commune dans les bois sablonneux, aux environs de Paris et dans une grande partie de la France; sa racine se compose d'une souche horizontale, tuberculeuse, d'où partent un grand nombre de fibres blanchâtres allongées et cylindriques; elle pousse une tige presque simple, d'un pied à un pied et demi de hauteur, cylindrique, très-glabre, ainsi que les autres parties de la Plante; ses feuilles sont opposées, cordiformes, aiguës, entières; ses fleurs, jaunâtres et petites, forment des espèces d'ombelles simples; la corolle est rotacée et à cinq lobes aigus; les fruits ordinairement géminés sont ovoïdes allongés, glabres, lisses et terminés en pointes. La racine du Dompte-Venin, encore fraîche, a une odeur un peu nauséabonde et une saveur âcre, amère et désagréable, qui se perdent en partie par la dessiccation. C'est un médicament énergique, qui provoque tantôt le vomissement, tantôt des évacuations alvines plus ou moins abondantes. Autrefois on le considérait comme très-efficace dans le traitement de la morsure des Serpens; de-là son nom de *Dompte-Venin*; mais aujourd'hui il n'est plus employé.

Le CYNANQUE ARGUEL, *Cynanchum Arguel*, Delile, Egypt. L'Arguel est un Arbuste qui croît dans les différentes contrées du nord de l'Afrique, en Nubie, en Egypte, et surtout dans les environs de Syène; ses tiges dressées, grêles, cylindriques et tout-à-fait glabres, s'élèvent à une hauteur de deux pieds et portent des rameaux opposés; ses feuilles, également opposées, sont presque sessiles, petites, ovales, lancéolées, entières, aiguës, un peu coriaces et d'un vert glauque; les fleurs, qui sont blanches, forment des espèces

de bouquets ou d'ombelles simples et pédonculés; les follicules, tantôt simples, tantôt géminés, sont épais, renflés dans leur partie inférieure, terminés en pointe allongée supérieurement; ils sont glabres et souvent maculés de taches pourpres. Les feuilles de l'Arguel sont fréquemment mélangées avec celles des Casses, dans les différentes sortes de Séné qui nous sont apportées d'Egypte, et en particulier dans le Séné dit de la Palte. Ce mélange, qu'il est toujours facile de reconnaître, n'offre pas de graves inconvéniens; car l'Arguel possède à peu près les mêmes propriétés que les feuilles des Casses; cependant le professeur Delile prétend que ce médicament purge avec trop de violence et cause souvent des coliques. On reconnaîtra facilement les feuilles d'Arguel mélangées dans le Séné. En effet, on ne pourrait les confondre qu'avec celles de la Casse à feuilles aiguës, *Cassia acutifolia*, Delile; mais ces dernières sont plus minces, d'un vert plus prononcé, inéquilatérales à leur base, et légèrement pubescentes à leur face inférieure, tandis que dans l'Arguel elles sont un peu épaisses et coriaces, d'un vert cendré, équilatérales à leur base, et parfaitement glabres.

Le CYNANQUE IPÉCACUANHA, *Cynanchum Ipecacuanha*, Rich., Bot. méd. 1, p. 318; *Cynanchum vomitorium*, Lamk. Originaire des îles de France et de Bourbon, ce petit Arbuste a sa racine composée d'une touffe de fibres longues et blanches. Ses tiges sont grêles, sarmenteuses, cylindriques, glabres ou pubescentes ainsi que les feuilles, ce qui forme deux variétés distinctes; ses feuilles opposées, courtement pétiolées, cordiformes, aiguës, entières, sont tantôt glabres et tantôt pubescentes; les fleurs, petites et blanchâtres, forment de petites grappes axillaires, plus longues que les feuilles et composées d'un petit nombre de fleurs. Sa racine est connue et employée aux îles Maurice sous le nom d'Ipécacuanha, et y remplace l'Ipécacuanha du Brésil. Elle se compose de longues fibres grêles et blanches, d'une saveur âcre et amère, mais beaucoup moins énergique et moins efficace que celle du *Cephœlis Ipecacuanha*. *V.* les détails que nous en avons donnés dans notre Travail sur les Ipécacuanha du commerce. Un vol. in-4°. Paris, 1818.

Il existe encore un très-grand nombre d'espèces de ce genre. Dans les *Nova Genera* de Humboldt, notre ami, le professeur Kunth, en a décrit huit espèces nouvelles. Robert Brown en a, dans son excellent Prodrome, indiqué trois autres, originaires des côtes de la Nouvelle-Hollande.

(A. R.)

CYNAPIUM. BOT. PHAN. C'est-à-dire *Persil de Chien*. Espèce du genre Æthuse. *V.* ce mot. (B.)

CYNABA. BOT. PHAN. Pour Cinara. *V.* CINARE. (B.)

CYNARHODE. *Cynarhodon.* BOT. PHAN. Desvaux appelle ainsi une espèce particulière de fruit dont le Rosier nous offre l'exemple. C'est un fruit charnu composé d'un nombre plus ou moins considérable d'ovaires pariétaux et osseux, renfermés dans l'intérieur d'un calice, resserré à son orifice, devenant charnu. Ce fruit, ainsi qu'il est facile de le voir, n'est qu'une modification de celui que le professeur Richard a nommé Mélonide. *V.* ce mot. (A. R.)

CYNARICE. BOT. PHAN. La Plante désignée sous ce nom dans Dioscoride est un Apocyn, selon Adanson. (B.)

*CYNAROCÉPHALE. BOT. PHAN. *V.* CINAROCÉPHALES et CARDUACÉES.

CYNAROIDE. BOT. PHAN. *V.* CINAROÏDE.

CYNIPS. *Cynips.* INS. Genre de l'ordre des Hyménoptères, section des Térébrans, famille des Pupivores, tribu des Gallicoles (Règn. Anim. de Cuv.), ayant pour caractères, suivant Latreille : antennes ordinairement de treize à quinze articles, droites, filiformes, ou à peine plus grosses vers leur extrémité ; lèvre et mâchoires très-distinctes ; palpes très-courts ; ailes supérieures offrant une cellule radiale complète, longue, presque triangulaire, et trois cellules cubitales, la première petite, la deuxième très-petite, et la troisième très-grande, atteignant ordinairement le bout de l'aile ; point de nervures aux ailes inférieures ; tarière des femelles logée soit entièrement, soit du moins vers sa naissance, dans une fente ou coulisse extérieure pratiquée le long du ventre. Le groupe des Cynips fondé par Linné a depuis été subdivisé de manière que le genre Cynips, tel qu'il vient d'être décrit, ne représente pas en entier les Cynips de cet auteur. Geoffroy avait substitué mal à propos le nom de Diplolèpe à celui de Cynips, et il s'était servi de ce dernier nom pour désigner certains Ichneumons. Les entomologistes ont rétabli les choses telles qu'elles étaient d'abord, les Diplolèpes de Geoffroy ont repris le nom de Cynips, et son genre Cynips a été converti en celui de Chalcide. Les Cynips proprement dits diffèrent des Chalcidites, des Oxyures et des Chrysides par leurs antennes droites et filiformes, par l'absence des nervures aux ailes inférieures, et par leur tarière cachée dans une coulisse pratiquée le long du ventre. Ce caractère empêche de les confondre avec les Ichneumons; ils s'éloignent encore des Figites par les antennes et par le nombre de cellules cubitales des ailes ; enfin on pourrait aussi les distinguer des Ibalies en prenant en considération la figure de la cellule radiale et la grandeur du point de l'aile.

L'organisation extérieure des Cynips a été décrite avec soin par les auteurs. Le corps est court et voûté ; la tête est beaucoup plus basse que le thorax; elle supporte des antennes filiformes assez longues, de quatorze articles dans les femelles, et de quinze dans le mâles; le troisième est grand et arqué; des yeux ovales et entiers; trois petits yeux lisses; une bouche formée de mandibules tridentées, de quatre palpes un peu plus gros à leur extrémité, les maxillaires de quatre articles, et les labiaux de trois et d'une languette presque cordiforme, arrondie ou un peu échancrée sur son bord supérieur. Le thorax est élevé et comme bossu, avec l'écusson quelquefois proéminent; il supporte quatre ailes; les supérieures qui ont seules des nervures dépassent l'abdomen en longueur; ces nervures sont disposées d'une manière si particulière, qu'il suffit, dit Jurine, de les avoir vues une fois pour les reconnaître à l'instant. Le cubitus, dès son origine, s'écarte du radius de manière à laisser entre eux un assez grand intervalle; le point de l'aile n'a pas la même forme que celui des autres Hyménoptères, et il n'occupe pas tout-à-fait la même place. Une nervure très-forte et très-apparente descend du cubitus avant son insertion au point, et se porte en arrière un peu obliquement pour former la première cellule cubitale, et soutenir la seule nervure humérale qui existe; les pates ont une grosseur moyenne, les cuisses sont fortes; les jambes antérieures se terminent par une pointe assez longue, et ne présentent point d'échancrure au côté interne; les autres jambes sont biépineuses au bout, et les tarses entre lesquels on voit une pelote se terminent par deux crochets unidentés; l'abdomen est court, ovalaire, comprimé, caréné, tranchant inférieurement, et tronqué obliquement ou très-obtus à l'anus dans les femelles; il est surtout remarquable par la tarière. Cette tarière, dont l'usage est de percer certaines Plantes pour introduire un œuf dans la plaie, offre un mécanisme admirable, et qui a très-bien été décrit par Réaumur (Mém. sur les Ins. T. III, p. 483 et pl. 45 et 46). Cet excellent observateur nous fournira la description que nous allons en faire. « Il ne faut, dit Réaumur, que presser entre deux doigts le ventre de la Mouche, et

augmenter doucement le degré de pression pour obliger ces parties (une espèce de tarière en forme d'aiguillon et deux pièces beaucoup plus grosses qui lui servent d'étui) de se mettre à découvert, et de montrer d'où leur jeu dépend. Le premier degré de pression force seulement les deux pièces qui composent l'étui à s'écarter l'une de l'autre, et assez pour permettre de distinguer l'aiguillon qui est entre elles deux, et contre lequel elles ne sont plus alors aussi exactement appliquées qu'elles l'étaient auparavant. Le contour de l'anus paraît alors: il est circulaire et bordé de poils. Si on presse ensuite davantage, on oblige l'aiguillon à sortir de son étui, à s'élever; on reconnaît qu'il est d'une substance analogue à la corne, et d'un brun châtain, comme le sont les aiguillons ou les instrumens équivalens de beaucoup de Mouches plus grosses. On voit qu'il vient de l'endroit où l'arête de celui-ci commence à être abattue; que là est une pièce écailleuse qui avance un peu sur la coulisse, et que c'est dessous cette pièce que passe l'aiguillon. Mais on ne le voit pas encore dans toute sa longueur; il paraît bientôt plus long; si on presse le ventre davantage, on l'oblige de sortir de celui-ci dans lequel il est logé en grande partie; la pression augmentée contraint aussi l'anus à devenir plus éloigné qu'il ne l'est dans l'état naturel, de l'endroit où l'arête commence à manquer, et où est l'origine de la coulisse. Les bouts de chacune des pièces qui composent l'étui, se trouvent cependant toujours à même distance de l'anus, d'où il semblerait que ces pièces s'allongent; mais, ce qui est plus vrai et plus remarquable, c'est que la tige pour ainsi dire de chacune de ces pièces était dans le corps, et que la pression l'en a fait sortir. Qu'on pousse plus loin la pression et jusqu'au dernier point où elle peut être portée, tout cela devient plus sensible; l'aiguillon paraît plus du double et près du triple plus long qu'il ne l'était d'abord; l'anus s'éloigne davantage de l'origine de la coulisse ; mais ce n'est pas en ligne droite qu'il s'en éloigne ; il passe du côté du dos, et la partie de chacune de ces pièces de la coulisse qui est sortie du ventre se recourbe en arc. On voit par-là que, dans l'état naturel, ou, pour parler plus exactement, dans l'état le plus ordinaire, il n'y a qu'une partie de l'aiguillon, un peu plus du tiers de sa longueur, qui soit hors du corps ; cette dernière partie de l'aiguillon est cependant très-bien cachée; elle est logée dans un étui formé par deux pièces dont chacune l'égale en longueur, et dont chacune est creusée en gouttière. Ces deux gouttières composent le tuyau creux où cette partie de l'aiguillon est à l'aise et bien renfermée; le reste et la plus longue partie de ce même aiguillon, est dans le corps de la Mouche, et elle y a aussi son étui, mais un étui formé par deux lames plates. Chacune de ces lames, qui fait moitié de l'étui intérieur, est la tige de chaque moitié de l'étui extérieur ; les parties qui composent celui-ci, sont à peu près rondes, aussi larges qu'épaisses; ces dimensions ne les empêchent pas de se placer commodément en dehors du corps ; mais les parties des mêmes pièces qui forment l'étui intérieur, sont larges et minces, l'endroit où elles sont logées demande qu'elles aient cette forme ; la portion de l'aiguillon qui reste constamment en dehors du corps est donc petite en comparaison de celle qui est logée dans ce corps même. Comment celle-ci s'y loge-t-elle ? Non-seulement elle est plus longue que la distance qui est depuis l'endroit où elle y entre jusqu'au corselet; elle est beaucoup plus longue même que le corps entier; cette partie, d'ailleurs, est incapable d'allongement et d'accourcissement; elle est d'une espèce de corne ou d'écaille, et n'est point musculeuse. Il est donc évident qu'elle doit être contournée dans le corps, d'une façon qui lui fasse trouver un espace suffisant pour se loger dans une étendue trop courte pour qu'elle y puisse être placée en ligne

droite. La nature a employé ici une mécanique dont elle nous a déjà donné un exemple dans un plus grand Animal ; je veux parler de l'allongement, ou plutôt de l'allongement apparent de la langue du Pivert : on sait que le Pivert peut porter loin sa langue en dehors de son bec ; sa langue cependant est courte, et très-incapable d'être allongée si considérablement ; mais son os hyoïde est une espèce de lame osseuse roulée en quelque sorte comme un ressort de montre. Ainsi, dès que l'os hyoïde se déroule, la langue est portée hors du bec, et y est portée d'autant plus loin qu'il se déroule davantage. Ce qui a été fait pour la langue du Pivert, ou plutôt pour son os hyoïde, l'a été pour l'aiguillon de nos Mouches (les Cynips); l'allongement de l'un et celui de l'autre dépendent de la même mécanique, appliquée pourtant un peu différemment. L'aiguillon de la Mouche, après être entré dans le corps, se courbe pour suivre la convexité du ventre, il va ainsi jusqu'assez près du corselet ; là, en continuant de se courber, ou même en se courbant davantage, il retourne sur ses pas ; il revient du côté du derrière, en se tenant au-dessous de la ligne qui marque la longueur de la partie supérieure du corps. Il va ainsi jusqu'assez près de l'anus; c'est là qu'il se termine et qu'est son attache. Ce bout de l'aiguillon, qui en doit être regardé comme la base, est donc fixé dans le corps, presque vis-à-vis et au-dessus de l'endroit où est l'autre bout du même aiguillon, où est sa pointe; ainsi, au cas que l'aiguillon n'eût point de courbure, il aurait une longueur double de celle du corps, puisqu'il va de l'anus jusqu'au corselet, en suivant la concavité intérieure du dos ; et que du corselet il se rend à l'anus, en suivant moitié en dehors et moitié en dedans le contour du ventre. Si cependant l'appui de la base de l'aiguillon était fixe, l'aiguillon, malgré toute sa longueur, ne pourrait sortir du corps sensiblement plus qu'il n'en sort dans les temps ordinaires ; mais si la base de l'aiguillon peut s'approcher, et s'approcher beaucoup du corselet, alors l'aiguillon pourra sortir et pourra être forcé de sortir beaucoup ; aussi, tout a été disposé pour que sa base fût mobile. Nous avons dit qu'elle est attachée près de l'anus, et nous avons vu qu'à mesure que la pression des doigts force l'aiguillon à paraître plus long en dehors du corps, l'anus s'éloigne du dessous du ventre, qu'il passe du côté du dos, et qu'il s'approche ainsi de plus en plus du corselet. » — La singulière structure de cet aiguillon, et la manière exacte et précise avec laquelle Réaumur en décrit le mécanisme, ne nous a pas fait hésiter à reproduire en entier la description de cet illustre observateur.

Aussitôt qu'une feuille, qu'un rameau ou toute autre partie d'un Végétal a été piquée et que l'œuf a été introduit dans la plaie, les sucs nourriciers affluent vers ce point, et, en très-peu de temps, on voit s'élever des excroissances de formes variées ; elles ont reçu généralement le nom de *Galle*. Les unes sont nommées *Galles en Pomme*, *en Groseille*, *en pepin*, en forme de *Nèfle*; les autres portent le nom de *Galle chevelue*, *Bedeguar*, *en Artichaut*. Il en est plusieurs que l'on désigne d'après la Plante sur laquelle elles croissent, ou bien par l'usage que l'on en fait : c'est ainsi par exemple qu'on nomme *Galle de Chêne*, *à teinture* ou *du commerce*, celle employée spécialement dans les arts et qui entre dans la composition de l'encre à écrire. Ces excroissances présentent tantôt une cavité unique habitée par une seule larve, ou par un grand nombre, tantôt plusieurs cavités communiquant entre elles ou séparées en autant de loges complètes qu'il y a de larves. Suivant Valisnieri, l'œuf déposé dans la piqûre du Végétal augmente d'abord de volume, puis il en sort une larve apode. Celle-ci se nourrit aux dépens des sucs nourriciers et fort abondans de la Galle. Elle augmente ainsi successivement la cavité qui l'entoure; au

bout de plusieurs mois elle se transforme en nymphe et ne paraît à l'état d'Insecte parfait qu'au retour de la belle saison; pour sortir de leur demeure, elle perce, dans leur enveloppe, un trou du diamètre de leur corps; la présence de ce trou, qui s'observe fréquemment à la surface des Galles, est donc un indice certain qu'on ne trouvera rien à son intérieur.

Ce genre est très-nombreux en espèces; parmi elles, nous en remarquerons plusieurs.

Le Cynips de la Galle a teinture, *Cyn. Gallæ tinctoriæ*, L., ou le Diplolèpe de la Galle à teinture d'Olivier, qui a donné des détails très-curieux sur cette espèce (Voyage dans l'Empire Ottoman, pl. 15); il a trois à quatre lignes de long; le corps est d'une couleur fauve pâle et couvert d'un duvet blanchâtre et soyeux; les yeux sont noirs; les nervures des ailes supérieures sont brunes; le dessous de l'abdomen est noirâtre et brillant. On observe à sa partie supérieure une tache d'un brun noirâtre très-polie et luisante. Il n'est pas rare de trouver cet Insecte desséché dans les Galles qui se vendent dans le commerce. La plupart de ces Galles et les plus estimées viennent de l'Asie-Mineure et des environs d'Alep. Elles croissent sur une espèce de Chêne. Les plus estimées sont celles qui ont été récoltées après la naissance de l'Insecte; elles sont plus légères et d'une couleur moins foncée qu'un grand nombre d'autres qu'on rencontre aussi dans le commerce et qui ont été évidemment recueillies avant l'entier développement de l'Insecte.

Le Cynips du Figuier commun, *Cyn. Ficûs Caricæ*, Latr., ou le *Cynips Psenes* de Linné (*Amœnit. acad.* T. 1, p. 41) et de Fabricius. La larve de cette espèce se nourrit dans l'intérieur des graines de la Figue. Ce sont ces mêmes Insectes qui étaient employés autrefois chez les anciens pour la caprification (*V.* ce mot) et qui, encore aujourd'hui, servent au même usage dans le Levant. Ils se trouvent dans le Levant et au midi de l'Europe, dans les graines des Figuiers sauvages.

Cynips du Chêne Tozin, *Cyn. Quercûs Tozæ*, Fabr., ou le *Diplolepis Quercûs Tozæ* de Bosc (*Journ. d'Hist. Nat.*). On rencontre sa larve dans la Galle du Chêne Tozin, qui est commun entre Bordeaux et Bayonne. L'Insecte parfait a été représenté par Antoine Coquebert (*Illustr. Icon. Insect. Dec.* 1, tab. 1, f. 9).

Le **Cynips lenticulaire**, *Cyn. lenticularis*, Latr.; ou le *Diplolepis lenticularis* d'Olivier et le *Cynips longipennis* de Fabricius. Cet Insecte produit l'excroissance nommée par Réaumur *Galle en Champignon du Chêne* : un pédicule très-court la fixe aux revers des feuilles du Chêne ; elles s'observent communément en automne, et sont quelquefois si abondantes, qu'en secouant les Arbres elles tombent comme de la pluie. Chaque Galle ne renferme ordinairement qu'une seule larve. On les trouve en quantité au bois de Boulogne. L'Insecte qui en sort a été figuré par Antoine Coquebert (*loc. cit.*, t. 1, f. 10).

Le **Cynips du Rosier**, *Cyn. Rosæ* ou le *Diplolepis Rosæ* d'Olivier. Il est très-commun en Europe, et produit sur les Rosiers les excroissances chevelues nommées *Bedeguar*. Les larves vivent en famille dans leur intérieur ; on en voit aussi quelquefois sortir des Ichneumonides et des Chalcidites dont les larves ont vécu aux dépens de celles des Cynips.

Le **Cynips des feuilles du Chêne**, *Cynips Quercûs folii*. Les Galles que cette espèce produit se rencontrent très-fréquemment sur les feuilles des Chênes. Elles sont lisses et arrondies. (AUD.)

* **CYNIPSÈRES.** *Cynipsera*. INS. Famille de l'ordre des Hyménoptères établie par Latreille (*Gener. Crust. et Ins.* et Considér. génér., p. 282) et ayant, suivant lui, pour caractères : abdomen implanté sur le métathorax par une portion de son diamètre transversal ; ailes inférieures sans nervures distinctes ; corps ne se contractant point en boule ; abdomen comprimé ou déprimé, mais caréné en dessous, du moins dans les femelles ; tarière filiforme ; palpes très-courts ; antennes en massue ou grossissant vers le bout, brisées, de six à douze articles. Cette famille comprenait les genres Leucospis, Chalcis, Eurytome, Cynips, Eulophe, Cléonyme, Spalangie, Périlampe, Ptéromale, Encyrte, Platigastre, Scélion et Téléas. Elle appartient (Règn. Anim. de Cuv.) à la famille des Ichneumonides. *V.* ce mot et les noms de genres qui précèdent. (AUD.)

CYNOCÉPHALE. *Cynocephalus*. MAM. Genre de Singes (*V.* ce mot) caractérisé par les cinq tubercules de la dernière molaire d'en bas, caractère qui se retrouve chez les Macaques ; mais ceux-ci, outre qu'ils sont de taille inférieure, n'ont pas les narines terminales et tout-à-fait antérieures. Cette disposition terminale des narines projetées même un peu au-devant et au-dessus des lèvres, de manière que le museau est tronqué par un plan oblique en bas, comme dans les Cochons, caractérise suffisamment à elle seule toutes les espèces de ce genre. Ce museau n'est point glanduleux ; ce n'est pas un mufle comme dans les Makis.

Jusqu'à Geoffroy (Tabl. des Quadr., Ann. du Mus.) et à F. Cuvier (Mamm. lith.), il y avait une grande confusion dans la synonymie et la détermination des espèces de ce genre. Chez les Grecs, ce nom de Cynocéphale, employé génériquement dans Diodore, lib. 2, Elien et Strabon, paraît s'être appliqué à trois espèces, le Sphinx, le Cebus et le Cynocephalus proprement dit. D'après les pays où les sauteurs cités indiquent l'existence de ces Animaux, et d'après la Mosaïque de Palestrine où deux de ces Singes sont représentés avec les noms de Sphingia et de Cepus, il est très-probable que le Cynocephalus est le Babouin, le

Sphinx l'Hamadryas, et le Cepus ou Cebus le Chacma ou Cynocéphale noir, Singe-Cochon d'Aristote.

Buffon (Hist. Nat. T. XIV, Nomencl. des Singes) avait bien constitué ce genre sous le nom de Babouin. Mais en déterminant les espèces dont il le compose, il en exclut à tort le Cynocéphale des anciens, qui en est justement le type et dont il applique le nom au Magot; en quoi il fait un double emploi du Magot, l'ayant déjà qualifié du nom de Pithèque sous lequel il était réellement connu des Grecs et des Romains. La considération des patries assignées, par les anciens même, au Pithèque et au Cynocéphale, aurait dû prévenir cette erreur de Buffon. Il est vrai de dire que, d'après les écrits des anciens, on aurait pu croire que leurs Cynocéphales n'avaient pas de queue. Néanmoins Agatharchides, copié par Diodore, avait donné sur les espèces dites Cynocéphales un renseignement décisif, c'est, dit-il, que les femelles ont leur matrice à l'extérieur durant toute leur vie. L'erreur dans la détermination anatomique de l'organe n'a pas moins pour sujet un caractère particulier aux Cynocéphales, savoir cet énorme développement du tissu érectile de l'entrée de la vulve, dont nous parlerons plus bas. Il n'y avait donc pas lieu, en y donnant un peu plus d'attention, de confondre le Cynocéphale avec le Pithèque. En outre, il n'est presque pas de monumens d'Egypte et de Nubie où ne soient figurées avec beaucoup d'exactitude deux ou trois espèces de Cynocéphales. Le Magot n'y est pas représenté une seule fois, non plus qu'aucun autre Singe sans queue. Quant au Magot, cette absence est de nécessité, puisqu'étant indigène des hauteurs de l'Atlas, il dut être inconnu aux Egyptiens. Son existence à Gibraltar et dans les chaînes de l'Andalousie et de Grenade s'explique par la réunion ancienne de l'Espagne à l'Afrique, démontrée par Bory de Saint-Vincent dans son Guide du voyageur. Tout Paris a pu voir, dans la représentation des tombeaux des rois à Thèbes, exposée à Paris par Belzoni, la momie très-bien conservée d'un Hamadryas avec sa chevelure et son long camail. On savait en outre que le Cynocephalus était adoré à Hermopolis; et le Babouin est surtout reconnaissable sur les monumens égyptiens (*V.* Antiq. d'Egypte, Montfaucon, Antiq. expliq., et Gau, Monum. de la Nubie.)

Les Cynocéphales sont en général de la taille de nos plus grands Chiens; si même on en croyait ce que des voyageurs rapportent de la taille du Mandrill, cet Animal surpasserait le Pongo, le plus grand de tous les Singes authentiquement connus. Ils se distinguent de tous les autres Singes par la brièveté de leurs membres antérieurs, et cependant leurs membres postérieurs sont encore à proportion plus courts. Ils ont tout-à-fait le port d'un Quadrupède, ce qui leur donne plus d'aisance à marcher à quatre pates, et leur rend moins indispensable l'habitation des Arbres. Aussi verrons-nous que plusieurs Cynocéphales n'habitent pas les forêts. Leurs doigts, réunis par une bride lâche de la peau jusque près de la seconde phalange, sont encore plus courts que dans les Guenons; les phalanges sont aussi moins arquées, quoique la face palmaire en soit légèrement concave, de sorte que leur main est à proportion plus courte que celle de l'Homme. Elle est donc loin de représenter cet immense crochet articulé, auquel les Orangs, les Gibbons, les Atèles doivent cette incroyable facilité de grimper aux Arbres, de se suspendre à leurs branches. Leur corps, épais et trapu, n'a pas non plus la souplesse, la flexibilité de celui de ces Animaux et des Guenons; et quoiqu'incomparablement plus agiles que les Chiens et même que les Chats, ils sont incapables de cette immensité d'élan, de cette agilité de saut des Singes dont nous venons de parler. Quoiqu'accoutumés à marcher à terre sur leurs doigts, leurs pouces, plus écartés aux quatre pieds que celui de la main de l'Homme, et opposables en proportion, leur donnent, pour saisir et empoigner des objets même plus volumineux, une adresse et une facilité au moins égale à celle des autres Singes pourvus de plus longs doigts. Le pouce de derrière est constamment plus long que celui de devant ; les ongles sont allongés et ployés en gouttière, ce qui en fait des armes puissantes, et des crochets propres à déchirer et même à déterrer les racines dont ils se nourrissent. La queue variable d'une espèce à l'autre pour la longueur, mais invariable dans la même espèce, a cela de commun dans toutes qu'elle est toujours relevée en arc dans l'étendue de trois ou quatre pouces. De là cette attitude particulière de la queue des Mandrills et Drills, qui l'ont courte et tout entière redressée, et de celle des Babouins proprement dits, laquelle, n'étant pas moindre que les deux tiers de la longueur du corps, retombe droite et sans mouvement au-delà de la partie recourbée.

La tête des Cynocéphales, d'où est venu leur nom, est la partie caractéristique de leur physionomie, même sur le squelette ; elle manque de front. Le frontal, coudé à angle presque droit sur le plan de l'orbite, forme la voûte de cette cavité, et se projette brusquement en arrière, presque dans le même plan que le pariétal. Celui-ci arrive presque sans courbure à l'occipital qui, n'ayant pas de partie horizontale, coupe aussi brusquement le vertex en arrière, que le frontal en avant. Il en résulte que le vertex est presque plat dans cet intervalle et entre les deux lignes temporales. Ces deux lignes sont en général plus écartées l'une de l'autre dans les Cynocéphales que dans les autres Singes adultes. Dans l'Hamadryas surtout, elles restent parallèles, depuis les crêtes sourcilières jusqu'à la crête occipitale, de sorte que le vertex de cette espèce adulte représente un plan régulièrement quadrilatère, dont la longueur et la largeur sont à peu près celles de tout le crâne ; dans les autres Cynocéphales, ce plan repré-

sente un triangle dont le sommet est plus ou moins tronqué en arrière à l'occipital ; il résulte de cet élargissement des pariétaux que, nonobstant la petitesse de l'angle facial et l'énorme développement de la face (*V.* CRANE), l'aire du crâne est encore supérieure quelquefois d'un quart à l'aire de la face. Cette aire du crâne a même une proportion encore plus avantageuse, si on la compare au volume de l'Animal. Les crêtes sourcilières, plus avancées que dans aucun autre Animal, donnent à ces Singes un air de férocité tout particulier. La projection de la face en avant dépend surtout de l'agrandissement des palatins et de l'énorme renflement des os maxillaires en deux côtes proéminentes tout le long du nez. Ce renflement agrandit l'espace du sinus nasal et du cornet correspondant. Car nonobstant l'assez petit développement de la partie ethmoïdale de l'organe de l'odorat, sa partie maxillaire est plus prédominante que chez la plupart des Mammifères. Le devant de cette énorme côte reçoit l'alvéole de la canine supérieure. L'ouverture des narines est très-dilatée ; dans quelques espèces, elles sont séparées en dessus par une échancrure. La langue, douce, est très-extensible ; le goût paraît très-actif chez ces Animaux. Le palais, par ses nombreuses rugosités et le volume de ses nerfs et de ses vaisseaux que représente la grandeur des trous palatins et incisifs, doit aussi en être le siége. Leurs lèvres sont peu proéminentes, mais fort mobiles. Nous avons vu des Babouins, buvant avec un verre, l'appuyer sur la lèvre inférieure projetée en cuiller pour le recevoir. Les paupières ressemblent à celles de l'Homme ; la pupille est ronde et l'iris brun. La conque de l'oreille diffère de la nôtre par le grand développement du lobule et par l'allongement en pointe de la partie supérieure. Leurs mains, comme celles de tous les Singes, jouissent de la même organisation et de la même sensibilité tactile que celles de l'Homme.

L'appareil de la génération, par l'excessif développement des organes de la volupté et surtout par le développement du tissu dans lequel paraît résider la cause mécanique et sensitive du plaisir, mérite une considération particulière. Ces organes, dont le but définitif est la reproduction, ont cependant en réalité dans l'existence des Animaux supérieurs, des Mammifères surtout, un effet plus immédiat, qui mérite toute l'attention du physiologiste et du philosophe. Des métaphysiciens moroses ont tonné contre l'usage continu que l'Homme fait de la volupté; ils ont opposé à cette continuité, comme un exemple à suivre, la longue continence de la plupart des Animaux qui ne se livrent à l'amour qu'à des époques dont la durée n'occupe qu'un espace de quelques jours dans l'année; et dont les femelles, le but de la génération atteint, c'est-à-dire une fois fécondées, repoussent les approches des mâles. Ils ont attribué à une dépravation de l'esprit les jouissances continuées de l'Homme dont la compagne partage encore les plaisirs, tout en portant dans son sein les fruits de leur amour. Et des médecins ont considéré, par rapport à la femme enceinte, cette continuation des jouissances à peu près de la même manière. Pour nous, pensant que c'est toujours un devoir de dire la vérité, en dût-on abuser, et que l'histoire de la nature est l'exposition de ce qui est, nous allons remplir ce devoir et dire ce qui existe réellement.

Trois sortes d'organes concourent à la génération, comme Cuvier l'a surtout fait remarquer le premier. L'ordre successif de leur exercice, indépendamment de toute instruction prématurée, met en jeu d'abord les organes du plaisir qui sont réellement les excitateurs de tous les autres. Or, entre les organes de la volupté et les organes essentiellement reproducteurs (c'est-à-dire sécréteurs) il existe une loi de balancement qui, dans le plus grand nombre des Animaux, est à l'avantage des derniers.

Chose même extraordinaire, la production est d'autant plus abondante dans la nature que la conscience de son acte et du plaisir qui l'amène, est moindre. Au contraire, à mesure que la conscience de la vie s'anime et se personnalise pour ainsi dire davantage dans les Animaux, à mesure la faculté reproductrice diminue, et celle du plaisir augmente avec ses organes; l'Animal vit davantage pour lui-même; ses actes, dans leurs motifs et leurs effets, lui deviennent plus personnels; il se complaît même dans beaucoup de ces actes, sans autre résultat que l'émotion intérieure qu'il en éprouve. Néanmoins il n'est pas libre dans l'exercice de ces actes. La sollicitation toujours pressante de ses besoins le force à les satisfaire. Et certes cette existence de lubricité, le plus souvent stérile pour la multiplication de l'espèce, était dans les lois de la nature, puisque le Créateur a, dans les Singes en général et surtout dans les Cynocéphales, donné aux organes du plaisir le même excès de prédominance qu'il a donné ailleurs à ceux de la production. Tout le monde sait que chez l'Homme, le sens de la volupté réside surtout au gland, et dans la Femme au clitoris, organes d'une structure particulière, dont le tissu, connu sous le nom d'Érectile (*V.* ce mot), se retrouve partout où la sensibilité tactile doit être plus exaltée. Ce tissu, dans l'Homme, développe pourtant beaucoup moins de surfaces que dans la Femme; et l'expérience prouve assez que l'étendue de ces surfaces mesure assez bien l'énergie du plaisir. Or, chez les Cynocéphales, la peau des fesses et de presque tout le pubis, par l'excès de développement de ses papilles nerveuses et de son réseau vasculaire, qu'alimentent d'innombrables vaisseaux sanguins, est tout entière transformée en tissu érectile dans toute la perfection de la structure de ce tissu. Et comme dans l'espèce humaine ce même tissu s'est développé autour de la bouche, où les lèvres peuvent aussi frémir sous l'impression de volupté qu'elles propagent, qu'on juge de la susceptibilité lascive des Cynocéphales dont toute la peau de la face est transformée en ce tissu, qui n'existe chez nous qu'au pourtour des lèvres et encore à un moindre degré. Chez eux, le tissu érectile des joues ne diffère pas de celui de la région génitale ; et comme sous ce tissu érectile des joues, dont l'intensité de couleur surpasse celle qui existe jamais au gland de l'Homme ou de la vulve de la Femme, se développent ces immenses narines dont l'activité est pour ainsi dire la sentinelle du plaisir, que l'on juge par quels emportemens de lascivité doivent être sans cesse entraînées toutes ces espèces! Que l'on en juge par ce plus vif aiguillonnement au plaisir qu'excite chez l'Homme la sensibilité accrue de la peau voisine des organes génitaux ou de ces organes mêmes, lorsqu'elle est atteinte de dartres qui n'en développent néanmoins que médiocrement le tissu vasculaire! Quand on a vu des salles de dartreux dans un hôpital, on sait que la décence y est presque aussi difficile à maintenir que dans une ménagerie de Singes en présence d'une Femme. Or, dans ces salles les deux sexes sont séparés ; et comme l'exercice même des organes les rend plus propres à agir, que l'on pense combien, par la satisfaction toujours libre et facile de leurs désirs, les besoins doivent prendre plus d'empire chez les Cynocéphales, par l'effet même de cet exercice! Aussi les femelles recherchent et provoquent les mâles après la conception comme avant. Chez elles, le développement du tissu érectile excède par rapport à leurs mâles la proportion de ce même tissu dans la Femme par rapport à l'Homme. Les deux paires de lèvres sont tout-à-fait déplissées par l'accumulation du tissu érectile, et saillent des deux côtés de la vulve comme deux bourrelets dont le volume va en diminuant du côté du clitoris. Chaque mois la turgescence du tissu érectile, par un périodisme de fluxion qui ne diffère de la menstruation de la Femme que par son excès, développe ces bourrelets en énormes protubérances animées alors, selon les espèces, d'un rouge pourpré ou d'un bleu foncé. Ces couleurs subsistent toujours dans les deux sexes, mais à un plus haut degré chez les femelles durant la menstruation, à la peau des fesses, du pubis; et chez les Mandrills, à celle des joues. Ce tissu érectile et les couleurs qui l'animent, ne se développent qu'à l'approche de la puberté. On conçoit quel changement dans la physionomie, cette révolution amène pour les espèces à visage peint, indépendamment des changemens de la charpente osseuse de la tête. Avant cette époque, toutes ces espèces sont à peu près également dociles et susceptibles d'affection pour leurs gardiens ; leurs agitations ne sont alors que de la turbulence, sans empreinte de méchanceté. Mais une fois pubères, les Cynocéphales paraissent ne plus vivre que pour exercer sans cesse leur lubricité et leur méchanceté. Désormais ils font le mal sans nécessité, sans avoir à le prévenir et sans le but d'en profiter. Haïssant par instinct tout ce qui est vivant, leur cruauté sans objet est un nouveau démenti des causes finales, puisqu'elle n'a pas sa raison, comme pour les Carnivores, dans la nécessité de se nourrir du sang ou de la chair de ses victimes. Mais ce qui n'est pas moins étonnant, ce besoin de mal faire se suspend par la plus légère cause. Des transports de la colère ou de la jalousie la plus brutale contre vous, un Cynocéphale va passer brusquement à l'expression d'un sentiment affectueux, bientôt remplacé par un accès de haine. Cette mobilité d'émotions, cette démence d'idées leur est commune avec les Guenons et surtout les Macaques. Mais leur excès de lubricité n'appartient qu'à eux. Nous en avons dit la cause. A l'aspect d'une Femme que par l'odorat ils savent même reconnaître sous un voile où elle est invisible, tout leur devient étranger. Du geste, du regard, de la voix, il semble qu'ils la possèdent, qu'ils en jouissent. Et si un Homme, par l'apparence d'une caresse, excite leur jalousie, leur emportement n'a plus de mesure. —Au défaut de femelles, et si leur cage est assez grande pour qu'ils se mettent hors de la portée du châtiment, ils s'abandonnent sans frein à la masturbation. Cette provocation au plaisir ne vient, pas plus chez eux que dans notre espèce, d'un excès de semence accumulée. L'impression excitante réside seulement dans le tissu érectile. Nous avons vu des Macaques saillir leurs femelles plus de vingt fois en une heure, et quelquefois avec assez peu de précaution et d'adresse pour que l'on ait pu s'assurer qu'il n'y avait pas d'éjaculation. Il est donc évident que dans leurs jouissances réitérées, les chances de fécondation doivent être rares pour les femelles. Néanmoins, nonobstant l'abus auquel le degré d'intelligence qu'ils possèdent pourrait les entraîner, nous ne savons pas qu'on ait observé entre les mâles cette dépravation dont nous avons parlé au sujet des Cobaïes (*V.* ce mot), et qu'on avait jusqu'ici attribuée uniquement à l'Homme. Avec cette violence d'appétit vénérien et cette inépuisable faculté de le satisfaire sans cesse, on conçoit quels risques courent les Femmes dans les contrées habitées par ces Singes, et où ils acquièrent en liberté le complet de leur développement. Sous les ardeurs du Tropique qui embrase leurs sens, et au milieu d'une végétation qui leur fournit la nourriture de leur choix, que ne peuvent-ils pas oser et faire d'après les exemples qu'ils nous donnent quoique captifs dans nos climats où presque tous meurent de phthisie? Il y a des exemples assez nombreux de Femmes, qu'ils ont enlevées et conservées plusieurs années parmi eux, en les nourrissant avec le plus grand soin.

Outre que chaque espèce paraît circonscrite dans des régions distinctes, sous un même climat chaque troupe est établie dans un canton où elle ne tolère l'établissement d'aucune autre; elle en défend même le territoire contre les Hommes; s'il en paraît quelques-uns, l'alarme est jetée : les Cy-

nocéphales s'appellent, se réunissent, et par leurs cris, leurs démonstrations, essaient de leur faire rebrousser chemin. Si ces manœuvres sont inutiles, l'ennemi est assailli de pierres, de branches d'arbres, et même d'excrémens. Les armes à feu seules les effraient, et ils ne fuient qu'après avoir laissé plusieurs des leurs sur le terrain; mais s'ils sont en nombre, ils n'hésitent pas d'attaquer malgré le feu. Delalande nous a dit avoir, avec ses Hottentots, cerné des Papions sur des rampes de précipices d'où la retraite leur était impossible. Plutôt que de se laisser prendre, il les a vus se jeter en bas de près de cent mètres, et se briser dans la chute. Pendant son séjour au Cap, un Anglais, entraîné à la poursuite des Papions sur la montagne de la Table, fut cerné par une troupe de ces Animaux sur un rocher d'où il aima mieux se précipiter que de tomber entre leurs mains; il se tua dans la chute. Corps à corps un grand Papion a bientôt terrassé un Homme; ses énormes canines percent et déchirent comme celles du Tigre. Un Chacma, jeune encore, échappé de sa cage à la Ménagerie, et imprudemment menacé d'un bâton par le gardien, lui fit en un clin-d'œil à la cuisse trois blessures qui pénétrèrent jusqu'au fémur. On n'aurait pu s'en rendre maître qu'en le tuant, mais on mit adroitement à profit sa convoitise pour les Femmes. Il était affectionné à la fille du gardien qui lui donnait ordinairement à manger : elle se plaça devant la grille de la cage à l'opposite de la porte restée ouverte, et feignit de recevoir les caresses d'un Homme. A cette vue le Singe oublie son adversaire, jette un cri, et s'élance dans la cage vers l'objet de sa jalousie. Exemple remarquable du passage instantané chez ces Animaux de la fureur de la haine à la jalousie de l'amour.

Dans toute l'Afrique, depuis le tropique du Cancer jusqu'au cap de Bonne-Espérance, ces Animaux ravagent les cultures de leur voisinage. L'on sait avec quelle précision d'évolutions et de manœuvres ils dévastent un jardin : échelonnés à distance convenable pour se jeter de main en main les fruits du pillage, ils s'étendent, s'il est possible, depuis l'endroit à piller jusqu'à leur retraite ; ou bien, si la colonne ainsi échelonnée est trop courte, ils font à l'autre bout un entrepôt, d'où ils recommencent la manœuvre. C'est la nuit qu'ils maraudent : des sentinelles veillent à leur sûreté. On va jusqu'à dire que ces sentinelles paient de leur vie la surprise dont elles n'ont pas averti.

Une seule espèce de Cynocéphale ne se trouve pas en Afrique ; c'est le Cynocéphale noir de Dussumier. Toutes les autres sont africaines. Mais il paraît que l'Hamadryas se trouve aussi en Arabie. Voici à peu près leur répartition sur ce continent : le Drill et surtout le Mandrill paraissent propres aux deux Guinées; on n'en a pas trouvé au sud du tropique du Capricorne ; le Babouin paraît indigène de toute l'Afrique entre les deux tropiques ; l'Hamadryas habite l'est de la même zône ; le Singe noir ou Chacma paraît propre à toute la côte orientale ; enfin le Papion, certainement inconnu des anciens, habite le cap de Bonne-Espérance et les contrées voisines.

Les sites préférés par les Cynocéphales que l'on connaît le mieux ne sont pas les forêts; ce sont les montagnes et les rochers parsemés seulement de quelques buissons. Aujourd'hui comme au temps de la fondation de la colonie, de nombreuses troupes de Papions habitent les rochers de la montagne de la Table, où il n'y a pas de buisson qui ait plus de cinq pieds de haut. Les Papions n'habitent pas même dans ces buissons, mais dans des creux de rochers accessibles seulement par des rampes ou des ressauts si étroits qu'on ne peut les y poursuivre. Il faut pour les cerner une tactique calculée sur la connaissance des lieux et sur l'habitude qu'ont ces Animaux de faire de fréquentes haltes dans leurs retraites. D'après plusieurs récits des anciens

sur les Troglodytes, il nous paraît probable qu'ils ont souvent entendu parler des Cynocéphales (*V.* surtout Diodore et Philostrate, Vie d'Appol. de Thyan.). C'est à une de ces espèces qui nous semble devoir être l'Hamadryas, et qui est nommée Sphynx dans Diodore, qu'auront fait allusion plusieurs de leurs fables.

Les femelles dans ce genre comme chez les autres Singes sont constamment plus petites et plus douces que les mâles. Cette remarque est importante, puisque chez les Carnassiers, les femelles, aussi grandes que les mâles, sont plus féroces qu'eux quand elles ont des petits. Elles sont réglées tous les mois. Chez elles le mamelon est très-saillant ; elles font ordinairement deux petits, dont l'un au moins est toujours accroché à elles dans les marches ou dans la fuite. Chez toutes les espèces, le poil, plus long au cou, y forme une sorte de crinière : l'excès de longueur de cette crinière forme dans le Tartarin sur les épaules une sorte de camail, et sur la tête une véritable chevelure qui retombe à droite et à gauche sur les oreilles à la manière de nos paysans bas-bretons. Le poil est constamment moins fourni aux parties inférieures du corps ; ses couleurs sont aussi plus vives aux parties supérieures. Dans toutes les espèces, moins le Cynocéphale de Solo, les poils sont annelés d'un jaune plus ou moins pâle et de noir ; la différence des nuances dépend de la prédominance de l'une des deux couleurs ; la couleur de la peau même varie avec les espèces ; les fesses sont toujours rouges ; la voix dans le contentement est une sorte de grognement assez doux ; dans la colère elle est aiguë et retentissante.

Nous avons déjà dit quelle est leur nourriture; ils la saisissent avec leurs lèvres (c'est ainsi, par exemple, qu'ils cueillent les fruits peu volumineux), ou bien ils la portent à la bouche avec leurs mains. Leur appétit est médiocre eu égard à leur taille; en mangeant ils commencent toujours par remplir leurs abajoues, grands sacs formés par des prolongemens de la muqueuse de la bouche, et qui s'étendent entre le peaucier et les muscles sous-jacens jusqu'au-devant du larynx, où les deux sacs se touchent par leur fond.

Geoffroy Saint-Hilaire (Tabl. des Quadrum., Ann. du Mus.) a fait deux divisions des Cynocéphales, qu'il nomme Babouins comme Buffon : la première à queue plus longue que le corps, à contours du maxillaire arrondis; museau triangulaire; angle facial de 35°; il y place le vrai Babouin (son Cynocéphale et l'Ouandérou dont les narines font un Macaque); la deuxième division où les maxillaires renflés en dessus forment deux plans verticaux; museau carré long; angle facial de 30°; queue plus courte que le corps d'une quantité variable. — Comme la queue chez les Cynocéphales est un organe sans importance, nous ne croyons pas qu'il y ait lieu d'en faire le motif d'une division bien significative. Nous croyons que la coloration de la face qui tient à la prédominance du tissu érectile, et d'où résulte un surcroît d'énergie dans le tempérament de ces Animaux, ferait le sujet d'une division plus significative.

1. Le BABOUIN, *Simia Cynocephalus*, L. Cette espèce, figurée pour la première fois dans les Mammifères lith. de F. Cuvier, première décade, n'a encore été bien décrite que par lui. Geoffroy (Tab. des Quadrum.) l'avait déjà déterminé par le caractère de sa face couleur de chair; cette couleur est un peu plus claire autour des yeux; la partie supérieure du corps est jaune verdâtre assez uniforme; tout le dessous d'un jaune plus pâle; de larges favoris blanchâtres réunis sous le cou; la queue relevée à son origine se reploie bientôt, et descend jusqu'au jarret. Chez les jeunes la couleur des fesses, au lieu de rouge, est d'un noir tanné. Dans cette espèce, les narines ne dépassent pas le museau qui est tronqué perpendiculairement, et les cartilages latéraux, un peu échancrés dans leur milieu, restent, dans cette partie, en

arrière de la cloison moyenne. Le Babouin, jusqu'ici confondu avec le Papion, a du museau aux callosités deux pieds trois pouces; de l'occiput au museau, neuf pouces; au train de devant, un pied dix pouces; à celui de derrière, un pied neuf pouces. Le Babouin est fréquemment figuré sur les monumens de l'Égypte et de la Nubie (Ant. d'Égypte, vol. II, pl. 83, n. 1); l'on voit des Babouins tenant des Cochons par la queue sur les bas-reliefs des tombeaux des rois, à Thèbes (*ibid.*, pl. 38, n. 10 et 8, pl. 81; une tête de Babouin, n. 14). Le Babouin avait un temple et un culte fameux à celle des trois Hermopolis dont les ruines sont près d'Achmouneïn. Il habite l'Afrique en dedans du Tropique; c'est lui que les anciens désignaient sous le nom de Cynocéphale.

2. Le TARTARIN, *Simia Hamadryas*, L., Encycl., pl. 10, fig. 3, copiée ainsi que celle de Buffon, Suppl. 7, dans Schreber, t. 10 : c'est le *Cynocephalus* de Gesner, fig. Quadr. p. 253; le *Lowando* de Buffon, t. 14, et Suppl. 7; le Singe de Moco qu'il a confondu avec l'Ouandérou; *Dog-Faced-Baboon* de Pennant. — Pelage gris verdâtre; parties postérieures plus pâles que les antérieures; jambes de devant presque noires; favoris et ventre blanchâtres ainsi que le beau mantelet qui lui enveloppe les épaules; face, oreilles et mains de couleur tannée, laquelle est un peu plus foncée au bout du museau. Un sillon très-marqué sépare en dessus les narines qui, par-là, ressemblent plus à celles du Babouin qu'à celles du Papion. Les fesses sont rouges; il y a très-peu de poils au ventre et à la face interne des membres; une mèche terminale à la queue qui avait un pied trois pouces de long, sur un individu où les autres proportions étaient de l'occiput au museau, huit pouces; de l'occiput aux fesses, un pied trois pouces six lignes; hauteur au train de derrière, un pied trois pouces six lignes; au train de devant, un pied quatre pouces six lignes.

L'Hamadryas a treize côtes et cinq vertèbres lombaires. Il venait autrefois fréquemment en Europe lors des communications avec l'Abyssinie : il est figuré sur les niches et les bas-reliefs du sanctuaire du temple d'Essaboua (Monum. de la Nubie par Gau, pl. 45, fig. A ; et *ibid.* pl. 3¹, Monum. de Dequet, en face d'un Lion). Marmol, Description de l'Afrique, p. 1, *lib.* 1, *cap.* 23 ; Ludolf, *Hist. Ethiop.*, *lib.* 1, *cap.* 10 ; Alvarez, *Itin.* chap. 17, mentionnent cet Animal que Nieburh a vu aussi en Arabie. Nous avons dit qu'il nous semblait probable que c'était le Cynocéphale Sphynx des anciens, surtout d'après la contrée où l'indique Diodore.

3. CHACMA, CYNOCÉPHALE NOIR, BABOUIN PORC, *Simia Porcaria*, Boddaert, Schreb., Suppl. 7, B; *ibid.* 6, B, sous le nom de *Simia Sphyngiola*, Hermann; bien figuré, Mam. lith. de F. Cuv., première décade. — D'un noir verdâtre avec prédominance du vert sur la tête; face et oreilles nues et d'un noir violâtre ainsi que la paume des quatre mains; peu de poils à la face interne des membres. Une forte mêche noire termine la queue qui avait un pied huit pouces de long sur un individu âgé de quinze ans, dont voici les autres proportions : hauteur aux épaules, deux pieds quatre lignes ; aux hanches, un pied neuf pouces quatre lignes ; longueur de la tête, un pied. Le Chacma a une sorte de crinière au cou, des favoris grisâtres-dirigés en arrière; la paupière supérieure blanche comme au Mangabey ; le ventre tout-à-fait plat, des callosités très-petites. Une femelle, apportée du Cap par Péron, n'avait pas de crinière comme son mâle, et était en général moins velue. Le Chacma est nommé par les Hottentots Choak Cama ; Delalande l'a vu se tenir par troupes de trois ou quatre seulement sur les montagnes, dans le voisinage des bois où ils n'entrent que pour fuir les chasseurs. Quoiqu'on ait dit que les Cynocéphales ne souffrent aucun Singe dans leur voisinage, Delalande a toujours rencontré, sur la lisière des bois près desquels habitent les Chacmas, une espèce nouvelle de Guenon très-petite, découverte par lui. *V.* GUENON. Il n'a rencontré le Chacma qu'au-delà de Groote-Vis-River, au Keïskama. Il n'a pas vu de Papions, très-communs aux environs du Cap, au-delà de Plata-Monts-Bay, plus de cent lieues en-deça de Groote-Vis-River. Cette espèce, qui semble se propager en remontant la côte orientale, est peut-être le Cebus ou Cepus adoré à Babylone, près Memphis, selon Strabon. Le Chacma a treize côtes et cinq vertèbres lombaires.

4. Le PAPION, *Simia Sphynx*, L.; *Papio*, Gesner et Jonston ; *Bavian* des Hollandais; Papion et Babouin, de Buffon, T. XIV, qui n'a pas connu le Babouin; Encycl. pl. 6, fig. 4, et pl. 9, fig. 1; copié dans Buff. (T. XIV) ; reproduit aussi par Schreber, pl. 6, qui le représente bien mieux, Suppl. 13, B, sous le nom douteux de *Sim. Cynocephalus*; enfin très-exactement représenté dans les Mamm. lith. de F. Cuv. 1ʳᵉ déc. — Caractérisé par la proéminence des narines au-delà du museau; face, oreilles et mains toutes noires avec les paupières supérieures blanches ; pelage brun jaunâtre; joues brunes; les poils des favoris dirigés en arrière. Le poil est plus rare sous le corps et à la face interne des membres. L'individu décrit et figuré par F. Cuvier, à peine adulte, avait déjà deux pieds du museau à l'anus; tête, neuf pouces et demi; queue, vingt pouces ; hauteur du train de derrière, vingt pouces; de devant, vingt-deux pouces; paume des mains, quatre pouces et demi; plante des pieds, cinq pouces neuf lignes. Les femelles et les jeunes ne diffèrent pas des mâles pour les couleurs, mais seulement pour les proportions; leur museau est moins allongé, leur corps moins trapu : ils n'habitent que les rochers; sont très-nombreux dans ceux de la montagne de la Table. Delalande les a rencontrés jusqu'à trois cents lieues

du Cap, vivant par troupes de trente à quarante. Dans cet espace il n'a pas vu un seul Chacma. Le Papion a douze côtes et sept vertèbres lombaires.

5. Le Drill, *Simia Leucophœa*, F. Cuvier, Ann. du Mus. pl. 37, très-jeune femelle; et Mam. lith. 3e décade, un vieux mâle. Distinct du Mandrill au premier coup-d'œil parce qu'il n'a que du noir à la face. Ce nom de *Leucophœa*, donné d'après la couleur d'un très-jeune individu qui fut le premier décrit, ne convient pas à l'adulte dont le pelage ne diffère de celui du Mandrill que par plus de verdâtre dans les parties supérieures, et de blanc dans les inférieures. Les poils des joues assez rares, moins foncés que les autres et couchés en arrière, sont jaunes et forment une sorte de barbe; les poils du vertex convergent sur la ligne médiane en une sorte de crête. La queue a un pinceau de poils gris. La peau de toutes les parties nues, excepté la région anale et génitale, est noire : elle est bleue partout où il y a du poil à travers lequel cette couleur se voit un peu. Les deux côtes saillantes à côté du nez ne sont pas plissées comme au Mandrill; les testicules et les fesses sont d'un rouge vif. La femelle a la tête moins allongée; les tons du pelage moins verdâtres ne sont bien marqués qu'à la tête et aux membres. Le gris domine au dos et aux flancs. Voici les proportions d'un Drill qui n'avait pas encore toute sa croissance : deux pieds deux pouces du sommet de la tête aux callosités; hauteur, vingt-deux pouces au train de derrière; tête, de l'occiput au museau, huit pouces huit lignes; queue, à peine trois pouces. C'est le *Wood-Baboon* de Pennant. Son *Yellow-Baboon* et ses autres Babouins à courte queue n'ayant été décrits et figurés que d'après des empaillés, et les couleurs disparaissant avec la vie, restent nécessairement indéterminés.

6. Le Mandrill, *Simia Maimon*, L.; *Mormon*, Alstroem, *Act. Holm.*;

Papio Mormon, Geoff., Ann. du Mus., le mâle sous le nom de *Choras*, Schreb., t. 8; la femelle, *ibid.*, tab. 7, sous celui de *Maimon Montegar*, Trans. Phil. n. 290; Buff., T. XIV, pl. 16 et 17; Mammif. lith., 3e décade. Les adultes de cette espèce, comme dans le Drill, ont toutes les parties supérieures des cuisses teintes d'un mélange éclatant de rouge et de bleu qui ne le cède en vivacité au brillant du plumage d'aucun Oiseau : ces couleurs, qui ne se manifestent qu'avec la puberté, se flétrissent et même s'effacent quand l'Animal est malade. Les deux côtes qui bordent le nez dans tous les Cynocéphales, sont ici colorées du plus beau bleu auquel le plissement oblique de la peau donne des reflets très-vifs. Tout le nez, depuis les yeux jusqu'au museau, devient avec l'age d'un rouge brillant; mais l'éclat de ces couleurs de la face est moindre que celui des cuisses. Chez les Macaques, si voisins des Cynocéphales, les testicules sont aussi d'un beau bleu lapis dans le Malbrouk, et d'un beau vert dans le Grivet. Avant le développement des canines, la tête est large et courte, la face noire, avec les deux côtes maxillaires bleues et ridées; les fesses n'ont pas encore de couleur et les testicules sont de couleur tannée; le corps est fort trapu; avec l'éruption des canines, le corps et les membres s'allongent et surtout le museau; alors le bout du nez rougit, les fesses et les testicules se colorent. A trois ans, l'accroissement des canines est presque terminé; le corps se muscle et devient épais presque comme à un Ours; alors le nez rougit sur toute sa longueur, les couleurs s'avivent aux testicules, aux cuisses et autour de l'anus. Le pelage change peu; le dessus du corps est d'un brun verdâtre assez uniforme, le dessous est blanchâtre; il y a derrière chaque oreille une tache d'un blanc grisâtre : les côtés de la bouche sont d'un blanc sâle; une barbe jaunâtre au menton, déjà bien développée chez les jeunes, ainsi que les plissemens des côtes maxillaires.

Dans les vieux Mandrills, les poils du vertex se relèvent en aigrette : le nez des femelles n'est jamais entièrement rouge ; mais chaque mois les bourrelets de la vulve se gonflent en une protubérance sphérique qui dure cinq jours, pendant lesquels se fait l'écoulement menstruel. — Les différences qu'entraînent les âges et le sexe avaient fait multiplier mal à propos les espèces ou variétés du Mandrill : on en peut juger par la synonymie que nous avons donnée. Cette espèce habite l'Afrique dans le voisinage du golfe de Guinée ; elle ne s'étend pas au sud de la Guinée méridionale, c'est-à-dire des royaumes de Congo et d'Angola.

7. BABOUIN CHEVELU, *Papio comatus*, Geoffroy Saint-Hilaire, Tabl. des Quadrum., Ann. du Mus. — Pelage brun noir ; deux touffes de poils descendant de l'occiput ; joues striées et noires. C'est le *Simia Sphyngiola* d'Hermann, dans Schreber, pl. 6, B. Il y a deux individus au cabinet, qui diffèrent assez du *Simia Porcaria*, pour que nous croyions devoir admettre ici le Babouin chevelu. Patrie inconnue.

8. Le CYNOCÉPHALE MALAIS DE DUSSUMIER, *Cynocephalus Malayanus*, N. — Pelage tout-à-fait noir et dur, formant une aigrette élargie sur la tête ; face et mains noires ; la tête est plus carrée que dans toutes les autres espèces ; le museau moins allongé, mais la face a beaucoup plus de largeur ; le maxillaire ne se relève pas en côte le long du nez, mais s'aplatit parallèlement au nez en un plan qui s'élargit vers l'orbite, au bord externe duquel il commence. Il en résulte que la face, à partir du front, est bornée en dehors par une ligne droite sans aucune courbure ou rétrécissement ; et comme le museau a encore à proportion plus de largeur que dans les autres Cynocéphales, le visage carré de ce Singe le fera toujours reconnaître aisément, indépendamment de son beau noir et de sa petite taille, qui n'excède pas quinze ou seize pou-

ces de la tête au derrière. Il est des îles Philippines. Dussumier l'a apporté de Solo. (A. D..NS.)

* CYNOCÉPHALE. POIS. Klein avait étendu ce nom à des Squales. Il appelait *Cynocephalus albus* le Requin, et *Cynocepalus glaucus* le Requin bleu. *V.* SQUALE. (B.)

CYNOCEPHALIA. BOT. PHAN. Quelques anciens botanistes ont appliqué ce nom à des Mufliers, particulièrement à l'*Antirrhinum majus*. Dioscoride le donnait au *Plantago Psyllium*. (B.)

CYNOCRAMBE. BOT. PHAN. C'est-à-dire *Chou de Chien*. Dioscoride donne ce nom à une Plante qui est devenue le *Theligonum Cynocrambe* de Linné. Tragus, Lonicer et Lobel l'appliquent au *Mercurialis perennis*, L. ; d'autres y reconnaissent le *Periploca græca*. (B.)

* CYNOCTONUM. BOT. PHAN. Gmelin (*Syst. Nat.* XIII, T. II, 443) fit, sous le nom de *Cynoctonum sessilifolium*, un double emploi de l'*Ophyorrhiza Mitreola*, L., et décrivit, comme seconde espèce de ce genre nouveau, une variété de la Plante précédente, à laquelle il donna le nom de *C. petiolatum*. Ce qui l'avait induit en erreur, c'était la description de deux Plantes par Walter, qui, dans sa Flore de la Caroline, n'ayant pu les rapporter à un genre connu, les avait désignées, ainsi que beaucoup d'autres, sous la dénomination impropre d'*Anonymus ;* et Gmelin voulut donner un nom générique à ces Plantes. Il ne serait nullement convenable de l'admettre, quoique le genre *Ophyorrhiza* de Linné soit maintenant partagé et que l'*Ophyorrhiza Mitreola* en ait été distrait. Notre collaborateur Ach. Richard, qui a opéré ce retranchement (Mém. de la Société d'Hist. Nat. de Paris, vol. 1er), en fixant avec exactitude les caractères des deux genres, et leur assignant une place certaine, a donné le nom de *Mitreola* à ce genre nouveau, qui reste dans la famille des

Gentianées. *V.*, pour plus de détails, le mot MITRÉOLE.   (G..N.)

Dioscoride donnait le nom de CY-NOCTONON à l'Aconit Tue-Loup. *V.* ACONIT.   (B.)

CYNODE. *Cynodon.* BOT. PHAN. C'est-à-dire *Dent de Chien.* Le Chien-dent ou Pied-de-Poule, *Panicum dactylon*, L., placé tour à tour dans les genres *Paspalum* et *Digitaria*, est devenu, pour le professeur Richard, le type d'un genre distinct, qu'il a nommé Cynodon, et qui a été générale-ment adopté par les agrostographes. On peut le caractériser ainsi : sa lépi-cène est uniflore, formée de deux val-ves lancéolées, un peu inégales et ou-vertes; la glume est plus grande, égale-ment formée de deux valves dont l'ex-térieure est très-renflée, naviculaire et apiculée à son sommet; la glumelle est tronquée. Les fleurs sont disposées en épis unilatéraux, partant plusieurs ensemble du sommet de la tige.

Le CYNODE PIED-DE-POULE, *Cynodon dactylon*, Rich., est une petite Plante vivace, dont la tige est ram-pante, la racine fibreuse; ses rameaux redressés, peu élevés, garnis de feuil-les distiques. Les épis naissent au nombre de quatre à cinq du sommet des rameaux. Elle est commune dans les lieux incultes et sablonneux. Ses tiges souterraines forment une des espèces de Chiendent.   (A.R.)

* CYNODON. POIS. Espèce du genre *Dentex*, qu'il ne faut pas confondre avec celle à laquelle Ron-delet donnait le même nom d'a-près quelques anciens. *V.* DENTÉ.   (B.)

CYNODONTE. *Cynodon.* BOT. CRYPT. (*Mousses.*) Ce genre, fondé par Hedwig, admis par Schwœgri-chen sous le nom de *Cynodontium*, avait été réuni par Hooker au Di-dymodon dont il diffère en effet très-peu; depuis, Bridel l'a limité aux trois espèces suivantes, qui n'ont que seize dents aux péristomes, rapprochées par paire comme dans les Didymodons : *Cynodon incli-natus*, *C. latifolius*, *C. cernuus*. Ce

genre ne diffère par conséquent des Didymodons que par les cils de son péristome au nombre de seize au lieu de trente-deux; son port est cepen-dant assez différent pour qu'il mérite peut-être d'être conservé; la tige de ces Mousses est peu rameuse, les feuil-les sont insérées tout autour; la cap-sule est pédicellée et inclinée, ce qui leur donne l'aspect de quelques Brys.   (AD. B.)

CYNOGLOSSE. *Cynoglossum.* BOT. PHAN. Vulgairement *Langue de Chien.* Famille des Borraginées et Pentan-drie Monogynie. Linné réunit en un seul genre le *Cynoglossum* et l'*Om-phalodes* fondés par Tournefort, et dont nous apprécierons plus bas les différences. Jussieu, Lamarck et De Candolle ont adopté le genre ainsi constitué par Linné avec les carac-tères suivans : calice à cinq divisions profondes ; corolle infundibulifor-me, courte et à cinq lobes, l'en-trée du tube munie d'écailles convexes et rapprochées; stigmate émarginé; fruits déprimés attachés latéralement au style. Le genre *Omphalodes* de Tournefort diffère de son *Cynoglos-sum* par ses noix en forme de cor-beille, lisses, dentées et courbées sur les bords, tandis que celles des vraies Cynoglosses sont planes et rudes; en outre les feuilles de celles-ci sont or-dinairement cotonneuses, et celles des Omphalodes sont entièrement gla-bres. Les corolles de ces dernières pré-sentent, en outre, un tube court et un limbe plane. Ces caractères ont paru suffisans à plusieurs auteurs pour en autoriser la distinction. Lehmann (*Berlin Gesellschaft. naturf. freund.* VIII, 2, p. 97) a adopté l'*Omphalodes* de Tournefort; Rœmer et Schultes l'ont également décrit comme genre distinct, mais sous le nouveau nom de *Picotia*, trouvant l'ancien con-traire aux préceptes de Linné, quoi-que dans sa Philosophie botanique ce législateur n'ait proscrit que les noms finissant en *oides*, et que d'au-tres terminés en *odes* aient été depuis construits ou adoptés par des botanistes célèbres : tel est le *Cyathodes* de Labillardière, etc. Les *Picotia* décrits par les auteurs susdits, sont au nombre de neuf espèces, indigènes de l'Espagne, du Portugal, de l'Italie, de la France méridionale et de l'Asie voisine de la Méditerranée. Ayant donné le caractère du genre *Cynoglossum* tel qu'il a été établi par Linné et Jussieu, nous ne devons pas renvoyer au mot *Omphalodes* pour faire connaître quelques espèces intéressantes de ce groupe que nous admettons simplement comme section de genre.

Un second genre a été formé aux dépens des Cynoglosses par Pallas (*Itin.* vol. 1, *Append.*, p. 486) qui lui a donné le nom de *Rindera*. Il diffère du *Cynoglossum* par la gorge ou l'entrée du tube de la corolle sans écailles et par ses noix comprimées. Le *Cynoglossum lœvigatum*, L., sous le nom de *Rindera Tetraspis*, composait seul dans l'origine ce nouveau genre. Rœmer et Schultes y ont joint les *Cynoglossum glastifolium*, Willd., et *C. emarginatum*, Lamk. Enfin, Schultes (*Œstr. Flor.* édit. 2, 1, p. 363) a séparé des Cynoglosses une espèce de Hongrie, et lui a donné le nom générique de *Mattia*. Dans leur Species, Rœmer et Schultes, outre le *Cynoglossum umbellatum* de Waldstein et Kitaibel, ont rapporté à ce nouveau genre les *Cynoglossum lanatum*, Lamk., et *C. stamineum*, Desf. La distinction des genres *Rindera* et *Mattia* d'avec le *Cynoglossum* n'est pas admise par divers auteurs et notamment par Lehmann (*loc. cit.*). R. Brown pense néanmoins que le premier de ces genres offre des différences assez tranchées, et selon Rœmer et Schultes, peu de genres formés avec des espèces déjà connues sont aussi naturels.

Si d'après le caractère générique exposé plus haut, nous ne considérons tous ces démembremens que comme des sections de genre, et si par conséquent nous conservons le *Cynoglossum* de Linné dans toute son intégrité, en faisant le recensement du nombre des espèces, nous trouvons qu'il se monte à près de cinquante. Il est peu de ces espèces qui n'aient reçu chacune plusieurs noms spécifiques, ou qui, dans certains auteurs, n'aient été réunies à d'autres genres voisins des Borraginées, tels que l'*Anchusa*, le *Lithospermum*, le *Symphitum*, etc. Le même nom générique et spécifique a été donné à plusieurs Plantes à la fois ; ainsi, par exemple, Fortis, Miller, Brotero, Vahl et Willdenow, ayant méconnu le *Cynoglossum Lusitanicum*, L., ont chacun donné ce même nom à des Plantes diverses. Ce serait nous étendre au-delà des limites d'un ouvrage où l'on n'a pas la prétention de faire connaître toutes les espèces, mais bien d'en tracer l'ensemble d'une manière générale, que de vouloir débrouiller à nos lecteurs cette confusion. Il nous suffira de faire observer que les Cynoglosses sont en général des Plantes herbacées à tiges rameuses et garnies de fleurs, le plus souvent d'une couleur rouge vineuse. Elles habitent les contrées méridionales des zônes tempérées. L'Europe et l'Orient en nourrissent le plus grand nombre, l'Amérique du Nord quelques espèces ; enfin, Thunberg en a fait connaître quelques-unes du Cap ; Bory de Saint-Vincent a rapporté de l'île de Mascareigne le *Cynoglossum Borbonicum*, et trois nouvelles espèces se trouvent décrites dans le Prodrome de la Flore de la Nouvelle-Hollande par R. Brown. Parmi celles qui croissent naturellement en France, nous allons décrire la plus belle et en même temps la plus remarquable par ses usages médicaux. Nous parlerons ensuite de deux jolies espèces cultivées dans les jardins d'agrément.

La CYNOGLOSSE OFFICINALE, *Cynoglossum officinale*, L., est une Plante qui croît dans les lieux incultes et pierreux de toute l'Europe. Sa tige herbacée, droite, velue, haute de cinq à huit décimètres, très-rameuse et paniculée à sa partie supérieure, porte des feuilles sessiles, alternes, ovales, lancéolées, molles, d'un vert blanchâtre et couvertes de poils courts et soyeux; les radicales sont pétiolées, plus grandes et plus larges que les caulinaires. Au sommet de la Plante, les fleurs sont disposées en épis allongés et un peu roulés en crosse à leur extrémité. Ces fleurs sont petites, d'une couleur rouge foncée ou violette, blanche dans une variété, et sont portées sur de courts pédoncules. Les feuilles de cette Plante, cuites dans l'eau et appliquées à l'extérieur, passent pour émollientes et anodines. Le decotum ou l'infusum de toute la Plante, évaporé en consistance d'extrait, a jadis été employé en médecine comme un sédatif efficace; il a donné son nom aux pilules de Cynoglosse dont on en avait fait un des ingrédiens. Les médecins, qui se servent encore aujourd'hui avec avantage de ces pilules, n'ignorent pas que c'est à l'Opium qu'elles doivent leur qualité active, et ils dosent seulement d'après la quantité de cette dernière substance.

La CYNOGLOSSE OMBILIQUÉE, *Cynoglossum Omphalodes*, L., a des tiges qui ne s'élèvent pas au-delà d'un décimètre, des feuilles glabres dont les inférieures sont en forme de cœur et longuement pétiolées; les supérieures sont ovales et n'ont que de courts pétioles. Ses fleurs, d'un bleu vif intérieurement, veinées de quelques raies blanches, ont l'entrée du tube assez ouverte et le limbe plus étalé que dans les autres Cynoglosses. L'apparence de ces fleurs a fait donner le nom de *Petite Bourrache* à cette Plante que l'on cultive dans les jardins et qu'elle contribue à décorer, au printemps, par son élégance et sa profusion. Elle croît naturellement en Piémont et dans le nord de l'Italie.

La CYNOGLOSSE A FEUILLES DE LIN, *Cynoglossum linifolium*, est indigène du Portugal, et cultivée comme la précédente, mais moins fréquemment, dans les jardins. Ses fleurs blanches, longuement pédonculées le long de plusieurs axes qui s'élèvent des aisselles des feuilles, donnent à cette Plante l'aspect des vraies Cynoglosses, mais ses caractères floraux la rapprochent des Omphalodes. Elle a des feuilles sessiles, glabres, lancéolées, un peu obtuses et qui s'élargissent en raison de leur situation élevée sur la tige; au sommet elles deviennent cordées et amplexicaules. La description du *Cynoglossum Lusitanicum* de Vahl (*Symbol.* 2, p. 54) convient parfaitement à cette Plante, et cet auteur fait une autre espèce du *C. linifolium*; cependant c'est sous ce dernier nom que la Plante dont il est question est généralement connue. D'ailleurs, le nom spécifique de *Lusitanicum* a été appliqué à plusieurs espèces différentes de celle nommée ainsi par Linné.   (G..N.)

CYNOGLOSSOIDES. BOT. PHAN. Le genre décrit par Danty d'Isnard sous ce nom (Mém. Acad. Scienc., 1718) a été depuis réuni au genre Borrago par Linné. *V.* BOURRACHE.
                    (A. R.)

CYNOMÈTRE. *Cynometra*. BOT. PHAN. Genre de la famille des Légumineuses et de la Décandrie Monogynie, fondé par Linné, et présentant les caractères suivans: calice à quatre divisions réfléchies; cinq pétales égaux entre eux; dix étamines distinctes, à anthères bifides au sommet; légume en forme de croissant ou hémisphérique sans échancrure, de consistance presque charnue, extérieurement tuberculé, intérieurement uniloculaire et ne contenant qu'une seule graine, grande, solide et ayant une forme courbée, analogue à celle du fruit. Les espèces de ce genre, au nombre de trois, sont indigènes des Indes-Orientales. Ce sont des Arbres à feuilles conjuguées comme celles des *Bauhinia*, ou pinnées dans une espèce, à fleurs nombreuses portées sur des pédoncules insérés sur le tronc ou les rameaux.

Dans son Herbier d'Amboine, Rumph a donné de bonnes figures (t. 62 et 63) des *Cynometra cauliflora* et *C. ramiflora* de Linné, figures qui ont été reproduites par Lamarck (Illustr. t. 331). Les descriptions qui dans Rumph accompagnent les figures sont, à sa manière ordinaire, très-détaillées et très-soignées eu égard à leur époque ; il ne dit presque rien sur les usages de ces Plantes, l'amertume et l'astringence de leurs fruits les rendant inutiles aux peuples d'Amboine, si favorisés d'ailleurs par la nature du côté de ses productions végétales. Ces deux Plantes ont reçu le nom malais de *Nam-nam*, qui répond à celui de *Cynomorium sylvestre* que lui a donné Rumph, ou plutôt à celui de Cynometra imposé par Linné à cause de la ressemblance que l'on a cru trouver entre leur fruit et certaines parties de la génération du Chien.—L'espèce que Loureiro (*Fl. Cochinch.*, p. 329) a ajoutée à ce genre sous le nom de *Cynometra pinnata*, est un grand Arbre des forêts de la Cochinchine, où on le nomme *Cay-rang*, à feuilles imparipinnées et à fleurs disposées en grappes terminales.   (G..N.)

CYNOMOIR. BOT. PHAN. Nom francisé par quelques auteurs et proposé pour le genre Cynomorion. *V.* ce mot.   (B.)

CYNOMOLGOS ou CYNOMOL- GUS. MAM. *V.* MACAQUE.

CYNOMORION ou CYNOMO- RIUM. POLYP. Nom spécifique d'une Pennatule d'Ellis, nommée *Alcyonium Epipetrum* par Gmelin, et qui sert de type au genre Vérétille de Cuvier. *V.* VÉRÉTILLE.   (LAM..X.)

CYNOMORION. *Cynomorium*. BOT. PHAN. Pline paraît avoir désigné sous ce nom l'Orobanche ; Rumph l'appliqua à deux Arbres de l'Inde, que Linné nomma plus tard *Cynometra*, afin de conserver le nom de *Cynomorion* à une Plante fort singulière ayant le port des Orobanches, et qui avait été décrite et figurée par Micheli. Ce genre, dont la structure a été si exactement décrite par le professeur Richard dans son Mémoire

sur la nouvelle famille des Balanophorées, dans laquelle il vient se ranger, ne se compose que d'une seule espèce : le *Cynomorium coccineum*, L., Rich. (Balanoph., p. 17, t. 21, Mém. du Mus.). Les deux espèces décrites par Swartz sous les noms de *Cynomorium cayennense* et de *Cynom. jamaïcense* appartiennent au genre *Helosis* du professeur Richard. *V.* HELOSIS.

Le Cynomorion offre pour racine une sorte de souche tuberculeuse, d'où naît une tige de six à huit pouces de longueur, simple, épaisse, cylindrique et presque claviforme, d'une teinte rouge brunâtre très-foncée ; elle est épaisse et chargée inférieurement d'écailles charnues, discoïdes, unies à la tige par presque toute la largeur de leur face inférieure ; supérieurement elle est recouverte de fleurs qui forment un capitule ovoïde, allongé, obtus, composé de fleurs mâles et femelles entremêlées ; ces fleurs sont portées sur un réceptacle cylindracé, charnu, couvert d'écailles épaisses, discoïdes, et de petites paléoles très-nombreuses accompagnant les fleurs ; les fleurs mâles ont au lieu d'un calice une sorte d'écaille épaisse et tronquée à son sommet, de manière à représenter un cône renversé ; cette écaille est creusée d'un côté d'une fossette ou gouttière longitudinale dans laquelle est reçu le filet de l'étamine ; elle est environnée à sa base de plusieurs bractées allongées, obtuses et comme spathulées ; le filet de l'étamine est subulé, dressé, et se termine par une anthère arrondie, un peu oblongue, obtuse, à deux loges s'ouvrant chacune par un sillon longitudinal ; dans les fleurs femelles l'ovaire est pédicellé, adhérent avec le calice, dont le limbe offre trois à quatre lanières lancéolées ; coupé longitudinalement il offre une seule loge qui contient un ovule renversé ; le style est terminal, cylindrique, trois fois plus long que l'ovaire, et porte à son sommet un stigmate simple et hémisphérique ; le fruit est une cariopse globuleuse couronnée par les lobes du calice. Le Cynomorion croît dans les lieux sablonneux et maritimes de l'île de Crète, en Égypte, et même en Espagne. Il se distingue des trois autres genres *Helosis*, *Langsdorffia* et *Balanophora*, qui forment avec lui la famille des Balanophorées, par son étamine unique, tandis qu'elles sont au nombre de trois dans ces genres. *V.* BALANOPHORÉES. (A. R.)

CYNOPTÈRE. MAM. Genre de Chauve-Souris carnassières insectivores. *V.* VESPERTILIONS où l'on traitera les différens genres ou sous-genres de cette division de l'ordre des Cheiroptères. Quant au mot Céphalote, genre de Chauve-Souris frugivores, *V.* ROUSSETTE. (A. D..NS.)

CYNOMYA. BOT. PHAN. (Dioscoride.) C'est-à-dire *Mouche de Chien.* Syn. de *Plantago Cynops*, L. *V.* PLANTAIN. (B.)

CYNONTODE. BOT. CRYPT. Syn. de Cynodon. *V.* ce mot. (A. R.)

* CYNOPHALLA. BOT. PHAN. Troisième section établie par De Candolle (*Prodrom. Syst. univ.* 1, pag. 249) dans le genre Caprier, et à laquelle il assigne pour caractères : boutons globuleux formés des sépales arrondis, imbriqués avant la floraison, et munis à leur base d'une petite fossette glanduleuse. Le fruit est une sorte de silique charnue, longue et cylindrique. Cette section se compose d'espèces américaines, glabres, sans épines, et munies de glandes à l'aisselle de leurs feuilles. Telles sont les *Capparis Cynophallophora*, L.; *C. hastata*, L.; *Saligna*, Vahl, etc. (A. R.)

CYNORÆTES. ARACHN. (Du Dict. de Levrault.) Pour Cynorhæste. (AUD.)

* CYNORCHIS. BOT. PHAN. *V.* CYNOSORCHIS.

CYNORHÆSTE. *Cynorhæstes.* ARACHN. Hermann (Mém. Aptérol., p. 63) désigne sous ce nom un genre d'Arachnides trachéennes qui correspond au genre Ixode de Latreille. *V.* IXODE. (AUD.)

CYNORHODON. BOT. PHAN. C'est-à-dire *Rose de Chien.* Les anciens désignaient sous ce nom le fruit des Rosiers sauvages. Ce fruit, d'une belle couleur rouge écarlate, et dont la partie charnue est formée par le tube du calice épaissi, a une saveur acerbe et agréable. On en prépare dans les pharmacies une conserve qui est légèrement tonique et astringente. Les Allemands en font un grand usage pour la table, et en composent des sauces pour le gibier. (A. R.)

CYNORYNCHIUM. BOT. PHAN. C'est-à-dire *Museau de Chien.* Vieux syn. de Glayeul, employé par Plukenet pour désigner le *Chelone Penstemon*, L. (B.)

CYNOSIENS. MAM. Famille de Carnassiers établie dans la première édition du Dict. de Déterville, et qui comprend les genres Chien, Hyène et Fennec. *V.* ces mots. (B.)

* CYNOSORCHIS. BOT. PHAN. C'est ainsi que Du Petit-Thouars (Histoire des Orchidées des îles australes d'Afrique, 2e tableau), remettant en usage un nom appliqué par les anciens botanistes à diverses Orchidées, et par Crantz au même genre, désigne un groupe d'Orchidées de la section des Satyrions. Il correspond au genre *Orchis* de Linné, et les espèces dont il se compose étaient les *Orchis fastigiata*, *O. triphylla* et *O. purpurea*, noms que Du Petit-Thouars propose de remplacer par ceux d'*Isocynis*, *Triphyllocynis* et *Erythrocynis*. *V.* chacun de ces mots. Ces Plantes habitent les îles de France, de Mascareigne et de Madagascar; elles se distinguent des autres de la section par leurs feuilles ovales ou oblongues, leurs fleurs peu nombreuses ou en épi, multiples dans une espèce. Dans le 1er tableau de l'ouvrage précité ce genre est aussi désigné, sans doute par erreur typographique, sous le nom de *Cynorchis*. (G..N.)

CYNOSURUS. BOT. PHAN. *V.* CRETELLE.

CYNOXYLON. BOT. PHAN. (Plukenet.) Syn. de *Nyssa biflora*, Willd. (Mentzel.) Syn. de Cardopat. *V.* ce mot et NYSSE. (B.)

CYPARISSIAS. BOT. PHAN. Nom spécifique et scientifique d'un Tythimale fort commun en France, particulièrement au bois de Boulogne. *V.* EUPHORBE. (B.)

CYPARISSUS. BOT. PHAN. Nom du Cyprès chez les anciens, et duquel est venu *Cupressus*. *V.* CYPRÈS. (B.)

CYPÉRACÉES. *Cyperaceæ.* BOT. PHAN. Famille naturelle de Plantes monocotylédones hypogynes., trèsvoisine des Graminées, dont les genres Souchet et Scirpe (*Cyperus*, *Scirpus*) nous offrent en France des exemples, et qui se compose de Végétaux herbacés, croissant en général dans les lieux humides et sur le bord des ruisseaux et des étangs. Leur racine est annuelle ou vivace, fibreuse ou composée d'une souche ou rhizome s'étendant horizontalement, et présentant parfois de distance en distance des tubercules charnus plus ou moins volumineux remplis d'une substance blanche et amilacée. Leur tige est un véritable chaume cylindrique ou à trois angles très-aigus; quelquefois elle n'offre pas de nœuds, d'autres fois elle en présente plusieurs. Dans quelques espèces, le chaume est nu, toutes les feuilles sont radicales. Celles qui naissent des tiges sont alternes, en général linéaires, étroites, aiguës, terminées à leur base par une longue gaîne entière, c'est-à-dire qui n'est pas fendue dans toute sa longueur, ainsi que cela a lieu dans les Graminées. Assez souvent l'entrée de la gaîne est garnie d'une ligule membraneuse et circulaire, qui manque dans beaucoup de genres. Les fleurs sont tantôt hermaphrodites, tantôt unisexuées. Généralement elles forment des épis ovoïdes, globuleux ou cylindriques, qui, en se réunissant ou se groupant diversement, constituent des panicules ou des espèces de corymbes, qui sont en général enveloppés dans les gaînes des feuilles supérieures. Lorsque les fleurs sont unisexuées, les fleurs mâles et les fleurs femelles sont placées dans des épis différens; quelquefois elles y sont confusément mélangées dans un même épi. Chaque fleur hermaphrodite offre l'organisation générale suivante : une simple écaille, de forme très-variée, tient lieu d'enveloppe florale. Le professeur Lestiboudois de Lille propose de lui donner le nom de Gamophylle. Cette écaille est une véritable bractée analogue à celles qui existent dans les fleurs des Graminées. Il n'y en a jamais qu'une seule pour chaque fleur; quand on en trouve plusieurs, c'est qu'elles appartiennent à des fleurs avortées; ce que prouvent leur alternité et les plans différens sur lesquels elles sont placées. Le nombre des étamines est en général de trois; on n'en compte qu'une ou deux dans quelques espèces de *Scirpus* et de *Cyperus*; les genres *Gahnia* et *Lampocarya* en ont six; le *Tetraria* en a huit; l'*Evandra*, douze. Dans tous, le filet est très-grêle et capillaire, et se termine par une anthère cordiforme ou sagittée, échancrée à sa base, mais terminée en pointe à son sommet, tandis que dans toutes les Graminées, l'anthère est également échancrée à ses deux extrémités; le pistil se compose d'un ovaire globuleux, comprimé ou triangulaire, contenant un seul ovule. Il se termine supérieurement par un style en général assez court, continu ou simplement articulé avec l'ovaire et portant à son sommet deux ou trois stigmates linéaires et glanduleux. En dehors et à la base de l'ovaire, et quelquefois en dehors des étamines, on trouve un organe particulier dont la forme et la structure sont extrêmement variables; ainsi tantôt ce sont de petites soies simples au nombre de trois à six; tantôt elles sont beaucoup plus nombreuses et plus longues que l'ovaire et que les écailles, comme dans les genres *Trichophorum* et *Eriophorum*; d'autres fois ces soies sont barbues et comme plumeuses latéralement (*Carpha*) dans certains genres; ce sont de véritables écailles dont le nombre et la disposition varient beaucoup. Enfin dans les genres *Carex* et *Uncinia*, c'est un utricule monophylle recouvrant l'ovaire en totalité et lui formant comme une sorte de péricarpe accessoire. Robert Brown et Lestiboudois considèrent ces écailles, ces soies et cet utricule comme un véritable périanthe; mais cette opinion nous paraît peu fondée. En effet, il est impossible de considérer comme un périanthe un organe qui fréquemment est situé en dedans des étamines. Le professeur Richard les regarde comme analogues aux paléoles qui constituent la glumelle dans les Graminées. Le fruit est un akène globuleux, comprimé ou triangulaire, forme qui dépend en général du nombre des stigmates. Il est triangulaire quand il a trois stigmates, comprimé lorsqu'il n'en existe que deux. La partie interne du péricarpe est crustacée et contient une seule graine, qui se compose d'un tégument propre, très-mince, dans lequel est un endosperme qui forme toute la masse de l'amande. Dans l'intérieur de cet endosperme et tout près de sa base, on trouve un petit embryon monocotylédon, qui n'est recouvert inférieurement que par une lame mince de l'endosperme. R. Brown et la plupart des autres botanistes décrivent cet embryon comme extraire, tandis qu'il est constamment recouvert par une petite lame de l'endosperme. Le tubercule radicellaire est toujours simple, et la gemmule renfermée dans l'intérieur du cotylédon qu'elle perce latéralement lors de la germination. La famille des Cypéracées a beaucoup d'affinité d'une part avec les Graminées, et d'une autre part avec les Joncées. Mais elle se distingue des premières: 1° par le nombre et la disposition des écailles florales; en effet, toute fleur de Graminée se compose au moins de deux écailles florales qui en

forment la glume, et lorsque les épillets sont uniflores, on trouve quatre écailles florales, c'est-à-dire la glume et la lépicène en dehors des organes sexuels. 2°. Dans les Graminées, la gaîne des feuilles est généralement fendue, et ce caractère, qui souffre à peine quelques exceptions, les distingue fort bien des Cypéracées dont la gaîne est toujours entière. 3°. Dans les Graminées, le fruit est une cariopse, tandis que c'est un akène dans les Cypéracées. 4°. Enfin, l'embryon est fort différent dans ces deux familles. Dans les Graminées, il est extraire, macrorhize ou blastifère, c'est-à-dire que le corps radiculaire forme une masse considérable qui n'est pas susceptible d'accroissement, et qui porte un autre corps nommé blaste, lequel prend seul du développement lors de la germination; celui des Cypéracées, au contraire, est intraire, c'est-à-dire entièrement caché par l'endosperme; il est de plus dépourvu d'hypoblaste ou de ce corps charnu nommé *vitellus* par Gaertner et *hypoblaste* par le professeur Richard.

Cette famille a été, depuis la publication du *Genera Plantarum*, l'objet des travaux de plusieurs botanistes, qui chacun en ont éclairé quelques points obscurs: nous devons particulièrement citer Vahl, le professeur Richard, R. Brown, Kunth et Lestiboudois. Ce dernier a publié en 1819 un Essai sur la famille des Cypéracées, dans lequel il trace les caractères de tous les genres connus alors, et d'un grand nombre de nouveaux qu'il avait cru devoir établir. Il est à regretter qu'il n'ait pas cité, au moins pour les genres nouveaux qu'il proposait, quelques-unes des espèces qu'il faisait entrer dans ces genres.

Dans son *Genera*, l'illustre Jussieu ne décrivit que onze genres de Cypéracées. Mais ce nombre s'est considérablement augmenté par les travaux des botanistes que nous avons précédemment cités, et surtout par ceux de Brown et de Lestiboudois. Ce dernier, dans son Essai, donne les caractères de soixante-un genres formant cette famille. Jusqu'en ces derniers temps on avait divisé les genres de Cypéracées d'une manière artificielle en deux sections, dont l'une comprenait ceux à fleurs unisexuées, et l'autre ceux en plus grand nombre, qui ont les fleurs hermaphrodites. Mais on a préféré dans ces derniers temps former, dans cette famille, un certain nombre de groupes naturels ou de petites familles. Kunth, dans ses Considérations générales sur la famille des Cypéracées, a proposé quatre sections naturelles, qui sont :

Ire section. — SCIRPÉES. Ecailles imbriquées en tous sens ; fleurs hermaphrodites.

Eriophorum, L. ; *Trichophorum*, Rich. ; *Scirpus*, Brown ; *Isolepis*, R. Brown ; *Fimbristylis*, Rich. *in Vahl*; *Hypœlythrum*, Rich.; *Fuirena* Rottb.; *Vaginaria*, Rich.; *Dichromena*, Rich. *in Pers*.

IIe section. — CYPÉRÉES. Ecailles distiques ; fleurs hermaphrodites.

Cyperus, L.; *Abildgaardia*, Vahl; *Dulichium*, Rich.; *Mariscus*, Vahl; *Papyrus*, Kunth; *Kyllinga*, Rottb., Juss.; *Schœnus*, L.; *Rhynchospora*, Vahl; *Chœtospora*, R. Brown, etc.

IIIe section. — CARICÉES. Ecailles imbriquées en tous sens; fleurs unisexuées; akène renfermé dans un utricule.

Carex, L. ; *Uncinia*, Pers., etc.

IVe section. — SCLÉRINÉES. Fleurs diclines; fruit plus ou moins dur et osseux.

Scleria, L. ; *Diplacrum*, R. Brown ; *Gahnia*, Forst., Juss., etc. (A. R.)

*CYPÉRÉES. BOT. PHAN. Seconde section de la famille des Cypéracées. *V.* ce mot. (A. R.)

CYPERELLA. BOT. PHAN. (Micheli.) Syn. de *Schœnus compressus*, L., espèce du genre Choin. *V.* ce mot. (B.)

CYPÉROIDÉES. *Cyperoïdeœ*. BOT. PHAN. Jussieu nommait ainsi la famille des Cypéracées. *V.* CYPÉRACÉES. (A. R.)

CYPEROIDES. BOT. PHAN. Même chose que Cypéracées. *V.* ce mot. Tournefort et d'autres botanistes appelaient ainsi les *Carex*. *V.* LAICHE. (B.)

CYPERUS. BOT. PHAN. *V.* SOUCHET.

*CYPHELLE. *Cyphella*. BOT. CRYPT. (*Lichens*.) On appelle ainsi les fossettes arrondies et bordées qu'on remarque à la face inférieure de la thalle dans les espèces du genre *Sticta*. *V.* STICTE. (A. R.)

CYPHIE. *Cyphia*. BOT. PHAN. Genre de la famille des Lobéliacées de Richard, et de la Pentandrie Monogynie, L., établi par Bergius (*Fl. Cap.*, p. 172) et adopté par Linné, Willdenow, Rœmer et Schultes, qui y ont réuni plusieurs Lobélies décrites par Thunberg. Ses caractères sont : calice quinquéfide, turbiné; pétales linéaires, connivens par leur base, élargis, réfléchis au sommet; filets des étamines poilus, adhérens entre eux; anthères libres; stigmate penché, creux et bossu. Ce genre ne diffère pas réellement des Lobélies, selon Thunberg, malgré la liberté de ses anthères et la régularité ainsi que la profondeur des divisions de sa corolle. Néanmoins Jussieu (Ann. du Muséum, v. 18, p. 2) pense que le *Cyphia* de Bergius, si les descriptions données par cet auteur sont exactes, doit même être écarté de la famille des Lobéliacées. Les Plantes rapportées à ce genre douteux, sont au nombre de huit ou neuf, la plupart indigènes des environs de la ville du cap de Bonne-Espérance. La *Cyphia bulbosa*, Berg., type du genre, a été transportée de nouveau dans les Lobélies, et a été nommée *Lobelia Cyphia* par Gmelin (*Syst. Veg.*, 1, p. 357) qui, dans le même ouvrage, p. 370, a commis un double emploi en reproduisant cette Plante sous le nom de *Cyphium capense*. Lamarck (Encyclopédie méthodique, t. 3, p. 590) avait le premier indiqué les relations des *Lobelia nudicaulis* et *Lob. volubilis*, L., avec le

genre *Cyphia*; Willdenow en a constitué les espèces *C. Phyteuma* et *C.*
volubilis. Rœmer et Schultes y ont de
plus ajouté, sans motif connu, le *Lo-*
belia pinnata de l'Encyclopédie. L'auteur de ce dernier ouvrage n'avait pu
regarder cette Plante comme congénère du genre en question, puisque
la fructification lui était inconnue.
Nous ne pensons pas que Rœmer et
Schultes aient été, mieux que Lamarck, à portée de constater ce point
important.   (G..N.)

CYPHON. *Cyphon*. INS. Genre de
l'ordre des Coléoptères, section des
Pentamères, famille des Serricornes,
établi par Paykull, mais qui avait été
fondé antérieurement par Latreille
sous le nom d'Elode. *V.* ce mot. (AUD.)

CYPRÆA. MOLL. *V.* PORCELAINE

CYPRÈS. *Cupressus*. BOT. PHAN. Le
Cyprès forme le type de la section
que nous avons établie sous le nom
de Cupressinées, dans la famille des
Conifères. Ce genre offre les caractères suivans: ses fleurs sont unisexuées
et monoïques; elles forment de petits
chatons très-nombreux et terminaux;
les chatons mâles sont ovoïdes allongés, presque cylindriques, composés
d'écailles imbriquées et peltées, à peu
près disposées sur quatre rangs; chacune d'elles porte à sa face inférieure
quatre étamines sessiles, dont l'anthère est uniloculaire et membraneuse. Ces quatre étamines constituent
autant de fleurs mâles; les chatons
femelles sont globuleux, un peu plus
gros que les mâles; ils se composent
d'écailles d'abord imbriquées, puis
écartées et distinctes, épaissies et renflées à leur base interne. Sur cette
partie renflée, on trouve un nombre
considérable de très-petites fleurs femelles dressées, dont le calice est
ovoïde allongé, tronqué à son sommet qui est percé d'une petite ouverture; le chaton fructifère est un gal-
bule globuleux ou ovoïde, formé d'un
petit nombre d'écailles fort dures,
comme ligneuses, réunies par un axe
court, formé par la confluence de
leur base; les fruits, fort petits, nom-

breux et dressés, sont étroitement
resserrés entre les onglets des écailles;
ce sont de petites noix d'une forme
irrégulière, quelquefois bordées d'une
membrane en forme d'aile sur leur
contour; leur péricarpe est sec et osseux, d'une épaisseur et d'une dureté médiocres; il contient une graine
oblongue, dressée, dont l'épisperme
est membraneux et très-mince; l'endosperme est charnu, blanc et peu
épais; il renferme un embryon renversé, qui offre deux cotylédons.

Le genre Cyprès se compose d'environ une douzaine d'espèces: ce sont
généralement de grands Arbres ou
des Arbrisseaux, ayant les feuilles
extrêmement petites et étroitement
imbriquées les unes sur les autres. Il
est très-voisin du Thuya, qui en
diffère par ses chatons femelles, dont
les écailles ne sont pas peltées, qui
s'ouvrent par l'écartement de leur
partie supérieure, et qui n'offrent
chacune que deux fleurs à leur base.

Le CYPRÈS COMMUN, *Cupressus*
sempervirens, L., Rich. Conif., t. 9.
Originaire d'Orient et de l'île de Crète,
cet Arbre, qui peut s'élever à une
hauteur considérable, présente deux
variétés principales: dans l'une il offre une forme pyramidale, semblable
à celle du Peuplier d'Italie; ses rameaux sont dressés et appliqués contre la tige; c'est le *Cupressus pyra-*
midalis de quelques auteurs. Dans
l'autre, au contraire, les rameaux
sont étalés et souvent même pendans, surtout lorsqu'ils sont chargés de fruits, qui sont assez lourds;
c'est le *Cupressus horizontalis*. Le
Cyprès pyramidal, par sa forme élégante et son feuillage toujours vert,
est un Arbre d'un très-bel effet dans
les parcs et les jardins paysagers.
Dans le midi de la France et une
partie de l'Italie, on le cultive avec
soin autour des habitations. En effet
il conserve sa verdure quand tous
les autres Arbres ont eu leurs feuilles
desséchées par les ardeurs du soleil;
son bois est dur, compacte, agréablement veiné de rouge, et, comme celui
de la plupart des autres Conifères, il

est assez résistant. Le Cyprès ne se multiplie que de graines. A Paris et dans le nord de la France, elles doivent être semées sur couches; elles se développent beaucoup plus promptement; cependant elles germent aussi très-bien en pleine terre. Au bout de deux ans, on doit repiquer les jeunes plants en pépinière et les y laisser jusqu'à ce qu'on les mette en place. Il n'est personne qui ne connaisse l'origine mythologique du Cyprès. Les Grecs nous apprennent, dans leur ingénieuse mythologie, que la nymphe Cyparisse ayant été rebelle aux vœux d'Apollon, ce dieu s'en vengea en la métamorphosant en Cyprès. Dès-lors cet Arbre devint l'emblème du deuil et de la stérilité, parce que, dit Théophraste, sa tige, une fois coupée, ne repousse jamais. Chez les modernes, le Cyprès est encore consacré à la douleur. On le plante autour des monumens funéraires, et son feuillage sombre est en harmonie avec les souvenirs douloureux que rappelle dans notre ame l'aspect des tombeaux.

Le CYPRÈS DE PORTUGAL, *Cupressus Lusitanica*, Willd.; *Cupressus pendula*, l'Héritier, *Stirpes*, 15, t. 8. Cette espèce est très-facile à reconnaître à son feuillage glauque et argenté; ses feuilles, petites et imbriquées sur quatre rangs, recouvrent des rameaux flexibles et pendans; ses fruits sont globuleux, de la grosseur d'une noisette et bleuâtres. Elle est originaire de l'Inde et naturalisée en Portugal. On la cultive dans les jardins d'agrément; mais elle doit être rentrée l'hiver dans la serre tempérée.

Le CYPRÈS FAUX THUYA, *Cupressus Thuyoïdes*, L. Cet Arbre, qui croît spontanément dans les lieux humides de l'Amérique septentrionale, a été figuré par Michaux fils dans son Histoire des Arbres forestiers, vol. 3, p. 20, t. 2. Il est vulgairement connu sous le nom de Cèdre blanc; sa tige peut s'élever à une hauteur de soixante à quatre-vingts pieds; elle est très-élancée et contient une rési-

ne peu abondante; ses feuilles sont imbriquées, aiguës et munies d'une glande placée sur le dos; les galbules sont globuleux, très-petits et bleuâtres. Cet Arbre végète avec une extrême lenteur; cependant son bois est blanc, tendre, léger, mais d'un grain très-serré. Dans les Etats-Unis, on l'emploie pour la construction des édifices et aux ouvrages de boissellerie. Il se travaille avec la plus grande facilité.

Des douze espèces qui composent ce genre, deux croissent en Orient et dans les îles de l'Archipel, une à la Nouvelle-Hollande, une en Afrique, trois dans l'Amérique septentrionale, trois au Japon et dans les Indes, et deux dans l'Amérique méridionale. Ces dernières ont été trouvées par Humboldt et Bonpland dans le cours de leurs voyages, et décrites dans les *Nova Genera*, sous les noms de *Cupressus Sabinoïdes* et *Cupressus thurifera*. Le *Cupressus disticha* forme aujourd'hui le genre Taxodium de Richard. *V.* TAXODIE.

(A. R.)

* CYPRÈS (PETIT.) BOT. PHAN. L'un des noms vulgaires du *Santolina Chamæ-Cyparissus*. *V.* SANTOLINE. (B.)

CYPRÈS DE MER. POLYP. Des Antipathes et des Sertulariées portent vulgairement ce nom. (LAM..X.)

*CYPRICARDE. *Cypricardia*. MOLL. Quelques Coquilles de ce genre furent connues de Linné; mais probablement embarrassé de les rapporter à un genre bien déterminé, ce naturaliste célèbre les plaça dans son genre Came où il avait rangé d'ailleurs beaucoup de Coquilles de genres différens, telles que les *Cama Hippopus, cayculata, Cor, oblonga*, etc. Bruguière, le premier, sépara des Cames des auteurs, sous le nom de Cardite, toutes les Coquilles qui, avec des dents cardinales variables, présentent constamment une dent latérale sous le corselet. Alors les Isocardes, les Hyatelles, les Cypricardes et quelques Vénéricardes furent renfermées dans le même genre. La-marck, dès 1801 (Syst. des Anim. sans vert.), commença à réformer le genre de Bruguière; il en sépara alors les Isocardes et proposa les Vénéricardes. Ensuite, en 1812 (Extrait du Cours, p. 106.), il en sépara encore le genre Hyatelle proposé par Daudin, et enfin, en 1819 (Anim. sans vert. T. VI, 1ʳᵉ part., p. 27), il trouva encore son genre Cypricarde parmi les Cardites. Ce dernier genre resta encore nombreux en espèces, mais toutes furent bien circonscrites par des caractères tranchés et faciles à saisir. Ceux des Cypricardes sont les suivans : coquille libre, équivalve, inéquilatérale, allongée obliquement ou transversalement; trois dents cardinales sous les crochets, et une dent latérale se prolongeant sous le corselet. Quoique très-voisines des Cardites, les Cypricardes s'en distinguent au premier aspect. Toutes celles connues jusqu'aujourd'hui n'ont jamais présenté les côtes longitudinales si habituelles des Bucardes et des Cardites. Si leur surface, le plus souvent lisse, présente des lames ou des sillons, ils sont toujours transversaux, c'est-à-dire dans la direction des bords. La charnière d'ailleurs est différente, puisqu'elle présente constamment trois dents cardinales, au lieu d'une ou de deux, comme cela a lieu dans les Cardites. Le nombre des espèces est encore peu considérable : quatre vivantes et trois fossiles ont été décrites par Lamarck. Nous pouvons en ajouter deux autres que nous avons découvertes aux environs de Paris, et qui n'ont encore été décrites nulle part.

CYPRICARDE DE GUINÉE, *Cypricardia Guinaïca*, Lamarck, Anim. sans vert. T. V, 1ʳᵉ part., pag. 28, n. 1; *Chama oblonga*, L., p. 3302, n. 10; nommée *Chama Guinaïca* par Martini (T. VII, p. 137, t. 50, f. 504 et 505.); très-bien figurée dans l'Encyclopédie sous le nom de Cardite (p. 234, fig. 2). C'est celle que Bruguière avait nommée Cardite carénée, *Cardita carinata* (Encycl. méthodique, p. 409, n. 9). Elle est ob-

longue, et ressemble à une Modiole obliquement anguleuse; elle est treillissée par des stries fines; son côté antérieur est aminci, comprimé; les crochets sont arrondis et peu proéminens; elle est blanche à l'intérieur, et jaunâtre à l'extérieur; son diamètre transversal est de deux pouces environ; elle habite les mers de Guinée. Cette Coquille est rare dans les collections.

CYPRICARDE DATTE, *Cypricardia coralliophaga*. Cette espèce est remarquable par la faculté qu'elle a, comme quelques Modioles, de se creuser une loge dans la base des Polypiers ou dans les masses madréporiques. Quoiqu'elle habite aujourd'hui les mers de Saint-Domingue, on la trouve néanmoins fossile en Italie. Elle est figurée dans le bel ouvrage de Brocchi (*Conch. subappennina*, T. II, t. 13, f. 10, A, B). Linné l'a nommée *Chama coralliophaga*. Martini l'a indiquée sous le même nom (Conchyl. T. X, p. 359, t. 172, f. 1673, 1674); Bruguière (Encycl. n. 13, pl. 234, fig. 5) l'a décrite sous le nom de Cardite Datte, *cardita Dactylus*. Quoique cette espèce ait l'aspect d'une Modiole, elle s'en distingue cependant en ce qu'elle est plus cylindrique, plus étroite, plus mince; ses stries sont fines; les transversales, surtout celles qui sont vers les bords, se relèvent en lames; les crochets sont moins arrondis, plus proéminens, terminés par des taches pourprées. Cette Coquille se trouve rarement dans les collections; elle se voit, comme l'a dit Chemnitz, dans les masses madréporiques que l'on pêche dans la mer des Indes pour en faire de la Chaux; elle se trouve également dans les mers de Saint-Domingue. Elle est longue de deux pouces environ.   (D. H.)

*CYPRIDÉES. *Cypridæ*. CRUST. Famille de l'ordre des Branchiopodes, section des Lophyropes (Règn. Anim. de Cuv.), établi par Leach qui lui donne pour caractère distinctif : tête de deux pièces. Elle renferme les genres Daphnie, Chydose, Lyncée, Cypris, Cythérée. *V.* ces mots. (AUD.)

CYPRIN. *Cyprinus.* POIS. Genre qui sert de type à la famille du même nom, l'un des plus nombreux et des plus naturels non-seulement de l'ordre des Malacoptérygiens, mais encore de la classe entière à laquelle il appartient. Il ne se compose guère que d'espèces d'eaux douces, la plupart bonnes à manger, et généralement fort difficiles à distinguer les unes des autres, ce qui rendit long-temps leur histoire fort obscure; les travaux de Bloch et de Lacépède n'ont pas même suffi pour bien éclaircir cette partie de l'ichthyologie, à laquelle le secours de bonnes figures est encore plus utile qu'à toute autre.

Les Cyprins proprement dits forment, avons-nous dit, un groupe des plus naturels dont les caractères consistent : dans la petitesse de la bouche, dont les mâchoires sont dépourvues de dents; le palais qui est lisse, tandis que le pharynx offre de puissans moyens de mastication, consistant en grosses dents adhérentes aux os pharyngiens inférieurs et pouvant presser les alimens entre elles et un bourrelet gélatineux qui tient à une plaque osseuse soudée sous la première vertèbre, bourrelet vulgairement appelé langue dans la Carpe. Trois rayons plats se voient aux ouïes; de grandes écailles couvrent le corps que surmonte une seule dorsale. Ce dernier caractère, constant dans toutes les espèces, semblerait néanmoins devoir être fugace, puisqu'il disparaît entièrement par la domesticité chez la Dorade de la Chine. L'estomac se termine en intestin court et sans cœcum. La vessie est divisée en deux parts par un étranglement. Les Cyprins ont presque tous la même forme ovoïde oblongue, plus ou moins aplatie latéralement, amincie vers la queue dont la nageoire est communément fourchue. Ce sont des Poissons essentiellement herbivores et les plus inoffensifs de tous. Linné les plaçait dans l'ordre des Abdomi-

naux, et Duméril dans sa famille des Gymnopomes, de l'ordre des Holobranches. Le grand nombre des espèces de Cyprins a obligé Cuvier à les diviser en divers sous-genres, et ainsi qu'il suit :

† CYPRINS proprement dits, *Cyprinus.* Leur dorsale est plus longue que dans les autres, avec une épine dentée pour deuxième rayon ainsi qu'à la caudale.

* Ayant des barbillons aux angles de la mâchoire supérieure.

La CARPE VULGAIRE, Cuv., Règn. Anim. T. II, p. 291; Encycl. Pois., p. 190, pl. A et B, avec des détails anatomiques; *Cyprinus Carpio*, L., Gmel., *Syst. Nat.*, XIII, T. I, *pars* 2, p. 1411; Bloch, pl. XVI. Ce Poisson est trop connu pour qu'il soit nécessaire de le décrire; nos tables nous en offrent tous les jours des individus d'une grandeur monstrueuse et diverses variétés dont les unes ont le museau très-bombé, d'autres très-court. Tout le monde sait encore combien la Carpe a la vie dure; de tous les habitans des eaux, c'est celui qu'on peut conserver le plus long-temps hors de son élément sans qu'il expire. On en transporte de Strasbourg à Paris qu'on empêche de mourir durant ce trajet en prenant la précaution de leur mettre un peu de mousse humide entre les ouïes. Les étangs, les fossés des vieux châteaux, les rivières tranquilles sont la patrie de prédilection des Carpes; elles parviennent à une grande vieillesse; on en cite qui ont vécu plus d'un siècle, que l'âge avait rendues toutes blanches, et sur le dos desquelles s'était accumulé assez de limon pour que des Conferves s'y fussent développées. Elles sont susceptibles d'une certaine éducation; celles qu'on nourrit dans les viviers autour des habitations et auxquelles les mêmes personnes donnent à manger aux mêmes heures, finissent par connaître la main nourricière, accourent à son approche et sortent de leurs obscures retraites quand elles entendent le bruit qui l'annonce. On les fait surtout apparaître en sifflant. On fait à Strasbourg un grand commerce de ces Poissons, et cette ville envoie à Paris, sous le nom de Carpes du Rhin, les plus gros individus qu'on trouve sur les marchés et dans les boutiques des marchands de comestibles de la capitale. On pêche des Carpes dans toute l'Europe, surtout dans les régions les plus tempérées de cette partie du monde, et jusqu'en Perse. On assure en avoir vu de quatre pieds de long; mais les plus grandes que nous ayons observées en avaient tout au plus deux. Elles se plaisent dans les lieux herbeux, et, selon qu'elles y mangent diverses Plantes inondées, des Vers, des Insectes aquatiques et jusqu'à du limon, le goût de leur chair varie. On prétend qu'elles sont friandes des excrémens de toutes sortes d'Animaux quand elles en rencontrent dans les lieux où elles vivent. Elles pondent, vers les mois de mai et de juin, depuis vingt-trois ou vingt-quatre mille œufs jusqu'à six cent vingt et quelques mille. Elles ont été introduites en Angleterre, où on n'en trouvait point avant, en 1514, et en Danemarck vers 1560. Celles que nous avons vues en Espagne nous ont paru généralement moins grandes que les nôtres, peut-être parce qu'on n'y prend pas la peine de les élever. D. 20. 24, P. 16. 17, V. 8. 9, A. 8. 9, C. 19.

La REINE DES CARPES, Encycl. Pois., p. 189, pl. 76, f. 318; *Cyprinus Rex Cyprinorum*, Bloch, pl. 17; *Cyprinus Carpio*, β, Gmel., *loc. cit.*; vulgairement Carpe à miroirs et Carpe à cuir. Ce Poisson nous paraît une véritable espèce, la grandeur des écailles qui parviennent souvent à plus d'un pouce, et qui se voient sur le dos, le long de la ligne latérale ou sous le ventre, se faisant déjà remarquer dans les jeunes individus. Il a d'ailleurs constamment quatre barbillons à la bouche, tandis que la Carpe vulgaire n'en présente souvent que deux. On trouve cette espèce dans certains lacs de l'Europe septentrionale. D. 20, P. 18, V. 9, A. 7, C. 26.

Le CYPRIN ANNE-CAROLINE, *Cypr. Anna-Carolina*, Lacép., Pois. T. v, p.

544, pl. 18, f. 1. Nous croirions manquer au respect dû au nom de l'illustre continuateur de Buffon, en nous bornant à citer légèrement cette espèce dont le nom est le monument d'une légitime douleur. L'éloquent professeur du Muséum dédia cette espèce à la vertueuse épouse qu'il venait de perdre. Elle est un emblème de beauté et d'utilité. Sa chair est savoureuse; ses couleurs brillantes relèvent la grâce de ses formes. Elle a été décrite d'après des peintures chinoises où le nombre des rayons n'a pas été compté.

Le VERT-VIOLET, Lacép., Pois. T. v, p. 547, pl. 16, f. 3; — le MORDORÉ, *ibid.*, pl. 16, f. 2, — et le ROUGE-BRUN, *ibid.*, f. 1, décrits, comme l'espèce précédente, d'après des peintures chinoises, appartiennent à la même section du sous-genre des Cyprins proprement dits.

** N'ayant point de barbillons au voisinage des mâchoires.

La DORADE DE LA CHINE, Cuv., Règn. Anim. T. II, p. 192; Poisson doré de la Chine, Encycl. Pois., p. 193, var. c, pl. 78, f. 326; *Cyprinus auratus*, L., Gmel., *loc. cit.*, p. 1418; Bloch, pl. 93. Ce bel Animal doit à l'éclat de sa couleur l'attention que lui accordèrent les Hommes; ils l'ont dès long-temps réduit à l'état de domesticité qui, altérant ses teintes et ses formes, a dénaturé jusqu'aux caractères qui le placent dans le genre Cyprin. Chacun connaît le Poisson doré, qui de la Chine passa dans le reste du monde peu après l'époque où les Hollandais eurent étendu leurs relations au-delà du cap de Bonne-Espérance; ces navigateurs, tirant parti de tout ce qui pouvait avoir une valeur, en apportèrent les premiers quelques individus en Europe où ils les vendirent fort cher. Ceux-ci sont tellement multipliés qu'on pourrait regarder la Dorade de la Chine comme naturalisée dans nos climats, où elle résiste aux plus rigoureux hivers pourvu qu'elle trouve assez d'eau dans les bassins qui la nourrissent pour se retirer dans leur profondeur à l'abri de la gelée. On n'a pu cependant en peupler nos marais et nos étangs, parce que, trop apparentes et dénuées de tous moyens de se défendre, elles deviennent bientôt la proie des moindres Carnassiers aquatiques. Ces Animaux craignent si peu le froid, que le savant Host, naturaliste de Vienne, nous en a montré un qu'il élevait dans un globe de verre, et qui ayant été oublié sur une croisée durant l'une des nuits de l'hiver d'Austerlitz, se trouva environné de glace sans pouvoir bouger. On le croyait mort, et on le laissa engagé dans l'eau gelée. Cependant le dégel étant venu naturellement dans la journée, le Poisson reprit le mouvement qu'il avait perdu et continua de vivre. Cette observation détermina une nouvelle expérience sur un autre individu qu'on fit geler de la même façon; mais le matin, Host ayant voulu hâter la fusion de la glace, l'Animal mourut. Il paraît que, pour voir réussir l'expérience, il faut qu'on en abandonne le soin à la nature, et que la captivité du Poisson ne soit pas trop prolongée. — La Dorade de la Chine atteint jusqu'à dix pouces de longueur, mais elle ne parvient communément qu'à six. Sa taille est d'autant plus grande et ses couleurs d'autant plus vives, qu'on la tient dans des eaux plus pures et plus profondes. Elle est dans sa jeunesse d'un brun glauque brillant, et ne prend que par degrés la belle couleur orangée qui lui est la plus commune. Elle blanchit avec l'âge; cependant il est des individus blancs de bonne heure, et d'autres qui demeurent toujours vivement colorés. Beaucoup sont nuancés et toujours marqués de brun et de rouge, d'autres de rouge et de blanc; il en est même des trois couleurs. Ce Poisson vit long-temps. Il en existait de très-beaux dans un grand bassin de l'Alcazar de Séville, lorsque nous étions en Andalousie, et ils n'avaient pas moins de soixante ans. Parvenus à la plus grande taille, toujours agiles et brillans des plus vives couleurs, ils paraissaient devoir encore pousser loin leur carrière, et entourés d'une multitude d'individus plus petits, on prétendait que les gros dévoraient leur progéniture. Cette opinion est tellement établie, que partout où l'on élève de ces Poissons, on met à leur portée, au temps du frai, des branchages qu'on a soin d'emporter après que les femelles y ont déposé leurs œufs, afin de les faire éclore ailleurs et pour mettre les jeunes qui en résultent à l'abri de la voracité de leurs propres parens; on ne les en rapproche que lorsqu'ils ont acquis environ un pouce, et que des nuances orangées peuvent servir à faire reconnaître la consanguinité. Dans les grands bassins dont les Dorades de la Chine peuplent le cristal, on ne prend guère la peine de les nourrir; les Vermisseaux, les petites larves, les Infusoires peut-être leur suffisent. Dans les bocaux où on les place pour orner des appartemens, il faut avoir le soin de leur donner quelques miettes de pain; on peut leur jeter des Mouches qu'elles s'accoutument à venir prendre presque dans les doigts. On assure qu'elles sont très-friandes de purée de Lentilles. Il faut avoir le soin de changer l'eau des vases de deux jours l'un en été, et toutes les semaines en hiver. Quand ces vases sont petits, les Dorades ne grandissent jamais. Nous en avons vu qui, mises dans un globe de près d'un pied de diamètre, à l'âge d'un an, et ayant un pouce et demi de longueur tout au plus, restèrent onze ans entiers sans s'accroître d'une ligne; mises ensuite dans un bassin presque aussi grand que celui du Palais-Royal, elles avaient acquis près de quatre pouces au bout de dix mois. On assure que leur chair est exquise. — L'effet qu'a produit la domesticité sur la Dorade de la Chine n'est pas moins grand que celui qu'elle a eu sur tant d'autres races, telles que celles du Chien, du Pigeon ou de la Poule; il est tel, que plusieurs des variétés qu'elle a produites pourraient, au premier coup-d'œil, être regardées comme des espèces différentes et présentant jusqu'à des caractères de genre, tels que l'absence d'une dorsale et l'addition d'une caudale, chose unique parmi tous les Poissons. Le grand nombre et la variété des modifications de la Dorade ont fourni à Sauvigny et au peintre Martinet le sujet d'une sorte de monographie de ce bel Animal. Cet ouvrage est accompagné de riches figures en couleur. On distingue entre les variétés les plus saillantes parmi celles dont le dos manque de nageoire et dont la queue est divisée en trois lobes, celle dont le reste des formes et des teintes est pareil à la Dorade la plus commune, celle dont le dos porte une grosse bosse près de l'insertion de la tête, celle enfin dont tout le corps est noirâtre. Les figures de ces singulières variétés ont été reproduites dans l'Encyclopédie (pl. 78, fig. 324, 325, et pl. 79, fig. 327). Bloch a aussi tenu compte de plusieurs de ces curieuses variétés. Cuvier pense, et nous sommes de cet avis, que le *Cyprinus Macrophthalmus*, les Gros-Yeux de Lacépède (Pois. T. v, pl. 18, f. 2) et le Cyprin à quatre lobes du même auteur, ne sont encore que des variétés du Poisson dont nous venons de parler. Nous en avons rencontré encore une variété à Madrid, qui n'a jamais été figurée et qui joint à la trifurcation de la queue une dorsale comme dans les deux variétés de Lacépède que nous venons de citer; ce fait nous a paru d'autant plus remarquable, que nous étions tentés de considérer la trifurcation ou la quaternation des lobes caudales comme un simple déplacement de la nageoire du dos. La couleur de la variété nouvelle était tantôt rouge, tantôt d'un beau brun tirant sur le bleu de roi, ou nuancée de l'une et de l'autre de ces brillantes teintes. D. 1/8. 2/18, P. 11-16, V. 7.9, A. 8. 9, C. 20-44.

L'ARGENTÉ, *Cyprinus argenteus*, Kœlreuter, *Comm. act. Petr.* T. IX, p. 420. Cette espèce, très-voisine de la précédente, mais dont la description a été faite comparativement, en diffère par sa forme générale, par sa couleur constamment argentée, et par sa taille beaucoup plus considérable et qui parvient à vingt-six pouces. On ignore dans quelles eaux elle se trouve,

et le nombre des rayons de ses nageoires n'a pas été compté.

†† Les BARBEAUX, *Barbus*. Leur dorsale et leur anale sont courtes : le second ou le troisième rayon de la première de ces nageoires est un fort aiguillon; ils ont quatre barbillons à la bouche, dont deux sont situés à la commissure et les deux autres insérés aux deux bouts de la mâchoire supérieure. Leur forme est un peu plus allongée que celle des Cyprins proprement dits.

Le BARBEAU COMMUN, Cuv., *loc. cit.*, p. 193; *Cyprinus Barbus*, L., Gmel., *Syst. Nat.*, XIII, T. 1, *pars* 3, p. 1409; Bloch, pl. 18, Encycl. Pois. p. 189, pl. 76, fig. 317. Cette espèce, fort commune dans toutes les eaux vives de l'Europe, est encore l'une de celles qui sont trop communes pour mériter que nous nous étendions sur sa description. On la trouve répandue jusqu'en Perse. Sa forme, un peu plus allongée que celle des autres Cyprins, est à peu près celle du Brochet. Le Barbeau, dont la chair est assez estimée, se nourrit de petites Coquilles, de jeunes Poissons, de Vermisseaux, et surtout de cadavres, quand il peut trouver des bêtes noyées. Sa croissance est rapide. On en pêche assez communément de dix-huit pouces de long, quelquefois de deux et trois pieds. On prétend en avoir vu de quatorze à seize, ce qui nous paraît exagéré. Il a la vie fort dure, et ses couleurs sont assez tristes, si ce n'est celles du ventre qui jettent quelques reflets argentés brillans. D. 2/12, P. 16. 17, V. 9, A. 7. 8, C. 16. 19.

Le CAPOET, *Cyprinus Capœta*, Gmel., *Syst. Nat.*, XIII¹, T. 1, *pars* 3, p. 1415; Encycl. Pois., p. 191, pl. 100, f. 411. De la mer Caspienne. D. 12.13, P. 17. 19, V. 10, A. 9, C. 19. 22.

Le MURSE, *Cyprinus Mursa*, Gmel., *loc. cit.*, p. 1415; Encycl. Pois., p. 189, pl. 100, fig. 412. De la mer Caspienne. D. 11. 12, P. 16. 17, V. 8, A. 7, C. 19.

Le BULATMAI, *Cyprinus Bulatmai*, Gmel., *loc. cit.*, p. 1414. Poisson dont la chair est très-blanche et délicieuse; fort rare dans la Caspienne. D. 10, P. 19, V. 9, A. 8, C. 21.

Le CABOT, *Cyprinus Capito*, Gmel., *loc. cit.*, p. 1416, dont le troisième rayon de la dorsale est denté, et qui habite encore la Caspienne. D. 12, P. 17, V. 9, A. 9, C. 19.

Le BENNI ou BINNY, *Cyprinus Binny*; Fork. *Faun. Ar.*, n° 103, Gmel., *loc. cit.*, t. 1414; Bynni, Encycl. Pois., p. 188 (sans figure); *Cyprinus Lepidotus*, Geoffroy Saint-Hilaire, Poissons du Nil, pl. 10, f. 2, dont Bruce a donné un dessin fautif qui ne convient pas à sa propre description. Très-fréquent en Egypte où sa chair est fort estimée. D. 1710-5712. P. 17, V. 9, A. 6, C. 19.

Telles sont les autres espèces parfaitement constatées du sous-genre dont le Barbeau commun est le type.

††† Les GOUJONS, *Gobio*. Leur dorsale et leur anale, qui sont entièrement dépourvues de rayons épineux, sont fort courtes. Ils ont aussi des barbillons à la bouche. Ce sont les plus petits des Cyprins, surtout depuis que les Ables, *V.* ce mot, en ont été séparés.

Le GOUJON COMMUN, *Cyprinus Gobio*, L., Gmel., *loc. cit.*, p. 1412; Bloch, pl. 8, f. 2; Encycl. Pois., p. 191, pl. 77, f. 519. Ce petit Poisson, dont les nageoires sont tachetées de noir, et qui atteint tout au plus huit pouces de longueur, est extrêmement répandu, et se mange en friture sur toutes les tables. Ses couleurs varient beaucoup, mais ne sont jamais brillantes. Il vit en troupes fort nombreuses. D. 1-12, P. 14.17, V. 9.11, A.7-11, C. 19.

Plusieurs autres Cyprins imparfaitement décrits par les voyageurs et par les naturalistes, et qu'il est difficile de ranger dans les divers sous-genres établis par Cuvier, pourront trouver leur place à côté du Goujon, ou être renvoyés parmi les Ables, quand ils auront été mieux examinés.

†††† Les TANCHES, *Tinca*. Leurs écailles sont plus petites que celles de tous les autres Cyprins, ainsi que leurs barbillons qui sont au nombre de deux seulement; leur dos est aussi plus bombé.

La TANCHE VULGAIRE, *Cyprinus Tinca*, L., Gmel., *loc. cit.*, p. 1413; Bloch, pl. 14; Encycl. Pois., p. 191, pl. 77, f. 320. Cette espèce, non moins connue que la Carpe, est aussi répandue qu'elle; elle l'est même davantage, car on prétend l'avoir retrouvée dans les étangs de toutes les parties du globe. Selon que le fond des eaux qu'elle habite est de sable ou de vase, sa chair est exquise ou prend un goût désagréable. On en pêche qui pèsent jusqu'à huit et neuf livres. Ses couleurs, pour être sombres, ne sont pas sans un certain éclat doré qu'elles doivent au mucus abondant qui lubréfie tout le corps. Elle a la vie extrêmement dure, résiste aux plus grands froids, se jouant même, durant l'hiver, aux limites de la glace qui pénètre dans ses humides asiles. Elle vit de Vermisseaux et de Plantes aquatiques entre lesquelles elle dépose en juin une immense quantité d'œufs qui, de même que les petits, deviennent presque tous, peu après leur naissance, la proie des autres Poissons. D. 10. 12, P. 16. 18, V. 9. 11, A. 11. 25, C. 19. 24.

La TANCHE DORÉE, *Tinca aurata*, Bloch, pl. 15; Encycl. Pois., p. 191, pl. 77, f. 521; *Cyprinus Tinca*, β, Gmel., *loc. cit.*, p. 1414; Cyprin Tanchor, Lacép., Pois. T. v, p. 542. Cette belle espèce nous paraît trop différente de la Tanche vulgaire pour qu'on la puisse considérer comme une simple variété. Elle habite quelques étangs de la Silésie, où ses mœurs n'avaient pas été observées. La reine, épouse du grand Frédéric, l'avait introduite dans les eaux du pays de Brandebourg. Quelques individus ayant été transportés, nous ne savons comment, jusqu'en Belgique, Paulard de Canivris, amateur distingué d'histoire naturelle, en a peuplé l'étang de la belle maison de campagne où il cultive tant de Plantes rares, dans les environs de Bruxelles; et c'est là que nous avons pu nous convaincre combien les deux Poissons différaient. La Tanche dorée, plus petite et plus svelte que la précédente, dépasse rarement seize pouces de long, et n'en a communément que dix à douze. C'est à tort, croyons-nous, qu'on a prétendu que certains individus acquéraient jusqu'à un mètre. Sa tête est amincie, ses lèvres assez grosses et d'un rouge vif. Le dos est noirâtre ou bronzé; mais les flancs sont de l'orangé le plus brillant avec des reflets dorés qui deviennent argentés sous le ventre; les nageoires inférieures qui sont à peu près de la même teinte d'or sont parsemées de taches rembrunies. Tandis que la Tanche vulgaire vit assez généralement isolée, celle-ci, dont la chair est d'ailleurs médiocre, se réunit en troupes, où les individus, pressés les uns contre les autres, nageant à la suite d'un chef de file, font volte-face tous à la fois quand il est question de fuir ou de changer de direction, comme si un signal, partant de la tête, se communiquait tout-à-coup à la queue de la colonne; on distingue à peine l'intervalle qui doit exister entre l'évolution du premier Poisson et celle des derniers. Pendant ce mouvement, on croirait, pour peu que le jour soit serein, que des éclairs partent du fond de l'étang habité par ces charmans Cyprins qui, de même que les Dorades de la Chine, doivent bientôt être détruits partout où se trouvent des Poissons voraces à la dent desquels une riche parure les désigne de trop loin. D. 12, P. 16, V. 10, A. 9, C. 19.

††††† Les Cirrhines, dont on ne compte encore qu'une espèce, *Cyprinus cirrhosus*, Bloch, pl. 411; ils ont la dorsale beaucoup plus grande que celle des Cyprins précédens, et leurs barbillons situés au milieu de la mâchoire supérieure.

†††††† Les Brèmes, *Abramis*, n'ont ni épines aux nageoires, ni bar-billons à la bouche. L'absence de ces caractères les rapproche tellement des Ables, qu'elles pourraient y être renvoyées comme sous-genre à tout aussi juste titre qu'elles demeurent parmi les Cyprins. Leur dorsale est courte et placée en arrière des ventrales, tandis que l'anale est assez longue. Le dos est un peu gibbeux.

La Brème commune, *Cyprinus Brama*, L., Gmel., *loc. cit.*, p. 1436; Bloch, pl. 13; Encycl. Pois., p. 202, pl. 87, f. 346. Ce Poisson, fort commun dans les lacs vaseux et argileux de l'Europe, dans toutes les rivières dont le cours est tranquille, et qui descend, dit-on, dans la Caspienne, acquiert jusqu'à deux pieds et demi de longueur, mais n'a communément que dix à quinze pouces. Il se nourrit de Vermisseaux, de Conferves, d'Herbes aquatiques et de limon, ce qui donne à sa chair une qualité assez médiocre. La Brème croît promptement, et pond au mois de mai jusqu'à treize ou quatorze mille œufs. D. 11. 12, P. 17, V. 9. 10, A. 27. 29, C. 19.

La Bordelière ou petite Brème, Cuv., Règn. Anim. T. II, p. 194; *Cyprinus latus*, Gmel., *loc. cit.*, p. 1438; *Cyprinus Blicca*, Bloch, pl. 10; la Plestie, Encycl. Pois., p. 202, pl. 85, f. 345. Cette Brème, plus petite que la précédente, ainsi que l'indique son nom, habite les eaux pures et tranquilles de l'Europe, où elle est fort commune sur les fonds de sable; sa chair est médiocre; elle pèse rarement plus d'une livre, a la vie dure, se nourrit d'Herbes aquatiques et de Vermisseaux, et se fait remarquer par la promptitude avec laquelle elle répand ses œufs dont on a compté jusqu'à cent huit mille chez une seule femelle. D. 12, P. 15, V. 10, A. 25, C. 22.

La Sope, *Cyprinus Ballerus*, L., Gmel., *loc. cit.*, p. 1438; Bloch, pl. 9; la Bordelière, Encycl. p. 203, pl. 84, f. 348. Elle habite la Baltique et la Caspienne d'où elle remonte dans les fleuves, et semble s'y plaire encore plus que dans les mers. On en trouve des individus qui pèsent jusqu'à trois livres et parviennent à un pied de longueur. Sa croissance est lente. On a compté soixante-sept mille cinq cents œufs dans une femelle. D. 11, P. 17, V. 10, A. 41, C. 19.

La SERTE, *Cyprinus Vimba*, L., Gmel., *loc. cit.*, p. 1435; Bloch, pl. 4; la Vimbe, Encycl. Pois., p. 201, pl. 83, f. 344. Cette Brème habite les lacs de la Suède et quelques-uns de ses fleuves; on la retrouve aussi en Russie; nous l'avons observée dans la Prusse ducale, particulièrement aux environs de Soldau et de cet Éylau qu'une sanglante bataille a rendu à jamais célèbre; sa chair est excellente. La Serte nous a paru se plaire en bandes nombreuses. La femelle pond jusqu'à vingt-huit mille huit cents œufs. Nous avons trouvé des Conferves et du sable dans son estomac avec des débris de petits Bulimes. D. 11, P. 16, V. 10, A. 24, C. 19.

Le BIERCNA, *Cyprinus Bjorkna*, L., D. 11, P. 15, V. 9, A. 25, C. 19, et la FARÈNE, *Cyprinus Farenus*, L., D. 11, P. 18, V. 10, A. 37, C. 19, qui se trouvent dans les lacs de Suède, particulièrement dans le Meler, paraissent appartenir au sous-genre qui vient d'être traité, du moins l'un et l'autre de ces noms ont été quelquefois indifféremment donnés à la Bordelière, *Cyprinus latus*, L.

††††††† Les LABÉONS, *Labeo*, ont la dorsale longue comme les Cyprins proprement dits; mais cette nageoire est dépourvue d'épines, et la mâchoire manque de barbillons. Le nom de Labéon vient de ce que les lèvres sont charnues et d'une grosseur remarquable. Les espèces de ce sous-genre bien constatées sont jusqu'ici toutes exotiques.

Le LABE, Encycl. Pois., p. 194 (sans figure), *Cyprinus Labeo*, Gmel., *loc. cit.*, p. 1420. Ce Poisson, que Pallas nous a fait connaître, est commun dans les parties caillouteuses des fleuves rapides de la Daourie; il y nage avec vélocité : sa forme presque cylindrique et son museau lui donnent quelques airs d'un Esturgeon. Il ne parvient pas tout-à-fait à une aune de longueur, et sa chair est très-délicate. D. 8, P. 19, V. 9, A. 7, C....

La ROUSSARDE, Encycl. Pois. (sans figure), *Cyprinus niloticus*, L., Gmel., *loc. cit.*, 1422, Geoffr. St.-Hyl., Pois. du Nil, pl. 9, f. 2, qu'il ne faut pas confondre avec le Poisson qu'Hasselquitz avait mentionné sous le même nom, et qui, ayant un rayon épineux aux nageoires, ne saurait être un Labéon. La Roussarde est un Poisson remarquable par la situation de sa gueule, qui paraît s'ouvrir en dessus de la tête à cause du prolongement de la mâchoire inférieure; sur l'une et l'autre mâchoires, les lèvres forment trois plis dont le mitoyen est comme crénelé. D. 18, P. 17, V. 9, A. 7, C. 19.

Le CYPRIN A PETITE TÊTE de Bonnaterre, *Cyprinus leptocephalus* de Pallas, qui dit que ce Poisson, ressemblant un peu au Brochet quant à la forme de son museau, et se trouvant aux mêmes lieux que le précédent, pourrait bien appartenir au sous-genre des Labéons, D. 8, P. 20, V. 10, A. 9, C....

†††††††† Les GONORHYNQUES, *Gonorhynchus*, ont le corps ainsi que la tête allongés et couverts de petites écailles qui règnent sur les opercules et sur la membrane des ouïes; le museau est saillant au-dessus d'une petite bouche sans dents ni barbillons. La dorsale, qui est petite, est située au-dessus des ventrales.

Le SAUTEUR, Encycl. Pois., p. 194 (sans figure), *Cyprinus Gonorhynchus*, Gmel., *loc. cit.*, p. 1422; Gronou, Zooph. T. x, f. 2. Cette espèce a été observée dans les rivières de l'Afrique méridionale aux environs du cap de Bonne-Espérance. La dorsale est de forme triangulaire; les nageoires de la poitrine sont lancéolées. D. 12, P. 10, V. 9, A. 8, C. 18.

Bonnaterre, en indiquant l'extrême ressemblance qui paraît exister entre le Cyprin Malchus, *Cyprinus Malchus*, Molin. Chil., liv. 4, p. 225, Poisson de l'Amérique méridionale, et le précédent, nous porte à croire que ce Malchus, mieux examiné, pourra rentrer dans le sous-genre Gonorhynque.

On trouve dans les auteurs beaucoup d'autres espèces de Cyprins, même d'Europe, qu'il est impossible de rapporter exactement aux sous-genres qui viennent de nous occuper, et qu'il est prudent de ne point classer avant qu'on n'ait examiné de nouveau leurs caractères. Tels sont l'Hamburge ou Carassin, *C. Carassius*, L.; le Soyeux, *C. Sericeus*, L.; la Gibèle, *C. Gebilio*, L.; le Cylindrique, *C. Cephalus*, L., etc., qui pour se trouver communément jusque dans le Danube et dans le Rhin, et qui, pour avoir été figurés, n'en sont guère plus exactement connus. Nous suivrons en cela, comme en tant d'autres choses, le prudent exemple que donne Cuvier.

(B.)

* CYPRINE. *Cyprina*. MOLL. En établissant ce genre, Lamarck a rempli deux indications : la première, d'avoir séparé dans une coupe particulière quelques individus du genre immense des Vénus de Linné, dont les espèces sont si difficiles à bien déterminer à cause de leur grand nombre ; la seconde, d'avoir saisi des caractères jusqu'alors inaperçus, et de les avoir employés à la formation d'un nouveau genre. Tous les conchyliologues savent qu'il n'est guère possible d'établir des coupes dans le genre Vénus de Linné lorsqu'on veut les former uniquement sur des caractères organiques, mais tous savent très-bien aussi que le grand nombre des espèces rendrait l'étude du genre impossible, si on ne l'avait divisé en plusieurs groupes. Il était essentiel pour chacun d'eux d'avoir des caractères propres et bien tranchés qui, sans être d'une grande valeur, zoologiquement parlant, pussent pourtant servir à réunir des Coquilles ayant les mêmes caractères. Ce motif, ainsi que l'existence constante d'un épiderme ou drap marin dont les Vénus et les Cythérées sont constamment dépourvues, et l'habitude des Cyprines de vivre à l'embouchure des fleuves dans des eaux peu salées, quoiqu'étant des caractères peu importans pris isolément, deviennent pourtant d'une certaine valeur lorsqu'on les considère dans leur ensemble ; et, si l'on y joint celui particulier d'une dent latérale éloignée de la charnière, il n'y aura plus de doute qu'on ne doive conserver ce genre comme un des plus voisins des Cyrènes, et comme servant de lien ou de passage de la famille des Conques fluviatiles à celle des Conques marines. D'après ce que nous venons d'exposer, on comprendra facilement les caractères suivans : coquille équivalve, inéquilatérale, en cœur oblique, à crochets obliquement courbés ; trois dents cardinales inégales, rapprochées à leur base, un peu divergentes supérieurement ; une dent latérale écartée de la charnière, disposée sur le côté antérieur, quelquefois peu prononcée ; callosités nymphales, grandes, arquées, terminées près des crochets par une fossette ; ligament extérieur s'enfonçant en partie sous les crochets.

Le genre Cyprine a été établi, ainsi que nous l'avons dit, par Lamarck (Extrait du Cours, 1812, p. 107). Cuvier ne l'a pas admis, même comme sous-genre. Cependant Blainville (Dict. des Sc. Nat.), Defrance (même ouvrage) pour les espèces fossiles, et Férussac (Tableaux syst. des Moll.), l'ont tous trois conservé. Ocken l'avait déjà proposé sous la dénomination de Loripes, qui avait été donnée depuis long-temps à un petit genre démembré des Lucines. Les Coquilles de ce genre sont généralement grandes, épaisses, revêtues d'un drap marin persistant ; on en rencontre un plus grand nombre d'espèces à l'état fossile qu'à l'état vivant ; celle que l'on voit le plus souvent dans les collections est la Cyprine d'Islande, *Cyprina Islandica*, Lamk., Anim. sans vert. T. v, p. 557, n. 2, *Venus Islandica*, L., Gmel. *Syst. Nat.* XIII, T. I, p. 3271, n. 15 ; nous ne l'admettons pas avec la même synonymie, car la figure de Lister (Conch., t. 272, f. 108) est loin d'être faite avec la précision désirable pour la citer avec quelque certitude. Il en est de même de la fig. B, t. 58 de Gualtiéri. Nous ne pouvons également admettre la variété, γ, ou Pitar d'Adanson (*V.* ce mot), qui doit évidemment se rapporter à une autre espèce, et qui offre tous les caractères des Cythérées. C'est encore avec le plus grand doute que nous citerons la figure de l'Encyclopédie (pl. 301, f. 1, A, B) indiquée par Lamarck dans sa synonymie ; outre qu'elle ne présente pas la forme générale des Cyprines, elle n'en offre pas non plus la charnière, puisque la figure représente deux dents latérales bien exprimées et striées, ce qui n'a jamais lieu dans les Cyprines, et se voit au contraire dans un certain nombre de Cyrènes. Ce défaut de bonnes figures nous a engagés à faire figurer cette espèce dans les planches de ce Dictionnaire. Elle vit dans les mers d'Islande.

CYPRINE ISLANDICOÏDE, *Cyprina Islandicoïdes*, Lamk., Anim. sans vert. T. V, p. 558, n. 7 ; *Venus æqualis*, Sowerby, Conch. min., n. 4, p. 59, t. 21, figurée dans Brocchi (Conchyl. foss., pl. 14, fig. 5). Nous citons cette espèce après la première pour qu'on puisse plus facilement les comparer, et juger de leur différence, si réellement il est possible d'en trouver. Nous ne doutons pas que ces deux Coquilles ne soient parfaitement analogues. Nous les avons l'une et l'autre sous les yeux, et nous ne prononçons qu'après un examen comparatif des plus minutieux. Il est si rare et en même temps si important de reconnaître de vrais analogues, que nous mettrons tous nos soins à les faire reconnaître. Cette espèce se trouve fossile à Bordeaux, à Dax, en Italie et en Angleterre.

CYPRINE SCUTELLAIRE, *Cyprina scutellaria*, N. Il est généralement si difficile d'avoir entiers les Fossiles de Bracheux, et de les dégager du sable qui les enveloppe sans les mutiler, qu'il n'est pas étonnant que Lamarck et Defrance n'aient pas reconnu cette espèce, et l'aient laissée parmi les Cythérées. La Cythérée scutellaire, Lamarck (Ann. du Mus. T. VII, p. 133, n. 1, et Anim. sans vert. T. V, p. 581, n. 3), est donc pour nous une véritable Cyprine qui a même une très-grande analogie avec la Cyprine d'Islande ; elle s'en distingue néanmoins par ses crochets très-proéminens, par sa forme plus transverse, par ses rides plus écartées et disparaissant sur les crochets, enfin par sa dent latérale, toujours grande et bien exprimée, tandis que la fossette qui termine les nymphes est toujours plus petite. Ces différences nous ont paru suffisantes pour conserver cette espèce, et pour n'en pas faire une variété de la Cyprine d'Islande. Il serait possible pourtant, si on pouvait en étudier un grand nombre d'individus, qu'on trouvât, par des nuances, une véritable analogie ; mais leur rareté jointe à leur friabilité sera long-temps un obstacle à l'étude comparative des deux espèces. (D. H.)

CYPRINE. MIN. Nom donné à une Idocrase cuprifère trouvée à Tellemarken en Norwège. *V.* IDOCRASE. (G. DEL.)

CYPRINIER. MOLL. On a ainsi désigné l'Animal des Porcelaines. (B.)

CYPRINODON. POIS. Genre formé par Lacépède d'après un Poisson découvert par Bosc qui avait déjà fait sentir la nécessité de l'isoler de ses voisins, et placé par Cuvier dans la famille des Cyprins de l'ordre des Malacoptérygiens abdominaux. Ses caractères consistent : dans quatre rayons aux branchies, dans les dents en velours avec une rangée antérieure en crochets, et d'autres dents coniques assez fortes au pharynx. C'est dans la baie de Charles-Town, aux États-Unis d'Amérique, qu'a été observée la seule espèce connue de ce genre, le Cyprinodon varié, Lacép., Pois. T. II, pl. 15, f. 1. (B.)

CYPRINOIDE. *Cyprinoïdes.* POIS. Syn. de Mégalope Filament ou Apalike. *V.* CLUPE. Ce nom a été étendu à des espèces d'autres genres dont le *facies* rappelle celui des vrais Cyprins. (B.)

✱ CYPRINS. POIS. Quatrième famille de l'ordre des Malacoptérygiens abdominaux de la méthode de Cuvier (Règn. Anim. T. II, p. 190), et que caractérise le manque d'adipeuse ; une branche peu fendue ; des mâchoires faibles souvent dépourvues de dents, et dont le bord est formé par l'intermaxillaire. Des pharyngiens fortement dentés composent la faible armure des mâchoires ; les rayons branchiaux sont peu nombreux. Les Cyprins sont les moins carnassiers de tous les Poissons. Les genres Cyprin, Cobite, Anablepse, Pœcilie, Lebias et Cyprinodon composent cette famille. *V.* tous ces mots.
(B.)

CYPRIPÈDE. *Cypripedium.* BOT. PHAN. C'est un des genres les plus distincts de toute la famille des Orchidées. En effet, on sait que dans ces Plantes singulières, des trois étamines qu'elles devraient primitivement avoir, les deux latérales avortent complétement, et celle du centre est la seule qui soit anthérifère et fertile. Dans le genre *Cypripedium* que l'on désigne quelquefois sous le nom vulgaire de Sabot, à cause de la forme concave de son labelle, le contraire a lieu, c'est-à-dire que l'étamine centrale avorte, tandis que les deux étamines latérales se développent. Ce genre est donc par ce seul caractère extrêmement facile à distinguer. Du reste, il offre les autres caractères suivans : son ovaire est brièvement pédicellé et non contourné ; son calice est étalé ; les trois divisions extérieures sont lancéolées, les deux intérieures réunies et placées sous le labelle ; celui-ci est très-grand, concave et dépourvu d'éperon ; le gynostème est court, trifide à son sommet ; la division moyenne, qui est la plus grande, porte antérieurement le stigmate ; les deux

latérales offrent aussi à leur face antérieure chacune une anthère arrondie contenant une masse de pollen comme pultacé.

Les espèces de ce genre ont la racine fibreuse, la tige dressée, simple, portant des feuilles larges, pliées et engaînantes à leur base. Elles sont au nombre de onze, dont une seule croît en Europe, cinq dans l'Amérique septentrionale, quatre en Sibérie, et une au Japon.

Le CYPRIPÈDE SABOT DE VÉNUS, *Cypripedium Calceolus*, L. Cette belle Orchidée croît dans les bois ombragés des Alpes. Sa tige haute de huit à dix pouces porte deux ou trois feuilles ovales, lancéolées, aiguës, entières, engaînantes à leur base, fortement striées et comme plissées longitudinalement, glabres, ainsi que la tige qui se termine à son sommet par une grande fleur, quelquefois par deux ou même par trois ; les divisions externes sont d'un pourpre verdâtre ; le labelle est jaune. On parvient quelquefois à conserver cette Plante dans les jardins ; elle demande un lieu frais et le sable de bruyère.

Le CYPRIPÈDE VELU, *Cypripedium spectabile*, L. Originaire du Canada, cette espèce est toute velue. Ses feuilles sont ovales, allongées, aiguës, striées ; ses fleurs sont solitaires, ou quelquefois au nombre de deux au sommet de la tige. Les trois divisions externes du calice sont oblongues, obtuses et blanchâtres ; le labelle est très-grand et d'une couleur purpurine.

Le CYPRIPÈDE A GRANDES FLEURS, *Cypripedium macranthum*, Willd. Cette espèce croît en Sibérie. Elle ressemble beaucoup au *Cypripedium Calceolus*, mais est plus grande dans toutes ses parties. La partie supérieure de son gynostème est en cœur ; son labelle est crénelé sur les bords.
(A. R.)

CYPRIS. *Cypris.* CRUST. Genre établi par Müller et rangé par Latreille (Règn. Anim. de Cuv.) dans l'ordre des Branchiopodes, section des Lophyropes, avec ces caractères : test de deux pièces réunies en forme de valves de Coquilles, pouvant s'ouvrir ou se fermer, renfermant entièrement le corps et cachant aussi les yeux ainsi que les antennes, ou du moins leur portion inférieure; yeux réunis ou si rapprochés qu'ils paraissent se confondre; antennes au nombre de deux, terminées par une aigrette de poils ou en pinceau; quatre pieds apparens. Latreille avait ainsi caractérisé ce genre d'après les données fournies par les auteurs. Baker, Linné, Joblot, Geoffroy, Müller, Ledermuller, Degéer, Fabricius, Bosc, Jurine en avaient décrit un grand nombre; mais ils s'étaient attachés en général aux différences de couleurs et de forme que présente le test, et n'avaient étudié l'organisation de ces petits Animaux que d'une manière accessoire ou superficielle. Dans ces derniers temps, un observateur scrupuleux, qui apporte dans les dissections et dans les dessins la patience et le soin qui ont illustré Lyonnet, Straus a publié (Mém. du Mus. d'Hist. Nat. T. VII, p. 33 et pl. 1) un travail très-détaillé sur le genre dont il est question; il établit pour les Cythérées et les Cypris un nouvel ordre sous le nom d'Ostrapodes, *V.* ce mot, et il caractérise particulièrement les Cypris de la manière suivante : trois paires de pieds; deux antennes sétifères; un seul œil. Ce genre a beaucoup d'analogie avec les Cythérées; mais il en diffère par le nombre des pieds. Si on le compare aux ordres déjà établis, on voit : 1° qu'il avoisine principalement les Décapodes et les Amphipodes d'une part, et les Branchiopodes de l'autre, en se rapprochant cependant beaucoup plus du premier de ces ordres; 2° qu'il s'éloigne des deux premiers par la présence de deux valves mobiles, par la forme et l'insertion des branchies, et par les ovaires placés à l'extérieur; ils s'éloignent de plus des Amphipodes par leur tronc non articulé et leur tête confondue avec le reste du corps; 3° qu'ils différent es-

sentiellement des Branchiopodes par la forme et l'usage de leurs pieds, par l'insertion de leurs branchies et par les parties de la bouche.

Les Cypris se trouvent souvent en abondance dans les eaux tranquilles ou dont le cours est très-lent. Müller (*Entomostraca seu Insecta Testacea*, p. 48 et pl. 3 et suiv.) et Jurine (Hist. des Monocles, p. 159 et pl. 17 et suiv.) en décrivent et représentent un grand nombre. Nous renvoyons à ces ouvrages importans et nous nous attacherons ici à l'espèce sur laquelle Straus nous a donné des détails nombreux et circonstanciés. Ces observations d'organisation et de mœurs curieuses peuvent être considérées comme le développement des caractères du genre, et sont, à n'en pas douter, applicables à la généralité des espèces qu'il comprend.

CYPRIS BRUNE, *Cypris fusca*, Straus (Mém. du Mus. T. VII, pl. 1, fig. 16), représentée par Joblot (Obs. d'Hist. Nat. T. 1, part. 2, p. 104, pl. 13, fig. 0), et par Ledermuller (Amusemens Microscop., p. 58, pl. 73). Les valves sont longues de quatre tiers de millimètre, brunes, réniformes, plus étroites et comprimées en avant, couvertes de poils épars à peine sensibles; les antennes ont quinze soies. La couleur de cette espèce varie considérablement à cause de la transparence des valves, qui laisse voir les couleurs du corps et les ovaires différentes à certaines époques. Le corps du *Cypris fusca* ne présente aucune trace de segmens, il est contenu dans deux valves parfaitement lisses à l'extérieur, et adhérant, par toute leur face interne, à une membrane, laquelle aboutit à un muscle qui les unit au corps de chaque côté du dos; l'abdomen est terminé par deux stylets, portant à leur extrémité trois ongles en forme d'épine, dirigés en arrière et servant à l'Animal à se débarrasser des corps étrangers qui peuvent s'introduire dans les valves; ces deux stylets forment par leur réunion un tube légèrement conique qui a probablement pour usage de déposer les œufs. Straus décrit toutes les autres parties du corps de l'Animal dans les termes suivans : à la partie supérieure de la face antérieure du corps on aperçoit un gros œil unique sous la forme d'un tubercule noir sessile, brillant d'une lueur phosphorique d'un jaune rougeâtre. Cet œil est entièrement immobile, et on n'y distingue pas la moindre trace de cristallin ; l'intérieur de cet œil est rempli d'une substance filamenteuse d'un noir rougeâtre. — Les antennes, au nombre de deux seulement, sont insérées immédiatement au-dessous de l'œil ; elles sont assez longues, sétacées, composées de sept articles, et se portent en avant, pour s'arquer ensuite en dessus en sortant des valves de deux tiers de leur longueur. Le premier article est très-renflé, les suivans cylindriques, et diminuant graduellement de grandeur ; les quatre derniers portent ensemble au côté interne de leur extrémité quinze longues soies développées en éventail et distribuées cinq sur chacun des articles terminaux, trois sur le suivant et deux sur le quatrième. Ces antennes, dont la surface est ainsi élargie par ces soies, servent de rames à l'Animal en frappant l'eau par-dessus sa tête. — Les pieds, au nombre de six et non de quatre, comme on l'a pensé jusqu'à présent, approchent infiniment, pour la forme, de ceux des Crustacés Décapodes, étant composés de plusieurs articles consécutifs, conformés à peu près comme chez eux. Les pieds de la première paire, beaucoup plus forts que les autres, sont insérés immédiatement au-dessous des deux antennes. Leurs deux premiers articles, la hanche et le trochanter (*Prehenchiale*), sont courts, comme cela est ordinaire chez les Crustacés, et dirigés verticalement en dessous. La cuisse, beaucoup plus longue, se porte au contraire horizontalement en avant jusqu'au bord des valves, et la jambe, ainsi que le tarse, paraissent en dehors. Celui-ci n'est composé que d'une seule

phalange terminée par quatre crochets très-longs, mais peu courbés ; c'est par leur moyen que l'Animal se soutient et saisit les corps dont il veut se nourrir ; extérieurement au tarse, la jambe porte en outre trois longues soies très-fortes qui augmentent la surface du membre pour faciliter la natation ; cette paire de pieds étant la seule des trois qui serve de rame à l'Animal, concurremment avec les antennes, mais en frappant l'eau en dessous. La seconde paire de pieds, beaucoup plus faible que la première, est fixée au milieu de la face inférieure du corps, immédiatement en arrière des organes de la bouche. La hanche et le trochanter sont, comme dans les pieds antérieurs, fort courts et portés directement en dessous ; mais la cuisse prend une direction horizontale d'avant en arrière, et la jambe ainsi que le tarse sont dirigés en dessous en sortant des valves. Le tarse, composé d'une seule phalange, comme dans les pieds antérieurs, se termine par un crochet unique très-long, peu arqué et dirigé en avant, et la jambe manque des soies qui accompagnent celles des pieds antérieurs ; aussi cette seconde paire de pieds ne sert-elle aucunement à la natation, mais exclusivement à la marche, concurremment avec les pieds de devant. Enfin, la troisième paire, qui, jusqu'à présent, n'a point encore été aperçue par les naturalistes, est placée immédiatement en arrière de la seconde paire ; mais elle ne paraît jamais au dehors, étant constamment recourbée en arrière et en dessus, en embrassant la partie postérieure du corps, dans une situation qu'affectent souvent les pieds de derrière de plusieurs Crustacés, tels que ceux des *Gammarus*. La hanche, le trochanter et la cuisse, quoiqu'à peu près conformés et situés comme celles de la paire précédente, ont subi une torsion sur eux-mêmes, de manière que la jambe et le tarse se trouvent dirigés de bas en haut, et ces articles sont en même temps beaucoup plus allongés que dans les autres pates. Enfin, le tarse se termine par deux crochets très-petits au lieu d'un seul, comme dans les pates moyennes. Cette troisième paire de pieds ne sert d'aucune manière à la locomotion, et semble exclusivement destinée à soutenir les ovaires, placés extérieurement sur la partie postérieure du corps. — La bouche, située vers la partie antérieure de la face inférieure du corps, est composée d'un labre, d'une espèce de sternum faisant les fonctions de lèvre inférieure, d'une paire de mandibules palpifères, et de deux paires de mâchoires. Le labre est une grande pièce écailleuse en forme de capuchon qui revêt l'angle antéro-inférieur du corps; en y formant une grosse saillie qui s'avance entre les deux pates de devant, il est fixé par quatre longues apophyses, deux de chaque côté, qui s'étendent sur les faces latérales du corps avec lequel les deux antérieurs s'articulent, tandis que les postérieurs, donnant attache aux muscles qui meuvent le labre, sont susceptibles de s'abaisser et de se relever avec ce dernier. Le bord postérieur de ce labre, formant le bord antérieur de la bouche, s'articule par deux angles latéraux avec deux angles correspondans du bord antérieur de la lèvre qui ferme la bouche en arrière. De cette disposition, il résulte que cette dernière présente une ouverture transversale ménagée entre deux lèvres articulées l'une sur l'autre. La lèvre inférieure, qu'on pourrait aussi appeler un sternum, est une pièce triangulaire, fort allongée, pliée en carène, et s'étendant sur le milieu de la face inférieure du corps; elle est mobile comme le labre et garnie de muscles sur ses bords latéraux. Les mandibules sont très-grandes, placées extérieurement sur l'Animal, en s'étendant depuis le milieu du côté du corps, obliquement en bas et en avant vers la bouche, dans laquelle elles pénètrent par leurs extrémités incisives. Ces mandibules sont formées de deux pièces dont la plus grande, ou proprement

la mandibule, est terminée en pointe à son extrémité supérieure, où elle est fixée au corps par le moyen de la seconde pièce très-grêle qui forme un angle avec la première, s'articule avec le corps par son autre extrémité, et permet à la mandibule de suivre les mouvemens de la bouche. A leurs extrémités inférieures ces mandibules se courbent subitement en dedans, pour aller à la rencontre l'une de l'autre. Leur extrémité incisive est armée de cinq dents coniques placées sur un seul rang, et diminuant de grandeur à commencer par la première terminale. Sur le milieu de leur longueur, chacune de ces mandibules porte un grand palpe filiforme, formé de trois articles arrondis, terminés par des touffes de poils; et près de sa base, le premier de ces articles porte en outre une première lame branchiale très-petite, terminée par cinq digitations. La moitié supérieure de la face interne de la mandibule présente une large fosse dans laquelle viennent se fixer les muscles moteurs qui naissent de la surface latérale du corps. Les deux mâchoires de la première paire ont chacune pour base une large lame carrée, articulée par son angle interne postérieur sur le bord latéral de la lèvre, tandis que le bord postérieur de cette lame donne attache aux muscles qui la meuvent. A son extrémité antérieure, cette première pièce de la mâchoire est garnie de quatre appendices en forme de longs mamelons mobiles, renflés à leur extrémité, en se terminant chacun par une touffe de poils roides. Le premier de ces appendices externes porte seul un second article terminal très-court. Enfin le bord extérieur de la lame porte une grande branchie en forme de lame allongée et garnie à son bord supérieur d'une rangée de dix-neuf aiguilles simples, disposées en dents de peigne. Dans leur attitude naturelle, les deux lames carrées des mâchoires, ainsi que leurs appendices, sont appliquées sur la lèvre inférieure, de manière que les extrémités de ces appendices bordent l'ouverture de la bouche, tandis que les branchies se relèvent librement sur les flancs de l'Animal. Les mâchoires de la seconde paire, beaucoup plus petites que les précédentes, sont articulées avec l'angle postérieur de la lèvre, sur deux petites apophyses qui terminent cette dernière; ces mâchoires sont formées chacune de deux articles consécutifs, aplatis, dont le dernier est garni de poils roides à son extrémité, et porte à son bord externe un long mamelon arrondi que Straus considère comme un palpe et non comme une branchie, qui serait l'analogue de celle des mâchoires antérieures, et cela à cause de la grosseur et de la touffe de poils qui le termine; caractère qui se rencontre fort souvent dans les palpes et jamais dans les branchies. Cette seconde paire de mâchoires est fixée par l'angle interne postérieur de son premier article, et s'applique également sur la lèvre inférieure. — Le canal intestinal est divisé en trois portions très-distinctes, l'œsophage, l'estomac et l'intestin. L'estomac occupe toute la région dorsale du corps ; c'est une poche oblongue, très-volumineuse, dans laquelle Straus n'a pu apercevoir aucune trace de l'appareil de mastication qui se rencontre assez généralement chez les Crustacés. L'œsophage est un canal étroit et fort allongé, se portant directement de la bouche vers l'extrémité antérieure de l'estomac, dans lequel il s'ouvre en dessous. L'intestin est une seconde poche simple, presque aussi grande que l'estomac lui-même, et se rétrécissant vers son extrémité postérieure, où elle s'ouvre par l'anus, entre les deux stylets qui terminent l'abdomen. A son extrémité pylorique, cet intestin communique avec l'estomac par une espèce de pédicule que ferme ce dernier.

Ledermuller prétend avoir observé l'accouplement des Cypris ; Straus n'en a jamais été témoin, quoiqu'il ait étudié ces Crustacés à toutes les époques de la vie. Les ovaires des Cypris sont très-considérables ; ce sont deux gros vaisseaux simples, coniques,

terminés en cul de sac à leur extrémité, et placés extérieurement sur les côtés de la partie postérieure du corps, en s'ouvrant l'un à côté de l'autre, dans la partie antérieure de l'extrémité de l'abdomen, où ils communiquent avec le canal formé par la queue. De-là les ovaires se portent en haut sur les côtés de l'abdomen. Arrivés au bord dorsal des valves, ils se replient en dessous, se détachent du corps et redescendent, en se portant un peu en arrière, jusqu'auprès du bord inférieur des valves, et se recourbent ensuite de nouveau en dessus en formant une grande boucle qui se termine sur les côtés de l'abdomen. Cette partie libre des ovaires est reçue dans une gaîne que lui présente la membrane qui double les valves, et dans laquelle elle est logée sans aucune adhérence. Les œufs sont parfaitement sphériques, recouverts d'une coque cornée assez solide, et renferment une pulpe homogène, onctueuse, d'un beau rouge.

Les Cypris ont des habitudes assez curieuses ; ils habitent les eaux tranquilles, se nourrissent généralement de substances animales mortes, mais non putréfiées ; ils mangent aussi des Conferves. Au lieu de porter leurs œufs sur le dos ou sous le ventre, après la ponte, comme le font ordinairement les Branchiopodes et les Décapodes, ils les déposent de suite sur quelques corps solides en les réunissant en amas souvent de plusieurs centaines, provenant de différens individus, les y fixent par le moyen d'une substance filamenteuse, verte, semblable à de la mousse, et les abandonnent. Ces œufs restent dans cet état pendant environ quatre jours et demi avant d'éclore ; les jeunes qui en sortent naissent avec l'organisation qu'ils doivent toujours conserver, et ne sont pas sujets à des métamorphoses comme les Apus et les Cyclops; ils offrent toutefois quelques différences dans la couleur et la forme des valves, dans le nombre des soies des antennes. — On a lieu d'être surpris de voir souvent que des mares, qui étaient desséchées, se trouvent peuplées de ces petits Animaux, lorsqu'une forte pluie est venue de nouveau les remplir. Ce phénomène trouve son explication dans la faculté qu'ont les Cypris de pouvoir s'enfoncer dans la vase humide et d'y rester vivans jusqu'au retour des pluies. Bosc a noté ce fait important, et Straus a eu occasion de le vérifier; il plaça des Cypris dans des bocaux au fond desquels était de la vase; dans les uns, il laissa complétement dessécher la vase, et tous les Cypris disparurent sans retour; dans les autres, il entretint cette vase humide et ils continuèrent de vivre. Ce qui est remarquable, c'est qu'ayant pris les œufs des Cypris morts dans la première expérience, ces œufs éclorent après les avoir mis dans l'eau; c'est, sans doute, de cette manière que les Cypris se perpétuent dans les mares qui se dessèchent complétement.

Cypris fossiles.

Desmarest (Nouv. Bull. des Sc. par la Soc. Phil., année 1813, p. 259, pl. 4, n° 8, et Hist. Nat. des Crust. foss., p. 141, pl. 11, fig. 8) a rapporté au genre Cypris un petit Fossile d'abord signalé par Cordier comme étant très-abondant près de la montagne de Gergovia, dans le département du Puy-de-Dôme, et qui depuis a été retrouvé par De Drée, en quantité innombrable, dans un calcaire de formation d'eau douce de la Balme d'Allier, entre Vichy-les-Bains et Cusset. Il ne reste de ce Fossile que le test; il est réniforme et paraît appartenir à une espèce distincte à laquelle Desmarest assigne le nom de Cypris Fève, C. Faba. (AUD.)

CYPSÉLÉE. *Cypselea.* BOT. PHAN. Genre de la famille des Portulacées et de la Diandrie Monogynie, L., établi par Turpin (Ann. du Mus., vol. VII, p. 219) et caractérisé de la manière suivante: calice monophylle, à cinq divisions profondes et colorées; les deux extérieures plus courtes; corolle nulle; deux à trois étamines à filets insérés à la base du calice et alternes avec ses lobes qu'ils égalent

en hauteur; ovaire libre, uniloculaire, marqué de quatre sillons, et surmonté d'un style bifide; capsule polysperme ayant la forme d'une ruche à miel (d'où le nom générique) s'ouvrant transversalement à sa base; graines très-nombreuses attachées à un réceptacle central.

Ce genre diffère essentiellement du *Trianthema* avec lequel il a de grands rapports, par le nombre de ses étamines, par son fruit uniloculaire et polysperme, et par ses fleurs solitaires et pédonculées. Son auteur n'en a décrit qu'une seule espèce, le *Cypselea humifusa*, Herbe rampante des marais desséchés des environs de la ville du Cap à Saint-Domingue. L'exiguité de cette Plante et son peu d'intérêt ont retardé la connaissance de ce genre, car elle existait déjà dans les herbiers sous d'autres noms. Du reste, Turpin en a donné une figure très-exacte (*loc. cit.* t. 12) et accompagnée de tous les détails de la fructification. (G..N.)

CYPSELLE. *Cypsella.* BOT. PHAN. Le genre de fruit appelé ainsi par Mirbel étant absolument le même que celui que le professeur Richard avait antérieurement nommé AKÈNE, ce dernier nom doit être préféré. *V.* AKÈNE. (A. R.)

*CYRÈNE. *Cyrena.* MOLL. Ce genre a tant de rapports avec les Vénus quant à la forme, et avec les Cyclades quant à la charnière et à l'habitation, qu'on ne doit pas s'étonner si les auteurs, avant Lamarck, l'ont confondu tantôt avec un genre, tantôt avec un autre. Nous voyons en effet Linné en mettre quelques espèces avec les Tellines, d'autres avec les Vénus; nous voyons également Chemnitz commettre la même faute. C'est Bruguière qui, le premier, a réuni dans un même cadre les Coquillages des deux genres qui, effectivement, ont le plus de rapports soit dans la forme, soit dans l'habitation, soit même dans les caractères tirés de la charnière. Cependant les Cyclades, *V.* ce mot, conservent toujours très-peu d'épaisseur , acquièrent rarement le même volume, et offrent des différences notables dans leur charnière , comme d'avoir les dents cardinales au nombre de deux seulement ; quelquefois même il n'y en a qu'une, et d'autres fois elles n'existent pas du tout ou ne sont que rudimentaires. Dans les Cyrènes, au contraire, les dents cardinales sont constantes, bien exprimées dans les plus petites espèces comme dans les plus grandes ; il y en a trois à chaque valve , ou au moins deux à l'une et trois à l'autre. Il existe même de très-petites espèces que l'on confondrait très-facilement avec les Cyclades si l'on n'avait ce caractère constant de la charnière. Il est inutile de dire qu'on ne peut guère les confondre avec les Vénus, les Cythérées ou les Cyprines, d'abord par leur habitation, ensuite par les dents latérales, une de chaque côté des cardinales. Ce qui prouve d'ailleurs la solidité et la nécessité de ce genre, c'est que depuis la connaissance que Lamarck en a donnée, presque tous les auteurs l'ont admis comme genre ou comme sous-genre. Cependant Cuvier n'en fait pas mention dans le Règne Animal ; il conserve le genre Cyclade tel que Bruguière l'avait fait ; c'est ce qu'a fait également Schweiguer. Mais Férussac (Tabl. Syst.) l'a adopté sans le modifier, tandis qu'Ocken et Megerle l'ont proposé sous le nom de Corbicule. Quoi qu'il en soit , voici les caractères que Lamarck lui donne et que nous adoptons sans restriction : coquille arrondie, trigone, enflée ou ventrue, solide , inéquilatérale , épidermifère , à crochets écorchés ; charnière ayant trois dents sur chaque valve ; les dents latérales presque toujours au nombre de deux dont une souvent est rapprochée des cardinales ; ligament extérieur sur le côté le plus grand. Toutes les Cyrènes habitent les eaux douces et surtout celles des pays chauds. Elles paraissent maintenant étrangères à l'Europe, quoique, dans l'ancienne nature, elles y aient été répandues avec abon-

dance. Il y a quelques années, quelques espèces fossiles étaient à peine connues , encore étaient-elles contestées comme appartenant à ce genre. Férussac en fit connaître le premier quelques espèces des terrains d'eau douce d'Épernay. Depuis , nous avons eu occasion d'en recueillir onze dans différentes localités que nous avons explorées aux environs de Paris, où nous avons observé ce fait remarquable , que toujours elles se sont trouvées mélangées avec des Coquilles marines, quelle que soit d'ailleurs la position des couches. Cette observation et quelques autres qui nous sont propres, ainsi que la description des nouvelles espèces, feront le sujet d'un travail particulier que nous nous proposons de publier bientôt. Lamarck, pour faciliter l'étude des espèces, les divise en celles qui ont les dents latérales striées, et celles qui les ont lisses. Nous allons rapporter quelques espèces pour l'une et l'autre de ces divisions.

† *Dents latérales serrulées ou dentelées.*

CYRÈNE REMBRUNIE, *Cyrena fuscata*, Lamk., Anim. sans vert. T. V, p. 552, n. 4 ; Encycl., pl. 302, fig. 2, A, B, C ; Chemn., Conch. T. VI, tab. 30 , fig. 321. Elle est cordiforme, d'un brun verdâtre, sillonnée transversalement ; sillons subimbriqués , très-rapprochés en dedans ; elle est violette vers les crochets ; les dents latérales sont très-longues, finement dentelées ; sa largeur est de douze à treize lignes. Elle habite les fleuves de la Chine et du Levant. Comme toutes les Coquilles fraîches de ce genre , elle est rare dans les collections.

CYRÈNE CERCLÉE, *Cyrena fluminea*, Lamk., *loc. cit.* n. 5 ; *Tellina fluminea*, L., Gmel, p. 3243, n. 80 ; Chemn., Conch. T. VI, p. 321, t. 30, fig. 322-323. Elle est cordiforme, globuleuse, d'un vert fauve, élégamment sillonnée ; les sillons sont concentriques ; à l'intérieur, elle est marquée de taches blanches et violettes, et quelquefois elle offre une bande demi-circulaire noire ou d'un violet plus foncé, comme dans l'espèce précédente ; les dents latérales sont longues et finement dentelées. Son diamètre transversal est de onze lignes. Elle se trouve avec la précédente dans les fleuves de la Chine et du Levant. C'est dans cette section du genre que viennent se ranger quatre ou cinq espèces fossiles des environs de Paris, et, entre autres, celle que nous nommerons :

CYRÈNE DONACIALE, *Cyrena Donacialis*, N. Elle a la forme d'une Donace ; seulement elle est plus bombée et plus cordiforme lorsqu'on la voit du côté de la lunule ; elle est oblique, subtriangulaire, très-inéquilatérale, irrégulièrement striée, plutôt par ses accroissemens que par des stries constantes ; de ses dents latérales, l'antérieure est la plus longue, toutes deux finement dentelées ; il y a trois dents cardinales à chaque valve. On la trouve aux environs de Soissons, et notamment près de la route, un peu avant les portes de la ville. Les plus grands individus ont un pouce de large.

CYRÈNE OBLIQUE, *Cyrena obliqua*, N. Celle-ci a quelques rapports de forme avec la précédente ; elle s'en distingue cependant en ce qu'elle est moins inéquilatérale ; elle est transverse, non triangulaire, aplatie, à crochets peu saillans, irrégulièrement striée ; stries très-fines ; dents latérales presque également longues, finement striées ; trois dents cardinales, celle du milieu est bifide. L'individu que nous possédons n'a que six lignes de large. Nous l'avons trouvé à Maule, non loin de Grignon.

†† *Dents latérales entières.*

CYRÈNE DE CEYLAN, *Cyrena Ceylanica*, Lamk., *loc. cit.* p. 554, n. 11; *Venus Ceylonica*, Chemn., Conch. T. VI, pag. 333, tab. 32, fig. 336; *Venus coaxans*, L., Gmel. p. 3278, n. 41. Gmelin cite avec doute la fi-

gure H de la planche 42 de Rumph, et il a raison, car cette figure est loin de se rapporter à l'espèce dont il s'agit, puisque c'est, à n'en guère douter, la Cythérée tigérine. Elle est bien figurée dans l'Encyclopédie (pl. 302, fig. 4, A, B). Cette Coquille est enflée, subcordiforme, à crochets écorchés peu saillans, souvent rongés, inéquilatérale, ayant son côté antérieur subanguleux ; elle est finement et irrégulièrement striée ; son épiderme est verdâtre ; elle est blanche en dedans, large quelquefois de deux pouces et demi ; elle habite les rivières de l'île de Ceylan. Lamarck ne cite aucune espèce fossile pour cette seconde division du genre ; nous en connaissons pourtant sept espèces dont les principales sont :

CYRÈNE DÉPRIMÉE, *Cyrena depressa*, N. (*V.* planches de ce Dictionnaire). Grande et belle Coquille très-rare, subinéquilatérale, aplatie, suborbiculaire ; son angle antérieur est saillant, son côté antérieur aminci et séparé du reste par une côte arrondie qui descend obliquement des crochets ; ceux-ci sont petits, peu saillans ; la Coquille est lisse à l'extérieur, quelquefois rustiquée par des accroissemens assez réguliers. Il y a trois dents cardinales dont la médiane et la postérieure sont bifides ; des dents latérales, l'antérieure, courte et entière, est près des cardinales ; la postérieure est plus allongée, séparée des dents cardinales par la longueur du ligament ; celui-ci est enfoncé, implanté sur des nymphes bien apparentes ; la suture est bâillante. Nous possédons un individu de cette espèce dont les valves sont réunies par le ligament ; ce ligament a conservé assez d'élasticité pour permettre l'entrebâillement des valves ; elle est large de près de deux pouces. Nous l'avons recueillie à Houdan.

CYRÈNE CORDIFORME, *Cyrena cordiformis*, N. Elle est ventrue, bombée ; ses crochets sont saillans, ce qui la rend cordiforme. Elle est subinéquilatérale, suborbiculaire, lisse, mince ; trois dents cardinales à chaque valve ; les dents latérales sont entières, courtes, peu saillantes.

Cette espèce varie un peu. Quelques individus deviennent subtransverses et montrent quelques stries irrégulières ; dans quelques autres, la lunule est peu sensible ; dans d'autres, elle est bien prononcée. Nous avons trouvé cette espèce à Valmondois. Elle a sept à huit lignes de large.   (D..H.)

CYRILLE. *Cyrilla.* BOT. PHAN. Genre de la famille des Ericinées et de la Pentandrie Monogynie, fondé par Linné et ainsi caractérisé : calice très-petit, subturbiné, à cinq divisions profondes, ovales, lancéolées ; corolle marcescente trois fois plus grande que le calice, formée de cinq pétales étalés, disposés en étoile, consistans et hypogynes ; cinq étamines alternes avec les pétales, plus courts que ces derniers, à anthères cordées et bifides inférieurement ; ovaire inséré sur un petit disque, surmonté d'un style court et de deux ou trois stigmates ; baie très-petite, enveloppée par les organes de la fructification persistans, bivalve, biloculaire et mucronée ; graine solitaire dans chaque loge, suspendue au moyen d'un funicule. Ces caractères que nous venons de tracer d'après Richard (*in Michx. Flor. Boreali-Americana*, I, p. 157) éloignent ce genre de l'*Itea*, avec lequel L'Héritier, Swartz (*Fl. Ind.-Occid.* I, p. 506) et Lamarck l'avaient réuni.

Dans la Flore de l'Amérique boréale susmentionnée, l'espèce unique de ce genre, décrite par Linné sous le nom de *C. racemiflora*, a été partagée en deux Plantes distinctes qui ont été nommées *C. Caroliniana* et *C. Antillana*, d'après leurs patries respectives. Poiret observe, dans le Supplément de l'Encyclopédie, que les différences entre ces deux Plantes s'évanouissent tellement dans les divers échantillons soumis à son examen, que leur distinction ne lui semble pas naturelle. L'Héritier (*Stirpes Novæ*, p.

137, t. 66) a donné une belle figure du *Cyrilla racemiflora* de Linné sous le nom d'*Itea* ; détruisant ainsi le genre *Cyrilla*, il a donné ce nom à une Plante qu'il a décrite et figurée (*loc. cit.*, p. 147, t. 71) ; mais sa *Cyrilla pulchella* n'est autre que l'*Achimenes* de Brown, genre de la famille des Scrophularinées, et qui a été confondu par les divers auteurs avec plusieurs autres. *V.* ACHIMÈNE.
                       (G..N.)

* CYROUENNE. BOT. PHAN. (P. Desportes.) Syn. d'Azédarach aux Antilles.
                       (B.)

CYROYER. BOT. PHAN. *V.* RHÉÉDIE.

* CYRTANDRACÉES. *Cyrtandraceæ.* BOT. PHAN. Le docteur William Jack, dans le quatorzième volume des Transactions de la Société Linnéenne de Londres, pag. 23, a proposé d'établir une famille nouvelle, dont le genre *Cyrtandra* serait le type, et qui, quoique voisine des Bignoniacées, s'en distinguerait cependant en quelques points. Nous allons d'abord donner les caractères de la famille tels qu'ils ont été exposés par le docteur Jack, après quoi il nous sera plus facile de les comparer à ceux des Scrophulariées et des Bignoniacées : le calice est monosépale, divisé ; la corolle monopétale, hypogyne, ordinairement irrégulière et à cinq lobes ; les étamines au nombre de quatre, réunies deux à deux par paires, ont quelquefois deux de leurs anthères qui avortent ; l'ovaire environné d'un disque glanduleux est à deux loges, et paraît quelquefois quadriloculaire ; chaque loge est polysperme ; le style est simple et se termine par un stigmate formé de deux lamelles ou de deux lobes ; le fruit est une capsule ou une baie biloculaire, bivalve et polysperme ; les cloisons opposées aux valves sont partagées en deux lames divergentes et recourbées en arrière où elles portent les graines sur leur bord libre ; il résulte de cette disposition qu'au premier coup-d'œil le fruit paraît à quatre loges.

Les Cyrtandracées sont des Herbes ou des Arbustes à feuilles simples, ordinairement opposées, dépourvues de stipules. Leurs fleurs, qui ressemblent tout-à-fait à celles des Bignoniacées, sont axillaires. Outre le genre Cyrtandra, l'auteur place dans cette famille le *Didymocarpus* de Wallich, et deux genres nouveaux qu'il nomme *Laxonia* et *Æschynanthus*.

Cette famille doit-elle être séparée des Bignoniacées? Ceux qui compareront les caractères que l'auteur lui-même en donne, avec ceux des Bignoniacées (*V.* ce mot), n'y apercevront aucune différence qui puisse même autoriser à en former une simple section dans la famille des Bignoniacées. En effet l'organisation de la fleur et celle du fruit sont absolument les mêmes dans l'une et dans l'autre. Dans les genres *Tecoma*, *Spathodea*, etc., qui appartiennent certainement aux vraies Bignoniacées, la cloison est également opposée aux valves comme dans les Cyrtandracées. Dans le *Martynia*, le *Sesamum*, le fruit, quoique d'une forme différente, est le même que dans les Cyrtandracées, c'est-à-dire que les cloisons sont incomplètes, se bifurquent intérieurement en deux lames recourbées en dehors, de manière qu'elles ne se joignent pas au centre, et que la capsule est réellement uniloculaire. *V.* BIGNONIACÉES.

(A. R.)

CYRTANDRE. *Cyrtandra.* BOT. PHAN. Type de la famille des Cyrtandracées, laquelle doit être réunie aux Bignoniacées. Ce genre établi par Forster ne se composait que de deux espèces, *Cyrtandra biflora* et *C. cymosa*, d'abord décrites par lui sous le nom de *Besleria*. Vahl, dans son *Enumeratio Plantarum*, y a ajouté une troisième espèce, *Cyrt. staminea*, originaire de Java. Enfin, dans le Mémoire précédemment cité, le docteur Jack en décrit onze espèces nouvelles observées dans l'Inde. Voici les caractères de ce genre: calice à cinq divisions profondes; corolle monopétale, infundibuliforme; dilatée vers son ouverture, ayant son limbe à cinq di-

visions inégales et quelquefois disposées en deux lèvres; les étamines, au nombre de quatre, ont deux de leurs anthères qui avortent constamment; le fruit est charnu, plus long que le calice qui persiste; les deux cloisons se divisent en deux lames, dont toute la face interne est recouverte de graines.

Les Cyrtandres qui croissent dans l'Inde ont leur tige herbacée ou sousfrutescente; leurs feuilles simples opposées, dont une est souvent plus petite et avorte presque totalement; les fleurs sont fréquemment en capitules environnés d'un involucre. Nous ne croyons pas nécessaire d'en décrire aucune.   (A. R.)

CYRTANTHE. *Cyrtanthus.* BOT. PHAN. Ce genre, de la famille des Narcissées et de l'Hexandrie Monogynie, L., a été établi par Aiton (*Hort. Kew.* 2, p. 222), et adopté par Jacquin, Willdenow et Desfontaines, avec les caractères suivans: périanthe supère, tubuleux, en forme de massue, à six divisions ovales et oblongues; filets des étamines insérés sur le tube du périanthe et accolés vers leur sommet. Les cinq espèces de ce genre sont toutes indigènes du cap de Bonne-Espérance, si ce n'est peut-être le *Cyrtanthus vittatus*, Desf., dont on ne sait pas précisément la patrie. Ce sont de belles Plantes à feuilles linéaires ou lancéolées et à corolle, le plus souvent penchées et colorées en rouge très-vif. L'Héritier (*Sert. Angl.* 15, t. 16) a placé parmi les *Amaryllis*, les *Cyrtanthus angustifolius* et *C. obliquus*, Ait. Ces deux Plantes avaient auparavant été décrites par Linné, sous les noms de *Crinum angustifolium* et *C. obliquum*. Willdenow a nommé *Cyrtanthus ventricosus* la Plante que Jacquin (*Hort. Schœnbrunn*, 1, p. 40, t. 76) avait confondue avec le *C. angustifolius* d'Aiton, et qui s'en distingue principalement par le tube de sa corolle ventru et non cylindrique, ou sensiblement élargi vers son sommet.

Le CYRTANTHE RAYÉ, *Cyrtanthus*

vittatus, figuré par Redouté (Liliacées, vol. 4, t. 182) d'après un dessin de mademoiselle Basseporte inséré dans les Vélins du Muséum d'histoire naturelle, est une espèce fort élégante et remarquable par les raies rouges et longitudinales du limbe de ses fleurs blanchés, d'où le nom spécifique que lui a imposé le professeur Desfontaines. Cette Plante, autrefois cultivée au jardin de Paris, est perdue depuis long-temps.

Le nom de *Cyrtanthus longiflorus* a été mal à propos appliqué par le compilateur Gmelin (*Syst. Nat.*) au *Posoqueria longiflora* d'Aublet. Schreber, entraîné par la détestable manie de tout changer sans motif valable, a préféré répéter dans son *Genera* le double emploi commis par Gmelin, que d'adopter la dénomination d'Aublet, contre laquelle il n'y avait rien à dire. *V.* POSOQUERIE.   (G..N.)

CYRTE. *Cyrtus* INS. Genre de l'ordre des Diptères, établi par Latreille (Précis des caract. génér. des Ins., p. 154), et rangé par lui (Règn. Anim. de Cuv.) dans la famille des Tanystomes, tribu des Vésiculeux. Ses caráctères sont : corps large, court, presque glabre ; tête petite et globuleuse, presque entièrement occupée par les yeux qui sont au nombre de trois, petits et lisses ; antennes très-rapprochées, insérées sur le derrière de la tête, très-petites, de deux articles d'égale grosseur et dont le dernier présente une soie longue ; bouche formée par une sorte de lèvre supérieure recouvrant une trompe longue, menue, cylindrique, dirigée en arrière et creusée en dessus par une gouttière recevant un suçoir de quatre soies ; palpes très-courts ou nuls ; corselet élevé et bossu ; ailes petites, inclinées de chaque côté du corps ; cuillerons très-grands recouvrant les balanciers ; pates grêles ; jambes sans épines ; tarses offrant deux crochets et trois pelotes sensibles.

Le genre Cyrte correspond à celui désigné par Fabricius (*Syst. Anthl.*) sous le nom d'*Acrocera*, mais qu'il ne faut pas confondre avec le genre Acrocère de Meigen, lequel en diffère à plusieurs égards.

Les Cyrtes vivent sur les fleurs où on les trouve habituellement. Ils font entendre un petit son aigu, moins prononcé que celui des Bombyles. On peut considérer comme type générique le Cyrte acéphale, *Cyrt. acephalus*, Latr., ou l'*Empis acephala* de Villers (*Entom. Linn.* T. III, tab. 10, fig. 21), qui est le même que l'*Acrocera gibba var.* de Fabricius. Cette espèce a été trouvée par Latreille, au mois d'août, sur les coteaux du sud-ouest de la France. Une variété, rapportée de Barbarie par Desfontaines et décrite par Fabricius sous le nom de *Syrphus gibbus*, a été figurée par Antoine Coquebert (*Illustr. Icon. Insect., dec.* 3, tab. 23, fig. 6).

(AUD.)

CYRTE. *Cyrta.* BOT. PHAN. Loureiro (*Flor. Cochinchin.*, I, p. 340) a établi sous ce nom un genre appartenant à la Décandrie Monogynie, L., et paraissant se rapprocher de la famille des Sapotées. Ses principaux caractères sont : un calice en forme de coupe, inférieur, persistant et à cinq dents ; une corolle monopétale, dont le tube est égal au calice ; le limbe à cinq divisions lancéolées ; les filets des dix étamines sont courts, dilatés à la base et insérés au fond de la corolle ; anthères oblongues et adnées ; ovaire arrondi et acuminé, surmonté d'un style subulé, plus long que la corolle et les étamines, et d'un stigmate simple ; drupe oblongue, atténuée à ses deux extrémités, courbe, cotonneuse, ne renfermant qu'une seule semence oblongue, sillonnée et amincie à son sommet. Le *Cyrta agrestis*, unique espèce de ce genre, est un Arbrisseau de trois mètres environ de hauteur, à rameaux étalés, à feuilles ovales, acuminées, alternes et glabres ; à fleurs blanches, plusieurs ensemble portées sur un même pédoncule. Cet Arbrisseau se trouve dans les buissons de la Cochinchine.

(G..N.)

CYRTOCHILE. *Cyrtochilum.* BOT. PHAN. Genre de la famille naturelle des Orchidées , établi par Kunth (*Humb. Nova Genera*, 1, p. 549) pour deux Plantes parasites, originaires de l'Amérique méridionale, et auquel il donne pour caractères : un calice à six divisions ; les cinq externes sont égales entre elles , étalées et onguiculées. Le labelle est raccourci, sans éperon, convexe et adhérent par sa base avec le gynostème qui est mince et en forme d'ailes sur ses bords ; l'anthère est terminale, à deux loges, s'ouvrant par une sorte d'opercule ; les masses polliniques sont au nombre de deux, formées de particules agglomérées et réunies toutes deux sur un pédicelle commun et filiforme.

Les deux espèces qui composent ce genre, sont des Plantes herbacées , parasites et bulbifères ; leur hampe est nue, et se termine par une panicule de fleurs pédicellées et munies de bractées ; l'une , *Cyrtochilum undulatum*, a été figurée planche 84 de l'ouvrage cité ; les folioles externes de son calice sont ovales, ondulées et étalées. Elle croît dans les lieux rocailleux, près du village de l'Ascension, dans les Andes du royaume de la Nouvelle-Grenade. Elle a beaucoup de rapports avec l'*Epidendrum punctatum* de Linné ; la seconde, *Cyrtochilum flexuosum*, Kunth, *loc. cit.*, a les folioles de son calice également ondulées , réfléchies, les extérieures spathulées , les intérieures ovales. Elle a été découverte au pied du mont *Paramo de las Achupallas* ; entre la ville d'Almaguer et le bourg de la Cruz.

Ce genre paraît tenir le milieu entre les *Epidendrum* et les *Oncidium*.

(A. R.)

* CYRTODAIRE. MOLL. *V.* CIRTODAIRE et GLYCIMÈRE.

*CYRTOPODE, *Cyrtopodium*. BOT. PHAN. Robert Brown, dans la seconde édition du Jardin de Kew, a retiré du genre *Cymbidium* l'espèce décrite et figurée par Lambert (*in Andrew's Reposit.* t. 651) sous le nom de *Cymbidium Andersonii*, qui ne diffère des véritables *Cymbidium* que par son labelle onguiculé et présentant

trois lobes. Cette Plante est originaire des Grandes-Indes. *V.* CYMBIDION.

(A. R.)

CYRTOSTYLIS. *Cyrtostylis*. BOT. PHAN. R. Brown, dans son Prodrome, a fait un genre nouveau d'Orchidées, auquel il a donné ce nom ; son périanthe est bilabié ; les quatre divisions latérales sont égales entre elles et étalées ; le labelle est dressé, plane, obtus, entier, et présente deux petites callosités à sa base ; le gynostème est semi-cylindrique, un peu renflé vers son sommet ; l'anthère est terminale, persistante, à deux loges rapprochées, contenant chacune deux masses polliniques pulvérulentes et comprimées.

Ce genre ne se compose que d'une seule espèce , *Cyrtostylis reniformis* , Brown, *loc. cit.* C'est une petite Plante herbacée , ayant le port de l'*Acianthus*, portant une seule feuille réniforme et à plusieurs nervures, des fleurs renversées, c'est-à-dire dont le labelle est supérieur. Elle a été observée par R. Brown aux environs de Port-Jackson.

Brown pense que le *Malaxis lilifolia* de Swartz fait probablement partie de ce genre. Sa structure l'y rapporte tout-à-fait, tandis que son port l'en éloigne considérablement.

(A. R.)

CYSTANTHE. BOT. PHAN. Dans son Prodrome de la Flore de la Nouvelle-Hollande , R. Brown a fondé ce genre sur une Plante de ce vaste pays, en lui assignant les caractères suivans: calice foliacé ; corolle fermée en forme de coiffe, s'ouvrant transversalement et laissant persister sa base tronquée ; étamines hypogynes, persistantes ; point d'écailles hypogynes ; capsule offrant des placentas suspendus et libres au sommet d'une colonne centrale.

Ce genre, que son auteur place dans la nouvelle famille qu'il établit sous le nom d'Epacridées, ne renferme qu'une seule espèce, le *Cystanthe Sprengelioïdes*, Arbrisseau qui a le port des *Sprengelia* de Smith et des *Ponceletia* et *Cosmelia* de Brown , si ce n'est que ses rameaux portent des empreintes annulaires à l'endroit où les feuilles sont tombées. Il y en a deux variétés : l'une à feuilles allongées et réfléchies, qui croît sur les pentes ombragées des montagnes de la terre de Diémen à la Nouvelle-Hollande; l'autre à feuilles beaucoup plus petites, que l'on trouve au sommet des montagnes du même pays.

(G..N.)

CYSTIBRANCHES. *Cystibranchia.* CRUST. Section de l'ordre des Isopodes, établie par Latreille (Règn. Anim. de Cuv.) et qu'il caractérise de la manière suivante : corps ordinairement linéaire ou semblable à un fil; tête portant quatre antennes sétacées, dont les deux supérieures plus longues, deux immobiles, point ou peu saillantes; bouche consistant en un labre; deux mandibules sans palpes; une languette profondément échancrée, divisée et en forme de lèvre; deux paires de mâchoires rapprochées sur un même plan transversal, et dont la paire inférieure plus petite forme avec la première une seconde fausse lèvre; enfin, deux pieds-mâchoires de six articles, dont le dernier pointu, et dont le premier forme, en se réunissant à celui du côté opposé, une troisième lèvre ou la plus extérieure; tronc formé par six anneaux (le premier ou celui qui est uni à la tête non compris) supportant tous des appendices manquant le plus souvent ou n'étant que rudimentaires sur le second et le troisième anneaux, et constituant dans les autres des pates proprement dites; queue très-courte, composée d'un à deux segmens, avec quelques petits appendices peu saillans, en forme de tubercules, à l'extrémité postérieure et inférieure; femelles portant leurs œufs sous les second et troisième anneaux du corps, dans une poche formée d'écailles. Les Cystibranches diffèrent des autres Crustacés Isopodes par des caractères d'une importance telle que Latreille a proposé d'ériger cette section en un ordre particulier sous le nom de

LÆMODIPODES, *Lœmodipoda,* et qui aurait pour caractères : quatre mâchoires disposées sur le même plan transversal en forme de lèvre, comme celles des Myriapodes; première paire de pieds proprement dits annexée à la tête; branchies du dessous de la queue remplacées par de petits corps vésiculeux analogues à ceux de la base des pieds des Amphipodes. Suivant Savigny, ils avoisinent les Pycnogonons et lient avec eux les Arachnides aux Crustacés. Les Cystibranches se distinguent des autres genres par la nature de leurs organes respiratoires qui consistent en des corps vésiculaires, très-mous, tantôt au nombre de six, et situés un de chaque côté, sur le second, troisième et quatrième anneaux, à la base extérieure des pieds qui y sont attachés; tantôt au nombre de quatre, et annexés à autant de pates, vraies ou fausses, du second et du troisième segmens ou à leur place, si ceux-ci sont absolument dépourvus d'organes locomoteurs. Ils s'éloignent encore des autres genres par leur appareil masticatoire qui tient de celui des autres Isopodes et des Myriapodes; leur languette est plus grande proportionnellement que dans les autres Crustacés, et se présente sous la forme d'une lèvre qui, dans les Cyames, est quadrifide; les deux paires de mâchoires composent une sorte de lèvre, et les pieds-mâchoires de la première paire sont réunis à leur base de même que ceux des Myriapodes. Enfin, ils diffèrent en ce que les deux pieds antérieurs ou les seconds pieds-mâchoires sont insérés sous la tête; le premier segment du tronc étant intimement uni avec elle, très-court, et lui formant un cou ou un prolongement en arrière. Les pieds complets, au nombre de dix à quatorze, sont terminés par un fort crochet; ceux de la seconde paire sont plus grands; l'avant-dernier article est renflé et forme avec le crochet terminal une serre ou griffe.

Latreille divise cette section de la manière suivante :

I. Corps ovale formé de segmens

larges et transversaux ; des yeux lisses ; pieds de longueur moyenne et robustes ; la quatrième et dernière pièce des antennes simple, ou sans articulations.

Genre : CYAME. *V.* ce mot.

Ici se rangent des espèces vivant en parasites sur des Cétacés et des Poissons, et n'ayant que dix pieds parfaits; le second et le troisième anneaux du corps en sont dépourvus et offrent à leur place des appendices grêles, articulés, qui portent les organes vésiculeux présumés respiratoires.

II. Corps filiforme; les segmens très-étroits et longitudinaux; point d'yeux lisses; pieds longs et grêles; la quatrième et dernière pièce des antennes supérieures articulée.

Genres : CHEVROLLE, PROTON, LEPTOMÈRE. *V.* ce mot.

Les espèces appartenant à ces trois genres se tiennent parmi les Plantes marines, marchent à la manière des *Chenilles arpenteuses*, tournent quelquefois avec rapidité sur elles-mêmes, ou redressent leur corps en faisant vibrer leurs antennes; elles courbent, en nageant, les extrémités de leur corps. (AUD.)

CYSTICAPNOS. BOT. PHAN. Famille des Fumariacées de De Candolle, et Diadelphie Hexandrie, L. Ce genre, extrait des *Fumaria* par Boerrhaave (*Lugd. Hort.*, p. 391, t. 300), adopté par Gaertner (*de Fruct.* 2, p. 161), et récemment par De Candolle (*Syst. Veget.*, 2, p. 112), offre les caractères suivans : quatre pétales, dont un seul bossu à sa base; capsule vésiculeuse polysperme, ayant dès placentas réunis entre eux par un réseau membraneux. Le *Cysticapnos africana*, Gaertn., *Fumaria vesicaria*, L., est l'unique espèce de ce genre : c'est une Plante herbacée, à rameaux grimpans, munie de pétioles terminés en vrilles, et ayant une corolle d'un blanc rosé. Elle est indigène du cap de Bonne-Espérance. (G..N.)

CYSTICERQUE. *Cysticercus.* INTEST. Genre de l'ordre des Vésicu-

laires, dont les caractères sont : un kiste extérieur simple, renfermant un Animal presque toujours solitaire, libre de toute adhérence, et dont le corps, presque cylindrique ou déprimé, se termine en arrière par une vésicule remplie d'un liquide transparent. La tête est munie de quatre suçoirs et d'une trompe couronnée de crochets. Les Cysticerques forment un genre peu nombreux en espèces, mais très-naturel.—Leur kiste épais, sans ouverture, leur sert de demeure et de prison; ils n'y adhèrent en aucune manière; une couche mince de liquide les en sépare et leur permet d'exécuter quelques mouvemens dans son étendue. Ils sont en général solitaires, rarement au nombre de deux dans une même enveloppe. L'Animal se compose d'une tête tétragone munie de quatre suçoirs et d'une trompe garnie de crochets; d'un corps cylindroïde ou aplati, ridé, inégal; d'une vésicule caudale, d'une forme et d'un volume variables, remplie d'un liquide transparent contenant en solution une petite quantité d'Albumine. Le kiste, qui enveloppe constamment les Cysticerques, n'est formé que par un seul feuillet membraneux offrant une résistance assez considérable. Sa surface intérieure est lisse et polie; l'extérieure adhère de toutes parts au moyen de prolongemens celluleux et vasculaires souvent très-visibles. Les organes au milieu desquels les kistes sont plongés ne sont point détruits dans les points que ces derniers occupent; leur tissu est plutôt déplacé et refoulé lorsqu'ils se rencontrent à la surface des viscères recouverts d'une membrane séreuse; ils sont souvent enveloppés de toutes parts par cette dernière et ne tiennent que par un mince pédicule. Cette disposition se rencontre très-fréquemment pour le Cysticerque pisiforme. Il est présumable que le kiste est une dépendance de l'Animal dans les organes duquel il se trouve; qu'il a une vie commune avec lui, puisqu'il existe entre eux des communications celluleuses et vasculaires, et que le kiste exhale à sa surface interne un fluide séreux destiné sans doute à nourrir le Ver renfermé dans sa cavité. La tête des Cysticerques est susceptible de rentrer dans le corps, et celui-ci de se replier sur lui-même dans une étendue variable, comme les tentacules des Limaces. Dans quelques espèces, le corps peut rentrer dans la vésicule et s'y trouver entièrement caché. Lorsqu'on rencontre des Cysticerques sur un Animal mort, ils sont toujours rétractés. La tête ressemble beaucoup à celle des Ténias armés ; elle est tétragone ; son sommet est orné d'une trompe rétractile, courte et garnie d'un double rang de crochets dont la pointe se dirige en arrière. Les suçoirs, au nombre de quatre, placés aux angles de la tête, sont grands, profonds, bordés d'un anneau musculeux, et ressemblent beaucoup aux pores des Distomes. Le col n'est qu'une dépression plus ou moins longue et qui n'existe pas dans toutes les espèces. Le corps est plus ou moins allongé, sa surface externe est couverte de rides inégales qui lui donnent un aspect articulé ; il est creux intérieurement, sa cavité ne communique point avec celle de la vésicule caudale ; il ne faut pas regarder comme faisant partie du corps, la portion de la vésicule qui y adhère et qui se trouve quelquefois allongée en tube ; le corps est toujours ridé, et ce qui appartient à la vésicule ne l'est point ; le tissu qui forme le corps est d'un blanc de lait, d'une consistance médiocre, sans fibres apparentes et rempli d'une énorme quantité de petits corps vésiculaires, arrondis, plus nombreux à la face interne et se détachant facilement ; vus au microscope, ils sont entièrement transparens. La vésicule caudale varie de forme et de volume suivant les espèces ; elle renferme un liquide incolore qui tient en solution une petite quantité d'Albumine. Les parois sont beaucoup plus minces que celles du corps à l'état frais.

Si l'on place des Cysticerques vivans dans l'eau tiède, on voit la vésicule caudale légèrement agitée de mouvemens ondulatoires ; elle s'allonge, se contracte de sa base vers la partie antérieure, et bientôt le corps et la tête se développent à l'extérieur. Dans le moment de la contraction, la surface de la vésicule présente des rides transversales d'une grande régularité. On ignore le temps que les Cysticerques peuvent vivre ; on ignore également celui qu'ils mettent à se développer. Tout porte à croire que ces époques varient suivant les espèces. Il est des Cysticerques que l'on trouve toujours dans le même état de développement, tel est celui du tissu cellulaire. Le Cysticerque à col étroit varie depuis le volume d'une noisette jusqu'à celui du poing ; mais l'Animal est toujours parfaitement conformé, quelle que soit sa grandeur. Le Cysticerque fasciolaire a été observé à divers degrés de développement : Goëze a fait sur ce singulier Animal une série d'observations très-intéressantes que le hasard nous a mis à même de répéter et dont voici le précis. Les Cysticerques n'ont encore été trouvés que dans des Mammifères ; ils habitent en général un organe particulier tel que le foie, le mésentère, etc. Une espèce (le Cysticerque du tissu cellulaire) les attaque tous indistinctement. Le cerveau, le cœur, les poumons, les yeux, les muscles, etc., en sont quelquefois tellement pénétrés que les kistes se touchent. C'est à la présence de ces Animaux qu'est due cette dégoûtante maladie des pores, que l'on nomme ladrerie et dont l'Homme n'est pas lui même exempt. Rudolphi rapporte un exemple bien remarquable d'une Femme dans le cerveau de laquelle le Cysticerque du tissu cellulaire se trouvait en abondance ; plusieurs muscles en étaient pénétrés ; il en rencontra trois dans les colonnes charnues du cœur. (*V.* Rudolphi, Syn., p. 546.)

CYSTICERQUE FASCIOLAIRE, *Cysticercus fasciolaris*, Rud., Syn., p. 179, n. 1 ; *Hydatigera fasciolaris*, Lamk., Anim. sans vert., 3, p. 154, n. 1. Ce Ver, confondu avec les Ténias par Pallas et d'autres auteurs, est long de six à sept pouces, large de deux lignes dans sa partie antérieure et d'une postérieurement; pourvu d'une tête à grands suçoirs avec une trompe cylindrique, épaisse, obtuse. Le corps est allongé, aplati, couvert de rides régulières qui le font paraître comme articulé; il a été trouvé dans le foie de plusieurs Rongeurs du genre des Rats, de quelques Chauve-Souris.

CYSTICERQUE A COL ÉTROIT, *Cysticercus tenuicollis*, Rud., Syn., p. 180, n. 3; *Hydatis globosa*, Lamk., 3, p. 152, n. 1. Ce Ver, long d'un à deux pouces, a la tête médiocre à suçoirs orbiculaires; le col étroit, d'une longueur et d'une forme variables; le corps, cylindrique ou déprimé, est couvert de rides irrégulières, très-rapprochées, rarement écartées, avec une très-grande vésicule caudale, souvent globuleuses, rarement ovales ou oblongues. Habite sous le péritoine et la plèvre de la plupart des Animaux domestiques et de plusieurs autres Mammifères des mêmes genres.

CYSTICERQUE DU TISSU CELLULAIRE, *Cysticercus cellulosæ*, Rud., Syn., p. 180, n. 4; *Hydatigera cellulosæ*, Lamk., 3, p. 154, n. 3. C'est à la présence de ce Ver que les Cochons doivent la maladie connue sous le nom de ladrerie, qui attaque quelques autres Animaux et même l'Homme. Il s'empare du tissu, des chairs et des viscères; il s'y multiplie en énorme quantité, et l'art est souvent impuissant contre l'invasion de cet ennemi, très-connu des médecins et des vétérinaires.

CYSTICERQUE PISIFORME, *Cysticercus pisiformis*, Rud., Syn., p. 181, n. 6; *Hydatis pisiformis*, Lamk., 3, p. 152, n. 2. C'est un petit Ver de cinq à huit lignes de longueur, à tête moyenne, armée de suçoirs orbiculaires, profonds et d'une trompe courte et grosse, couronnée de crochets médiocres. Le corps est rugueux, légèrement aplati et de la même longueur environ que la vésicule caudale. Habite la surface du foie, de

l'estomac, etc., du Lièvre et du Lapin.

L'on connaît encore le CYSTICERQUE FISTULAIRE, Rud., Syn., p. 179, n. 2, qui habite le Cheval. — CYSTICERQUE A LONG COL, Rud., p. 180, n. 5; le Campagnol. — CYSTICERQUE SPHOEROCÉPHALE, Rud., p. 181, n. 7; le Mangous. — Rudolphi regarde comme espèces douteuses les Cysticerques des viscères de l'Homme. — Cysticerque du Chien. — Cysticerque du Putois. — Cysticerque de la Taupe. — Cysticerque du Lièvre, variable. — Cysticerque du Dauphin.

(LAM..X.)

CYSTIDICOLE. *Cystidicola*. INTEST. Genre établi par Fischer, réuni aux Fissules de Lamarck et aux Ophiostomes par Rudolphi. *V.* OPHIOSTOME. (LAM..X.)

CYSTIQUES. INTEST. C'est, selon Bosc, dans le Dictionnaire de Déterville, un ordre d'Intestinaux qui doit contenir les genres Hydatide, Cœnure, Cysticerque et Echinocoque. *V.* ces mots. (B.)

* CYSTOCEIRA. BOT. CRYPT. (*Hydrophytes.*) Genre établi par Agardh (*Sp. Alg.*, p. 60) aux dépens des Fucus des auteurs, et dont les caractères consistent dans les réceptacles tuberculeux, lacuneux, contenant des capsules confondues parmi des filamens articulés. Son nom signifie vésicules enchaînées. Les racines des Cystoceira sont scutelliformes; leur tige est ronde, souvent renflée inférieurement en vésicules ou étendue en frondes qui règnent dans toute la longueur; leurs feuilles pinnées ou dichotomes et que ne couvre aucun pore, sont inférieurement planes et parcourues par une nervure, ayant leur extrémité filiforme garnie par-dessus leur partie mitoyenne de vésicules qui portent les réceptacles à leur extrémité; ceux-ci sont lancéolés et loculés. L'auteur convient que ces caractères sont assez obscurs, et que le *facies* est plus constant qu'eux; cependant l'admission du *Fucus siliquosus* parmi les Cystoceira prouve que ce *facies* n'est pas plus certain que

les caractères. Trente-neuf espèces, dont deux doivent être encore examinées pour y être comprises définitivement (les *Fucus subfurcinatus*, Mertens, et *caudatus*, Labill., de la Nouvelle-Hollande), composent dans Agardh le genre qui nous occupe. Les principales qu'on trouve communément sur nos côtes sont les *Cystoceira ericoides*, *sedoïdes*, *Myrica*, *Abies marina*, *granulata*, *barbata*, *concatenata*, *discors* et *abrotanifolia*. Parmi les espèces exotiques, nous citerons le *C. triquetra*, *Fucus articulatus* de Forskahl, de la mer Rouge d'où Delile l'a rapportée — Le *Cystoceira siliquosa*, *Fucus siliquosus* de Linné et des auteurs, est la plus vulgaire de toutes; on la trouve sur nos rochers ou jetée abondamment à la côte qu'elle couvre d'amas noirâtres et fort entremêlés dans la saison des tempêtes. Lamouroux n'adopte le genre Cystoceira que comme sous-genre.   (B.)

* CYSTOLITHES. ÉCHIN. Quelques oryctographes ont donné ce nom à des pointes d'Oursins fossiles en forme de massue.   (LAM..X.)

CYTHÉRÉE. *Cythere*. CRUST. Genre fondé par Müller et placé (Règn. Anim. de Cuv.) dans l'ordre de Branchiopodes, section des Lophyropes. Latreille lui donne pour caractères : un test bivalve; une tête cachée; deux antennes simplement velues; huit pates. Ces petits Crustacés ont la plus grande analogie avec les Cypris, et n'en diffèrent guère que par le nombre des paires de pieds. Leur organisation est encore très-peu connue. On ne les trouve que dans les eaux salées, au milieu des Fucus et des Polypiers marins. Straus les place dans son ordre des Ostrapodes. *V.* ce mot. Müller (*Entomostr. seu Insecta testacea*) en décrit et figure cinq espèces; parmi elles, nous remarquerons la CYTHÉRÉE VERTE, *Cyt. viridis*, Müller (*loc. cit.*, p. 64, tab. 7, fig. 1 et 2), ou le *Monoculus viridis* de Fabricius et la *Cytherina viridis* de Lamarck (Hist. des Anim. sans vert.

T. v, p. 125). On peut la considérer comme type du genre. Nous ne connaissons aucun auteur qui ait ajouté de nouvelles espèces à celles décrites par Müller.   (AUD.)

CYTHÉRÉE. *Cytherea*. INS. Nom donné par Fabricius à un genre d'Insectes de l'ordre des Diptères, et que Latreille a changé en celui de Mulion à cause de l'emploi qui en avait été précédemment fait par Müller pour désigner un genre de l'ordre des Crustacés. *V.* MULION.   (AUD.)

* CYTHÉRÉE. *Cytherea*. MOLL. Ce genre joint à l'élégance des formes le brillant naturel si rare parmi les Coquilles bivalves. Cet éclat est dû à ce que l'Animal ne revêt sa coquille d'aucun épiderme ou drap marin. Lister les rangea dans ses Pétoncles, qui renferment indistinctement des Bucardes, des Vénus, des Cythérées, des Tellines, en un mot presque toutes les Coquilles bivalves. Depuis Lister jusqu'à Linné, nous ne voyons aucun auteur faire avec elles un groupe particulier; Linné est le premier qui ait réuni dans son genre Vénus, non-seulement les Vénus d'aujourd'hui, mais encore les Cythérées qu'on en a séparées depuis. Le genre de Linné présente une coupe très-naturelle qui semblait peu susceptible d'être subdivisée; Bruguière lui-même n'en sentit pas le besoin, et il le conserva entièrement, comme on le voit par l'inspection des planches de l'Encyclopédie; cependant de nouvelles découvertes se faisant chaque jour, il était de plus en plus difficile de distinguer les espèces, et on était sur le point de ne plus s'y reconnaître, lorsque Lamarck proposa une division générique que l'on dut saisir et conserver. Il partagea en deux parties presque égales le genre Vénus, et facilita ainsi l'étude des espèces. Ce fut d'abord dans le Système des Animaux sans vertèbres, publié en 1801, et sous le nom de *Meretrix*, que ce genre fut proposé. L'inconvenance du nom détermina son auteur à lui substituer celui de Cythérée dans les Mémoires sur les Fossiles des environs de Paris, insérés dans les Annales du Muséum; dès-lors ce nom fut adopté généralement et consacré au nouveau genre. Cuvier (Règne Animal) admet les Cythérées seulement comme sous-genre des Vénus. Ocken lui conserve le nom de *Meretrix;* et Megerle le divise en trois autres genres, *Venus*, *Trigona*, *Orbiculus.* Férussac (Tabl. Syst. des Anim. Mollusques) propose de diviser ce genre en cinq sous-genres : la *Venus pectinata* de Linné sert de type au premier; c'est le genre *Arthemis* d'Ocken; la *Venus scripta* de Linné sert de type au second; il rentre encore dans les *Arthemis* d'Ocken; le troisième sous-genre est fait avec la *Venus tigrena* de Linné qui constitue le genre *Loripes* d'Ocken; le quatrième avec la *Venus exoleta* de Linné, qui répond aux genres *Orbiculus* de Megerle et *Arthemis* d'Ocken; enfin, le cinquième sous-genre est proposé sous le nom de *Cythérée.* Quoique l'on sente très-bien la nécessité de partager en plusieurs sections le genre nombreux qui nous occupe, il aurait suffi, à ce qu'il nous semble, d'adopter les divisions proposées par Lamarck; car n'étant faites que pour faciliter l'étude des espèces, et reposant par conséquent sur des caractères de peu de valeur, il importait peu que ces sous-divisions fussent basées plutôt sur tel caractère accessoire, que sur tel autre. Ici c'est la forme générale; là ce sont des bords crénelés ou lisses qui servent à les établir. Nous dirons pourtant qu'il est plus naturel de se servir de la forme générale pour faire des divisions dans un genre que de tout autre, ce moyen met en rapport de forme les Coquilles analogues; c'est ainsi que le premier sous-genre renferme des Coquilles qui ont des côtes longitudinales; le second, des Coquilles presque circulaires, mais très-aplaties, etc. Voici les caractères que Lamarck donne à ce genre : coquille équivalve, inéquilatérale, suborbiculaire, trigone ou transverse; quatre dents cardinales sur la valve droite, dont trois di-

vergentes, rapprochées à leur base, et une tout-à-fait isolée, située sous la lunule; trois dents cardinales divergentes sur l'autre valve, et une fossette un peu écartée parallèle au bord; dents latérales nulles. Il est à présumer que l'Animal des Cythérées ressemble beaucoup à celui des Vénus; comme lui il doit être muni de deux tubes extensibles; toutes les Cythérées sont marines; toutes sont dépourvues de drap marin; le plus grand nombre est lisse, ou présente des sillons ou des côtes parallèles aux bords; quelques-unes dont Cuvier et Férussac ont fait une section, ont des côtes longitudinales. Nous allons exposer quelques-unes des espèces qui pourront servir comme de point de ralliement pour les grouper.

1°. Coquilles pectinées.

CYTHÉRÉE PECTINÉE, *Cytherea pectinata,* Lamck., Anim. sans vert., T. v, p. 577, n° 63; *Venus pectinata*, Gmel. *Syst. Nat.* XIII, T. I, 3285, n° 78; D'Argenville, tab. 21; Encycl., pl. 271, fig. 1, A, B. Elle est ovale, irrégulièrement marquée de taches fauves ou rouges-brun sur un fond blanc; elle est ornée à l'extérieur de côtes longitudinales granuleuses.; celles du milieu sont tout-à-fait longitudinales; les latérales sont plus obliques, courbées et bifides; le bord interne des valves est crénelé.

2°. Coquilles aplaties, suborbiculaires, à crochets aplatis.

CYTHÉRÉE PLATE, *Cytherea scripta*, Lamck., Anim. sans vert. T. v, pag. 575, n° 57; *Venus scripta*, Gmel., *Syst. Nat.* XIII, T. I, p. 3286, n° 79; Rumph, Mus., tab. 42, fig. c; Encycl., pl. 274, fig. 1. Coquille sublenticulaire, aplatie, à crochets peu proéminens, les bords antérieurs et postérieurs se réunissant aux crochets sous un angle droit; ligament très-enfoncé; surface extérieure sillonnée ou striée transversalement, diversement peinte de taches fauves ou brunâtres, plus ou moins foncées sur un fond blanc ou grisâtre; lunule enfoncée et étroite; elle se trouve dans l'océan Indien; elle a un pouce et demi ou deux pouces dans les dimensions de largeur et de longueur.

3°. Coquilles orbiculaires.

CYTHÉRÉE EXOLÈTE, *Cytherea exoleta*, Lamck., Anim. sans vert. T. v, p. 572, n° 48; *Venus exoleta*, Gmel. (*loc. cit.*), p. 3284, n° 75; Adanson, Voy. au Sénég., pl. 16, fig. 4; Conchyl., 291, fig. 127, sous le nom de Pétoncle, et tab. 292, fig. 128; Encycl., pl. 279, fig. 5, et pl. 280, fig. 1, A, B. Cette Coquille varie beaucoup quant aux couleurs : elle est quelquefois toute blanche, avec quelques flammules d'un fauve pâle; d'autres fois les taches fauves sont très-multipliées; elles prennent quelquefois la disposition de rayons. La Cythérée exolète est orbiculaire, lenticulaire, peu bombée; elle est striée ou sillonnée parallèlement à ses bords; la lunule est cordiforme et bien marquée. Cette Coquille se trouve dans toutes les parties des mers d'Europe. Elle a ordinairement deux pouces environ dans ses diamètres.

4°. Coquilles ovales.

CYTHÉRÉE CÉDO-NULLI, *Cytherea erycina*, Lamck., Anim. sans vert. T. v, p. 564, n° 14; *Venus erycina*, Gmel. (*loc. cit.*), 3271, n° 13; Lister, Conchyl. tab. 268, fig. 104; Encycl., pl. 264, fig. 2, A, B. Cette Coquille, sans être rare, est pourtant recherchée dans les collections à cause de ses belles couleurs; elle est grande, ovale, agréablement colorée par des rayons plus ou moins nombreux d'un fauve rougeâtre, dont quelques-uns plus larges sont plus fortement prononcés; toute sa surface est chargée de sillons larges et obtus; la lunule est orangée et bien circonscrite. La beauté de cette Coquille nous a engagés à la faire figurer dans les planches de ce Dictionnaire, pour servir de type au genre qui nous occupe. Elle présente deux variétés : la première, sur un fond blanc, n'of-

fre que deux rayons; la seconde, également sur un fond blanc, présente un grand nombre de rayons d'un rouge violâtre, disposés assez régulièrement sur toute la surface. Quoique cette Coquille se trouve vivante dans les mers de l'Inde et de la Nouvelle-Hollande, son analogue fossile se retrouve néanmoins en France aux environs de Bordeaux. Lamarck, pour distinguer la fossile de la vivante, lui a donné le nom de CYTHÉRÉE ERYCINOÏDE, *Cytherea erycinoïdes*, qui est tellement semblable à la Cythérée Cédo-Nulli, que nous ne croyons pas nécessaire de rien ajouter à sa description.

CYTHÉRÉE CITRINE, *Cytherea Citrina*, Lamk., Anim. sans vert. T. v, p. 567, n. 24. Coquille assez rare dans les collections, mais intéressante en ce qu'elle offre un nouvel exemple d'une analogie parfaite avec une de nos Coquilles fossiles des environs de Paris. Elle est cordiforme, globuleuse, subtrigone, striée transversalement, quelquefois rustiquée vers les bords; crochets proéminens; lunule grande, cordiforme, marquée par un trait enfoncé; corselet roussâtre ou brunâtre, lancéolé, séparé par une ligne plus foncée; à l'intérieur, dans les individus bien frais, elle est rose pourprée, excepté l'angle antérieur qui est brun; la dent lunulaire ou latérale est petite, rudimentaire dans quelques individus; elle est jaune citron, pâle à l'extérieur; elle a un pouce et demi de large; elle vit actuellement dans les mers de la Nouvelle-Hollande, et son analogue fossile que nous nommons Cythérée globuleuse, *Cytherea globulosa*, pour l'en distinguer, n'en diffère réellement que par le manque de couleur dû à son long séjour dans la terre. Elle se trouve à Orsay, près Versailles.   (D.-H.)

* CYTHÉRINE. *Cytherina*. CRUST. (Lamarck.) *V.* CYTHÉRÉE.

* CYTINÉES. *Cytineæ*. BOT. PHAN. Le genre *Cytinus* avait été placé par

Jussieu à la fin de la famille des Aristolochiées. Dans son beau travail sur le genre *Rafflesia*, R. Brown (*Trans. Lin. Lond.*, vol. 13) considère le genre *Cytinus* comme le type d'un nouvel ordre naturel qu'il nomme *Cytinées*, et dans lequel il place les trois genres *Cytinus*, *Rafflesia* et *Nepenthes*. Ces trois genres ont, il est vrai, entre eux des points de structure analogues, mais il faut convenir que par leur port ils n'ont entre eux aucune ressemblance. Voici les caractères de ce groupe, tels à peu près qu'ils ont été établis par Ad. Brongniart dans le Mémoire qu'il vient de publier à ce sujet (Ann. Sc. Nat., vol. 1): les fleurs sont unisexuées, monoïques ou dioïques; le calice est adhérent et infère dans les genres *Cytinus* et *Rafflesia*: il est au contraire libre et supère dans le *Nepenthes*; son limbe est à quatre ou cinq divisions imbriquées; les étamines, au nombre de huit à seize ou même plus nombreuses, sont monadelphes et synanthères; leurs filets réunis forment une colonne centrale et cylindrique; les anthères sont extrorses et à deux loges, s'ouvrant par un sillon longitudinal; dans les genres *Cytinus* et *Nepenthes*, elles sont réunies au sommet de l'androphore, et forment une masse à peu près sphérique; l'ovaire est infère ou supère, ainsi que nous l'avons dit tout à l'heure; il offre une ou quatre loges, et quatre à huit trophospermes pariétaux, placés longitudinalement et recouverts d'un très-grand nombre d'ovules. Le style est cylindrique ou nul, terminé par un stigmate lobé, et dont le nombre des lobes correspond à celui des trophospermes. Les graines contiennent, dans un endosperme charnu, un embryon dressé, axillaire et à deux cotylédons.

Ces caractères sont fort incomplets; en effet on est encore loin de bien connaître l'organisation des trois genres qui forment ce groupe; le fruit du Cytinus, et par conséquent la structure de la graine et de l'embryon sont inconnus. Il en est de même des fleurs femelles du

genre *Rafflesia* qu'on n'a point encore observé. Le genre *Nepenthes* est le seul dont l'organisation nous ait été dévoilée complétement. Gaertner en avait décrit l'embryon, qui est d'une ténuité extrême, comme monocotylédoné. Le professeur Richard a le premier décrit cet embryon comme à deux cotylédons, dans son Analyse du fruit (pag. 46 et 82). Nous renvoyons aux mots *Cytinelle*, *Nepenthes* et *Rafflesia*, pour bien faire connaître l'organisation curieuse des genres qui composent ce groupe.

(A. R.)

CYTINELLE. *Cytinus.* BOT. PHAN. Ce genre singulier, placé d'abord dans la famille des Aristolochiées, est devenu pour le célèbre R. Brown le type d'une nouvelle famille. *V.* CYTINÉES. Il se compose d'une seule espèce, *Cytinus Hypocistis*, L., Brong., Ann. Sc. Nat. 1, t. 4, vulgairement Hypociste, Plante parasite, ayant à peu près le port d'une Orobanche, et croissant sur la racine de diverses espèces du genre Ciste, dans le midi de la France, l'Espagne, l'Italie, le Portugal, la Grèce et l'Asie-Mineure. Sa tige est courte, dressée, simple, fixée par sa base sur la racine des Cistes; elle est couverte entièrement d'écailles imbriquées en tous sens; les fleurs sont monoïques et forment un épi presque globuleux dont la partie inférieure est occupée par les fleurs femelles; les fleurs mâles ont un périanthe double; l'extérieur est tubuleux à sa base, ayant son limbe à quatre divisions ovales oblongues, un peu inégales, velues en dehors et ciliées sur le bord; le tube est velu à sa face externe; il est plein intérieurement; le périanthe interne est plus grand et plus régulier que l'externe; il est tubuleux et comme campanulé, partagé à sa partie interne en quatre cavités ouvertes supérieurement par autant de petites lames saillantes qui partent de la paroi interne; le limbe est à quatre divisions ovales dressées, égales entre elles; les étamines, au nombre de huit, sont symphysandres, c'est-à-dire soudées à la fois entre elles par leurs filets et leurs anthères; l'androphore est cylindrique et placé au centre des quatre cloisons dont nous avons parlé précédemment; les anthères sont réunies circulairement et surmontées d'un tubercule à huit lobes; elles sont à deux loges linéaires s'ouvrant chacune par un sillon longitudinal. Il n'existe nulle trace d'organe femelle. Les fleurs femelles ont un ovaire infère globuleux, surmonté par le périanthe interne, qui offre la même forme et la même disposition intérieure que celle que nous venons de signaler précédemment dans les fleurs mâles; le périanthe externe se compose de deux ou trois lanières qui naissent de la partie extérieure et moyenne de l'ovaire; le style est cylindrique, placé au centre des cloisons du périanthe, terminé par un stigmate globuleux déprimé, à huit côtes obtuses, séparées par autant de sillons profonds. Si l'on coupe l'ovaire en travers, il présente une seule loge, aux parois de laquelle sont insérés huit trophospermes longitudinaux, qui sont comme peltés, c'est-à-dire très-élargis intérieurement et seulement insérés par une lame étroite; les ovules sont très-petits. On ne connaît point encore bien l'organisation du fruit et celle de la graine. Jusqu'à présent cette Plante avait été fort incomplétement décrite. Le travail de Brongniart fils a jeté beaucoup de jour sur sa structure; cependant notre description s'éloigne, en quelques points, de celle qu'a donnée notre collaborateur, qui ne fait aucune mention du périanthe externe, quoiqu'il les représente fort bien dans les figures qui accompagnent son Mémoire. Dans le midi de la France, on prépare avec les fruits de l'Hypociste un extrait fort astringent, que l'on employait autrefois comme légèrement tonique, particulièrement dans les flux muqueux, atoniques, etc.

(A. R.)

CYTINUS. BOT. PHAN. V. CYTINELLE.

Cytinus, chez les anciens, paraît avoir désigné le Grenadier. V. ce mot. (B.)

* CYTIS. MIN. Ce nom paraît avoir désigné chez les anciens, et particulièrement dans Pline, une variété d'Œtite. (B.)

CYTISE. *Cytisus.* BOT. PHAN. Dans la famille si vaste et si naturelle des Légumineuses, peu de genres présentent autant que celui-ci de nuances et de caractères communs avec ses voisins. Il a donc été difficile de le bien définir; et depuis Tournefort jusqu'à nos contemporains on a sans cesse varié sur les Plantes dont on l'a composé. Des *Genista* et des *Spartium* de Linné ont été reconnus comme appartenant au genre *Cytisus*, et réciproquement plusieurs Cytises sont devenus des Spartium ou des Genêts. L'auteur de l'Encyclopédie méthodique, l'illustre Lamarck, a le premier débrouillé la confusion dans laquelle avant lui ces genres étaient plongés. C'est lui qui a fait voir que plusieurs Plantes décrites comme distinctes, telles que les *Cytisus patens* et *Spartium patens* de Linné père, et *Cytisus pendulinus* de Linné fils, ne sont que des doubles emplois de la même espèce; c'est encore lui qui a éloigné le *Cytisus Wolgaricus* de Linné fils, ou *C. pinnatus* de Pallas, et l'a placé près du *Colutea.* Étant convaincu par l'observation que les caractères établis par Linné n'ont de valeur réelle qu'à l'égard de quelques espèces communes, et qu'ils s'évanouissent insensiblement dans les autres, Lamarck a cherché ailleurs que dans la fructification des notes distinctives pour le genre Cytise. Néanmoins il n'a pas négligé une circonstance remarquable dans l'organisation de leurs fleurs, et qui consiste en ce que les organes sexuels sont complétement renfermés dans la carène. Ce caractère, joint à celui que présentent les organes de la végétation, c'est-à-dire aux feuilles constamment ternées des Cytises, les distingue facilement des Genêts,

Jussieu (*Genera Plant.*, p. 354) et De Candolle (Flore Franç., 2ᵉ édit., vol. 4, p. 601), adoptant à cet égard les idées de Lamarck, ont donné sous le nom de *Cytisus* les caractères subséquens que nous allons transcrire, puis nous exposerons les changemens opérés dans ce genre par les divers auteurs : calice presque divisé en deux lèvres, dont la supérieure est bidentée, et l'inférieure tridentée, tantôt court et campanulé, tantôt long et cylindrique; étendard de la corolle réfléchi; les ailes et la carène simples, conniventes de manière à cacher les étamines : stigmate simple; légume oblong comprimé, rétréci un peu à sa base et polysperme. A ces caractères bien tracés, bien positifs, nous en ajouterons un que nous avons observé sur le *Cytisus Laburnum*, L., et dont Ventenat a fait mention à la suite de sa description du *Cytisus proliferus* (Jardin de Cels, p. et t. 13), c'est que les étamines sont constamment monadelphes, et cependant le genre a été placé dans la Diadelphie Décandrie par tous les auteurs qui ont adopté le système sexuel! Les Cytises sont des Arbustes ou des Arbrisseaux dont le port se rapproche de celui des Genêts, mais qui ne sont pas épineux comme la plupart de ces derniers, à feuilles ternées, accompagnées de stipules extrêmement petites, ou qui s'évanouissent dans le plus grand nombre des espèces; à fleurs terminales ou axillaires, le plus ordinairement disposées en épi, et d'une belle couleur jaune de soufre ; quelquefois, mais rarement, ces fleurs sont rouges.

Parmi les genres formés aux dépens du genre Cytise, nous parlerons en premier lieu de l'*Adenocarpus* établi par De Candolle (Flore Franç., Suppl., p. 549), et qui a pour types les *Cytisus parvifolius*, Lamk., et *Cytisus Telonensis*, L., auxquels son auteur a réuni les *Cytisus hispanicus*, Lamk., *C. complicatus*, Brot., et *C. foliolosus*, Ait. Les *Cytisus Cajan*, L., et le *C. Pseudocajan* de Jacq., que Lamarck et Willdenow ne considè-

rent que comme une simple variété du premier, forment, selon de Candolle et Sprengel, le genre *Cajanus*. Ce dernier auteur y fait encore entrer le *C. Wolgaricus*, dont le professeur De Candolle indique plutôt les affinités avec son *Astragalus Megalanthus*. Mœnch qui a tant subdivisé les genres, n'a pas manqué de subdiviser encore le *Cytisus*. Son genre *Wiborgia* se compose des *Cytisus biflorus*, Ait., *C. capitatus*, Jacq., *C. purpureus*, Scop., et *C. supinus* de Jacquin. Dans le petit nombre d'espèces exotiques que l'on a amalgamées avec les Cytises, il n'en est peut-être aucune qui s'y rapporte réellement. Ainsi, à l'égard des deux *Cytisus capensis*, celui nommé ainsi par Lamarck est le *Lebekia cytisoïdes* de Thunberg, celui de Bergius est le *Rafnia opposita*, Thunb., ou *Crotalaria opposita*, L. Dans ce dernier genre vient encore se placer, d'après Lamarck et De Candolle, le *Cytisus violaceus*, Aublet. Le *Cytisus guineensis* de Willdenow a été ensuite transporté par son auteur lui-même dans le genre *Robinia*. Sous le nom de *Cytisus psoraloïdes* Linné décrivit la même Plante qu'il avait rapportée avec plus de raison aux Indigotiers, mais dont il fit encore un double emploi, en donnant comme distinctes l'*Indigofera racemosa* et l'*Indigofera psoraloïdes*. Pour terminer cette énumération déjà trop longue d'erreurs et de transpositions, nous ajouterons que le *Cytisus græcus*, L., a été reconnu par Smith pour être la même espèce que l'*Anthyllis Hermanniæ*, L., Plante cultivée dans les jardins, et par conséquent assez connue pour qu'il n'y ait plus aucun sujet de doute.

Le retranchement des espèces qui composent les genres *Adenocarpus* et *Cajanus* (*V.* ces mots) réduit le nombre des vrais Cytises à environ une trentaine. Ils sont, en général, indigènes des contrées méridionales et montueuses de l'Europe et de l'Asie. Ces Arbrisseaux, par la beauté de leur feuillage et la multiplicité de leurs fleurs, mériteraient de fixer particulièrement notre attention. Devant nous restreindre, d'après le plan de cet ouvrage, à un petit nombre d'espèces, nous allons faire connaître celles dont l'élégance et l'utilité sont remarquables parmi leurs congénères.

Le Cytise des Alpes, *Cytisus Laburnum*, L., nommé vulgairement Aubours et Faux-Ebénier, est un Arbrisseau qui croît naturellement dans les Alpes et le Jura : il y décore les rochers par ses nombreuses et belles fleurs disposées en grappes longues et pendantes, et les ombrage de son feuillage épais. L'aspect agréable de cet Arbrisseau, qui atteint souvent la taille d'un Arbre de moyenne grandeur, l'a fait depuis long-temps rechercher pour l'ornement des bosquets, où ses formes élégantes et ses fleurs d'une belle couleur soufrée se marient fort gracieusement avec celles des Gaîniers, des Genêts, des Acacias, des Staphyléa, etc. Le bois du *Cytisus Laburnum* étant très-dur, est susceptible de prendre un beau poli ; et comme il est veiné de plusieurs nuances de vert, les tabletiers et les tourneurs en fabriquent divers ouvrages de leur art. Ce n'est pas de cette Plante que Virgile et les auteurs latins ont voulu parler lorsqu'ils célébraient le Cytise fleuri, si agréable aux Chèvres et aux Abeilles. Ces expressions sont, il est vrai, très-applicables à notre Plante qui, d'un autre côté, est indigène des montagnes de l'Italie ; mais il a été reconnu que le Cytise des anciens est une espèce de Luzerne arborescente (*Medicago arborea*, L.), laquelle croît assez abondamment dans la campagne de Rome.

Le Cytise a feuilles sessiles, *Cytisus sessilifolius*, L., vulgairement le Trifolium des jardiniers, charmant Arbuste très-ramifié, s'élevant en buisson à la hauteur d'un mètre et demi à deux mètres, et glabre dans toutes ses parties. Il a des feuilles alternes, petites, nombreuses, composées de trois folioles ovales, mucronées et portées sur de courts pétioles ; les fleurs sont jaunes et disposées en grappes courtes, droites et semées au sommet des rameaux. Il croît spontanément dans les contrées méridionales de l'Europe, et on le cultive dans les jardins d'agrément, surtout pour en former de petites palissades dont la verdure est très-durable, parce qu'il ne se dépouille que très-tard de ses feuilles.

La culture des Cytises n'offre pas beaucoup de difficultés. Ces Arbrisseaux s'accommodent facilement de toute espèce de terrain ; ils ressemblent sous ce rapport beaucoup aux Genêts dont l'organisation est presque identique avec la leur. Les espèces qui exigent l'orangerie sous le climat de Paris sont originaires des pays les plus chauds de la zône tempérée. Nous ne ferons que les indiquer ici. Ce sont les *Cytisus spinosus*, *C. prolifer*, *C. linifolius*, *C. fragrans*, *C. argenteus* et *C. sericeus*. (G..N.)

CYTISO-GENISTA. bot. phan. Genre formé par Tournefort, et réuni depuis, par Linné et Jussieu, aux Genêts. Il se composait des espèces qui avaient une partie de leurs feuilles ternées et mêlées avec d'autres feuilles simples. *V*. Genêt. (G..N.)

CZIGITHAI. mam. Espèce du genre Cheval. *V*. ce mot. (A. D..NS.)

D.

* DAAKAR.. pois. *V.* Chætodon Teïra.

* DABA. pois. Nom arabe du *Perca Summana* de Forskalh, espèce de Serran. *V.* ce mot. (B.)

* DABACH ou DÉBACH. bot. phan. Le Gui chez les Arabes. (B.)

DABBA, DUBBAH et DUBEAH. mam. Noms de pays de l'Hyène, particulièrement en Barbarie. (B.)

DABEOCIE et DABOECIA. bot. phan. Espèce du genre Menziezie. *V.* ce mot. (B.)

DABI. mam. L'un des noms de pays de la Gazelle, particulièrement en Egypte. *V.* Antilope. (B.)

* DABINGORA. bot. phan. Syn. de *Croton variegatum* à Timor, suivant Rumph. (B.)

DABOECIA. bot. phan *V.* Dabeocie.

DABOIE ou DABOUE. rept. oph. Espèce du genre Vipère. *V.* ce mot. (B.)

DABU ou DABUH. mam. C'est l'Hyène chez les Arabes selon Sonnini, et le Babouin en Barbarie selon d'autres voyageurs. Dans Léon-l'Africain, ce nom désigne un Animal probablement fabuleux, que cet ancien voyageur dit avoir la forme d'un Loup, avec les mains et les pieds d'un Homme. (B.)

DABURI. bot. phan. (L'Ecluse.) Syn. de Rocou. *V.* ce mot. (B.)

DACHEL. bot. phan. (Prosper Alpin.) Syn. égyptien d'Elaté, et non de Datier. (B.)

* DACINA ou DAKINA. bot. phan. Syn., selon Adanson, de son genre *Limonion*, qui n'est qu'une section des Statices de Linné. *V.* ce mot. (G..N.)

* DACNAS et DACNADES. ois. *V.* Dacnis.

DACNE. *Dacne.* ins. Genre de l'ordre des Coléoptères, section des Pentamères, établi par Latreille et appartenant (Règn. Anim. de Cuv.) à la famille des Clavicornes et à la section des Boucliers. Ses caractères distinctifs sont : antennes courtes, terminées brusquement en une massue perfoliée, orbiculaire ou ovoïde; troisième article plus long que le précédent; mandibules fendues à leur extrémité ou terminées par deux dents; mâchoires bifides; palpes maxillaires filiformes, les labiaux terminés en massue; languette entière; corps ovale ou elliptique; articles des tarses cylindriques, glabres, peu velus et presque égaux. Ces Insectes s'éloignent des Boucliers par leurs mandibules bidentées; ils partagent ce caractère avec les Ips, les Nitidules, les Thymales, les Colobiques et les Micropèples; mais ils diffèrent en particulier des Nitidules par les articles des tarses, et des genres Thymale, Colobique et Micropèple, par la forme du corps. Les Dacnes, confondues d'abord par Fabricius avec ce qu'il désignait mal à propos sous le nom d'Ips, correspondent à ses *Engis* (*Syst. Eleuth.*), genre établi par Paykull. Ces Insectes se trouvent sous les écorces d'Arbres, sous les pierres et dans les Champignons pourris. On n'en connaît encore qu'un assez petit nombre d'espèces. Le général Dejean (Cat. des Coléopt., p. 44) en mentionne onze, parmi lesquelles on en remarque quatre nouvelles, originaires du Brésil ou de Cayenne. On en trouve deux aux environs de Paris.

Le Dacne huméral, *D. humeralis*, Latr., ou l'*Engis humeralis* de Fabricius. On le trouve en France sous les écorces d'Arbres et dans les Champignons.

Le DACNE COU ROUGE, *D. sangui-niçollis* ou l'*Engis sanguinicollis* de Fabricius. Cette dernière espèce est rare et a été cependant recueillie aux environs de Paris.   (AUD.)

DACNIS. OIS. Sous-genre de Cassiques établi par Cuvier (Règn. Anim. T. I, p. 395), qui répond aux Pit-Pits de Buffon. *V.* TROUPIALE. Ce nom paraît emprunté de Dacnas et Dacnades, Oiseaux aujourd'hui inconnus, et que les buveurs attachaient, dit-on, à leur tête chez les anciens Egyptiens.   (B.)

* DACRYDION. *Dacrydium.* BOT. PHAN. Genre de la famille naturelle des Conifères et de la Diœcie Polyandrie, qui comprend une seule espèce originaire des îles de la mer du Sud.

Le DACRYDION A FEUILLES DE CY-PRÈS, *Dacrydium cupressinum* (Lambert, Pin., p. 93, t. 4; Rich., Conif. t. 2, f. 3), est un très-grand Arbre toujours vert, très-rameux, à rameaux pendans; ses feuilles sont fort petites, nombreuses, rapprochées, disposées sur quatre rangs et presque imbriquées; ses fleurs sont dioïques; les mâles forment de petits chatons ovoïdes qui terminent les ramifications de la tige; ils se composent d'écailles imbriquées portant chacune deux anthères sessiles et uniloculaires à leur face inférieure.

Les fleurs femelles offrent une disposition extrêmement singulière; elles sont solitaires au sommet des plus petites ramifications de la tige; les feuilles supérieures leur forment une sorte d'involucre; la dernière de ces feuilles est différente des autres, très-concave, et porte la fleur sur le milieu de sa face interne : cette fleur est presque renversée; elle présente un involucre monophylle, globuleux, ouvert à son sommet, charnu, qui renferme étroitement la fleur placée dans son fond; celle-ci offre un calice turbiné à sa base, rétréci à son sommet qui offre un petit rebord irrégulièrement bosselé; l'ovaire est fixé au fond du calice qui est libre. Le fruit est plus ou moins recourbé

et ressemble à un très-petit gland muni de sa cupule, qui ne l'environne que dans son quart inférieur à peu près. Cet Arbre forme de vastes forêts dans les régions sud-ouest de la Nouvelle-Zélande.

Le *Dacrydium* est voisin de l'If (*Taxus*) qui en diffère par la forme de ses fleurs mâles et par son fruit non environné d'une cupule ou involucre monophylle; car l'enveloppe charnue de l'If est le véritable calice. *V.* IF.   (A. R.)

* DACRYDIUM. BOT. CRYPT. (*Mucédinées.*) Ce genre, fondé par Link, ne renferme qu'une seule espèce décrite par Tode sous le nom de *Myrothecium roridum*, et assez bien figurée par cet auteur dans ses *Fungi Mecklemburgenses*, t. 5, fig. 38. Elle est formée de filamens courts, entrecroisés et diversement repliés, couverts de sporules réunies en amas sur divers points des touffes de filamens. Ces amas de sporules sont d'abord presque fluides, et deviennent ensuite secs ou pulvérulens. Dans l'espèce connue, les filamens sont blancs et les amas de sporules sont roses. Cette Plante croît sur les rameaux morts et humides au printemps.   (AD. B.)

DACRYMYCES. BOT. CRYPT. (*Champignons.*) Ce genre, que Nées a séparé des Tremelles, a pour type le *Tremella deliquescens* de Bulliard (tab. 455, fig. 3). On y rapporte également les *Tremella fragiformis*, Pers., Syn., 622;—*Tremella violacea*, Pers., Syn., 623; — *Tremella moriformis*, *Eng. Bot.*, 2446, et probablement le *Tremella urbicœ*, Pers.; cette jolie espèce forme sur les tiges desséchées des Orties des petites taches d'un rouge de sang. Toutes ces Plantes diffèrent des vraies Tremelles par leur structure intérieure filamenteuse, formée de filamens dressés, entremêlés de sporules, et réunis en une masse charnue ou gélatineuse, arrondie ou lobée. Toutes les espèces sont petites et croissent sur les Plantes mortes et sur les écorces des Arbres.

Leur structure les avait fait placer

par Nées parmi les Mucédinées, mais on retrouve dans beaucoup de véritables Tremelles des filamens semblables, et si on leur donnait une grande importance, on devrait les placer toutes parmi les Champignons filamenteux, ce qui paraîtrait difficile à admettre. Aussi Fries place-t-il le genre qui nous occupe parmi les Tremellinées auprès de ses genres *Nœmatelia* et *Agyrium*. *V.* ces mots et Tremelle. (AD. B.)

DACRYOMYCES. (Nées.) *V.* Dacrymyces.

*DACRYON. bot. phan. (Théophraste.) Syn. de Larme de Job. *V.* Coix. (B.)

DACTYLE. moll. Syn. de *Lithodoma vulgaris* et d'une espèce de Pholade. *V.* ces mots. (B.)

DACTYLE. *Dactylis.* bot. phan. Genre de la famille des Graminées et de la Triandrie Digynie, L., qui offre pour caractères distinctifs : des fleurs disposées en panicule simple et formée d'épillets réunis et très - rapprochés les uns contre les autres, de manière à former des espèces de petits capitules ; chaque épillet contient de deux à sept ou huit fleurs ; ils sont très-comprimés ; leur lépicène est à deux valves inégales, lancéolées et carenées ; la glume est également à deux valves ; l'externe ou inférieure est fortement carenée ; elle porte un peu au-dessous de son sommet une arête courte ; l'interne est plus mince et bifide à son sommet ; le style est biparti, et se termine par deux stigmates poilus et glanduleux ; le fruit est allongé, non enveloppé dans la glume. Ce genre se compose d'un assez grand nombre d'espèces qui sont généralement vivaces.

Dactyle gloméré , *Dactylis glomerata*, L., Beauv. Agr., t. 17, f. 5. Cette espèce est vivace ; son chaume est haut d'environ deux pieds ; ses feuilles sont lancéolées, glauques, un peu rudes au toucher ; ses fleurs forment une panicule unilatérale, composée de plusieurs petits glomérules formés d'un assez grand

nombre d'épillets ; ceux-ci sont rougeâtres, très-comprimés, à trois fleurs dont les deux inférieures sont hermaphrodites et la supérieure pédicellée et neutre. Elle est très-commune dans les lieux incultes, les prairies.

Dans sa magnifique Flore Atlantique, le professeur Desfontaines a figuré deux espèces nouvelles de ce genre ; l'une, *Dactylis pungens* (*loc. cit.*, 1, p. 80, t. 16), a ses chaumes nus dans leur partie supérieure, environnés inférieurement d'une touffe de feuilles sétacées et roides, et terminés par une sorte de capitule composé d'un grand nombre d'épillets sessiles. Elle est annuelle et croît dans les sables des côtes de la Barbarie. L'autre, *Dactylis repens* (*loc. cit.*, 1, p. 79, t. 15), est beaucoup plus grande : son chaume est rampant, rameux ; ses feuilles sont roides, distiques et velues ; ses fleurs forment un capitule ovoïde, oblong, unilatéral, qui se compose d'un grand nombre d'épillets pubescens, ordinairement à quatre fleurs. Elle croît dans les sables du désert et sur les côtes de la Barbarie. L'une et l'autre ont été retrouvées sur les pentes méridionales de l'Andalousie, avec presque toutes les autres Plantes de la Flore Atlantique, par Bory de Saint-Vincent. (A. R.)

DACTYLÉS. pois. Famille du sous-ordre des Thorachiques, établie par Duméril entre ses Holobranches, dont les caractères généraux consistent dans des branchies complètes, un corps épais, comprimé, avec des pectorales à rayons distincts isolés. C'est de ce dernier caractère qu'est emprunté le nom de Dactyles tiré du mot grec qui signifie doigt. Les genres Péristidion, Prionote, Trigle et Dactyloptère composent cette famille. *V.* ces mots. (B.)

* *DACTYLES. *Dactyli.* moll. Pline paraît avoir désigné les Bélemnites sous ce nom. (B.)

DACTYLION. bot. phan. (Dioscoride.) Syn. de *Convolvulus Scamonia. V.* Liseron. (B.)

* DACTYLIOPHORUM. POIS.
(Ruysch, *Amb.*, p. 39, n. 1.) C'est-à-dire qui porte des empreintes de doigts. Le Poisson des Indes auquel on a donné ce nom, que caractérisent cinq taches rondes sur chaque côté, et dont la chair est, dit-on, fort bonne à manger, pourrait bien être le Scombéroïde Commersonnien (*V.* planches de ce Dictionnaire.) (B.)

DACTYLIS. BOT. PHAN. *V.* DACTYLE.

* DACTYLITES. *Dactylites.* ÉCHIN. Ce nom a été donné par les anciens oryctographes à des corps organisés fossiles, un peu semblables à des doigts par leur forme, et appartenant en général à des pointes d'Oursins. Des Orthocératites, des Dentales et des Solens fossiles ont également porté le nom de Dactylites.
(LAM..X.)

DACTYLIUM. BOT. CRYPT. (*Mucédinées.*) Nées a donné ce nom à un genre voisin des *Aspergillus*, et qu'on devrait même peut-être réunir à ce dernier genre. Il est caractérisé par des filamens droits, simples, portant à leur sommet quelques sporules allongées ou fusiformes, et cloisonnés transversalement. La seule espèce connue de ces Cryptogames est extrêmement petite et croît en touffe sur les écorces unies sur lesquelles elle forme une sorte de duvet blanc et à peine visible. Nées a figuré cette espèce sous le nom de *Dactylium candidum* dans la planche 4 de son Système des Champignons. (AD. B.)

* DACTYLOBUS. OIS. Huitième famille de la méthode ornithologique de Klein, que caractérisent des doigts lobés, et composée du genre Grèbe. *V.* ce mot. (B.)

DACTYLOCTENION. *Dactyloctenium.* BOT. PHAN. Genre de la famille des Graminées, établi par Willdenow, adopté par Beauvois, et qui offre pour caractères : des fleurs disposées en épis unilatéraux, solitaires ou fasciculés au sommet de la tige, formés d'un grand nombre d'épillets multiflores, tous tournés d'un même côté, et placés sur un axe non articulé. La lépicène est à deux valves comprimées et en carène; la supérieure est terminée par une arête crochue; la glume est à deux paillettes comprimées; l'inférieure est carénée et mucronée à son sommet. La glumelle se compose de deux paléoles tronquées et minces; les fleurs offrent trois étamines et deux styles terminés chacun par un stigmate en forme de pinceau; le fruit n'est pas enveloppé dans la glume.

Ce genre se compose d'un petit nombre d'espèces, auparavant placées dans les genres *Poa, Eleusine, Chloris, Cenchrus* et *Cynosurus.* L'une d'elles, *Dactyloctenium Ægyptiacum*, Willd., Beauv., Agrost., t. 15, fig. 2, est une Plante annuelle dont les épillets sont digités au sommet de la tige; leur axe est glabre; les feuilles sont ciliées à leur base. Elle croît en Orient, en Egypte, dans l'Amérique septentrionale et méridionale. (A. R.)

DACTYLON. BOT. PHAN. Espèce de Panic, devenu type du genre *Digitaria* de Haller, *Cynodon* de Richard, et dont le nom, emprunté de Pline, désignait, à ce qu'il paraît, dans cet auteur, une Graminée vulgaire. Columna l'appliquait au *Sedum acre.* *V.* CYNODON. (B.)

DACTYLOPHORE. *Dactylophora.* POLYP. Lamarck, dans son Histoire des Animaux sans vertèbres, a donné ce nom à un genre de Polypiers fossiles que Bosc avait appelé, dès 1806, Rétéporite, dénomination que nous avons cru devoir adopter à cause de son antériorité. *V.* RÉTÉPORITE.
(LAM..X.)

DACTYLOPTÈRE. *Dactylopterus.* POIS. Genre établi par Lacépède, formé aux dépens des Trigles de Linné et adopté par Cuvier sous le nom de Pirobèbes, seulement comme sousgenre, parmi les espèces dont Lacépède l'avait distrait. *V.* TRIGLE. C'est aussi le nom spécifique d'un Scorpène. *V.* ce mot. (B.)

* DACTYLORHIZA. BOT. PHAN.

Necker a séparé sous ce nom toute la section du genre Orchis dont les espèces ont des racines palmées, digitées ou fasciculées. Aucun caractère tiré des organes reproducteurs ne venant appuyer celui-ci, la distinction opérée par Necker n'est pas admissible. *V.* ORCHIS. (G..N.)

DACTYLOS. BOT. PHAN. Ce mot, qui désignait la Datte chez les Grecs, est devenu la racine du nom spécifique donné par les botanistes modernes au Palmier qui porte ce fruit. *V.* DATIER. (B.)

* DACTYLUS. BOT. PHAN. Le genre établi par Forskahl sous ce nom rentre parmi les *Dyospiros. V.* PLAQUEMINIER. (B.)

* DACU. BOT. PHAN. Nom arabe de la Carotte, selon Daléchamp. De-là le mot de *Daucus* des Latins. *V.* CAROTTE. (B.)

DACUS. *Dacus.* INS. Genre de l'ordre des Diptères établi par Fabricius qui rapportait trente espèces que Latreille croit devoir être placées dans les genres Micropèze, Tétanocère et Téphrite. *V.* ces mots. (AUD.)

DADUMARI. BOT. PHAN. L'une des deux Plantes désignées au Malabar sous ce nom, est le *Justicia nasuta*; on ignore quelle est l'autre, mais on présume qu'elle appartient au genre Xyris. *V.* ce mot. (B.)

' DÆDALEA. BOT. CRYPT. (*Champignons.*) Persoon a réuni sous ce nom plusieurs Champignons rapportés par les auteurs plus anciens aux Bolets, aux Agarics ou aux Mérules; ces Plantes diffèrent de ces genres par leur chapeau dont la face inférieure présente une membrane fructifère relevée de côtes ou feuillets fort saillans et anastomosés, de manière à former des sortes de pores ou de cavités irrégulières et de dimensions très-variées; ils diffèrent des Polypores par la grandeur et l'irrégularité de ces cavités; on les distingue des Mérules par la saillie et l'anastomose des lames qui forment ces cavités. Quant aux Agarics, on ne peut les

confondre avec les *Dædalea*, puisqu'ils ont tous les feuillets simples.

Toutes les espèces de *Dædalea* sont coriaces et presque ligneuses; leur chapeau est demi-circulaire et fixé sur le tronc de divers Arbres; leur nombre est peu considérable; la plus commune, le *Dædalea quercina* de Persoon, avait été décrite par Linné sous le nom d'*Agaricus quercinus*. Bulliard en a donné une excellente figure sous celui d'*Agaricus labyrinthiformis*, Bull., Herb., t. 442. Une autre espèce du même genre a été décrite et figurée par le même auteur sous le nom de *Boletus labyrinthiformis*, t. 491. Leur analogie prouve la nécessité de l'établissement de ce genre. (AD. B.)

DÆDALION. OIS. Savigny a formé sous ce nom, parmi les Oiseaux d'Egypte, un genre aux dépens des Faucons dans lequel il place les *Falco palombarius* et *fringillarius. V.* FAUCON. (B.)

DÆMIE. *Dæmia.* BOT. PHAN. Famille des Asclépiadées de Brown, Pentandrie Digynie, L. Ce genre a été établi aux dépens des Asclepias par R. Brown qui lui assigne les caractères suivans : corolle presque rotacée à tube court; couronne staminale, extérieure, courte, à dix divisions profondes; masses polliniques comprimées, fixées au sommet de l'anthère, et par conséquent pendantes; stigmate mutique; semences aigrettées. Dans son travail sur la famille des Asclépiadées (*Mem. Wern. Soc.*, I, p. 50), Brown ne compose ce genre que de deux espèces, savoir : de l'*Asclepias cordata* de Forskalh et du *Cynanchum extensum* d'Aiton. La première est une Plante indigène des déserts de l'Arabie, et retrouvée en Barbarie par le professeur Desfontaines sur les collines arides de Kerwan. Elle a une tige un peu ligneuse, rameuse, volubile, haute de six à neuf décimètres. Ses jeunes rameaux sont pubescens; ses feuilles aussi pubescentes, cendrées, cordées ou réniformes. De ses deux capsules follicu-

leuses, grandes à peu près comme celles de l'*Asclepias fruticosa*, L., une
avorte souvent. Les Arabes donnent
à cette Plante le nom de *Dæmia* que
R. Brown a employé comme générique. Linné l'avait rangée dans le
genre *Pergularia*, et c'est aussi sous
le nom de *Pergularia tomentosa*
qu'elle est décrite dans la Flore Atlantique du professeur Desfontaines.
Selon les observations de Vahl (*Symb.*,
I, p. 23), il ne faut pas confondre
avec cette Plante l'*Asclepias cordata*
de Burmann, qui est une toute autre
espèce. Quant au *Cynanchum extensum*, Ait., que Brown a converti en
Dæmia extensa, il paraît avoir encore pour synonymes le *Cynanchum
cordifolium*, Retz; l'*Asclepias scandens*, Palisot-Beauvois (Fl. d'Oware,
t. 56); le *Cynanchum bicolor*, Andrews (*Reposit.*, t. 52), et peut-être
le *Ceropegia cordata*, Loureiro. Cette
Plante habite les Indes-Orientales.

Schultes, dans le sixième volume
de son Species, ajoute à ce genre les
Asclepias Dæmia et *A. glabra* de
Forskalh, auxquelles il donne les
noms de *Dæmia Forskalhi* et *D. glabra*. Ces Plantes, extrêmement voisines l'une de l'autre aux yeux de Forskalh lui-même, diffèrent si peu de
l'*Asclepias setosa* du même auteur,
et dont R. Brown fait son genre *Go-
nolobus*, qu'il nous semble peu naturel de les distraire de ce genre, surtout
lorsqu'on n'a pas examiné des échantillons de ces espèces.   (G..N.)

DÆMON. MAM. Ce nom est donné
comme syn. de Pangolin. *V.* ce mot.
                                 (B.)

DAENAQ. BOT. PHAN. Syn. arabe
de *Convallaria racemosa* de Forskalh.
                                 (B.)

*DAERAB. BOT. PHAN. Les Arabes
donnent ce nom à diverses espèces de
Nérions. *V.* ce mot.   (B.)

* DAESMAN ou DESMAN. MAM.
De *Desem*, prononciation altérée de
Wesen, Musc, dans la Poméranie
suédoise. Nom de l'Animal dont Cuvier a formé le genre Mygale aux dé-

pens des genres *Mus*, Buff., et *Castor*,
L. *V.* DESMAN.   (B.)

DAFRI ou DOFRI. BOT. PHAN.
Syn. arabe du *Chrysocoma spinosa* de
Delile, qui était un *Stæhelina* pour
Vahl.   (B.)

DAGA. BOT. PHAN. L'un des noms
vulgaires des Iris dans le midi de la
France, et qui dérive de la comparaison qu'on en faisait anciennement
avec une dague, arme dont les feuilles d'Iris rappellent la forme.   (B.)

DAGUE ou DAGUET. MAM. Le
premier bois qui pousse à la tête du
Cerf vers sa seconde année. Il n'a pas
plus de six ou sept pouces de long.
De-là le nom de Daguet donné aux
jeunes Cerfs de deux ans.   (B.)

DAGUET. POIS. L'un des syn.
vulgaires d'Æglefin. *V.* GADE. (B.)

* DAHAK. BOT. PHAN. (Forskalh.)
Syn. arabe de Coloquinte. *V.* CON-
COMBRE.   (B.)

DAHI. BOT. PHAN. (Forskalh.) Nom
de pays devenu spécifique d'un Caprier d'Arabie.   (B.)

DAHLIA. BOT. PHAN. Deux genres
de Plantes ont été proposés sous ce
nom et à peu près à la même époque, par Thunberg et Cavanilles. La
question de l'antériorité ayant été dé-
cidée en faveur du premier par Willdenow et De Candolle, le genre de
Cavanilles a dû recevoir une autre
dénomination, et nous renvoyons
pour sa description au mot GEOR-
GINE.

Admettant le Dahlia de Cavanilles,
Persoon a cru nécessaire de substituer
au nom imposé par Thunberg celui
de *Trichocladus*. Les principes qui
doivent régir les botanistes relativement à la glossologie, et auxquels
nous nous soumettons très-volontiers,
doivent faire rejeter cette innovation. Nous allons donc exposer les
caractères du genre *Dahlia* de Thunberg : fleurs dioïques; les mâles ont
un calice composé d'une écaille en
dedans de laquelle est une autre sorte
d'écaille lancéolée et roulée, que-

l'auteur du genre et Willdenow nomment pétale. Les femelles n'ont qu'une écaille extérieure, un seul style, et une capsule uniloculaire, à quatre valves et monosperme. Ce genre, dont la place ne peut encore être fixée dans les ordres naturels, appartient à la Diœcie Monandrie; il ne renferme qu'une seule espèce, le *Dahlia crinita*, Thunb., *Trichocladus crinitus*, Pers. C'est un petit Arbre qui croît dans les forêts des Hautniquas, au cap de Bonne-Espérance. Ses rameaux sont alternes, hérissés et d'une couleur ferrugineuse; il a des feuilles opposées, pétiolées, ovales, très-entières et glabres, et des fleurs en capitules au sommet des branches, portées par des pétioles hérissés et ferrugineux.   (G..N.)

DAHOON. BOT. PHAN. Espèce de Houx de la Caroline, qui paraît être l'*Ilex Cassine*, selon Bosc.   (B.)

DAHURONIA. BOT. PHAN. (Scopoli.) *V.* MOQUILEA d'Aublet.

DAIC. OIS. (Hernandez.) Ecrit *Daie* par Nieremberg. Oiseau probablement fabuleux, qu'on dit de la grosseur d'un Pigeon, se trouver au Mexique, y creuser des trous de quatre palmes de profondeur, pour y déposer vingt ou trente œufs de la grosseur de ceux de l'Oie, œufs qu'on nomme *Tapum* ou *Tapun*, et que l'Oiseau ne couve pas; ces œufs seraient dépourvus d'enduit albumineux.   (B.)

DAI-HOANG. BOT. PHAN. Syn. cochinchinois de Rhubarbe.   (B.)

DAIL. MOLL. Nom vulgaire le plus usité de la Pholade sur les côtes de France.   (B.)

DAIM OU **DAIN.** MAM. Espèce du genre Cerf. On a appelé quelquefois DAIM D'AMÉRIQUE OU DE VIRGINIE, le Cerf de la Louisiane, et DAIM DU BENGALE, l'Axis. *V.* CERF, ainsi que pour DAIM DE SCANIE.   (B.)

DAINE. MAM. La femelle du Daim ou Dain. *V.* CERF.   (B.)

DAINE. POIS. (Bonnaterre.) Syn. de *Sciæna Cappa*, L. *V.* SCIÈNE. (B.)

DAIS. *Daïs.* BOT. PHAN. Genre de la famille des Thymélées. Le calice présente un tube allongé et étroit, un limbe divisé en quatre ou cinq parties étalées; la gorge est dépourvue d'appendices, et un peu au-dessous d'elle, s'insèrent sur deux rangs circulaires huit ou dix étamines, dont les filets libres à leur sommet, dans un court espace, ne tardent pas à se souder entièrement avec le calice; le style filiforme qui égale la longueur du tube, et se termine par un stigmate globuleux, s'insère sur le côté du sommet de l'ovaire hérissé de poils assez nombreux; le fruit mûrit entouré par la partie inférieure du calice, dont la supérieure se détache; il contient dans une enveloppe osseuse, un grain unique pourvu de périsperme; les feuilles sont opposées; les fleurs réunies en têtes terminales, auxquelles quatre à cinq bractées disposées en cercle forment une sorte d'involucre. Ce genre contient deux espèces d'Arbustes: l'un du cap de Bonne-Espérance, à dix étamines; l'autre à huit étamines, originaire de l'Inde. Plusieurs autres espèces que Lamarck y avait réunies, en ont été écartées depuis et avec raison parce que la gorge de leur calice est garnie de squamules. Quant au *Daïs disperma*, Arbrisseau de l'île de Tongabatu, cité par Forster, le caractère qu'indique son nom spécifique formerait une anomalie, non-seulement dans ce genre, mais dans la famille. *V.* Lamk., Illustr. tab. 368, fig. 1, et Gaert., tab. 39.   (A.D.J.)

DAKALO-TANDALO. BOT. PHAN. Nom que les Brames donnent à une Plante décrite et figurée par Rhéede (*Hort. Malab.* 10, t. 30) sous le nom de *Bula*, et à laquelle ils attribuent des vertus médicales probablement imaginaires. Cette Plante, en effet, ne paraît pas éloignée des Atriplicées, et, comme les autres Végétaux de cette famille, elle doit être dénuée de propriétés énergiques.   (G..N.)

* **DAKAR.** POIS. Nom arabe de *Chætodon orbicularis* de Forskalh, quand il est jeune. Ce mot est peut-être un double emploi de Daakar. (B.)

DAKEKF ET DATSIKF. BOT. PHAN. (Thunberg.) Syn. japonais d'*Arundo Phragmites*. (B.)

* DAKKA. BOT. PHAN. Espèce de Chanvre sauvage, que l'on dit, dans la détestable compilation des Voyages attribuée à La Harpe, être employée par les Hottentots en guise de Tabac à fumer. (B.)

DAKY. MOLL. (Adanson.) Syn. de *Turbo Afer*, L. (B.)

DAKINA. BOT. PHAN. *V.* DACINA.

DALAT. MOLL. (Adanson.) Syn. de *Trochus vagus*, L. *V.* SABOT. (B.)

* DALATIAS. POIS. (Rafinesque.) *V.* SQUALE.

* DALA-VALI. BOT. PHAN. Syn. indou de *Dolichos ensiformis*. (B.)

DALBERGARIE. BOT. PHAN. Dans sa Flore des Antilles, De Tussac (1, p. 141, t. 30) a décrit et figuré, sous le nom de *Dalbergaria phœnicea*, le *Besleria sanguinea* de Persoon, espèce qui ne peut être séparée du genre Besleria. *V.* ce mot. (A. R.)

DALBERGIE. *Dalbergia*. BOT. PHAN. Famille des Légumineuses et Diadelphie Décandrie, L. Ce genre, établi par Linné fils, est ainsi caractérisé : calice campanulé à cinq dents obtuses; corolle papilionacée; étendard très-grand, cordiforme, à onglet linéaire; ailes oblongues, dressées et obtuses; carène divisée à sa base en deux parties, ou plutôt dont les deux parties sont soudées au sommet, plus courtes que les ailes et obtuses; étamines en nombre variable (ce qui a fait placer le genre, tantôt dans la Diadelphie Octandrie, tantôt dans la Diadelphie Décandrie), soudées en deux faisceaux qui chacun se terminent par cinq filets, dont quatre anthérifères et un cinquième stérile, ou bien formant par leur réunion deux faisceaux terminés chacun par quatre anthères et une étamine fertile séparée entièrement; ovaire pédicellé, comprimé, oblong, surmonté d'un style recourbé, caduc, et d'un stigmate capité; légume pédicellé, mem-braneux ou cartilagineux, comprimé, très-mince, oblong ou en forme de langue, indéhiscent, à une ou deux graines aplaties et éloignées l'une de l'autre. Les rapports intimes de ce genre avec celui des Ptérocarpes, le lient également avec d'autres genres voisins que quelques auteurs ont supprimés, et dont ils ont disséminé les espèces parmi celles de ces deux genres. Ainsi le *Galedupa indica*, Lamk., ou *Pongamia glabra*, Venten., est devenu pour Willdenow le *Dalbergia arborea*; de même aussi, le genre *Amerimnon* de Brown et Jacquin, qui a beaucoup d'affinités avec le *Dalbergia*, a été fondu parmi les Ptérocarpes par Poiret. Il faut avouer qu'en examinant les caractères de ces genres, il est difficile de ne pas se prononcer pour leur réunion; mais leur organisation est-elle parfaitement connue ? Ne doit-on pas plutôt attendre qu'on sache tous les détails de leur structure avant de les annuler entièrement? Loin de grouper ainsi plusieurs genres ensemble, feu le prof. Richard (*in Persoon Synops.* 2, p. 277) a distrait du *Dalbergia* une espèce remarquable (*D. Monetaria*, L.), et l'a réunie au nouveau genre *Ecastaphyllum*. D'un autre côté, le Synopsis de Persoon nous offre la réunion du genre *Diphaca* de Loureiro avec celui dont il est question; mais la singularité que l'on dit avoir observée dans sa fleur, mérite certainement qu'on le rétablisse. *V.* DIPHACA.

Les Dalbergies, au nombre de huit à neuf espèces, sont des Arbres ou des Arbrisseaux indigènes des climats chauds de l'Amérique et des Indes-Orientales; leurs feuilles sont en général imparipinnées; leurs fleurs axillaires disposées en grappes ou en épis.

Parmi les espèces les plus remarquables, nous citerons en outre de celles qui doivent sans doute former de nouveaux genres, et pour lesquelles nous renvoyons aux mots DIPHACA et ECASTAPHYLLE, nous citerons, disons-nous, les *Dalbergia latifolia*, *D. paniculata* et *D. rubiginosa*, dé-

crites et figurées par Roxburgh (*Fl.
Coromandel*, t. 113, 114 et 115); le
Dalbergia Domingensis, grand et très-
bel Arbre découvert par Turpin à
Saint-Domingue : Steudel, dans son
Nomenclator botanicus, donne pour
synonyme de cette Plante le *Robinia
violacea*, L.; enfin le *Dalbergia Lan-
ceolaria* de Linné fils, Arbre de Ceylan et du Malabar, à rameaux pendans, et dont les fruits sont membraneux et ont la forme d'une petite
lance. Cette forme, à en juger par la
figure qu'en donne Rhéede sous le
nom de Noel Walli (*Hort. Malab.* 6,
t. 22), n'a pourtant rien qui puisse
particulariser la Plante en question ;
c'est celle de la plupart des fruits de
Légumineuses.   (G..N.)

DALÉA. BOT. PHAN. Famille des
Légumineuses et Diadelphie Décandrie, L. Dans les premières éditions du
Genera Plantarum de Linné et dans
son *Hortus Cliffortianus*, ce genre a
été très-bien distingué du *Psoralea*,
auquel son propre auteur l'a néanmoins réuni par la suite. En 1789,
A.-L. de Jussieu, attachant pour ce
cas-ci plus d'importance que Linné
lui-même au nombre des étamines,
qui diffère dans ces deux genres, ainsi
qu'à d'autres caractères tirés des
organes de la végétation et de l'inflorescence, rétablit le Daléa, et
indiqua, comme congénères de la
Plante de Linné, les autres espèces
pinnatifoliées de *Psoralea*. Ce ré-
tablissement fut ensuite admis par
Ventenat qui, dans le Journal d'Histoire Naturelle, y ajouta des observations importantes relatives à
l'insertion des pétales. Le professeur
Richard père, ayant à décrire le *Dalea*
parmi les Plantes que A. Michaux avait
rapportées de l'Amérique boréale, en
traça les caractères génériques avec
son exactitude reconnue. C'est de sa
description (*in Michx. Flor. Boreal.
Amer.* 2, p. 56) que nous allons extraire les signes distinctifs de ce genre : calice glanduleux à cinq lobes
peu profonds, presque égaux et subulés; corolle dont la structure dif-

fère de celle des autres Papilionacées ; étendard plus long que le calice
et appliqué par son onglet contre la
paroi postérieure de celui-ci ; quatre
autres pétales à peu près égaux et
semblables entre eux, à onglets courts
et à limbe oblong appuyés sur les côtés des étamines, réunis par paires et
représentant la carène et les ailes ;
étamines monadelphes (quoique le
genre soit placé dans la Diadelphie),
c'est-à-dire soudées, dans la plus
grande partie de leur longueur, en
une gaîne fendue supérieurement ;
ovaire légèrement pédicellé, ovoïde,
surmonté d'un style de la longueur
des étamines et d'un stigmate oblique
et glanduleux ; légume recouvert par
le calice ovoïde, membraneux, un
peu comprimé, terminé par le style
persistant, barbu supérieurement, et
ne renfermant qu'une seule graine
réniforme. Le Daléa, ainsi caractérisé, a été adopté par Nuttal qui a aussi
admis sa distinction d'avec le *Petalostemum*, genre également établi par
Richard (*loc. cit.*, p. 48). Ce dernier
se compose de Plantes qui ont la plus
grande affinité avec les Daléa; nous
croyons même que malgré le nombre des étamines, qui diffère dans
chacun, et la manière dont les pétales y sont disposés, nous croyons que
les deux genres *Dalea* et *Petalostemum* sont identiques ; il y a trop d'analogie dans tous les autres caractères,
et leurs espèces ont entre elles trop de
conformité dans leur port, pour vouloir les tenir séparés ; en sorte que si
nous admettons la fusion du genre
Petalostemum dans le Daléa, ce n'est
pas pour nous ranger simplement à
l'avis de certains auteurs qui ont
pensé comme nous, mais sans examen
attentif ou sans donner des preuves
qu'ils ont examiné. Néanmoins, il
n'y a rien à changer dans les caractères plus haut exposés, parce que le
nombre des étamines n'y est pas fixé
et que l'insertion des pétales ainsi
que leur alternance avec les filets
des étamines, n'y sont pas à dessein
mentionnées.

Ainsi constitué, le genre Daléa

renferme plus de vingt espèces, la plupart indigènes du nord de l'Amérique et du Mexique. Pursh (*Flora Amer. septenir.*), qui a distingué les trois genres *Psoralea, Dalea* et *Petalostemum*, en a décrit plusieurs espèces sur la légitimité de chacune desquelles il est permis d'avoir quelques doutes, quand on remarque si facilement le double emploi que fait cet auteur du *Dalea alopecuroïdes*, Willd.; en effet, il a reproduit cette espèce sous le nom de *Petalostemum alopecuroïdeum*, tout en citant le synonyme. Jacquin, Cavanilles et Ortéga ont aussi décrit sous le nom de *Psoralea* plusieurs Plantes appartenant à notre genre.

Nous nous bornerons ici à faire connaître une espèce intéressante sous le double rapport qu'elle a été le type du genre, et qu'elle est cultivée comme Plante d'agrément dans plusieurs jardins.

Le DALÉA DE LINNÉ, *Dalea Linnæi*, Rich.; *Dalea Cliffortiana*, Willd., s'élève à la hauteur de cinq à six décimètres; ses tiges herbacées, anguleuses, rameuses à leur sommet, sont garnies de feuilles ailées, composées de folioles nombreuses, petites, un peu lancéolées, obtuses ou légèrement échancrées à leur sommet, glabres et munies à la base des pétioles de stipules extrêmement petites. Les fleurs sont disposées en épis cylindriques, velus, situés sur de longs pédoncules à l'extrémité des rameaux. Cette Plante croît sur les bords du Missouri et du Mississipi en Amérique. Elle est très-bien figurée dans la Flore de Michaux, t. 38, et plus anciennement dans l'*Hortus Cliffortianus*, t. 22. Cependant Willdenow regarde, comme espèce distincte, la Plante représentée dans cette dernière figure; et il nomme *Dalea alopecuroïdes*, le *Dalea Linnæi* de Richard et Michaux. Nous croyons que l'opinion de Nuttal, qui considère ces Plantes comme de simples variétés, est plus vraisemblable.

Le nom générique de Daléa a été imposé à deux autres genres par P.

Browne et Gaertner. Le premier, dans son Histoire de la Jamaïque, nomme ainsi une espèce qui appartient au genre Eupatoire. D'un autre côté, le genre Daléa de Gaertner, formé aux dépens des *Lippia*, doit être réuni aux *Selago*, d'après Aiton et Willdenow.   (G..N.)

DALECH. BOT. PHAN. C. Bauhin mentionne ce nom comme celui que donnent les Arabes à une variété à feuilles entières et non épineuses du *Quercus Ilex*. Nous avons retrouvé cet Arbre dans l'Espagne méridionale; il pourrait bien être une espèce non décrite.   (B.)

DALÉCHAMPIE. *Dalechampia.* BOT. PHAN. Genre de la famille des Euphorbiacées, consacré par Plumier à la mémoire de Jacques Daléchamp, médecin et botaniste français du seizième siècle. Un involucre composé de deux folioles dout chacune est accompagnée extérieurement à sa base de deux appendices, renferme des fleurs mâles et des fleurs femelles; les premières sont enveloppées par un second involucre qui leur est propre, formé de deux à cinq folioles, et élevé sur un support assez court; ces fleurs mâles, qui ont chacune un calice à quatre ou cinq divisions profondes, et des étamines nombreuses légèrement monadelphes à leur base, sont portées elles-mêmes sur un pédicelle assez long, et forment ainsi une sorte d'ombelle composée de dix fleurs en général; quelques écailles sont entremêlées, et plus souvent on en trouve un paquet rejeté sur le côté de l'ombelle; ces écailles sont ordinairement divisées en lanières nombreuses, et laissent suinter une matière résineuse. Quant aux fleurs femelles elles sont au nombre de trois, renfermées dans un involucre particulier de deux folioles, très-peu élevé et situé à la base du support des fleurs mâles; leur calice est partagé jusqu'à la base en cinq, six, dix ou douze divisions, dont le bord est entier, découpé plus ou moins profondément; le style simple et allongé se termine par un seul stigmate élargi en disque ou creusé en entonnoir ; l'ovaire est à trois loges, dont chacune renferme un ovule unique ; le fruit est une capsule à trois coques globuleuses, qu'entoure le calice persistant et que porte le pédicelle allongé.

Les Daléchampies sont des Arbrisseaux à tige grimpante ; leurs fleurs sont portées à l'extrémité de pédoncules axillaires, qu'accompagnent ordinairement deux bractées en forme de stipules ; les feuilles sont alternes, soutenues par de longs pétioles munis à leur base d'une double stipule, tantôt entières, tantôt découpées en trois ou cinq lobes, tantôt enfin composées de trois ou cinq folioles. Dans tous les cas elles sont parcourues par trois ou cinq nervures dans le sens de leur longueur et à leur base. On observe deux petits appendices ; en les comparant aux folioles de l'involucre, on retrouve dans celles-ci ces découpures, ces nervures et ces appendices, et l'on peut se convaincre qu'elles ne sont que de véritables feuilles, un peu différentes de celles de la tige. Presque toutes les parties de ces Plantes sont ordinairement hérissées de poils blanchâtres.

Linné, d'après Plumier, en avait fait connaître une seule espèce. Les auteurs qui l'ont suivi, mais surtout Lamarck dans l'Encyclopédie, et Kunth dans le *Nova Genera*, en ont porté le nombre à plus de vingt. Ces espèces sont originaires de l'Amérique intertropicale, à deux exceptions près.   (A. D. J.)

DALIBARDE. *Dalibarda.* BOT. PHAN. Genre de la famille des Rosacées, section des Fragariacées, caractérisé par un calice à peine tubuleux à sa base qui est concave, ayant son limbe à cinq divisions simples ; les étamines sont nombreuses et caduques, insérées à la base des divisions calicinales ; les pistils, au nombre de cinq à dix, sont immédiatement fixés au fond du calice sans

aucun réceptacle particulier ; le style est presque terminal, l'ovule est suspendu ; les fruits sont des akènes, à peine charnus en dehors, sessiles au fond du calice, qui les recouvre en totalité à la maturité.

Linné avait d'abord établi ce genre, qu'il a ensuite réuni aux *Rubus*, dont il diffère par ses fruits presque secs et non portés sur un gynophore charnu. Il se compose de quatre à cinq espèces herbacées, ayant le port des Potentilles. L'une, le *Dalibarda Violoïdes*, Michx., *Fl. Bor. Am.* 2, p. 250, t. 27, est le *Rubus Dalibarda*, L. Elle croît au Canada ; sa tige est rampante, stolonifère, velue ; ses feuilles sont simples et cordiformes ; ses pédoncules uniflores. Une autre, également figurée par Michaux (*loc. cit.*, t. 28), est le *Dalibarda fragarioïdes*. Elle croît aussi dans l'Amérique septentrionale, et diffère de la précédente par ses feuilles ternées, ses pédoncules multiflores, et par quelques caractères assez importans dans sa fructification pour que le professeur Richard en ait fait un genre distinct sous le nom de *Comaropsis*. (*V.* ce mot.) Ce genre est même beaucoup plus rapproché des *Waldsteinia* que des *Dalibarda*.   (A. R.)

DALIKON. BOT. PHAN. Pour Dalukon. *V.* ce mot.   (B.)

* **DALIPPUS.** MAM. Rafinesque donne ce nom à un Cétacé des mers de Sicile qui paraît devoir rentrer dans le genre Dauphin. *V.* ce mot.   (B.)

* **DALOPHIS.** POIS. Genre établi par Rafinesque (Traité des Poissons de la mer Sicilienne) dans la famille des Ophicthytes de Duméril, et dont les caractères consistent dans l'ouverture des branchies située de chaque côté au bas du cou, sans opercules ni membranes ; dans un corps allongé, cylindrique, alépidote ; dans l'absence de dents et de pectorales ou de jugulaires, et dans la queue obtuse dépourvue de nageoire. Les Dalophis ont une dorsale et une anale. Rafinesque en mentionne deux

espèces : 1° le Serpent de mer, *Da-lophis Serpa*, vulgairement appelé *Serpa di mar*, dont la teinte générale est le jaune parsemé de points noirs à peine visibles, et dont la taille est d'un pied à dix-huit pouces ; 2° le Dalophis à deux taches, *Dalophis bimaculata*, un peu moins grand que le précédent, et qui a deux taches brunes de chaque côté du cou.   (B.)

* DALUK. BOT. PHAN. Plante de Ceylan qui, selon Hermann, est un Euphorbe, et, selon Linné, un Cierge ou Cactier.   (B.)

DALUKON. BOT. PHAN. (Adanson, *Fam. Pl.* 2, p. 34.) Et non Dalikon. Syn. de Mélique. *V.* ce mot.
          (B.)

DAMA. MAM. Ce nom, dans Pline, paraît désigner un Antilope : d'où il a été appliqué au Nanguer, espèce de ce genre. *V.* ANTILOPE. Il est aussi le nom scientifique du Daim ou Dain. *V.* CERF.   (B.)

DAMALIDE. *Damalis.* INS. Genre de l'ordre des Diptères fondé par Fabricius (*Syst. antl.*), et que Latreille soupçonne appartenir à la tribu des Conopsaires, famille des Athéricères. Ce genre différerait de celui des Conops par les antennes plus courtes que la tête, insérées sous les yeux, et dont le troisième article ou le terminal arrondi avec une soie au bout ; il s'en éloignerait encore par la présence des yeux lisses et des palpes. Fabricius a décrit quatre espèces de Damalides originaires des Indes-Orientales ou de l'Amérique méridionale. Latreille n'a eu occasion de voir aucune de ces espèces. (AUD.)

DAMAN. *Hyrax.* MAM. Genre de Pachydermes intermédiaire aux Rhinocéros et aux Tapirs. « Il n'est point, dit Cuvier (Ossem. Foss. , nouv. édit. T. II , p. 127 et suiv., d'où une partie de cet article est extraite), de Quadrupède qui prouve mieux que le Daman la nécessité de l'anatomie pour déterminer les véritables rapports des Animaux. » — Les colons hollandais du cap de Bonne-Espérance l'ont nommé Blaireau de rochers (*Klip Daassie*). Kolbe a préféré le nom de Marmotte, adopté depuis par Vosmaer et par Buffon, qui consacra ensuite celui de Daman. Blumenbach (Manuel, 8ᵉ édit.) l'a encore laissé récemment parmi les Rongeurs, où l'avait mis Pallas, dans le genre Cavia établi par Klein pour les Agoutis, etc., tout en observant qu'il en diffère pour la structure intérieure. Enfin Herman (*Tab. Affinit. Animal.*) en fit le type du genre Hyrax, adopté ensuite par Schreber et Gmelin, et maintenu par eux dans l'ordre des Rongeurs. Cuvier (Leçons d'Anatom. comp. T. II, p. 66, et 2ᵉ tabl., art. 1ᵉʳ), en fit le premier un vrai Pachyderme. L'erreur de Pallas vint de ce qu'il ne put examiner la tête et les pieds du Daman, parties les plus caractéristiques du squelette, et qui restèrent dans la peau empaillée. A la vérité, cette tête était déjà décrite, tome 15 des Quadrupèdes de Buffon, mais comme celle d'un Animal inconnu ; et l'on soupçonnait si peu que cette tête appartînt au Daman, qu'elle reparut gravée, tome 7 du Supplément, pl. 37, long-temps après les descriptions de l'Animal entier, et qu'elle fut attribuée au Loris paresseux du Bengale, malgré la discordance de forme, de grandeur et de composition avec la tête de cet Animal. Et comme à cette époque, le squelette du Rhinocéros était inconnu, la ressemblance du nombre des côtes entre lui et le Daman ne put mettre Pallas sur la voie de leur rapprochement zoologique. Voici ce rapprochement : le Daman a vingt-une paires de côtes, un seul Quadrupède en a davantage : c'est l'Unau, qui en a vingt-trois ; ceux qui en ont le plus après, sont précisément des Pachydermes. L'Eléphant et le Tapir en ont chacun vingt, le Rhinocéros dix-neuf, les Solipèdes dix-huit. La plupart des Rongeurs n'en ont que douze ou treize ; le Castor seul, parmi eux, en a quinze. Les os de la cuisse offrent un commencement de troisième trochanter. Le nombre des doigts est de quatre devant et trois derrière, comme au Tapir. Le Cabiai, entre autres Rongeurs, a les pieds faits de même. Mais le Daman a les doigts réunis par la peau jusqu'à l'ongle, comme l'Éléphant et le Rhinocéros ; ses ongles représentent très-bien ceux du Rhinocéros, quant à la figure et à l'insertion ; le seul doigt interne des pieds de derrière est armé d'un ongle crochu et oblique ; la phalange qui porte cet ongle est peut-être unique dans la classe des Quadrupèdes, car elle est fourchue et ses deux pointes sont l'une au-dessus de l'autre ; dans les Fourmiliers et les Pangolins, il y a aussi des phalanges fourchues, mais les pointes sont collatérales, et la phalange en représenterait deux soudées ensemble, si cette phalange à double pointe ne terminait des doigts bien isolés et simples. C'est surtout par la tête que le Daman se place parmi les Pachydermes et tout près des Rhinocéros. Ses os maxillaires ont peu d'étendue proportionnelle, et le trou sous-orbitaire est très-petit. Il y a deux incisives supérieures, comme dans les Rongeurs et les Rhinocéros unicornes ; mais il y en a quatre inférieures, ce qui n'existe que dans lui et ces mêmes Rhinocéros. Les supérieures ne sont d'ailleurs pas faites comme celles des Rongeurs ; elles sont triangulaires, terminées en pointe, et rappellent les canines de l'Hippopotame. Les incisives d'en bas sont couchées en avant, comme celles du Cochon, plates et dentelées dans la jeunesse ; mais les dentelures s'usent avec l'âge. Les molaires ne diffèrent que par leur petitesse de celles des Rhinocéros ; leur nombre est pareil dans tous deux. Enfin un caractère dont nous avons signalé la valeur au mot AYE-AYE, c'est le condyle de la mâchoire comprimé transversalement comme dans tous les Herbivores non Rongeurs, tandis que dans tous les Rongeurs, sans exception, il est comprimé longitudinalement et susceptible seulement de bascule et de glissement en arrière et en avant. Le nombre des dents est de deux incisives en haut, quatre en bas et sept molaires partout. Il y a une

barre entre les incisives et la première molaire. Toutes les molaires se ressemblent, mais vont en augmentant de volume jusqu'à la pénultième. La dernière, comme dans le Rhinocéros, est plus étroite en arrière, et manque de dentelures à la colline postérieure.

Cuvier ne voit point de différence entre le Daman de Syrie et celui du Cap. Buffon (Suppl. 7) disait que le premier n'a point cet ongle oblique et tranchant du pied de derrière qui caractérise l'autre ; mais la figure même de Bruce qui, dans ses Informations, avait suggéré cette différence à Buffon, montre cet ongle dans l'Ashkokoo. Gmelin croyait que les autres doigts de derrière n'ont pas d'ongles du tout dans le Daman du Cap ; mais ces doigts sont aussi bien pourvus de sabots que les autres. D'ailleurs l'ongle crochu et tranchant du doigt interne est loin d'avoir la saillie et la longueur représentée dans beaucoup de figures. La différence, fondée sur un poil plus long et plus fourni dans le Daman du Cap, n'est pas plus exacte : la seule différence réelle c'est que la tête du Daman de Syrie est un peu plus longue qu'une tête un peu plus âgée et qu'une tête un peu plus jeune du Daman du Cap, sans être sensiblement plus large. Il n'y a donc pas de raison d'admettre plus d'une espèce dans ce genre, et comme il est bien certain que le Daman de Syrie et d'Arabie est identique à celui de l'Abyssinie ; comme l'intervalle de l'Abyssinie au Cap n'est pas encore connu, il est probable qu'on trouvera cette espèce échelonnée depuis le Liban jusqu'aux montagnes de l'Afrique australe. Le genre Hyrax était composé de trois espèces dans Herman, Gmelin et Schreber, savoir : 1° le Daman du Cap, 2° celui de Syrie et d'Abyssinie, et 3° l'*Hyrax Hudsonius*, pl. 290, *Tail-Less Marmot* de Pennant, qui a quatre doigts également ongulés à tous les pieds, et dont Cuvier révoque en doute l'authenticité.

Le DAMAN, *Hyrax Capensis*, Buff.,

Suppl. l. 6, pl. 43 ; Encycl., pl. 64, figure moins mauvaise que celle de la pl. 66, f. 3 ; *Saphan* des Hébreux, *Ashkokoo* et *Gihe* des Abyssins, *Klip-Dass* des Hollandais, *Nabr* des Arabes, Daman des Syriens. *V.* son squelette, Cuv. (Oss. Foss. T. II, p. 144). Grand comme un fort Lièvre, lourd de formes, allongé et bas sur pates ; cou court ; tête épaisse terminée par un museau très-obtus ; pelage gris brun ; les poils soyeux sont doux, longs, assez fournis, et quelques-uns par-ci par-là dépassent tout le pelage de quelques lignes ; les poils laineux sont très-fins et peu fournis ; de longues soies noires et roides à la lèvre supérieure, sous les sourcils et sous la gorge, où elles sont très-grandes et au nombre de douze ou treize. Les testicules ne saillent pas sous le ventre ; il y a trois mamelles de chaque côté ; l'antérieure axillaire, les deux autres inguinales. Tous les pieds ont la plante nue et revêtue d'une peau douce ; ceux de devant ont jusqu'au bout des doigts une sorte de semelle ; les doigts des pieds de derrière sont libres ; il n'y a pas de queue apparente, quoiqu'il y ait cinq vertèbres coccigiennes. Le Daman habite les fentes des rochers, où il est la pâture de Animaux de proie. Il s'apprivoise, est susceptible d'attachement ; il a beaucoup de propreté et d'agilité.   (A. D..Ns.)

DAMANTILOPE. MAM. Syn. de Nanguer, espèce d'Antilope. *V.* ce mot.   (B.)

DAMASONE ET **DAMASONIE.** BOT. PHAN. Même chose que Damasonier. *V.* ce mot.   (A. R.)

DAMASONIER. *Damasonium.* BOT. PHAN. Jussieu, dans son *Genera Plantarum*, avait établi, à l'exemple de Daléchamp et de Tournefort, un genre particulier sous le nom de *Damasonium* pour l'*Alisma Damasonium* de Linné. Schreber, n'ayant pas adopté le genre de Jussieu qu'il réunissait à l'*Alisma*, a créé un autre genre *Damasonium* pour le *Stratiotes*

Alismoïdes. Son exemple a été suivi par Willdenow et par Robert Brown, lequel a adopté le genre de Jussieu, mais a changé son nom pour celui d'*Actinocarpus*. Nous pensons que le nom de *Damasonium* doit être conservé au genre qui, le premier, l'a porté, et que l'on doit substituer au *Damasonium* de Schreber le nom d'*Ottelia* qui a été adopté par le professeur Richard dans son *Mémoire* sur la famille des Hydrocharidées, à laquelle appartient le *Stratiotes Alismoïdes. V.* OTTÉLIE.

Le genre *Damasonium* de Jussieu se compose de deux espèces : l'une qui croît assez communément en France dans les lieux inondés (*Damasonium stellatum*, Juss.), l'autre originaire de la Nouvelle-Hollande où elle a été observée par R. Brown. Ce sont des Plantes herbacées, annuelles, dont les tiges sont simples, nues, les fleurs disposées en sertules au sommet de la tige. Leur calice est à six divisions, trois intérieures minces, colorées et pétaloïdes ; trois externes vertes et calicinales. Les étamines sont au nombre de six : on compte de six à huit pistils au fond de la fleur ; ils sont étoilés, soudés ensemble par leur base ; chacun d'eux contient deux ovules pédicellés, l'un dressé et partant du fond de la loge, l'autre placé horizontalement au-dessus. Ces pistils deviennent autant de capsules étoilées contenant deux graines. Ce genre, qui fait partie de la famille des ALISMACÉES du professeur Richard, est suffisamment distinct de l'*Alisma* par ses capsules étoilées dont le nombre n'excède pas six ou huit, renfermant chacune deux graines.

Le DAMASONIER ÉTOILÉ, *Damasonium stellatum*, Juss.; *Alisma Damasonium*, L., est assez commun dans quelques lieux inondés de la France. D'une touffe de racines fileuses naissent plusieurs tiges nues, hautes de six à huit pouces ; ses feuilles sont radicales, pétiolées, engaînantes à leur base, ovales, oblongues, un peu obtuses, échancrées en cœur à leur partie inférieure. Les fleurs forment une petite ombelle simple ou sertule au sommet de la tige. Elles sont pédicellées. Leurs capsules sont au nombre de six.

La seconde espèce, que nous nommons *Damasonium Brownii*, N., est l'*Actinocarpus minor*, Brown (Prod. 1, p. 343). Elle est plus petite que la précédente et s'en distingue surtout par ses capsules au nombre de huit, ailées à leur base et s'ouvrant transversalement. Elle croît aux environs de Port-Jackson où elle a été trouvée par Robert Brown. (A. R.)

*DAMATRIS. BOT. PHAN. Ce genre, de la famille des Synanthérées et de la Syngénésie nécessaire, a été établi par Cassini (Bull. Phil., sept. 1817) et ainsi caractérisé : calathide radiée, à fleurons nombreux, réguliers et mâles, et à demi-fleurons en languettes disposées en une série simple ; involucre hémisphérique formé d'écailles imbriquées, coriaces et ovales, dont les extérieures sont surmontées d'un long appendice subulé, et les intérieures membraneuses sur leurs bords et terminées aussi par un appendice d'une autre forme, puisqu'il est large et orbiculaire ; réceptacle convexe garni de paléoles larges, trilobées au sommet et scarieuses ; ovaires des fleurs de la circonférence hérissés de poils roux, surmontés d'aigrettes plus longues qu'eux et composés de petites écailles paléiformes et larges. L'auteur de ce genre, en le caractérisant par une description longue et minutieuse dont nous avons extrait les signes distinctifs précédens, ne fait pas mention de ses différences d'avec les autres genres voisins. Il indique seulement ses affinités par la place qu'il lui assigne dans la section qu'il a nommée Arctotidées-Prototypes. Une seule espèce le constitue, c'est le *Damatris pudica*, Cass., Plante annuelle indigène du cap de Bonne-Espérance, à feuilles alternes semi-amplexicaules, sinuées et tomenteuses, à fleurs jaunes, solitaires et terminales. (G..N.)

DAME. OIS. L'un des noms vulgaires, en quelques cantons de la France, de la Mésange à longue queue. Ce nom a été également appliqué au Grèbe huppé, à l'Effraie et à la Hulotte. On nommait DAME ANGLAISE, à Saint-Domingue, le Couroucou de cette île. (B.)

* DAME. POIS. L'un des noms vulgaires du *Sciæna Umbra*. V. SCIÈNE. (B.)

DAME (BELLE). INS. Nom vulgaire du *Papilio Cardui*, L. (B.)

DAME D'ONZE HEURES. BOT. PHAN. V. ORNITHOGALE.

* DAME DES SERPENS. REPT. OPH. L'un des noms vulgaires du Boiquira. V. CROTALE. (B.)

* DAMEEN. REPT. OPH. Syn. de *Coluber atrofuscus*, Daud., à la côte de Coromandel. (B.)

* DAMELLA. BOT. PHAN. La Plante ainsi nommée à Ceylan est, selon Burmann, notre Momordique commune qui croîtrait dans cette île. (B.)

DAMERETTE. INS. Nom imposé par Geoffroy (Hist. des Ins. T. II) à une espèce du genre Phalène. V. ce mot. (AUD.)

DAMETTE. OIS. L'un des noms vulgaires de la Bergeronnette à collier. V. ce mot. (B.)

DAMIER. OIS. Syn. vulgaire du Pétrel tacheté. V. PÉTREL. (DR..Z.)

DAMIER. MOLL. Espèce du genre Cône. V. ce mot. On appelle aussi DAMIER DE LA CHINE et FAUX DAMIER, deux variétés de la même Coquille. (B.)

DAMIER. INS. Dénomination que Geoffroy appliquait à plusieurs espèces de Papillons de jour, qui appartiennent au genre Argynne. V. ce mot. (AUD.)

DAMIER. BOT. PHAN. L'un des noms vulgaires du *Fritillaria Meleagris*, L. V. FRITILLAIRE. (B.)

DAMMAR ET DAMMARA. *Dammara*. BOT. PHAN. Rumph a décrit

(*Herbar. Amboinense*), sous le nom de *Dammara*, deux Arbres essentiellement différens, qui appartiennent à deux genres et même à deux familles fort distinctes. L'un, que Gaertner figure sous le nom de *Dammara graveolens* (2, p. 100, tab. 103, fig. 1), paraît être un Arbre de la famille des Térébinthacées, voisin du genre *Marignia* de Commerson, et que, plus tard, Lamarck a décrit sous le nom de *Bursera obtusifolia*. L'autre, ou *Dammara alba*, Rumph (*loc. cit.*, 2, p. 174, t. 57), est un Arbre fort élevé, résineux, couronné à son sommet d'une cyme chargée de feuilles; celles-ci sont simples, très-entières, alternes ou opposées. Ses fleurs, dit Rumph, ne sont pas connues; mais ses fruits ressemblent à des cônes de Pins. C'est de cette dernière espèce qu'il sera parlé dans cet article. Elle forme un genre particulier dans la famille des Conifères, genre auquel le professeur Richard conserve le nom de Dammara dans son travail sur les Conifères. Dans sa magnifique Monographie des Pins, Lambert a décrit et figuré cet Arbre sous le nom de *Pinus Dammara*. Plus tard, le docteur Salisbury lui a donné le nom d'*Agathis loranthifolia*. Nous allons le décrire sous celui de *Dammara alba* qu'il a d'abord porté. C'est un très-grand Arbre résineux, dont le tronc est droit et cylindrique, et dont les rameaux sont étalés. Ses feuilles sont alternes ou opposées, lancéolées, oblongues, très-entières, glabres, d'une consistance coriace, d'un vert glauque, longues d'environ deux pouces et larges d'à peu près un pouce. Elles sont légèrement striées dans le sens de leur longueur. Les fleurs sont dioïques et en cônes ou en chatons; les chatons mâles sont ovoïdes, oblongs, de la grosseur d'un œuf de Pigeon, portés sur un pédoncule court, épais et placé un peu au-dessus de l'aisselle des feuilles. Ils sont composés d'un très-grand nombre d'écailles obtuses, imbriquées. Chaque écaille est cunéiforme, brusquement courbée en dedans à son ex-

trémité supérieure. Son extrémité inférieure est occupée par huit à quinze anthères disposées sur deux rangs. Elles sont linéaires, étroites et placées sur la face inférieure de l'écaille. Les fleurs femelles sont également disposées en chatons qui ont la même forme que les chatons mâles. Ils sont formés d'écailles obtuses, imbriquées, épaisses, coriaces. Chacune d'elles porte à sa base interne une seule fleur sans bractées. Cette fleur est attachée comme transversalement par son bord supérieur à la face de l'écaille. Elle est renversée, prolongée latéralement sur l'un de ses côtés seulement en une aile mince, membraneuse, qui excède la largeur de l'écaille. Le calice est percé à son sommet d'une petite ouverture. L'ovaire est tout-à-fait libre dans l'intérieur du calice, renversé comme la fleur, remplissant exactement la cavité du périanthe. La graine offre un endosperme charnu dans le centre duquel est un embryon renversé ayant son corps cotylédonaire partagé en deux lobes peu profonds. Cet Arbre croît dans l'Inde. Il se distingue des genres Pin et Sapin par ses fleurs femelles solitaires et non géminées, par la forme et la structure de ses fleurs mâles. Il se rapproche beaucoup plus du genre *Araucaria*, dont il diffère par la forme de ses écailles, par l'absence d'une bractée pour chaque fleur femelle, et par son fruit ailé d'un côté.

(A. R.)

DAMNACANTHUS. BOT. PHAN. Gaertner fils décrit et figure sous ce nom (*Suppl. Carpol.*, 18, tab. 182) un fruit originaire de l'Inde. C'est une baie pisiforme et rouge, faisant corps avec le calice dont les cinq dents la couronnent, et laissent voir intérieurement un petit anneau blanchâtre résultant de la chute de la corolle; elle renferme deux loges, et au fond de chacune est fixée une graine solitaire, convexe et marquée d'une strie fine sur sa face externe, plane et unie sur sa face interne. Cette graine est revêtue d'un double tégument, l'un extérieur, crustacé, mince et fragile ; l'autre intérieur, d'une très-grande ténuité, appliqué sur le périsperme et soudé avec lui. Le périsperme, pâle, dur, cartilagineux ou charnu, est de la même forme que la graine et renferme vers sa base un embryon très-petit, très-blanc, légèrement conique, dont les cotylédons sont extrêmement courts, plus que la radicule qui est obtuse et dirigée en bas. Gaertner n'a pas vu la fleur de cette Plante, qu'il croit devoir former un genre distinct, dont le *Spina Spinarum* de Rumph (*Amb.* 7, 37, tab. 19, fig. 1) serait peut-être une espèce. Il appartient à la famille des Rubiacées, et parmi les genres de cette famille, se rapproche surtout du *Canthi* (*V.* ce mot) dont Jussieu est même porté à le croire congénère. Cependant la graine de ce dernier se distingue par un embryon grand et central. (A. D. J.)

DAMO. ois. L'un des noms vulgaires de l'Effraie dans le midi de la France. *V.* CHOUETTE. (B.)

DAMO. pois. Nom vulgaire du Scombre du sous-genre Caranx, dont Lacépède avait fait son Cæsiomore de Baillon. *V.* tous ces mots. (B.)

DAMOISEAU. mam. (Vosmaer.) Syn. de Grim, espèce d'Antilope. *V.* ce mot. (B.)

DAMPIÈRE. *Dampiera.* bot. phan. Genre très-singulier de la famille des Goodénoviées, établi par R. Brown (*Prodr. Fl. Nov.-Holl.*, 1, p. 587) pour plusieurs petits Arbustes originaires des côtes de la Nouvelle-Hollande. Leur calice est adhérent avec l'ovaire infère ; son limbe est à cinq lobes étroits qui sont quelquefois à peine marqués. La corolle est monopétale, presque infundibuliforme, fendue supérieurement presque jusqu'à sa base en cinq lobes, dont deux supérieurs et trois inférieurs constituent deux lèvres. Ces lobes sont épais dans leur partie moyenne, minces et sinueux sur leurs bords. Les étamines sont au nombre de cinq, épigynes, dressées et beau-

coup plus courtes que la corolle ; leurs filets sont subulés ; leurs anthères rapprochées et unies latéralement, introrses et à deux loges. Le style est simple, épais, plus long que les étamines, recourbé à son sommet qui se termine par un stigmate concave, dont l'*indusium* ou involucre a son orifice nu. L'ovaire est à une seule loge qui contient un seul ovule attaché à sa base. Cet ovaire devient une sorte de noix crustacée, indéhiscente et ombiliquée à son sommet.

Dans son Prodrome, R. Brown a décrit treize espèces de ce genre ; ce sont ordinairement de petits Arbustes ou simplement des Plantes herbacées vivaces, d'un aspect roide, pubescentes, ayant leurs poils rameux latéralement. Les feuilles sont alternes, entières, ou quelquefois dentées, coriaces. Les fleurs sont bleues ou rouges, axillaires ou terminales, formant des espèces de petites grappes ou d'épis, entremêlées de bractées. Ce genre est voisin du *Scævola* et du *Diaspasis.* Il se distingue du premier par son ovaire constamment uniloculaire et monosperme, par l'*indusium* de son stigmate non cilié, par ses étamines soudées latéralement, et du second par sa corolle fendue, par ses étamines soudées et son ovaire monosperme.

La DAMPIÈRE ROIDE, *Dampiera stricta*, Brown, *loc. cit.*, Rich., Ann. Mus. T. xviii, tab. 2, fig. 1, est une Plante herbacée vivace, dont la tige est roide, dressée, glabre, portant des feuilles alternes, sessiles, linéaires, lancéolées, presque entières, glabres, coriaces. Ses fleurs constituent de petites grappes axillaires, dressées, composées de deux à quatre fleurs bleues, couvertes extérieurement d'un duvet épais et brunâtre. Le limbe du calice est à cinq divisions étroites. La corolle est tubuleuse et fendue supérieurement. Cette espèce avait été décrite par Smith (*Trans. Linn.* T. ii, p. 349) et par Willdenow sous le nom de *Goodenia stricta.*

La DAMPIÈRE A FEUILLES OVALES, *Dampiera ovalifolia*, Brown, *loc.*

cit., Rich., *loc. cit.*, tab. 2, f. 2. C'est un petit Arbuste dressé, rameux, légèrement pubescent sur ses jeunes rameaux. Ses feuilles sont alternes, à peine pétiolées, ovales, obtuses, entières ou légèrement dentées, à dents écartées; elles sont un peu pubescentes à leur face inférieure. Les pédoncules sont axillaires, très-velus, et portent de trois à six fleurs. Le limbe du calice est à peine marqué. Il offre quelques petites divisions inégales et irrégulières, qui manquent quelquefois entièrement. Cette espèce a été trouvée aux environs de Port-Jackson par R. Brown. *V.* l'Atlas de ce Dictionnaire. (A. R.)

DANAA. BOT. PHAN. Famille des Ombellifères et Pentandrie Digynie, L. Ce genre, établi par Allioni (*Flor. Pedem.* n. 1392) aux dépens des *Ligusticum*, ne diffère de ceux-ci que par son fruit ovoïde à deux lobes renflés, lisses et dépourvus de toutes côtes saillantes, tandis que, dans les Livêches, il est oblong, glabre et relevé de cinq côtes épaisses et proéminentes. Cette distinction, qui n'est pas confirmée par la diversité du port, a néanmoins semblé suffisante à De Candolle (Flore Française, 2e édition, p. 311) pour l'adoption du genre Danaa.

La DANAA A FEUILLES D'ANCOLIE (*Danaa aquilegifolia*, Allioni, *loc. cit.*, t. 63; *Ligusticum aquilegifolium*, Willd.), unique espèce du genre, est une Plante glabre, haute de six à sept décimètres, dont la tige est nue, ou n'ayant seulement que des feuilles rudimentaires, droite, cylindrique et striée; les feuilles radicales portées sur un long pétiole divisé en trois branches; celles-ci, trifurquées une seconde fois, sont terminées par trois ou cinq folioles cunéiformes, trilobées et dentées; la collerette générale est composée de six folioles linéaires et courtes; chaque ombellule n'a que trois folioles; les fleurs sont blanches. Cette Plante croît sur les collines pierreuses du nord de l'Italie, et notamment aux environs de Turin. (G..N.)

DANAÉ. *Danae.* BOT. PHAN. Mœnch (*Method. Plant.* p. 170) a proposé, d'après Médicus, de séparer sous ce nouveau nom générique le *Ruscus racemosus* de Linné. Ce genre serait ainsi caractérisé : calice renflé à six parties profondes; six étamines réunies en un tube membraneux; un seul style; baie globuleuse, monosperme. Ses caractères différentiels d'avec le *Ruscus* consisteraient seulement dans ses fleurs hermaphrodites et non portées sur les feuilles. *V.* FRAGON. (G..N.)

DANAEA. BOT. CRYPT. (*Fougères.*) Ce genre, établi par Smith dans les Actes de l'Académie de Turin, T. V, p. 420, a été généralement adopté; il se rapproche surtout du *Marattia*, et forme avec ce genre la tribu des *Poropterides* de Willdenow, que nous désignerons en adoptant le même genre de dénomination employée par R. Brown, pour les autres sections de la même famille, par le nom de MARATTIÉES. Nous pensons qu'on doit rapporter à la même tribu le genre *Angiopteris* qui nous éclaire beaucoup sur la structure de ces Plantes. Tous les auteurs les ont décrites comme ayant des capsules multiloculaires s'ouvrant par un nombre plus ou moins considérable de pores. Dans le *Marattia* ou *Myriotheca* de quelques auteurs, la structure des fructifications paraît en effet, au premier aspect, d'accord avec cette description; dans le *Danaea*, elle paraît moins exacte, car le nombre des loges est beaucoup plus considérable, et des sillons assez profonds les séparent les unes des autres; enfin, dans le genre *Angiopteris*, que tous ses caractères portent à côté du *Danaea*, les loges sont isolées et seulement rapprochées les unes des autres. Ces considérations nous engagent à regarder ce qu'on a nommé dans le *Danaea* et le *Marattia* une capsule multiloculaire, comme une réunion de capsules uniloculaires rapprochées et soudées plus ou moins intimement entre elles, et s'ouvrant chacune par un pore unique. Dans ces deux genres, ainsi que dans l'*Angiopteris*, les capsules sont complétement dépourvues d'anneau élastique, ce qui les rapproche des vraies Osmondacées, telles que les *Osmunda* et *Todea*, qui en sont également privées. Dans le dernier de ces genres, on observe même déjà une disposition des capsules par série, qui est analogue à celle qu'elles affectent dans l'*Angiopteris*.

D'après cette manière d'envisager la structure des Marattiées, on peut caractériser le genre *Danaea* ainsi : capsule couvrant toute la face inférieure des frondes, insérées sur un double rang le long de chaque nervure, depuis sa base jusque près de son extrémité, soudées entre elles et s'ouvrant chacune par un seul pore, et imitant ainsi une capsule unique, linéaire, multiloculaire, s'ouvrant par une double série de pores; chacun de ces groupes de capsules est environné à sa base par une expansion membraneuse de la fronde qui l'entoure de toute part et l'enchâsse pour ainsi dire; chacune de ces lames membraneuses est placée entre deux groupes de capsules et est commune à tous les deux; il est probable qu'avant le développement complet des capsules, elles étaient entièrement recouvertes par cette membrane. Les *Danaea* sont des Fougères peu élevées, à fronde simple ou une seule fois pinnée, à pinnules assez grandes et lancéolées; leur pétiole commun est ordinairement noueux, c'est-à-dire renflé à l'insertion des pinnules qui sont en général opposées; il est quelquefois ailé. Les fructifications couvrent entièrement la face inférieure des frondes, et leur disposition par lignes parallèles entre elles et obliques sur la nervure moyenne avait fait ranger la seule espèce connue anciennement, dans le genre *Asplenium*, sous le nom d'*Asplenium nodosum*. Les espèces observées jusqu'à ce jour au nombre de cinq à six, sont toutes propres à l'Amérique équinoxiale.

(AD. B.)

DANAIDE. *Danaïs.* BOT. PHAN.

Genre de Plantes de la famille des Rubiacées et de la Pentandrie Monogynie, établi par Commerson pour quelques Arbustes sarmenteux, originaires des îles de France et de Bourbon, et que Jussieu avait d'abord réuni au genre *Pæderia* dont il se rapproche beaucoup par le port, mais dont il diffère par des caractères importans. Lamarck, dans l'Illustration des genres, a rétabli le *Danaïs* de Commerson, et Jussieu lui-même, dans son Mémoire sur les Rubiacées (Mém. Mus., 6, p. 384) a également distingué le *Danaïs* comme genre. D'un autre côté, Poiret a réuni au *Danaïs* le genre *Chassalia* de Commerson, mais ce dernier genre doit également demeurer distinct. Voici quels sont les caractères du genre *Danaïs* : son calice adhérent avec l'ovaire est terminé par un limbe à cinq dents fort petites. La corolle est tubuleuse, infundibuliforme; son limbe est à cinq divisions peu profondes. Les anthères sont oblongues et sessiles. Le fruit est une capsule globuleuse, pisiforme, couronnée par le limbe du calice, à deux loges et à deux valves rentrantes en dedans et contenant chacune plusieurs graines. Ce genre se compose de deux ou trois espèces qui sont des Arbrisseaux sarmenteux, ayant leurs fleurs quelquefois dioïques par suite d'avortement. Dans ce cas, les organes femelles étouffent les mâles; par une ingénieuse allégorie, Commerson a donné à ce genre le nom de *Danaïs*, faisant allusion aux Danaïdes qui ont étouffé leurs maris. Les fleurs sont portées sur des pédoncules trichotomes formant des corymbes axillaires.

La DANAÏDE ODORANTE, *Danaïs fragrans*, Commers., Lamk., Ill. t. 166, f. 2, est un Arbrisseau à tiges sarmenteuses et grimpantes, d'un gris cendré, légèrement velues dans leur extrémité supérieure, portant des feuilles opposées, ovales, oblongues, acuminées, entières, glabres et courtement pétiolées; des fleurs rougeâtres répandant une odeur agréable que l'on compare à celle du Nar-

cisse. Ces fleurs sont petites, quelquefois dioïques, et forment des espèces
de petites panicules axillaires dont les
ramifications sont opposées. Leur corolle est tubuleuse, grêle, velue intérieurement. On trouve cet Arbuste
dans les bois de l'Ile-de-France. (A. R.)

DANAÏDES. *Danai.* INS. Linné
donnait ce nom à l'une des sections
établies dans le grand genre Papillon, et la subdivisait ensuite en deux
tribus, les Danaïdes blanches, *Danai
candidi*, correspondant aux genres
Piéride et Coliade, et les Danaïdes
variées, *Danai festivi*, qui sont dispersées en grande partie dans les genres Danaus, Nymphale et Satyre. *V.*
ces mots. (AUD.)

DANAIS. BOT. PHAN. *V.* DANAÏDE.
(Dioscoride.) Syn. de *Conyza squarrosa. V.* CONYZE. (B.)

DANAUS. *Danaus.* INS. Genre de
l'ordre des Lépidoptères, établi par
Latreille, et placé (Règn. Anim. de
Cuv.) dans la famille des Diurnes,
tribu des Papilionides. Ses caractères
sont : les deux pieds antérieurs beaucoup plus petits que les autres, repliés en palatine dans les deux sexes;
crochets des tarses simples; ailes
triangulaires, guère plus longues que
larges; les inférieures n'embrassant
presque pas l'abdomen en dessous;
palpes inférieurs écartés l'un de l'autre, grêles, cylindracés, ne s'élevant
presque pas au-delà du chaperon;
leur second article à peine une fois
plus long que le premier; massue
des antennes courbe à son extrémité;
abdomen ovale; chenilles épineuses.
Le genre Danaus diffère essentiellement des Nymphales et des Céthosies
par les palpes inférieurs : il s'éloigne
des Héliconiens par la forme des ailes
et la courbure du bouton des antennes. Ce genre embrasse en partie la
subdivision qui, dans la section des
Danaïdes de Linné, porte le nom de
Danai festivi. Les espèces qui le composent sont propres aux pays chauds
de l'ancien continent, et offrent toutes, du moins dans l'un des sexes, une

fente, sorte de petite poche placée sur
le disque de l'aile inférieure. Latreille
place dans ce genre les Papillons *Mi-
damus* de Linné, originaire des Indes-Orientales, *Chrysippus, Plexip-
pus, similis*, etc., du même naturaliste et de Fabricius. (AUD.)

DANBIK. OIS. (Bruce.) Espèce de
Sénégali d'Abyssinie. (B.)

DANDELION. BOT. PHAN. On a proposé, dans le Dictionnaire de Déterville, de séparer sous ce nom, que Linné
employait pour désigner une espèce
de Tragopogon indigène de Virginie,
un genre caractérisé par son involucre simple, ses aigrettes à poils simples et l'absence de ses tiges. Si ce
genre était adopté, il faudrait y joindre le *Tragopogon lanatus* qui croît
dans l'Orient. (G..N.)

*** DANGHEDI.** BOT. PHAN. Arbre
de Madagascar regardé comme un
Myrte par Linné, et dont le fruit aromatique est connu dans le pays sous
le nom de Marthingos. (B.)

DANOIS (GRAND et PETIT). MAM.
Races de Chiens. *V.* ce mot. (B.)

DANT ET **DANTE.** MAM. L'Animal mentionné sous ces noms par
Léon-l'Africain et par Marmol, comme appartenant à une petite race fort
agile de Bœufs de Numidie, doit être,
selon Buffon, un Antilope, et le Zébu
selon d'autres. Le DENTA des Portugais est un Animal fort différent; ce
nom est synonyme d'Anta. *V.* ce
mot. (B.)

DANTALE. ANNEL. *V.* DENTALE.

DANTHONIE. *Danthonia.* BOT.
PHAN. Genre de la famille des Graminées et de la Triandrie Digynie,
proposé par De Candolle dans la Flore Française, adopté par R. Brown et
par Palisot de Beauvois pour quelques
Graminées faisant d'abord partie des
genres *Arundo, Festuca, Avena*, etc.
Leurs caractères consistent en des
fleurs qui forment une panicule
simple; leur lépicène est à deux
valves plus longues que les fleurs
qu'elles contiennent; ces valves sont

membraneuses ; les fleurs sont au nombre de deux à cinq. Leur glume se compose de deux paillettes dont l'externe est bidentée à son sommet et offre une arête tordue qui naît entre ses deux dents, et une touffe de poils vers sa base ; l'interne est tronquée à son sommet et entière. La glumelle offre deux paléoles ovales, entières, glabres. Le style est biparti et se termine par deux stigmates pénicilliformes. Le fruit ovoïde, obtus, sans rainure, n'est point enveloppé dans la glume.

Ce genre est très-voisin des Méliques et des Avoines. Il diffère des premières par le nombre des fleurs et la présence d'une arête, et des secondes par la position de l'arête, l'échancrure de la valve externe, de la glume, et la grandeur de la lépicène. De Candolle avait établi ce genre dans la Flore Française pour la *Festuca decumbens* de Linné, qui est très-commune aux environs de Paris, et pour l'*Avena calycina* de Villars, qu'il nommait *Danthonia provincialis*. R. Brown, en adoptant le genre *Danthonia*, y avait ajouté six espèces nouvelles et les *Arundo semiannularis* de Labillardière (Nouvelle-Hollande, T. 1, p. 26, t. 33) et *Arundo penicillata* (T. 1, 26, t. 34). Ces huit espèces sont originaires de la Nouvelle-Hollande. Ce célèbre botaniste fit un genre *Triodia*, très-voisin du *Danthonia*, et indiqua les rapports du *Danthonia decumbens* avec ce nouveau genre auquel il fut définitivement réuni par Beauvois dans son Agrostographie. *V.* TRIODIE. (A. R.)

DANTIA. BOT. PHAN. C'est à la mémoire de Danty d'Isnards que Petit, et Adanson après lui, avaient dédié ce genre auquel le nom d'*Isnardia* a été préféré. *V.* ISNARDIE.
(B.)

DAOURITE. MIN. Syn. de la Tourmaline violette de Sibérie. *V.* TOURMALINE. (G. DEL.)

DAPÊCHE. MIN. Syn. du Bitume élastique. (G. DEL.)

DAPHNÉ. *Daphne.* BOT. PHAN. La Plante qui, chez les anciens, portait le nom de Daphné, n'est pas identique avec celles que, depuis Linné, on désigne sous ce nom. Les traditions mythologiques nous apprennent que Daphné, fille de la Terre et du fleuve Ladon, fut métamorphosée en Laurier pour se soustraire à la poursuite d'Apollon. Linné donna le nom de Daphné, qui en grec, par suite de la tradition que nous venons de rappeler, signifiait Laurier, au genre *Thymelæa* de Tournefort, dont plusieurs espèces étaient désignées sous le nom vulgaire de Lauréole ou de petit Laurier. Cet exemple a été imité par Jussieu et par tous les auteurs modernes. Dans ces derniers temps, le docteur Wikstroem a publié une très-bonne Monographie de ce genre. Les Daphnés ont le calice coloré et pétaloïde, tubuleux, presque infundibuliforme ; son limbe est à quatre divisions étalées. Les étamines, au nombre de huit, sont incluses, insérées aux parois du calice et disposées sur deux rangs superposés ; leur filet est très-court ; les anthères introrses, à deux loges qui s'ouvrent par un sillon longitudinal. L'ovaire est libre, quelquefois légèrement pédicellé, offrant à sa base un petit disque annulaire et hypogyne. Cet ovaire est à une seule loge qui contient un seul ovule dressé. Le style est très-court, et se termine par un stigmate épais, discoïde, légèrement ombiliqué à son centre. Le fruit est une drupe charnue, pisiforme ou peu allongée, nue, contenant un noyau monosperme, dont l'embryon est très-gros, renversé, dans un endosperme charnu, peu épais.

Les espèces de ce genre sont assez nombreuses. On en compte environ une quarantaine qui croissent en Europe, en Asie, en Amérique et dans la Nouvelle-Hollande. Ce sont des Arbustes ou des Arbrisseaux dont les feuilles sont éparses ou rarement opposées. Les fleurs, roses, blanches ou violacées, sont, en général, groupées à l'aisselle des feuilles ; quelquefois elles sont terminales.

Dans quelques espèces, elles s'épanouissent avant que les feuilles commencent à se développer. Le genre *Daphne*, l'un des plus considérables de la famille des Thymelées, appartient à l'Octandrie Monogynie, L. Il est extrêmement voisin du genre *Passerina*, et un grand nombre d'espèces ont alternativement passé de l'un de ces deux genres à l'autre. Le caractère qui les distingue, c'est que dans les Passerines le calice est persistant et recouvre le fruit, tandis qu'il n'accompagne pas cet organe dans les vrais *Daphne*; de plus, dans les Passerines, le fruit est presque sec, tandis qu'il est manifestement charnu dans les Daphnés. Comme un très-grand nombre de ces espèces sont cultivées dans nos jardins, nous allons mentionner ici quelques-unes des plus intéressantes.

I. *Fleurs axillaires et latérales.*

DAPHNÉ BOIS-GENTIL ou MÉZÉRÉON, *Daphne Mezereum*, L., Bull. Herb. T. 1. C'est un Arbuste de deux à quatre pieds de haut, qui croît dans les bois humides et montagneux en France, en Allemagne, en Italie, etc. Ses feuilles sont d'abord réunies dans des bourgeons coniques; elles sont éparses, lancéolées, sessiles, longues d'un à deux pouces, molles et légèrement ciliées sur les bords. Les fleurs, qui s'épanouissent avant les feuilles, sont disposées par petits groupes composés de trois à quatre fleurs d'abord renfermées dans un bouton écailleux. Elles constituent une sorte d'épi au-dessous du bourgeon terminal, d'une belle couleur rose; leur odeur est fort agréable. Le fruit est une petite drupe ovoïde, un peu allongée, glabre, succulente, de la grosseur d'une petite Merise, d'une belle couleur rouge. —On connaît une variété de cette espèce, qui a les fleurs blanches et les drupes jaunâtres. Le *Daphne Mezereum* se cultive en pleine terre. Il n'exige aucun soin particulier. Ses fleurs paraissent dès le mois de février. Ses feuilles se développent deux mois plus tard. Ses fruits sont

mûrs à la fin de l'été et au commencement de l'automne.

DAPHNÉ LAURÉOLE, *Daphne Laureola*, L., Bull. T. 37. Arbuste de trois à quatre pieds d'élévation, dressé, rameux dans sa partie supérieure, portant ses feuilles toutes réunies vers le sommet des branches. Ces feuilles sont très-rapprochées, sessiles, obovales, lancéolées, aiguës, entières, d'un vert foncé, très-glabres et persistantes. Les fleurs sont verdâtres, un peu odorantes, formant des espèces de petites grappes axillaires. Cette espèce qui, comme la précédente, fleurit quelquefois quand la terre est encore couverte de neige, est assez commune dans les forêts montueuses de presque toute l'Europe. On la cultive en pleine terre dans les jardins.

DAPHNÉ DE PONT, *Daphne Pontica*, L., *Andr. Rep.*, t. 73. Il ressemble beaucoup à l'espèce précédente, mais ses feuilles sont plus courtes; ses fleurs moins nombreuses, plus longues, presque jaunes. On le cultive dans les jardins; il est originaire d'Orient. Il craint la gelée.

II. *Fleurs terminales.*

DAPHNÉ DE LA CHINE, *Daphne Sinensis*, Lamk., *D. odorata*, Ait., Jacq., *Hort. Schœn.* T. III, p, 54, t. 351. Ce joli Arbuste, qui nous est venu de la Chine, est rameux; ses feuilles sont ovales, glabres et luisantes. Les fleurs sont réunies au sommet des rameaux où elles forment des espèces de capitules. Elles sont pédicellées, rougeâtres, pubescentes en dehors et répandant une odeur très-suave. On cultive cette Plante en orangerie.

DAPHNÉ GNIDIEN, *Daphne Gnidium*, L. Ce petit Arbuste est fort commun dans les provinces méridionales de la France, en Italie, en Espagne. Sa tige, haute de deux à trois pieds, est rameuse surtout à sa partie supérieure. Elle est garnie de feuilles très-rapprochées, lancéolées, étroites, molles et un peu pubescentes. Les fleurs forment une sorte de petit corymbe au sommet des ramifications des branches ; elles sont petites, inodores, soyeuses en dehors, légèrement roses en dedans. Il leur succède de petites drupes sèches, noirâtres, très-peu charnues. Cette espèce est la plus intéressante du genre. Son écorce est employée en médecine sous les noms de Garou ou de Saint-Bois. Elle est fibreuse, dure, résistante, grise en dehors, jaune en dedans. Sa saveur est amère et extrêmement âcre. Appliquée sur la peau, après avoir été ramollie dans du vinaigre pendant quelques heures, elle en détermine la rubéfaction et l'inflammation. Si on l'y laisse pendant plusieurs jours, en ayant soin de la renouveler, elle donne lieu à la formation d'ampoules et, par suite, à un exutoire. On prépare aussi avec cette écorce une pommade épispastique (*V.* notre Botan. médic.). Cette propriété irritante du Garou existe non-seulement dans l'écorce, mais encore dans les feuilles et les fruits de toutes les autres espèces de ce genre, qui peuvent être employées comme le Garou.

Daphné odorant, *Daphne Cneorum*, L., Bull. T. 121 ; *D. odorata*, Lamk., Fl. Fr. Cette espèce, qui croît assez abondamment en France, en Italie, en Espagne, etc., est un fort petit Arbuste, s'élevant à peine à un pied au-dessus du sol. Il est fort rameux. Les feuilles sont éparses, sessiles, cunéiformes, lancéolées, très-entières, coriaces, persistantes, d'un vert foncé, luisantes en dessus. Ses fleurs rougeâtres, presque sessiles, constituent une sorte de capitule terminal, et répandent une odeur extrêmement suave. Son fruit est une drupe ovoïde, soyeuse et fort peu charnue. —On possède une variété qui a les fleurs blanches. Le Daphné odorant se cultive en pleine terre. Il forme un petit Arbuste très-agréable, parce qu'il conserve ses feuilles toute l'année, qu'il fleurit de bonne heure, et que ses fleurs répandent une odeur très-suave.

Le *Daphne Laghetta* de Swartz forme le genre *Laghetta* de Jussieu. *V.* Laghetta.   (A. R.)

DAPHNES. moll. Comme nous avons déjà eu occasion de l'observer, Poli (Test. des Deux-Siciles) donne des noms différens aux Coquilles et aux Animaux qui les habitent. Sous celui-ci il désigne ceux des Arches, et celui de l'*Arca Noe* sert de type au genre. Il est surtout caractérisé en ce qu'il est lamellibranche, dépourvu de pieds et de syphons, et porte une masse sur l'abdomen. *V.* Arche.   (D..H.)

DAPHNIE. *Daphnia*. crust. Genre établi par Müller, et rangé par Latreille (Règn. Anim. de Cuv.) dans l'ordre des Branchiopodes, famille des Lophyropes, avec ces caractères : un test bivalve, une tête apparente avec deux antennes ; huit à dix pates; un seul œil ; une queue. Quoiqu'étudiés par un grand nombre de naturalistes, entre lesquels on remarque Schæffer, Swammerdam, Degéer, Müller, Bosc et Cuvier, les Daphnies étaient jusque dans ces derniers temps très-peu connus sous le rapport de leurs mœurs. Straus (Mém. du Mus. d'hist. naturelle, T. v, p. 380) et Jurine (Histoire des Monocles, p. 85) en ont donné une histoire très-détaillée et fort complète. Il résulte particulièrement des travaux de Straus que les Daphnies diffèrent essentiellement des Cypris par leur système respiratoire, et qu'ils sont de véritables Branchiopodes, ainsi que les Lyncées, les Apus, les Limnadies, les Cyclopes, les Branchipes, les Polyphêmes et deux autres genres nouveaux qu'il se propose d'établir avec le *Daphnia cristallina* de Müller, et son *Daphnia setifera*. Quant aux Cypris et aux Cythérées, il les place dans un ordre nouveau qu'il désigne sous le nom d'Ostrapodes. *V.* ce mot. Nous extrairons du Mémoire de Straus les faits relatifs à l'organisation du genre dont il est ici question, en faisant remarquer que ces observations ont été faites sur une des espèces les plus communes, la Daphnie Puce, *D. Pulex.*

Le corps est comprimé, allongé, recouvert par un test bivalve, à la partie antérieure duquel on voit sortir la tête ; les valves du test sont réunies sur le dos, et formées d'une substance très-mince, flexible, incolore ; leur circonférence est parfaitement lisse ; mais, vers leur centre, elles sont marquées de lignes enfoncées, formant entre elles un réseau à mailles carrées ; la tête est très-distincte et couverte d'une écaille plus solide que celle du reste du corps ; en dessous on voit qu'elle se prolonge en un bec très-prononcé, triangulaire, se dirigeant un peu en arrière en se rapprochant des valves ; à la partie antérieure on remarque intérieurement un point noir qui est l'œil unique de ces Animaux ; sa forme est celle d'une sphère d'environ un quart de millimètre de diamètre, et mobile sur son centre ; sa surface est garnie d'une vingtaine de cristallins parfaitement limpides, placés à de petites distances les uns des autres, et s'élevant en demi-sphère sur un fond noir formant la masse de l'œil. Ces cristallins, étant dirigés dans tous les sens, forment par leur réunion un œil composé semblable à peu près à ceux des Insectes ; la tête présente, à l'extrémité du bec, des antennes au nombre de deux, et ayant dans la femelle l'apparence de deux petits mamelons uniarticulés, et terminés par un faisceau de poils roides et courts accolés les uns aux autres, et simulant un second article ; ces antennes sont à peine perceptibles dans la femelle de la *Daphnia Pulex*; mais dans la *Daphnia Macropus*, elles deviennent très-longues, principalement dans le mâle de la première espèce. La bouche est située à la partie inférieure du corps, immédiatement en dedans du bord antérieur des valves, près de la base du bec ; elle se compose d'un labre recouvrant la bouche en dessus, de deux mandibules très-fortes, sans palpes, ni branchies, ni dentelures sur leur partie incisive,

de deux mâchoires dirigées horizontalement en arrière, et présentant à leur extrémité postérieure un long disque aplati par les côtés. Ce disque porte à son bord supérieur quatre épines cornées très-fortes dont les trois antérieures se prolongent en longs crochets fortement recourbés en avant et en dedans.

La portion du corps des Daphnies qui fait suite à la tête, est grêle, allongée et libre dans l'intérieur des valves ; elle se compose de huit segmens. Le premier, beaucoup plus considérable que le suivant, donne seul attache aux deux valves ; mais au second segment, le corps diminue subitement de diamètre vertical et laisse un fort talon en dessus ; de manière que, dans le reste de son étendue, il demeure fortement écarté de la crête dorsale des valves, en ménageant entre elles et lui un grand espace vide dans lequel la femelle porte ses œufs après la ponte. Le sixième segment supporte en dessus des mamelons coniques, dont le premier seul se prolonge en forme de languette et se recourbe en dessus et en avant pour venir s'appuyer contre la voûte que forment les valves, et fermer ainsi postérieurement l'espace vide destiné à recevoir les œufs ; l'avant-dernier segment porte à son origine un mamelon à peu près semblable ; enfin le dernier segment présente postérieurement un grand évasement longitudinal bordé de chaque côté par deux arcs dentelés ; c'est dans l'intervalle des deux premiers que vient s'ouvrir l'anus, et le segment se termine lui-même par deux grands crochets cornés dirigés au-dessous ; les segmens antérieurs du corps supportent des organes locomoteurs qui consistent en une paire de rames branchues insérées latéralement sur la base de la tête. Müller a considéré ces rames comme des antennes ; Straus pense qu'elles ne sont autre chose que la première paire de pieds. En arrière de ces deux appendices branchus, on trouve cinq paires de membres très-différens des rames et différant même beaucoup entre eux tant pour la forme que pour la grandeur et les fonctions. Les deux premières paires sont placées immédiatement en arrière de la bouche, sous le premier segment, tandis que les trois autres sont fixées aux trois segmens suivans. Ces membres, qui représentent les derniers pieds de l'Animal, ne servent cependant plus en aucune manière à la locomotion, comme quelques auteurs l'ont avancé, mais se trouvent modifiés pour servir à d'autres fonctions, celles de la préhension et de la respiration; la locomotion s'exerçant exclusivement par le moyen des rames. Les branchies qui, en général, tiennent plus ou moins immédiatement aux pieds et aux mâchoires dans les Crustacés, se trouvent dans les Daphnies tellement identifiées avec les membres, qu'il est très-difficile de reconnaître si tout le membre s'est converti en branchie, ou si ces dernières n'en sont que des appendices, ces organes étant trop petits pour qu'on puisse décider cette question en examinant leur organisation intime. Quoique la forme de ces membres ne ressemble plus à celle que les pieds ont habituellement chez les Crustacés, on y distingue néanmoins encore quatre principales parties qui semblent être les analogues de la hanche, de la cuisse, de la jambe et du tarse. Nous ne suivrons pas Straus dans la description détaillée qu'il fait de ces appendices.

Le système nerveux, difficile à observer dans un Animal aussi petit que la Daphnie, se compose d'un cerveau situé à la partie postérieure de la tête, en avant de l'œsophage, et formé de deux lobes placés à côté l'un de l'autre; de la partie supérieure et antérieure de la commissure des deux lobes part le nerf optique, sous la forme d'un gros tronc fort court se dirigeant vers l'œil et se renflant bientôt pour former un ganglion optique d'où part un faisceau de petits nerfs qui se portent dans l'intérieur du globe de l'œil.

Le système circulatoire consiste en un cœur situé dans le dos du premier

segment, c'est une vésicule ovoïde fixée par son extrémité antérieure, où elle donne probablement naissance à une artère. Les contractions de ce cœur sont rapides et isochrones. Straus a compté jusqu'à deux cent soixante pulsations dans une minute.

Le canal intestinal peut être divisé en deux parties: la première, ou l'œsophage, est un canal très-court, étroit, légèrement arqué, s'étendant de la bouche, obliquement en avant et en haut, et qui pénètre dans la tête pour venir se terminer immédiatement en arrière du cerveau. La seconde portion, ou l'intestin, a la forme d'un gros vaisseau diminuant légèrement de diamètre d'avant en arrière, se courbant dans ce sens et aboutissant à l'anus sans avoir présenté de circonvolution ni de changement dans son diamètre; près de son extrémité cardiaque, cet intestin offre de chaque côté un cœcum. L'œsophage est agité par des contractions fort distinctes, et l'intestin éprouve des mouvemens péristaltiques continuels.

Les femelles ont deux ovaires placés le long des côtés de l'abdomen, depuis le premier segment jusqu'au sixième où ils s'ouvrent chacun séparément sur le dos de l'Animal. Les œufs en sortent et ils sont conservés pendant quelque temps jusqu'à la ponte dans la cavité qui existe entre la coquille et le corps. Müller et d'autres naturalistes, ayant trouvé les œufs accumulés ainsi vers ce point, avaient donné le nom d'ovaire à cette région. Cette partie du têt devient opaque à certaines époques de l'année, et paraît composée d'ampoules ovalaires transparentes, formant deux capsules. Son usage alors est de contenir les œufs et de les protéger, afin qu'ayant passé l'hiver, ils puissent se développer au printemps. Müller a donné à ces pièces opaques le nom d'*Ephippium*. Straus a observé que les jeunes Daphnies éclosent dès la vingtième heure après la ponte, et que d'abord ils n'ont aucune forme qui puisse les caractériser; ils n'offrent alors qu'une masse arrondie et informe sur laquelle on remarque des rudimens d'appendices collés contre le corps. La tête n'est point apparente. Ce n'est que vers la quatre-vingt-dixième heure que ces fœtus commencent à se mouvoir; à la centième heure, leurs mouvemens sont déjà très-actifs. Enfin, vers la fin du cinquième jour, la queue qui termine les valves, dans le jeune âge, se débande comme un ressort ainsi que les soies du bras ; les membres branchifères commencent alors seulement à s'agiter ; les jeunes étant capables de paraître au jour, la mère abaisse son abdomen, et les petits s'élancent au dehors. Jurine (*loc. cit.*) a principalement étudié les changemens que l'embryon éprouve, et nous renvoyons à son ouvrage pour les détails de ce genre et pour compléter l'extrait que nous avons fait du travail de Straus.

Ce genre est assez nombreux en espèces ; nous citerons entre elles :

La DAPHNIE PÙCE, *Daphnia Pulex* de Latreille et de Lamarck, ou le *Pulex arboreus* de Swammerdam et le *Monoculus Pulex* de Linné et de Jurine (*loc. cit.*, p. 85, pl. 8, 9, 10, 11), qui est la même que le Perroquet d'eau de Geoffroy. Elle est très-commune dans tous les étangs, et on doit la considérer comme le type du genre. *V.*, pour les autres espèces, Straus (*loc. cit.*), Jurine (*loc. cit.*), Müller (*Entomostr. S. Insect. Testacea*, p. 79, pl. 12, 13, 14), etc. (AUD.)

DAPHNITIS. BOT. PHAN. (Dioscoride.) Adanson regarde ce nom comme synonyme de Fragon. *V.* ce mot. (B.)

DAPHNOIDES. BOT. PHAN. Jussieu, Ventenat et quelques autres botanistes désignent sous ce nom la famille des Thymelées dont le genre Daphné est le type. *V.* THYMELÉES. (A. R.)

DAPHNOT. BOT. PHAN. *V.* BONTIA.

DAPTRIUS. OIS. (Vieillot.) *V.* IRIBIN.

*DARACHT. BOT. PHAN. (Avicène.) Probablement le Bananier, qui, dit-on, fut connu de tout temps en Palestine, d'où quelques commentateurs ont cru que les fameuses grappes apportées de la Terre promise par les espions de Josué, étaient des régimes de Bananes. (B.)

DARADEL. BOT. PHAN. (Garidel.) Et non *Darade*. L'un des noms vulgaires de l'Alaterne et du *Phyllirea latifolia*, dans la France méridionale. (B.)

DARD. POIS. L'un des noms vulgaires de la Vaudoise, espèce du genre Able. *V.* ce mot. (B.)

DARD. REPT. OPH. Ce nom a été donné à plusieurs Serpens des genres Acontias, Couleuvre et Vipère. Le vulgaire appelle communément Dard la langue des Serpens, qu'il croit être l'organe par lequel ces Animaux répandent le venin dont il suppose l'existence chez toutes les espèces. (B.)

* DARDANA. BOT. PHAN. (Apulée et Daléchamp.) Syn. d'*Arcticum Lappa*, L., d'où vient peut-être le nom vulgaire de Bardanne. *V.* ce mot. Dans Dioscoride, DARDANIS paraît être synonyme de Cuscute, et non de *Cicuta*, selon Mentzel. (B.)

DAREA. BOT. CRYPT. (*Fougères.*) Le genre établi sous ce nom par Jussieu, et sous celui de Cœnopteris par Swartz, a été réuni par R. Brown aux *Asplenium*. *V.* ce mot. (AD. B.)

* DARHE. BOT. PHAN. (Tabernœmontanus.) Syn. de *Sorghum* chez les Arabes. (B.)

* DARIANGOA. BOT. PHAN. (Camelli.) On recommande aux botanistes voyageurs la recherche de cet Arbre indéterminé des Philippines, dont le bois est pesant, les feuilles semblables à celles du Laurier, et qui donne un suc gommo-résineux noirâtre, répandant l'odeur de l'Ambre, et employé dans l'Inde comme parfum. (B.)

* DARION, DORION ET DURYAOEN. BOT. PHAN. Le fruit auquel C. Bauhin attribue ces noms est produit par un Arbre de l'Inde qui peut être indifféremment rapporté au Jacquier et au Durion. *V.* ces mots. (B.)

DARNAGASSE. ois. L'un des noms vulgaires de la Pie - Grièche grise dans le midi de la France. (b.)

DARNIDE. *Darnis.* ins. Genre de l'ordre de Hémiptères, établi par Fabricius pour des espèces propres aux pays chauds, et particulièrement à l'Amérique méridionale. Latreille réunit ce petit genre aux Membraces. *V.* ce mot.   (aud.)

DARRY. géol. De Candolle désigne sous ce nom, qu'on écrit aussi Derri dans le pays, la Tourbe de la Nord-Hollande, qui, presque composée de Fucus antiquement jetés par la mer et seulement amoncelés par l'effet des siècles, n'en est pas moins très-combustible. *V.* Tourbe.   (b.)

* DARSENI ou **DARSINI.** bot. phan. Syn. arabe et persan de *Laurus Cinnamomum*, L. *V.* Laurier et Cannelle.   (b.)

DARTE. bot. phan. Pour Dartus. *V.* ce mot.

DARTRIER. bot. phan. Plusieurs Plantes ont reçu ce nom qui vient de leur emploi contre les dartres; tels sont surtout la Casse ailée et le *Vatteria Guianensis* d'Aublet. *V.* Casse et Vatteria.   (a. r.)

DARTUS. bot. phan. Genre établi par Loureiro qui le caractérise de la manière suivante: calice quinquéfide; corolle monopétale dont le tube, plus long que le calice, s'élargit en globe, et dont le limbe se partage en cinq lobes étalés; cinq étamines à anthères conniventes, à filets grêles, qui, insérés au milieu du tube, n'en dépassent pas la longueur; un style très-court; un stigmate à cinq lobes; un ovaire lisse qui devient une baie uniloculaire et polysperme. Ce genre qui, par les caractères que nous venons d'exposer, semble se rapprocher des Solanées, comprend une seule espèce. C'est un Arbuste haut de six pieds environ, à feuilles portées sur des pétioles rouges et alternes, molles, ovales-acuminées, dentées, tomenteuses à leur surface inférieure, à fleurs blanches disposées en grappes axillaires

longues et grêles. Il croît dans la Cochinchine ainsi qu'à Amboine où l'a observé Rumph qui le décrit et le figure (*Herb. Amb.*, iv, t. 57) sous le nom de *Perlarius* adopté pour désigner l'espèce.   (a.d.j.)

* DARWINIE. *Darwinia.* bot. phan. Genre de la Décandrie Monogynie, L., fondé par Rudge dans les Transactions de la Société Linnéenne de Londres, vol. xi, p. 299, en l'honneur de Darwin qui, dans un poëme élégant, a célébré les amours des Plantes. Voici les caractères qui lui sont assignés: calice nul; corolle monopétale, infundibuliforme, dont le tube est élargi au-dessous de sa partie supérieure et un peu resserré vers l'entrée; le limbe à cinq divisions ovales, aiguës et se recouvrant par un de leurs bords; dix étamines dont les filets, très-courts, sont insérés presqu'au sommet du tube, et disposés sur deux rangs; l'inférieur alterne avec les lobes de la corolle; anthères réniformes; ovaire supère, comprimé et comme unilatéral, surmonté d'un style du double plus long que la corolle; stigmate simple. L'auteur de ce genre n'en a décrit et figuré qu'une seule espèce: le *Darwinia fascicularis* (*loc. cit.*, t. 22) est un Arbrisseau indigène de Port-Jackson à la Nouvelle-Hollande, dont la tige porte des rameaux rudes et nombreux, ainsi qu'un grand nombre de feuilles linéaires, disposées en faisceaux épais et parsemés de points glanduleux; les fleurs sont terminales, glabres et réunies en capitules au sommet des tiges. La connaissance imparfaite de l'ovaire, et l'ignorance où nous sommes complétement sur son fruit, ne permettent pas de fixer les rapports naturels de ce genre.   (g..n.)

DASAN. moll. (Adanson.) Syn. de *Patella nimbosa*, L., espèce du genre Fissurelle. *V.* ce mot.   (b.)

DASCILLE. *Dascillus.* ins. Genre de l'ordre des Coléoptères, section des Pentamères, établi par Latreille aux dépens des Chrysomèles de Linné, et rangé (Règn. Anim. de Cuv.)

dans la famille des Serricornes, tribu des Cébrionites. Ses caractères sont : antennes simples ; mandibules peu saillantes, presque triangulaires, entièrement découvertes ; dernier article des palpes tronqué ou très-obtus; corps ovale. Le genre Dascille que Paykull, et depuis lui Fabricius, ont désigné sous le nom d'*Atopa*, a beaucoup d'analogie avec les Cébrions et les Élodes ; mais il diffère des premiers par les antennes, les mandibules et les tarses, et des autres par la forme du corps et les palpes. On ne connaît encore qu'un petit nombre d'espèces : la plus commune est le Dascille Cerf, *Dasc. Cervus*, Latr., ou la *Chrysomela Cervina*, L., qui est la même que l'*Atopa Cervina* de Paykull. Cet Insecte, qui a été trouvé quelquefois dans l'ouest de la France, est propre au nord de l'Europe: on ne sait rien sur ses habitudes.   (AUD.)

DASUS. BOT. PHAN. Loureiro, sous le nom de *Dasus verticillatus*, décrit un Arbre de la Cochinchine à feuilles lancéolées, entières, ondulées, tomenteuses sur leur surface inférieure ; à fleurs blanches disposées en verticilles axillaires; elles présentent un calice tubuleux, court, coloré, divisé en cinq lobes obtus et peu profonds ; une corolle monopétale, supère, campanulée, revêtue de toutes parts de poils nombreux, et dont le limbe se partage en cinq parties deux fois plus longues que le calice. Vers sa base, sont insérés cinq filets courts portant des anthères biloculaires et dressées; l'ovaire, arrondi, fait corps avec le calice; il est surmonté d'un style filiforme, qui égale la longueur de la corolle et se termine par un stigmate quinquéfide; il devient une baie dont la forme est celle d'un sphéroïde comprimé, et qui renferme une graine unique globuleuse. Tels sont les caractères que rapporte Loureiro, et qui sont insuffisans pour faire reconnaître la famille à laquelle cette Plante doit être rapportée.

(A. D. J.)

* DASYATIS. POIS. (Rafinesque.) *V.* RAIE.

DASYBATE. POIS. (Blainville.) Sous-genre de Raie. *V.* ce mot. (B.)

DASYCÈRE. *Dasycerus.* INS. Genre de l'ordre des Coléoptères, section des Trimères, établi par Alex. Brongniart (Ancien Bulletin de la Soc. philomatique, T. II, p. 115, n. 39, pl. 7, fig. 5, A, B, C, D) qui lui assigne pour caractères: antennes grêles de la longueur de la moitié du corps, remarquables par deux gros articles à leur base, et quatre articles globuleux, hérissés de poils à leur extrémité; chaperon avancé, couvrant la bouche ; corps ovale, convexe; corselet hexagone; tarses filiformes. Latreille (Règn. Anim. de Cuv.) place ce genre dans la famille des Fungicoles; il a pour type le Dasycère sillonné, *Das. sulcatus*, Brongn. Cette espèce a été trouvée au mois de septembre 1799 dans un Bolet de la forêt de Montmorency près Paris; sa démarche est lente. Brongniart le décrit de la manière suivante : cet Insecte de deux millimètres de long est marron fauve ; les antennes sont placées devant les yeux ; elles sont composées de onze articles ; les deux premiers gros et globuleux ; les cinq intermédiaires sont si grêles qu'on ne pourrait les distinguer, si chacun n'était un peu renflé à une de ses extrémités; les quatre derniers globuleux, très-distincts, vont en grossissant vers l'extrémité de l'antenne; ils sont garnis de poils très-longs, un peu divergens ; les yeux, peu visibles, sont placés sous deux saillies latérales de la tête en forme de sourcil ; le corselet, transverse, plus large que la tête, plus étroit que les élytres, est distinctement hexagone; il présente deux côtes élevées, inégales ; les élytres convexes embrassent l'abdomen ; elles ont chacune un rebord relevé et trois côtes aiguës, très-distinctes ; l'espace intermédiaire est masqué de deux rangées de points enfoncés, un peu confondues, qui le font paraître chagriné; il n'y a point d'ailes des-

sous ; les pates sont courtes, simples ;
il est très-difficile de compter les articles des tarses, même au microscope ;
il paraît cependant qu'il y en a trois,
deux fort petits dont le premier est
même presque caché dans l'articulation, et un troisième beaucoup plus
long qui porte les ongles. Cette description spécifique et détaillée, faite
sur l'Insecte qui sert de type au genre,
complète les caractères distinctifs et
abrégés que nous avons présentés
plus haut. (AUD.)

* DASYCLONON. BOT. CRYPT.
(*Fougères.*) Syn. d'*Aspidium Filix-
Mas*, selon les commentateurs de
Dioscoride. (B.)

* DASYGASTRES. INS. *V.* APIAIRES.

* DASYPHYLLE. *Dasyphyllum.*
BOT. PHAN. Genre établi par Kunth
(*in Humb. Nov. Gen.* 4, p. 17), faisant partie de la famille des Synanthérées, section des Barnadésiées. Il ne
se compose que d'une seule espèce,
Dasyphyllum argenteum, Kunth, *loc.
cit.*, t. 308. C'est un Arbuste qui
croît aux environs de la ville de Quito
au Pérou ; ses rameaux sont blancs,
argentés, hérissés d'épines géminées,
et portent des feuilles alternes très-
rapprochées, presque sessiles, elliptiques, oblongues, terminées en pointe
épineuse à leur sommet ; les capitules
sont presque globuleux, groupés et
rapprochés au sommet des ramifications de la tige ; l'involucre est composé d'écailles imbriquées, coriaces,
aiguës, roides, disposées sur plusieurs
rangées ; les extérieures sont plus
courtes et plus larges que les intérieures ; le réceptacle est plane et couvert d'une très-grande quantité de
poils dorés ; toutes les fleurs sont flosculeuses, hermaphrodites et fertiles ;
la corolle, qui est légèrement pubescente en dehors, a son tube court et
cylindrique, son limbe à cinq lanières égales, linéaires et étalées ; le
tube anthérifère est nu à sa base ; l'ovaire est oblong, comprimé, velu ; le
style saillant, terminé par un stigmate simple ; le fruit est oblong,

comprimé, velu, couronné par une
aigrette sessile, composée de poils
plumeux.

Ce genre est voisin du genre *Barnadesia*, dont il diffère seulement par
le limbe de sa corolle à cinq lanières
égales entre elles, par ses étamines
dont les filets sont libres, et par son
stigmate indivis. Il a également des
rapports avec le genre *Liatris ;* mais
son port et son stigmate simple l'en
distinguent facilement. (A. R.)

*DASYPHYLLE. *Dasyphylla.*
BOT. CRYPT. (*Hydrophytes.*) Genre
proposé par Stackhouse dans la seconde édition de la Néréide Britannique. Il se compose du *Gigartina Dasyphylla*, qu'il nomme *Dasyphylla
Woodwardii*, des *Gigartina articulata, ovalis, sedoïdes* et *tenuissima*.
Il lui donne pour caractères : fronde
gélatinoso - cartilagineuse, presque
diaphane, à rameaux comprimés,
avec des feuilles oblongues, renflées,
éparses ; fructification innée et terminale. Ce caractère ne convenant point
aux espèces citées, et quelques-unes
de ces espèces n'ayant que peu de
rapports avec les autres, nous n'avons
pas cru devoir adopter ce genre de
l'algologue anglais. (LAM..X.)

* DASYPODE. MAM. C'est-à-dire
pieds velus. Les anciens appliquaient
ce nom au Lièvre qui a effectivement
la plante des pieds velue. Le nom
scientifique et générique des Tatous
paraît en être dérivé. (B.)

DASYPODE. *Dasypoda.* INS. Genre de l'ordre des Hyménoptères établi
par Latreille aux dépens des Andrènes de Fabricius, et rangé (Règne
Anim. de Cuv.) dans la section des
Porte-Aiguillons, famille des Mellifères, tribu des Andrenètes. Ses caractères sont : mâchoires et lèvre inférieure allongées ; mâchoires fléchies
à leur extrémité ; lèvre inférieure
renfermée à sa base dans une gaîne
cylindrique, terminée en une espèce
de langue longue, souvent en partie
plumeuse, finissant insensiblement
en pointe, repliée en dessus dans le

repos ; deux divisions latérales très-petites ; palpes maxillaires filiformes, courts, de six articles ; les labiaux de quatre et allongés ; mandibules arquées, pointues ; antennes filiformes ou grossissant un peu et insensiblement, courtes, de douze à treize articles. Les Dasypodes diffèrent des Collètes et des Hylées, par la division intermédiaire de leur lèvre en forme de lance ; elles partagent ce caractère avec les genres Andrène, Sphécode, Halicte et Nomie ; mais elles diffèrent de chacun d'eux par des caractères assez tranchés. Leur tête est verticale, comprimée, moins haute et moins large que le thorax ; les mandibules sont simples ou n'ont qu'une dent au plus ; la division intermédiaire de la lèvre paraît recourbée ; les mâchoires sont fléchies au milieu de leur longueur ou plus bas, avec le lobe terminal aussi long ou plus long que leurs palpes. On remarque des yeux ovales, distans l'un de l'autre, et trois petits yeux lisses situés sur une ligne presque droite occupant le vertex ; le thorax presque rond, obtus aux deux extrémités, supporte quatre ailes dont les supérieures présentent deux cellules sous-marginales ; les pates antérieures sont courtes et les postérieures grandes, écartées avec le premier article des tarses, aussi long ou plus long que la jambe ; ces jambes et ces tarses sont garnis de poils longs et épais, formant dans les femelles une sorte de plumasseau. Ce caractère remarquable leur a valu le nom de Dasypode, c'est-à-dire pates très-velues.

Les Insectes propres à ce genre ont un vol plus rapide que celui des Andrènes ; ils pratiquent comme elles des trous en terre, pour y déposer leurs œufs, et placent à côté de ceux-ci une quantité de pollen, suffisante pour nourrir la larve. L'Insecte parfait se trouve habituellement vers la fin de l'été sur les fleurs semifloculeuses.

On peut considérer comme type du genre :

La DASYPODE HIRTIPÈDE, *Dasypo-*
da Hirtipes de Fabricius, qui ne diffère pas de sa *Dasypoda hirta* ; la première étant la femelle, et la seconde le mâle. Panzer a donné une figure de chacun des sexes (*Faun. Ins. Germ. Fasc.* 55, tab. 14 (le mâle), *Fasc.* 7, tab. 10, et *Fasc.* 49, tab. 16 (la femelle). On la trouve, en automne, sur les fleurs qui croissent dans les lieux sablonneux. On cite encore quelques espèces : la *Dasypoda plumipes* de Panzer (*loc. cit., Fasc.* 99, tab. 15 (femelle), la *Dasypoda visnaga* ou l'*Andrena visnaga* de Rossi, etc.   (AUD.)

DASYPOGON. *Dasypogon.* INS. Genre de l'ordre des Diptères, établi par Meigen et Latreille aux dépens des Asiles, et placé (Règn. Anim. de Cuv.) dans la famille des Tanystomes, tribu des Asiliques, avec ces caractères : antennes de trois articles séparés jusqu'à la base, les deux premiers presque égaux, le dernier presque cylindrique, avec un petit stylet en forme d'article ; tarses terminés par deux crochets et deux pelotes. Les Dasypogons diffèrent des Gonypes par les deux crochets et les deux pelotes de leurs tarses ; ils partagent ce caractère avec les genres Dioctrie, Laphrie et Asile ; mais ils s'éloignent du premier par leurs antennes séparées jusqu'à la base, et des deux autres par la longueur égale des deux premiers articles des antennes, ainsi que par la forme du dernier. Ces Insectes volent avec rapidité ; leurs habitudes sont carnassières. Meigen (Descr. Syst. des Diptères d'Europe, T. II, p. 256) décrit quarante-quatre espèces, parmi lesquelles nous citerons comme type du genre :

Le DASYPOGON TEUTON, *Das. Teutonus*, ou l'*Asila Teutonus* de Linné et Fabricius. On le trouve aux environs de Paris et dans le midi de la France. Il fait la chasse à plusieurs Insectes, et les emporte vivans dans ses pates.

Parmi le grand nombre d'espèces mentionnées par Meigen, nous citerons, à cause de la synonymie, le

Dasypógon punctatus de Fabricius qui a décrit le mâle sous le nom de *D. Diadema :* Panzer a confondu cette espèce sous les noms d'*Asilus Diadema*, *punctatus* et *nervosus ;* le *Dasypogon Sabaudus* ou l'*Asilus Sabaudus* de Fabricius (*Entom. Syst.* T. IV, pag. 385), qui est le même que la *Dioctria Sabauda* du même (*Syst. Antl.*, pag. 150); le *Dasypogon minutus*, ou l'*Asilus minutus* de Fabricius (*Ent. Syst.* T. IV, p. 390), ou son *Dioctria minuta* (*Syst. Antl.*, pag. 152). Meigen (*loc. cit.*, tab. 20, fig. 13) a figuré le mâle.

(AUD.)

DASYPOGON. BOT. PHAN. Genre de la famille des Joncées. R. Brown, qui l'a décrit complétement (*General Remarks*, tab. 8 , et Prodrome de la Flore de la Nouvelle-Hollande), le caractérise ainsi : calice composé de six sépales, trois extérieurs soudés en tube dans leur plus grande partie, trois intérieurs demi-pétaloïdes, légèrement concaves ; six étamines insérées au bas du calice dont les filets, épaissis à leur sommet, portent des anthères oscillantes ; ovaire uniloculaire, contenant trois ovules dressés ; style subulé ; stigmate unique ; capsule monosperme renfermée dans le tube endurci du calice. La seule espèce de ce genre, le *Dasypogon bromeliifolius*, est un Sous-Arbrisseau qui se rapproche par son port des Xérotes ; sa tige simple et cylindrique est garnie de feuilles et couverte de poils roides, denticulés et renversés. De ces feuilles graminiformes, les radicales sont rapprochées en touffes ; celles de la tige éparses, plus courtes, sessiles ; toutes sont terminées par une pointe, glabres et dentées sur leur bord ; les fleurs forment des capitules terminaux, solitaires, globuleux, qu'entourent des bractées subulées et étalées ; elles sont sessiles, séparées par des paillettes lancéolées, entremêlées d'autres plus étroites.

(A. D. J.)

DASYPORCATA. MAM. (Illiger.) *V.* CHLOROMYS.

DASYPUS. MAM. *V.* TATOUS. Pline

donne au Lièvre ce nom tiré du grec. *V.* DASYPODE. MAM.   (B.)

*DASYSPERMUM. BOT. PHAN. Genre fondé par Necker (*Element. Botan.* p. 176) dans la famille des Ombellifères, et caractérisé par les pétales des fleurs centrales égaux et ceux des fleurs marginales plus grands que les autres, ainsi que par le fruit hispide ou muriqué. De tels caractères se présentent dans un grand nombre de genres de la même famille, ce qui rend peu naturel celui donné par Necker, et tend à rapprocher des Plantes fort différentes ; en effet, il se compose de plusieurs espèces de *Conium*, de *Tordylium*, d'*Ammi* et de *Scandix* de Linné.   (G..N.)

DASYSTEPHANA. BOT. PHAN. C'est-à-dire *Couronne de poils.* Sous ce nom Reneaulme avait décrit et figuré anciennement une espèce de Gentiane. Les coupes formées par cet auteur à une époque où on ne savait pas ce que c'était qu'un genre, n'ayant pas été admises par Linné, le Dasystephana avait disparu, lorsqu'Adanson et ensuite Borckausen (*in Rœmer Archiv. fur die Botanik.* T. I, p. 25) le rétablirent en lui donnant pour caractères : un calice à autant d'angles et de dents que de segmens à la corolle ; une corolle campanulée à cinq ou sept divisions ; des étamines à anthères libres et un stigmate bifide. Il y faisait entrer les *Gentiana punctata* et *asclepiadea* de Linné, *G. glauca*, *G. triflora*, *G. adscendens*, *G. algida* et *G. auriculata* de Pallas. Mais, outre que le caractère d'anthères libres n'est pas réel dans les *G. punctata* et *asclepiadea*, ces espèces, nonobstant leur calice isopérimétrique, sont trop rapprochées de la *G. purpurea* pour qu'on puisse les éloigner, et conséquemment toutes les divisions du grand genre Gentiane, fondées sur des différences qui s'évanouissent dans certaines espèces, ne sauraient être adoptées.   (G..N.)

DASYTE. *Dasytes.* INS. Genre de l'ordre des Coléoptères, section des Pentamères, établi par Paykull aux dépens des Mélyres d'Olivier et des Lagries de Fabricius ; Latreille (Règn. Anim. de Cuv.) le place dans la famille des Serricornes, tribu des Mélyrides, et lui assigne pour caractères : premier article des tarses très-apparent et plus long que le suivant, les crochets du dernier ayant inférieurement un appendice membraneux ou une dent très-comprimée ; corselet presque carré ; antennes de la longueur de la tête et du corselet, très-écartées à leur base et insérées au-devant des yeux. Point de vésicules rétractiles sur les côtés inférieurs du corps.

Les Dasytes ont des mâchoires qui offrent une division intérieure avec des palpes filiformes ; la tête se rétrécit et s'avance un peu en devant, sous la figure d'un petit museau ; le pénultième article des tarses est en forme de cône. Ces diverses particularités les éloignent des Driles et leur sont communes avec les Mélyres et les Malachies ; mais ils diffèrent principalement du premier de ces genres par le développement des tarses, et ils s'éloignent de l'autre par l'absence de vésicules abdominales. Ces Insectes se trouvent communément sur les fleurs. Plusieurs espèces appartiennent à la France. Dejean (Catal. des Coléopt., p. 38) en mentionne trente-cinq espèces tant exotiques qu'indigènes. Nous remarquerons parmi ces dernières :

Le DASYTE BLEUATRE, *Das. cœruleus* de Fabricius, figuré par Olivier (Hist. des Coléopt. T. II, n° 21, pl. 2, fig. 9) et par Panzer (*Faun. Ins. Germ. Fasc.*, 96, fig. 10). Il est très-abondant aux environs de Paris, dans les champs. On peut le considérer comme le type du genre.

Le DASYTE PLOMBÉ, *Das. plumbeus* d'Olivier (*loc. cit.*, pl. 2, fig. 12), ou la Cicindèle plombée de Geoffroy ; il ressemble au précédent, mais il est plus petit.   (AUD.)

DASYURE. *Dasyurus.* MAM. C'est-à-dire *queue velue.* Genre de Mammifères carnassiers de la famille des Marsupiaux, caractérisé par six mâchelières à chaque mâchoire de chaque côté, dont les deux premières sont comprimées, tranchantes, et les quatre autres à couronne hérissée de pointes ; huit petites incisives à la mâchoire supérieure et six à l'inférieure. Il y a quatre canines : en tout quarante-deux dents ; cinq doigts à tous les pieds ; ils sont tous longs, séparés et armés d'ongles crochus aux pieds de devant ; le pouce des pieds de derrière est rudimentaire, sans ongle, très-élevé au-dessus des autres doigts, et n'est qu'un simple tubercule. Une touffe de longs poils recouvre la dernière phalange aux pieds de derrière, et se prolonge au-delà des ongles ; le scrotum est pendant, la verge est dirigée en arrière, le gland partagé en deux dans les mâles ; la portée des femelles est de quatre ou cinq petits. — Ce défaut de pouce aux pieds de derrière, contrastant avec le pouce si complet, si facilement opposable des Didelphes, annonce d'abord une différence très-grande dans les habitudes de ces deux genres. Les Dasyures aussi ne peuvent rien saisir d'une seule pate ; ils ne peuvent non plus monter aux Arbres dont les cimes font l'habitation des Didelphes. En outre leur queue est lâche, couverte de longs poils comme celle des Mouffettes, tandis que celle de Sarigues est nue et préhensile presque sur toute la longueur. Les deux incisives qu'ils ont de moins à chaque mâchoire raccourcissent un peu le museau, et leur donnent une physionomie moins disgracieuse et moins stupide qu'aux Sarigues. Enfin les oreilles qui sont larges, nues et membraneuses dans ces derniers, sont courtes et velues dans les Dasyures, et surmontent bien plus agréablement leur tête. En général, dit Geoffroy qui a établi ce genre (An. du Mus. T. III), c'est moins aux Didelphes qu'aux Genettes et aux Fossanes que ressemblent les Dasyures pour la physionomie ; leur poil est doux et laineux, et non parsemé de soies comme celui de la plupart des Didelphes. D'après la structure de leurs pieds, les Dasyures ne peuvent donc monter aux Arbres : ils vivent à la manière des Fouines et des Renards, se tiennent cachés pendant le jour dans le creux des rochers, chassant la nuit les petits Animaux et les Insectes. Comme le gibier est peu nombreux dans l'Australasie, et comme ils ne peuvent guère attaquer que les Echidnés, l'Ornithorinque et de petits Kanguroos, les deux premiers assez rares, les derniers très-rapides à la course, les Dasyures doivent se rabattre sur les cadavres, principalement sur ceux que leur apporte la mer. Ils sont tous très-voraces, s'introduisent dans les habitations où ils font le même dégât que les Fouines.

Des huit espèces composant le genre Dasyure, cinq sont particulières à la Nouvelle-Hollande; de ces cinq-là, deux sont surtout communes aux environs de Botany-Bay et au-delà des montagnes Bleues qui entourent le comté de Cumberland; les trois autres espèces sont de la terre de Diémen.

Dasyures de la terre de Diémen.

1. DASYURE CYNOCÉPHALE, *Dasyurus Cynocephalus*, Geoff., Annal. du Mus., t. 3; *Didelphis Cynocephala*, Harris (*Transact. of the Linnean Societ.*, t. 9, tab. 29). Long de trois pieds dix pouces; queue de deux pieds; un pied dix pouces au garrot; un pied onze pouces à la croupe.

La queue est remarquable parmi les autres Dasyures par sa forme comprimée sur les côtés; pelage doux et court, tirant sur le brun jaunâtre obscur, plus pâle en dessous et d'un gris foncé sur le dos; la croupe couverte par seize bandes transversales d'un noir de jais, desquelles deux se prolongent sur les cuisses. Ce Dasyure habite les cavernes et les fentes de rochers à des profondeurs impénétrables; l'individu décrit par Harris, pris au piége, y était resté sans mouvement, avec un air stupide, et poussait avec peine un cri court et

guttural. On lui trouva un Echidné dans l'estomac.

2. DASYURE URSIN, *Das. Ursinus*, Geoff., *ibid.*, et Harris, *ibid.*, tab. 19. D'après Harris, il aurait huit incisives en haut et dix en bas; la queue serait légèrement prenante et nue en dessus (d'après ces deux caractères, il pourra devenir le type d'un sousgenre, dit Cuvier); couvert de longs poils noirs grossiers qui lui ont valu le nom d'*Ursinus*, et irrégulièrement marqué d'une ou deux taches blanches éparses sur la gorge, les épaules et la croupe. Harris en a long-temps conservé un couple. Ils se battaient presque continuellement, s'asseyaient sur le derrière, portaient à la bouche avec les deux mains ensemble. Leurs traces sur les bords de la mer firent penser qu'ils vivent autant de pêche que de chasse. La longueur du corps est de dix-huit pouces; celle de la queue de huit. Ces deux espèces sont du nord-est de la terre de Diémen.

3. DASYURE NAIN, *Das. minimus*, Geoff., *ibid.* Tout au plus de quatre pouces de long; sa queue n'a que le tiers de cette longueur, et est couverte de poils ras; son museau assez exactement conique, ce qui le fait plus ressembler aux Didelphes que les autres Dasyures. Il a aussi le pouce de derrière plus long que ses congénères; son poil fort épais est doux au toucher, roux à la pointe.—Trouvé par Péron à la côte sud-ouest de la terre de Van-Diémen qui nourrit ainsi dans deux contrées opposées les deux espèces extrêmes du genre pour les dimensions.

Dasyures de la Nouvelle-Hollande.

4. DASYURE A LONGUE QUEUE, *Dasyurus macrourus*, Geoff., Annales du Musée, T. III; *Spotted-Martin* des Anglais; *Viverra maculata* de Shaw, Voy. de Péron; Atlas, pl. 33. Long d'un pied et demi; sa queue en a presque autant; les deux incisives intermédiaires sont un peu plus espacées que dans les autres espèces; le poil, serré et bien moins doux au toucher que dans les autres Dasyures, est de la

même teinte marron que la Loutre ; le fond en est relevé par des taches d'un blanc pur, si petites sur le dos qu'on les distingue à peine, puis un peu plus grandes, et larges enfin, sur les flancs, de près d'un pouce ; le ventre est d'un blanc sale ; la tête d'un roux marron plus clair que le dos ; les pates de devant jaunâtres ; la queue a les mêmes mouchetures que les côtés du corps, ce qui distingue ce Dasyure des deux suivans ; elle n'est pas non plus aussi touffue. Cette espèce est des environs de Botany-Bay.

5. DASYURE MAUGÉ, *Dasyurus Maugei*, Geoff., Quoy et Gaimard, Voyag. de Freycinet autour du monde ; Zoolog., pl. 4. Dédié à Maugé qui l'a découvert dans l'expédition de Baudin. Ce Dasyure est plus petit de quatre pouces que le précédent ; d'un fond olivâtre en dessus, et cendré en dessous ; il est moucheté de blanc, mais les mouchetures sont de grandeur uniforme et également réparties sur tout le corps ; la queue est de la nuance du dos, quoique tirant plus sur le roux ; les poils des mouchetures blanches y sont entièrement de cette couleur.

6. DASYURE VIVERRIN, *Dasyurus Viverrinus*, Geoff., Ann. du Mus. T. III ; *Spotted Opossum*, Philipp., Voy., p. 147, et John Withe, pl. 285. Il n'a que douze pouces de long ; le fond est noir, parsemé de taches blanches ; le ventre est gris ; ses oreilles plus courtes et plus ovales qu'au précédent ; la queue plus étranglée à la base et plus touffue à la pointe.

7. DASYURE TAFFA, *Dasyurus Taffa*, Geoff. ; *Tapoa Taffa* de John White, Voyag., tab. 281 ; *Viverrine Opossum* de Shaw, Gen. Zool., t. 1, 2ᵉ part., pl. 3. Les deux noms donnés par White sont indigènes ; il n'en fait qu'une variété du précédent ; elle est plus petite ; son pelage est uniformément brun ainsi que la queue qui est formée de longs poils. Cette espèce n'est donc pas définitivement établie.

8. DASYURE A PINCEAU, *Dasyurus penicillatus*, Geoff., ibid.; *Didel-*

phis penicillata de Shaw, pl. 115, publié par Shaw qui le décrit trop vaguement pour que l'on soit autorisé à en faire définitivement un Dasyure ; car si l'on s'en rapportait plus au texte qu'à la planche du naturaliste anglais, l'Animal aurait, comme les Phalangers, un repli de la peau tendu de la cuisse au bras. D'après la figure de Shaw, cette espèce, qui est longue de huit pouces, a la tête plus ronde, le front plus élevé, les oreilles plus grandes et plus nues à proportion que les précédentes : aux deux mâchoires les deux incisives intermédiaires surpassent en grandeur leurs collatérales ; enfin la queue est couverte de poils qui deviennent plus gros, plus longs et plus roides vers la pointe. Le corps est couvert d'un poil touffu, laineux, gris cendré au-dessus et blanc sous le ventre ; les soies de la queue sont au contraire d'un noir foncé.

Gaimard nous a communiqué, sur les mœurs du Dasyure Maugé, les détails suivans, d'autant plus intéressans qu'ils résultent d'une observation plus longue et plus attentive :

Nous en avons, dit-il, conservé un vivant à bord de l'Uranie, pendant l'espace de cinq mois. Cet élégant petit Animal était très-franc, et ne cherchait point à mordre, quelques tracasseries qu'on lui fît. Fuyant la lumière un peu trop vive et recherchant l'obscurité, il se plaisait beaucoup dans la niche étroite qu'on lui avait préparée. Lorsque, en doublant le cap Horn, on voulut la lui rendre plus chaude pour le préserver du froid, il arracha et rejeta au-dehors les fourrures qui la tapissaient. Il n'était pas méchant ; mais on ne remarquait point qu'il fût susceptible d'attachement pour la personne qui le nourrissait et le caressait. Chaque fois qu'on le prenait, il paraissait effrayé et se cramponnait partout à l'aide de ses ongles assez aigus. L'instant de ses repas était une scène toujours curieuse pour nous ; ne vivant que de viande crue ou cuite, il en saisissait les lambeaux avec voracité, et lorsqu'il en tenait un dans sa gueule, il le faisait quelquefois sauter en l'air et l'attrapait adroitement, apparemment pour lui donner une direction plus convenable. Il s'aidait aussi avec ses pates de devant; et quand il avait achevé son repas, il s'asseyait sur le train de derrière et frottait longuement et avec prestesse ses deux pates l'une contre l'autre (absolument comme lorsque nous nous frottons les mains), les passant sans cesse sur l'extrémité de son museau, toujours très-lisse, très-humecté et couleur de laque; quelquefois sur les oreilles et le sommet de la tête, comme pour en enlever les parcelles d'alimens qui auraient pu s'y attacher. Ces soins d'une excessive propreté ne manquaient jamais d'avoir lieu après qu'il avait fini de manger.

Les Dasyures sont encore assez communs au Port-Jackson et dans les environs; mais comme on leur fait la guerre, parce qu'ils sont malfaisans, ils deviendront bientôt aussi rares que le sont les Fouines dans quelques-unes de nos contrées. (A. D..NS)

DATHOLITE. MIN. *V.* DATOLITHE.

DATIN. MOLL. (Adanson.) *V.* SERPULE.

DATISCA. *Datisca.* BOT. PHAN. Genre que l'on n'a pu encore rapporter à une des familles naturelles établies, et qui en effet n'offre les caractères d'aucune d'elles; les fleurs sont unisexuées et dioïques; les fleurs mâles ont un calice composé de cinq ou six sépales linéaires, pointus, inégaux, d'environ une quinzaine d'étamines, dont les anthères sont sessiles et plus longues que le calice; les fleurs femelles ont l'ovaire infère, couronné par le limbe du calice qui offre six dents inégales; cet ovaire est trigone et a une seule loge qui renferme un très-grand nombre d'ovules attachés à trois trophospermes pariétaux, situés dans les angles de l'ovaire; les styles sont au nombre de trois; chacun d'eux est bifide et se

termine par deux stigmates subulés; le fruit est une capsule oblongue, triangulaire, terminée par les dents du calice qui forment trois cornes. Cette capsule est uniloculaire et s'ouvre en trois valves; les graines sont petites, ovoïdes, allongées, un peu chagrinées; elles renferment un petit embryon cylindrique dressé au centre d'un endosperme charnu. Le nom de Datisca, emprunté des anciens, désignait chez Dioscoride le *Catanance cœrulea*.

Ce genre se compose de deux espèces; l'une, *Datisca cannabina*, L., Gaertn., *Fruct.* 1, t. 30, est une Plante vivace originaire de l'île de Crète, qui, par son port, ressemble absolument au Chanvre dont elle diffère beaucoup par la structure de ses fleurs; ses tiges sont dressées, hautes de deux à trois pieds, glabres, portant des feuilles alternes imparipinnées, composées de neuf à onze folioles, glabres, lancéolées, aiguës, dentées en scie, et dont la terminale est souvent trifide. Les fleurs sont petites, dioïques, disposées en grappes terminales.

La seconde espèce, *Datisca hirta*, L., est originaire de l'Amérique septentrionale. Elle diffère de la première, parce qu'elle est plus grande, et que sa tige est hérissée de poils.

(A. R.)

DATOLITHE. MIN. Syn. de Chaux boratée siliceuse. *V.* CHAUX. (G. DEL.)

DATTE. BOT. PHAN. Fruit du Dattier. *V.* ce mot. (B.)

DATTES. MOLL. Ce nom vulgaire s'applique indistinctement à un assez grand nombre de Coquilles, soit univalves, soit bivalves; il suffit qu'elles aient dans leur forme générale quelque ressemblance avec le fruit du Dattier, pour qu'on le leur donne; c'est ainsi que les Olives, des Moules, des Modioles, des Cardites et des Cypricardes sont nommées par le vulgaire. On donne plus particulièrement le nom de Datte à une espèce remarquable de ce dernier genre. *V.* CYPRICARDE. (D..H.)

DATTIER ou MOINEAU DES DATTES. ois. *V*. Capsa.

DATTIER. *Phœnix*. bot. phan. L'un des genres les plus intéressans de la famille des Palmiers et de la Diœcie Hexandrie, L., qui ne se compose que d'un très-petit nombre d'espèces dont une seule mérite le plus grand intérêt. On reconnaît les Dattiers à leurs fleurs dioïques, à leur calice double; dans les fleurs mâles, le calice extérieur est plus court, monosépale, en forme de soucoupe, à trois dents et à trois angles; l'intérieur est formé de trois sépales distincts, concaves, coriaces, terminés en pointe recourbée à leur sommet; les étamines sont au nombre de six, ayant les filets courts et les anthères très-longues; dans les fleurs femelles, les trois sépales du calice intérieur sont plus minces, plus larges, arrondis et très-obtus; les pistils, au nombre de trois, sont sessiles, immédiatement appliqués les uns contre les autres par leur côté interne où ils sont planes, tandis qu'ils sont très-convexes en dehors; chacun d'eux est uniloculaire et contient un seul ovule; le style est sous forme d'une petite pointe recourbée en dehors. En général, il n'y a qu'un seul des trois pistils qui soit fécondé, les deux autres avortent; cependant on peut toujours en retrouver les traces à la base du fruit mûr; celui-ci est ovoïde, allongé, charnu, contenant une seule graine enveloppée d'un tégument mince et membraneux; son amande est extrêmement dure, marquée d'un sillon longitudinal très-profond, et contenant un embryon extrêmement petit, placé vers le milieu et du côté opposé à la rainure. Les fleurs forment de longues grappes ou des régimes d'abord contenus dans des spathes monophylles, qui se fendent latéralement pour les laisser sortir au dehors.

Le Dattier commun, *Phœnix Dactylifera*, L., Lamk., Ill., t. 893, f. 1; Del., Egypt., p. 169, t. 62. Le Palmier-Dattier réunit l'élégance à la majesté. De sa racine, qui est fibreuse, s'élève une tige en colonne cylindrique, d'un pied à un pied et demi de diamètre, sur une hauteur de cinquante à soixante pieds, sans donner naissance à aucune ramification latérale; le tronc ou stipe est aussi gros à son sommet qu'à sa base; dans sa partie supérieure il offre des aspérités nombreuses formées par la base des feuilles qui se sont successivement détachées de son sommet, ou que l'on en a enlevées. Les inégalités diminuent à mesure que l'on observe le tronc plus près de sa base où il est presque lisse. A son sommet, le Dattier est terminé par une vaste couronne de feuilles sous la forme de palmes, qui n'ont pas moins de huit à douze pieds de longueur; la base de chaque feuille est élargie en une gouttière dont les bords sont minces, membraneux et engaînans; les feuilles sont pinnées et composées d'un très-grand nombre de folioles étroites, lancéolées, aiguës, roides, d'un vert clair, et plissées en deux dans le sens de leur largeur; la base du pétiole est garnie sur ses bords d'épines acérées qui ne paraissent être autre chose que des folioles avortées et rudimentaires. C'est au milieu de ces feuilles étalées en tous sens, dont les plus intérieures sont dressées, tandis que les autres sont diversement infléchies, que naissent les fleurs; celles-ci sont dioïques, ainsi que nous l'avons dit précédemment, et avant leur épanouissement, de vastes spathes dures, coriaces, presque ligneuses, les renferment exactement et se fendent par un de leurs côtés pour les laisser s'échapper au dehors; ces fleurs forment de grandes panicules très-rameuses, que l'on désigne sous le nom de régimes; les fleurs mâles sont sessiles, plus grandes que les fleurs femelles, munies d'un double calice et de six étamines à filets courts et à anthères linéaires allongées; les fleurs femelles portées sur d'autres pieds offrent la même disposition: elles sont globuleuses et de la grosseur d'un petit pois; leur calice intérieur est formé de trois sépales plus larges et plus minces ; leurs pistils sont au nombre de trois, dont en général un seul est fécondé ; cependant quelquefois deux et même tous les trois se convertissent en fruits ; ceux-ci sont des espèces de baies ovoïdes allongées de la grosseur du pouce, environnées à leur base par le calice, d'une couleur jaune dorée, quelquefois un peu rougeâtre ; le péricarpe est charnu, mielleux, à une seule loge contenant une graine allongée recouverte par un tégument propre, mince et sec ; son amande est dure, cornée, terminée en pointe à ses deux extrémités, et creusée d'une rainure profonde sur l'une de ses faces.

Le Dattier est originaire d'Orient et du nord de l'Afrique. Il est extrêmement commun en Égypte, en Arabie, et surtout en Barbarie où il est l'objet d'une culture fort étendue et très-soignée. Cet Arbre intéressant a été successivement introduit dans toutes les contrées chaudes du globe. On le trouve dans les îles de l'archipel de la Grèce et dans celles de l'archipel Indien. Il existe aussi aux îles de France et de Mascareigne, aux Antilles et dans l'Amérique méridionale. L'Europe n'est pas entièrement privée de ce magnifique Végétal ; il est en quelque sorte naturalisé dans le midi de l'Espagne, où ses fruits acquièrent une maturité parfaite. La ville de Elche particulièrement, dans la partie méridionale du royaume de Valence, s'élève au milieu d'un si grand nombre de ces beaux Arbres, qu'on s'y croirait transporté sur l'autre rive de la Méditerranée. Bory de Saint-Vincent, qui nous donne des détails à cet égard dans son Guide du voyageur en Espagne, rapporte que l'on y fait un grand commerce des feuilles de ces Dattiers qui se répandent par la voie du commerce dans toute la Péninsule, où chacun en porte à toutes les processions et les conserve, après les avoir fait bénir, dans des chapelles domestiques ou suspendues aux balcons des maisons. Le Dattier croît même dans certains jardins de la Ga-

lice. Notre collaborateur en a vu jusqu'à la Corogne et au Ferrol, entre les 42 et 43e degrés nord, seulement au voisinage des côtes ; mais les fruits n'y mûrissaient pas. Ce Palmier orne encore les jardins de Naples et de Palerme ; il s'avance en Italie jusque dans les États de Gênes, et enfin on en voit quelques pieds dans les provinces méridionales de la France. Nous en avons vu deux magnifiques individus en pleine terre, près de la serre dans le jardin botanique de Toulon. En 1818, ils n'avaient point encore fleuri. Nous en avons également trouvé quelques pieds dans les jardins d'Hyères ; ils y fructifient quelquefois, mais leurs fruits parviennent rarement à l'état de maturité.

De même que la plupart des autres Arbres que nous cultivons aujourd'hui pour l'excellence de leurs fruits, le Dattier, dans l'état sauvage, ne donne que des baies d'un goût âpre et détestable. C'est par les soins de l'Homme et par suite d'une longue culture, que ses fruits ont acquis un goût si agréable et des qualités si nourrissantes. Cette culture est facile et peu pénible.

Lorsqu'on veut se procurer une plantation de Dattiers, deux moyens se présentent : le premier consiste à semer les graines et à repiquer les jeunes plants à une distance convenable ; mais ce procédé est rarement mis en usage ; en effet, comme il est important d'obtenir un nombre beaucoup plus considérable d'individus femelles, puisque ce sont les seuls qui donnent des fruits, on ne peut les reconnaître, en suivant cette pratique, qu'à l'époque où ils commencent à fleurir ; et pour cela, il faut attendre douze à quinze ans. On préfère donc généralement enlever les œilletons qui se développent au pied des individus déjà en plein rapport ou qui se forment à l'aisselle des feuilles ; on est sûr alors du sexe des individus que l'on plante, et ils deviennent féconds au bout de huit à dix ans. Les jeunes pieds sont en général placés en quinconce à quatre mètres environ de distance les uns des autres; ils ne sont pas fort délicats sur la nature du terrain. On en trouve quelques-uns qui végètent parfaitement dans du sable presque pur; mais en général ils préfèrent les lieux un peu bas et humides; les vallons ou le voisinage des fleuves et des ruisseaux. Les soins à donner aux Dattiers lorsqu'ils sont développés, consistent simplement à bêcher la terre à deux ou trois pieds autour de leur tronc, et surtout à les arroser convenablement. Cette dernière partie de la culture du Dattier est la plus importante; en effet, comme ces Arbres végètent sous un ciel brûlant et dans des contrées où la pluie tombe rarement, il est nécessaire de suppléer à ce manque d'humidité naturelle par des arrosemens réguliers. Pour cela on pratique, au pied de chaque Arbre, une sorte de petit bassin de trois à quatre pieds de diamètre et de six pouces environ de profondeur; tous ces bassins communiquent les uns avec les autres, au moyen de petites rigoles; en sorte qu'on peut, par des irrigations régulières, les arroser avec promptitude et facilité. En général, l'eau saumâtre de la mer est peu favorable à la végétation de cet Arbre. Cependant en Égypte, en Barbarie, on en trouve des plantations au voisinage de la mer et des sources d'eau salée; mais elles végètent en grande partie aux dépens de l'eau douce dont le sable est imbibé.

Dans l'état sauvage, les Dattiers qui croissent çà et là se fécondent réciproquement et sans aucune difficulté. La poussière légère qui forme leur pollen est facilement transportée par les vents, des individus mâles sur les individus femelles, et la fécondation a ainsi lieu à distance. Il n'en est pas de même pour les Dattiers cultivés. Ils ne peuvent se féconder eux-mêmes. Il faut que l'Homme vienne au secours de la nature et supplée à son impuissance. Quoiqu'au milieu d'une plantation de Dattiers femelles il y ait un assez grand nombre de pieds mâles, qui chaque année se couvrent de fleurs innombrables, les individus fe-

melles ne noueraient point leurs fruits, si la fécondation avait été abandonnée aux chances du hasard. Ce fait est connu dès la plus haute antiquité. Théophraste et Pline en parlent dans des termes non équivoques; ce qui semble annoncer que ces philosophes avaient déjà quelques connaissances des sexes et de la fécondation des Végétaux. On pense bien que cette pratique importante n'est point négligée dans les contrées où l'on cultive en grand le Palmier-Dattier. En Orient, dans l'Égypte et la Barbarie, quand les Palmiers commencent à fleurir, les habitans recueillent avec soin les régimes de fleurs mâles avant qu'elles n'aient laissé échapper leur pollen. Ils montent jusqu'au sommet des pieds femelles, et là ils secouent les fleurs mâles sur les régimes de ceux-ci, et attachent ensuite des grappes des premières au milieu des fleurs femelles. Par ce procédé, on féconde successivement les diverses grappes d'un Dattier qui fleurissent les unes après les autres. Les Dattiers, dit Delile dans sa Flore d'Egypte, ne donnèrent pas de fruits aux environs du Kaire, en l'année 1800, parce qu'ils ne purent être fécondés comme de coutume. Les troupes françaises et musulmanes avaient été en guerre au printemps, et s'étaient répandues dans la campagne où les travaux de l'agriculture avaient manqué. Les grappes des Dattiers ayant fleuri, ne furent point artificiellement fécondées et restèrent sans fruits sur les Arbres. La poussière des fleurs de quelques Dattiers mâles épars çà et là, chassée par les vents, n'avait rendu féconde aucune grappe de fleurs femelles. Cependant cette poussière légère, en volant fort loin, suffit pour féconder les Dattiers sauvages, dont les fruits, petits et acerbes, ne sont pas bons à manger. Cette fécondation peut même avoir lieu entre des individus fort éloignés les uns des autres. Le poëte Pontanus a orné des couleurs d'une poésie brillante l'histoire de deux Palmiers dont un, femelle, était cultivé à Otrante, et l'autre, mâle, à Brindes, c'est-à-dire à quinze lieues plus loin. Ce dernier parvint à féconder le Dattier d'O-trante qui se couvrit de fruits déli-cieux. La fécondation avait eu lieu malgré cet énorme éloignement. Les vents s'étaient chargés de transporter la poussière fécondante de l'individu mâle qui avait fait pénétrer la vie et la fécondité dans les jeunes ovaires de l'Arbre femelle. On possède plu-sieurs autres exemples analogues.

Quatre ou cinq mois après que la fécondation a été opérée, les Dattiers commencent à fléchir sous le poids des grappes de fruits mûrs. Le nom-bre de ces grappes varie beaucoup. On en compte généralement trois ou quatre sur un même pied. Quelques individus en présentent même jusqu'à dix et douze. Chacune de ces grappes pèse depuis vingt jusqu'à cinquante livres. Avant que les fruits n'aient acquis tout leur volume, on a soin de relever les régimes et de les attacher à la base des feuilles, pour empêcher qu'elles ne soient meurtries et frois-sées par la violence des vents. Les Dattes doivent toujours être cueillies un peu avant leur parfaite maturité, afin de pouvoir se conserver. En effet, celles que l'on destine à être mangées fraîches et que l'on cueille lorsqu'el-les sont bien mûres, ne peuvent se conserver long-temps; elles finissent par fermenter. Lorsqu'on veut con-server les Dattes, on les fait sécher au soleil en les étendant sur des nat-tes. Ce sont ces Dattes qu'on nous apporte en Europe du Levant et des Etats barbaresques. Mais ces fruits, ainsi desséchés, ne donnent qu'une idée bien imparfaite de la saveur dou-ce et agréable des Dattes fraîches et cueillies à leur parfaite maturité. On fait aussi avec ces fruits une sorte de pâte que l'on presse fortement et que l'on conserve dans des paniers faits avec des feuilles de l'Arbre. Cette pâte est surtout utile pour l'usage des caravanes.

Les Dattes forment la base de la nourriture des peuples où le Dattier est l'objet d'une grande culture. Aus-si est-ce le seul Arbre que les Egyp-tiens soignent et cultivent. En Europe et surtout dans la partie tempérée et septentrionale, elles ne sont guère employées que comme médicamens. Rangées parmi les fruits mucoso-su-crés, on les a prescrites en forme de décoction, dans les maladies de poi-trine, la dyssenterie et toutes les ma-ladies où l'usage des adoucissans est utile. On leur associe, en général, les Raisins secs, les Jujubes et les Fi-gues, qui peuvent fort bien les rem-placer. Mais dans les contrées brû-lantes que le Dattier décore et rafraî-chit de son ombrage, toutes les par-ties de cet Arbre rendent des services aussi importans que variés. Non-seu-lement ses fruits sont employés à la nourriture de l'Homme, mais lors-qu'ils sont bien mûrs, on en extrait, par le moyen d'une forte pression, une sorte de sirop ou de miel épais qui sert soit à conserver les Dattes fraîches ou d'autres fruits, soit à pré-parer des gelées ou des pâtisseries d'un goût fort agréable. Les amandes contenues dans ces fruits et qui sont d'une excessive dureté peuvent être ramollies lorsqu'on les fait bouillir dans l'eau; on les emploie dans cet état à la nourriture des Bœufs. On fait avec les Dattes de fort bonne eau-de-vie, en les laissant fermenter avec une certaine quantité d'eau. Cette eau-de-vie remplace parfaite-ment celle que l'on prépare avec le vin ou les graines des Céréales. Quant au vin de Dattier, qu'on nomme *Lakhby* en Egypte, il se prépare avec la sève de l'Arbre que l'on fait conve-nablement fermenter. Pour obtenir cette sève en abondance, on pratique au sommet du stipe une entaille cir-culaire profonde, à laquelle on adap-te un vase dans lequel doit venir se rendre la sève qui s'en écoule. On re-couvre le tout de feuilles de Palmier pour garantir la plaie des ardeurs du soleil qui dessécherait promptement la source de la liqueur. Mais, pour faire cette opération, on ne doit choi-sir que les vieux pieds qui sont deve-nus inféconds, puisqu'alors on ne tarde pas à les épuiser et à les faire périr. En Égypte, on n'emploie pas d'autre vinaigre que celui qu'on prépare avec les Dattes fermentées.

De-même que la plupart des autres Palmiers, le stipe du Dattier présente au centre du faisceau qui le termine un bourgeon conique, formé des rudimens des feuilles et qu'on désigne sous le nom de Chou palmiste. Cette partie est charnue et offre à peu près la même saveur que la Châtaigne crue. On la mange rarement, parce qu'on ne peut l'enlever sans faire périr l'Arbre. Les autres parties du Dattier servent à différens usages économiques. Ainsi on fait des cordages, des tissus grossiers, des corbeilles, etc., avec les fibres qui existent à la base des feuilles et avec les grappes dont on a détaché les fruits. Le bois du Dattier, ainsi que l'observe Delile, sert aux constructions, mais n'est pas propre à faire des planches; il est composé de fibres longitudinales, réunies par l'interposition de la moelle, plus abondante dans le cœur du tronc qu'à sa circonférence. Il en résulte que le stipe est dur extérieurement où ses fibres sont serrées, et qu'il est mou intérieurement où la moelle se pourrit facilement. La meilleure manière d'employer ce bois est de fendre le tronc dans sa longueur en deux morceaux, et de s'en servir lorsqu'ils sont secs et légers, pour qu'ils se conservent et ne fléchissent pas; ils sont usités pour les planchers et les terrasses des maisons.

Les feuilles des Dattiers ne sont pas rejetées comme inutiles. On en fait des cordages et des paniers. Symbole de la victoire, de la foi et du dévouement, on les voyait dans la main des triomphateurs de Rome et dans celle des martyrs de la foi. Elles figurent dans les cérémonies et les processions des religions catholique et juive, et l'on en fait pour cet usage une très-grande exportation des lieux où l'on cultive le Dattier. Il existe dans le golfe de Gênes, sur les bords de la Méditerranée, un petit village nommé la Bordighiera, très-renommé, comme

la ville de Elche dont il a été question plus haut, pour ses plantations de Dattiers qui fournissent la plus grande quantité des palmes que l'on voit dans les processions de l'Italie et de la Hollande. Chaque année plusieurs vaisseaux partent de ce lieu, chargés entièrement de ce feuillage. Le voyageur, qui de la pleine mer aperçoit ce vallon, se croit transporté sur les plages africaines où les forêts de Palmiers donnent un caractère si singulier à la végétation.

D'après ces détails que la nature de ce livre nous a forcé de beaucoup abréger, on voit qu'il est peu de Végétaux plus utiles que le Dattier, puisque toutes les parties qui le composent sont employées à quelques-uns des usages de la vie. Nous ne parlerons pas de deux autres espèces de ce genre, beaucoup moins connues et qui sont loin d'offrir le même intérêt.   (A. R.)

DATURA. *Datura*. BOT. PHAN. Genre de Plantes dicotylédones de la famille des Solanées et de la Pentandrie Monogynie, qui offre pour caractères: un calice tubuleux allongé, anguleux, à cinq lobes peu profonds, caduc à l'exception de sa partie inférieure, qui persiste et forme un petit bourrelet saillant; la corolle est monopétale, longuement tubuleuse, évasée supérieurement et formant cinq plis longitudinaux, terminés chacun par un lobe acuminé; les étamines sont au nombre de cinq, leurs filets sont très-longs; leurs anthères terminales oblongues et à deux loges, s'ouvrant par une fente longitudinale; l'ovaire est libre, sessile, à quatre loges multiovulées; il est surmonté d'un long style que termine un stigmate un peu lobé; le fruit est une capsule globuleuse ou ovoïde, tantôt lisse, tantôt hérissée de pointes roides; elle est à quatre loges, communiquant ensemble deux à deux, ce qui semble annoncer que dans la réalité cette capsule ne doit en avoir que deux, ainsi que cela s'observe dans tous les autres genres de la famille des Solanées. Cette capsule s'ouvre en quatre valves, quelquefois en deux seulement, ou même elle se rompt irrégulièrement; les graines sont très-nombreuses, réniformes, noirâtres, chagrinées, attachées à quatre gros trophospermes saillans dans chaque loge.

Les Datura, au nombre d'environ douze espèces, sont des Plantes herbacées annuelles, rarement des Arbrisseaux, à feuilles simples et alternes, à fleurs axillaires très-grandes, exhalant parfois un parfum des plus suaves, mais plus souvent une odeur désagréable et nauséabonde, qui est l'indice de leurs propriétés délétères. En effet, toutes les espèces de ce genre sont des Végétaux essentiellement vénéneux, qui exercent une action pernicieuse sur l'économie animale. On peut diviser les espèces de ce genre en deux sections, dont l'une comprend celles dont le fruit est lisse, et l'autre toutes celles dont le fruit est épineux. Persoon, dans son *Synopsis Plantarum*, a fait du *Datura arborea* un genre particulier sous le nom de *Brugmansia*, mais ce genre ne nous paraît pas différer du *Datura* par des caractères suffisans. En effet, son calice fendu latéralement et sa capsule à deux loges, sont les seuls caractères que l'on ait indiqués pour distinguer ce genre qui nous paraît le même que le genre *Solandra* de Swartz, dont le fruit est légèrement charnu et reste indéhiscent. *V* SOLANDRA.

† *Espèces à capsules lisses.*

DATURA EN ARBRE, *Datura arborea*, L. Cette espèce, la plus belle du genre, est originaire du Pérou. Elle en a été rapportée en France par Dombey, et depuis elle est devenue assez commune; elle peut s'élever à une hauteur de huit à dix pieds; sa tige est ligneuse, grisâtre et lisse extérieurement, rameuse, portant des feuilles alternes ou quelquefois géminées dans la partie supérieure des rameaux; ces feuilles sont pétiolées, obovales, lancéolées, glabres supérieurement, un peu pubescentes à leur face inférieure; les fleurs sont blanches, très-grandes, pédonculées, pendantes et placées à l'aisselle des feuilles supérieures; la forme tubuleuse et évasée de leur corolle a fait donner à cette Plante le nom de Trompette du jugement. Elles répandent surtout vers le soir une odeur forte et agréable, mais qui cependant peut être dangereuse si on la respire pendant long-temps; aussi doit-on éviter de la laisser enfermée dans un appartement, surtout dans une chambre à coucher. Cette belle Plante n'exige que fort peu de soins : elle doit être mise en pot ou en caisse, dans une terre légère, mais substantielle, et on doit la rentrer pendant l'hiver dans l'orangerie. En effet, elle ne pourrait résister à la gelée. Au retour du printemps, on doit couper presque jusqu'à la tige tous les rameaux de l'année précédente. Par ce moyen, on fait naître de nouvelles ramifications herbacées, sur lesquelles les fleurs se développent plus facilement.

DATURA LISSE, *Datura lœvis*, L. Cette espèce est herbacée, annuelle; elle vient de l'Abyssinie; sa tige est glabre, rameuse; ses feuilles profondément dentées, glabres; ses fleurs sont blanches, axillaires; sa capsule est globuleuse et lisse.

†† *Espèces à capsules hérissées.*

DATURA STRAMOINE, *Datura Stramonium*, L. On désigne cette espèce sous les noms de Pomme épineuse, de Stramoine, etc. Elle est très-commune dans les lieux incultes, dans les décombres, le long des murs des villages; sa tige est haute de trois à cinq pieds, rameuse, dichotome; ses feuilles sont alternes ou géminées, grandes, ovales, aiguës, pétiolées, sinuées et anguleuses sur les bords, un peu pubescentes; les fleurs blanches ou violacées sont très-grandes, extraaxillaires, solitaires, dressées et portées sur un court pédoncule pubescent; leur calice est tubuleux, allongé, marqué de cinq côtes très-saillantes, qui aboutissent supérieurement à cinq dents inégales et aiguës; la corolle a environ trois pouces de longueur;

elle est infundibuliforme et anguleuse; les étamines sont incluses; le fruit est une capsule ovoïde, presque pyramidale, environnée à sa base par la partie inférieure du calice; elle est hérissé de pointes roides, offre quatre loges incomplètes et s'ouvre en quatre valves; les graines sont brunes, réniformes et chagrinées. Cette Plante est fort utile à bien connaître; en effet, c'est un violent poison; ses feuilles répandent une odeur nauséabonde et vireuse; leur saveur est âcre et amère; elles développent les accidens des poisons narcotico-âcres. On y remédie en faisant immédiatement vomir le malade, et en administrant ensuite des boissons acidulées, avec le citron, avec le vinaigre, etc.; s'il se développe quelques symptômes particuliers, on les combat par des moyens appropriés. De même que beaucoup d'autres Végétaux vénéneux, la Pomme épineuse a été introduite dans la matière médicale; son mode d'action sur l'économie animale, est analogue à celui de la Belladone et de la Jusquiame, qui appartiennent aussi à la famille des Solanées. C'est surtout contre les maladies du système nerveux, les spasmes, les convulsions, etc., que certains médecins disent avoir employé la Pomme épineuse avec succès; mais cependant on y a rarement recours aujourd'hui. L'extrait qui est la préparation dont on fait usage, s'administre à des doses très-faibles, que l'on augmente graduellement. Ainsi on commencera par un à deux grains, et l'on arrivera jusqu'à un scrupule, et même au-delà progressivement. Les graines de cette Plante possèdent de semblables propriétés narcotiques; on sait même qu'à plusieurs reprises des malfaiteurs s'en sont servis, en les mêlant aux alimens, aux boissons, ou au tabac, pour plonger leurs victimes dans un état de stupeur dont ils profitaient pour les dépouiller.

DATURA FASTUEUX, *Datura fastuosa*, L. Cette espèce, qui est herbacée et annuelle, est originaire d'Egypte. On la cultive souvent dans les jardins où elle produit un très-bel effet; sa tige est haute de trois à quatre pieds, très-rameuse, glabre, et souvent d'une couleur pourpre foncée; ses feuilles sont pétiolées, ovales, aiguës, sinueuses sur les bords, géminées dans la partie supérieure des ramifications de la tige; ses fleurs sont très-grandes, violacées en dehors, odorantes; elles doublent assez facilement; il leur succède des capsules presque globuleuses, légèrement épineuses. Cette espèce, dont la culture n'exige aucun soin, est également très-vénéneuse.

DATURA FÉROCE, *Datura ferox*, L. Elle ressemble beaucoup au *Datura Stramonium* par son port; mais ses feuilles sont bien moins profondément sinueuses, plus velues; ses fleurs plus petites, et ses fruits hérissés de pointes plus fortes, dont les supérieures sont les plus longues, et convergent les unes vers les autres. On la dit originaire de la Chine. Elle est annuelle.

DATURA TATULA, *Datura Tatula*, L. Cette espèce est originaire de l'Inde. On la cultive dans les jardins, d'où elle est sortie pour se répandre dans les campagnes, et s'y est, en quelque sorte, naturalisée. Ainsi, Requien, botaniste qui a fait une étude spéciale des Plantes des environs d'Avignon, sa patrie, l'a trouvée près du pont du Gard. Bory l'a trouvée aux environs de Bordeaux. Cette Plante tient en quelque sorte le milieu entre le Datura fastueux dont elle a les grandes fleurs, et le Datura Stramoine, par sa capsule ovoïde, hérissée de pointes plus longues et plus grêles.

Le DATURA-MÉTEL, si commun dans l'Inde, et remarquable par l'odeur infecte de ses feuilles, appartient encore à cette section.

Dans le magnifique ouvrage de Humboldt, intitulé *Nova Genera et Species Plantarum*, notre collaborateur, le professeur Kunth, a décrit plusieurs espèces nouvelles appartenant à cette section; tels sont, 1° le DATURA DE GUAYAQUIL, *Datura Guayaquilensis*, dont la tige rameuse et rougeâtre, porte des feuilles ovales, aiguës, pubescentes, sinueuses, de grandes fleurs rougeâtres, pédonculées, dont le calice est fendu latéralement. Elle croît au Pérou. — 2°.-Le DATURA A FEUILLES DE CHÊNE, *Datura quercifolia*, qui a été trouvé au Mexique.   (A. R.)

DAUBENTONIA. MAM. Geoffroy de Saint-Hilaire avait autrefois proposé de donner ce nom à l'Aye-Aye. Il est remarquable que le célèbre Daubenton n'ait depuis reçu l'hommage d'aucun genre de Plantes, puisqu'on n'a pas encore admis de donner des noms de savans à des Animaux.   (B.)

DAUCUS. BOT. PHAN. *V.* CAROTTE.

DAULIN. OIS. L'un des noms vulgaires du *Scolopax pusilla*, L. *V.* BÉCASSINE.   (B.)

* DAULLONTAS. BOT. PHAN. (Bontius.) Il paraît que la Plante des Indes-Orientales mentionnée sous ce nom est le *Vitex ovata*.   (B.)

DAUMA. OIS. (Latham.) Espèce du genre Merle.   (B.)

DAUN. BOT. PHAN. Ce mot, dans l'Inde, est donné à un grand nombre de Plantes, et diverses épithètes l'accompagnent, selon les espèces que ces épithètes doivent caractériser. Ainsi DAUN-ASSAN est une Bégone; DAUN-BOEYA, un Sainfoin; DAUN-COLIDABAS, DAUN-GORITA, deux espèces de Jujubiers; DAUN-PACKOU, un Polypode, etc.   (B.)

DAUPHIN. *Delphinus.* MAM. Genre de Mammifères établi par Linné dans l'ordre des Cétacés, caractérisé par l'existence de dents aux deux mâchoires, en quelque nombre que ces dents soient à l'une des deux; car le nombre total peut varier de huit à cent soixante. — Nous ne ferons pas de leur taille un caractère générique, car les plus grands Dauphins ne le cèdent guère aux petites Baleines. On ne peut donc plus répéter que leur taille est moyenne ou même petite, relativement à celle des Animaux les plus voisins par leur organisation. C'est

aussi pour avoir compris dans ce genre des espèces qui lui sont étrangères ou pour avoir confondu l'état édenté par l'âge, avec l'état adulte de certaines espèces, qu'on a dit que certains Dauphins n'avaient pas de dents; car c'est surtout chez les Dauphins, parmi les Mammifères, que l'on observe peut-être le plus, après l'Homme, la chute spontanée des dents par l'effet de l'âge.

Nous avons déjà dit aux mots BALEINE et CACHALOT quelle était la situation relative de l'ouverture des évents dans ces deux genres; chez les Dauphins, comme nous l'avons déjà observé, l'évent dirigé verticalement par la construction de ses parois osseuses (ce qui donne, avons-nous dit, un caractère distinctif d'avec les Baleines) s'ouvre par un plan vertical, tangent au bord postérieur des yeux. Cet évent est en forme de croissant dans quelques espèces; il est en ligne droite dans plusieurs autres. — Le dos est, dans la plupart, pourvu d'une nageoire triangulaire, et même de deux, suivant Rafinesque; mais cette nageoire, formée par un simple repli de la peau et ne renfermant que de la graisse, est susceptible de manquer par un très-grand nombre de causes, même aux espèces à qui elle est naturelle, soit par atrophie accidentelle, soit par suite de blessures dans les combats qu'ils livrent entre eux ou avec les grands Animaux marins. Les mamelles sont inguinales, c'est-à-dire situées aux côtés des ouvertures anale et génitale; le bord de l'ouverture génitale est d'un rose vif dans les mâles et dans les femelles, car la verge des mâles, quoique pourvue d'un os qui en forme l'axe, est rétractile au fond d'une véritable vulve formée de deux bourrelets longitudinaux; de sorte qu'au premier coup-d'œil il est assez difficile de distinguer des mâles les jeunes femelles. — Nous avons au mot CÉTACÉ exposé les modifications d'organisation qui, mécaniquement parlant, ont fait réellement un Poisson de tout Cétacé. Nous avons fait voir en quoi le mécanisme de leur natation diffère de celui de tous les Poissons, excepté celui des Plagiostomes et des Pleuronectes, qui s'en rapproche un peu. Nous n'ajouterons qu'une seule observation pour rectifier ce que nous avons dit de leur peau. Ayant tout récemment observé celle du Marsouin, nous pouvons affirmer qu'il n'y a pas de corps muqueux apparent. L'épiderme, d'une épaisseur uniforme sur tout le corps et transparent, adhère immédiatement à la face lisse ou extérieure du derme, dont l'épaisseur est d'une ligne et demie à deux lignes. La face interne du derme est découpée, comme le serait du velours à cannelures très-minces et très-profondes pour l'épaisseur de l'étoffe; de sorte qu'en retournant sur sa face externe un lambeau de peau, tous ces feuillets s'écartent l'un de l'autre. La hauteur de ces feuillets est d'environ la moitié ou même les deux tiers de l'épaisseur du derme; leur direction n'est pas rectiligne; elle est ondulée par des courbes variables qui rappellent celles qui se dessinent à la paume de nos doigts. La couleur de la peau des Dauphins est partout uniformément noire ou d'un brun foncé à la face feuilletée du derme. Là, où la peau est blanche extérieurement, c'est que la couleur s'arrête à une certaine épaisseur suffisamment distante de la surface épidermique. Et, comme ce derme est un peu transparent quand on en coupe de petites lames, on voit que suivant que la couleur s'approche plus ou moins de la surface, dans une région du corps, cette région est susceptible de marbrures et de nuances plus ou moins blanches ou opaques. Sous le ventre, où la peau est blanche, la couleur noire s'arrête au fond des sillons qui séparent les feuillets du derme. On voit donc que la cause de la couleur des Dauphins et probablement des autres Cétacés réside dans un autre tissu qu'à la peau de l'Homme. Le derme adhère à la couche adipeuse sous-jacente par des lamelles de cette couche qui pénètrent dans les intervalles des feuillets. Cette

partie de la couche adipeuse est beaucoup plus consistante que les parties plus intérieures; et comme sa tranche est assez compacte, on l'aura confondue avec le derme. Celui-ci s'en sépare avec une grande facilité, et sans retenir, même entre ses feuillets, aucun vestige de tissu adipeux ni de vaisseaux. Il se sépare du tissu adipeux aussi nettement que l'épiderme se détache de sa face externe.

Plusieurs espèces de Dauphins sont remarquables, non-seulement par la proportion avantageuse de l'aire de la cavité cérébrale à celle de la face, ainsi que par la proportion du volume hydrostatique du cerveau au volume du corps; mais aussi par la proportion du nombre et de la profondeur des circonvolutions cérébrales. Les enthousiastes des récits antiques, qui attribuent aux Dauphins tant de sociabilité envers l'Homme, et même de civilisation, auraient pu se prévaloir de la mesure assignée par Ebel et Sœmmering à l'intelligence des Animaux. D'après cette mesure, déduite de l'excès du diamètre du cerveau dans sa plus grande largeur sur le diamètre de la moelle allongée à sa base, le Dauphin aurait moitié plus d'intelligence que l'Homme. Une pareille exagération aurait dû suffire pour montrer la fausseté de la mesure dont elle est la conséquence. Or, nous avons fait voir (Anatomie et Physiologie des Systèmes nerveux) que, malgré le nombre et la profondeur des circonvolutions cérébrales du Dauphin, son cerveau étant relativement à la masse totale moitié plus petit environ que celui de l'Homme, la part d'intelligence qui lui est assignée par le calcul des surfaces de son cerveau, relativement à la masse de son corps, est beaucoup plus près de la réalité que celles que lui assignaient les autres rapports proposés, rapports d'où résultaient les contradictions les plus choquantes avec la réalité (V. Cérébro-Spinal et Crane pour la mesure proportionnelle des facultés des Animaux). Or, voici ce qui a donné lieu à tous les contes anciens et modernes sur la sociabilité envers l'Homme, la civilisation et même le goût délicat des Dauphins pour ceux des beaux arts qui sont le plus intellectuels, la poésie et la musique. — Des troupes de Poissons pélagiens, d'autant plus nombreuses que les vaisseaux ont eux-mêmes des équipages plus nombreux, ou que les convois, les escadres et les flottes le sont elles-mêmes davantage, escortent constamment les vaissaux et les flottes en marche. Ces légions de Poissons sont attirées par les débris de cuisine et les vidanges des vaisseaux, où ils trouvent une pâture abondante. Les Dauphins attachés sans cesse à la poursuite de ces Poissons, en même temps que les Squales, se rassemblent et se tiennent autour des vaisseaux pour avoir continuellement une proie prête à prendre, et vivre ainsi plus commodément et plus sûrement. L'Homme n'est évidemment pour rien dans les motifs qui leur font escorter ou précéder les navires. Ils ont pour compagnons de cette escorte les Squales si voraces, dont certes on ne sera pas tenté de faire des amis de notre espèce; et cependant les motifs des Squales sont les mêmes que ceux des Dauphins. Mais comme, par la nécessité de leur organisation, les Dauphins n'attaquent que des proies d'un petit volume, l'Homme, dupe de sa reconnaissance, leur a fait une vertu de cette nécessité, sans plus de fondement qu'il lui arrive quelquefois de le faire pour les individus de sa propre espèce. Enfin c'est aussi par pur amusement entre eux que les Dauphins s'attachent à la route des vaisseaux. Quoy les a vus souvent, dans le voyage de l'Uranie, précéder la frégate filant de neuf à onze nœuds par heure, comme on voit les Chiens danois précéder les équipages dans les rues et les promenades publiques. On voit ainsi deux, trois ou quatre Dauphins, quelquefois un tout seul s'exercer à lutter de vitesse, et par leurs zig-zags entrecroisés sous la pointe du beaupré (et cela pendant des journées entières), faire quatre ou cinq fois plus de route que le vaisseau qui file de quatre à cinq lieues par heure. Ce fait suffit pour donner une idée de l'infatigable vitesse de ces Animaux et se rattache à la loi que nous avons établie sur le rapport entre la proportion de masse du système nerveux et la densité des milieux où se meuvent les Animaux.

Telle est la source de toutes les fables qui ont couru et courent encore sur les Dauphins, avec cette différence qu'aujourd'hui de tels contes n'ont de crédit que chez les gens qui n'ont point vu la mer. Cette assiduité des Dauphins à suivre les vaisseaux, pour y trouver plus commodément à vivre ou bien à les précéder par amusement, a donné lieu à Moreau de Jonnès de faire une observation importante en zoologie : c'est que dans la même troupe de Dauphins de la même espèce, tous les individus n'ont pas la même répartition de taches ou de couleurs sur le corps; de sorte qu'il ne faut pas faire un caractère spécifique de ces différences purement individuelles et toutes superficielles. Et comme les caractères spécifiques extérieurs sont encore plus incertains dans les Cétacés que dans les autres Mammifères, il s'ensuit la nécessité de trouver des moyens de détermination entièrement positifs et indépendans de ces accidens individuels.

C'est ce que vient de faire Cuvier dans le tome VIII, 1re partie de ses Ossemens Fossiles. Nous allons extraire de son ouvrage d'abord les caractères génériques; nous donnerons les caractères spécifiques en traitant de chaque espèce. Le squelette seul, comme nous l'avons dit ailleurs, offre ces caractères positifs et permanens. Et comme les traits les plus personnels de l'espèce se prononcent toujours davantage dans le crâne qu'ailleurs, c'est principalement de la considération des crânes que se tirent les motifs de détermination.

Dans les Dauphins, le crâne est,

dit-il (pag. 290), très-élevé, très-court, très-bombé en arrière; la crête occipitale entoure le haut de la tête, et descend de chaque côté sur le milieu des crêtes temporales qui se portent beaucoup plus en arrière qu'elle. Cette face occipitale, si grande et si bombée, est formée par l'os du même nom, par l'interpariétal et les pariétaux, tous réunis de bonne heure en une seule pièce. Les pariétaux descendent de chaque côté dans la tempe entre le temporal et le frontal, et ils y atteignent au sphénoïde postérieur. En avant et en dessus, ces pariétaux se terminent derrière la crête occipitale, et les maxillaires s'en rapprochent beaucoup de leur côté. Il s'ensuit que le frontal, à l'extérieur, ne décrit qu'un bandeau transversal, fort étroit, qui se dilate à chaque extrémité pour former le plafond de l'orbite. Mais après l'enlèvement du maxillaire qui double en dessus et ce plafond et presque toute la face antérieure du crâne, on voit que le frontal est en réalité beaucoup plus large qu'il ne semble à l'extérieur. Comme dans les autres Cétacés, les deux os du nez, plus ou moins cubiques, sont enchâssés dans deux trous au milieu du bandeau du frontal. Les narines plongent verticalement au-devant de ces os; leur paroi postérieure est formée par le corps de l'ethmoïde, le plus souvent tout-à-fait imperforé, et qui n'a jamais que des trous vasculaires. Le vomer, cloison des narines, tient à l'ethmoïde comme à l'ordinaire. En arrière du museau, les maxillaires s'élargissent en une lame dilatée qui recouvre toute la partie orbitaire et cérébrale du frontal, moins le bandeau qui les sépare de l'occipital. Ils contournent ainsi l'ouverture supérieure des narines jusqu'aux os du nez; les inter-maxillaires bordent l'ouverture nasale en avant, et vont jusqu'au bout du museau sur et entre les maxillaires. Le jugal ferme l'orbite en dessous; articulé en avant sous le maxillaire et le frontal, il se prolonge en arrière sous forme de stylet arti-

culé sur l'apophyze zygomatique du temporal. Cette apophyze est unie à l'apophyze post-orbitaire du frontal; d'où il suit que toute l'arcade zygomatique proprement dite appartient au temporal; le jugal n'y entre pas; le rocher et la caisse, soudés de bonne heure en une seule pièce, sont suspendus par des ligamens à une voûte que forment des lames saillantes de l'occipital latéral, du basilaire, de l'aile ptérigoïde et du temporal; le pariétal lui-même prend part à cette voûte; le temporal se trouve donc presque exclus des parois cérébrales (V. CRANE).—Les dents finissant bien en avant de l'orbite, le maxillaire ne fait que plafonner l'orbite, il ne lui donne pas de paroi inférieure ou latérale; les palatins et les apophyzes ptérigoïdes internes développent, de chaque côté des arrière-narines, de vastes cellules tapissées par des sacs de membranes muqueuses comme les sinus maxillaires, frontaux, etc., dans les autres Mammifères. Chaque palatin se replie sur lui-même en un anneau irrégulier pour former la base de cette grande caverne que le maxillaire plafonne en haut. C'est dans cette caverne osseuse qu'on a placé le sens supplémentaire de l'odorat des Dauphins; mais on ne l'a fait qu'arbitrairement, n'ayant pas décrit la structure anatomique de cette partie, surtout sous le rapport des nerfs qu'on suppose s'y distribuer. Le trou par où passe la deuxième branche de la cinquième paire, n'est pas sous-orbitaire, mais ouvert au-dessus de la voûte de l'orbite. Il n'y a ni os ni trou lacrymal. Le trou optique est médiocre, et dans le sphénoïde, comme à l'ordinaire. La hauteur de la cavité cérébrale surpasse sa longueur; la selle turcique est presque effacée; les fosses cérébelleuses sont les plus creuses. Il y a souvent une tente cérébelleuse très-saillante dans son milieu; la faux est toujours osseuse en arrière; il n'y a pas de crête de coq à l'ethmoïde; à peine aperçoit-on quelques petits trous à la lame cribleuse qui est dans quelques espèces tout-à-fait imperforée. Nous avons déjà dit que jamais les deux côtés de la tête ne sont parfaitement symétriques dans les Cétacés proprement dits.

Nous avons, au mot CÉTACÉS, donné un aperçu de la distribution géographique des espèces de cet ordre. Nous avons dit qu'il n'y avait aucune raison de croire que cette distribution fût aujourd'hui différente qu'elle n'était autrefois ; que ce qui avait jeté tant de confusion sur cette question , c'est que le mot de *Wall* et ses synonymes , chez les peuples germains et scandinaves, étaient employés comme *Cetus* chez les Romains , et *Cété* chez les Grecs, pour désigner tous les grands Animaux marins, Poissons ou Mammifères indistinctement. Noël de La Morinière (Hist. des pêches) a le premier signalé cette confusion, et entrepris de la débrouiller; mais il a trop restreint, en ne l'appliquant qu'au seul Marsouin, la pêche que faisait des Cétacés , durant le moyen âge , sur les côtes de Normandie et d'Angleterre , la société dite des Wallmans. Cuvier pense que même la Baleine franche habitait autrefois nos parages , et que des chasses trop meurtrières l'ont reléguée sous le pôle. Nous avons dit en substance aux mots BALEINE et CÉTACÉS quelles raisons empêchent d'adopter cette opinion. Nous développerons ces raisons dans un Mémoire particulier dont on peut se figurer les motifs et les preuves par notre Mémoire sur la patrie du Chameau (Mémoires du Muséum, T. x). Ainsi donc, le Dauphin à bec, le Marsouin, l'Orque, l'Epaulard ou Grampus, et le Souffleur , les plus communs sur nos côtes, qu'ils n'ont pas quittées, quoique bien évidemment, d'après tous les textes des chroniques et chartes du moyen âge , ils fussent l'objet de la pêche des Wallmans, sont les espèces dont il est seulement question dans ces chroniques et dans ces chartes à l'exclusion des Baleines franches. Et la rareté des fanons dans les arts industriels, à cette époque, prouve bien que même les autres Baleines

ne se pêchaient pas sur nos côtes, au moins régulièrement.

Les sens des Dauphins paraissent aussi obtus que ceux des Baleines et des Cachalots. La cavité de l'oreille creusée dans la masse épaisse de leur rocher n'annonce qu'une ouïe très-imparfaite. L'odorat est nul, et le goût n'est guère plus développé, à en juger par la fixité de la langue. Le toucher n'y a pas d'appareil spécial. La vue seule paraît devoir une certaine perfection au miroir choroïdien qui garnit l'intérieur de l'œil. Nous avons découvert dans le Marsouin, et Cuvier a aussi trouvé dans le Dauphin, que la surface concave de la choroïde est d'un gris de nacre. Il en est probablement de même dans les autres espèces. Cette même couleur peint aussi la choroïde de la Baleine qu'il est si difficile d'approcher dans l'eau diaphane , et qu'on approche au contraire très-aisément dans l'eau verte. Or, il n'y a pas de raison pour qu'elle entende mieux dans l'une de ces eaux que dans l'autre. Nous avons montré (Anat. et Physiol. des Syst. nerv. et Mém. sur l'usage des couleurs de la choroïde, lu à l'Institut les 19 et 26 janvier 1824, imprimé dans le Journ. de Physiol. T. IV) quel était l'effet de ces miroirs réflecteurs dans la vision. Et quoique toutes les autres circonstances de la structure de l'œil dans les Dauphins soient peu avantageuses, néanmoins les réflections qui s'opèrent sur le miroir choroïdien servent de compensation à cette imperfection.

Avant la révision que Cuvier vient de faire des espèces de ce genre d'après une comparaison de têtes bien conservées, révision qui n'eût été que conjecturale sans les collections dont il dispose, Blainville comptait, non compris les sept espèces de son sous-genre Hétérodon dont la seule espèce authentique forme le type du genre Hypéroodon de Cuvier, vingt-cinq espèces de Dauphins réparties en cinq sous-genres : Delphinorhinque, Dauphin proprement dit, Oxyptère, Marsouin et Delphinaptère. On va voir que ces vingt-cinq espèces se réduisent à treize ou quatorze authentiques. Il eût été bien facile, dit Cuvier, en profitant de figures grossières faites d'imagination ou de souvenir, et de descriptions confuses et tronquées, et en accumulant des synonymes qui ne sont que des copies les uns des autres, de faire paraître de longues listes d'espèces qui n'auraient aucune réalité, et que le moindre souffle de la critique renverserait ou mettrait en désordre. Mais c'est précisément la conduite contraire qu'il est, selon nous, nécessaire de tenir si l'on veut tirer l'histoire naturelle du chaos où elle est encore. Nous avons cru devoir citer ces réflexions qui s'adaptent si bien aussi à la physiologie et à l'anatomie, pour prévenir le soupçon que notre article serait incomplet sous le rapport zoologique parce qu'il contient presque moitié moins d'espèces que ceux des autres Dictionnaires, bien que nous en ayons mentionné qui ne s'y trouvaient point.

La tête osseuse des Dauphins, dit encore Cuvier (*loc. cit.*), varie par le plus ou moins de longueur et de largeur du museau. Ceux à museau large ont la tête ronde, ou, comme on a dit, en forme de chaloupe, c'est-à-dire que la ligne du profil descend par une convexité uniforme jusqu'au bout du museau; ceux à museau grêle ont au contraire au bas de cette convexité une partie plane qui forme comme une espèce de bec. On a tiré de cette conformation des caractères propres à diviser ce genre en deux petites tribus ou sous-genres.

† *Dauphins à bec.*

1. DAUPHIN VULGAIRE, *Delphinus Delphis*, L., Cuvier, Ossem. Foss., 2ᵉ édition, 1ʳᵉ part.; le crâne, pl. 21, fig. 9 et 10, T. v. Long de six ou sept pieds; son museau, à compter du front, égale en longueur le reste de sa tête; il porte à chaque mâchoire quarante-deux à quarante-sept dents de chaque côté, et en a, par conséquent, cent soixante-huit à cent quatre-vingt-huit; ses pec-

torales sont médiocres, taillées en faux; sa dorsale pointue est assez élevée; sa caudale, en forme de croissant, est échancrée dans son milieu, à cornes peu aiguës et peu prolongées; la queue avant sa base est un peu comprimée latéralement, et carénée en dessus et en dessous; son dos est noirâtre, et ce noir fait un angle descendant vers le flanc; les flancs sont grisâtres et le ventre blanchâtre; sa tête osseuse se reconnaît parce que le museau est étroit, allongé, un peu moins long que la mâchoire inférieure, un peu convexe en dessus, plat en dessous; l'occiput est à peu près hémisphérique; la tempe se porte en arrière par un angle saillant et arrondi; les os du nez sont un peu plus larges que longs; le milieu du palais forme une saillie longitudinale étendue depuis sa pointe jusqu'à la pyramide des arrière-narines; cette saillie est flanquée de chaque côté d'un enfoncement longitudinal; le plafond du palais ne devient plane que vers la pointe. Cette espèce, nommée Oie de mer par nos matelots à cause de la forme déprimée et aplatie de son museau, est la plus commune le long de nos côtes. Elle se trouve également dans l'Océan et la Méditerranée; mais on est loin de savoir la limite des parages qu'elle habite. C'est elle que les naturalistes supposent être le Dauphin des anciens, et cette supposition n'a d'autre fondement que l'aplatissement que présente le museau dans des figures de cet Animal qui nous ont été conservées sur les monumens de la sculpture et de la peinture antiques. Il faut qu'une superstition particulière ou une singulière confusion ait porté les anciens à défigurer cet Animal dans les représentations qu'ils en ont faites; car nulle part, soit sur les marbres, soit sur les médailles, soit même dans les peintures d'Herculanum où de nombreuses espèces de Poissons sont représentées avec une fidélité que l'on n'observe que depuis peu en histoire naturelle, le Dauphin n'est reconnaissable que comme Animal symbolique. Tantôt on lui donne des écailles, tantôt une gueule de Squale, tantôt une queue verticale, etc. Ce qui aura donné lieu à ces disparates ne peut venir que de récits contradictoires sur des Animaux très-différens, et cette conjecture est appuyée par cette observation de Cuvier, que Pline (*lib.* 9, *cap.* 7, 8 et 11) applique le nom de Dauphin à des Animaux dont il cite des caractères qui n'appartiennent qu'à des Squales. Sénèque (*Nat. Quest.*, *lib.* 9, *cap.* 2) et Athénée (*lib.* 7) font le même emploi du mot Dauphin. Ces passages corroborent les principes de critique que nous avons le premier établis au mot CÉTACÉS sur la manière dont il faut entendre les récits des anciens sur les noms génériques de *Cété*, de *Cetus*, et de *Wall* chez les auteurs du moyen âge, puisqu'ils ont pu appliquer si faussement les noms spécifiques.

Cuvier (*loc. cit.*) demande si l'on doit distinguer de cette espèce le Dauphin de Pernetty (Voyage aux Malouines, T. 1, pl. 11, fig. 1) vu près des îles du Cap-Vert, et dont le ventre paraît avoir été tacheté. — Blainville fait du Dauphin de Pernetty la quatrième espèce de son premier sous-genre.

2. SOUFFLEUR DES NORMANDS, *Delphinus Tursio*, Fabricius, *Faun. Groenl.*, p. 49; *Nesarnak* des Islandais, de Bonnaterre, Cetol., pl. 11, fig. 1; Lacép., Cét. Séparé en deux espèces dans le Dictionn. d'Hist. Nat., où il figure comme huitième et neuvième espèces sous les noms de Grand Dauphin ou Souffleur, et de Dauphin Nesarnak. C'est aussi le même que Hunter (*Trans. Phil.* 1787, pl. 18) nomme *Bottle-Nosewale*, et prend pour le *D. Delphis*, L. — Long de neuf à dix pieds, il porte de chaque côté, à chaque mâchoire, vingt-une à vingt-trois dents coniques, émoussées par le bout. Il est reconnaissable dans l'Oudre de Belon que cet auteur croyait l'*Orca* des anciens, et qu'il confond à tort avec le *Capidoglio* des Italiens, lequel est un Cachalot. Linné, dit encore Cuvier, avait réuni sous son *Delph. Orca* cet *Orca* de Belon et

celui de Rondelet, ou l'Épaulard qui n'a que vingt-deux dents en tout à chaque mâchoire avec une tête ronde. Ce Souffleur ou *Delphinus Tursio* est le même dont Camper a figuré le crâne, pl. 35, 36, 39 et 40, sous le nom de Dauphin vulgaire. — Le crâne du *Delphinus Tursio* est représenté (*loc. cit.*, pl. 21, fig. 3 et 4); il est à peu près au *Bredanensis* ce qu'est le *Dubius* au *Delphis*. Son museau est plus large, plus court, plus déprimé, mais les tempes ont la même grandeur relative. Les os du nez sont plus petits et ne touchent pas aux intermaxillaires; le vomer s'y montre à deux endroits de la face inférieure, une fois entre les maxillaires et les palatins, et plus en avant entre les intermaxillaires et les maxillaires. Les vertèbres cervicales, quoique minces, sont toujours distinctes; il y a treize dorsales et trente-huit vertèbres terminales; il n'y a point de trou au premier os du sternum, et ses angles latéraux sont moins aigus que dans le précédent. — Nous avons vu deux fois, la Seine étant grossie par la fonte des neiges dans des années où la Manche avait été très-orageuse durant le mois de février, une troupe de six à huit Souffleurs se tenir pendant plusieurs semaines à la hauteur de Rouen entre Jumièges et le Pont-de-l'Arche; le plus souvent ils se tenaient dans le port même de Rouen, où la vue des curieux et la multitude des canots et des barques ne semblaient pas les intimider. On nous a assuré qu'ils n'avaient jamais remonté au-dessus du Pont-de-l'Arche, qui est la limite des marées. Or on prétend que des Marsouins ont été vus dans la Seine jusqu'auprès de Paris.

3. DAUPHIN DE GEOFFROY, Blainv., *Delph. frontatus*, Cuv., *loc. cit.* p. 278; c'est peut-être sa tête qu'on voit représentée sous le nom de Marsouin blanc dans Duhamel (Pêches, part. 2, sect. 10, pl. 10, fig. 4; *D. rostratus*, Shaw?) Moins connu que les deux précédens. La chute de sa convexité frontale est plus rapide; le bec plus prononcé et plus comprimé. Geoffroy

Saint-Hilaire en a rapporté de Lisbonne un individu entier qui a vingt-quatre ou vingt-cinq dents partout. Il est long de sept pieds, et son bec de huit ou dix pouces; son dos est gris; le ventre et le tour des yeux blancs; les nageoires ont reçu dans la préparation de la peau une teinte d'un blanc roussâtre que l'Animal avait sans doute dans l'état frais; les pectorales sont taillées en faux comme au Dauphin et au Marsouin. Blainville a rapporté à cette espèce un Dauphin vu par Fréminville sur la côte du Brésil. Ce voyageur lui donne quinze pieds de long, une convexité très-forte sur la gueule dont la mâchoire formait un museau très-avancé. Il était de couleur cendrée, avec une raie blanche de chaque côté de la tête, laquelle raie s'étendait pour dessiner une grande tache de la même couleur sur le dos, sous la gorge et sous le ventre. Si le rapprochement est exact, cette espèce serait donc des mers du Brésil.

4. DAUPHIN DE BREDA, *Delph. Bredanensis.* Cuvier (*loc. cit.*, p. 218 à 296) avait rapporté, par conjecture, à l'espèce précédente dont on ne connaît pas le crâne, des têtes (représentées, *ibid.*, pl. 21, fig. 7 et 8) dont le museau est plus comprimé vers le bout que dans le Dauphin vulgaire, et un peu plus élargi vers son quart supérieur, le lobe du devant de l'orbite plus marqué et séparé du museau par une grande échancrure, les os du nez plus larges, moins saillans et touchant aux intermaxillaires, la crête occipitale plus effacée, la tempe beaucoup plus grande et l'occiput plus étroit. Il n'y a que vingt-une, vingt-deux ou vingt-trois dents de chaque côté à chaque mâchoire, de quatre-vingt-quatre à quatre-vingt-douze en tout, mais plus grosses qu'au Dauphin vulgaire. Van Breda vient de communiquer à Cuvier la véritable espèce dont proviennent ces têtes: ce dessin est accompagné de la figure même de la tête de l'individu d'après lequel il est fait. Il en résulte que ce Dauphin n'a pas le front relevé, mais

que le profil de son crâne se perd insensiblement dans celui de son museau. La dorsale est élevée en demi-croissant, à peu près sur le milieu de la longueur du corps. Dans le *Delph. frontatus*, la dorsale est presque aussi en arrière que dans le Dauphin du Gange. L'individu dessiné par Breda avait huit pieds de long. Le dessin d'un Animal très-semblable a aussi été envoyé de Brest.

5. DAUPHIN COURONNÉ, *Delphinus coronatus*, Fréminville, figuré Nouveau Bull. des Sc. par la Soc. phil., n° 56, l. 3, pl. 1, fig. 2. — Cuvier (*loc. cit.*) admet cette espèce à bec grêle, à mâchoire supérieure plus courte que l'autre, entièrement noire et marquée de deux cercles jaunes concentriques sur le front, d'après une note rédigée dans la mer Glaciale, en 1806, par Fréminville, officier de marine. Le plus grand de ces cercles a deux pieds neuf pouces de diamètre, et l'intérieur à peu près deux pieds un pouce. La mâchoire supérieure a quinze dents de chaque côté, et l'inférieure vingt-quatre, toutes très-aiguës. La dorsale, en forme de demi-croissant, est plus près de la queue que de la tête; la caudale est en croissant. Il y en a des individus de trente à trente-six pieds de longueur. On ne connaît point la tête osseuse. Fréminville a commencé à rencontrer cette espèce vers le soixante-quatorzième degré. Mais c'est surtout entre les îles de glace voisines du Spitzberg qu'il l'a vue en troupes nombreuses.

6. DAUPHIN DU GANGE, *Delphinus gangeticus*, Lebeck, Nouv. Mém. de la Soc. des Nat. de Berlin, T. III, pl. 2; Roxburgh, Mém. de la Soc. Asiat. de Calcutta, T. VII, in-8°, n° 4 et pl. 3; son crâne, Oss. Foss., *loc. cit.*, pl. 8, 9 et 10. — De tous les Dauphins à bec c'est celui qui l'a le plus long. Cette longueur forme plus des trois cinquièmes de la tête. Ce bec est mince, comprimé latéralement et plus gros au bout qu'au milieu. La nageoire dorsale est extrêmement courte et peu saillante; les pectorales, élargies et tronquées au bout, ont à peu

près la forme d'éventails. Il porte environ trente dents de chaque côté, en tout cent vingt. Durant la jeunesse, elles sont toutes longues, droites, comprimées, très-aiguës, et les antérieures plus longues que les postérieures. Avec l'âge elles s'usent par la pointe et s'élargissent par la base où elles prennent une forme striée et des espèces de très-petites racines, étant ainsi préparées à tomber lorsque leur cavité est remplie. L'évent forme une ligne droite et longitudinale. Le plus grand individu, récemment envoyé par Duvaucel, est long de sept pieds trois pouces. Le museau a quatorze pouces jusqu'à la chute du front et dix-sept jusqu'à la commissure. La pectorale est longue d'un pied et large au bout de sept à huit pouces. Le caractère le plus frappant du crâne de cette espèce, c'est que les maxillaires, après avoir recouvert, comme dans les autres Dauphins, les frontaux jusqu'aux crêtes temporales, produisent chacun une grande paroi osseuse qui se redresse, s'incline vers la paroi opposée et forme avec elle une grande voûte sur le dessus de l'appareil éjaculateur des évents. Ces deux lames osseuses sont presqu'en contact sur les deux tiers antérieurs de leur bord interne, mais en arrière elles s'écartent pour laisser passage à l'évent. C'est la ligne de réunion de ces deux parois osseuses qui soutient la carène que le front de cet Animal montre à l'extérieur. La plus grande partie de l'espace qu'elles recouvrent est remplie d'une substance fibreuse, serrée et assez dure. Cette tête se distingue en outre de toutes les autres du même genre par la grandeur de l'apophyse zygomatique du temporal proportionnée à la grandeur de la tempe. Cette apophyse va aussi se joindre à l'apophyse post-orbitaire du frontal. Cette apophyse est au moins double de celle des Dauphins où elle a le plus de grandeur. La masse de la caisse et du rocher est ici enchâssée à demeure entre le temporal et les parties voisines de l'occipital. La symphise s'étend jusqu'à la dernière dent, comme chez

les Cachalots. La longueur de cette symphise égale la moitié de la longueur totale de la tête. Les vertèbres cervicales sont aussi distinctes que dans les Quadrupèdes, et assez fortes, bien que courtes. A la quatrième, à la cinquième et à la sixième de ces vertèbres, il y a un second rang d'apophyses transverses partant du corps, et plus longues que leurs analogues normales. Il y a onze et peut-être douze vertèbres dorsales. Les vertèbres terminales sont au nombre de vingt-huit. Il n'y a qu'une articulation au premier doigt, quatre aux trois suivans, deux au dernier. Pline, *lib.* 9, *cap.* 15, a indiqué cet Animal sous le nom de *Platanista.* Il remonte en troupes dans le Gange, aussi haut que ce fleuve est navigable; mais il se tient principalement dans les nombreuses branches de ce fleuve qui arrosent le Delta du Bengale; les Bengalis le nomment *Sousou.*

7. DAUPHIN DOUTEUX, *Delphinus dubius*, Cuv., établi seulement sur des têtes osseuses conservées au Muséum d'Anatomie. Ces têtes ont beaucoup de ressemblance avec celle du Dauphin vulgaire. Elles sont seulement en général plus petites; leur museau est plus fin, plus pointu, avec la mâchoire supérieure conique et non renflée dans son milieu, comme celle du Dauphin vulgaire. Les dents ont la même forme, mais il n'y en a jamais plus de cent cinquante-deux.

8. DAUPHIN DE BORY, *Delphinus Boryi*, figuré pour la première fois dans les planches de ce Dictionnaire; Desm. (Encycl. Mamm.). Bec assez long, très-déprimé et fort large près de la tête qui est peu élevée; nageoire dorsale à égale distance de l'extrémité du museau et du milieu du croissant de la nageoire caudale; dessus du corps d'un gris de Souris fort tendre; dessous d'un gris très-clair, avec des taches peu tranchées, d'un gris bleuâtre; côtés de la tête d'un blanc d'ivoire, nettement séparé par une ligne droite de la couleur du dessus. Bory de Saint-Vincent, à qui nous devons un dessin de cette espèce, l'a

rencontrée deux fois entre Madagascar et les îles de France et de Mascareigne. Elle est de la taille du Dauphin vulgaire. Notre infatigable collaborateur en prit dont la couleur blanche du côté de la tête dans laquelle les yeux sont compris, frappa les matelots qui comparèrent à une moustache cette couleur si nettement séparée du gris du dessus de la tête, par une ligne très-droite et fort tranchée. Les taches ou bandes transverses bleuâtres du dessous du corps disparurent presque entièrement après la mort de l'Animal. Milius, dernier gouverneur de Mascareigne, depuis son retour en France, a remis à Bory de Saint-Vincent la figure d'un Dauphin absolument semblable, mais de couleur capucin fort pâle, trouvé sur la côte occidentale de la Nouvelle-Hollande, à la baie des Chiens marins.

†† *Dauphins à tête obtuse.*

9. MARSOUIN, *Delphinus Phocœna*, L.; *Meer Schwein* des Allemands (Cochon de mer), *Porpess* des Anglais (*Porcus Piscis*), d'où le nom de Pourpois qu'on lui donnait dans le moyen âge. — Il a partout vingt-une, vingt-deux ou vingt-trois dents droites, comprimées, arrondies; quelquefois striées, quelquefois lisses. Sont-ce des différences d'âge ou de sexe? Il n'a guère plus de quatre à cinq pieds, la dorsale, plus reculée qu'au Dauphin vulgaire; excepté sa tête ronde, et même un peu plate, ses formes sont semblables et ses couleurs aussi. De tous les Dauphins à tête ronde c'est celui qui est le plus commun sur nos côtes et dans nos marchés. Le Dauphin Ouette de Duhamel ne paraît être qu'une petite variété du Marsouin.

10. DAUPHIN GLADIATEUR OU EPAULARD, *Delphinus Orca*, Fabricius, Bonnaterre et Lacépède; *Grampus* des Anglais (de grand Poisson, altéré en Graspois par les Normands établis en Angleterre lors de la conquête); le *Swerdtfisch* d'Egède, figuré à la page 48, où se lit pour texte la description du Squale Scie; l'Epée

de mer d'Anderson; enfin Cuvier croit que c'est le Bélier de mer de Pline, *lib.* 9, *cap.* 5, d'Elien, *lib.* 15, *cap.* 2. — Il a la nageoire dorsale pointue et élevée; le corps noir en dessus, blanc en dessous; une pointe noire dirigée en avant entre dans le blanc vers la base de la queue; il y a une tache blanche et arquée au sourcil et derrière l'œil. On en prit dans la Tamise, en 1787, un individu de vingt-quatre pieds de long, figuré par Hunter (Transact. Phil., même année, pl. 16); un autre de trente pieds, en 1793; un de dix-huit dans la Loire, décrit dans Lacépède sous le nom de Dauphin Duhamel. — Sa tête est représentée (Oss. Foss., pl. 22, f. 3 et 4); museau large et court comme au Marsouin et au suivant, mais la région antérieure aux narines est concave au lieu d'être renflée. Les os du nez sont petits. Le vomer ne paraît pas au palais. Les tempes, profondes et concaves, sont séparées de l'occiput par des crêtes plus saillantes même que la crête temporale.

11. DAUPHIN GRIS, *Delph. griseus*, Cuv., *loc. cit.*, pag. 284 et 297. Tête mousse et bombée comme au Marsouin; dorsale pointue et arquée élevée de quatorze pouces sur une base de quinze. — Deux individus, sur quatre échoués sur les côtes de la Vendée en 1822, avaient cette nageoire détruite en tout ou en partie. Tous quatre manquaient de dents à la mâchoire supérieure. Un, long de sept pieds, en avait huit à la mâchoire inférieure; les autres, longs d'environ dix pieds, n'en avaient que six ou sept émoussées ou cariées; un autre, pris à Brest et mal représenté (Ann. du Mus., t. 19, pl. 1, f. 1), n'en avait que quatre fort usées, et, non plus, aucune en haut. Les pectorales pointues sont longues de trois pieds sur un pied de large à leur base; le dos et les nageoires sont d'un noir bleuâtre; le dessous du corps, blanchâtre, se fond sur les côtés avec le noir du dos. Il n'y a pas de taches sur l'œil. Le crâne est figuré par Cuv. (*loc. cit.*, pl. 22, fig. 1 et 2). Les pla-

fonds des orbites s'écartent plus qu'au Marsouin ; le vomer ne se montre point au palais comme chez ce dernier. Risso envoya de Nice, en 1811, sous le nom de *Delphinus Aries*, le dessin, la description et l'extrémité de la mâchoire inférieure d'un Dauphin pris dans la mendrague de cette ville, et long de neuf pieds, qui ressemble fort à cette espèce ; il manquait aussi de dents en haut, et n'en avait que cinq en bas (Ann. du Mus. t. 19, pl. 1, f. 4). Il était en dessus d'un gris de plomb, traversé par des traits et des raies inégales, droites et flexueuses, blanchâtres ; le dessous d'un blanc mat.

12. DAUPHIN GLOBICEPS, *Delphinus Globiceps*, Cuv., *loc. cit.*, page 285 et 297; *Delphinus melas*, Traill. Journ. de Nicholson, t. 22, pag. 81; *Delph. deductor*, Scoresby, tab. des Rég. Arctiq. La tête gravée dans Bonnaterre, Cétol., pl. 6, f. 2; dans Lacép. pl. 9, f. 2, sous le nom de Cachalot Swinewal, et dans Camper, Cétac. pl. 32, 33 et 34, sous le nom de Narwal édenté, est d'un Globiceps.—L'espèce égale le Gladiateur ou Epaulard ; elle atteint vingt pieds et plus ; sa dorsale est beaucoup plus courte ; ses pectorales beaucoup plus longues et plus pointues ; la saillie excessive de son front représente un casque antique ; sa peau est noire, excepté un ruban blanchâtre régnant sous le corps, depuis la gorge jusqu'à l'anus, et élargi quelquefois sous la gorge en une bande transverse. — Les jeunes ne montrent pas de dents. Un peu plus âgés, ils en ont dix à chaque mâchoire ; les plus adultes n'en ont pas plus de vingt. Néanmoins des observateurs qui en ont vu des troupes, ont compté sur quelques individus vingt-quatre à vingt-huit à chaque mâchoire. Ce qui est certain, c'est qu'elles finissent par tomber ; les vieux n'en ont plus du tout en haut, et en conservent à peine huit ou dix en bas. Le Maoût, pharmacien de Saint-Brieuc, qui en a observé soixante-dix échoués près de Paimpol, a vu beaucoup d'individus où la nageoire dorsale manquait en tout ou en partie. Scoresby (*loc. cit.*) en a observé dans les mers du Spitzberg des troupes nombreuses qui semblent conduites par un des grands individus ; il en a vu jusqu'à mille en une seule troupe. En 1805, on en poussa jusqu'à trois cent dix sur le rivage de Schetland ; en décembre 1806, il en échoua quatre-vingt-douze dans la baie de Scapay à Pomona, l'une des Orcades.

Cuvier représente sa tête (*loc. cit.* pl. 21, f. 11, 12 et 13); les intermaxillaires sont beaucoup plus larges qu'à l'Epaulard; ils prennent presque les deux tiers de la largeur du museau ; dans l'Epaulard, seulement le tiers ; les tempes sont plus petites ; leurs arêtes moins saillantes ; indices de mâchoires moins robustes. Le vomer ne paraît pas au palais.

Cuvier pense que l'Animal représenté par Aldrovande (*de Pisc.*, p. 681), sous le nom de *Bufalina*, dont le dos, au lieu de dorsale, offre un certain nombre de déchirures, est quelque Dauphin à tête obtuse et à dorsale mutilée. Quant au *D. feres* de Bonnaterre et Lacépède, il ressemblerait au Globiceps, excepté que ses dents seraient bilobées par une rainure. Il sera difficile, tant qu'on ne connaîtra pas exactement les Cétacés de la Méditerranée, de décider ce qu'était l'*Orca* des anciens. D'après le récit du combat livré par Claude à une Orca, on peut supposer que c'était un Cachalot ; et les Italiens traduisent *Orca* par *Capidoglio* qui est leur Cachalot.

††† *Dauphins sans dorsale*, DELPHINAPTÈRES *de Lacépède*.

13. DAUPHIN BLANC, *Delph. Leucas*, Pall., *Beluga* des Russes, *Weis Fisch*, *Hirt Fisch* des Allemands et des Hollandais, Scoresby, t. 2, pl. 14. —La convexité de sa tête est aussi courte et aussi arrondie qu'au Globiceps ; du reste elle est petite à proportion ; le milieu du tronc est assez gros ; les nageoires pectorales sont courtes et ovales ; la caudale légèrement échancrée a ses lobes effilés en pointe. Dans l'âge adulte, il y a neuf dents partout,

vingt-huit en tout, droites, légèrement comprimées en coin et à pointe obtuse. Le *Beluga* perdant de bonne heure ses dents d'en haut, Anderson, Brisson et les autres compilateurs après lui en ont fait un Cachalot ; mais les synonymes de Martens, de Zorgdrager et d'Egède, que l'on cite pour le *Physeter albicans*, ou Cachalot blanchâtre, se rapportent absolument au même Cétacé, que ceux d'Anderson et de Krantz, cités pour le *Delph. Leucas*. Celui figuré par Scoresby avait treize pieds de long ; il avait échoué dans le Firth de Forth en juin 1815. Les figures de Martens et d'Egède ne rendent pas assez la convexité de sa tête. Cuv. (*loc. cit.*) représente son crâne (pl. 22, f. 5 et 6) qui diffère beaucoup de celui des autres Dauphins par son profil rectiligne, au-dessus duquel le crâne se relève fort peu ; le museau va en se rétrécissant presque uniformément ; le vomer ne paraît pas au palais. Cette tête avait déjà été figurée par Pallas, Voyage, pl. 69.

14. DAUPHIN DE PÉRON, *Delph. Peronii*, Lacép. ; *Delph. leucoramphus*, Péron, Voyag. t. 1, p. 217. — Cuvier (*loc.cit.*) rapporte à cette espèce un Delphinaptère à museau obtus, mais déprimé au bout et sur les bords, ce qui lui fait une sorte de bec court, à pectorales taillées en faux, comme dans le Dauphin et le Marsouin ; caudale grande, pointue aux deux bouts, échancrée au milieu, d'un noir bleuâtre sur le dos ; le dessus du museau, tout le dessus du corps et les pectorales d'un blanc éclatant, excepté le bord tranchant des pectorales qui est noir comme le dos ; partout le noir et le blanc nettement séparés l'un de l'autre ; son crâne, représenté pl. 21, f. 5 et 6, ressemble assez à celui du Dauphin vulgaire, et encore plus à celui du *Delph. dubius* ; mais le museau est un peu plus plat et plus large. Il porte partout trente-huit ou quarante dents aussi grêles qu'à ces deux espèces. Il est long de cinq pieds et demi. Le capitaine Houssard en a rapporté une tête, et Dussumier de Bordeaux une peau qui proviennent de la partie australe de la mer des Indes. Ces parages conviennent aussi au Dauphin de Péron. C'est probablement le même que le Dauphin de Commerson, vu près du cap Horn, à corps blanc, à extrémités noires. Quoy et Gaimard ont rencontré le Dauphin de Péron dans les parages de la Nouvelle-Guinée par deux degrés de latitude. Les Dauphins blancs, vus de loin dans la mer de la Chine par Osbek, sont-ils de même espèce ? La zône équatoriale sépare leurs parages ; c'est une raison d'en douter. Enfin Cuvier, jusqu'à des preuves ultérieures, repousse du genre Dauphin la Senedette de Rondelet, pag. 485. Ce qu'en dit cet auteur lui semble se rapporter au Cachalot.

Tous les Dauphins dont nous venons de parler, excepté celui de Péron, sont de l'océan Atlantique ; et nous avons vu au mot CÉTACÉS que les espèces sont circonscrites dans des parages au-delà desquels on ne les rencontre guère. Quoy et Gaimard ont observé dans l'océan Pacifique trois espèces différentes entre elles par les couleurs, et que la situation même de leurs parages ne permet guère de supposer identiques à aucun des Dauphins précédens par la raison que nous venons d'exposer. Malheureusement, ces Dauphins n'ont été vus qu'à la mer, et comme, en nageant, le devant de la tête reste au-dessous de l'eau, on n'en a pu reconnaître la forme. On ne peut donc les classer dans aucune des sections précédentes.

I. DAUPHIN RHINOCÉROS, Atlas de Zoolog., Voy. de Freycinet, pl. 11, fig. 1, par 5,28 de latitude nord. Ces Dauphins, caractérisés par une corne ou nageoire recourbée sur le front, faisaient de rapides évolutions autour de l'Uranie. Leur taille est à peu près double de celle du Marsouin. Le dessus du corps jusqu'à la dorsale est tacheté de noir et de blanc.

II. DAUPHIN CRUCIGÈRE, *ibid.*, pl. 2, fig. 3. Dans la traversée de la Nouvelle-Hollande au cap Horn, par 49 degrés de latitude sud, l'Uranie rencontra des Dauphins ayant de chaque côté du corps dans presque toute sa longueur deux bandes blanches coupées à angle droit par une bande noire. La nageoire dorsale était assez aiguë.

III. DAUPHIN ALBIGÈRE, *ibid.*, pl. 11, fig. 2. Par les mêmes latitudes, mais plus à l'est que pour le précédent, l'Uranie rencontra une autre espèce de Dauphin remarquable par une bandelette blanche de chaque côté de la tête. — Le premier de ces Dauphins est évidemment une espèce distincte. Les deux autres paraissent autant différentes entre elles que du Dauphin de Péron.

Dauphins fossiles.

15. DAUPHIN DE CORTÉSI, Cuv. (*loc. cit.*, pag. 309 et suiv.). Dans la colline de Torrazza, séparée, par le ruisseau de Stramonte, du mont Pulgnasco, où a été découverte par Cortési la Baleine que nous avons décrite sous le nom de Cuvier (*V.* BALEINE), a été trouvé aussi, par Cortési, le squelette presque entier d'un Dauphin, dont voici les caractères : chaque mâchoire a vingt-huit dents, c'est-à-dire quatorze de chaque côté, toutes coniques, légèrement arquées en dedans, allant en diminuant vers le devant; les plus grandes sont longues de deux pouces; leur émail est teint en bleu par l'argile de leur gissement. Ce nombre de quatorze dents se retrouve aussi dans le Globiceps; mais le fossile n'en diffère pas moins essentiellement par sa tête beaucoup plus étroite à proportion de sa longueur. Ces deux dimensions sont dans ce Fossile de 0,620 et 0,245, en prenant la largeur d'une orbite à l'autre; et dans une tête de Globiceps, justement de la même longueur, la largeur est de 430. On voit aussi par la figure de Cortési que le museau est bien plus long à proportion du crâne; que l'orbite est plus petite; que l'enfoncement au-devant des narines est plus étroit et plus creux. La mâchoire inférieure est moins haute à proportion que dans l'Epaulard et le Globiceps; la tête est longue d'un pied dix pou-

ces neuf lignes. Ce qui reste de l'épine fait environ trois fois et demie la longueur de la tête; mais il y manque beaucoup de vertèbres de la queue. Il ne reste que trente-trois vertèbres et treize côtes d'un côté; il y a donc au moins treize vertèbres dorsales, puis treize autres vertèbres, soit lombaires, soit caudales. D'après les dimensions indiquées, il est vraisemblable que si l'épine était entière, le squelette aurait à peu près douze pieds; et qu'en tenant compte des lobes de la queue, l'Animal entier pourrait en avoir treize. Ce Dauphin fossile n'est donc pas identique avec aucune espèce connue.

16. DAUPHIN A LONGUE SYMPHISE, Cuv. (*loc. cit.*, pag. 312). Il existe au cabinet de Dax une mâchoire inférieure assez complète de ce Dauphin, représentée (Cuvier, pl. 23, fig. 4 et 5), et au Muséum de Paris, un fragment de mâchoire supérieure (*ibid.* fig. 9, 10 et 11), trouvé à deux lieues de Dax dans les couches d'une espèce de falun riche en toute sorte de Coquilles. Les dents solides et sans dents de remplacement dans leur cavité, prouvent d'abord que ce n'est point un Gavial comme la longueur de la symphise l'avait fait croire, et ce ne peut être la mâchoire d'aucun Reptile, puisque les branches n'en sont pas divisées en plusieurs os. Ce qui subsiste de la partie symphisée est long de 0,24 ; et la plus entière des branches l'est encore de 0,2 au-delà de la symphise. C'est une longueur de seize pouces qui annonce plus de deux pieds de longueur totale. Il y a huit dents de chaque côté dans ce qui reste de la symphise, et dix autres en arrière dans la plus entière des deux branches. Ces dents coniques ont en arrière de leur base un petit talon mousse. Le fragment de la mâchoire supérieure montre encore que c'est un Dauphin, par ses dents pleines avec un vestige de talon à leur base, et dont les racines vont en s'élargissant jusqu'à l'endroit où elles entrent dans l'os. Cette mâchoire supérieure prouve enfin que ce n'est pas un Cacha-

lot, doute qu'aurait laissé la mâchoire inférieure seule, d'abord à cause de ses dents, et ensuite parce que, dans sa forme et dans l'agencement de ses os, elle a tous les caractères des Dauphins. Ce n'est non plus aucun des Dauphins connus. Le *Delphinus Gangeticus* et celui de Van Breda, qui ont aussi une longue symphise à la mâchoire inférieure, sont tous deux plus petits. La symphise du premier est très-comprimée; celle du fossile est plus large que haute, et les dents sont d'une autre forme ; celui de Breda a les dents plus petites, plus serrées et beaucoup plus nombreuses qu'elles n'ont pu l'être sur le fossile. Cette espèce qui devait être d'un quart plus grande que le Dauphin de Breda, est donc distincte de toutes les autres.

17. Dans le même gissement que le précédent, a été trouvé un fragment de mâchoire inférieure contenant huit dents et l'alvéole d'une neuvième. Les dimensions de ce morceau, la grandeur de ses dents, sont aussi semblables que possible à celles du Dauphin vulgaire; mais la courbure des dents est un peu différente, et il n'y a pas ce sillon profond où sont creusés les alvéoles dans le Dauphin vulgaire.

18. Dans le calcaire grossier du département de l'Orne, où sont des os de Phoque et de Lamantin, encore encroûté de débris de Coquilles, a été trouvée une portion de mâchoire supérieure, consistant en une grande partie de l'intermaxillaire et du maxillaire droit ; le long du bord externe sont conservés les alvéoles de dix-sept dents. Ce qui est très-remarquable, c'est que le bord du maxillaire, derrière les alvéoles, est uni en continuation avec le reste du palais, et seulement un peu convexe sans enfoncement ni inégalité. Par ce seul caractère, on peut encore déterminer une espèce nouvelle pour les naturalistes.

(A. D..NS.)

* **DAUPHIN. POIS.** Nom vulgaire appliqué par les marins aux Coryphœnes. *V.* ce mot.   (B.)

DAUPHIN. MOLL. Nom marchand du *Turbo Delphinus*, L. *V.* DAUPHINULE.   (B.)

DAUPHINE. BOT. PHAN. Variété de Laitue cultivée.   (B.)

DAUPHINELLE. *Delphinium.* **BOT. PHAN.** Genre de Plantes de la famille des Renonculacées et de la Polyandrie Pentagynie, L., facile à distinguer par les caractères suivans : son calice est coloré, formé de cinq sépales inégaux, caducs; le supérieur se prolonge à sa base en un éperon creux dont la longueur varie beaucoup; les quatre autres sépales sont presqu'égaux entre eux. La corolle est tétrapétale, irrégulière ; les quatre pétales sont fort inégaux ; les deux supérieurs, très-rapprochés, se prolongent à leur base en un appendice en forme de corne droite qui s'enfonce dans l'éperon du calice; quelquefois les quatre pétales sont tellement rapprochés et soudés entre eux, qu'ils semblent n'en constituer qu'un seul d'une forme très-irrégulière. Les étamines sont fort nombreuses et hypogynes. Le nombre des pistils varie d'un à cinq qui se changent en autant de capsules allongées, terminées en pointes à leur sommet, à une seule loge, contenant plusieurs graines insérées à un trophosperme longitudinal et intérieur; ces capsules s'ouvrent par une fente longitudinale.

Les Dauphinelles sont des Plantes herbacées, annuelles ou vivaces, ayant la tige dressée, simple ou rameuse; les feuilles alternes, pétiolées, divisées en un très-grand nombre de lobes digités. Les fleurs, généralement bleues, blanches ou roses dans quelques variétés cultivées, forment des épis simples ou des espèces de panicules dressées et terminales. On trouve trois bractées pour chaque fleur, une à la base du pédicelle et deux vers sa partie supérieure. Ces Plantes croissent dans les champs ou les forêts de l'hémisphère boréal. Dans le premier volume de son *Syst. Nat. Veget.*, le professeur De Candolle en a décrit quarante-quatre espèces dont onze croissent en Europe, cinq dans l'Afrique septentrionale, treize en Orient, dix en Sibérie, et six dans l'Amérique du Nord. Dans le premier volume de son *Prodr. Syst.*, le nombre des espèces est porté à cinquante-huit. Plusieurs étant cultivées dans les jardins, nous les mentionnerons ici après avoir indiqué les coupes ou sections qui ont été établies dans ce genre.

Le professeur De Candolle forme quatre sections dans le genre Dauphinelle et leur donne à chacune un nom particulier en leur assignant les caractères suivans :

Ire Section. — CONSOLIDA :

Un seul pistil ; pétales soudés en un seul, de manière que l'éperon interne est d'une seule pièce : Plantes annuelles.

IIe Section. — DELPHINELLUM :

Trois pistils ; pétales non soudés ; éperon interne double : espèces annuelles.

IIIe Section. — DELPHINASTRUM :

Pistils de trois à cinq ; pétales non soudés ; les deux inférieurs bifides et barbus ; éperon interne double : espèces à racine vivace.

IVe Section. — STAPHYSAGRIA :

Pistils de trois à cinq ; pétales libres ; éperon court ; l'intérieur double ; capsules renflées ; graines très-grandes et en petit nombre : espèces bisannuelles.

Nous allons décrire les espèces les plus remarquables en suivant cette classification.

1°. CONSOLIDA :

DAUPHINELLE D'AJAX, *Delphinium Ajacis*, L. ; D. C., *Syst. Nat.*, 1 ; p. 341. Cette espèce, connue sous le nom de *Pied d'Alouette* des jardins, et qui, selon Pallas, est originaire de la Tauride, est maintenant cultivée dans tous nos jardins, d'où elle s'est répandue, et en quelque sorte naturalisée dans les champs. Sa tige est toujours simple inférieurement, divisée seulement vers sa partie supérieure en quelques rameaux dressés. Elle est glabre ou légèrement pubescente, haute d'un pied et plus ; ses feuilles sont profondément découpées en une multitude de lanières étroites. Ses fleurs forment des épis ou grappes simples, longues de quatre à huit pouces à la partie supérieure de la tige et de ses ramifications. Ses pétales, soudés en un seul, présentent quelques lignes qui simulent, en quelque sorte, les premières lettres du mot *Ajax* écrit en caractères grecs. De-là le nom spécifique qui lui a été donné par Linné. Il paraît que cette Plante est l'*Hyacinthe* de Théocrite et d'Ovide. On la cultive aujourd'hui dans tous les parterres où elle forme de magnifiques bordures au commencement de l'été. Ses fleurs doublent très-facilement et présentent une infinité de nuances. Elles sont blanches, roses, pourpres, bleues ou panachées. La culture du Pied d'Alouette est très-facile. On le sème en place au printemps, et on éclaircit les pieds lorsqu'ils ont poussé trop dru.

DAUPHINELLE CONSOUDE, *Delphinium Consolida*, L. ; D. C., *Syst.*, 1, p. 343 ; Lamk., Ill., tab. 482, fig. 1. On connaît cette espèce sous le nom de *Pied d'Alouette* vulgaire. Elle est extrêmement commune dans nos champs et se distingue facilement de la précédente par sa tige rameuse, dont les rameaux sont divariqués, par ses fleurs plus petites, portées sur des pédoncules plus longs, par ses capsules glabres tandis qu'elles sont pubescentes dans le Pied d'Alouette des jardins. On la cultive quelquefois dans les jardins. Ses fleurs varient de couleurs, et doublent facilement.

2°. DELPHINELLUM.

DAUPHINELLE ÉTRANGÈRE, *Delphinium peregrinum*, L. ; Sibth. *Fl. Græca*, tab. 506 ; *Delph. junceum*,

D. C., Fl. Fr. On trouve cette espèce en Orient, en Barbarie, en Italie, et jusque dans le midi de la France. Sa tige est dressée, très-rameuse; ses feuilles sont glabres, roides; les inférieures sont multifides, les supérieures sont linéaires et entières. Les fleurs sont bleues et forment des grappes lâches. Elles sont quelquefois blanches. Cette espèce est cultivée dans les jardins.

3°. DELPHINASTRUM :

DAUPHINELLE HYBRIDE, *Delphinium hybridum*, D. C., *Syst.*, 1, p. 353. Cette belle espèce, qui est vivace, est cultivée dans les jardins. Elle offre une tige haute de quatre à cinq pieds, cylindrique, rameuse supérieurement, glabre dans sa partie inférieure, pubescente vers son sommet. Ses feuilles sont glabres, divisées en un très-grand nombre de lobes linéaires, divariqués. Leurs pétioles sont très-longs, cylindriques, dilatés à leur base. Les fleurs sont grandes et forment des grappes terminales longues de plus d'un pied. Ces fleurs, légèrement velues en dehors, ont un éperon très-long, sont portées sur des pédoncules de plus d'un pouce de longueur et poilus. Les capsules sont au nombre de trois. Cette Plante est originaire de la Tauride, du Mont-Caucase et de la Sibérie. On la trouve aussi en Italie et dans les provinces méridionales de la France, où peut-être elle n'est que naturalisée, après s'être échappée des jardins.

A cette troisième section appartiennent encore plusieurs autres belles espèces, telles que les *Delphinium grandiflorum* qui croît en Sibérie, *Delph. puniceum* au Caucase, *Delph. azureum* dans l'Amérique septentrionale, *Delph. intermedium* dans les Pyrénées et les Alpes, etc.

4°. STAPHYSAGRIA :

DAUPHINELLE STAPHYSAIGRE, *Delphinium Staphysagria*, L.; D. C., *Syst.* 1, p. 362, Sibth. *Flor. Græca*, tab. 508. Cette espèce est connue sous le nom de Staphysaigre. Elle est annuelle ou bisannuelle. Sa tige est cylindrique, d'un à deux pieds de hauteur, cendrée, recouverte de longs poils mous. Ses feuilles sont très-grandes, longuement pétiolées, divisées en cinq ou neuf lobes digités, entiers, aigus. Les fleurs, d'un gris bleuâtre, forment des grappes lâches et courtes. L'éperon est extrêmement court, à peine marqué. Les capsules sont au nombre de trois, grosses, renflées et velues; elles contiennent un petit nombre de graines qui sont très-grosses. Cette espèce croît dans les contrées méridionales de l'Europe. Les graines de la Staphysaigre sont d'une excessive âcreté et forment un poison violent pour l'Homme et les Animaux lorsqu'elles sont données à l'intérieur : aussi ne les emploie-t-on guère qu'à l'extérieur. On incorpore leur poudre avec de l'Axonge, et l'on en fait une pommade que l'on emploie pour détruire la vermine.

Dans le premier volume des *Icones Selectæ*, publiés par le baron Benjamin Delessert, on trouve un assez grand nombre des espèces les plus rares; nous allons ici les indiquer : *Delphinium axilliflorum*, Deless., *Icon. Sel.*, 1, tab. 50; *Delph. Olivierianum*, id., tab. 51; *Delph. rigidum*, id., tab. 52; *Delph. exsertum*, id., tab. 53; *Delph. flavum*, id., t. 54; *Delph. virgatum*, id., tab. 55; *Delph. macropetalum*, id., tab. 56; *Delph. obcordatum*, id., tab. 57; *Delph. albiflorum*, id., t. 58; *Delph. tricorne*, id., tab. 59; *Delph. azureum*, id., tab. 60; *Delph. cuneatum*, id., tab. 61; *Delph. speciosum*, id., tab. 62; *Delph. Requienii*, id., tab. 63.   (A. R.)

* DAUPHINULE. *Delphinula.* MOLL. Lamarck, dans le Système des Animaux sans vertèbres, assimila aux Cyclostomes terrestres un certain nombre de Coquilles marines que Linné avait rangées parmi les Turbos. Plus tard, dans les Mémoires sur les Fossiles des environs de Paris, insérés dans les Annales du Muséum (T. IV, p. 109), il proposa de démembrer son genre Cyclostome, et d'en séparer toutes les Coquilles marines, épaisses, nacrées, qu'il y avait d'abord confondues. Ce fut sous le nom de Dauphinule, *Delphinula*, qu'il proposa le nouveau genre. Rien certainement n'était plus nécessaire que sa séparation. Il était impossible avec la connaissance des modifications éprouvées par les Animaux dans leur organisation d'après les milieux habitables, de penser que les uns et les autres eussent la même organisation ; les uns devaient rester parmi les Pulmonés, puisqu'ils respirent dans l'air ; les autres parmi les Pectinibranches, puisqu'ils respirent dans l'eau. Depuis l'établissement du genre Dauphinule, le plus grand nombre des conchyliologues l'ont adopté, soit comme genre, soit comme sous-genre. C'est à tort que Montfort, Conchyl. Syst. T. II, p. 126, a séparé des Dauphinules le Lippiste qui en a tous les caractères, et Marryot le *Cyclostrema* qui doit également en faire partie. Voici les caractères tels que Lamarck les a donnés (Anim. sans vert. T. VI, 2ᵉ partie, pag. 229) : coquille subdiscoïde ou conique, ombiliquée, solide, à tours de spire rudes ou anguleux ; ouverture entière, ronde, quelquefois trigone, à bords continus, le plus souvent frangés ou munis d'un bourrelet ; ouverture fermée par un opercule. Les Dauphinules sont généralement hérissées ou armées de longues épines ; leur ombilic est large, et comme elles ont le péristome continu et souvent entièrement libre, séparé du reste de la coquille, la columelle n'existe pas. On connaît un assez grand nombre d'espèces de Dauphinules vivantes ou fossiles ; quelques-unes sont très-rares et très-recherchées. L'espèce suivante a servi de type au genre.

DAUPHINULE LACINIÉE , *Delphinula laciniata*, Lamk. , Anim. sans vert. T. VI , 2ᵉ part., p. 230, n. 1. Cette Coquille est le *Turbo Delphinus*, L., très-anciennement connu, et fi-

guré par presque tous les auteurs, tels que Lister, Conch. t. 608, f. 45 ; Chemnitz , Conch. T. V, t. 175, fig. 1727 à 1735 ; et l'Encycl., p. 451, f. 1 à 6. Cette dernière figure est sans contredit la meilleure. La Dauphinule laciniée est subdiscoïde, épaisse ; toute sa surface est chargée de sillons écailleux ou granuleux dont quelques-uns, plus gros, portent des appendices laciniés plus ou moins longs ; elle est du reste élégamment colorée de rouge et de fauve. Elle vient de la mer des Indes, et a jusqu'à vingt-cinq lignes de diamètre.

DAUPHINULE DISTORTE, *Delphinula distorta*, Lamk. , *loc. cit.*, n. 2 ; *Turbo distortus*, L., pag. 3600, n. 46, figurée par Chemnitz, Conch. T. v, t. 175, f. 1737 à 1739. Celle-ci, comme la précédente , est subdiscoïde et épaisse, mais elle est colorée en rouge pourpre ; ses tours de spire supérieurement sont anguleux et plissés longitudinalement ; elle est sillonnée, et les sillons sont tuberculeux ; le dernier tour est constamment séparé des autres, comme dans quelques Scalaires ; elle est d'ailleurs dépourvue des appendices laciniés qui se voient dans l'espèce précédente.

DAUPHINULE RAPE, *Delphinula Lima*, Lamk. , Anim. sans vert. T. VI, 2ᵉ part., pag. 231, n. 2, et Annales du Mus., vol. 4, p. 110, n. 2. Cette Coquille est orbiculaire, convexe, épaisse, ayant conservé sa nacre quoiqu'à l'état fossile ; elle est sillonnée transversalement, et les sillons portent de petites écailles concaves ; les tours de spire sont subanguleux ; le sillon de l'angle étant plus gros et chargé d'écailles plus grandes. Nous avons fait figurer cette Coquille dans l'Atlas de ce Dictionnaire d'après un bel individu de notre collection. Lamarck indique Courtagnon comme la localité où l'on a trouvé cette Coquille. Nous l'avons eue d'une localité plus rapprochée, des environs de Senlis, dans les grès marins supérieurs.

DAUPHINULE A BOURRELET , *Delphinula marginata* , Lamk., *loc. cit.*,

p. 232, n. 4, et Ann. du Mus. T. IV, pag. 3, n. 5. Coquille orbiculaire, convexe, à tours de spire lisses, ce qui ne se voit pas ordinairement dans ce genre; l'ombilic est marqué par un petit bourrelet granuleux. On trouve souvent cette Coquille avec des restes de sa coloration; des taches fauves entourent la spire; elles varient dans leur disposition; quelquefois on observe l'opercule encore en place, fermant l'ouverture. Cette petite Coquille, de trois lignes et demie de diamètre, se trouve souvent à Grignon, à Parnes, et dans presque toutes les localités à calcaire grossier.

(D..H.)

DAURADE. POIS. Sous-genre établi par Cuvier parmi les Spares. On donne vulgairement ce nom à divers Poissons, particulièrement au Coriphœne Hypure, que les marins croient être la femelle de leur Dauphin, autre espèce du même genre. Sur les côtes de la Gascogne, la Daurade est le vrai *Sparus aurata*. (B.)

DAURADE. BOT. CRYPT. De Doradille. L'un des noms vulgaires des Cétérachs dans le midi de la France.

(B.)

DAURAT. POIS. C'est-à-dire *Doré*. Le Cyprin de la Chine dans tout le midi de la France, où ce Poisson passe l'hiver sans inconvénient dans les bassins des jardins dont l'eau ne gèle pas entièrement. (B.)

DAVALLIE. *Davallia*. BOT. CRYPT. (*Fougères*.) Ce genre, établi par Smith, renferme des Plantes rapportées par la plupart des autres auteurs aux Trichomanes ou aux Adianthes. Il diffère cependant beaucoup de ces deux genres. Les capsules sont réunies en groupes arrondis à l'extrémité des nervures près du bord de la fronde; chaque groupe de capsules est recouvert par un tégument de forme semi-lunaire, adhérent par sa circonférence et s'ouvrant en dehors. Les Trichomanes, qui se rapprochent de ce genre par la position des capsules, en diffèrent en ce que ces capsules sont tout-à-fait margina-

les et entourées par un tégument en forme d'urne. Leur port est aussi assez différent. Les Trichomanes ont des frondes très-minces et transparentes; les Davallies les ont plus épaisses et souvent très-finement découpées. Leurs pinnules sont en général presque flabelliformes et lobées à leur circonférence. Ces Fougères ont des formes très-élégantes; le nombre des espèces connues est assez considérable. L'une des plus répandues dans les collections et qu'on cultive fréquemment dans les serres, est le *Davallia Canariensis* ou *Trichomanes Canariense*, L. Il habite les îles Canaries, particulièrement Ténériffe, et croît même spontanément dans le midi de l'Espagne et du Portugal. Ce genre qui, comme presque toutes les Fougères, habite principalement les régions équinoxiales, diffère des autres genres de la même famille en ce qu'il est beaucoup plus commun dans l'ancien continent et dans les îles de la mer du Sud qu'en Amérique. (AD. B.)

* DAVI. BOT. PHAN. Ce mot, dans les langues des Indes-Orientales, est l'initial de plusieurs noms de Plantes, et il est accompagné d'épithètes qui distinguent les espèces. Ainsi DAVI-PA-DACOLI est l'*Ixora alba*; DAVI-RINTI le *Vitex latifolia*; DAVI-SINSORI-TAU-DA le *Polygonum orientale*, etc. (B.)

DAVIÉSIE. *Daviesia*. BOT. PHAN. Famille des Légumineuses et Décandrie Monogynie, L. Dans le quatrième volume des Transactions de la Société Linnéenne de Londres, Smith a constitué ce genre en fixant ainsi ses caractères essentiels : calice anguleux, simple et quinquéfide; corolle papilionacée; dix étamines libres; stigmate simple, aigu; légume comprimé et monosperme. En décrivant une belle espèce de ce genre, que Willdenow avait rapportée au genre *Pultenæa*, également établi par Smith, Ventenat observe que le *Daviesia* a la plus grande affinité avec ce dernier genre, et qu'il n'en diffère que par son calice nu ou sans appendice et par son fruit comprimé et à une seule graine. Les espèces qui composent ce genre, sont des Arbustes à rameaux roides, à feuilles simples terminées en pointe, et à petites fleurs jaunâtres. Elles ont pour patrie la Nouvelle-Hollande, d'où quelques-unes ont été transportées dans les jardins d'Europe, telles que les *Daviesia denudata*, Vent.; *D. latifolia*, et *D. mimosoïdes*, R. Brown. Smith a donné dans le neuvième volume des Transactions de la Société Linnéenne de Londres, les descriptions fort détaillées de dix espèces, sous les noms de *Daviesia acicularis*, *D. incrassata*, *D. ulicina* (*D. ulicifolia*, Andr.), *D. reticulata*, *D. squarrosa*, *D. umbellulata*, *D. corymbosa*, *D. cordata*, *D. alata*, et *D. juncea*. Cette dernière est une toute autre Plante que celle nommée ainsi par Persoon, et qui doit se rapporter au *D. denudata* décrit et figuré par Ventenat (Choix des Plantes, p. et t. 7). Smith (*loc. cit.* et *Annals of Bot.*, vol. 1, p. 507) distingue même celle-ci d'avec les Daviésies et en forme le genre *Viminaria. V.* ce mot.

Nous ne devons pas omettre de dire que les Plantes décrites par Smith et Labillardière, sous le nom générique d'*Aotus*, et rapportées aux *Pultenœa* par Ventenat et Andrews, ont été réunies à notre genre par Persoon.

La DAVIÉSIE OMBELLÉE, *Daviesia umbellata*, espèce postérieurement décrite par Smith (*loc. cit.*), sous le nom de *D. umbellulata*, est également représentée dans la Flore de la Nouvelle-Hollande de Labillardière, t. 107, avec l'analyse des organes fructificateurs, qui donne une juste idée du caractère générique. (G..N.)

DAVILLE. *Davilla.* BOT. PHAN. Ce genre a été constitué par Vandelli (*Flor. Lusit. et Brasil. Prodr.* 115, tab. 2, fig. 14) et adopté par De Candolle (*Syst. Veget. Nat.* 1, p. 405) qui l'a placé dans la famille des Dilléniacées, tribu des Délimées, et a ainsi fixé ses caractères : étamines en nombre indéfini ; carpelle unique testacé, renfermé dans les deux sé-

pales intérieurs du calice qui se sont accrus et sont devenus concaves, opposés et semblables aux valves d'un fruit; une ou deux graines à peu près globuleuses. On n'en connaît encore qu'une seule espèce.

La DAVILLE BRÉSILIENNE, *Davilla Brasiliana*, D. C., est un Arbre dont les feuilles sont alternes, oblongues et décurrentes, les fleurs vertes ou roussâtres. Par son port, il se rapproche beaucoup et il est pour ainsi dire intermédiaire entre le *Tetracera* et le *Delima*, genres de la même famille.

On trouvait dans le Supplément de l'Encyclopédie Méthodique la description de cette Plante sous le nom de *Davilla rugosa*. Il est fâcheux que le célèbre auteur du *Systema Naturæ Vegetabilium* n'ait pas adopté ce nom, on n'aurait pas un synonyme de plus; mais il ne serait guère convenable de préférer maintenant celui-ci, puisque le nom de *Davilla Brasiliana* accompagne non-seulement une bonne description générique et spécifique, mais encore une excellente figure publiée par M. Benjamin Delessert (*Icones Selectæ*, vol. 1, t. 72).

Le genre *Davilla* diffère du *Tetracera* en ce que ses fleurs sont hermaphrodites, son ovaire unique, son stigmate capité et non aigu, enfin par la forme remarquable de ses deux sépales intérieurs.   (G..N.)

* DAVO. BOT. PHAN. Mot indien qui précède un grand nombre de noms de Plantes et dont nous ignorons la signification. Selon les épithètes qui l'accompagnent, il a diverses significations. Ainsi DAVO-BAHENA est synonyme de *Laurus Cinamomum;* DAVO-CARO de *Strychnos;* DAVO-CITROCO de *Plumbago zeylanica ;* DAVO-TILÆ de *Sesamum orientale*, etc.   (B.)

DAWAL-KURUNDU ET DAWEL-CORONDE. BOT. PHAN. (Hermann.) Syn. ceylanais du *Laurus involucrata*, sorte de Laurier qui fournit une Cannelle médiocre et dont on emploie le bois pour faire des vases et des tambours.   (B.)

*DAWAN. BOT. PHAN. Rumph décrit sous ce nom trois Arbres des Moluques, qui, selon Jussieu, paraissent avoir beaucoup d'affinité avec le genre *Spondias* de la famille des Térébinthacées. Leurs feuilles sont pennées, à folioles alternes ou opposées; leurs fleurs, disposées en grappes terminales, sont très-petites, et il leur succède des fruits de la forme et de la grosseur d'une balle de fusil, sorte de drupe dont le brou contient un principe huileux. On emploie le bois de ces Arbres à divers usages et constructions.   (G..N.)

DAWSONIE. *Dawsonia.* BOT. CRYPT. (*Mousses.*) Ce genre, l'un des plus singuliers de la famille des Mousses, a été observé à la Nouvelle-Hollande par R. Brown, et décrit par ce savant botaniste dans les Transact. Linn. T. x, p. 316. Il ne renferme qu'une seule espèce qui a complétement le port d'un Polytric; sa tige est simple, roide; ses feuilles amplexicaules sont longues, subulées, dentées, et présentent supérieurement, comme celles des Polytrics, plusieurs crêtes saillantes parallèles à la nervure principale. Le pédicelle est terminal et unique; la capsule est oblique, plane supérieurement, et convexe inférieurement; elle ressemble beaucoup pour la forme à celle du *Buxbaumia aphylla;* l'opercule est en forme de cloche; la coiffe est double; l'extérieure n'est composée que de poils entrecroisés; l'intérieure est fendue latéralement et tuberculeuse au sommet; le péristome est formé de poils très-nombreux, longs, droits et simples, naissant également des parois de la capsule et de la columelle. Ce dernier caractère, unique dans la famille des Mousses, pourrait laisser quelque doute s'il n'avait été remarqué par un observateur aussi habile. Hooker a donné depuis une excellente figure de la même Plante dans les *Musci exotici*, et il a de nouveau observé ce caractère. C'est la

première fois qu'on voit un péristome naître de la columelle; mais cette columelle, représentée comme très-grosse et renflée, est-elle bien la même chose que ce qu'on a décrit sous ce nom dans les autres Mousses? Ne serait-ce pas plutôt la membrane interne de la capsule séparée des parois de cette capsule? L'examen de la Plante fraîche pourrait seul éclaircir ce fait.   (AD. B.)

* DAWSONIE. *Dawsonia.* BOT. CRYPT. (*Hydrophytes.*) Genre consacré à Dawson Turner par Palisot de Beauvois, mais dont il n'a fait connaître ni les caractères ni les espèces. Nous avons donné ce nom à un groupe de Délesseries qui formaient la seconde section de ce genre si nombreux; il offre pour caractères: des feuilles planes parcourues par une ou plusieurs nervures longitudinales, simples ou rameuses, et ne se prolongeant jamais jusqu'aux extrémités ni sur les bords; fructification double; la tuberculeuse comprimée, gigartine, située dans le voisinage des nervures ou sur le bord des feuilles; la capsulaire éparse sur les feuilles et souvent presque invisible. Ce genre est composé de dix-huit à vingt espèces, la plupart nouvelles; Dawson Turner en a figuré plusieurs sous les noms de *Fucus platicarpos, pristoïdes, caulescens, rubens, nervosus* et *venosus;* les *Deless. lobata* et *Gmelini* lui appartiennent également. La grandeur, la couleur et l'habitation des Dawsonies n'offrent rien de particulier, et tout ce que nous dirons des Délesseries sous ce rapport peut leur être appliqué.   (LAM..X.)

DAYENA ou DAYENIA. BOT. PHAN. (Adanson.) Syn. d'Ayénie. *V.* ce mot.   (B.)

* DAYONOT. BOT. PHAN. Suivant Jussieu, le petit Arbre qui porte aux Philippines le nom de Dayonot (*Tugus*), paraît avoir des caractères qui le rapprochent d'une part du *Boehmeria* dans la famille des Urticées, de l'autre du *Tragia* dans les Euphorbiacées.   (A. R.)

DÉ A COUDRE. bot. crypt. Nom vulgaire, adopté par Paulet, de l'*Agaricus campanulatus*, L. (B.)

* DEBACH. bot. phan. *V*. Dabach.

DEBASSAIRE. ois. Syn. vulgaire de la Mésange Remiz dans les dialectes gascons. *V*. Mésange. (dr..z.)

* DEBRÆA. bot. phan. Ne trouvant pas que le mot d'*Erisma*, créé par Rudge pour un genre voisin du Lopezia, fût conforme à son étymologie grecque, Rœmer et Schultes lui ont substitué le nom de Debræa en l'honneur du comte de Bray, maintenant ambassadeur de Bavière à Paris, et l'un des protecteurs les plus éclairés de la botanique. Ce nom ne saurait être admis, tant à cause de la futilité du prétexte allégué par Rœmer et Schultes, que parce qu'il existe déjà un genre *Braya* de la famille des Crucifères et dédié au même personnage. *V*. Braya et Erisma.
(g..n.)

* DÉBRULER. C'est, selon Fourcroy, enlever l'oxigène aux corps avec lesquels ce principe s'est uni dans certaines circonstances. (dr..z.)

* DECACANTHE. pois. C'est-à-dire *à dix épines*. Espèces des genres Lutjan et Bodian. (B.)

* DECACTIS. échin. L'on a donné ce nom aux Astéries fossiles des Schistes de Solenhofen; Knorr les a figurées pl. 1, tab. 11, fig. 4. Elles ont dix rayons. Lamarck n'en parle point dans son Histoire des Animaux sans vertèbres. (lam..x.)

* DECADACTYLE. pois. C'est-à-dire *à dix doigts*. Espèce du genre Polynème. *V*. ce mot. (B.)

DÉCADIE. *Decadia*. bot. phan. Genre de l'Icosandrie Monogynie, L., fondé par Loureiro (*Fl. Cochinchin.* 1, p. 385) et ainsi caractérisé: calice inférieur à trois divisions persistantes, étalées et inégales; corolle à dix pétales dressés et plus longs que le calice; environ trente étamines presque égales aux pétales et insérées à la base de ceux-ci d'après Loureiro; un style filiforme et un stigmate épaissi; drupe ovée et triloculaire. Le nom de Décadie vient de ses trois décades d'étamines, nombre toujours constant selon Loureiro. Le professeur De Candolle (*Prodrom. System. Vegetabilium*, 1, pag. 520) place ce genre à la suite des Elæocarpées; mais il ajoute que si l'insertion des étamines est calicinale, et non telle que l'a décrite Loureiro, le *Decadia* doit être rapporté aux Rosacées. L'unique espèce dont ce genre se compose, *Decadia aluminosa*, Loureiro, est un Arbre d'une médiocre grandeur dont le tronc est couvert d'une écorce lisse, les rameaux écartés, les feuilles lancéolées, dentées en scie, alternes, pétiolées, glabres et verdoyantes. Les fleurs sont blanches, petites et disposées en grappes peu allongées, presque simples et terminales. Cet Arbre croît dans les forêts de la Cochinchine où il est nommé *Cay-Deungse*, et probablement dans plusieurs îles de l'archipel Indien, car Loureiro lui donne pour synonyme l'*Arbor aluminosa* de Rumph (*Herb. Amb.*, liv. v, tab. 100), et l'*Arbor Bobudicta* de Burmann (Zeyl. pl. 26). Cet Arbre est employé, par les habitans d'Amboine, selon Rumph, pour teindre en rouge, et dans ce cas, c'est plutôt comme un mordant à la manière de l'Alun, que comme une substance colorante par elle-même.
(g..n.)

* DÉCAGONE. pois. Espèce d'Agone de Schneider, qui rentre dans le genre Cotte. *V*. ce mot. (B.)

DÉCAGYNIE. *Decagynia*. bot. phan. Dans le Système Sexuel de Linné où les caractères des premières classes sont fondés sur le nombre des étamines, ceux des ordres sont tirés du nombre des styles ou des stigmates distincts. La Décagynie est l'ordre qui renferme les Végétaux ayant dix styles; tel est, par exemple, le *Phytolacca Decandra*. *V*. Système Sexuel de Linné. (a. r.)

DECANDOLLIE. BOT. Pour Candollée. *V.* ce mot.

* **DÉCANDRE.** *Decander.* BOT. PHAN. Cette expression s'emploie pour désigner les Plantes ou les fleurs qui ont dix étamines. (A. R.)

DÉCANDRIE. *Decandria.* BOT. PHAN. Dixième classe du Système Sexuel de Linné, qui contient tous les Végétaux ayant dix étamines. Cette classe offre cinq ordres, savoir : 1° Monogynie; 2° Digynie; 3° Trigynie; 4° Pentagynie; 5° Décagynie. *V.* SYSTÈME SEXUEL de Linné. (A. R.)

DÉCAPODES. *Decapoda.* CRUST. Premier ordre de la classe des Crustacés, ayant pour caractères : branchies cachées sous les côtés du test ; deux yeux portés sur un pédicule mobile ; quatre antennes généralement sétacées, dont les intermédiaires ont leur tige partagée en deux ou trois filets ou soies articulées ; organe extérieur de l'ouïe situé à la base des autres ; bouche composée d'un labre, de deux mandibules palpigères, d'une languette, de deux paires de mâchoires multifides, de trois paires de pieds-mâchoires, accompagnés extérieurement d'un appendice en forme de palpe (*flagrum*), les deux dernières paires munies de branchies; dessus du corps recouvert, à l'exception de son extrémité postérieure ou du post-abdomen, d'une écaille ou test généralement dure, en grande partie calcaire ; post-abdomen en forme de queue; dix pieds proprement dits, dont les deux antérieurs au moins terminés ordinairement en pince; organes sexuels doubles; ceux du mâle situés à l'article radical des deux derniers ; ceux de la femelle s'ouvrant soit au même article des pieds de la troisième paire, soit sur l'espace pectoral compris entre eux; œufs portés par des appendices pédiformes et bifides, disposés par paires sous le post-abdomen ; forme des premiers différant souvent selon les sexes. Un seul de ces caractères, la situation des branchies, distingue suffisamment cet ordre de Crustacés. Quoique ces organes soient réellement extérieurs ou situés à la surface du corps, ils sont néanmoins cachés par les côtés du test qui se replient en dessous ; l'eau qui les abreuve et leur fournit le fluide respirable pénètre sous le repli du test, au moyen d'un vide ou canal antérieur formé sur les côtés des pieds-mâchoires. Ainsi ces Crustacés sont, en quelque manière, des Cryptobranches, tandis que ceux des autres ordres sont Gymnobranches. Dans ceux-ci encore les quatre derniers pieds-mâchoires, ou même quelquefois les six, sont devenus des organes propres à la locomotion, et le nombre des pieds s'est accru en proportion. Mais dans les Décapodes, si l'on en excepte les derniers genres, ces pieds-mâchoires, appliqués sur les organes de la manducation, semblent être uniquement destinés à leur service, et coopèrent même quelquefois directement à leurs fonctions. Le nombre de leurs pieds n'est donc que de dix, et telle est l'origine de la dénomination que nous avons donnée à cet ordre d'Animaux. Il se compose du genre *Cancer* de Linné, moins quelques espèces à branchies découvertes, de ceux que Fabricius comprend dans ses classes de Kleistagnathes et d'Exochnates, sauf ceux de Limule, de Squille et de Gammarus, et des Malacostracés Podophthalmes du docteur Leach. Ce sont ces mêmes Animaux que les anciens désignèrent plus particulièrement sous la dénomination de Crustacés, *Crustata.* Leur corps est en effet recouvert à moitié ou en majeure partie par une sorte de bouclier ou test d'une seule pièce, et garanti inférieurement au moyen d'une espèce de plastron, divisé par des sutures en autant de segmens transverses qu'il y a de paires de pieds propres et de pieds-mâchoires. L'extrémité postérieure ou la queue, et que nous avons appelée POST-ABDOMEN ou URO-GASTRE, attendu qu'elle ne renferme que le prolongement terminal du canal alimentaire, est elle-même défendue supérieurement par une suite d'écailles transverses ou de tablettes, réunies inférieurement avec une membrane soutenue par un demi-anneau transverse et de la consistance des tégumens supérieurs. Chacune de ces tablettes forme avec ces parties inférieures un segment complet, dont le nombre est toujours de sept dans les Décapodes à longue queue ou Macroures, mais un peu moindre dans plusieurs de ceux où cette queue est courte ou les Brachyures, et variant même selon les sexes. Cette différence provient de la réunion de quelques-uns de ces anneaux ; souvent les vestiges des sutures l'annoncent. Le docteur Leach s'est servi avec avantage de cette disparité numérique pour diviser la famille des Brachyures. Mais cette méthode est très-artificielle, et c'est ce qu'a judicieusement observé Desmarest à son article MALACOSTRACÉS du Dictionnaire des sciences naturelles. Ceux qui désireront connaître à fond les principes du naturaliste anglais et avoir une idée exacte de l'état actuel de la science relativement aux Animaux de cette classe, consulteront cet excellent article.

La substance des tégumens est un mélange de Gélatine et de Sulfate de Chaux : une liqueur d'un beau rouge qui passe par les pores d'une membrane très-mince recouvrant le dessous du test, lui communique, lorsqu'on l'expose au feu ou à l'action du soleil, une teinte analogue, mais ordinairement plus faible et un peu modifiée.

Quoique tous les Crustacés soient généralement carnassiers, il semble cependant que les Décapodes l'emportent à cet égard sur tous les autres, et, sans parler de la complication et de la force de leur appareil masticateur, les pièces osseuses et dentées, et au nombre de cinq, dont leur gésier est armé intérieurement, décèlent éminemment ce genre d'habitudes. Celui des Squilles et des Limules offre bien des pièces destinées aux mêmes usages, mais beaucoup plus faibles et ne consistant même

que dans un assemblage de cils ou de spinules.

Les yeux sont ordinairement situés à l'extrémité d'un pédicule divisé en deux articles, inséré sur le test, et se logeant chacun dans une cavité particulière, pratiquée transversalement à son bord antérieur. Dans plusieurs, notamment dans les Macroures, l'intervalle de ce test compris entre eux se prolonge en une pointe souvent dentée, qu'on a nommée bec ou rostre ; dans les autres, ce même espace qui répond au front ou à une portion du vertex, forme une espèce de chaperon. La longueur des antennes se divise naturellement en deux parties, le pédoncule et la tige. Le pédoncule est plus ou moins cylindrique, composé de trois articles. La tige a la forme d'une soie ou d'un fil, et se compose d'une quantité souvent considérable de très-petits articles. Celle des antennes latérales ou extérieures est toujours simple ; mais à l'égard des intermédiaires, leur pédoncule se termine par deux ou trois filets ; ce n'est cependant que dans les derniers genres de la famille des Macroures, où ce nombre s'élève à trois. Dans tous les Brachyures, ces deux tiges terminales sont courtes ou peu allongées et représentent une sorte de pince. Dans divers Branchiopodes, elles en font réellement les fonctions, et l'analogie nous montre que les mandibules des Aranéides sont leurs analogues. L'on aperçoit sous la base des antennes latérales un petit corps en forme de tubercule, logé dans un enfoncement du test, tantôt membraneux en devant, à l'exception de son pourtour (Brachyures), tantôt entièrement pierreux (Macroures), et que l'on considère comme l'organe extérieur de l'ouïe ; l'espace intermédiaire est ce que nous appelons ÉPISTOME. Le premier article des mêmes antennes est quelquefois soudé avec le test et se confond même avec lui ; c'est ce qui a lieu dans plusieurs de ces Brachyures que l'on nomme vulgairement Araignées de mer. Les antennes intermédiaires sont presque toujours soudées et repliées sur elles-mêmes dans les Brachyures ; mais au-delà elles s'allongent ainsi que les deux autres, se redressent et s'avancent aussi en avant. Ces modifications s'opèrent conjointement avec celles qu'éprouvent les proportions du test et s'étendent aussi aux pieds et aux autres pièces analogues. Aussi les derniers pieds-mâchoires finissent-ils par ressembler à des palpes, à des antennes, et sont-ils même transformés en pieds dans la dernière tribu, celle des Schizopodes. C'est à ce rétrécissement progressif de la partie antérieure du corps qu'il faut attribuer d'une part le changement qui a lieu dans la situation relative des deux vulves de la femelle, et cette série de loges qui, dans la plupart des Macroures, partage le milieu de la cavité intérieure thoracique, et recevant, selon les observations de Geoffroy Saint-Hilaire et de Dutrochet, les cordons médullaires. Cela n'a pas lieu dans les Brachyures ; leurs cavités cotyloïdes étant moins rapprochées longitudinalement entre elles, le milieu de la surface intérieure du plastron est uni.

Savigny, notre confrère à l'Académie des Sciences, a fait une étude très-approfondie, générale et comparative des parties de la bouche de ces Animaux, et nous a fourni le moyen de reconnaître, dans les classes voisines, leurs analogues. Une pièce, en forme de cœur, vésiculeuse, comprimée sur les côtés, carénée dans le milieu de sa longueur et située entre les mandibules, représente le labre. Elle existe aussi dans les Aranéides (languette sternale, Sav.). Les mandibules sont osseuses, fortes, transverses, élargies triangulairement ou en cuiller, tranchantes vers le côté interne, rétrécies et en forme de cône allongé à l'autre bout ; la manière dont elles sont situées ne leur permet point de s'écarter beaucoup l'une de l'autre. Dans les derniers genres de l'ordre, elles se rétrécissent, s'allongent, prennent une forme arquée et se bifurquent même à leur extrémité intérieure. Sur leur

dos est inséré un palpe de trois articles, couché ordinairement sur lui, mais qui, dans quelques-uns de ces derniers genres encore, est relevé. Le pharynx est situé entre elles et la languette (*labium*, Fabr.). Cette partie se compose de deux feuillets ovales, divergens et appliqués sur la face antérieure et inférieure des mandibules. Les mâchoires ressemblent aussi à des feuillets, mais divisés en lanières ciliées ou velues sur leurs bords ; celle de la paire supérieure (*maxilla quarta*, Fabr.) en offre trois, et celle de la paire suivante (*maxilla tertia*, Fabr.) cinq, mais qu'on pourrait réduire essentiellement à trois, en considérant les deux intérieures comme bifides. Les pièces, au nombre de trois paires qui succèdent, en descendant, aux précédentes et les recouvrent graduellement, sont les pieds-mâchoires, ou les mâchoires auxiliaires, dans la nomenclature de Savigny. La forme des deux supérieures (*maxilla secunda*, Fabr.) tient le milieu entre celle des mâchoires et celle des pieds-mâchoires suivans : ce sont en quelque sorte des mâchoires-pieds, qui, dans les Crustacés amphipodes et isopodes, forment une sorte de lèvre inférieure. Elles sont divisées en trois lobes, mais dont l'extérieur ressemble à une petite antenne sétacée, pluriarticulée, portée sur un pédoncule et faisant un angle avec elle. Fabricius l'a comparé à un fouet (*palpus flagelliformis*), c'est le flagre de Savigny. Les quatre autres pieds-mâchoires se partagent dès leur base en deux tiges, dont l'extérieure forme aussi un flagre, et dont l'interne ressemble à un petit pied, composé de six articles et courbé à son extrémité supérieure. Ceux de la seconde paire ou les deux supérieurs de ces quatre, sont pour Fabricius, tantôt des palpes intermaxillaires (Brachyures), tantôt des seconds palpes (Macroures), et, à l'égard des deux inférieurs ou derniers, là (Brachyures), il les prend pour une mâchoire extérieure terminée par un palpe, ici (Macroures), pour des palpes extérieurs. Nous avons fait abstraction de la division extérieure, qui conserve toujours la dénomination de palpe ou lanière flagelliforme. Tous ces pieds-mâchoires sont insérés sur les côtés de l'extrémité antérieure et allant en pointe du plastron sternal, mais dont les divisions ou sutures segmentaires ne sont pas toujours bien distinctes.

D'après les modifications progressives de toutes ces parties, nous pensons que les mâchoires ne sont elles-mêmes que des pieds-mâchoires ayant changé de forme et s'étendant en largeur (*V.* les tarses postérieurs des Gyrins). Celles de la seconde paire, dans les Arachnides et les Scolopendres, les deux paires, dans les Jules, sont même transformées en pieds. Nous pourrions aussi citer à cet égard divers Branchiopodes. Les six pieds suivans de ces Animaux, ainsi que ceux des Insectes hexapodes, ne seraient, dans notre opinion, que les analogues des pieds-mâchoires des Crustacés décapodes, de manière que le thorax des premiers ne répond qu'à l'extrémité antérieure de la partie du corps désignée ainsi dans les derniers. Ces considérations ramènent l'organisation extérieure de ces divers Animaux à un type unique, mais ayant subi des modifications.

Les deux pieds antérieurs, et quelquefois les deux ou quatre suivans, se terminent le plus souvent en manière de tenaille ou de main à deux doigts, dont le supérieur mobile et analogue au dernier article des pieds simples, et dont l'inférieur fixe est formé par un prolongement de l'angle correspondant de la main ou de l'avant-dernier article. Ce doigt recevra le nom d'index, et l'autre, ou le mobile, celui de pouce. L'article donnant naissance à la main est le carpe, et celui qui le précède est appelé bras. Les deux pieds antérieurs sont souvent désignés par l'expression de *chelæ* ou de serres; mais Linné ne paraît l'appliquer qu'à la pince proprement dite. Dans les Décapodes nageurs ou pélagiens, le dernier article des deux pieds postérieurs et quelquefois même des précédens, à l'exception des serres, est élargi, comprimé en manière de lame ovale ou d'espèce de nageoire. Quelquefois aussi ces deux pieds postérieurs, ou les quatre derniers sont beaucoup plus petits. Les longueurs et les situations respectives de ces organes du mouvement présentent d'autres différences.

Les organes fécondateurs des mâles ne se montrent en dehors que sous l'apparence d'un mamelon percé d'un trou et situé au premier article des deux pieds postérieurs.

Le post-abdomen ou la queue est repliée sous la poitrine (Brachyures et quelques Macroures), ou simplement courbée en dessous (presque tous les Macroures), et ordinairement (du moins dans les Brachyures) plus large et plus arrondie dans les femelles, quelquefois même (Portunes) autrement terminée dans les deux sexes. Quelquefois encore le nombre des segmens dont elle est composée, et qui est ordinairement de sept, varie aussi dans ces deux sortes d'individus. Le dessous de cette partie du corps présente dans toutes les femelles quatre ou cinq paires d'appendices, disposés sur deux rangs longitudinaux, et que l'on peut considérer comme des pieds abdominaux. Ils se composent, en général, d'un article radical, servant de support à deux pièces en forme de filets barbus ou de lames foliacées, et dans ce dernier cas ils servent de nageoires. Les œufs sont attachés à ces appendices, en agglomérations plus ou moins volumineuses et toujours à nu. Dans les Brachyures mâles et quelques Macroures, ces pieds abdominaux sont, à l'exception des premiers, beaucoup plus petits proportionnellement ou même peu visibles. Les deux premiers ont la forme de cornes, mais ne sont point l'organe sexuel, ainsi que nous l'avions dit dans la seconde édition du Nouveau Dictionnaire d'Histoire Naturelle. L'anus est placé sous le dernier segment. L'avant-dernier, dans les Macroures, porte une petite nageoire composée de deux feuillets insérés à l'extrémité d'un article commun et basilaire ; ces deux nageoires forment avec le dernier segment une nageoire commune s'épanouissant en façon d'éventail (*V.* l'article MACROURES).

Le système nerveux des Décapodes ne paraît différer essentiellement de celui des Insectes que par l'encéphale composé de quatre ganglions ou tubercules, au lieu de deux, ou d'un seul et bilobé, non compris une partie centrale servant de point de réunion. L'estomac, ou plutôt le gésier, est soutenu par une sorte de squelette cartilagineux, armé à l'intérieur de ces pièces osseuses et dentées dont nous avons parlé plus haut et destinées à la trituration des alimens. On y voit aussi, dans le temps de la mue, qui arrive vers la fin du printemps, deux corps calcaires, arrondis, convexes d'un côté et planes de l'autre, qu'on nomme vulgairement yeux d'Ecrevisses, et disparaissant lorsque la mue est achevée. Ils semblent fournir la matière propre au nouveau test ou contribuer à l'augmenter. Nous n'exposerons point ici la manière dont s'opère cette mue, ni les moyens que la nature emploie pour réparer les pertes que ces Animaux sont sujets à faire de quelques-uns de leurs membres. Ces détails, ainsi que tous ceux qui ont pour objet les autres organes intérieurs, doivent trouver place soit à l'article CRUSTACÉS, soit plus spécialement à celui d'ECREVISSE, deux espèces de ce genre, l'Ecrevisse ordinaire et le Homard, ayant fourni presque exclusivement ces diverses observations. Les Crustacés décapodes et les Mollusques céphalopodes sont certainement à la tête de cette grande division zoologique, que l'on distingue communément sous le nom d'Animaux invertébrés. De quelle manière se rattachent-ils aux derniers Animaux vertébrés ? C'est une question qui, à raison de sa généralité et de son importance, mérite une attention spéciale, d'autant plus que cette distinction a été combattue avec infiniment d'art et de talent par l'un

des plus savans zootomistes de notre siècle, Geoffroy Saint-Hilaire, et défendue par un autre célèbre anatomiste, Meckel, professeur à l'université de Halle. Ce sont aussi les Animaux de la même série les plus remarquables sous le rapport de la grandeur et de la longévité. La plupart sont marins et littoraux. Quelques-uns vivent dans les eaux douces et se tiennent même à une distance assez grande de la mer et dans des lieux élevés ; comme dans les lacs situés au sommet des montagnes (*V.* OCYPODE, TOURLOUROU, GRAPSE, THELPHUSE). D'autres, pour se procurer leur nourriture ou pour échapper à leurs ennemis, ont des habitudes particulières (*V.* DROMIE, DORIPPE, PINNOTHÈRE). Ces Crustacés peuvent, selon les circonstances, marcher de côté ou aller à reculons. Il en est (Ocypodes) dont la vitesse égale presque celle de nos meilleurs coursiers.

L'on trouve de ces Animaux sous toutes les latitudes ; mais, en général, ils sont plus abondans sous les tropiques, et la plupart des espèces fossiles de nos contrées n'ont d'analogie qu'avec celles qui habitent aujourd'hui exclusivement ces dernières localités. Il en est cependant quelques-unes qui paraissent être bien moins anciennes et se rapprocher de celles qui vivent actuellement dans nos mers. Par son beau travail sur les Crustacés fossiles, Desmarest s'est acquis de nouveaux droits à la reconnaissance des naturalistes.

La chair des Crustacés décapodes, quoique d'une digestion difficile, est cependant généralement recherchée. Mais, pour éviter la corruption et les désagrémens qui en résulteraient, il faut avoir la précaution de faire cuire vivans ces Animaux. Les nègres, qui vont à leur chasse, percent d'un trou chacune de leurs pinces, y font entrer la pointe de l'un de leurs doigts ou de leurs mordans, et ayant ainsi formé avec les pieds antérieurs un cercle, les enfilent dans un bâton. Pour conserver ces Animaux dans les collections, il faut, après avoir enlevé les chairs, les priver, autant que possible, des sels dont ils sont imprégnés, en les mettant à cet effet dans de l'eau douce, et employer ensuite, comme dessiccatif, une lessive d'eau de Chaux (*V*. Journ. de phys. et de chim. Août, 1822).

Quelques espèces, et particulièrement le Crabe fluviatile d'Italie et du Levant (*V*. THELPHUZE), avaient autrefois une grande réputation en médecine. Mais elle s'est évanouie, ou du moins singulièrement affaiblie avec le temps, puisque ces Animaux ne sont presque plus employés dans la matière médicale.

Les uns ont la queue courte, appliquée sur la poitrine, sans nageoires ou appendices analogues à son extrémité, les branchies solitaires, et l'issue extérieure des organes sexuels féminins située entre les pieds de la troisième paire. Ils constituent la famille des Décapodes à courte queue ou celle des BRACHYURES.

Dans les autres, cette queue est généralement aussi longue ou plus longue que le test, simplement courbée, munie latéralement à son extrémité de deux petites nageoires, en formant une générale et en éventail avec le dernier segment, les branchies rapprochées à leur base par faisceaux, et les vulves situées au premier article de ces mêmes pieds ou de la troisième paire. Ils composeront la famille des Décapodes à longue queue ou celle des MACROURES. *V*. ces deux articles.   (LAT.)

* DÉCAPTÉRYGIENS. POIS. Seconde classe de la Méthode Ichthyologique de Schneider, caractérisée par le nombre des nageoires. Elle est divisée en trois ordres : les Apodes, les Thorachiques et les Abdominaux. *V*. POISSONS.   (B.)

DÉCASPERME. *Decaspermum*. BOT. PHAN. Genre de la famille des Myrtacées et de l'Icosandrie Monogynie, L., établi par Forster (*Genera*, 37) et adopté par Gaertner qui en a changé le nom en celui de *Nelitris*. Linné fils, dans son Supplément,

avait fait du genre de Forster une espèce de Goyavier sous le nom de *Psidium Decaspermum*. Ce genre, qui doit conserver le nom qui lui a été primitivement imposé par Forster, a pour caractères : un calice globuleux adhérent avec l'ovaire infère et dont le limbe est partagé en quatre ou cinq divisions ; une corolle formée de quatre à cinq pétales ; des étamines très-nombreuses, ayant leurs filets libres et leurs anthères ovoïdes et didymes. L'ovaire est à dix loges monospermes et surmonté d'un style et d'un stigmate simples. Le fruit est un nuculaine globuleux couronné par le limbe du calice, et marqué de dix sillons peu profonds ; il renferme dix nucules osseux, comprimés latéralement. Gaertner décrit ce genre comme ayant un fruit à une seule loge renfermant dix graines osseuses. Mais d'après sa figure même, qui est fort bien faite, et surtout d'après le caractère tracé par Forster, ce fruit est évidemment à dix loges qui se changent chacune en un noyau monosperme.

Le *Decaspermum fruticosum*, Forster, ou *Nelitris Jambosella*, Gaertner, 1, p. 135, tab. 27, fig. 5, est un Arbuste originaire de Ceylan, qui a des feuilles ovales, acuminées, planes ; des fleurs solitaires, pédonculées et munies de deux petites bractées vers le sommet de leur pédoncule, et des fruits charnus de la grosseur d'une Cerise.   (A. R.)

DÉCASPORE. *Decaspora*. BOT. PHAN. Genre de la famille des Épacridées, fondé par R.Brown (*Prodrom. Flor. Nov.-Holland.*, p. 548) qui le caractérise ainsi : calice soutenu par deux bractées ; corolle campanulée, dont le limbe est orné de poils épars ; étamines saillantes ; cinq squamules hypogynes réunies par la base ; ovaire à dix loges, se convertissant en une baie à dix graines osseuses. Deux espèces constituent ce genre : l'une avait été placée par Labillardière (*Nov.-Holland.* 1, p. 58, tab. 82) dans son genre *Cyathodes* avec le nom spécifique de *disticha*; mais il est juste de dire qu'il en avait indiqué la séparation. L'autre a été nommée *Decaspora thymifolia* par R. Brown qui l'a trouvée dans la terre de Diémen de la Nouvelle-Hollande. Labillardière assigne la même patrie à l'espèce précédente. Ce sont de beaux Arbrisseaux dont les feuilles sont éparses et pétiolées, les fleurs rouges, disposées en épis terminaux et penchées, et les baies violettes.   (G..N.)

* DÉCEMFIDE. *Decemfidus.* BOT. PHAN. On dit d'un calice ou d'une corolle qu'ils sont *Décemfides* lorsqu'ils sont partagés en dix lobes peu profonds par des incisions qui n'atteignent pas jusqu'au milieu de la hauteur de ces organes.   (A. R.)

* DÉCEMLOCULAIRE. *Decemlocularis.* BOT. PHAN. Un ovaire ou un fruit est *Décemloculaire* quand il offre dix loges ou cavités séminifères. *V.* FRUIT et OVAIRE.   (A. R.)

* DÉCIDU. *Deciduus.* BOT. PHAN. Cette expression s'emploie pour exprimer d'une manière comparative l'époque à laquelle certains organes des Végétaux se détachent et tombent. Ainsi *caduc* se dit d'un organe qui tombe peu de temps après son développement, et *Décidu* de celui qui ne se détache que plus ou moins long-temps après son développement. Le calice des Pavots, de beaucoup de Renoncules est *caduc*, parce qu'il tombe aussitôt que la fleur s'épanouit; celui des Crucifères est *Décidu* parce qu'il dure jusqu'à l'époque où la fécondation s'est opérée.   (A. R.)

* DÉCLIEUXIE. *Declieuxia.* BOT. PHAN. Genre de la Tétrandrie Monogynie, L., et de la famille des Rubiacées, section des Cofféacées de Kunth, établi par ce savant botaniste et ainsi caractérisé : calice adhérent à l'ovaire dont le limbe est libre et à quatre dents; corolle infundibuliforme, quadrifide et régulière; les découpures du limbe étalées, réfléchies, et la gorge ornée de villosités; quatre étamines insérées à l'entrée de la corolle et sail-

lantes, à filets capillaires et à anthères linéaires, introrses et biloculaires; ovaire infère, presque rond et comprimé; un seul style et un stigmate bifide. Le fruit est une sorte de drupe à deux noyaux didymes, comprimés, couronnés par le limbe du calice persistant. Les noyaux sont monospermes et d'une consistance de parchemin.

Ce genre a été dédié à la mémoire de l'honorable Declieux, officier de la marine française, qui enrichit les Antilles de la Plante la plus précieuse entre toutes les Rubiacées. On sait que ce navigateur, transportant quelques pieds de Caféyers du Jardin des Plantes de Paris à la Martinique, manqua d'eau pendant la traversée, et qu'il partagea constamment avec ses chères Plantes, sa ration à peine suffisante pour éteindre la soif ardente qui le dévorait pendant un aussi long voyage dans les climats équatoriaux. Le genre *Declieuxia* a de l'affinité d'un côté avec le *Canthium* et le *Chiococca*, et de l'autre avec le *Psychotria*. Il s'en distingue cependant par la structure du fruit et le nombre des parties; en outre son stigmate bifide, ses étamines saillantes et un port particulier le différencient suffisamment. La seule espèce qui le constitue croît sur les bords de l'Orénoque et près du couvent de Caripe dans la Nouvelle-Andalousie. Kunth l'a nommée *Declieuxia Chiococcoides* et a accompagné sa description d'une bonne figure (*in* Humboldt et Bonpl. *Nov. Gener. et Species Plant. æquinoct.*, 3, p. 276, tab. 281). Willdenow l'ayant reçue du baron de Humboldt et désignée, dans son Herbier, sous le nom de *Houstonia fruticosa*, il serait très-possible que, sans égard pour l'excellente description dont nous venons de donner un abrégé, des botanistes copiassent le mauvais synonyme de Willdenow. Au reste, c'est un Arbrisseau élevé, à rameaux quadrangulaires, à feuilles opposées, très-entières, coriaces et munies de stipules entre leurs pétioles. Les fleurs sont blanches, disposées en corymbes terminaux, sessiles, et à pédoncules dichotomes.   (G..N.)

*DÉCLINÉ. *Declinatus.* BOT. PHAN. On dit que les étamines ou le style sont Déclinés quand ils se portent tous vers la partie inférieure de la fleur qui dans ce cas n'est jamais dressée, mais placée horizontalement. Nous citerons, comme exemple, le Dictame blanc.   (A. R.)

DECODON. BOT. PHAN. Une Plante que Walter (*Flor. Carolin.*, p. 137) avait décrite sous le nom provisoire d'*Anonymus aquaticus*, était devenue par Gmelin (*Syst.* II, p. 677) le type du nouveau genre *Decodon*. Richard (*in Mich. Flor. Boreal. Amer.*), Persoon et Willdenow se sont accordés à regarder cette Plante comme identique avec le *Lythrum verticillatum*, L. *V.* SALICAIRE.   (G..N.)

.* DÉCOMBANT. *Decumbens.* BOT. PHAN. Une tige qui s'élève d'abord directement, puis se replie vers la terre sur laquelle elle s'étale en partie, est Décombante. Telle est celle de l'*Arctotis Decumbens*.   (A. R.)

*DÉCOMPOSÉ. *Decompositus.* BOT. Les feuilles peuvent être composées à différens degrés. Lorsque le pétiole commun est simple et porte immédiatement les folioles, la feuille est simplement composée, comme dans l'Acacia, le Frène. Elle est au contraire décomposée quand le pétiole commun se divise en pétioles secondaires qui portent les folioles. Telles sont un grand nombre de Mimeuses. On dit aussi d'une tige qu'elle est décomposée quand, dès sa base, elle se divise en un grand nombre de ramifications, telle est celle de la Bruyère.   (A. R.)

DECOSTÉE. *Decostea.* BOT. PHAN. Les auteurs de la Flore du Pérou et du Chili ont établi ce genre pour une Plante indigène de ce dernier pays, et lui ont assigné les caractères suivans : fleurs dioïques ; les mâles ont un calice à cinq dents ; une corolle à cinq pétales et cinq étamines ; les femelles n'ont point de corolle ; il y a trois styles ; une drupe monosperme couronnée par le calice et les styles persistans. Le DECOSTÉE GRIMPANT, *Decostea scandens*, Ruiz et Pavon (*Syst. Veget. Flor. Peruv.*, p. 259), est un Arbrisseau dont les tiges grimpantes sont garnies de feuilles cordées, épineuses et dentées à leur base. (G..N.)

* DECOUPÉ. *Incisus.* BOT. PHAN. Un calice monosépale ou une corolle monopétale, une feuille, sont Découpés quand leur limbe est partagé en un certain nombre de lobes par des incisions plus ou moins profondes. Suivant le nombre et la profondeur de ces incisions on dit de ces organes qu'ils sont bifides, trifides, quadrifides, multifides, si les découpures, au nombre de deux, trois, quatre, etc., n'atteignent au plus que jusqu'au milieu du limbe ; si au contraire elles sont plus profondes, on dit alors biparti, triparti, quadriparti, multiparti, etc. Cette distinction est importante, et fournit souvent de très-bons caractères. (A. R.)

DÉCOUPURE. INS. (Geoffroy.) Syn. de *Noctua libatrix*. *V.* NOCTUELLE.   (B.)

*DÉCOUVERTS (FRUITS). *Fructus nudi.* BOT. PHAN. Ce sont les fruits qui ne sont masqués par aucun organe accessoire. Tels sont les Prunes, les Cerises. Cette expression s'emploie par opposition à celle de fruits couverts qui désigne les fruits masqués par un calice, une cupule ou un involucre qui persistent.   (A. R.)

* DÉCRÉPITATION. Mouvement particulier, accompagné de bruit, que l'on observe dans certaines substances que l'on dessèche promptement à l'aide du feu. (DR..Z.)

* DÉCRESCENTE-PINNÉE (FEUILLE). *Folium Decrescenti-Pinnatum.* BOT. PHAN. C'est une feuille pinnée, dont les folioles diminuent graduellement de grandeur de la base du pétiole commun à son sommet. Le *Vicia sepium* et plusieurs autres Légumineuses en offrent des exemples.

    (A. R.)

DÉCROISSEMENS. MIN. Les cristallographes se servent de ce mot pour exprimer les variations d'étendue que subissent les lames cristallines à partir du noyau sur lequel elles se superposent, et qui consistent dans la soustraction régulière et uniforme d'une ou de plusieurs rangées de molécules. *V.* CRISTALLOGRAPHIE.

(G. DEL.)

DÉCUMAIRE. *Decumaria.* BOT. PHAN. Genre de la famille des Myrtinées et de la Dodécandrie Monogynie, établi par Linné avec des caractères très-incomplets qui ont été précisés de la manière subséquente dans l'*Hortus Kewensis* (1re édit., vol. 2, p. 230), et par Bosc, dans les Actes de l'ancienne Société d'Histoire Naturelle de Paris (T. 1er, p. 76) : calice supère, partagé en un nombre de divisions qui varie de huit à douze ; ces divisions sont très-courtes, épaisses à la base, blanchâtres ou colorées ; corolle formée de huit à dix pétales ; seize à vingt-cinq étamines insérées à la base du calice sur le bord du réceptacle, à filets plus longs que la corolle, et ayant des anthères didymes presque globuleuses ; l'ovaire infère et turbiné supporte un style persistant, que surmonte un stigmate globuleux, légèrement sillonné de huit à dix rainures ; il se convertit en une capsule de même forme, couronnée par les dents du calice et par le style persistant, à huit ou dix loges, s'ouvrant par des fentes à sa partie inférieure, marquée de stries longitudinales et saillantes ; les loges sont séparées par de minces cloisons qui se déchirent à la maturité ; elles contiennent chacune deux rangs de graines allongées, terminées par des membranes obtuses et attachées sur un réceptacle central, angulaire et fusiforme.

Ce genre est particulier aux contrées méridionales des Etats-Unis d'Amérique. La seule espèce que Linné ait fait connaître et nommée *Decumaria barbara*, fut postérieurement décrite par Walter (*Flora Caroliniana*, p. 154) sous le nouveau nom générique de *Forsythia*, qui n'a pas dû être adopté. Bosc (*loc. cit.*, t. 13) donna une description détaillée et une bonne figure de la *Decumaria sarmentosa*, qu'il a regardée comme distincte de la précédente, mais que Richard (*in* Michaux *Flor. Boreali Americana*, p. 282) et Persoon ont considérée tout simplement comme une variété. Le premier de ces deux auteurs a cru devoir substituer au nom spécifique imposé par Linné, celui de *Forsythia* que portait le genre de Walter ; cependant cette innovation n'a pas été admise. Quoi qu'il en soit de la réunion ou de la distinction de ces Plantes, il suffira, pour s'en donner une idée exacte, de jeter les yeux sur la figure de la *Decumaria sarmentosa* de Bosc : c'est un Arbuste à tige ligneuse, sarmenteuse, genouillée, grêle, et dont les jeunes pousses portent seules des feuilles opposées, pétiolées, dentées dans leurs parties supérieures, glabres et marquées de nervures ; les inférieures sont cordées, tandis que les supérieures sont lancéolées ; elle est commune dans les *Swamps* ou vallées peu profondes de la Caroline du Sud. (G..N.)

* DÉCURRENT, DÉCURRENTE. *Decurrens.* BOT. PHAN. Lorsque le limbe d'une feuille, au lieu de s'arrêter au point même d'insertion de cet organe sur la tige, se prolonge sur celle-ci, de manière à former deux appendices saillans et en forme d'ailes longitudinales, cette feuille est appelée *Décurrente*. Telles sont celles du Bouillon-Blanc, de la Consoude, etc. Dans ce cas, la tige est toujours ailée. (A. R.)

*DÉCURSIVE-PINNÉE (FEUILLE). *Folium Decursivè-Pinnatum.* BOT. PHAN. C'est une feuille pinnée, dont les folioles sont décurrentes sur le pétiole commun ; telles sont les feuilles du *Melianthus major.* (A. R.)

DÉDALÉE. BOT. CRYPT. Pour Dœdalée. *V.* ce mot. (B.)

DEEI. BOT. PHAN. Ce mot, accompagné de quelques épithètes caractéristiques, commence dans les langues chinoises un grand nombre de noms de Plantes, rapportés comme synonymes par quelques auteurs. Ainsi Deei-Buom-Borom est le *Lonicera Xylosteum*, L.; Deei-Trop, le *Cephalanthus procumbens*, Lour.; Deei-Xanh-Vuong, le *Cissus quadrangularis*; Deei-Xop-Xop, le *Ficus pumila*, etc., etc.   (b.)

DEERINGIE. *Deeringia*. bot. phan. Genre de la famille des Amaranthacées et de la Pentandrie Monogynie, L., fondé par R. Brown (*Prodr. Flor. Nov.-Holland.*, p. 413) qui lui donne pour caractères : un périanthe à cinq divisions profondes ; cinq étamines réunies à leur base en un urcéole édenté, et munies d'anthères biloculaires ; style tripartite ; péricarpe renflé, bacciforme et polysperme. Ce genre a de grandes affinités avec le *celosia* de Linné et le *Lestibudesia* de Du Petit-Thouars. Il ne se compose que d'une seule espèce, la *Deeringia celosioïdes*, à laquelle R. Brown donne pour synonyme la *Celosia baccata*, Retz (Observ. 5, p. 23) ; cependant il observe que la Plante de la Nouvelle-Hollande diffère de celle décrite par Retz, et qui croît dans l'Inde, par ses fleurs plus grandes et la pluralité de ses graines. Du reste, c'est un Arbrisseau glabre, dont les tiges faibles s'appuient sur les autres Arbres de la contrée. Il a des feuilles alternes et des fleurs soutenues par trois bractées, et disposées en épis terminaux ou axillaires.
(g .n.)

DÉFENSES. zool. On désigne généralement par ce mot celles des dents de l'Eléphant, du Sanglier, du Babiroussa, etc., qui saillent hors de la bouche.

Quant aux moyens de défense des Animaux, ils ont été traités à l'article Armes. *V*. ce mot.   (b.)

DÉFENSE DE SANGLIER. annel. L'un des noms vulgaires des Dentales. *V*. ce mot.   (b.)

DEFFORGIE. *Defforgia*. bot. phan. Le genre appelé ainsi par Com-

merson, dans ses manuscrits, a été nommé *Forgesia* par Lamarck. *V*. Forgésie.   (a. r.)

*DEFFYT. ois. (Gesner.) Syn. de *Gallinula Nœvia*, Lath. *V*. Gallinule.   (b.)

*DÉFINIES (étamines). *Stamina definita*. bot. phan. Cette expression n'est employée que par opposition à celle d'étamines indéfinies. Le nombre des étamines est défini jusqu'à douze ; passé ce nombre, elles n'ont plus rien de fixe ; elles sont indéfinies. *V*. Système Sexuel de Linné.
(a. r.)

DÉGÉNÉRATION. Nous ne pensons point que ce mot puisse être admis dans l'histoire de la nature, où rien ne dégénère dans le sens véritable qu'on doit attribuer à ce mot. Les changemens que subissent les êtres, soit qu'ils acquièrent de nouvelles parties par un développement plus ou moins favorisé, soit qu'au contraire ils s'appauvrissent par des privations quelconques, ne sont ni des perfectionnemens ni des dégénérations. C'est au mot Dégénérescences des organes que nous examinerons ce que, d'après l'éloquent Buffon, on considérait comme des erreurs de la nature.   (b.)

*DÉGÉNÉRESCENCES DES ORGANES. bot. et zool. Ce mot, pris dans son sens strictement littéral, exprimerait une altération dans les tissus des organes, et par suite une lésion de leurs fonctions physiologiques capable de produire des accidens toujours graves dans les diverses parties de l'individu affecté. Ce n'est pas ainsi qu'on doit l'entendre en histoire naturelle, car nous prouverons dans le cours de cet article que les conséquences du phénomène dont il s'agit, loin d'être constamment fâcheuses, comme celles des Dégénérescences morbides pour l'être organisé, lui sont le plus souvent profitables. L'expression de Dégénérescences signifiera donc pour nous toute espèce de modification dans la structure des organes, laquelle entraînant un changement notable dans leurs fonctions, peut faire illusion sur leur véritable nature et masquer la symétrie de leurs rapports. Quoique le règne animal en présente un grand nombre d'exemples, nous n'insisterons pas sur les considérations qu'il serait possible d'en tirer, parce que ces exemples n'ont pas attiré l'attention spéciale des zoologistes, ou du moins qu'ils ont été envisagés sous un autre point de vue. A la vérité, les belles conceptions d'anatomie philosophique de Geoffroy Saint-Hilaire pourraient se rattacher à l'étude que nous faisons en ce moment, mais nous craindrions de tronquer les faits, en voulant en donner une exposition abrégée, et d'affaiblir la justesse des rapprochemens qu'en a déduits ce savant professeur. Sa théorie, d'ailleurs, se trouve exposée dans plusieurs articles de ce Dictionnaire, et nous ne ferions que reproduire sous une autre forme ce qui est dit aux mots ANALOGUES, CLITORIS, CLOAQUE, etc.

Ainsi, laissant de côté les Dégénérescences zoologiques, nous nous occuperons particulièrement de celles que l'on observe si fréquemment dans les Végétaux, lesquels, sous ce rapport, ont été le sujet des méditations de notre illustre maître le professeur De Candolle. Puissions-nous présenter à nos lecteurs un tableau fidèle des opinions de ce savant, opinions que nous avons étudiées dans ses conversations et dans la lecture de ses ouvrages, et dont il a été implicitement question au mot AVORTEMENT! Par le mot Dégénérescences des organes, l'auteur de la Théorie Elém. de la Botan. (2ᵉ éd., p. 105) définit les phénomènes de végétation, soit constans, soit accidentels, et toujours caractérisés par l'aspect insolite ou différent de celui que présentent naturellement les organes des Plantes. Si nous réfléchissons à la simplicité de l'organisation végétale et à l'unité presque absolue de composition des tissus élémentaires, nous ne serons pas étonnés d'en trouver des exemples aussi nombreux et aussi va-

riés, car les plus légers changemens dans la nature intime d'un organe sont capables de lui faire prendre l'apparence et les fonctions d'une autre partie. Les moindres variations des milieux dans lesquels il vit ont une influence marquée sur son développement ainsi que sur ses formes; et il peut arriver que sa transformation soit complète lorsque la nature des agens extérieurs est totalement intervertie. Ainsi, par exemple, rien n'est plus facile que de faire produire sur une tige des racines au lieu de branches, et réciproquement des rameaux caulinaires sur des racines; et pourtant ce sera le même bourgeon, c'est-à-dire un abrégé de parties similaires, qui donnera, dans ces deux cas opposés, des organes aussi différens en apparence que la tige et la racine!

C'est encore au changement de milieux qu'il faut attribuer les métamorphoses que subissent un grand nombre de Plantes amphibies, et qui sont tellement extraordinaires qu'elles ont donné lieu à de graves erreurs spécifiques. Si, pour nous borner à un seul exemple, nous observons, dans un marais desséché, la Renoncule aquatique, *Ranunculus aquatilis*, L., d'abondantes feuilles dont le limbe est plane et bien développé couvrent sa tige, la longueur de celle-ci est peu considérable; en un mot elle offre des caractères précis que l'on peut définir aussi bien que ceux des autres espèces du même genre. Mais suivons les développemens de la même Plante lorsque, par une cause quelconque, la surface du sol aura changé; nous la verrons bientôt s'allonger en raison de la moindre densité du terrain qui, en fournissant plus de sucs aux racines et opposant moins d'obstacles à leurs progrès, activera aussi l'augmentation des tiges. Que l'eau vienne à s'élever au-dessus du sol, alors le parenchyme des feuilles se détruira, et les nervures s'accroîtront de manière à devenir filiformes et désagrégées. Ainsi, au lieu de feuilles, nous ne trouverons plus que des faisceaux de fibres dont les fonctions seront d'une toute autre nature, puisqu'elles n'auront ni leurs formes, ni leurs couleurs, ni leur consistance, puisque vivant dans le fond des eaux, elles ne serviront pas, du moins comme les feuilles, à la décomposition de l'acide carbonique et à la production de l'oxigène.

Cette Dégénérescence complète de tous les organes de la végétation dans la Renoncule aquatique, par suite de la différence des milieux qu'elle habite, se représente dans la plupart des Plantes amphibies. Nous signalerons ici celle des feuilles de la *Sagittaria sagittæfolia*, L., que nous avons remarquée sur les bords de la Seine, parce que l'observation n'en a été consignée nulle part et qu'elle semble rentrer parfaitement dans nos vues sur les Dégénérescences. On sait que cette Plante est singularisée par ses feuilles presque cylindriques ou cannelées intérieurement et terminées en fer de flèche; c'est ainsi qu'elle se présente sur le bord des rivières ou au milieu des eaux stagnantes. Mais lorsqu'elle se trouve dans des courans rapides, ses feuilles, entraînées par les eaux, couchées et submergées, s'allongent considérablement et ne forment que des rubans très-étroits dont les bords sont parallèles jusque vers leurs extrémités. En cet état, il serait impossible de reconnaître à quelle Plante elles appartiennent, et il est probable qu'elles exécutent des fonctions toutes différentes de celles des feuilles ordinaires de *Sagittaria*.

C'est une observation très-ancienne, que la nature du sol exerce une grande influence sur les organes de certaines Plantes. Celles-ci, transplantées d'un terrain dans un autre, indépendamment des mutations survenues dans leurs dimensions, éprouvent des déformations réelles dans leurs diverses parties. Les épines dont la nature a armé plusieurs Végétaux sauvages s'évanouissent souvent par la culture; à leur place, on voit paraître des branches en tout semblables à celles qui sont habituelles à l'Arbre. Ces métamorphoses que nous voyons s'opérer fréquemment dans les Genêts, le Prunier épineux, les Orangers, etc., indiquent assez qu'un terrain maigre et ingrat a transformé, dans la nature sauvage, en épines protectrices de l'individu, les branches qui, mieux nourries dans un sol fertile, auraient conservé leur organisation primordiale. Enfin, on doit compter au nombre des causes extérieures des Dégénérescences accidentelles, les grands phénomènes météoriques de l'athmosphère. Lorsque des pluies ou des brouillards épais font avorter les grappes de la Vigne, celles-ci se métamorphosent en vrilles qui servent alors au Végétal de points d'attache, mais qui trop souvent se multiplient au-delà de ses besoins et trompent l'espoir de l'agriculteur.

Une cause, plus importante que la précédente, puisqu'elle produit des transformations plus variées et qu'elle semble inhérente à l'organisation intime des Plantes, c'est l'avortement des organes voisins qui force, pour ainsi dire, l'organe dégénérescent à revêtir des formes et à remplir des fonctions qui lui sont étrangères. Le propre avortement de l'organe lui-même peut encore être tel qu'il en change les fonctions et occasione une véritable Dégénérescence. Cette question a été en partie traitée au mot AVORTEMENT de ce Dictionnaire; mais c'est ici le lieu de la considérer spécialement et d'en développer les applications. Examinons-la dans les diverses parties des Plantes, en commençant par les organes de la végétation.

La tige, cette partie centrale, base de tout le système épigé, est moins sujette que toute autre aux métamorphoses. Cependant, soit qu'elle subisse un avortement complet par l'accroissement des organes circonvoisins, soit qu'elle se développe outre mesure par l'annihilation de ceux-ci, ou enfin par toute autre cause, nous la voyons tellement transformée que, sans la voie de l'analogie, il nous serait impossible de la reconnaître. Les tiges des Plantes bulbeuses, réduites à un mince plateau, nous offrent l'exemple d'une Dégénérescence complète par avortement de l'organe lui-même. Nous avons observé un phénomène analogue dans les tiges de plusieurs Plantes alpines. On est, en général, frappé de l'exiguité de celles-ci relativement à l'énormité des dimensions de leurs fleurs; mais on n'a jamais observé, ce nous semble, qu'une grande quantité d'espèces ne sont multicaules et herbacées que par suite de l'oblitération de leur tige principale. Ainsi, la *Gentiana glacialis*, que l'on décrit toujours comme multicaule, n'est réellement qu'unicaule, puisque chacune de ses prétendues tiges est un long pédoncule naissant des aisselles de plusieurs paires de feuilles extrêmement rapprochées et dont les entrenœuds, réduits à leur minimum, constituent la tige dégénérée. Ces pédoncules, il est vrai, sont foliacés et ne semblent être que de simples rameaux; mais il nous paraît évident, par la position de chacun d'eux, qu'ils doivent être assimilés aux pédoncules si minimes des autres espèces et que leur développement est dû à l'avortement de la souche ou tige principale.

Lorsque les tiges prennent un accroissement plus considérable que celui qui leur est habituel, elles peuvent aussi changer de fonctions; et alors l'épithète de *dégénérescentes* doit, à plus juste titre, leur être appliquée. Ces phénomènes sont tantôt produits par des causes accidentelles ou dépendantes de la volonté des Hommes, tantôt ils résultent de l'organisation particulière de certaines Plantes. Les tiges fasciées de la Chicorée, de l'Asperge, du *Celosia cristata*, sont des Dégénérescences accidentelles, tandis que les tiges des *Xylophylla*, des *Cactus*, etc., sont constamment aplaties et foliiformes, quelle que soit la nature du terrain où croissent ces Végétaux.

Ce que nous venons de dire des tiges, est applicable aux branches qui n'en sont que des subdivisions, ainsi qu'aux pétioles que l'on doit regarder comme des organes formés, de même que les tiges, de fibres longitudinalement appliquées; ainsi, l'histoire des Acacies hétérophylles, celle des feuilles de *Buplevrum* et de certaines Renoncules, s'expliquent facilement par les Dégénérescences des pétioles en lames foliacées, Dégénérescences occasionées par l'avortement des folioles, lorsque les feuilles sont composées, et par celui du limbe, lorsque ce sont des feuilles simples. On a, selon le professeur De Candolle, un sûr moyen de reconnaître si les feuilles simples de ces Plantes sont dues à l'accroissement des pétioles, c'est que leurs nervures sont toutes longitudinales, lors même qu'elles appartiennent à des familles de Plantes où les nervures sont divergentes et ramifiées. Ce diagnostic est précieux; car si l'on réfléchit que les feuilles, proprement dites, ne sont autre chose que des fibres écartées et entremêlées de tissu cellulaire et de matière verte, on pourrait se demander si, lorsque les pétioles, dont la nature est la même (puisqu'ils n'en diffèrent que par l'application des fibres et l'absence du parenchyme vert), viennent à étaler leurs fibres et à se colorer en vert, si alors ces pétioles ne sont pas les feuilles naturelles de la Plante; et si l'on arrivait à une conclusion affirmative, ne serait-on pas porté à signaler ce cas comme une exception à l'analogie de structure entre les organes de la végétation dans le petit nombre de familles naturelles qui, sous ce rapport, ont fixé l'attention des observateurs? L'exemple que nous venons de citer est plus que suffisant pour démontrer combien l'étude des Dégénérescences est importante pour la classification.

Les Dégénérescences des feuilles sont peu fréquentes. Puisqu'en effet, nous n'entendons par ce mot que le changement simultané de formes et de fonctions, il est clair que, dans un organe qui revêt toutes les formes imaginables, la bizarrerie de celles-ci ne doit pas caractériser la Dégénérescence; et quant aux fonctions, elles ne peuvent guère être interverties par une cause inhérente à l'organisation. Il arrive seulement que les extrémités de leurs parties ou lobes, sont susceptibles de s'endurcir et de se transformer en épines, comme nous en voyons des exemples dans le Houx, le *Ruscus aculeatus*, les *Ulex*, etc. Les bractées sèches et scarieuses du Tilleul, les enveloppes florales glumacées des Graminées, celles dont les belles couleurs font l'ornement de l'*Hortensia*, des *Gomphrena*, etc., ou qui forment des houppes élégantes au sommet de l'épi du *Salvia Horminum* et du *Lavandula Stœchas*, sont des exemples de Dégénérescences foliaires. Il nous serait permis peut-être d'étendre l'acception du mot *Dégénérescences* à certains organes de la fleur même, à ceux que l'on regarde comme les plus importans (les valves de l'ovaire), parce qu'ils ne sont à nos yeux que des transformations constantes de la feuille; mais ce serait nous engager dans des discussions théoriques, que ne comportent pas les bornes de ce Dictionnaire.

Nous ne dirons qu'un mot des stipules ainsi que des folioles de l'involucre des Composées et des Ombellifères, parce que ces organes ne diffèrent des feuilles que par leurs moindres dimensions. Aussi présentent-ils souvent les mêmes phénomènes : s'ils avortent, les organes voisins prennent un accroissement plus considérable ; si, au contraire, ce sont les feuilles qui s'annihilent, comme dans le *Vicia Aphaca*, par exemple, alors les stipules deviennent de véritables feuilles. Dans plusieurs espèces d'Acacias, les stipules sont converties en épines; elles le sont également dans quelques *Berberis*; enfin tous les accidens qui arrivent aux feuilles ou à leurs pétioles, peuvent survenir aux organes dont il s'agit.

Avant de considérer les organes de la reproduction sous le rapport des Dégénérescences, nous devons parler de leurs enveloppes. Le calice, par la forme de chacune de ses pièces, par leur couleur, par leur position sur la tige et en dehors de la fleur, a la plus grande analogie avec les feuilles ; ce n'est le plus souvent qu'un verticille de celles-ci, dont les formes sont à peine altérées. Ainsi, toutes les Dégénérescences propres aux feuilles, peuvent aussi bien modifier les calices ; mais quelquefois ils changent tellement de couleur, de forme et de consistance, qu'on s'imaginerait voir de véritables pétales. Nous omettons cependant de parler ici du périanthe simple, ou de l'enveloppe unique des Plantes monocotylédones, car c'est encore une question de savoir si on doit considérer cet organe comme le calice ou comme la corolle, ou enfin comme une soudure naturelle de l'un et de l'autre (*V.* ces mots). Il nous suffira d'appeler l'attention sur les calices colorés et pétaloïdes des Clématites, des Aconits et des Hellébores, par exemple ; il est certain que par l'effet d'une Dégénérescence constante, ces organes ont acquis la nature et les fonctions des pétales, tandis que ceux-ci ont été réduits à des corps d'apparence hétéroclite, que Linné a désignés sous le nom vague de Nectaires.

La corolle, cet assemblage si gracieux des parties les plus brillantes de la fleur, subit quelques Dégénérescences dans ses formes ; elle en affecte alors de tellement bizarres, que sans la position relative de ses pièces, on ne reconnaîtrait pas que ce sont des pétales; c'est ce qui arrive dans les Plantes de la famille des Renonculacées, dont nous venons de parler. Un grand nombre de fleurs sont munies de pétales, dont l'état rudimentaire masque, pour ainsi dire, l'existence. Telles sont celles de plusieurs Salicariées. Les pétales eux-mêmes ne sont que des étamines dégénérées, ainsi que le prouvent les fleurs doubles où la transformation de ces organes est si visible, ainsi que nous le présentent naturellement le rang intérieur des pétales de Nymphæa, les cornets des Ancolies, etc.

Nous avons essayé de donner une idée exacte, quoique sommaire, de plusieurs phénomènes que naguère on confondait dans la série des faits désignés sous la dénomination insignifiante de monstruosités. Aujourd'hui qu'il est reconnu que la plupart de ces monstruosités sont plutôt des retours vers la nature primitive des organes, que des écarts de cette nature, nous avons dû étudier les Dégénérescences comme moyens de distinguer les rapports des Plantes, déguisés par ceux qui s'en tiennent seulement aux apparences extérieures. Nous terminerons cet article par l'exposé des diverses sortes de Dégénérescences admises par le professeur De Candolle (Théorie Élémen. de la Botanique, 2ᵉ éd., p. 106). Il les a considérées sous cinq points de vue différens, selon que les organes sont transformés, dans des circonstances données, en épines, en filets ou en vrilles, en membranes foliacée ou scarieuse, et en corps charnu.

Les Dégénérescences ÉPINEUSES, protectrices de l'individu, affectent toutes les parties des Plantes, excepté celles qui, comme les racines, sont cachées sous terre, ou enveloppées par d'autres, comme les graines. Les organes d'une consistance fibreuse ou ligneuse y sont plus sujets que ceux dont la texture est molle ou membraneuse. Ainsi les branches de certains Pruniers, les pétioles des Astragales Adragans, les stipules de plusieurs Acacias, les folioles de l'involucre des Carduacées dégénèrent en épines presque constamment, tandis qu'il est rare de voir les pétales s'endurcir. Nous en avons cependant un exemple dans le *Cuviera*.

Les Dégénérescences FILAMENTEUSES, supports et points d'attache des Plantes, surviennent aux organes exposés à l'air et formés de fibres longitudinales et serrées. Les pétioles des feuilles pinnées des Légumineuses, les pédoncules de la Vigne, les stipules des *Smilax*, s'allongent ou naturellement ou accidentellement en un filament flexible, contourné en spirale et connu sous le nom de vrille; les feuilles elles-mêmes peuvent se terminer en vrilles, comme on le voit dans les *Flagellaria*, et surtout dans les *Nepenthes*, où la vrille a de plus la singularité de s'épanouir en un godet plein d'une liqueur rafraîchissante. Enfin, ce sont encore de véritables Dégénérescences filamenteuses, que les tiges volubiles de Lizerons, celles désignées par les voyageurs sous le nom collectif de *Lianes*, etc., puisqu'en s'endurcissant ces tiges perdent souvent leur aspect cirrhiforme, et deviennent semblables aux tiges ordinaires.

Nous croyons avoir assez parlé, dans le cours de cet article, des Dégénérescences MEMBRANEUSES ou FOLIACÉES, pour qu'il soit nécessaire de revenir sur l'explication de ce phénomène. Ses résultats sont des modifications dans l'aspect et les usages des organes, sans que leur rôle dans la symétrie organique soit changé.

Les Dégénérescences SCARIEUSES et CHARNUES, inverses les unes des autres, n'attaquent que les parties naturellement membraneuses. Par l'effet des premières, les organes prennent l'apparence d'une membrane sèche, transparente, hygroscopique, et qui semble être leur squelette membraneux dépouillé de ses sucs. Telles sont les tuniques fines et membraneuses des feuilles radicales de certaines Liliacées; tels sont aussi les calices dégénérés en aigrettes des Synanthérées. Ces Dégénérescences sont le plus souvent produites par la pression des organes voisins. Enfin les parties membraneuses des Plantes peuvent devenir charnues, quand, par des causes particulières, ils reçoivent une plus grande quantité de sucs qu'ils n'en exhalent, ou qu'ils en laissent évaporer une moindre qu'ils n'en absorbent. C'est le cas naturel des Plantes grasses, c'est le cas accidentel des Végétaux qui croissent dans les lieux maritimes.   (G..N.)

DÉGON. MOLL. Nom donné par Adanson à une petite espèce de Cérithe, qui pourrait bien n'être qu'une variété du Cérithe ponctué de Bruguière, dont elle ne diffère que par

un rang de plus de petites tubercules.
(D..H.)

DEGRÉS BORDÉS. MOLL. Nom marchand du *Murex Cutaceum*, L., espèce du genre Triton. *V.* ce mot.
(B.)

DEGU. MAM. Nom de pays adopté par Molina, d'un petit Mammifère du Chili, *Sciurus Degus*, Gmel. *V.* ECUREUIL.
(B.)

DÉGUÉLIE. *Deguelia*. BOT. PHAN. Aublet a décrit et figuré (Guian. 4, p. 750, t. 300), sous le nom de *Deguelia Guiannensis*, un Arbrisseau grimpant qui croît sur le bord des fleuves, et forme un genre particulier dans la famille des Légumineuses et dans la Diadelphie Décandrie. Son tronc est élevé de trois à quatre pieds, et se divise en un grand nombre de rameaux sarmenteux qui s'enroulent autour des Arbres voisins; les feuilles sont alternes, imparipinnées, munies de deux stipules à leur base; les folioles, au nombre de cinq, sont opposées, ovales, acuminées, aiguës, entières; le pédoncule commun est un peu pubescent à sa base; les fleurs sont blanches, papilionacées, formant de longs épis qui naissent plusieurs ensemble de l'aisselle des feuilles, et sont plus courts que ces dernières; le pédoncule commun de ces épis est pubescent et ferrugineux; le calice est court, évasé, à quatre dents peu marquées, formant deux lèvres, l'une supérieure unidentée, l'autre inférieure tridentée; le pétale supérieur ou étendard est le plus grand, et embrasse les quatre autres; il est obcordé et redressé; les ailes sont étroites, plus longues que la carène qui se compose des deux pétales inférieurs soudés; les dix étamines sont diadelphes et renfermées dans l'intérieur de la carène; l'ovaire est globuleux, arrondi, surmonté d'un style redressé; le fruit est, selon Aublet, une gousse roussâtre, épaisse, sphérique, s'ouvrant en deux valves et contenant une seule graine globuleuse, enveloppée d'une substance amilacée.

Nous possédons plusieurs échantillons d'une Plante absolument semblable pour le port, la figure des feuilles, la structure des fleurs, à celle décrite et figurée par Aublet. Elle a été recueillie à la Guiane par le professeur Richard; mais elle diffère par un point essentiel de celle d'Aublet; son ovaire est falciforme, allongé, étroit, et renferme plusieurs ovules. Peut-être pourrait-on soupçonner que le fruit assigné par Aublet à son *Deguelia Guiannensis*, appartenait à une autre Plante. Cet auteur a, comme on le sait, commis plus d'une erreur de ce genre.
(A. R.)

DÉHISCENCE. *Dehiscentia*. BOT. PHAN. On appelle ainsi le mode d'après lequel s'effectue l'ouverture des anthères, au moment où elles répandent leur pollen, ou celle des fruits, quand leurs graines sont mises à nu. C'est ordinairement par toute la longueur du sillon longitudinal qui règne sur chacune des deux loges qui forment une anthère, que la Déhiscence a lieu, ainsi qu'on l'observe dans la Tulipe, l'Œillet, etc. D'autres fois, c'est par des trous ou des espèces de valvules, que le pollen sort au dehors. Ainsi, dans la Bruyère, les Solanum, le *Cyanella*, etc., c'est par le moyen de deux petits trous placés au sommet de chaque loge; dans la Pyrole, au contraire, ces trous occupent la partie inférieure de chaque loge. Dans le genre *Pyxidanthera*, la moitié supérieure de l'anthère s'enlève comme un couvercle, au moyen d'une scissure circulaire; enfin, dans les Lauriers et les genres qui forment la famille des Berbéridées, la Déhiscence s'opère par de petites valvules qui se soulèvent de la partie inférieure vers la supérieure.

La Déhiscence des fruits n'est pas moins variable. Remarquons d'abord qu'il est certains péricarpes qui restent constamment clos, et que, pour cette raison, on nomme indéhiscens. Ainsi, presque tous les fruits charnus ne s'ouvrent pas. Il en est de même de quelques fruits secs. En général, tous les péricarpes secs, qui n'ont qu'une seule loge et qu'une seule graine, restent indéhiscens. Parmi les péricarpes qui s'ouvrent naturellement à l'époque de leur maturité, on remarque des différences qu'il est essentiel de signaler; ainsi, 1° certains péricarpes se rompent d'une manière irrégulière en un nombre de pièces, qui n'est ni bien déterminé ni constant. Ces péricarpes sont appelés péricarpes *ruptiles*, pour les distinguer de ceux qui sont véritablement *déhiscens*; 2° dans quelques genres, tel que l'*Antirrhinum*, par exemple, la Déhiscence a lieu par des trous qui se forment au sommet du péricarpe, et par lesquels les graines sortent au dehors; 3° les fruits d'un grand nombre de Caryophyllées, de l'OEillet, des Silènes, s'ouvrent par de petites dents placées à leur sommet, et qui, d'abord rapprochées, s'écartent les unes des autres et forment une petite ouverture terminale; 4° enfin, le fruit peut s'ouvrir en un certain nombre de pièces ou panneaux qu'on nomme valves. En général, ces valves sont placées longitudinalement : dans un petit nombre de genres, elles sont superposées; ainsi, dans le Pourpier, le Mouron-Rouge, les différentes espèces de Lecythis, le fruit s'ouvre en deux valves superposées, de manière à représenter en quelque sorte une boîte s'ouvrant au moyen d'un opercule. Ce fruit porte le nom de *Pyxide* ou de Boîte à savonnette. La Déhiscence valvaire peut se faire de trois manières différentes, relativement à la position respective des valves et des cloisons.

1°. Cette Déhiscence peut avoir lieu par le milieu des loges, c'est-à-dire entre les cloisons, de manière que chaque valve emporte avec elle une cloison sur le milieu de sa face interne. C'est la Déhiscence *loculicide*. On l'observe dans la famille des Ericinées.

2°. D'autres fois la Déhiscence se fait vis-à-vis les cloisons qu'elle partage le plus souvent en deux lames; on la nomme alors Déhiscence *septicide*, comme, par exemple, dans les Scrophularinées, les Rhodoracées, etc.

3°. Enfin on lui donne le nom de Déhiscence *septifrage*, quand elle a lieu vers les cloisons qui restent libres et entières au centre du fruit, quand les valves s'en sont séparés. On observe ce mode de Déhiscence dans le *Bignonia*, le genre *Calluna*, etc.

Le nombre des valves d'un péricarpe est fort variable; il est en général annoncé d'avance par le nombre des sutures que l'on remarque sur sa face extérieure. Ainsi, il y a des péricarpes à deux, à trois, à quatre, à cinq, ou à un grand nombre de valves; de-là les noms de bivalve, trivalve, quadrivalve, quinquévalve, multivalve, etc. Pour ne pas se tromper sur le véritable nombre des valves, et en tirer des caractères utiles de classification, il est important de savoir que celles de certains fruits sont spontanément bipartibles par suite de l'exsiccation, et qu'ainsi le nombre des valves se trouve accidentellement doublé. Un péricarpe uniloculaire ne peut avoir plus de vraies valves qu'il n'a de stigmates ou de lobes stigmatiques; dans un péricarpe multiloculaire, le nombre des loges détermine exactement celui des valves. Nous développerons ces considérations plus en détail à l'article FRUIT. *V.* ce mot.

(A. R.)

DEIB. MAM. Syn. arabe de Chacal. *V.* CHIEN.   (B.)

DÉIDAMIE. *Deidamia*. BOT. PHAN. Genre fondé par Du Petit-Thouars (Histoire des Végétaux des îles australes d'Afrique, p. 61) et ainsi caractérisé par ce savant botaniste : calice à cinq ou six divisions profondes, ovales et pétaloïdes; corolle nulle, à moins qu'on ne regarde comme telle ce que Linné prenait pour un nectaire, et qui se compose d'un rang de filets minces; cinq étamines dont les filets sont réunis à leur base en une colonne très-courte, et les anthères attachées par le dos et s'ouvrant latéralement; ovaire simple surmonté de trois ou quatre styles. Le fruit est une capsule pédicellée, ovale, lisse, à quatre valves déhiscentes et contenant autant de loges; dans chacune de celles-ci et sur le milieu des valves existe un placenta proéminent et donnant attache à un rang longitudinal de graines comprimées, ovales, un peu déchirées à leur sommet, munies d'un arille qui les recouvre en partie, et composées d'un test crustacé, fragile, d'un périsperme peu développé, et d'un embryon centrifuge à cotylédons foliacés. Ces caractères, tracés sur le vivant pour le fruit, et sur des échantillons secs rapportés par Noronha et trouvés à Paris dans l'Herbier de Lemonnier pour la fleur, ont permis à Du Petit-Thouars de rapprocher le genre *Deidamia* des Passiflores dont il avait d'ailleurs tout le port, mais dont il différait surtout par ses fruits quadrivalves. Cette grande affinité, si même elle ne se convertit pas en identité, aurait dû empêcher l'auteur du Supplément de l'Encyclopédie de fixer la place de ce nouveau genre dans la famille des Capriers, sur la foi de Noronha, voyageur estimable sans doute, mais qui n'avait point d'idées sur la théorie des affinités.

La DÉIDAMIE AILÉE, *Deidamia alata*, Du Pet.-Th., *loc. cit.* T. xx, est un Arbuste intéressant de Madagascar où les habitans le nomment *Vahing-Viloma*, c'est-à-dire Liane bonne à manger. Il est, en effet, grimpant; ses tiges sont anguleuses, comprimées, garnies de feuilles alternes, un peu écartées et ailées ou composées de cinq folioles, légèrement inégales, ovales et échancrées au sommet. Les pétioles et pétiolules sont parsemés de glandes urcéolées; à l'aisselle des premiers, on trouve un pédoncule qui souvent dégénère en vrille. Le fruit, un peu plus petit qu'un œuf commun, est ovale, marqué de quatre sillons par lesquels s'opère sa déhiscence; quoique d'une substance sèche, il paraît servir d'a-

limens aux Madécasses, mais c'est probablement les graines et leur arille qui en forment la partie comestible.

(G..N.)

* **DEILOSMA.** BOT. PHAN. Le professeur De Candolle (*Syst. Vegetabilium*, T. II, p. 448) a adopté ce nom pour une section du genre *Hesperis*, caractérisée par le limbe des pétales oboval, la silique subcylindrique ou tétragone, à cloison membraneuse. Andrzejoski (*Crucif. ined.*) avait formé, sous cette nouvelle dénomination, un genre qui répondait à la section de De Candolle. Celle-ci se compose des *Hesperis laciniata*, All.; *H. villosa*, D. C.; *H. runcinata*, Waldt. et Kit.; *H. matronalis*, L.; *H. heterophylla*, Ten.; *H. Steveniana*, D. C.; *H. aprica*, Poiret; *H. bicuspidata*, Poir.; *H. ramosissima*, Desf.; *H. pygmœa*, Delile; *H. pulchella*, D. C., et *H. crenulata*, D. C.

Dans son *Prodromus Syst. Veget.*, T. I, p. 156, De Candolle a retranché de cette section l'*Hesperis arabidiflora* qu'il y avait d'abord inséré. Cette Plante appartient maintenant à une autre tribu, et forme le type du genre *Neuroloma* d'Andrzejoski. *V.* ce mot. (G..N.)

DEINOSMOS. BOT. PHAN. (Dioscoride.) L'un des noms du *Conyza squarrosa*, L. (B.)

DELA. BOT. PHAN. Adanson avait séparé sous ce nom, du genre *Athamantha*, les espèces à fruits velus et sillonnés. Ce genre correspond au *Libanotis* de Haller et de Mœnch.

(A.R.)

DÉLESSERIE. *Delesseria*. BOT. CRYPT. (*Hydrophytes*.) Genre de la famille des Floridées que nous avons établi depuis long-temps, et que Linné confondait parmi ses Fucus. Nous l'avons dédié à M. Benjamin Delessert, amateur distingué des sciences naturelles, et nous avons cru pouvoir conserver le nom de *Delesseria*, quoiqu'il existât déjà un genre *Lessertia*, à l'exemple de Humboldt et d'autres naturalistes qui ont adopté le genre *Desfontainia*, bien qu'il y eût un genre

Fontanesia dédié par Labillardière au célèbre professeur du Jardin des Plantes. Le genre qui nous occupe ici offre pour caractères des tubercules ronds, ordinairement comprimés, un peu gigartins, innés, sessiles ou pédonculés, situés sur les nervures, les rameaux, le bord des feuilles, ou épars sur leur surface. Ce genre est un des plus nombreux en espèces de tous ceux qui existent dans la classe des Hydrophytes, et nous avions annoncé, dès 1812, qu'il était susceptible d'être divisé en plusieurs groupes qui se fondaient tellement les uns dans les autres, qu'il était difficile de leur assigner des caractères tranchés. Depuis cette époque, Stackhouse, Agardh et Lyngbye ont fait plusieurs coupes dans le genre *Delesseria*; les unes sont bonnes à adopter, les autres doivent être rejetées. Les genres *Sarcophylla*, *Polymorpha*, *Hymenophylla*, *Atomaria*, *Epiphylla* de Stackhouse ne peuvent être maintenus. Les genres *Hydrophylla*, *Hypophylla* du même auteur n'en forment qu'un seul. — Agardh a adopté la première section de ce genre, et des deux autres il en a fait son genre *Sphærococcus* auquel il a réuni les *Gigartina*, *Gelidum*, *Hypnea*, *Halymenia*, etc. — Lyngbye, comme Agardh, a conservé en partie le genre *Delesseria*, mais de l'autre partie, il en a fait ses genres *Odonthalia* et *Sphærococcus*, et a placé le *Delesseria palmata* parmi ses Ulves. Tous ces naturalistes décomposant le genre *Delesseria*, devons-nous encore le conserver? Nous ne le pensons pas, et nous proposons de le diviser de la manière suivante:

DELESSERIA, N. Ce genre renferme six espèces connues, savoir: les *Del. sanguinea*, *sinuosa*, *ruscifolia*, *alata*, *hypoglossa*, *conferta*.

ODONTHALIA, Lyngb. Cinq espèces connues: les *Odonth. dentata*, *cirrhosa*, *axillaris*, *dorycarpa* et *marchalocarpa*; ces deux dernières avec un point de doute.

DELISEA, N. Trois espèces: *Del. fimbriata*, *elegans*, *gallica*.

VIDALIA, N. Une espèce: *Vid. spiralis*.

DAWSONIA, N. Neuf espèces: *Daws. lobata*, *platicarpa*, *Gmelini*, *pristoïdes*, *caulescens*, *rubens*, *nervosa*, *lacerata*, *venosa*.

HALYMENIA, Lyngb. Vingt-une espèces: *Halym. ocellata*, *ciliaris*, *bifida*, *palmetta*, *membranifolia*, *Brodiæi*, *reniformis*, *lacera*, *palmata*, *edulis*, *cordata*, *flaccida*, *ciliata*, *spermophora*, *cristata*, *filicina*, *striata*, *bracteata*, *corallorhiza*, *Lambertii*, *botrycarpa*. Ce genre est le plus nombreux de tous ceux que l'on a faits aux dépens des Délesseries; il renferme encore plusieurs groupes bien distincts dont on fera peut-être des genres par la suite. Malgré la ressemblance de quelques Halyménies avec les Dawsonies, deux caractères constans les sépareront toujours: ce sont les nervures et la situation ainsi que la forme des masses de fructifications capsulaires.

VOLUBILARIA, N. Une espèce: *Volub. mediterranea*.

ERINACEA, N. Trois espèces: *Erin. capensis*, *crinita*, *verruculosa*.

Telle est la distribution des espèces connues du genre *Delesseria*, nous n'avons rien changé à la nomenclature de Turner. Ainsi le genre *Odonthalia* de Lyngbye est conservé; *Delisea* de même, et nous ajoutons *Vidalia*, *Dawsonia*, *Halymenia*, *Erinacea* et *Volubilaria*. *V.* tous ces mots. Il est probable que l'on divisera encore les genres *Seminerva* et *Halymenia*, mais alors où s'arrêtera-t-on?

Considérons les Délesseries en masse et sans distinction des nouveaux genres. Leur organisation n'offre presque point de différence, les tiges sont formées d'un tissu cellulaire présentant trois modifications bien distinctes: une centrale, qui se borne quelquefois à une large lacune; une extérieure, très-mince, que l'on pourrait comparer à l'épiderme; et la troisième intermédiaire, presque égale et composant le corps principal des tiges. Dans les feuilles, la première modification manque tou-

tes les fois que les feuilles sont dépourvues de nervures. Les tubercules varient dans leur grandeur et leur
situation beaucoup plus que dans
leur forme ; dans beaucoup d'espèces,
l'on trouve la double fructification
dont nous avons déjà parlé ; quelques-
unes n'ont jamais de tubercules et les
capsules sont éparses sous l'épiderme. Plusieurs offrent des excroissances tuberculifères, très-nombreuses
et couvrant quelquefois les deux surfaces des feuilles; plus l'organisation
des feuilles est uniforme ; plus les tubercules sont rares sur leur surface ;
ils semblent relégués sur les bords,
ou bien la fructification tuberculeuse
manque et l'on ne trouve que la fructification capsulaire. — La couleur
des Délesseries varie beaucoup : plus
l'organisation est délicate, plus cette
couleur est brillante, et plus elle
multiplie ses nuances ou s'altère avec
facilité. Dans les espèces d'une substance épaisse et charnue, les couleurs
sont ternes et résistent long-temps à
l'action des fluides atmosphériques.
En général, elles offrent toutes les
nuances, depuis le rose et l'écarlate
le plus vif jusqu'au brun foncé, en
passant par le jaune, le vert, le violet et le pourpre. Jamais ces Plantes
ne sont olivâtres, jamais elles ne deviennent noires par leur exposition à
l'air ou à la lumière. Elles s'altèrent
promptement lorsqu'elles sont en
contact avec certaines Fucacées, principalement avec les Desmaresties ;
cette altération varie encore avec l'â-
ge et l'état de ces Plantes.

La plus grande partie des Délesseries
habite les lieux que les marées ne découvrent jamais ; souvent parasites,
elles ornent les tiges des grandes Laminaires ; d'autres se cachent sous les
touffes épaisses du *Fuc. serratus* ou
vesiculosus, et de ses innombrables
variétés ; quelques-unes se plaisent
dans les lieux les plus exposés à la fureur des vagues, tandis que d'autres
sont arrachées et deviennent le jouet
des flots aussitôt qu'elles perdent leur
abri ordinaire. Elles varient suivant
la nature du corps auquel elles sont

fixées ; le climat, l'exposition, la profondeur, le voisinage des eaux douces,
celui même de certaines Thalassiophytes influe sur elles, et occasione
cette prodigieuse quantité de variétés
que l'on observe dans quelques Délesseries ainsi que dans plusieurs autres Floridées. Elles sont très-rares
et peu nombreuses en espèces dans les
mers polaires ; leur quantité augmente graduellement jusque vers le tren-
te-cinquième degré de latitude nord ;
elle semble diminuer jusqu'à l'équateur ; elles suivent le même ordre dans
l'hémispère austral que nous croyons
beaucoup moins riche que le premier,
à cause du peu de largeur de la zône
tempérée dans cette partie du monde.

(LAM..X.)

* DELICRANIA. BOT. PHAN. (Théophraste.) Syn. de Cornouiller Sanguin. (B.)

* DÉLIMACÉES. *Delimaceæ*. BOT.
PHAN. De Candolle appelle ainsi la
première tribu de sa famille des Dilléniacées, tribu qui comprend les
genres *Tetracera, Davilla, Doliocar-
pos, Delima, Curatella, Trachytella,
Recchia*. Il lui assigne pour caractères : des étamines dont les filets sont
filiformes, dilatés au sommet où ils
portent deux loges écartées. Les ovaires sont au nombre d'un à cinq, terminés chacun par un style filiforme
aigu. Les fruits sont des capsules,
quelquefois un peu charnues, à une
seule loge contenant une ou deux
graines. Ce sont des Arbres ou des
Arbrisseaux quelquefois grimpans, à
feuilles alternes et sans stipules, ordinairement rudes au toucher. Les fleurs
sont disposées en grappes ou en panicules. *V.* DILLÉNIACÉES. (A. R.)

DÉLIME. *Delima*. BOT. PHAN. Genre de la famille des Dilléniacées, section des Délimacées, très-voisin des
Tetracera. Il offre pour caractères :
un calice persistant formé de cinq
sépales ; une corolle composée de
quatre à cinq pétales arrondis ; des
étamines très-nombreuses et hypogynes ; un ovaire arrondi, terminé par
un style et par un stigmate simples.

Le fruit est une capsule membraneuse, à une seule loge, contenant une ou deux graines arillées qui sont formées d'un endosperme cartilagineux et d'un embryon renversé.

Ce genre se compose de six espèces dont trois croissent en Asie et trois en Amérique. Ce sont des Arbustes grimpans à feuilles alternes entières, dépourvues de stipules, à fleurs quelquefois dioïques par avortement et disposées en une espèce de panicule terminale. L'espèce la plus commune est la suivante :

Délime sarmenteuse, *Delima sarmentosa*, L., Sp., Lamk., Ill. t. 475; *Tetracera sarmentosa*, Vahl et Willd. Cet Arbuste croît à Ceylan. Ses feuilles sont alternes, pétiolées, ovales, aiguës, profondément dentées en scie, coriaces et rudes au toucher. Les fleurs forment une panicule étalée au sommet des ramifications de la tige. De Candolle (*Syst. Nat.*, 1, p. 408) réunit avec doute à ce genre l'Arbuste décrit et figuré par Rhéede (*Hort. Mal.* 7, p. 101, t. 54) sous le nom de *Piripu*.   (A. R.)

* DÉLIQUESCENT. bot. crypt. Syn. d'Agaric atramentaire. Ce nom a été étendu à d'autres espèces du même genre dont le chapeau se résout promptement en eau gélatineuse et communément noirâtre.   (B.)

*DELISÉE. *Delisea*. bot. crypt. (*Hydrophytes*.) Genre de l'ordre des Floridées que nous avons établi aux dépens des Délesseries, et dédié à Delise, ancien militaire, botaniste zélé qui s'occupe d'un vaste travail sur la famille des Lichens. Ce genre a pour caractères : feuille frondiforme, linéaire ou presque filiforme, dichotome ou rameuse, plane, profondément dentée, ou comme ciliée sur les bords; fructification double; la tuberculeuse comprimée, gigartine, située en général au sommet des divisions de la feuille. La fructification s'observe sur les dentelures de la partie supérieure de la fronde et de ses divisions. Les Delisées diffèrent de toutes les autres Floridées par la situation et la forme des fructifications, ainsi que par la forme des feuilles; elles présentent une régularité dans leurs divisions qui les rapproche beaucoup des Plocamies, et que l'on trouve rarement dans le groupe nombreux des Délesseries. Leur couleur est en général aussi brillante que celle des Céramies les plus élégantes; elle éprouve les mêmes changemens par l'action des fluides atmosphériques. Leur grandeur varie d'un à trois décimètres. Nous ne connaissons encore qu'un très-petit nombre de Delisées; l'une d'elles, très-rare, habite les bords de la Méditerranée, d'où elle nous a été envoyée par Bouchet, amateur zélé de botanique à Montpellier; les autres se trouvent sur les côtes de l'Australasie. Elles ne sont pas très-communes.   (LAM..X.)

* DELISELLE. *Delisella*. bot. crypt. (*Céramiaires.*) Genre très-voisin, par l'aspect et quant à l'organisation, de nos Lyngbyelles de la famille des Confervées, mais desquelles le mode de fructification les éloigne considérablement pour les transporter dans une famille différente. Ses caractères consistent dans des filamens cylindriques articulés par sections, ayant leurs entrenœuds marqués de deux taches longitudinales de matière colorante bien distincte, et produisant extérieurement des capsules opaques, ovoïdes, subpédicellées, sans involucre et enveloppées d'une membrane transparente qui les fait paraître comme entourées d'un anneau diaphane. Ce sont de petites Plantes marines d'un port fort élégant, dont les espèces principales sont le *Delisella pennata*, N., *Sphacelaria pennata*, Lyngbye, *Tent.*, p. 105, pl. 31; *Conferva pennata* des auteurs, et l'une des deux Plantes que Lyngbye a reçues de Féroë, qu'il a figurée comme l'état sec de son *Hutchinsia stricta* qui se trouve dans toutes nos mers, et que nous appellerons *Delisella vittata*.   (B.)

DELIVAIRE. bot. phan. Pour Dilivaire. *V.* ce mot.

DÉLIVRE, zool. *V.* Arrière-faix.

DELPHACE. ins. (Duméril.) Pour Delphax. *V.* ce mot.   (aud.)

DELPHAX. *Delphax.* ins. Genre de l'ordre des Hémiptères, rangé par Latreille (Règn. Anim. de Cuv.) dans la section des Homoptères, famille des Cicadaires, et ayant suivant lui pour caractères propres : antennes insérées dans une échancrure inférieure des yeux, à peu près de la longueur de la tête, avec le premier article plus court que le second. Ainsi caractérisé, le genre Delphax ne correspond pas à celui de Fabricius ; mais il comprend seulement quelques-unes de ses espèces. Les Delphax de cet auteur avaient été précédemment désignés par Latreille (Précis des caract. génér. des Ins., *additions*) sous le nom d'Asiraque. *V.* ce mot. Les Delphax de Latreille ont beaucoup d'analogie avec les Fulgores ; plusieurs ont des élytres fort courtes. Parmi les espèces mentionnées par Latreille nous citerons le Delphax jaunâtre, *D. flavescens*, Latr., et le Delphax bordé, *D. marginata*. On les trouve aux environs de Paris. Leurs mœurs sont peu connues.
    (aud.)

DELPHINAPTÈRE. mam. *V.* Dauphin.

* DELPHINASTRUM. bot. phan. Troisième section établie par le professeur De Candolle dans le genre Dauphinelle. *V.* ce mot.   (a. r.)

* DELPHINELLUM. bot. phan. Seconde section établie par le professeur De Candolle dans le genre Dauphinelle. *V.* ce mot.   (a. r.)

DELPHINION. bot. phan. Les Plantes que les Grecs et Dioscoride particulièrement désignèrent sous ce nom, semblent avoir été des Epilobes. Quelques commentateurs y ayant vu le *Delphinium Consolida* des botanistes modernes, ceux-ci en ont fait dériver le nom scientifique du genre Dauphinelle. *V.* ce mot.   (b.)

DELPHINITE. min. Nom donné par Saussure (Voyage dans les Alpes, n° 1918) à l'Epidote du Dauphiné, en cristaux ou en masses grenues d'un jaune verdâtre. *V.* Epidote.   (g. del.)

DELPHINIUM. bot. phan. *V.* Dauphinelle.

DELPHINORYNQUE. mam. *V.* Dauphin.

DELPHINULA. moll. *V.* Dauphinule.

DELPHINUS. mam. *V.* Dauphin.

DELPHIS. mam. Nom scientifique de l'espèce de Dauphin la plus anciennement connue, et qui a servi de type au genre *Delphinus*. *V.* Dauphin.   (b.)

DELTOIDES. *Deltoïdes.* ins. Tribu de Lépidoptères, établie par Latreille (Règn. Anim. de Cuv.) dans la grande famille des Nocturnes, et ayant suivant lui pour caractères : antennes sétacées ou simples ; quatre palpes apparens ; ailes formant avec le corps, sur les côtés duquel elles s'étendent presque horizontalement, une sorte de *Delta* ou de triangle, dont le côté postérieur, c'est-à-dire la base, a dans son milieu un angle rentrant. Cette tribu comprend des espèces très-analogues aux Phalènes proprement dites ; leurs Chenilles ont seize pates, et appartiennent à la division que quelques observateurs ont désignée sous le nom de Fausses-Teignes. La plupart se construisent des fourreaux ou des espèces de galeries avec des feuilles qu'elles entortillent et avec le résidu des matières dont elles se sont nourries. Cette tribu comprend les genres Botis et Aglosse. *V.* ces mots.   (aud.)

DÉLUGE ou CATACLYSME. géol. Inondation générale dont tous les premiers peuples connus dans l'histoire conservèrent la tradition. Les Grecs en citaient jusqu'à quatre, bien que les prêtres de Saïs aient dit à Solon : Vous autres Grecs, ne connaissez qu'un Déluge que beaucoup d'autres ont précédé. — Cette croyance à plusieurs Déluges acquiert un certain degré de probabilité par les belles observations qu'ont faites dans les environs de Paris Cuvier et Brongniart. Nous avons vu à l'article CRAIE que de grandes inondations alternatives avaient dû se succéder à de longs intervalles de temps les unes des autres dans le bassin qu'occupe cette capitale. Les Chinois, les Persans, les Chaldéens conservèrent le souvenir d'un Déluge, et les livres sacrés la consacrent. On attribua long-temps à ce terrible événement l'existence des couches coquillères et les grands dépôts marins où sont entremêlés des débris d'Animaux fossiles. D'autres voulurent expliquer le Cataclysme universel par des causes simplement physiques, et l'attribuèrent à des engloutissemens de grandes îles ou bien à l'élévation subite de vastes archipels, qui, causant une perturbation générale dans la masse des mers, eussent fait refluer leur masse sur la terre. L'examen de tels systèmes serait déplacé dans un ouvrage consacré au simple exposé des faits. Il suffira de dire ici que les traces dans lesquelles on croit reconnaître un Déluge universel ne permettent guère de supposer d'irruption violente, mais démontrent, au contraire, une action lente et régulière dans l'effet des dépôts de la mer. (B.)

DEMATIUM. BOT. CRYPT. (*Mucédinées.*) Le genre désigné sous ce nom par Persoon est très-différent de celui auquel Link l'a appliqué. Le genre *Dematium* de Persoon correspond aux genres *Cladosporium*, *Chloridium*, *Helmisporium*, et à une partie du genre *Sporotrichum* de Link; il appartient à la section des Mucédinées à sporules nombreuses, éparses à la surface des filamens; le genre auquel Link a donné le nom de *Dematium* est, au contraire, très-voisin du *Byssus*, et se range parmi les Mucédinées dans lesquelles on n'a pas encore pu découvrir de sporules. Cet auteur le caractérise ainsi : filamens

rameux, entrecroisés, décombans, non cloisonnés, persistans, dépourvus de sporules. Son aspect le rapproche des *Sporotrichum* dont il diffère non-seulement par l'absence des sporules, mais aussi par ses filamens plus solides, opaques et non cloisonnés. La persistance et la solidité de ces filamens les distinguent des vrais *Byssus* de Link ou *Hypha* de Persoon. On connaît deux espèces de ce genre, l'une est le *Racodium rupestre* de Persoon, l'autre le *Dematium nigrum* de Link. Quant aux espèces de *Dematium* de Persoon, elles sont assez nombreuses et seront traitées aux mots *Cladosporium*, *Chloridium*, *Helmisporium* et *Spondylocladium. V.* ces mots.

(AD. B.)

* DÉMÉTRIA. BOT. PHAN. Sous ce nom, Lagasca établit un nouveau genre avec une Plante qui avait reçu les diverses dénominations suivantes : *Aster spathulatus* du Jardin de Madrid ; *Aster spathularis* de Broussonet; *Aster serratus* de Lagasca lui-même ; et *Inula serrata* de Persoon. Mais ce genre paraît rentrer dans le *Grindelia* de Willdenow, qui avait nommé *Grindelia Inuloïdes*, le *Demetria spathulata* de Lagasca. *V.* GRINDÉLIE.

(G..N.)

DÉMÉTRIAS. *Demetrias.* INS. Genre de l'ordre des Coléoptères, section des Pentamères, établi par Bonelli aux dépens des Lebies, dont il se distingue par un corselet longitudinal ou à diamètres presque égaux, par une tête rétrécie, prolongée postérieurement, et par le pénultième article des tarses bilobé. Ce genre correspond (*Gener. Crust. et Ins.* T. I, p. 192) à une division des Lebies, qui a pour type le *Carabus atricapillus* de Linné, réuni d'abord aux Lebies par Latreille (*Règn. Anim.* de Cuv.). Les Démétrias en ont été distingués (*Hist. Nat. et Icon. des Ins. Coléopt.*, 1re liv., p. 77) conjointement avec les genres Cyminde, Dromie, etc., qui tous ont des tarses dentelés en dessous, et appartiennent à la division des Carabiques à étuis tronqués (*Truncatipennes*). (AUD.)

DEMETRIAS. BOT. PHAN. (Dioscoride.) L'un des synonymes de Verveine chez les anciens. (B.)

DEMI-AIGRETTE. OIS. Syn. du Héron bleuâtre à ventre blanc, *Ardea Leucogaster*, Gmel. *V.* HÉRON. On a encore composé de la même manière différens noms vulgaires pour certaines espèces d'Oiseaux ; ainsi on a nommé :

DEMI-AMAZONE, une variété que l'on prétend être produite par le croisement du Perroquet Amazone, *Psittacus Amazonicus*, L., et d'une autre espèce. *V.* PERROQUET.

DEMI-AUTOUR, les Autours de moyenne taille. *V.* AIGLE.

DEMI-FIN NOIR ET BLEU, une espèce douteuse que l'on présume devoir être placée dans le genre Gros-Bec. *V.* ce mot.

DEMI-FINS, une classe d'Oiseaux qui aurait, selon Guéneau de Montbelliard, compris divers genres intermédiaires des Gros-Becs et des Becs-Fins.

DEMI-LUNE, la Mouette cendrée, *Larus cinerarius*, L. *V.* MAUVE.

DEMI-PALMÉ, une espèce du genre Bécasseau, *Tringa semi-palmata*. *V.* BÉCASSEAU.

Les doigts des Oiseaux sont dits DEMI-PALMÉS, lorsqu'il n'y a que la moitié de leurs phalanges engagée dans une membrane. (DR..Z.)

DEMI-APOLLON. INS. Nom spécifique d'un Lépidoptère diurne, *Pap. Mnemosyne*, L., qui appartient au genre Parnassien. *V.* ce mot. (AUD.)

DEMI-BEC. POIS. *V.* ESOCE et HÉMIRAMPHE.

DEMI-CHAMPIGNONS. BOT. CRYPT. L'un des noms inadmissibles employés par Paulet pour désigner sa dix-neuvième famille qu'il compose indifféremment d'Agarics et de Bolets, pourvu que ces Champignons aient leur pédicule latéral ; il y range ses Coquilles, ses Oreilles, ses Cuillers, ses Langues, etc., etc. (B.)

DEMI-DEUIL. INS. (Engramelle.) Syn. de *Papilio Galathea*, espèce de Lépidoptère du genre Satyre. *V.* ce mot. (B.)

DEMI-DIABLE. INS. Nom vulgaire sous lequel Geoffroy a désigné une espèce d'Hémiptère du genre Membrace. *V.* ce mot. (AUD.)

DEMIDOFIE. *Demidofia.* BOT. PHAN. La Plante que Gmelin (*Syst. Nat.*) a décrite sous le nom de *Demidofia repens*, est un double emploi du *Dichondra Caroliniensis. V.* DICHONDRE. (G..N.)

DEMIDOVIE, *Demidovia.* BOT. PHAN. Le *Paris incompleta* de Marschall-Bieberstein a été converti en un nouveau genre par Fischer de Gorenki, et nommé *Demidovia polyphylla. V.* PARIS. (G..N.)

DEMI-FLEURON. *Semiflosculus.* BOT. PHAN. Lorsque dans la vaste famille des Synanthérées ou Plantes à fleurs composées, la corolle de chacune des petites fleurs est déjetée de côté, de manière à former une languette latérale, tronquée et diversement dentée à son sommet, chacune de ces petites fleurs prend le nom de *Demi-Fleuron*, par opposition à celui de *Fleuron*, qu'on donne à ces fleurs lorsque leur corolle est tubuleuse. Dans la Chicorée, la Dent de Lion, etc., on a un exemple de Demi-Fleurons. Toutes les Plantes ainsi composées uniquement de Demi-Fleurons, sont appelées Semi-Flosculeuses. (A.R.)

* DEMI-FLEURONNÉES. BOT. PHAN. Ce mot est synonyme de Semi-Flosculeuses. *V.* SEMI-FLOSCULEUSES et SYNANTHÉRÉES. (A.R.)

* DEMI-LUNE. POIS. (Lacépède.) Espèce du genre Spare. *V.* ce mot. (B.)

DEMI-MÉTAUX. MIN. On donnait anciennement ce nom aux Métaux fragiles ou cassans, tels que l'Antimoine, le Manganèse, le Cobalt, qui se brisent au lieu de se laisser étendre sous le marteau. *V.* MÉTAL. (G. DEL.)

* DEMI-MUSEAU. POIS. L'un des noms vulgaires de l'*Hemiramphus*

Brasiliensis. V. Ésoce et Hémiramphe.   (b.)

DEMI-OPALE. min. *V.* Quartz-
Résinite.

DEMI-PAON. ins. Nom vulgaire
du *Sphynx occellata*, L., espèce du
genre Smérinthe. *V.* ce mot.   (b.)

DEMOISELLE. ois. Nom vulgaire
appliqué en Europe à la Mésange à
longue queue, *Parus caudatus*, L. ;
en Amérique, au Couroucou à ventre
rouge, *Trogon roseigaster*, Vieill. ;
et au Troupiale doré, *Oriolus xan-
thornus*, L. *V.* Mésange, Couroucou et Troupiale. On a aussi appelé
Demoiselle de Numidie, l'*Ardea
Virgo*, L. *V.* Grue.   (dr..z.)

DEMOISELLE. pois. L'un des
noms vulgaires du *Squalus Zigœna*,
employé aussi comme synonyme de
Donzelle, de Cépole et de *Labrus Ju-
lis.* Ruysch l'applique à plusieurs petits Poissons d'Amboine.   (b.)

DEMOISELLES. ins. Nom vulgaire et collectif des Libellules. On
l'a étendu quelquefois aux Hémero-
bes ainsi qu'aux Fourmilions.   (b.)

DENDE. bot. phan. (Serapion.)
Syn. de *Ricinus communis*, L. *V.*
Ricin.   (b.)

* DENDERA. pois. Geoffroy de
Saint-Hilaire a donné ce nom à un
Poisson du Nil, qui paraît être le mê-
me que le *Mormyrus Anguilloïdes* de
Linné. *V.* Mormyre.   (b.)

DENDRAGATE. min. *V.* Arbo-
risation.

* DENDRELLE. *Dendrella.* inf.
Genre de Psychodiées, de la famille
des Vorticellaires, que nous avons
établi aux dépens du genre trop nombreux en espèces, et composé d'êtres
incohérens que Müller avait réunis
sous le nom de Vorticelles dans sa
grande Histoire des Animaux infusoires. Ses caractères sont : un corps conique, s'ouvrant antérieurement en
une bouche ou orifice nu, c'est-à-
dire dépourvu de cirrhes ou autres organes ciliés, et terminé postérieurement par un pédicule qui tient à un

système ramifié, formé d'une famille
de plusieurs individus. Les Dendrelles
diffèrent donc principalement des Con-
vallarines en ce que leur corps au lieu
d'être campaniforme, s'amincissant
considérablement par sa base, imite un
cône plus ou moins allongé, et parce
qu'elles ne sont jamais solitaires. Elles
forment conséquemment un passage
plus marqué aux Polypiers sarcoïdes.
L'absence de cirrhes les distingue suffisamment des Vorticelles proprement
dites. Comme elles on les voit à une
certaine époque de leur vie se détacher de l'espèce de petit Arbuste dont
elles sont provenues, et, s'échappant
sous l'œil de l'observateur, nager librement dans la même eau qui les a
vues long-temps comme prisonnières
sur leurs tiges. Chaque individu devient alors un véritable propagule vivant qui va sans doute choisir la place
sur laquelle il doit contribuer à la reproduction de l'espèce (*V.* Vorticellaires). Ces petits Animaux habitent exclusivement les eaux ; ils y
sont parasites sur les Conferves, les
Potamots, les Cératophylles et autres Plantes aquatiques. On les trouve
en outre contre les piquets immergés.
Nous n'en avons encore rencontré aucune espèce fixée sur d'autres Animaux vivans, non plus que dans la
mer qui doit cependant en nourrir.
Cinq espèces composent ce genre dans
l'état actuel de la science.

† *Pédicules non contractiles.*

Dendrelle de Lyngbye, *Den-
drella Lyngbyi*, N. ; *Echinella geminata*, Lyngb., *Tent. Alg. Dan.*, p.
210, pl. 70, f. d. Cette espèce où les
mouvemens sont si obscurs que le botaniste danois Lyngbye l'a prise pour
une Plante, a d'abord été découverte
dans les ruisseaux de l'île de Féroë où
elle adhère entre les pierres des ruisseaux en masses globuleuses de la
grosseur d'un pois à celui d'une noix,
et auxquelles le mucus d'un brun pâle
qui les entoure donne un aspect tré-
melliforme. Nous l'avons depuis retrouvée en plusieurs cantons du continent européen dans des expositions

analogues. Ses filamens , simples d'abord et se bifurquant ensuite comme dans la suivante , ne sont pas libres, mais confondus dans la muco-sité qui les environne , s'y mêlent confusément , et n'y sont visibles qu'à l'aide du microscope. Dans cet état rien n'y indique la vie. C'est lorsque les corpuscules qu'ils suppor-tent viennent à se détacher , que ceux-ci nagent librement dans les eaux quoiqu'avec lenteur , et sans qu'on puisse deviner par quel méca-nisme , puisqu'on ne distingue au-cun organe propre au mouvement. Avant de se séparer des filamens qui les supportent, on distingue dans les petites urnes des points ou globules d'un brun tendre qui sont quelque-fois disposés de manière à imiter la fi-gure d'un 8. Alors l'orifice de ces ur-nes , au lieu d'être tronqué et comme ouvert , est obtus et paraît fermé.

DENDRELLE GÉMINELLE, *Dendrella Geminella*, N.; *Vorticella Pyraria*, Müll., Inf., p. 324, pl. 46, f. 1; *Syst. Nat.* XIII, T. I, *pars* 6, p. 3875; Vor-ticelle conjugale, Lamk., Anim. sans vert. T. II, p. 50, n. 20; Encycl., Vers. Ill. , p. 74, pl. 25 ; fig. 1. Non-seulement cette espèce a été confon-due par Müller avec la suivante, mais sa synonymie mal établie par ce savant, et conséquemment par le compilateur Gmelin, a besoin d'être rétablie. L'espèce de Pallas qu'on lui rapporte ne peut être identique puis-que celle-ci est munie d'une paire de cirrhes de chaque côté de l'orifice. Celle de Roësel n'y convient pas mieux, puisqu'elle a également son orifice cirrheux, que ses rameaux fort nom-breux sont fasciculés , que le corps n'est pas cylindrique, mais exacte-ment pyriforme, et qu'elle habite sur des Animaux vivans et non sur des Plantes. En convenant que la Vorti-celle de Roësel ne convenait pas exac-tement à la sienne, Müller, qui n'a pu voir exactement dans son *Pyraria* des cirrhes qui n'y existent effective-ment pas , n'en a pas moins mainte-nu ce faux rapprochement. La Den-drelle Géminelle habite sur les My-

riophylles , les Cératophylles et sur plusieurs Conferves; son pédicule très-simple , assez long , libre et pres-que toujours solitaire, se fourche à l'extrémité , et supporte deux urnes dont le pédoncule propre égale à peu près la longueur, subcylindriques , ouvertes à leur extrémité élargie en un orifice parfaitement rond et sim-ple ; sa longueur totale est presque d'une ligne , mais on ne peut cepen-dant l'apercevoir à l'œil nu.

DENDRELLE STYLLARIOÏDE, *Den-drella styllarioïdes*, N. ; *Vorticella Pyraria*, β, Müller , Inf. p. 325, pl. 46, fig. 2, 4; Encycl., Vers. Ill., pl. 25 , fig. 2, 4. Cette espèce confondue avec la précédente, quoique très-dif-férente , habite aux mêmes lieux. Sa tige , filiforme , une ou deux fois di-chotome , n'est pas toujours couverte de ces petits corpuscules qu'y ont fi-gurés les auteurs, et dont on a pré-tendu tirer un caractère. Les urnes sont géminées et sessiles à l'extrémité des bifurcations, un peu plus pyri-formes que celles de l'espèce précé-dente ; leur couleur est d'un jaunâtre un peu plus brun , et l'on distingue une ligne transparente dans l'axe avec une sorte d'étranglement engorgé près de l'ouverture jusqu'à l'époque où celle-ci prenant un plus grand développement, l'urne a l'aspect d'un cornet au milieu duquel a disparu l'axe diaphane, mais où l'on aperçoit distinctement une cloison valvulaire et transverse. Il en existe des indivi-dus fort petits dont la tige simple ne porte qu'une paire d'urnes.

DENDRELLE DE MOUGEOT, N., *Den-drella Mougeotii* , N. (*V.* pl. de ce Diction., Psychodiaires). Cette espèce, beaucoup plus petite et plus commu-ne que les deux précédentes , vit éparse sur les filamens des Conferves en grande quantité. Son stipe simple, ou muni d'un rameau tout au plus , porte des urnes quelquefois solitaires, plus souvent géminées , sessiles et di-vergentes. Elles paraissent vers leur ouverture formées de quatre pièces ou petites valves qui forment quatre dents obscurément arrondies à l'orifice. Le mouvement ne s'y développe qu'à la séparation des urnes qui alors nagent assez doucement au moyen d'un balancement durant lequel on distingue, au centre et vers l'endroit le plus élargi, l'agitation interne d'un organe dont la force de notre microscope ne nous a pas permis de bien déterminer la forme. Dans cet état l'urne de la Dendrelle qui nous occupe semble se plaire à pénétrer, avec des Navicules et des Lunulines, dans les masses muqueuses que forme le genre Chaos. C'est là que le botaniste Lyngbye en observa une espèce en la rapportant au règne végétal sous le nom d'*Echinella olivacea α*, *Tent. Alg. Dan.*, pag. 209, tab. 70, fig. c; espèce du même genre, qui a besoin d'être mieux examinée pour être exactement décrite. En s'insinuant dans le mucus du Chaos, les Dendrelles y perdent tout mouvement, ainsi qu'il arrive aux autres Animalcules dont ce Végétal rudimentaire est si souvent rempli et coloré. C'est dans cet état d'inertie que nous l'avons souvent observée, et qu'elle nous a été envoyée par le savant Mougeot qui explore avec tant de fruit l'histoire naturelle des Vosges. En la dégageant du mucus, on lui rend souvent le mouvement qu'elle avait perdu dans son épaisseur.

DENDRELLE BERBÉRINE, *Dendrella Berberina*, N.; *Vorticelle Berberina*, Encycl., Vers. Ill., p. 79, pl. 26, f. 10-17 (d'après Roësel); Lamk., Anim. sans vert. T. II, pag. 51, n° 28. *Vorticella Berberina*, Gmel., *Syst. Nat.* XIII, T. I, *pars* 6, p. 3878; *Vorticella composita*, L., *Syst. Nat.*, XII, T. II, p. 1319, n 9; *Brachionus berberiformis*, Pall., *Cl. Zoog.*, p. 103, n. 60; *Pseudo-Polypus berberiformis*, Roës., *Inf.*, III, p. 613, t. 99. Animalcules de figure d'Epine-Vinette, Lederm. T. II, p. 101, pl. 88, f. 9-s. Cette élégante espèce qui avait échappé à Müller, que Roësel a si bien figurée, et dont on a copié le dessin dans les ouvrages publiés depuis cet excellent observateur, croît dans les eaux de nos marais. Son pé-

dicule droit, simple, bifide, trifide, ou produisant plusieurs rameaux fasciculés, s'élargit vers l'insertion des urnes qui ont parfaitement la forme de la baie du Vinettier. Ces capitules, parfaitement ovoïdes, tronqués, présentent un orifice arrondi, muni d'un rebord en forme d'anneau dépourvu de séries. Ils présentent dans leur centre et à travers leur transparence jaunâtre un corpuscule blanchâtre, arrondi, d'autant plus distinct que le capitule plus avancé en âge est prêt à se détacher du stipe qui le supporte. Ces capitules se détachent bientôt pour s'échapper et nager dans le fluide au milieu duquel ils ont végété. Les stipes demeurent alors abandonnés, élargis en cornets pâles qui conservent durant quelque temps l'aspect d'un duvet conferviforme blanchâtre.

DENDRELLE DE BAKER, *Dendrella Bakeri*, N., *Clustring Polypes*, Baker, *Empl. Micr.*, pars 2, p. 338, pl. 12, fig. 6-7. Le compilateur Gmelin, qui n'a jamais connu les objets dont il cumula un indigeste catalogue, rapporte l'Animalcule de Baker comme synonyme du *Vorticella umbellata* qui forme le type de notre genre Mespiline. *V.* ce mot. On a peine à concevoir un tel rapprochement, puisque la Dendrelle dont il est question n'est pas disposée en ombelle, et qu'elle ne présente aucune sorte de cirrhes à sa gorge, tandis que la Mespiline en est abondamment garnie tout autour. Notre Dendrelle forme dans les eaux douces de petits Arbustes dont le tronc montant, rigide et assez épais, se divise en petits rameaux dont chacun porte de quatre à six capitules dont la forme est absolument celle d'une pipe de terre; l'orifice très-ouvert est muni d'un petit rebord en forme d'anneau. Au temps de la maturité ces capitules se détachent pour nager librement, prennent la forme d'un petit godet arrondi par la partie postérieure; leurs mouvemens sont assez rapides. Dans cet état on dirait un être tout différent dont on se-

rait tenté de faire une espèce d'Urcéolaire sans poils si on la trouvait isolée
et loin de la tige qui la produisit,
sous le porte-objet du microscope.

†† *Pédicules subcontortiles.*

DENDRELLE DE MULLER, *Den-
drella Mulleri*, N. ; *Vorticella racemosa*, Müll., Inf., p. 330, tab. 46,
f. 10-11; Gmel., *Syst. Nat.* XIII, T.
I, *pars* 6, p. 3814; Vorticelle en grappes, Encycl., Vers. Ill., p. 75, pl.
25, f. 16, 17; Lamk., Anim. sans vert.
T. II, pl. 51, n. 15. Cette élégante espèce, longue de plusieurs lignes, facile à distinguer à l'œil désarmé,
forme un duvet blanchâtre sur les
corps inondés par l'eau douce des lacs
du nord de l'Europe. On la peut élever et conserver dans des vases; elle
y présente alors sous la lentille du microscope l'un des plus élégans spec-
tacles que puisse prodiguer la nature
à l'observateur émerveillé. Ses rameaux et ses pédicules s'étendent
alors en partie ou tous à la fois; ils
présentent la figure d'un élégant Arbuste dont la tige simple, droite et
rigide, se divise en petits rameaux ressemblant à ces plumes frisées appelées
marabouts, et dont nos élégantes parent souvent leur coiffure. Les pédicules partiels sont réunis en petites
grappes où chaque individu s'étend
ou se contracte avec agilité; quelquefois tout le faisceau se contracte par
un mouvement spontané en un globule brunâtre qui ne tarde pas à s'é-
tendre de nouveau; il arrive rarement que toute la famille se contracte
simultanément pour renouveler ce
jeu brillant. Müller a fort bien saisi la
dispersion de ces êtres singuliers dont
chaque urne détachée peut reproduire en peu d'heures un Arbuste
semblable à celui qui ne portait pas
moins de trois ou quatre cents de ces
petites urnes animées. (B.)

DENDRION. *Dendrium*. BOT.
PHAN. Ce genre établi par Desvaux
est le même que l'Ammyrsine de
Pursh. (A. R.)

DENDRITE. MIN. *V.* ARBORISA-
TION.

DENDROBION. *Dendrobium*. BOT.
PHAN. Genre de la famille des Orchidées, établi par Swartz aux dépens
des Épidendres de Linné, et adopté
par tous les auteurs modernes qui
l'ont un peu modifié. On reconnaît
les vrais Dendrobions aux caractères
que nous allons en tracer. Les cinq
divisions du périanthe sont étalées; les
deux divisions latérales externes sont
soudées à leur base avec l'onglet qui
termine le labelle, de manière à former, en quelque sorte, une espèce
d'éperon. Le labelle est tantôt supérieur, tantôt inférieur; son onglet est
continu par sa base avec le gynostème; sa lame est, au contraire, articulée. L'anthère est terminale et s'ouvre par le moyen d'une sorte d'opercule caduc. Les masses polliniques
sont solides.

Ce genre, ainsi que l'a fort bien
remarqué R. Brown, devra probablement être subdivisé. En effet, les
espèces dont le labelle est supérieur
diffèrent des autres qui ont le labelle
inférieur, par quelques particularités
dans la structure de leur anthère;
elles devront donc former un genre
distinct dans lequel viendront se ranger presque toutes les espèces observées à la Nouvelle-Hollande.

Les espèces de *Dendrobium* sont
fort nombreuses; les unes sont parasites, les autres sont terrestres. Les
fleurs, qui sont quelquefois très-
grandes, offrent différens modes d'inflorescence.

Plusieurs genres ont été formés aux
dépens des espèces d'abord placées
parmi les *Dendrobium;* tels sont les
Dipodium, R. Br. ; *Broughtonia*, id. ;
Octomeria, id. ; *Pleurothallis*, id. *V.*
ces différens mots. Nous citerons les
espèces suivantes, parmi les plus remarquables de ce genre :

DENDROBION ÉLÉGANT, *Den-
drobium speciosum*, Smith, *Exot. Bot.*
I, pag. 17, tab. 10. Originaire de la
Nouvelle-Galles du sud, cette belle
Orchidée se fait remarquer par ses
tiges dressées portant vers leur sommet deux ou trois feuilles ovales,
oblongues, plus courtes que l'épi de

fleurs qui est terminal et multiflore. Celles-ci sont rougeâtres ; les divisions du périanthe sont étroites, la lame du labelle est plus large que longue.

DENDROBION LINGUIFORME, *Dendrobium linguiforme*, Smith, *Exot. Bot.*, I, p. 19, t. 11. Elle croît, comme la précédente, à la Nouvelle-Hollande ; ses tiges sont rampantes, ses feuilles ovales, obtuses, déprimées, charnues, un peu plus courtes que la grappe de fleurs. Celles-ci ont leurs divisions linéaires, aiguës ; le lobe moyen de leur labelle ondulé et marqué de trois carènes.

DENDROBION DE LA BARRINGTONIE, *Dendrob. Barringtoniæ*, Swartz; *Epidendrum Barringtoniæ*, Smith, *Icon. Pict.*, t. 25. Sa tige est bulbiforme, comprimée, surmontée de trois à quatre feuilles oblongues, acuminées, glabres, striées longitudinalement et pétiolées. Les fleurs sont solitaires au sommet d'une hampe radicale ; quelquefois cependant on en trouve deux et même trois sur une même hampe. Le labelle est onduleux et frangé. Cette belle espèce est parasite sur les Arbres de la Jamaïque.

R. Brown, dans son Prodrome de la Nouvelle-Hollande, a décrit sept espèces de ce genre dont cinq sont tout-à-fait nouvelles. Kunth, dans le premier volume des *Nova Genera et Species Plantarum*, en a fait connaître huit autres espèces nouvelles. Il a figuré une des plus remarquables (*loc. cit.*, p. 359, t. 88) sous le nom de *Dendrobium grandiflorum*. Elle a des rapports avec le *Dendrobium Barringtoniæ*. Sa tige est bulbiforme ; ses feuilles sont lancéolées, aiguës ; sa hampe uniflore, couverte d'écailles ; les folioles de son calice sont ovales, oblongues, aiguës, les deux latérales sont réfléchies à leur sommet ; la lame du labelle est un peu onduleuse. Cette espèce croît dans les Andes.

(A. R.)

DENDROCOPUS. ois. (Vieillot.) *V*. PIPICULE.

DENDROIDE. *Dendroïdes*. INS. Genre de l'ordre des Coléoptères,

section des Hétéromères, fondé par Latreille et placé par lui (Règn. Anim. de Cuv.) dans la famille des Trachélides. Ses caractères sont : antennes branchues ou dont les articles jettent latéralement un long rameau en forme de filet; corselet conique, rétréci en devant ; corps allongé, étroit, déprimé ; pates longues; crochets des tarses simples. Les Dendroïdes se distinguent des Apales par leurs antennes en panaches et par la division des articles de leurs tarses ; ils partagent ce caractère avec les Pyrochres dont ils diffèrent cependant par la forme du corps et du prothorax. Le genre dont il est question correspond à celui que Fischer (Mém. de la Soc. impér. des Natur. de Moscou) a désigné sous le nom de Pogonocère, *Pogonocerus*. Il a pour type le DENDROÏDE A ÉTUIS BLEUS, *Dendr. cyanipennis* de Latreille, originaire du Canada et appartenant à la collection de Bosc. On doit citer après cette espèce le DENDROÏDE THORACIQUE, *Dendr. thoracicus*, ou le *Pogonocerus thoracicus* de Fischer qui en a donné une très-bonne figure dans le frontispice de l'ouvrage qu'il a publié en 1821 sous ce titre : *Genera Ins. Syst. exposita et Analysi iconographicâ instructa*. Cette espèce a été trouvée dans la Russie méridionale sur des Orties.

(AUD.)

*DENDROIDE. *Dendroïdes*. BOT. CRYPT. (*Hydrophytes*.) Roussel, dans sa Flore du Calvados, avait proposé l'établissement de ce genre pour des Plantes marines très-disparates, telles que le *Fucus pumilus* et le *lichenoïdes* d'Esper : l'un est un Chondre, l'autre un Polypier; le *Fucus pinastroïdes* et le *pusillus* : l'un est une Céramiaire, l'autre un *Cetidium*, etc. Ce genre ne pouvait être adopté par aucun naturaliste.

(LAM..X.)

*DENDROIDES. POLYP. FOSS. Plusieurs oryctographes ont donné ce nom à des Polypiers fossiles analogues à des branches d'Arbre par leurs formes, leur grosseur ou leur grandeur.

(LAM..X.)

DENDROLITHE. foss. *V.* Arbo-
risation.

DENDROPHORE et DENDRO-
PHYTES. Syn. de Dendrite. *V.* Ar-
borisation.   (b.)

DENDRORCHIS. bot. phan.
C'est ainsi que Du Petit-Thouars désigne un groupe d'Orchidées des îles
australes d'Afrique, qu'il place dans
sa section des Epidendres. Il correspond au genre *Dendrobium* de Swartz,
et se compose de quatre espèces auxquelles Du Petit-Thouars a donné les
noms générico-spécifiques de *Poly-
dendris*, *Fusidendris*, *Cultridendris*
et *Arachnodendris*. *V.* chacun de ces
mots.   (G..N.)

DÉNÉKIE. *Denekia*. bot. phan.
Genre de la famille des Synanthérées,
Corymbifères de Jussieu et de la Syngénésie superflue, établi par Thunberg (*Prodrom.*, p. 153) qui l'a ainsi
caractérisé : capitule radié dont le disque est formé de fleurs régulières et
hermaphrodites, et les rayons de
fleurs ligulées et femelles; écailles de
l'involucre imbriquées, les intérieures
scarieuses; réceptacle sans paillettes;
akènes non couronnés d'aigrettes. Les
renseignemens imparfaits que l'on a
sur ce genre ne suffisent pas pour préciser sa place dans la vaste famille dont
il fait partie. De Candolle et Lagasca
le rangent parmi les Labiatiflores ou
Chænantophores anomales, près du
Disparago et de l'*Onoseris*. Selon
Jussieu, il est voisin de l'*Ethulia*,
du *Balsamita* et du *Sparganophorus*.
Enfin, Cassini se borne à conjecturer
qu'il pourrait appartenir à sa tribu
des Inulées.

La Dénékie du Cap, *Denekia capensis*, Thunberg, a une tige herbacée, haute d'un à deux décimètres,
cylindrique, striée, tomenteuse et
ramifiée. Ses feuilles sont alternes,
demi-amplexicaules, oblongues, lancéolées, obtuses-mucronées, ondulées, très-entières, cotonneuses en
dessous, les supérieures progressivement plus courtes que les inférieures;
les capitules sont disposés en une panicule serrée et terminale.   (G..N.)

DENGUENI. polyp. Ce nom,
d'après Marsigli, a été donné au *Millepora truncata* par les pêcheurs et les
marins des côtes d'Italie. C'est le My-
riozoum de Donati. *V.* Millepore.
           (LAM..X.)

DENIRA. bot. phan. Sous ce nom,
Adanson a désigné le genre *Iva* de
Linné. *V.* ce mot.   (G..N.)

* DENISÆA. bot. phan. (Necker.)
Syn. de *Phryma dehiscens*, L. F. (b.)

DENNSTÆTIA. bot. crypt. (*Fougères.*) Nom donné par Bernhard à un
genre nouveau ayant pour type le
Dicksonia flaccidæa, Willd. Ce genre ne paraît pas devoir être adopté.
V. Dicksonia.   (AD. B.)

DENSITÉ. min. Quantité de matière contenue dans un corps sous un
volume connu; les corps qui contiennent le plus de matière sous un même
volume sont les plus denses. La densité est exprimée par la pesanteur
spécifique. *V.* ce mot.   (DR..Z.)

* DENSOPHYLIS. bot. phan. Nom
donné par Du Petit-Thouars (Histoire
des Orchidées des îles australes d'A-
frique) à une espèce de son genre
Phyllorchis. C'est une Plante dont les
fleurs sont disposées en un épi serré,
dressé et plus long que les feuilles;
elle est figurée (*loc. cit.*, t. 107) et
correspond au *Bulbophyllum densum*
des auteurs.   (G..N.)

DENT. *Dens*. zool. Corps de
consistance dure, de forme conique
ou polyédrique, plus ou moins allongé, toujours revêtu extérieurement, au moins à l'origine, d'une
substance connue sous le nom d'é-
mail, et intérieurement composé de
couches concentriques d'une matière dite ivoire, exhalée à la surface
d'un bulbe vasculaire et nerveux,
appelée germe dentaire, lequel paraît
susceptible de se développer sur tous
les points de l'enveloppe, soit extérieure, soit intérieure, de l'Animal. —
L'on voit donc que les Dents ne sont
pas des appendices liés nécessairement à la digestion, puisque, par leur
position, elles peuvent être fort éloi-

gnées, soit de la bouche, soit du canal intestinal, et puisque, comme nous le verrons, beaucoup d'Animaux sont tout-à-fait dépourvus de Dents. Par la nature même du siége où se développent les Dents, on voit aussi qu'elles ne sont pas exclusivement propres aux Animaux vertébrés, et, dans ces Animaux, à la cavité de la bouche. En effet, dans les Animaux vertébrés, par leurs connexions primitives et immédiates, elles ne dépendent pas des os, mais des dépendances des replis de la peau ou des membranes muqueuses qui ont pénétré dès l'origine dans les fentes ou dans les trous des os.

D'après la définition précédente de la formation des Dents, on voit aussi qu'elles ne sont pas des os. Les os se développent à la fois par tous les points de leur masse actuellement vivans et susceptibles d'absorber la matière nutritive de leur accroissement ou de s'en imbiber. Aucune des différentes couches de la Dent, au contraire, n'est vivante ni susceptible d'accroissement autrement que par juxta-position extérieure de parties nouvelles. Les différens points d'une couche une fois formée, comme pour les ongles, les cornes des Vertébrés et les coquilles des Mollusques, n'ont plus aucune relation, soit avec la sensibilité, soit avec la circulation de l'Animal.

D'après le siége, au moins primitif, qu'elles occupent sur les enveloppes de l'Animal, on voit que les différentes sortes de Dents n'ont entre elles, dans tous les cas de leur existence, qu'une seule analogie, celle de la structure. On verra qu'elles n'ont d'analogie de position que dans une même classe. En les déterminant donc d'après leurs connexions ou d'après leurs rapports de position, ce qui est la même chose, il suit que telles Dents d'une classe de Vertébrés, par exemple, doivent nécessairement manquer d'analogues dans une autre classe, et réciproquement. A plus forte raison, d'un embranchement à l'autre du règne animal, ne peut-on

chercher aux Dents d'autre analogie que celle de la structure. Cela posé, on voit qu'il n'y a pas lieu de confondre les Dents, soit avec les dentelures des os maxillaires eux-mêmes, soit avec les étuis cornés qui enveloppent les bords libres de ces os, chez les Oiseaux, les Chéloniens, les Lamproies, etc., soit encore avec les dentelures des mandibules latérales des Insectes, des Crustacés, des Mollusques et des Annelides, ces mandibules n'étant autre chose que des prolongemens de la peau même, endurcie en ces différens endroits par la déposition de sels calcaires dans l'épaisseur de son tissu. Les seuls Animaux où il existe des Dents sont la plupart de ceux appartenant aux Mammifères, Reptiles et Poissons, et les Echinodermes parmi les Radiaires.

Structure des Dents.

Toute Dent, quelque part qu'elle soit placée sur l'Animal, est formée par l'exhalation de couches concentriques les unes aux autres et susceptibles d'une grande cohésion. L'organe de cette exhalation est une poche ou capsule membraneuse fermée de toute part et dont un fond est replié dans l'autre comme celui d'un bonnet de nuit. Le fond, ainsi replié, est beaucoup plus vasculaire que l'autre. Il forme, par la quantité de vaisseaux et de filets nerveux qui y sont entrelacés, une sorte de bulbe dont la figure primitive est bien déterminée et représente exactement celle de la Dent qu'il doit former et dont il est le véritable moule. L'observation de cette correspondance de formes entre le bulbe et la Dent peut se faire en tout temps sur les Dents de remplacement des Cyprins. Nous reviendrons plus loin sur le mécanisme de ce remplacement. Tous les contours, tous les reliefs que présente la surface extérieure de la Dent, tous ceux que manifestent ses coupes transversales et verticales, sont représentés par autant de contours, de reliefs à la surface du bulbe, et par autant de replis de la membrane de la capsule qui se prolonge dans les intervalles de ces reliefs du bulbe. Selon la saillie de ces reliefs ou prolongemens du bulbe, étendus en lames plus ou moins longues et larges, il se forme des replis plus ou moins profonds des différentes substances de la Dent; de telle sorte que des coupes transversales montrent, selon les germes, ou bien une seule substance inscrite dans une couche beaucoup plus mince d'une substance qui lui est extérieure; ou bien des ondes, des replis de la substance extérieure pénétrant dans la substance centrale dont elle se distingue par la couleur, ou bien encore ces mêmes replis des deux substances, se pénétrant sans se mêler, enveloppés d'une troisième substance extérieure aux deux autres. Si la substance interne n'est nulle part pénétrée par l'externe qui ne fait que l'envelopper, cette sorte de Dent s'appelle simple; la surface triturante n'offre que de très-petits reliefs, dans lesquels la substance extérieure seule de l'émail est intéressée : telles sont les Dents de l'Homme.

Les Dents composées offrent dans leur coupe transversale, à quelque hauteur qu'on fasse cette coupe, des cercles ou des anneaux d'une substance qui en renferme une autre; de sorte que le tube d'émail, plus ou moins comprimé, indiqué par ces cercles ou anneaux, représente à lui seul une Dent du genre des précédentes. Ces Dents composées s'observent dans les Eléphans, le Phacochœne, etc. Enfin, il y a des Dents demi-composées dont les replis ne pénètrent que jusqu'à une certaine profondeur, au-dessous de laquelle les coupes transversales ne montrent qu'une seule substance centrale entourée par une extérieure; telles sont les Dents molaires des Ruminans, des Solipèdes, etc. — Ces trois sortes de Dents s'observent chez les Mammifères. Nous allons les faire connaître avant de parler de la structure des Dents dans les autres classes.

Il peut donc y avoir jusqu'à trois substances dont les couches superposées constituent les Dents des Mammifères. Il y en a même une quatrième accidentelle dans certains Animaux, et naturelle chez quelques autres. Nous nommons cette quatrième substance *Poudingoïde*. Voici l'ordre de cette superposition et la composition des couches qui la constituent.

Toute Dent, même composée, dans l'Animal très-âgé, se divise en deux parties sous le rapport de la forme et de la structure : 1° la couronne ou le fût, plus ou moins saillante hors de la gencive, et plus ou moins prolongée dans l'alvéole; 2° la racine qui s'enfonce dans la partie profonde de l'alvéole. La racine est séparée du fût par une ligne dont le contour marque la limite inférieure de l'émail. Quelquefois ce contour est marqué d'un léger sillon. C'est ce contour qu'on nomme le collet de la Dent. On voit que les Dents qui n'ont pas de racines n'ont pas de collet. Dans toute Dent il y a donc au moins deux substances, l'ivoire et l'émail.

1°. Toute la couronne ou le fût de la Dent est revêtue d'une substance vitreuse appelée émail, laquelle est beaucoup plus dure que l'ivoire, et quelquefois même fait feu avec l'acier. À peine noircit-elle au feu, car elle ne contient pas de gélatine. L'émail ne jaunit pas par l'action de l'acide nitrique, il s'y dissout sans résidu; au feu, il éclate et se sépare ainsi de l'ivoire qui, au contraire, noircit et brûle comme les os, et en donnant la même odeur. Les fibres de l'émail sont dirigées perpendiculairement à celles de l'ivoire. Ses filamens sont juxtaposés comme ceux de l'Asbeste; de manière qu'en les supposant moins rapprochés, ils revêtiraient la Dent d'une sorte de velours. Ces filamens ne sont pas toujours rectilignes. Souvent ils dessinent des courbes convexes du côté de la couronne, concaves du côté de la racine, par exemple chez les Ruminans. — L'épaisseur de l'émail varie beaucoup sur les Dents des Mammifères. Les deux extrêmes de cette dimension se voient dans les Cachalots et dans les défenses des Eléphans, du Morse, du Dugong et des Sangliers. Dans les Cachalots, sur toute la hauteur du fût, l'épaisseur de l'émail varie du quart au cinquième du diamètre de la Dent. Dans les défenses des Animaux en question, au contraire, l'épaisseur de l'émail n'est pas la cinquantième, quelquefois la centième partie du diamètre. Est-ce parce que ces Dents sont extérieures, et que le frottement userait l'émail? cela n'est pas probable, car ce frottement ne peut s'exercer sur tous les points de la surface; et alors l'épaisseur primitive subsisterait aux endroits préservés. Ce n'est pas non plus par l'action de l'air ou de l'eau; car l'Hippopotame a la même proportion d'émail à ses défenses qu'à ses autres Dents. Cette inégalité de l'épaisseur de l'émail dans les Animaux ci-dessus mentionnés, tient donc à la proportion même de l'exhalation qui forme cette couche. — Les racines n'ont pas d'émail; on verra tout à l'heure pourquoi. Les Dents qui n'ont jamais de racines, celles des Cachalots, les molaires des Morses, ont, au contraire, plus d'émail à leur extrémité alvéolaire qu'au sommet opposé.

2°. L'ivoire, ou substance osseuse, forme la partie intérieure du fût et toute la racine de la Dent. Sa cassure est satinée. Ses fibres se contournent parallèlement aux surfaces extérieures de la Dent. Au centre de l'ivoire, au moins avant l'achèvement des racines, existe une cavité de la même forme, en petit, que la Dent. Cette cavité communique au-dehors par le petit canal de chaque racine qui lui transmet les vaisseaux et les nerfs. Dans l'état frais, et surtout dans le commencement, cette cavité était remplie par un organe pulpeux, véritable entrelacement de vaisseaux et de nerfs, lequel a servi à la fois de moule et de producteur à la Dent. Cet ivoire est d'une dureté très-inégale chez les différens Animaux. L'ivoire de l'Eléphant est le plus tendre; il présente aussi des variétés pour l'apparence de la surface de ses coupes. Ces différences peuvent même faire

reconnaître de quel Animal provient un ivoire ouvragé, et où l'on ne peut plus reconnaître la forme de la Dent. Par exemple la coupe de l'ivoire d'Eléphant montre des losanges curvilignes très-régulièrement disposés et dont la plus grande diagonale est disposée dans le sens des diamètres de la Dent. Celui de l'Hippopotame et du Phacochœne, plus dur et plus blanc, montre des stries d'une finesse et d'une régularité admirables; celui du Morse et du Dugong est d'un aspect compacte et homogène, ainsi que celui du Narvalh; celui du Cachalot est satiné comme dans l'Homme.

3°. Les Dents composées et une partie des demi-composées ont une troisième substance extérieure à l'émail et qui remplit les intervalles des lobes, ou des lames qui composent, par leur groupement, la Dent générale; c'est le cément. Il est moins dur que l'ivoire et l'émail, mais se dissout plus difficilement dans les Acides et noircit au feu plus promptement encore que l'ivoire. Dans l'Eléphant, le cément est non-seulement interposé entre les lames d'émail, mais il forme à la Dent entière une enveloppe générale. Dans le Cabiai il n'est qu'interposé aux lames ou lobes dont les arêtes d'émail sont à découvert sur les côtés de la Dent. Dans l'Eléphant, le cément forme près de la moitié de la masse dentaire. Le cément, dans les Eléphans, les Chevaux et les Ruminans, n'a pas d'organisation apparente, et ressemble à un magma cristallisé sur la Dent, à peu près comme la substance poudingoïde que nous allons faire connaître. Néanmoins Cuvier lui a trouvé, dans le Cabiai, une multitude de pores régulièrement disposés. Tenon pensait que le cément n'était que l'enveloppe de la Dent ossifiée. Blake avait bien vu, comme Cuvier l'a vérifié, que le cément est déposé après l'émail et par la même membrane.

4°. Intérieurement et concentriquement à l'ivoire, existe dans les Dents de plusieurs Animaux, et entre autres de l'Homme, une quatrième

substance que Bertin (Traité d'Ostéologie) dit remplir quelquefois la cavité
qu'occupait le germe après la déposition de l'ivoire terminée; n'avoir pas
quelquefois d'adhérence avec l'ivoire
circonscrit, et qui quelquefois, au contraire, fait corps et se continue avec
l'ivoire. C'est dans l'Homme que Bertin fit ces observations. En 1820, le
docteur Em. Rousseau, ex-chirurgien
des armées, chargé au Muséum d'A-
natomie de la préparation de toutes
les belles pièces de cette collection
relatives à la dentition, a renouvelé
l'observation de Bertin sur l'Homme et sur plusieurs Animaux (Dissertation sur la première et la seconde dentition, in-4°, 1820, p. 24).
Il a trouvé ce magma cristallisé
coexistant avec la pulpe dans une molaire d'ailleurs parfaitement saine,
devenue douloureuse sans doute par
la compression qu'exerçait cette con-
crétion par son accroissement. Cette
substance avait déjà été indiquée
comme un obstacle au plombage des
Dents. Or, dans toutes les Dents du
Morse, moins les incisives, la couche
d'ivoire circonscrit un espace conique
répondant au tiers environ du volume de la Dent. Cet espace central est
rempli par un amas de petits grains
ronds placés pêle-mêle dans une sorte de mortier ou de stalagmite; ou
bien encore, c'est comme les cailloux
dans la pierre appelée *Poudingue*. On
n'a pas essayé la composition chimique de cette substance. Mais son aspect diffère au moins autant de celui de
l'ivoire que celui-ci de l'émail, et que
l'émail du cément : la ligne de contact
et de séparation est tout aussi parfaitement prononcée. Il en est donc de cette
quatrième substance intérieure à l'i-
voire, par rapport au germe de la
Dent, comme du cément extérieur à
l'émail par rapport à la face interne
de la membrane capsulaire dont nous
allons parler.

Développement des Dents.

Chez les Mammifères dont nous devons nous occuper d'abord, parce que
ce développement y étant plus com-

pliqué que dans les autres classes, et
offrant à la fois ce qui est général à
toutes et ce qui est particulier à chaque sorte de Dent, évitera ainsi des
répétitions; chez les Mammifères, disons-nous, le bord dentaire des os
maxillaires est creusé dans le fœtus
d'une rainure de profondeur variable,
où s'introduit la membrane qui tapisse
le reste de la bouche. Il n'y a non
plus à cette époque sur la longueur de
cette rainure aucune cloison transversale qui marque la séparation ultérieure des alvéoles. Ce n'est que peu
à peu que ces cloisons se forment ensuite et circonscrivent chaque Dent
dans une cavité propre. Au bord du
repli de la membrane buccale introduit dans le sillon dentaire des mâchoires s'attachent, par un pédicule
étroit et plus ou moins allongé, selon
que les Dents appartiendront à la première ou à la seconde dentition, de
petits sacs renfermant un liquide
mucoso-gélatineux qui constitue alors
la pulpe ou germe de la Dent. La
membrane qui forme la matière dentaire, dit Em. Rousseau (*op. cit.*), est
d'une nature fibreuse. Elle est composée par un lacis de vaisseaux qui,
vus après une injection déliée, pourraient faire croire que cette membrane n'est qu'un réseau vasculaire.
Mais si on lave une préparation ainsi
injectée, et si ensuite on la laisse un
peu macérer, bientôt la membrane
prend une couleur à peu près semblable à celle de la couche qui se forme
sur l'empois blanc nouvellement fait.
Nous avons vérifié cette observation
sur la capsule dentaire des Cyprins.
L'union du pédicule de cette capsule
avec le repli alvéolaire de la membrane buccale est si intime, que les deux
tissus semblent se confondre, et qu'il
est absolument impossible de les séparer sans rupture, quelque précaution qu'on prenne. La membrane de
la capsule est donc une continuation
de la membrane de la bouche. Néanmoins il n'est pas possible de trouver,
dans ce pédicule, d'orifice de communication de la cavité du sac ou capsule avec la bouche. Un dentiste a

indiqué, à la vérité, un procédé pour reconnaître cet orifice ; mais Rousseau affirme que l'ouverture que l'on obtient ainsi n'est réellement que l'effet même de l'action du procédé. Quoi qu'il en soit, Rousseau a injecté, par le pédicule ainsi ouvert, le sac ou la capsule dentaire d'une incisive de remplacement chez un enfant de six ans. Ayant ensuite enlevé la tablette postérieure de l'alvéole, la capsule s'offrit sous la forme d'une Poire d'Angleterre, dont la queue était représentée par le pédicule. La capsule était dilatée par l'injection qui n'avait point pénétré dans la pulpe du germe. Il remarqua avec une forte loupe que de petites brides maintenaient la pulpe contre la membrane de la capsule. Les vaisseaux qui se rendent des canaux maxillaires à la base de chaque capsule sont visibles à l'œil nu. Ils se continuent sur la capsule qui en reçoit aussi des parois de l'alvéole. La membrane de la capsule présente, dans la moitié supérieure de sa face interne, une couche de petites glandules symétriquement disposées, et qui paraissent destinées à sécréter l'émail.

Hérissant (Académie des Sciences) avait déjà reconnu qu'il n'entre qu'une membrane à feuillet unique dans la composition de la capsule dentaire, et que c'est cette membrane qui produit l'émail par sa face interne. Si on détache avec précaution, dit-il, cette membrane de dessus la couronne, et qu'on en examine au même instant la surface interne avec une loupe de trois ou quatre lignes de foyer, on est sur-le-champ frappé d'admiration à l'aspect d'une multitude infinie de très-petites vésicules qui, par leur transparence, sont assez semblables à celles dont la Plante appelée Glaciale est couverte. Elles sont disposées avec beaucoup d'ordre par rangées étagées les unes sur les autres, et presque parallèles à la base de la Dent. Ces vésicules contiennent d'abord une liqueur claire et limpide, et plus tard laiteuse et plus épaisse. C'est, selon lui, la cristallisation de cette humeur qui forme l'émail. Rousseau, qui a vérifié tous les faits vus par Hérissant, pense que l'ivoire se forme après l'émail dans les Mammifères, et que par conséquent l'émail est d'a-bord déposé sur la surface membraneuse du germe, où il se moule sur les creux et les reliefs qui représentent ceux de la Dent. Nos observations personnelles à cet égard ne nous l'ont pas encore démontré ; mais nous pouvons affirmer que c'est ainsi que cela se passe dans les Dents des Cyprins dont la couronne est aussi compliquée que celle de la plupart des Rongeurs, tels que les Agoutis et les Castors. Dans ces mêmes Dents, la calotte d'émail est pendant fort long-temps molle et flexible ; ce n'est que lentement qu'elle prend de la consistance. On la voit très-bien se mouler sur les creux et les reliefs du germe qui a dès-lors la forme définitive de la Dent, et qui remplit toute la capsule.

On voit que tous ces faits s'éloignent beaucoup des idées généralement admises sur le mécanisme de la production des Dents. D'après ces idées, le germe ou bulbe de la Dent serait reçu dans le feuillet intérieur de la capsule, rentré lui-même dans le feuillet extérieur, comme la tête est reçue dans un bonnet de nuit, et ce serait entre la face externe de ce feuillet rentré et la surface du germe non continu à la capsule que le germe déposerait concentriquement, et le feuillet rentré de la capsule excentriquement, le premier les couches d'ivoire, le second les couches d'émail. Il ne se formerait rien dans la cavité même de la capsule. Or on voit, au contraire, que c'est dans cette cavité même que la Dent se forme, et que la capsule n'a qu'un seul feuillet qui vient se continuer au pourtour de la base du germe dont les vaisseaux se continuent dans la membrane. Cette disposition permet bien mieux d'expliquer, comme on va voir, l'absence d'émail sur les racines, l'impossibilité qu'il s'y forme de l'émail après la pousse des racines, et au contraire l'existence de l'émail sur tout le pourtour du fût des Dents qui n'ont pas de racines, telles que celles des Rongeurs et des Éléphans jusqu'à l'époque où la dent est sur le point de tomber.

Voici l'ordre successif des formations de la Dent : quand on ouvre une capsule dentaire encore enfermée dans son alvéole, si l'instant de l'observation correspond à la première époque de la formation de la Dent, on trouve une petite calotte nacrée, d'abord liquide, puis flexible, se concrétant et se durcissant peu à peu, et moulée sur la surface du germe qui l'a exhalée. Cette calotte ne commence à se former que sur les parties les plus saillantes du relief de la Dent, de sorte que, si la Dent doit présenter deux ou trois collines, c'est-à-dire deux ou trois tubercules, il n'y a, à cette première époque, que deux ou trois chapiteaux correspondans, isolés les uns des autres ; car l'exhalation commence par les sommets du germe. Peu à peu d'autres couches de liquide se déposent en dessous des premières, se soudent à elles, et lorsque l'exhalation s'est faite sur toute la surface, tous ces petits chapiteaux isolés se réunissent, et n'en forment plus qu'un seul qui décide de la figure définitive de la Dent. La matière de cette exhalation est l'ivoire qui forme la substance la plus intérieure de la Dent lorsqu'il ne doit pas y avoir de substance poudingoïde. Peu à peu cette matière s'exhale aux surfaces latérales du bulbe, toujours en se juxtaposant par une cohésion intime aux couches déjà solidifiées, de sorte que bientôt le bulbe est enclavé dans des couches d'ivoire de plus en plus prolongées vers sa base. Avant que le collet de la Dent soit formé, c'est-à-dire que les couches soient parvenues à la ligne où s'arrêtera l'éruption de la Dent, une autre exhalation a déposé à la surface de l'ivoire une couche d'une autre substance qui lui est extérieure. Cette substance est l'émail, elle est exhalée par la face interne de la membrane de la capsule. Dans les Mammifères, l'émail se forme toujours

après les couches superficielles de l'ivoire. Comme le feuillet de la capsule se replie pour se continuer avec le bulbe, on voit qu'il n'y a d'autre limite fixée de la hauteur où l'émail doit se déposer que celle même où se fait ce repli.

Lorsque le noyau ou bulbe de la Dent est appliqué sur le fond de l'alvéole, il ne se forme pas de racine, et alors quelle que soit la longueur du fût de la Dent, comme ce fût est actuellement ou a été en contact avec le feuillet de la capsule par toute l'étendue de sa surface, il peut être couvert d'émail sur toute sa longueur. C'est ce que l'on observe sur toute la longueur des Dents canines des Mammifères, des molaires des Rongeurs, des Éléphans, des Cachalots et Dauphins, des Oryctéropes, Dugongs, etc. Quand le bulbe est plus ou moins distant du fond de l'alvéole, et quand il adhère à ce fond par un ou plusieurs pédicules ou cordons de vaisseaux et de nerfs, alors le feuillet de la capsule, replié sur le contour de la base du bulbe, ne peut plus être en contact avec les couches qui s'exhalent à la surface de ces pédicules ou cordons vasculaires. Autant il y a de ces cordons, autant il se forme de racines par l'exhalation des couches qui se déposent à leur pourtour. Pour que l'ivoire qui se forme autour de ces cordons se continue avec celui de la couronne, il faut que le repli du feuillet circonscrit au collet de la Dent disparaisse, ce qui arrive par la rupture qu'occasione la pression exercée sur lui par le bord tranchant du chapiteau que représente la couronne de la Dent. L'accroissement de cette couronne est d'autant plus rapide que le bulbe est placé plus près de l'orifice de l'alvéole, et plus éloigné de son fond. Dès que le rebord de la couronne est arrivé au repli de la capsule dont la paroi interne a jusque-là déposé de l'émail, ce repli est coupé et déchiré, et avec lui les vaisseaux qui se rendaient dans la capsule. Dès-lors si le noyau adhère par un seul pédicule, les lames continuent de se déposer autour, mais il ne peut plus s'y former de couches d'émail puisque la membrane qui servait à l'exhalation de cette substance ne reçoit plus de vaisseaux. Tel est le cas des incisives de l'Homme. Si le noyau adhère par plusieurs pédicules, la transsudation de l'ivoire continue tout autour de chacun de ces pédicules, et à partir de la ligne sur le contour de laquelle s'est rompue la membrane externe de la capsule, il ne se dépose plus d'émail. La rupture du feuillet de la capsule à l'endroit de son repli sur le bulbe dentaire, la cessation de l'exhalation de l'émail à la surface de la couronne, enfin l'impossibilité que l'enveloppe d'émail se continue après cette rupture, au-dessous du contour du repli rompu, double conséquence de cette rupture, sont trois faits qui étaient entièrement inconnus jusqu'ici. — Aussi n'avait-on pu donner qu'une explication assez difficile à entendre de l'absence de l'émail sur les racines des Dents, et de la prolongation de cette enveloppe jusqu'au rebord inférieur des Dents qui n'ont pas de racines. Voici, par exemple, l'explication que donnait Cuvier de la formation des racines. « Elle est due à ce que le noyau pulpeux n'adhère pas au fond de la capsule par la totalité de sa base, mais seulement par certains endroits qui peuvent être dès-lors considérés comme des pédicules très-courts. Les lames osseuses arrivées au bas du noyau se glissent entre ces pédicules, et les entourent eux-mêmes d'une enceinte tubuleuse qui, s'allongeant toujours, force aussi les pédicules pulpeux à s'allonger, et produit ainsi les racines. L'émail ne couvre point celles-ci parce que la lame interne de la capsule qui peut seule le produire, ne s'étend pas jusque-là. »

Dans les Dents composées, quand la capsule a déposé l'émail, ajoute Cuvier, elle change de tissu; elle devient épaisse, spongieuse, opaque et rougeâtre pour donner ce cément.

Celui-ci n'est point en naissant disposé par filets, mais comme par gouttes qu'on aurait jetées au hasard. La capsule ne produit pas toujours le cément par toute la surface qui a produit l'émail. Cela n'arrive que chez les Eléphans. Dans les Cabiais (*V.* ce mot) le cément n'est déposé que dans l'intervalle des lames d'émail, mais leurs bords prismatiques offrent l'émail à nu. De même, chez les Ruminans et les Chevaux, le cément ne se forme que dans les creux qui aboutissent à la base de la Dent.

On conçoit qu'aussitôt que l'accroissement de la Dent lui fait excéder la longueur de son alvéole, elle doit tendre à saillir au-dehors par le côté qui oppose le moins de résistance. Et comme le fond de cette cavité est osseux, que l'os maxillaire où elle est creusée augmente en solidité à mesure que la Dent elle-même augmente en longueur, celle-ci doit se porter plutôt vers la bouche, et percer la partie de la gencive qui fermait l'alvéole, et même la lame osseuse quelquefois placée sous cette gencive.

Cette tendance à sortir de l'alvéole dure autant que la Dent; et dans les Animaux herbivores dont les Dents s'usent par la mastication, l'accroissement continuel du fût et ensuite celui des racines font toujours sortir la Dent dans la même proportion qu'elle s'use, en sorte que la partie située hors de l'alvéole reste à peu près de même longueur jusqu'à ce que les racines étant complétement formées, l'os maxillaire croît et les pousse au-dehors. Enfin quand la Dent entière est usée, les racines elles-mêmes sont rejetées au-dehors par l'accroissement de l'os qui finit par remplir et oblitérer la cavité de l'alvéole. Cette tendance à l'expulsion des Dents est d'autant plus puissante que le tissu osseux est plus compacte et plus solide, en même temps que la figure de la partie alvéolaire de la Dent représente davantage un cône qui serait enchâssé dans la mâchoire. Voilà pourquoi les incisives et les premières petites molaires tombent même de si bonne heure dans un grand nombre de Mammifères. C'est ce qui a pu causer des méprises en zoologie au point de placer, dans des genres auxquels ils ne convenaient pas, plusieurs Animaux dont les Dents en question sont ainsi caduques, ou de faire plusieurs espèces d'une seule, lorsqu'on observait des individus d'âges différens et dont le nombre de Dents persistantes se trouvait ainsi différer (*V.*, pour ces chutes prématurées des Dents, les mots DAUPHIN, BLAIREAU, etc.).

Dans l'Homme et dans les Animaux carnassiers où les Dents s'usent peu, la réjection de la Dent, et surtout celle des molaires mieux fixées que les autres par la divergence de leurs racines, n'arrive que dans une extrême vieillesse. Les plus grosses molaires ne peuvent même pas être rejetées à cause de cette divergence même des racines ; car la poussée de l'alvéole ne fait que mieux les serrer contre ses bords.

Le mécanisme de l'évolution des Dents de remplacement ne diffère pas de celui de la première dentition. Mais, au lieu d'alvéoles fermées seulement par des gencives, c'est dans des cavités entièrement osseuses, situées sous, entre ou derrière les racines des Dents de lait, que sont renfermés les germes de remplacement, semblables d'ailleurs à ceux de la première dentition. Ces germes et leur capsule tiennent aussi par un pédicule à la membrane de la gencive. Ce pédicule est transmis par un trou percé au sommet de la cavité osseuse. Rousseau (*op. cit.*) a représenté ces pédicules naissant du sommet des capsules, fig. R et T pour les Dents molaires, canines et incisives de la deuxième dentition en position sous les Dents de lait, et fig. V, V pour les orifices de la table osseuse par où ces pédicules sont transmis aux gencives en dedans de l'arcade des Dents de lait. On aperçoit toutes ces parties bien long-temps avant l'époque de la seconde dentition ; en sorte qu'il est à peu près certain que les deux séries

de germes se forment à la fois, puisque, dans toutes deux, les germes sont continus par leurs pédicules à la membrane de la gencive. Or, cette continuité ne pourrait s'établir à travers la tablette osseuse qui recouvre l'alvéole des Dents de la première série, si les germes de la seconde n'étaient pas formés en même temps. Cette continuité des germes de la seconde série avec la membrane de la bouche à travers des trous osseux maintenus, prouve donc l'unité du temps et du mécanisme de la formation de ces germes. Et comme on observe dans les germes de remplacement des Cyprins les plus adultes des états stationnaires qui peuvent durer toute la vie, et dont l'accélération ne s'opère que dans le cas où la Dent voisine vient à tomber, on conçoit que, pendant toute la durée des Dents de lait, les germes de remplacement restent inertes et sans produire aucunes couches. Il n'est donc pas nécessaire de supposer, comme on l'a fait, que les Dents de remplacement ont besoin d'un temps plus long pour arriver à leur perfection. Rousseau a observé dans la première dentition le progrès de cette formation. Tous les cinquante jours, à partir du deuxième mois jusqu'au septième de la conception, il y a formation dans l'Homme de quelques points de cristallisation d'une nouvelle Dent, et ce n'est que vers le commencement de ce dernier terme que les vingt couronnes dentaires deviennent enfin apparentes. On conçoit que les plus anciennes couronnes sont celles qui sortent les premières. L'ordre de leur chute est aussi le même que celui de l'éruption. Vers six à sept ans les secondes Dents se forment avec rapidité ; jusque-là leurs germes étaient restés à peu près inertes. Elles commencent à comprimer tellement les alvéoles des premières Dents, qu'elles privent celles-ci, en étranglant les nerfs et les vaisseaux qui s'y rendent, des fluides qui, jusque-là, en avaient nourri la pulpe. La résistance que la vie donnait aux premières Dents contre l'effort des secondes disparaît donc, et soit que l'absorption contribue à user et la racine de ces Dents et les cloisons qui les séparent des secondes, soit que l'effort de celles-ci use ces cloisons et les racines des Dents de lait, ces dernières finissent par tomber sans quelquefois montrer un vestige de racines.—Les arrière-molaires qui n'ont point de Dents de lait à expulser éprouvent un changement de direction : elles s'étaient entièrement développées dans l'angle postérieur des mâchoires, mais comme les os maxillaires grandissent, elles y trouvent de la place ; elles avancent donc, et d'une position oblique qu'elles avaient d'abord, elles se redressent pour sortir, et se mettent en rang avec les autres.

C'est une règle générale, dit encore Cuvier, que les Dents molaires de remplacement ont une couronne moins compliquée que celles auxquelles elles succèdent ; mais cette couronne compliquée se trouve reportée sur les molaires permanentes qui viennent plus en arrière. Il arrive quelquefois que les Dents permanentes qui tombent par accident, sont remplacées par des Dents nouvelles ; mais dans la règle, la deuxième série de Dents n'est pas remplacée dans les Mammifères.

On avait cru que chez les Rongeurs il n'y avait qu'une seule dentition permanente. Mais il paraît que dans le plus grand nombre des espèces (Cuvier, Oss. Foss. T. v), les Dents de lait tombent si vite, que l'on a peine à les observer. Il n'a suivi la succession des Dents que sur les Lapins. Parmi les incisives, il n'a vu changer après la naissance que les supérieures postérieures ; car chez la plupart des Rongeurs, il y a deux rangées simultanées de Dents incisives, l'une derrière l'autre, comme il arrive quelquefois, même chez l'Homme, par l'éruption simultanée des deux séries. Les Dents de lait demeurent quelque temps en place avec celles qui leur succèdent ; et, pendant ce temps-là, les Lapins paraissent avoir six

incisives en haut au lieu de quatre, qui est leur nombre permanent. Il résulte de ce triple rang d'incisives, en arrière l'un de l'autre, qu'il y a ici une rangée de germes surnuméraires, relativement au nombre des autres Mammifères. Quant aux molaires, il est certain qu'il y en a trois en haut sur six, et deux en bas sur cinq, qui sont remplacées par de secondes Dents venues dans la même direction verticale. Les trois postérieures, tant d'en haut que d'en bas, sont donc permanentes. Ainsi, pour les molaires, il en est à peu près de même des Lapins que des Chevaux et des Ruminans. Cuvier pense que dans les espèces qui n'ont que quatre molaires partout, il n'y a que l'antérieure qui change. Il s'en est assuré sur le Castor, le Porc-Épic, l'Agouti, le Paca, le Cochon d'Inde. Mais pour voir la Dent de lait en place sur ce dernier, il faut y regarder quelques jours avant la naissance. Comme dans aucun Rongeur il n'a vu les incisives antérieures tomber après la naissance, il soupçonne qu'elles tombent aussi durant la vie utérine. Il ajoute que d'après cette permanence des trois dernières molaires, dans les genres qui en ont plus de trois, il est vraisemblable que ceux qui n'en ont que trois, n'y éprouvent jamais aucun changement. Au moins ne lui a-t-il pas été possible d'observer de mutation dans les Rongeurs à trois Dents, tels que le Rat, etc. Or, il nous semble que, puisqu'il est bien constaté que les trois dernières molaires sont permanentes, il est tout aussi présumable que les premières incisives le sont également. Il n'y a, en effet, aucune comparaison à faire pour la grandeur et la proportion d'émail, entre les premières incisives des Rongeurs et leur première molaire. On ne peut donc pas conclure de l'absorption de celle-ci dans l'utérus, à l'absorption de l'autre.

Nous venons de voir des Dents surnuméraires et même des séries surnuméraires dans les Lapins pour les incisives ; il y a de même dans les Sarigues pour la seconde dentition des incisives surnuméraires au complet des autres Animaux qui en ont le plus, savoir quatre incisives en haut et deux en bas. On sait que les incisives de tous les Rongeurs, et même les molaires de quelques Animaux de cet ordre, malgré la continuelle détrition qu'elles subissent, restent, les premières toujours tranchantes, les autres toujours également calibrées, et que toutes conservent constamment la même longueur. Les incisives, sorties pointues de l'alvéole, croissent par l'extrémité alvéolaire, à mesure qu'elles s'usent par l'autre, et leur face de devant étant garnie d'un émail plus épais et plus dur, la détrition est constamment oblique en arrière, et en fait toujours des coins fort affilés.

Dans les espèces où les Dents ne se divisent jamais en racines, l'ivoire et l'émail continuent de se produire, parce que le germe étant sessile au fond de l'alvéole, aucune exhalation ne peut se faire au-dessous de l'insertion de la capsule à la base du germe, et, comme d'autre part la partie supérieure du fût s'use très-rapidement, la capsule ne peut se trouver comprimée ni coupée par le bord inférieur du fût. Ensuite, comme les vaisseaux du germe continuent de s'y porter, elle continue de déposer de l'émail sur les couches d'ivoire que le germe continue aussi de sécréter intérieurement. Cela s'observe, par exemple, sur les Dents des Cabiais, des Campagnols, etc. Chez les Cabiais, outre la déposition d'émail, il y a une déposition de cément. Et comme l'émail et le cément sont étendus transversalement entre les lames d'ivoire, il faut que des cloisons transversales de la membrane de la capsule alternent avec les replis verticaux du germe qui ont formé l'ivoire. Dans les Eléphans, il y a une disposition pareille; mais toutes les lames d'ivoire, d'émail et de cément d'une Dent d'Eléphant, sont formées simultanément, et les feuillets producteurs ont bientôt disparu. Ici, au contraire, les feuillets producteurs, tant ceux du germe que

ceux de la capsule, subsistent toute la vie.

La Dent, une fois formée, conserve à peu près sa figure dans l'Homme, les Singes, les Insectivores, les Carnassiers et les Cétacés. Les éminences en deviennent seulement un peu moins aiguës et saillantes. Mais dans les Carnassiers uniquement carnivores, par exemple les espèces des genres *Felis*, *Mustela*, *Viverra*, les Dents molaires ne s'usent pas, et conservent leurs pointes et leurs tranchans. Dans les Herbivores, au contraire, la vraie forme de la couronne, dit Cuvier, ne se conserve qu'autant qu'elle est encore renfermée dans l'alvéole. A peine sortie, elle s'use, et toutes les inégalités dont le plan est déterminé pour chaque espèce, sont remplacées par une surface plane où les contours et la place qu'occupaient les reliefs sur la couronne sont dessinés par différentes lignes qui sont les coupes de l'émail, du cément et de l'ivoire. Les dessins que forment ces lignes étant en rapport avec les lobes ou lames dont ils ne sont que la tranche, sont donc déterminés selon les espèces, et peuvent servir à les caractériser. Plus la Dent s'use, et plus on approche de la base de ses éminences ou de ses lobes, plus les espaces circonscrits par les lignes d'émail s'élargissent et se confondent, et l'on arrive enfin à une hauteur où la couronne n'offre plus qu'un seul espace enveloppé d'émail, comme si la Dent avait été simple. Mais cela n'arrive que dans les Dents demi-composées des Ruminans, des Solipèdes et de plusieurs genres de Rongeurs où le fût n'est pas sillonné de cannelures d'émail sur toute sa hauteur. Tels sont les Castors, les Agoutis, les Porc-Epics, etc. (*V.* les coupes de toutes ces molaires de Rongeurs, dans Cuvier, Oss. Foss. T. v, pl. 1, fig. 1 à 26).

Dans tous les Animaux pourvus de Dents composées ou demi-composées, c'est-à-dire où la coupe transversale de la Dent offre à toutes les hauteurs du fût, ou seulement sur une hauteur plus ou moins prolongée du fût, l'émail seul ou accompagné de cément pénétrant en différens sens dans l'ivoire, l'articulation de la mâchoire inférieure avec le crâne est telle que les mouvemens de l'une sur l'autre peuvent se faire dans toutes les directions d'un plan horizontal, en avant, en arrière, à droite et à gauche, et dans les arcs qui réunissent ces directions. Selon que ces mouvemens horizontaux s'exécutent davantage dans l'une de ces directions que dans l'autre, les plans affectés par les lames d'émail et de cément varient de manière à rester perpendiculaires ou au moins très-obliques à la direction du mouvement. Il en résulte que le déplacement que ce mouvement cause aux Dents de la mâchoire inférieure sur celles d'en haut, occasione nécessairement le frottement des lames d'émail d'une Dent sur toutes les autres lames de la dent opposée. Et comme on a vu que ces lames sont inégalement dures et résistantes, on voit qu'elles doivent s'user inégalement, et que les surfaces correspondantes, par l'effet même de la trituration, sont entretenues dans un état d'aspérité indispensable pour l'effet qu'elles doivent produire. Ainsi dans les Ruminans où les mouvemens en avant ne sont pas nécessaires, puisqu'ils saisissent leur fourrage avec leurs lèvres, ou par le simple rapprochement des incisives d'en bas contre le bourrelet qui termine le palais, la direction des lignes sur la Dent usée, et des collines sur la Dent entière, est longitudinale. Or les mouvemens de broyement sont tous latéraux, et l'on verra ailleurs (*V.* MACHOIRES) que le condyle de la mâchoire, la surface où il s'articule, et les ligamens et les muscles qui déterminent et limitent les mouvemens de la mâchoire, sont parfaitement combinés pour ce résultat. Dans les Rongeurs, au contraire, le chevauchement des incisives d'en bas sur celles d'en haut nécessitait les mouvemens de la mâchoire en avant. Aussi chez eux le condyle est longitudinal, ainsi que la rainure dans laquelle il se meut; les muscles sont dirigés très-

peu obliquement sur l'axe de la tête, et les collines primitives, et par conséquent les lames ultérieures d'émail et de cément qui se dessinent sur la couronne des Dents, sont transversales, c'est-à-dire perpendiculaires à la direction du mouvement.

Dans les Tatous et les Paresseux, les deux sortes de mobilité de la mâchoire se combinent d'une espèce à l'autre avec la même forme de Dents. Ces Dents sont toutes cylindriques, ou à peu près, sur la longueur de leur fût. Elles ne sont coniques que par la pointe, avant qu'elles aient commencé de s'user. Comme les incisives des Rongeurs, elles n'ont pas de racines, et leur croissance est permanente. Elles devaient donc s'user par l'extrémité libre comme celle des Ruminans, des Rongeurs, etc. Aussi la mâchoire est-elle susceptible, dans tous ces Animaux, de mouvemens horizontaux aussi étendus que ceux des Ruminans et des Rongeurs. On conçoit, vu la figure de la tranche de ces Dents, que si, dans le cas de glissement en avant par exemple, les deux rangées supérieures et inférieures ne sont pas de largeur égale, la plus étroite creusera une rainure dans la plus large, et chaque Dent de cette dernière rangée offrira un sillon dans lequel glisseront les dents opposées. C'est ce qui arrive chez l'Aï parmi les Paresseux. Dans cette espèce, la forme du condyle est celle des Rongeurs, et le principal mouvement de la mâchoire est un glissement en avant. Dans l'Unau, au contraire, le glissement en avant est très-borné; la direction de l'articulation maxillaire est transversale comme chez les Ruminans, et les Dents s'usent sur une surface plane et partout unie. Il est probable que ces différences dans le mécanisme de la trituration en amènent dans le choix des substances alimentaires. Mais on manque encore d'observations à cet égard (*V.* BRADYPE). — Parmi les Tatous, le Tatou Géant offre, avec tous les autres, le même contraste que l'Aï par rapport avec l'Unau. L'articulation de sa mâchoire est une coulisse longitudinale, plus étendue que dans aucun Rongeur; le moindre mouvement latéral n'est pas possible; et les rangées dentaires glissent l'une sur l'autre dans une juxtaposition parfaite, tout étroites qu'elles sont. Aussi s'usent-elles par une surface parfaitement plane (*V.* Cuv., Oss. Foss. T. v, pl. 11, f. 2 et 3). Dans les autres Tatous, au contraire, l'articulation maxillaire est semblable à celle des Ruminans, et les mouvemens sont latéraux. Mais vu la figure cylindrique de la Dent dont l'émail n'est que circulaire, l'usure est uniforme sur tous les points de la surface; et la tranche qui résulte de l'usure, suffit au régime frugivore de ces Animaux. Au contraire dans les plus carnivores des Carnassiers où chaque côté des mâchoires devait représenter une paire de ciseaux toujours capables de trancher et diviser la proie, et se terminer en avant par une pince à double crochet dont les pointes sont formées par les énormes canines; par exemple chez les Chats, les Martes, les Chiens, etc., tout mouvement de latéralité ou de production en avant, en froissant les pointes et les tranchans des rangées dentaires, les eût émoussées, et l'action de ces Dents en eût été d'autant et plus promptement diminué. Or, dans ces Animaux, le condyle, toujours d'une obliquité variable selon le degré de carnivorité, est enclavé dans une rainure dont l'entrée sur l'Animal vivant est plus étroite que la cavité, de manière que le condyle y est fortement serré, comme un axe dans une charnière. Cette obliquité de l'axe du condyle, indépendamment de la fermeté de l'articulation, est un obstacle à la déduction latérale. Il en résulte que les mâchoires ne sont susceptibles que de mouvemens verticaux, comme pour les branches d'une paire de ciseaux. L'on voit donc par quels rapports importans le nombre et la figure des Dents sont liés avec le régime, et par conséquent avec les mœurs et les instincts des Animaux, et combien la connaissance de ces faits et de leurs rapports est indispensable à l'histoire naturelle particulière des genres et des espèces. Cette connaissance ne l'est pas moins à la zoologie proprement dite, car, ainsi que nous l'avons exposé à l'article ANATOMIE, il y a une telle corrélation entre les formes de certains organes et les formes de tels autres organes, que les premières nécessitent les dernières et en excluent au contraire certaines autres. Et comme c'est essentiellement par les formes que les Animaux d'une classe diffèrent entre eux, on voit de quel intérêt sont les formes qui en nécessitent ainsi de réciproquement déterminées dans le reste de l'organisation. Quoi qu'il en soit de la cause initiale de ces réciprocités, ou, ce qui est la même chose, de ces rapports de subordination, et quel que soit le rang que les Dents occupent dans la chaîne de ces rapports, il est certain que les Dents, par leur nombre et leur figure, en sont l'expression la plus significative dans les Mammifères. Effectivement les caractères qu'elles fournissent, réunis à ceux que donne la forme de l'articulation maxillaire, suffisent pour composer les genres de la même manière que peut les former l'ensemble des motifs de détermination de la méthode naturelle. Nous n'entrerons dans aucun détail à cet égard, ayant déjà donné ou devant en donner la preuve à l'article de chaque genre de Mammifères.—Dans cette dernière classe il y a trois sortes de Dents caractérisées plutôt par l'os où elles s'implantent et par leur ordre de succession, que par la constance de leurs formes. Celles de la mâchoire supérieure se distinguent en incisives implantées dans l'os intermaxillaire, en canines toujours uniques de chaque côté, et les premières de l'os maxillaire; puis viennent les molaires proprement dites. A la mâchoire inférieure, elles ont reçu les mêmes noms selon leur correspondance avec leurs analogues d'en haut.

On a vu quel était le petit nombre des Dents chez plusieurs Rongeurs.

Les Fourmiliers, les Pangolins, les Échidnés n'en ont point du tout : le Tatou Géant en a quarante-huit en haut et quarante-quatre en bas, quatre-vingt-douze en tout : le Dauphin Frontatus en a de quatre-vingt-dix-huit à cent : le Dauphin du Gange en a cent-vingt, le Dauphin de Péron cent soixante, et dans ce Tatou et aucun de ces Dauphins, aucune de ces Dents n'appartient à l'intermaxillaire. Si, considérant les Mammifères comme un type d'organisation, on voulait y prendre une unité de nombre pour les Dents, on voit que, soit qu'on prît cette unité dans le plus, soit qu'on la prît dans le moins, elle ne pourrait être constante, et non-seulement l'unité n'existe pas à cet égard dans la classe, mais elle n'existe même pas dans le genre, puisque le Tatou Géant a quatre-vingt-douze Dents dans un genre où les autres espèces n'en ont pas plus de trente-six.

Les trois sortes de Dents qui manquent ou existent toutes ensemble dans les genres précités, peuvent manquer ou exister séparément dans différens autres genres. Les Narvalhs n'ont que des canines ; les Tatous n'ont que des molaires.

Dents des Reptiles.

Les Mammifères n'ont de Dents qu'à deux os de la mâchoire supérieure, et ces Dents diffèrent de forme d'un os à l'autre et sur le même os. Les Reptiles Sauriens, Ophidiens et Batraciens font à peu près le même emploi de leurs Dents que les Cétacés. Ils ne mâchent ni ne broient leur nourriture. Les Dents ne leur servent qu'à saisir et retenir la proie et non à la diviser. De ce que leurs Dents ne peuvent broyer ils s'ensuit la nécessité de la carnivorité, car aucun n'ayant d'estomac musculeux, les substances végétales ne pourraient subir une préparation convenable dans la digestion. Leurs Dents concordent cependant assez avec les genres et les sous-genres naturels. Les Dents des Reptiles se développent

comme les plus simples des Dents des Mammifères, les incisives de l'Homme, par exemple, avec cette différence qu'elles n'ont jamais de racines. Le fût est, par-là même, nécessairement formé seulement d'ivoire et d'émail. Ces Dents sont semblables, quelle que soit leur position sur les mâchoires ; partout elles se soudent par la base de leur fût sur le bord de l'alvéole d'où elles sont sorties. Dès-lors elles n'ont plus aucun rapport avec le bulbe et la capsule qui se trouvent ainsi dans le même cas que chez les Rongeurs à qui l'on aurait arraché une Dent sans la pulpe, laquelle alors reproduit une nouvelle Dent. Il ne se dépose qu'un petit nombre de couches d'ivoire dans ces Dents. Elles restent creuses et sont ainsi emboîtées l'une dans l'autre, de manière qu'à la chute de la Dent de service, celle de remplacement est là prête et se fixe aussitôt sur le bord de l'alvéole dont l'autre vient de se séparer. Ce mode de remplacement ne nécessite donc pas deux séries de germes collatérales comme dans les Mammifères. — Il y a un autre mode de remplacement pour les Dents venimeuses des Serpens. Ces Dents sont fixées par soudure sur l'os maxillaire supérieur, lequel est articulé et mobile sur l'os ptérigoïdien externe. Nous avons compté jusqu'à onze Dents de remplacement formées à différens degrés dans les Hydrophis ou Serpens d'eau, cinq ou six dans les Trigonocéphales et dans la Vipère de France. Ces Dents sont formées dans des capsules membraneuses couchées parallèlement les unes aux autres dans l'épaisseur de la membrane palatine. L'ordre de leur grandeur dépend de leur voisinage de la Dent de service. Quand celle-ci tombe, la première de remplacement dont la base est restée membraneuse se soude si bien sur la place même où était l'autre, que l'orifice de son canal se trouve juste vis-à-vis du conduit du venin. Nous ne pouvons rien dire du mécanisme par lequel la Dent de remplacement se transporte à la place de l'autre, n'ayant examiné d'une part que des Trigonocéphales conservés dans la liqueur où les capsules et les membranes s'atrophient, et d'autre part que des Vipères trop petites pour que l'observation de ce mécanisme soit bien concluante.

Dans les trois ordres de Reptiles pourvus de Dents, il y en a sur tous les os de la bouche; les Amphisbènes, seuls des Ophidiens, n'ont pas de Dents palatines.

Les Dents des Reptiles tombent sans régularité, soit quant aux époques, soit quant à la situation respective. Les Crocodiliens ainsi que les Monitors n'ont de Dents qu'aux os maxillaires et intermaxillaires; elles sont coniques dans les Crocodiles; de soixante-dix-huit à cent et plus en tout suivant les espèces. Parmi les Monitors proprement dits, les uns ont les Dents coniques, d'autres aiguës et tranchantes, de quatre-vingt-seize à cent vingt en tout. Les Dragones ont des Dents coniques à sommet plus mousse et presque sphérique en arrière. Les Lézards proprement dits, outre les Dents des os intermaxillaires et maxillaires, en ont encore aux palatins et ptérigoïdiens. Les Iguaniens ont aussi ces rangées surnuméraires, mais de plus leurs Dents sont tranchantes et plus ou moins dentelées sur le tranchant. Dans les Geckos les Dents sont toutes égales, serrées, grêles et pointues, au nombre de cent quarante à cent quarante-quatre en tout. Dans les Caméléons les Dents sont très-petites et trilobées. Les Batraciens ont tous des Dents au palais; en outre les Salamandres en ont aux deux mâchoires; les Grenouilles à la supérieure seulement; les Crapauds à aucune des deux. Dans tous les Ophidiens, moins les Amphisbènes, il y a quatre rangées de Dents à la mâchoire supérieure; une sur chaque arcade maxillaire, une autre sur chaque arcade palatine. L'arcade palatine en porte quelquefois sur le palatin et sur le ptérigoïdien interne. Les Dents ou crochets canaliculés

pour conduire le venin n'existent jamais que sur les maxillaires proprement dits; toutes les autres, soit de la mâchoire inférieure, soit de la supérieure, sont fermées à leur sommet, mais creuses intérieurement et soudées comme celles des Sauriens sur le bord de leur alvéole.

Dents des Poissons.

Il y a plus de variation, et pour la structure et pour le développement des Dents, chez les Poissons que chez les autres classes; ils en offrent quatre genres sous ce rapport: 1° les composées que forment une infinité de tubes tous unis et terminés par une couche commune d'émail, telles sont les Dents en pavé des Raies; 2° les simples qui ne tiennent qu'à la gencive, comme celles des Squales; 3° les simples qui naissent dans un alvéole, celles du plus grand nombre des Poissons osseux; et 4° d'autres également simples, mais dont la capsule n'est point enfermée dans un alvéole: ce sont celles qui garnissent les os pharyngiens des Cyprins et desquelles nous avons déjà parlé. La structure et le mode de développement de celles-ci sont le mieux conçus. Enfin, si les boucles des Raies peuvent être prises pour des Dents, il y aurait un cinquième genre de Dents chez les Poissons.

Nous n'avons examiné que celles de la quatrième classe, chez les Cyprins. Voici nos observations à ce sujet: 1° leur capsule, au moins pour celles de remplacement, est contenue dans la gencive derrière le bord dentaire de l'os pharyngien. Cette capsule n'a d'autre pédicule que le cordon des vaisseaux qui pénètrent dans le bulbe avec lequel la capsule vient se continuer autour de l'insertion même du pédicule vasculaire. Ici donc, comme Rousseau l'a vu chez les Mammifères, il n'y a qu'un seul feuillet à la capsule, et c'est dans la cavité comprise entre ce feuillet et la surface du germe que se forme la Dent. Ici l'émail est d'abord déposé sur le germe dont la figure sert de moule à la Dent. L'émail est-il déposé par le germe même ou par la membrane de la capsule? c'est ce que nous ne pouvons dire. Le chapiteau d'émail une fois formé, les couches d'ivoire se déposent dessous comme pour les Dents des Mammifères. Quand on observe une Dent en position, le côté de sa base qui regarde la Dent de remplacement est percé d'un trou. Le pédicule de la Dent de remplacement se porte vers ce trou, et comme ce pédicule est d'autant plus élastique que la Dent est plus avancée dans sa formation, on conçoit qu'il tire la Dent vers la place de celle qu'il doit remplacer. Comme ces Dents restent creuses, parce qu'à leur couronne l'ivoire est moins épais que l'émail, le bulbe n'a rien perdu de son volume quand le remplacement a lieu. A cette époque il n'y a que le chapiteau d'émail de formé. Le bulbe qui y adhère très-fortement ne commence à déposer l'ivoire de la couronne et du fût qu'après avoir pris position dans la cavité sur les bords de laquelle le fût de la Dent précédente était soudé, et sur lesquels il soudera le sien même. On voit que ce mode de développement est le même que celui des Mammifères, et que le mécanisme du déplacement ressemble à celui des Dents venimeuses des Serpens.—2°. Les Dents dont les germes existent dans les alvéoles, chez les autres Poissons osseux, se forment de la même manière. Parvenues perpendiculairement sur les bords de l'alvéole, elles s'y soudent par la base de leur fût comme les précédentes et celles des Reptiles, et n'ont pas par conséquent de racines. Une fois soudées, le germe s'atrophie, et elles conservent toujours leurs cavités.—3°. Les Dents simples des Squales diffèrent des précédentes, moins parce qu'elles ne s'implantent ordinairement pas sur des os, quoique cela arrive pour les Dents du *Squalus pristis*, où elles saillent à droite et à gauche de la grande lame qui se prolonge au-devant de la tête comme les

dents d'une scie, que parce qu'elles croissent à la manière des os, c'est-à-dire que tout leur ivoire est d'abord tendre et poreux, qu'il se durcit uniformément jusqu'à ce qu'il ait partout une même solidité. On ne sait rien sur la formation de cet ivoire, non plus que sur le mécanisme et même l'existence de la capsule qui l'a probablement produit. — 4°. Les Dents composées, quelles qu'en soient la figure et la position, sont toujours divisées en deux couches superposées : la supérieure dense, osseuse, couverte d'une légère couche d'émail, l'inférieure marquée en dessous, c'est-à-dire à sa face contiguë, soit à la peau, soit au bulbe, de sillons très-réguliers et très-rapprochés intérieurement. Cette couche est irrégulièrement traversée de pores qui s'ouvrent dans les sillons de la surface cutanée. Cuvier présume que ces sillons et ces pores transmettent des vaisseaux et des nerfs jusqu'à la couche supérieure. Celle-ci, quoique plus dense, est uniquement formée de tubes parallèles tous immédiatement terminés à la surface émailleuse. Quelques Poissons osseux ont des Dents d'une structure très-analogue à celles-ci. Telles sont celles des Diodons et Tétrodons. Vue à l'intérieur, cette Dent ne présente que des sillons transverses; sciée ou brisée, on voit qu'elle est formée de lames dont les tranchans soudés par l'émail à la superficie restent long-temps distincts à la racine.—5°. Les boucles des Raies se développent dans une capsule semblable à celles des Dents des Cyprins, et placée dans l'épaisseur de la peau comme celles-ci le sont dans l'épaisseur de la muqueuse de l'extrémité de l'œsophage. Anatomiquement parlant, ce sont de vraies Dents. Blainville en a, le premier, reconnu la nature. On ignore si elles sont susceptibles de remplacement.—6°. Enfin il existe un Poisson que Cuvier rapporte aux Scares, où les dents palatines se succèdent pardevant, et où l'ensemble des rangées dentaires ainsi formées représente par l'usure une surface très-semblable à la coupe des Dents d'Éléphans. Qu'on se figure des Deuts à peu près semblables aux incisives de l'Homme disposées sur dix ou douze rangs, à quatre ou cinq Dents par rangées disposées de champ, comme dans l'Homme. Toutes ces rangées, distantes l'une de l'autre d'environ l'épaisseur d'une Dent, sont enclavées par un véritable cément, de sorte que par la détrition, quand le tranchant des Dents est entamé (et il l'est d'autant plus profondément qu'elles sont plus postérieures), on voit des rangées de petits ovales d'émail très-allongés en travers, dont l'intérieur contient une face d'ivoire, et dont les intervalles sont remplis de cément. Les Dents de la première et de la seconde rangée, ont seules conservé leurs tranchans. La plaque de ces Dents est portée sur le vomer; une autre plaque correspond sans doute à la langue.

Quant au remplacement des Dents des Poissons, il n'est pas plus régulier pour la place et l'époque que chez les Reptiles. Dans les Poissons osseux, la série des Dents de remplacement est tantôt latérale : c'est le cas des Baudroies ; tantôt elle est intérieure chez les Sargues ; dans les Spares et les Sciènes, la série des Dents de remplacement est étagée au-dessus des Dents de service, et de plus en est séparée par un plafond que la Dent nouvelle doit traverser ou user pour se produire au-dehors. Il existe quelquefois plusieurs étages de ces Dents dont le chapiteau d'émail est d'autant moins avancé qu'elles sont plus éloignées de la surface. Les Dents des Squales se remplacent à peu près comme celles des Cyprins et les crochets des Vipères, puisqu'elles ne sont point contenues dans des alvéoles. Derrière la rangée des Dents de service, se trouvent successivement et en retraite plusieurs autres rangs couchés et inclinés en arrière. Mais ces remplacemens de Dents dans les Squales diffèrent des deux que nous en rapprochons, parce que ces rangs de Dents supplémentaires sont tous à dé-

couvert dans la bouche, et que même les plus antérieurs servent à saisir et retenir la proie. Cuvier dit que quand une Dent du premier rang vient à tomber, celle de derrière se relève et prend sa place.

Par la position et la forme de toutes ces Dents, on voit que leur utilité est très-variable chez les Poissons. Tous ceux qui les ont aiguës ne mâchent point, et il n'existe pas d'organe du goût dans leur bouche. Ceux qui en sont tout-à-fait dépourvus, comme les Muges, n'en ont pas non plus, mais ils ont un véritable gésier plus robuste encore que celui des Gallinacés et qu'Aristote a décrit il y a deux mille ans. Ceux qui ont des Dents triturantes auraient tous un organe du goût, à en juger par les Cyprins où nous avons découvert et déterminé la structure, la composition et l'utilité de cet organe (Anat. et Physiol. des Syst. Nerv.).

Les Poissons ont des Dents presque sur tous les os qui forment paroi dans la bouche ; intermaxillaires, maxillaires, dentaires, mandibulaires, et prémandibulaires de la mâchoire inférieure ; vomer, palatins, ptérigoïdiens, les différentes pièces de l'hyoïde et les pharyngiens. Enfin dans le Squale Scie les Dents toutes extérieures ne peuvent pas plus servir à agir sur les alimens que les aiguillons des Raies. Comme les aiguillons des Raies, c'est aussi dans le corps de la peau que sont placés les germes de ces Dents du Squale Scie, Dents dont personne ne contestera sans doute la nature.

Toute la classe des Oiseaux, tout l'ordre des Chéloniens parmi les Reptiles, les Lamproies et l'Esturgeon parmi les Poissons cartilagineux, manquent de Dents ; rien n'en tient lieu dans l'Esturgeon. Dans les Oiseaux et les Chéloniens, une corne fibreuse, absolument semblable à celle qui forme les ongles et les cornes proprement dites, se moule sur les mandibules osseuses des deux mâchoires. Les divers degrés de dureté et de configuration dont elle est susceptible, influent autant sur la nature des Oiseaux que le nombre et la figure des Dents sur celle des Mammifères, et même, comme on a vu, sur la nature des Poissons. *V.* Bec.

Parmi les Mammifères, les Échidnés ont aussi une enveloppe de corne à la mâchoire inférieure. Les Baleines n'ont pas de Dents non plus. Elles ont à la mâchoire supérieure des lames de corne fixées sur le maxillaire par une substance plus charnue, laquelle se change graduellement en fanon. Chaque fanon ou lame présente intérieurement une couche de fibres cornées, revêtues de deux lames cornées aussi, mais plus minces, plus denses, et qui, un peu écartées par leur bord interne, laissent sortir les fibres internes en forme de franges.

Nous avons découvert dans la Lamproie un troisième genre d'appareil de remplacement des Dents. C'est un emboîtement de lames cartilagineuses ployées par leur milieu et denticulées sur le bord de leur repli. Toutes ces lames, d'une substance qui tient à la fois, pour l'aspect et la consistance, du cartilage et de la corne, enveloppent circulairement le bourrelet mandibulaire de ces Animaux, le pourtour de l'œsophage, etc. On peut en déboîter ainsi cinq ou six de l'une dans l'autre. Elles sont évidemment le produit d'exsudation successive et n'adhèrent nullement entre elles. Toutes sont adhérentes par leur base au bourrelet de la mandibule. Nous croyons avoir observé qu'elles sont d'autant plus nombreuses que l'Animal est plus âgé. A quelle époque tombe chaque rangée, en tombe-t-il plusieurs par an? on l'ignore. Quoi qu'il en soit, cet appareil n'a aucune analogie ni avec le bec des Oiseaux, ni avec celui des Tortues, ni avec les fanons des Baleines.

A l'autre extrémité du règne animal, les Échinodermes, dans la classe des Radiaires, ont encore de véritables Dents, portées et mobiles sur un appareil très-compliqué, dont on trouvera la description aux mots

Échinodermes et Oursin ; ces Dents forment un long prisme triangulaire dont les deux pans postérieurs forment des angles rentrans dans l'*Echinus esculentus*. Dans l'*Echinus cidaris*, c'est un demi-tube dont l'extrémité, usée obliquement, forme le cuilleron. Ces Dents ont au moins les deux tiers de la hauteur de l'Animal. Très-dures dans leur extrémité, libres par où elles convergent l'une vers l'autre comme un étau à plusieurs pinces, elles se ramollissent de plus en plus inférieurement, et forment une longue queue molle, flexible, qui se replie à l'extrémité comme un ruban. Cette partie molle a un éclat très-soyeux et même métallique, et se déchire par le moindre effort. Comme pour les incisives des Rongeurs, le fût de la Dent prend par en bas autant d'accroissement qu'il subit de diminution en haut par la détrition. L'enroulement de la capsule subvient à cette reproduction, et la capsule elle-même se reproduit par son extrémité pour y suffire. — Enfin, les Dents ou mandibules des Mollusques sont des pièces de consistance cornée ou quelquefois pierreuse, incrustées ou fichées dans une masse charnue qui enveloppe la bouche. Dans les Céphalopodes, elles sont formées par une double lame d'une vraie corne, très-épaisse et d'un brun foncé, dont les bords, opposés à la partie triturante, s'amincissent et se perdent dans la masse charnue.

Pour le nombre, la forme, l'agencement particulier de chaque espèce de Dents dans les différens genres de Vertébrés, *V.* les articles de chacun de ces genres.   (A. D..NS.)

On a fait aussi quelquefois du mot Dent des noms spécifiques en les accompagnant de quelque épithète. Ainsi l'on a appelé vulgairement Dent de Chien, de Loup, parmi les Poissons, le Cynodon, *V.* ce mot, et Dent double un Lutjan ; parmi les Annelides, Dent d'Eléphant, les Dentales, etc.   (B.)

DENT. bot. crypt. (*Mousses.*) L'urne, dans la famille des Mousses, a ses parois formées de deux membranes appliquées l'une sur l'autre et entièrement unies. Les Dents qui garnissent quelquefois le péristome ou l'ouverture de l'urne sont tantôt fournies par la membrane externe, tantôt par l'interne. Dans le premier cas elles portent spécialement le nom de *Dents*, tandis qu'on les appelle *Cils* dans le second. *V.* Mousses et Péristome. (A. R.)

DENT DE LION. bot. phan. L'un des noms vulgaires du *Taraxacum Dens Leonis*. *V.* Taraxacum. (A. R.)

DENTAIRE. *Dentaria.* bot. phan. Genre de la famille des Crucifères et de la Tétradynamie siliqueuse, L., fondé par Tournefort et adopté par Linné, Lamarck et Jussieu, avec les caractères suivans : calice composé de sépales oblongs et connivens; pétales planes et onguiculés; stigmates émarginés; silique lancéolée, à valves planes, sans nervures, se séparant le plus souvent avec élasticité, à placentas non ailés; cordons ombilicaux dilatés, supportant des graines ovées, non bordées et disposées sur une seule ligne. Ce genre a été placé par De Candolle (*System. Veget.* T. II, p. 271) dans sa tribu des Arabidées ou Pleurorhizées siliqueuses, près du genre Cardamine, duquel il diffère principalement par les sépales de son calice plus serrés, par son stigmate échancré et par la cloison de sa silique un peu plus longue que les valves. Les Dentaires sont en outre caractérisées par leurs racines ou plutôt leurs souches souterraines tuberculeuses et ayant la forme des dents molaires des Mammifères. Elles ont des fleurs très-grandes, proportionnellement à celles des autres Crucifères, blanches ou d'un pourpre légèrement violacé. Leurs feuilles sont divisées en lobes profonds et disposées comme les folioles des feuilles pennées.

Dans l'ouvrage cité plus haut, le professeur De Candolle en décrit seize espèces partagées en trois sections. La première a des feuilles verticillées, le style longuement saillant, les valves de la silique à peine acuminées vers la base du style. Elle se compose des *Dentaria polyphylla*, Waldst. et Kit.; *D. enneaphylla*, L.; *D. glandulosa*, Waldst. et Kit.; *D. laciniata*, Muhl.; et *D. heterophylla*, Nutt. La deuxième section, dont les feuilles caulinaires sont alternes et palmées à trois ou cinq segmens, comprend les *Dentaria tenella*, Pursh; *D. diphylla*, Michx.; *D. maxima*, Nutt.; *D. trifolia*, Waldst. et Kit.; et *D. digitata*, Lamk., ou *D. pentaphyllos*, L. Les espèces de la troisième section ont pour caractères communs : des feuilles caulinaires alternes, composées de segmens disposés à la manière des feuilles pennées. Ce sont les *Dentaria pinnata*, Lamk.; *D. quinquefolia*, Bieberst.; *D. hypanica*, Besser; *D. bulbifera*, L.; *D. microphylla*, Willd.; et *D. tenuifolia*, Ledebour.

Les Plantes des deux premières sections sont indigènes principalement de la partie australe de l'Europe, et de l'Amérique du nord. Celles de la troisième habitent, à l'exception de la *D. pinnata*, les régions orientales de l'Asie et surtout la Sibérie ainsi que les environs du Caucase.

Nous ne dirons qu'un mot de deux espèces que l'on rencontre dans les Alpes, ainsi que dans certaines contrées montueuses de la France, où, par leur fréquence et la beauté de leurs fleurs, elles sont un des plus agréables ornemens.

La **Dentaire digitée**, *D. digitata*, Lamk., est remarquable par ses feuilles alternes, pétiolées et composées de cinq folioles unies par leur base, lancéolées et disposées en forme de digitations. Leurs fleurs, très-grandes, terminales, le plus souvent purpurinées ou violettes, font un effet charmant dans les bois taillis des Alpes, du Jura et des montagnes de nos départemens méridionaux.

La **Dentaire ailée**, *D. pinnata*, Lamk., *D. heptaphyllos*, Villars, espèce long-temps confondue avec la précédente, s'en distingue par ses feuilles pennées à cinq ou sept folioles opposées deux à deux avec impaire, et non insérées toutes ensemble au sommet du pétiole. Ses fleurs sont ordinairement blanches, et bien rarement elles prennent la teinte rose qui caractérise celles de la précédente espèce. On la trouve aussi plus communément, et dans les montagnes boisées d'une grande partie de la France.

La *Dentaria quinquefolia* de Marschall-Bieberstein (*Flor. Taur. anc.*, 2, p. 109) vient d'être récemment figurée dans le bel ouvrage de M. Delessert, intitulé *Icones selectæ*, etc. (2ᵉ vol., t. 35).   (G..N.)

* DENTALE. POIS. Syn. de *Sparus Dentex. V.* DENTÉ.   (B.)

DENTALE. *Dentalium.* ANNEL? Genre peu connu, placé généralement dans la classe des Annelides, et que plusieurs auteurs rapportent à celle des Mollusques. Cuvier (Règn. Anim. T. II, p. 522) le range, non sans quelque doute, avec les Annelides tubicoles et lui assigne pour caractères : coquille en cône allongé, arquée, ouverte aux deux bouts ; Animal paraissant articulé et pourvu de soies latérales. Lamarck (Hist. Nat. des Anim. sans vert. T. v, p. 341) en fait aussi une Annelide de l'ordre des Sédentaires et de la famille des Maldonies. Ses caractères sont, suivant lui : corps tubicolaire très-confusément connu, ayant son extrémité antérieure extensile en bouton conique entouré d'une membrane en anneau ; bouche terminale ; extrémité postérieure dilatée, évasée orbiculairement, à limbe divisé en cinq lobes égaux ; tube testacé, presque régulier, légèrement arqué, atténué insensiblement vers son extrémité postérieure, et ouvert aux deux bouts. — Les coquilles des Dentales sont très-nombreuses en espèces ; ce sont des tubes calcaires, solides, assez épais, ouverts aux deux extrémités, plus ou moins arqués, tantôt lisses, tantôt striés à leur surface, et que l'on a comparés en petit à une dé-

fense d'Eléphant. Elles contiennent un Animal dont l'organisation est fort peu connue. D'Argenville en a donné, il est vrai, dans sa Zoomorphose, une figure et une description ; mais l'une est si peu précise et l'autre tellement incomplète, qu'on doit les considérer comme des indications assez vagues. Suivant les observations de Fleuriau de Belle-Vue rapportées par Lamarck, l'Animal des Dentales approche beaucoup par sa forme des Amphitrites et des Sabellaires ; il a, de chaque côté du corps, une rangée de petits faisceaux à deux soies ; mais il n'a pas les panaches branchiaux des Amphitrites, ni les paillettes en peigne des Sabellaires. Savigny (Syst. des Annelides, p. 98), dont l'autorité est d'un grand poids, décrit d'une manière bien différente l'Animal de la Dentale lisse, *Dent. Entalis*, qu'il a eu occasion d'observer, et ses observations, bien que faites à la hâte, le portent à rejeter le genre Dentale de la classe des Annelides. « Mon sentiment, dit-il, à l'égard de ces tubes calcaires, est maintenant appuyé par un fait positif. J'ai sous les yeux l'Animal du *Dentalium Entalis* que M. Leach vient de m'envoyer, et je ne lui trouve pas à l'extérieur le moindre vestige d'articulations ; il n'a certainement ni pieds ni soies. C'est un Animal très-musculeux, de forme conique comme sa coquille, très-lisse et très-uni dans son contour, terminé postérieurement par une queue distincte, roulée en demi-cornet, au fond de laquelle est l'anus ; la grosse extrémité du corps est tronquée, avec une ouverture voûtée assez semblable à la bouche d'un Trochus, de laquelle sort un panache conique, produit par l'entrelacement d'une innombrable quantité de petits tentacules filiformes, très-longs, terminés tous en massue. Voilà des points que je peux donner pour certains. Je soupçonne en outre que l'Animal est pourvu d'une trompe, et que, dans son développement complet, il déploie un luxe de tentacules beaucoup plus grand encore que celui que l'état de contrac-

27

tion laisse d'abord supposer. Le tube intestinal qui descend entre deux énormes colonnes de muscles me paraît aller droit à l'anus et n'être accompagné d'aucun viscère remarquable.

On ne sait presque rien sur les habitudes des Dentales; elles se rencontrent principalement sur les côtes sablonneuses des mers des pays chauds. Il paraît qu'elles vivent enfoncées plus ou moins dans la vase et que le test a une position verticale. Plusieurs naturalistes pensent que l'Animal n'est point fixé à sa coquille, et qu'il peut en sortir et y rentrer à volonté. On a aussi pensé qu'il changeait de place en emportant avec lui sa demeure; mais celle-ci est trop pesante pour qu'on puisse supposer la chose possible si toutefois il est vrai qu'il ne lui adhère par aucun point de son enveloppe. Les Dentales vivantes actuellement dans nos mers sont assez nombreuses. On pourrait les diviser en deux ou trois sections fondées sur l'état de la surface des tubes qui sont tantôt lisses, tantôt striés, d'autres fois anguleux ou polygones.

DENTALE LISSE, *Dentalium Entalis*, L., figurée par Gualtiéri (*Index Test. Conchyl.*, tab. 10, fig. E), un peu courbée, presque cylindrique, unie et blanche; elle habite l'océan d'Europe, les mers de l'Inde et la Méditerranée.

DENTALE POLIE, *D. politum*, L., représentée par Gualtiéri et par Martini (*Cabinet*, T. I, tab. 1, fig. 3 A). Elle est plus pointue que l'espèce précédente, lisse, souvent rose, avec des stries circulaires vertes. Elle vient de la mer des Indes et des côtes de la Sicile.

DENTALE DENT, *D. dentalis* des auteurs, courbée, entièrement rouge ou rose avec vingt stries. Elle vit dans les mers des Indes et dans la Méditerranée.

DENTALE FASCIÉE, *D. fasciatum*, L., figurée par Martini (*loc. cit.* T. I, tab. 1, fig. 3 B), petite, un peu

arquée, finement striée, grise, avec cinq à six bandes plus obscures. On la trouve dans les mers de l'Inde.

DENTALE ÉLÉPHANTINE, *D. Elephantinum*, Lamk., représentée par D'Argenville (Conch., tab. 3, fig. H, et Zoomorph., tab. 1, fig. H) et par Martini (*loc. cit.* T. I, tab. 1, fig. 4 A et 5 A), un peu arquée et striée avec dix angles. Elle vit dans les mers de l'Europe et de l'Inde; on trouve son analogue à l'état fossile.

La DENTALE CORNE-DE-BOUC ou SANGLIER, *D. Aprinum*, Lamk., qui n'est peut-être qu'une variété de l'espèce précédente. On la rencontre avec elle.   (AUD.)

Dentales fossiles.

Les Dentales ne se sont encore trouvées fossiles que dans des terrains nouveaux de l'Italie, de l'Angleterre et de la France. Leur nombre est assez considérable pour nous permettre de choisir parmi elles les espèces les plus intéressantes.

DENTALE ÉLÉPHANTINE, *Dental. Elephantinum*, L., figurée à l'état fossile dans Scilla (*de Corporibus marinis lapidescentibus*, tab. 18, fig. 6). Cette espèce est exactement la même que celle qui vient d'être décrite et qui vit dans les mers de l'Inde et dans la Méditerranée. Elle se trouve dans un terrain fossile en Italie et en Piémont.

DENTALE SILLONNÉE, *Dentalium sulcatum*, Lamk., Anim. sans vert. T. v, p. 343, n° 3, figurée dans les vélins du Muséum (n° 42, fig. 2). Elle est légèrement arquée, très-aiguë, sans fente au sommet; toute sa surface extérieure est chargée de sillons entre lesquels se trouvent quelques stries. Sa longueur est d'un pouce et demi à deux pouces.

DENTALE FAUSSE ENTALE, *Dentalium pseudo-Entalis*, Lamk., *loc. cit.*, pag. 345, n° 12. Celle-ci fait le passage entre les espèces à côtes et striées et celles qui sont lisses; elle ne diffère en effet de la précédente qu'en ce qu'elle n'est striée que postérieurement au lieu de l'être sur toute la surface extérieure. Elle se distingue également par sa fente postérieure assez longue. Elle a d'ailleurs de bien plus grandes dimensions. Nous possédons un individu, il est vrai le plus grand que nous ayons encore vu, qui a quatre pouces une ligne de longueur.

DENTALE IVOIRE, *Dental. Eburneum*, L., Gmel., p. 3737, n° 8, Lamk., *loc. cit.* T. v, p. 346, n° 18, représentée dans les vélins du Muséum (n° 42, fig. 1). Cette espèce est très-intéressante en ce qu'elle offre un analogue parfait avec celle que l'on trouve fossile à Grignon. C'est un tuyau lisse, poli, brillant, qui présente une série d'anneaux plus ou moins serrés, obliques, soudés entre eux, marqués par une strie peu profonde; dans quelques individus ces anneaux sont larges; dans d'autres, ils sont étroits et plus nombreux. Lorsque l'on examine à la loupe l'extrémité postérieure, on voit qu'elle est fendue à peu près dans un tiers de sa longueur. Cette fente est si fine qu'on a peine à l'apercevoir à l'œil nu. La Dentale Ivoire a jusqu'à deux pouces de longueur. Elle est arquée, subcylindrique et très-pointue lorsqu'elle est entière.

DENTALE LISSE, *Dental. Entalis*, L., Lamk., *loc. cit.* T. v, p. 345, n° 13, connue depuis très-long-temps, figurée par Bonanni (Récr, 1re fig., n° 9), par Lister (Conch., tab. 1056, fig. 4), etc. La synonymie que nous venons d'indiquer est pour une espèce vivante de la mer de l'Inde et des mers d'Europe, que nous retrouvons fossile à Grignon, à la vérité d'un moindre volume. Lamarck, en donnant ce rapprochement, y a joint le point de doute, ce qui nous a porté à en faire de nouveau la comparaison avec une grande attention. Nous pouvons, ainsi que lui, la regarder comme une variété; mais bien certainement elle appartient à la même espèce. C'est un tuyau peu arqué, pointu, lisse, dont l'extrémité varie. Quant aux dimensions et à la couleur, elle est ou blanche, ou rosée, ou brunâtre; dans les individus fossiles, la

couleur blanche est uniforme. Longueur des individus vivans, un pouce et demi; des fossiles, un pouce seulement. (D..H.)

DENTALITES. MOLL. On a nommé ainsi les Dentales fossiles. (B.)

DENTALIUM, ANNÉL. *V.* DENTALE.

DENTARIA. BOT. PHAN. *V.* DENTAIRE.

Outre le genre dont ce nom est la désignation scientifique, plusieurs Plantes avaient été ainsi appelées par divers botanistes, à cause des bulbilles en forme de dents qui font partie de leurs racines ou des dentelures de leur tige et de leurs feuilles. Ainsi le Dentaria de Matthiole et de Ray est la Clandestine ordinaire; celui de Mentzel, la Tozzie des Alpes; celui de Scopoli, la Tourrette glabre; enfin des Orchides, des Orobanches et des Anémones ont également été appelés Dentaria. (B.)

DENTÉ. *Dentex.* POIS. Genre formé par Cuvier aux dépens des Spares de Linné, dont les caractères sont: une gueule très-fendue, avec les mâchoires armées en avant de quelques crochets gros et longs, et sur les côtes d'une rangée de dents coniques, ou de petites dents en velours derrière les crochets de devant; sept rayons à la membrane des branchies; une seule dorsale. Il appartient à la quatrième tribu de la vaste famille des Percoïdes comprise dans l'ordre des Acanthoptérygiens. Les Dentés diffèrent des Picarels en ce qu'ils n'en ont pas les mâchoires protactiles, des Bogues parce qu'ils n'ont pas leur denture disposée sur une seule rangée; des Canthères, parce qu'ils ne sont pas pourvus seulement de dents en velours; enfin des Spares du nombre desquels on les a distraits, parce qu'ils n'ont pas de dents en forme de pavé. Ils ne sauraient être confondus avec les Lutjans, les Diacopes et les Serrans, n'ayant point de dentelures au préopercule ou à l'opercule. La manière légère dont beaucoup de Poissons, appartenant à la famille des Percoïdes, ont été observés par les ichthyologistes avant Cuvier, jette la plus grande confusion dans la distribution des espèces décrites, et l'on ne peut pas toujours savoir si certaines figures, bonnes d'ailleurs, conviennent plutôt à des Dentés qu'à d'autres Spares, qu'à des Perches, qu'à des Lutjans, ou même qu'à des Labres séparés cependant des Poissons qui nous occupent par un assez grand nombre de genres. Ainsi plusieurs Spares de Lacépède, tels que l'Atlantique (Pois. T. IV, pl. 5, f. 1), les *Perca guttata*, *maculata* et *punctata* de Bloch (pl. 312, 313 et 314), enfin le *Perca venenosa* de Catesby (*Carol.* II, pl. 5), pourraient bien être des Dentés. — Les espèces constatées de ce genre sont l'Ancre, *Sparus Anchorago*, Bloch, pl. 276; le Cynodon, *Sp. Cynodon*, Bl., pl. 278; le Macrophthalme ou Gros-OEil, *Sp. Macrophthalmus*, Bl., p. 272; la Faucille, *Sp. falcatus*, Bl., pl. 258; le Lunulé ordinaire avec le Harpé bleu doré de Lacépède (Pois. T. IV, pl. 8, f. 2). Parmi ces espèces, nous distinguerons la plus connue, celle qui se trouve dans nos mers, particulièrement dans la Méditerranée, et qui fut connue des anciens. Les autres sont pour la plupart des Poissons américains qui se pêchent dans les mers des Antilles où leur chair est assez estimée.

DENTÉ ORDINAIRE, *Dentex vulgaris*, Cuv., *Sparus Dentex*, L., Bl., pl. 268. C'est le Cynodon de Rondelet et des anciens, qu'il ne faut pas confondre avec le Cynodon de Bloch, déjà cité dans cet article. Ce Poisson acquiert une assez grande taille, particulièrement dans l'Adriatique, où, si l'on s'en rapporte à quelques auteurs, on en a pêché du poids de huit cents livres. Les individus qu'on prend sur les côtes de Provence et de Gênes en passent rarement une vingtaine. Les marchés de l'Italie, de la Sardaigne et de la Dalmatie en sont abondamment pourvus. On prend suffisamment de ce Poisson sur certains parages pour en faire des salaisons qui deviennent un objet de commerce. Il a été aussi trouvé dans les mers de l'Arabie et jusqu'au cap de Bonne-Espérance. Aristote avait déjà remarqué que le Denté vit en troupes nombreuses. Schneider a mentionné sous le nom de *Sparus pseudo-Dentex*, une belle variété de ce Poisson, qui a été pêchée près de Gênes et que distinguent la grandeur de ses dents tranchantes et la grande tache jaune qui se voit sur ses opercules. D. 90, P. 16, V. 6, A. 5/11, C. 15.

(B.)

DENTÉ, DENTÉE. *Dentatus, Dentata.* BOT. Ce mot s'emploie pour désigner tous les organes bordés de dents; ainsi on dit feuilles Dentées, calice Denté, etc. Les mots Dentelé et Denticulé n'en sont que des synonymes.

(A. R.)

DENTELAIRE. *Plumbago.* BOT. PHAN. Ce genre, fondé par Tournefort, adopté par tous les botanistes modernes, est le type de la famille des Plumbaginées et appartient à la Pentandrie Monogynie, L. Ses caractères sont : périgone double; l'extérieur tubuleux, hérissé et à cinq dents; l'intérieur pétaloïde, infundibuliforme, aussi tubuleux et à cinq segmens égaux; cinq étamines hypogynes, dont les filets, élargis à leur base, entourent l'ovaire; un seul style portant cinq stigmates; capsule s'ouvrant par le sommet en cinq valves; graine suspendue dans la capsule par un placenta filiforme qui est attaché à la base de celle-ci et se recourbe dans la loge. Dans son *Genera Plantarum*, Jussieu place ce genre, ainsi que sa famille, parmi les Dicotylédones apétales; cependant l'évidence de sa corolle a engagé plusieurs auteurs, et notamment R. Brown, à lui assigner un rang dans les Dicotylédones corollées. Il se compose de Plantes le plus souvent frutescentes, ayant leurs feuilles semi-amplexicaules, et leurs fleurs soutenues par trois bractées, disposées en épis terminaux, d'une couleur blanche, rose ou bleue.

On ne compte qu'un petit nombre d'espèces de Dentelaires. Elles ont pour patrie les contrées chaudes des deux hémisphères ; une seule est européenne, les autres sont indigènes du cap de Bonne-Espérance, des Indes - Orientales et de l'Amérique australe. Nous nous bornerons à la description abrégée des espèces qui par leur beauté ont mérité d'être cultivées comme Plantes d'ornement.

La DENTELAIRE EUROPÉENNE, *Plumbago europæa*. L., croît dans la France méridionale, l'Italie, l'Espagne, etc. On dit même que cette espèce se retrouve dans le Pérou, mais nous croyons qu'on a confondu avec elle la Dentelaire bleue, *Plumbago cærulea*, Kunth. Sa tige, haute de six décimètres, cylindrique, cannelée et branchue, porte des feuilles alternes, simples, entières, un peu onduleuses, ovales, oblongues et légèrement velues sur les bords ; ses fleurs sont purpurines ou bleuâtres, et ramassées en bouquet au sommet des tiges et des branches. Le calice est parsemé de tubercules visqueux et glanduleux, et les étamines, saillantes hors de la corolle, sont insérées sur des écailles qui remplissent le fond de la fleur. L'âcreté de cette Plante, surtout lorsqu'elle est fraîche, réside principalement dans la racine. Comme elle augmente l'action des glandes salivaires, c'est un masticatoire assez énergique. On l'a même employée autrefois comme émétique, mais l'incertitude de son action en a fait depuis long-temps abandonner l'usage. Les commissaires de la Société royale de médecine (Mém. de la Soc., ann. 1779, p. 6) constatèrent son efficacité contre les affections psoriques, et les habitans de nos départemens méridionaux s'en servent encore dans les mêmes maladies ; à cet effet, ils font bouillir deux à trois onces de cette racine dans une livre d'huile d'Olive et frottent avec la décoction les parties galeuses. Cette Plante est connue dans le midi de la France sous le nom de Malherbe.

Les deux espèces les plus habituellement cultivées dans les serres chaudes, sont les *Plumbago scandens* et

Pl. rosea. La première est remarquable par ses jolies fleurs d'un bleu pâle, ayant la forme et la grandeur de celles de certains *Phlox*. Dans la seconde, les fleurs, dont la couleur est d'un rose agréable, durent long-temps, s'ouvrent successivement et décorent les serres pendant une grande partie de l'année. Elles exigent, pour bien fleurir, les bords seulement de la tannée. Plantées dans une terre bonne et consistante, plutôt forte que trop légère, elles demandent des arrosemens fréquens en été. Enfin, on ne doit les dépoter que lorsqu'elles ont entièrement tapissé leur vase.

(G..N.)

DENTELÉ. BOT. PHAN. *V.* DENTÉ.

DENTELLARIA. BOT. PHAN. Selon Adanson, c'est ainsi que Rai nommait le *Vissadali* d'Hermann ou le genre *Knoxia* de Linné. *V.* KNOXIE. Ce mot a aussi été employé par plusieurs auteurs anciens pour désigner des Plantes diverses. Ainsi, dans Gesner, il représentait l'*Erigeron acre*, L. ; c'était pour Daléchamp la *Dentaria pinnata*, L., et le *Plumbago europæa* pour Rondelet. (G..N.)

DENTELLE. REPT. CHÉL. Espèce de Tortue. *V.* ce mot. (B.)

DENTELLE. *Dentella*. BOT. PHAN. Genre établi par Forster (*Genera*, T. XIII), adopté par Lamarck et par Jussieu, qui l'a placé dans la famille des Rubiacées. Une seule espèce le compose, c'est la *Dentella repens*, petite Plante herbacée, rampante, originaire des îles de l'océan Pacifique. Elle paraît être la même que l'*Oldenlandia repens* de Burmann (Flor. Ind., p. 38, t. 15). Ses pédoncules sont axillaires, solitaires et uniflores. Leur calice est rétréci supérieurement où il présente cinq divisions. La corolle est infundibuliforme, velue intérieurement, à cinq lobes tridentées. Les étamines sont sessiles ; leurs anthères sont oblongues et renfermées dans l'intérieur de la corolle. La capsule est pisiforme, couronnée par le limbe du calice ;

elle offre deux loges contenant chacune un trophosperme saillant auquel sont attachées un grand nombre de graines. Ce genre est voisin des *Oldenlandia* dont il se distingue cependant très-facilement par les caractères que nous venons d'énoncer. (A. R.)

DENTELLE DE MER. POLYP. Des Millépores, des Eschares et des Flustres ont reçu vulgairement ce nom. (LAM..X.)

*DENTELLE DE VÉNUS. POLYP. L'*Anadyomena flabellata*, par l'élégance et la régularité de son réseau fibreux, mérite ce nom que nous croyons devoir adopter pour désigner cette charmante production marine. (LAM..X.)

* DENTEX. POIS. *V.* DENTÉ.

DENTICULÉ, ÉE. BOT. *V.* DENTÉ.

DENTIDIE. *Dentidia.* BOT. PHAN. Genre de la famille des Labiées et de la Didynamie Gymnospermie, L., fondé par Loureiro (*Flor. Cochin.*, 2. p. 447) qui le caractérise ainsi : calice bilabié, poilu et luisant, à cinq divisions dont les trois supérieures sont obtuses et denticulées, et les deux inférieures subulées et plus longues; corolle en gueule, ayant la lèvre supérieure divisée en quatre segmens arrondis, dressés, et la lèvre inférieure plus grande, très-entière, courbée et réfléchie; filets des étamines plus courts que la corolle; anthères à deux loges distantes par un connectif situé à la base; style court égal aux étamines; stigmate aigu et bifide; quatre akènes arrondis. Selon R. Brown (*Prodrom. Flor. Nov.-Holl.*, p. 505), ce genre doit être réuni au *Plectranthus* de L'Héritier.

La DENTIDIE DE NANKIN, *Dentidia Nankinensis*, Lour., *D. purpurascens*, Pers., est une Plante herbacée, haute de trois à quatre décimètres, à feuilles réniformes dont le limbe est réfléchi, frangé, glabre et d'un pourpre violet, ainsi que les rameaux. Les fleurs sont rosées, disposées en épis prismatiques et axillaires. L'aspect de cette Plante est agréable, et son odeur est semblable à celle de la Mélisse de Crète; ces caractères, existant aussi chez les Plectranthes, doivent confirmer le rapprochement indiqué par R. Brown. Au surplus, la Plante en question est indigène de Nankin, en Chine, et on la cultive comme Plante d'ornement à Canton. (G..N.)

DENTILARIA. BOT. PHAN. Du Dictionnaire de Déterville. *V.* DENTELLARIA. Gesner désigne un Sysimbre sous ce nom. (B.)

*DENTIROSTRES. OIS. Nom d'une famille qui, dans la Méthode d'Illiger, comprend les genres Momot et Calao, dont les espèces ont les bords des mandibules échancrés ou dentés. (DR..Z.)

* DENTS. MOLL. A l'article COQUILLE nous avons exposé ce que l'on devrait entendre par cette expression, et nous avons expliqué les usages de ces parties saillantes. *V.* MOLLUSQUE. (D..H.)

* DENTS DE SERPENT. POIS. FOSS. (Luid.) Syn. de Glossopètre. *V.* ce mot. (B.)

DÉNUDÉS. *Gymnonectes.* CRUST. Famille établie par Duméril (Zool. Anal, p. 177) dans l'ordre des Entomostracés, et dont les caractères sont : corps entièrement nu, présentant des articulations distinctes. Elle comprend les genres Argule, Cyclope, Polyphème, Zoë, Branchipe. (AUD.)

DÉODALITE. MIN. Nom donné par quelques minéralogistes à une variété de Feldspath. (G.)

* DÉPERDITION. Acte par lequel les Végétaux rejettent à l'extérieur les substances qu'ils ont absorbées ou qui se sont formées par la végétation et qui sont devenues inutiles à leur nutrition. Or, ces substances sont tantôt des fluides à l'état de vapeur, tantôt des gaz, tantôt enfin des substances liquides ou même solides. La Déperdition comprend donc trois fonctions, savoir : la *transpiration*, l'*expiration* et l'*excrétion*. Nous allons successivement les étudier :

§ Ier. *De la transpiration.*

La transpiration ou émanation aqueuse des Végétaux, est cette fonction par laquelle la sève, parvenue dans les organes foliacés, perd et laisse échapper la quantité surabondante d'eau qu'elle contenait. C'est en général sous forme de vapeurs que cette eau s'exhale dans l'atmosphère. Quand la transpiration est peu considérable, cette vapeur est absorbée par l'air à mesure qu'elle se forme; mais si la quantité augmente, on voit alors ce liquide transpirer, sous forme de gouttelettes extrêmement petites, qui souvent se réunissent plusieurs ensemble et deviennent alors d'un volume remarquable. Ainsi on trouve fréquemment, au lever du soleil, des gouttelettes limpides qui pendent de la pointe des feuilles d'un grand nombre de Graminées et d'autres Plantes. Les feuilles du Chou en présentent aussi de très-apparentes. On avait cru long-temps qu'elles étaient produites par la rosée; mais Musschenbrock prouva le premier, par des expériences concluantes, qu'elles provenaient de la transpiration végétale, condensée par la fraîcheur de la nuit. En effet, ce physicien intercepta toute communication à une tige de Pavot, 1° avec l'air ambiant, en la recouvrant d'une cloche; 2° avec la surface de la terre, en recouvrant d'une plaque de plomb le vase dans lequel il était, et le lendemain matin les gouttelettes s'y trouvèrent comme auparavant. Hales fit également des expériences pour évaluer le rapport existant entre la quantité des fluides absorbés par les racines et celui que ces feuilles exhalent. Il mit dans un vase vernissé un pied de l'*Helianthus annuus* (grand Soleil), recouvrit le vase d'une lame de plomb percée de deux ouvertures, l'une par laquelle passait la tige, l'autre destinée à pouvoir l'arroser. Il pesa exactement cet appareil pendant quinze jours de suite, et vit que pour terme moyen, pendant les douze heures du jour, la quantité d'eau expirée était de vingt onces environ. Un temps sec et chaud favorisait singulièrement cette transpiration qui s'éleva à trente onces dans une circonstance semblable. Une atmosphère chargée d'humidité diminuait au contraire sensiblement cette quantité : aussi la transpiration n'était-elle au plus que de trois onces pendant la nuit, et même quelquefois la quantité de liquide expiré devenait insensible, quand la nuit était fraîche et humide. Ces expériences ont été depuis répétées par Desfontaines et Mirbel, qui ont eu l'occasion d'admirer l'exactitude et la sagacité du physicien anglais. Senebier a prouvé, par des expériences multipliées, que la quantité d'eau expirée, était à celle absorbée par le Végétal dans le rapport de 273; ce qui démontre encore qu'une partie de ce liquide est fixée et décomposée dans l'intérieur du Végétal. Ces faits prouvent d'une manière incontestable : 1° que les Végétaux transpirent par leurs feuilles, c'est-à-dire qu'ils rejettent à l'extérieur une certaine quantité de fluides aqueux; 2° que cette transpiration est d'autant plus grande que l'atmosphère est plus chaude et plus sèche, tandis que quand le temps est humide, et surtout pendant la nuit, la transpiration est presque nulle; 3° que cette fonction s'exécute avec d'autant plus d'activité que la Plante est plus jeune et plus vigoureuse; 4° que la nutrition se fait d'autant mieux que la transpiration est en rapport avec l'absorption, car lorsque l'une de ces deux fonctions se fait avec une force supérieure à celle de l'autre, le Végétal languit. C'est ce que l'on observe, par exemple, pour les Plantes qui, exposées aux ardeurs du soleil, se fanent et perdent leur vigueur, parce que la transpiration n'est plus en équilibre avec la succion exercée par les racines.

§ II. *De l'expiration.*

Nous avons dit et prouvé précédemment que les Végétaux absorbent ou inspirent une certaine quantité d'air ou d'autres fluides aériformes, soit directement, soit mélangé avec la sève, c'est-à-dire tout à la fois par le moyen de leurs racines et de leurs feuilles : or, c'est la portion de ces fluides, qui n'a point été décomposée pour servir à l'alimentation, qui forme la matière de l'expiration. Les Plantes sont donc, comme les Animaux, douées d'une sorte de respiration, qui se compose également des deux phénomènes de l'inspiration et de l'expiration, toutefois avec cette différence très-notable, qu'il n'y a point ici développement de calorique. Cette fonction devient très-manifeste, si l'on plonge une branche d'Arbre ou une jeune Plante dans une cloche de verre remplie d'eau, et qu'elle soit exposée à l'action de la lumière ; en effet, on verra s'élever de sa surface un grand nombre de petites bulles qui sont formées par un air très-pur et presque entièrement composé de gaz oxigène. Si, au contraire, cette expérience était faite dans un lieu obscur, les feuilles expireraient de l'acide carbonique et du gaz azote et non du gaz oxigène. Il faut noter ici soigneusement que toutes les autres parties du Végétal qui n'offrent pas la couleur verte, telles que les racines, l'écorce, les fleurs, les fruits, soumis aux mêmes expériences, rejetteront toujours au-dehors de l'acide carbonique et jamais de l'oxigène. Par conséquent, l'expiration du gaz oxigène dépend non-seulement de l'influence directe des rayons lumineux, mais encore de la coloration verte des parties. Nous savons que les Végétaux absorbent une grande quantité d'acide carbonique, le décomposent dans l'intérieur de leur tissu, quand ils sont exposés à l'action du soleil, et rejettent à l'extérieur la plus grande partie de l'oxigène qui était combiné avec le carbone. Or, ce phénomène est encore une véritable expiration.

Dans une Plante privée de la vie ou même dans une Plante languissante, tantôt l'expiration cesse entiè-

rement, tantôt le fluide expiré est du gaz azote. Il est même certains Végétaux qui, exposés à l'influence des rayons solaires, n'expirent que de l'azote ; tels sont la Sensitive, le Houx, le Laurier Cerise et quelques autres. Il nous paraît fort difficile d'expliquer une semblable anomalie.

§ III. *De l'excrétion.*

Les déjections végétales sont des fluides plus ou moins épais susceptibles de se condenser et de se solidifier. Leur nature est très-variée. Ce sont tantôt des Résines, des Gommes, de la Cire, des Huiles volatiles ; tantôt des matières sucrées, de la Manne, des Huiles fixes, etc. Toutes ces substances sont rejetées à l'extérieur par la force de la végétation. Ainsi le *Fraxinus ornus* laisse suinter, en Calabre, un liquide épais et sucré, qui, par l'action de l'air, se concrète et forme la Manne ; les Pins, les Sapins, et en général tous les Arbres de la famille des Conifères, fournissent des quantités considérables de matière résineuse. Beaucoup de Végétaux, tels que le *Ceroxilon andicola*, superbe espèce de Palmier décrite par Humboldt et Bonpland, le *Myrica cerifera* de l'Amérique septentrionale, fournissent une grande quantité de Cire utilement employée dans la patrie de ces Végétaux. Leurs racines excrètent, par leurs extrémités les plus déliées, certains fluides qui nuisent ou sont utiles aux Plantes qui végètent dans leur voisinage. C'est de cette manière que l'on peut expliquer les antipathies de certains Végétaux. Ainsi l'on sait que le Chardon hémorrhoïdal nuit à l'Avoine ; l'Erigeron âcre, au Froment ; la Scabieuse, au Lin, etc.

Tels sont les trois principaux moyens de Déperdition que l'on observe dans les Végétaux. Quelle que soit la quantité des substances qu'une Plante rejette au-dehors par la transpiration, par l'expiration et l'excrétion, elle est constamment moindre que celle des fluides qu'elle absorbe. En effet il y a toujours fixation d'une certaine quantité des matériaux absorbés employés à la nutrition et au développement de la Plante. *V*. Nutrition.   (A. R.)

* DÉPONE. rept. oph. (Séba, T. II, t. 92, f. 1.) Très-grand Serpent du Mexique, non venimeux, et probablement le même que l'Aboma ou Boignuca de Pison. *V*. Boa.   (B.)

DÉPOTS. géol. *V*. Terrains.

DEPRÉDATEURS. *Prædones.* ins. Division établie par Latreille (Dict. d'Hist. Nat. T. xxiv, 1re édit.) dans l'ordre des Hyménoptères, et dans la section des Porte-Aiguillons; elle comprenait les genres Fourmi, Mutille, Sphex et Guêpe de Linné; on l'a dispersée maintenant (Règn. Anim. de Cuv.) dans les familles des Hétérogynes, dans celles des Fouisseurs et des Duplipennes. *V*. ces mots.   (AUD.)

* DÉPRIMÉ. ois. Le bec est Déprimé lorsqu'il est aplati sur sa hauteur; il est alors en totalité ou dans quelques parties moins haut que large.   (DR..Z.)

DÉPRIMÉ. *Depressus.* bot. Ce terme s'emploie pour désigner un organe comprimé de haut en bas, tandis qu'il est simplement comprimé si la compression se fait latéralement.   (A. R.)

DERBE. *Derba.* ins. Genre de l'ordre des Hémiptères, famille des Cicadaires, fondé par Fabricius, et qui est remarquable par l'étendue considérable de la lèvre ou plutôt de la partie relevée, comprise inférieurement entre les yeux et d'où part le bec; cette partie présente trois carènes. Les espèces comprises dans ce genre sont toutes exotiques et peu connues; la plupart appartiennent à l'Amérique méridionale.   (AUD.)

DERBIO ou DERBION. pois. Même chose que Cabrolle. *V*. ce mot et Scombre au sous-genre Caranx.   (B.)

DERBIS. pois. Syn. de Liche. *V*. Gastérostée.   (B.)

DERINGA. bot. phan. Le genre

nommé ainsi par Adanson (Familles des Plantes, additions, p. 498) et formé aux dépens des Myrrhis, offre si peu de différence avec ce dernier genre, qu'il est bien difficile de l'admettre. En effet, des feuilles un peu plus larges et à trois divisions, quelques modifications dans l'inflorescence et dans le nombre des parties de l'involucre, sont les légers caractères qu'Adanson attribue à son *Deringa*. *V*. Myrrhis.   (G..N.)

DERLE. min. L'un des noms du Kaolin ou Terre à porcelaine dans le commerce, donné en quelques parties de la France rhénane à une Argile dont on fait de la faïence assez belle.   (B.)

* DERMAPTÈRES. *Dermaptera.* ins. Nom sous lequel Degéer a, le premier, distingué un ordre d'Insectes, fort tranché et correspondant aux *Ulonata* de Fabricius et aux Orthoptères d'Olivier. *V*. Orthoptères. Kirby a fait des Forficules un ordre particulier, en leur conservant le nom de Dermaptère, adopté par Leach.   (AUD.)

DERMATOCARPES. *Fungi Dermatocarpi.* bot. crypt. (*Champignons.*) Persoon, dans sa Classification des Champignons, appelle ainsi la première section du deuxième ordre qui comprend les genres *Gymnosporangium*, *Puccinia*, etc. *V*. Urédinées.   (A. R.)

DERMATODEA. bot. crypt. (*Lichens.*) Le genre ainsi appelé par Ventenat correspond exactement au genre *Lobaria* établi antérieurement. *V*. Lobarie.   (A. R.)

DERMATOPODES. ois. Quelques auteurs ont rangé sous cette dénomination, dans une tribu particulière, tous les Oiseaux dont les pieds sont revêtus d'une peau très-rugueuse.   (DR..Z.)

* DERME. *Dermos.* zool. La plus intérieure des couches membraneuses dont la superposition constitue la peau des Animaux vertébrés. — C'est un feutre plus ou moins serré, sui-

vant les classes et les genres , et formé par des fibres celluleuses et tendineuses très-fines auxquelles beaucoup de gélatine est incorporée. La présence de cette gélatine se démontre et par l'ébullition et par le tannage, c'est-à-dire par la combinaison du tannin avec la substance du Derme pour fabriquer le cuir.

Faute d'observations assez exactes et surtout assez nombreuses dans la série des Animaux (car la plupart des anatomistes qui ont parlé du Derme n'ont guère examiné que la peau de l'Homme , et encore ne l'ont-ils pas examinée dans tous les états qu'elle peut prendre), on s'est fait beaucoup d'illusion jusqu'ici sur la structure du Derme. Malpighi le décomposait en trois couches superposées : le chorion ou cuir , le corps papillaire et le corps réticulaire ou muqueux. Le chorion, selon Malpighi qui pourtant en connut assez bien la texture, serait tout-à-fait étranger aux phénomènes d'exhalation, d'absorption et de sensibilité; le corps papillaire serait un entrelacement des filets nerveux qui ont traversé le Derme ou chorion, au milieu d'une substance spongieuse ; ce serait le siége de la sensibilité; enfin le corps muqueux, le plus extérieur des trois, serait un enduit mou, sécrété par le Derme , dépourvu de nerfs et de vaisseaux , et le siége de la couleur de la peau. A ces idées on ajouta depuis que le corps papillaire était aussi composé par les dernières divisions des vaisseaux exhalans, et les premières origines des vaisseaux absorbans (Bichat). Ces derniers élémens de la composition du corps papillaire sont évidemment imaginés , puisque l'existence même de ces vaisseaux exhalans et absorbans n'est aucunement prouvée. Or, on va voir que le corps papillaire lui-même, dont on a pourtant supposé des descriptions très-minutieuses pour la forme, le nombre et les dispositions de ses papilles , n'est lui-même qu'une pure supposition. Le corps muqueux a surtout exercé l'imagination des anatomistes et physiologistes systématiques.

Cet enduit , selon Malpighi , aurait eu pour objet d'entretenir la souplesse du corps papillaire, usage bien inutile, puisque l'épiderme, véritable isoloir, est le seul obstacle à l'évaporation de tout le corps, et que dès qu'il est enlevé , l'évaporation étant continue, le desséchement devient plus ou moins imminent aux surfaces dénudées.

Bichat jeta le premier des doutes sur ces deux couches extérieures au Derme, en observant que la séparation de l'épiderme avec le Derme ne montre rien d'interposé. Il admet cependant un lacis de toutes les divisions très-fines des vaisseaux qui ont traversé la peau ; d'où il résulte un réseau capillaire intermédiaire au Derme et à l'épiderme. Il pense que c'est là le siége des absorptions et exhalations de la peau et de sa couleur.

Gall avait pensé que le corps muqueux n'était autre chose qu'une couche de matière nerveuse grise , destinée à donner naissance aux fibres nerveuses , convergentes du corps , comme la couche grise superficielle du cerveau et du cervelet donne naissance aux fibres convergentes de ces organes. Enfin Gaultier veut qu'il n'y ait pas de corps papillaire distinct, et que l'épiderme soit séparée du Derme par quatre couches constituant le corps muqueux, savoir : 1º sur chaque aspérité de la face externe du chorion s'élèverait un petit bourgeon composé de ramuscules artériels et veineux , contournés sur eux-mêmes , et peu adhérens au chorion; leur ensemble formerait la première couche; 2º cette couche , à travers les mailles de laquelle seraient à découvert les petites dépressions du chorion , serait recouverte par une membrane blanche dite albuginée, formée par la sécrétion du sang qui arrive aux bourgeons subjacens : cette membrane serait le produit de ces bourgeons, et par rapport à eux une sorte d'épiderme; 3º au-dessus de la couche albuginée, en serait une troisième plus distincte dans la peau du nègre par sa couleur noire : celle-là serait formée de petits corps en nombre égal à celui des bourgeons et de même composée de ramuscules artériels et veineux imprégnés de matière colorante; 4° enfin immédiatement sous l'épiderme, serait une membrane très-mince et très-blanche, analogue à la seconde, et à cause de cela nommée albuginée superficielle, et comme elle formée par l'exhalation des bourgeons subjacens de la troisième couche. Ces quatre couches seraient, selon Gaultier (Mémoire et Journal de physique sur la structure de la peau, 1815), très-faciles à distinguer sur la peau du pied d'un nègre engorgée par l'action d'un vésicatoire. Il assigne enfin à l'épiderme une superposition de couches analogues à celles du corps muqueux. Nous avouons n'avoir jamais vu ni sur l'Homme, ni sur aucun Animal, rien qui répondît à une pareille manière de voir. Ce n'est pas tout, Gaultier (loc. cit.) veut que la matière colorante soit fournie par les bulbes mêmes des poils, et versée dans les première et troisième couches indiquées plus haut (et il se fonde sur ce que la substance colorante existe à la peau partout où il y a des bulbes pileux), que cette substance manquerait là où il n'y aurait pas de poils; que cette matière colorante est en raison inverse dans les cheveux et la peau; qu'elle est plus abondante chez le nègre à cheveux courts que chez le blanc à cheveux plus longs, etc. —Or nous observons d'abord, quant à cette dernière raison, que beaucoup de peuples de l'Inde, tous de race arabe, ont la peau plus noire qu'aucun nègre, et ont les cheveux aussi longs que pas un des plus blancs Européens; que parmi ces peuples, les femmes ont les cheveux aussi longs que pas une de nos Européennes; qu'il en est de même chez tous les peuples olivâtres de l'Inde, soit primitifs, soit métis des races noires et des Européens; que par conséquent les cheveux ne sont pas une dérivation ouverte à la couleur noire; qu'ensuite, si la couleur noire de la

peau provenait des bulbes des poils (ce qui implique d'ailleurs contradiction avec l'hypothèse précédente), d'où proviendrait le noir de ces belles négresses et de ces belles Indiennes dont nous avons tout à l'heure cité quelques races, et qui sont d'un noir plus foncé que les nègres mêmes d'Angola? Car la peau de ces femmes est aussi dépourvue de poils que celle de nos plus blanches Européennes qui en ont le moins. Il est faux ensuite que la paume des mains et la plante des pieds ne soient pas noires dans ces mêmes races. La diminution d'intensité de la nuance n'y est même nullement en proportion avec ce qu'elle devrait être d'après l'hypothèse en question. A toutes ces raisons de ne pas admettre les hypothèses de Gaultier, nous ajouterons enfin qu'à l'exemple de Chaussier, qui, sur l'Homme, nous semble avoir bien vu et exposé le premier la structure du Derme, nous n'avons jamais pu reconnaître aucune de ces quatre couches du corps muqueux, ni le corps muqueux lui-même; que quant aux lames superposées de l'épiderme, on en fera autant qu'on voudra en le divisant, suivant son épaisseur, avec un instrument assez fin et avec assez d'adresse; que par conséquent, quelle que soit son épaisseur, ce n'est autre chose que du mucus épaissi, de la même nature que celui qui se forme partout; que s'il est plus épais aux mains, et surtout à la plante des pieds, c'est que les frottemens subis par ces parties, en y faisant exhaler plus de mucus qui s'y concrète, augmentent son épaisseur en raison de la fréquence et de la rudesse de ces frottemens; que sur les Animaux tout le monde peut observer à la face interne des lèvres, au palais, sur la langue, endroits où certes il n'existe pas le moindre bulbe pileux qui puisse être la source d'une pareille matière colorante, l'on observe justement à ces mêmes endroits les couleurs les plus intenses de la peau depuis le bleu et le violet jusqu'au noir le plus foncé. Nous ferons observer en outre que ces couleurs de la membrane palatine n'existent pas seulement à sa surface, et sous son épiderme, dans une couche qui leur serait intermédiaire, et qu'il n'est pas plus possible de voir là que chez l'Homme, mais qu'elles occupent une partie appréciable de l'épaisseur du Derme, ce dont il est facile de s'assurer sur la tranche d'une coupe verticale; qu'enfin dans les Animaux qui ont du blanc et du noir à la tête, on voit sur des coupes de la peau, faites dans ces couleurs, surtout autour des lèvres, la tranche être ou tout-à-fait noire ou tout-à-fait blanche dans toute l'épaisseur du Derme et à ses deux surfaces. Nous avons réitéré cette observation sur les Moutons et les Chiens sans y voir jamais d'exception. Quant au changement de couleur par maladie dans une même espèce, chez l'Homme, par exemple, dans la fièvre jaune et dans le typhus où le jaune est si prononcé, et où, d'après l'hypothèse en question, l'altération ne devrait se voir et résider qu'à la seule surface du Derme dans le prétendu corps muqueux, nous avons observé le premier (Note lue à l'Institut, 21 décembre 1821, imprimée Journal comp. des Sc. médic., janvier 1822, et Journ. de Physiologie, Exp. T. III, p. 255) que la couleur jaune de la peau dans ces maladies est l'effet de l'élaboration imprimée au sang dans les réseaux vasculaires du Derme vers lequel il s'établit une congestion ou fluxion analogue à celle qui produit en même temps les hémorrhagies des membranes muqueuses intestinales. Enfin sur la peau du Marsouin (et il en est probablement de même chez les autres Cétacés), soit dans les endroits où la peau est blanche, soit dans ceux où elle est noire, l'épiderme se sépare avec la plus grande facilité de la surface extérieure du Derme qui est parfaitement lisse, et sans les moindres bourgeons ou élevures. Par conséquent dans cet Animal, entre l'épiderme transparent et la surface du Derme, il n'y a rien à quoi l'on puisse attribuer la moindre coloration. La face interne du Derme est partout découpée, comme le velours le plus fin, en sillons qui en occupent du tiers à la moitié de l'épaisseur totale. Les petits feuillets très-minces qui résultent de ces découpures dont la direction est onduleuse par des courbes analogues à celles de la paume de nos doigts, sont entièrement noirs jusqu'au fond des découpures, sous le ventre même, là où la peau est la plus blanche extérieurement. Au dos où la peau est d'un bleu noir, cette couleur occupe toute l'épaisseur du Derme. Là où le blanc passe au noir par des nuances progressives, cela tient donc à ce que la couleur noire s'avance plus ou moins près de la surface externe du Derme (*V.* Dauphin). Il est donc bien certain que, pour toute la peau de ces Animaux, pour le Derme de la tête de nos Ruminans, des Chevaux et de nos Chiens, et enfin dans les altérations maladives de la couleur de la peau humaine, le siége des matières colorantes est dans l'épaisseur du Derme même, et non dans une membrane ou réseau quelconque qui lui soit extérieur.

Chaussier, avons-nous dit, est le seul qui ait bien décrit l'organisation du Derme. Cette partie de la peau n'offre selon lui qu'une seule lame plus ou moins épaisse composée, 1° de fibres particulières, denses, entrecroisées à l'infini, laissant entre elles des avéoles remplis d'un fluide albumineux, et à travers lesquels passent les poils; 2° d'un grand nombre de ramuscules artériels et veineux, nerveux et lymphatiques, ramifiés à la surface où ils se réunissent en petits mamelons ou papilles; il prétend, ce que réfutent les observations précédentes, que ces papilles sont le siége de la couleur qui distingue les races humaines; 3° enfin dans les aréoles du Derme se trouvent un grand nombre de follicules qui sécrètent une humeur huileuse pour entretenir la souplesse de la peau. Tous ces élémens forment une seule et même lame où ils ne se présentent pas par couches superposées, mais intimement mêlées et en des proportions diverses dans les diverses régions ; voilà ce qui existe seulement en réalité et ce que nous avons pu voir nous-mêmes. Cette nombreuse superposition de couches étagées, admise par Gaultier et autres, n'a sans doute, dit Chaussier, été suggérée à l'imagination de ces anatomistes que par le penchant à isoler chacun des agens des fonctions diverses de la peau.

C'est conséquemment dans le Derme que réside la cause, et de la couleur de la peau, et de tous les phénomènes dont cette membrane est le siège. L'épiderme est tout-à-fait inerte, et n'a d'effet que comme enveloppe isolante des extrémités nerveuses, et comme obstacle à l'évaporation et à l'imbibition. Nous exposerons au mot Epiderme quelques résultats des expériences par lesquelles Magendie a découvert et constaté ces deux dernières propriétés de l'épiderme.

Il n'est donc pas invinciblement prouvé, comme on l'a dit un peu légèrement, que la cause de la couleur de tous les Hommes est indépendante de toute influence étrangère, et tient uniquement à l'organisation de leur peau. La proposition est trop vaguement énoncée, et n'est pas l'expression de tous les faits qu'elle semble embrasser. Dans l'espèce arabe ou caucasique, par exemple, espèce dont le caractère est d'avoir les cheveux lisses et longs, l'angle facial de soixante-dix-huit à quatre-vingts degrés, et le nez tout d'une venue avec le front ; dans cette espèce, disons-nous, la couleur de la peau varie depuis le blanc pur de nos plus jolies blondes jusqu'au noir également pur de plusieurs peuples de cette espèce adjacens à l'océan Indien, depuis le Gange jusqu'en Abyssinie. Et ensuite, chez les Européens mêmes, cette transmutation arrive jusque dans le même individu, lorsqu'il vient à subir sans abri l'influence de la zône équatoriale. Il faut dire aussi que l'espèce arabe est la seule dont la couleur soit ainsi susceptible

de changer par l'influence du climat. Tous les autres Hommes, soit jaunes, soit olivâtres, soit noirs, soit bronzés, soit cuivrés, soit même blancs, restent immuables sous toutes les influences, et nonobstant la perpétuité de ces influences. Ainsi les peuples mongols ont à peu près la même nuance et sous le pôle, et sous le tropique, et sous les zônes intermédiaires. Il en est de même des Américains cuivrés. Enfin en Amérique, sous l'équateur, il existe des Hommes dont la couleur est d'un blanc mat, qui ne sont point une race dégénérée de l'européenne, comme on a pu l'imaginer, dont l'origine n'est certainement pas la même que celles des autres Américains, et que les Européens trouvèrent indigènes lors de la découverte. Eh bien, ces Américains blafards conservent leur teint blanc, sous le même soleil qui, au bout de quelques années, a presque tout-à-fait noirci l'Espagnol ou le Portugais qui subit comme eux, sans abri, l'influence du climat. Cette susceptibilité de la peau à varier ainsi de couleur dans l'espèce arabe, opposée à la fixité de la couleur dans les autres espèces, est une preuve péremptoire de diversité d'origine, et devient à cause de cela un caractère principal de cette espèce, caractère duquel on n'avait pas même encore reconnu l'existence (*V.*, pour le développement de ces faits, le mot Homme.)

Pour les différences d'épaisseur et de couleur du Derme, suivant les classes et les genres d'Animaux vertébrés, *V.* Peau.   (A. D. NS.)

* DERMEA. bot. crypt. (*Champignons.*) Fries appelle ainsi une section du genre Pezize renfermant toutes les espèces glabres et coriaces. *V.* Pezize.   (A. R.)

DERMESTE. *Dermestes.* ins. Genre de l'ordre des Coléoptères, section des Pentamères, famille des Clavicornes, dont les caractères sont : mandibules courtes, épaisses, peu arquées, dentelées sous leur extrémité ; palpes très-courts, presque filiformes ; antennes un peu plus longues que la tête, terminées par une grande massue ovale, perfoliée, de trois articles; corps ovalaire, épais, convexe et arrondi en dessus; tête petite et inclinée; corselet plus large et sinué postérieurement; élytres inclinées sur les côtés et légèrement rebordées. Le genre Dermeste, tel qu'il a été établi par Linné, comprenait tous les Coléoptères à antennes en massue, dont les trois derniers articles sont plus épais; ce genre, ainsi caractérisé, renfermait des Insectes dont l'organisation et les mœurs sont très-différentes, et qui ont été depuis rangés dans diverses sections.

Les Dermestes se rapprochent beaucoup des Mégatomes et des Attagènes; mais ils diffèrent des premiers par leur avant-sternum qui ne s'avance point sur la bouche, et des seconds par la massue des antennes qui est plus courte, tandis qu'elle est terminée par un article triangulaire et quelquefois très-long dans les Attagènes. — Ces Insectes ne sont que trop connus par les dégâts que leurs larves occasionent dans les collections zoologiques : aucune matière animale n'est à l'abri de leur voracité ; les larves ont le corps allongé, peu velu et composé de douze anneaux distincts dont le dernier est terminé par une touffe de poils très-longs; leur tête est écailleuse, munie de mandibules très-dures et tranchantes, de deux antennes et de barbillons très-courts; elles ont six pates écailleuses terminées par un ongle crochu, et changent plusieurs fois de peau avant de passer à l'état de nymphe; dans cet état, elles sont un peu plus raccourcies et immobiles, et leur changement en Insectes parfaits a lieu au bout de quelques jours. Les Dermestes cherchent les lieux écartés et malpropres ; ils semblent fuir la lumière, aiment le repos, et ne se mettent en mouvement que lorsqu'on les trouble en faisant du bruit ou en touchant les corps qui les renferment; leur démarche est timide et incertaine : ils avancent par des mouvemens brusques et interrompus, et s'arrêtent souvent comme pour écouter et voir si le danger qu'ils fuient est éloigné. Lorsqu'on les touche, ils feignent d'être morts en repliant leurs pates et leurs antennes sous leur corps et en restant dans une immobilité parfaite ; ils se montrent rarement à la surface des corps où ils se sont établis, et semblent ne quitter leur retraite qu'à regret et avec crainte. Les Dermestes sont très-communs en Europe, et plusieurs espèces se retrouvent dans les diverses parties du globe : on les rencontre, en général, dans les cadavres en putréfaction et dans toutes les matières animales. Dejean (Catal. de Coléoptères, p. 46) en mentionne onze espèces tant exotiques qu'indigènes; parmi ces dernières, nous remarquons :

Le DERMESTE DU LARD, *D. Lardarius*, L., Fabr., Degéer, Geoff., figuré par Olivier (Hist. des Coléopt. pl. 1, f. 1, A, B); il se trouve dans toute l'Europe, et est fort commun à Paris.

Le DERMESTE RENARD, *D. Vulpinus*, Fabr., Ol. et Schæffer (*Icon. Ins.*, tab. 42, f. 1, 2). Il se trouve en France, au cap de Bonne-Espérance et dans toute l'Afrique.

Geoffroy a donné le nom de Dermeste à des Insectes appartenant à des genres très-différens; ainsi il a nommé :

DERMESTE A POINTS D'HONGRIE, Geoff., le Nécrophore fossoyeur, *N. Vespillo*. *V*. NÉCROPHORE

DERMESTE NOIR (GRAND), le Nécrophore inhumeur. *V*. ce mot.

DERMESTE A OREILLES, le Dryops auriculaire. *V*. DRYOPS.

DERMESTE BRONZÉ, l'Elophore aquatique. *V*. ELOPHORE.

DERMESTE EFFACÉ, la Nitidule discoïde. *V*. NITIDULE.

DERMESTE EN DEUIL, la Sphéridie marginée. *V*. SPHÉRIDIE.

DERMESTE LÉVRIER A STRIES, et

DERMESTE PONCTUÉ ET STRIÉ, les Lyctes oblongs et le Lycte crénelé. *V*. LYCTE.   (AUD.)

DERMESTINS. *Dermestini.* INS. Latreille a désigné sous ce nom (*Gener. Crust. et Insect.*, et Considér. génér., p. 145) une famille de l'ordre des Coléoptères, section des Pentamères. Cette famille a été convertie en tribu, et appartient (Règn. Anim. de Cuv.) à la famille des Clavicornes; ses caractères sont : antennes droites, plus longues que la tête, de onze articles, et terminées par une massue grande, perfoliée et composée des trois derniers; mandibules courtes, épaisses; palpes courts, presque filiformes; corps ovale ou ovoïde, épais et convexe; tête petite, inclinée; pieds courts et non contractiles. Cette tribu comprend les genres Attagène, Dermeste, Mégatome. *V*. ces mots. Ils renferment des espèces qui, sous forme de larves et dans leur état parfait, se nourrissent de matières animales.   (AUD.)

DERMOBRANCHES. MOLL. Duméril (Zool. Anal., p. 162) a établi sous ce nom une famille, la première de l'ordre des Gastéropodes et dont les caractères consistent à respirer par les branchies extérieures sous forme de lames, de filamens ou de panaches. Les genres Doris, Tritonie, Scyllée, Eolide, Phyllide, Patellier, Ormier et Chitonier composent cette famille. *V*. ces mots.   (B.)

* DERMOCHÉLYDE. *Dermochelys.* REPT. CHÉL. (Blainville.) *V*. TORTUE.

DERMODIUM. BOT. CRYPT. (*Lycoperdacées.*) Ce genre, fondé par Link, se rapproche des genres *Æthalium* ou *Fuligo* d'une part, et des genres *Licea* et *Lycogala* de l'autre; il présente un péridium de forme irrégulière, simple, membraneux, très-mince, et se détruisant promptement; les sporules sont réunies par paquets sans mélange de filamens. Ce Champignon commence par être très-fluide. Ce n'est que plus tard qu'il devient sec et pulvérulent. On ne voit aucune trace de filamens parmi les sporules qui sont assez grosses. On n'en connaît qu'une espèce décrite par Link sous le nom de *Dermodium inquinans*. Elle croît sur les souches coupées des Arbres, surtout près des racines où elle forme des plaques de trois à quatre pouces; son péridium est irrégulier, très-mince, en grande partie adhérent au bois; il est noir, et se détruit promptement pour laisser sortir les sporules qui sont de la même couleur.   (AD. B.)

DERMODONTES. POIS. Blainville ayant le premier remarqué l'implantation des dents des Poissons cartilagineux dans la peau des mâchoires, particularité qui distingue éminemment ces Animaux de ceux de la même grande classe qui ont les dents implantées dans l'épaisseur des mâchoires mêmes, a proposé cette dénomination non moins expressive que celle qu'on a adoptée jusqu'ici, et qui n'a d'autre inconvénient que d'être venue après. *V*. POISSONS.   (B.)

DERMOPTÈRES. MAM. Famille établie dans l'ordre onzième de la Méthode d'Illiger, *Volantia*, et qui se compose du seul genre Galéopithèque. *V*. ce mot.   (B.)

DERMOPTÈRES. POIS. Septième famille de l'ordre des Holobranches dans la méthode analytique de Duméril, caractérisée ainsi que nous l'avons dit à l'article ABDOMINAUX. *V*. ce mot. Ce nom est emprunté de la consistance de la seconde dorsale, qui, adipeuse et dépourvue de rayons, ressemble à un prolongement de peau. Cette famille entière faisait partie dans le Système de Linné du seul genre Salmo, divisé aujourd'hui en Serra-Salme, Raïi, Piabuque, Tétragonoptère, Hydrocin, Curimate, Anostome, Citharine, Aulope, Salmone, Osmère, Saure, Corégone et Argentine. *V*. ces mots. — Les Dermoptères sont des Poissons vivant de chair, et la plupart habitant les eaux douces.   (B.)

DERMORHYNQUES. ois. Désignation d'une famille de Palmipèdes dans laquelle Vieillot a placé les genres Harle et Canard. *V.* ces mots.

(DR..Z.)

* DERMOSPORIUM. bot. crypt. (*Urédinées.*) Ce genre, créé par Link, et placé par lui auprès des Tuberculaires, a le port des *Sclerotium* et des *Ægerita*. Il est du reste très-incomplétement connu ; il présente une base charnue, compacte, globuleuse, recouverte de toutes parts d'une couche de sporules; peut-être la disposition régulière de ces sporules qui forment une sorte de membrane devrait-elle faire placer ce genre parmi les vrais Champignons anomaux, tels que les Tremelles. Peut-être même les autres genres voisins , tels que les *Atractium*, *Tubercularia*, *Epicoccum*, etc., devraient-ils le suivre dans cette famille. Quoi qu'il en soit, on ne connaît encore qu'une seule espèce de ce genre, à laquelle Link a donné le nom de *Dermosporium flavescens*. Elle forme de petits tubercules rapprochés par groupes sur l'écorce des bois morts, et ressemble au premier coup-d'œil à des œufs d'Insectes ; sa couleur est jaunâtre. L'*Ægerita pallida* de Persoon paraît très-voisine de cette espèce si elle n'est pas la même. (AD. B.)

* DERO. annel. Genre établi par Ocken aux dépens de celui des Naïdes de Linné. Il renferme les espèces qui ont pour caractères communs de n'avoir aucune trace d'yeux, d'être sans doute pourvues de branchies et d'offrir une queue élargie en forme de feuille plus ou moins lobée. Ces espèces sont le *Naïs cœca* de Linné , et son *Naïs florifera*. (AUD.)

DERRI et **DARRY.** min. *V.* Tourbe.

DERRIS. *Derris.* annel? Genre sur les caractères duquel on a beaucoup de doute et qui a été établi par John Adams (*Trans. of the Linn. Soc.* T. III). Le corps est long d'un pouce, composé d'une membrane exté-rieure transparente, sorte de tuyau garni d'articulations nombreuses qui facilitent la flexion. Il se termine postérieurement en pointe ; la tête, un peu plus grosse que le corps, est rétractile et porte à son sommet deux petits tentacules cylindriques ; la bouche est très-fendue et composée de deux lames ou lèvres dont la supérieure est plus longue et pointue. Cet Animal, qui est peut-être une Annelide, a été rencontré sur les bords de la mer. (AUD.)

DERRIS. bot. phan. Loureiro (*Flor. Cochinchin.*, II, p. 525) est l'auteur de ce genre qui appartient à la famille des Légumineuses et à la Diadelphie Décandrie, L. Il l'a ainsi caractérisé : calice tubuleux , crénelé sur les bords et coloré ;. corolle papilionacée à quatre pétales presqu'égaux ; étendard ovale; ailes oblongues; carène en forme de croissant, tous terminés inférieurement par des onglets filiformes ; dix étamines dont les filets sont monadelphes (le genre a été néanmoins placé dans la Diadelphie); style de la longueur des étamines , portant un stigmate simple ; légume oblong, obtus, très-comprimé, membraneux , lisse , et ne contenant qu'une graine oblongue et aplatie.

La **DERRIS PENNÉE**, *Derris pinnata*, Loureiro, est un Arbuste des forêts de la Cochinchine. Sa tige est grimpante, longue, sans aiguillons et très-rameuse; elle porte des feuilles alternes pinnées , dont les folioles sont petites, rhomboïdales, glabres, très-entières et très-nombreuses; ses fleurs sont blanches et disposées sur des pédoncules axillaires. Les habitans de la Cochinchine emploient sa racine, qui est très-charnue, lorsqu'ils ne peuvent se procurer le fruit du Cachou. On sait qu'ils mâchent celui-ci avec les feuilles du Poivrier-Bétel , afin de se donner une haleine agréable et de se rendre la bouche vermeille. L'autre espèce, *Derris trifoliata* , Loureiro, a des feuilles ternées , et les fleurs disposées en grappes longues et axillaires. Elle croît en

Chine, dans les forêts de la province de Canton. (G..N.)

* **DERYS.** BOT. PHAN. (Delile.) Le *Trifolium Alexandrinum*, cultivé dans toute l'Egypte, récolté en fourrage. (B.)

DÉSARMÉ. POIS. Espèce du genre Agénéiose. *V.* ce mot. (B.)

* **DESCENDANT.** *Caudex.* BOT. PHAN. Linné appelait ainsi la partie d'un Végétal qui s'enfonce dans la terre, par opposition au mot de Caudex ascendant qu'il donnait à la tige. (A. R.)

DESCHAMPSIE. *Deschampsia.* BOT. PHAN. Genre de la famille des Graminées et de la Triandrie Digynie, L., établi par Palisot-Beauvois (Agrostographie, p. 91, tab. 18, f. 3) aux dépens des *Aira* de Linné, et ainsi caractérisé : fleurs disposées en panicule composée : lépicène (*glume,* Beauv.) renfermant deux ou trois fleurs, et formée de deux valves plus longues que celles-ci; paillette inférieure de la glume (Rich.) dentée et munie extérieurement à sa base d'une barbe droite, à peine plus longue qu'elle; écailles ou paléoles arrondies, entières et velues; stigmates écartés et plumeux; caryopse libre non marquée d'un sillon. Palisot-Beauvois rapporte à ce genre les *Aira altissima ?* et *A. ambigua,* Mich., *A. cœspitosa,* L., *A. juncea,* L., *A. media,* L.? *A. littoralis,* Gaud. ? et *A. parviflora,* Lamk.? La première et les trois dernières espèces ne sont indiquées qu'avec doute comme appartenant aux Deschampsies, en sorte qu'on doit considérer l'*Aira cœspitosa,* L., Plante qui croît aux environs de Paris, comme le vrai type du genre. (G..N.)

DESCURÉE. *Descurea.* BOT. PHAN. (Guettard.) Syn. de *Sisymbrium Sophia,* L. (B.)

DÉSERT. GÉOL. Vaste espace inhabité par l'Homme, soit qu'une aridité absolue refuse à l'industrie tout moyen d'établissement, soit qu'on n'ait point encore tenté d'y pénétrer. C'est plus particulièrement l'aride étendue qu'on désigne par ce mot. L'Afrique, l'Arabie, la Perse et l'Asie centrale offrent d'immenses solitudes inhabitables qui, privées de sources et dépouillées de verdure, ne se couvrent que dans quelques points de leur surface d'une végétation ligneuse ou rigide, sèche et courte. Les landes aquitaniques donnent en Europe une idée assez exacte de l'aspect désolé des Déserts que l'on rencontre dans les deux autres parties de l'ancien continent. Il en est de même des Paraméras de la péninsule ibérique, qui sont des Déserts élevés dans la région des nuages. Un mirage singulier s'observe à la face de tous ces lieux, et ce phénomène, décrit par Monge qui l'observa dans les Déserts de l'Égypte, se retrouve absolument avec les mêmes circonstances entre Bordeaux et Bayonne. En général, la surface des Déserts, quand les vents ne les ont pas, en les dépouillant, réduits à des couches calcaires qui en forment ordinairement le fond, est composée de sable peu lié et d'une poussière noire, très-fine, qui, volatilisée, s'introduit dans la peau, cause de dangereuses ophthalmies et déchire la poitrine en y pénétrant par la respiration. Dans plusieurs parties de l'étendue des Déserts on trouve des sources ou des efflorescences salines et jusqu'à des couches de sel gemme. La végétation rare rappelle, par son aspect, celle des bords de la mer quand les dunes en bordent le rivage. On peut conclure de ces caractères que la plupart des Déserts représentent le fond de quelques Caspiennes ou mers intérieures. Quelques puits, creusés de temps immémorial, tracent à travers le Désert la route affreuse qu'y tient l'Arabe, grâce au secours que lui prête le Chameau.

Les Déserts du Nouveau-Monde portent en général un autre caractère. La plupart sont marécageux, parce que le cours des rivières y est à peine tracé entre une végétation magnifique, et parce que de primitives forêts y protègent la solitude. Dans l'Ancien-

Monde, le Désert est souvent l'indice d'un sol épuisé qui ne saurait plus rien produire; dans le nouveau, il indique une nature vierge qui ne saurait rien refuser. (B.)

DESFONTAINIE. *Desfontainia.* BOT. PHAN. Le genre proposé sous ce nom par les auteurs de la Flore du Chili et du Pérou ne paraît pas distinct du *Linckia*. *V.* LINCKIE. (A.R.)

DESFORGIE. BOT. PHAN. Pour Forgésie. *V.* ce mot. (G..N.)

DESMAN. *Mygale.* MAM. Genre de Carnassiers insectivores, très-voisins des Musaraignes, dont ils diffèrent par la palmure de leurs doigts, surtout aux pieds de derrière, où elle est aussi complète qu'aux Castors; par leur queue latéralement comprimée et écailleuse, qui rappelle celle des Ondatras; par une trompe mobile, presque aussi longue que la tête; par l'absence de conque à l'oreille, de sinus musqué sur la peau des flancs; caractérisés enfin et par la forme et par le nombre de leurs dents. Il y a chez les Desmans vingt-deux dents à chaque mâchoire. Dans les Musaraignes, il n'y en a que seize ou dix-huit en haut et douze en bas. Dans les Musaraignes, les deux premières incisives supérieures sont à double crochet, au moyen d'un éperon d'une saillie variable, suivant les espèces, et situé à leur talon. Dans les Desmans, les deux premières incisives sont triangulaires et comprimées latéralement; dans les Musaraignes, les deux premières incisives d'en bas répondent aux supérieures pour la grandeur, et elles sont proclives en avant comme celles des Cochons. Dans les Desmans, les deux premières incisives d'en bas sont, au contraire, les plus petites de toutes, et elles sont suivies, de chaque côté, de trois autres également petites, mais qui vont en augmentant en arrière. Par leur grandeur, les deux incisives d'en haut et les deux d'en bas des Musaraignes, rappellent celles des Rongeurs; ce rapport, dans les Desmans, ne rappelle que celles des

Taupes et des Hérissons. Derrière les deux incisives supérieures, sont de chaque côté douze dents coniques, et huit molaires hérissées de pointes. Derrière les huit incisives d'en bas, sont de chaque côté huit dents coniques et six molaires hérissées de pointes. Nous sommes entrés dans ces détails comparatifs, parce que, jusqu'à Cuvier, on avait (et Pallas lui-même) classé le Desman avec les Musaraignes.—Le crâne du Desman tient autant du crâne de la Taupe que de celui des Musaraignes : il n'est pas aussi effilé dans la partie maxillaire que chez celles-ci, vu la nécessité de donner une base à la trompe et à ses muscles. Il n'est pas privé d'arcades zygomatiques, et les branches montantes des maxillaires inférieurs s'élèvent davantage. L'orbite est aussi effacée que dans la Taupe, et l'œil y est aussi petit; probablement ce rudiment d'œil manque aussi de nerf d'optique, comme celui de la Taupe. — La trompe décroît insensiblement, à partir de l'arcade palatine, pour s'élargir ensuite vers les naseaux; elle est tout aussi mobile que celle de l'Éléphant.

D'après cet ensemble des formes des Desmans, on voit que ce sont des Animaux nageurs et souterrains; souterrains par l'absence de conque auditive, la petitesse de l'œil, la longueur et la force des ongles propres à fouir; nageurs par la palmure complète des doigts et la compression verticale de la queue qui est pour eux une véritable rame. Les Desmans passent en effet la plus grande partie de leur vie dans l'eau et sous l'eau. Ils ne gagnent jamais volontairement la terre ferme; et s'ils vont d'un étang à un autre, ce n'est que par des canaux souterrains ou par des rigoles remplies d'eau qui y conduisent. Ils préfèrent, dit Pallas, le séjour des étangs, des lacs, et de toutes les eaux dormantes, surtout des marécages profondément encaissés. Ils se font dans la berge un terrier dont l'entrée est sous l'eau : c'est par-là qu'ils commencent le travail. Ils fouillent en gagnant petit à petit en hauteur, et creusent un boyau dont les contours sont assez nombreux pour décrire une longueur de six ou sept mètres. La partie la plus élevée de ce terrier est toujours au-dessus du niveau des plus hautes eaux; ils y vivent solitaires ou avec une compagne, suivant les saisons. En hiver, ils ne s'engourdissent pas : la glace les emprisonne alors sous l'eau. Ils peuvent être ainsi réduits à périr d'asphyxie, par l'épuisement de l'air de leurs terriers. S'il y a quelque partie de la surface des eaux qui ne soit point gelée, ils viennent y disputer une petite place à fleur d'eau pour l'extrémité de leur trompe. Les risques de mourir asphyxiés, sont d'autant plus grands pour eux, que l'hiver est plus long et plus rigoureux. Les Desmans ne se montrent d'ailleurs à fleur d'eau que dans la saison de l'amour. On les voit alors marcher au fond des rivières et des étangs, et quelquefois grimper le long des Roseaux.

Pallas s'est assuré qu'ils ne sont qu'insectivores. Il ne leur a trouvé dans l'estomac que des débris de larves et de Vers, et jamais de racines de *Nymphœa* ou d'écorces, dont on supposait même qu'ils faisaient des provisions. Ils ne doivent cette faculté de vivre d'Insectes et de larves qu'à la longueur et à la mobilité de leur trompe, avec laquelle ils fouillent la vase, comme le font, avec leur long bec, les nombreuses espèces insectivores du genre Scolopax. Nous n'avons trouvé, aussi, que des débris de larves et surtout de Dytiques, dans l'estomac des Courlis. Le Desman exhale une si forte odeur de musc, qu'elle pénètre la chair des Brochets et autres Poissons à qui il arrive d'en manger. Cette sécrétion a pour organe une double série de cryptes glanduleux, placée sous la base de la queue. Les plus gros sont du volume d'un pois; les plus petits de celui d'un grain de seigle. Chacun d'eux s'ouvre sous la queue par un orifice séparé. Il y en a quatorze ou quinze de chaque côté (Pallas les a représentés, *loc. cit.*, fig. 4).

On ne connaît que deux espèces

dans ce genre, l'une en Russie, l'autre dans les Pyrénées. Cette grande distance de leur patrie annonçait déjà des espèces différentes. Ces différences ne sont pas moins empreintes dans leur organisation comme nous allons le faire voir.

DESMAN DE MOSCOVIE, *Mygale Moscovitus*, Geoff.; *Sorex moschatus*, Pallas, *Act. Petrop.* T. v, pl. 3 et 5; et Schreber, pl. 159; *Mus aquatilis*, Clusius, *Auct. ad exotic. lib.* 5, pag. 375, fig. copiée par Aldrov., Digit., p. 447, et Gesner, Digit.; *Glis moschiferus*, Klein, Quadr., p. 57; *Castor moschatus* de Linn., 10e et 12e édit. du Syst. Nat.; Buffon, t. 10, pl. 1; Encycl., pl. 29, n° 4. Mauvaise figure. *Wychuchol, Wuychochol* des Russes, *Chochul* de l'Ukraine, *Tchirsin* dans l'Ouffa, *Desman, Dasmans* des Suédois, de *Desem*, altération de *Bisen*, Musc, en Poméranie.—A pelage formé, comme celui des Castors, de soies longues, et d'un feutre doux et moelleux, caché en dessous. Le Desman de Russie est brun, plus pâle en dessus, plus foncé sur les flancs; le ventre est d'un blanc argentin; il est long d'environ huit pouces et demi, et sa queue, qui n'a que six pouces neuf lignes, est comme étranglée à sa base; bientôt elle devient cylindrique, renflée, et croît rapidement pour décroître presqu'aussitôt; ce qui continue jusqu'à la pointe. Plus elle diminue et plus elle se comprime latéralement. Comme celle du Castor, elle est toute parsemée d'écailles dont les interstices sont hérissés de poils courts et roides. Cette compression est très-bien représentée dans la pl. de Pallas et de Schreber; le dessus des doigts est aussi écailleux. Sur toute sa longueur, surtout en dessous, la trompe est couverte de soies droites; le bord de la bouche est aussi pourvu de barbes très-longues au menton et dirigées en arrière. Malgré toutes ses recherches, Pallas n'a pu en découvrir le moindre indice à l'est du Volga et à l'ouest du Dniéper. Il ne se trouve pas non plus au nord du cinquante-sixième degré, ni dans le cours inférieur de ces deux fleuves et du Don qui leur est intermédiaire. Buffon (T. x, p. 2) ne lui aura sans doute imaginé une autre patrie en Laponie, que parce que ses peaux viennent en Allemagne par la ville suédoise de Stralsund ; ou bien encore, si Buffon a connu (chose douteuse) la seule Notice originale qui, avant le Mémoire cité de Pallas, existât sur le Desman dans l'Appendice aux *Exotica* de Clusius (*Op. omnia*, in-f°. T. II, p. 376, et *ibid. Curæ posterior*, p. 46, Rapheleng, 1605 à 1611), il aura pris pour norwégien le titre de *Noricus*, Norique, que Clusius donne au Médecin Léonard Dold, qui lui avait écrit en avoir eu deux vivans. Or, la Norique répond à la Basse-Autriche et à la partie voisine de la Hongrie, au sud du Danube. Et Clusius dit ailleurs qu'il ne sait pas le pays de son Animal. Mais, Aldrovande, Gesner et tous les autres n'avaient pu que copier Clusius. Le plus amphibie de tous les Mammifères méditerranéens, le Desman est doué d'un muscle peaucier très-fort, propre à réduire ou dilater le volume de son corps, et à lui donner ainsi dans l'eau différens équilibres, comme le fait la vessie aérienne chez les Poissons. Pallas, après beaucoup de peines, parvint à s'en procurer un grand nombre de vivans. Dans l'eau, où il barbotte comme un Canard, il est toujours en mouvement avec une extrême agilité ; son ouïe est obtuse ; peut-être aveugle, il distingue à peine la nuit du jour. Les moustaches qui hérissent la trompe se dressent en avant quand elle est active. Au moindre contact, il reconnaît l'objet en y portant la trompe, sans cesse agitée très-vite et dans tous les sens. Il ne peut souffrir d'être à sec, et cherche alors à s'échapper. Il ne crie que quand on le tourmente, et aussitôt menace de la gueule. Il s'assied sur son derrière pour reconnaître ; souvent il replie la trompe dans la bouche pour la lécher. Il n'est pas nocturne, se couche le soir, s'agite et change de place en dor-

mant. L'eau lui est si indispensable, que Pallas n'en a pu garder vivant plus de trois jours. L'odeur de sa queue et ses excrémens empoisonnent bientôt l'eau où on le tient. Cette odeur est si forte qu'un thermomètre dont s'était servi Pallas pour en reconnaître la température qui est de quatre-vingt-dix-huit degrés Farenheit, en resta imprégné quatorze ans. La quantité de nerfs de la cinquième paire qui se rend à la trompe, et que Pallas a représentée (*loc. cit.*, fig. 6) en fait l'organe du toucher, peut-être le plus délicat qui existe. Les nerfs olfactifs sont également très-gros, ainsi que leurs lobes. Les clavicules, l'omoplate et les bras sont proportionnés comme dans la Taupe. Il a treize vertèbres dorsales dont les trois dernières seulement ont des apophyses épineuses, six lombaires, cinq sacrées et ving-six caudales.

Desman des Pyrénées, *Mygale Pyrenaica*, Geoff., Ann. du Mus., t. 17, pl. 4, f. 1. Moitié plus petite que la précédente, cette espèce a la queue plus longue, sans étranglement à son origine, ni renflement au-delà, mais toute d'une venue, et diminuant progressivement jusqu'au bout. Elle n'est comprimée que dans le dernier quart de sa longueur ; elle est enfin couverte de poils courts et couchés, mais non écailleuse. Les ongles sont moitié plus longs à proportion que dans le Desman Moscovite ; les doigts de devant ne sont qu'à demi-palmés ; le doigt externe des pieds de derrière est aussi plus libre. La nature du pelage est la même, mais les couleurs diffèrent. Le dessus du corps est d'un brun marron ; les flancs gris brun, et le ventre gris argentin. Il n'y a pas du tout de blanc à la face, au lieu que le tour de l'œil et le dessous de la mâchoire sont blancs dans l'autre : Geoffroy (sur les Gland. odorif. des Musaraignes, Mém. du Mus. T. 1) observe enfin que les dents de cette espèce, surtout celles d'en bas, sont plutôt distribuées comme dans la Taupe : il a représenté cette dentition (*ibid.* pl. 15, fig. 10, 11 et 12). Les barbes de la trompe sont presque nulles ; celles des deux mâchoires sont dirigées en sens inverse de celles du Desman de Russie. Cette espèce n'a encore été vue que dans le voisinage de Tarbes, au pied des Pyrénées. Geoffroy ne parle pas de ses habitudes ; mais par la structure, surtout la forme de sa queue, elle est nécessairement moins aquatique que l'autre.

Ces deux espèces forment un des exemples les plus curieux de l'une des lois que nous avons exposées dans notre Mémoire sur la distribution géog. des Anim. vertébrés, lu à l'Institut, février 1822 (Journ. de Phys., février 1822).   (A. D..NS.)

DESMANTHE. *Desmanthus.* BOT. PHAN. Genre de la famille des Légumineuses, section des Mimosées, établi par Willdenow aux dépens du genre Mimeuse, et ayant pour caractères : des fleurs polygames dont le calice, en forme de cloche, est à cinq dents ; une corolle de cinq pétales égaux entre eux, spatulés, plus longs que le calice et hypogynes. Les étamines sont au nombre de dix, excepté dans le *Desmanthus diffusus*, où l'on n'en compte que cinq ; elles sont également hypogynes et saillantes. Leurs filets sont libres et capillaires ; leurs anthères à deux loges. L'ovaire est libre, terminé par un style et un stigmate simples. La gousse est non articulée, sèche, à une seule loge s'ouvrant en deux valves et contenant un nombre variable de graines. Les espèces de ce genre, au nombre d'une douzaine environ, sont des Plantes herbacées, plus rarement de petits Arbustes sans épines, rameux, étalés, quelquefois dressés ou nageant à la surface de l'eau. Leurs feuilles sont alternes, doublement pinnées, composées généralement de folioles très-petites et sensibles. Les stipules, au nombre de deux, sont adhérentes avec la base du pétiole. Les fleurs forment des épis axillaires pédonculés, ovoïdes ou globuleux. Elles sont généralement fort petites et blanches. Toutes les espèces qui composent ce genre croissent dans les contrées chaudes du globe, dans l'Amérique méridionale et aux Indes-Orientales. Dans son magnifique ouvrage intitulé : Mimeuses et autres Légumineuses du nouveau continent, notre ami et collaborateur Kunth a tracé d'une manière fort exacte le caractère du genre qui nous occupe, et en a décrit et figuré une espèce intéressante, le *Desmanthus depressus*, Willd. Ce genre diffère de l'Acacia par les mêmes caractères qui servent à distinguer le genre *Prosopis* du genre *Inga*, c'est-à-dire par une corolle polypétale et par le nombre défini de ses étamines. A ces différences se joint, observe Kunth, un port particulier. Willdenow, cherchant le principal caractère dans les filamens élargis des fleurs stériles, y a rapporté mal à propos le *Mimosa cinerea* de Linné ; son *Desmanthus divergens* ne paraît pas non plus appartenir à ce genre. Il n'est donc pas étonnant que le caractère tracé par Willdenow manque de précision et convienne également à plusieurs véritables espèces d'Acacia. C'est sans doute pour cette raison que les professeurs Desfontaines et De Candolle ont cru devoir supprimer ce genre et en réunir les espèces au genre Acacia. Malgré leur autorité, le *Desmanthus* doit être maintenu comme genre distinct. Nous allons mentionner ici quelques-unes des espèces les plus remarquables de ce genre.

DESMANTHE EFFILÉ, *Desmanthus virgatus*, Willd., *Sp.*, 4, p. 1047 ; *Mimosa virgata*, L. Originaire de l'Inde, cette espèce est une de celles que l'on cultive le plus souvent dans les jardins. C'est un petit Arbuste dressé, de deux à trois pieds d'élévation. Ses rameaux sont effilés, cylindriques, glabres et verdâtres. Ses feuilles sont alternes, bipinnées, sans impaire, composées en général de quatre paires de feuilles pinnées dont les folioles sont très-petites, fort nombreuses et d'un vert gai. Les fleurs forment des épis pédonculés et presque globuleux. Cette espèce doit être rentrée dans la serre chaude.

DESMANTHE NAGEANT, *Desman-thus natans*, Willd., *Sp.* 4, p. 1044; *Mimosa natans*, Vahl, *Symb.* (non L.), Roxb., *Corom.* 2, t. 119. Cette espèce croît, ainsi que la précédente, aux grandes Indes. Ses tiges sont flexueuses, étalées à la surface de l'eau; ses feuilles sont également bipinnées. Les fleurs constituent des épis allongés, interrompus, portés sur un long pédoncule. Les gousses contiennent de six à huit graines.

DESMANTHE PONCTUÉ, *Desman-thus punctatus*, Willd., *Sp.*, 4, p. 1047; *Mimosa punctata*, L. Cette jolie espèce forme un petit Arbuste dont les tiges sont ligneuses et parsemées de points calleux. Ses feuilles bipinnées se composent de quatre paires de pinnules dont les folioles sont petites et fort nombreuses. Les épis sont ovoïdes, allongés, longuement pédonculés. Cette espèce a été trouvée à la Jamaïque.

DESMANTHE DÉPRIMÉ, *Desmant. depressus*, Willd., Kunth, Mimeus., p. 115, t. 35. L'on doit la découverte de cette espèce aux illustres voyageurs Humboldt et Bonpland, qui l'ont recueillie sur le littoral de l'océan Pacifique, dans le royaume du Pérou. Les tiges sont ligneuses, diffuses et étalées, glabres et sans épines. Ses feuilles sont bipinnées, à pinnules bijugées dont les folioles sont opposées au nombre de treize à quatorze paires, linéaires, aiguës et ciliées. Les épis sont pauciflores. Les gousses sont allongées et linéaires.

(A. R.)

* DESMARESTELLE. *Desmares-tella*. BOT. CRYPT. (*Céramiaires*.) Genre formé aux dépens des Céramies des algologues modernes, et dédié au savant et modeste Desmarest dont les vastes connaissances en histoire naturelle sont une sorte d'héritage laissé par un père que l'Institut s'enorgueillissait encore au commencement de ce siècle de compter au rang de ses membres. Ses caractères sont : filamens simples, comme si chacun d'eux était une Plante complète, réunis en touffe présentant une série d'articles transversaux très-rapprochés, paraissant diviser un tube intérieur et produisant extérieurement des capsules obovoïdes, substipitées et nues. — L'organisation des Desmarestelles rappelle celle des Oscillaires; mais outre que nul mouvement spontané ne s'y peut reconnaître, ces Plantes ne sont pas libres, et sont fixées par leur base en touffes serrées, croissant parasites sur les Zostères ou les Fucus de la mer. Leur fructification, constatée et bien visible, les reporte d'ailleurs nécessairement dans le règne végétal. Les auteurs de la Flore Danoise, Agardh et Lyngbye, ont confondu les Desmarestelles avec les Oscillaires, sans réfléchir à l'énorme distance qui doit exister entre des êtres libres, doués de volonté ou du moins de mouvement, et des filamens fixés par leur base, condamnés à ne jamais quitter le lieu qui les vit naître, et inertes par nature. Les principales espèces de ce genre sont le *Desmarestella confervicola*, N., *Conferva confervicola*, Dillen, t. 8, *Oscillatoria confervicola*, Lyngb., p. 94, et le *Desmarestella zostericola*, N., *Oscillatoria Mucor*, Agardh et Lyngb., *loc. cit.*, p. 94, t. 27. (B.)

DESMARESTIE. *Desmarestia*. BOT. CRYPT. (*Hydrophytes*.) Genre d'Hydrophytes que nous avons dédié à notre ami A.-G. Desmarest, professeur de zoologie à l'école royale vétérinaire d'Alfort, auteur distingué de plusieurs ouvrages sur différentes parties de l'histoire naturelle. Des rameaux et des feuilles planes se rétrécissant en pétioles, ayant leurs bords garnis de petites épines, sont le caractère essentiel de ce genre dont on ne connaît pas encore la fructification d'une manière précise. Les épines, vues au microscope, sont cloisonnées, et paraissent contenir de petites séminules. Suivant Stackhouse, la fructification est située dans l'aisselle des rameaux. Cet auteur, dans la deuxième édition de sa Néréide Britannique, a divisé les Desmaresties en trois genres sous les noms d'*Hippurina*, d'*Iridea* et d'*Herbacea*. Agardh, dans son genre *Sporochnus*, a placé toutes les Desmaresties et plusieurs autres Hydrophytes qui nous ont paru n'avoir aucun rapport avec ces Plantes. Lyngbye a donné à ce genre le nom de *Desmia*; il le compose des *Desmar. ligulata* et *aculeata*, et d'une troisième qu'il nomme *Hornemanni*. Nous la regarderons comme une Floridée, et même comme une espèce douteuse; il a placé le *Desmarestia viridis* parmi les Gigartines. Nous sommes étonnés que des naturalistes aussi justement célèbres qu'Agardh et Lyngbye aient pu changer quelque chose au genre *Desmarestia*, tel que nous l'avons établi. En effet, l'on passe par des nuances infinies du *Desmarestia Dresnayi*, le plus large de tous, au *D. viridis*, presque entièrement filiforme. Que l'on eût fait un genre particulier des *Desm. aculeata* et *pseudoaculeata*, cela ne nous aurait point surpris, d'autant que ce n'est que faute de caractères tranchés que nous avons réuni ces Plantes aux Desmaresties. Mais séparer les autres espèces ou les intercaler parmi des Plantes très-disparates nous semble une erreur. Les Desmaresties sont particulières à la zône tempérée boréale; une seule, le *Desmar. herbacea*, habite le cap de Bonne-Espérance et plusieurs parties de l'hémisphère austral. Toutes sont annuelles et ne se trouvent que sur les rochers du large qui ne découvrent jamais. Dans ce moment, ce genre est composé des espèces suivantes : 1. *Desmarestia Dresnayi*. Nous avons dédié celle-ci à Dudresnay, habile botaniste, qui possède une magnifique collection de Plantes marines d'une conservation parfaite. 2. *Desm. herbacea*, 3. *ligulata*, var. *lata*, et var. *stricta*; 4. *viridis*; 5. *aculeata*; 6. *pseudoaculeata*. Cette distribution diffère de celle que nous avions proposée dans notre Essai sur les Thalassiophytes.

(LAM..X.)

* DESMATODON. BOT. CRYPT. (*Mousses*.) Bridel sépare sous ce nom

quelques Trichostomes dont les dents ou péristomes sont percées d'une série de trous. Ce genre ne paraît pas susceptible d'être conservé. *V.* TRICHOSTOME.   (AD. B.)

* DESMIE. *Desmia*. BOT. CRYPT. (*Hydrophytes*.) Genre ainsi nommé par Lyngbye, et qui renferme nos *Desmarestia ligulata* et *aculeata* auxquels il ajoute un *Desmia Hornemanni*, que nous regardons comme une espèce très-douteuse qui n'appartient pas même aux Desmaresties. Le genre Desmie ne différant en aucune manière du genre Desmarestie, *V.* ce mot, nous n'avons pas cru devoir l'adopter.   (LAM..X.)

DESMINE. MIN. *V.* SPINELLANE.

DESMOCHÆTA. BOT. PHAN. Le professeur De Candolle, dans son Catalogue du jardin de Montpellier, p. 101, a fondé ce genre aux dépens des *Achyranthes* de Linné. Jussieu (Ann. du Mus., 2, p. 132) avait également construit un genre semblable sous le nom de *Pupalia*, mais la citation d'une Plante de Rhéede, à l'aide de laquelle il avait formé ce nom, n'étant pas exacte, avait dû faire créer une autre dénomination. Cependant plusieurs botanistes reconnurent que le genre Cométès de Burmann était identique avec le *Desmochæta* et le *Pupalia*; de sorte que tout en adoptant les caractères exposés par Jussieu et De Candolle, il est nécessaire de conserver le nom donné antérieurement par Burmann. *V.* COMÉTÈS.

(G..N.)

DESMODIUM. BOT. PHAN. Genre de la famille des Légumineuses, fondé par Desvaux (Journal de Bot. T. III, p. 122) aux dépens des *Hedysarum* de Linné. Il le place dans la 8e section de la famille, section caractérisée par ses légumes articulés. Dans le genre *Desmodium*, les articles sont moniliformes, mais un peu comprimés; une figure (*loc. cit.* T. v, f. 15) donne une idée de ce caractère d'ailleurs très-facile à saisir, mais dont l'importance n'est pas telle que seul il puisse faire séparer des Plantes très-voisines sous beaucoup d'autres rapports. Les nombreuses coupes établies par Desvaux n'auront probablement pas la même valeur que ce savant y a attachée, quand un nouvel observateur nous donnera l'exposition des genres de Légumineuses. En attendant, le genre en question renferme, selon son auteur, un grand nombre d'espèces parmi lesquelles il cite les *Desmodium asperum*, *D. giganteum*, *D. canescens*, *D. virgatum*, *D. Scorpiurus* et *D. macrophyllum*. (G..N.)

DESMOS. BOT. PHAN. Le genre que Loureiro (*Flor. Cochinch.*, 1, p. 430) établit sous ce nom a été reconnu par Willdenow, son éditeur, comme identique avec l'*Unona* de Linné. Jussieu (Ann. du Mus. T. xvi, p. 339) a confirmé ce rapprochement, en observant que, d'après la description, les baies sont nombreuses, sèches, allongées, minces et comme composées de plusieurs pièces articulées qui contiennent une seule graine, pédicellées ou du moins non entièrement sessiles, ainsi que l'auteur s'exprime lui-même. Dans sa belle Monographie des Annonacées, Dunal s'est rangé à l'avis de Willdenow et Jussieu; il a décrit les *Desmos cochinchinensis* et *D. chinensis* de Loureiro, sous les noms d'*Unona Desmos* et *U. discolor*. Ces deux Plantes sont des Arbres qui croissent l'un dans les buissons de la Cochinchine, l'autre en Chine près de Canton.

La dénomination de *Desmos* a été appliquée par Dunal (*loc. cit.*, p. 110) à la seconde section du genre *Unona*, laquelle est ainsi caractérisée : pétales lancéolés, oblongs ou linéaires, quelquefois presque fermés ; baies légèrement articulées, multiloculaires ? plus ou moins moniliformes. Elle renferme les *Unona discreta*, Vahl, *U. undulata* ou *Xylopia undulata*, Palisot-Beauvois, *U. discolor*, *U. Desmos*, *U. aromatica*, *U. Æthyopica*, *U. oxypetala* et *U. leptopetala*, Dunal. Ce sont des Arbres indigènes des contrées d'Afrique et d'Asie si-

tuées entre les tropiques. *V.*, pour les descriptions des espèces remarquables, le mot UNONA. (G..N.)

DÉSORGANISATION. *V.* ORGANISATION et MATIÈRE.

DESSENIA. BOT. PHAN. (Adanson, Famille des Plantes, 2, p. 285.) Syn. du *Gnidia* de Linné. *V.* GNIDIE. (G..N.)

DESTRUCTEUR DES CHENILLES ET DU PIN. INS. Nom vulgaire donné à la larve de deux Insectes de l'ordre des Coléoptères ; la première, décrite par Goedart, appartient à une espèce de la tribu des Carabiques, sans qu'on ait encore déterminé quelle est cette espèce ; la seconde est la larve du *Dermestes piniperda* de Linné ou le Tomique piniperde de Latreille. *V.* ce mot. (AUD.)

DESTRUCTEUR DES CROCODILES. MAM. L'un des noms donnés vulgairement à l'Ichneumon, dans l'idée fausse où l'on était que cet Animal entrait par la bouche dans le corps du grand Saurien durant son sommeil, pour lui déchirer les entrailles. On sait aujourd'hui que cet Animal se borne à détruire ses œufs. *V.* CROCODILE et MANGOUSTE. (B.)

DESTRUCTEUR DES PIERRES. ANNEL. (Dicquemare.) Syn. de Néréide. *V.* ce mot. (B.)

* DESVAUXIE. *Desvauxia.* BOT. PHAN. Et non *Devauxia.* Le nom générique de *Centrolepis* (écrit *Centrolepsis* par erreur typographique dans ce Dictionnaire) a été changé par R. Brown (*Prodr. Flor. Nov.-Holl.* p. 252) en celui de *Devauxia*, parce qu'il indiquait une organisation entièrement différente de celle qui fait la base du caractère générique. D'un autre côté, l'intention de l'auteur anglais ayant été de le dédier à Desvaux, rédacteur du Journal de Botanique, il en résulte qu'on doit orthographier ce mot comme l'a proposé Sprengel, et comme nous l'avons fait en tête de cet article. Aux caractères assignés au genre *Centrolepis* (*V.* CENTROLEPSIS), nous

ajouterons ceux donnés par R. Brown pour le *Desvauxia*, et qui en font beaucoup mieux connaître la structure : spathe bivalve, à fleurs en nombre indéfini ; glume bivalve ; étamine unique ; anthère simple ; plusieurs ovaires (trois à douze) attachés à un axe commun, monospermes et surmontés d'autant de styles distincts ou réunis par la base ; utricules s'ouvrant longitudinalement par une fente extérieure. Les Desvauxies, qui appartiennent à la famille des Restiacées, sont de petites Herbes touffues, ayant le port de nos petites espèces de Scirpes. Leurs racines sont fasciculées ; leurs feuilles radicales, sétacées et à demi-engaînantes à la base ; elles portent des chaumes filiformes, simples et nus, à l'extrémité de chacun desquels est une seule spathe dont les valves sont alternes et rapprochées, mutiques ou aristées, quelquefois ne contenant qu'un petit nombre de fleurs. Les glumes sont séparées par une écaille très-petite ou rudimentaire.

Les neuf espèces de ce genre, publiées par R. Brown (*loc. cit.*), sont indigènes des diverses contrées de la Nouvelle-Hollande. Elles ont été distribuées en trois sections : la première, caractérisée par le réceptacle paléacé, renferme les *Desvauxia pulvinata*, *D. Patersoni* et *D. strigosa*. La seconde section, dans laquelle le réceptacle est sans paillettes, et dont les spathes sont hispides, comprend les *Desvauxia tenuior*, *D. Billardieri* ou *Centrolepis fascicularis*, de Labillardière, et *D. exserta*. Enfin, R. Brown place dans la troisième section les *D. Bancksii*, *D. pusilla* et *D. aristata* qui n'ont point de paillettes sur le réceptacle, mais dont les spathes sont glabres.   (G..N.)

DÉTAR. *Detarium.* BOT. PHAN. Genre de la famille des Légumineuses et de la Décandrie Monogynie, L., établi par Jussieu (*Gener. Plant.* p. 365) d'après les notes manuscrites d'Adanson et les échantillons d'une Plante rapportée du Sénégal par ce savant voyageur. Ses caractères sont : calice quadrifide ; corolle nulle ? ; dix étamines distinctes dont les alternes sont plus courtes ; fruit drupacé, orbiculaire, épais, mou, farineux, contenant un noyau de même forme, comprimé, monosperme, chargé d'un réseau de fibres entrelacées, lisse et à bords obtus. Ce genre est placé par Jussieu, dans sa dixième section, près de l'*Apalatoa*.

Le DÉTAR DU SÉNÉGAL, *Detarium Senegalense*, Juss., est un Arbre dont les feuilles sont alternes et imparipennées ; les fleurs disposées en grappes axillaires.   (G..N.)

DÉTONATION. Bruit occasioné par le passage très-prompt d'une matière solide à l'état de fluide aériforme. Plus l'air, par son élasticité, oppose de résistance à une dilatation aussi subite qu'extrême, plus violent est le choc qu'éprouvent ses molécules et plus intenses sont les vibrations sonores : une quantité déterminée de poudre à canon, que son explosion soit libre ou qu'elle soit contrariée par des obstacles, détonera avec beaucoup plus de bruit dans la plaine qu'au sommet d'une haute montagne où la pression de l'air est peu considérable. La Détonation peut encore avoir lieu d'une manière inverse, lorsqu'un fluide gazeux change d'état, ou quand, par une circonstance quelconque, il se forme à l'instant même une espèce de vide que les molécules atmosphériques environnantes s'empressent d'occuper : la vivacité avec laquelle ces molécules se précipitent vers l'espace vide, occasione entre elles un choc d'autant plus sonore que la formation du vide a été plus prompte. (DR..Z.)

DÉTRIS. BOT. PHAN. Adanson désignait le *Cineraria amelloides*, L., sous ce nom générique qui aurait dû être conservé lorsqu'on a reconnu que cette Plante formait le type d'un genre nouveau. Cassini lui a substitué la dénomination d'*Agathœa cœlestis. V.* AGATHÉE.   (G..N.)

DÉTROIT. GÉOL. Sorte d'étranglement des mers qui sépare deux continens rapprochés ou deux îles d'un même archipel. Plusieurs Détroits dont les rivages sont adoucis et le fond peu considérable, sont des preuves que, par la diminution graduelle des eaux, les terres que ces Détroits séparent tendent à s'unir. Quand leurs côtes sont brusquement coupées à pic, et que leur fond ne peut être atteint par la sonde, ils indiquent une antique rupture. Tel est le Détroit de Gibraltar; le souvenir de sa formation violente ne fut point entièrement éteint dans la mémoire des Hommes, et les plus anciennes traditions nous l'ont conservé. La formation brusque de certains Détroits ayant causé des diminutions ou des augmentations considérables dans les mers qu'ils mettent en rapport immédiat, ont, en modifiant leur rivage, changé la nature des productions de ceux-ci. C'est sous ce point de vue encore plus que sous celui de la géologie que les Détroits doivent intéresser les voyageurs naturalistes. Ils observeront presque toujours que la végétation et la zoologie de leurs bords opposés sont à peu près identiques, quand on peut supposer qu'il y eut rupture, tandis que leurs productions deviendront assez différentes sur leurs rivages latéraux. Ainsi en prenant toujours le Détroit de Gibraltar pour exemple, depuis le rocher qui lui donne son nom jusqu'à Trafalgar en Espagne, et depuis Ceuta jusqu'au cap Spartel en Afrique, on croirait être absolument dans un même canton où les productions naturelles sont absolument pareilles et en partie propres au sol, tandis que les côtes orientales de l'Espagne et de l'Afrique, qui viennent s'y lier, présentent de grands rapports avec l'histoire naturelle du Levant, et celles de Trafalgar au cap Saint-Vincent, ou du Spartel au Bajador, rappellent par leurs productions les îles atlantiques, et n'offrent presque plus de productions méditerranéennes. (B.)

DÉTROIT DE MAGELLAN.

MOLL. Nom marchand du *Conus Magellanicus*, l'une des plus belles espèces du genre Cône. *V.* ce mot. (B.)

DEU. BOT. PHAN. (Feuillée.) Nom de pays du *Coriaria ruscifolia*. (B.)

DEUIL (GRAND ET PETIT). INS. (Engramelle.) Noms vulgaires de deux espèces de Papillons du genre Nymphale. *V.* ce mot. (B.)

DEUTZIE. *Deutzia.* BOT. PHAN. Thunberg (*Flor. Japon.* p. 185, tab. 24) a établi ce genre qui se place dans la Décandrie Trigynie, L., mais que Jussieu et Lamarck, qui l'ont admis, n'ont pas rapporté à l'une des familles naturelles connues. Il offre pour principaux caractères : un calice court, cotonneux, presque campanulé, à cinq ou rarement à six divisions droites et ovales; cinq ou rarement six pétales oblongs, trois fois plus longs que le calice; dix étamines à filets linéaires insérés, ainsi que les pétales, en dehors des bords de l'ovaire, trifides ou à trois pointes à leur sommet, et portant des anthères globuleuses didymes; ovaire supérieur concave dans son milieu, chargé de trois ou très-rarement de quatre styles filiformes, plus longs que la corolle et surmontés d'autant de stigmates en massue; capsule globuleuse, petite, perforée, calleuse, un peu trigone, munie de trois pointes qui proviennent des bases persistantes des styles, s'ouvrant par la base en trois valves, divisés intérieurement en trois ou rarement quatre loges, lesquelles contiennent chacune plusieurs graines.

La DEUTZIE A FEUILLES RUDES, *Deutzia scabra*, Thunberg, figurée par Hornstedt (*Dissert. Nov. Plant. Gener.* 19-21) et par Lamarck (Illust. tab. 380), a été décrite dans les Aménités exotiques de Kœmpfer, p. 854, sous le nom de *Joro*. Ce voyageur dit qu'on la nomme vulgairement au Japon *Utsuji* ou *Jamma Utsuji*. C'est un Arbrisseau de deux mètres environ de hauteur, possédant un grand nombre de branches alternes, cylindriques, pourprées et velues. Ses feuilles sont opposées, pétiolées, ovales, pointues, dentées, couvertes de poils étoilés qui les rendent âpres au toucher. Les fleurs sont blanches, disposées en panicules terminales. Pour donner une idée générale de cet Arbrisseau, on a dit qu'il avait le port du Sureau, les feuilles du Bouleau commun, et les fleurs de l'Oranger ; mais on sent bien que ces comparaisons ne peuvent être qu'approximatives. (G..N.)

DEUX-DENTS. MAM. Espèce du genre Dauphin. *V.* ce mot. (B.)

DEUX-DOIGTS. POIS. Espèce du genre Scorpène. *V.* ce mot. (B.)

DÉVIDOIR. MOLL. *V.* BISTOURNÉE.

DEVIN. REPT. OPH. Espèce du genre Boa. *V.* ce mot. (B.)

DEVIN OU DEVINERESSE. INS. Noms donnés quelquefois aux Manthes, à cause de la bizarrerie de leur figure, qui les a fait aussi nommer vulgairement Sorcières, Cheval du Diable, etc. (B.)

* DEVONIT. MIN. Nom donné à la variété de Wavellite trouvée à Barnstaple dans le Devonshire. *V.* WAVELLITE. (G. DEL.)

DEVAUXIE. BOT. PHAN. Pour Desvauxie. *V.* ce mot.

DEXAMINE. *Dexamine.* CRUST. Genre de l'ordre des Amphipodes, établi par Leach qui le place dans la troisième division de la troisième section de la légion des Edriophthalmes, et lui assigne pour caractères : quatre antennes sétacées, les supérieures étant les plus longues, formées de trois articles, le dernier multi-articulé, le premier le plus petit de tous ; second article des quatre antennes long et grêle ; une petite soie à la base du troisième des inférieures ; les quatre pieds antérieurs presque égaux terminés par une pince comprimée en griffe ou à un seul crochet ; yeux oblongs placés en arrière de la base des antennes supérieures ; queue ayant de chaque côté trois styles bi-

fides, et en dessus un style mobile. Les Dexamines ainsi que les Leucothoës de Leach sont remarquables, suivant l'observation de Latreille, par le pédoncule des antennes formé seulement de deux articles ; dans tous les autres Amphipodes, on en compte trois. On ne connaît encore qu'une espèce propre à ce genre.

La DEXAMINE ÉPINEUSE, *Dex. spinosa* de Leach (*Edimb. Encycl.* T. VII, p. 433, et *Zool. Misc.* T. II, p. 22) ou le *Cancer Gammarus spinosus* de Montagu (*Trans. of the Linn. Societ.* T. XI, p. 3). Les quatre derniers segmens de l'abdomen sont prolongés postérieurement en forme d'épine ; le front est avancé entre les deux antennes supérieures, et un peu infléchi ; le corps est luisant. Elle a été recueillie sur les côtes méridionales de l'Angleterre. (AUD.)

DEYEUXIE. *Deyeuxia.* BOT. PHAN. Genre de la famille des Graminées et de la Triandrie Monogynie, établi par Palisot-Beauvois d'après une note manuscrite de Clarion, insérée dans l'Herbier de Jussieu, et adopté par Kunth (*Nov. Gener. et Species Plant. æquinoct.* 1, p. 145) avec les caractères suivans : épillets biflores ; lépicène (*glumes*, Kunth) à deux valves presque égales ; fleur hermaphrodite composée de deux paillettes, dont l'inférieure porte une barbe sur le dos ; trois étamines ; deux styles ; stigmates en forme de peignes ; caryopse libre ; fleur stérile ayant l'apparence d'une barbe plumeuse. Les Deyeuxies sont des Graminées alpines dont les fleurs sont paniculées et portées sur des rachis inarticulés.

Les *Arundo sedenensis*, *A. acutiflora*, Willd. ; *A. airoïdes*, Michx., et *A. montana*, Gaud., étaient les espèces types du genre Deyeuxie qui, d'ailleurs, a beaucoup d'affinités avec le *Calamagrostis* et les *Arundo* uniflores de Linné. Kunth (*loc. cit.*) a depuis ajouté à ce genre onze nouvelles espèces toutes indigènes des Andes du Pérou près de Quito, et des hautes montagnes du Mexique.

Une seule est figurée dans son bel ouvrage (*loc. cit.* p. 146, tab. 46) sous le nom de *Deyeuxia effusa*. (G..N.)

DHABA et **DOBB**. BOT. PHAN. Syn. arabes de *Mimosa Unguis-Cati*, Forsk. Espèce d'Inga de Willdenow, dont on emploie en Egypte les feuilles pour une ophthalmie à laquelle les Bœufs sont sujets. (B.)

DHARA. REPT. OPH. Espèce du genre Couleuvre. *V.* ce mot. (B.)

DIABASE. GÉOL. Alex. Brongniart a proposé ce nom pour une Roche que les géologues allemands appellent *Grünstein*, et que le célèbre Haüy nommait Diorite. Suivant Brongniart, on doit y rapporter la plupart des Ophites de Palassou et le Chlorotin d'Haberlé. Cette substance est très-répandue à la surface du globe ; elle est essentiellement composée d'Amphibole Hornblende et de Feldspath compacte, à peu près également disséminés. Le Mica s'y rencontre quelquefois. Cette Roche est d'un vert noirâtre avec des points blancs formés par le Feldspath. Ces grains ne sont jamais rougeâtres comme dans la Syénite. Sa cassure est difficile et raboteuse ; sa texture est massive, quelquefois fissile. On y rencontre accidentellement plusieurs autres substances, telles que le Fer sulfuré, le Talc stéatique, le Pyroxène, le Fer titané, la Diallage, l'Epidote, le Titane nigrine. Cette Roche est susceptible de s'altérer et même de se décomposer en partie comme toutes les autres Roches qui contiennent du Feldspath. On en distingue cinq variétés principales, savoir : 1º Diabase granitoïde ; 2º Diabase schistoïde ; 3º Diabase porphyroïde ; 4º Diabase orbiculaire ; 5º Diabase diallagique. (A. R.)

DIABASIS. *Diabasis*. POIS. Genre fondé par notre savant ami Desmarest dans la famille des Percoïdes, de l'ordre des Acanthoptérygiens ; il présente les plus grands rapports avec les Lutjans et les Pristopomes, par la forme du corps, la disposition et la composition des nageoires, ainsi que par les caractères que fournissent les os operculaires, et notamment le préopercule finement dentelé, droit sans échancrure sur son bord postérieur. Les Diabasis ont les dents maxillaires, comme celles des Pristipomes, fines et égales entre elles. On n'y trouve pas les quatre crochets antérieurs qui existent dans les Lutjans. Mais ce qui distingue surtout ces Poissons, c'est la présence de très-nombreuses petites écailles sur les deux surfaces des nageoires impaires, telles que l'anale, la caudale et surtout la partie molle ou postérieure de la dorsale. Ce caractère est essentiellement celui des Poissons dont Cuvier a formé la famille qu'il nomme des Squammipennes, et les Diabasis pourraient à la rigueur être aussi bien placés dans cette famille que quelques autres genres démembrés de ceux des Lutjans, des Anthias et des Pomacentres. Ils formeraient dans cette famille une petite section distinguée des autres par la dorsale unique, par les dents fines, nombreuses, sur plusieurs rangs et non en soie. Desmarest, tout en les plaçant provisoirement parmi les Squammipennes, remarque cependant que l'organisation générale de ces Poissons les rapproche surtout des Lutjans et des Pristipomes avec lesquels ils ont de véritables affinités, et il pense aussi que sous ce point de vue important il serait peut-être convenable de retirer quelques autres Squammipennes du voisinage des Chétodons, pour les ramener avec les Diabasis à la famille des Percoïdes. Nous adoptons complétement cette opinion par laquelle se trouve motivé le nom de Diabasis, tiré du mot grec signifiant transition, et indiquant que ces Poissons sont l'intermédiaire de deux familles. — Les espèces de Diabasis connues dans l'état actuel de la science sont au nombre de deux. Elles ont été décrites avec le plus grand détail, ainsi que beaucoup d'autres Poissons intéressans qui seront mentionnés à leur tour dans ce Dictionnaire, dans les Décades Ichthyologiques des côtes de l'île de Cuba par l'habile naturaliste auquel on doit l'établissement du genre dont il est question, et tant de découvertes utiles dans toutes les branches de l'histoire naturelle qui lui sont également familières.

DIABASIS DE PARRA, *Diabasis Parra*, Desm. (*V.* pl. de ce Dictionn.). Dédié au naturaliste Antonio Parra, qui en 1787 a donné à la Havane une description des productions marines des côtes de Cuba, ce Poisson, très-voisin par ses formes et ses couleurs du Lutjan museau-pointu de Desmarest, est d'un brun assez foncé sur le dos et plus clair sur les flancs. B. 4, D, 12/20, A. 3/8, P. 16, V. 1/5, C. 18.

DIABASIS RAYÉ DE JAUNE, *Diabasis flavo-lineatus*, Desm. (*V.* pl. de ce Dict.). Ses écailles sont grandes et très-régulièrement distribuées. De chaque côté du dos sont trois lignes longitudinales d'un jaune brun, et sur les flancs on compte dix lignes obliques jaunes, suivant les rangées d'écailles, et entre lesquelles sont autant de lignes blanches. B. 6, D. 12/15, A. 3/8, P. 16, V. 1/6, C. 20.   (B.)

DIABLE. ZOOL. La singulière figure, l'étrangeté ou la laideur des formes et des couleurs de certains Animaux leur ont mérité, chez divers peuples ou dans les relations d'anciens voyageurs, ce nom de réprobation avec quelque épithète caractéristique pour les distinguer entre eux; ainsi l'on a nommé parmi les Mammifères :

DIABLE DE JAVA ou de TAVOYEN, le Pangolin.

DIABLE DE BOIS, l'Ouarine et le Coaïta, espèces de Singes.

Parmi les Oiseaux :

PETITS DIABLES ou DIABLOTINS aux Antilles, probablement une espèce de Pétrel, et non la Chevêche à terrier. Labat, qui nous a longuement entretenus de ces Diablotins, dit qu'ils nichent dans les plus hautes montagnes de la Guadeloupe, et que la chair des jeunes, à la chasse desquels vont les créoles, est un manger exquis.

DIABLE ENRHUMÉ, un Tangara.

DIABLE DE MER, la grande Foulque ou Macroule, *Fulica aterrima*, L.

DIABLE DES PALÉTUVIERS OU DES SAVANES, l'Ani.

Parmi les Reptiles :

DIABLE DES BOIS, un petit Lézard de Surinam, qui paraît être l'Agame ombré, ou une espèce de Gecko.

DIABLE DE JAVA, une espèce de grande Iguane incomplétement décrite.

Parmi les Poissons :

DIABLE DE MER, aux Antilles, le Molubdar et un Scorpène; sur nos côtes, les Raies de tailles monstrueuses ou même la grande Baudroie et le Cotte Scorpion; en Sicile, l'Etmoptère aiguillonné de Rafinesque, etc. (B.)

Parmi les Insectes :

DIABLE, à Saint-Domingue, le Charanson de Spengler, figuré par Olivier. Il fait un très-grand tort, suivant Tussac, aux plantations des Cotonniers en détruisant leurs feuilles.

GRAND DIABLE, un Insecte hémiptère du genre Lèdre.

DEMI-DIABLE et PETIT DIABLE, deux espèces différentes du genre Membrace.   (AUD.)

DIABLOTEAU. OIS. Syn. vulgaire du Goëland brun. *V.* STERCORAIRE.
          (DR..Z.)

DIABLOTINS. OIS. *V.* DIABLES (PETITS).

DIACANTHA. BOT. PHAN. Nom donné par Lagasca au genre *Bacasia* de Ruiz et Pavon. *V.* BACAZIE.
          (G..N.)

DIACANTHE. POIS. C'est-à-dire à *deux épines*. Nom spécifique de diverses espèces de Poissons des genres Lutjan, Holocentre et Perche. *V.* ces mots. Nous avons, à l'article BALISTE, proposé, sous ce nom, l'établissement d'un nouveau sous-genre.
          (B.)

*DIACHETON. BOT. PHAN. La Plante désignée sous ce nom par Pline, et qu'il dit être épineuse et croître communément dans l'île de Rhodes, a été rapportée à la Cardère. *V*. ce mot.

(B.)

DIACHYTIS et DIACHYTON. BOT. PHAN. (Dioscoride.) Syn. de Dauphinelle. *V*. ce mot. (B.)

DIACOPE. POIS. Genre formé par Cuvier (Règn. Anim. T. 11 , p. 275) aux dépens des Lutjans, des Holocentres et des Scènes des auteurs dans l'ordre des Acanthoptérygiens, famille des Percoïdes. Il appartient à la famille des Acanthopomes de Duméril. Ses caractères consistent dans la gueule bien fendue, armée de dents en crochets, peu régulières, avec des dentelures ou préopercules au milieu desquelles se distingue une forte échancrure pour l'articulation de l'interopercule. Cette échancrure a déterminé la racine du nom de Diacope. Les Diacopes sont tous des Poissons exotiques, entre lesquels se distinguent le Bengali, *Holocentrus Bengalensis* de Lacépède et de Bloch, pl. 246; *Sciœna Kosmira* de Forskahl, reproduit par le même auteur sous le nom de *Perca polysonia* et par Lacépède sous celui de Labre à huit raies. — Le Diacope à cinq raies, *Holocentrus quinquelineatus*, Bloch, pl. 239. Des mers du Japon. — Le Diacope Lépisure, *Sparus Lepisurus* de Lacépède ; du grand Océan équinoxial. — Le Rohar, *Sciœna Rohar* de Forskahl; de la mer Rouge. — Le Bossu, *Sciœna gibba* de Forskahl, qui , de même que le précédent, est un Lutjan de Schneider, et qui habite comme lui la mer Rouge. — Le Diacope noir du même auteur et de la même mer. — Le Diacope de Séba, *Diacopus Sebœ*, Cuv. (*loc. cit.*), représenté par Séba, Mus. T. III, pl. 27, f. 2. — Enfin l'Antica - Deondiawah de Russel et qui se pêche sur la côte de Coromandel. (B.)

DIADELPHES (ÉTAMINES). BOT. PHAN. Lorsque les étamines sont soudées par leurs filets, de manière à former deux faisceaux, ou androphores, on dit qu'elles sont Diadelphes. Ainsi , dans la Fumeterre et toutes les Plantes qui forment la famille des Fu-

mariacées, on trouve six étamines réunies trois par trois par leurs filets, et constituant ainsi deux faisceaux ; dans le *Polygala*, les huit étamines forment aussi deux faisceaux égaux entre eux. Mais dans toutes les Légumineuses à fleurs papilionacées, les étamines sont loin de former deux faisceaux égaux entre eux. Ainsi, des dix étamines qu'on observe dans chaque fleur, neuf sont soudées par leurs filets et forment une sorte de tube fendu dans toute sa longueur du côté supérieur, et le second faisceau ne se compose que d'une seule étamine qui correspond à la fente du tube. (A. R.)

DIADELPHIE. *Diadelphia*. BOT. PHAN. Dix-septième classe du système sexuel de Linné, comprenant tous les Végétaux dont les étamines sont diadelphes. *V*. ce mot. Cette classe se divise en quatre ordres, savoir : 1° la Diadelphie Pentandrie , qui ne comprend que le seul genre *Monnieria*; 2° la Diadelphie Hexandrie à laquelle appartiennent toutes les Fumariacées ; 3° la Diadelphie Octandrie où viennent se ranger les Polygala; 4° enfin la Diadelphie Décandrie qui comprend toutes les Légumineuses papilionacées. Il faut remarquer que, dans cet ordre, on trouve quelquefois certains genres qui n'en offrent pas rigoureusement le caractère. Ainsi un grand nombre de Légumineuses à fleurs papilionacées ont leurs étamines toutes soudées ensemble et par conséquent monadelphes. Cependant Linné les a placées dans la Diadelphie. *V*. pour de plus grands développemens, le mot SYSTÈME SEXUEL. (A. R.)

DIADÈME. OIS. Espèce du genre Tangara , Temm., Ois. color., pl. 243. *V*. TANGARA. (DR..Z.)

DIADÈME. POIS. Espèce du genre Holocentre. *V*. ce mot. (B.)

DIADÈME. MOLL. Espèce du genre Coronule. *V*. ce mot. (B.)

DIADÈMES. ÉCHIN. Sous-genre de Cidarites auquel une espèce du même

genre a étendu son nom. *V.* CIDARI-
TE.   (B.)

DIADÈNE. *Diadena.* BOT. CRYPT?
(*Arthrodiées?*) C'est-à-dire *à deux
glandes.* Palisot de Beauvois avait proposé, sous le nom de *Diadenus,* l'établissement d'un genre parmi ce qu'on
appelait alors des Couferves, et dont
le *Conferva atropurpurea* de Roth
(*Catal. Fasc.,* 3, p. 208, pl. 6) eût été
le type. Il lui donnait pour caractères :
matière pulvérulente se réunissant, à
une certaine époque, en deux globules dans chaque loge fermée par
des cloisons dans toute la longueur
du tube. Il suffit de jeter les yeux sur
la figure citée pour reconnaître que
ce caractère qui pourrait convenir à
nos Lédas, est en contradiction avec
la réalité quant à l'espèce de Roth où
chaque loge ne contient pas deux
glandes ou globules, mais bien six
sur deux rangs transverses de trois
chacun. La Conferve de Roth nous est
très-connue ; nous l'avons, comme
Mertens qui l'avait communiquée à
ce savant, rencontrée aux écluses des
moulins, aux lieux où la chasse des
eaux est souvent la plus forte, et qui
restent quelquefois à sec durant plusieurs heures. Elle y forme une nuance
vineuse ; elle est du nombre de celles
qui ne craignent pas la violence du
courant. Nous l'avons retrouvée à
Saint-Valery, sur celles des piles de
bois du port qui sont le plus battues
des flots à la mer montante. Elle vit
donc indifféremment dans les eaux
douces et salées. Cette belle espèce
nous paraît cependant mériter les
honneurs d'un genre auquel on pourrait conserver le nom consacré par
Beauvois, mais en changeant les caractères qui seraient : articles plus
larges que longs, où la matière colorante se groupe en deux séries parallèles de gemmes globuleuses. La place
que devraient occuper les Diadènes est
encore indécise entre les Arthrodiées
de la tribu des Zoocarpées avec lesquelles leur structure paraît offrir les
plus grands rapports, et les Confervées à la suite des Sphacellaires. Nos
doutes à cet égard nous ont empêché de mentionner le genre dont il
est question, à l'une des deux places que nous indiquons lui pouvoir
convenir. Quant à la série de taches étoilées que Roth dit avoir observée à la pointe des rameaux, et
qu'il a fait représenter en *C* d'une
manière si régulière, nous n'avons
jamais rien vu de semblable ; nous
pensons qu'un filament de Tendaridée
s'était glissée sur son porte-objet. Ce
sera cette figure qui aura fait présumer à Leman, dans le Dictionnaire
des Sciences naturelles, que le genre
Lucernaria de Roussel était le même
que celui dont il est ici question. Il
n'y a point de doute que le *Luceraria*
de la Flore du Calvados ne réponde à
notre genre Tendaride. *V.* ce mot.
                            (B.)

* DIADOCHOS. MIN. Pline mentionne, sous ce nom, une Pierre dont
il ne dit autre chose sinon qu'elle
ressemble au Béryl.   (B.)

DIAGRAMME. *Diagramma.* POIS.
Genre formé par Cuvier (Règn.
Anim. T. II, p. 280) dans l'ordre des
Acanthoptérygiens, famille des Percoïdes, et qui appartient à la famille
des Acanthopomes de Duméril. Ses
caractères sont : dents en velours ;
préopercule légèrement denté ; six
gros pores sous la mâchoire inférieure ; écailles petites ; front arrondi ;
corps oblong ; bouche peu fendue.
Les Diagrammes diffèrent des Lutjans, des Diacopes et autres genres
voisins dont ils n'ont pas les dents en
avant et en crochet, et des Pristopomes qui ont le corps comprimé avec
de grandes écailles. Les espèces de ce
genre sont : l'Oriental, *Anthias
Orientalis* de Bloch, pl. 326, f. 3. —
Le Pertus, *Perca pertusa* de Thunberg, *Mém. Stock.,* 1793, pl. 7, f. 1.
Du Japon comme le précédent. — Le
Mucolor, Renard, pl. 9, fig. 60. —
Enfin le Diagramme proprement dit,
Diagramma vulgaris, Cuv., *Anthias
Diagramma,* Bloch, pl. 320 ; *Perca
Diagramma,* L., Gmel., *Syst. Nat.,*
T. XIII, t. 1, *pars* 2, p. 1319, Pois-
son des Indes dont les écailles sont

dures et dentelées, avec la dorsale échancrée. Sa couleur est d'un blanc argenté, ornée de raies longitudinales brunes et de lignes obliques sur la caudale. Il acquiert un pied de longueur ; d'un naturel vorace et courageux, il attaque des Poissons plus grands que lui. Sa chair est savoureuse et fort estimée. D. 11726, P. 13, V. 176, A. 3711, C. 18.   (B.)

* DIAGRAPHITE. MIN. (Delaméthrie.) Syn. d'Ampelithe graphique. *V.* AMPELITHE.   (G. DEL.)

DIAGRÈDE. BOT. PHAN. *V.* SCAMMONÉE et LIZERON.

* DIAKÈNE. *Diakenium.* BOT. PHAN. On nomme ainsi un fruit qui se compose de deux akènes, c'est-à-dire de deux coques monospermes, indéhiscentes, dont la graine est distincte dans l'intérieur du péricarpe et qui sont soudées entre elles par leur côté interne. Tels sont les fruits des Ombellifères, etc.   (A. R.)

* DIALESTE. *Dialesta.* BOT. PHAN. Genre de la famille des Synanthérées, tribu des Vernoniacées, établi par Kunth dans le quatrième volume des *Nova Genera* de Humboldt, et qu'il caractérise ainsi : involucre cylindrique formé de six folioles imbriquées contenant deux fleurs : réceptacle très-petit et nu ; les deux fleurons sont tubuleux et hermaphrodites ; leur corolle est dilatée à son limbe qui offre cinq divisions égales. Les étamines ont leurs filets capillaires, leurs anthères saillantes, nues inférieurement. Le style est capillaire, glabre, terminé par un stigmate biparti et saillant. Les fruits sont oblongs, tronqués au sommet, velus, planes d'un côté, convexes de l'autre, terminés par deux paléoles étroites, longues, opposées, dressées, diaphanes et caduques. Ce genre, voisin du *Polalesta* également établi par Kunth, en diffère par le nombre des fleurs renfermées dans chaque involucre et par la structure de l'aigrette. Il se compose d'une seule espèce :

DIALESTE DISCOLORE, *Dialesta dis-*

color, Kunth *in Humb. Nov. Gener.* 4, p. 45, tab. 320. C'est un petit Arbre dont les rameaux sont cylindriques, sillonnés. Les feuilles sont éparses, rapprochées, oblongues, acuminées, très-entières, membraneuses, glabres en dessus et vertes, tomenteuses et jaunâtres en dessous. Les fleurs constituent un corymbe terminal. Cet Arbre croît dans les lieux chauds auprès de Honda, dans la Nouvelle-Grenade.   (A. R.)

DIALI. *Dialium.* BOT. PHAN. Genre de la Diandrie Monogynie, établi par Burmann et Linné, avec des caractères très-imparfaits, mais qui viennent d'être rectifiés par Kunth de la manière suivante : calice profondément divisé et décidu ; deux étamines hypogynes et latérales, à anthères oblongues ; ovaire unique, supère et sessile ; un seul style et un seul stigmate ; fruit capsulaire pyriforme, pédicellé et de la grandeur d'une noisette. Ce genre avait été constitué par Linné de manière à présenter beaucoup d'obscurités pour la fixation de ses rapports mutuels ; voilà pourquoi Jussieu l'avait rejeté parmi ses *Genera incertæ sedis.* Mais Vahl (*Enum. Plant.* 1, p. 303) en ayant dans la suite éliminé le *Dialium Guinéense* de Willdenow, dont il a fait le genre *Codarium*, *V.* ce mot, et ayant réuni au *Dialium* l'*Arouna* d'Aublet ; il s'en est suivi que le genre en question a dû prendre la place de celui-ci, c'est-à-dire être porté provisoirement à la suite des Légumineuses.

Ainsi réformé, le genre *Dialium* se compose du *Dial. Javanicum*, Burmann (*Flor. Ind.* 12), ou *D. Indum*, L. (*Mantiss.* 24), et du *D. divaricatum*, Vahl (*loc. cit.*), ou *Arouna Guianensis*, Aubl. (*Guian.* 1, p. 16, T. v). Cette dernière espèce, qui a été trouvée par Aublet et Richard dans les forêts désertes de la Guiane, est un Arbre dont les rameaux sont épars, glabres et cylindriques ; les feuilles pétiolées, alternes, pinnées avec impaire ; les fleurs en panicules terminales et brièvement pédicellées, latérales et penchées. Willdenow, en conservant le genre Arouna, a nommé cette Plante *Aruna divaricata*, et Necker a changé inutilement son nom générique en celui de *Cleyeira*.

Suivant les observations inédites de Ch. Kunth, qui a bien voulu nous les communiquer, le *Codarium* est un genre très-distinct du *Dialium*, et, entre autres caractères, il est remarquable par ses trois étamines dont l'intermédiaire est stérile et tellement transformée qu'elle est devenue presque pétaliforme. Malgré l'opinion de Vahl, l'*Arouna* d'Aublet est aussi un genre fort différent, aux yeux de Kunth, de celui qui fait le sujet de cet article. En effet, son calice tubuleux à limbe décidu, ses étamines divergentes à anthères arrondies, et la grande diversité de patries, tout porte à le séparer du Diali.   (G..N.)

DIALLAGE. MIN.

L'une des espèces de la nombreuse famille des Silicates, qui se rencontre communément dans la nature sous la forme de petites masses lamellaires d'un vert plus ou moins foncé, disséminées dans certaines roches du sol primordial. On en distingue trois variétés principales, dont nous allons donner la description, après avoir fait connaître les caractères généraux qui conviennent à leur ensemble. Ces caractères sont : une forme primitive que l'on peut rapporter suivant Haüy à un prisme oblique quadrangulaire, dont les dimensions ne sont pas encore bien connues ; un clivage beaucoup plus net que les autres, offrant souvent des reflets nacrés ou métalloïdes ; une pesanteur spécifique égale à 3 à peu près ; une dureté moyenne entre celle du Spath fluor et du Cristal de Roche ; une fusion en émail grisâtre par l'action du chalumeau. Suivant Berzelius, cette substance est formée d'un atome de Bisilicate de Fer combiné avec trois atomes de Bisilicate de Magnésie. Les analyses qu'on en a faites jusqu'à présent s'accordent peu entre elles. La variété métalloïde à reflets bronzés a donné à

Klaproth sur 100 parties : Silice, 60 ; Magnésie, 28 ; Oxide de Fer, 20 ; Eau et perte, 2.

DIALLAGE VERTE, Smaragdite de Saussure ; Emeraudite de Daubenton ; Körniger Strahlstein, Wern. ; en lames ou lamelles, d'un vert assez pur, passant quelquefois à la structure fibreuse, et présentant dans le sens du clivage des reflets nacrés ou satinés. On peut rapporter à cette modification une substance verte, lamellaire, du pays de Bayreuth, nommée *Omphazite* par Werner ; et celle que Sewerguine, minéralogiste russe, a appelée *Lotalalite*, parce qu'elle a été trouvée près du village de Lotala en Russie, entre Willmanstrand et Friédrichshamm, dans une Roche composée de Feldspath rose, d'Amphibole, de Quartz et de Mica. D'après Vauquelin, le principe colorant de la Diallage verte est l'Oxide de Chrome.

DIALLAGE MÉTALLOÏDE, Schillerspath et Schillerstein, Wern., Spath chatoyant, Brochant. A reflets d'un gris ou d'un jaune métallique, quelquefois nuancés de verdâtre. La variété qu'on trouve à Saint-Marcel, en Piémont, est d'un brun foncé avec une teinte de violet ; et celle qu'on a nommée *Otrélite*, parce qu'elle vient du village d'Otre, aux environs de Spa, est en petites lamelles noirâtres disséminées dans une gangue talqueuse.

DIALLAGE BRONZÉE, vulgairement *Bronzite* ; Blättriger Anthophyllit, Wern. Variété fibro-laminaire à reflets d'un jaune de Bronze. Elle est disséminée dans la Serpentine à Kraubar en Styrie.

Les Roches des terrains anciens, dans lesquels la Diallage a été observée, sont au nombre de trois : la première est la Serpentine, qui présente souvent par intervalles de petites masses de Diallage métalloïde ; telles sont celles du Harz et du comté de Cornouailles en Angleterre. Quelques minéralogistes, entre autres Beudant, regardent cette Roche comme formée elle-même de Diallage compacte ; ils se fondent sur ce que les lames de cette substance sont tellement incorporées dans la masse de la Roche, qu'il semble y exister un passage des premières à celles-ci; de plus, lorsqu'on les brise dans le sens transversal par rapport à celui du tissu lamelleux, elles présentent une cassure mate tout-à-fait analogue à celle de la Serpentine. — La seconde Roche est celle qu'Haüy a nommée *Euphotide* (Gabbro de *De Buch*), et qui est composée de Feldspath compacte tenace (Jade de Saussure) et de Diallage tantôt verte, tantôt métalloïde. On la trouve abondamment au pied du Mussinet près de Turin. On rencontre aussi le même Feldspath avec la variété métalloïde, dans la vallée de Saint-Nicolas, près du Mont-Rose; et avec la variété verte, en Corse, aux environs d'Orezza. — Dans la troisième Roche, qui est l'*Eclogite* d'Haüy, la Diallage fait la fonction de base, et forme avec le Grenat un composé binaire, auquel s'associent accidentellement le Disthène, le Quartz, l'Epidote et l'Amphibole. Cette Roche se trouve en Carinthie dans le Saualpe, et en Styrie. L'Eclogite de Styrie et l'Euphotide de Corse ont été employés avec avantage pour faire des objets d'ornement. On voit en Italie des tables faites de cette dernière Roche, que l'on appelle dans le pays *verde di Corsica*. Elles présentent des taches d'un beau vert avec des reflets satinés sur un fond d'un blanc légèrement bleuâtre. (G. DEL.)

DIAMANT. MIN. *Adamas*, Plin., *Demant*, Wern. L'une des substances minérales les plus remarquables par leurs propriétés et leur histoire, et celle qui jouit au plus haut degré des qualités qui font rechercher une Pierre comme objet de richesse et d'ornement. Le Diamant, le plus dur, le plus brillant des Minéraux, et l'un des plus limpides, est identiquement de même nature que le Charbon, qui, dans l'état où nous l'obtenons par la combustion du bois, est un corps tendre, noir et opaque. Exposé à un feu d'une certaine activité, il brûle

sans laisser de résidu, et se transforme en acide carbonique. Le Diamant est le plus dur des Minéraux, c'est-à-dire qu'il les raye tous et n'est rayé par aucun; mais il est en même temps très-fragile; un léger choc suffit quelquefois pour le briser. Sa réfraction est simple, son pouvoir réfringent très-considérable. Son éclat est des plus vifs, et sous certains aspects, se rapproche du métallique. Il est tellement caractéristique dans le Diamant, qu'il n'a pas d'autre nom que celui d'*Eclat Adamantin*. La pesanteur spécifique du Diamant est de 3,5. Il acquiert par le frottement une électricité qui est toujours vitrée, mais il la conserve très-peu de temps. Il devient phosphorescent lorsqu'on l'expose aux rayons du soleil. Distingué de l'Anthracite par un état cristallin qui lui est propre, il est constamment divisible par des coupes très-nettes en octaèdre régulier. Les formes qu'il présente portent visiblement l'empreinte de cet octaèdre, malgré la tendance générale qu'ont les faces de ses cristaux à subir des arrondissemens. Dans les Diamans à faces sensiblement planes, les formes qu'on observe le plus ordinairement sont l'octaèdre, le cube, le cubo-octaèdre, le dodécaèdre, etc. Il en est qui ont offert des transpositions ou des hémitropies. Les Diamans à faces bombées sont connus en général sous le nom de *Diamans sphéroïdaux*. Ils semblent tous dériver d'un solide à quarante-huit facettes, qui résulterait d'une loi de décroissement intermédiaire sur les angles de l'octaèdre primitif. Haüy rend raison de la courbure à peu près régulière de leurs faces, en supposant que la loi de ce décroissement, au lieu d'être uniforme comme à l'ordinaire, varie d'une lame à l'autre en suivant une progression déterminée. Ces formes arrondies, que l'on ne peut pas considérer ici comme des Cristaux roulés, sont le produit d'une cristallisation précipitée et par conséquent imparfaite. Quelquefois les Diamans sphéroïdaux sont comprimés dans un sens, de manière à présenter l'aspect de prismes triangulaires très-courts, terminés par des pyramides curvilignes très-surbaissées ; ce sont ces prismes que Romé de l'Isle a décrits sous le nom de *Diamant triangulaire*. On a observé des Cristaux qui offraient la combinaison des faces courbes du sphéroïdal avec les faces planes de la forme primitive : c'est à cette variété que Haüy a donné le nom de *Plan-convexe*.

Les Diamans sont le plus souvent sans couleur ; on en connaît cependant de jaunes, de verts, de roses, de bleus, et même de noirâtres. Les roses sont les plus recherchés parmi les Diamans colorés ; mais on leur préfère en général les Diamans limpides, lorsqu'ils sont d'une belle eau, et qu'aucune glace ou gerçure ne les dépare. Les Diamans taillés se reconnaîtront toujours aisément à leur extrême dureté, à leur éclat particulier, et à leur réfraction simple. Ces caractères suffisent pour empêcher de les confondre avec le Saphir blanc ou Corindon incolore, le Cristal de roche, et la Topaze blanche du Brésil, dite *Goutte d'eau*. Toutes ces Pierres ont la réfraction double, et sont rayées par le véritable Diamant. On a essayé quelquefois de faire passer pour des Diamans de qualité inférieure, les Topazes roulées du Brésil, dans lesquelles la taille développe souvent un éclat assez vif, et qui ont sensiblement la même pesanteur spécifique que le Diamant ; mais elles s'en distinguent par un autre caractère assez prononcé, savoir la durée de l'électricité acquise par le frottement. Un Diamant ne conserve pas la vertu électrique au-delà d'une demi-heure, une Topaze la conserve pendant vingt-quatre heures, et quelquefois davantage.

Tous les Diamans répandus dans le commerce viennent des Grandes-Indes et du Brésil. On les trouve toujours disséminés dans des terrains d'alluvion anciens, et quelquefois engagés dans une sorte de poudingue formé de fragmens arrondis de Quartz, réunis par un ciment ferrugineux : cet aggrégat est connu sous le nom de *Cascalho*. Werner croyait pouvoir rapporter ces terrains à l'époque des formations trappéennes. C'est dans les atterrissemens du fond des vallées, et à très-peu de profondeur au-dessous du sol, que l'on rencontre le plus de Diamans. Depuis les temps les plus reculés jusqu'au seizième siècle, l'Inde était en possession de fournir tous les Diamans du commerce ; on les tirait principalement des mines situées dans les royaumes de Golconde et de Visapour. On cite parmi les plus importantes celles des environs de Koloure, où les Diamans sont enveloppés d'une croûte terreuse que l'on enlève par le lavage. Le docteur Heyne a rapporté de Banagan-Pally, dans le Décan, à Londres, un Diamant engagé dans une gangue, que l'on croit être une sorte de brèche à base de Wacke. — Dandrada et Mawe, qui ont visité tous deux le Brésil, ont fourni des détails plus étendus sur le gissement et l'exploitation des mines de Diamans de ce pays, découvertes en 1728 dans le district de Serro-do-Frio. Les Diamans s'y trouvent dans un agglomérat tout-à-fait semblable à celui de l'Inde. La plus célèbre exploitation est celle de Mandanga, au nord de Rio-Janeiro. Le Cascalho y est le même que celui des mines d'Or : il se tire principalement du lit des rivières, et se recueille dans les basses eaux. C'est sous un hangar de forme oblongue qu'a lieu le lavage, au moyen d'un courant d'eau que l'on fait arriver dans de grands baquets inclinés, à chacun desquels est attaché un nègre laveur. Des inspecteurs placés sur de hautes banquettes surveillent l'opération. Lorsqu'un nègre a trouvé un Diamant, il avertit aussitôt l'inspecteur, en battant des mains. Il y a des primes établies en faveur de ces nègres, d'après la grosseur des Diamans qu'ils découvrent. Pour un Diamant de dix-sept carats et demi, ils obtiennent leur liberté. Malgré ces mesures, la contrebande a toujours lieu, et c'est par ce moyen que les plus beaux Diamans arrivent dans le commerce. Pendant un intervalle de quatre-vingt-quatre années, le produit moyen de cette exploitation s'est monté annuellement à trente-six mille carats, et la valeur moyenne du carat à dix-huit ou dix-neuf francs : on évalue la contrebande à environ la moitié de la quantité fournie au gouvernement.

Les anciens connaissaient le Diamant. Pline, dans la description qu'il donne de sa forme la plus ordinaire, qui est l'octaèdre à faces bombées, la considère comme un assemblage de deux pyramides curvilignes. Il était loin de soupçonner la combustibilité du Diamant, qu'il regardait comme inattaquable par la chaleur ; selon lui, le feu ne parvenait pas même à l'échauffer. C'était cette prétendue résistance du Diamant à l'action du feu, jointe à sa grande dureté, qui lui avait fait donner le nom d'*Adamas*, qui veut dire *indomptable*. Newton avait reconnu que ce Minéral devait être une substance inflammable, long-temps avant qu'on en eût fait l'expérience. Il avait remarqué que les corps réfractaient d'autant plus fortement la lumière, qu'ils étaient plus combustibles, et que la grande puissance réfractive du Diamant le plaçait à côté de l'Huile de Térébenthine et du Succin. La conjecture de Newton fut vérifiée par les académiciens de Florence, qui, ayant exposé des Diamans au foyer d'une grande lentille, les virent diminuer peu à peu de volume et disparaître entièrement. Plusieurs chimistes français répétèrent cette expérience avec le même succès ; et Lavoisier, le premier, chercha à déterminer la nature chimique du Diamant, en le brûlant en vases clos, et recueillant le produit de la combustion, qu'il reconnut être de l'acide carbonique. Après lui, d'autres chimistes, Smithson, Tennant, Guyton-Morveau, Allen et Pepis, et dans ces derniers temps H. Davy, ont mis ce

résultat hors de doute, et prouvé de plus que le Diamant n'était que du Carbone pur.

Cet éclat si vif que l'on admire à la surface d'un Diamant taillé, ces feux étincelans qui jaillissent de son intérieur, sont dus tout à la fois à la grande réfraction dont il est doué, et à la dispersion considérable qu'il fait éprouver aux rayons de lumière qui le traversent dans tous les sens. Les facettes inclinées, que le lapidaire multiplie à dessein, et dispose de la manière la plus convenable, favorisent cette décomposition des rayons lumineux, en sorte que le Diamant est redevable de ses plus beaux effets à l'opération de la taille. Les anciens ne connaissaient point cette opération : ils n'employaient jamais que des Diamans bruts, dont la surface est toujours plus ou moins terne. Les plus recherchés alors étaient ceux qui présentaient en avant une pyramide à quatre faces ; on leur donnait le nom de *Pointes naïves*. Ce ne fut qu'au quinzième siècle que l'on imagina d'employer à la taille du Diamant sa propre poussière, obtenue par le frottement mutuel de deux corps de cette espèce. Cette poudre est connue sous le nom d'*égrisée*. Le premier Diamant taillé par ce moyen fut acheté par Charles-le-Téméraire, duc de Bourgogne, qui donna une récompense considérable à Louis de Berquen, inventeur du procédé. Dans cette opération, le lapidaire profite souvent de la propriété qu'a la pierre de se laisser *cliver*. Il y a des Diamans qui se refusent à un clivage continu, parce qu'ils sont de véritables Macles, formées de plusieurs Cristaux différens ; on leur a donné le nom de *Diamans de nature*. Parmi les différentes manières de tailler les Diamans, il en est deux principales que l'on appelle *taille en brillant* et *taille en rose*. Dans la première, on fait naître d'un côté de la pierre une large face que l'on nomme *la table*, entourée de facettes très-obliques ; et du côté opposé, qui est la *culasse*, diverses facettes plus ou moins inclinées qui se réunissent en une arête commune, ou se terminent en un point commun. Dans la taille en rose, on remplace la table par une pyramide à plusieurs faces. — Les Diamans sont en général d'un petit volume. Leur valeur commerciale dépend à la fois de leur degré de perfection et de leur grosseur. Jeffryes, joaillier anglais, a donné une règle pour en former le tarif; elle consiste à multiplier le carré du poids de la pierre qu'on veut estimer, par le prix d'un carat de Diamant. Le carat vaut quatre grains. D'après le Dictionnaire de Déterville, le prix moyen des Diamans serait fixé aujourd'hui comme on le voit dans le tableau suivant:

Le Diamant dit recoupé, de quatre grains ou un carat. . . 260 à 280 fr.
de six grains 600
huit grains. 1000
dix grains 1400
douze grains. 1800
quinze grains 2400
dix-huit grains. . . . 3500
vingt-quatre grains . . 5000

Lorsque les Diamans sont d'une grosseur remarquable, leur prix augmente suivant une proportion beaucoup plus rapide. Nous citerons ici quelques-uns des Diamans les plus célèbres sous le rapport du volume. Celui du Grand-Mogol, au temps de Tavernier, pesait deux cent soixante-dix-neuf carats et 9/16. Il était d'une belle eau et taillé en rose. Son épaisseur était de treize lignes, et son diamètre de dix-huit. Tavernier le compare à un œuf qui aurait été coupé par le milieu. Il l'évalua à 11,700,000 fr. Avant la taille, qui en avait beaucoup diminué le volume, il pesait à peu près le double de son poids actuel. — Le plus beau Diamant de l'empereur de Russie pèse cent quatre-vingt-quinze carats ou une once deux gros cinquante-deux grains. Il est de forme ovale aplatie, et de la grosseur d'un œuf de Pigeon. La personne qui l'a cédé à l'impératrice, en 1772, a reçu en échange 2,250,000 fr. comptant, 100,000 fr. de pension viagère, et un

titre de noblesse. — Le *régent*, qui appartient à la couronne de France, pèse cent trente-six carats 3/4; il est taillé en brillant, et n'a aucun défaut; aussi passe-t-il pour le plus beau Diamant que l'on connaisse. Il a coûté 2,250,000 fr. à la couronne, et vaut beaucoup plus. Sa longueur est de quatorze lignes, sa largeur de treize, et son épaisseur de neuf 1/3. Il vient des mines de Partéal, à quarante-cinq lieues au sud de Golconde. Il est aussi nommé le *Pitt*, du nom de celui auquel le Régent l'avait acheté.

On sait que les vitriers se servent des pointes naturelles de Diamant pour couper le verre. Wollaston a fait une observation curieuse à ce sujet. Il a remarqué que les corps durs taillés en un tranchant à faces planes, rayaient, mais ne coupaient point le verre, et qu'ils acquièrent cette dernière propriété, lorsque, par la taille, on arrondit convenablement les faces du biseau; en sorte qu'il paraît que le Diamant est redevable de la propriété de couper le verre à la courbure naturelle de sa forme extérieure.

DIAMANT D'ALENÇON, DU CANADA. *V.* QUARTZ-HYALIN.

DIAMANT BRUT, ou FAUX DIAMANT. Ce nom a été appliqué au Zircon de couleur blanche.

DIAMANT ROUGE (Sage.) Syn. de Spinelle Rubis.

DIAMANT SPATHIQUE, DE BORN. Syn. de Corindon Adamantin.

(G. DEL.)

* DIAMELA. BOT. PHAN. Les habitans de Guayaquil appellent ainsi le *Jasminum Sambac*, au rapport de Humboldt. *V.* JASMIN.   (A. R.)

* DIAMORPHA. *Diamorpha.* BOT. PHAN. Le professeur Nuttal, dans ses Genres de l'Amérique septentrionale, 1, p. 293, a formé sous ce nom un genre distinct pour le *Sedum pusillum* de Michaux. Il lui assigne les caractères suivans: calice à quatre dents; corolle formée de quatre pétales; capsule s'ouvrant extérieurement, à quatre loges terminées en pointe et divergentes à leur sommet. Chaque loge renferme environ quatre grai-

nes. Une seule espèce compose ce genre, c'est le *Diamorpha pusilla*, Nuttal (*loc. cit.*), ou *Sedum pusillum*, Mich., petite Plante grasse, bisannuelle, rameuse, ayant ses ramifications dressées et partant toutes de la base de la tige; les feuilles sont alternes et presque cylindriques. Les fleurs sont très-petites, et forment une espèce de cyme terminale. Ce genre fait partie de la famille des Crassulacées et de l'Octandrie Tétragynie. (A. R.)

* **DIAMPHORA**. BOT. CRYPT. (*Lycoperdacées.*) Ce nouveau genre, de la tribu des *Mucores*, a été découvert au Brésil par Martius, sur les fruits pourris du *Joncquetia*. Il se rapproche du genre Didymocratère, établi par le même auteur dans sa Flore Cryptogamique d'Erlangue; mais il en diffère par ses deux péridiums operculés. Le genre Diamphore présente des filamens cloisonnés, droits, bifides au sommet, et soutenant deux vésicules operculées, cylindriques, renfermant des sporules globuleuses très-petites, entremêlées d'autres sporules elliptiques, cloisonnées. Dans la seule espèce connue, *Diamphora bicolor*, Mart., la vésicule est cylindrique et brune; l'opercule est conique et d'un gris jaunâtre. (AD. B.)

DIANA. BOT. PHAN. (Commerson.) Syn. de Dianelle. *V.* ce mot. (B.)

DIANCHORA. MOLL. FOSS. C'est à Sowerby (*Miner. Conchyl.* T. 1, p. 185, pl. 80, fig. 1-2) que l'on doit la connaissance de ce genre qui est fort singulier par ses caractères, et qui devra, si on le conserve, venir se ranger dans la famille des Rudistes de Lamarck, non loin des Térébratules. Ce sont des Coquilles bivalves, inéquivalves, adhérentes, à charnière sans dents, ayant la valve adhérente percée au sommet, et la valve libre auriculée. Deux espèces ont été trouvées en Angleterre: la première, le *Dianchora striata*, vient de Chute-Farine, près de Warminster, dans le sable vert; la seconde, *Dianchora lata*, vient de Leuwes dans une couche de Craie. (D..H.)

DIANDRE. *Diander*. BOT. PHAN. Qui offre deux étamines. Ce mot s'emploie pour désigner une fleur ou une Plante pourvue de deux étamines. Tels sont le Lilas, le Jasmin, les Véroniques, etc. (A. R.)

DIANDRIE. *Diandria*. BOT. PHAN. Seconde classe du système sexuel de Linné, comprenant tous les Végétaux dont les fleurs ont deux étamines. Cette classe est divisée en trois ordres, savoir: 1° Diandrie Monogynie; 2° Diandrie Digynie; 3° Diandrie Trigynie. *V.* SYSTÈME SEXUEL. (A. R.)

DIANE. MAM. Espèce de Singe du genre Guenon. *V.* ce mot. (B.)

DIANE. INS. Espèce de Papillon du genre Thaïs. *V.* ce mot. (B.)

DIANÉE. *Dianea*. ACAL. Genre de l'ordre des Acalèphes libres, établi par Lamarck dans la section des Radiaires médusaires. Il leur donne pour caractères: corps orbiculaire, transparent, pédonculé sous l'ombrelle, avec ou sans bras, ayant des tentacules au pourtour de l'ombrelle; une bouche unique, inférieure et centrale. Lamarck a composé ses Dianées des genres Lymnorée, Géryonie, Océanie, Pélagie et Mélicerte de Péron. Cuvier considère les Pélagies comme des Méduses, les Océanies comme des Cyanées, les Géryonies et les Lymnorées comme des Rhizostomes. Nous avons cru devoir adopter la classification de Lamarck quoiqu'elle nous paraisse susceptible de quelques modifications qu'une étude approfondie de ces Animaux peut seule indiquer. Nous ne pouvons cependant nous empêcher d'observer qu'il a réuni, dans le même genre, des Méduses que Péron avait placées, les unes dans sa division des Agastriques, telles que les Lymnorées et les Géryonies, les autres dans ses Méduses Gastriques, telles que les Mélicertes, les Pélagies et les Océanies. Ce beau genre, dit Péron, présente trois coupes aussi simples que rigoureuses, les Océanies simples, les Proboscidées et les Appendiculées; il nous paraît bien caractérisé : pourquoi Lamarck l'a-t-il changé? — Les Dianées sont des Méduses plus compliquées dans leur forme que ne le sont la plupart de ces Animaux; leur caractère l'indique assez, et ces formes variées à l'infini, ont, nous croyons, engagé le célèbre professeur du Jardin du Roi à réunir dans un seul groupe les Animaux qui les possèdent, par la difficulté que leur définition présente. — Ces Acalèphes semblent plus répandues dans les régions tempérées de l'hémisphère boréal que dans les autres parties du monde. La Méditerranée et les côtes de la Manche en nourrissent plusieurs espèces, et malgré le nombre de celles qui sont connues, la mer Atlantique et ses golfes doivent en renfermer encore beaucoup qui ont échappé aux recherches des naturalistes. La grandeur des Dianées n'est jamais très-considérable.

Lamarck a donné la description de dix-huit espèces de Dianées parmi lesquelles on remarque les suivantes :

DIANÉE PROBOSCIDALE, *Dianœa proboscidalis*, Lamk., 2, p. 505, n. 3. — Encycl. Méth. pl. 93, fig. 1. — Gmel., p. 3158, n. 34.—A ombrelle hémisphérique avec six folioles lancéolées à son pourtour et le rebord garni de tentacules très-longs. Elle habite les côtes de Nice.

DIANÉE BONNET, *Dianœa pileata*, Lamk., 2, p. 506, n. 8. — Encycl. Méth., pl. 92, fig. 11. — Espèce décrite par Forskahl, à ombrelle semiovoïde, surmontée d'un gros tubercule obtus et mobile avec quatre bandes longitudinales dentelées sur leurs bords et des tentacules très-longs, très-nombreux et comme aplatis à leur base. Habite la Méditerranée.

DIANÉE BOSSUE, *Dianœa gibbosa*, Lamk., 2, p. 507, n. 11.—Jolie Méduse à ombrelle sub-hémisphérique, déprimée légèrement à son centre avec quatre bosselures autour; le rebord entier garni de cent douze à cent vingt tentacules très-courts et très-fins. Habite les côtes de Nice. — Lamarck ne cite ni dans son genre

Dianœa, ni ailleurs, l'*Oceania cymballoidea* des côtes de Nice ; *Oceania tetranema* et *sanguinolenta* du même pays ; *Oc. hemisphærica* et *Danica* des mers du Nord, que Gmelin a réunies sous le nom de *Medusa hemisphærica*, etc., etc.

DIANÉE DENTICULÉE, *Dianœa denticulata*, Lamk., 2, p. 507, n. 15.—*Medusa pelagica*, Bosc., 2, p. 139, tab. 17, fig. 3.—Cette espèce, figurée et décrite par Bosc, a été trouvée dans la haute mer entre l'Europe et l'Amérique. Elle a une ombrelle hémisphérique à trente-deux dentelures longues et larges autour du bord, et garnie intérieurement de huit tentacules assez longs.

Lamarck ne parle point des Pélagies noctituque et pourprée de Péron et Lesueur, ni des espèces incertaines de Pélagies mentionnées par les auteurs.

DIANÉE CLOCHETTE, *Dianœa cymbalaroïdes*, Lamk., 2, p. 508, n. 18. —Encycl. Méthod., pl. 93, fig. 2, 3, 4.—Péron et Lesueur ne parlent point de cette Méduse à ombrelle presque conique, garnie à son pourtour de seize tentacules filiformes, assez longs et bulbeux à leur base. Elle habite l'océan Boréal.   (LAM..X.)

DIANELLE. *Dianella*. BOT. PHAN. Genre de la famille des Asparaginées et de l'Hexandrie Monogynie, établi par Lamarck et adopté par Jussieu, Brown et Kunth. Voici les caractères de ce genre : le calice est coloré, pétaloïde, à six divisions très-profondes, caduques, égales entre elles et étalées. Les étamines, au nombre de six, sont dressées ; leurs filets sont courts, grêles inférieurement, subitement dilatés à leur sommet qui se termine par une anthère linéaire, introrse, à deux loges, s'ouvrant seulement par la partie supérieure de leur sillon ; l'ovaire est globuleux, déprimé à son centre, d'où part un style simple que termine un stigmate également simple ; le fruit est une baie globuleuse à trois loges polyspermes.

Lamarck, dans le Dictionnaire de botanique de l'Encyclopédie méthodique, a décrit deux espèces de ce genre : l'une *Dianella nemorosa*, la seconde *Dianella hemichrysa*; mais cette dernière appartient au genre Cordyline de Commerson. *V*. Cordyline. Dans son Prodrome, Robert Brown en a fait connaître sept espèces dont six nouvelles et une *Dianella cœrulea* déjà décrite et figurée par Sims et par Redouté. Enfin Kunth (*in Humb. Nov. Gen.* I, pag. 270) en a décrit une neuvième espèce sous le nom de *Dianella dubia*. Toutes ces Plantes sont vivaces ; leur racine est fibreuse ; les feuilles étroites, allongées, demi-embrassantes à leur base. Les fleurs sont élégantes, bleues, ordinairement renversées et disposées en panicule ; les pédicelles sont articulés vers le sommet et accompagnés à leur base d'une petite bractée ; les fruits sont bleuâtres et les graines très-luisantes.

L'espèce que l'on voit le plus fréquemment dans les jardins est la Dianelle bleue, *Dianella cœrulea*, Sims, Bot. Magaz., tab. 505 ; Redouté, Liliac., tab. 79. Elle vient de la Nouvelle-Hollande et des îles australes d'Afrique. Sa racine est fibreuse ; ses feuilles caulinaires allongées, très-nombreuses, ensiformes, larges d'un demi-pouce environ, longues d'un pied, carenées, rudes au toucher sur les bords et la carène ; les fleurs bleues et pédicellées forment une panicule lâche et tortueuse. Cette jolie espèce fleurit depuis le mois de mars jusqu'en juin. On la cultive en orangerie. Elle demande une terre légère mais substantielle ; elle craint le grand soleil ; elle se multiplie de boutures ou par la séparation des racines après la floraison. (A. R.)

* **DIANÈME.** pois. Espèce du genre Lonchiure. *V*. ce mot. (B.)

DIANTHÈRE. *Dianthera.* bot. phan. Linné et Jussieu ont retiré du genre Carmantine ou *Justicia* toutes les espèces dont chaque filet porte à son sommet deux anthères ou plutôt deux loges séparées, pour en former un genre particulier sous le nom de Dianthère ; mais cette différence suffit seulement pour établir une section dans le genre *Justicia*. *V*. ce mot. (A. R.)

DIANTHUS. bot. phan. *V*. Œillet.

DIAPASIS. bot. phan. *V*. Diaspasis.

DIAPENSIE. *Diapensia.* bot. phan. Genre qui paraît appartenir à la famille des Éricinées, et qui a pour caractères : un calice quinquéparti, persistant, muni à sa base d'une triple bractée ; une corolle hypocratériforme dont le limbe se partage en cinq lobes ; cinq étamines alternant avec ces lobes, dont les filets élargis s'insèrent au tube de la corolle, et dont les anthères terminales ont leurs deux loges distinctes ; ovaire appuyé, par sa base dilatée, sur le fond du calice, et surmonté d'un style droit que termine un stigmate trilobé ; capsule presque entièrement libre, de forme ovoïde, et partagée intérieurement en trois loges polyspermes ; elle s'ouvre en trois valves dont chacune porte à son milieu une cloison qui va d'une autre part s'appliquer contre un axe central, lequel fait dans l'intérieur des loges une triple saillie à laquelle s'insèrent les graines.

Ce genre, auquel quelques auteurs ont réuni le *Pyxidanthera*, ne renferme plus, si on l'en distingue, qu'une petite Plante décrite par Linné sous le nom de *Diapensia Laponica*, parce qu'elle est originaire de Laponie. Elle forme des touffes toujours vertes ; ses feuilles petites sont très-rapprochées et presque imbriquées ; ses pédoncules terminaux portent une fleur blanche solitaire. Elle est figurée tab. 47 de la Flore Danoise. (A. D. J.)

DIAPÉRALES. *Diaperalæ.* ins. Famille de l'ordre de Coléoptères, section des Hétéromères, fondée par Latreille (Nouveau Dict. d'Hist. Nat. 1re édit. T. 24, p. 152), et comprenant les genres Elédone, Diapère,

Phalérie, Hypophlée, Tétratome, Cnodalon, Épitrage. Cette famille a été ensuite réunie à celle des Ténébrionites, et plus tard encore (Règn. Anim. de Cuv.), elle est venue prendre place dans la famille des Taxicornes. *V.* ce mot.   (AUD.)

DIAPÈRE. *Diaperis.* INS. Genre de l'ordre des Coléoptères, section des Hétéromères, établi par Geoffroy (Hist. des Ins. T. I, p. 337) qui lui donne pour caractères : antennes en forme d'if à articles semblables à des lentilles enfilées par leur centre; corselet convexe et bordé. Latreille (Règn. Anim. de Cuv.) place ce genre dans la famille des Taxicornes, avec ces caractères : tête saillante ou découverte, n'étant pas cachée sous le prothorax; antennes perfoliées dans toute leur longueur, grossissant insensiblement, plus longues que la tête, et insérées sur les bords latéraux de celle-ci; corps ordinairement ovale, convexe; élytres cornées. Les Diapères rangés par Linné avec les Chrysomèles, et par Degéer avec les Ténébrions, vivent à l'état de larve et d'Insecte parfait dans les Agarics et les Bolets; quelques mâles ont le dessus de la tête armé de deux éminences en forme de cornes. On connaît plusieurs espèces, parmi lesquelles nous citerons :

Le DIAPÈRE DU BOLET, *D. Boleti,* Oliv. (Hist. des Coléopt. T. III, n° 55), ou la Diapère de Geoffroy (*loc. cit.,* pl. 6, fig. 3). On trouve communément sa larve et l'Insecte qui en résulte, dans les Bolets des environs de Paris. *V.*, pour les autres espèces, Olivier, Fabricius et Latreille (*Gener. Crust. et Ins.* T. II, p. 177). (AUD.)

DIAPHORA. BOT. PHAN. Loureiro nomme ainsi une Plante de la Cochinchine que son port et ses caractères rapprochent des Cypéracées. Son chaume trigone, de deux pieds environ, est garni de feuilles subulées, âpres au toucher, poilues vers leur base; de leur aisselle partent les pédoncules qui, ramifiés en panicules, portent à leur ex-

trémité des épillets androgyns dans lesquels les fleurs femelles sont situées inférieurement, les mâles au dessus; les unes et les autres offrent une double enveloppe glumacée; l'extérieure composée de trois courtes valves dont l'une aristée; l'intérieure de deux valves beaucoup plus longues et mutiques; les fleurs mâles offrent dix anthères presque sessiles portées sur un réceptacle garni de nombreuses écailles paléacées; les femelles ont un ovaire trigone surmonté de trois stigmates presque sessiles, filiformes et allongés.   (A. D. J.)

*DIAPHYLLE. *Diaphyllum.* BOT. PHAN. Genre établi par Hoffmann (*Plant. umbellif. Genera,* I, pag. 112) aux dépens du *Buplevrum,* et dont il fixe ainsi les caractères: les involucres, général et partiel, d'une à cinq folioles ovales, aiguës, persistantes; pétales infléchis au sommet, insérés sous le stylopode; akènes oblongs à cinq angles, marqués de fossettes (*valleculæ*), planiuscules ou légèrement creusés et striés. Les différences que ces caractères présentent avec ceux des *Buplevrum* sont si légères, qu'il n'est guère possible d'admettre le *Diaphyllum* d'Hoffmann autrement que comme une simple section du grand genre Buplèvre. Elle comprendrait les *Buplevrum longifolium,* L., *B. aureum,* Fischer (*Hort. Gorenki*) et *B. triradiatum,* Adams.   (G. .N.)

*DIAPHYSISTÉES. *Diaphysisteæ.* BOT. CRYPT. (*Hydrophytes.*) Gaillon de Dieppe, amateur zélé des sciences naturelles, donne cette qualification aux Hydrophytes filamenteuses dont le tissu cellulaire ou le tégument, au lieu d'être continu intérieurement, se trouve renforcé transversalement de distance en distance par des cellules plus denses, ou par des sortes de cloisons, comme dans un grand nombre de Plantes des genres *Conferva* et *Ceramium* de Roth. Les Thalassiophytes et les Hydrophytes Diaphysistées sont celles que l'on appelle improprement articulées. Bonnemaison, dans son Mémoire sur ces Végétaux,

les a nommées loculées. Cette dénomination nous semble trop vague,
et ne donne pas une idée assez exacte
de la physiologie de ces êtres. *V*. les
mots ENDOCHROMES, ENDOPHRAGMES
et HYDROPHYTES.   (LAM..X.)

DIAPRÉE. INS. Pour Diaprie. *V*.
ce mot.   (AUD.)

DIAPRIE. *Diapria*. INS. Genre de
l'ordre des Hyménoptères, fondé par
Latreille, et placé par lui (Règne
Anim. de Cuv.) dans la section des
Porte-Tarières, famille des Pupivores,
tribu des Oxyures, avec ces caractères : antennes insérées près du front,
coudées, de quatorze articles dans les
mâles, et de douze dans les femelles;
mandibules ayant trois ou quatre
dentelures; palpes maxillaires filiformes, longs, de cinq articles, trois
aux labiaux, dont le dernier plus
gros; les quatre ailes sans nervures. Le genre Diaprie de Latreille paraît correspondre à celui désigné par Jurine (Classification des
Hyménoptères, p. 317) sous le nom
de Psile. Les Insectes qui le composent sont remarquables par des ailes
grandes, n'offrant aucune nervure,
et, par conséquent, point de cellules
radiales ou cubitales; le corps est
étroit; la tête, presque sphérique et
verticale, supporte des antennes souvent de la longueur du corps, tantôt
filiformes ou plus grosses à leur sommet, d'autres fois grenues ou même
garnies de poils verticillés, composées
de douze et de treize articles, dont le
premier est long; les mandibules sont
dentées et pointues; le thorax, rétréci
en devant, est lisse en dessus, et présente un écusson assez saillant; il
donne supérieurement attache aux
ailes qui, transparentes et velues,
n'ont aucune nervure, et dont le
point à peine visible ne s'avance pas
au-delà du tiers de leur bord externe
ou antérieur; les pates sont généralement courtes, avec les cuisses grosses et en massue; l'abdomen, qui est
pétiolé, a une forme plus ou moins
conique; celui de la femelle renferme
une tarière tubulaire sortant par l'extrémité postérieure et pointue du

ventre. Les Diapries ont la démarche
lente; on les trouve sur les Plantes
ou aux environs des habitations, sur
les murs. Parmi les espèces décrites
par Latreille et Jurine, nous citerons :

La DIAPRIE RUFIPÈDE, *D. rufipes*,
Latr., ou la *Chalcis conica* de Fabricius; elle est commune en France.

La DIAPRIE DE BOSC, *D. Boscii*,
ou le *Psilus Boscii*, Jur. Cette espèce
nouvelle et remarquable, que Jurine
a trouvée dans le mois de juin sur les
fleurs en ombelle, et qu'il a décrite
avec soin, est petite, noire et lisse;
du premier anneau de son ventre,
s'élève une corne solide, faite d'une
seule pièce inarticulée et arrondie à
son extrémité, qui se recourbe dès sa
naissance, pour se porter en avant,
en se prolongeant même au-delà de
la tête : cette corne ne touche pas le
corps de l'Insecte; mais lorsqu'il relève son ventre, mouvement qu'il
exécute très-souvent, comme si cette
corne était pour lui une arme défen-
sive ou offensive, elle se loge alors
dans une demi-gouttière assez profonde, creusée sur la partie supérieure
du corselet et de la tête, où elle s'a-
dapte très-exactement. Jurine observe
qu'il a examiné avec attention cet
Animal vivant, pour connaître les
usages de cette corne, mais qu'il ne
peut lui en assigner aucun. Sa fixité
au corps ne permet pas de la considérer comme remplissant des fonctions analogues à celles de l'aiguillon.

La DIAPRIE VERTICILLÉE, *Diapria
verticillata*, Latr., ou le *Psilus elegans* de Jurine qui donne une excellente figure du mâle (*loc. cit.*, pl. 13).
Il est remarquable par ses antennes à
articles en grains de chapelets avec
des bouquets de poils. Jurine dit
avoir trouvé, dans plusieurs espèces
de ce genre, des femelles aptères.

On doit rapporter, suivant Latreille, au genre Diaprie, le *Chrysis
Hesperidum* de Rossi, trouvé en France aux environs de Brives.

(AUD.)

* DIARIUM. BOT. PHAN. Pour Dialium. *V*. ce mot.   (B.)

DIARRHÈNE. *Diarrhena.* BOT.
PHAN. Genre de la famille des Graminées et de la Diandrie Digynie, L., établi par Palisot-Beauvois (*Agrost.*, p.
142, p. 26, fig. 2), et ainsi caractérisé : axe en panicule simple ; lépicène et valve inférieure de la glume
(glumes et paillette inférieure de Palisot-Beauvois) carénées et roides ;
valve inférieure de la lépicène plus
courte que les fleurs ; valve supérieure de la glume (paillette supérieure de Palisot-Beauvois) membraneuse, à bords larges repliés en dedans et émarginés à la base; deux
écailles ovales, entières et glabres ;
deux étamines; ovaire en forme de
coiffe ; stigmates aspergilliformes ;
caryopse oblongue, canaliculée, lisse
au sommet, coriace, luisante et libre.

Beauvois n'a indiqué qu'une seule
espèce de Diarrhène, le *Diarrhena
Americana* ou *Festuca diandra*, Mich.
(*Fl. Boreal. Amer.* 1, pag. 67, tab. 10).
Cette Plante qui a le port de l'*Uniola*,
dont les racines sont rampantes, et les
fleurs au nombre de cinq à sept dans
chaque épillet, habite les forêts antiques du Kentucky et de Tennassée
aux Etats-Unis d'Amérique. Rœmer
et Schultes (*Syst. Veget.* 1, p. 289)
ont ajouté à ce genre le *Festuca se-
tacea* de Poiret d'après la simple indication de cet auteur qui pensait que
cette Plante pouvait être le type de la
Festuca diandra.   (G..N.)

DIASIE. *Diasia.* BOT. PHAN. Famille des Iridées, et Triandrie Monogynie, L. Ce genre a été établi par
De Candolle (Bull. Philomat., n. 80,
et Liliacées, n. 54 et 163) qui l'a caractérisé ainsi : spathe diphylle à valves presque foliacées et opposées ; périgone corolloïde rotacé, supère, caduc après la floraison, divisé en six
découpures acuminées; trois étamines insérées sur la partie inférieure
du périgone; style unique; trois stigmates grêles; capsule triloculaire déprimée à trois angles écartés, et s'ouvrant par la partie supérieure. Les
différences qui séparent ce genre de

celui des *Gladiolus*, avec lequel on
l'avait autrefois confondu, consistent
principalement dans son port particulier, son périgone sans tube, et caduc après la floraison, et sa capsule
à angles tellement prononcés, qu'on
la dirait munie de trois ailes saillantes. De semblables caractères éloignent aussi les Diasies des *Ixia*, avec
lesquelles elles ont des ressemblances de port; enfin, quoique par l'absence du tube elles semblent se rapprocher des Morées, les divisions de
leur périgone sensiblement égales, et
leurs stigmates non pétaloïdes, suffisent pour les en distinguer.

Peu de temps après la publication
du genre *Diasia*, Gawler a inséré
dans les Annales de Botanique de
Kœnig et Sims, un mémoire sur la
famille des Iridées, où il a établi un
genre *Melasphœrula* qui est identique avec celui que nous avons en vue
dans cet article. Dans son *Enchiri-
dum*, Persoon a indiqué la distinction générique de la Plante qui a été
le type du Diasia, quoiqu'il n'ait pas
eu connaissance, à ce qu'il paraît,
du travail de De Candolle, puisqu'il
ne le cite pas; mais il s'est contenté
de cette indication, et sans séparer
notre Plante du genre *Gladiolus*, il
en a formé une section sous le nom
d'*Aglœa*.

Les deux espèces qui composent le
genre *Diasia* ont été figurées par Redouté dans son magnifique ouvrage
des Liliacées; nous allons en donner
une description abrégée.

La DIASIE A FEUILLES D'IRIS, *Diasia iridifolia*, D. C., *Gladiolus gramineus* de Thunberg et Andrews, a une
racine tubéreuse arrondie qui émet par
sa base des radicelles simples et fibreuses. Sa tige est grêle, cylindrique,
haute de trois à quatre décimètres,
feuillée dans sa partie inférieure, et
divisée en quelques rameaux grêles
et étalés. Les feuilles, fortement comprimées comme celles des Iridées en
général, sont disposées sur deux
rangs, un peu divergentes, et ont
un limbe large de quinze millimètres
à la base. Les fleurs sont sessiles et

éparses sur la tige et les rameaux, accompagnées de bractées opposées, membraneuses, concaves, persistantes et presque égales entre elles; d'autres bractées linéaires se trouvent à l'origine des rameaux. Le périgone est divisé en six lobes lancéolés très-acérés, jaunâtres et marqués d'une raie purpurine. Cette jolie espèce est originaire du cap de Bonne-Espérance, d'où elle a été rapportée en Europe et introduite dans les jardins vers l'année 1787. Redouté (Liliacées, t. 54) et Andrews (*Bot. Reposit*, t. 62) en ont donné de belles figures.

La DIASIE A FEUILLES DE GRAMEN, *Diasia graminifolia*, D. C., diffère de la précédente par ses feuilles droites, linéaires, égales à la longueur de la tige, par ses fleurs portées sur un court pédicelle, et munies à la base de deux bractées allongées, et par son périgone blanc, marqué d'une raie couleur de coquelicot sur chaque lanière. C'était le *Phalangium ramosum* de Burmann, et l'*Asphodelus gramineus* de Miller (*Icon.*, p. 38, t. 56). C'est encore la même Plante que Linné fils a mentionnée (*Suppl.* 95, excl. synon. *Plukenet*), et Jacquin a décrite et figurée (*Icon rar.* 2, t. 236) sous le nom de *Gladiolus gramineus*; enfin Redouté en a publié une superbe figure (*loc. cit.*, t. 163). Elle est originaire du cap de Bonne-Espérance, mais on ne la cultive pas en Europe. (G..N.)

DIASIK. REPT. SAUR. Les Crocodiles au Sénégal. (B.)

*DIASPASIS. BOT. PHAN. Ce genre établi par R. Brown fait partie de sa famille des Goodénoviées ou Lobéliacées de Jussieu. Il est caractérisé par une corolle presque régulière, hypocratériforme, dont le tube se divise en cinq parties; des étamines cachées dans ce tube et à anthères libres; un ovaire uniloculaire renfermant deux ovules; un stigmate entouré d'un godet (comme dans les autres Plantes de cette famille) dont le limbe est

nu. Le fruit est une noix monosperme par avortement.

L'espèce jusqu'ici unique de ce genre, le *Diaspasis filifolia*, est une Plante herbacée de la Nouvelle-Hollande. Sa tige est dressée; ses feuilles sont alternes et légèrement cylindriques; ses pédoncules axillaires et uniflores portent une double foliole vers le sommet. (A.D.J.)

DIASPORE. MIN. Alumine hydratée, Haüy. Ce Minéral, exposé à la flamme d'une bougie, décrépite avec violence, et se dissipe en une multitude de parcelles blanches et brillantes. C'est de cette propriété que son nom a été tiré. Si l'on fait l'expérience en chauffant fortement la matière dans un petit matras, on obtiendra une quantité d'eau considérable. Le Diaspore analysé par Vauquelin lui a donné sur 100 parties : Alumine, 80; Eau, 17, et Fer, 3. D'après cette analyse, ce serait un hydrate d'alumine; mais quelques essais chimiques ont fait présumer à Berzelius que ce Minéral contenait en outre un élément alcalin. On ignore quel est son gissement dans la nature; ses caractères n'ont pu être étudiés qu'imparfaitement sur de petits morceaux provenant d'un échantillon unique de cette substance, que Lelièvre a rencontré chez un marchand de Minéraux. Elle est en petites masses composées de lames légèrement curvilignes, d'un gris tirant sur le verdâtre, et faciles à séparer les unes des autres. Sa gangue est une roche argilo-ferrugineuse. Elle se divise, suivant Haüy, parallèlement aux pans d'un prisme rhomboïdal d'environ 130° et 50°, lequel offre une sous-division dans le sens des petites diagonales de ses bases. Elle raye la Chaux phosphatée, et pèse spécifiquement 3,43. (G. DEL.)

DIASPRO. MIN. Nom italien du Jaspe, et probablement l'origine du mot français *Diapré*, qui veut dire varié de différentes couleurs. (G. DEL.)

* DIASTOPORE. *Diastopora*. POLYP. Genre de l'ordre des Escharées ou Polypiers à réseau, que nous

avons établi dans la division des Polypiers entièrement pierreux, à petites cellules non garnies de lames, ayant pour caractères d'offrir un corps composé de lames planes et polymorphes, ou de rameaux fistuleux, couverts sur une seule face de cellules tubuleuses, isolées, distantes les unes des autres, et saillantes. Ce genre de Polypiers semble intermédiaire entre les Phéruses, les Elzérines et les Eschares; malgré ses rapports avec les deux premiers qui appartiennent aux Polypiers flexibles, malgré la diversité de ses formes multipliées à l'infini, nous le regardons comme une Eschare fort extraordinaire sans doute, et nous l'avons placé, à cause de ses caractères, dans la division des Polypiers solides ou pierreux. Il ne renferme qu'une seule espèce, le Diastopore foliacé, figuré et décrit dans la nouvelle édition d'Ellis et Solander, p. 42, tab. 73, fig. 1, 2, 3, 4. — Il se trouve dans le terrain à Polypiers des environs de Caen.   (LAM..X.)

DIATOMA. BOT. PHAN. L'Arbre décrit sous ce nom par Loureiro dans sa Flore de la Cochinchine, paraît avoir les plus grands rapports avec le genre *Alangium* de la famille des Myrtacées, et devra probablement lui être réuni quand on en connaîtra mieux l'organisation.   (A. R.)

DIATOME. *Diatoma.* ZOOL? BOT. CRYPT? (*Arthrodiées.*) Genre de la tribu des Fragillaires, caractérisé par des segmens ou lames formant d'abord un petit filament essentiellement simple et très-comprimé, qui venant à se disjoindre dans leur longueur, et ne demeurant unis que par deux de leurs angles diagonalement opposés, présentent dans leur écartement la figure d'un zig-zag. — Nous avions, il y a plus de vingt ans, établi ce genre sous le nom d'Archimédée, *Archimedea*, en le dédiant, à cause de ses formes géométriques, à la mémoire de l'un des hommes de l'antiquité le plus célèbres dans les sciences positives; De Candolle l'ayant

publié depuis (Flor. Franç. T. II, pag. 48) sous le nom qu'il porte aujourd'hui, nous avons adopté cette désignation, bien qu'assez impropre, puisque les êtres rangés dans ce genre ne se divisent pas régulièrement en fragmens de deux articulations, mais souvent en trois et même en quatre et plus. Les Diatomes sont tous fort petits, ne se manifestant à l'œil nu que par le duvet roussâtre qu'ils forment sur les Plantes aquatiques, soit des fontaines, soit de la mer, duvet qui, par la dessiccation, devient d'un verdâtre argentin, fragile et brillant comme celui que produisent les autres Fragillaires. Tous ceux que nous avons observés sont de couleur ferrugineuse plus ou moins foncée, et jamais verts. Ils diffèrent des Nématoplates, en ce que celles-ci n'affectent point en se disjoignant la disposition anguleuse, et des Achnantes qui ont la face antérieure de leur tranche convexe, tandis que la postérieure est concave. Entre les six ou huit espèces qui nous sont connues, nous citerons comme les plus communes :

DIATOME VULGAIRE, *Diatoma vulgaris*, N. (*V.* Pl. de ce Dict. Arthrodiées, fig. 1; *a* grossi à une demi-ligne de foyer; *b* à demi-ligne). Cette petite espèce a ses segmens de forme quadrilatère, solitaires ou se tenant de deux à quatre ensemble après leur disjonction, brunâtres vers le centre où plusieurs sont marqués de deux points ronds parfaitement transparens. Ces filamens, quand ils sont disposés en zig-zag, atteignent une ligne de longueur, mais l'œil désarmé n'y saurait distinguer aucune organisation. Ils recouvrent fréquemment l'extrémité des rameaux du *Conferva glomerata*, L., surtout aux endroits où le courant de l'eau est fort rapide, comme dans les écluses de moulins. Nous en avons trouvé en abondance sur des Conferves du Rhône. Il est commun aux environs de Paris et jusque dans le bassin du Palais-Royal.

DIATOME DANOIS, *Diat. Danica*,

N. (*V.* Pl. de ce Dict. Arthrodiées, fig. 1, *c*); Diatome à flocons, De Cand., *loc. cit.*, n. 116; *Diatoma floccosa*, Flor. Dan., pl. 1487, f. 1. Lyngbye et De Candolle rapportent comme synonyme de cette espèce le *Conferva flocculosa* de Roth (*Cat. fasc.* 1, p. 192, pl. 4, f. 4, et pl. 5, fig. 5.) Mais ce que dit cet algologue de sa Conferve convenant à tous les autres Diatomes, et ses figures étant détestables, nous ne pouvons rien statuer à cet égard, sinon que le *Conferva flocculosa* de l'auteur allemand est bien un Diatome, mais d'une espèce incertaine. Les segmens du Diatome Danois sont plus carrés que ceux du précédent; nous n'y avons pas encore distingué de points translucides; on le trouve en abondance sur les Fucus, les Céramies et les Conferves de tout l'Océan.

Gaillon de Dieppe, observateur exact, mais poussant nos idées sur l'animalité de certaines Arthrodiées plus loin que nous-mêmes, pense que les segmens des Diatomes, se séparant tout-à-fait, deviennent des Navicules errantes ou le *Vibrio bipunctatus* de Müller. Nous croyons qu'une telle métamorphose, qui rentre totalement dans les manières de voir de notre illustre ami Agardh, ne saurait avoir lieu. Nous avons certainement saisi les segmens des Diatomes isolés et flottans dans les eaux, où alors ils présentent si bien l'aspect des Bacillaires, qu'il faut beaucoup d'habitude pour les en distinguer; mais nul mouvement spontané ne s'y manifeste alors.   (B.)

DIAZOME. MOLL. Pour Diazone. *V.* ce mot.   (B.)

DIAZONE. *Diazona.* MOLL. Genre de la division des Mollusques, classe des Acéphales, ordre des Acéphales sans coquilles (Règn. Anim. de Cuv.), établi par Savigny (Mém. sur les Anim. sans vert., 2ᵉ part., 1ᵉʳ fasc., 3ᵉ Mém., p. 174) qui le range parmi les Ascidies dans la famille des Téthyes, et lui assigne pour caractères : corps commun, sessile, gélatineux, formé d'un système unique, orbicu-

laire; Animaux très-poéminens, disposés sur plusieurs cercles concentriques; orifice branchial fendu en six rayons réguliers et égaux; l'anal de même; thorax ou cavité renfermant les branchies en cylindre oblong; sac branchial non plissé, surmonté de filets tentaculaires simples; mailles du tissu respiratoire pourvues de papilles; abdomen inférieur, longuement pédiculé, plus petit que le thorax; foie peu distinct; point de côte s'étendant du pylore à l'anus; ovaire unique, sessile et compris dans l'anse intestinale. Ce genre, que Cuvier (Règn. Anim. T. II, p. 501) réunit à celui de Polyclinum, ne contient encore qu'une espèce.

La DIAZONE VIOLETTE, *D. violacea*, de Savigny (*loc. cit.*, pl. 2, fig. 3, et pl. 12). Le corps commun qui contient ces Animaux ressemble beaucoup à un Polypier qui serait gélatineux. Ce corps est cyathiforme, avec la base commune, cylindrique, blanche tirant sur le bleu; il naît de toute sa circonférence des sommités épanouies d'un beau violet, à l'extrémité de chacune desquelles on aperçoit deux orifices coniques rapprochés, à rayons lancéolés et pourprés dans lesquels sont contenus les Animaux. La grandeur totale de ce corps marin est de quatre pouces; le diamètre en a six, et la longueur des Animaux particuliers est de deux pouces. Ceux-ci offrent une organisation fort curieuse et que Savigny a fait connaître en détail. Ce qu'il nomme l'enveloppe est pourvu à sa base d'une multitude de vaisseaux ramifiés, les derniers rameaux sont violets et renflés en fuseau par le bout. La tunique est cendrée, presque membraneuse dans sa partie abdominale, qui se prolonge en un appendice très-court. Les filets tentaculaires sont grêles, sétacés, au nombre de quinze à seize. Le réseau branchial offre des mailles subdivisées chacune par trois ou quatre petits vaisseaux. La veine branchiale est bordée de filets. L'estomac est petit, strié à l'extérieur, garni au dedans de feuillets peu saillans, nombreux, ondulés ; le pylore est étranglé et muni d'une valvule annulaire. L'intestin forme d'abord une cavité non glanduleuse, et est garni ensuite dans la portion descendante de son anse de glandules confuses dirigées en tous sens, et dans la partie ascendante de glandes plus distinctes, semblables à de petits tubes aveugles, simples ou divisés et pédiculés. L'anus est crépu, l'ovaire se trouve placé à gauche et à l'opposite du cœur. Les œufs sont entourés d'un bord transparent. Savigny accompagne cette description détaillée de dessins fort exacts. La Diazone violette habite la Méditerranée ; le docteur Laroche l'a découverte dans le port d'Iviça. (AUD.)

DICÆLE. *Dicœlus*. INS. Genre de l'ordre des Coléoptères, section des Pentamères, famille des Carnassiers, tribu des Carabiques, établi par Bonelli (Observ. Entom., 2ᵉ partie) qui lui assigne pour caractères : mandibules pointues et assez saillantes ; quatrième article des palpes trèsdilaté à l'extrémité et comme triangulaire ; corselet inégal, plus large à la base, échancré antérieurement et postérieurement. Ce genre ne comprend que des espèces propres à l'Amérique septentrionale, et qui sont remarquables par leur forme assez large, pointue postérieurement à peu près comme dans les *Carabus frigidus*, *C. Cisteloïdes*, etc., de Fabricius. Les élytres ne recouvrent point d'ailes et sont soudées entre elles. On voit à leur base une forte carène qui de l'angle extérieur s'étend obliquement jusque vers le milieu. Leur tête offre sur le devant deux enfoncemens très-considérables et caractéristiques ; c'est de ces deux impressions que Bonelli a tiré le nom qu'il donne à ce nouveau genre. Les Dicæles appartenaient (Règn. Anim. de Cuv.) à la cinquième division de la tribu des Carabiques ; ils font partie maintenant (Hist. Nat. et Icon. des Coléopt., par Latreille et Dejean, 1ʳᵉ livr., p. 86) de la division des Thoraciques. *V*. CARABIQUES. Ce genre a

plusieurs points de ressemblance avec les Licines et les Badistes. Cette analogie consiste dans un labre profondément échancré, dans le bord antérieur et supérieur de la tête concave, formant une espèce de centre, et dans l'absence des dentelures à l'échancrure supérieure du menton ; les principales différences consistent dans la forme des mandibules qui sont tronquées et très-obtuses dans les Licines et les Badistes. Bonelli décrit quatre espèces. Parmi elles nous citerons :

Le DICÆLE POURPRÉ, *D. purpuratus*, B.—Bosc en a rapporté de la Caroline un individu femelle.

Le DICÆLE VIOLET, *D. violaceus*, B. Il est encore originaire de la Caroline, et nous le devons à Bosc. Les deux autres espèces sont le *Dicœlus elongatus*, B., indiqué d'une manière fort douteuse comme trouvé en Afrique ; et le *Dicœlus teter*, B., de l'Amérique septentrionale. (AUD.)

DICALIX. BOT. PHAN. Loureiro a nommé ainsi un Arbre de la Cochinchine, qu'il croit être le même que celui figuré par Rumph (*Hort. Amboin.*, 3, tab. 104) sous le nom d'*Arbor rediviva*. Il est grand, à feuilles alternes, glabres, lancéolées, légèrement dentées, à fleurs de couleur blanche, petites, disposées en grappes presque terminales, les unes hermaphrodites, les autres seulement femelles. Le calice court et quinquédenté est entouré à sa base par trois folioles qui simulent un autre calice extérieur, et ont fait donner à ce genre le nom qu'il porte. La corolle est profondément divisée en cinq parties plus longues que le calice. De nombreux filets capillaires qui la dépassent s'y insèrent et sont chargés d'anthères arrondies et biloculaires. L'ovaire à peu près globuleux que terminent un style épais, turbiné, plus court que les étamines, et un stigmate obtus, fait corps avec le calice. Il devient une petite drupe couronnée à son sommet par les dents de ce calice, entourée à sa base par

les trois folioles également persistantes, et remplie par une graine unique dont la forme est celle d'une
bouteille. Les fleurs femelles ne diffèrent des hermaphrodites que par
l'absence des étamines. Si l'on regarde
la corolle comme composée de cinq
pétales légèrement soudés à leur base,
ce genre présentera quelques rapports
avec le *Stravadia*, dont il se distin-
guera principalement par le nombre
quinaire, et non quaternaire, de ses
parties, et il devra alors prendre place
parmi les Myrtées. Mais ici, comme
pour tant d'autres genres du même
auteur, il est peut-être plus sage d'attendre, pour assigner ses rapports,
qu'on puisse s'appuyer sur une nouvelle description mieux précisée, et
non sur de simples probabilités.

(A. D. J.)

*DICARPELLE. *Dicarpella*. BOT.
CRYPT. (*Céramiaires.*) Genre formé
pour de petites Plantes marines, confondu d'abord par les algologues
dans leur genre *Ceramium*, avec une
foule d'autres Hydrophytes disparates, et par Lyngbye et Agardh,
parmi leurs *Hutchinsia*, dont les
Dicarpelles ont à la vérité toute la
contexture organique ; mais elles
diffèrent essentiellement de ces dernières, par la complication de leurs
organes générateurs qui se présentent sous deux formes très-distinctes.
Dans l'intérieur des rameaux, on dé-
couvre des corpuscules obronds, opaques, comme environnés d'un anneau translucide, et bientôt l'on voit
se développer en outre extérieurement de véritables capsules, en tout
semblables à celles des *Hutchinsia*.
Il existe d'ailleurs une tache de matière colorante au centre de chaque
article, de sorte qu'une Dicarpelle
semble être un amalgame de trois
genres fort différens. — Les espèces
bien constatées, que nous compren-
drons ici, sont le *Dicarpella fastigiata*,
N. ; *Hutchinsia* (Lyngb., *Tent.*, p.
108, pl. 33 ; et le *Dicarpella violacea*,
Hutchinsia, Lyngb., *loc. cit.*, p. 112,
t. 35 ; *Ceramium fucoïdes*, Cand.,
Flor. Fr. 2, p. 44. (B.)

* DICARPHUS. BOT. CRYPT. (*Champignons.*) Genre proposé par Rafinesque, pour un Champignon toujours
imparfaitement connu des Etats-Unis
d'Amérique, qui, intermédiaire entre les Téléphores et les Hydnes, ressemblerait aux premiers par sa surface supérieure, et aux seconds par
l'inférieure. (B.)

* DICARYUM. BOT. PHAN. Genre
publié par Rœmer et Schultes (*Syst.
Veget.*, vol. 4, p. 802), d'après quelques notes manuscrites de Willdenow, et caractérisé ainsi : calice persistant à cinq dents ; corolle monopétale à cinq dents, ayant l'entrée du
tube velue ; cinq étamines ; style
épais subulé ; stigmate obtus ; drupe
contenant un noyau biloculaire et
une graine dans chaque loge. Ce
genre, que Kunth n'a rapporté à aucune des Plantes qu'il a décrites dans
l'ouvrage de Humboldt et Bonpland,
renferme deux espèces recueillies par
ces illustrés voyageurs. Le *Dicaryum
subdentatum*, Willd., croît sur le Pi-
chincha ; l'autre espèce (*Dicaryum
serrulatum*, W.) habite la montagne
de Quindiu, dans l'Amérique méridionale.

Les renseignemens laissés sur ce
genre par Willdenow sont trop incomplets pour donner une idée exacte
des Plantes qui le composent. (G..N.)

DICÉE. OIS. Dénomination d'un
genre de la méthode de Cuvier, et
dont les espèces sont confondues parmi les Philédons de Temminck. *V.*
PHILÉDON. (DR..Z.)

DICÈLE. INS. Pour Dicæle. *V.* ce
mot. (B.)

* DICÉPHALE. BOT. PHAN. Se dit
d'un fruit qui a deux sommets, c'est-
à-dire qui est terminé par deux pointes ou deux cornes, comme par exemple dans les Saxifragées. (A. R.)

DICÈRE. *Dicera*. BOT. PHAN. Forster a établi sous ce nom un genre très-
voisin des *Elæocarpus*, auxquels il a
été réuni par Vahl, mais que De
Candolle a de nouveau rétabli dans
le premier volume de son *Prodromus*

Systematis, 1, p. 520. Ce genre encore fort obscur fait partie de la nouvelle famille des Elæocarpées et de la Polyandrie Monogynie. On lui donne pour càractères : un calice formé de quatre ou cinq sépales ; une corolle d'un égal nombre de pétales ; des étamines au nombre de douze à vingt, ayant les anthères linéaires terminées par deux soies ; le fruit est une capsule à deux loges polyspermes.

Ce genre se compose de deux espèces originaires de la Nouvelle-Zélande, savoir : *Dicera dentata*, Forst. Gen., p. 80, ou *Elæocarpus dentatus*, Vahl. Symb. 3, p. 67 ; et *Dicera serrata*, Forst., *loc. cit.*, ou *Elæocarpus Dicera*, Vahl. De Candolle soupçonne que cette espèce ne fait probablement pas partie du genre *Dicera* ; qu'elle constitue peut-être un genre nouveau, ou rentre dans son genre *Friesia*.

Gmelin, dans son *Systema*, a réuni au genre *Dicera* le genre *Craspedum* de Loureiro, dont Poiret a fait une espèce d'*Elæocarpus*. (A. R.)

DICÉRATE. *Diceras*. MOLL. Deluc découvrit le premier les singulières Coquilles qui ont servi à former le genre qui va nous occuper. Ce fut dans les couches calcaires du mont Salève qu'il les trouva ; et Saussure (Voyage dans les Alpes, T. 1, pag. 190, pl. 2, fig. 1, 2, 3, 4), en faisant la description de cette montagne curieuse, rapporta les observations et les figures qui lui furent communiquées par le savant naturaliste genevois. Depuis, Gillet-Laumont eut occasion de retrouver des Coquilles analogues et dans des circonstances semblables à Saint-Mihiel en Lorraine. En juillet 1823, dans un voyage que nous entreprîmes pour visiter cette localité intéressante, nous eûmes occasion de voir que les Coquilles de Deluc s'y retrouvaient avec les mêmes assemblages de corps marins pétrifiés, des Polypiers, des Pinnigènes, des Térébratules, des Encrites, etc., avec cette seule différence que la pâte calcaire qui les renferme, étant plus friable dans quelques-unes de ses parties, on en extrait plus facilement et plus nettement les corps pétrifiés ; nous ne pourrions dire si la position géologique des couches, qui renferme les Dicérates au mont Salève, est semblable à celle de Saint-Mihiel ; mais nous pouvons affirmer que dans cette dernière localité, les couches dépendent de la partie moyenne de la grande formation oolitique du Jura. Dans d'autres parties de la France, dans les départemens de la Sarthe, de l'Orne, et peut-être du Calvados, on observe une couche continue sur plus de vingt lieues d'étendue, où on trouve une Dicérate toujours plus petite, bien probablement d'une autre espèce, et dont on n'a eu jusqu'à présent que le moule intérieur accompagné, si ce n'est des mêmes Fossiles qu'au Salève et à Saint-Mihiel, au moins de celui qui est le plus caractéristique, la Pinnigène. Ce qui est très-remarquable dans ce dernier gissement de Dicérates, c'est que la position géologique est la même que celle de Saint-Mihiel. Tels sont les trois endroits, les seuls connus, à ce que nous pensons, où l'on ait remarqué des Dicérates ; et ils n'appartiennent pas évidemment aux plus anciennes couches du globe, comme l'a dit Defrance dans le Dictionnaire des Sciences naturelles.

Depuis long-temps Favanne avait figuré (pl. 80, fig. 5) une Dicérate, à laquelle Chemnitz seul fit attention. Celui-ci la rapporta mal à propos au *Chama bicornis* de Linné, qui est une espèce vivante et certainement toute différente. Bruguière, ayant vu le type qui avait servi à la figure de Favanne, pensa que l'on pouvait en faire une nouvelle espèce dans le genre Came ; ce fut sous le nom de Came bicorne, *Chama bicornis*, qu'il décrivit cette Coquille dans l'Encyclopédie, ne connaissant pas, sans doute, celle qu'avait décrite Deluc, et figurée par Saussure, trois années auparavant. Lamarck ne crut pas d'abord nécessaire de créer un genre particulier pour les Dicérates ; aussi , il n'en est fait aucune mention dans le Système des Anim. sans vert.; mais un peu plus tard, il le créa dans les Annales du Muséum (vol. 6, pag. 3oo , pl. 55, fig. 2, A, B). Cuvier (Règne Animal) ne l'admit pas, pensant qu'il présentait trop peu de différence pour le séparer des Cames ; cependant Schweiguer , Defrance , Férussac, le conservèrent. Nous ne voyons pas de motifs suffisans qui nous le fassent rejeter, surtout en modifiant les caractères donnés par Lamarck : coquille inéquivalve, adhérente, à crochets coniques très-grands, divergens, contournés en spirales irrégulières ; lame cardinale très-large, fort épaisse, portant postérieurement sur la valve droite une forte dent conique et devant une grande fossette profonde ; sur la valve gauche, une fossette postérieure recevant la dent postérieure de l'autre valve, et devant elle, une grande dent épaisse, concave, subauriculaire, reçue dans la fossette de l'autre valve ; des deux impressions musculaires, l'antérieure est le plus souvent subauriculiforme, et se continue en carène saillante jusqu'à l'extrémité des crochets.

Defrance a cru pouvoir faire de la Dicérate du mont Salève , une espèce distincte de celle de Saint-Mihiel ; nous ne sommes pas du même avis , nous la regardons comme une simple variété ; il n'en est pas de même du Moule de Normandie, dont il n'a presque rien dit, et qui nous semblerait devoir former une espèce distincte. Les Dicérates, avec la forme générale des Isocardes, ont l'irrégularité des Cames, vivant, comme celles-ci, fixées aux corps sous-marins par un des crochets, le droit ordinairement qui est aussi le plus grand, le plus irrégulier, et sur lequel on aperçoit l'empreinte de l'adhérence qui fixait la Coquille. Nous possédons une valve encore adhérente à un autre corps marin.

DICÉRATE ARIÉTINE, *Diceras arietina*, Lamk., Anim. sans vert. T. vi,

p. 91 ; Deluc, Voy. aux Alpes, par Saussure, p. 19o, pl. 2, f. 1,2,5,4; ce dernier l'a comparée à une corne de Bélier, d'où le nom d'Ariétine que Lamarck lui a donné. Favanne l'a figurée dans sa Conchyliologie (pl. 8o, fig. 5). Cette Coquille est grande et épaisse, a ses crochets très-grands , tournés en spirale, non carénés sur une de leurs faces ; nous avons examiné plus de vingt individus de Saint-Mihiel : tous, sans exception, étaient fixés par la valve droite. Il en est de même de ceux du mont Salève, que nous avons eu occasion d'observer dans différentes collections. On remarque souvent à la surface de ces Coquilles des parties lisses ; cela vient de ce qu'une partie de la couche extérieure, qui est rugueuse, obliquement striée, s'est écaillée et s'est détachée, en séparant la Coquille de la pierre où elle était incluse. Nous considérerons la Coquille de Saint-Mihiel , du moins celle que l'on y trouve le plus communément, comme une variété de celle-ci ; elle n'en diffère réellement que par sa dent cardinale qui est moins grande, et par les crochets qui sont dans un certain nombre d'individus moins surbaissés que dans celle du mont Salève. Nous possédons des individus qui ont jusqu'à quatre pouces de large au-dessous du crochet.

DICÉRATE GAUCHE, *Dic. sinistra*, N. Nous avions d'abord pensé que cette espèce n'était qu'une variété de la précédente. L'ayant observée avec plus de soin, nous reconnûmes notre erreur ; et voici sur quoi nous nous fondons pour l'établir : elle est plus petite ; les crochets ne sont jamais plus saillans que les bords ; ses valves, et surtout la plus petite, sont séparées en deux parties inégales par une carène assez aiguë ; elle est à l'inverse de la Dicérate ariétine ; car si l'on met les grandes valves du même côté, les crochets de l'une vont de droite à gauche ; ceux de l'autre vont de gauche à droite ; c'est par le crochet de la grande valve qui, ici, est du côté gauche, que la Coquille est fixée. L'inverse a lieu dans la Dicérate ariétine : ces caractères seraient suffisans pour établir cette espèce ; mais la charnière nous en offre de bien plus certains encore : ce sont même ceux qui nous ont décidés à la proposer. Dans la Dicérate ariétine, la charnière de la valve gauche présente une grande dent, et à côté une fossette de peu de grandeur ; dans la Dicérate gauche, la même valve présente deux dents cardinales, une très-grande, tronquée dans son extrémité antérieure par une petite fossette, et qui suit la direction du corselet ; l'autre est placée derrière elle, mais elle est bien plus petite ; et derrière celle-ci une fossette conique profonde ; la valve droite offre sous le corselet une grande fossette à l'extrémité de laquelle se trouve une dent isolée, arrondie en forme d'un petit mamelon ; un peu postérieurement, se voit une petite fossette séparée de la première par une légère élévation ; ces deux cavités sont destinées à recevoir les deux dents cardinales de l'autre valve ; derrière elles, et sous la lunule, se trouve une grande dent pyramidale subtriangulaire, qui est reçue dans la fossette correspondante de la valve gauche. Avec des caractères aussi tranchés que ceux que nous venons d'exposer, il serait difficile de se refuser à admettre cette espèce, puisque la charnière seule, abstraction faite de la forme générale de la Coquille, suffirait pour la constater ; nous ne possédons que deux individus de cette espèce, l'un dont les valves sont réunies par la pâte calcaire, l'autre que nous sommes parvenus à ouvrir et à vider en grande partie, et dont nous possédons par conséquent la charnière entière. Elle sera figurée dans une des prochaines livraisons des planches de cet ouvrage. Le plus grand individu a deux pouces de large et trois pouces de long, la longueur étant prise au point le plus élevé du crochet de la grande valve. Nous avons recueilli à Saint-Mihiel quelques Moules intérieurs de Dicé-

rates, pour les comparer avec ceux de la Normandie ; quoiqu'ils présentent des différences, elles ne nous semblent point suffisantes pour établir une troisième espèce ; il faudrait que des portions de charnière, ou au moins la forme du test de la Coquille, vinssent aider à la détermination.   (D..H.)

* **DICERATELLE.** *Diceratella.* INF. Genre de Microscopiques de la famille des Trichodiées, dont les caractères consistent dans un corps simple, libre, muni de poils tout autour et même à sa surface, et armé de deux tentacules en forme de petites cornes ou de crochets à l'une des extrémités du corps. Ce genre est formé aux dépens des Cercaires et des Leucophres de Müller. Il est peut-être un peu trop artificiel, et chacune des deux espèces que nous y renfermons pourra devenir le type de nouveaux genres que nous n'avons pas hasardés dans la crainte qu'on nous reprochât de multiplier les divisions outre mesure.

DICERATELLE TRIANGULAIRE, *Diceratella triangularis*, N. (*V.* planches de ce Dictionnaire) ; *Leucophra cornuta*, Müll., *Inf.*, p. 157 ; Encycl., Vers. III., pl. 11, fig. 36-39. Cette espèce, qui se trouve vers le commencement de l'hiver dans l'eau des marais ou de certains fossés, et dont les individus varient beaucoup pour la taille, pourrait au premier coup-d'œil être confondue avec les Vorticelles polymorphes et vertes de Müller ; comme celles-ci, on la voit changer de forme sous le microscope, mais les molécules qui la constituent ne sont point disposées en séries moniliformes. Sa forme est aplatie, et quand l'Animal prend toute son extension, elle devient exactement triangulaire, armée de cornes aux deux extrémités du côté antérieur qui est le plus petit du triangle ; sa partie postérieure atténuée est tantôt aiguë, tantôt obtuse, et même se bilobe ou se divise en trois ; sa couleur est d'un vert foncé ; on distingue dans son intérieur trois ou quatre globules qui sont peut-être des propagules. Quand elle se contracte tous les cils sont cachés, et l'on dirait un gros Volvocé dont la molécule s'agite en dedans. D'autres fois, prenant la figure d'un triangle équilatéral, sans montrer ni cornes ni poils, on dirait une espèce nouvelle du genre Gone. Mais dans la natation ordinaire, les poils s'agitent tout autour; ceux du côté antérieur sont droits, ceux des deux autres sont légèrement inclinés vers la partie postérieure. Tout le corps de ce singulier Protée se décompose en mourant, et les globules vasculaires dont il était un amas se dispersent et ressemblent à des couches de cette matière verte de Priesley qui nous occupera par la suite dans ce Dictionnaire.

DICERATELLE OVOÏDE, *Diceratella ovata*, N. (*V.* planches de ce Dict.); *Cercaria ovata*, Müller, *Inf.*, p. 128; Encycl., Vers. Ill., pl. 9, f. 17-18. Cette espèce marine est fort rare, obronde, comme couverte de petits poils courts qu'on serait tenté de croire disposés par bandes, et qui rayonnent tout autour. Sa couleur est brunâtre; elle est fort distincte de la précédente puisqu'elle change peu de forme, et que ses cornes ou tentacules sont situées postérieurement. Elle a aussi une façon de nager toute particulière. (B.)

* DICERATIUM. BOT. PHAN. Lagascà, dans son Catalogue du jardin de Madrid, publié en 1815, établit sous cette dénomination un genre qui avait déjà été constitué par R. Brown (*in Hort Kew.*, édit. 1812, vol. 4, p. 117), et en avait reçu le nom de *Notoceras*. Le professeur De Candolle (*Prodr. Syst. veget.*, 1, p. 140) ayant encore ajouté au *Notoceras* une espèce dont les siliques étaient terminées par quatre cornes, a partagé ce genre en deux sections dont il a nommé la première *Diceratium*, et qu'il a ainsi caractérisée : siliques déhiscentes bicornes; graines comprimées; cotylédons parallèles à la cloi-

son; fleurs jaunes très-petites; feuilles entières; poils nombreux appliqués. Cette section ne renferme que les *Notoceras Canariense* de Brown, et le *N. Hispanicum*, D. C., ou *Diceratium prostratum* de Lagasca, figuré dans le deuxième volume, planche 17 des *Icones selectæ* de M. Benjamin Delessert. (G..N.)

* DICÈRE. *Diceras.* INTEST. C'est le nom que Rudolphi, dans ses ouvrages sur les Entozoaires ou Vers intestinaux, a donné à un genre de ces Animaux que Zultzer avait appelé Ditrachyure. *V.* ce mot. (LAM..X.)

DICÈRES. MOLL. (Blainville.) Syn. de Nudibranches. *V.* ce mot. (B.)

DICÉROBATE. POIS. Sous-genre de Raie établi par Blainville. *V.* RAIE. (B.)

DICEROS. BOT. PHAN. Genre de la Didynamie Angiospermie, établi par Loureiro (*Flor. Cochinchin.*, p. 463), et ainsi caractérisé : calice à cinq divisions subulées, velues, droites et presque égales; corolle campanulée, dont le tube est velu intérieurement, et le limbe à quatre découpures obcordiformes, une beaucoup plus grande que les autres; quatre étamines didynames, ayant leurs anthères écartées et bicornes; capsule biloculaire, bivalve et polysperme. Willdenow, dans l'édition de Loureiro, a indiqué ce genre comme identique avec l'*Achimenes* de Vahl, et Poiret l'a réuni au *Columnea*. Ainsi, le *Diceros Cochinchinensis*, Lour., est le *Columnea Cochinchinensis* de l'Encyclopédie. C'est une Plante herbacée, velue, à feuilles étoilées, ternées, lancéolées, charnues et glabres; elle croît dans les lieux humides de la Cochinchine, où on la mange confite dans du vinaigre. En adoptant ce genre, Persoon y a réuni l'*Achimenes sesamoides* de Vahl, et l'a nommé *Diceros longifolius*; mais cette Plante que Burmann a décrite (*Flor. Indica*, p. 133) sous le nom de *Sesamum Ja-*

vanicum, et dont nous avons vu les échantillons authentiques de son propre herbier, appartient au genre *Chelone*. (G..N.)

DICHAPÉTALE. *Dichapetalum.* BOT. PHAN. Genre de la famille des Térébinthacées et de la Pentandrie Monogynie, L., fondé par Du Petit-Thouars (*Genera Nova Madagascariensia*, p. 23), et ainsi caractérisé : calice monophylle, campanulé, profondément quinquéfide ; cinq pétales linéaires à leur base, bifurqués au sommet, et alternes avec les découpures calicinales ; cinq étamines alternes avec les pétales, périgynes, dont les filets sont oblongs, les anthères cordiformes ; cinq petites écailles à la base de l'ovaire ; style simple trifide au sommet ; fruit bacciforme, ayant un tégument charnu et divisé primordialement en trois loges monospermes, mais dont deux s'oblitèrent le plus souvent ; graine épaisse, sans périsperme, à cotylédons épais, et à radicule petite et supérieure.

Le DICHAPÉTALE DE DU PETIT-THOUARS, *Dichapetalum Thouarsianum* (*Rœmer Collect.*), est un petit Arbrisseau dont les rameaux sont grimpans et presque aphylles ; les feuilles sont alternes entières, les fleurs petites et disposées en faisceaux axillaires. Il croît à Madagascar.

(G..N.)

DICHELESTE. CRUST. Pour Dichélestion. *V.* ce mot. (AUD.)

DICHÉLESTION. *Dichelestium.* CRUST. Genre de l'ordre des Branchiopodes, famille des Pœcilopes (Règn. Anim. de Cuv.), établi par Jean-Frédéric Hermann (Mém. aptérologique, p. 13, 16, 125), qui le range dans la troisième famille des Aptères. Ses caractères distinctifs sont : dix pieds, outre les pinces frontales à pouce émoussé ; antennes filiformes, réfléchies ; bec cylindrique, membraneux, creux ; six palpes inégaux, de forme différente. Latreille caractérise ce genre de la manière suivante : corps presque cylindrique,

un peu et insensiblement plus grêle vers son extrémité postérieure, composé de sept segmens, dont l'antérieur, beaucoup plus grand, porte deux antennes en forme de soie ; deux serres frontales et avancées ; un bec avec des espèces de palpes et quatre pieds crochus et dentés ; segmens qui suivent, portant quatre autres pieds, terminés par des doigts dentelés ; un corps ovalaire et simple de chaque côté du troisième anneau ; deux petits tuberculeux et quelquefois deux longs filets articulés au bout de l'anneau postérieur.

Leach qui a eu occasion d'étudier, sur la nature, le genre dont il s'agit, lui donne pour caractères (Dict. des Sc. natur., tom. XIV, p. 533) : têt hexagone ; antennes composées de sept articles ; abdomen allongé, plus étroit que le têt ; la paire de pates antérieures dirigée en avant ; leurs ongles recourbés et se rencontrant, avec une petite dent vers l'extrémité de l'article précédent ; la seconde paire allongée, mince, bifide à son extrémité ; le dernier article de la troisième paire très-épais, terminé par un ongle très-fort ; les quatrième et cinquième paires courtes et bifides ; la sixième ressemblant à des tubercules allongés ; le bec qui prend naissance derrière les pates antérieures, a de chaque côté une touffe de filets. — Les Dichélestions sont des petits Crustacés parasites vivant sur les branchies de l'Esturgeon dont ils sucent le sang. On ne connaît encore qu'une espèce, le Dichélestion de l'Esturgeon, *D. Tursionis* d'Hermann (*loc. cit.*, pl. V, fig. 7, 8), qui en a donné une description étendue et fort complète.

(AUD.)

DICHLOSTOME. *Dichlostoma.* ACAL. Genre voisin de celui des Méduses, établi par Rafinesque pour un Animal qui vit dans les mers de Sicile, et auquel il donne les caractères suivans : corps gélatineux, plat ; bouche inférieure située à une des extrémités, et accompagnée de deux appendices. Ce genre ne renferme encore qu'une seule espèce qui doit être examinée de nouveau avant d'être réputée suffisamment connue, le Dichlostome elliptique.   (LAM..X.)

* DICHOBUNES. *Dichobuni*. MAM. Troisième division formée par Cuvier (Oss. Foss. T. III, pag. 125), dans son genre Anoplotherium, *V.* ce mot, et composée des trois espèces nouvelles suivantes : *Anoplotherium Leporinum*, caractérisé par l'égalité, aux quatre pieds, du doigt accessoire avec les intermédiaires. Sa taille et son port le rapprochent d'un Lièvre. *Anoplotherium Murinum*, grand comme un Cochon-d'Inde, connu seulement par une mâchoire. *Anoplotherium obliquum*, de la même taille que le précédent, caractérisé par l'obliquité plus grande de la mâchoire. Ces trois Animaux perdus sont du bassin de Paris. (A.D..NS.)

DICHOLOPHUS. OIS. (Illiger.) *V.* CARIAMA.

DICHONDRE. *Dichondra*. BOT. PHAN. Genre de la famille des Convolvulacées, établi par Forster, et qui depuis a reçu différens noms. Ainsi Gaertner l'a décrit et figuré (*de Fruct.*, tab. 94) sous le nom de *Steripha*, qui lui avait été donné par Banks, et Walter en a fait son genre *Demidofia*. Le *Dichondra* se reconnaît à son calice ouvert à cinq divisions profondes ; à sa corolle monopétale régulière et rotacée découpée en cinq lobes, à peine plus longue que le calice. Les étamines, au nombre de cinq, sont attachées à l'intérieur de la corolle. Les filets sont subulés, les anthères cordiformes, obtuses, à deux loges. On compte deux pistils dans chaque fleur. Ces deux pistils sont quelquefois soudés intimement, de manière à n'en former qu'un seul plus ou moins bilobé ; c'est ce que l'on observe, par exemple, dans le *Dichondra Caroliniensis* de Michaux. Chaque ovaire porte un style qui se termine par un stigmate capitulé et comme pelté. Le fruit, renfermé dans l'intérieur du calice

qui persiste, se compose de deux akènes quelquefois un peu soudés entre eux par leur base. Chacun d'eux contient une ou deux graines qui partent de sa base et qui se composent d'un tégument épais, crustacé, et d'un embryon très-grand, relativement au volume de la graine, dressé, ayant ses cotylédons contournés et enveloppés dons un endosperme assez mince et charnu. Les *Dichondra* sont de petites Plantes étalées, rampantes, ayant le port des *Sibthorpia*. Leurs tiges sont rameuses, pubescentes ; leurs feuilles entières, pétiolées, cordiformes ou réniformes ; leurs fleurs pédonculées et solitaires à l'aisselle des feuilles.

On a décrit sept espèces de ce genre ; mais ce nombre peut facilement être réduit. En effet, plusieurs espèces, telles que les *Dichondra sericea* de Swartz, *Dichondra peruviana* de Persoon, sont à peine des variétés du *Dichondra repens* de Forster, qui doit être considéré comme le type du genre. Cette espèce, qui croît à la Nouvelle-Zélande, à la Nouvelle-Hollande, aux Antilles, sur le continent de l'Amérique, et que Bory de Saint-Vincent a retrouvée à l'île de Bourbon, est une petite Plante vivace, pubescente : sa tige est étalée sur la terre, rameuse, portant de petites feuilles alternes, réniformes, émarginées ou rétuses à leur sommet ; entières, pubescentes à leur face inférieure. Ses fleurs sont petites, portées sur des pédoncules axillaires et solitaires. Cette Plante a été décrite sous différens noms. Ainsi Linné fils la nommait *Sibthorpia evolvulacea* et Gaertner *Steripha reniformis*. La *Dichondra Caroliniensis* de Michaux est bien distincte, par ses deux ovaires soudés ensemble, de manière à sembler ne former qu'un seul pistil plus ou moins profondément bilobé.   (A. R.)

* DICHOSMA. BOT. PHAN. Section établie par De Candolle (*Prodrom. Systemat. Veget.*, vol. 1, p.

716) dans le genre *Diosma*, et caractérisée par ses étamines presqu'égales aux pétales, et légèrement saillantes après l'anthèse ; de ces étamines, cinq sont fertiles et cinq stériles ou nulles ; pétales longuement onguiculés, profondément divisés en deux lanières linéaires. Cette section ne renferme qu'une seule espèce, le *Diosma bifida*, Jacq. (*Collect.* III, p. 278, t. 20, f. 1).   (G..N.)

* DICHOSTYLIS. BOT. PHAN. R. Brown a distingué du genre *Scirpus* les espèces dépourvues de soies hypogynes, et en a formé un genre nouveau sous le nom d'*Isolepis*. Parmi ces espèces, les unes ont un style trifide, les autres un style bifide. C'est aux premières seulement que Beauvois conserve le nom générique de Brown, et il assigne aux secondes celui de *Dichostylis* qui indique le double style par lequel il les caractérise.   (A. D. J.)

DICHOTOMAIRE. *Dichotomaria.* POLYP. Genre établi par Lamarck dans la troisième division de ses Polypiers vaginiformes ; il se compose de nos deux genres Galaxaura et Liagora ; le premier fait partie des Corallinées, le second des Tubulariées ; l'un et l'autre offrent des différences tellement tranchées, que l'on est étonné de leur réunion par un homme aussi scrupuleux que Lamarck. Aucun naturaliste n'a adopté le genre Dichotomaire.   (LAM..X.)

* DICHOTOME. BOT. Se dit d'une tige d'abord simple, puis bifurquée en deux branches dont chacune se bifurque de nouveau. La Mâche en offre un exemple. La plupart des Mertensies, genre de Fougères, et beaucoup de Lycopodes sont Dichotomes.   (A. R.)

*DICHOTOMIE. *Dichotomia.* BOT. PHAN. Mode de division par bifurcation. Ainsi une tige est divisée par Dichotomie lorsqu'elle se partage en deux branches principales qui se subdivisent chacune en deux autres branches et ainsi successivement *V.* DICHOTOME.   (A. R.)

DICHOTOPHYLLUM. BOT. PHAN. (Dillen.) Syn. de Cératophylle. *V.* ce mot.   (A. R.)

DICHROA. BOT. PHAN. Genre établi par Loureiro, d'après un Arbuste qui habite la Chine et la Cochinchine. Ses feuilles sont opposées ; ses fleurs disposées en corymbes terminaux. Elles présentent un calice globuleux à quatre dents ; cinq pétales plus longs que lui, épais, étalés ; quinze étamines plus courtes, à filets ténus et inégaux entre eux, à anthères ovoïdes et dressées ; un ovaire renfermé dans le calice, surmonté de quatre styles épais que terminent des stigmates échancrés. Le fruit est une baie à quatre loges polyspermes. Ces caractères suffisent-ils pour fixer la place de ce genre ? A-t-il quelques rapports avec les Cercodiennes ou avec l'*Hydrangea* ? — Le nom de Dichroa, qui, d'après son étymologie, signifie double couleur, est dû à celle des corolles, qui, blanches à l'extérieur, sont bleues au-dedans, ainsi que les étamines. Loureiro a donné à son unique espèce le nom de *febrifuga*, à cause des propriétés de cette Plante, dont les feuilles et la racine sont employées, dit-il, avec succès dans le traitement des fièvres intermittentes.   (A. D. J.)

DICHROCÈRE. ANNEL. (Dict. de Déterville.) Pour Dicrocère. *V.* ce mot.   (AUD.)

DICHROITE. MIN. *Iolith*, W. ; Cordiérite, Haüy. Substance qui ne s'est encore rencontrée qu'en cristaux réguliers, ou en masses vitreuses, à cassure inégale, d'un bleu violâtre par réflection, et offrant une double couleur par transparence, savoir : celle de la surface, lorsqu'on dirige le rayon visuel parallèlement à l'axe des cristaux, et une couleur d'un jaune brunâtre, lorsque ce rayon est dirigé perpendiculairement à l'axe. C'est de-là que vient le nom de Dichroïte donné à cette substance par

Cordier, qui, le premier, en a fait une description exacte et complète. Elle a pour forme primitive un prisme hexaèdre régulier, divisible par des plans perpendiculaires à ses côtés, et dans lequel la hauteur est à l'arête de la base à peu près dans le rapport de neuf à dix. Suivant l'analyse de Bonsdorff, elle résulte de la combinaison d'un atôme de Bisilicate de Magnésie avec quatre atômes de Silicate d'Alumine, et cette dernière base est souvent remplacée par le Fer; en poids, elle contient: Silice, 50,64; Magnésie, 7,88; et Alumine, 41,48. — Le Dichroïte raye fortement le verre, et difficilement le Quartz. Il pèse spécifiquement 2,16; il est doué de la double réfraction. Un fragment de ce Minéral, exposé à l'action du chalumeau, se fond en émail gris nuancé de verdâtre. Les formes régulières observées et décrites par Haüy, présentent le prisme hexaèdre ou simple ou modifié sur les arêtes longitudinales et sur celles des bases. Le Dichroïte appartient au sol primitif et aux terrains volcaniques anciens. Il a été trouvé d'abord en Espagne, aux environs du cap de Gates et à Granatillo, près de Nijar, dans la baie de San-Pedro. Il y a pour gangue un tuf formé d'une matière argileuse qui enveloppe des Grenats trapézoïdaux et des lames de Mica noir. Cette variété a été désignée quelquefois sous le nom de Spanisher Lazulith. On a trouvé aussi la Cordiérite près de Bodenmais en Bavière; elle a un aspect plus vitreux que celle d'Espagne; et sa gangue est composée d'Amphibole vert, de Chaux carbonatée lamellaire blanchâtre, de Fer oligiste et de Fer oxidé brun. Werner a fait de cette variété une espèce particulière à laquelle il a donné le nom de Peliom. Le Dichroïte existe aussi au Saint-Gothard, près de l'endroit nommé le Pont-du-Diable; à Arendal, en Norwège, avec du Mica noir, et dans la mine de Cuivre d'Orijervi, près d'Abo en Finlande. La variété d'Orijervi, et celle de Sala en Suède, ont été décrites sous le nom de Steinheilite. Enfin on a trouvé le Dichroïte au Groënland dans un Granite, en Sibérie, au Brésil et à l'île de Ceylan. C'est de ce dernier endroit que provient principalement la variété que l'on débite dans le commerce, sous le nom de Saphir d'eau, et que l'on a mise au rang des pierres fines, susceptibles d'être taillées comme objets d'ornement. Cette variété a passé pendant long-temps pour un Quartz bleuâtre; mais, dans un excellent Mémoire, Cordier a prouvé son identité avec l'Iolithe de Werner, de manière à ne laisser aucun doute sur ce rapprochement.   (G. DEL.)

DICHROME. *Dichroma.* BOT. PHAN. (Persoon.) Syn. de *Dichromena.* (Cavanilles.) Syn. d'*Ourisia*, Commers. *V.* DICHROMÈNE et OURISIE.   (B.)

DICHROMÈNE. *Dichromena.* BOT. PHAN. Genre de la famille des Cypéracées, section des Scirpées, établi par le professeur Richard dans le *Synopsis* de Persoon et adopté par Vahl et plusieurs autres botanistes. Ce genre se compose d'espèces appartenant aux genres *Schœnus* et *Scirpus*, et se distingue surtout par son style simple à sa base qui est coriace et tuberculeuse, et par son akène lenticulaire comprimé, rugueux transversalement, couronné par la base du style qui est persistante. Les Dichromènes sont des Plantes à tiges simples, sans nœuds et sans feuilles, ou plus rarement rameuses, couvertes de feuilles et noueuses. Ses fleurs forment des espèces de capitules ou des corymbes terminaux ou axillaires. Les épillets sont multiflores, composés d'écailles imbriquées en tous sens, dont les plus extérieures qui sont vides ont une couleur différente et forment une sorte d'involucre. Il n'existe pas de soies hypogynes à la base de l'ovaire. Presque toutes les espèces qui appartiennent à ce genre sont originaires de l'Amérique méridionale.   (A. R.)

DICHROMON. BOT. PHAN. (Dios-

coride.) Syn. de Verveine. *V.* ce
mot.   (B.)

DICKIA. BOT. PHAN. (Scopoli.) Syn.
de *Moutabea* d'Aublet. *V.* VAN-
DELIE.   (B.)

DICKSONIA. BOT. CRYPT. (*Mousses*). Ehrhart avait donné ce nom à
un genre formé du *Gymnostomum
pennatum* de Bridel; mais le nom
de *Dicksonia* étant déjà donné à un
genre de Fougères, les botanistes modernes lui ont substitué celui de Schis-
tostega. *V.* ce mot.   (AD. B.)

DICKSONIE. *Dicksonia.* BOT.
CRYPT. (*Fougères.*) Ce genre, établi
par L'Héritier dans son *Sertum An-
glicum*, appartient à la tribu des
Polypodiacées ou Fougères à capsules entourées par un anneau élastique complet; il se rapproche d'une
part des *Davallia*, par son port et
quelques-uns de ses caractères; de
l'autre, des *Lindsea*, par la structure
et le mode de déhiscence de son tégument; c'est auprès de ces genres qu'on
le place en général; cependant quelques-uns des caractères nous paraîtraient le rapprocher davantage des
Cyathées auprès desquelles R. Brown
l'a rangé; mais dans ce cas il faudrait
regarder les deux valves du tégument
qui entoure les capsules, comme appartenant toutes deux à un vrai tégument, et ne pas établir que la valve
marginale est l'extrémité recourbée
des lobes de la fronde. En admettant
ce genre de structure, les Dicksonies
ne différeraient des vrais Cyathées que
par la position complètement marginale des groupes de capsules, et par
la déhiscence régulière du tégument
qui les enveloppe. Quel que soit le
caractère qu'on adopte pour ce genre,
nous allons décrire la structure que
présente sa fructification. A l'extrémité de chaque lobe des frondes, on
trouve un groupe arrondi de capsules; ces capsules sont insérées comme
dans les Cyathées sur une courte columelle ou sur une sorte de tubercule saillant; elles sont entourées de
toutes parts comme ces dernières, par

un tégument sphéroïdal, qu'on a
regardé, en général, comme formé
d'un côté par l'extrémité des lobes de
la fronde recourbée; et de l'autre,
par un vrai tégument superficiel naissant de la partie inférieure de la fronde, et adhérent au pourtour du lobe
recourbé de cette même fronde; la
structure différente de l'extrémité de
ces lobes, son analogie, au contraire,
avec l'autre valve du tégument et leur
union dans la jeunesse de la Plante,
paraissent cependant devoir faire regarder cette valve marginale, non
comme l'extrémité de la fronde elle-
même, mais comme un vrai tégument qui naît de son extrémité. Il suffit pour cela d'examiner un véritable
Dicksonia avant son développement
parfait. On voit alors que le tégument
qui enveloppe de toutes parts les capsules, ne diffère en rien à la partie
inférieure et à la partie supérieure.
Plus tard, ces deux parties se séparent
en deux valves; et alors, l'une d'elles
faisant suite à la fronde, on l'a regardée comme une partie même de cette
fronde, quoiqu'elle en diffère autant
que le tégument des Adianthum
diffère de celui des Ptéris qui naît
également du bord de la fronde, et
qu'elle ne ressemble pas pour la forme aux autres dentelures de la fronde.
Il y a quelques espèces de Dicksonia,
dans lesquelles, cependant, le tégument est formé par une véritable
écaille ou membrane demi-circulaire,
s'ouvrant en dehors, et s'appuyant
sur un des lobes de la fronde, sans
jamais y adhérer; ces espèces diffèrent beaucoup des vrais Dicksonia,
et doivent en être séparées et former
un genre distinct; plusieurs espèces
d'Amérique et une espèce nouvelle du
Népaul offrent ce caractère.

   Les véritables Dicksonies sont, en
général, des Plantes de l'hémisphère
austral, de Mascareigne, de Sainte-
Hélène, de la Nouvelle-Hollande
et des îles de la mer du Sud. Plusieurs ont, comme les Cyathées, des
tiges arborescentes; tels sont le
Dicksonia antarctica, figuré par Labillardière; le *Dicksonia squarrosa* ou

Trichomanes squarrosum de Forster; le *Dicksonia arborescens* de L'Héritier, etc. Les espèces d'Amérique sont, au contraire, plus délicates; et leur port se rapproche davantage de celui des *Davallia;* toutes ces Plantes sont cependant très-remarquables par leur fronde très-profondément divisée et par leurs pinnules à dents aiguës et obliques, caractères qui les font distinguer facilement des autres Fougères et surtout des Davallia, dont elles ont un peu le port; mais dont la fronde est en général divisée en lobes obtus et tronqués. (AD. B.)

DICLESIE. BOT. PHAN. (Desvaux.) *V.* FRUIT.

* DICLINES. BOT. PHAN. On donne ce nom aux Plantes dicotylédones dont les fleurs sont unisexuées et portées sur des individus différens. L'illustre Jussieu a réuni les Végétaux qui offrent cette disposition des sexes, pour en former la quinzième ou dernière classe de sa Méthode. Il y a placé cinq familles, savoir : les Euphorbiacées, les Cucurbitacées, les Urticées, les Amentacées, et enfin les Conifères. Mais il est évident que par suite des progrès de la science, cette classe doit être supprimée. En effet, les cinq familles qu'elle réunit ont fort peu d'analogie entre elles et doivent être réparties dans les autres classes de la méthode. Malgré la séparation des sexes, il est encore possible de déterminer l'insertion relative des étamines dans les Plantes diclines (*V.* INSERTION des étamines), et dès-lors ces cinq familles qui, aujourd'hui, en forment un plus grand nombre par la division qu'on a fait subir à la famille des Amentacées, viennent se ranger dans les autres classes de la méthode. Ainsi les Euphorbiacées seront placées dans les Apétales hypogynes non loin des Atriplicées, ou selon quelques autres parmi les Polypétales à cause du petit nombre de leurs genres qui sont munis d'appendices pétaloïdes. Les Urticées viennent aussi se ranger parmi les

Apétales à étamines hypogynes. Quant aux Cucurbitacées, leur place n'est pas facile à déterminer. En effet elles ont des rapports avec les Monopétales à ovaire infère, telles que les Campanulacées, et d'une autre part elles se rapprochent des Polypétales, telles que les Grossulariées et les Combrétacées. Les Conifères et les familles formées aux dépens des Amentacées trouvent également leur place parmi les Dicotylédons apétales à étamines hypogynes et à étamines épigynes. En un mot, la classe des Diclines, formée de familles ayant peu d'analogie entre elles, nous paraît devoir être supprimée. *V.* MÉTHODE et FAMILLES NATURELLES.

(A. R.)

*DICLIPTÈRE. *Dicliptera.* BOT. PHAN. Genre de la famille des Acanthacées, établi par Jussieu (Ann. du Mus. T. IX, p. 251, pl. 21, fig. 3) aux dépens des nombreuses espèces de *Justicia* de Linné. On y observe, comme dans ce dernier genre, un calice quinquéparti, une corolle irrégulière bilabiée ; deux étamines dont les anthères présentent deux lobes distincts ou soudés. Mais il se caractérise par la forme et la déhiscence de sa capsule; elle est en effet courte, comprimée, de la forme d'un cadre arrondi ou ovale dont le rebord est renflé et se partage en deux valves naviculaires qui s'éloignent avec élasticité l'une de l'autre, et prennent une direction presque horizontale par suite du redressement du rebord marginal auparavant courbé en arc. Ce redressement ne peut avoir lieu sans que les côtés de la valve se détachent du rebord depuis leur base jusqu'à leur sommet, par lequel leur adhérence subsiste, de manière qu'après l'écartement ils ressemblent à deux ailes tenant à l'extrémité supérieure d'un pivot. De ce sommet, entre les deux ailes, s'échappe un appendice solide, élargi, comprimé, recourbé en crochet, terminé inférieurement par une ou plus souvent deux dents relevées, contre la base extérieure desquelles est attachée une graine orbiculaire , aplatie. Cet appendice est une sorte de demi-cloison qui sépare la capsule en deux loges incomplètes et dispermes. Les espèces de ce genre sont des Plantes herbacées ou plus rarement des sous-Arbrisseaux à feuilles opposées. Quant à l'inflorescence, elle varie et peut, suivant Jussieu, fournir un bon caractère d'après lequel plus de vingt espèces seraient distribuées en cinq sections. Les deux premières renfermeraient celles qui ont leurs fleurs disposées en verticilles axillaires et accompagnées chacune de deux bractées, grandes dans la première section, étroites dans la seconde. Dans les deux suivantes les fleurs sont en épis, mais dans l'une ils sont bien fournis, et on observe une bractée unique, plus large que le calice ; dans l'autre ils sont lâches, et l'on trouve deux bractées plus étroites que le calice ; enfin dans une cinquième section on remarque plusieurs fleurs sur des pédoncules axillaires di ou trichotomes, munis de petites bractées à leurs points de division. Robert Brown pense que le genre Dicliptera ne doit pas renfermer toutes ces espèces, mais se borner à celles de la première, la deuxième et la cinquième sections que Solander avait déjà, dans ses manuscrits, séparées sous le nom de *Dianthera*. Il remarque que les espèces de la quatrième section, qui est le *Justicia* d'Houston, se distinguent des autres par leur port et les lèvres indivises de leur corolle ; et enfin que celles de la troisième paraissent devoir former un genre particulier à cause de leur corolle en masque dont la lèvre inférieure est plus large et divisée, de leurs anthères dont les loges sont alternes, rapprochées, l'inférieure munie d'un petit appendice à sa base, mais surtout à cause de leur inflorescence. Outre la large bractée qui accompagne chaque fleur et renferme avec le calice deux bractéoles latérales, on observe d'autres bractées disposées sur un double rang le long et sur le dos de l'épi, remarquables

surtout dans une espèce à laquelle elles ont fait donner le nom de *Pectinata*.   (A. D. J.)

DICLITERA. BOT. PHAN. Pour Dicliptère. *V.* ce mot.   (B.)

DICLYTRE. *Diclytra*. BOT. PHAN. Famille des Fumariacées, et Diadelphie Hexan !rie, L. Confondu autrefois avec les *Fumaria* de Linné, ce genre en a été d'abord séparé par Boerrhaave (*Lugdun. Batav. Hort.* I, p. 391) sous le nom de *Capnorchis*. Plus tard Borckhausen (*in Rœmer Archiv.* I, p. 46), en outre de ce dernier genre, créa le *Diclytra* qui fut négligé par la plupart des botanistes ; car Ventenat, Willdenow, Nuttal, Persoon le laissèrent encore parmi les *Corydalis*, autre démembrement des *Fumaria*. Rafinesque, dans le Journal de Botanique de Desvaux, 1809, II, p. 159, rétablit ce genre sous le nom de *Cucullaria* qui ne put être admis, puisqu'il désignait déjà d'autres Plantes. Enfin le professeur De Candolle (*Syst. Veget.* II, p. 107), réunissant le *Capnorchis* de Boerrhaave au *Diclytra* de Borckhausen, a adopté ce dernier nom, et a fixé ainsi les caractères du genre : quatre pétales libres, caducs, disposés en croix, dont deux extérieurs égaux, bossus à leur base ou prolongés en éperons ; six étamines, tantôt entièrement libres et simplement rapprochées en deux faisceaux opposés, tantôt soudées au sommet en deux masses, et libres à la base ; siliques bivalves, déhiscentes, ovales, oblongues, comprimées et polyspermes. Les Diclytres habitent les contrées boréales de l'Amérique et de la Sibérie. Ce sont des Plantes herbacées vivaces, à racines tubéreuses ou fibreuses ; elles ont des feuilles pétiolées, multifides, le plus souvent insérées seulement près du collet de la racine. Leurs fleurs sont blanches ou purpurines, disposées en grappes, et plus grandes que celles des autres Plantes de la même famille. Huit espèces de ce genre sont décrites dans le *Prodromus Regni ve-*

getabilis, ouvrage récemment publié par le professeur De Candolle, parmi lesquelles nous citerons les suivantes :

La DICLYTRE A CAPUCHONS, *Diclytra Cucullaria*, D. C.; *Fumaria Cucullaria*, L., a une hampe nue; ses fleurs formant une grappe simple, et les deux pétales extérieurs munis de deux éperons droits et aigus; elle a pour patrie les collines ombragées de l'Amérique du nord depuis le Canada jusqu'en Virginie, ainsi que les monts Alleghanys. Andrews (*Bot. Reposit.*, t. 393) a figuré, sous le nom de *Diclytra formosa*, une espèce très-voisine de la précédente, mais qui en diffère, selon De Candolle (*loc. cit.*), par ses feuilles, sa hampe rameuse au sommet, ses bractées plus longues, et ses bractéoles plus distantes de la fleur, par ses sépales plus longs, par ses fleurs plus touffues et d'un rouge clair, enfin par ses éperons plus courts, moins aigus et légèrement courbés à leur sommet. Elle est indigène, comme la précédente, des montagnes de la Virginie, de la Caroline et du Canada. Les deux espèces que nous venons de mentionner sont cultivées, en raison de leur élégance, dans les jardins des amateurs.

La DICLYTRE A GROSSES FLEURS, *Diclytra spectabilis*, D. C.; *Fumaria spectabilis*, L., *Amœn.*, VII, p. 357, tab. 7, est une Plante extrêmement belle, qui a des ressemblances de port avec notre Corydalide bulbeuse, mais dont toutes les parties sont en général plus grandes. Sa tige, cylindrique et dressée, porte des feuilles glabres, glauques, caulinaires, alternes, biternées, à segmens cunéiformes, trifides ou incisés au sommet. Les fleurs, au nombre de sept ou huit, sont d'une belle couleur purpurine, disposées en grappe terminale, dépourvues de bractées dans la Plante que Linné a eue sous les yeux, mais munies de petites bractées subulées dans les échantillons rapportés de la Chine par le père d'Incarville,

et qui existent dans l'herbier de Jussieu.

La DICLYTRE A FEUILLES LINÉAIRES, *Diclytra tenuifolia*, D. C., est remarquable par ses éperons très-obtus, sa hampe nue ne portant qu'une ou un petit nombre de fleurs, par ses pédicelles plus courts que le calice, ses feuilles multifides, à segmens linéaires. Elle croît au Kamtschatka. M. Benjamin Delessert en a donné une très-belle figure (*Icones selectœ*, II, t. 9, f. B). (G..N.)

* DICOEOMA. BOT. CRYPT. (*Urédinées.*) Nées ayant nommé *Puccinia* le genre *Phragmidium* de Link, c'est-à-dire les Puccinies à plus de deux loges, telles que les *Puccinia mucronata*, *Rubi*, *Potentillœ*, etc., a donné aux vraies Puccinies à deux loges, le nom de *Dicœoma*, dont il ne fait qu'un sous genre des Cœoma. La nomenclature de Link, étant plus ancienne, doit être conservée. *V.* PUCCINIA. (AD. B.)

* DICOME. *Dicoma*. BOT. PHAN. Genre de la famille des Synanthérées, Cinarocéphales de Jussieu, Syngénésie égale, L., établi par H. Cassini (Bull. de la Société philomatique, janvier 1817) qui le place près du *Stœbea*, dans la tribu des Carlinées, et lui assigne des caractères dont nous allons donner un abrégé : calathide sans rayons, composée d'un grand nombre de fleurs régulières et hermaphrodites; involucre cylindracé, formé d'écailles imbriquées, appliquées, ovales, lancéolées, coriaces, membraneuses sur les bords, surmontées d'une arête épineuse; réceptacle plane et sans appendices; ovaire court, cylindracé et poilu; aigrette double dont l'extérieur formée de petites écailles nombreuses, filiformes, et munie de petites barbes; l'intérieure a aussi de petites écailles lancéolées, membraneuses et en forme de paillettes; corolle dont le limbe est plus long que le tube et divisé presque jusqu'à la base en cinq lanières longues, étroites et linéaires; étamines dont les filets sont glabres et les an-

thères munies de longs appendices
tant au sommet qu'à la base. Une seule Plante rapportée du Sénégal par
Adanson et conservée dans l'Herbier
de Jussieu constitue ce genre. Cette
espèce à laquelle Cassini a donné le
nom de *Dicoma tomentosa* (Bulletin
Philom., mars 1818) a une tige herbacée et cylindrique, les feuilles alternes, sessiles, spatulées et laineuses.
(G..N.)

DICONANGIA. BOT. PHAN. (Mit-
chel.) Syn. d'*Itea virginica*, L. *V.*
ITEA.   (B.)

*DICOQUE(FRUIT).*Fructus Dicoc-
cus.* BOT. PHAN. Fruit formé de deux
coques ou akènes accolés l'un à l'autre par leur côté interne. Ce fruit
est le même que le Diakène du professeur Richard. *V.* ce mot. (A.R.)

DICORYPHE. *Dicoryphe.* BOT.
PHAN. Du Petit-Thouars, dans son
Histoire des Végétaux des îles d'A-
frique, a décrit sous le nom de *Dicoryphe Madagascariensis* (p. 15, tab.
7) un Arbrisseau de la Tétrandrie
Digynie, qui croît à Madagascar où il
s'élève à une hauteur de dix à douze
pieds. Ses rameaux sont faibles et
très-allongés, ornés de feuilles alternes, courtement pétiolées, oblongues, aiguës, entières, coriaces. Les
fleurs sont pédonculées et forment
des espèces de faisceaux terminaux.
Le calice est tubulé, à quatre lobes
caducs; la corolle formée de quatre
pétales plus longs que le calice, alternant avec ses lobes. Les étamines
sont au nombre de huit, dont quatre
seulement sont fertiles et anthérifères, et quatre stériles; leurs filets sont
connivens à leur base : les ovaires,
au nombre de deux, sont adhérens
entre eux et font corps avec la base
du calice; le style est simple ou profondément biparti ; les anthères sont
sagittées, à deux loges, s'ouvrant par
une sorte de valve ou de panneau. Le
fruit est une capsule adhérente avec
la base du calice qui persiste, se terminant supérieurement par deux mamelons, s'ouvrant par le sommet,
et contenant, dans chacune des deux

loges qui le forment, une graine d'un
noir luisant dont l'embryon est renversé. Ce genre paraît avoir de grands
rapports avec l'*Hamamelis. V.* HA-
MAMÉLIDE.   (A. R.)

DICOTYLE. MAM. *V.* COCHON,
sous-genre PÉCARI.

* DICOTYLÉDON (EMBRYON).
BOT. PHAN. Embryon pourvu de deux
cotylédons ou feuilles séminales ; tel
est celui du Haricot, du Chêne, etc.
V. EMBRYON et GRAINE.   (A.R.)

DICOTYLÉDONS ou DICOTY-
LÉDONÉS (VÉGÉTAUX). BOT. PHAN.
L'embryon ayant été considéré comme l'organe le plus important en
botanique pour la classification,
c'est de sa structure qu'ont été tirés
les caractères fondamentaux de la
division des Plantes en familles naturelles. Mais cet organe ne peut
fournir de caractères que dans les
Plantes phanérogames qui seules en
sont pourvues. Or, dans ces Végétaux, on a remarqué qu'il présente
deux modifications essentielles. Tantôt son extrémité supérieure est parfaitement indivise, tantôt elle est
plus ou moins profondément divisée
en deux lobes qu'on nomme Cotylédons ; dans le premier cas, les Plantes phanérogames ont reçu le nom de
Monocotylédones, tandis qu'on les
appelle Dicotylédones dans le second.
Cette différence dans l'embryon est
loin d'être la seule qui existe entre
les Monocotylédons et les Dicotylédons. Elle en entraîne d'autres dans
le port et l'organisation intime de ces
deux groupes. Il nous paraît important de les signaler ici rapidement,
en nous attachant plus spécialement
aux caractères qui distinguent les Dicotylédons. En effet, lorsque l'on
veut connaître un Végétal, il n'est
pas toujours possible d'en observer
l'embryon qui fournit le véritable
signe distinctif entre les Monocotylédons et les Dicotylédons; il est donc
utile d'avoir quelques autres caractères qui puissent servir à distinguer
au quel de ces deux groupes il appartient.

En général les Végétaux dicotylédonés sont plus rameux que les Monocotylédons. Que l'on observe ceux de ces derniers Végétaux qui croissent dans nos climats ou que la culture y a naturalisés, et l'on verra que ce sont pour la plupart des Plantes à tiges simples, très-rarement rameuses. Ainsi le Blé, l'Orge, l'Avoine et toutes les autres Graminées, les Carex, les Scirpus, les Souchets et toutes les autres Cypéracées, toutes les Plantes bulbeuses qui appartiennent aux familles des Liliacées, des Amaryllidées, etc., qui toutes sont des Monocotylédons, présentent presque constamment une hampe ou tige simple. Il n'en est pas de même dans les Dicotylédons, et sous ce rapport, cette différence est surtout frappante entre les Monocotylédonés et les Dicotylédonés arborescens. Quel contraste entre ces Palmiers dont le stipe élancé et cylindrique s'élève quelquefois à une hauteur de cent pieds, sans donner aucune ramification, et qui se termine par un vaste faisceau de feuilles, et tous les Arbres Dicotylédons, tels que les Chênes, les Charmes, les Peupliers, les Saules, etc., qui forment nos forêts européennes! Les feuilles ne sont pas moins différentes dans leur organisation si on les observe dans chacun de ces deux groupes. Ainsi dans les Dicotylédons, les nervures ou faisceaux de vaisseaux qui se dessinent à leur face inférieure sous la forme de lignes plus ou moins proéminentes, sont irrégulièrement et en quelque sorte indéfiniment ramifiées et anastomosées entre elles. Observez au contraire celles des Monocotylédonés, et vous verrez que constamment les nervures et leurs ramifications sont toujours parallèles entre elles : tantôt elles y suivent la même direction que la côte ou nervure médiane, comme dans les Graminées, les Cypéracées, les Orchidées, Liliacées, etc.; tantôt elles sont perpendiculaires sur cette dernière, ainsi qu'on l'observe pour les Amomées et les Musacées. Ce parallélisme et cette simplicité dans les nervures des feuilles, est un des caractères les plus faciles pour reconnaître une Plante à un seul cotylédon. Ajoutez à ce caractère que presque constamment les feuilles sont engaînantes, ce qui est assez rare dans les Plantes dicotylédonées. L'organisation de la fleur nous offrira encore quelques signes distinctifs qui ne sont pas à négliger. Ainsi, à l'exception d'un très-petit nombre de familles, les Plantes à deux lobes séminaux sont pourvues d'un périanthe double, c'est-à-dire d'un calice et d'une corolle. Les Monocotylédons au contraire n'ont jamais qu'un périanthe simple, c'est-à-dire qu'un calice, qui très-fréquemment offre la délicatesse de tissu et les couleurs variées et brillantes qui font l'ornement de la corolle.

Si nous coupons transversalement la tige d'une Plante dicotylédonée, annuelle ou vivace, nous la verrons composée de quatre parties emboîtées les unes dans les autres sous la forme de cercles concentriques. Le premier de ces anneaux, en procédant de la circonférence vers le centre, constitue l'écorce; le second forme la plus grande partie de la masse de la tige; il se compose de fibres longitudinales entremêlées de tissu cellulaire; le troisième qui est mince constitue autour de la moelle, occupant le centre et formant la quatrième partie, un cercle composé de vaisseaux séveux qui porte le nom d'étui médullaire. Une tige de Monocotylédonée est plus simple dans sa composition, c'est en quelque sorte une masse de tissu cellulaire dans laquelle sont éparses quelques fibres longitudinales. Mais ces différences sont encore plus grandes entre les Végétaux ligneux de ces deux groupes. Le tronc du Chêne ou de tout autre Dicotylédon est formée d'une suite de cônes creux très-allongés, emboîtés les uns dans les autres, offrant au centre un canal longitudinal rempli par la moelle, et à l'extérieur une écorce bien distincte. Coupé en travers, ce tronc présente trois parties différentes : 1° la moelle renfermée dans le canal médullaire ; 2° les couches ligneuses, qui se composent intérieurement du bois proprement dit, dont le grain est plus dense et plus coloré, et de l'aubier formé par les couches les plus externes, qui sont d'un tissu plus pâle et plus lâche ; 3° de l'écorce qui se compose extérieurement de l'épiderme et de l'enveloppe herbacée ou médulle externe, des couches corticales et du liber. La médulle externe est analogue par sa structure anatomique avec la moelle qui occupe le centre de la tige et remplit le canal médullaire. Elle communique avec elle par le moyen des prolongemens médullaires, qui se dessinent sur la coupe d'un Arbre Dicotylédon comme des lignes partant en rayonnant du centre vers la circonférence. Tel n'est pas l'aspect du stipe d'un Palmier que l'on a coupé transversalement. Au lieu de présenter cette suite de cercles placés les uns dans les autres, un canal médullaire au centre et une écorce bien marquée à la circonférence, c'est une masse de tissu cellulaire, sans écorce distincte, sans canal médullaire et dont les fibres ligneuses, au lieu d'être rapprochées et de former des couches ligneuses, sont éparses au milieu du tissu cellulaire.

Dans les Dicotylédons, le tronc présente deux surfaces d'accroissement, au moyen desquelles son diamètre augmente chaque année. Ces deux surfaces sont contiguës ; l'une est placée à l'intérieur de l'écorce et l'autre à l'extérieur des couches ligneuses. Chaque année il se dépose entre ces deux surfaces un liquide épais et visqueux qui, par les progrès de la végétation, s'organise et forme une nouvelle couche de bois et une nouvelle couche d'écorce. Les Monocotylédonés, au contraire, n'offrent qu'une seule surface d'accroissement. Ce n'est jamais que par le centre même que le stipe des Palmiers augmente en diamètre.

L'auteur du *Genera Plantarum* a

d'abord divisé les Dicotylédons en trois sections principales, savoir : 1° les *Apétales* qui sont tantôt entièrement dépourvues de vrai périanthe et dont les organes sexuels sont simplement enveloppés d'écailles, tantôt accompagnées seulement d'un calice ; 2° les *Monopétales* qui ont un périanthe double dont l'intérieur ou la corolle est monopétale ; 3° les *Polypétales* ou ceux qui offrent une corolle formée de plusieurs pièces ou pétales. Chacune de ces sections est ensuite partagée en trois classes d'après l'insertion des étamines, savoir : les Apétales épigynes, périgynes et hypogynes ; les Monopétales hypogynes, périgynes et épigynes qui se subdivisent en deux, suivant que les anthères sont libres ou soudées entre elles ; enfin les Polypétales épigynes, périgynes et hypogynes ; ce qui fait dix classes pour les Dicotylédons, auxquelles il faut ajouter les Diclines qui comprennent tous les Végétaux à deux cotylédons qui ont des sexes séparés sur deux individus distincts. *V.*, pour de plus grands développemens, les mots MÉTHODE et FAMILLES NATURELLES, où nous exposerons la nouvelle classification que nous avons proposée pour grouper les familles naturelles en classes.   (A. R.)

DICRÆIA. *Dicræia.* BOT. PHAN. Et non *Dicræa.* Selon Jussieu, le genre décrit par Du Petit-Thouars sous le nom de Dicræia paraît être le même que le *Podostemum* de Michaux. Néanmoins le premier de ces genres offre quelques caractères qu'on n'a pas signalés dans le second. *V.* PODOSTÈME.   (A. R.)

DICRANE. *Dicranum.* BOT. CRYPT. (*Mousses.*) Ce genre a été subdivisé par quelques auteurs d'après diverses considérations que nous ne pensons pas qu'on doive adopter ; une seule de ces subdivisions mérite peut-être d'être admise, si elle est fondée sur des caractères bien exacts ; c'est le genre *Campylopus* de Bridel. Le genre Dicrane nous paraît devoir renfermer toutes les Mousses dont le péristome est simple, composé de seize dents larges divisées en deux à peu près jusqu'à moitié, et dont la coiffe est fendue latéralement; les espèces qui forment le genre *Campylopus* de Bridel ont été placées tantôt parmi les Dicranes, tantôt parmi les *Grimmia*. En effet, elles réunissent au port des *Dicranum* et à un péristome à peu près semblable, une coiffe campanulée, semblable à celle des *Grimmia*. Si les dents du péristome sont en effet bifides, ce genre mérite d'être conservé, sinon on doit le réunir aux *Grimmia* comme Hooker l'a fait.

Les Dicranes, tels que nous venons de les caractériser, présentent deux sections bien tranchées; la première, ou les *Fissidens* d'Hedwig, a les feuilles insérées sur deux rangs opposés, et placées verticalement; leur bord supérieur est divisé en deux lames qui embrassent la tige. Trois ou quatre espèces assez communes, et d'une forme très-élégante, appartiennent à cette section qui mériterait certainement de former un genre particulier, si on trouvait des caractères autres que ceux de la végétation pour les distinguer; ces Plantes sont les *Dicranum bryoides*, *adianthoïdes*, *taxifolium*, etc., de De Candolle. Les autres *Dicranum* qui ont assez d'analogie par leur port ont les feuilles insérées tout autour de la tige, mais souvent déjetées d'un seul côté; leur tige est presque toujours rameuse, à rameaux dressés et serrés. Ces Plantes viennent en général par touffes serrées, ou forment des tapis d'un vert gai dans les bois et sur les berges de sable; une des plus remarquables est le *Dicranum scoparium*, espèce très-commune aux environs de Paris, et l'une des plus grandes du genre; sa tige est simple ou à peine rameuse, droite et couverte de feuilles longues, déjetées toutes d'un seul côté; les capsules qui naissent de l'extrémité de la tige sont ordinairement solitaires et portées sur un long pédicelle; elles sont arquées, et leur opercule est très-long. Nous citerons encore le *Dicranum glau-*

cum qui forme dans nos bois des touffes larges et très-serrées, d'un vert blanchâtre, composées de tiges rameuses très-rapprochées et couvertes de feuilles presque blanches et obtuses. Cette espèce fructifie assez rarement; ses capsules, d'un brun foncé, sont petites et portées sur un pédicelle assez court et de même couleur.

Les espèces de ce genre et surtout de cette seconde section sont très-nombreuses; plusieurs présentent à la base de la capsule une apophyse unilatérale ou *struma*, qu'on a comparée à un goître; tels sont les *Dicranum strumiferum*, *virens*, *falcatum*, *Starkii*, etc.   (AD. B.)

* DICRANOPTERIS. BOT. CRYPT. (Bernhardi.) *V.* MERTENSIE.

* DICROATUS. OIS. Huitième famille de la Méthode ornithologique de Klein, qui comprend les genres dont les doigts sont garnis de membranes frangées, tels que les Foulques et les Grèbes. *V.* ce mot.   (B.)

* DICROBOTRYUM. BOT. PHAN. Une Plante des environs d'Angostura dans l'Amérique méridionale, rapportée par les célèbres voyageurs Humboldt et Bonpland, reçut le nom de *Dicrobotryum divaricatum* de Willdenow, qui laissa dans son Herbier une note manuscrite sur ses caractères génériques. Ceux-ci ont été publiés dans le *Systema Vegetabilium*, T. IX, de Rœmer et Schultes, sans aucune recherche qui puisse éclaircir l'histoire de ce nouveau genre. Cependant Kunth, dans l'*Index* qui termine le troisième volume de ses *Nova Genera*, a donné pour synonyme du Dicrobotryum de Willdenow, son *Guettarda xyliostoides*, dont il a donné une belle figure (*loc. cit.*, p. 328, t. 292). *V.* GUETTARDE. (G. N.)

DICROCÈRE. *Dicrocerus*. ANNEL. Genre établi en 1814 par Rafinesque-Schmaltz (Précis des Découvertes sémiologiques, p. 31) qui le range parmi les Vers (*Helmintosia*) et lui assigne pour caractères : corps filiforme;

deux yeux et deux antennes sur la tête; flancs mutiques. Il renferme une seule espèce.

Le Dicrocère rougeâtre, *D. rubescens*. Il est rougeâtre avec la tête obtuse et la queue aiguë; les anneaux sont plus larges que longs. On le trouve dans les mers de Sicile. Une description aussi abrégée et aussi incomplète ne peut guère servir à reconnaître un genre, et surtout à en caractériser un nouveau. Toutefois on croit voir qu'elle se rapporte à une Annelide voisine des Néréïdes. (AUD.)

DICRURUS. ois. (Vieillot.) *V.* Drongos.

DICTAME DE CRÈTE. bot. phan. Espèce du genre Origan. On a donné improprement le nom de Dictame de Virginie au Pouliot, et de faux Dictame à un Marrube. *V.* ces mots et Origan.　　　　　　(B.)

DICTAMNE. *Dictamnus.* bot. phan. Ce genre, que l'on connaît aussi sous le nom vulgaire de Fraxinelle, fait partie de la famille des Rutacées et de la Décandrie Monogynie, L. Un calice à cinq divisions profondes et caduques; une corolle de cinq pétales irréguliers et inégaux; dix étamines libres, déclinées, dont les filets sont couverts de glandes tuberculeuses; un style également décliné, offrant cinq sillons longitudinaux, ce qui annonce qu'il est formé de la réunion de cinq styles intimement soudés; un stigmate simple, un fruit composé de cinq capsules uniloculaires, bispermes, soudées entre elles per leur côté interne, comprimées latéralement, s'ouvrant par leur partie supérieure : tels sont les caractères qui distinguent le genre Dictamne. Une seule espèce le compose.

Dictamne blanc, *Dictamnus albus*, L., Lamk., Illust. tab. 344, fig. 1; *Dictamnus Fraxinella*, Pers. C'est une Plante vivace, à racine fibreuse, qui croît dans les lieux rocailleux des contrées méridionales de l'Europe, en Orient, etc. Sa tige est haute d'environ deux pieds, droite, cylindrique, rougeâtre dans la partie supérieure. Les feuilles sont alternes, imparipinnées, ayant beaucoup de ressemblance avec celles du Frêne; de-là le nom de Fraxinelle donné à ce genre par Tournefort et Gaertner. Les folioles sont ovales, aiguës, glabres, luisantes, dentées. Les fleurs sont blanches ou purpurines, pédicellées, obliques, et forment un long épi au sommet de la tige. Les pédoncules de ces fleurs, le calice et la partie supérieure de la tige sont chargés d'une multitude de petites glandes pédicellées qui sécrétent une huile volatile très-abondante et d'une odeur très-forte. Aussi cette Plante donne-t-elle lieu à un phénomène très-remarquable, et qui a été observé pour la première fois par la fille de l'immortel Linné. Pendant les grandes chaleurs de l'été, il s'échappe des glandes qui couvrent la Fraxinelle une grande quantité d'huile volatile qui forme autour de cette Plante une sorte d'atmosphère éthérée. Si vers le soir on y plonge la flamme d'une bougie, l'huile volatilisée s'enflamme et brûle rapidement. On cultive assez fréquemment le Dictamne blanc dans les jardins; il y forme un très-bel effet par ses longs épis, et présente deux variétés : dans l'une les fleurs sont tout-à-fait blanches, tandis qu'elles sont purpurines dans la seconde. La racine de cette Plante qui est amère et aromatique était jadis employée comme sudorifique et vermifuge; mais les praticiens en ont abandonné l'usage.

　　　　　　　　　　　(A. R.)

DICTILÈME. *Dictilema.* bot. crypt. (*Confervées?*) Rafinesque a décrit sous ce nom un genre de Plantes marines qu'il caractérise ainsi : filamens anastomosés, réticulés, inarticulés, offrant à leur surface ou à leur point de contact, des tubercules séminifères. Ce genre, qui ne peut être adopté sans un nouvel examen, paraîtrait voisin des Hydrodictyons. (B.)

DICTYARIA. bot. crypt. (*Champignons.*) Hill désigne sous ce nom le genre *Phallus. V.* ce mot.　(A. R.)

* DICTYCIA. bot. crypt. (*Champignons.*) Rafinesque appelle ainsi un

genre de Champignons très-voisin du *Clathrus*, et qui n'en diffère que par l'absence du volva. Une seule espèce compose ce genre, c'est le *Dictycia clathroïdes* qui croît dans l'Amérique septentrionale.   (A. R.)

DICTYDIE. *Dictydium.* BOT. CRYPT. (*Lycoperdacées.*) Ce genre fondé par Schrader ne nous paraît pas mériter d'être séparé des *Cribraria* du même auteur; Persoon les a réunis avec raison. En effet, le *Dictydium* ne diffère du *Cribraria* qu'en ce que tout son péridium se transforme, à l'époque de la dissémination des sporules, en un tissu réticulé, tandis que dans le *Cribraria* la moitié supérieure seule devient réticulée, et la moitié inférieure persiste sous forme de cupule.

A ce genre appartiennent les *Cribraria cernua, venosa, splendens,* etc., de Persoon; la plupart ont été parfaitement figurés par Schrader. Ce sont de petits Champignons très-élégans par leur forme et leur couleur, souvent d'un beau rouge; ils croissent sur les bois pourris.   (AD. B.)

DICTYE. *Dictya.* INS. Genre de l'ordre des Diptères établi par Latreille aux dépens de la grande division des Mouches de Linné, et réuni ensuite aux genres Tétanocère et Platystome. *V.* ces mots.   (AUD.)

*** DICTYOPHORE.** *Dictyophora.* BOT. CRYPT. (*Champignons.*) Desvaux appelle ainsi un nouveau genre de Champignons qu'il a formé pour le *Phallus indusiatus* de Ventenat (Mém. Inst. 1, p. 520, t. 7, f. 3). Ce Champignon, originaire de Surinam, se rapproche beaucoup, dit Ventenat, du *Phallus impudicus;* mais il en diffère essentiellement par la présence d'un organe d'une structure tout-à-fait remarquable. Le chapeau et le pédicule sont réunis par un bourrelet frangé, qu'on prendrait d'abord pour une colerette; mais à mesure que ce bourrelet se développe, les fibres dont il est formé s'allongent, se déploient, et, semblable à une sorte de filet, il recouvre tout le pédicule du

Champignon. C'est la présence de cet organe, qui n'existe pas dans les vrais *Phallus*, qui caractérise essentiellement le genre Dictyophore.   (A. R.)

DICTYOPTÈRE. *Dictyopteris.* BOT. CRYPT. (*Hydrophytes.*) Genre de Plantes marines de la division des Dictyotées, que nous avons établie en 1809 aux dépens de quelques espèces de Fucus et d'Ulves de Linné. Il offre pour caractères : des feuilles simples ou divisées, souvent dichotomes, toujours partagées par une nervure qui s'évanouit vers leur extrémité; leur substance est confusément et irrégulièrement réticulée; fructification, petites capsules formant des masses un peu saillantes, éparses sur les feuilles, quelquefois sur deux lignes parallèles à la nervure, très-rarement en séries transversales. Les Dictyoptères se distinguent des Amansies par l'irrégularité des mailles du tissu et par la fructification; la forme de cette dernière partie les rapproche des Dictyotes dont elles diffèrent par la situation des capsules et par la nervure longitudinale. Ce dernier caractère ne s'observe jamais dans les genres *Padina*, *Dictyota* et *Flabellaria* de la même famille.

Tout ce que nous avons dit en traitant des généralités sur l'organisation et la fructification des Dictyotées, peut s'appliquer aux Dictyoptères; nous ajouterons que la grandeur de ces Plantes varie beaucoup. Certaines espèces acquièrent à peine quelques centimètres de hauteur, tandis que d'autres dépassent souvent trois décimètres. Elles diffèrent également dans l'état de dessiccation et de vie; fraîches et au sortir de la mer, elles sont un peu charnues, roides, presque cassantes, et on y observe l'organisation réticulée avec la plus grande facilité; desséchées, elles deviennent très-minces, très-flexibles, et c'est dans cet état que plusieurs auteurs les ont décrites. Les Dictyoptères se trouvent dans les zônes chaudes et tempérées; elles commencent à paraître vers le cinquante-cinquième degré de latitude nord. Communes dans la Méditerranée, elles semblent devenir plus rares à mesure qu'on se rapproche de l'équateur; nulle part les espèces ne sont nombreuses. L'on n'en connaît encore que dix à douze, parmi lesquelles on doit citer le *Dictyopteris Justii* des Antilles, remarquable par sa grandeur; le *Dictyopteris polypodioïdes* de la Méditerranée et ses nombreuses variétés que Bory de Saint-Vincent a retrouvées à Saint-Jean-de-Luz, dans la baie de Biscaye; le *Dictyopteris serrulata* de l'Australasie, à bord garni de petites dentelures; les *Dictyopteris delicatula* et *prolifera* des mers des Indes, parasites et très-petites, etc., etc. Nous ne croyons pas que l'existence des Dictyoptères se prolonge souvent au-delà d'une année.   (LAM., X.)

DICTYOTE. *Dictyota.* BOT. CRYPT. (*Hydrophytes.*) Genre que nous avons établi en 1809 aux dépens des Fucus et des Ulves de Linné. Il offre pour caractères : des feuilles sans nervures, en général dichotomes ou comme déchirées, à substance réticulée; fructification, capsules en petites masses éparses, rarement en lignes. Lorsque nous le formâmes, nous l'avions divisé en deux sections; la première renfermant les espèces dont la fructification située en lignes transversales, courbées en segmens de cercle et concentriques; dans la deuxième étaient les espèces à fructifications rarement situées en lignes longitudinales, plus rarement en lignes irrégulières et transversales, presque toujours éparses en totalité ou en partie. Adanson avait considéré la première section comme un genre particulier et l'avait nommée Padina; nous croyons devoir l'adopter et ne conserver que la deuxième pour le genre *Dictyota.* C'est un des plus naturels de la nombreuse famille des Hydrophytes, quoique les Plantes dont il est composé aient été classées les unes parmi les Fucus, les autres parmi les Ulves. Leur substance est un réseau d'une finesse extrême, invisible à l'œil nu, soutenu par un autre réseau beaucoup plus grand

que l'on peut quelquefois apercevoir sans le secours des instrumens. Le premier est beaucoup plus irrégulier que le second dans lequel les mailles transversales sont moins fortes que les longitudinales. Les feuilles ou les frondes toujours sans nervures, rarement rameuses, presque toujours dichotomes, offrent ordinairement des formes linéaires comme les feuilles des Herbes; elles ne sont jamais velues; leur partie inférieure présente quelques poils plus nombreux sur la racine qui semble en être entièrement composée. Cette racine n'est jamais rameuse comme celle des Laminaires, ni en empâtement comme celle des Floridées; elle a le caractère de la racine des Dictyotées. La fructification est très-rarement en lignes bien tranchées; en général elle est éparse. Quelquefois des fructifications éparses sont contenues entre deux lignes d'autres fructifications parallèles aux deux bords de la feuille, ou bien entre des lignes en zig-zag ou irrégulières et transversales. Cette fructification est composée de capsules nombreuses réunies en masses plus ou moins saillantes. Les feuilles de quelques espèces, larges, planes inférieurement, se terminent quelquefois en lanières filiformes et cylindriques sur lesquelles les fructifications forment des espèces de verrues, c'est ce qui nous a engagé à réunir à ce genre plusieurs Plantes marines à divisions longues, capillacées et cylindriques, mais ayant tous les autres caractères des Dictyotes. Tels sont le *Fucus rhizodes* de Turner, T. IV, tab. 235, et ses congénères dont un botaniste a fait un genre particulier. — Les Dictyotes ont une couleur verdâtre plus ou moins foncée, qui ne change presque point par la dessication; exposées à l'action de l'air et de la lumière, elles prennent une teinte plus foncée, rarement une nuance fauve ou jaune blanchâtre. Nous n'en avons jamais vu de noires, ni de rougeâtres quel que fût leur état. Elles paraissent répandues dans toutes les mers et sont plus communes dans le centre des zônes tempérées que partout ailleurs. Ce genre est nombreux en espèces; parmi ces dernières, l'on remarque le *Dictyota ciliata* des côtes de France, dont les fructifications sont éparses et en lignes transversales très-irrégulières; le *Dict. dentata* nommé *Fucus atomarius* par Gmelin; Plante originaire des Antilles, et que l'on confond encore avec le *Fucus dentatus*, Floridée commune dans les mers du Nord; le *D. dichotoma*, si variable dans ses formes et si répandu dans l'océan européen; le *D. laciniata*, à substance presque cornée dans l'état frais; le *D. penicellata*, à divisions supérieures cylindriques; le *D. rhizodes* et ses congénères entièrement cylindriques et filiformes. Nous pourrions augmenter cette liste de plus de vingt espèces connues ou nouvelles.

(LAM..X.)

DICTYOTÉES. *Dictyoteæ.* BOT. CRYPT. (*Hydrophytes.*) Ordre de Plantes marines ayant pour caractères une organisation réticulée et foliacée, une couleur verdâtre ne devenant jamais noire à l'air. Cinq genres au moins composent cette famille qui se distingue de toutes les autres par son organisation réticulée, facile à observer dans toutes les espèces avec le secours de la loupe et même à l'œil nu. Ces Plantes pourvues d'une tige, de rameaux et de feuilles à nervures ou sans nervures, n'offrent dans leur organisation que du tissu cellulaire et un épiderme très-épais. Les mailles ou cellules, souvent irrégulières, présentent presque toujours une forme hexagone ou carrée. Elles sont remplies par une autre espèce de tissu cellulaire plus régulier, beaucoup plus petit et à peine visible avec les plus fortes lentilles des microscopes. Ce dernier tissu contient une substance mucilagineuse dans laquelle réside le principe colorant des Dictyotées; le premier, que l'on pourrait peut-être considérer comme la partie ligneuse ou solide de ces Plantes, paraît composé de membranes plus épaisses et plus fortes longitudinalement que transversalement. Dans les tiges et les nervures, les cellules, beaucoup plus allongées que dans les feuilles, ont les membranes transversales à peine sensibles, ce qui donne à ces parties un aspect fibreux. Les fructifications très-nombreuses, jamais tuberculeuses, couvrent la surface des feuilles; ce sont des capsules granifères, innées dans la substance de la Plante, recouvertes d'une légère pellicule épidermoïque qui souvent se déchire et même se détruit avant la maturité des graines; dans quelques espèces, elles deviennent saillantes, jamais elles ne sont isolées; elles forment par leur rapprochement, plutôt que par leur réunion, des taches polymorphes, ou des figures linéaires, simples ou doubles, longitudinales, transversales, éparses, etc. La racine des Dictyotées diffère de celles des Fucacées et des Floridées. C'est une callosité entièrement formée de petites fibres, qui produit sur tous les points de sa surface une grande quantité de poils longs, très-fins et très-nombreux, de la même nature et de la même grosseur que les fibres de la callosité, d'une couleur blanchâtre quand la Plante est vivante, et jaunissant, devenant même d'un fauve brun par la dessiccation et le contact de l'air. Ces poils couvrent ordinairement la partie inférieure des tiges; dans quelques espèces, ils se prolongent jusque sur les nervures; dans d'autres, ils s'étendent sur une des deux surfaces des feuilles; dans certaines, ils ne dépassent pas la racine, et même ils y sont en très-petit nombre; mais aucune Dictyotée n'en est entièrement dépourvue. La quantité de ces poils augmente avec l'âge; ils varient dans leur forme ainsi que ceux des Plantes terrestres. Sont-ils analogues à ceux que l'on trouve en petites houpes sur les feuilles des *Fucus serratus*, *vesiculosus*, *natans*, etc. ? Nous ne le pensons point. Ils disparaissent cependant et se développent à certaines époques comme ceux de ces Thalassiophytes, et ne persistent en général que sur les tiges ou les nervures; enfin nous les regardons comme faisant partie de la Plante, et peut-être comme des organes sécréteurs et absorbans, très-différens par leur forme de ceux des Fucacées. Nous avons souvent observé ces poils sur des Dictyoptères et des Dictyotes dans le lieu même où elles croissent, et nous nous sommes assurés qu'ils étaient produits par les Végétaux, et que c'était à tort qu'on les avait considérés comme des productions parasites. Nous avons dit que les Fucacées étaient en quelque sorte analogues au tissu ligneux des Arbres dicotylédonés, les Floridées aux fleurs, et les Ulvacées au tissu vert et parenchymateux des cotylédons, par un grand nombre de phénomènes; il en est de même des Dictyotées : on peut les comparer aux feuilles des Géophytes ou Plantes terrestres, elles leur ressemblent par une foule de rapports, surtout par l'action que les fluides atmosphériques exercent sur les uns comme sur les autres. — La couleur moins olivâtre que celle des Fucacées n'offre point les brillantes nuances des Floridées; c'est un vert plus ou moins vif, nuancé souvent de fauve, qui change peu par l'action de l'air et de la lumière, à l'exception des tiges ou des principales nervures qui prennent quelquefois une teinte noirâtre. — Il n'est pas rare de trouver des Plantes terrestres dont les feuilles colorées en rouge ont plus d'éclat que les fleurs; les Thalassiophytes foliacées présentent le même phénomène; quelques espèces offrent une couleur rosâtre, d'autres un brun fauve, plusieurs un olive rougeâtre; mais ces Plantes ne forment pas la cinquième partie des Dictyotées, et ces variations, au lieu de détruire notre système, ne font que l'appuyer, puisqu'on ne les observe point dans les Fucacées. Les Dictyotées vivent une ou plusieurs années; presque toutes celles qui sont pourvues de nervures paraissent vivaces, et sont particulières aux latitudes tempérées ou équatoriales. Les Dictyotées sans nervures se trouvent

dans toutes les mers et sont annuelles. Cette famille est composée des genres Amansie, Dictyoptère, Padine, Dictyote et Flabellaire. *V.* ces mots.

(LAM..X.)

* DICUTDALAGA. BOT. PHAN. (Camelli.) Arbrisseau des Philippines, peu connu, bien qu'il ait été figuré, qui paraît appartenir à la famille des Rubiacées, et dont les rameaux flexibles sont employés dans le pays aux mêmes usages que l'osier. (B.)

DIDACTYLE. OIS. Qualification qui s'applique particulièrement à l'Autruche qui n'a que deux doigts. *V.* AUTRUCHE. (DR..Z.)

DIDELPHE. *Didelphis.* MAM. Genre de Marsupiaux ou Animaux à bourse, établi par Linné, et caractérisé par dix incisives en haut, dont les intermédiaires sont un peu plus longues, et huit en bas; trois mâchelières antérieures, comprimées, et quatre arrière-mâchelières hérissées, dont les supérieures triangulaires, les inférieures oblongues, en tout cinquante dents, nombre le plus grand que l'on connaisse encore parmi les Mammifères. Ils ne sont pas moins bien caractérisés par leur pied de derrière, qui est une véritable main de Singe, d'où leur était aussi venu le nom de *Pedimanes*, qu'ils partageaient avec les Phalangers dans la première classification de Cuvier, antérieure à celle du Règne Animal. Mais chez les Phalangers, ce pouce également dépourvu d'ongles, comme chez les Didelphes, est tout-à-fait dirigé en arrière, comme aux Oiseaux; et en outre, les deux doigts suivans sont réunis par la peau jusqu'à l'ongle. Tous les autres doigts des Didelphes sont armés d'ongles assez crochus qui servent à fouir et à s'accrocher en grimpant. En marchant, ils appuient à terre la plante du pied qui est ronde, grande et lisse à ceux de devant. La brièveté et l'épaisseur des jambes en font des Animaux d'une marche lente. Leur langue est ciliée au bord, et hérissée vers la pointe de papilles cornées comme celles des Chats. Ils ont la pupille verticale et l'iris jaune comme les Renards. Leur physionomie les distingue aussi bien que les particularités de leur organisation. Une gueule de Brochet fendue jusqu'au-delà des yeux ; des oreilles de Chouette, ou, pour mieux dire, de Chauve-Souris ; une queue de Serpent et des pieds de Singe ; un corps qui paraît toujours sale, parce que le poil, qui n'est ni frisé ni lisse, est terne et semblable à celui d'un Animal malade ou mal décrotté ; une peau d'un rose livide et d'aspect dartreux, qui se montre nue autour de la bouche et des yeux, aux quatre pieds, à la queue et aux oreilles où elle est transparente ; des moustaches noires ou blanches, composées de soies roides et très-longues, se détachant fortement du rose ou blanc livide de leur museau dont la longueur démesurée n'est bornée que fort loin en arrière, par des yeux très-saillans, quoique petits et bordés de rouge ou de noir ; et au-dessus de cette déplaisante figure, ces oreilles transparentes de Chauve-Souris à teinte rougeâtre ou violâtre : tous ces traits en font l'Animal de l'aspect le plus rebutant que nous connaissions parmi les Mammifères. A quoi il faut ajouter une odeur fétide et urineuse, provenant d'un chapelet demi-circulaire de glandes situées dans l'intérieur du pourtour de la fente où s'ouvrent les canaux de la digestion, de l'urine et de la génération. Cette mauvaise odeur est encore renforcée par l'habitude qu'ont toutes ces espèces, de se mouiller de leur urine qu'elles lâchent quand elles sont effrayées ou seulement de mauvaise humeur. Cette puanteur qu'exprime leur nom guaranis *Micoure*, n'existe qu'à la peau dont le poil en est imprégné, et a sa source dans l'appareil glanduleux de l'anus qu'a représenté Pallas sur le *Didelphis Brachyura* (*Act. Petrop.* tab. 4, partie 2, pl. 5, fig. 4). Elle ne pénètre pas la chair qui est recherchée par les Sauvages, et qui passe dans le Paraguay pour guérir les hémorrhoïdes. Les onctions de la graisse passent aussi pour avoir la même vertu. Cette fétidité dont s'entoure l'Animal, quand on l'irrite soit en le poursuivant, soit en voulant le prendre, est sa seule défense, car il ne sait ou ne peut fuir. Il ne va pas plus vite qu'une Souris, et sa gueule, pourtant bien armée de dents presque aussi tranchantes que celles des Carnassiers, ne lui sert qu'à mordre machinalement l'instrument qui le frappe sans distinguer la main qui le dirige. — Toutes ces espèces, comme l'indique l'allongement vertical de leur pupille, sont nocturnes, et probablement leur œil, que nous n'avons pas eu l'occasion d'examiner, est pourvu d'un miroir réflecteur (*V.* notre Mém. sur l'usage des couleurs de la choroïde. Journ. de Phys. exp., janvier, 1824) ; par conséquent, leur vue doit être aussi bonne que celle des Chats, au lieu d'être faible et mauvaise comme on l'a dit récemment. Leur stupidité est extrême : aussi, leur cerveau, qu'a représenté Tiédeman pour la Marmose (*Icon. cereb. Simiar. et quor. Mammal. rar.*, tab. 5, fig. 9), est-il lisse comme celui des Rongeurs, et sans la moindre circonvolution ou repli. Nous avons fait voir au mot CÉRÉBRO-SPINAL, que la proportion d'étendue des surfaces cérébrales multipliées ou non par des plissemens, était en rapport constant avec le degré et le nombre des facultés intellectuelles des Animaux : aussi tous ces Animaux, tout en s'accoutumant à vivre dans la maison, ne sont-ils susceptibles de rien apprendre ni de s'attacher à personne. La nuit, ils grimpent sur les Arbres pour y surprendre les Oiseaux endormis et les Insectes, ou y manger des fruits. C'est le seul exercice où ils montrent un peu d'agilité, vu l'aisance que leur donne pour cela leur main postérieure, dont les ongles crochus des quatre doigts opposés au pouce, font une pince à crochets. Leurs pieds de devant sont également bien armés : et comme tous leurs ongles, quoique déliés, sont aigus et courbes, ils peuvent aussi monter sur les murs. Les grandes espèces s'introduisent la nuit dans les habitations où elles tuent la volaille pour lui sucer le sang. Elles ne mangent la chair que par détresse ; le jour ils dorment dans leurs trous, roulés sur eux-mêmes comme les Chiens.

Ces Animaux sont célèbres par les romans qu'on a imaginés sur leur génération, au lieu d'observer le mécanisme même de cette fonction. Ils sont un des exemples les plus saillans, que sans l'anatomie des organes actifs la zoologie n'est qu'une nomenclature d'énigmes. Jusqu'à la fin du dernier siècle, les Sarigues furent les seuls Animaux à bourse connus, quoique pourtant Valentyn, Clusius et même Plutarque eussent parlé très-clairement de quelques autres de ces Animaux, comme nous allons le faire voir. Nous renvoyons pour l'histoire de la génération, et pour la description des organes sexuels de ces Animaux, au mot MARSUPIAUX. Nous préviendrons seulement ici que la bourse n'est pas constante dans tous les Animaux de cet ordre; et, par exemple, dans le genre même dont nous traitons ici, une division en est pourvue et l'autre n'en a pas. Mais il est bien remarquable, comme Pallas l'a observé le premier (*Act. Petrop.*, t. 4, part. 2), que les os dits marsupiaux, saillans au-devant du pubis, existent indépendamment de la bourse, sans même que leur grandeur relative en soit diminuée, car on les retrouve et dans les mâles des espèces à bourse et dans les deux sexes des espèces qui n'ont pas de poche. On a prétendu, pour appuyer l'idée de l'unité de composition, que cet os existait dans tous les Vertébrés, que dans l'Homme et les autres Mammifères, il était situé au fond de la cavité cotyloïde. Il aurait donc ici perdu sa position ordinale et ses connexions, ce qui implique contradiction avec l'idée que l'on prétendait soutenir. D'ailleurs ce même os se retrouve chez les Monitors, où le fond de la cavité cotyloïde offre aussi un petit osselet central, comme on en voit quelquefois dans les Mammi-

fères. — Le nombre des tetines varie d'une espèce à l'autre; il n'y a qu'un orifice commun pour les organes digestifs et génito-urinaires. Le gland de la verge des mâles et du clitoris des femelles est divisé en deux comme le fond du vagin de celles-ci. Le nom de ce genre est significatif de cette division, Didelphe signifiant double matrice.

Linné avait rangé dans ce genre tous les Animaux marsupiaux qu'il connaissait. On a dit au commencement de cet article par quels caractères il restait distingué. Mais les espèces auxquelles conviennent ces caractères, sont restées pendant très-longtemps confondues, soit entre elles, soit avec les Phalangers. Buffon (T. X, pag. 284 à 299) a entrepris de débrouiller cette confusion. Dans cette longue discussion, dont il s'excuse en disant que, lorsqu'il s'agit de relever les erreurs des autres, on ne peut être trop exact ni trop attentif, même aux plus petites choses, il a pourtant montré moins de sagacité que de prévention, et est tombé dans une erreur grave. Il donne étourdiment un démenti à Valentyn, qui assure qu'un Animal qu'il nomme Philandre (de *Pelandok*, nom malais d'un petit Kanguroo), et qui est très-commun dans les îles d'Aroë, a pour matrice une poche ventrale, dans laquelle sont conçus les petits, et qu'après avoir lui-même disséqué le Philandre, il n'en a pas trouvé d'autre. Il ajoute que si cette poche n'est pas une vraie matrice, les mamelles sont, à l'égard des petits de cet Animal, ce que les pédoncules sont aux fruits, etc. Il résulte évidemment de ce passage de Valentyn, qui avait, durant quinze ou vingt ans, habité Amboine, la preuve de l'existence, dans les Moluques, d'un Animal à bourse. Or Buffon, qui treize ans plus tard (Suppl. T. III, p. 270) admit qu'absolument parlant et même raisonnant philosophiquement, il peut se trouver dans les climats méridionaux des deux continens quelques Animaux qui seraient précisément de la même espèce (abstraction qui, toute logique qu'elle puisse être, ne s'est point encore réalisée), n'avait aucun motif de dire que quand Valentyn assure que rien n'est si commun que les Philandres aux îles Moluques, il n'y en avait peut-être jamais vu. En outre Buffon qui affecte tant d'érudition dans sa critique, aurait dû savoir que Plutarque, qui certes n'avait pu connaître les Philandres ou Didelphes d'Amérique ni en entendre parler, désigne pourtant de la manière la plus claire des Animaux à bourse dans les îles orientales d'Asie. « Fixez, dit-il (Traité de l'Amour des parens envers leurs enfans), votre attention sur ces Chats qui, après avoir produit leurs petits vivans, les cachent de nouveau dans leur ventre, d'où ils les laissent sortir pour aller chercher leur nourriture, et les y reçoivent ensuite pour qu'ils dorment en repos. »

Buffon aurait dû savoir encore que plus de cent ans avant Valentyn, Clusius, parlant d'un Phalanger d'Amboine sous le nom de Cusa (*Curæ post. ad lib. exot.* T. II, in-folio, Rapheling. 1605 à 1611), dit qu'à son troisième voyage à Amboine, l'amiral Vanderkagen vit dans cette île un Animal un peu plus grand que notre Chat, portant sous le ventre un sac velu dans lequel pendent ses mamelles; que les petits s'y forment, et restent adhérens aux tetines, qu'ils ne s'en séparent pas avant d'avoir une taille suffisante; qu'après leur naissance ils y rentrent pour teter; que cet Animal vit de grains, d'herbes vertes et de légumes; que les Portugais le mangent habituellement, mais que les Mahométans se l'interdisent.—Ce récit est presque le même que celui de Valentyn. Buffon n'eût pu le dire copié de Pison ou de Marcgraaff. Et il n'eût pas ainsi de sa certaine science affirmé à faux que tous les Philandres que Valentyn et d'autres avaient pu voir à Amboine, y avaient été apportés d'Amérique. Tous les raisonnemens de Buffon, pour prouver que les Animaux à bourse, Sarigues ou Didelphes connus de son temps, n'existent qu'en Amérique, sont justes dans leur restriction à des Animaux du genre Didelphe actuel. Ils sont entièrement faux dans leur extension aux Animaux à bourse en général.

Voici ce qui donna lieu à la confusion que Buffon voulut débrouiller, et ce qu'il n'a pas aperçu. Séba représenta de vrais Didelphes ou Sarigues sous le nom de Philander, par lequel Valentyn (t. 3, 1re partie, p. 273 et suiv.) avait désigné le Kanguroo d'Aroë, distingué par lui du Phalanger des Moluques qu'il nomme Koës-Koës, du nom indigène à Amboine et non malais. Il dit précisément que le Philander est appelé par les Malais, Pelandok Aroë (Lapin d'Aroë), par les indigènes d'Amboine, Koës-Koës d'Aroë, et par les Hollandais, Chat d'Aroë. Après Séba vinrent les nomenclateurs, Brisson, etc., qui confondirent d'abord le Philander (Kanguroo) avec le Koës-Koës (Phalanger), et qui, trouvant extérieurement beaucoup de ressemblance entre les Koës-Koës et les Sarigues américains, les confondirent ensemble. Voilà comment ce nom de Philander, étranger originairement même aux Phalangers, leur devint commun ainsi qu'aux Sarigues. En effet ce nom de Philander ne se trouve avant Séba attribué à aucun Didelphe américain. Valentyn avait donc eu raison de donner, comme indigènes de l'Orient, les Philanders et les Koës-Koës qu'il caractérise spécifiquement par leur nom de pays, qu'il ne rapproche que par l'existence de la bourse, et dont il précise d'ailleurs les différences. C'est ainsi que tous les auteurs qui avaient écrit auparavant sur l'histoire naturelle de l'Amérique avaient adopté les noms du pays où ils avaient observé. Ainsi Pison et Marcgraaff écrivirent plus ou moins exactement le nom de Sarigoueya ; Hernandez, Tlaquatzin au Mexique, Acosta à la Nouvelle Grenade; les écrivains anglais, Opossum, Apossum ; les Français, Sarigue, Cerigou, synonymes dans lesquels les noms de pays sont plus ou moins altérés. Le contraste de ce nom de Philandre donné à un Animal du pays, dans un livre fait à Amboine, avec les noms américains adoptés par les Européens sur les Sarigues, aurait dû suggérer à Buffon l'explication du double emploi fait de ce nom par Séba, qui, n'ayant eu ni figure ni original du Phalanger, donna à la place un Sarigue, sous le nom de Philander, par lequel Valentyn désigne un Animal génériquement différent du Koës-Koës et du Sarigue.

Buffon s'est donc étrangement trompé en disant, T. x, p. 296, que le Philandre oriental et le Philandre d'Amboine ne font qu'un seul et même Animal avec son Sarigue.

Les Didelphes ou Sarigues vivans sont exclusivement propres à l'Amérique, depuis la Plata jusqu'à la Virginie. Un seul, le Sarigue Opossum, paraît indigène de toute l'étendue comprise entre ces deux limites, au moins Barrio de Guatimala nous assure qu'il est commun dans cette partie du Mexique. Mais il est actuellement impossible de dire si les autres qui tous sont certainement indigènes au Paraguay, se retrouvent également dans toute l'Amérique méridionale, ou bien s'ils habitent aussi le Mexique. La synonymie des diverses espèces dans la langue de différens peuples, serait un moyen supplémentaire de l'observation locale pour déterminer l'indigénat de ces espèces en différens lieux à la fois, si elle n'était beaucoup trop imparfaite, comme on le verra à la description des espèces. Il n'y a réellement que deux espèces qui paraissent propres à l'Amérique septentrionale, l'une le *Didelphis Virginiana*, et l'autre encore inconnue aux zoologistes qui n'en savent que le nom et la description donnée par Hernandez d'après un Didelphe qui habite les montagnes du Mexique. Or, ainsi que l'observe Cuvier, cette description n'est pas applicable au *Didelphis dorsigera* de Linné qui est de la Guiane, et auquel on a transporté le nom

mexicain de *Cayopolin* donné par Hernandez à son Animal. Des espèces vivantes qui constituent ce genre, deux seulement semblent donc appartenir à l'Amérique septentrionale. L'une des deux, celle de Hernandez, ne figure même pas encore dans la nomenclature zoologique.

Plusieurs espèces de Didelphes manquant de bourse, l'existence ou l'absence de cet organe sépare naturellement ce genre en deux divisions.

† *Didelphes à poche.*

1. DIDELPHE ou SARIGUE A OREILLE BICOLORE, *Didelphis Virginiana*, Pennant, *Hist. Quad.*: seule bonne figure dans les Mamm. lithog., 3ᵉ douzaine; Buffon, Suppl. vi, pl. 33 et 34, sous le nom de Sarigue des Illinois; Encycl.; Opossum des Anglais; Manicou des Antilles; Ossa au Mississipi d'après Lahontane, T. ii; Tlaquatzin des Mexicains, Hernandez et Ximenès; Sarigoueya des Guaranis, d'où Sarigue, Cerigou, Sarigou, Carague des auteurs qui ont visité le Brésil; Micouré au Paraguay, Azzara, Quadr. T. i, p. 244. Est-ce un jeune de cette espèce qu'a représenté F. Cuvier sous le nom de jeune Opossum à tête blanchâtre, ainsi que tous les doigts et le tiers postérieur de la queue, le corps d'un noir plombé, les oreilles brunes et d'environ un pied de long? —Tout entier d'un gris blanc jaunâtre, dit F. Cuvier (*loc. cit.*), couleur résultant de ce que ses poils sont d'un blanc sale, noir ou brun à la seule pointe; il n'y a de soies toutes noires que le long de l'échine, et sur une bande descendant du cou aux jambes de devant; les quatre jambes sont noires. Il n'y a que quelques poils rares et courts aux interstices des écailles sur la queue qui n'est noire qu'à la base, blanche sur le reste de sa longueur et composée de vingt-trois à vingt-cinq vertèbres. Les mains, les oreilles et le museau sont entièrement nus; les doigts et les ongles couleur de chair; la paume des mains est d'un noir violâtre; la

conque de l'oreille noire, excepté à la base et au bord où elle est tachée de rose livide. Ce caractère assez constant a valu à l'espèce le nom d'Oreille bicolore. Toutes les moustaches sont blanches ; l'œil est noir, petit, et presque sans paupière ; mais la paupière nictitante est très-développée, et peut le recouvrir tout entier. Ces yeux sont si saillans qu'ils semblent être le segment d'un ellipsoïde. Les narines terminales bien au-delà de la mâchoire s'ouvrent sur les côtés d'un mufle nu et un peu glanduleux. L'oreille susceptible de se fermer se reploie d'avant en arrière par trois plis longitudinaux, et s'abaisse à l'aide de plis transverses plus nombreux coupant les autres à angle droit. L'individu qui a servi à cette description avait onze pouces de la queue à la nuque ; sa tête était longue de six pouces ; sa queue de onze ; sa hauteur était de sept à huit pouces. On le nourrissait de viande crue et de pain avec du lait ; il buvait en lapant, et recevait aussi de l'eau d'une chute dans la bouche qu'il tenait ouverte. Sa queue prenante et très-forte ne se repliait qu'en dessous. Il paraissait se servir de ses doigts pour toucher ; sa voix ressemblait au feutement du Chat. La femelle a de onze à treize mamelles. A l'état sauvage, cette espèce se creuse un terrier dans les buissons voisins des habitations, et y dort le jour. C'est aussi ce que nous lui avons vu faire en captivité ; mais on a eu tort de conclure que c'était parce qu'il y voyait mal alors. Nous avons montré (Mém. sur l'usage des couleurs de la choroïde) que les Animaux à œil de Chat y voyaient également bien la nuit et le jour. La nuit il se met en mouvement, monte sur les Arbres, pénètre dans les basse-cours, tue la volaille dont il ne fait que sucer le sang, mange aussi des Insectes, des Reptiles et des fruits. Ce que Buffon a rapporté d'après Dumont (Mém. de la Louisiane) que le Sarigue bicolore se suspend par la queue pour guetter le gibier au pas-

sage, et que même il expose un Oiseau mort pour attirer les Oiseaux de proie, est trop contradictoire, et avec la stupidité de l'Animal et avec ses habitudes nocturnes, pour être seulement vraisemblable. Azzara a vu les femelles de cette espèce emporter leurs petits entortillés par la queue à la sienne, ainsi qu'à ses jambes et à son corps. Dans cet état elle ne marche qu'avec beaucoup de peine. — Il y a des individus albinos dans cette espèce avec laquelle Buffon confondait le Sarigue Crabier ou grand Sarigue de Cayenne, et le Quatre-Œil ou moyen Sarigue de Cayenne. C'est à tort que le même auteur (Suppl. T. III) attribue à cet Animal, d'après Laborde, ce rourou que fait le Chat quand on le caresse. Suivant Barton, la gestation utérine durerait vingt-six jours, et le séjour des petits dans la poche environ cinquante. Azzara a vu des petits longs de cinq pouces avoir les yeux fermés, le poil commençant à poindre, adhérer à la tetine ; il les en arracha tous ; au bout de huit heures, ceux qu'on avait remis dans la bourse avaient repris adhérence aux tetines, et il fallut en déchirer de nouveau la peau pour les en arracher. Il existe au Muséum d'anatomie un squelette d'Opossum entièrement rachitique ; l'arc de chaque côté est formé de trois tronçons ; les os même de la tête en sont déformés.

2. DIDELPHE CRABIER, *Didelphis cancrivora* et *marsupialis*, L.; grand Sarigue de Cayenne, du Brésil, Buff., Suppl. T. III, pl. 54, copié Encycl. pl. 21, fig. 3; F. Cuvier, Mammifèr. lithograph. 3e douzaine, qui représente le mâle ; grand Philandre oriental de Séba, Mus. pl. 39; *Didelphis marsupialis*, Schreber, pl. 145, la seule bonne parmi les fig. de Didelphes américains de cet auteur. — A pelage jaunâtre, museau plus effilé, chanfrein plus droit que le précédent qui a le front déprimé ; toutes les moustaches noires ainsi que les oreilles et les yeux ; la tête d'un blanc jaunâtre ; cou, dos et flancs

jaunâtres parsemés de noir, à cause de ses poils plus longs dont la moitié supérieure est noire, et qui dépassent tous les autres, lesquels sont d'un blanc sale. Ces longs poils noirs, plus nombreux sur l'échine, s'y redressent dans la colère. Membres tous noirs jusqu'aux ongles, qui sont blancs ainsi que leurs phalanges; premier tiers de la queue noir, le reste blanchâtre; testicules nus et blanchâtres; museau et lèvres couleur de chair; la lèvre inférieure est bordée de noir. La longueur du museau à l'anus est de treize pouces, celle de la tête de quatre pouces; la hauteur moyenne de six pouces et demi. Cette espèce paraît exclusive au littoral du Brésil et des Guianes. Elle y habite les palétuviers, et vit surtout de Crabes. Pris jeune, on dit que le Crabier s'apprivoise aisément. Quelques naturalistes ont confondu même récemment le Sarigue Crabier avec le Chien Crabier, *Canis cancrivorus* ou *Thoüs*, L., qui n'est pas même, comme on voit, du même genre (*V.* Chien). Buffon en avait déjà fait cependant la remarque (Suppl. T. iii, p. 278), quoiqu'en cet endroit même il nomme ce Didelphe Chien Crabier. Suivant Laborde, le Sarigue Crabier introduirait sa queue dans les trous des Crabes pour les en tirer quand ils l'ont saisie. On le nomme Pian à Cayenne.

3. Didelphe Quatre-OEil ou moyen Sarigue de Cayenne; *Didelphis Opossum* de Linné, Buff., pl. 45 à 46, copié Encyclop. pl. 23, fig. 1 et 2; Séba, pl. 36, sous le nom de Philandre. Buffon, T. x, rapporte à cette espèce les récits de tous les auteurs, et sur les Sarigues et même sur les Phalangers, puisqu'il prétendait que les passages de Valentyn concernaient le Sarigoueya. Nous avons montré à quoi tenait son erreur. Cette espèce, plus petite que les deux précédentes, a tout au plus un pied de long du museau à la queue qui est longue de onze pouces. Le poil qu'elle porte à sa base n'est pas un caractère, car il est commun aux deux espèces précédentes et aux Micourés 2 et 3

d'Azzara. Le pelage est partout d'un seul poil gris brun en dessus et un peu plus foncé sur la tête; le dessus de chaque œil est marqué d'une tache ovale, jaune pâle, qui a valu à l'Animal son nom de Quatre-OEil. Oreilles bordées de blanc en arrière; mufle, lèvres et menton blanchâtres; poitrine et devant du ventre jaunâtres; pates gris brun en dehors, blanc jaunâtre en dedans, dernière couleur qui peint aussi les doigts.

†† *Didelphes sans poche et à mamelles découvertes.*

4. Didelphe a queue nue, *Didelph. nudicaudata*, Geoff. Pelage de même couleur qu'au précédent, mais les oreilles n'ont pas de blanc derrière leur base. La taille est plus petite, et n'a que neuf pouces du museau à la queue qui est à proportion beaucoup plus longue, puisqu'elle excède d'un quart la longueur du corps entier; elle est partout nue et d'une seule couleur. — Cette espèce est de Cayenne. L'individu du Muséum est une femelle qui a encore ses petits attachés aux mamelons.

5. Didelphe Cayopolin, *Did. Philander* et *D. dorsigera*, L., Buff., T. x, pl. 55; Micouré 2 d'Azzara, Quadr. 3. — Long de sept pouces trois lignes du museau à la queue qui en avait onze cinq lignes d'après Daubenton, et à laquelle nous avons trouvé une trentaine de vertèbres. Il se distingue encore des espèces voisines, parce que le crâne n'offre pas de crête pariétale, mais est assez uniformément rond. Les yeux sont bordés de brun; le chanfrein a sur sa longueur une raie de la même couleur, et ses côtés sont d'un gris cendré. Tout le dessus du corps gris fauve; le dessous jaunâtre; oreilles entourées de jaune à la base; queue tachetée de jaunâtre et de brun. Daubenton n'a trouvé de poil que jusqu'à un pouce et demi de la naissance de la queue : or, dans l'individu vu par Azzara et qui provenait de l'intérieur du Paraguay, elle était velue sur les deux tiers de sa longueur, nue seulement sur le dernier. Ensuite il observe qu'elle

n'est ni conique ni ronde ; mais prismatique à angles très-émoussés, avec une rainure sur la face inférieure. Mais Daubenton, si attentif, ne signale aucune différence de forme à la queue de son Cayopolin. Azzara dit en outre que le tour de l'œil est cannelle ardent, séparé de la ligne brune du chanfrein par du brun clair ; l'oreille est violet livide, et la queue et les pieds avaient un poil de plus d'un pouce de long. Or Daubenton a trouvé très-court le poil des pieds de son Cayopolin. Un autre individu dont la description fut fournie à d'Azzara par Noseda, également du Paraguay, ne différerait pas du sien. Il est évident que le Micouré laineux diffère du Cayopolin de Daubenton et de Buffon. Il y a donc certainement trois Animaux confondus sous ce nom de Cayopolin. Or il est difficile de croire que celui de Hernandez, qui habite les montagnes du Mexique, soit identique à celui d'Azzara, indigène des plaines et forêts marécageuses du Paraguay. On ignore la patrie de celui de Daubenton. Il est probable cependant qu'il venait de Cayenne, où, suivant Desmarets qui ne cite pas ses autorités, il serait assez connu, et produirait ordinairement cinq ou six petits.

6. DIDELPHE A GROSSE QUEUE, *Didelphis Macroura*, Azz., Quadr. p. 284. —De onze à douze pouces de long du museau à la queue, laquelle en a environ autant, est ronde et n'a pas moins de trois pouces et demi de tour à sa base. Elle n'est donc pas, comme le dit Desmarest, tout d'une venue avec le corps qui, suivant les mesures prises par Azzara, est presque double au rétrécissement du ventre. Elle est velue sur son premier tiers, écailleuse sur tout le reste où elle est noire, excepté la pointe, blanche sur un pouce et demi. Tout le dessus du corps, le dessous de la tête et de l'œil est cannelle clair ; les pieds et la face plus foncés. La femelle qu'a possédée Azzara avait à chaque aine un pli elliptique où se trouvaient d'un côté quatre tetines, et deux seulement de l'autre. La couleur cannelle des femelles paraît plus claire

que celle des mâles. Cette espèce lui a paru aussi stupide que les autres. Elle est du Paraguay.

7. DIDELPHE MARMOSE, *Did. murina*, L., Buff., T. x, pl. 52 mâle, 53 femelle, reproduit T. xv, sous le nom de Philandre de Surinam, d'après Sybille-Merian et le n° 4 de la pl. 31 de Séba. Long de cinq pouces au corps et de cinq pouces à la queue qui est jaunâtre. Pelage gris fauve plus clair en dessous ; œil dans un ovale brun ; oreilles tout-à-fait nues ; quatorze mamelles dans les plis inguinaux. On ne connaît pas au juste de nom de pays à cette espèce. Marcgraaff dit seulement que les Brésiliens la nomment Taïbi. Mais Buffon a aussi attribué ce nom au *Didelphis bicolor* et au Sarigue qu'il confondit avec le Crabier. Azzara (Quadr., p. 290, t. 1) rapporte à cette espèce son Micouré 4 à longue queue, laquelle est toute pelée, très-douce et luisante ; tout le pelage ressemble à celui de la Souris domestique ; l'œil est enfermé dans un premier anneau noir, inscrit lui-même dans un cercle blanchâtre. Il dit qu'on le trouve dans les trous d'Arbres et les buissons.

8. DIDELPHE A QUEUE COURTE, *D. Brachyura*, Pallas, *Act. Petrop.* T. IV, partie 2, pl. 5 ; Séba, Thés., pl. 31, fig. 6, et non pl. 21 et 51 que l'on cite à tort sous le nom de *Mus sylvestris americanus*. —A oreilles proportionnellement plus courtes que tous les autres ; long de cinq pouces et demi au corps, de deux pouces quatre lignes à la queue. Il n'aurait que douze côtes suivant Pallas (*loc. cit.*), tandis que tous les autres Didelphes que nous avons examinés en ont treize. D'ailleurs, sept lombaires comme aux autres Sarigues, et douze à la queue. La mamelle des femelles est découverte, ovoïde, portant onze tetines. Le scrotum offre un sphéroïde déprimé sur la ligne médiane ; la queue n'est velue que sur le premier tiers de la face dorsale ; tout le reste est comme la queue d'un Rat. Le nez et la bouche sont nus et couleur de chair livide. Tous les doigts sont à la

fois velus et écailleux comme la queue
d'un Rat; la peau est blanche partout;
le poil très-moelleux et brillant, noir
sur le dos, roux sur les flancs et à
l'origine des membres et de la queue,
plus clair sous le cou, gris pâle sous
le ventre. La longueur de l'intestin
n'égalait pas le double de celle du
corps; il n'était que de neuf pouces
six lignes. Pallas lui a trouvé beaucoup de Poux acaroïdes plus petits que
l'Acarus des Coléoptères, mais n'ayant
que six pates et caractérisés par trois
soies saillantes en arrière de chaque
flanc (*tab. cit.* fig. 5). D'Amérique,
sans détermination de contrée. Si
c'est le même que le Touan de Buffon,
Suppl. T. VII, pl. 5, il serait des forêts de la Guiane; Buffon en faisait
une Belette.

Le Micouré 5 ou à queue courte d'Azzara ne semble en différer que par la
couleur cannelle blanchâtre du ventre.
Les femelles ont quatorze tetines et ne
donnent pas la même puanteur que
les mâles; peut-être n'ont-elles pas à
l'anus l'appareil glanduleux trouvé
au mâle par Pallas, et décrit ci-dessus.
Cette espèce, comme la précédente,
se nomme génériquement Angouya
(Rat) au Paraguay. — Desmarest,
sans doute d'après les enluminures
de Séba (Dict. d'Hist. Nat., 2ᵉ édit.),
fait un double emploi du *Didelphis
Brachyura;* il lui trouve un second
type dans la fig. 6 de la pl. 31 de Séba.
Or cette figure est justement celle
qu'a citée Pallas, comme type de son
D. Brachyura. D'ailleurs, la coloration des figures de Séba n'est pas un
caractère authentique, et ne peut mo-
tiver cette division.

9. DIDELPHE NAIN, *Didelphis pusilla*, Azzara (*loc. cit.*, p. 304), son
Micouré n° 6. Long en tout de sept pouces, sur quoi la queue toute nue a trois
pouces deux tiers; elle est prenante
comme dans tous les autres. Le tour de
l'œil noir, les sourcils blanchâtres, séparés par une tache triangulaire, obscure; tout le reste du corps de la couleur d'une Souris; testicules pendans
d'environ un demi-pouce dans le scrotum. Du Paraguay où il vit dans les
broussailles et les jardins (chacanras)
des Indiens.

Sarigue fossile.

10. Cuvier (Oss. Foss. T. III, pl. 71,
fig. 1 et 4) a représenté les débris d'un
Animal fossile qu'il a prouvé être un
Sarigue. L'Animal a été saisi à peu
près dans sa position naturelle; seulement son cou paraît avoir été tordu
de manière que sa tête se présente à
gauche. Voici les moyens et les
preuves de la détermination de ce
Fossile. — L'élévation de l'apophyse
coronoïde au-dessus du condyle an-
nonçait un Carnassier, et la saillie
aiguë de l'angle postérieur de la mâchoire qui n'existe qu'imparfaitement
dans les Rongeurs et les Paresseux,
ne se trouve au même degré que dans
les Marsupiaux. Restait alors l'embarras du genre auquel l'Animal avait
appartenu. Or le condyle est lui-
même fort élevé au-dessus de la ligne
dentaire. Ce caractère exclut tous les
vrais Carnassiers à dents tranchantes
qui ont tous le condyle à peu près à la
hauteur de cette ligne. Les seuls Insectivores offrent une disposition ap-
prochée en même temps que les Sarigues. Or les Sarigues ont la saillie
de l'angle maxillaire ployée en dedans
avec tout le bord inférieur de la mâchoire; le Fossile présente justement
ce pli représenté f. 3; c'est donc un Sarigue. — Les dents donnent la même
conclusion; elles sont à tubercules
aigus, non tranchantes, à couronne
plate, comme aux Insectivores. Mais
celles d'en haut ont une couronne
triangulaire dont la pointe est au bord
interne, et le bord externe est lisse et
en forme de croissant. Ce caractère ne
se retrouve que dans les Sarigues et
les Dasyures. Et comme le nombre
des incisives forme la seule différence
des mâchoires dans ces deux genres,
la connaissance de ce nombre pourrait seule à cet égard résoudre la
question. Mais cette donnée manquait
absolument dans le Fossile. Il y avait
d'ailleurs treize côtes, six vertèbres
lombaires si longues qu'elles occupaient plus d'espace que les dorsales.

Tout, dans le squelette, était conforme avec un Sarigue, surtout avec la Marmose qui est à peu près de la même grandeur. — L'identité de genre fut tout-à-fait établie par la découverte des os marsupiaux. Cela prouvait donc l'existence fossile en Europe d'un Animal qui ne pouvait avoir d'analogue qu'en Amérique ou en Australasie. Or le Tapir est le seul genre américain dont on ait retrouvé des fossiles en Europe, et on n'y en connaît pas de l'Australasie. — La ressemblance qu'offre le pied de derrière du Fossile avec celui des Sarigues, lequel diffère de celui des Dasyures, parce que le pouce est très-long et très-mobile dans les premiers, très-court et très-haut situé dans les derniers, et que les quatre doigts extérieurs y sont égaux, tandis que dans les Sarigues ils sont inégaux, et surtout le petit doigt ou externe; cette ressemblance seule, disons-nous, pouvait résoudre la difficulté si l'on pouvait mettre à découvert les os du pied de derrière. Or le métatarsien du petit doigt du Fossile est justement d'un tiers plus court que celui du doigt précédent, et si c'était un Dasyure, les deux métatarsiens seraient égaux. Le Fossile est donc un Sarigue.

Une espèce de ce genre, aujourd'hui exclusivement américaine, a donc autrefois habité notre contrée. Resterait à savoir si cette espèce est l'une de celles aujourd'hui existantes en Amérique; ou si, comme pour tous les autres Fossiles de notre zone appartenant à des genres des contrées équinoxiales, l'espèce fossile a été anéantie. La comparaison avec les squelettes des espèces vivantes pourrait seule fournir les données de cette détermination. Le tableau donné par Cuvier des proportions des os de la Marmose, celui de tous les Didelphes qui en approche le plus, avec ceux du Fossile, prouve que ce n'est pas une Marmose. Il est donc certain qu'il n'est identique avec aucune des quatre espèces dont les squelettes sont connus.   (A.D..NS.)

DIDELPHES. MAM. Blainville, divisant les Mammifères en deux grandes classes, appelle la première celle des Monodelphes, et la seconde celle des Didelphes qui renferme les Marsupiaux de Cuvier et les Monotrèmes de Geoffroy. *V.* ces mots.   (B.)

DIDELTA. BOT. PHAN. Famille des Synanthérées, Corymbifères de Jussieu, et Syngénésie frustranée, L. Ce genre a été établi par L'Héritier (*Stirpes novæ*, p. 55, t. 28) et adopté par Jussieu avec les caractères suivans : capitule rayonné; les fleurons du centre mâles; ceux de la circonférence hermaphrodites; les demi-fleurons de la circonférence, au nombre de douze, en languettes et femelles; involucre formé de folioles disposées sur deux rangs; trois extérieures très-grandes, cordiformes, les intérieures longues, lancéolées, au nombre de douze, alternativement plus grandes et plus petites; réceptacle central trigone, presque nu ou couvert de courtes soies, divisible en trois péricarpes osseux, trigones, qui adhèrent chacun à la base de la foliole de l'involucre externe, et qui sont entourés d'un autre côté par trois des folioles intérieures. Ces sortes de péricarpes renferment plusieurs loges dans lesquelles sont enchâssés autant d'akènes oblongs, et couronnés par une aigrette ciliée, roide et proéminente extérieurement. L'espèce décrite par L'Héritier sous le nom de *Didelta tetragoniæfolia* est une belle Plante herbacée, rameuse, pubescente au sommet, dont les feuilles sont alternes et charnues; les fleurs jaunes, terminales et solitaires. Aiton (*Hort. Kew.*, vol. 3, p. 256) et Persoon ont changé son nom spécifique en celui de *carnosa*. D'un autre côté, Thunberg et Linné fils l'ont décrite sous des noms de genre différens; ainsi, pour ce dernier, c'était une espèce de Polymnie, et Thunberg en faisait le type de son genre *Choristea*. Elle a été introduite dans les jardins d'Europe par des graines venues du cap de Bonne-Espérance. Comme elle fleurit pendant

tout l'été et l'automne, que ses graines viennent à maturité, qu'elle peut
passer à l'état frutescent si on la conserve dans une serre chaude, et
qu'elle se multiplie facilement de boutures et de graines, cette Plante mériterait d'être cultivée avec soin, si le
nombre des belles fleurs composées
n'était pas déjà extrêmement considérable dans les jardins.

Aiton (*loc. cit.*) en a publié une seconde espèce sous le nom de *Didelta
spinosa*, qui correspond au *Choristea
spinosa* de Thunberg ou *Favonium
spinosum* de Gaertner.   (G..N.)

DIDEMNE ou DIDEMNON. *Di-
demnum*. POLYP. Savigny a établi
sous ce nom un genre voisin des Alcyons, dont les caractères consistent
dans une masse opaque spongieuse,
d'un blanc de lait, à la surface de
laquelle se voient des mamelons disposés en quinconce. Les Didemnes
incrustent les Madrépores et les Algues. Chaque mamelon contient un
petit Polypier dont la bouche est en
entonnoir et munie de six denticules.
Le corps est comme étranglé vers le
milieu. Savigny a figuré les deux espèces qu'il a trouvées sur les côtes
d'Egypte et que nous avons retrouvées sur les côtes d'Andalousie. (B.)

DIDERME. *Diderma*. BOT. CRYPT.
(*Lycoperdacées.*) Ce genre établi par
Persoon a été depuis limité par Link
aux espèces qui présentent les caractères suivans : le péridium est globuleux ou irrégulier, sessile ou stipité,
formé, comme dans le genre *Didymium*, de deux membranes, l'une
extérieure, dure et fragile ; l'autre
intérieure, plus mince ; toutes deux
se divisent irrégulièrement au sommet ; on n'observe pas de columelle
dans son intérieur, mais seulement
quelques filamens peu nombreux qui
naissent du fond de ce péridium.

Les espèces de ce genre sont peu
nombreuses ; elles croissent, comme
presque toutes celles des genres voisins, sur les tiges sèches et sur le
bois mort en automne.   (AD. B.)

DIDESME. *Didesmus*. BOT. PHAN.
Genre de la famille des Crucifères, de
la Tétradynamie siliculeuse, L., proposé par Desvaux pour le *Myagrum
Ægyptium* de Linné, adopté par De
Candolle (*Syst. Nat.*) qui y a ajouté
deux autres espèces. Ses caractères
distinctifs consistent en une silicule
partagée en deux articles contenant
chacun une ou deux graines ; l'inférieur est tronqué à son sommet, le
supérieur porte le style. Les graines
contenues dans chaque article sont
pendantes.

Le *Didesmus Ægyptius*, Desvaux,
D. C., *Syst. Nat.* II, p. 658; Delessert,
Icon. Sel., II, t. 92, est une Plante annuelle qui croît en Egypte et dans
les îles de l'Archipel. Ses feuilles inférieures sont entières, elliptiques ou
pinnatifides et lyrées ; les supérieures sont étroites, lancéolées et simplement dentées.

De Candolle réunit aussi à ce genre
le *Sinapis bipinnata* de Desfontaines,
et le *Bunias tenuifolia* de Smith,
Prodrom. Flor. Græcæ. Il y ajoute
encore, mais avec doute, le *Myagrum pinnatum* de Russel.   (A.R.)

DIDICILIS ou DIDICLIS. BOT.
CRYPT. (*Lycopodiacées.*) Palisot de
Beauvois avait d'abord donné ce nom
au genre que plus tard il a nommé
Gymnogynum. *V*. ce mot.   (A. R.)

DIDUS. OIS. *V*. DRONTE.

DIDYMANDRA. BOT. PHAN. Willdenow nomme ainsi un Arbre du
Pérou qui paraît appartenir à la famille des Euphorbiacées, et que Ruiz
et Pavon ont décrit dans leur Flore
Péruvienne sous le nom générique
de *Synzyganthera*. *V*. ce mot. (A.D.J.)

DIDYME. *Didymus*. BOT. Un organe est Didyme quand il est formé
de deux parties arrondies et réunies
entre elles par leur côté interne. Ainsi
l'ovaire d'un grand nombre d'Ombellifères, les anthères d'un grand
nombre de Plantes sont Didymes.
       (A.R.)

DIDYMÈLE. *Didymeles*. BOT. PHAN.

Genre établi par Du Petit-Thouars (Hist. des Végét. d'Afriq., 1re livr., p. 23), sur une Plante nouvelle recueillie par ce savant dans l'île de Madagascar. Il appartient à la Diœcie Diandrie, et sa place, dans les familles naturelles, n'est pas encore fixée. Ses caractères ont été ainsi exposés : fleurs unisexuées et dioïques ; fleurs mâles disposées en grappe composée, formées de deux petites écailles, dans lesquelles sont deux anthères sessiles, cunéiformes, jointes à leur base et extrorses ; fleurs femelles disposées en épi simple, situé un peu au-dessus de l'aisselle des feuilles, composées de deux petites écailles appliquées contre les pistils ; ceux-ci sont formés de deux ovaires monospermes ovés et sillonnés par leur face interne ; ils manquent de style et sont couronnés d'un stigmate bilobé. Aux ovaires succèdent des drupes, dont un avorte quelquefois dans chaque fleur, de formes semblables à celles des ovaires ; leur noyau est solide, osseux et enveloppé d'une sorte d'arille charnu et reticulé ; la graine est ovée et acuminée ; son cordon ombilical est court, et descend du sommet ; l'embryon qu'elle renferme est de même forme qu'elle, inverse, et n'est point accompagné d'un périsperme ; sa radicule est courte et ses cotylédons sont épais, semi-elliptiques et planes à leur face interne. Le nombre binaire de toutes les parties de la fleur caractérise assez bien ce genre, et lui a mérité son nom de *Didymeles*, qui signifie double membre. Le *D. Madagascariensis*, Du Petit-Thouars (*loc. cit.*, tab. 3), est un Arbre qui s'élève à une hauteur médiocre ; ses fleurs sont peu apparentes ; ses branches forment une cyme élégante ; elles sont allongées, garnies de feuilles alternes épaisses, très-grandes, ovales, lancéolées et acuminées. On ignore si cette Plante est utile aux habitans de l'île où elle croît naturellement.

(G..N.)

*DIDYMIE. *Didymium*. BOT. CRYPT. (*Lycoperdacées*.) Le genre décrit sous ce nom par Schrader se rapproche beaucoup des *Diderma* et des *Physarum* de Persoon ; il est caractérisé par son péridium stipité ou rarement sessile, ordinairement sphérique, composé de deux membranes distinctes, l'extérieure plus dure et cassante, l'intérieure plus mince et transparente ; dans son intérieur on observe une columelle ovoïde ou globuleuse ; c'est le seul caractère qui distingue ce genre des *Diderma*, dans lesquels il n'existe pas de columelle. Les sporules que renferme le péridium ne sont entremêlées que d'un petit nombre de filamens.

Les espèces de ce genre sont assez petites et croissent sur les bois morts, sur les feuilles sèches, etc. (AD. B.)

DIDYMOCHLÆNA. BOT. CRYPT. (*Fougères*.) Ce genre, décrit par Desvaux, se rapproche beaucoup par ses caractères des *Diplazium* ; aussi une Plante à peine différente de celle que Desvaux a fait connaître, a-t-elle été décrite et figurée depuis par Raddi, sous le nom de *Diplazium pulcherrimum*. Ce même genre a été également indiqué long-temps après la description qu'en a donnée Desvaux, par Langsdorff, sous le nom de *Hysterocarpos* ; le *Didymochlæna* ne diffère des *Diplazium*, que par ses groupes de capsules, beaucoup plus courts et ovales ; les capsules qui forment ces groupes, sont également placées des deux côtés d'une nervure, de laquelle naissent deux tégumens qui les recouvrent et s'ouvrent en sens opposés, et tous deux en dehors, par rapport à la nervure. Ces deux genres diffèrent par conséquent entre eux, comme les *Athyrium* des *Asplenium*. La première espèce connue a été décrite sous le nom de *Didymochlæna sinuosa* par Desvaux, qui la croyait originaire des Indes-Orientales. Si cette localité était certaine, il n'y aurait pas de doute que la Plante du Brésil ne dût former une seconde espèce ; elle n'en diffère cependant que par ses frondes plus grandes, dont les pinnules sont plus larges et plus obtuses ; dans l'une et dans l'autre, les pétioles sont couverts d'écailles rousses, les frondes sont bipinnées ; les pinnules, assez nombreuses, sont glabres, presque rhomboïdales et auriculées supérieurement ; chaque nervure secondaire ne porte qu'un seul groupe de capsules près de son extrémité. (AD. B.)

* DIDYMOCRATER. BOT. CRYPT. (*Lycoperdacées*.) Martius a établi ce genre dans sa Flore Cryptogamique d'Erlangue. Il a beaucoup d'analogie avec celui qu'il a découvert depuis au Brésil, et qu'il a décrit sous le nom de *Diamphora*. Dans le genre *Didymocrater*, on observe des filamens simples, droits, cloisonnés, très-délicats, rapprochés par touffes ; ils portent à leur sommet deux péridiums vésiculeux, cylindriques, géminés, s'ouvrant au sommet par un orifice arrondi ; ces vésicules renferment des sporules nombreuses, globuleuses, sans mélange de filamens.

Martius en a observé une espèce sur les tiges des Plantes mal desséchées et conservées dans les herbiers ; ses péridiums sont de couleur cendrée ; dans une autre espèce qu'il a décrite depuis, les péridiums sont bruns. (AD. B.)

DIDYMODON. *Didymodon*. BOT. CRYPT. (*Mousses*.) On a donné ce nom à un genre de Mousses voisin des Trichostomes, et caractérisé par son péristome simple, composé de trente-deux dents filiformes, rapprochées par paires, et quelquefois même soudées par la base, et par sa coiffe qui se fend latéralement ; dans ce genre viennent se ranger plusieurs Plantes décrites par différens auteurs, et particulièrement par Bridel, sous le nom de *Trichostomum*. On doit également lui réunir le *Cynontodium* et le *Swartzia* d'Hedwig, qui n'en diffèrent pas sensiblement ; enfin, Hooker y place même le *Dicranum purpureum* d'Hedwig, qui en a le port et dont le péristome a une grande analogie avec celui des *Didymodon*, quoiqu'il en diffère par ses dents réunies en grande partie par des filamens transversaux.

TOME V.

L'espèce la plus remarquable de ce genre, et qu'on peut en regarder comme le type, est le *Didymodon capillaceum*, ou *Swartzia capillacea* d'Hedwig ; cette espèce, très-abondante dans quelques parties des Alpes, et en général dans les montagnes, forme des touffes serrées d'un beau vert pâle et d'un aspect soyeux ; ses tiges sont assez longues, couvertes de feuilles sétacées, presque distiques ; ses capsules sont droites et cylindriques.

Les espèces de ce genre sont peu nombreuses, et presque toutes croissent dans les montagnes ; elles ont le port des *Dicranum* et des *Tortula*, et presque les caractères des *Trichostomum*, dont elles diffèrent surtout par leur coiffe fendue latéralement. (AD. B.)

* DIDYNAMES (ÉTAMINES). BOT. PHAN. Lorsque dans une fleur il existe quatre étamines, et que ces quatre étamines sont disposées par paires, de manière qu'une des paires est plus longue que l'autre, ces étamines sont appelées Didynames. Telles sont celles des Labiées, des Scrophulaires, etc. (A. R.)

DIDYNAMIE. *Didynamia*. BOT. PHAN. C'est le nom de la quatorzième classe du système sexuel de Linné, caractérisée par quatre étamines dont deux plus grandes et deux plus petites. A cette classe appartiennent plusieurs familles naturelles, telles que les Labiées, les Scrophulariées, les Verbénacées, etc. Linné y a établi deux ordres : 1° la Gymnospermie qu'il caractérisait par quatre graines nues au fond du calice, et 2° l'Angiospermie, renfermant toutes les Plantes à étamines didynames dont le fruit est une véritable capsule. Au premier de ces deux ordres appartient la famille des Labiées ; au second les familles des Scrophulariées, des Rhinanthacées, etc. Mais cette distinction est fondée sur une erreur. En effet il n'existe pas de graines nues, et le fruit des Labiées offre un véritable péricarpe, mais profondément partagé en quatre lobes qui à l'époque de la maturité se séparent les uns des autres. Le professeur Richard, dans les modifications qu'il a faites au système sexuel de Linné, a autrement dénommé et caractérisé ces deux ordres. Il nomme le premier Tomogynie qui signifie ovaire fendu, et le second Atomogynie qui signifie ovaire entier. *V.* SYSTÈME SEXUEL.

(A. R.)

DIDYNAMISTE. *Didynamista.* BOT. PHAN. Le genre auquel Thunberg donnait ce nom a été réuni au genre Thalictrum sous le nom de *Thalictrum Japonicum. V.* PIGAMON.

(A. R.)

DIECTOMIS. *Diectomis.* BOT. PHAN. Genre de la famille des Graminées, section des Saccharinées, établi par Kunth, et adopté par Palisot de Beauvois pour l'*Andropogon fastigiatum* de Swartz, avec les caractères suivans : des fleurs disposées en épis composés d'épillets géminés uniflores, un des épillets hermaphrodite et sessile, le second neutre et pédicellé. Dans l'épillet hermaphrodite, la lépicène est formée de deux valves inégales coriaces ; l'extérieure est plus grande, carénée et terminée par une arête à son sommet. La glume se compose de deux paillettes minces et membraneuses ; l'inférieure qui est plus grande, un peu carénée, porte à son sommet une arête coudée vers son milieu. Dans l'épillet neutre les deux valves de la lépicène sont inégales, planes et aristées ; les deux paillettes minces, membraneuses et mutiques. Ce genre a les plus grands rapports avec l'*Andropogon*, dont il a été séparé ; il en diffère surtout par ses épillets uniformes, tandis qu'ils sont généralement à deux fleurs, dont une est rudimentaire dans les Andropogons, par la valve externe de sa glume qui est aristée à son sommet, et par la paillette inférieure de sa glume qui porte une arête, tandis que c'est la supérieure dans le genre Andropogon.

Le DIECTOMIS FASTIGIÉ, *Diectomis fastigiata*, Beauv., Agrost., p. 133;

Kunth, *in Humb. Nov. Gen.* 1, p. 193, t. 63, *Andropogon fastigiatum*, Sw., est une Plante vivace qui croît à la Jamaïque et sur le continent américain, dans la province de Cumana. Son chaume est dressé, rameux, un peu comprimé, haut de deux à trois pieds, glabre ; ses feuilles sont linéaires, acuminées, planes, striées, glabres, un peu rudes sur les bords. Les fleurs forment plusieurs épis allongés, fusiformes, disposés en panicule.

(A. R.)

DIÉRÉSILE. BOT. PHAN. Dans sa classification carpologique, le professeur Mirbel nomme ainsi un genre de fruits formé de plusieurs parties qui, à l'époque de la maturité, se séparent les unes des autres. Il cite pour exemple les fruits des *Galium*, de la Capucine, etc., qui restent clos et ne contiennent qu'une seule graine ; ceux des Malvacées, du *Tribulus*, etc, dont les coques s'ouvrent et contiennent fréquemment plusieurs graines. Une même dénomination ne peut comprendre des fruits dont la structure offre des différences aussi tranchées. Les uns, en effet, sont des akènes, les autres des coques et des capsules. *V.* ces différens mots.

(A. R.)

*DIÉRÉSILIENS (FRUITS). BOT. PHAN. Ordre de fruits établi par le professeur Mirbel pour tous ceux dont le péricarpe se compose d'un nombre plus ou moins grand de coques qui se séparent les unes des autres à l'époque de la maturité. Cet ordre offre trois genres, savoir : le Crémocarpe, le Regmate et le Diérésile. *V.* ces trois mots. (A. R.)

DIERVILLE. *Diervilla.* BOT. PHAN. Ce genre, de la famille des Caprifoliacées et de la Pentandrie Monogynie, L., établi par Tournefort, fut ensuite réuni au *Lonicera* par Linné. Dans son *Genera Plantarum*, Jussieu, ayant de nouveau séparé celui-ci en plusieurs groupes et rétabli les genres de Tournefort, donna les caractères suivans au *Diervilla* : calice oblong à cinq divisions, muni à sa base de bractées ; corolle du double plus longue , infundibuliforme , à cinq divisions étalées ; cinq étamines saillantes ; stigmate capité ; capsule oblongue non couronnée, à quatre loges renfermant un grand nombre de graines très-petites. On ne connaît qu'une seule espèce de ce genre qui a reçu les noms de *Diervilla Tourneforti* , Michx. ; *D. Acadiensis* , Dum. , Cours. , *D. humilis* , Persoon , *D. lutea* , *Hort. Paris* , et *Lonicera Diervilla* , L. , Tournef. (Actes de l'Académie royale des Sciences , 1706 , t. 7, f. 1). C'est un Arbrisseau élégant dont les fleurs, d'un jaune pâle, sont nombreuses et portées sur des pédoncules terminaux et axillaires. Il croît spontanément dans les lieux alpestres du Canada , de New-Yorck et de la Caroline. La température de ces localités offre assez d'analogie avec celle de notre climat européen , pour que cet Arbre soit susceptible de culture dans nos jardins d'agrément. (G..N.)

* DIÉSIE. *Diesia*. INS. Genre de l'ordre des Coléoptères , section des Hétéromères , établi par Fischer (Entomographie de la Russie , T. 1, p. 166), et ayant , suivant lui , pour caractères : antennes allongées , de onze articles distincts, le dernier article conique ou fusiforme plus ou moins allongé; lèvre supérieure triangulaire, rétrécie à sa base , dilatée et émarginée au sommet ; mandibules très-courtes , triangulaires , fortes , terminées par une pointe lisse et brillante; mâchoires courtes et courbées en forme de faux ; palpes inégaux , filiformes , les antérieurs beaucoup plus longs et plus gros que les postérieurs; menton arrondi en avant avec une échancrure triangulaire. Les Diésies ont le corps triangulaire , la tête grande, inclinée , les yeux en croissant, le prothorax annulaire rétréci légèrement au milieu ; les élytres sont un peu plus larges que le corselet, et ont une forme triangulaire avec les angles rebordés ; les pates sont allongées et velues , et les jambes de devant sont subtriangulaires et distinc-

tement dentées. Ce nouveau genre se rapproche des Akis et des Platyopes par les élytres rebordées ; il a aussi quelque analogie avec les Pimélies ; mais il diffère des uns et des autres par plusieurs caractères , et entre autres par les articles des antennes , ainsi que par les jambes antérieures , dentées dans toute leur longueur.

Fischer décrit et représente deux espèces :

La DIÉSIE A SIX DENTS , *D. sexdentata* , Fisch. (tab. 14 , fig. 8 a , g). La tête est grande, inclinée , velue , noire ; la lèvre supérieure , les palpes et les antennes sont bruns ; le dernier article en est long, fusiforme et de couleur ferrugineuse ; le corselet est presque annulaire , un peu rétréci au milieu , cilié de jaune antérieurement et postérieurement ; l'écusson est très-petit, pointu à la base , et plus large vers les élytres ; celles-ci sont triangulaires et planes , garnies de points élevés et enfoncés ; l'angle en est caréné et la carène est crénelée ; la partie abdominale des élytres est rude à cause des points élevés qu'elle présente , et rebordée ; le corps est hérissé inférieurement de soies jaunes ; les pates sont longues , couvertes de poils; les jambes de devant ont une forme presque triangulaire , et sont pourvues intérieurement de deux épines , et extérieurement de six ou plusieurs dents. Cette espèce se trouve en Russie dans les déserts des Kirguises , au midi d'Orenbourg.

La DIÉSIE QUADRIDENTÉE , *D. quadridentata* , Fisch. (tab. 14 , fig. 7). La tête est grande, pointillée , brillante , avec les parties de la bouche brunes ; le prothorax est cylindrique, rude , hérissé de poils , convexe et rétréci en arrière ; l'écusson est petit, triangulaire, mais en sens inverse ; les élytres sont convexes , rudes, couvertes de poils , à bord caréné , moins larges que le corselet ; le corps est couvert inférieurement de duvet brun ; les pates sont poilues ; les jambes de devant ont intérieurement deux épines , et extérieurement quatre dents. La Diésie quadridentée, que l'on trouve aussi dans les steppes au midi d'Orenbourg, s'éloigne de l'espèce précédente par des caractères assez tranchés.

Fischer observe que dans le genre Diésie et quelques autres plus ou moins voisins des Pimélies, on rencontre entre les espèces des différences telles, qu'il existe des passages insensibles d'un groupe à l'autre ; cette circonstance indique la réserve qu'on doit apporter dans l'établissement des nouveaux genres. (AUD.)

DIEVES. GÉOL. Les dépôts argileux qui se trouvent dans le terrain houilleux portent ce nom, selon Desmarest, dans les départemens du nord de la France. (B.)

DIFFLUGIE. *Difflugia.* ANNEL. ? Petit Animal microscopique , décrit par Léon Leclerc et observé dans les eaux des environs de Laval. Ses caractères consistent en un corps trèspetit, contractile, gélatineux, pourvu de tentacules irréguliers et rétractiles , contenu dans un fourreau ovoïde formé de grains de sable agglutinés et tronqué à l'extrémité par laquelle sortent les tentacules. Il est fort difficile d'assigner la véritable place de cet Animal encore imparfaitement connu, et qui n'est certainement pas infusoire dans le sens jusqu'ici attaché à ce mot. (A. R.)

DIFFORMES ou ANOMIDES. Famille de l'ordre des Orthoptères, fondée par Duméril (Zoologie analytique) qui lui assigne pour caractères : corps allongé ; tête dégagée ; corselet plus long que large, formé en grande partie par la poitrine ; pates de derrière ne servant point au saut ; tous les tarses à cinq articles. Cette famille qui renferme le genre Mante de Linné, et qui comprend aussi les Phyllies et les Phasmes, correspond en partie à la famille des Orthoptères, établie par Latreille (Règn. Anim. de Cuv.) sous le nom de Coureurs, *Cursoria. V.* ce mot. (AUD.)

DIGÈRE. *Digera.* BOT. PHAN. Ce genre établi par Forskahl (*Flor.*

Ægypt. Arab., p. 65) et décrit dans le *Genera Plant.* de Jussieu, a été ultérieurement réuni à l'*Achyranthes. V.* ce mot. (G..N.)

* DIGESTION. ZOOL. *V.* NUTRITION.

DIGITAIRE. *Digitaria.* BOT. PHAN. Genre de la famille des Graminées, établi par Haller, réuni par Linné aux *Panicum*, distingué de nouveau par quelques botanistes modernes, et entre autres par Palisot de Beauvois, mais qui en définitive ne diffère des autres *Panicum* que par son inflorescence en épis unilatéraux. *V.* PANIC. (A. R.)

DIGITAL BLANC. BOT. CRYPT. (*Champignons.*) L'un des noms vulgaires du *Clavaria pistillaris*, L. Paulet nomme DIGITAL AURORE ou PANACHÉ, le *Clavaria Digitellus. V.* CLAVAIRE. (B.)

DIGITALE. POIS. On nomme ainsi vulgairement les très-jeunes Saumons. (B.)

DIGITALE. *Digitalis.* BOT. PHAN. Genre de la famille des Scrophulariées et de la Didynamie Angiospermie, L. , qui se reconnaît à son calice persistant , à cinq divisions profondes et inégales , à sa corolle monopétale tubulée, irrégulièrement évasée, très-ouverte, à limbe oblique offrant quatre ou cinq lobes inégaux. Les étamines sont didynames , incluses ; les anthères à deux loges didymes ; le style se termine par un stigmate bifide. Le fruit est une capsule ovoïde , acuminée, renfermée dans le calice et s'ouvrant en deux valves dont les bords rentrans formaient les cloisons. Les espèces de ce genre, au nombre d'environ vingt-cinq, sont des Plantes herbacées, vivaces, à feuilles alternes, et à fleurs disposées en longs épis, souvent d'un aspect fort élégant qui a mérité à plusieurs l'accès de nos jardins. Parmi ces espèces, nous citerons les suivantes :

DIGITALE POURPRÉE, *Digitalis purpurea*, L., Bull. Herb. tab. 21 ; Rich.

Bot. Méd. T. 1, p. 236. C'est une des plus belles espèces du genre et une des plus communes en France. On la trouve aux environs de Paris dans les bois montueux; dans quelques provinces du centre de la France, dans le Nivernais, par exemple, elle croît en abondance au milieu des champs et nuit aux moissons. Ses feuilles radicales sont pétiolées, ovales, aiguës, un peu sinueuses, velues et blanchâtres sur leurs deux faces, mais surtout inférieurement. La tige est dressée, simple, de deux à trois pieds de hauteur, cylindrique, très-velue, et comme cotonneuse. Les fleurs sont d'une belle couleur pourpre, très-grandes, pédonculées, toutes tournées d'un même côté, pendantes, et formant un épi simple. La corolle est irrégulièrement évasée, presque campaniforme, à cinq lobes très-obtus et inégaux; sa face interne est tigrée de petits points noirs entourés d'une auréole blanchâtre et garnis de poils longs et mous. La Digitale pourprée fleurit vers le mois de juin. La beauté et l'éclat de ses fleurs la font rechercher et cultiver dans les parterres. Cette Plante jouit d'une trop grande réputation comme médicament, pour que nous ne croyions pas devoir parler ici de ses propriétés médicales. Ses feuilles, qui sont la partie dont on fait usage, ont une saveur âcre, amère et désagréable. A la dose d'un grain, elles excitent l'action sécrétoire des glandes salivaires, occasionent un sentiment pénible d'astriction dans la gorge et de malaise dans l'estomac. Si l'on augmente graduellement cette dose, il se manifeste une excitation générale; quelquefois le vomissement a lieu, ou les déjections alvines deviennent plus abondantes et plus fréquentes. Enfin, si la quantité du médicament est portée subitement à une dose élevée, il détermine alors tous les phénomènes de l'empoisonnement par les substances narcotico-âcres. Un des effets les plus remarquables de la Digitale pourprée, c'est l'action secondaire qu'elle exerce sur la circulation

du sang. Le pouls qui d'abord avait été accéléré par l'usage de ce médicament, finit ordinairement, chez le plus grand nombre des sujets, par devenir plus lent et moins développé, et il n'est pas rare de le voir descendre assez rapidement de soixante ou soixante-dix pulsations par minute, à trente, ou même à vingt-cinq. Ce résultat, constaté par un grand nombre de praticiens, n'a cependant pas lieu chez tous les individus; il en est au contraire dont le pouls bat constamment avec plus de force et de rapidité après avoir fait usage de la Digitale. C'est d'après cette action sédative de la Digitale sur le système sanguin que plusieurs auteurs en ont recommandé l'usage dans les palpitations et les anévrimes du cœur et des gros troncs vasculaires. Une des maladies contre lesquelles la Digitale pourprée a été employée avec le plus d'avantage, c'est l'hydropisie essentielle, soit du tissu cellulaire, soit des cavités splanchniques. L'excitation générale que ce médicament détermine, l'abondante sécrétion d'urine qu'il provoque, rendent assez bien compte des succès qu'on a obtenus dans cette circonstance. Il n'en est pas de même dans la phthisie pulmonaire; malgré les éloges qui lui ont été prodigués par quelques médecins anglais, les recherches de Bayle et de plusieurs autres praticiens recommandables, sont loin de les avoir justifiés. On a aussi employé la Digitale pourprée avec assez de succès dans les différens symptômes de la maladie scrophuleuse. Les feuilles de Digitale pourprée s'administrent ordinairement en poudre à la dose d'un à deux grains, dose que l'on augmente progressivement. L'extrait aqueux est une préparation très-énergique, dont la dose est à peu près la même que celle de la poudre. Quant à la teinture alcoholique, on en donne de douze à vingt gouttes dans une potion. On l'emploie quelquefois à l'extérieur pour frictionner les parties affectées d'infiltration séreuse. On prépare aussi une teinture éthérée de Digitale dont la dose est de quelques gouttes.

Nous avons en France cinq autres espèces de Digitale, savoir :

La DIGITALE A GRANDES FLEURS, *Digitalis grandiflora*, Lamk. Cette belle espèce, qui croît dans les lieux montueux en Alsace, dans les Vosges, les Basses-Alpes, etc., se distingue par ses feuilles lancéolées, pointues, embrassantes, glabres en dessus, mais velues sur leurs bords. Les fleurs sont grandes, d'un jaune sale, tachetées de points pourpres.

La DIGITALE A PETITES FLEURS, *Digitalis parviflora*, Lamk. ; *D. lutea*, L. Elle se distingue facilement par ses feuilles lancéolées, étroites, aiguës, glabres ; par ses fleurs petites, d'un jaune pâle, formant de longs épis dont toutes les fleurs sont tournées d'un même côté. Elle croît sur les côteaux pierreux dans la forêt de Fontainebleau.

La DIGITALE ROUGEATRE, *Digitalis purpurascens*, Roth. Elle paraît être une hybride de la Digitale à grandes ou à petites fleurs, fécondée par la Digitale pourprée. Son port et son feuillage sont à peu près ceux de la Digitale à petites fleurs, mais ses feuilles sont un peu plus grandes et pubescentes. Sa corolle est plus ou moins évasée, diversement nuancée de jaune et de rougeâtre, toujours un peu barbue à sa lèvre inférieure. Elle a été trouvée en Auvergne, en Alsace, aux Pyrénées, en Bourgogne, etc., constamment dans des lieux où croissaient les espèces précédentes.

La DIGITALE A FEUILLES DE MOLÈNE, *Digitalis Thapsi*, L., croît en Savoie, en Espagne, etc. Elle est blanchâtre et cotonneuse ; ses feuilles sont lancéolées, décurrentes sur la tige comme celles du Bouillon blanc (*Verbascum Thapsus*). De-là, le nom spécifique sous lequel on la connaît. Ses fleurs sont grandes, purpurines, disposées en épi.

La DIGITALE FERRUGINEUSE, *Digitalis ferruginea*, L. On reconnaît cette espèce à sa tige de quatre à cinq pieds de hauteur, entièrement glabre, ainsi que les autres parties de la Plante. Ses feuilles sessiles, lancéolées, sont marquées de nervures très-saillantes à leur face inférieure. Les fleurs forment un long épi très-serré. Elles sont d'une grandeur moyenne et d'une couleur jaune rougeâtre. On la trouve sur les collines en Piémont. Assez fréquemment on la cultive dans les jardins.

Parmi les espèces exotiques, l'une des plus belles et des plus recherchées est la DIGITALE SCEPTRE, *Digitalis Sceptrum*, L., originaire de l'île de Madère. Sa tige est dressée, ligneuse inférieurement, rameuse et très-velue, surtout à sa partie supérieure. Ses feuilles sont sessiles, allongées, spathulées, très-rapprochées, velues et blanchâtres à leur face inférieure. Les fleurs sont d'un jaune doré mêlé de rouge, pédonculées, pendantes et formant un long épi. On cultive encore la DIGITALE DES CANARIES, *Digitalis Canariensis*, dont les fleurs, d'un jaune rougeâtre, imitent une gueule béante, et la DIGITALE LAINEUSE, *Digitalis lanata*, Willd., dont la corolle est brunâtre, la lèvre inférieure très-longue et ponctuée de pourpre.

Les jardiniers nomment fausse Digitale le *Dracocephalum Virginicum*, L. (A. R.)

DIGITALES. ÉCHIN. et MOLL. FOSS. Plusieurs oryctographes ont donné ce nom à des pointes d'Oursins fossiles, ainsi qu'à des Bélemnites, des Tubulites, des Dentales, et même des Solens également fossiles. (LAM. X.)

* DIGITALINE. INF. Genre de la classe des Psychodiées microscopiques, de la famille des Vorticellaires, formé aux dépens du genre *Vorticella*, trop considérable et composé par Müller d'espèces incohérentes. Il offre les plus grands rapports avec les véritables Vorticelles rameuses, mais ne présente pas, comme ces Animaux, de cils ou organes cirrheux, à l'orifice qui, d'ailleurs, n'a jamais ses pédicules partiels, contortiles, ni même rétractiles. Ses caractères consistent dans un stipe fistuleux, peu flexible, simple, ou le plus communément dendroïde, se divisant dans ce cas en rameaux rigides. Les pédicules supportent une urne cylindracée, oblongue, non campaniforme, unie à la gorge où elle est uniquement tronquée, de manière à présenter, dans sa troncature, la figure plus ou moins régulière d'un cœur. Cette forme distingue aussi le genre dont il est question des Dendrelles avec lesquelles il présente d'autres affinités. Les Digitalines croissent ordinairement sur les petits Crustacés aquatiques; des Cyclopes, des Monocles et des Daphnies en sont quelquefois couverts au point d'en souffrir et de ne pouvoir plus nager que difficilement. Comme on le voit aussi dans les autres Vorticellaires, il arrive une époque où les urnes se détachent, et, individualisées, voguent librement. Ce fait, que nous avons souvent eu occasion d'observer, avait été fort bien saisi par l'exact Roësel et par Ledermuller lui-même. Nous n'avons encore observé de Digitalines que dans les eaux douces, mais Müller prétend avoir vu notre troisième espèce aussi dans la mer. Nous en connaissons trois : 1.º la Simple, *Digitalina simplex*, N., l'Animal pied de Biche, Lederm. pl. 78, M. — 2º. La Digitaline de Roësel, *D. Rœselii*, N. (*V.* pl. de ce Dict.), *Vorticella Digitalis*, Müller, *Inf.* p. 327, pl. 46, f. 6; Encycl., Vers. Ill., pl. 25, f. 6. — 3º. La Digitaline anastatique, *D. anastatica*, N., *Vorticella anastatica*, Müller, *Inf.*, p. 226, pl. 46, f. 5; Vorticelle rose de Jéricho, Encycl., Vers. Ill. p. 74, pl. 25, f. 5.   (B.)

DIGITALIS. BOT. PHAN. *V.* DIGITALE.

DIGITARIA. *Digitaria.* BOT. PHAN. *V.* DIGITAIRE. (Adanson.) Syn. de *Tripsacum*, L. *V.* ce mot.   (B.)·

*DIGITÉE (FEUILLE). BOT. PHAN. Lorsqu'une feuille est composée de plusieurs folioles partant toutes du sommet d'un pétiole commun, cette

feuille est dite Digitée, comme dans le Marronnier d'Inde, par exemple.
             (A. R.)

DIGITIGRADES. MAM. On appelle ainsi la division des Mammifères qui comprend les Animaux ongulés. *V.* ce mot.   (B.)

*DIGITI-PINNÉE (FEUILLE). BOT. PHAN. Feuille décomposée portant au sommet d'un pétiole commun deux ou plusieurs feuilles pinnées; telles sont certaines espèces de Mimeuses.
            (A. R.)

* DIGLOSSE. *Diglossus.* BOT. PHAN. Genre de la famille des Synanthérées, Corymbifères de Jussieu, et de la Syngénésie superflue, L., établi par Cassini (Bulletin de la Soc. Philom. Mai, 1817), et présentant les caractères suivans : calathide composée d'un disque à fleurs nombreuses, régulières et hermaphrodites, et d'une demi-couronne formée de deux ou trois fleurs en languette et femelles; involucre cylindracé, composé de cinq à six folioles disposées sur un seul rang, glandulifères, arrondies et mucronées au sommet; réceptacle nu, conique et alvéolé; aigrettes composées, les unes de paillettes courtes, et les autres d'écailles filiformes et triquètres, alternant avec les premières. Ce genre est placé par son auteur dans la tribu des Hélianthées, section des Hélianthées-Tagétinées, près du genre *Tagetes* dont il ne diffère essentiellement que par sa couronne à deux ou trois fleurs au plus, presque entièrement cachées dans l'involucre. Selon Cassini lui-même, le *Diglossus* pourrait n'être considéré que comme un simple sous-genre. Kunth (*in* Humboldt et Bonpl. *Nov. Genera et Species Plant. œquinoct.*, vol. 4, p. 197) indique la réunion de ce genre avec le *Bœbera* de Willdenow. Le Diglosse variable, *Diglossus variabilis*, Cass., Plante herbacée, recueillie au Pérou par Joseph de Jussieu, et conservée dans l'herbier d'Ant. Laurent de Jussieu, est la seule espèce décrite.   (G..N.)

* DIGLOTTIS. BOT. PHAN. Nées et Martius (*Nov. Act. Bonn.*, vol. XI,

p. 170, t. 19) ont fondé ce nouveau genre, et le professeur De Candolle (*Prodrom. Syst. Veg.*, 1, p. 732) l'a placé dans la famille des Rutacées, tribu des Cuspariées, en fixant ainsi ses caractères : calice campanulé, quinquéfide ; cinq pétales égaux à limbe dressé, réunis jusque vers leur milieu en une corolle tubuleuse ; cinq étamines courtes insérées sur la corolle ; deux fertiles appendiculées à leur sommet, les trois autres stériles ; cinq carpelles uniovulés, entourés à leur base d'une cupule charnue ; style très-court. On ne connaît encore que le *Diglottis obovata*, espèce décrite par Nées et Martius. C'est un Arbuste qui croît dans les forêts du Brésil, près du fleuve Dipoto ; ses branches, réunies en une cyme touffue, portent des feuilles éparses, simples, oblongues, obovées, parsemées de points glanduleux. Les fleurs sont disposées en une grappe courte et terminale ; le calice est pubescent, et les pétales sont aigus, longs de trois lignes à peu près.   (G..N.)

DIGNE-DAME. bot. phan. Nom vulgaire du *Maranta arundinacea* aux Antilles, particulièrement à la Guadeloupe.   (B.)

* **DIGRAMME.** pois. (Commerson.) Espèce du genre Labre.   (B.)

* **DIGYNE.** *Digynus.* bot. phan. Une fleur est Digyne lorsqu'elle est pourvue de deux pistils distincts ou d'un seul pistil surmonté de deux stigmates. Telles sont celles des Ombellifères, des Saxifrages, etc. (A. R.)

* **DIGYNIE.** *Digynia.* bot. phan. Dans les treize premières classes du système sexuel de Linné, où les caractères des classes sont tirés du nombre des étamines, ceux des ordres sont fondés sur le nombre des pistils, ou simplement des stigmates, dans le cas d'unité de pistil. La Digynie est le second ordre, et comprend toutes les Plantes qui offrent deux pistils, ou seulement toutes celles qui présentent deux styles ou deux

stigmates distincts. *V.* Système sexuel.   (A. R.)

* **DIKES.** géol. *V.* Basalte.

* **DILADILA.** bot. phan. (Camelli.) Arbre peu connu des Philippines, bien qu'il ait été figuré, et qui paraît être une Légumineuse voisine de l'Angelin. *V.* ce mot.   (B.)

DILATRIS. bot. phan. Genre de Plantes monocotylédonées qui présente pour caractères : un calice adhérent à l'ovaire, velu à l'extérieur, dont le tube est court et le limbe profondément partagé en six parties ; trois extérieures et trois intérieures alternes avec les premières ; toutes égales entre elles, oblongues, canaliculées, dressées, persistantes et portant chacune un filet inséré vers leur base. Les filets opposés aux trois divisions extérieures sont avortés et très-courts ; les trois autres plus allongés et surmontés d'une anthère qui est plus longue dans l'un des trois. L'ovaire, qui est terminé par un style et un stigmate simples, devient une capsule environnée et couronnée par le calice, partagée en trois loges par autant de valves qui viennent, en se repliant, s'appuyer sur les angles d'un placenta central, trigone, aux faces duquel s'insèrent les graines solitaires dans chaque loge, aplaties et peltées. Les feuilles radicales sont engaînantes, celles de la tige sessiles ; les fleurs disposées en corymbes terminaux, accompagnées de spathes simples. On en rencontre trois espèces au cap de Bonne-Espérance. Persoon y réunit en outre l'*Heritiera* de Michaux, qui paraît plutôt congénère de l'*Argolasia.*

Le genre *Dilatris*, placé d'abord à la suite des Iridées, doit, suivant l'opinion de Jussieu, devenir le type d'une nouvelle famille à laquelle il donnerait son nom, et que caractériserait principalement la disposition des valves de la capsule. Elle répondrait en partie à celle que R. Brown a établie sous le nom d'Hœmodoracées. *V.* ce mot.   (A. D. J.)

* DILEGINE. BOT. CRYPT. (Micheli.) Section du genre Agaric, formée d'espèces grêles, tendres, et qui se réduisent facilement en eau. (B.)

DILEPYRUM. BOT. PHAN. Le genre de Graminées décrit sous ce nom dans la Flore de l'Amérique septentrionale, 1, p. 4o) ne paraît pas différent du genre *Mühlenbergia* de Schreber. *V.* MUHLENBERGIE.   (A. R.)

DILIVAIRE. *Dilivaria.* BOT. PHAN. Sous ce nom, Jussieu sépare une espèce d'Acanthe de Linné, l'*Acanthus ilicifolius*, dont il forme un genre distinct ainsi caractérisé : calice à quatre divisions profondes, accompagné de trois bractées ; ces divisions et ces bractées sont arrondies et comme imbriquées ; corolle dont le tube court et rétréci est fermé par des écailles, et dont le limbe se partage en deux lèvres, la supérieure composée de petites dents extrêmement courtes, l'inférieure très-grande et découpée en trois lobes à sa terminaison. Les anthères et la capsule sont comme dans l'Acanthe. L'espèce que nous avons citée est un Arbrisseau armé ou dépourvu d'aiguillons, qui croît dans les Indes-Orientales et la Nouvelle-Hollande ; ses feuilles oblongues à dents épineuses rappellent par leur forme celles du Houx, comme l'indique le nom spécifique ; ses fleurs sont disposées en épis. Poiret y réunit deux autres espèces originaires également des Indes-Orientales, l'une qui est l'*Acanthus ebracteatus* de Vahl (*Symb.*, tab. 4o), et dans laquelle chaque fleur est accompagnée d'une bractée unique ; l'autre qu'il nomme *D. longifolia*, se distingue par ses feuilles entières.

R. Brown, ne reconnaissant entre les genres *Acanthus* et *Dilivaria* que des différences légères dans les parties de la fructification et dans le port, propose de les réunir de nouveau.

              (A. D. J.)

DILLÉNIACÉES. *Dilleniaceæ.* BOT. PHAN. Famille de Plantes dicotylédones, polypétales, hypogynes, proposée par De Candolle (Ann. Mus. XVII, pag. 4oo) et établie définitivement par ce célèbre botaniste dans le premier volume de son *Systema naturale Vegetabilium*. Voici les caractères par lesquels se distinguent les Plantes qui forment cette famille. Le périanthe est double, à préfleuraison imbriquée ; le calice est persistant, à cinq divisions profondes dont deux sont situées plus à l'extérieur. Les cinq pétales qui sont caducs forment une seule rangée, et s'insèrent, ainsi que les étamines, sous les ovaires. Quelquefois la corolle ne se compose que de trois pétales. Les étamines qui sont fort nombreuses ont tantôt leurs filamens libres, tantôt réunis en plusieurs faisceaux ; dans deux genres ils sont tous insérés d'un seul côté des ovaires ; les anthères biloculaires sont adnées à la partie supérieure des filets qui les séparent ; elles s'ouvrent par un sillon longitudinal qui est généralement placé sur leur face interne, quelquefois sur leurs côtés, mais jamais sur leur face externe. Le nombre des pistils est sujet à varier. Le plus souvent on en compte de deux à cinq ; quelquefois ils sont plus nombreux, comme on l'observe surtout dans certaines espèces de *Dillenia ;* rarement on n'en trouve qu'un seul par suite de l'avortement des autres. Quelquefois ces pistils restent distincts, d'autres fois ils se soudent plus ou moins entre eux par leurs côtés. Chacun des ovaires est à une seule loge et contient plusieurs ovules attachés soit à sa base, soit à l'angle interne, le plus souvent disposés sur deux rangs. De son sommet naît un style court, épais, que termine un stigmate d'une forme variée mais toujours simple ; les ovaires deviennent autant de capsules uniloculaires contenant une ou plusieurs graines et s'ouvrant par leur côté interne au moyen d'un sillon longitudinal ; quelquefois ces capsules se réunissent en une seule et restent indéhiscentes ; les graines sont souvent enveloppées en grande partie par un arille urcéolé et frangé ; le tégument propre de la graine est dur et crustacé ; il recouvre un endosperme charnu dans lequel existe un petit embryon dressé, placé à la base de l'endosperme.

Les Dilléniacées, telles que nous venons de les caractériser, sont des Arbres, des Arbrisseaux ou de simples Arbustes dont les feuilles sont alternes, rarement opposées, toujours simples, entières ou dentées, ordinairement coriaces et persistantes ; les stipules manquent généralement ; quand elles existent, elles sont roulées comme dans les Magnoliacées; les fleurs sont quelquefois extrêmement grandes et solitaires ; plus souvent elles forment des espèces de grappes ou de panicules.

Le nombre des Végétaux réunis dans cette famille s'est accru d'une manière très-rapide. Du temps de Tournefort, par exemple, aucun n'était connu. Linné en a décrit trois, Willdenow vingt-un. Dans le premier volume de son *Systema*, De Candolle en mentionne quatre-vingt-seize dont cinquante-une croissent dans l'archipel Austral, vingt-une dans l'Inde et les contrées voisines, trois dans le midi de l'Afrique; vingt-une dans l'Amérique méridionale. Aucune Dilléniacée n'a été observée dans l'hémisphère boréal ; car, ainsi que l'a observé le professeur De Candolle, la Plante décrite par Pursh sous le nom de *Tigarea tridentata*, et qui est originaire de l'Amérique septentrionale, n'appartient pas à la famille qui nous occupe. Elle forme un genre nouveau (*Purshia*, D. C.) dans la famille des Rosacées.

La plupart des genres qui constituent aujourd'hui la nouvelle famille des Dilléniacées étaient autrefois placés en partie dans les Magnoliacées et en partie dans les Rosacées. Cet ordre a beaucoup de rapports avec les Renonculacées, les Magnoliacées, les Anonacées, les Cistes et même les Rosacées : 1° il se distingue des Renonculacées par son port qui est fort différent, par son calice persistant et par ses anthères introrses; 2° dans les Magnoliacées et les Anonacées le nombre des parties de la fructifica-

tion est ternaire, tandis qu'il est quinaire dans la famille des Dilléniacées; 3° dans les Cistes l'ovaire est constamment simple et unique, et les graines sont attachées aux bords rentrans des valves ; 4° enfin l'insertion est hypogynique dans les Dilléniacées et perigynique dans les Rosacées. Cette famille tient donc le milieu entre les Renonculacées et les Magnoliacées.

Le professeur De Candolle, à qui nous avons emprunté la plupart des détails consignés dans cet article, divise les Dilléniacées en deux tribus, savoir : les Délimacées et les Dillénées. Nous allons mentionner les genres que comprend chacune de ces tribus.

Ire tribu : DÉLIMACÉES.

Filamens des étamines manifestement dilatés à leur sommet et portant sur leurs parties latérales les deux loges de l'anthère écartées l'une de l'autre. — A cette première tribu appartiennent les genres suivans : *Tetracera*, L., D. C.; *Davilla*, Vandelli, D. C.; *Doliocarpus*, Roland, D. C.; *Delima*, Juss., D. C.; *Curatella*, L., D. C.; *Trachytella*, D. C.; *Recchia*, D. C.

IIe tribu : DILLÉNÉES.

Filamens des étamines non dilatés à leur sommet; loges de l'anthère très-allongées. Cette tribu comprend les genres : *Pachynema*, Brown, D. C.; *Hemistemma*, Juss., D. C.; *Pleurandra*, Labill., D. C.; *Candollea*, Labill., D. C.; *Adrastœa*, D. C.; *Hibbertia*, Andrews, D. C.; *Wormia*, Rottb., D. C.; *Colbertia*, Salisb., D. C.; *Dillenia*, L., D. C.   (A. R.)

DILLÉNIE. *Dillenia*. BOT. PHAN. L'un des genres principaux de la famille des Dilléniacées, qui se reconnaît aux caractères suivans : son calice est à cinq divisions très-profondes qui persistent et s'accroissent après la floraison. Les pétales sont au nombre de cinq, et persistent également; les étamines fort nombreuses disposées sur plusieurs rangées sont libres et égales entre elles. Les ovaires, au nombre de dix à vingt, sont soudés, et forment un péricarpe multiloculaire, à loges polyspermes, couronné par les styles et les stigmates qui sont persistans et rayonnés.

On connaît six espèces de ce genre; ce sont de grands Arbres à feuilles pétiolées, ovales ou allongées, ayant, selon la remarque de De Candolle, beaucoup de ressemblance avec celles du *Mespilus Japonica*, dépourvues de stipules; les fleurs qui sont jaunes ou blanches, et quelquefois extrêmement grandes, sont portées sur des pédoncules solitaires, uni ou multiflores. Ces six espèces sont toutes originaires de l'Inde. Nous citerons ici les deux suivantes comme les plus remarquables par la beauté de leurs fleurs, et comme figurant quelquefois dans les jardins.

DILLÉNIE A GRANDES FLEURS, *Dillenia speciosa*, Thunb.; Smith, *Exot. Bot.*, t. 2, 3; D. C., Syst. 1, p. 436. C'est un Arbre très-élevé, croissant au Malabar, à Ceylan, Java, etc. Ses feuilles sont pétiolées, coriaces, très-grandes, d'un vert foncé, ovales, aiguës, dentées en scie, analogues à celles du Châtaignier, mais plus larges, marquées de nervures latérales. Les fleurs sont blanches, ayant environ cinq à six pouces de diamètre, portées sur des pédoncules solitaires axillaires, d'un pouce de longueur. Le calice est à cinq divisions obtuses, concaves, devenant très-épaisses après la fécondation. Les pétales sont obovales, obtus, planes. Les étamines sont excessivement nombreuses, très-serrées, ayant les anthères jaunes. Les pistils, au nombre d'environ vingt, sont tous soudés, et leurs stigmates sont étalés et rayonnans.

DILLÉNIE A FLEURS DORÉES, *Dillenia aurea*, Smith, *Exot. Bot.* t. 92, 93, D. C. (*loc. cit.*) Les feuilles de cette belle espèce ressemblent aussi beaucoup à celles du Chataignier, elles ne se développent qu'après la floraison. Les fleurs sont d'un jaune doré, portées sur des pédoncules dichotomes. Ces fleurs ont au moins

trois pouces de diamètre. Les fruits se composent en général de douze pistils soudés. Ces deux espèces sont cultivées dans les serres où elles fleurissent quelquefois.   (A.R.)

*DILLÉNÉES. BOT. PHAN. De Candolle nomme ainsi la seconde tribu qu'il a établie dans la famille des Dilléniacées. *V.* DILLÉNIACÉES. (A. R.)

*DILLWINE. *Dillwina*. Grateloup, algologue très-instruit, mais qui n'a pas encore publié ses belles observations sur les Hydrophytes, a proposé sous ce nom l'établissement d'un genre de Conferves que nous nous empresserons d'adopter dès qu'il nous sera connu, mais qui ne peut conserver ce nom de Dillwine déjà doublement employé en botanique.

            (B.)

*DILLWINELLE. *Dillwinella*. ZOOL.? BOT. CRYPT.? (*Arthrodiées.*) Genre de la tribu des Oscillariées dont nous avons donné les caractères à l'article ARTHRODIÉES, *V.* ce mot, et qui jusqu'ici ne contient qu'une seule espèce, *Dillwinella serpentina*, N., pl. de ce Dict., Arthr., f. 4; *Conferva mirabilis*, Dillw.   (B.)

DILLWYNIE. *Dillwynia*. BOT. PHAN. Famille des Légumineuses et Décandrie Monogynie, L. Ce genre, auquel on a aussi donné le nom bizarre de *Velote*, a été établi par Smith (*in Annals of Botany*, vol. 1) sur trois Plantes de la Nouvelle-Hollande, et ainsi caractérisé : calice simple, à deux lèvres et à cinq découpures; corolle papilionacée, dont l'étendard est très-élargi, obcordé, ou fortement échancré; la carène formée de deux pétales soudés supérieurement et plus courts que les ailes; dix étamines libres, à anthères arrondies et didymes; ovaire ovale, portant un style recourbé supérieurement et surmonté d'un stigmate capité et pubescent; légume ovale, ventru, légèrement pédicellé, surmonté d'un style persistant, uniloculaire, et renfermant deux graines réniformes, dont une avorte souvent. Ce genre, dédié à Dillwyn, auteur d'un ouvrage estimé sur les Hydrophytes, a de grands rapports avec les *Gompholobium*, les *Daviesia*, et d'autres Légumineuses de la Nouvelle-Hollande. Smith (*loc. cit.* et *Exotic Botany*, t. 25 et 26) en a décrit et figuré plusieurs espèces ; et Labillardière (*Nov.-Holland.*, vol. 1, p. 109, t. 139 et 140) en a fait connaître deux espèces ; mais, selon R. Brown, la seconde de ces espèces ou la *Dyllwinia obovata* doit en être séparée et constituer, avec la *Dillwynia myrtifolia* de Smith, le genre *Eutaxia*. *V.* ce mot.

Les *Dillwynia ericifolia*, ou *Pultenœa retorta*, Vendl.; *D. floribunda* et *D. glaberrima* de Smith, sont des Arbrisseaux assez élégans, à tiges allongées, couvertes de feuilles simples, et portant des fleurs jaunes, terminales ou axillaires.

Sous le même nom de *Dillwynia*, un genre très-différent avait été constitué par Roth (*Catalect. Bot.* 3, p. 71), et d'abord adopté par Persoon ; cependant celui-ci a rectifié cette inadvertance à la fin du 2ᵉ volume de son Enchiridium, en nommant *Rothia* le nouveau genre. *V.* ce mot.

(G..N.)

DILOBEIA. BOT. PHAN. Genre fondé par Du Petit-Thouars (*Nova Genera Madagascar.*, p. 7), appartenant à la Tétrandrie Monogynie, mais dont les caractères sont trop incomplets pour qu'on puisse fixer sa place dans les ordres naturels. Son auteur, néanmoins, le colloque à la suite des Dicotylédones apétales, et le décrit ainsi : calice à quatre folioles ; corolle nulle ; quatre étamines ; ovaire unique ; fruit inconnu. L'espèce unique qui le constitue, à laquelle Rœmer et Schultes ont donné le nom de *Dilobeia Thouarsi*, est un Arbre indigène de Madagascar, très-élevé, à feuilles alternes, bilobées à leur sommet, anguleuses et portant une petite glande sur leur nervure principale, à fleurs petites et paniculées. (G..N.)

DILOPHE. OIS. Nom donné par Vieillot à l'un de ses genres qui ne renferme qu'une seule espèce, le Mainate porte-lambeaux, *Gracula carunculata*, Gmel. Il fait partie de notre genre Philédon. *V.* ce mot.

(DR..Z.)

DILOPHE. *Dilophus*. INS. Genre de l'ordre des Diptères, établi aux dépens des Bibions et réuni par Latreille (Règn. Anim. de Cuv.) à ce dernier genre ; il appartient par conséquent à la grande famille des Némocères. Ses caractères distinctifs sont : d'avoir des petites dents en forme d'épines au pourtour du segment antérieur du tronc, et de présenter des dents semblables au milieu du côté extérieur et à l'extrémité des deux premières jambes. Meigen (Descript. syst. des Dipt. d'Europe, T. 1, p. 305) décrit cinq espèces, parmi lesquelles nous citerons :

Le DILOPHE VULGAIRE, *D. vulgaris*, Meigen, ou la *Tipula febrilis* de Linné, et l'*Hirtea febrilis* de Fabricius, qui est le même, le *Dilophus febrilis* de Latreille. (AUD.)

* DILUVION. GÉOL. Traduction du mot *Diluvium* que les géologues anglais emploient avec avantage pour désigner les terrains de transport dont la formation, quoique plus récente que celle des couches stratifiées les plus nouvelles, ne peut cependant pas être attribuée aux causes qui ont produit ce que les mêmes savans appellent spécialement *Alluvium* et que nous comprenons dans l'expression trop étendue d'*Alluvion*, d'*attérissement*. Le Diluvion, composé des fragmens et des débris plus ou moins volumineux et plus ou moins roulés, de toutes les espèces de roches des divers terrains, d'amas de sable, de gravier, et de couches meubles de marne et d'argile terreuse, recouvre tous les strates dont se compose l'écorce terrestre, et il n'est recouvert accidentellement que par des produits volcaniques modernes. Tout porte à croire qu'il est le résultat de l'une des dernières grandes révolutions générales qui ont submergé et bouleversé la surface du globe terrestre, et la présence des dépôts de cailloux roulés et de sable sur le sommet des collines que séparent de profondes vallées, indique que les dépôts diluviens appartiennent soit à une époque antérieure à la formation de ces mêmes vallées, soit plutôt à l'époque de leur creusement ; on ne peut en tous cas comparer les dépôts diluviens aux amas de matériaux semblables par leur nature, qui se forment encore aujourd'hui à l'embouchure des fleuves et sur leurs rives par suite de l'accumulation des débris que leurs eaux charient sans cesse, ou qui se sont formés à une époque déjà éloignée, par l'effet d'une cause analogue, lorsque les mêmes fleuves étaient seulement plus considérables et que par conséquent leur lit avait plus d'étendue. Malgré les différences que nous venons d'indiquer entre ce que l'on peut entendre par Diluvion et Alluvion, il n'est pas toujours facile de distinguer, l'un de l'autre, ces dépôts différens par la cause qui les a produits, et même de ne pas les confondre avec les terrains meubles et de transports qui appartiennent aux époques plus anciennes de la formation des divers conglomérats, Poudding et Nagelflue, lorsque ceux-ci ne sont pas recouverts.

Quoique le Diluvion paraisse appartenir à un phénomène général, quant à l'époque de son dépôt, on ne peut attribuer son transport dans les divers lieux où il se rencontre, à une force unique qui aurait agi dans une même direction pour toute la terre ; car si par l'examen des matériaux dont il est diversement composé, suivant les localités, on se reporte aux roches ou couches en place qui ont fourni ces matériaux, on voit que les montagnes ou sommités dont les débris ont donné lieu au Diluvion sont situées soit au nord soit au midi, à l'ouest ou à l'est de ces dépôts ; il paraît plus ordinaire de retrouver dans chaque grand bassin terrestre un Diluvion formé aux dépens des sommités qui entourent ce bassin : c'est ainsi que les blocs énormes de roches anciennes qui sont enfouis dans

les plaines sablonneuses de l'Allemagne septentrionale et des côtes orientales de l'Angleterre, et dont on rapporte le déplacement aux temps des phénomènes diluviens, paraissent provenir des montagnes de la Scandinavie situées encore au nord et au nord-est ; que dans le grand bassin de la Tamise, le Diluvion semble provenir généralement du nord-ouest, tandis que dans le grand bassin de la Seine tout indique au contraire que les courans ont agi du sud-est au nord-ouest. Les fragmens de roches primitives observés par Saussure sur le flanc de la chaîne du Jura qui regarde les Alpes ont été arrachés à ces hautes montagnes dont ils sont séparés aujourd'hui par la vaste vallée du Rhône.

C'est avec l'époque de la formation du Diluvion que beaucoup de géologues font coïncider l'anéantissement de plusieurs races de grands Animaux dont les nombreux individus paraissent avoir alors habité presque tous les points du globe. Tels sont les Éléphans, les Mastodontes, les diverses espèces d'Hippopotames, de Rhinocéros, etc., dont on retrouve les ossemens enfouis dans le gravier Diluvion de presque toutes les parties du monde ; il semblerait aussi, d'après les savantes observations du professeur Buckland, que les amas considérables d'ossemens d'Hyènes et de beaucoup d'autres espèces de Mammifères, trouvés dans les cavernes de Kirby et des environs de Plimouth, ont été recouverts par les dépôts diluviens. *V.* GÉOLOGIE et TERRAIN. (c. p.)

*DILYCHNUS. POIS. Strabon mentionne sous ce nom un Poisson du Nil que nous ne reconnaissons plus. (B.)

*DIMACRIA. BOT. PHAN. Le genre formé sous cette dénomination par Lindley (*in Sweet Geran.* , n. 46), aux dépens du *Pelargonium*, n'est plus regardé par De Candolle (*Prodrom. Syst. Veget.*, vol. 1, p. 653) que comme une section de ce dernier groupe, section qui est ainsi caractérisée : cinq pétales inégaux, dont les deux supérieurs connivens sont divariqués à leur sommet ; cinq étamines fertiles, plus courtes que les sépales ; les deux inférieures du double plus longues, la supérieure extrêmement petite ; cinq étamines stériles, presque égales et très-courtes. Cette tribu renferme huit espèces partagées en deux sous-sections. Ce sont des Plantes herbacées dont la racine est tubéreuse, analogue à celle des Raves ; les feuilles sont pétiolées et découpées en lanières pinnées.   (G..N.)

DIMBOS ou **DIMBRIOS**. ins. La grosse Fourmi désignée par Knox comme formant à Ceylan de gros nids sur les troncs d'Arbres, paraît être l'espèce de Termite connue à l'Ile-de-France sous le nom de Caria ou Karias. *V.* Termite.   (B.)

DIMÉRÈDES. pois. Famille établie par Duméril (Zool. Anat., p. 145) parmi ses Holobranches, et dont nous avons donné les caractères à l'article Abdominaux. *V.* ce mot. Elle renferme les genres Cheilodactyle, Cirrhite, Polynème et Polydactyle. *V.* ces mots.   (B.)

DIMÈRES. *Dimera*. ins. Section établie dans l'ordre des Coléoptères, et qui se composait des Insectes auxquels on n'avait découvert que deux articles à tous les tarses. Des observations d'Illiger et de Reichenbach ont appris qu'on comptait réellement trois articles à chacun d'eux, mais que le premier était excessivement petit. Cette section rentre par conséquent dans celle des Trimères, où elle constituera une famille comprenant de très-petits Insectes à élytres courtes, qui vivent à terre sous les pierres et les débris des Végétaux. Cette famille se compose des trois genres Psélaphe, Chennie, Clavigère. *V.* ces mots.   (AUD.)

DIMÉRIE. *Dimeria*. bot. phan. Robert Brown (*Prodr. Flor. Nov.-Holl.* 1, p. 204) a établi sous ce nom un genre nouveau dans la famille des Graminées, très-voisin des *Saccharum*, et qui peut être caractérisé ainsi : tous les épillets sont hermaphrodites, fertiles, disposés en épi sur un axe inarticulé et persistant. La lépicène est biflore, à deux valves coriaces, barbues à leur base, naviculaires et carénées ; l'intérieure est un peu plus petite. Les deux fleurs sont renfermées dans la lépicène qui les recouvre entièrement. La fleur extérieure est neutre et univalve, l'intérieure est hermaphrodite, à deux valves, dont l'externe est aristée et l'interne très-petite. La glumelle se compose de deux paléoles hypogynes. Les étamines sont au nombre de trois ; l'ovaire est surmonté de deux styles terminés chacun par un stigmate plumeux. Le fruit est cylindracé, enveloppé dans la valve externe de la glume. Ce genre, ainsi que nous l'avons dit précédemment, est très-voisin des *Saccharum* dont il diffère surtout par tous ses épillets sessiles et hermaphrodites et par son inflorescence en épi. Une seule espèce le compose, c'est le *Dimeria acinaciformis*, petite Plante annuelle, ayant le port d'un Andropogon ou mieux encore du *Chloris cruciata*. Ses feuilles sont courtes et poilues, son chaume nu dans sa partie supérieure, portant deux épis, dont les épillets sont alternes et disposés sur deux rangs, allongés, lancéolés, très-barbus à leur partie inférieure. La valve intérieure de la lépicène est terminée à son sommet par un crochet. Cette Plante croît à la Nouvelle-Hollande.   (A. R.)

DIMÉROSTEMME. *Dimerostemma*. bot. phan. Genre de la famille des Synanthérées, Corymbifères de Jussieu, et de la Syngénésie égale, L., fondé par Cassini (Bulletin de la Soc. philomatique, janvier 1817), et ainsi caractérisé : capitule sans rayons, composé de fleurs nombreuses, régulières et hermaphrodites ; involucre irrégulier, formé de folioles inégales, disposées sur un petit nombre de rangées ; les extérieures plus grandes, bractéiformes; les intérieures plus petites et en forme d'écailles oblongues; réceptacle plane, garni de petites paillettes égales aux fleurs, oblongues et spinescentes au sommet; aigrette irrégulière, composée de deux petites écailles paléiformes, coriaces, très-grandes et découpées irrégulièrement. L'auteur de ce genre le place dans sa tribu des Hélianthées, section des Hélianthées-Héléniées, près du *Trattinikia* de Persoon. Il n'en a décrit qu'une seule espèce, sous le nom de *Dimerostemma Brasiliana*, Plante indigène du Brésil, ainsi que l'indique son nom spécifique, herbacée, très-velue, à rameaux simples et dressés, à feuilles alternes, un peu décurrentes sur leur pétiole, et dont les capitules sont jaunes, terminaux et solitaires.   (G..N.)

DIMOCARPE. *Dimocarpus.* BOT. PHAN. Le genre dont Loureiro (*Flor. Cochinch.*, vol. 1, p. 286) décrit trois espèces sous les noms de *Dimocarpus Lychi*, *D. Longan* et *D. crinita*, est identique, selon De Candolle (*Prodrom. Syst. Veg.*, 1, p. 611), avec l'*Euphoria* de Commerson et Jussieu. *V.* EUPHORIE.   (G..N.)

DIMORPHA. BOT. PHAN. Quoique ce nom, créé par Schreber pour remplacer celui de Parivoa, donné par Aublet à un genre de la Guiane, ait été adopté par plusieurs botanistes, et notamment par Rudge qui en a décrit une superbe espèce dans les Tansactions de la Société Linnéenne de Londres, vol. IX, p. 179; nous renvoyons, pour la description de ce genre et de ses espèces, à PARIVOA (*V.* ce mot), parce qu'il nous semble toujours nuisible à la science, d'admettre des changemens opérés sans nécessité ou sans motifs plausibles.   (G..N.)

* DIMORPHANTHES. *Dimorphanthes.* BOT. PHAN. Genre de la famille des Synanthérées, Corymbifères de Jussieu et de la Syngénésie superflue, L., établi par H. Cassini (Bull. de la Société Philom. Février, 1818) aux dépens du genre *Erigeron* de Linné,

et caractérisé de la manière suivante: calathide composée d'un disque à fleurs nombreuses, régulières, hermaphrodites ou mâles, et de rayons de fleurs femelles nombreuses, tubuleuses, tridentées et comme tronquées au sommet; folioles de l'involucre imbriquées, linéaires et aiguës; réceptacle planiuscule et alvéolé; akènes oblongs, comprimés, légèrement hérissés d'aigrettes filiformes et légèrement plumeuses. Ce genre formé d'espèces confondues autrefois avec les *Erigeron* et les *Conyza* s'en distingue surtout par la forme des fleurs de la couronne et par son réceptacle nu; mais la différence d'avec le premier de ces genres est bien faible si l'on considère avec nous que la forme de ces corolles n'est qu'une modification des corolles ligulées de l'Erigeron. Au surplus, Cassini le place dans sa tribu des Astérées, et y rapporte les *Erigeron Siculum*, *E. Gouani*, *E. Ægyptiacum*, et *E. Chinense* de Linné, etc., Plantes indigènes pour la plupart des régions voisines de la Méditerranée. *V.* ERIGERON.   (G..N.)

DIMORPHE. *Dimorpha.* INS. Genre de l'ordre des Hyménoptères établi par Jurine (Class. des Hyménopt.), et fondé antérieurement par Latreille, sous le nom d'Astate. *V.* ce mot.
       (AUD.)

DIMORPHOTHECA. BOT. PHAN. Vaillant (*Act. Paris.*, 1720) proposa l'établissement de ce genre qui fut rejeté par Linné et réuni à son *Calendula*. Mœnch (Méthod., p. 585) le fit revivre en 1794, et lui assigna les caractères suivans: involucre et corolle semblables à ceux du *Calendula*; akènes difformes, dressés et d'égale longueur; ceux de la circonférence oblongs et marqués sur leurs angles; ceux du disque planes, comprimés, glabres, cordiformes et munis d'un rebord. Mœnch réunit dans ce genre les *Calendula pluvialis* et *C. hybrida* de Linné. *V.* SOUCI. (G..N.)

DINÆBA ET DINEBRA. *Dinæba.* BOT. PHAN. Genre de la famille des

Graminées et de la Triandrie Digynie, L., établi par Delile (Fl. Egypte), adopté par Beauvois, Kunth et la plupart des autres botanistes, et qui se distingue par les caractères suivans : les épillets sont unilatéraux, distincts, formant de petits épis ordinairement pendans, et dont l'axe dépasse quelquefois les épillets; ceux-ci contiennent de deux à quatre et cinq fleurs, nombre qui est fort variable dans les diverses espèces qui forment ce genre. La lépicène est à deux valves lancéolées, aiguës, carenées, tantôt presque égales (*Dinœba Ægyptiaca*), tantôt très-inégales (*D. curtipendula*). Ordinairement, on ne trouve qu'une seule fleur hermaphrodite dans chaque épillet, quelquefois il y en a deux : dans le premier cas, la fleur hermaphrodite est sessile et les autres sont pédicellées; dans le second cas, l'une des fleurs fertiles est sessile, et la seconde est pédicellée; la glume des fleurs hermaphrodites est à deux paillettes carenées, dont l'interne est généralement plus petite; toutes deux sont aiguës à leur sommet, qui est quelquefois mucroné dans la paillette externe, ou même tridenté; les paléoles de la glumelle sont au nombre de deux fort petites; les deux styles se terminent par deux stigmates plumeux et glanduleux; les fleurs neutres ont les valves de leur glume terminées à leur sommet par une arête plus ou moins longue.

Ce genre est fort distinct. Les différentes espèces qui y ont été rapportées, ont de nouveau besoin d'être analysées avec le plus grand soin. En effet, nous doutons qu'elles appartiennent toutes à un seul et même genre. Le type du *Dinœba* est le *Dactylis paspaloïdes* de Willdenow ou *Cynosurus retroflexus* de Vahl, qui présente les caractères suivans : lépicène subtriflore; valves lancéolées, aiguës, carenées, égales entre elles, mutiques, plus longues que les fleurons; ceux-ci sont au nombre de trois, deux hermaphrodites, dont un est sessile et l'autre pédicellé; la troisième fleur consiste

simplement dans un petit pédicule qui part de la base du fleuron pédicellé; la glume est à deux valves fortement carenées; l'extérieure, qui est plus grande, est mucronée à son sommet. Nous pensons qu'il serait peut-être convenable de séparer de ce genre les espèces qui n'ont qu'une seule fleur hermaphrodite, dont la valve externe est tridentée à son sommet, et dont les fleurons neutres ont une arête plus ou moins longue terminant leurs paillettes.

Les espèces rapportées à ce genre par Palisot de Beauvois, sont l'*Aristida Americana* de Linné, qui forme le genre *Heterostheca* de Desvaux, le *Cynosurus Lima* de Linné, le *Melica curtipendula* de Michaux; et enfin, le *Cynosurus retroflexus* de Vahl. Kunth (*in Humb. Nov. Gen.* 1) décrit cinq espèces de ce genre, dont quatre sont nouvelles. Ces espèces sont : *Dinœbra curtipendula* de Beauvois, qui est commune aux deux Amériques; *Dinœbra aristidoïdes*, Kunth, *loc. cit.*; *Dinœbra bromoïdes*, Kunth, *loc. cit.*, t. 51; *Dinœbra repens*, Kunth, *loc. cit.*, t. 52; *Dinœbra chondrosioïdes*, Kunth, *loc. cit.*, t. 53. Ces cinq espèces ont été trouvées par Humboldt et Bonpland, dans le cours de leurs voyages en Amérique. Les quatre dernières sont mentionnées sous le nom générique d'*Andropogon*, dans le *Systema* de Rœmer et Schultes. (A. R.)

DINDE. OIS. Femelle du Dindon. *V.* ce mot. (DR..Z.)

DINDE SAUVAGE. OIS. Syn. vulgaire du Coucou, *Cuculus Canorus*, L. *V.* Coucou. (DR..Z.)

DINDON. *Meleagris*, L. OIS. Genre de l'ordre des Gallinacés. Caractères : bec court, robuste, avec la base recouverte d'une peau nue et une caroncule lâche à la partie supérieure; convexe en dessus, un peu courbé vers la pointe; narines obliques, ouvertes en dessus; tête et cou couverts de mamelons, avec quelques poils roides; une membrane flottante sous la gorge; pieds robustes; tarse long, armé d'un éperon faible, obtus; quatre doigts, trois devant et un derrière, ne portant à terre que sur l'extrémité; ongles ovales, un peu émoussés; les trois premières rémiges étagées, la quatrième la plus longue; la plupart des plumes coupées carrément. Long-temps on n'a vu figurer dans ce genre qu'une seule espèce; mais depuis que le Musée de Paris a fait l'acquisition de l'Oiseau qui, pris vivant à Honduras, avait été amené en Angleterre et placé après sa mort dans le cabinet de Bulloch, Cuvier ayant pu examiner à loisir ce précieux Oiseau, en a fait une seconde espèce de Dindon. Toutes deux sont originaires de l'Amérique, et quoi qu'en ait pu prétendre Aldrovande, d'après ses recherches ou ses conjectures, ces Oiseaux n'étaient pas connus dans les autres parties du monde avant la découverte du nouveau continent. Il paraît que le premier de ces Oiseaux fut envoyé en Espagne trois ou quatre ans après la conquête du Mexique, vers 1524. Plus tard, des missionnaires, disciples ou sujets de Loyola, qui avaient entrevu la ressource qu'offrait pour nos basse-cours un semblable Animal, en firent des envois dans toute l'Europe où l'espèce se répandit sous le nom vulgaire d'Oiseaux des Jésuites.

Divers naturalistes ont fait l'histoire du Dindon à l'état sauvage; Hernandez, quoique le premier d'entre eux, est encore celui auquel nous soyons redevables des renseignemens qui paraissent les plus exacts sur les mœurs et les habitudes de ces Oiseaux qu'il a été à portée d'observer dans toutes les périodes de leur existence, de suivre dans tous les degrés de la familiarisation. Ils vivent en société, par troupes peu nombreuses; on les aperçoit rarement dans les plaines, ils sont plus souvent retirés dans les bois et les forêts où ils passent les nuits perchés sur les branches les plus élevées de celles qui peuvent soutenir leur énorme corps. Dès l'aube matinale, ils semblent se sa-

luer réciproquement par des gloussemens réitérés; aux premiers rayons du soleil, ils descendent à terre, et là, pirouettant en signe de tendresse autour de leurs femelles, ils relèvent et développent en éventail les pennes de leur queue et les plumes brillantes qui les recouvrent. Le sommeil paraît les absorber profondément, car ils y sont encore livrés lors même que depuis long-temps on les croirait éveillés; on profite de cette difficulté de sortir d'assoupissement pour leur faire la chasse. Alors susceptibles de surprise, mais non d'épouvante, ces Oiseaux regardent tranquillement l'arme à feu ou le bâton qui viennent d'abattre à côté d'eux leur compagnon, et semblent dédaigner de se soustraire par la fuite à une semblable destinée; mais sont-ils éveillés, c'est toute autre chose: ils ripostent hardiment aux attaques, et s'ils aperçoivent un danger imminent, une très-grande agilité dans la course qui leur est plus habituelle que le vol, leur fait bientôt franchir l'espace qui les sépare d'une retraite salutaire. Leurs amours sont entre eux le sujet de violens combats qui sont bientôt oubliés de même que le prix de la victoire. La femelle ne s'occupe guère des soins qui, chez la plupart des autres Oiseaux, précèdent la ponte: une fossette faiblement abritée et garnie de quelques légers brins d'herbe, reçoit les œufs dont le nombre indéterminé est le plus souvent de huit à douze; elle les couve avec constance, élève ses petits avec soin, mais rarement plus de deux ou trois arrivent à l'état adulte. La ponte ne se renouvelle pas dans l'année. Le Dindon sauvage ne se nourrit que de fruits, de graines et particulièrement de diverses espèces de glands. On prétend que leur chair offre un mets plus délicat que celui que nous procurent ces même Oiseaux élevés dans nos basse-cours. Ceux-ci ont aussi un caractère tout-à-fait différent et qui les a rendus pour le vulgaire injuste et ignorant l'emblème de la stupidité; il est vrai que c'est le *facies* assez général de tous les Animaux qui se sont soumis à l'esclavage ; le Chien même, auquel dans cet état l'on se plaît à accorder tant de qualités, ne présente au fait qu'un raffinement de bassesse et de servilité. Le Dindon de nos basse-cours n'a que l'abattement qui naît de la captivité ; sa fierté, son courage naturel reprennent de l'ascendant lorsqu'il s'agit de résister à de fatigantes importunités, de combattre des rivaux, de défendre une couvée ; quoiqu'il soit moins passionné en apparence que le Coq, sa colère et son amour s'expriment néanmoins avec plus d'énergie par l'altération de ses traits : toutes les parties nues de la tête et du cou se gonflent et se colorent du plus vif incarnat, la caroncule du front s'allonge et retombe sur le bec, les plumes se hérissent, les ailes s'abaissent, la queue enfin se relève et s'étale. Le Dindon domestique ne parvient jamais à une taille aussi élevée, à une corpulence aussi grande que le Dindon sauvage. Comme son éducation forme une branche essentielle de l'économie rurale, elle a été l'objet de nombreuses recherches d'améliorations ; en général on trouve qu'il est avantageux de ne point renfermer ces Oiseaux, mais bien de les tenir sous des hangars ; de ne donner à chaque mâle que cinq ou six femelles et d'obtenir de chacune d'elles deux pontes par année, l'une au mois de février, l'autre au mois d'août ; de ne laisser que douze à quinze œufs à chaque couveuse, et de la bien surveiller après le trentième jour d'incubation, car il arrive souvent que par excès de tendresse elle tue les Poussins en voulant faciliter leur sortie de la coquille ; il faut également la garantir de l'approche du mâle qui a la cruelle habitude de briser les œufs, sans doute pour empêcher la couvaison et ranimer dans les femelles l'amour qui fait toujours place à la tendresse maternelle. Les Poussins sont extrêmement délicats ; ils exigent beaucoup de soins ; on doit les placer après leur naissance dans un endroit dont la température soit élevée de vingt-cinq degrés environ, et leur donner pour premier aliment de la mie de pain à laquelle on ajoute par la suite du jaune d'œuf cuit ou dur et des feuilles d'Ortie hachées. Au bout d'un mois, ils peuvent accompagner leur mère à la pâture, mais il faut ne les laisser sortir que par un temps convenable, car le froid, la grande chaleur, l'humidité et la rosée leur occasionent des maladies auxquelles souvent ils succombent. On donne vulgairement aux femelles le nom de Dinde ou de Poule d'Inde.

Dindon sauvage, *Meleagris sylvestris*, Vieill. Tout le plumage d'un brun foncé avec les plumes du cou, de la gorge, du dos et les scapulaires bordées de reflets azurés ; un pinceau de crins sur la poitrine ; pieds d'un gris rougeâtre ; ongles et bec noirs ; iris rouge brun. Taille, quarante-six à quarante-huit pouces. De l'Amérique septentrionale. Le plumage de cette espèce, réduite à la domesticité (*Meleagris Gallo-Pavo*, L., Buff., pl. enl. 97), est très-varié ; tantôt il est noir, tantôt blanc ; souvent orné de bandes alternatives blanches et grises avec des reflets assez éclatans. Sa taille est de trente-huit à quarante pouces.

Dindon oeillé, *Meleagris ocellata*, Cuv., Mém. du Muséum, T. VI, pl. 1, Temm., Ois. color. pl. 112. Toutes les plumes des parties supérieures et inférieures d'un vert bronzé, terminées par deux bandes contiguës, l'une noire, l'autre d'un bronze doré ; petites tectrices alaires d'un vert d'émeraude, bordées d'un noir velouté ; tectrices secondaires d'un cuivreux doré sur toute la partie extérieure ; rémiges d'un brun bronzé, bordées de blanc et coupées de lignes obliques et étroites de cette couleur ; quatorze rectrices légèrement étagées, ce qui arrondit la queue ; tectrices caudales supérieures brunes, vermiculées de noir, terminées par une tache œillée d'un bleu bronzé éclatant qu'entoure un cercle noir velouté ; la pointe est large et d'un beau rouge cuivreux ; pieds rouges ; ongles et ergots noirâtres; bec et iris jaune orangé; des points caronculés sur le cou. Taille, trente-six pouces. Un individu de ce bel Oiseau, qui se trouve au Mexique, enrichit les galeries du Muséum d'histoire naturelle de Paris. (DR..Z.)

DINDON DU BRÉSIL. OIS. Syn. du Yacou, *Penelope cristata*, Gmel. *V.* PÉNÉLOPE. (DR..Z.)

DINDONNEAU. OIS. Le jeune Dindon. (DR..Z.)

DINDOULETTE ET **DINDOULETTO.** OIS. Syn. vulgaires d'Hirondelle. *V.* ce mot. (DR..Z.)

DINDOULO. BOT. PHAN. Le Jujubier dans quelques cantons du midi de la France. (B.)

DINE. MAM. Même chose que Daine, femelle du Daim. *V.* CERF. (B.)

DINÈBRE. *Dinœbra.* BOT. PHAN. Le genre de Graminées ainsi nommé par Jacquin, est le même que le *Dinœba. V.* DINÆBE. (A. R.)

DINEMURE. *Dinemurus.* ANNEL.? Rafinesque a plutôt indiqué qu'établi ce genre; Blainville croit, d'après la description, que Rafinesque aura pu prendre une larve d'Insecte hexapode pour un Animal particulier qu'il décrit ainsi : corps cylindrique composé de dix anneaux deux fois plus longs que larges; tête unie obtuse; queue à deux filets latéraux. Habite les eaux douces de la Sicile. (LAM..X.)

DINÈTE. *Dinetus.* INS. Genre de l'ordre des Hyménoptères, section des Porte-Aiguillons, fondé par Jurine (Nouv. Méth. de classer les Hyménopt., p. 207) qui lui donne pour caractères : une cellule radiale largement appendicée; deux cellules cubitales, la première recevant la première nervure récurrente; la deuxième très-éloignée du bout de l'aile, petite et recevant la seconde nervure; mandibules intérieurement tridentées, extérieurement éperonnées; antennes roulées au bout, filiformes dans les femelles et composées de douze anneaux, moniliformes à leur base, filiformes à leur extrémité, et composées de treize anneaux dans les

mâles. Ce genre, établi aux dépens des Pompiles de Fabricius, a été rangé par Latreille (Règne Anim. de Cuv.) dans la famille des Fouisseurs et dans la tribu des Larrates. Les Insectes qu'il comprend ont le port des Larres, les organes de la manducation sont les mêmes; mais leurs petits yeux lisses sont égaux, et constituent un triangle équilatéral. On ne connaît encore qu'une espèce.

Le **DINÈTE PEINT,** *Din. pictus* de Jurine (*loc. cit.*, pl. 11), ou le *Pompilus pictus* de Fabricius, figuré par Panzer (*Fauna Ins. Germ. Fasc.* 17, tab. 19, le mâle; *Fasc.* 72, tab. 10, la femelle); la femelle diffère du mâle par les points jaunes de ses antennes, au lieu des bandes de même couleur qu'on voit aux antennes de ceux-ci; il existe aussi une différence tranchée dans les couleurs de l'abdomen; la femelle creuse dans le sable un nid et y place, à côté de ses œufs, des cadavres de Diptères fort petits, qui doivent servir à la nourriture de la larve. On trouve communément cette espèce aux environs de Paris, dans les endroits sablonneux. (AUD.)

DINOTE. ANNEL. *V.* SPIRORBE.

DIOCTOPHYME. *Dioctophyma.* INTEST. Collet-Maigret a décrit et figuré sous ce nom, dans le Journal de physique de 1803, un Ver intestinal qu'il regardait comme devant constituer un genre particulier, et que l'on a reconnu n'être que le Strongle Géant, observé depuis long-temps par Rédi et d'autres helminthologistes, dans les reins de l'Homme, du Chien, etc. Ce genre n'a pas été adopté. *V.* STRONGLE. (LAM..X.)

DIOCTRIE. *Dioctria.* INS. Genre de l'ordre des Diptères, famille des Tanystomes, tribu des Asiliques, fondé par Latreille et Meigen, adopté ensuite par Fabricius. Ses caractères sont : antennes une fois plus longues que la tête, très-rapprochées à leur base, insérées sur un tubercule frontal, et dont le troisième et dernier article est presque cylindrique, avec un petit stylet obtus, de deux articles et

sans soie au bout; les Dioctries ressemblent aux Asiles, sous le rapport
des tarses terminés par deux crochets et par deux pelotes; mais ils
en diffèrent par l'absence d'un stylet
en forme de soie aux antennes. — Ce
genre comprend un assez grand nombre d'espèces. Meigen (Descript. syst.
des Dipt. d'Europe, T. ii, p 239) en
décrit vingt-huit; parmi elles, nous
citerons :

La Dioctrie OElandique, D.
Œlandica, L., Fabr., Latr., ou l'Asile
noire, lisse, à pates et balanciers fau-
ves, et ailes toutes noires de Geoffroy
(Hist. des Ins. T. ii, p. 470, n° 8).
On la trouve aux environs de Paris.
Nous mentionnerons encore, d'après
Meigen, la *Dioctria rufipes* ou l'*Asi-
lus rufipes* de Degéer (Mém. Ins. T.
vi, p. 97, n. 6); la *D. varipes*, Meig.,
ou l'Asile noire, lisse, à pates et ba-
lanciers fauves et ailés, veinés, de
Geoffroy (*loc. cit.*); la *D. Reinhardi*,
Wied., figurée par Meigen (*loc. cit.*,
lib. 19, fig. 24.); la *D. annulata*,
Meig. (*loc. cit.*, tab. 19, fig. 25).

                      (AUD.)

DIQDE. bot. phan. Pour Diodie.
V. ce mot.   (B.)

DIODIE. *Diodia.* bot. phan. Genre
de la famille des Rubiacées, établi
par Gronou, adopté par Linné et
Jussieu, mais dont les caractères le
rapprochent tellement du genre *Spermacoce*, que Kunth a cru devoir l'y
réunir. *V.* Spermacoce.   (A. R.)

DIODON. mam. Espèce du genre
Dauphin. *V.* ce mot. Ce nóm avait
été donné au Narvalh par Storr. (B)

DIODON. ois. Espèce du genre
Faucon, *Falco Diodon*, Temm., pl.
color. 198. *V.* Faucon.   (DR. Z.)

DIODON. *Diodon.* pois. Vulgairement Boursouflés, Deux-Dents et
Orbes. Genre de l'ordre des Branchiostèges du système de Linné, de
la famille des Ostéodermes de Duméril, placé dans celle des Gymnodon-
tes parmi les Plectognathes de Cuvier, confondu par Artedi avec les
Cottes Ostraciens. Leurs caractères
consistent dans les mâchoires avan-

cées, garnies d'une substance ébur-
née, divisée intérieurement en lames,
et dont l'ensemble représente une
sorte de bec de Perroquet, formée de
deux pièces, une en haut et l'autre
en bas, avec la peau armée de toutes
parts de gros aiguillons pointus, mobiles, nombreux et disséminés sur
toute la surface. Les Diodons, d'une
figure extraordinaire, manquent de
ventrales, et leur appareil natatoire
consiste dans cinq nageoires dont
deux pectorales situées en arrière et
presque sur la ligne des yeux; une
dorsale et une anale opposées, fort
rapprochées de la queue à la partie
postérieure du corps qui est en général d'une forme à peu près sphérique.
Leur squelette est presque cartilagineux; les opercules et les rayons sont
comme cachés sous l'épaisseur du
derme qui ne laisse voir à l'extérieur qu'une petite fente branchiale.
Ce sont des Poissons des mers équinoxiales, fort anciennement connus
et que leur figure bizarre fit rechercher de bonne heure par les curieux
qui en suspendaient les peaux rem-
bourrées aux plafonds de leurs ca-
binets. Leur chair est médiocre,
on la croit même vénéneuse; leur
fiel passe dans les colonies pour
un poison fort dangereux, et l'on
assure qu'oublié dans l'Animal par
d'imprudens cuisiniers, il a plus
d'une fois causé la mort des personnes qui avaient mangé des Diodons. La
plus grande confusion règne dans la
détermination des espèces qu'on avait
trop légèrement examinées, ainsi qu'il
est arrivé de tous les genres tranchés
et comme isolés dans la nature par
des formes prononcées et singulières.
Celles dont l'existence est certaine
sont les suivantes :

L'Atinga ou Atingua, *Diodon
Atinga*, L., Gmel.; *Syst. Nat.* XIII,
T. i, p. 1451; Lacép. Poiss. T. ii, pl.
24, tab. 1; *Diodon oblongus*, Bloch,
pl. 125; Longue-Épine, Encycl.
Pois., pl. 19, fig. 60; *Guamajucu
Atingua*, Marcgr., *Bras.* 168. Cet
Animal est le plus allongé des Dio-
dons; son dos rond et large est d'une

couleur brune qui tire sur le bleuâtre ainsi que les côtes; le ventre est blanc; les nageoires sont jaunes et bordées de brun; de petites taches lenticulaires sont dispersées sur toute la surface; de forts piquans mobiles, très-longs, creux vers leur racine, partagés à leur base en trois pointes divergentes variées de blanc et de noir, se hérissent en tous sens, et lui procurent de puissans moyens de défense. On dit les blessures qu'ils font très-dangereuses; les pêcheurs que l'Atinga parvient à blesser éprouvent des douleurs affreuses qu'accompagnent une sueur glaciale et des tremblemens. On le prend dans les mers de Brésil où il est commun, soit au filet, soit à la ligne en amorçant avec quelques Crustacés dont l'Animal est très-friand. La femelle est plus grande que le mâle qui atteint jusqu'à dix-huit pouces de longueur. Quand il se sent pris, il se gonfle et se défend en s'agitant avec une sorte de fureur, en essayant de piquer la main qui veut le saisir; on a soin de l'assommer avant de le toucher. Il se trouve également dans les mers de l'Inde et du cap de Bonne-Espérance. On en mentionne une variété dont les piquans sont plus longs sur la tête et sur le cou. D. 14. 16, P. 21. 22, A. 14. 17, C. 9.

Le GUARA, *Diodon Hystrix*, Bloch, pl. 126; *Diodon Atinga β*, L., Gmel., *loc. cit.* p. 1451; l'Holocanthe, Lacép., Pois., D. 11, P. 11; Courte-Épine, Encycl., Pois. pl. 19, fig. 61. Moins allongé que le précédent, ce Poisson a aussi ses piquans plus rapprochés et plus forts. Il en diffère surtout par sa queue qui est fourchue au lieu d'être arrondie. Il vit dans toutes les mers des tropiques où il fait la chasse aux Crustacés ainsi qu'aux Oursins. On le pêche jusqu'au Japon, et il est assez commun dans la mer Rouge. Lacépède rapporte d'après le père Dutertre qu'il omet de citer, que l'Holocanthe se livre à de violens et rapides mouvemens lorsqu'il se sent pris à l'hameçon, dont il s'approche d'abord avec précaution, mais sur lequel il finit par se jeter avec avidité quand il ne croit plus avoir de surprise à redouter. Il se gonfle, se comprime, redresse et couche ses dards, s'élève et s'abaisse avec vitesse pour se débarrasser du crochet qui le retient. Dutertre ajoute qu'enflé comme un ballon, il produit un bruit sourd comparable à celui que fait entendre le Dindon lorsqu'il glousse avant d'étaler sa queue en roue. Lorsqu'il reconnaît que ses efforts sont inutiles, il a recours à la ruse, se dégonfle, abaisse ses piquans et devient aussi flasque qu'un gant mouillé. Quand on veut le ressaisir, il se hérisse de nouveau. D. 14, P. 21, A. 17, C. 10.

L'ORBE ou HÉRISSON, *Diodon orbicularis*, Bloch, pl. 127, Encycl., Poiss., pl. 19, fig. 62; *Diodon Hystrix*, L., Gmel., *Syst. Nat.* XIII, T. I, p. 1448. Vulgairement le Poisson armé (Dutertre, Antil. T. II, p. 209). Cette espèce, presque entièrement ronde, grisâtre sur le dos avec quelques points blanchâtres et des taches noires, ordinairement au nombre de quatre autour des pectorales, est assez commune dans les mers des Antilles, du Brésil, du cap de Bonne-Espérance et des Moluques, si toutefois ces divers. *habitat* n'indiquent pas diverses espèces. Ses piquans, courts et robustes, sont triangulaires à leur base, et leur forme, très-bien rendue dans la figure citée de l'Encyclopédie, a peu de rapport avec celle qu'exprime la figure donnée par Lacépède (pl. 24, fig. 2), ce qui nous porterait à soupçonner que le savant professeur aurait été induit en erreur par son graveur qui aurait publié, d'après quelques dessins de Commerson, une espèce qui ne serait pas celle dont il est question dans le texte (T. V, p. 16). Quoi qu'il en soit, l'Orbe qui atteint jusqu'à dix et douze pouces de diamètre, est réputé le plus dangereux des Diodons par la qualité malfaisante de sa chair. D. 14, P. 21. 22, A. 6 ? 12, C. 10.

Les variétés mentionnées par Gmelin pourraient bien être des espèces très-différentes à ajouter à la Mole, au Tacheté et au Diodon de Plumier, qui sont les autres espèces du genre dont il vient d'être question.

Rafinesque, dans son Indice d'Ichthyologie Sicilienne, mentionne sous le nom d'*Echinus* une autre espèce de Diodon qu'il dit être sphérique, brune, toute recouverte de piquans déliés, ronds, non triangulaires, et qu'il assure être fort différente de l'*Hystrix* de Linné.   (B.)

DIOECIE. *Diœcia.* BOT. PHAN. Vingt-deuxième classe du système sexuel de Linné, comprenant tous les Végétaux qui ont les fleurs unisexuées portées sur deux individus différens. Cette classe se divise en quinze ordres dont les caractères ont été tirés spécialement des étamines considérées quant à leur nombre, quant à leur insertion, quant à leur réunion par les filets, par les anthères ou leur soudure avec le pistil. Le nom de ces ordres est le même que celui de la plupart des classes précédentes. Ainsi le 1er ordre est la Diœcie Monandrie; 2 la D. Diandrie; 3 D. Triandrie; 4 D. Tétrandrie; 5 D. Pentandrie; 6 D. Hexandrie; 7 D. Octandrie; 8 D. Ennéandrie; 9 D. Décandrie; 10 D. Dodécandrie; 11 D. Icosandrie; 12 D. Polyandrie; 13 D. Monadelphie; 14 D. Syngénésie; 15 D. Gynandrie.   (A. R.)

DIOGGOT. BOT. PHAN. L'huile ou goudron qu'on retire du Bouleau en le brûlant.   (B.)

DIOIQUES. BOT. PHAN. Nom collectif donné aux Plantes de la vingt-deuxième classe du système sexuel de Linné. *V.* DIOECIE.   (B.)

DIOMEDEA. OIS. *V.* ALBATROS.

DIOMÉDÉE. *Diomedea.* BOT. PHAN. Genre de la famille des Synanthérées, Corymbifères de Jussieu et de la Syngénésie superflue, L., établi par Cassini (Mém. lu à l'Institut, en 1814, et Bulletin de la Soc. Philom. Mai, 1817), et caractérisé ainsi : calathide radiée dont le disque est composé de fleurs nombreuses, régulières et hermaphrodites, et de rayons

formés de fleurs en languettes femelles, et disposées sur un seul rang; folioles de l'involucre arrondies, inégales et formant un petit nombre de rangées; réceptacle plane, couvert de petites paillettes; akènes tétragones, glabres, non rétrécis au sommet, et surmontés d'aigrettes coroniformes, cartilagineuses et irrégulièrement découpées. Ce genre, indiqué déjà par Jussieu dans son *Genera Plantarum* pour les *Buphtalmum* à tige ligneuse et à feuilles opposées, a été placé par son auteur dans la tribu des Hélianthées, section des Hélianthées-Rudbeckiées, près de l'*Heliopsis* et du *Wedelia*. Il comprend les *Buphtalmum frutescens*, L.; *B. arborescens*, L.; *B. lineare*, Willd., etc., Plantes indigènes des Antilles et de l'Amérique boréale.

En adoptant ce genre, Ch. Kunth (*Nov. Gen. et Species Plant. æquin.*, vol. 4, p. 213) a fait d'utiles réformes dans son caractère générique, ainsi que dans les noms de deux espèces. Les akènes des fleurs centrales, selon ce savant botaniste, sont cunéiformes, comprimés et denticulés au sommet; ceux des fleurs de la circonférence ont une autre forme, et ne présentent point de dents.

Le *Diomedea indentata* de Cassini, *Buphtalmum arborescens*, L., a reçu de Kunth le nom de *D. glabrata*, et il a nommé *D. argentea* le *Buphtalmum lineare* de Willdenow.   (G. N.)

* **DIONE.** REPT. OPH. Espèce du genre Couleuvre. *V.* ce mot.   (B.)

DIONÉE. *Dionœa.* BOT. PHAN. Cette Plante très-jolie et dont les feuilles présentent un phénomène extrêmement remarquable, forme à elle seule un genre particulier placé d'abord par Jussieu parmi les *incertœ sedis*, mais réuni depuis aux Rossolis pour former la nouvelle famille des Droséracées. Nous sommes loin de partager cette dernière opinion, et nous espérons prouver bientôt qu'on s'est laissé entraîner par des ressemblances extérieures, plutôt que par l'organisation interne, en faisant ce rapprochement.

Il nous semble utile de décrire cette Plante avec quelques détails, afin d'en mieux faire connaître l'organisation.

La DIONÉE ATTRAPE-MOUCHE, *Dionœa muscipula*, L., Vent., Malm., t. 29, est une petite Plante herbacée vivace, dont toutes les feuilles sont radicales et étalées en rosette. Leur pétiole est dilaté, spathuliforme, subitement rétréci à son sommet en un court appendice qui se termine par la feuille. Cette feuille offre une structure fort singulière; elle est orbiculaire, arrondie, émarginée à son sommet et à sa base; bordée de cils réguliers, épais et visqueux, ainsi que la face supérieure de la feuille. Celle-ci qui est épaisse, charnue, présente à sa face inférieure une côte longitudinale très-saillante, et peut se replier en deux moitiés qui s'appliquent exactement l'une contre l'autre par la face supérieure, lorsqu'une cause quelconque vient à irriter un des points de la face supérieure. Ainsi, dès qu'une Mouche ou un autre Insecte vient à se placer sur cette feuille, les deux panneaux qui la composent se rapprochent rapidement, les cils dont ils sont bordés s'entrecroisent avec ceux du côté opposé, et l'Insecte se trouve enfermé dans une sorte de prison. Mais bientôt cette espèce de contraction cesse, et les choses reviennent dans l'état où elles étaient primitivement. Un phénomène à peu près semblable se remarque dans les feuilles des diverses espèces de Rossolis. Il est à noter que, lorsque les deux moitiés de la feuille sont appliquées l'une contre l'autre, on ne saurait les éloigner sans les déchirer.

Du milieu de cet assemblage de feuilles s'élèvent une ou deux hampes, longues de six à huit pouces, cylindriques, glabres, divisées à leur sommet en un certain nombre de pédoncules simples, ou eux-mêmes bifurqués, et se terminant chacun par une fleur; ces pédoncules au nombre de six à huit sont dressés et portent à leur base une petite foliole. Le calice est à cinq divisions profondes,

étalées, lancéolées, aiguës, un peu concaves à leur base, et légèrement glanduleuses en dehors. La corolle se compose de cinq pétales deux fois plus longs que le calice, également étalés, blanchâtres, obovales, très-obtus, rétrécis à leur base. Le nombre des étamines varie entre dix et quinze; elles sont à peu près de la même longueur que le calice, étalées comme les autres parties de la fleur. Les filets sont capillaires, glanduleux; les anthères blanches, le plus souvent extrorses, subcordiformes, émarginées, à deux loges rapprochées et s'ouvrant par un sillon longitudinal.

L'insertion des pétales et des étamines est manifestement hypogynique; elle a lieu sur une sorte de bourrelet charnu qui supporte l'ovaire. Celui-ci est libre, très-déprimé, sinueux et comme plissé dans son contour, et formant en général autant de côtes peu saillantes qu'il y a d'étamines dans la fleur. Le style est court et se confond insensiblement avec le sommet de l'ovaire. Le stigmate est terminal et forme une sorte de houppe glanduleuse. L'ovaire est à une seule loge et contient un très-grand nombre d'ovules dressés, attachés à la face supérieure d'un trophosperme qui garnit tout le fond de l'ovaire. Le fruit est une capsule uniloculaire très-déprimée, membraneuse, enveloppée dans le calice, et même les pétales qui sont persistans. Cette capsule finit à la longue par s'ouvrir circulairement à sa base, s'enlève d'une seule pièce et laisse les graines à nu. Celles-ci sont noires, luisantes, obovoïdes, dépourvues d'endosperme, suivant le professeur Nuttal, et attachées un peu obliquement par leur base.

Si l'on compare les caractères que nous venons de tracer avec ceux des Plantes qui forment réellement la famille des Droséracées, on verra que le genre *Dionœa* ne saurait être placé dans cet ordre naturel, ainsi que l'ont fait tous les botanistes jusqu'à ce jour. En effet, il en diffère par trois caractères extrêmement importans : 1° l'insertion; 2° la structure de l'ovaire et du fruit; 3° l'organisation de la graine.

1°. Dans les véritables Droséracées, telles, par exemple, que le *Drosera* et le *Parnassia*, l'insertion est périgynique ; elle est au contraire hypogynique dans le genre qui nous occupe.

2°. L'ovaire dans les Droséracées est également à une seule loge, mais les ovules sont attachés à trois ou à quatre trophospermes pariétaux ; le fruit s'ouvre en trois ou en quatre valves, emmenant chacune avec elles un des trophospermes placé sur le milieu de sa face interne. Telle n'est pas l'organisation de l'ovaire et de la capsule du Dionæa. Ici il n'existe qu'un seul trophosperme remplissant tout le fond de l'ovaire, et portant les ovules attachés sur sa face supérieure. La capsule, au lieu de s'ouvrir en trois ou quatre valves, s'ouvre circulairement par sa base.

3°. Enfin les graines sont pourvues d'un trophosperme très-manifeste dans toutes les Droséracées, et cet organe manque dans le *Dionæa*, d'après les observations du professeur Nuttal.

Il nous semble, d'après le simple énoncé de ces différences, que le genre *Dionæa* ne saurait prendre place parmi les Droséracées, puisque ces dernières sont réellement périgyniques, tandis que le *Dionæa* est hypogynique (*V.* DROSÉRACÉES); mais il n'est pas très-facile de déterminer la véritable place de ce genre dans la série des ordres naturels. Il nous paraît cependant qu'il se rapproche beaucoup plus des Hypéricinées que de toute autre famille. *V.* HYPÉRICINÉES.   (A. R.)

* DIONIUM. MIN. On pense que la pierre désignée sous ce nom, dans Pline, est la Sardoine.   (B.)

DIONYSIA, DYONISIAS ET DYONYSION. BOT. PHAN. (Ruell.) Syn. de Lierre chez les anciens qui avaient consacré cet Arbre à Bacchus. On étendait ces noms au Mil-

lepertuis qu'on disait être également utile contre l'ivresse et dont se couronnaient aussi les buveurs.   (B.)

* DIONYSIAS. MIN. L'une des pierres mentionnées par Pline, mais qu'on ne peut reconnaître. Ce crédule compilateur rapporte que son Dionysias, broyé et délayé dans de l'eau, lui donnait le goût du vin.   (B.)

* DIONYSIS. BOT. PHAN. C'est ainsi que Du Petit-Thouars (Hist. des Orchidées des îles australes d'Afrique) désigne une espèce de la section des Satyrions, et qui fait partie du genre *Diplecthrum* de Persoon. Le *Dyonisis* ou *Diplecthrum Dionysii* croît dans l'île de Mascareigne.   (G..N.)

* DIOPS. OIS. Syn. latin du Gobe-Mouche double-œil, Temm., pl. color. 144. *V.* GOBE-MOUCHE. (DR..Z.)

DIOPSIDE. MIN. Haüy avait anciennement réuni sous ce nom, pour en former une espèce à part, des Cristaux du Piémont, d'un gris verdâtre, les uns transparens et les autres plus ou moins opaques, auxquels Bonvoisin avait appliqué les dénominations d'Alalite et de Mussite. Mais il inséra bientôt après un Mémoire dans les Annales des Mines, pour prouver l'identité de cette prétendue espèce avec le Pyroxène. *V.* ce mot.
                                (G. DEL.)

DIOPSIS. *Diopsis*. INS. Genre de l'ordre des Diptères, placé par Latreille (Règn. Anim. de Cuv.) dans la famille des Athéricères, division des Muscides, et ayant suivant lui pour caractères : antennes à palette, insérées chacune sous un prolongement latéral de la tête, en forme de corne; yeux situés à l'extrémité de ces cornes; trompe membraneuse, bilabiée, rétractile. Ce genre curieux que Fabricius mentionne (*Syst. antl.* p. 201), ne comprend encore qu'une espèce bien déterminée : c'est le DIOPSIS ICHNEUMONÉ, *D. ichneumonea*, Fabr. Il a été pour la première fois décrit et figuré par Dahal dans une Dissertation ayant pour titre : *Bigas Insectorum*, Upsal, 1775. Depuis, il a été représenté par Fuesly (*Archiv. Insect.*) et par Donovan (*Épit. of natur. Hist: Fasc.* 9). On trouve cet Insecte dans la Guinée; Latreille l'a décrit d'après un individu rapporté de la côte d'Angole. Bory de Saint-Vincent (Essais sur les Fortunées) l'a retrouvé aux Canaries.   (AUD.)

DIOPTASE. MIN. *V.* CUIVRE.

DIORCHITE. FOSS. *V.* PRIAPOLITES.

DIORITE. MIN. ou GÉOL. *V.* DIABASE.

DIOSBALANOS. BOT. PHAN. (Théophraste.) Syn. de Châtaigne.   (B.)

DIOSCOREA. BOT. PHAN. *V.* IGNAME.

* DIOSCORÉES. *Dioscoreœ.* BOT. PHAN. Robert Brown a divisé les genres qui formaient la famille des Asparaginées de Jussieu en trois groupes. Le plus grand nombre ont été réunis aux Asphodèles; quelques-uns ayant le genre *Smilax* à leur tête ont formé sa nouvelle famille des Smilacées; enfin il a fait du *Dioscorea* et du *Rajania* un petit ordre distinct sous le nom de Dioscorées. C'est de cette famille que nous nous occuperons ici. *V.* le mot ASPARAGINÉES.

R. Brown n'a placé parmi ses Dioscorées que les genres de la famille des Asparaginées, qui, ayant l'ovaire infère et des fleurs dioïques, ont pour fruit une capsule; mais nous croyons que l'on peut étendre ce caractère et comprendre dans ce groupe tous les genres faisant partie de la famille des Asparaginées qui ont l'ovaire infère, que leurs fleurs soient hermaphrodites ou unisexuées, et que leur fruit soit sec ou charnu. Nous caractériserons donc de la manière suivante la famille des Dioscorées : les fleurs sont hermaphrodites ou unisexuées; l'ovaire est toujours infère; le périanthe adhérent par sa base avec l'ovaire a son limbe divisé en six lobes égaux. Les étamines sont au nombre de six, libres ou rarement monadelphes, ayant les anthères in-

trorses. L'ovaire est à trois loges, contenant chacune un, deux ou un plus grand nombre d'ovules qui tantôt sont ascendans, tantôt sont renversés. Le fruit est ou une capsule mince et comprimée, ou une baie globuleuse ou allongée, couronnée par le limbe calicinal, et offrant d'une à trois loges. Les graines contiennent un petit embryon renfermé dans l'intérieur d'un endosperme presque corné et placé vers le hile.

Les Dioscorées sont souvent des Plantes sarmenteuses et grimpantes, leurs feuilles sont alternes ou quelquefois opposées.

Les genres qui forment cette famille sont les suivans :

† Fruit sec et capsulaire.

Dioscorea, L., *Rajania*, L.

†† Fruit charnu, fleurs dioïques.

Tamus, L.

††† Fleurs hermaphrodites.

Fluggea, Rich.; *Peliosanthes*, Hort. Kew. *V.* DIOSCOREA ou IGNAME, RAJANIE, TAME, FLUGGÉE et PÉLIOSANTHE.   (A. R.)

DIOSMA. *Diosma.* BOT. PHAN. Genre très-considérable de la famille des Rutacées, section des Diosmées, qui se compose de près de quatre-vingts espèces, toutes originaires du cap de Bonne-Espérance. Ce sont en général de petits Arbustes élégans, ayant pour le port beaucoup de ressemblance avec les Bruyères, et dont les feuilles sont chargées de points glanduleux; la structure de leurs fleurs, communément assez petites, n'a pas encore été bien exactement démontrée, malgré les travaux de Wendland, de Willdenow et de De Candolle. Aussi, entrerons-nous dans des détails assez circonstanciés sur leur organisation. Le calice est à cinq divisions très-profondes, qui persistent généralement, et accompagnent le fruit presque jusqu'à sa parfaite maturité; la corolle se compose de cinq pétales réguliers, étalés et égaux entre eux, et alternant avec les deux lobes du calice. Chaque fleur contient des étamines, dont cinq seulement sont fertiles et anthérifères; les cinq autres, dont les anthères avortent constamment, sont tantôt dilatées et sous forme d'appendices pétaloïdes, tantôt sous celle de filamens ou d'écailles glanduleuses; les anthères sont toujours à deux loges et introrses; tantôt elles sont globuleuses ou didymes, tantôt elles sont plus ou moins allongées. Il existe constamment un disque, mais qui offre une structure et une position différentes dans les diverses espèces; le plus souvent le disque est hypogyne, épais, un peu plus large que la base de l'ovaire qui y est plus ou moins profondément implanté; dans ce cas, qui se remarque par exemple dans les *Diosma hirta* et *Diosma ciliata*, les étamines et les pétales sont placés en dehors et au pourtour de la base du disque, qui forme une sorte de godet, et ne contractent avec lui aucune adhérence; d'autres fois le disque est véritablement périgyne, c'est-à-dire qu'il tapisse la paroi interne et inférieure du calice, comme dans les *Diosma hirsuta* et *Diosma uniflora;* les étamines et les pétales sont alors insérés à la paroi externe du disque, c'est-à-dire qu'elles sont, comme lui, périgynes. Cette différence dans l'insertion et la position du disque, est bien remarquable dans un genre aussi naturel que le *Diosma*, et prouve que les caractères même les plus importans, peuvent être sujets à quelques anomalies dans certains genres. L'ovaire est libre à cinq côtés quelquefois très-saillantes, se terminant assez souvent par cinq cornes à son sommet; il offre cinq loges qui contiennent chacune deux ovules suspendus; très-rarement on ne rencontre qu'un seul ovule, qui offre la même position; le style naît constamment d'une dépression qui existe au sommet de l'ovaire; il est simple, plus ou moins cylindrique, et se termine par un stigmate à cinq lobes peu marqués; le fruit est une capsule ovoïde ou globuleuse, à quatre ou cinq côtes, quelquefois à quatre ou

cinq cornes, à autant de loges, se séparant en autant de coques ou carpelles uniloculaires, s'ouvrant par le côté interne au moyen d'une fente longitudinale et contenant une ou deux graines; celles-ci, suivant Gaertner, ont un embryon dont les cotylédons sont oblongs, planes du côté interne, convexes sur leur face externe. Toutes les espèces de *Diosma*, ainsi que nous l'avons dit précédemment, sont des Arbustes odorans, dont les feuilles sont généralement petites, alternes et glanduleuses; leurs fleurs blanches ou rosées offrent différens modes d'inflorescence; tantôt elles sont solitaires, terminales ou axillaires; tantôt elles sont diversement groupées et constituent des espèces de corymbes.

Ce genre, ainsi que nous venons de le voir tout à l'heure dans l'exposition de ses caractères, offre assez de modifications pour se prêter à des coupes assez naturelles, que quelques auteurs ont considérées comme des genres distincts. Wendland le premier a divisé le genre Diosma en quatre groupes, que plus tard Willdenow a considérés comme autant de genres; ces quatre groupes sont, 1° *Glandulifolia*, Wendland, ou *Adenandra*, Willdenow; 2° *Parapetalifera*, Wendl.; *Barosma*, Willd.; 3° *Bucco*, Wendl.; *Agathosma*, Willd.; 4° *Diosma*, Wendl., Willd. Un autre genre avait été fait antérieurement à ceux-ci, aux dépens des *Diosma*, par Solander, pour le *Diosma unicapsularis* de Linné fils, sous le nom d'*Empleurum*. Le professeur De Candolle, dans le premier volume de son *Synopsis Plantarum*, n'a point adopté les genres de Willdenow; il les regarde simplement comme autant de sections dans le genre *Diosma*, et y en ajoute une cinquième, sous le nom de *Dichosma*. Comme on cultive dans les jardins un très-grand nombre d'espèces, nous allons ici mentionner quelques-unes des plus intéressantes, en suivant l'ordre des cinq sections adoptées par le professeur De Candolle.

† ADENANDRA, Willd., D. C.

Etamines plus courtes que les pétales ; les cinq stériles portant au sommet de leurs filets les rudimens de l'anthère ; feuilles alternes et planes; fleurs grandes le plus souvent terminales. Le professeur De Candolle rapporte à cette section huit espèces, parmi lesquelles nous distinguerons la suivante :

DIOSMA UNIFLORE, *Diosma uniflora*, L. Cette Plante a porté différens noms; ainsi, Bergius (*Fl. Cap.* 71) la décrit sous le nom d'*Hartogia uniflora*; Smith (*Rees Cycl.* 13, n° 4) la nomme *Eriostemon uniflora*, etc. C'est un petit Arbuste dressé, rameux, d'un à deux pieds d'élévation, ayant ses feuilles petites, éparses, obovales, lancéolées, ciliées ; ses fleurs sont grandes, d'un blanc légèrement lavé de rose, solitaires au sommet de chacune des ramifications de la tige; le disque et l'insertion des étamines et des pétales sont périgyniques; l'ovaire est globuleux, déprimé, tout couvert de tubercules.

†† BAROSMA, Willd., D. C.

Etamines à peu près de la longueur des pétales ; étamines stériles, dilatées et pétaloïdes.—Fleurs axillaires pédicellées ; feuilles opposées, glabres et planes.

DIOSMA A FEUILLES DENTÉES, *Diosma serratifolia*, Vent., Malm., t. 77. Cette jolie espèce a sa tige brune ; ses rameaux rougeâtres; ses feuilles opposées presque sessiles, assez grandes, dentées en scie, ponctuées et glanduleuses sur les bords; ses fleurs sont assez grandes, blanches, généralement au nombre de deux, à l'aisselle des feuilles supérieures. Cette section contient cinq autres espèces, presque toutes cultivées dans nos jardins.

††† AGATHOSMA, Willd., D. C.

Etamines de la même longueur que les pétales, ou un peu plus longues et saillantes au moment de la floraison; les cinq stériles sont dilatées et pétaliformes ; feuilles alternes ;

fleurs formant des espèces de corymbes terminaux. Cette section est une des plus nombreuses en espèces ; elle en contient vingt-deux, parmi lesquelles nous ferons remarquer les deux suivantes :

DIOSMA VELU, *Diosma hirta*, Vent., Malm., t. 72. Petit Arbuste de deux à trois pieds, simple inférieurement, rameux et comme paniculé dans sa partie supérieure ; rameaux simples, effilés et étalés; feuilles éparses, très-rapprochées et comme imbriquées, lancéolées, étroites, velues ; fleurs purpurines, pédonculées, réunies au sommet des ramifications de la tige, et formant une sorte de petite ombelle terminale; ovaire glabre, à cinq côtes et à cinq cornes très-saillantes.

DIOSMA A LARGES FEUILLES, *Diosma latifolia*, L., Andr. Rep., t. 33. C'est un Arbuste de quatre à cinq pieds d'élévation, dont les feuilles, assez larges, relativement aux autres espèces, sont ovales, crénelées et pubescentes ; les rameaux tomenteux, les pédicelles uniflores, se réunissant au sommet de la tige pour former une sorte de grappe; les fleurs sont assez grandes et d'un blanc pur.

†††† DICHOSMA, D. C.

Etamines presque égales aux pétales, saillantes au moment de la floraison; les cinq stériles avortent complétement; les pétales sont onguiculés et divisés en deux lobes linéaires ; une seule espèce compose cette section, c'est le *Diosma bifida* (Jacq. Coll. 3, p. 278, t. 20, f. 1); ses feuilles sont lancéolées, mucronées, glabres, ponctuées et imbriquées ; ses fleurs sont pédonculées et réunies en une sorte de capitule terminal.

††††† EUDIOSMA, D. C. ; *Diosma*, Willd.

Etamines plus courtes que les pétales ; les cinq stériles sont presque nulles, ou sous la forme d'écailles glanduleuses ; les pétales sont sessiles et entiers; les fleurs terminales et généralement petites. — Dans cette section, qui comprend un très-grand nombre d'espèces, on trouve réunies les deux sortes d'insertion hypogynique et périgynique.

DIOSMA ROUGE, *Diosma rubra*, L. Ker. Bot. Reg., t. 563. Cet Arbuste peut s'élever à quatre ou cinq pieds ; ses feuilles sont éparses, très-nombreuses, étalées, glabres, linéaires, lancéolées ; ses fleurs sont très-petites, sessiles, solitaires, axillaires où terminales ; l'ovaire est terminé par cinq cornes ; l'insertion est hypogynique.

Toutes les espèces de Diosma que nous cultivons, doivent être rentrées en orangerie pendant l'hiver, ou mieux dans une bache. Elles doivent être placées en terre de bruyère, et se multiplient, soit par boutures faites au printemps, soit par le moyen des graines qui doivent être semées aussitôt après leur maturité. Ces Arbustes sont en général fort recherchés, à cause de leur port agréable, de leur odeur suave, et de leur feuillage toujours vert. (A. R.)

DIOSMÉES. *Diosmeæ.* BOT. PHAN. La famille des Rutacées est devenue dans ces derniers temps l'objet des recherches et des observations de plusieurs botanistes célèbres. Robert Brown, le premier, dans ses *Remarques générales*, a proposé de diviser cette famille, telle qu'elle est présentée dans le *Genera Plantarum* de Jussieu, en deux ordres naturels distincts, dont l'un, qui correspond à la première des trois sections établies par le célèbre auteur du *Genera*, porterait le nom de ZYGOPHYLLÉES, et dont l'autre, ayant à sa tête le grand genre DIOSMA, et dont la structure est si propre à donner une idée générale et exacte de tout cet ordre, serait appelé DIOSMÉES, et comprendrait les genres qui forment les seconde et troisième sections de la famille des Rutacées de Jussieu. Le célèbre botaniste de Londres avait pensé que le nom de Rutacées devait être supprimé, parce que le genre, dont il était tiré ne donnait qu'une idée fort incomplète de l'organisation générale propre à cette famille.

L'exemple de R. Brown a été suivi par notre ami et collaborateur Kunth (*in Humb. Nov. Gen.* 6), qui divise aussi les Rutacées en Diosmées et Zygophyllées. Il réunit à la première de ces deux familles les genres *Bonplandia*, Willd. ; et *Monniera*, Rich. Le professeur De Candolle, dans les Mémoires du Muséum, a récemment proposé une nouvelle section dans la famille des Rutacées, composée de ces genres anomaux, dont R. Brown a, le premier, indiqué les véritables rapports, tels que *Cusparia*, *Galipea*, *Monniera*, *Ticorea*, etc. Dans son beau Mémoire sur le Gynobase considéré dans les familles polypétales, l'un des observateurs les plus habiles de cette époque, Auguste Saint-Hilaire, examinant avec un soin extrême la famille des Rutacées, en a proposé une nouvelle distribution. 1°. Il y réunit comme une simple section la famille des *Simarubacées* du professeur Richard, adopte la séparation des Zygophyllées, et distingue aussi comme une simple section les Cuspariées de De Candolle, dont il fait connaître l'organisation dans ses détails les plus minutieux ; mais, à l'exemple de De Candolle, il rétablit pour cette famille, le nom de Rutacées. En effet, comme il nous a été facile de le démontrer en traçant dans l'article précédent les caractères des *Diosma*, ce genre ne donne pas non plus une idée fort exacte de la famille, puisque nous avons fait voir qu'il renferme des espèces à insertion hypogynique, et des espèces à insertion périgynique. Dès-lors nous croyons, en nous autorisant de la loi de l'antériorité, devoir adopter de préférence le mot de *Rutacées*, pour désigner l'ensemble de cette famille.

Le professeur De Candolle, ainsi que nous venons de le dire précédemment, divise la famille des Rutacées en deux tribus, les Diosmées et les Cuspariées. Les Diosmées de De Candolle comprennent tous les genres de Rutacées qui ont les pétales libres et distincts à leur base, égaux entre eux, et constituant une corolle régulière ; les graines sont munies d'un endosperme. Les genres qui entrent dans cette tribu sont les suivans : *Ruta*, L., Juss.; *Peganum*, L., Juss.; *Dictamnus*, L., Juss.; *Calodendron*, Thunb.; *Diosma*, L., Juss.; *Emplevrum*, Soland. ; *Diplolœna*, Brown, Desf.; *Correa*, Smith; *Phebalium*, Venten.; *Crowea*, Smith; *Eriostemon*, Smith; *Philotheca*, Rudge; *Boronia*, Smith; *Cyminosma*, Gaertner; *Zieria*, Smith; *Melicope*, Forster; *Elaphrium*, Jacq.; *Choisya*, Kunth; *Evodia*, Forster; *Zantoxylum*, Kunth; *Pilocarpus*, Vahl., Saint-Hilaire ; *Spiranthera*, Saint-Hilaire; *Almeïdea*, Saint-Hilaire. *V*. CUSPARIÉES et RUTACÉES.

(A. R.)

DIOSPOGON. BOT. PHAN. Ce mot, chez les anciens, désignait le *Chrysocoma Linosyris* des modernes, ou le *Gnaphalium orientale*.   (B.)

DIOSPONGOLITHE. POIS. FOSS. Ce nom, dans Aldrovande, paraît désigner des vertèbres fossiles de Poissons indéterminés.   (B.)

DIOSPORON. BOT. PHAN. (Dioscoride.) Même chose que Lithospermum.   (B.)

* DIOSPYRÉES. BOT. PHAN. Quelques auteurs désignent sous ce nom la famille des Ébénacées. *V*. ce mot.

(A. R.)

DIOSPYROS. BOT. PHAN. *V*. PLAQUEMINIER.

Les anciens paraissent avoir désigné par ce nom un tout autre Végétal; leur Diospyros, *Blé des Dieux*, pouvait être le *Phalaris Canariensis* ou la Larme de Job. *V*. PHALARIS et COIX.   (B.)

DIOTIDE. *Diotis*. BOT. PHAN. Genre de la famille des Synanthérées, Corymbifères de Jussieu et de la Syngénésie égale, L., établi par le professeur Desfontaines (*Fl. Atlant.* II, p. 161) et adopté par De Candolle et Cassini avec les caractères suivans : calathide sans rayons, composée de fleurons nombreux, tubuleux, hermaphrodites, resserrés dans le milieu de leur longueur, évasés à leur base, de manière à emboîter le sommet de l'o-

vaire, et se prolongeant des deux côtés jusque vers la moitié de sa hauteur; involucre hémisphérique, formé de folioles oblongues et serrées ; réceptacle convexe, garni de paillettes oblongues et concaves; akènes oblongs et dépourvus d'aigrettes. Ce genre a été confondu par Gaertner avec les *Gnaphalium*, et en cela il a suivi la nomenclature de C. Bauhin et de Tournefort. Linné, dans son *Species Plantarum*, II, p. 1182, en faisait un *Athanasia*, et dans le même ouvrage, il reproduisait cette Plante dans le genre *Filago* ; enfin, pour Jussieu, Lamarck, Persoon, etc., ce genre était le même que le *Santolina* de Linné. Cassini le place dans la section des Anthémidées, dont plusieurs genres, selon cet auteur, offrent aussi un prolongement inférieur de la corolle sur l'ovaire, ce qui tend à infirmer le caractère générique le plus saillant du *Diotis*.

La DIOTIDE COTONNEUSE, *Diotis candidissima*, Desf. et D. C., *Gnaphalium legitimum*, Gaert., *de Fruct.* II, p. 391, t. 16, est une Plante herbacée dont toutes les parties sont couvertes d'un duvet cotonneux très-dense et d'une blancheur éclatante. Ses tiges, longues de deux à trois décimètres, cylindriques, se divisent à leur sommet en cinq rameaux courts, uniflores et disposés en corymbes terminés par des fleurs jaunes. Elle croît abondamment sur les côtes de la Méditerranée et de l'Océan, à des latitudes assez septentrionales, puisqu'on la retrouve jusqu'en Angleterre.

Le nom de *Diotis* a été appliqué par Schreber, Willdenow et d'autres botanistes allemands, à un genre formé aux dépens des *Axyris* et des *Atriplex* de Linné. Ce même genre avait été primitivement nommé *Eurotia* par Adanson, *Kraschenninikovia* par Guldenstedt, *Guldenstedia*, par Necker, et *Ceratospermum* par Persoon. Dans un tel conflit de dénominations, les unes déjà employées pour désigner des genres connus, les autres par trop difficiles à prononcer, il convient de s'en tenir à l'usage reçu, c'est-à-dire d'adopter la plus ancienne ou l'*Eurotia* d'Adanson. *V.* ce mot. • (G..N.)

DIOTOTHECA. BOT. PHAN. (Vaillant.) Et non *Diototeca.* Syn. de Morina. *V.* MORINE. (B.)

DIP. MOLL. C'est sous ce nom qu'Adanson (Voyage au Sénégal, p. 151, pl. 10, fig. 7) décrit un petit Buccin blanc, couvert de granulations rangées par lignes transversales; il n'a que cinq lignes de long. Quoiqu'il soit fort commun à l'île de Gorée, il n'a été mentionné par personne depuis l'auteur qui l'a fait connaître. (D..H.)

DIPCADI. BOT. PHAN. Le *Hyacinthus Serotinus* de Linné a été séparé par Mœnch sous ce nouveau nom générique, autrefois employé pour désigner quelques espèces de *Muscari*, autre genre formé aux dépens des Jacinthes. Il offre pour caractères : un périgone à trois divisions intérieures, courtes, et trois extérieures profondes; mais ces différences sont bien faibles, selon Jussieu, pour autoriser sa séparation en tant que genre distinct. (G..N.)

* DIPÉRIANTHÉS (VÉGÉTAUX). BOT. PHAN. Les Plantes dicotylédones sont tantôt munies d'une seule enveloppe florale, tantôt elles en ont deux, c'est-à-dire qu'elles offrent un calice et une corolle; dans le premier cas, elles sont Monopérianthées, tandis qu'elles sont Dipérianthées dans le second. Les Végétaux Dipérianthés se divisent en deux grandes classes, savoir : les Dipérianthés monopétales et les Dipérianthés polypétales. *V.* MÉTHODE. (A..R.)

* DIPÉTALE (COROLLE). BOT. PHAN. Corolle composée de deux pétales, comme dans la Circée, par exemple. *V.* COROLLE. (A..R.)

DIPHAQUE. *Diphaca.* BOT. PHAN. Loureiro (*Fl. Cochinch.* n. 2, p. 154) est l'auteur de ce genre qui appartient à la famille des Légumineuses et

à la Diadelphie Décandrie, L. Il lui a assigné les caractères suivans : calice à cinq divisions persistantes, aiguës, l'inférieure plus longue; corolle papilionacée dont l'étendard est émarginé et ascendant; les ailes plus courtes et ovales; la carène en forme de croissant, composée de deux pièces égales à l'étendard et munies d'onglets très-longs; dix étamines dont les filets sont soudés en deux lames planes; deux ovaires oblongs comprimés, terminés par des styles subulés plus longs que les étamines, et par des stigmates assez gros. A ces ovaires succèdent deux légumes comprimés, droits, acuminés et composés d'articles ovales, striés, glabres et inégaux; semences ovales et comprimées. Si cette description est exacte, elle offre l'exemple assez rare d'un genre de Légumineuses dont le nombre des carpelles ne soit pas constamment réduit à l'unité, et nous le regardons comme un des plus confirmatifs de la théorie établie par le professeur De Candolle sur les fruits irréguliers où les cordons pistillaires sont unilatéraux, mais qui n'offrent cette structure que par suite d'avortemens prédisposés. *V.* AVORTEMENT. Malgré cette anomalie, Willdenow et Persoon ont désigné le *Diphaca Cochinchinensis*, Loureiro, comme congénère du *Dalbergia*, et sans égard pour les différences que présentent ses légumes articulés, ainsi que l'éloignement de leurs patries respectives, on a même indiqué comme identiques cette Plante et l'*Ecastaphyllum Brownei*, Rich. Il nous semble plus convenable de regarder le genre de Loureiro comme distinct, en attendant qu'on ait pu vérifier ses caractères sur la Plante même. (G..N.)

DIPHIE. ACAL. Pour Diphye. *V.* ce mot. (B.)

DIPHISE. *Diphisa.* BOT. PHAN. Pour Diphyse. *V.* ce mot. (B.)

* DIPHRYLLE. *Diphryllum.* BOT. PHAN. Genre de la famille des Orchidées et de la Gynandrie Monandrie,

établi par Rafinesque-Smaltz (Journ. de botanique, vol. 1, p. 220), et ainsi caractérisé : périgone à six divisions, dont trois extérieures, linéaires, lancéolées, acuminées; deux intérieures latérales, dressées, bifides et sétacées; labelle divergent, obovale, aigu et entier; capsule filiforme. L'auteur se bornant à ce simple exposé, et omettant de décrire d'autres parties plus importantes, telles que les organes sexuels eux-mêmes, c'est-à-dire les masses polliniques, le gynostème, etc., ce genre doit être regardé comme très-douteux. Il ne contient qu'une seule espèce, le *Diphryllum bifolium*, qui a deux feuilles obovales et presque opposées dans le milieu de sa tige. Cette Plante a été découverte dans les Etats de New-Jersey et de Pensylvanie en Amérique. (G..N.)

DIPHYE. *Diphyes.* ACAL. Genre fort singulier de la troisième classe des Animaux rayonnés ou zoophytes, établi par Cuvier (Règn. Anim. T. IV, p. 61); ces Zoophytes sont composés d'une substance gélatineuse, ferme et très-transparente; leur figure extérieure est une pyramide anguleuse dont la base a deux ouvertures; une petite ronde entourée de cinq pointes, regardée comme la bouche, et qui conduit dans un sac sans issue, lequel se prolonge jusque vers le sommet et sert d'intestin; l'autre, plus grande, donne dans une cavité moins prolongée, qui communique en arrière avec une seconde cavité de forme ovale. De celle-ci, sort une longue queue filamenteuse et flexible que l'on considère comme l'ovaire. Ce genre, très-remarquable, n'est encore composé que d'une seule espèce, qui avait échappé à tous les navigateurs et que Bory de Saint-Vincent a découverte, décrite et figurée dans son Voyage aux quatre principales îles des mers d'Afrique, sous le nom de Biphore biparti, pl. 6. Les Diphyes se tiennent ordinairement deux à deux et se trouvent dans l'Océan, flottant dans les régions équatoriales. (LAM..X.)

DIPHYÈNE ET DIPHYITE. FOSS. (Pline.) *V.* HYSTÉROLITES.

* DIPHYLLE. BOT. PHAN. Composé de deux feuilles. Ainsi, on dit spathe Diphylle, etc. (A. R.)

DIPHYLLÉE. *Diphylleia.* BOT. PHAN. Genre établi par le professeur Richard (*in Michx. Flor. Bor. Am.*, 1, p. 203, t. 19 et 20) pour une Plante originaire de l'Amérique septentrionale, et qui forme un genre distinct dans la famille des Berbéridées auprès du *Leontice*. La seule espèce qui le compose, *Diphylleia cymosa*, Michx., *loc. cit.*, D. C., Syst., 2, p. 30, est une Plante herbacée ayant le port du *Podophyllum peltatum*. Elle croît dans les ruisseaux des montagnes élevées de la Caroline septentrionale. Sa souche est horizontale, noueuse, articulée de distance en distance; sa tige est dressée, cylindrique, simple, glabre, haute d'un à deux pieds, portant constamment deux feuilles alternes, pétiolées, très-grandes, orbiculaires, presque palmées, ayant à leur sommet une échancrure profonde; les lobes sont peu profonds, aigus et dentés en scie. Le pétiole est inséré à la face inférieure de la feuille, mais vers son bord, de manière néanmoins que celle-ci est peltée. Les fleurs forment une cyme terminale; le calice se compose de trois sépales ovales, concaves et décidus; la corolle de six pétales étalés, obovales, obtus, plus longs que le calice; les étamines, au nombre de six, sont hypogynes, plus courtes que les pétales; les filamens sont planes, et les anthères s'ouvrent par le moyen d'une sorte de membrane qui s'enlève de la base vers le sommet; l'ovaire est libre, ovoïde, terminé par un stigmate sessile, et devient une baie globuleuse, uniloculaire, contenant de deux à trois graines arrondies.

(A. B.)

DIPHYLLIDE. *Diphyllidia.* MOLL. Nous ne connaissons les Diphyllides, que par la courte description qu'en donne Cuvier (Règn. Anim. T. II, p. 395), et que nous rapporterons en en-

tier : « Elles ont à peu près les branchies des Phyllidies (*V.* ce mot); mais
le manteau est plus pointu en arrière;
la tête en demi-cercle a, de chaque côté, un tentacule pointu et un
léger tubercule; l'anus est sur le
côté droit. » Comme l'observe Blainville (Dict. des Scienc. nat.), cette
description est trop incomplète pour
pouvoir comparer, admettre ou rejeter ce genre.   (D..H.)

DIPHYLLUM. BOT. PHAN. Pour
Diphrylle. *V.* ce mot.   (G..N.)

DIPHYSCION. *Diphyscium.* BOT.
CRYPT. (*Mousses.*) Ce genre, séparé
du *Buxbaumia* par Mohr, ne renferme qu'une seule espèce, le *Buxbaumia foliosa* des autres auteurs;
les muscologistes modernes ne sont
pas encore d'accord sur la structure
du péristome de cette Mousse, ainsi
que sur celle du *Buxbaumia.* Quelques auteurs admettent dans ces deux
genres un péristome double dont l'extérieur très-court et l'intérieur membraneux; ils regardent alors les cils
du *Buxbaumia aphylla* comme une
simple dépendance du péristome intérieur; d'autres, tels que Hooker, ne
regardent pas comme un péristome,
ce que les botanistes allemands nomment péristome extérieur et qu'ils
définissent sous le nom de *Peristo-
mium exterius subnullum.* Ils n'admettent alors qu'un seul péristome
membraneux dans le *Diphyscium,* et
dans le *Buxbaumia* un péristome
double, l'extérieur composé de cils
et l'intérieur membraneux. Il est facile de voir cependant, d'après ce que
nous venons de dire, que c'est plutôt
sur le nom qu'on doit appliquer à
chaque partie, que sur leur existence,
que la discussion existe; quelle que
soit l'opinion qu'on adopte, il n'en
est pas moins certain que le *Diphyscium* doit former un genre distinct
du *Buxbaumia.* La seule espèce connue de ce genre est une petite Mousse
qui croît sur la terre, dans les bois et
les bruyères, surtout dans les montagnes. Sa tige est simple, très-courte; les feuilles inférieures sont linéai-

res, obtuses, entières; les feuilles
périchœtiales sont lancéolées, aiguës,
dentelées au sommet, et embrassent
étroitement la capsule qui est sessile;
celle-ci est oblique, renflée latéralement et vers sa base rétrécie supérieurement; son opercule est conique, la coiffe est campanulée; le péristome est simple, formé d'une
membrane plissée et conique. (AD.B.)

DIPHYSE. *Diphysa.* BOT. PHAN.
Genre de la famille des Légumineuses
et de la Diadelphie Décandrie, établi
par Jacquin (*Amer.*, p. 208, t. 181, f.
51), et ainsi caractérisé : calice à cinq
divisions inégales; légume uniloculaire, polysperme, comprimé et ceint
de toutes parts d'une très-grande
membrane longitudinale. Ce genre,
adopté par Lamarck (Illustr., t. 605)
et Persoon, ne contient que le *Diphysa Carthaginensis,* Arbrisseau de
trois mètres à peu près de hauteur,
qui a le port des Mimoses et dont les
feuilles sont imparipennées. Il habite
les forêts environnantes de Carthagè-
ne en Amérique.   (G..N.)

* DIPHYTES. BOT. CRYPT. Troisième tribu des Chaodinées, *V.* ce
mot, où l'on a par erreur écrit *Di-
physes.*   (B.)

DIPLACHNE. BOT. PHAN. Genre
de la famille des Graminées et de la
Triandrie Digynie, L., formé aux
dépens des *Festuca* par Palisot-Beauvois (Agrostographie, p. 80 et tab. 16,
fig. 9) qui lui assigne les caractères
suivans : fleurs disposées en panicules dont les divisions sont alternes
et filiformes; lépicène (*glumes,* Palisot-Beauvois) renfermant sept à
neuf fleurettes; la valve supérieure
mucronée; valve inférieure de la
glume (*paillette,* Palisot-Beauvois)
à deux découpures, entre lesquelles
est une soie, la supérieure émarginée et comme tronquée; écailles obtuses; deux styles à stigmates plumeux; caryopse libre, non sillonnée.
Ce genre, assez légèrement établi,
se compose des *Festuca fascicularis,*
Lamk.; *F. polystachia,* Michx.; et
F. aquatica, Bosc, Mss.   (G..N.)

DIPLACRE. *Diplacrum.* BOT. PHAN. Ce genre, de la famille des Cypéracées et de la Monœcie Triandrie, L., a été formé par R. Brown (*Prodrom. Flor. Novæ-Hollandiæ,* p. 240) qui l'a caractérisé ainsi: fleurs réunies en épis fasciculés androgyns; fleurs mâles latérales et leurs enveloppes scarieuses; fleur femelle intermédiaire, munie d'un périanthe bivalve, égal, marqué de nervures et persistant; un style; trois stigmates; noix sphérique dépourvue d'écailles à sa base et couverte par le périanthe connivent.

De grands rapports lient ce genre avec le *Scleria* et le *Carex;* il a pour fruit une noix sphérique comme dans le premier, mais sans écailles, et son port est le même que dans une espèce de ce genre. Il se rapproche des Carex surtout par la structure de son périanthe. Le *Diplacrum caricinum*, R. Brown, est une très-petite Plante qui croît dans les lieux humides des contrées de la Nouvelle-Hollande situées entre les tropiques. Ses chaumes portent des feuilles à gaînes entières. Les fleurs sont disposées en faisceaux agglomérés, terminaux et solitaires. Les valvules du périanthe des femelles sont acuminées et étroitement réunies en un utricule bicuspidé; d'où le nom générique. (G..N.)

* DIPLANCHIAS. POIS. Genre établi par Rafinesque (*Itthyologia Siciliana*) dans son cinquante-unième ordre des Odontins, et auquel il assigne pour caractères : mâchoires osseuses, entières, semblables à celles des Diodons; point de ventrales, deux pectorales, une dorsale, une caudale et une anale libres; deux ouvertures branchiales de chaque côté. La seule espèce mentionnée sous le nom de *Nasus* et de *Mola*, vulgairement appelée en Sicile *Pesce Tamburru*, dépasse souvent quatre pieds de longueur, est plus longue que large, brune en dessus, blanchâtre en dessous, a de grands yeux allongés et obliques avec un museau saillant. Nous recommandons aux naturalistes qui habitent les contrées dont l'auteur a effleuré l'histoire naturelle, de faire connaître d'une manière plus satisfaisante le Diplanchias de Rafinesque. (B.)

DIPLANTHÈRE. *Diplanthera.* BOT. PHAN. Genre de la Tétrandrie, L., établi d'après un Arbre de la Nouvelle-Hollande. Son calice présente trois divisions, une extérieure entière, deux latérales bifides; sa corolle est bilabiée, à gorge comprimée, la lèvre supérieure en forme de cœur renversé, l'inférieure partagée en trois lobes arrondis. Quatre étamines saillantes, et à peu près égales s'insèrent au bas de cette corolle; leurs anthères ont deux loges distinctes, divergentes dans la fleur épanouie, réfléchies sur les côtés des filets dans la préfloraison. L'ovaire est à deux loges à chacune desquelles est adné un placenta qui porte plusieurs graines. Le fruit n'est pas connu. Les feuilles sont quaternées, pétiolées, grandes, entières, munies sur leur face supérieure et vers la base d'une double glande; les fleurs dont la couleur est jaune et la forme élégante sont disposées en thyrses terminaux dans lesquels les pédoncules sont verticillés et les pédicelles trichotomes. R. Brown a placé ce genre à la suite des Solanées avec lesquels il a quelque rapport, ainsi qu'avec les Personées; mais cette Plante est encore douteuse à cause de l'ignorance où l'on est de la structure du fruit. Il demande s'il aurait de l'affinité avec les Sésamées ou les Beslériées, s'il se rapprocherait plus de l'*Halleria*.

Du Petit-Thouars avait donné ce même nom de *Diplanthera* à une Plante de Madagascar qu'il rapportait aux Nayades; Plante dioïque et dont la fleur mâle, seule connue, offre un filet chargé à son sommet de deux anthères inégales et bilobées, soudées par le dos. C'est une petite Herbe maritime dont les feuilles engaînantes à la base sont semblables à celles du *Zostera*, mais plus petites. (A. D. J.)

DIPLARRÈNE. *Diplarrena*. BOT. PHAN. Dans l'expédition à la recherche de Lapeyrouse , Labillardière trouva sur la côte sud de la Nouvelle-Hollande au cap de Van-Diémen, une Plante de la famille des Iridées qui lui présenta les plus grands rapports avec le genre *Moræa* , mais que l'anomalie du nombre de ses étamines lui fit regarder comme génériquement distincte. Il en donna (Voyage à la recherche de Lapeyrouse , p. 257 et t. 15) une belle figure et une description que nous allons exposer en abrégé : plusieurs fleurs renfermées dans une spathe à deux valves s'épanouissent successivement et sont très-éphémères. Elles ont un périgone à six divisions dont trois situées intérieurement, plus petites que les extérieures ; la supérieure de ces divisions internes moins longue et plus renflée vers sa base que les deux autres. Le nombre des étamines est constamment de deux , à anthères blanches ; à la place de la troisième et au-dessous de la division interne et supérieure , on trouve un rudiment de filet sans vestige d'anthère. Le style est plus long que les étamines , terminé par un stigmate en forme de houlette. L'ovaire et la capsule sont semblables à ceux du genre *Moræa*. Toute la distinction du *Diplarrena* avec ce dernier genre consiste dans le nombre binaire de ses étamines, nombre très-anomal chez les Iridées ainsi que dans la plupart des Dicotylédones où il est toujours de trois, ou un de ses multiples ; mais si l'on fait attention à l'existence d'un rudiment de filet, précisément à la place que la troisième étamine devrait occuper, on sera porté à considérer ce filet rudimentaire comme une étamine dégénérée, dont l'avortement s'explique très-clairement par la plus grande dimension qu'a acquise la division du périgone qui lui est contiguë. Ainsi la question se réduit à savoir si l'imperfection constante d'une portion d'organe suffit pour ne pas rapporter à un genre connu une Plante qui en a d'ailleurs tous les caractères. Vahl (*Enumer.*

Plant. 2 , p. 154) s'est décidé pour la négative , quoiqu'il ait admis sans critique la différence absolue du nombre des étamines dans les deux Plantes , et il a mentionné le *Diplarrena Moræa* de Labillardière sous le nom de *Moræa diandra*.   (G..N.)

* DIPLASIE. *Diplasia*. BOT. PHAN. Genre établi par le professeur Richard (*in Pers. Syn.*, pl. 1, p. 70), et qui paraît se rapprocher beaucoup du genre *Hypælythrum*. Ses caractères consistent en des épillets ovoïdes très-allongés , terminés en pointe aux deux extrémités, formés d'écailles imbriquées en tous sens. A la base de chaque écaille, une fleur hermaphrodite , plus courte et surtout beaucoup plus étroite que cette écaille. Elle se compose de quatre autres écailles carénées disposées sur deux rangs , dont les deux extérieures sont ciliées sur leur carène. Le nombre des étamines est de sept ; on en compte quelquefois, mais rarement, plus ou moins. L'ovaire est comprimé , surmonté d'un style simple que terminent deux stigmates allongés. Le fruit est ovoïde allongé, luisant, plus long que les écailles.

Ce genre a besoin d'être de nouveau mieux étudié dans ses caractères. Chaque fleur, qui se compose de quatre écailles disposées deux par deux comme dans un épillet uniflore de Graminée , est un caractère fort singulier dans la famille des Cypéracées. Le *Diplasia* se compose de deux espèces vivaces à tige triangulaire, à feuilles très-larges et à fleurs disposées en corymbe terminal. L'une est le *Diplasia karatæfolia* , Rich., *loc. cit.*, superbe Plante qui , par son port, ressemble beaucoup au *Bromelia Karatas* , L. L'autre est nouvelle, a les feuilles moins larges , les fleurs disposées en une sorte de corymbe simple. C'est notre *Diplasia corymbosa*. Toutes deux sont originaires de la Guiane Française. La première a été, dans ces derniers temps , décrite et figurée par Rudge (*Icon. Guian.*, t. 24), sous le nom de *Scirpus bromeliæfolius*. (A. R.)

DIPLAZION. *Diplazium.* BOT. CRYPT. (*Fougères.*) Ce genre, établi par Swartz dans son *Synopsis Filicum*, avait été confondu auparavant avec les *Asplenium*, et fait partie comme eux des Fougères à capsules entourées complétement par un anneau élastique; elles diffèrent des *Asplenium* par la structure de leur tégument; dans les *Asplenium*, les capsules forment un groupe linéaire le long du bord interne d'une nervure, et sont recouvertes par un tégument qui naît latéralement de cette même nervure, et s'ouvre en dedans. Dans les *Diplazium*, les capsules forment également des groupes allongés; mais au lieu d'être insérées d'un seul côté des nervures de la fronde, elles sont placées le long des deux côtés des nervures secondaires; et elles sont recouvertes par un tégument double qui naît également des deux côtés de la nervure, et dont l'un s'ouvre en dedans et l'autre en dehors. Ce genre est très-distinct par ce caractère des *Asplenium*; il en diffère encore plus par son port. Ce sont en général des Fougères à fronde grande, simple ou une seule fois pinnée, rarement bipinnée, dont les pinnules sont larges, lancéolées, assez semblables par leur forme à celles des *Danœa* et des *Marattia*. Leurs nervures sont deux fois pinnées et se rencontrent sous des angles aigus; leurs dernières divisions étant couvertes de capsules, forment sur la face inférieure des frondes une sorte de réseau ou de lignes en zig-zag fort élégantes, surtout dans les espèces dont la fronde est peu divisée. Plusieurs espèces de ce genre ont été décrites par Bory de St.-Vincent, dans son Voyage aux îles australes d'Afrique, sous le nom générique de *Callipteris*. *V*. ce mot. Une de ces espèces est remarquable par sa tige arborescente; ses frondes sont très-grandes, bipinnées; elles atteignent huit pieds de long sur trois de large; les pinnules ont jusqu'à trois ou quatre pouces de long; c'est, d'après le récit des voyageurs, une des plus belles Fougères arborescentes connues. Les espèces de ce genre sont également assez nombreuses dans l'Amérique méridionale; aucune ne croît hors des tropiques.

(AD. B.)

* **DIPLÉCOLOBÉES.** *Diplecolobeæ.* BOT. PHAN. C'est le nom donné par le professeur De Candolle au cinquième sous-ordre qu'il a établi, d'après la structure des cotylédons, dans la vaste famille des Crucifères. Ce groupe de tribus est caractérisé par les cotylédons incombans, linéaires, pliés transversalement et deux fois sur eux-mêmes, et par ses graines déprimées. La structure de l'embryon, chez les Diplécolobées, offre beaucoup de ressemblance avec celle des Spirolobées. Les Erucariées, tribu qui appartient encore à ce dernier sous-ordre, tiennent le milieu entre les deux, et donnent à penser que leur distinction, sous le point de vue des cotylédons, n'est pas tranchée. Dans les Diplécolobées, les plis transversaux des cotylédons sont disposés de manière que leurs extrémités sont parallèles à la radicule et très-rapprochés de celle-ci; les plis, au contraire, des cotylédons de Spirolobées, sont plus ou moins contournés en spirale, de telle sorte que leurs sommets sont très-écartés de la radicule. Toutes les Crucifères de ce sous-ordre sont indigènes du cap de Bonne-Espérance, à l'exception du genre *Subularia* qui est son représentant européen. Il renferme deux tribus, savoir : les Héliophilées ou Diplécolobées siliqueuses, et les Subulariées ou Diplécolobées latiseptées. *V*. ces mots.

(G. N.)

DIPLECTHRUM. BOT. PHAN. Persoon a proposé de nommer ainsi le genre *Satyrium* de Swartz et de tous les auteurs modernes, qui ne correspond pas au genre *Satyrium* de Linné. Mais cette substitution n'a pas été adoptée. *V*. SATYRION. (A. R.)

DIPLECTRON. OIS. (Vieillot.) *V*. ÉPERONNIER.

* **DIPLÉRIE.** *Diplerium.* POLYP. Genre de Polypiers fossiles de l'ordre des Milléporées dans la division des Polypiers entièrement pierreux, à petites cellules non garnies de lames, proposé par Rafinesque pour des Fossiles qui diffèrent des Millépores et des Cellépores par des fossettes et par des pores entremêlés; il y en a plusieurs espèces (Journ. de Phys., 1819, tom. 88, p. 429). Il est fâcheux que ce naturaliste se soit borné à des notions aussi vagues sur ce genre de Polypiers.

(LAM..X.)

DIPLOCOME. *Diplocomium.* BOT. CRYPT. (*Mousses.*) Ce genre, séparé par Weber et Mohr des *Meesia* d'Hedwig, n'en diffère que par les cils de son péristome intérieur libres et non réunis par une membrane; il a pour type le *Meesia longiseta* d'Hedwig, la seule espèce dans laquelle on ait reconnu cette structure. *V.* MEESIA.

(AD. B.)

* DIPLODERME. *Diploderma.* BOT. CRYPT. (*Lycoperdacées.*) Link a décrit sous ce nom un genre voisin des *Scleroderma* et des *Bovista.* Il présente, comme ces derniers, un péridium double, mais dont l'extérieur, au lieu de se détruire comme dans les Bovista, pour laisser à découvert l'intérieur qui est mince et membraneux, persiste au contraire et est dur et ligneux; il diffère du *Scleroderma,* dont il a la consistance dure et solide, par ses sporules libres et non réunies en amas; il est très-voisin cependant des espèces de ce genre qui croissent comme lui sous la terre, tels que le *Scleroderma cervinum.* On ne connaît qu'une seule espèce de *Diploderma,* que Link a décrite sous le nom de *D. tuberosum;* elle est arrondie, grosse comme une noix, et d'une forme semblable, sans pédicule distinct; sa couleur est d'un brun jaune; elle croît dans les lieux sablonneux du midi de l'Europe, en Italie, en Espagne et en Portugal. (AD. B.)

* DIPLODIUM. BOT. PHAN. Genre de la famille des Orchidées établi par R. Brown qui le caractérise ainsi: calice à cinq divisions égales, étalées; labellum de forme différente, trifide, barbu sur son disque, creusé en sac à sa base; gynostème demi-cylindrique, anthère terminale, mobile, caduque; dans chacune des deux loges une masse pollinique à laquelle s'ajoute un lobule intérieur et qui s'attache au stigmate par des fils distincts. Ce genre renferme deux espèces originaires, l'une de la Nouvelle-Hollande, l'autre de la Nouvelle-Calédonie. Ce sont des Plantes herbacées qui croissent sur la terre, dont la racine est épaisse et rameuse, la tige dépourvue de feuilles, mais munie de graines imbriquées vers la base, distantes supérieurement, et dont les fleurs, de couleur pourpre, sont disposées en grappes. (A. D. J.)

* DIPLODUS. POIS. Genre proposé par Rafinesque dans son *Indice d'Itthyologia Siciliana,* p. 54, dont le caractère consisterait dans une seule nageoire qui commencerait près de la tête et dans un appendice écailleux situé près des pectorales. Les *Sparus annularis,* L., et *variegatus,* Lacép., devront faire partie de ce genre s'il est adopté. (B.)

DIPLOGON. *Diplogon.* BOT. PHAN. Une petite Graminée qui a le port et le mode d'inflorescence de l'*Amphipogon Laguroïdes,* et qui a été trouvée par R. Brown à la Nouvelle-Hollande, constitue ce genre que l'on peut ainsi caractériser: épillets uniflores; lépicène à deux valves étalées, membraneuses et aristées; glume formée de deux paillettes, dont l'extérieure porte à son sommet trois arêtes, celle du milieu étant tordue et différente des autres, et dont l'intérieure offre seulement deux arêtes. Ces épillets forment une sorte d'épi capitulé. Le *Diplogon setaceus* a, comme l'*Amphipogon,* ses épillets extérieurs stériles qui constituent une sorte d'involucre.

Palisot-Beauvois, dans son Agrostographie, a changé le nom de *Diplogon* en celui de *Dipógonia,* parce qu'il avait autrefois établi un genre de Mousses sous cette première dénomination. Mais le genre de Beauvois, dans la famille des Mousses, n'ayant pas été adopté, le nom primitif de R. Brown doit être conservé. (A. R.)

* **DIPLOLÈNE.** *Diplolœna.* BOT.
PHAN. Genre indiqué par R. Brown
(*General Remarks*, etc.) qui en a le
premier dévoilé la véritable structure,
et dont on doit une connaissance parfaite aux observations du professeur
Desfontaines qui en a publié une
description très-exacte et très-détaillée dans le troisième volume des Mémoires du Muséum. Nous y emprunterons les détails que nous allons
consigner dans cet article. Ce genre,
qui fait partie de la famille des Rutacées, a ses fleurs réunies dans un
involucre commun et double ; l'extérieur est à cinq divisions, glanduleuses en dehors, et l'interne à dix
lobes minces, pétaloïdes, étalés, plus
longs que l'externe. Ces fleurs sont placées sur un réceptacle presque plane.
Chacune d'elles offre un calice composé de cinq sépales lancéolés, aigus ;
dix étamines à filamens très-longs,
hypogynes et à anthères biloculaires ;
l'ovaire est à cinq côtes très-saillantes, séparées par des enfoncemens
profonds, ce qui annonce qu'il se
compose de cinq pistils soudés. Coupé
transversalement, il offre cinq loges
contenant chacune un ou deux ovules
suspendus. A sa base, l'ovaire est
entouré par un disque hypogyne,
qui forme une sorte de bourrelet saillant. Le style est simple et naît d'une
dépression profonde que l'on remarque au sommet de l'ovaire. Le fruit
se compose de cinq capsules étalées
en étoile, obtuses et plus grosses
supérieurement, uniloculaires, s'ouvrant par une suture longitudinale,
qui règne de leur côté interne.
Ce genre se compose de deux espèces ; ce sont des Arbustes à feuilles
alternes et ponctuées, qui croissent
à la Nouvelle-Hollande. L'une *Diplolœna grandiflora*, Desf. (*loc. cit.* p.
451, tab. 19), est un Arbrisseau de
cinq à six pieds d'élévation dont les
feuilles sont alternes, persistantes,
elliptiques, obtuses et souvent émarginées, un peu coriaces, entières,
longues au plus d'un pouce, larges
de cinq à six lignes, courtement pétiolées, tomenteuses et blanchâtres

des deux côtés. Les capitules des
fleurs sont ordinairement solitaires
au sommet des ramifications de la
tige, d'un jaune rougeâtre, larges
d'environ deux pouces. Cette belle
Plante croît à la terre d'Endracht,
côte occidentale de la Nouvelle-Hollande, d'où elle a été rapportée par
les botanistes de l'expédition du capitaine Baudin.

La seconde espèce, *Diplolœna Dam-
pieri*, Brown, Desf. (*loc. cit.* p. 452,
tab. 20), a beaucoup d'affinité avec la
précédente. Elle en diffère par ses
feuilles plus étroites, vertes en dessus, blanches et cotonneuses en dessous ; par ses capitules une fois plus
petites, par les divisions externes de
l'involucre moins larges, plus profondes et peu aiguës. Elle croît dans
les mêmes localités. (A. R.)

DIPLOLÉPAIRES. *Diplolepariæ.*
INS. Famille de l'ordre des Hyménoptères, section des Porte-Tarières,
fondée par Latreille (*Gener. Crust. et
Ins.* T. IV, p. 15, et Consid. génér.,
p. 281) qui lui assignait pour caractères : abdomen implanté sur le métathorax par une portion de son diamètre transversal ; ailes inférieures
sans nervures distinctes ; corps ne se
contractant point en boule ; abdomen
comprimé ou déprimé, mais caréné
en dessous, du moins dans les femelles ; tarière filiforme ; palpes très-
courts ; antennes filiformes, droites,
de treize à seize articles. Cette famille,
qui comprenait les genres Ibalie, Diplolèpe, Figite et Eucharis, forme
aujourd'hui (Règn. Anim. de Cuv.)
la tribu des Gallicoles dans la famille
des Pupivores. *V.* ces mots. (AUD.)

DIPLOLÈPE. *Diplolepis.* INS.
Genre de l'ordre des Hyménoptères,
qu'on est obligé de supprimer à cause
de l'abus qu'en a fait Geoffroy. Cet
entomologiste, après avoir converti le
genre *Cynips* de Linné en celui de
Diplolèpe, a fait usage du mot Cynips pour désigner un autre genre
d'Insectes de l'ordre des Hyménoptères. Fabricius, voulant sans doute rendre justice à Linné, a restitué au

genre Diplolèpe le nom de Cynips, et a reporté la dénomination de Diplolèpe au genre que Geoffroy nommait Cynips. Au lieu de remédier au mal, Fabricius l'a beaucoup augmenté; et pour éviter toute confusion, on est généralement tombé d'accord de restituer au mot Cynips le sens que lui accordait Linné et d'effacer pour toujours de la nomenclature entomologique le genre Diplolèpe.   (AUD.)

DIPLOLEPIDE. *Diplolepis.* BOT. PHAN. Genre de la famille des Asclépiadées et de la Pentandrie Digynie, L., établi par R. Brown (*Mem. Societ. Werner*, 1, p. 42) qui le caractérise ainsi : corolle urcéolée dont le tube est court et le limbe à cinq divisions profondes ; couronne staminale à folioles obtuses augmentées d'une lanière intérieure parallèle; masses polliniques arrondies et attachées un peu au-dessous du sommet ; stigmate en forme de bec allongé et indivis. Ce genre ne comprend encore qu'une seule espèce, le *Diplolepis Menziesi*, Plante indigène des environs de Valparaiso au Chili, où elle a été récoltée par Arch. Menzies. R. Brown, qui l'a seulement mentionnée sans en donner ni la description ni le nom, dit qu'elle ressemble, sous plusieurs rapports et surtout par les masses polliniques, à l'*Asclepias vomitoria*, Kœnig, Mss., mais qu'elle s'en distingue et par son port et par son stigmate obtus.   (G..N.)

*DIPLOPAPPE. *Diplopappus.* BOT. PHAN. Genre de la famille des Synanthérées, Corymbifères de Jussieu, et de la Syngénésie égale, L., établi par Cassini (Bulletin de la Soc. Philom., sept. 1817) qui lui assigne entre autres caractères : une calathide radiée, dont le disque est composé de fleurs nombreuses, régulières et hermaphrodites, et d'une simple couronne de fleurs en languettes et femelles ; involucre presque hémisphérique de la longueur des fleurs du disque, et formé d'écailles linéaires; réceptacle nu et plane; akènes obovales, comprimés, hispides, portant une double

aigrette, l'extérieure courte, à petites écailles laminées; l'intérieure longue, rougeâtre, à petites écailles filiformes et plumeuses. Ce genre comprend des espèces que l'on avait autrefois placées à tort dans les genres *Erigeron*, *Aster* et *Inula*. Son auteur le place dans la tribu des Astérées, et en décrit quatre espèces dont deux nouvelles sous les noms de *Diplopappus intermedius* et *D. villosus*. Les deux autres, qu'il nomme *Diplopappus lanatus* et *D. dubius*, étaient les *Inula gossypina*, Michx., et *Aster annuus*, L., ou *Erigeron annuum*, Desf. Ces Plantes sont originaires de l'Amérique septentrionale.

Dans ses *Nova Genera et Spec. Plant. œquinoct.*, C. Kunth indique avec doute l'identité du *Diplopappus* de Cassini avec son genre *Diplostephium*. *V.* ce mot.   (G..N.)

*DIPLO-PÉRISTOMATÉES. BOT. CRYPT. Nom de la tribu de la famille des Mousses qui renferme les genres dont le péristome est double. *V.* MOUSSES.   (AD. B.)

+DIPLOPHRACTON. *Diplophractum.* BOT. PHAN. Genre extrêmement singulier, publié par le professeur Desfontaines (Mém. du Mus. 5, p. 34), adopté par Kunth et par De Candolle et qui fait partie de la famille des Tiliacées. Il se compose d'une seule espèce, *Diplophractum auriculatum*, Arbrisseau originaire de l'île de Java, d'où il a été rapporté par l'infatigable naturaliste Leschenault de la Tour. Ses jeunes rameaux sont cotonneux et cylindriques, portant des feuilles alternes, simples, presque panduriformes, aiguës et dentées au sommet, échancrées et inéquilatérales à leur base, cotonneuses en dessous. Deux stipules inégales, munies d'un appendice sétiforme, accompagnent chaque feuille. Les fleurs sont solitaires à l'extrémité des rameaux. Leur calice se compose de cinq sépales étalés, cotonneux extérieurement, elliptiques, obtus; la corolle de cinq pétales, de la longueur du calice, spatulés, un peu aigus, munis d'une petite écaille glanduleuse à leur base interne. Les étamines sont fort nombreuses, hypogynes, leurs filets sont libres, grêles, et leurs anthères globuleuses et à deux loges. L'ovaire est libre, à cinq côtes, velu, surmonté d'un style simple qui se termine par un stigmate à cinq lobes.

Le fruit offre une organisation très-singulière. C'est une capsule à dix loges, ayant ses graines attachées à l'angle formé par la jonction des cloisons et de la périphérie du péricarpe. Ces graines sont séparées les unes des autres par d'autres petites cloisons transversales qui forment autant de loges monospermes. Cette structure de la capsule est fort différente de celle que l'on trouve dans les autres Tiliacées ; mais néanmoins on peut encore l'y ramener. Supposons en effet, ainsi que l'ont dit Turpin et Kunth, que la capsule soit, comme dans beaucoup d'autres genres de la même famille, à cinq loges, contenant les graines attachées sur deux rangées longitudinales, à l'angle interne et sur le bord des cloisons, que ce bord interne se réfléchisse en dehors entraînant avec lui les graines et vienne se souder avec la paroi interne du péricarpe, et l'on aura les dix loges du *Diplophractum* et le mode d'adnexion de ses graines. Quant aux petites cloisons transversales, elles existent aussi dans d'autres Tiliacées, et en particulier dans le *Corchorus olitorius*. Les graines sont irrégulièrement ovoïdes, arillées. L'embryon est renfermé dans l'intérieur d'un endosperme charnu.   (A. R.)

DIPLOPOGON. BOT. PHAN. Pour Diplogon. *V.* ce mot.   (B.)

DIPLOPOGON. BOT. CRYPT. (*Mousses.*) Palisot de Beauvois appelait ainsi une section de la famille des Mousses, comprenant les genres munis d'un péristome double. *V.* MOUSSES.   (A. R.)

DIPLOPTÈRES. *Diploptera.* INS. Famille de l'ordre de Hyménoptères, section des Porte-Aiguillons, établie par Latreille (Règn. An. de Cuv.). Elle a pour caractères distinctifs : ailes supérieures doublées dans leur longueur. Cette famille comprend les genres *Vespa* de Linné et *Masaris* de Fabricius, et est reconnaissable aux particularités suivantes que lui assigne Latreille : ces Hyménoptères ont toujours les antennes plus épaisses vers leur extrémité, et coudées au second article ; les yeux échancrés ; le chaperon grand, souvent diversement coloré dans les deux sexes ; les mandibules fortes et dentées, une pièce en forme de languette sous le labre ; les mâchoires et la lèvre allongées ; la languette communément divisée en trois parties, dont celle du milieu plus grande, en cœur, et les latérales étroites, allant en pointe ; le premier segment du thorax arqué, avec les côtés élargis en forme d'épaulette, repliés en arrière, jusqu'à la naissance des ailes ; le corps glabre, ordinairement coloré de noir et de jaune ou de fauve. Les femelles et les neutres sont armés d'un aiguillon très-fort et venimeux. Plusieurs vivent en sociétés composées de trois sortes d'individus. Les larves sont vermiformes sans pattes, et renfermées chacune dans une cellule, où elles se nourrissent tantôt de cadavres d'Insectes dont la mère les a approvisionnées au moment de la ponte, tantôt du miel des fleurs, du suc des fruits et des matières animales élaborées dans l'estomac de la mère ou dans celui des neutres, et que ces individus leur fournissent journellement. Cette famille comprend plusieurs genres qui peuvent être distribués de la manière suivante :

† Antennes composées de douze à treize articles distincts, selon les sexes, et terminées en pointe ; languette soit divisée en trois pièces dont celle du milieu plus grande, en cœur, avec deux petites taches arrondies et glanduleuses à son extrémité, et les latérales étroites, pointues, ayant aussi chacune une tache semblable, soit composée de quatre filets longs et plumeux. (1re tribu, Guêpiaires.)

I. Mandibules beaucoup plus longues que larges, rapprochées en devant en forme de bec ; languette étroite et allongée ; chaperon presque cordiforme ou ovale , avec la pointe en avant et plus ou moins tronquée.

Genres : Synagre, Eumène , Zèthe, Discælie, Céramie, Ptérocheile, Odynère , Rygchie.

II. Mandibules guère plus longues que larges , ayant une troncature large et oblique à leur extrémité ; languette courte ou peu allongée ; chaperon presque carré.

Genre : Guêpe.

†† Antennes de huit à dix articles bien distincts , et terminées en bouton ou en massüe très-obtuse et arrondie au bout ; languette composée de deux filets très-longs, avec la base molle , en forme de tube cylindrique, les recevant dans la contraction et retirée alors dans la gaîne du menton. Genres : Masaris, Célonite. *V.* tous ces mots. (AUD.)

*DIPLOSTACHYUM. BOT. CRYPT. (*Lycopodiacées.*) Dans la division qu'il a fait subir au genre Lycopode , Palisot de Beauvois appelle ainsi l'un de ses genres nouveaux qui se compose des *Lycopodium helveticum* , *L. apodum* et *L. tenellum. V.* LYCOPODE. (A. R.)

* DIPLOSTEMA. BOT. PHAN. (Necker.) Syn. de Taligalée. *V.* ce mot. (B.)

* DIPLOSTEPHION. *Diplostephium.* BOT. PHAN. Genre de la famille des Synanthérées, section des Carduacées , établi par Kunth (*in Humb. Nov. Gener.* 4 , p. 96), voisin des *Aster*, et s'en distinguant par les caractères suivans : son involucre est hémisphérique, composé d'un grand nombre de folioles imbriquées. Le réceptacle est plane, nu et creusé d'alvéoles ; les fleurons du centre sont tubuleux , hermaphrodites et fertiles; ceux de la circonférence sont ligulés et femelles ; les uns et les autres sont au nombre d'une vingtaine. Dans les hermaphrodites , le tube staminal est surmonté par cinq appendices lancéolés, aigus et diaphanes ; l'ovaire est linéaire et cylindrique; le style

glabre et capillaire ; le stigmate biparti et saillant au-dessus de la corolle , a ses deux divisions épaisses , velues et étalées. Le fruit est couronné par une aigrette double et sessile ; l'extérieure est très-courte et composée d'un grand nombre de petites paillettes subulées; l'intérieure est formée de poils étalés, scabres , ayant la même longueur que la corolle.

Ce genre se compose d'une seule espèce, *Diplostephium lavandulæfolium* , Kunth (*loc. cit.* tab. 335). C'est un Arbuste très-rameux , dont les feuilles sont très-rapprochées, sessiles , linéaires, coriaces , à bords rabattus , et dont les fleurs blanches terminent le sommet des rameaux. Il croît dans les lieux sablonneux au pied des montagnes volcaniques , dans le royaume du Pérou. Ce genre est très-voisin de l'*Aster* , ainsi que nous l'avons dit précédemment, et il ne s'en distingue guère que par son aigrette double. (A. R.)

* DIPLOTAXIS. BOT. PHAN. Famille des Crucifères , Tétradynamie siliqueuse , L. Ce genre , établi par le professeur De Candolle (*Syst. Veg.* 2 , p. 629) qui l'a placé dans la tribu des Brassicées ou Orthoplocées siliqueuses , est caractérisé par sa silique comprimée , linéaire ; ses semences disposées sur deux rangs et ovales ; son calice égal à sa base. Les fleurs sont jaunes ou blanches , et les calices couverts d'un duvet mou. Ce genre a été formé aux dépens des *Sisymbrium* et *Sinapis* de Linné; il se compose de quatorze espèces distribuées en deux tribus. La première, nommée *Catocarpum* par De Candolle , est caractérisée par son style rudimentaire, son stigmate bilobé et sessile au sommet de la silique , et ses siliques pendantes le plus souvent pédicellées. Les quatre espèces que cette tribu renferme habitent les contrées voisines de la Méditerranée. La deuxième tribu , désignée sous le nom d'*Anocarpum*, a pour caractères un style comprimé, vide, ou contenant deux ou trois graines, terminé par un stigmate bilobé, et les siliques droites, rarement pédicellées.

Les quatorze espèces qu'elle renferme sont indigènes des pays méridionaux de l'Europe; elles appartiennent presque toutes au genre *Sisymbrium*, et on y remarque les *Diplotaxis tenuifolia* et *viminea*, dont la première est extrêmement commune sur les murs et dans les endroits incultes des environs de Paris. (G..N.)

DIPODE. *Dipodium*. ZOOL. C'est-à-dire ayant deux pieds. Blainville propose ce nom pour l'ordre de Poissons qu'il crée en le caractérisant par la présence d'une seule paire de nageoires, soit pectorales, soit ventrales, et pour un ordre de Reptiles qui répond à ceux que Cuvier nomme Bimanes. *V.* ce mot et CHIROTE. On a quelquefois désigné sous le même nom les Sincques à deux pieds, Bipèdes de Lacépède.   (B.)

* DIPODION. *Dipodium*. INS. Bosc a décrit sous ce nom (Nouv. Bull. des Sc. par la Soc. Philom. T. III, p. 72, mai 1812) un Animal trouvé dans le corps d'une Abeille, et dont il a fait un nouveau genre de Vers intestinaux. Lachat et nous, avons démontré (Mém. de la Soc. d'Hist. Nat. de Paris. T. I, n° part.) que ce prétendu Ver n'était autre chose qu'une larve de Diptère du genre Conops. *V.* ce mot. La larve que nous avons etudiée vivait dans le ventre d'un Bourdon.   (AUD.)

DIPODION. *Dipodium*. BOT. PHAN. Genre de la famille des Orchidées et de la Gynandrie Monandrie, L., établi par R. Brown (*Prod. Fl. Nov.-Holl.* 1, p. 330), pour le *Dendrobium punctatum* de Smith, et auquel il donne pour caractères : un calice dont les cinq divisions sont égales entre elles et étalées; le labelle est trifide, barbu, formant un éperon extrêmement court à sa base; le gynostème est semi-cylindrique; l'anthère terminale, mobile et caduque; les masses polliniques au nombre de deux, une dans chaque loge, offrent un lobe placé sur leur côté interne, et sont attachées au stigmate chacune par un fil distinct.

Ce genre ne se compose encore que d'une seule espèce, *Dipodium punctatum*, Brown; ou *Dendrobium punctatum*, Smith, *Exot. Bot.* 1, p. 21, t. 12. C'est une Plante terrestre, glabre, sans feuilles, ayant la racine fibreuse; la tige couverte de gaînes imbriquées; les fleurs pourpres et en grappes. Elle croît à la Nouvelle-Hollande.

Robert Brown pense que l'on doit aussi rapporter à ce genre le *Cymbidium squammatum* de Swartz, qui forme une espèce fort voisine de la précédente, et qui n'en diffère que par ses gaînes radicales, oblongues, carenées, et par les supérieures qui sont entières et non fendues longitudinalement, comme dans le *Dipodium punctatum*.   (A. R.)

* DIPOGONIE. *Dipogonia*. BOT. PHAN. Le genre de Graminées établi par Beauvois sous ce nom, est le même que le *Diplogon* de R. Brown. *V.* DIPLOGON.   (A. R.)

DIPROSIE. *Diprosia*. CRUST. Genre de l'ordre des Isopodes, voisin des Bopyres, et fondé par Rafinesque-Schmaltz (Précis des découvertes Somiologiques, p. 25) qui lui assigne pour caractères : manteau déprimé, oblong, fendu, sans articulations postérieurement; queue inférieure plus longue et échancrée; deux yeux lisses en dessus; bouche inférieure; corps étroit articulé en dessous; six paires de jambes à trois articles; deux suçoirs antérieurement en dessous. L'auteur de ce nouveau genre ne décrit que la DIPROSIE RAYÉE, *D. vittata*, Raf. Elle est d'un blanc bleuâtre, rayée longitudinalement de pourpre violet; le dos est lisse et légèrement convexe. On voit à travers son corps la circulation du sang. Cette espèce, trouvée dans les mers de Sicile, vit parasite sur le *Sparus erythrinus*.   (AUD.)

DIPSACÉES. *Dipsaceæ*. BOT. PHAN. On nomme ainsi une famille naturelle de Végétaux ayant le genre

Cardère (*Dipsacus*) pour type, et qui appartient aux Dicotylédons monopétales inférovariés à étamines non soudées. Dans son *Genera Plantarum*, l'illustre Jussieu avait composé sa famille des Dipsacées des genres *Morina*, *Dipsacus*, *Knautia*, *Scabiosa*, *Allionia* et *Valeriana*; ce dernier genre y formant une section à part caractérisée par ses fleurs distinctes et non réunies en tête. De Candolle, dans la troisième édition de la Flore Française, a séparé le genre *Valeriana* pour en former une famille à part sous le nom de Valérianées. Cette famille a depuis été l'objet d'une Monographie publiée à Montpellier par le docteur Dufresne. D'un autre côté, il a été reconnu que le genre *Allionia* devait être transporté parmi les Nyctaginées, en sorte que les seuls genres *Morina*, *Dipsacus*, *Knautia* et *Scabiosa* forment la famille des Dipsacées. On doit au docteur Thomas Coulter une Monographie de cette dernière famille, publiée dans les Mémoires de la Société Physique de Genève pour 1823. Ce botaniste, outre les quatre genres que nous venons d'indiquer et dont il change un peu la circonscription, rétablit les genres *Cephalaria* de Schrader et *Pterocephalus* de Lagasca, qui se composent d'espèces réunies aux genres *Scabiosa* et *Knautia*.

Les Dipsacées sont toutes des Plantes herbacées, annuelles ou vivaces, ayant les feuilles opposées ou quelquefois verticillées, simples ou plus ou moins profondément divisées. Les fleurs sont ordinairement disposées en capitules environnés d'un involucre polyphylle et portées sur un réceptacle plus ou moins saillant et quelquefois conique, garni d'écailles ou de folioles souvent plus longues que les fleurs elles-même. Chaque fleur se compose d'un double calice. L'extérieur, qui est un véritable involucre, est immédiatement appliqué sur l'ovaire avec lequel il ne contracte aucune adhérence, et se termine par un bord tronqué ou mince, membraneux, évasé, diversement denté ou terminé par un nombre variable de soies. Cet involucre persiste et accompagne le fruit jusqu'à sa maturité. Le calice intérieur ou véritable calice est adhérent avec l'ovaire infère, quoique cette soudure ait été niée par quelques auteurs; son limbe est en général évasé, ordinairement plus grand que l'involucre, tronqué ou terminé par des soies quelquefois plumeuses dont le nombre est très-variable. La corolle est monopétale, tubuleuse, plus ou moins arquée; son limbe est oblique à quatre ou cinq divisions inégales, formant en général deux lèvres. Les étamines sont au nombre de quatre à cinq; dans le seul genre *Morina*, on n'en compte que deux auxquelles on a à tort attribué des anthères quadriloculaires; ces étamines sont généralement saillantes hors de la corolle; leurs filets sont libres ainsi que leurs anthères. L'ovaire est à une seule loge qui contient un seul ovule pendant du sommet de la loge. Le style est simple, subulé, terminé par un stigmate indivis dont la forme offre d'assez grandes différences dans le petit nombre de genres qui forment la famille. Le fruit est un akène couronné par le limbe du calice qui souvent prend beaucoup d'accroissement, et immédiatement enveloppé dans l'involucre particulier. Celui-ci présente un peu au-dessous de son limbe de petites fossettes séparées par des lignes saillantes dont le nombre et la forme varient dans les diverses espèces, et peut servir de bon caractère pour les distinguer. La graine est pendante dans l'intérieur du péricarpe qui est mince. Elle se compose d'un tégument propre, sous lequel on trouve un endosperme charnu assez mince, dans lequel est un embryon également renversé, c'est-à-dire dont la radicule est tournée vers le hile. Cette famille est bien facile à distinguer; elle a des rapports intimes avec les Synanthérées, les Valérianées, les Calycérées et les Rubiacées. Elle se distingue des Synanthérées par son calice double, ses étamines libres et son ovule pendant, tandis qu'il est dressé dans les Synanthérées ; des Calycérées par ses étamines libres, ses feuilles opposées ; des Valérianées par son ovaire uniloculaire, son calice double, ses graines munies d'un endosperme et ses fleurs agrégées ; enfin des Rubiacées par ses fleurs en tête, sa radicule supérieure et l'absence des stipules dans les espèces à feuilles opposées. Les Dipsacées forment le passage entre les Rubiacées, les Caprifoliacées, les Calycérées et les Synanthérées qui ont les étamines soudées. (A. R.)

* DIPSACON. BOT. PHAN. Même chose que Diacheton. *V.* ce mot. (B.)

DIPSACUS. BOT. PHAN. *V.* CARDÈRE.

DIPSADE. *Dipsas.* REPT. OPH. Espèce et sous-genre de Couleuvre. *V.* ce mot. (B.)

DIPSAS. MOLL. Leach a proposé sous ce nom un nouveau genre qui ne présente pas assez de différences pour que nous puissions le séparer des Anodontes ; Férussac l'a pourtant admis comme sous-genre. *V.* ANODONTE. (D..H.)

DIPSE. REPT. OPH. Pour Dipsade. *V.* ce mot. Kolbe donne ce nom à un autre Serpent venimeux et peu connu du cap de Bonne-Espérance. (B.)

DIPTERA. BOT. PHAN. (Borckausen.) Syn. du *Sekika* de Médicus et Mœnch, genre formé du *Saxifraga sarmentosa*, qui a deux pétales plus longs que les autres. *V.* SAXIFRAGE. (B.)

DIPTÈRE. *Dipterus.* POIS. Syn. de Lauricaire. *V.* ce mot. (B.)

DIPTÈRES. INS. *Diptera*, Linn. *Antliata*, Fab. Douzième et dernier ordre de notre classe des Insectes, ayant pour caractères : six pieds ; une métamorphose complète ; deux ailes veinées et étendues ; deux balanciers situés en arrière d'elles ; bouche consistant en un suçoir composé de deux à six pièces écailleuses, en forme de soies ou de lancettes, renfermé dans une gaîne, en forme de trompe ou de siphon, coudée ou articulée au plus à sa base et vers son extrémité, souvent terminée par deux lèvres, ayant une gouttière supérieure, et accompagnée, dans le plus grand nombre, de deux palpes maxillaires : ces palpes tenant quelquefois lieu de gaîne au suçoir.

La distinction de ce groupe d'Insectes se présente si naturellement à la pensée de l'observateur, qu'on la trouve clairement établie dans les écrits des pères de l'histoire naturelle. Aux caractères tirés du nombre des ailes et de la présence d'une trompe que l'on désignait souvent sous le nom d'aiguillon, on a simplement ajouté celui que nous fournissent ces deux corps mobiles, situés derrière les ailes et qu'on appelle balanciers (*halteres*). Fabricius, en plaçant dans cet ordre des Arachnides et nos Insectes parasites (*pediculus*, L.), en a altéré l'essence et la pureté. Il ne faut pas cependant croire que le signalement de cette coupe ne souffre aucune exception ; car dans la dernière famille, celle des Pupipares, les ailes, les balanciers et la gaîne ordinaire du suçoir, finissent par disparaître. La tête même des Nyctéribies, dernier genre de ce groupe, est tellement rapetissée, qu'elle ne semble destinée qu'à servir de support au suçoir ; les yeux, si étendus et si apparens dans les autres Insectes du même ordre, sont ici à peine visibles. Ces caractères négatifs nous annoncent que nous sommes sur les dernières limites de la classe ; celle des Crustacés, et la division des Insectes hexapodes aptères ne subissant point de métamorphoses, se terminent de même par des Animaux suceurs et parasites. Nous aurions pu étendre cette comparaison et faire voir que la nature a généralement recours à ces moyens pour les êtres organisés les plus faibles.

La peau ou le derme des Diptères est membraneuse, élastique et peu capable de résistance. La tête est plus ou moins globuleuse ou hémisphérique, souvent concave postérieure-

ment, afin de pouvoir mieux s'appliquer sur le devant du thorax, et susceptible de tourner sur elle-même,
comme sur un pivot, de droite à
gauche et *vice versâ*. Ordinairement
la majeure partie de sa surface, surtout dans les mâles, est occupée par
les yeux qui se composent d'une
quantité prodigieuse de facettes. Son
vertex offre le plus souvent trois petits yeux lisses, disposés en triangle.
Lorsque le nombre des pièces du suçoir est de six ou au complet, la bouche de ces Diptères nous présente les
analogues de toutes les parties de
celle des Insectes broyeurs. Deux de
ces pièces, la supérieure et l'inférieure, sont impaires; celle-là représente le labre, et celle-ci la languette proprement dite, et qu'il ne
faut pas assimiler à cette portion de la
lèvre inférieure que dans les Coléoptères, les Orthoptères, etc., l'on désigne ainsi. On la retrouve aussi dans
les Hémiptères : mais ici elle ne co-
opère point, ou qu'indirectement, à
la nutrition. Nos Suceurs ou les Insectes aptères de Lamarck sont les
seuls qui se rapprochent à cet égard
des Diptères. Les quatre autres pièces du suçoir sont disposées par paires; la supérieure répondra aux mandibules, et la seconde à la portion terminale des mâchoires des autres Insectes, à partir de l'insertion des palpes,
celle, par exemple, qui se replie en dessous dans les Apiaires; celle encore
qui dans les Hémiptères forme la soie
maxillaire. L'autre portion de la mâchoire existe toujours; mais elle est
très-courte ou se confond avec la
masse charnue qui sert de base à la
trompe et qui précède son premier
coude; car dans les Muscides, par
exemple, le suçoir n'est que deux
soies, et cependant il est accompagné
de deux palpes qui, d'après l'analogie,
ne peuvent être que ceux des mâchoires. Attendu que la pièce représentant le labre est insérée avec les autres pièces du suçoir près du coude de
la trompe, et à une distance notable du
bord antérieur de la tête, et comme
dans les autres Insectes ce labre est

toujours fixé au même bord, il faut
nécessairement qu'une portion de l'é-
pistome soit incorporée avec la base
ou le support de la trompe. Nous venons de voir que la portion inférieure
des pièces maxillaires était pareillement réunie avec ce support, qui
dans l'inaction se retire dans la cavité orale. Il n'en est pas ainsi des
Lépidoptères et des Hémiptères; la
portion analogue des mâchoires est
toujours fixe et immobile, et le labre
conserve toujours sa situation relative. Chez d'autres Diptères, le suçoir n'est composé que de quatre pièces; ici les soies mandibulaires manquent. Dans un grand nombre, enfin, on n'en voit que deux, et ce sont
les impaires, c'est-à-dire le labre et
la languette. La réduction du nombre
de ces parties est une nouvelle preuve
de l'infériorité de ces Animaux, relativement aux autres Insectes. Les
Arachnides nous montrent à l'égard
des Animaux analogues supérieurs,
un appauvrissement semblable dans
les organes de la manducation. Les
pièces du suçoir font l'office de lancettes, percent l'enveloppe des vaisseaux et frayent un passage à la liqueur nutritive. Elle suit le canal intérieur de la trompe, et remonte par
un effet de la pression qu'exercent sur
elle les pièces du suçoir, jusqu'au
pharynx, situé à sa base. Ces lancettes ont souvent des sillons ou des rainures propres à leur emboîtement et
à une action commune. La gaîne ou
le corps extérieur de la trompe ne sert
qu'à les maintenir, et se replie souvent sur elle-même, sous un angle
plus ou moins aigu, lorsque l'Animal
fait usage de son suçoir. On pourra
s'en convaincre en examinant un Cousin dans l'instant où il pompe notre
sang. L'extrémité de cette gaîne forme dans le plus grand nombre un empâtement divisé en deux lèvres à
moitié striées, susceptibles de tumé-
faction, et faisant par son inclinaison
un coude ou un angle avec la tige de la
trompe. Nous comparerons cette partie à celle qui termine la lèvre inférieure des Insectes broyeurs. Si, comme

dans les Myopes, elle s'allonge considérablement, elle semble alors former un article replié sous la tige ou la division intermédiaire de la gaîne. Tantôt la trompe peut se retirer en entier dans la cavité buccale, et dans ce cas elle se termine par un empâtement, et tantôt elle est saillante et plus ou moins cylindrique ou conique. Cela dépend de la consistance de la gaîne; là elle est membraneuse, ici elle est plus solide ou cornée. Fabricius a souvent employé, dans cette dernière circonstance, le terme d'*haustellum*, mais qui, selon nous, ne doit s'appliquer qu'à l'ensemble des pièces du suçoir. Alors encore, ou lorsque la trompe, quoique membraneuse, est très-courte, les deux palpes sont insérés sur les bords de la cavité buccale. Hors de cette circonstance, ils sont situés sur le support de la trompe, près de son premier coude. Le plus souvent ils sont courts, relevés, presque filiformes ou terminés en massue et composés de deux articles. Quelquefois ils s'avancent en avant, et sont couchés sur la trompe. Les Némocères sont les seuls Diptères où ces organes soient divisés en cinq articulations. Dans les Syrphes et plusieurs autres genres, ils adhèrent à deux des pièces du suçoir, d'où l'on a inféré avec raison qu'ils représentaient les palpes maxillaires des Insectes broyeurs.

Les antennes sont ordinairement insérées sur le front et rapprochées à leur base. Si on en excepte les Némocères, elles ne sont composées que de trois articles, dont le dernier ordinairement plus grand a très-souvent la forme soit d'une palette lenticulaire ou prismatique, soit d'un fuseau; il porte presque toujours une soie simple ou plumeuse, ou bien un petit appendice en forme de stylet. Dans plusieurs genres, cet article est annelé transversalement. Ces organes sont le plus souvent très-courts et inclinés.

Le thorax ne semble être composé que d'un seul segment, le premier ou le prothorax étant très-court, ou ayant même presque entièrement disparu, et le troisième ou le métathorax étant aussi très-court et n'occupant que l'extrémité postérieure du tronc situé au-dessous de l'écusson. Le tronc paraît ainsi être presque entièrement formé par le segment intermédiaire ou le mésothorax. Il a de chaque côté deux stigmates, mais dont on ne distingue bien souvent que l'antérieur.

Les ailes sont simplement veinées, étendues, et le plus souvent horizontales. Meigen en a donné des figures très-exactes, mais sans employer comme caractères génériques ou divisionnaires, à la manière de Jurine, la disposition de leurs nervures. Quoique cet emploi offre ici plus de difficultés que dans les Hyménoptères, il ne faut cependant pas le rejeter ou se borner à parler aux yeux. Fallen, naturaliste suédois, et quelques autres savans ont, d'après nous, fait usage de ces considérations.

Au-dessous des ailes et un peu en arrière, sont deux petits corps très-mobiles, presque membraneux ou un peu cornés, ordinairement blanchâtres ou jaunâtres, presque linéaires dans la majeure partie de leur longueur, et dont l'extrémité supérieure est renflée en manière de bouton ou de massue, et peut se gonfler ou se dilater : ce sont les balanciers. Selon la plupart des entomologistes, ces corps représenteraient les ailes inférieures; mais il nous a paru qu'ils dépendaient du segment médiaire ou du premier de l'abdomen, et qu'à raison de cette position, ils devaient être assimilés, mais avec d'autres fonctions, aux organes stridulaires des Cigales, des Criquets, etc. Nous renverrons à cet égard à notre Mémoire sur divers appendices des Insectes, faisant partie du recueil des Mémoires du Muséum d'histoire naturelle.

L'on voit au-dessus des balanciers deux pièces membraneuses ou papyracées, ordinairement blanches ou jaunâtres, ciliées, liées ensemble par l'un de leurs côtés, et ayant la forme de deux valves de coquilles appliquées l'une sur l'autre ; ce sont les ailerons ou cuillerons; leur grandeur est en raison inverse de la longueur des balanciers qu'ils recouvrent ainsi dans les mêmes rapports; l'une d'elles est attachée à la base de l'aile correspondante et participe à ses mouvemens; mais alors les deux valves sont écartées ou presque sur le même plan.

Les pieds ordinairement grêles et allongés se terminent par un tarse de cinq articles, ayant à son extrémité deux crochets, et souvent, en outre, deux ou trois pelotes ou palettes, soit vésiculeuses, soit membraneuses. C'est à l'aide de ces dernières parties que ces Insectes se cramponnent aux corps les plus polis, des glaces, par exemple, et souvent même dans une attitude renversée et horizontale. Everard Home a publié à cet égard, dans les Transactions Philosophiques de 1816, un Mémoire curieux et accompagné d'excellentes figures, prises sur des sujets d'Animaux vertébrés et invertébrés.

L'abdomen ne tient souvent au thorax que par une petite portion de son diamètre transversal, et se termine presque toujours en pointe dans les femelles; les quatre ou cinq derniers anneaux étant souvent rentrés dans l'intérieur, et formant même, dans un grand nombre de femelles, un oviducte extérieur, en manière de tuyaux de lunette d'approche, cette partie du corps semble n'être composée que de quatre à cinq segmens. Il résulte aussi de cette conformation, que les derniers stigmates sont peu sensibles. L'organe copulateur est plus ou moins compliqué; tantôt extérieur et courbé en dessous, et tantôt intérieur; la femelle est quelquefois obligée, pour l'accouplement, d'introduire l'extrémité postérieure de son corps dans la partie correspondante de celui du mâle.

Dans son beau Mémoire sur le vaisseau dorsal des Insectes, Marcel de Serres nous a donné un extrait de l'ensemble de ses observations anatomiques sur les Diptères. En voici la substance : le vaisseau dorsal est étroit, et ses pulsations sont fréquentes. Le système respiratoire consiste en trachées vésiculaires, communiquant les unes aux autres par des trachées tubulaires, et sans être mues par des cerceaux cartilagineux (*V.* ORTHOPTÈRES). Le système nerveux est, le plus généralement, composé d'un ganglion cérébriforme peu considérable, à lobes fort rapprochés, d'où partent des nerfs optiques fort gros; les deux cordons médullaires ordinaires forment de distance en distance environ neuf ganglions, dont trois thoraciques et six abdominaux. Le tube intestinal offre, 1° un œsophage s'étendant jusqu'à la base de l'abdomen; 2° un estomac assez long, mais peu large, garni dès son origine de vaisseaux hépatiques assez nombreux; 3° d'un duodénum cylindrique, accompagné de vaisseaux semblables, mais moins larges; 4° d'un rectum assez court et musculeux.

Les organes reproducteurs des mâles consistent en deux testicules ovales, s'ouvrant au moyen de canaux déférens, dans le canal spermatique commun, où se rendent également les vésicules séminales, tantôt simples et filiformes, et tantôt bilobées et ovales. On voit dans les femelles deux ovaires, très-branchus avant la fécondation, et communiquant par leurs deux canaux avec l'oviductus commun, qui a son issue dans la vulve. Les Diptères, qui fixent leurs œufs, ont de plus un organe particulier, sécrétant l'humeur visqueuse propre à cet usage. Nous ajouterons, d'après les observations de Dufour et de Du Trochet, que l'estomac de plusieurs est accompagné d'une sorte de panse, où se dépose une partie de leurs alimens, et que plusieurs offrent aussi des vaisseaux salivaires, servant sans doute à donner plus de fluidité aux sucs dont ils se nourrissent.

Divers Insectes de cet ordre, tels que les Cousins, les Simulies, les Taons et les Stomoxes, nous incommodent par leurs piqûres, et tourmentent aussi plusieurs Animaux domestiques ; d'autres, comme les OEstres, déposent leurs œufs sur leur corps, sur l'Homme même ; d'autres, pour le même motif et de la même manière, infectent nos viandes, le fromage, et corrompent diverses boissons. Il en est qui, sous la forme de larves, attaquent nos Plantes céréales, et nous font souvent éprouver des dommages considérables ; mais quelques autres Diptères, par une sorte de compensation, détruisent des Insectes nuisibles, consument des matières animales et végétales. en putréfaction, ou hâtent la dissipation des eaux stagnantes et fétides.

La durée de leur vie, à prendre même du moment où ils sortent de l'œuf, est généralement très-courte. Souvent elle ne s'étend pas au-delà de quelques mois ou de quelques semaines. Tous les Diptères subissent une métamorphose complète et remarquable, selon nos présomptions, en ce que la larve ne change qu'une fois de peau, et à l'époque où elle passe à l'état de nymphe. Ce caractère pourrait être commun aux larves des Hyménoptères qui sont apodes, telles que celles des Ichneumons, des Sphex, des Guêpes, des Abeilles, etc. Celles des Diptères sont aussi privées de pates ; mais quelques-unes de celles de la famille des Némocères ont divers appendices qui semblent en tenir lieu. Leur tête est tantôt toujours saillante et de forme constante, tantôt elle peut rentrer dans l'intérieur du corps, changer de figure, et ne se distingue des autres segmens que par sa situation antérieure et les parties constituant leur bouche. Elle se compose le plus souvent d'un à deux crochets rétractiles, servant à entamer les matières alimentaires, et de quelques mamelons. Les orifices principaux de la respiration sont presque toujours placés à l'extrémité postérieure du corps. Plusieurs offrent en outre deux stigmates sur l'anneau qui vient après la tête. Quelques-unes de celles qui vivent dans les eaux ou dans les substances fluides et corrompues,

ont le corps terminé postérieurement en manière de queue susceptible de s'allonger ou de se raccourcir, et offrent à l'intérieur de beaux lacis de trachées.

Dans plusieurs larves de cet ordre, la peau devient, en se durcissant et en se contractant, une coque assez solide, ayant l'apparence d'une graine ou d'un œuf, où la nymphe subit sa dernière transformation. Le corps se détache d'abord de cette peau, en laissant sur ses parois intérieures les organes extérieurs qui lui étaient propres ; bientôt après elle se présente sous la forme d'une masse molle ou gélatineuse, sans caractères distinctifs, et qu'on nomme boule allongée. Au bout d'un certain temps, les parties extérieures se dessinent, et cet état est celui de nymphe proprement dit. L'Insecte en sort en faisant sauter l'extrémité antérieure et supérieure de la coque, en manière de calotte. Il la pousse avec sa tête.

Ces différences principales dans les métamorphoses, les rapports généraux de formes et d'habitudes ont été la base de notre distribution méthodique des Diptères. Elle comprend les cinq grandes familles suivantes : Némocères, Tanystomes, Notacanthes, Athéricères et Pupipares. En renvoyant à ces articles, nous préviendrons les personnes qui désirent faire une étude spéciale de ces Insectes qu'elles trouveront un grand secours dans les ouvrages de Meigen et Widemann. Le premier s'est borné aux espèces européennes ; le second y a suppléé en décrivant les exotiques. Nous faisons des vœux, non moins ardens que sincères, pour que ces deux entreprises arrivent à leur fin, et que d'autres naturalistes nous donnent sur chaque ordre des travaux aussi dignes d'éloges.   (LAT.)

DIPTERIX. BOT. PHAN. (Willdenow.) V. COUMAROU.

DIPTÉROCARPE. *Dipterocarpus*, BOT. PHAN. Genre établi par Gaertner fils (*Carpologia*, p. 50) sur des fruits conservés dans les collections

de J. Banks, et ainsi caractérisé : calice monophylle infère, cupuliforme,
dont le limbe est à cinq divisions inégales, roides, marquées de veines
réticulées. Deux de ces divisions calicinales sont très-longues, ligulées
et obtuses; les trois autres, dont une
est placée entre les deux premières,
sont beaucoup plus courtes, ovales et
auriculées; corolle et étamines inconnues; ovaire supère, surmonté
d'un style simple et persistant; noix
enveloppée par le calice qui s'accroît
en même temps que le fruit, coriace,
uniloculaire, sans valves; graine
unique, dépourvue d'albumen, et
munie de cotylédons chiffonnés à la
façon des Chrysalides d'Insectes
(*Chrysalideo-Contortuplicatæ*); radicule supérieure. Gaertner a formé
deux espèces dans ce genre, savoir :
le *Dipterocarpus costatus* et le *D. tur-
binatus*, tous les deux décrits et figurés (*loc. cit.* p. 5o et 51, tab. 187 et
188). Malgré l'affinité des *Dipterocarpus* avec les genres *Shorea* et *Dryobalanops*, leur auteur établit qu'on
doit les distinguer. Jussieu a pensé,
au contraire, qu'ils devaient rester
réunis, et de plus être compris sous
la dénomination commune de *Pterigium*, imposée plus tard par Correa
de Serra (Ann. du Mus, vol. 8 et 10,
p. 159). Mais, sans parler de la préférence qu'il est juste d'accorder au
plus ancien nom, nous ferons observer seulement que le *Pterigium* de
Correa correspond plus positivement
au Dryobalanops de Gaertner, qu'au
Diptérocarpe, et il suffit, pour s'en
convaincre, de jeter les yeux sur la
figure de ce dernier, tab. 186, fig.
2, par Gaertner, et sur celle que Correa de Serra a insérée dans les Annales du Muséum, vol. 10, tab. 8. Il
est vrai que dans le 8e vol. des Annales du Muséum, il avait figuré et
décrit le *Dipterocarpus costatus* de
Gaertner sous le nom de *Pterigium
costatum*. Au surplus, il faut attendre que l'on connaisse mieux les
Plantes qui ont produit les fruits décrits par Gaertner pour être positivement assuré de leur distinction géné-

rique. Nous sommes encore plus incertains sur les affinités naturelles de
ces genres. Gaertner fils les a crus
voisins des Acérinées; mais ce rapprochement, fondé sur la considération
du fruit ailé dans les uns et les
autres, n'est pas exact, puisque les
ailes du *Dipterocarpus*, etc., sont
des divisions calicinales, tandis que
dans les Érables c'est le fruit lui-
même qui se prolonge en expansion
foliacée. D'ailleurs le professeur De
Candolle ne fait aucune mention dans
son *Prodromus Syst. Veget.*, vol. 1er,
p. 593, de ces Plantes parmi les Acérinées. Un genre de la famille des
Malpighiacées que Gaertner a décrit
et figuré sous le nom d'*Hyptage*,
nous semble, par la structure de ses
organes, avoir quelque analogie avec
le Diptérocarpe; cependant nous ne
donnons ce rapprochement que comme une simple conjecture. (G..N.)

DIPTERODON. POIS. Genre établi par Lacépède (dans son Hist. des
Poiss.) et que Cuvier n'a pas même
admis comme sous-genre. Les espèces
qui le composent sont réparties entre
les Sciènes, les Perches et les Spares.
V. ces mots. (B.)

* DIPTÉRYGIENS. POIS. Dixième
classe de la méthode de Schneider,
dont les caractères consistent dans la
présence de deux nageoires seulement.
Elle ne comprend que les genres *Pe-
tromyson, Ovum* et *Leptocephalus*. (B.)

DIPTOTÈGE. BOT. PHAN. (Desvaux.) *V.* FRUIT.

* DIPTURUS. POIS. Rafinesque
propose sous ce nom l'établissement
d'un genre pour le *Raya Batis*, L.,
qui a la queue dépourvue de nageoire terminale, mais qui présente deux
dorsales. *V.* RAIE. (B.)

DIPUS. MAM. *V.* GERBOISE.

DIPYRE. MIN. Leucolithe de Mauléon, Schmelzstein de Werner. Ce
Minéral se rencontre en prismes octogones, blanchâtres ou rougeâtres, libres ou réunis en faisceaux, et divisibles en parallélipipèdes rectangles. Sa
pesanteur spécifique est de 2,6. Il

raye le verre; sa cassure est conchoïde; sa poussière, jetée sur un charbon ardent, répand une lueur phosphorique dans l'obscurité; chauffé
dans un matras, il donne de l'eau
sans rien perdre de sa transparence;
au chalumeau et sous un feu très-vif,
il fond avec bouillonnement. Il est
composé, suivant Vauquelin, de Silice, 60; Alumine, 24; Chaux, 10;
Eau, 2 : perte, 4. Le Dipyre présente
les plus grandes analogies avec le
Paranthine ou Wernérite. La ressemblance des formes, ou du moins de la
structure cristalline, l'identité des
principes composans, celle des caractères pyrognostiques qui semble indiquer entre ces principes la même
proportion, enfin l'aspect de la surface
qui est quelquefois comme micacée,
et sa disposition à s'altérer en devenant blanchâtre, tout annonce que
ces deux Minéraux ne constituent véritablement qu'une seule espèce. Aussi presque tous les minéralogistes
s'accordent à les réunir; et Haüy,
porté à ce rapprochement par les considérations précédentes, ne les a séparées que provisoirement et pour se
conformer au résultat d'analyse, que
nous avons cité et qui aurait besoin
de confirmation. Le Dipyre a été découvert en 1786 par Gillet-Laumont
et Lelièvre sur la rive droite du Gave
de Mauléon, département des Hautes-
Pyrénées, dans une Stéatite argileuse,
blanche ou grise. Charpentier l'a retrouvé depuis dans la vallée de Cas-
tillon, près de Saint-Girons, et près
d'Angoumer, dans le département de
l'Arriège. (G. DEL.)

DIRCA. *Dirca.* BOT. PHAN. Une
seule espèce constitue ce genre qui
fait partie de la famille des Thymelées
et de l'Octandrie Monogynie, L. Le
Dirca des marais, *Dirca palustris*,
L., Lamk., Ill., t. 293, est un petit
Arbuste de quatre à cinq pieds de
hauteur, dont les feuilles sont alternes, glabres, ovales, entières, blanchâtres inférieurement, à peine pétiolées. Les fleurs naissent avant que
les feuilles commencent à se dévelop-

per. Elles sont d'abord enveloppées
dans une sorte d'involucre composé
de quatre folioles sessiles et étalées;
chaque involucre renferme ordinairement trois fleurs pendantes et pédonculées, d'un jaune pâle. Le calice est
monosépale, coloré et presque pétaloïde; il est tubuleux, un peu évasé
et recourbé dans ses deux tiers supérieurs, obliquement tronqué et sinueux dans son bord. Les étamines
au nombre de huit, saillantes hors
du calice, sont insérées au point du
rétrécissement circulaire, c'est-à-dire
vers la réunion du tiers inférieur du
calice avec les deux tiers supérieurs.
L'ovaire est libre au fond de la fleur,
ovoïde-allongé, un peu comprimé, à
une seule loge qui contient un ovule
remplissant exactement sa cavité, et
attaché, par toute l'étendue d'un de
ses côtés, à la paroi interne et latérale de l'ovaire. Le style est grêle,
cylindrique, plus long que les étamines, terminé par un stigmate simple
et capitulé. Le fruit est une petite
baie ovoïde renfermant une seule
graine. Le Dirca croît dans les marécages ombragés de l'Amérique septentrionale. On le cultive dans les
jardins, et il y est connu sous le nom
de Bois de Cuir ou de Bois de Plomb
des Canadiens. (A. R.)

DIRCÆA ou **DIRCAIA.** BOT.
PHAN. (Dioscoride.) Syn. de Circée.
V. ce mot. (B.)

DIRCÉE. *Dircœa.* INS. Genre
de l'ordre des Coléoptères, section
des Hétéromères, famille des Sténé-
lytres, établi par Fabricius (*Syst.
Eleuth.*), et comprenant onze espèces
qui toutes ont été dispersées dans les
genres Mélandrye, Hallomène et Or-
chésie. L'espèce qui lui sert de type
(*Dircœa barbata*) appartient elle-
même au genre Serropalpe. Il est
donc clair que le genre Dircée, devenu inutile par le fait, doit être rayé
de la nomenclature. (AUD.)

* **DIRCOEUM.** BOT. PHAN. (Dioscoride.) Même chose que le Daucus de
Crète des anciens, qui était bien une

Ombellifère, mais peut-être pas la Carotte. (B.)

DIRIGANG. ois. Nom de pays du *Carthia Leucocephala*, Lath., qui paraît être une espèce de Grimpereau de la Nouvelle-Galle. (B.)

DIRKION. bot. phan. (Dioscoride.) Syn. d'*Atropa Belladona*, L. *V.* Belladone. (B.)

DISA. *Disa.* bot. phan. Ce genre, de la famille des Orchidées et de la Gynandrie Monandrie, L., tient le milieu entre les véritables *Orchis* et les *Satyrium* de Swartz. Les trois folioles extérieures de son calice sont inégales; la supérieure, qui est la plus grande, se prolonge à sa partie postérieure et inférieure en une sorte d'éperon creux et conique plus ou moins allongé selon les espèces; les deux divisions latérales sont dressées et égales entre elles; les trois divisions intérieures sont plus petites que les externes; les deux latérales sont dressées, appliquées contre le gynostème, et soudées avec lui dans leur partie inférieure; le labelle, dont la figure varie beaucoup suivant les espèces, est assez généralement entier et toujours dépourvu d'éperon. Le gynostème est court; l'anthère est continue, à deux loges qui contiennent chacune une masse pollinique, ovoïde, terminée inférieurement par une petite caudicule qui aboutit à un rétinacle glanduleux absolument comme dans le genre *Orchis*, dont le *Disa* ne diffère que par l'absence de l'éperon, et par la division supérieure du calice concave et creusé en forme de capuchon. Il se distingue du *Satyrium* de Swartz par le capuchon ou éperon unique du sépale supérieur, tandis que dans ce dernier genre il y a deux éperons.

Toutes les espèces de ce genre, au nombre d'environ une douzaine, croissent au cap de Bonne-Espérance. La plupart d'entre elles avaient été décrites par Thunberg sous le nom de *Satyrium*. Leur racine se compose d'un ou de deux tubercules ovoïdes et entiers. Les fleurs sont quelquefois très-grandes, solitaires ou réunies en épis. On distingue ces espèces en deux sections, suivant que leur éperon est très-long ou suivant qu'il est court.

† *Eperon très-long.*

Disa a long éperon, *Disa porrecta*, Swartz. Cette belle espèce a sa racine formée d'un gros tubercule ovoïde; toutes ses feuilles sont radicales, étroites, lancéolées, aiguës, carénées, trois fois plus courtes que la tige. Celle-ci est grêle, cylindrique, haute d'environ deux pieds, portant de distance en distance des écailles aiguës et embrassantes, et terminée par un épi de fleurs grandes et d'un rouge de feu. Chacune de ces fleurs est pédonculée, accompagnée à sa base d'une bractée plus courte que le pédoncule et colorée en rouge. La division supérieure du calice se prolonge à sa partie postérieure en un éperon conique et recourbé de près d'un pouce de longueur.

Disa a grandes fleurs, *Disa grandiflora*, Swartz, Lamk., Illust. tab. 727, fig. 1. Sa tige est dressée, cylindrique; ses feuilles sont toutes radicales, linéaires et lancéolées. Au sommet de la tige, qui a environ un pied de hauteur, on trouve une seule fleur, très-grande, d'un rouge vif, dont l'éperon a près d'un demi-pouce de longueur.

†† *Eperon court.*

Disa spathulée, *Disa spathulata*, Swartz. La tige est cylindrique, simple, droite, terminée par un petit nombre de fleurs; les feuilles sont linéaires, lancéolées; le casque ou division supérieure du calice est dressé et terminé en pointe; le labelle est longuement onguiculé, spathulé et trilobé à son sommet.

Disa tachetée, *Disa maculata*, L., Suppl. Ainsi nommée parce que sa tige, qui est dressée et cylindrique, est marquée de taches rouges irrégulières. Les feuilles sont radicales, allongées. Une seule fleur violacée termine la tige; son casque est renversé, conique, obtus; les deux divisions latérales internes sont linéaires; le labelle est lancéolé, obtus. Ces quatre espèces, qui croissent au cap de Bonne-Espérance, fleurissent quelquefois dans les serres.   (A. R.)

DISANDRE. *Disandra.* BOT. PHAN. Famille des Scrophularinées de Brown, Heptandrie Monogynie. Ce genre, établi par Linné, a été ainsi caractérisé : calice à cinq ou huit divisions profondes; corolle rotacée, régulière, dont le tube est court et le limbe à cinq ou huit découpures; cinq ou huit étamines; un seul stigmate; capsule ovale, biloculaire et polysperme.

La réunion de ce genre avec le *Sibthorpia*, indiquée par Jussieu dans son *Genera Plantarum*, a été admise par Lamarck et par Kunth, et, en effet, nous ne leur trouvons d'autre différence que le nombre des parties, lequel d'ailleurs est extrêmement variable. Si, malgré cette analogie, l'on conserve le genre en question, on n'y compte qu'une seule espèce : la DISANDRE COUCHÉE, *Disandra prostrata*, L., Suppl. 214, placée d'abord par Linné lui-même parmi les *Sibthorpia* sous le nom spécifique de *peregrina*. Cette Plante est indigène de l'Orient. Ses tiges sont couchées, grêles et pubescentes; ses feuilles alternes, pétiolées, réniformes et crénelées. Elle a des fleurs qui naissent par deux ou par trois dans les aisselles des feuilles. Une variété que l'on a désignée sous la dénomination d'*Africana*, et qui a été élevée au rang d'espèce par quelques botanistes, croît dans l'île de Madère; elle est remarquable par ses feuilles orbiculaires, très-entières, et par ses pédoncules uniflores.   (G. N.)

DISARRÈNE. *Disarrenum.* BOT. PHAN. Genre de la famille des Graminées et de la Polygamie Monœcie, L., établi par Labillardière (*Nov. Holland.*, 2, p. 82) qui le caractérise ainsi : lépicène bivalve triflore; la fleur centrale hermaphrodite, les deux latérales mâles. Dans la fleur hermaphrodite, la glume est bivalve et mutique; il y a trois étamines,

deux styles et une caryopse. Dans les fleurs mâles, la glume est aussi bivalve, et il y a trois étamines; mais la valve extérieure est aristée. Les caractères de ce genre ont été exposés par R. Brown (*Prodr. Flor. Nov.-Holl.*, p. 208) sous le nom générique d'*Hierochloe*, antérieurement employé par Gmelin dans sa Flore de Sibérie, pour désigner un genre que le savant Anglais croit identique avec le *Disarrenum*. D'un autre côté, Palisot-Beauvois (Agrostographie, p. 63) rapporte ce genre au *Torezia* de Ruiz et Pavon, et fait un genre distinct de l'*Hierochloe* de Gmelin. *V.* chacun de ces mots.

Le DISARRÈNE ANTARCTIQUE, *Disarrenum antarcticum*, Labill. (*loc. cit.*, t. 233), *Hierachloe antarctica*, R. Br., est une espèce indigène du cap Van-Diémen à la Nouvelle-Hollande, caractérisée par sa panicule lâche et penchée, ses enveloppes florales glumacées, lisses et uninervées; ses fleurs mâles aristées, pubescentes, velues sur le dos des valves, et ciliées sur leurs bords; sa fleur fertile, terminée par une petite pointe; enfin par ses feuilles planes, linéaires, aiguës, scabres des deux côtés, et striées. L'*Aira antarctica* de Forster (*Prodr.*, n. 41), que Labillardière a proposé, avec doute, de réunir à sa Plante, en est très-différente, selon R. Brown qui a vu les échantillons de Forster, et qui en a fait une espèce d'Avoine. Ce même auteur indique la grande affinité du Disarrène avec l'*Holcus redolens* de Forster (*Prodr.*, n. 563), qu'il ne faut pas confondre avec la Graminée nommée ainsi par Vahl (*Symbol.*, 2, p. 102).   (G. N.)

DISCHIDIE. *Dischidia.* BOT. PHAN. Ce genre, établi par R. Brown, appartient à sa famille des Asclépiadées, section des Apocinées de Jussieu, Pentandrie Monogynie, L. Le calice est à cinq divisions; la corolle urcéolée, quinquéfide; le tube staminifère présente extérieurement cinq appendices découpés chacun à leur sommet en deux dents subulées, étalées, recourbées. Les anthères sont terminées par une membrane; les masses polliniques dressées et fixées par leur base. Le stigmate est mutique. Les follicules du fruit sont lisses, et les graines aigrettées. Brown en décrit une espèce originaire de la Nouvelle-Hollande, et qui croît aussi dans les Indes-Orientales où Rumph l'a observée et figurée (*Herb. Amb.* 5, tab. 175, fig. 2, et t. 176, fig. 1) sous le nom de *Nummularia lactea minor.* C'est une Plante herbacée, vivant en parasite sur les Arbres auxquels elle se fixe par des racines naissant des coudures inférieures de sa tige. Ses feuilles sont opposées, arrondies, épaisses, charnues; ses fleurs petites et disposées en ombelles: elle est lactescente et tout entière couverte d'une farine blanchâtre. D'autres Plantes des Indes, imparfaitement connues jusqu'ici, paraissent se rapporter aussi à ce genre.

(A. D. J.)

* DISCHIDIUM. BOT. PHAN. C'est le nom de la deuxième section du genre Violette, établie par De Candolle (*Prodr. Syst. Veget.*, I, p. 300). Cette section est ainsi caractérisée: stigmate sans appendice rostriforme, plus ou moins bilobé au sommet, avec un petit trou situé entre les lobes; style s'amincissant du sommet à la base; étamines oblongues et rapprochées; réceptacle planiuscule; capsule trigone, oligosperme; feuilles séminales, souvent arrondies. Cinq espèces sont renfermées dans cette section. La plus remarquable est la *Viola biflora*, jolie petite Plante des montagnes élevées de l'Europe. Les autres sont indigènes de l'Amérique méridionale et du Napaul. (G..N.)

*DISCHIRIE. *Dischirius.* INS. Genre de l'ordre des Coléoptères, section des Pentamères, fondé par Bonelli et rangé par Latreille (Règn. Anim. de Cuv.) dans la famille des Carnassiers, tribu des Carabiques. Il a beaucoup d'analogie avec les Clivines dont il diffère essentiellement par les deux premières jambes, terminées par deux pointes très-fortes et longues, dont

l'intérieure est articulée à sa base, ou en forme d'épine. On doit rapporter à ce genre:

Le *Scarites thoracicus*, Fabr., figuré par Panzer (*Faun. Ins. Germ. fasc.* 83, fig. 1).

Le *Scarites gibbus*, Fabr., représenté par Panzer (*loc. cit., fasc.* 5, fig. 1), et le *Scarites bipustulatus*, Fabr.

(AUD.)

* DISCHITE. MOLL. FOSS. On a quelquefois donné ce nom aux valves à surfaces lisses des Peignes fossiles.

(B.)

*DISCINE. *Discina.* MOLL. Lamarck ayant remarqué parmi les Discines quelques espèces qui paraissaient manquer d'une fente au fond du disque de la valve inférieure, en fit le genre Orbicule; mais comme il est bien prouvé aujourd'hui que les Coquilles des deux genres sont les mêmes, on en a conservé un seul qui est l'Orbicule. *V.* ce mot. (D..H.)

DISCIPLINE ET DISCIPLINE DE RELIGIEUSES. BOT. PHAN. Ces noms vulgaires ont été donnés par les jardiniers, le premier aux Euphorbes Tirucalli et Tête de Méduse, le second à l'*Amaranthus caudatus*. (B.)

DISCOBOLES. POIS. Troisième famille établie par Cuvier (Règn. Anim. T. II, p. 224) dans l'ordre des Malacoptérygiens Subbrachiens, qui répond à celle des Plécoptères de Duméril, et dont les caractères consistent dans le disque que forment les ventrales. Il ne renferme que les deux genres Lépadogastre et Cycloptère. *V.* ces mots. (B.)

DISCOELIE. *Discœlius.* INS. Genre de l'ordre des Hyménoptères, établi par Latreille qui le place (Règn. Anim. de Cuv.) dans la famille des Diploptères, en le réunissant aux Eumènes. Suivant lui il serait le passage de ce dernier genre à celui des Polistes, et aurait pour caractères: d'avoir un chaperon beaucoup plus court que celui des Eumènes et s'étendant autant ou plus en largeur qu'en longueur; des mandibules propor tionnellement plus courtes que celles des Eumènes et des Odynères, fortement sillonnées en dessus et ne formant par leur réunion qu'un angle très-ouvert ; le corps étroit et allongé comme celui des Eumènes et des Zèthes, avec le premier anneau de l'abdomen moins étranglé. On observe en outre que le lobe terminal des mâchoires est court et presque demi-circulaire, et que les palpes sont une fois plus longs que le lobe, caractère qui distingue ce genre de celui des Zèthes. Le genre Discœlie a pour type la DISCOELIE A ZONES, *D. zonalis*, ou la *Vespa zonalis* de Panzer (*Faun. Ins. Germ. Fasc.* 81, fig. 18). Elle vit solitairement, et paraît faire son nid dans les vieux bois et dans les troncs des Arbres.   (AUD.)

DISCOIDE. *Discoideus.* BOT. PHAN. Ayant la forme d'un disque. Cette épithète s'applique à tous les organes orbiculaires très-déprimés, relevés d'un bord légèrement saillant. C'est ainsi qu'on dit des graines, un fruit, etc., Discoïdes. Suivant H. Cassini, le capitule des Synanthérées est Discoïde, quand les fleurs de la couronne ne sont pas plus longues que celles du disque et qu'elles suivent la même direction. L'*Artemisia*, le *Sphœranthus* en offrent des exemples. (A. R.)

*DISCOIDES. MOLL. FOSS. On entend par ce mot toutes les Coquilles dont la spire s'enroule sur un plan horizontal au lieu de s'enrouler sur un plan vertical. Les Ammonites, les Nautiles, etc., sont des Coquilles Discoïdes. *V.* COQUILLE.   (D..H.)

DISCOIDES. ÉCHIN. Nom donné par Klein à un genre d'Oursins ; il n'a pas été adopté.   (LAM..X.)

* DISCOIDES. BOT. CRYPT. (*Lichens.*) *V.* COENOTHALAMES.

DISCOLITE. *Discolites.* MOLL. Depuis long-temps Mercati (*Metallotheca vaticana*, pag. 240) avait figuré un corps discoïde que l'on doit rapporter à ce genre. Guettard (Mém. sur les Sc. et les Arts, T. III, pl. 15, fig.

31, 32) en avait aussi fait mention, les rapportant aux Camérines sous le nom d'Hélicite. Burtin (Oryctographie des environs de Bruxelles) en a figuré une qui paraît semblable à celle de Grignon (pl. 20, fig. 1, a). Fortis (Journ. de Phys. T. LVII, p. 106, Lettre à Hermann) qui avait recueilli sur les Discolites et les Nummulites un grand nombre d'observations et qui les regardait comme des corps intérieurs, observations qu'il reproduisit dans ses Mémoires sur l'Italie, T. II, fit mention d'une manière toute particulière de l'espèce que l'on trouve à Grignon. Faujas (Histoire de la montagne de Saint-Pierre de Maëstricht, p. 186, p. 34, fig. 1-4), après avoir émis l'opinion des écrivains qui le précédèrent et après avoir observé que Lamarck avait séparé des Camérines de Deluc, de Fortis, de Guettard, etc., le corps aplati, avec lesquelles on l'avait mis, pour en faire un Polypier, pense que le Fossile trouvé à Maëstricht ayant la même structure devrait faire partie du nouveau genre de Polypiers de Lamarck. Lamarck (Système des Anim. sans vert., 1801, p. 357 et 376) établit dans le tableau des Polypiers un genre, n° 19, sous le nom d'Orbulite, et (page 376) dans l'exposition des caractères du genre, il lui donne le nom d'Orbitolite, dont le type est l'Orbitolite qui se trouve à Grignon. Lamarck sentit donc l'inconvénient de laisser avec les Nummulites des corps qui s'en distinguent éminemment ; on ne peut qu'approuver sa détermination, et la place que ce savant leur assigna. Après ce que nous venons d'exposer sur l'historique des Discolites, nous ferons remarquer que Montfort (Conchyl. Syst. T. I, p. 186) donne ce corps comme nouveau ; cet auteur, en 1810, s'étonne « de ce que les conchyliologues modernes n'aient point parlé de cette Coquille fossile qu'on trouve si fréquemment à Grignon. » Cependant Montfort, en citant l'ouvrage même où Fortis a donné une description très-exacte de la Discolite de Grignon, lui emprunta ce nom de Discolite dont il n'a changé que l'orthographe. Néanmoins le savant Blainville, dans le Dictionnaire des Sciences Naturelles, et Bosc dans celui de Déterville, admettent le genre de Montfort sans relever l'erreur et sans citer l'Orbulite de Lamarck qui est le même corps. Cette adoption ne peut être attribuée qu'à quelque distraction de ces deux habiles naturalistes. Les Discolites étant de véritables Polypiers auxquels Lamarck a donné le nom d'Orbulite et d'Orbitolite tout à la fois, ce sera à Orbitolite, dénomination la plus généralement admise, qu'il en sera question.   (D..H.)

DISCOLORE. *Discolor.* BOT. PHAN. C'est-à-dire *de deux couleurs.* Se dit particulièrement d'une feuille ou de tout autre organe foliacé, dont les deux faces offrent une couleur différente.   (A. R.)

*DISCOPORE. *Discopora.* POLYP. Genre de l'ordre des Escharées dans la division des Polypiers entièrement pierreux à petites cellules non garnies de lames, établi par Lamarck et offrant pour caractères : un polypier subcrustacé, aplati, étendu en lame discoïde, ondée, lapidescente ; à surface supérieure, cellulifère, avec des cellules nombreuses, petites, courtes, contiguës, presque campanulées ou favéolaires, régulièrement disposées par rangées subquinconciales. Il est difficile de se faire une idée exacte du genre Discopore qui semble lier les Polypiers pierreux aux Cellulifères, d'un côté par les Cellépores, de l'autre par les Rétépores et les Eschares : il diffère constamment des Flustres toujours celluleuses sur les deux surfaces lorsqu'elles ne sont point encroûtantes, tandis que les Discopores n'ont de cellules que sur une seule face. C'est avec les Cellépores que ces Polypiers ont le plus de rapports ; les caractères que présentent les uns et les autres sont tellement nombreux, et les différences si peu tranchées, qu'il faut toute l'autorité d'un naturaliste aussi distingué que Lamarck pour nous décider à conserver ce gen-

re, dont les espèces, par le peu que nous en avons vu, nous paraissent appartenir les unes aux Eschares, les autres aux Cellépores ou aux Flustres encroûtantes ; c'est ce qui nous engage à ne rien changer dans ce moment au genre Discopore de Lamarck ; nous attendons de pouvoir l'étudier sur les objets en nature, ce que les circonstances ne nous ont pas encore permis de faire. Maintenant nous croyons devoir nous borner à dire que dans les Cellépores les cellules sont toujours libres, au moins dans une partie de leur longueur, et sans intervalle entre elles et leur base ; que dans les Flustres, la lame qui supporte les cellules est toujours flexible lorsqu'elle n'est point adhérente, tandis que dans les Discopores elle est toujours roide et pierreuse ; ce dernier caractère est peut-être le seul qui au premier aperçu fasse distinguer une Flustre d'un Discopore. D'après Lamarck, ce genre est composé de neuf espèces ; parmi les principales l'on remarque le Discopore verruqueux, décrit par les auteurs sous le nom de *Cellepora verrucosa,* Gmel., *Syst. Nat.,* p. 3791, n. 4. Il habite les mers d'Europe.—Le Discopore Crible, des mers australes, que l'on rapporte à tort au *Flustra arenosa* de Solander et d'Ellis. — Le Discopore petit ret, des mers d'Europe, *Millepora reticulum,* Esper, tab. 11, que nous regardons comme une Flustrée.   (LAM..X.)

DISCORBE ET DISCORBITE. *Discorbis.* MOLL. Ce genre avait d'abord été constitué par Lamarck sous le nom de Planulite, dans le Système des Animaux sans vertèbres, p. 101 ; depuis, le nom de Planulite ayant été donné à d'autres corps, il imposa celui de Discorbe (Ann. du Mus. T. v, pag. 183, n° 1, et T. VIII, pl. 62, fig. 7) à ce genre même, qui a été conservé ainsi caractérisé : coquille discoïde, en spirale multiloculaire, à parois simples ; tous les tours apparens, nus et contigus les uns aux autres ; cloisons transverses, fréquentes, non perforées. Les Discorbes ne peuvent se placer que dans la famille des Nautilacées dont ils offrent les caractères; ils se distinguent pourtant des vrais Nautiles, par l'absence du syphon, ainsi que par l'apparence des tours qui se voient tous au-dehors; les loges sont multipliées et marquées au-dehors par des rétrécissemens et des gonflemens alternatifs.

Deux espèces composent ce genre : l'une des environs de Paris, l'autre du Piémont, décrites par Defrance, dans le Dictionnaire des Sciences naturelles.

DISCORBE VÉSICULAIRE, *Discorbis vesicularis*, Lamk., Anim. sans vert. T. VII, p. 623; *Discorbitis vesicularis* (Ann. du Mus. T. V, p. 183, n.º 1; et T. VIII, pl. 62, fig. 7; Encycl., pl. 466, fig. 7, A, B, c); très-petite Coquille discoïde orbiculaire, dont toutes les loges sont marquées par autant de renflemens subvésiculeux; la dernière loge est fermée le plus souvent; et Lamarck pense, à cet égard, que l'Animal a péri avant que cette loge ne soit faite. Ce corps, qui n'a qu'une ligne de diamètre, se trouve fossile à Grignon.   (D..H.)

* DISCOVIUM. BOT. PHAN. Ce genre de Crucifères établi par Rafinesque (Journ. de Phys., ann. 1819, p. 96) a été placé comme trop peu déterminé, à la fin de la famille par De Candolle (*Prodromus Syst. Veget.* 1, pag. 236). Son auteur le regarde comme très-voisin des genres *Thlaspi*, *Alyssum* et *Lepidium*, et lui assigne pour caractères : un calice fermé, une silicule lenticulaire, à cloison entière, à valves en carène et à loges polyspermes. Le style est persistant et le stigmate obtus. Le *Discovium Ohiotense* est l'unique espèce de ce genre. Cette Plante, qui croît sur les bords de l'Ohio, est pubescente, grêle et dressée; ses feuilles sont écartées, sessiles, linéaires, obtuses et entières; ses fleurs ont des pétales jaunes, entiers, cunéiformes et guère plus longs que les sépales du calice.   (G..N.)

*DISDÈRE. *Disdera*. ARACHN. V. DYSDÈRE.

* DISÉPALE. BOT. Le calice est Disépale quand il se compose de deux sépales distincts, par exemple dans les Fumeterres.   (A. R.)

DISODÉE. *Disodea*. BOT. PHAN. On a ainsi abrégé le nom de *Lygodisodea*, donné par Ruiz et Pavon à un genre de la famille des Rubiacées. Il a pour caractères : un calice quinquéfide; une corolle beaucoup plus longue, en forme d'entonnoir, dont la gorge est couverte de poils et le limbe divisé en cinq parties; cinq étamines à anthères oblongues et presque sessiles; une capsule couronnée par le calice, ovoïde, de substance ténue et fragile, s'ouvrant vers la base, et contenant deux graines comprimées, environnées d'un rebord membraneux et insérées à un placenta filiforme central. Ce genre, très-voisin du *Pœderia* et du *Coprosma*, dont il ne diffère que par la nature de son péricarpe capsulaire, au lieu d'être charnu, renferme une espèce unique. C'est un Arbrisseau du Pérou à tige grimpante, à pédoncules axillaires, chargés de plusieurs fleurs, exhalant une odeur fétide, d'où l'on a tiré son nom spécifique.   (A.D.J.)

* DISOMÈNE. BOT. PHAN. Banks et Solander ont ainsi nommé une Plante du détroit de Magellan, que Commerson avait, d'un autre côté, désignée sous le nom générique de *Misandra*; mais ces deux dénominations doivent être regardées comme non avenues, puisque la Plante en question paraît rentrer dans le genre Gunnère. V. ce mot.   (G..N.)

DISPARAGO. BOT. PHAN. Ce genre, de la famille des Synanthérées, Corymbifères de Jussieu, et de la Syngénésie séparée, L., a été établi par Gaertner et adopté par De Candolle et Cassini. Il présente pour caractères principaux : des calathides nombreuses réunies en un capitule non involucré sur un support globuleux. Chacune de ces calathides est entourée de bractées spathulées et cotonneuses extérieurement. Elles ont dans leur centre une fleur régulière hermaphrodite, et à leur bord, un demi-fleuron stérile et ligulé; réceptacle nu; akène oblong, surmonté d'une aigrette persistante composée de cinq petites écailles en un seul rang, filiformes et barbées supérieurement. Cassini place ce genre dans la tribu des Inulées près des *Seriphium* et *Stœbe*. Il ne lui paraît pas naturel de classer, comme l'a fait le professeur De Candolle (Ann. du Mus. vol. 19), le *Disparago* parmi les Labiatiflores douteuses, entre le *Denekia* et le *Polyachurus*, parce que, selon Cassini, les corolles du genre en question ne sont pas labiées, mais seulement biligulées. Cette distinction, quoique appuyée sur d'autres considérations de structure dans les diverses parties de la fleur, pourra sembler, à plusieurs botanistes, subtile et peu applicable peut-être à la classification.

L'unique espèce du genre Disparago a été décrite par Bergius et Linné sous le nom de *Stœbe ericoïdes*. C'est une Plante du cap de Bonne-Espérance, ligneuse, rameuse, dont les branches rapprochées et subdivisées en rameaux filiformes portent des feuilles éparses, sessiles, obtuses, mucronées et blanchâtres. Les capitules sont solitaires et composés de calathides à corolles bleues. (G..N.)

*DISPARATE. ois. (Encycl. Ois., pl. 30, f. 3.) Syn. d'*Anas dispar. V.* CANARD.   (B.)

*DISPARATE. ins. L'un des noms vulgaires adoptés par quelques entomologistes pour désigner ce Bombix du Saule, dont le mâle est brun et la femelle blanche.   (B.)

DISPÈRE. *Disperis.* BOT. PHAN. Genre de la famille des Orchidées et de la Gynandrie Monandrie, L., établi par Swartz et adopté par tous les botanistes modernes. En voici les caractères : des trois divisions externes du calice, les deux latérales sont éta-lées en forme d'ailes, concaves et semblables entre elles; la supérieure est dressée, très-concave, et forme avec les deux divisions latérales internes, qui sont également concaves, une sorte de voûte ou de casque; le labelle est fort petit, il naît de la base du gynostème, est étroit inférieurement, dilaté dans sa partie supérieure, redressé et appliqué sur le gynostème et sur l'anthère qui le termine, et caché sous le casque. L'anthère est adnée au sommet du gynostème qui est court; elle est tantôt dressée, tantôt inclinée en arrière; elle offre deux loges portant un appendice linéaire, cartilagineux, tordu en spirale; chaque loge contient une masse de pollen, qui, selon Swartz et Salisbury, offre la même organisation que dans le genre Orchis. Ce genre se compose d'un petit nombre d'espèces originaires du cap de Bonne-Espérance ou des îles australes d'Afrique. La plupart de ces espèces étaient auparavant placées dans le genre *Arethusa* dont elles diffèrent par des caractères fort tranchés, tels que la petitesse et la position du labelle, le casque formé par les deux divisions latérales internes et la division supérieure externe; les deux appendices staminaux roulés en spirale, etc., etc. Parmi ces espèces, nous distinguerons les deux suivantes, qui fleurissent quelquefois dans les jardins.

DISPÈRE DU CAP, *Disperis Capensis*, Swartz; *Arethusa Capensis*, L., Suppl.; Thunb. Cette belle espèce croît assez abondamment sur la montagne de la Table au cap de Bonne-Espérance. Sa racine se compose d'un ou de deux tubercules arrondis; sa tige est haute d'environ un pied, cylindrique, un peu velue, portant deux feuilles embrassantes, alternes, éloignées, lancéolées, aiguës et terminées par une seule fleur grande et purpurine, d'abord renfermée dans une bractée spathiforme, embrassante, à peu près de la même longueur que la fleur. Les deux divisions externes et latérales sont obliques, concaves, très-allongées, terminées par une longue pointe; leur face interne est verte, tandis que l'externe est d'un rouge violacé très-intense, marquée de lignes longitudinales. La division externe et supérieure est brusquement terminée par un long appendice filiforme. Les deux divisions latérales internes sont contiguës et forment, avec la précédente, un casque qui recouvre les organes sexuels et le labelle.

DISPÈRE UNILATÉRALE, *Disperis secunda*, Swartz; *Arethusa secunda*, Thunb.; *Ophrys circumflexa*, L. Sa racine se compose de deux tubercules arrondis, pisiformes, pédicellés. Sa tige, haute de cinq à six pouces, est cylindrique, glabre, rougeâtre, portant deux feuilles engaînantes, linéaires, lancéolées, aiguës. Les fleurs, au nombre de six à huit, sont d'un jaune pâle et forment un épi unilatéral. Chacune d'elles est accompagnée d'une bractée foliacée, à peu près de la même longueur que les fleurs. Les deux divisions latérales externes sont comme tronquées et émarginées au sommet. Cette espèce est originaire du cap de Bonne-Espérance.

Le *Disperis cordata*, Swartz, figurée par Du Petit-Thouars (Orchidées des îles austr. d'Afr., pl. 1), est originaire des îles de France et de Mascareigne. Sa tige, haute d'environ six pouces, porte, vers sa partie supérieure, deux feuilles cordiformes, sessiles, très-rapprochées. Ses fleurs sont nombreuses et pédicellées, formant une sorte de sertule terminal.   (A. R.)

DISPERMA. BOT. PHAN. Une Plante que Walter (*Flor. Carol.* p. 160) avait désignée sous le nom provisoire d'*Anonymos*, a été constituée en un genre particulier par Gmelin (*Syst. Nat.* 2, p. 892) qui l'a nommé *Disperma* et a répété les caractères suivans donnés par Walter : calice disépale enveloppant une corolle tubuleuse, à quatre découpures; quatre étamines didynames; deux akènes bordés, entourés par le calice, appli-

qués l'un contre l'autre, et convexes d'un côté. On a rapproché ce genre très-douteux et dont l'unique espèce croît en Caroline, du *Diodia* de la famille des Rubiacées.   (G..N.)

* DISPERME. *Dispermus*. BOT. PHAN. Un ovaire, un fruit ou une loge d'un fruit sont *Dispermes* quand ils ne contiennent que deux graines. Par exemple, le fruit de la Lentille.   (A. R.)

* DISPORION. *Disporium*. BOT. CRYPT. (*Champignons*.) Le genre ainsi nommé par Leman est le même que l'*Amphisporium* de Link. *V.* ce mot.   (A. R.)

DISPORUS. OIS. Illiger a donné ce nom à un genre dans lequel il a placé plusieurs espèces du genre Fou. *V.* ce mot.   (DR..Z.)

DISQUE. *Discus*. BOT. PHAN. Dans un très-grand nombre de Végétaux, il existe soit au-dessous de l'ovaire, soit sur les parois du calice, soit même sur le sommet de l'ovaire, un corps de nature glandulaire, ordinairement jaune ou verdâtre, distinct de tous les autres organes de la fleur, et auquel on donne avec Adanson, qui le premier l'a bien observé, le nom de Disque. Quelques exemples éclairciront cette définition. L'ovaire de la Rue (*Ruta graveolens*) est porté sur un corps verdâtre épais, qui l'élève au-dessus du fond de la fleur; dans les Labiées, les Scrophulariées, on trouve autour ou sur un des côtés de l'ovaire, une sorte d'anneau ou de bourrelet plus ou moins saillant; dans le Cerisier, la Filipendule et un grand nombre d'autres Rosacées, la paroi interne du calice est tapissée par une substance glanduleuse plus ou moins épaisse, et formant à la gorge du calice un bourrelet diversement lobé. Enfin, sur le sommet de l'ovaire des Ombellifères et d'un grand nombre d'autres Végétaux, on trouve un corps plus ou moins saillant; c'est à cet organe si variable dans sa forme et sa position, que l'on a donné le nom de *Disque*. Cet organe, quoique fort petit, joue cependant un rôle très-important dans la coordination des Plantes en familles naturelles. En effet, quand le Disque existe dans une fleur, il détermine toujours l'insertion des étamines.

Le Disque peut offrir trois positions principales, relativement à l'ovaire : il peut être placé, 1° sous l'ovaire; 2" sur la paroi interne du calice, et par conséquent autour de l'ovaire; 3° enfin, sur le sommet même de l'ovaire, ce qui n'a lieu que quand celui-ci est infère, c'est-à-dire soudé par tous les points de sa surface externe, avec la paroi intérieure du tube calicinal. De-là les noms d'*Hypogyne*, *Périgyne* et *Epigyne*, donnés au Disque suivant sa position. Mais chacune de ces espèces présentant plusieurs modifications, nous allons les indiquer successivement.

§ I. Le Disque hypogyne est celui qui est placé sous l'ovaire; il offre quatre modifications ou formes principales, auxquelles on a donné les noms de Podogyne, Pleurogyne, Epipode et de Périphore.

1°. On appelle Podogyne une saillie charnue et solide, qui, distincte de la substance du pédoncule et du calice, sert de support à l'ovaire; il offre deux variétés, le Podogyne continu et le Podogyne distinct. Le premier est celui qui, ayant la même largeur que la base de l'ovaire, ne s'en distingue que difficilement, et seulement par une certaine diversité de couleur ou de tissu. Les familles des Convolvulacées, des Solanées, un grand nombre de Scrophulariées, en offrent des exemples. Le Podogyne distinct est en général fort tranché dans sa forme et sa couleur, et se distingue facilement de la base de l'ovaire; tel est celui du *Cobœa*, des Bruyères, des Rutacées, des Labiées, etc.

2°. Le Pleurogyne consiste en un ou plusieurs tubercules, qui, s'élevant du même lieu que l'ovaire, ou naissant au-dessous de lui, le pressent latéralement, comme par exemple dans la Pervenche.

3°. L'Epipode est formé d'un ou de plusieurs tubercules distincts, n'ayant aucune connexion immédiate, soit avec l'ovaire, soit avec le calice, et naissant en dedans de celui-ci, sur le réceptacle. Les Crucifères et les Capparidées en fournissent des exemples.

4°. Enfin, la quatrième modification du Disque hypogyne a reçu le nom de Périphore. C'est un corps charnu, très-distinct de l'ovaire par sa nature, s'élevant au-dessus du fond du calice, et portant les pétales et les étamines attachés longitudinalement par leur base à sa surface externe. Les véritables Caryophyllées en offrent des exemples dans les genres OEillet, Silène, etc.

§ II. Le Disque périgyne est généralement formé par une substance jaunâtre, tapissant la paroi interne du tube du calice dont elle augmente très-notablement l'épaisseur. Quand la partie inférieure du calice est étalée, plane ou seulement un peu concave, le Disque s'y étend orbiculairement et se termine par un contour légèrement protubérant, qui le distingue du reste de la paroi interne. Un grand nombre de Rosacées et de Rhamnées offrent cette modification du Disque. Lorsque le calice est tubulé, le Disque en revêt en général tout le tube et se termine comme ci-dessus, plus ou moins près des incisions qui partagent le limbe. Les deux familles citées précédemment, l'Herniaire et plusieurs autres Paronychiées, sont dans ce cas.

§ III. Le Disque épigyne ne se rencontre jamais que dans le cas où l'ovaire est infère, soit en totalité, soit partiellement. Dans le cas d'inférité partielle, le Disque forme une sorte de bourrelet ou une saillie quelconque, située, soit au point de jonction de l'ovaire et du calice, comme dans quelques Rubiacées, certaines Saxifrages; soit au-dessus, plus ou moins près des incisions du limbe du calice, comme dans plusieurs Mélastomées, etc. Quand l'ovaire est complétement infère, le disque en occupe le sommet, ainsi qu'on l'observe dans les Ombellifères, un grand nombre de Rubiacées et d'Onagraires.

Telles sont les trois espèces de Disque, considéré quant à sa position relative avec l'ovaire. Il nous resterait à étudier cet organe dans ses rapports avec l'insertion ; mais ce point important de botanique fondamentale sera traité avec quelque développement au mot Insertion. Nous nous contenterons de dire ici que la position relative du Disque détermine en général celle des étamines ; et qu'ainsi, dans une fleur pourvue d'un Disque hypogyne ou périgyne, l'insertion offre le même caractère. *V.* Inser-TION.   (A. R.)

*DISQUE DU SOLEIL. BOT. PHAN. L'un de ces noms bizarres employés par Paulet, et par lequel ce médecin désigne, d'après un dessin, un Champignon qu'il n'avait lui-même jamais vu.   (B.)

DISSÉMINATION DES GRAINES. BOT. PHAN. Lorsqu'un fruit est parvenu à son dernier degré de maturité, en général il s'ouvre ; les différentes parties qui le composent se désunissent, et les graines qu'il renferme rompent bientôt les liens qui les retenaient encore dans la cavité où elles se sont accrues, et se répandent au-dehors. On donne le nom de Dissémination à cette action par laquelle les graines sont naturellement dispersées à la surface de la terre, à l'époque de leur maturité. La Dissémination naturelle des graines est, dans l'état sauvage des Végétaux, l'agent le plus puissant de leur reproduction. En effet, si les graines contenues dans un fruit n'en sortaient point, pour être dispersées sur la terre et s'y développer, on verrait bientôt des espèces ne plus se reproduire, des races entières disparaître ; et, comme tous les Végétaux ont une durée déterminée, il devrait nécessairement arriver une époque où tous auraient cessé de vivre et où la végétation aurait pour jamais disparu de la surface du globe.

Le moment de la Dissémination marque le terme de la vie des Plantes annuelles. En effet, pour qu'elle ait lieu, il est nécessaire que le fruit soit parvenu à sa maturité, et qu'il soit plus ou moins desséché. Or, ce phénomène n'arrive, dans les Herbes annuelles, qu'à l'époque où la végétation s'est entièrement arrêtée chez elles. Dans les Plantes ligneuses, la Dissémination a toujours lieu pendant la période du repos que ces Végétaux éprouvent lorsque leur liber s'est épuisé à donner naissance aux feuilles et aux organes de la fructification.

La fécondité des Plantes, c'est-à-dire le nombre immense de germes ou de graines qu'elles produisent, n'est point une des causes les moins puissantes de leur facile reproduction et de leur étonnante multiplication. Rai a compté trente-deux mille graines sur un pied de Pavot, et jusqu'à trois cent soixante mille sur un pied de Tabac. Or, qu'on se figure la progression toujours croissante de ce nombre, seulement à la dixième génération de ces Végétaux, et l'on concevra avec peine que toute la surface de la terre n'en soit point recouverte. Mais plusieurs causes tendent à neutraliser en partie les effets de cette surprenante fécondité qui bientôt nuirait, par son excès même, à la reproduction des Plantes. En effet, il s'en faut que toutes les graines soient mises par la nature dans des circonstances favorables pour se développer et croître. D'ailleurs un grand nombre d'Animaux, et l'Homme lui-même, trouvant leur principale nourriture dans les fruits et les graines, en détruisent une innombrable quantité.

Plusieurs circonstances favorisent la Dissémination naturelle des graines. Les unes sont inhérentes au péricarpe, les autres dépendent des graines elles-mêmes. Ainsi, il y a des péricarpes qui s'ouvrent naturellement avec une sorte d'élasticité, au moyen de laquelle les graines qu'ils renferment sont lancées à des distances plus ou moins considérables. Les fruits, par exemple, du Sablier (*Hura crepitans*), de la Fraxinelle, de la Balsamine, disjoignent leurs valves rapidement, et, par une sorte de ressort, en projetant leurs graines à quelque distance. Le fruit de l'*Ecballium Elaterium*, à l'époque de sa maturité, se détache du pédoncule qui le supportait, et, par la cicatrice de son point d'attache, lance ses graines avec une rapidité étonnante.

Il y a un grand nombre de graines qui sont minces, légères, et qui peuvent être facilement entraînées par les vents. D'autres sont pourvues d'appendices particuliers en forme d'ailes ou de couronnes qui les rendent plus légères en augmentant par ce moyen leur surface. Ainsi, les Erables, les Ormes, un grand nombre de Conifères ont leurs fruits garnis d'ailes membraneuses qui servent à les faire transporter par les vents à des distances considérables. La plupart des fruits de la vaste famille des Synanthérées, sont couronnés d'aigrettes[1], dont les soies fines et délicates, venant à s'écarter par la dessiccation, leur servent en quelque sorte de parachute pour les soutenir dans les airs. Il en est de même des Valérianes. Les vents transportent quelquefois à des distances qui paraissent inconcevables les graines de certaines Plantes. L'*Erigeron Canadense* couvre et désole tous les champs de l'Europe. Linné pensait que cette Plante avait été transportée d'Amérique par les vents. Les fleuves et les eaux de la mer servent aussi à l'émigration lointaine de certains Végétaux. Ainsi, l'on trouve quelquefois sur les côtes de la Norwège et de la Finlande des fruits du Nouveau-Monde apportés par les eaux. L'Homme et les différens Animaux sont encore des moyens de Dissémination pour les graines; les unes s'attachent à leurs vêtemens ou à leurs toisons au moyen des crochets dont elles sont armées, telles que celles des Graterons, des Aigremoines; les autres, leur servant de nourriture, sont transportées dans les lieux qu'ils habitent et s'y développent lorsqu'el-les se trouvent dans des circonstances favorables. (A. R.)

DISSÉQUEURS ou **SCARABÉES DISSEQUEURS**. INS. Nom vulgaire donné à des espèces du genre Dermeste. *V.* ce mot. (AUD.)

DISSIVALVE. MOLL. Montfort a proposé ce nom pour les Mollusques munis de plusieurs valves, mais non réunies et dissidentes entre elles. Il donne le Taret comme exemple de Mollusques Dissivalves; tous les Conchifères de la première famille de Lamarck, les Tubicolées y rentreraient aussi. Cette division de Montfort n'a point été admise. (D..H.)

DISSOLÈNE. *Dissolena*. BOT. PHAN. Loureiro, sous le nom de *Dissolena verticillata*, décrit un petit Arbre de la Chine, qui paraît devoir prendre place dans la famille des Apocinées; ses feuilles, lancéolées, très-entières et glabres, sont opposées inférieurement, ternées ou verticillées vers l'extrémité des rameaux; ses fleurs blanches, disposées en grappes rameuses et terminales. Elles offrent un calice tubuleux, quinquéfide, et une corolle dont le limbe est à cinq divisions étalées, le tube allongé et composé de deux parties de forme différente; l'une supérieure cylindrique, l'autre inférieure, plus épaisse et pentagone; c'est à cette dernière que s'insèrent les étamines au nombre de cinq; le style filiforme est plus court qu'elles, et terminé par un stigmate renflé; le fruit est une petite drupe ovoïde, à noyau monosperme.
(A. D. J.)

* **DISSOLUTION**. Opération par laquelle on fait passer un corps solide ou gazeux à l'état liquide, en l'ajoutant à un autre corps qui se trouve habituellement liquide, et en l'y combinant de manière que si l'on voulait rendre le mélange solide par l'évaporation, on obtînt pour résultat un corps différent de celui que l'on avait soumis à la Dissolution.
(DR..Z.)

* **DISSOLVANT**. Qualification

que l'on donne au liquide employé pour la Dissolution.   (DR..Z.)

* DISTEIRE. *Disteira.* REPT. OPH. Genre établi par Lacépède (Ann. du Mus., tab. 4, pl. 57) et que Cuvier, qui ne l'a point adopté, place parmi les Hydres du sous-genre Hydrophis. *V.* ces mots.   (B.)

*DISTÉPHANE. *Distephanus.* BOT. PHAN. Genre de la famille des Synanthérées, Corymbifères de Jussieu, et de la Syngénésie égale, L., établi par Cassini aux dépens du *Conyza* de Lamarck et caractérisé de la manière suivante : involucre hémisphérique formé d'écailles imbriquées, appliquées, coriaces, oblongues et appendiculées; calathides sans rayons, composées de fleurs nombreuses, régulières et hermaphrodites ; corolles dont les lobes sont longs et linéaires; réceptacle plane, large, hérissé de papilles charnues et coniques; akènes cylindracés, cannelés, hispides, à bourrelet basilaire, surmontés d'une double aigrette : l'extérieure plus courte, formée de dix petites écailles inégales, laminées, coriaces et denticulées; l'intérieure du double et plus de la précédente, composée de dix écailles laminées, égales, flexueuses, linéaires et ciliées sur les deux bords seulement. Ce genre, que son auteur place dans sa section des Vernonieés-Protolypes, est très-voisin du *Vernonia* dont il ne diffère que par la nature de l'aigrette. Le *Distephanus populifolius*, Cassini ; *Conyza populifolia*, Lamk., Arbrisseau de l'Ile-de-France, est le type du genre.   (G..N.)

DISTHÈNE. MIN. Cyanit, W. Sappare de Saussure. Substance en cristaux lamelliformes allongés, bleus ou blanchâtres, divisibles par des coupes très-nettes dans un seul sens parallèle à l'axe. Pesanteur spécifique, 3,5; dureté comparable à celle du Quartz ; électricité résineuse par le frottement dans certains morceaux, et vitrée dans d'autres. Quelquefois même les deux espèces d'électricité

se montrent sur les pans opposés d'un même cristal. Le Disthène est infusible ; il ne s'altère point à la chaleur rouge ; mais, soumis à un feu très-ardent, il blanchit. Traité avec le Borax, il se dissout lentement en un verre transparent et sans couleur. Suivant Berzelius, c'est un Silicate simple, bialumineux. Analyse du Disthène du Saint-Gothard par Laugier (Annales du Mus. T. V, p. 17) : Alumine, 55,5 ; Silice, 38,5 ; Chaux, 0,5; Oxide de Fer, 2,75; Eau et perte, 2,75 : total, 100. La forme primitive de ce Minéral est, d'après Haüy, un prisme oblique irrégulier dont la base repose sur une arête horizontale, et s'incline sur le pan adjacent de 106° 55', l'angle de deux des pans est de 106°6'. Les prismes des cristaux secondaires sont presque toujours octogones ; souvent ils sont accolés deux à deux, et forment ainsi la variété à laquelle Haüy a donné le nom de Disthène double. Le plus ordinairement il se présente à l'état bacillaire, lamelliforme ou fibreux. Il offre quelquefois des teintes de jaunâtre, de verdâtre et de rougeâtre. Il est fasciolé, lorsqu'on voit sur sa surface une bande bleue entre deux bords blancs. Le Disthène appartient aux terrains d'ancienne formation ; il entre comme principe accidentel dans plusieurs roches primitives, telles que le Micaschiste, le Schiste talqueux, le Gneiss, le Leptynite, l'Eclogite, et plus rarement le Granite. Au Saint-Gothard, il a pour gangue un Schiste talqueux qui renferme en même temps des Staurotides. Les principaux endroits où on le trouve sont le Zillerthal, dans le Tyrol, d'où provient la variété en longues aiguilles blanchâtres, qui a porté le nom de Rhætizite; les environs de Philadelphie et la Norwège. — Le Disthène a été regardé anciennement comme un Schorl, puis comme une variété de Mica, à laquelle on a donné le nom de Talc bleu. Il a été étudié avec soin par Saussure qui ayant remarqué la propriété qu'il a d'être réfractaire à un haut degré, employait un filet détaché d'un de ses cristaux pour servir de support aux fragmens d'un Minéral qu'il voulait essayer au chalumeau. Il le nommait Sappare, nom qu'Haüy a remplacé par celui de Disthène, qui fait allusion à la double vertu électrique que ce Minéral est susceptible d'acquérir à l'aide du frottement.   (G. DEL.)

* DISTICHIS. BOT. PHAN. Mot employé par Du Petit-Thouars (Histoire des Orchidées des îles austr. d'Afriq.) pour désigner une espèce qui rentre dans le genre *Malaxis* de Swartz. Cette Plante, de la section des Epidendres et du genre que Du Petit-Thouars nomme *Stichorchis*, a des fleurs d'une couleur pourpre jaunâtre, disposées sur deux rangs, d'où le nom de *Distichis*, et s'épanouissant une à une par année. Elle croît aux îles Maurice et Mascareigne où elle fleurit en mars. Du Petit-Thouars (*loc. cit.*, tab. 88) donne une figure de cette Plante avec quelques détails floraux.
(G..N.)

* DISTICHOCÈRE. *Distichocera.* INS. Genre de l'ordre des Coléoptères, section des Tétramères, famille des Longicornes, établi par Macleay et adopté par Kirby (*A Description of several new species of Insects*, etc., *Linn. Societ. Trans.* T. XII, p. 471). Ce genre paraît joindre celui des Céranbyx avec les Molorques, les Nécydales et les Rhagions. Kirby cite une espèce, *Distichocera maculicollis* (*loc. cit.*, pl. 23, fig. 10), originaire de la Nouvelle-Hollande.   (AUD.)

DISTICHOPORE. *Distichopora.* POLYP. Genre de l'ordre des Milléporées établi par Lamarck, et que nous avons placé dans la division des Polypiers entièrement pierreux et foraminés; il offre pour caractères : un Polypier pierreux, solide, rameux, un peu comprimé; cellules poriformes inégales, disposées sur deux lignes latérales, opposées entre elles, longitudinales et en forme de suture; verrucosités stelliformes, ramassées par place à la surface des rameaux. Ce Polypier ne diffère des Millépores que

par la situation des pores qui offrent un caractère tellement particulier, que Lamarck a cru devoir en faire un genre à part, quoiqu'on ne connaisse qu'une seule espèce de ce Zoophyte aussi élégant que singulier; il ressemble à un Millépore par la forme et le port; et si les pores n'existaient point, on le prendrait pour une des mille variétés du *Millepora Millipora.* L'irrégularité de ces pores nous porte à croire que ce ne sont point des cellules polypeuses, mais des lacunes sériales, comme l'on en observe quelquefois dans d'autres Polypiers. Ces lacunes sont bordées souvent d'une ligne de trous irréguliers, de la même nature que les lacunes, mais trois ou quatre fois plus petits et communiquant souvent avec elles, de manière à en paraître un prolongement.

La lame pierreuse, qui sépare les lacunes, n'offre aucun des caractères des parois des cellules; elle varie beaucoup, tant dans son épaisseur que dans ses directions; toute la surface du Polypier est couverte de pores invisibles à l'œil nu, épars, à ouverture très-petite, souvent même oblitérée, et que nous regardons comme les véritables cellules polypeuses, de sorte que ce Polypier ne serait qu'une espèce de Millépore distincte des autres par les lacunes sériales qu'il présente. En attendant que de nouvelles observations faites sur la nature vivante confirment ou détruisent notre hypothèse, nous ne changerons rien au genre Distichopore, tel que Lamarck l'a établi. — Il n'est encore composé que d'une seule espèce, le Distichopore violet, très-bien figuré par Solander dans Ellis, tab. 26, fig. 3, 4, et décrit pag. 140, sous le nom de *Millepora violacea;* il est originaire des Indes, et n'est pas rare sur les côtes de l'île de Timor. (LAM..X)

DISTIGMATIE. *Distigmatia.* BOT. PHAN. Deuxième ordre établi par le professeur Richard dans la famille des Synanthérées. Il comprend tous les genres qui sont munis de deux stigmates distincts ou d'un stigmate à deux branches très-profondes. (A. R.)

DISTILLATION. Opération par laquelle on obtient, au moyen de la chaleur, certains principes qui se trouveraient, dans les corps, unis ou combinés à d'autres principes. Les produits de la Distillation peuvent être ou gazeux, ou liquides, ou solides; et dans ces opérations, la forme des appareils que l'on nomme alambics et cornues, varie de même que la température à laquelle on est forcé d'avoir recours, suivant la nature des objets soumis à la Distillation. (DR..Z.)

DISTINGUÉS. OIS. (Sonnini, édit. de Buff., du mot espagnol *Caracterizados*, employé par d'Azzara.) Petite famille d'Oiseaux que nous laissons parmi les PIE-GRIÈCHES. *V.* ce mot. On appelle encore de ce nom une espèce du genre Gobe-Mouche, *Muscicapa eximia*, Temm., pl. color. 144, f. 2. *V.* GOBE-MOUCHE. Reinwardt l'a également donné à une espèce du genre Souimanga, *Nectarina eximia*, Temm., pl. color. 158, fig. 1 et 2, qu'il a découverte à Java. *V.* SOUIMANGA. (DR..Z.)

* **DISTIQUE.** *Distichus*, *Disticha*. ZOOL. BOT. Ce mot, en histoire naturelle, signifie rangé en deux séries opposées. Il est plus particulièrement usité en botanique; on le dit des rameaux dans l'Orme, des fleurs dans le *Triticum monococcum*, des feuilles dans beaucoup de Lycopodes, etc.
(B.)

DISTOME. *Distoma*. INTEST. Genre de l'ordre des Parenchymateux de Cuvier, proposé pour la première fois par Retzius, adopté par Cuvier, Rudolphi, etc. Goëze l'avait nommé *Planaria*. Gmelin, Bosc, Lamarck, etc., lui ont conservé le nom de *Fasciola* que Linné lui avait donné. La forme cylindrique de plusieurs Distomes nous a fait préférer la dénomination proposée par Retzius. Les caractères de ces Animaux sont : corps mou, aplati ou presque cylindrique; pores solitaires, l'un antérieur et l'autre ventral. Le genre Distome, très-nombreux en espèces puisqu'on en connaît déjà près de deux cents et qu'il en reste beaucoup à découvrir, est néanmoins très-naturel, et les coupes dont il pourrait être susceptible ne sont basées que sur des caractères trop peu essentiels pour servir à établir d'autres genres. La position des pores ou suçoirs des Distomes les fait aisément distinguer des autres Trématodes. Leurs caractères spécifiques sont en général assez tranchés pour que l'étude des espèces soit moins difficile que ne sembleraient le faire croire leur très-grand nombre et leur grande affinité générique. Les Distomes sont de petits Animaux (le plus grand atteint à peine un pouce de long) d'une consistance molle, d'une forme plus ou moins allongée, aplatie ou presque cylindrique, de couleurs variées; susceptibles de s'étendre et de se raccourcir, soit en totalité, soit partiellement, à peu près comme les Sangsues. Leur organisation est assez simple : c'est un corps parenchymateux, d'une consistance médiocre, contractile dans tous ses points, sans fibres musculaires apparentes, sans cavité viscérale, parcouru dans tous ses points par des vaisseaux ovifères et séminifères; recouvert d'une peau fine intimement unie au tissu parenchymateux; présentant à l'extérieur deux ouvertures principales appelées pores, dont un, placé à l'extrémité antérieure, sert d'orifice aux vaisseaux nourriciers, et l'autre, placé à la face inférieure, semblable à une ventouse, sert à l'Animal à se fixer à la surface des organes dans lesquels il habite ; de plus une sorte de mamelon nommé cirre, rétractile, d'une forme variable, presque toujours placé au-devant du pore ventrale; il paraît être un des principaux organes de la génération. On donne le nom de col à la portion de l'Animal placée entre les deux pores, quelles que soient sa forme et sa longueur; le reste prend le nom de corps. Dans quelques espèces la partie du col qui supporte le pore antérieur est distinguée par une rainure ou toute autre marque; on lui donne alors le nom de tête, et, dans ce cas, elle est toujours garnie d'une couronne d'aiguillons. L'extrémité postérieure du corps étant quelquefois plus rétrécie que celui-ci, prend le nom de queue. La surface de quelques espèces de Distomes est couverte partiellement ou en totalité de trois petits aiguillons dont la pointe se dirige en arrière; d'autres sont marqués de stries circulaires. Le pore antérieur est quelquefois tout-à-fait terminal; souvent il est plus ou moins rapproché de la surface inférieure; on dit alors qu'il est infère. Il est formé par une sorte d'entonnoir musculeux dont la petite extrémité s'abouche avec l'origine des vaisseaux nourriciers; l'extrémité la plus large, à ouverture tantôt circulaire tantôt triangulaire, fait en dehors une saillie plus ou moins considérable.

Dans la plupart des espèces de Distomes, les vaisseaux nourriciers, remplis de liquides transparens, sont peu ou point visibles; mais dans celles qui se nourrissent de sucs colorés et notamment le Distome hépatique, on les observe assez souvent, et on peut assez bien en suivre la distribution. Il est néanmoins bien plus avantageux de les injecter avec des liquides fortement colorés. Nous nous sommes servis avec beaucoup d'avantage d'une solution concentrée d'encre de Chine dans l'eau, poussée au moyen de la seringue oculaire d'Anel. Plusieurs grandes espèces de Distomes pourraient être soumises à cette préparation. Le vaisseau nourricier, né du pore antérieur, se divise bientôt en deux branches qui circonscrivent le réceptacle du cirre et la portion des ovaires placée derrière le pore ventral. Ces deux branches se rapprochent l'une de l'autre, communiquent entre elles au moyen d'un rameau transversal, puis continuent de marcher voisines l'une de l'autre et à peu près parallèlement jusqu'à l'extrémité postérieure; depuis son origine jusqu'à sa terminaison, chaque branche donne en dehors un grand nombre de rameaux qui se divisent plusieurs fois et se terminent très-près

des bords de l'Animal. Il est nécessaire de faire observer que ces vaisseaux sont placés à égale distance des surfaces inférieure et supérieure, et que les dernières divisions ont un calibre presqu'égal à celui des premières. L'ensemble de tout cet appareil pourrait, ce nous semble, être appelé avec plus de justesse intestin rameux ou ramifié. Quoi qu'il en soit, il naît, tant des branches que des subdivisions, une infinité de ramuscules très-fins qui viennent se rendre presque tous à la surface supérieure où ils s'anastomosent de mille manières, et forment un réseau à mailles très-serrées. Ces petits rameaux se réunissent à la manière des veines, et forment plusieurs branches dirigées transversalement et s'ouvrant dans un vaisseau longitudinal situé sur la ligne médiane. Celui-ci, plus grand que les autres, prend naissance au niveau du pore ventral; il rampe sous la peau, et chemine, en augmentant de volume, jusqu'à l'extrémité postérieure du corps, où il se termine par un orifice béant qui laisse passer l'injection lorsqu'on continue de la pousser.

La surface inférieure ne présente que quelques petits vaisseaux épars qui semblent se perdre dans les ovaires. Deux plus considérables que les autres et placés sur les côtés du pore ventral paraissent se distribuer aux parties environnantes.

Lorsqu'on observe une certaine quantité de Distomes hépatiques, on en voit quelques-uns dont les vaisseaux nourriciers, tout-à-fait vides, ne sont nullement perceptibles, et d'autres dont les vaisseaux remplis par la bile (nourriture de cette espèce) le sont de la manière la plus évidente, à l'exception toutefois des rameaux formant un réseau sous la peau qui sont très-rarement apparens et qui ne deviennent visibles que par l'injection artificielle. Dans ce cas ces Animaux rejettent par leur pore antérieur la matière bilieuse renfermée dans leurs vaisseaux, et ceux-ci cessent peu à peu d'être apparens à mesure que la matière nourricière est rejetée au-dehors. Nous avons vu très-souvent ce phénomène, et tous ceux qui ont examiné vivans un certain nombre de Distomes hépatiques l'ont pareillement observé.

Maintenant, si l'on se rappelle la distribution anatomique établie plus haut, la digestion et la nutrition des Distomes s'expliquent facilement. Les sucs animaux au milieu desquels ils sont plongés, absorbés par le pore antérieur, sont portés dans la première espèce de vaisseaux, c'est-à-dire dans ceux dont le calibre est à peu près égal dans toutes leurs divisions ; que ces sucs y éprouvent une élaboration ou non, leurs parties les plus ténues sont absorbées par les vaisseaux secondaires qui naissent de tous les points des premiers, et le résidu qui n'a pu être absorbé est ensuite rejeté au-dehors en parcourant à rebours les voies par lesquelles il était entré. Les sucs absorbés par les vaisseaux secondaires parcourent leurs nombreuses ramifications, et fournissent dans ce trajet des molécules aux différens organes du Distome. Ce qui n'a pu être assimilé parvient bientôt aux branches réunies à la manière des veines ou des vaisseaux excréteurs, et sort enfin par l'ouverture béante du vaisseau longitudinal. Le pore ventral a une organisation qui ressemble à celle du pore antérieur, mais son fond n'est point percé, au moins on ne peut y faire passer aucune injection. Sa grandeur et sa forme varient suivant les espèces. Presque toujours son ouverture est circulaire ; quelquefois elle est triangulaire ou ovale ; dans un petit nombre d'espèces le pore est supporté par un pédicule, et sert à l'Animal à se fixer en faisant le vide à la manière des ventouses de Sèches ; quelques espèces de Distomes adhèrent avec une telle force qu'on arracherait plutôt le pore lui-même ou le corps sur lequel il est fixé, que de leur faire lâcher prise. — L'appareil génital est très-considérable ; chaque Distome est pourvu des deux sexes. Les ovai-

res varient de forme et de position suivant les diverses espèces ; néanmoins dans toutes celles que l'on a étudiées avec quelque soin, on a toujours pu observer des œufs à peine ébauchés, et d'autres tout-à-fait développés ; les premiers sont presque toujours blancs, et les autres diversement colorés ; servons-nous encore du Distome hépatique pour étudier les ovaires. De chaque côté, depuis le col jusqu'à la queue et dans une largeur d'une à deux lignes, l'on voit un nombre prodigieux de petits grains blancs réunis par grappes allongées transversalement, et placées les uns au-dessus des autres ; quelquefois toutes les grappes sont mêlées et confondues ensemble ; un vaisseau blanc qui paraît communiquer avec tous ces petits grains par des ramifications vasculaires, mais peu distinctes, règne de chaque côté le long de l'extrémité interne des petites grappes ; vers le tiers antérieur de l'Animal ces deux vaisseaux envoient chacun une branche transversalement et en dedans ; elles s'anastomosent entre elles, et du point de leur réunion naît un vaisseau d'un calibre plus considérable ; déjà celui-ci renferme des œufs bien formés, mais ils sont encore blancs. Il forme plusieurs replis en se dirigeant vers le pore ventral ; il augmente encore de volume ; les œufs qu'il renferme dans le point prennent une teinte jaune rougeâtre ; bientôt il forme derrière le pore ventral et le cirre, plusieurs circonvolutions très-difficiles à développer ; elles sont également remplies d'œufs colorés. Nous n'avons pu voir bien distinctement la terminaison de ce vaisseau sur les Distomes hépatiques adultes ; nous avons cru cependant apercevoir que le canal, après avoir beaucoup diminué de calibre, se terminait en s'ouvrant dans le cirre, près de sa base ; mais cette terminaison est très-visible sur de très-jeunes individus du Distome hépatique, qui sont entièrement transparens, et dont les œufs contenus dans les ovaires sont fortement colorés. Rudolphi a vu pareillement cette terminaison sur les *D. clavigerum*, *Naja*, et quelques autres. Nous disons ceci de très-jeunes individus du Distome hépatique pour nous conformer à l'opinion de Rudolphi. Nous sommes néanmoins convaincus que ce ne sont pas de jeunes Distomes hépatiques, mais une autre espèce qui vit pareillement dans les canaux biliaires du Mouton et probablement de quelques autres Animaux. Nous n'entreprendrons point ici de donner les raisons qui nous font penser ainsi ; de trop longs détails seraient nécessaires, et la nature de cet ouvrage les repousse entièrement.

L'organe mâle est moins connu ; Rudolphi n'en parle que d'une manière très-superficielle. Nous avons dirigé nos recherches spécialement sur cet objet, et cependant nous sommes loin de le connaître d'une manière parfaite. Les ovaires, avons-nous dit, aboutissent au cirre ou à cette espèce de mamelon allongé, placé presque toujours au-dessus du pore ventral ; par sa base il communique avec une vésicule assez considérable placée derrière lui et le pore ventral. Cette vésicule est remplie d'une matière blanche demi-fluide qui probablement est de la matière spermatique destinée à féconder les œufs. Le cirre est susceptible de se rétracter complétement, de manière à ne laisser voir qu'une petite ouverture dans le lieu qu'il occupait. Rudolphi pense qu'il se rétracte dans la vésicule et la nomme réceptacle du cirre. Nous ne croyons pas qu'elle soit entièrement destinée à cet usage ; nous doutons même qu'elle y soit destinée ; l'on voit, d'une manière à la vérité peu distincte, de petits vaisseaux blancs ramifiés, placés derrière les circonvolutions des ovaires ; nous n'avons pu les suivre jusqu'à la vésicule ; il est néanmoins probable que ce sont les sources de la matière qui la remplit. Dans quelques individus il se trouve sur le trajet de ces vaisseaux des taches blanches d'une matière laiteuse. Chez les jeunes Distomes hépatiques l'on voit pour tout appareil génital mâle trois ou quatre corps vésiculaires qui communiquent les uns dans les autres, et dont le dernier est adhérent au cirre.

Goëze ayant observé deux Distomes hépatiques accolés de manière que le cirre de l'un était introduit dans le pore ventral de l'autre, et réciproquement, avait cru que les Distomes étaient androgynes, et qu'ils avaient besoin d'un accouplement réciproque pour se reproduire. La plupart des helminthologistes ont adopté l'opinion de Goëze. Cependant il est beaucoup plus probable que les Distomes sont seulement hermaphrodites. La disposition anatomique du cirre et le défaut de communication du pore ventral avec les ovaires rendent cette opinion moins hypothétique que l'autre. L'observation de Goëze peut s'expliquer très-naturellement d'une autre manière. On sait que les Distomes s'accolent par leur pore ventral à tous les corps qui se trouvent à leur portée, il est bien possible que deux Distomes se soient accolés ainsi l'un à l'autre sans que pour cela ils fussent véritablement accouplés.

On ne sait rien de positif sur l'accroissement des Distomes : on le croit assez rapide. Le plus grand nombre des Distomes habite l'intérieur des voies digestives, mais il s'en trouve aussi dans les voies aériennes, les cavités thoraciques, abdominales, dans l'intérieur du foie, de la vessie, des kistes accidentels, et même sous la conjonctive.

Rudolphi a groupé ainsi qu'il suit les nombreuses espèces qui composent ce genre : 1° espèces inermes ; 2° espèces armées ; 3° espèces douteuses. Le premier groupe est partagé en deux divisions ; 1. Distomes à corps aplati ; 2. Distomes à corps cylindroïde. Chacune de ces deux divisions est subdivisée de cette manière : α espèces dont le pore ventral est le plus grand ; β espèces dont le pore antérieur est le plus grand ; γ espèces dont les pores sont égaux. Ces divisions, surtout les tertiaires, ne sont pas toujours bien marquées, mais on doit se rappeler que ce sont des coupes tout-à-fait artificielles, faites pour rendre moins embarrassante l'étude pratique de ces singuliers Animaux.

Parmi les cent soixante-douze espèces de Distomes mentionnées dans l'ouvrage de Rudolphi, et dont trente-six sont douteuses, nous remarquerons parmi les mieux constatées :

Le DISTOME HÉPATIQUE, Encycl. Méthod., pl. 79, fig. 1-11, qui se trouve dans l'Homme et dans plusieurs Mammifères ; si connu sous le nom de Douve.

Le DISTOME A PORES GLOBULEUX, Encycl. Méth., pl. 79, f. 19. Il vit dans le tube intestinal de plusieurs Poissons.

Le DISTOME SIMPLE, Encycl. Méth., pl. 79, f. 15. — Habite les intestins de l'Æglefin.

Le DISTOME DIVERGENT, Encycl. Méth., pl. 79, f. 16-18. — Habite les intestins de plusieurs Poissons.

Le DISTOME AILÉ, commun dans les intestins du Loup et du Renard.

Le DISTOME LIME, Encycl. Méth., pl. 80, f. 9-11. — Habite les intestins de plusieurs espèces de Chauve-Souris.

Le DISTOME RUDE, Encycl. Méth., pl. 70, f. 28-32. — Se trouve dans l'estomac de la petite Morue fraîche.

A ces espèces que nous avons citées de préférence parce qu'elles sont figurées dans l'Encyclopédie, Deslonchamps, à qui nous devons la communication de cet article, a ajouté deux espèces nouvelles: le *Distoma Pristis*, à col très-aplati, armé sur les côtés d'un rang d'aiguillons dont la pointe est dirigée en arrière; il se trouve dans les intestins du Marsouin ; et le *Distoma clathratum*, à ovaires remplis d'œufs noirs disposés en lignes qui forment en se croisant une espèce de réseau. Il a été observé dans la vésicule du fiel du Martinet noir.   (LAM. X.)

DISTOME. *Distoma*. POLYP. Genre fondé par Gaertner dans ses Lettres à Pallas (*Spicil. Zool. fasc.* x, p. 40) aux dépens du grand genre Alcyon de Linné, et comprenant plus spécialement les Alcyons ascidioïdes qui se présentent sous forme de croûte tapissant divers corps sous-marins. Lamarck (Hist. des Anim. sans vert. T. III, p. 100) adopte ce genre et lui assigne pour caractères : Animaux biforés, séparés, vivant dans une masse subcoriace, étendue en croûte et chargée de verrues éparses ; deux oscules sur chaque verrue, bordés de six dents. Personne avant Savigny ne connaissait d'une manière exacte l'organisation de ces Animaux. Ce savant observateur adopte ou plutôt crée un genre *Distoma* qui répond à celui de Gaertner, mais dont les caractères, fondés sur une étude attentive, ont toute la précision désirable. Ces caractères sont : corps commun, sessile, demi-cartilagineux, polymorphe, composé de plusieurs systèmes généralement circulaires ; Animaux disposés sur un ou sur deux rangs, à des distances inégales de leur centre commun; orifice branchial s'ouvrant en six rayons réguliers et égaux; l'anal de même; thorax petit, cylindrique; mailles du tissu respiratoire pourvues de papilles? abdomen inférieur, longuement pédiculé, plus grand que le thorax; foie nul; ovaire unique, sessile, latéral, occupant tout un côté de l'abdomen. Savigny (Mém. sur les Anim. sans vert., 2e partie, 1er fasc., 3e Mém., p. 176) range les Distomes parmi les Ascidies et dans la famille des Tethyes. Ce genre, étudié dans une des espèces qui le composent (*Distoma rubrum*), présente plusieurs particularités dignes de remarque; il diffère beaucoup d'un genre voisin, les Diazones, pour l'aspect général, quoique la conformation, la disposition même de ses petits Animaux semblent l'en rapprocher infiniment. Les Distomes, dit Savigny, offrent des masses demi-cartilagineuses, irrégulières, aplaties, d'un rouge vineux, garnies sur les deux faces de cellules un peu proéminentes, que les Animaux qu'elles contiennent colorent en jaune. Ces cellules se présentent à l'extérieur sous la forme de mamelons ovales, pourvus à chaque bout d'un oscule pourpré, fendu en six rayons. Elles sont tantôt très-pressées, tantôt moins; et l'on voit alors qu'elles se disposent par groupes circulaires plus ou moins complets, mais dont la circonférence est toujours occupée par le gros bout et le grand oscule de chaque mamelon. — Les Animaux sont grêles, composés d'un petit thorax auquel un abdomen, un peu plus grand et en massue, tient par un long pédicule qui se recourbe communément en arrière; le thorax est cylindrique, oblique à sa base, surmonté d'un cou pyramidal, dont l'ouverture est ronde et découpée en six tentacules courts et obtus; la tunique a, de chaque côté, quelques nervures musculaires, longitudinales, fines et régulièrement espacées. Les vaisseaux du dos sont très-ondulés, et le tubercule postérieur paraît plus gros que l'antérieur. La mollesse et les sinuosités des parois de la cavité branchiale n'en laissent pas distinguer le tissu. C'est de sa base antérieure que descend l'œsophage; il est fort mince, et parvient à un estomac charnu, simplement ovoïde. Au-dessous du pylore, l'intestin, d'abord un peu renflé, se dirige bientôt en arrière, en formant une autre poche oblongue qui occupe le fond de l'abdomen; il se relève ensuite, monte sur le côté droit de l'estomac, suit le pédicule ou l'œsophage, et va s'ouvrir un peu plus haut, sous un tube cylindrique, dont l'ouverture et les tentacules imitent parfaitement ceux de l'orifice thoracique. L'ovaire est latéral comme dans le genre Diazone, mais il est placé à droite, et au lieu d'être compris dans l'anse intestinale, il la recouvre entièrement. Les œufs sont grands, au nombre de quinze à vingt, et disposés par lignes régulières. On en voit souvent de plus gros que les autres qui sont déjà engagés dans la base de l'oviductus. Ce-

lui-ci monte avec le rectum, et le dépasse; son bout supérieur est presque toujours occupé par un de ces gros germes, qui fait saillie sur le devant du thorax au-dessus de l'anus. Savigny mentionne les deux espèces suivantes : DISTOME ROUGE, *D. rubrum*, Sav., *loc. cit.*, pl. 3, fig. 1, et pl. 15; l'*Alcyonium rubrum*, *pulposum*, *conicum plerumque*, Planc., *Conch.*, *Min. Nat.*, éd. 2, p. 113, cap. 28, tab. 10, fig. B, d. Cette espèce, qui peut être considérée comme le type du genre, est décrite par Savigny de la manière suivante : corps élevé en masse comprimée, d'un rouge violet, à sommités particulières peu proéminentes, ovales, jaunâtres, éparses sur les deux faces, et groupées au nombre de trois à douze pour chaque système; orifices un peu écartés, tous deux à rayons obtus, teints de pourpre. La grandeur totale est de quatre à cinq pouces; l'épaisseur d'un demi-pouce, et la grandeur individuelle de deux lignes. Cette espèce habite les mers d'Europe. Son enveloppe très-colorée est parcourue par des vaisseaux peu apparens; sa tunique, d'un jaune vif ainsi que tous les viscères, est prolongée au-dessous de l'abdomen en un appendice tubuleux et recourbé. On n'a pu apercevoir de filets tentaculaires. L'estomac est comme tronqué aux deux bouts, lisse et sans feuillets visibles à l'intérieur; l'intestin est peu glanduleux; l'ovaire se trouve situé à droite, et vraisemblablement du côté opposé à celui du cœur; les œufs, au nombre de vingt, trente, et même cinquante, sont orbiculaires à bords transparens.

Le DISTOME VARIOLÉ, *D. variolosum*, Sav., *Distomus variolosus*, *papillis sparsis*, *osculis subdentatis*, Gaertner, l'*Alcyonium ascidioïdes* de Pallas, *loc. cit. fasc.* 10, pag. 40, t. 4, f. a, A; l'*Alcyonium distomum* de Bruguière, Encycl. méthod.; il habite les côtes de l'Angleterre. Gaertner dit qu'il est commun, mais qu'il ne l'a jamais trouvé que sur le *Fucus palmatus* dont il enveloppe les tiges en entier.	(AUD.)

* DISTREPTE. *Distreptus.* **BOT. PHAN.** Genre de la famille des Synanthérées, Corymbifères de Jussieu, et de la Syngénésie séparée, L., établi par Cassini (Bullet. de la Société Philom., avril 1817) qui, pour le caractériser, en a donné une longue description dont nous allons extraire les signes distinctifs suivans : involucre cylindrique formé de huit écailles lancéolées, acuminées, appliquées, inégales et disposées sur quatre rangs ; calathide sans rayons, composée de quatre fleurs hermaphrodites dont les corolles ont une forme particulière que l'auteur nomme *palmée* ; réceptacle très-petit, nu et convexe ; akènes allongés, comprimés, cannelés, hispides et glanduleux ; aigrette plus courte que la corolle, composée de six petites écailles filiformes, cornées et disposées sur un seul rang ; les deux latérales plus longues, plus épaisses, élargies et triquètres ; dans la partie inférieure, les deux antérieures dont la partie inférieure est aussi élargie, mais laminée, paléiforme ; les deux postérieures demi-avortées ou plus souvent complétement avortées. Les calathides sont réunies en capitules disposés en épis, et chacun de ceux-ci est sessile dans l'aisselle d'une grande bractée squammiforme.

Ce genre, de l'aveu même de son auteur, pourrait n'être considéré que comme un sous-genre de l'*Elephanthopus* de Linné ; néanmoins, la singulière structure de son aigrette minutieusement décrite par Cassini, lui a paru une considération assez.importante pour le distinguer. D'un autre côté, Kunth (*Synopsis Plant. orb. novi,* 2, p. 366) ne fait aucune difficulté de les réunir. Quoi qu'il en soit, H. Cassini indique comme type du genre l'*Elephanthopus spicatus*, Gaertn. et Lamk., Plante des Antilles à laquelle il associe les *Elephanthopus nudiflorus* et *angustifolius*, L.   (G..N.)

*DISTYLE. *Distylus.* **BOT. PHAN.** Se dit d'une fleur ou d'un ovaire munis de deux styles ; tels sont ceux de l'Œillet, de toutes les Ombellifères, etc.   (A. R.)

* DITA, BOT. PHAN. Le grand Arbre des Philippines mentionné par Camelli sous ce nom, est encore indéterminé. Ses feuilles longues de dix pouces sont quaternées ou verticillées à chaque nœud. Il rend un suc laiteux fort vénéneux, dont le contrepoison est, dit-on, la racine de l'Arbre même, ce qui est peu croyable.   (B.)

DITASSA. BOT. PHAN. Genre de la famille des Asclépiadées et de la Pentandrie Digynie, L., fondé par R. Brown (*Mem. Werner. Soc.*, 1, p. 49) qui l'a ainsi caractérisé : corolle presque rotacée ; couronne staminale, intérieure, pentaphylle, plus courte que l'extérieure et opposée aux anthères ; masses polliniques ventrues, fixées près du sommet et pendantes ; stigmate ayant une petite tête obtuse. L'unique espèce de ce genre, à laquelle l'illustre botaniste anglais n'a point donné de nom, et qui a reçu de Schultes celui de *D. Banksii*, est une Plante suffrutescente, volubile et glabre, à feuilles planes et à fleurs disposées en ombellules naissant entre les pétioles. Elle a été recueillie par Banks dans le Brésil, près de Rio-Janeiro.   (G..N.)

* DITAXIS. BOT. PHAN. Genre de la famille des Euphorbiacées, qui présente pour caractères : des fleurs monoïques ; un calice à cinq divisions profondes, avec lesquelles alternent cinq pétales ; dans les mâles, dix étamines dont les filets sont inférieurement soudés en une courte colonne soutenant un rudiment de pistil, et supérieurement libres, verticillés sur deux rangs et chargés d'anthères tournées vers l'intérieur ; dans les fleurs femelles, cinq petites glandes opposées aux divisions du calice ; un style d'abord simple, puis divisé en trois parties qui se subdivisent elles-mêmes en deux, terminées chacune par un stigmate légèrement dilaté, aplati et crénelé sur son contour ; un ovaire velu, à trois loges, contenant un seul ovule ; une capsule environnée à sa base par le calice persistant, à trois coques globuleuses qui s'ouvrent en deux valves et renferment chacune une graine lisse. La tige ligneuse est recouverte d'une écorce cendrée. Les feuilles alternes, solitaires ou fasciculées, surtout dans les jeunes rameaux, entières ou légèrement dentées, sont, ainsi que les fleurs, pénétrées d'une matière colorante, d'un rouge violacé. Les pédoncules axillaires portent un petit nombre de fleurs, savoir : à leur sommet une femelle, unique, plus grande, au-dessous deux mâles ou rarement davantage, qui tombent de bonne heure, mais sont accompagnées de bractées persistantes.

Ce genre, voisin de l'*Argytamnia*, en offre tout-à-fait le port. Vahl, qui en disposant les matériaux d'un vaste ouvrage qu'il eut à peine le temps de commencer, avait d'avance donné des noms à un grand nombre de Plantes inédites dans divers herbiers, avait assigné celui de *Ditaxis fasciculata* à une Euphorbiacée des Antilles. C'est l'analyse de cette Plante qui nous a fourni le caractère générique énoncé plus haut, et nous avons conservé au genre le nom que Vahl lui avait destiné. Une autre Plante originaire également des Antilles, et une troisième recueillie par Humboldt sur les bords du Maragnon, doivent lui être rapportées (*V*. Adr. de Juss., *Euphorb.*, tab. 7, n. 24).

(A. D. J.)

DITIOLA. bot. crypt. (*Champignons.*) Fries a établi ce genre pour quelques Champignons rapportés, tantôt aux Pezizes ou aux Helvelles, tantôt aux Tremelles, aux Léotia ou aux Helatium. C'est du premier de ces genres qu'il se rapproche le plus, et surtout du genre Bulgaria de Fries, dont il a la consistance gélatineuse. Ses caractères essentiels sont de présenter un corps charnu, semblable à une Pezize cupuliforme, mais qui est enveloppée d'un tégument membraneux, floconneux et très-

fugace ; du reste la structure de la membrane fructifère qui couvre la face supérieure de la cupule, est absolument la même que dans les vraies Pezizes ; les espèces de ce genre sont peu nombreuses : elles croissent par groupes sur les bois morts pendant l'hiver ; elles font beaucoup de tort aux bois coupés, en introduisant entre leurs fibres des filamens radicaux très-fins, qui finissent par les séparer par morceaux.

Le type de ce genre, *Ditiola radicata* de Fries, a d'abord été décrit comme une Pezize ou une Tuberculaire par les auteurs anciens. Schweinitz en a fait son *Helatium radicatum;* elle a été figurée dans la *Flora Danica*, sous le nom de *Leotia tuberculata* ; enfin elle est décrite par Persoon, dans sa *Mycologia europœa*, sous le nom de *Peziza Turbo;* les trois autres espèces de ce genre ne sont connues que plus nouvellement. (AD. B.)

DITIQUE. ins. Pour Dytique. *V*. ce mot. (AUD.)

* DITMARIA. bot. phan. Sprengel a donné ce nom au genre *Debrœa* de Rœmer et Schultes, qui lui-même n'est qu'un double emploi de l'*Erisma* de Rudge. *V*. Erisma et Qualea. (G. N.)

DITOCA. bot. phan. Gaertner (*de Fruct.*, 2, p. 196) appela ainsi, d'après Banks, le genre auquel Forster et Linné avaient déjà donné le nom de *Mniarum.* Ce changement n'a pas été admis, quelque grande que fût l'autorité de Gaertner, et son *Ditoca muscosa* n'est cité que comme synonyme du *Mniarum biflorum*, Forst. *V*. Mniarum. (G. N.)

DITOME. *Ditoma*. ins. Latreille (Considér. génér.) substitue cette dénomination à celle de Bitome, que Herbst avait donnée à un Insecte coléoptère de la section des Tétramères. Plus tard, Bonelli a employé le nom de Ditome pour désigner un nouveau genre de la famille des Carabiques. *V*. Ariste et Bitome. (AUD.)

DITOXIA. bot. phan. Les *Celsia*

Cretica, L., et *C. betonicifolia*, Desf., ont été réunis sous ce nom générique par Rafinesque-Schmaltz (Journ. Botan., 4, p. 270) qui les caractérise par un calice à cinq divisions inégales, dentées en scie ; quatre étamines, les deux supérieures plus courtes, et une capsule à double cloison.

(G..N.)

DITRACHYCÈRE. *Ditrachyceros.* INTEST. Genre de l'ordre des Parenchymateux de Cuvier, établi par Sultzer, adopté par Bosc, Laennec et Lamarck ; nommé *Diceras* par Rudolphi, et placé parmi les Cysticerques par Zéder. Il offre pour caractères : corps ovale, enveloppé dans une tunique lâche, à tête surmontée de deux prolongemens en forme de cornes, recouverte de filamens. L'Animal sur lequel ce genre a été établi est encore un objet de discussion parmi les naturalistes. La description et les figures qu'en a données Sultzer ont paru suffisantes à quelques-uns d'entre eux qui n'ont point hésité à l'adopter et à le faire entrer dans la série des Êtres naturels connus : d'autres, plus difficiles, considérant, 1° sa très-grande rareté (il n'avait été vu qu'une seule fois) ; 2° que l'auteur n'avait point fait sa description sur l'Animal à l'état frais, mais conservé dans l'esprit de vin ; 3° que son organisation différait beaucoup de celle de tous les Entozoaires connus ; 4° enfin que la description laissait plusieurs choses à désirer : ces auteurs, disons-nous, ont regardé l'existence du Ditrachycère comme douteuse, et ont pensé qu'avant de l'admettre ou de le rejeter entièrement, de nouveaux faits devaient éclairer son histoire. Tel est en particulier le sentiment de Rudolphi et Bremser, dont l'autorité est d'un si grand poids. L'observation de Sultzer était encore la seule connue, lorsque le hasard a offert de nouveau le Ditrachycère à Le Sauvage, professeur à l'École de Médecine à Caen. Il y a quelques années, une malade confiée à ses soins rendit par les selles une très-grande quantité de ces Animaux. La garde, maladroite, les jeta tous, excepté quatre que l'on conserva dans un peu d'eau pour les faire voir à Le Sauvage qui reconnut bientôt le Ditrachycère de Sultzer. Les Vers furent envoyés à la Société de la Faculté de Médecine de Paris, qui en a fait mention dans le Bulletin de ses séances, t. VI, p. 115. L'observation de Le Sauvage ajoute peu de chose à ce que l'on savait sur le Ditrachycère, mais c'est un fait de plus, et s'il n'éclaire pas l'organisation de cet Animal regardé comme douteux, il constate d'une manière positive son existence, et prouve que Sultzer ne s'était point mépris. L'observation de Le Sauvage détruit la supposition de Rudolphi ; il pensait qu'on avait pu prendre pour un Animal particulier les ovaires d'un *Tœnia folium*, détachés des articulations du Ver, et rendus par les selles.

Le genre Ditrachycère n'est encore composé que d'une seule espèce que Sultzer a très-bien figurée et décrite sous le nom de Ditrachycère rude dans sa Dissertation sur un Ver intestinal nouvellement découvert, etc. Strasbourg, 1801.   (LAM..X.)

* **DITRIC.** *Ditrichum.* BOT. PHAN. Genre de la famille des Synanthérées, Corymbifères de Jussieu, et de la Syngénésie égale, L., établi par H. Cassini (Bull. de la Société Philom., février 1817) qui l'a ainsi caractérisé : involucre cylindracé, composé de folioles peu nombreuses disposées sur deux rangs, les extérieures très-courtes, inégales et étalées, les intérieures très-longues, inégales, appliquées, foliacées à leur sommet et acuminées ; calathide sans rayons, composée de plusieurs fleurs régulières et hermaphrodites ; réceptacle plane garni de paillettes terminées par un appendice subulé et membraneux ; akènes comprimés, surmontés d'une aigrette formée de deux petites écailles opposées, l'une antérieure et l'autre postérieure, filiformes et munies de barbes presque imperceptibles. L'auteur de ce genre le place entre le *Spilanthus* et le *Verbesina*, dans

la section des Hélianthées-Proto-
types. Quoique très-voisin du *Sal-
méa* de De Candolle et du *Petro-
bium* de R. Brown, il diffère assez du
premier par son réceptacle plane, et
du second par ses calathides hermaphrodites, pour qu'on admette leur
distinction.   (G..N.)

DITRIDACTYLES. ois. Qualification d'une tribu dans la méthode
de Vieillot; cette tribu renferme les
Oiseaux pourvus de deux ou trois
doigts devant et qui en sont dépourvus en arrière.   (DR..Z.)

*DITYLE. *Ditylus.* INS. Genre de
l'ordre des Coléoptères, section des
Hétéromères, établi par Fischer
(Mém. des Natur. de Moscou. T. v,
p. 469, tab. 15, a) et ayant pour caractères, suivant lui: antennes filiformes
avec les deux premiers articles obconiques, les suivans cylindriques, le
dernier filiforme et deux fois plus
long que le pénultième; labre presque carré, subconique antérieurement, nu et incliné; palpes inégaux,
les antérieurs deux fois plus longs que
les postérieurs, obconiques et obliquement tronqués; mandibules triangulaires, pointues, extérieurement
sillonnées; mâchoires subuliformes;
lèvre inférieure et menton formant
une bosse. Ce genre offre pour caractère principal d'avoir deux bosses sur
les deux côtés du corselet, et c'est de
cette particularité qu'est tiré son nom.
Fischer a présenté de nouveau les
caractères des Dityles et en a donné de
très-bonnes figures dans son Entomographie de la Russie. Ce genre
comprend les OEdemères de Latreille
à élytres parallèles. Fischer en décrit
deux espèces:

Le DITYLE HÉLOPIOÏDE, *Dit. helo-
pioides*, Fischer (Coléopt. T. v, fig.
1, a, b, et frontispice de l'ouvrage),
qui est presque de la grandeur de l'*U-
pis Ceramboides* de Fabricius, mais
dont toutes les parties sont plus délicates. Il a été trouvé sur des fleurs, et
rarement, auprès de Barnaoul en Sibérie.

Le DITYLE ROUGE, *Dit. rufus*,

Fisch. (Coléopt., tab. 5, fig. 2, a, b).
On pourrait le confondre au premier
coup-d'œil avec une Lepture; mais
les deux bosses du prothorax et les
nombres des articles des tarses suffisent pour le distinguer. Il se trouve
en Sibérie, dans le gouvernement de
Tchernigof, près de Potchep. Fischer
observe, dans les Additions de la
page 209 du 1er volume de son Entomographie, que le nom spécifique de
rufus doit être converti en celui de
melanurus, parce que cette espèce
n'est autre chose que la *Necydalis
melanura* de Fabricius et l'*Œdeméra
melanura* d'Olivier.   (AUD.)

DIUCA. ois. Espèce peu connue du
genre Gros-Bec, *Fringilla Diuca*,
Gmel., auquel on a aussi donné le
nom de Moineau du Chili. *V.* GROS-
BEC.   (DR..Z.)

*DIUCA-LAGUEN. BOT. PHAN.
Feuillée mentionne sous ce nom une
espèce de Verge d'or du Chili, dont
il ne donne qu'une description incomplète, et qui passe dans le pays
pour un excellent vulnéraire.   (B.)

*DIURELLE. *Diurella.* INF. Genre de Microscopiques de la famille des
Trichodiées, formé aux dépens du
genre *Trichoda* de Müller pour placer les espèces dont le corps, plus ou
moins cylindrique et toujours simple,
est terminé par deux appendices cau-
diformes et inarticulés. Les Diurelles
seraient de véritables Furcocerques
si des cirres ne garnissaient leur partie antérieure et n'y indiquaient une
sorte d'organe buccal. Elles diffèrent
des Ratules de Lamarck en ce que
celles-ci n'ont qu'une seule queue à
l'extrémité d'un corps cylindrique.
On ne peut les confondre avec les
Furculines et les Trichocerques qui
sont aussi des Animaux munis de
queues terminées par des appendices
bifides, mais où tout appendice caudal
indique, par des articulations, un
ordre d'organisation beaucoup plus
avancé. Nous ne connaissons encore
que deux espèces de Diurelles qui
l'une et l'autre sont assez rares et ha-

bitent les eaux pures des marais où croît la Lenticule ; 1° Diurelle Lunuline, *Diurella Lunulina*, N. (*V.* pl. de ce Dict.), *Trichoda Lunulina*, Müll., *Inf.* p. 204 ; — 2°Diurelle Tigre, *D. Tigris*, N., *Trichoda Tigris*, Müll. *Inf.* p. 29, f. 8, Encycl. Vers. Ill. pl. 15, f. 18.   (B.)

* DIURETICA. BOT. PHAN. (Reneaulme.) Syn. d'Arnique. *V.* ce mot.   (B.)

DIURIS. *Diuris*. BOT. PHAN. Genre de la famille des Orchidées et de la Gynandrie Monandrie, L., établi par Swartz, adopté par Smith et par R. Brown qui en ont chacun décrit plusieurs espèces nouvelles. Ses caractères consistent en un périanthe à six divisions étalées, dont deux antérieures et externes sont linéaires, étroites, appliquées sur le labelle qui est trifide et dépourvu d'éperon; les deux divisions internes et latérales sont étalées, rétrécies en onglet à leur base ; l'anthère est à deux loges, placée parallèlement au stigmate ; le gynostème est membraneux, mince, dilaté et pétaloïde sur les deux côtés. Ce caractère générique, tel que nous venons de l'exposer d'après R. Brown (*Prodr. Nov.-Holl.* 1, p. 315), diffère de celui qui a été donné par Smith et par Swartz. En effet, ces deux botanistes ont pris les lobes latéraux du labelle pour deux segmens distincts du calice. Il en est de même des bords membraneux et pétaloïdes du gynostème, que Smith a également décrits comme deux lobes du calice.

Toutes les espèces de ce genre, au nombre d'environ une dixaine, sont originaires des côtes de la Nouvelle-Hollande ; leurs fleurs sont généralement jaunes, quelquefois pourpres ou blanches. Sur ce nombre, R. Brown en a mentionné sept nouvelles dans son Prodrome de la Nouvelle-Hollande.   (A. R.)

DIURNES. ZOOL. et BOT. Ce mot signifie proprement *de jour*. On l'a particulièrement appliqué aux fleurs qui, s'ouvrant à heures fixes, s'épanouissent pendant que le soleil est sur l'horizon ; ce sont les plus nombreuses. Chez les Oiseaux, on l'a donné à l'une des grandes divisions de Rapaces qui livrent la guerre aux autres Animaux durant la journée. *V.* RAPACES. Chez les Insectes, on désigne sous ce nom une famille de l'ordre des Lépidoptères établie par Latreille (Règn. Anim. de Cuv.) qui lui assigne pour caractères : ailes toujours libres ; point de frein ou de crin écailleux, roide et pointu, à la base du bord extérieur des inférieures, pour retenir dans le repos les supérieures ; les quatre ou celles-ci au moins élevées perpendiculairement, lorsqu'elles sont dans cet état ; antennes grossissant insensiblement de la base à la pointe, ou terminées en bouton dans les uns, plus grêles ou crochues au bout dans les autres. Cette famille correspond au grand genre Papillon de Linné, et les individus qu'elle comprend sont désignés vulgairement sous le nom de Papillons de jour. Les chenilles des Lépidoptères de la famille des Diurnes ont toujours seize pieds et vivent à découvert sur des feuilles. Les chrysalides, le plus souvent anguleuses, sont presque toujours nues, attachées par la queue et même soutenues par un fil soyeux qui croise le milieu du corps en travers. L'Insecte parfait ne vole que pendant le jour. Les ailes présentent à leur surface inférieure des couleurs vives quelquefois éclatantes. La bouche se compose toujours d'une trompe munie de palpes maxillaires fort petits. Latreille (*loc. cit.*) partage cette famille de la manière suivante :

† Une paire d'ergots ou d'épines à leurs jambes, savoir celle de leur extrémité postérieure ; quatre ailes s'élevant perpendiculairement dans le repos ; antennes tantôt renflées à leur extrémité, en manière de bouton ou de petite massue, tronquée ou arrondie à son sommet, tantôt presque filiformes (1re section, PAPILIONIDES).

Cette coupe peut être subdivisée de la manière suivante : 1° ceux dont le troisième article des palpes inférieurs est tantôt presque nul, tantôt très-distinct, mais aussi fourni d'écailles que le précédent; et qui ont les crochets des tarses très-apparens ou saillans. — Leurs chenilles sont allongées, presque cylindriques. Leurs chrysalides sont presque toujours anguleuses, quelquefois unies, mais renfermées dans une coque grossière. Il y en a parmi eux qui ne marchent que sur les quatre pieds de derrière, les deux premiers étant beaucoup plus courts, et repliés ou courbés sur la poitrine en manière de palatine, soit dans les deux sexes, soit plus rarement dans les mâles seuls. Les ailes inférieures s'avancent ordinairement sous l'abdomen, l'embrassent et lui forment une gouttière ou un canal où il se loge. Leurs chrysalides sont, au moins dans la plupart, simplement attachées par l'extrémité postérieure du corps, et suspendues verticalement la tête en bas. — Tels sont les Nymphales et les sous-genres suivans qui s'y rattachent : Morshe, Satyres, Libythées, Biblis, Mélanite, Nymphale propre, Vanesse, Argynne, Mélithée. Tels sont encore les genres Céthosie, Danaïde, Héliconien, Papillon propre, Parnassien, Thaïs, Piéride, Coliade. *V.* tous ces mots.

2°. Ceux dont les palpes inférieurs ont trois articles distincts, mais dont le dernier est presque nu, ou bien moins fourni d'écailles que les précédens, et dont les crochets des tarses sont très-petits, point ou à peine saillans. Leurs chenilles sont ovales ou en forme de Cloportes. Leurs chrysalides sont courtes, contractées, unies et toujours attachées, comme celles des derniers genres précédens, par un cordon de soie qui traverse le corps. — Cette coupe comprend les genres Poliommate, Erycine.

†† Jambes postérieures ayant deux épines, savoir une à leur extrémité et l'autre au-dessus. Ailes inférieures ordinairement horizontales dans le repos ; extrémité des antennes terminée fort souvent en pointe très-crochue (2° section, HESPÉRIDES).

Leurs chenilles, dont on ne connaît qu'un petit nombre, plient les feuilles, s'y filent une coque de soie très-mince et s'y métamorphosent en chrysalides dont le corps ne présente aucune éminence angulaire. Ici viennent se placer les genres Uranie et Hespérie (*Hesperiæ urbicolæ*, Fabr.) *V.* ces divers mots. (AUD.)

* DIVARIQUÉ, DIVARIQUÉE. *Divaricatus, Divaricata.* ZOOL. et BOT. Adjectif qui désigne une certaine distortion d'organes, quand ils s'étalent soit chez les Animaux, soit dans les Plantes, brusquement et sans direction fixe. Des cornes peuvent avoir leurs andouillers Divariqués ; les tiges de la Chicorée sont Divariquées, ainsi que les panicules d'une Renouée, *Polygonum divaricatum*, etc. (B.)

* DIVERGENT, DIVERGENTE. *Divergens.* ZOOL. et BOT. C'est-à-dire qui s'écarte en angle très-ouvert en partant d'un point commun. Cet adjectif s'emploie indifféremment en zoologie et en botanique; il est opposé de convergent. (B.)

* DIVERGI-NERVÉE (FEUILLE). BOT. PHAN. Quand toutes les nervures partent en divergeant de la base de la feuille vers les différens points de sa circonférence. (A. R.)

* DIVERSIFLORE. BOT. PHAN. Cette expression s'emploie pour les épis, les grappes ou les ombelles composées de fleurs différentes entre elles. Ainsi dans plusieurs Ombellifères les fleurs de la circonférence de l'ombelle sont plus grandes et leurs pétales sont inégaux. (A. R.)

* DIVERSIPORÉES. BOT. CRYPT. (Champignons.) Link nomme ainsi la troisième série du second ordre qu'il a établi dans la famille des Champignons. L'*Amphisphorium*, formé d'espèces à réceptacles contenant de très-petits globules de diverses formes, est le seul genre qui appartienne à cette série. (AD. B.)

DIX-CORS. MAM. Le Cerf de sept ans. *V.* CERF. (B.)

* **DIXE.** *Dixa.* INS. Genre de l'ordre des Diptères, famille des Tipulaires, fondé par Meigen. Les antennes sont en forme de soies, avec les deux articles de la base gros et les suivans grêles, mais pubescens. Les palpes sont recourbés, cylindriques; ils ont quatre articles dont le premier est très-court. On ne voit point d'yeux lisses. Meigen décrit quatre espèces auxquelles il donne les noms de *serotina*, *œstivalis*, *aprilina* et *maculata*. Toutes paraissent nouvelles. (AUD.)

DJABAS. BOT. PHAN. La Pastèque chez les Levantins. DJA, dans les langues de racine arabique, précède soit en Egypte, soit en Syrie, soit jusque dans les archipels de l'Inde, un grand nombre de noms de Plantes que Forskahl, Rumph ou autres naturalistes ont mentionnées; c'est ainsi que DJADMEL signifie *Stapelia dentata*, DJANIDE *Lagonia scabra*, DJAHA *Cassyta filiformis*, DJABANG l'*Ixora coccinea*, DJAANZ le Noyer, etc. Nous ne grossirons pas ce Dictionnaire des synonymes de ce genre qu'on ne rencontre point dans les relations des voyageurs, et qui cessent en conséquence de rentrer dans le cadre que nous nous sommes tracé. (B.)

DJAHY. BOT. PHAN. La Plante du Japon désignée sous ce nom de pays par quelques voyageurs est le Gingembre. On donne le même nom à la même Plante dans l'île de Baly, selon Rumph. (B.)

* **DJAMMA.** BOT. CRYPT. (*Hydrophytes.*) Burmann dit que les habitans de l'île de Java donnent ce nom au *Fucus natans*, L. Cette Plante ne se trouvant jamais dans la mer des Indes, c'est à quelque autre Hydrophyte du genre Sargasse que les Javanais doivent appliquer ce nom. (LAM..X.)

* **DJAMONS.** MAM. Eldimiri, dans son Histoire arabe des Animaux, donne ce nom au Buffle. (A.D..NS.)

DJEMEL. MAM. Syn. arabe de Dromadaire. *V.* CHAMEAU. (B.)

DJERUM. BOT. PHAN. Syn. arabe de *Geruma. V.* ce mot. (A.R.)

* **DJISSAB.** BOT. PHAN. (Forskahl.) Syn. d'*Orchis flava* chez les Arabes, qui emploient cette Plante en topique sur les blessures faites par des épines de Plantes. (B.)

DJUMMEIZ. BOT. PHAN. (Forskahl.) Nom de pays du Sycomore dont le voyageur Pokoke a fait son Dumez. *V.* FIGUIER. (B.)

DOBERA. BOT. PHAN. Syn. de Tomex *V.* ce mot.

DOBULE. POIS. Espèce d'Able. *V.* ce mot. (B.)

DOCHELA. BOT. PHAN. (Dioscoride.) Syn. de *Teucrium Iva. V.* GERMANDRÉE. (B.)

DOCHON. BOT. PHAN. Daléchamp donne ce mot comme synonyme arabe de Millet. Delile l'écrit Dokhn. (B.)

DOCIMASIE ou **DOCIMASTIQUE.** MIN. Art de déterminer, par des essais variés, la nature et la proportion du Métal contenu dans une mine. (A.R.)

DOCIMIN ou **DOCIMITE.** MIN. Nom donné par Agricola, d'après Strabon, à un Marbre calcaire qui s'exploitait à Docimia, bourg voisin de Synnada. C'est la Docimite des Phrygiens, le Marbre synnadique des Romains. (A.R.)

DOCLÉE. *Doclea.* CRUST. Genre de l'ordre des Décapodes, famille des Brachyures, section des Triangulaires (Règn. Anim. de Cuv.), établi par Leach qui lui assigne pour caractères : antennes extérieures, insérées sur les côtés du rostre, leur second article étant beaucoup plus court que le premier; troisième article des pieds-mâchoires extérieurs profondément échancré vers l'extrémité de son côté intérieur; serres de la femelle de la longueur du corps, moins épaisses que les autres pates, ayant la main allongée, et les doigts minces et arqués, tous les deux dans le même sens; pieds cylindriques, non épineux et terminés par un grand ongle légèrement arqué; carapace velue, un peu épineuse latéralement, de forme presque globuleuse, terminée en avant par un rostre très-court, bifide; yeux médiocrement gros, mais d'un diamètre plus grand que celui de leur pédoncule; orbites ayant en dessus et en dessous, à leur bord postérieur, une seule fissure.

Les Doclées ont le second article des pieds-mâchoires extérieurs, presque carré, et se rapprochent par-là des genres Parthenope, Maja, Eurynome, Pisa et Hyas; elles s'en distinguent cependant par la longueur de plusieurs de leurs pieds, et surtout celle de la seconde paire. Ce développement excessif des pates fait ressembler ces Crustacés à des Araignées; de-là le nom d'*Araignées de mer*, appliqué à un groupe composé d'espèces analogues sous ce rapport. Latreille réunit aux Doclées le genre Egérie de Leach, qui n'en diffère essentiellement que parce que les serres sont aussi épaisses ou plus grosses que les deux pieds suivants, tandis qu'elles sont plus grêles dans les Doclées. Ces dernières ont une carapace arrondie et avoisinent sous ce rapport les Leucosies; mais cette carapace se rétrécit en avant, et ce caractère, qui les range dans la section des Triangulaires, suffit pour les distinguer. Les Doclées paraissent habiter les mers de l'Inde. Leach (*Zool. Misc.* T. II, tab. 74) en décrit et représente une espèce.

La Doclée de Risso, *D. Rissonii* de Leach. Cet auteur en donne la description suivante : une pointe derrière chaque orbite; deux autres, à distances égales de celle-ci, sur les côtés antérieurs de la carapace; une pointe peu élevée sur chaque région branchiale; pates cylindriques, avec le cinquième article de celles de la seconde et de la troisième paires un peu renflé au bout; carapace et pieds bruns, couverts d'un duvet très-fin; une petite pointe tout-à-fait en arrière du têt. Longueur, un pouce trois lignes : celle des serres de la femelle, un pouce deux lignes; et celle des pates de la seconde paire, quatre pouces.

— Latreille rapporte au genre Doclée l'*Egeria Indica* de Leach, ainsi que les *Inachus longipes*, *spinifer* et *Lar* de Fabricius.   (AUD.)

DODARTIE. *Dodartia.* BOT. PHAN. Genre de la famille des Scrophularinées et de la Didynamie Angiospermie, L., constitué par Tournefort et adopté par Linné et Jussieu qui l'ont ainsi caractérisé : calice campanulé, court, anguleux et à cinq dents; corolle tubuleuse, à limbe bilabié; la lèvre supérieure échancrée, l'inférieure trifide, plus large et plus longue que celle-ci; stigmate bifide; capsule globuleuse, couverte par le calice persistant.

La DODARTIE ORIENTALE, *Dodartia orientalis*, L., Lamarck, Illust. tab. 530, est une Plante qui croît sur le mont Ararat et en Tartarie. Sa racine est longue et rampante; sa tige, ligneuse à la base, porte des feuilles rares, petites, linéaires, glabres, très-entières, distantes, les inférieures opposées, les supérieures alternes; elle a quelques petits rameaux axillaires; ses fleurs sont terminales, d'un pourpre foncé, disposées en grappes ou en épis lâches, et accompagnées de bractées. Une autre espèce que Linné a nommée *D. Indica*, parce qu'elle est indigène de l'Inde, complète ce genre; ses feuilles sont ovales, dentées en scie et velues ainsi que les tiges; elle se distingue en outre de la précédente, par ses fleurs jaunes et autrement disposées.
       (G..N.)

DODÉCADIE. *Dodecadia.* BOT. PHAN. Dans sa Flore de la Cochinchine, Loureiro donne ce nom à un genre de l'Icosandrie Monogynie, L., mais dont on n'a pas encore déterminé les rapports naturels, et qui offre les caractères suivans : calice infère, étalé, à douze divisions obtuses et très-courtes; corolle campanulée, dont le tube est court et le limbe à douze divisions aiguës; trente étamines insérées sur le tube de la corolle et saillantes; style plus long que les étamines; stigmate simple; baie ovée, petite et polysperme. Ce genre, qui tire son nom du nombre des parties de la corolle et du calice, ne renferme qu'une seule espèce, la *Dodecadia agrestis*, grand Arbre indigène des forêts de la Cochinchine, où on le nomme *Cay-Chon Dung*; ses feuilles sont lancéolées, très-entières et alternes; ses fleurs sont petites, blanchâtres, disposées en grappes simples et axillaires. (G..N.)

DODÉCAÈDRE. MIN. Solide à douze faces polygones, parallèles deux à deux et d'une même espèce par le nombre de leurs côtés. *V.* CRISTALLOGRAPHIE. (A. R.)

***DODÉCANDRE.** *Dodecander*. BOT. PHAN. Une Plante ou une fleur est Dodécandre, quand elle offre de douze à vingt étamines; tels sont l'Azaret, le Réséda, l'Aigremoine, etc. (A. R.)

DODÉCANDRIE. *Dodecandria*. BOT. PHAN. Onzième classe du système sexuel de Linné, contenant tous les Végétaux qui ont d'onze à vingt étamines libres. Cette classe se partage en six ordres, d'après le nombre des styles ou des stigmates. Ces six ordres sont : la Dodécandrie Monogynie; D. Digynie; D. Trigynie; D. Tétragynie; D. Pentagynie; D. Polygynie. *V.* SYSTÈME SEXUEL. (A. R.)

DODÉCAS. BOT. PHAN. Ce genre, constitué par Linné fils, et placé dans la Dodécandrie Monogynie, a été rapporté aux Myrtinées par Jussieu qui indique aussi ses rapports avec les Salicariées. Voici les caractères qui lui sont assignés : calice turbiné à quatre divisions profondes, muni de deux bractées à sa base; quatre pétales; douze étamines courtes; capsule semi-infère, uniloculaire, polysperme, recouverte par le calice entre les découpures persistantes duquel elle fait saillie et offre quatre valves s'ouvrant par le sommet; semences extrêmement petites. L'unique espèce dont ce genre se compose, est un Arbrisseau dont les feuilles sont opposées et obovales-oblongues, les pédoncules uniflores et axillaires. Il a une ressemblance de port avec le *Lycium barbarum*. Linné-fils lui a donné le nom de *Dodecas Surinamensis*, parce qu'il est indigène de Surinam. (G..N.)

DODÉCATHÉE. *Dodecatheon*. BOT. PHAN. Selon Gesner, Pline appelait ainsi la Grassette. Anguillaria donnait le même nom à la Primevère ordinaire. Mais aujourd'hui ce nom s'applique à un genre de la famille des Primulacées, établi par Linné, et adopté par tous les botanistes modernes. Son calice est campanulé à cinq divisions aiguës et réfléchies; la corolle est monopétale, rotacée, à cinq lobes très-profonds, fort longs, obtus et comme spathulés, d'abord étalés, puis brusquement rabattus vers le pédoncule, comme dans un autre genre de la même famille, le *Cyclamen*; les étamines sont au nombre de cinq, insérées à la gorge de la corolle; les filets sont très-courts et monadelphes par leur base, les anthères sagittées, étroites, aiguës, dressées et rapprochées les unes contre les autres, de manière à former une sorte de cône; l'ovaire est libre, ovoïde, à une seule loge contenant un trophosperme central, globuleux, recouvert dans toute sa surface d'une très-grande quantité d'ovules, et communiquant avec la base du style par un prolongement filiforme, qui se détruit peu de temps après la fécondation; le style est grêle, capillaire, de la même longueur que les étamines, et se termine par un stigmate simple et fort petit; la capsule est ovoïde, allongée, terminée en pointe et comme mamelonnée à son sommet, enveloppée par le calice qui est persistant; elle offre une seule loge, et s'ouvre seulement par son sommet au moyen de l'écartement des cinq petites dents qui forment son mamelon terminal, comme cela s'observe dans l'OEillet et un grand nombre de Caryophyllées.

Ce genre ne se compose que de deux espèces, qui l'une et l'autre sont originaires de l'Amérique septentrionale. Ce sont deux petites Plantes herbacées, ayant leurs feuilles toutes radicales, étalées en rosette ; leur tige nue ou hampe, terminée par un sertule ou ombelle simple, de fleurs élégantes et bleuâtres, accompagné à sa base d'un involucre formé de plusieurs folioles. La plus commune et la seule que l'on cultive dans nos jardins est la suivante :

DODÉCATHÉE DE VIRGINIE, *Dodecatheon Meadia*, L., Lamk., Ill., t. 99. Cette Plante est aussi connue sous le nom de Gyroselle. Elle est originaire de l'Amérique septentrionale. Sa racine est vivace ; ses feuilles radicales, étalées, obtuses, irrégulièrement dentées, rétrécies à leur base en une sorte de pétiole ; la hampe est dressée, cylindrique, haute d'environ un pied, se terminant par un sertule ou ombelle simple, de fleurs longuement pédonculées, réfléchies au sommet de leur pédoncule, ayant la corolle d'un bleu pâle, avec une tache verte à la base de chaque division ; les anthères sont linéaires, rapprochées en cône et d'un jaune doré. Cette jolie Plante, assez répandue dans les jardins dont elle fait l'ornement, se multiplie soit de graines que l'on sème aussitôt qu'elles sont mûres, soit par la séparation des racines.

La seconde espèce, *Dodecatheon integrifolium*, L., Pluckn., Alm., t. 79, f. 6, croît sur le bord des ruisseaux, dans les monts Allegany. Elle se distingue de la précédente par ses feuilles plus obtuses, entières, par ses ombelles composées d'un petit nombre de fleurs, et par son involucre dont les folioles sont linéaires.

(A. R.)

DODO. ois. *V.* DRONTE.

DODONÆA. bot. phan. Genre de la famille des Sapindacées, à l'une des sections de laquelle il peut servir de type et donne son nom. Il est ainsi caractérisé : calice composé de trois ou quatre, ou plus rarement cinq sépales à peu près égaux entre eux ; corolle nulle ; étamines à insertion hypogynique, au nombre de cinq à huit, dont les filets sont extrêmement courts, les anthères fixées au sommet de ces filets, allongées, légèrement arquées, à deux loges qui s'ouvrent dans le sens de la longueur ; style dressé, partagé à son sommet en deux ou trois lobes ; ovaire qui n'est supporté par aucun disque, triquètre, à trois loges dont chacune contient deux ovules attachés vers le milieu d'un axe central ; capsule de consistance membraneuse, relevée de deux ou trois ailes qui sont portées sur le dos d'autant de valves naviculaires, et partagée en deux ou trois loges par autant de cloisons qui alternent avec les ailes et restent fixées à l'axe ; graines dures, dont la forme est celle d'un sphéroïde comprimé, et dont l'embryon, contourné en spirale, a sa radicule située en dehors et dirigée vers le hile.

Ce genre se compose d'Arbrisseaux ordinairement visqueux, à feuilles alternes, simples, entières ou seulement marquées de quelques dents vers le sommet ; à fleurs disposées en grappes terminales et axillaires, accompagnées de bractées, souvent polygames ou même dioïques par avortement. De Candolle (dans son *Prodr. Syst. Regn. Veget.*) en cite dix-sept espèces, dont cinq moins connues et quelques-unes même rapprochées de ce genre avec doute ; cinq sont originaires d'Amérique, les autres de la Nouvelle-Hollande, des îles Sandwich, des Indes-Orientales, de l'île de Mascareigne, etc. La plus généralement connue est le *Dodonæa viscosa*, rencontré aussi dans le royaume d'Oware, et cultivé en orangerie dans quelques jardins. Il présente trois variétés complétement décrites par Kunth (*Nova Gen.* 5, pag. 133), qui en a fait connaître et figuré (*loc. cit.*, tab. 442) une seconde espèce originaire de Cumana. On peut aussi consulter pour les figures des diverses autres espèces de ce genre les ouvrages suivans : Cavanilles, *Ic.* 327. — Lamk., *Illustr.*, tab. 304.—Andrews, *Reposit.*, tab. 230. — Rudge, *in Trans. Lin. Soc.* II, tab. 19-20, etc.

(A. D. J.)

* DODONÆACÉES. *Dodonœaceœ.*
BOT. PHAN. Troisième section établie
par Kunth (*in Humb. Nov. Gen.* 5,
p. 130) dans la famille des Sapindacées, et qui peut-être forme une famille distincte. Voici ses caractères :
les pétales sont presque dépourvus
d'écailles à leur base ou manquent
entièrement; l'ovaire est à trois, plus
rarement à deux loges , contenant
chacune deux ovules; le fruit est vésiculeux ou dilaté en forme d'ailes;
l'embryon est contourné en spirale,
les cotylédons sont incombans. Cette
section se compose d'Arbustes non
grimpans, dont les feuilles sont simples ou composées. Les genres qui y
ont été réunis, sont les suivans :
Kœlhreuteria, Lamk.; *Llaguna*, R.
et P. (*Amirola*, Pers.); *Dodonœa*, L.;
Alectryon, Gaertn. *V.* SAPINDACÉES.
(A. R.)

DOFAU. MOLL. La Coquille décrite sous ce nom par Adanson serait
une espèce de Serpule, si l'on ne faisait attention qu'au test , tandis que
par l'Animal qu'elle renferme c'est
une espèce de Vermet. *V.* ce mot.
(D..H.)

DOFIA. BOT. PHAN. (Adanson.)
Syn. de Dirca. *V.* ce mot. (B.)

DOGLING ou **DOGLINGE.**
MAM. Le Cétacé désigné sous ce nom
est trop peu connu pour qu'on puisse
savoir si l'on a voulu désigner une
Baleine ou le Nord-Caper. On assure
que sa chair et son lard sont d'une
exécrable rancidité, et que son huile
est si pénétrante qu'elle passe à travers les tonneaux où on la renferme ,
et se communique à la peau des matelots qu'elle colore et rend infecte.
Ces rapports paraissent exagérés. (B.)

DOGUE. MAM. *V.* CHIEN.

DOGUE. BOT. PHAN. L'un des
noms vulgaires de la Patience, *Ru-
mex Patientia. V.* RENOUÉE. (B.)

DOGUETS. POIS. Les pêcheurs désignent sous ce nom la jeune et petite
Morue. (B.)

DOGUIN. MAM. *V.* CHIEN.

DOIGTIER. BOT. Nom barbare du

seizième genre de Champignons établi par Paulet , et formé aux dépens
des Clavaires des botanistes. On appelle aussi Doigtier la Digitale pourprée dans quelques provinces de
France. (B.)

DOIGT-MARIN. MOLL. L'un des
noms vulgaires du Manche-de-Coa-
teau. *V.* SOLEN. (B.)

* DOIGTS. ZOOL. Organes composés de phalanges qui terminent les
membres des Animaux des trois premières classes , c'est-à-dire des Mammifères, des Oiseaux et des Reptiles.
Dans les Mammifères , ils ne sont
jamais au-dessus de cinq , et n'ont
jamais plus de trois articulations ;
mais quelquefois ils n'en ont que
deux , et le nombre des Doigts n'est
pas toujours le même dans les membres antérieurs et dans les postérieurs.
Les Doigts ont fourni d'excellens caractères quand on ne les a pas pris
pour base unique de classification.
Klein , en fondant sa méthode exclusivement sur leur nombre , a rompu
tant de rapports et formé des rapprochemens si peu naturels, qu'il n'a
pas vu adopter ses idées , tandis que
Linné, qui ne vit dans les Doigts que
des caractères génériques, subordon-
nés au reste de l'organisation , a
mieux réussi. Le naturaliste de Kœ-
nigsberg divisait les Mammifères en
Ongulés , *Ungulata* , dont les Doigts
sont environnés par l'ongle ; et en
Digités, *Digitata*, dont l'ongle n'environne pas les Doigts. Chacun de ces
ordres contient des sections établies
d'après le nombre des Doigts ; ainsi,
parmi les Ongulés , sont les Mono-
chelons (Solipèdes) et les Dichelons
(les Ruminans, moins les Chameaux
et les Cochons). Parmi les Digités ,
l'on trouve les Didactyles (Chameaux),
les Tridactyles (les Fourmiliers et les
Paresseux), les Tétradactyles (les Tatous et les Cabiais) et les Pentadac-
tyles (les Chiens , les Chats , la plupart des Rongeurs , etc.)
On a quelquefois appelé Monodac-
tyles les Animaux qui répondent aux
Monochelones de Klein, et Fissipèdes

ceux qui sont ses Digités. Ces dénominations ne sont plus d'usage. Dans ceux des Mammifères où les Doigts sont munis d'ongles aigus et tranchans, ces Doigts deviennent de puissantes armes. Dans les Bimanes et dans plusieurs Quadrumanes, ils sont les parties du corps dans lesquelles le tact se développe au plus haut degré, et s'il n'est pas exact d'établir qu'alors ils contribuent entièrement à la perfection intellectuelle, il serait mal à propos de qualifier d'absurdes, les idées de ce philosophe qui vit, dans l'organisation de la main, la cause de la supériorité humaine. Il y a indubitablement du vrai dans les idées d'Helvétius à cet égard, et conclure des assertions de ce grand homme qu'il a prétendu dire qu'un manchot de naissance ne serait qu'un Animal, c'est prouver qu'on ne l'a pas compris. Quoi qu'il en soit, sans donner aux Doigts plus d'importance qu'ils n'en ont dans l'organisation animale, nous répéterons qu'ils fournissent d'excellens caractères génériques. Souvent ils s'oblitèrent de manière à former l'aile non-seulement dans les Oiseaux, mais encore dans les Mammifères, ainsi qu'on le voit dans les Vespertilionnées; d'autres fois, unis par une membrane solide et moins développée que celle qui les lie dans la main de la Chauve-Souris, ils passent insensiblement à l'état de nageoires, comme dans les Phoques et les Cétacés. (B.)

Dans les Oiseaux, ils ne sont visibles qu'aux extrémités inférieures; aux supérieures, ils sont cachés sous la peau et servent d'attache aux principales rémiges. Les Doigts varient tellement dans le nombre, la longueur et la forme, qu'ils fournissent, comme chez les Mammifères, les meilleurs caractères pour les distinctions génériques; ils sont composés de deux, trois, quatre ou cinq phalanges, presque toujours terminées par un ongle dont la dimension et la courbure sont susceptibles aussi de grandes modifications; ils sont les organes de la station, et la puissance musculaire y est

si grande que la plupart des espèces restent inébranlablement perchées pendant la durée du sommeil sur une très-faible branche autour de laquelle les Doigts s'enroulent; ils sont au nombre de quatre dans beaucoup d'Oiseaux, et alors leur position est susceptible de varier, c'est-à-dire qu'il peut s'en trouver trois devant et un derrière, ou deux devant et deux derrière: dans le premier cas, on distingue les antérieurs en interne, en intermédiaire et en externe; le postérieur, que l'on nomme aussi pouce, surpasse quelquefois en longueur l'intermédiaire, quelquefois aussi il est presque nul; dans le second cas, il ne peut y avoir que des internes et des externes, toujours respectivement à la position du corps; mais on observe que dans la plupart des espèces, l'un des deux Doigts postérieurs est versatile, c'est-à-dire qu'il peut au besoin se porter en avant; cette même faculté est aussi accordée au pouce dans quelques espèces qui ont trois Doigts en devant. Enfin d'autres espèces ont naturellement les quatre Doigts en devant. Il est des Oiseaux chez lesquels le pouce est totalement oblitéré, où on n'en trouve pas le moindre vestige. Ceux-là n'ont que trois Doigts; il en est d'autres (mais les cas sont extrêmement rares et pourraient même tolérer l'idée d'un oubli de la part de la nature) où l'oblitération porte sur l'un des Doigts de devant; ceux-là ont deux Doigts devant et un derrière; une seule espèce, l'Autruche, n'a que deux Doigts et tous deux en devant. Le Doigt intermédiaire s'articule sur la portion moyenne de l'extrémité du tarse, il est généralement composé de trois phalanges; le Doigt externe s'articule sur le bord extérieur de l'extrémité du tarse, souvent il n'a que deux phalanges de même que le Doigt interne dont la position est semblable, mais à l'intérieur; l'articulation du pouce où le nombre des phalanges ne surpasse point deux, se trouve à une élévation plus ou moins grande, sur la partie postérieure du bord interne du tarse. Lorsque cet organe prend son attache sur le côté du tarse, il devient versatile et se porte facilement en devant. Les Doigts sont ou libres ou réunis par une membrane qui souvent les lie entre eux depuis l'articulation jusqu'aux ongles ; cette membrane présente une forte rame dont l'Oiseau se sert admirablement à la surface comme au sein des eaux ; quelquefois les Doigts sont simplement garnis de chaque côté ainsi qu'au point d'articulation d'un prolongement membraneux plus ou moins large, souvent découpé régulièrement ou finement dentelé ; enfin la plupart des Oiseaux, quoiqu'ils ne soient point destinés à nager, ont à l'origine des Doigts une petite membrane qui les soude entre eux à des articulations différentes ou à des hauteurs différentes de la même articulation. Les Doigts sont nus ou garnis totalement ou en partie de duvet et quelquefois de plumes sous lesquelles ils sont entièrement cachés ; les Doigts nus ont assez souvent la peau lisse ; souvent aussi elle est écailleuse et même verruqueuse. Peu d'Oiseaux emploient les Doigts à la préhension ; néanmoins les Accipitres et les Perroquets principalement prouvent qu'ils peuvent en faire usage avec beaucoup d'adresse, et surtout les faire utilement tourner à leur défense à l'aide des ongles qui les terminent.   (DR..Z.)

Dans les Reptiles, les Doigts, considérés isolément, ne peuvent, comme dans les deux classes précédentes, fournir des caractères de genres de première valeur ; mais ils n'en méritent pas moins une sérieuse attention, parce qu'associés à d'autres caractères, ils complètent les moyens de bien isoler les groupes génériques. Dans quelques-uns de ces Animaux, tels que les Reinettes et les Geckos, ils sont munis de pelotes à l'aide desquelles ces Reptiles peuvent courir avec solidité et sécurité contre les surfaces les plus polies, auxquelles ils s'appliquent par un mécanisme analogue à celui de la ven-

touse. Dans les Caméléons, les Doigts disposés à peu près comme ceux des Perroquets ou des Pics, entre les Oiseaux, facilitent la préhension circulaire sur les rameaux des Arbres qu'habitent ces singuliers Reptiles. Comme dans les Mammifères, on voit quelquefois ces Doigts, munis de membranes, devenir des ailes dans les Ptérodactyles ou des nageoires dans les Ichthiosaures ; mais la nature n'offre de tels exemples que dans les monumens d'une antique création, dont il n'existe plus que des témoins pétrifiés. *V.* PTÉRODACTYLE et ICHTHIOSAURE.   (B.)

DOKHAN. BOT. PHAN. Delile rapporte que les Arabes ont donné au Tabac ce nom qui signifie fumée, à cause de l'usage qu'on fait des feuilles de la Plante.   (B.)

DOKHN. BOT. PHAN. (Delile.) *V.* DOCHON.

DOLABELLE. *Dolabella.* MOLL. Pendant long-temps, on ne connut de ce genre que la figure de Rumph ou seulement la Coquille. Les auteurs qui précédèrent Lamarck, probablement embarrassés pour placer dans le système un corps d'une forme si singulière, aimèrent mieux ne point en parler. Lamarck cependant, quoiqu'il ne connût alors que la Coquille, établit ce genre dans le Système des Animaux sans vertèbres, 1801 ; et, d'après les seules inductions et les seuls rapports que ce corps intérieur lui donna, il le plaça dans l'ordre le plus convenable, celui qui a été adopté généralement, depuis même que la connaissance de l'Animal aurait pu infirmer l'opinion du célèbre professeur. C'est Cuvier qui donna le premier une description exacte de l'Animal (Annales du Mus. T. v, p. 435, pl. 29, fig. 1, 2, 3, 4). Péron l'avait observé et recueilli à l'Ile-de-France et en avait fait connaître en partie les habitudes et les mœurs ; tout cela a dû nécessairement changer ou au moins ajouter aux caractères génériques donnés d'abord par Lamarck, et qu'il a lui-même réformés. Les voici tels qu'il les a donnés dans l'Histoire des Animaux sans vertèbres (T. vi, 2ᵉ partie, p. 40) : corps rampant, oblong, rétréci en avant, élargi à la partie postérieure, où il est tronqué obliquement par un plan incliné et orbiculaire, ayant les bords du manteau repliés et serrés sur le dos. Quatre tentacules demi-tubuleux, disposés par paires; opercule des branchies renfermant une coquille, recouvert par le manteau, et situé vers la partie postérieure du dos; anus dorsal, placé après les branchies, au milieu de la facette orbiculaire; coquille oblongue, un peu arquée, en forme de doloire, plus étroite, épaisse, calleuse et presque en spirale d'un côté; de l'autre, plus large, plus aplatie et plus mince. Les Dolabelles ont tant de rapports avec les Laplysies qu'on serait porté à réunir les deux genres. Il existe cependant entre l'un et l'autre des différences assez considérables pour qu'on doive les conserver. En effet, toutes les Laplysies sont pourvues de nageoires, ou, pour mieux dire, leur manteau, s'élargissant sur les côtés, devient par cette modification un moyen de natation dont les Dolabelles sont dépourvues : aussi sont-elles stationnaires, rampantes, et se cachent-elles le plus souvent sous une légère couche de sable ou de vase, ce qu'elles peuvent faire avec d'autant plus de facilité qu'un tube assez allongé et saillant porte l'eau nécessaire à la respiration sur les branchies. Un autre caractère distinctif, c'est la forme et la nature du rudiment de coquille ou de l'espèce de bouclier qui recouvre et qui protège les organes de la respiration; dans les Laplysies, la coquille est membraneuse ou cartilagineuse et non spirale; dans la Dolabelle, elle est calcaire et subspirale. Quoiqu'il n'y ait encore qu'un petit nombre d'espèces connues, il y a néanmoins sur elle de la dissidence. La *Dolabella Rumphii* de Cuvier et de Lamarck est pour Blainville la *Dolabella Peronii*, regardant la Dolabelle figurée

par Rumph comme une espèce distincte et qui aurait été confondue par ces deux naturalistes avec celle figurée dans les Annales du Muséum (T. v, p. 435, pl. 29, fig. 1 à 4), rapportée par Péron et décrite par Cuvier. L'idée de Blainville nous semble juste, surtout si la figure nᵒ 5, pl. 10, de Rumph (*Thesaurus imagin.*, etc.) est faite avec l'exactitude désirable; nous avons remarqué également quelques différences dans la forme de la coquille; celle figurée par Rumph (*loc. cit.*, pl. 40, fig. 12) est calleuse au sommet et moins en spirale que la Dolabelle de Péron; il est vrai que celle figurée par Cuvier n'avait point encore acquis son volume, ce qui rend la détermination plus difficile. Blainville (Dict. des Sc. Nat.) a bien saisi les différences caractéristiques des espèces qu'il cite : aussi nous allons suivre les déterminations qu'il en donne.

DOLABELLE DE PÉRON, *Dolabella Peronii*, Blainville, Dict. des Sc. Nat., nᵒ 1. Cuvier (Annales du Muséum, T. v, pl. 29, fig. 1, 2, 3, 4) et Lamarck ont confondu cette espèce avec celle de Rumph. La Dolabelle de Péron n'a que trois ou quatre pouces de longueur; tout son corps est couvert de petits tubercules charnus. La coquille est toute calcaire, petite, et présente au moins un tour et demi de spire; son sommet n'est presque pas calleux. Cette Dolabelle a l'habitude de s'enfoncer un peu dans la vase et de s'y tenir en repos; c'est probablement le moyen de tromper sa proie qui l'approche sans défiance, et d'éviter de devenir celle d'autres Animaux par la difficulté que l'on a à l'apercevoir, même dans les eaux les plus basses.

DOLABELLE LISSE, *Dolabella lævis*, Blainv., *loc. cit.*, nᵒ 2; Dolabelle fragile, *D. fragilis*, Lamk., Anim. sans vert. T. vi, 2ᵉ partie, p. 42, nᵒ 2. Celle-ci, que Blainville a observée au Muséum Britannique, se distingue facilement de la précédente d'abord par sa peau lisse, par sa forme du corps plus renflé, et surtout par la coquille qui, au lieu d'être calcaire, est submembraneuse, ce qui est un motif de plus pour tenir voisins les genres Laplysie et Dolabelle. Cette coquille membraneuse est en forme de hache et semblable en cela à celles des Dolabelles calcaires.

DOLABELLE CALLEUSE, *Dolabella Rumphii*, Lamk., Anim. sans vert. T. VI, 2ᵉ part., p. 41, n. 1. Rumph (*Thes. imag. Pisc.*, etc., pl. 10, n° 5) nomme cet Animal *Limax marina*, et donne la dénomination d'*Operculus callorum* à la Coquille, pl. 40, fig. 12 du même recueil, ne sachant pas probablement qu'elle appartenait à un Mollusque précédemment figuré par lui-même. Nous avons fait représenter cette espèce dans l'Atlas de ce Dictionnaire, d'après un bel individu de notre collection. Il serait difficile d'affirmer que la Coquille figurée par Rumph, pl. 40, appartient réellement à l'Animal représenté pl. 10; pourtant cela paraît probable, puisque ces deux corps ont été recueillis dans les mêmes eaux. Elle se distingue des précédentes, et surtout de la première, par une moins grande étendue du disque postérieur, par le manteau plus ample, par un tube respiratoire plus long et enfin par la coquille en forme de doloire, d'un tour de spire au plus, dont le sommet est terminé par une callosité quelquefois fort grande. Ce rudiment de coquille est souvent revêtu à la face dorsale d'une couche cornée jaunâtre, qui s'amincit beaucoup vers les bords; le reste de la coquille est calcaire; elle a quelquefois plus de deux pouces de longueur.

(D.-H.)

* DOLABRIFORME. *Dolabriformis*. BOT. PHAN. En forme de doloire. Les feuilles du *Mesembryanthemum dolabriforme* offrent cette figure. Elles sont épaisses, charnues, d'abord cylindriques, puis aplaties au sommet qui est recourbé en faucille.

(A. R.)

DOLÈRE, *Dolerus*. INS. Genre de l'ordre des Hyménoptères, section des Térébrans, famille des Porte-Scies, tribu des Tenthrédines (Règn.

Anim. de Cuv.), établi par Jurine aux dépens des Tenthrèdes de Latreille. Ce dernier observateur lui assigne pour caractères : antennes simples dans les deux sexes, filiformes ou sétacées, de neuf articles; deux cellules radiales et trois cellules cubitales. Jurine divise ce genre en deux sections, de la manière suivante :

† Deux cellules radiales égales; trois cellules cubitales; la première petite, arrondie; la deuxième très-longue, recevant les deux nervures récurrentes; la troisième atteignant le bout de l'aile; mandibules à quatre dents; antennes sétacées, composées de neuf anneaux. A cette section appartiennent l'*Hylotoma Eglanteriæ* de Fabricius, et les *Tenthredes Germanica, gonagra, opaca, tristis, nigra*.

†† Cellules radiales; de même trois cellules cubitales; la première allongée, recevant la première nervure récurrente, et la seconde cellule la seconde nervure; mandibules émarginées, légèrement bidentées; antennes de même. Ici se placent les *Tenthredes tibialis, rufa* de Panzer, *togata* de Fabricius, et une espèce nouvelle désignée sous le nom de *Dolerus cinctus*, et qu'il représente (*loc. cit.*, pl. 6).

(AUD.)

DOLÉRINE. MIN. Nom proposé par Jurine, pour une roche que l'on trouve en abondance au pied du Mont-Blanc, et qui paraît de nature analogue à celle de la Protogyne. La distinction qui en a été faite par ce savant, n'a point encore été adoptée par les géologistes.

(G. DEL.)

* DOLÉRITE. MIN. Basalte granitoïde; Roche composée essentiellement de Pyroxène et de Feldspath, à texture grenue ou porphyroïde, à cassure raboteuse, d'une couleur noirâtre ou grisâtre, mêlée de points d'un blanc sâle, et qui n'a été observée que dans les terrains ignées les plus anciens. Elle repose ordinairement sur le Basalte, auquel elle passe insensiblement, à mesure que ses principes composans deviennent indiscernables à la vue simple. Les parties accidentelles qu'on y rencontre, sont le Fer titané, le Péridot, l'Amphibole, et plus rarement le Mica et l'Amphigène. On distingue deux variétés de Dolérite : α la Dolérite porphyroïde, formée d'une pâte de Feldspath gris, enveloppant des Cristaux de Pyroxène ; elle fait partie du Graustein de Werner ; β la Dolérite granitoïde, composée de Cristaux de Feldspath et de Pyroxène entrelacés les uns dans les autres. Cette dernière se trouve à la cime du mont Meisner, en Hesse, où elle recouvre le Basalte qui forme le plateau de cette montagne. Ménard de la Groye en a observé une qui présentait, selon lui, des indices de fusion et même de coulée, au volcan éteint de Beaulieu, près d'Aix en Provence. *V.*, pour l'histoire plus détaillée de cette Roche, le mot GÉOLOGIE.　　　　　　　(G. DEL.)

DOLIC. *Dolichos.* BOT. PHAN. Famille des Légumineuses et Diadelphie Décandrie, L. Ce genre était confondu avec les *Phaseolus* par Tournefort. Il en fut distingué par Linné qui lui assigna les caractères suivans : calice court à quatre dents, dont la supérieure est bifide ; étendard de la corolle muni à la base de deux callosités qui compriment les ailes par-dessous ; carène non contournée en spirale comme dans les Haricots ; légume oblong, polysperme, de formes variées ; semences réniformes ou presque arrondies, ayant un hile latéral très-étendu. Dans la germination les lobes de l'embryon sont distincts des feuilles séminales. Les nombreuses espèces que renferme ce genre sont herbacées et ressemblent beaucoup aux *Phaseolus* ou Haricots. La plupart sont volubiles, et portent des feuilles ternées pétiolées, à stipules distinctes du pétiole, à folioles articulées et munies de barbes stipulaires. Les légumes du Dolic, affectant des formes diverses, quelques auteurs se sont servis de cette diversité pour établir de nouveaux genres. Ainsi, Adanson a constitué le genre *Botor* avec le *Dolichos tetragonolobus* de Lin-

né. Mœnch a également formé deux genres particuliers avec les *D. Lablab* et *D. Soja*, L., en employant comme génériques les noms de ces espèces. Dans le Journal de Botanique, Du Petit-Thouars a fait connaître un genre *Canavali*, dont une espèce était le *Dolichos gladiatus* de Jacquin. Enfin le genre *Stizolobium* de Browne et Persoon renferme les *Dolichos urens*, *D. pruriens*, *D. altissimus* de Linné, et se trouve être le même que le *Mucuna* d'Adanson, ou le *Negretia* de Ruiz et Pavon. *V.* tous ces mots ainsi que les précédens. Quelques-uns de ces genres nouveaux, et principalement le dernier, paraissent devoir être adoptés ; mais si l'on retranche des Dolics ceux dont Mœnch a fait ses genres *Lablab* et *Soja*, il ne sera plus guère possible de dire quels sont les vrais types du genre. La plupart des Dolics sont indigènes des pays les plus chauds du globe. On en rencontre principalement dans les contrées orientales où quelques espèces sont cultivées pour des usages alimentaires. Dans le grand nombre d'espèces que l'on a décrites, et qui ont été distribuées en deux sections selon qu'elles possèdent une tige volubile ou une tige couchée, nous choisirons les deux Plantes de ce genre qui offrent le plus d'intérêt et d'utilité, pour en donner un courte description.

Le DOLIC D'ÉGYPTE, *Dolichos Lablab*, L., a des tiges cylindriques, sarmenteuses et s'entortillant autour des supports qu'elles rencontrent ; ses feuilles sont composées de trois folioles ovales obrondes, acuminées, pétiolées, glabres sur leur milieu, et pubescentes vers les bords. Au sommet du pétiole commun se trouvent deux filets stipulaires plus longs que dans aucune autre espèce. Les fleurs sont disposées en grappes terminales et panachées de pourpre et de violet, quelquefois entièrement blanches ; les légumes sont glabres, en forme de sabre recourbé, et contiennent un petit nombre de graines noires ou rougeâtres, et remarquables par leur ombilic allongé. Cette Plante croît naturellement en Egypte, où les habitans mangent ses graines que l'on dit être aussi agréables que nos Haricots. Il est malheureux que notre climat ne soit pas assez chaud pour que la maturité de ces graines puisse s'achever ; car cette espèce n'est jusqu'à présent qu'une Plante de curiosité cultivée dans nos jardins de botanique.

Le Dolic du Japon, *Dolichos Soja*, L., figuré dans Kœmpfer (*Amœn. exot.*, t. 838), a une tige droite non volubile, haute de cinq à six décimètres, striée supérieurement et chargée de poils roussâtres ; ses feuilles sont composées de trois folioles ovales, obtuses et molles ; les fleurs, petites et purpurines, sont disposées en grappes courtes, droites et axillaires ; les légumes sont pendans, comprimés, pointus, contenant un petit nombre de graines, et recouverts de poils roussâtres fort nombreux. Cette espèce croît au Japon et dans les Indes-Orientales. Les Japonais préparent avec les semences de cette Plante une sorte de bouillie qui leur tient lieu de beurre de vache, et qu'ils nomment *Miso;* elle leur sert aussi à faire une sauce célèbre dans la cuisine de ces peuples, et à laquelle ils donnent le nom de *Soo-ju. V.*, pour les détails de leur préparation, les Aménités exotiques de Kœmpfer, p. 839.   (G..N.)

* **DOLICHANGIS.** BOT. PHAN. Nom proposé par Du Petit-Thouars (Hist. des Orchidées des îles australes d'Afrique) pour une Plante de la section des Épidendres et du groupe qu'il nomme *Angorchis*, et qui correspond à l'*Angræcum* des auteurs. Cette espèce, figurée (*loc. cit.*, tab. 66) sous les noms de *Dolichangis* et d'*Angræcum sesquipedale*, croît dans l'île de Madagascar où elle fleurit au mois d'août. Ses fleurs sont très-grandes et de couleur blanche.   (G..N.)

* **DOLICHLASIUM.** BOT. PHAN. Genre de la famille des Synanthérées, Corymbifères de Jussieu, et de la Syngénésie égale, L., établi par Lagasca qui l'a placé dans son ordre des Ché-

nantophores, et lui a assigné les caractères suivans : involucre obovoïde-oblong et formé de folioles nombreuses, lancéolées, imbriquées et étalées ; capitule sans rayons, composé de plusieurs fleurs hermaphrodites, et dont les corolles sont labiées et ont la lèvre inférieure bipartite et roulée; anthères munies d'appendices basilaires sétacés extrêmement longs ; réceptacle plane et sans appendices ; akènes amincis supérieurement en un col que surmonte une aigrette formée de soies plumeuses. Ce genre a été rapporté par De Candolle (Ann. du Muséum, vol. 17) au groupe des Labiatiflores, et doit être placé entre le *Chaptalia* et le *Perdicium*. Selon Cassini, il fait partie de la tribu des Mutisiées, et doit aller près du *Leria*. Lagasca n'en a fait connaître qu'une seule espèce, qu'il a nommée *Dolichlasium glanduliferum*, mais il n'en a pas indiqué la patrie. C'est une Plante herbacée, couverte de glandes, et qui ressemble par son port au *Mutisia;* ses feuilles sont alternes, pinnées ou profondément pinnatifides ; ses fleurs en capitules, très-grandes, solitaires et terminales.   (G..N.)

DOLICHOPE. *Dolichopus.* INS. Genre de l'ordre des Diptères, famille des Tanystomes, tribu des Dolichopodes, établi par Latreille, et dont les caractères sont : trompe courte, bilabiée et charnue ; suçoir de plusieurs soies ; palpes souvent plats, saillans et couchés sur la trompe; antennes de trois pièces, dont la seconde et la troisième ordinairement réunies et paraissant n'en former qu'une ; la dernière, la plus grande, globuleuse, ovale ou en fuseau, comprimée; une soie latérale ou apicale.

Ces Insectes ont été rangés par Linné et Fabricius dans le genre Mouche. Degéer et Harris, les premiers, les en ont distingués. Degéer a placé la seule espèce qu'il a décrite dans ses Némotèles, et Harris (*An Exposition of English Insects*) en a fait une division dans le genre Mouche, et en a décrit et figuré sept espèces , tab. 47 , *Musca Ord*. 5, sect. 3, p. 157. Cuvier (Journ. d'Hist. Natur., Paris , 1792 , T. II , p. 253) a senti la nécessité de former un genre de ces Insectes ; il en décrit quatre espèces.

Les Dolichopes ont le corps orné de couleurs assez brillantes ; il est allongé et comprimé latéralement ; leur tête est verticale, de la largeur du corselet, avec les yeux grands ; leur corselet est élevé ; les ailes sont grandes, horizontales, couchées l'une sur l'autre ; leur abdomen est conique, allongé, courbé en dessous dans les mâles dont les organes générateurs sont souvent extérieurs ; leurs pates sont longues, menues et ciliées ; les tarses ont trois petites pelotes. Ces Insectes se distinguent des Syrphes , des Sargues, des Thérèves , des Mulions et des Téphrites par les pates qui sont courtes dans ces genres.

Les Dolichopes sont des Insectes répandus partout. Les uns se tiennent près des lieux humides , courant à terre et quelquefois sur la surface des eaux. Les autres fréquentent les murs et les tiges des Arbres ; ils marchent avec vitesse pour chercher les petits Insectes dont ils font leur nourriture. Latreille a vu le Dolichope Muselier dilater singulièrement les lèvres de sa trompe pour avaler un Acarus vivant. Degéer a fait connaître la larve du Dolichope à crochets. Il l'a trouvée en mai dans la terre ; elle est cylindrique , blanche , longue d'environ huit lignes , divisée en douze anneaux, et pointue ou conique en devant ; sa tête est de figure variable, ordinairement enfoncée dans le premier anneau du corps , et présente, lorsqu'elle est allongée , deux tubercules bruns et raboteux, se fermant et s'ouvrant comme des mâchoires, et qui communiquent à deux tiges internes ; ces tiges s'étendent jusqu'au troisième anneau où elles s'élargissent et suivent le mouvement des mâchoires. On remarque une petite pièce triangulaire noire au premier anneau , et une petite pointe entre les mâchoires. L'extrémité postérieure du corps est garnie de quelques plis,

comme un peu renflée ; et se termine par deux grandes pointes en forme de crochets courbés en dessous. A quelque distance des crochets sont deux éminences charnues , coniques, ayant au côté interne un point roux , que Degéer présume être les stigmates , puisqu'ils ont communication avec deux vaisseaux d'un blanc argenté qui s'étendent le long du dos, sous la peau , et que tout dénote être des trachées. Les anneaux ont en dessous des éminences charnues qui remplacent peut-être les pates. Le 4 juin, une de ces larves se transforma en une nymphe d'un blanc un peu jaunâtre, longue de trois lignes, beaucoup plus courte et plus grosse que la larve. On lui distinguait la tête, le corselet, le ventre, les fourreaux des ailes et les pates qui s'étendent sous le ventre. Cette nymphe paraissait être d'un naturel inquiet, ayant toujours l'abdomen en mouvement et se roulant sans cesse. L'Insecte parfait quitta sa dépouille le 27 du même mois.

Les organes sexuels des mâles sont très-compliqués et varient pour la forme autant qu'il y a d'espèces. Les figures de Degéer et de Cuvier (*loc. cit.*) pourront donner à cet égard une idée plus nette, que ne le ferait une description. La figure des antennes varie aussi suivant les espèces et surtout suivant les sexes. Les mâles les ont communément plus longues. Ces considérations donnent le moyen de faciliter l'étude de ce genre, en y faisant les sections suivantes :

† Antennes de la longueur de la tête au moins ; le dernier article fort allongé, avec une soie au sommet. — Les Platypèzes et les Callomyes de Meigen.

†† Antennes plus courtes que la tête : le premier article très-apparent, assez allongé ; le troisième trigone avec une soie vers sa base.

††† Antennes sensiblement plus courtes que la tête ; le premier article très-petit , peu distinct ; le dernier trigone avec une soie apicale.

L'espèce que nous allons décrire

appartient à la troisième division, c'est le DOLICHOPE A CROCHET, *D. ungulatus*; *Musca ungulata*, L., D. 156; la Némotèle bronzée, Degéer. Soie des antennes latérale; corps vert ou d'un vert bronzé; ailes sans taches; pates en partie d'un rouge livide. Longueur de trois à quatre lignes. Cette espèce est très-commune.

         (G.)

DOLICHOPODES. *Dolichopoda.* INS. Tribu de l'ordre des Diptères, famille des Tanystomes, établie par Latreille et ayant pour caractères: dernier article des antennes sans division; trompe formant tantôt un museau court et obtus, tantôt un bec court et avancé; palpes en forme de lame aplatie, couchés sur elle; dernier article des antennes en palette, avec une soie allongée; ailes toujours couchées sur le corps; pieds longs et grêles. Elle comprend les genres Dolichope, Platypèze, Callomye et Orthochile. *V.* ces mots. (G.)

DOLICHOS. BOT. PHAN. *V.* DOLIC.

DOLICHURE. *Dolichurus.* INS. Genre de l'ordre des Hyménoptères, section des Porte-Aiguillons, famille des Fouisseurs (Régn. Anim. de Cuv.), établi par Maximilien Spinola, et adopté par Latreille. Ses caractères sont: mandibules très-dentées; mâchoires et lèvres ne formant pas de fausse trompe; palpes maxillaires sétacés beaucoup plus longs que les labiaux et presque en forme de soie; antennes insérées près de la bouche, à la base d'un chaperon très-court et fort large; abdomen ovoïdo-conique, court et tenant au tronc par un pédicule brusque, mais très-petit. Les Dolichures ressemblent aux Pompiles par la forme des mâchoires, de la lèvre et des palpes; mais ils s'en éloignent par leurs mandibules et par leur abdomen pédiculé; sous ce rapport ils avoisinent les Sphex et les Ammophiles.

Spinola a le premier signalé l'espèce unique qui fait le type de ce nouveau genre; c'est le DOLICHURE TRÈS-NOIR, *D. ater.* On le trouve en Italie et dans quelques points de la France. Basoche l'a souvent rencontré dans le département du Calvados. Latreille pense que la femelle dépose ses œufs dans les vieux bois. (AUD.)

DOLICOLITE. ZOOL. FOSS. Bertrand, dans son Histoire des Fossiles, dit que ce nom a été donné tantôt à des vertèbres de Poissons fossiles, tantôt à des articulations d'Encrines ou Crinoïdes également à l'état fossile.

        (LAM..X.)

DOLIOCARPE. *Doliocarpus.* BOT. PHAN. Genre de la famille des Dilléniacées et de la Polyandrie Monogynie, L., auquel Gmelin a réuni le *Calinea* d'Aublet, et plus récemment, le professeur De Candolle y a joint, mais avec doute, le *Soramia* du même auteur. Voici les caractères du genre *Doliocarpus*, tels qu'ils sont exposés dans le premier volume du *Systema Naturale*. Son calice est formé de cinq sépales persistans, concaves et inégaux; la corolle se compose de trois à cinq pétales arrondis. Les étamines sont nombreuses; leurs filets sont dilatés au sommet. L'ovaire est globuleux, terminé par un style le plus souvent recourbé. Le fruit est une baie charnue, indéhiscente, à une seule loge qui contient deux graines arillées.

Ce genre se compose de quatre espèces originaires de l'Amérique méridionale. Ce sont des Arbustes ordinairement sarmenteux, ayant le port des *Tetracera*, genre auquel Willdenow les avait réunis. Ces quatre espèces sont: 1° le *Doliocarpus Solandri*, D. C., Syst. 1, p. 405, qui croît à Surinam et se distingue par sa tige grimpante, par ses feuilles oblongues, acuminées, dentées vers le sommet, par ses fleurs dont la corolle est tripétale et qui sont portées sur des pédoncules latéraux et uniflores; 2° *Doliocarpus strictus*, D. C. (*loc. cit.*), dont la tige est dressée, roide, les feuilles ovales, lancéolées, dentées, réfléchies; les fleurs terminales et également à trois pétales. Elle croît aussi à Surinam; 3° *Doliocarpus Ca-*

linea, Gmel., D.C. (*loc. cit.*); *Calinea scandens*, Aubl., Guian. 1, p.
556, tab. 221. Sa tige est grimpante,
ses feuilles oblongues, acuminées,
très-entières, ses fleurs tripétales
portées sur des pédoncules latéraux
et multiflores. Elle est originaire des
forêts de la Guiane; 4° *Doliocarpus
Soramia*, D.C. (*loc. cit.*); *Soramia
Guianensis*, Aubl., Guian. 1, p.
552, tab. 219. *V.* SORAMIE. (A.R.)

DOLIOLUM. ÉCHIN. Ce nom a
quelquefois été donné par des oryctographes à des articulations cylindriques de Crinoïdes ou Encrines fossiles.   (LAM..X.)

DOLIQUE. *Dolichus.* INS. Genre
de l'ordre des Coléoptères, section
des Pentamères, famille des Carnassiers, tribu des Carabiques, division
des Téronies (Règn. Anim. de Cuv.),
établi par Bonelli. Leur corselet est
plus étroit que les élytres; leurs palpes
sont filiformes, et le troisième article
des antennes est évidement plus
court que les deux précédens pris
ensemble.

Ce genre a pour type le *Carabus
flavicornis* de Fabricius. On doit y
rapporter aussi son *Carabus angusti-
collis* figuré par Panzer, *Fauna Ins.
Germ. fasc.* 83, tab. 9.   (AUD.)

DOLIUM. MOLL. *V.* TONNE.

DOLOMÈDE. *Dolomedes.* ARACHN.
Genre de l'ordre des Pulmonaires,
famille des Aranéides ou Fileuses,
tribu des Centigrades (Règn. Anim.
de Cuv.), établie par Latreille qui
lui assigne pour caractères : yeux représentant, par leur ensemble, un
quadrilatère un peu plus large que
long, disposés sur trois lignes transverses, dont l'antérieure formée de
quatre, et les deux autres de deux
chacune; les deux postérieurs situés
chacun sur une petite élévation; la
seconde paire de pieds aussi longue
ou plus longue que la première. Walckenaer (Tabl. des Aranéides, p. 15)
place ce genre dans la division des
Araignées coureuses, et le caractérise de la manière suivante : huit

yeux inégaux entre eux, sur trois lignes occupant le devant et les côtés
du corselet; lèvre courte, carrée,
aussi large que haute; mâchoires
droites, écartées, plus hautes que
larges : pates longues et fortes; la
quatrième paire est la plus longue; la
seconde l'est un peu plus que la première; la troisième est la plus courte.

Les Dolomèdes, rangés parmi les
Araignées-Loups, s'en éloignent sous
plusieurs rapports; ils courent et
chassent de même qu'elles leur
proie. A l'époque de la ponte seulement, ils construisent à l'entour des
Plantes une toile, dans l'intérieur de
laquelle ils déposent leur cocon et
le gardent assidument ainsi que leurs
petits, long-temps après qu'ils sont
éclos. Lorsqu'on les menace, ils emportent leur cocon fixé sous le corselet. Latreille partage ce genre en
deux sections, que Walckenaer convertit en famille.

† Les RIVERINES, *Ripariæ :* corselet allongé; abdomen ovale, arrondi à son extrémité; yeux de la
ligne antérieure égaux; mâchoires
à côté interne convexe. A cette division, appartiennent des espèces habitant le bord des eaux et courant à
leur surface avec beaucoup de vitesse
et sans se mouiller. Les femelles fabriquent, pour leurs œufs, une toile
irrégulière qu'elles placent entre les
branches des Végétaux situés près du
lieu qu'elles habitent; elles y placent
leur cocon et les gardent avec constance jusqu'à ce que les petits soient
éclos; tels sont:

Le DOLOMÈDE BORDÉ, *D. marginatus*, ou l'*Aranea marginata* de Degéer
(Mem. Ins. T. VII, p. 281, pl. 16,
fig. 13-14) qui a figuré les yeux postérieurs beaucoup plus gros que les
autres; mais c'est une erreur qui tient
à ce que ces yeux sont effectivement
posés sur une éminence noire, que le
dessinateur aura prise pour les yeux
mêmes. Cette espèce est la même que
l'*Aranea nudata* de Clerck (pl. 5,
tab. 1).

Le DOLOMÈDE ENTOURÉ, *D. fimbriatus*, ou l'*Aranea fimbriata* de

Linné, et l'*Aranea paludosa* de Clerck (p. 106, pl. 5, tab. 9), décrit et représenté par Degéer (*loc. cit.* T. VII, p. 278, pl. 16, fig 9 et 10).

Le Dolomède roux, *D. rufus*, ou l'*Aranea rufa* de Degéer (*loc. cit.* T. VII, p. 319, n° 4, pl. 39, fig. 6. 7). Cette grande espèce est originaire de l'Amérique septentrionale.

†† Les Sylvines, *Sylvariæ*: corselet court, en cœur; abdomen ovale, allongé et terminé en pointe à son extrémité; yeux latéraux de la ligne antérieure plus gros que les autres; mâchoires à côté externe presque droit. Cette division ne comprend encore qu'une espèce.

Le Dolomède admirable, *D. mirabilis*, Walck., ou l'*Aranea obscura* de Fabricius (*Entom.* T. II, p. 419, n° 44), et l'*Aranea rufo-fasciata* de Degéer (*loc. cit.* T. VII, p. 269, n° 21, pl. 16, fig. 1-8), représentée par Schæffer (*Ins. Ratisb.*, pl. 187, fig. 5-6, et pl. 172, fig. 6), par Lister (p. 82, tab. 28, fig. 28), et par Clerck (p. 108, pl. 5, tab. 10). On trouve cette espèce dans les premiers beaux jours du printemps. La femelle établit dans les buissons un nid soyeux en forme d'entonnoir; elle dépose dans son intérieur son cocon, et le transporte avec elle lorsqu'elle craint le danger. (AUD.)

DOLOMIE ou DOLOMITE. MIN. Vulgairement Spath amer; Bitterspath, Werner; Calcaire magnésien, Brongniart; Chaux carbonatée magnésifère d'Haüy; Carbonate de Chaux et Magnésie des chimistes; formé d'un atôme de bicarbonate de Chaux et d'un atôme de bicarbonate de Magnésie, ou en poids de 47,26 d'Acide carbonique; 30,56 de Chaux, et de 22,18 de Magnésie. Ce Minéral cristallise très-nettement en rhomboïdes transparens, analogues à ceux du Spath d'Islande avec lesquels on les a confondus pendant long-temps, et dont ils diffèrent par la mesure de leurs angles; observés à l'aide du goniomètre à réflection, ils ont constamment donné 106 d. 15', au lieu

de 105 d. 5' pour les angles obtus de deux faces situées vers un même sommet. La pesanteur spécifique de la Dolomie est égale à 3; sa dureté est un peu plus grande que celle du Carbonate simple de Chaux. Son éclat est très-vif et approche du nacré dans les cristaux transparens; ceux-ci doublent les images à travers deux faces parallèles, comme le fait le Spath d'Islande. Ses caractères pyrognostiques sont absolument les mêmes que ceux de cette dernière substance. Ses variétés lamellaires et granulaires sont souvent phosphorescentes dans l'obscurité par le frottement d'un corps dur, ou par l'injection de leur poussière sur des Charbons ardens. La Dolomie est soluble lentement et avec une légère effervescence dans l'Acide nitrique. Ses formes cristallines les plus ordinaires sont le rhomboïde primitif, ou simple, ou légèrement modifié sur ses angles latéraux et sur ses sommets. Ses variétés massives sont la *lamellaire*, la *granulaire* qui est grise ou blanche, et qui a porté plus particulièrement le nom de *Dolomie*; la *globuliforme* et la *concrétionnée pseudoédrique* qui est un assemblage de corps terminés par des faces à peu près planes, et serrés étroitement les uns contre les autres. Ces faces planes paraissent être l'effet de la compression que ces corps ont exercée les uns sur les autres pendant leur formation dans le même espace. Cette variété curieuse, de couleur verdâtre et qui provient du pays de Szakowacz en Syrmie, peut être rapportée à une autre variété cristallisée d'un vert jaunâtre, qui se trouve près de Miemo en Toscane, et dont on a fait une espèce particulière sous le nom de *Miémite*. D'autres cristaux d'un jaune brunâtre, que l'on a trouvés à Tharand près de Dresde en Saxe, ont été pareillement décrits sous un nom spécial, celui de *Tharandite*. Quelques variétés de Dolomie à texture grenue deviennent flexibles lorsqu'on les réduit en lames minces, ce qui vient de ce que leur tissu est assez lâche pour permettre à leurs particules de jouer jusqu'à un certain point sans perdre leur adhérence. L'Angleterre et les Etats-Unis ont offert ces variétés remarquables, qui constituent ce qu'on nomme vulgairement le Grès flexible.

La Dolomie existe en grandes masses dans la nature, et forme des couches étendues dans les terrains primitifs et secondaires. Une partie des marbres lamellaires blancs, surtout ceux du Levant, peuvent être rapportés à cette espèce. La Dolomie granulaire est disposée par grandes masses au St.-Gothard et dans plusieurs autres lieux. Ces masses renferment ordinairement des cristaux de Grammatite, et quelquefois des lames de Mica et du Corindon rose, et de petits cristaux de Fer sulfuré, de Cuivre gris et de Réalgar. Les cristaux rhomboïdaux sont engagés dans un Schiste talqueux verdâtre, au Tyrol; mais les plus parfaits que l'on connaisse viennent des filons du Mexique. *V.*, pour l'histoire géologique de cette roche, les mots TERRAIN et GÉOLOGIE.
(G. DEL.)

*DOMANITE. MIN. (Fischer.) Syn. de Schiste bitumineux ou d'Ampélite. *V.* ce dernier mot.	(G. DEL.)

* DOMBAGEDY. BOT. PHAN. On nomme ainsi, à Ceylan, un Arbre que Commelin (*Hort. Amstelod.* 1, t. 61) regardait comme un Noyer, et qui paraît voisin de l'*Andira* et du *Geoffrœa*, genres de Légumineuses. Il est identique, selon Linné, avec l'*Ambarella* cité par Hermann et qui croît dans le même pays. (G..N.)

* DOMBEYACÉES. *Dombeyaceœ.* BOT. PHAN. Notre collaborateur Kunth dans sa Dissertation sur les familles des Malvacées et des Byttnériacées, et dans le cinquième volume des *Nova Genera et Species* de Humboldt, a divisé cette dernière famille en cinq sections, savoir : 1° les Sterculiacées; 2° les Byttnériacées vraies; 3° les Lasiopétalées; 4° les Hermanniacées; 5° les Dombeyacées. Chacune de ces cinq sections, dont quelques-unes étaient considérées auparavant comme des familles distinctes, offrent des caractères assez tranchés pour pouvoir former autant de groupes bien distincts. Nous allons exposer ceux des Dombeyacées, tels qu'ils ont été donnés par Kunth : leur calice est persistant, souvent accompagné de bractées ou d'un calicule extérieur. La corolle se compose de cinq pétales non soudés entre eux, plus grands que le calice, inéquilatères et persistans. Le nombre des étamines varie de vingt à quarante, dont cinq, ordinairement stériles, alternent avec les pétales. Les filets sont le plus souvent monadelphes, quelquefois tous sont libres. Les anthères sont biloculaires, sagittées et allongées, s'ouvrant par un sillon longitudinal. L'ovaire est libre, sessile, à cinq ou à dix loges contenant chacune tantôt deux ovules superposés ou un grand nombre disposés sur deux rangées longitudinales à l'angle interne. Du sommet de l'ovaire naissent cinq styles, qui quelquefois se réunissent et se soudent plus ou moins étroitement. Le fruit est une capsule globuleuse, déprimée, à cinq côtes saillantes et arrondies, à cinq loges, qui tantôt s'ouvre en cinq valves, par la séparation des deux lames qui composent chaque cloison, tantôt se sépare en cinq coques contenant une ou plusieurs graines réniformes et quelquefois ailées. Ces graines renferment un embryon recourbé au centre d'un endosperme charnu; la radicule est inférieure, les cotylédons sont condoublés. Les Dombeyacées sont des Arbres, des Arbustes, ou très-rarement des Plantes herbacées, à feuilles alternes, simples, entières ou lobées, munies de deux stipules placées à la base du pétiole. Les fleurs sont axillaires, souvent disposées en corymbe.

Les genres qui appartiennent à cette section sont les suivans : *Dombeya*, Cavan.; *Trochetia*, D. C.; *Assonia*, Cavan.; *Ruizia*, Cavan.; *Astrapeja*, Lindley; *Pentapetes*, L.; *Pterospermum*, Schreb., D. C.; *Melhania*, Forsk. Kunth rapporte encore à cette section, mais avec quelque doute, les genres *Kydia*, Roxburg; *Hugonia*, L.; *Brotera*, Cavan. Il en rapproche aussi le genre *Kleinhovia*.

De Candolle (*Synops. Syst. Nat.* 1, p. 5o1) rapproche aussi des Dombeyacées le genre *Gluta* de Linné.

(A. R.)

DOMBEYE. *Dombeya*. BOT. PHAN. Ce nom de Plantes qui rappelle celui de Dombey, botaniste français qui a visité et exploré avec beaucoup de zèle le Chili, le Pérou et le Mexique, a été successivement donné à plusieurs genres de Végétaux. Le premier qui l'ait employé est Lamarck qui a nommé *Dombeya* un Arbre de la famille des Conifères rapporté du Chili par Dombey et que Jussieu a appelé *Araucaria*, nom qui a été préféré. L'Héritier avait substitué le nom de *Dombeya* à celui de *Tourretia* déjà employé depuis long-temps, mais ce changement n'a pas été adopté. Enfin Cavanilles (Dissert. 3, p. 121), trouvant ce nom sans emploi, l'a appliqué à un genre qu'il a rangé dans la famille des Malvacées et dans la Monadelphie Dodécandrie. C'est ce genre de Cavanilles qui est devenu le type du groupe des Dombeyacées, *V.* ce mot, et dont nous allons tracer les caractères.

Les Dombeyes, auxquelles il faut probablement réunir les espèces dont Forskahl a fait son genre *Melhania*, sont en général des Arbres ou des Arbrisseaux élégans, à feuilles alternes, pétiolées, entières, ou diversement lobées, munies à leur base de deux stipules. Les fleurs, qui dans quelques espèces sont assez grandes, forment ordinairement des espèces de corymbes axillaires et pédonculés. Leur calice est à cinq divisions profondes et persistantes, accompagné d'un calicule triphylle et unilatéral, caduc. La corolle est formée de cinq pétales hypogynes, étalés, inéquilatères; les étamines sont au nombre de quinze à vingt, soudées et monadelphes par la base de leurs filets; cinq de ces filets sont stériles, plus longs et plus dilatés que les autres qui

portent chacun une anthère à deux loges. L'ovaire est libre à cinq côtes arrondies, saillantes, à cinq loges, contenant chacune deux ovules attachés à l'angle interne. Le style est simple et se termine par cinq stigmates linéaires. Le fruit est une capsule globuleuse, déprimée, à cinq côtes et à cinq loges, se séparant à l'époque de la maturité en cinq coques dispermes, s'ouvrant en deux valves. Les graines sont ovoïdes ou réniformes, terminées en pointe à leur sommet. Les cotylédons sont condoublés et bifides.

Ce genre se compose de dix espèces. De ce nombre, neuf croissent aux îles de France, de Bourbon ou de Madagascar; une seule dans l'Inde, *Dombeya cordifolia*, D. C. (*Prodr. Syst.*, 1, p. 499). Le genre *Melhania*, ainsi que nous l'avons dit précédemment, nous paraît devoir être réuni au *Dombeya*. En effet, il n'en diffère absolument que par ses étamines au nombre de quinze, dont les filets fertiles sont soudés deux à deux presque jusqu'à leur sommet; ce qui a fait dire à tous les auteurs qu'il n'y avait que dix étamines, cinq fertiles et cinq privées d'anthères. Le genre Dombeye diffère du *Ruizia* par ses cinq étamines stériles; du genre *Assonia* par son calicule triphylle et caduc; du genre *Pentapetes* par ses cinq stigmates, son calicule et ses graines non ailées.

Parmi les espèces de Dombeye, nous signalerons les suivantes :

DOMBEYE PALMÉE, *Dombeya palmata*, Cavan., Dissert. 3, p. 122, tab. 38, fig. 1; D. C., *Prodr. Syst.* 1, p. 498. C'est un Arbre originaire de l'île de Bourbon, ayant sa tige rameuse, ornée de feuilles alternes, pétiolées, échancrées en cœur à leur base, palmées et divisées en sept lobes allongés, aigus, dentés en scie, presque glabres, munies à la base de leur pétiole qui est fort long, de deux stipules lancéolées, tomenteuses et caduques. Les fleurs forment des corymbes axillaires, portés sur des pédoncules plus longs que les feuilles. On cultive quelquefois cette Plante dans les jardins.

Dombeye acutangulée, *Dombeya acutangula*, Cavan., *loc. cit.*, p. 123, tab. 38, fig. 2; D. C., *loc. cit.* Cette espèce est ligneuse et croît dans les mêmes contrées que la précédente. Ses feuilles sont alternes, pétiolées, cordiformes, à cinq lobes aigus à peine marqués ; elles sont couvertes d'un duvet court et ferrugineux, qui disparaît par les progrès de l'âge. Les deux stipules sont également très-caduques. Les fleurs sont un peu moins grandes que dans l'espèce précédente. Le calice est ordinairement réfléchi.

Dombeye ponctuée, *Dombeya punctata*, Cav., Dissert. 3, p. 125, t. 40, fig. 1; D. C., *loc. cit.* p. 499. Arbre de moyenne grandeur, ayant ses jeunes rameaux couverts d'un duvet ferrugineux, ses feuilles ovales, oblongues, de trois à quatre pouces de longueur sur un demi-pouce de largeur, très-entières ou un peu crénelées, arrondies à leur base, marquées à leur face supérieure de points brillans qui sont autant d'écailles minces, sèches et étoilées, tomenteuses et d'une couleur roussâtre à leur face inférieure. Les fleurs forment de petits corymbes portés sur des pédoncules axillaires, velus, beaucoup plus longs que les feuilles. Cette espèce croît également à l'île de Bourbon. Toutes les espèces de ce genre ont une écorce très-tenace et très-liante. Dans les contrées où elles croissent naturellement, on en fait des cordages et des liens. (A. R.)

DOMINE (PIERRE DU). MIN. Pierre dont la nature n'est pas encore bien connue, et qui se trouve, au dire de Bertrand (Dict. Oryct.), dans une rivière de l'île d'Amboine, près de la forteresse de Victoria. Il en sort, suivant lui, une matière visqueuse ; elle est facile à polir, et se rencontre en masses isolées, tuberculeuses, et de la grosseur d'un œuf. (G. DEL.)

DOMINICAIN. OIS. Syn. de Gillit. *V.* ce mot. (B.)

DOMINO. OIS. Espèce du genre Gros-Bec, *Loxia punctularia*, Lath. *V.* GROS-BEC. (DR..Z.)

* **DOMITE.** MIN. Nom donné par le célèbre géologue De Buch à une roche d'origine volcanique, qui forme la masse principale du Puy-de-Dôme, en Auvergne, et qui appartient aux terrains ignées les plus anciens. Suivant Brongniart, elle est principalement composée d'Argilolite, et renferme quelquefois, mais comme principe accessoire, des cristaux de Feldspath vitreux. Sa texture est grenue, à grain fin, ou terreuse et terne ; son aspect est raboteux ; elle est rude au toucher, friable ; et de couleur blanchâtre ou gris cendré. Elle passe au Trachyte dont il est souvent difficile de la distinguer. *V.* TRACHYTE. (G. DEL.)

DOMPTE-VENIN. BOT. PHAN. Espèce du genre Cynanque. *V.* ce mot. (B.)

DONACE. *Donax.* MOLL. Ce genre établi par Linné et adopté par les conchyliologues qui le suivirent, est un de ceux parmi les Conchifères qui soit le plus facile à reconnaître : aussi éprouva-t-il peu de changemens ou de modifications. Un seul genre en fut extrait par Lamarck, sous le nom de Capse (*V.* ce mot). Mais Poli (Test. des Deux-Siciles), ne considérant que l'Animal et le trouvant analogue à celui des Tellines, réunit les deux genres sous le nom de *Peronœoderma*; bien auparavant, Adanson (Voy. au Sénég.), conduit par les mêmes motifs, avait laissé les Donaces parmi les Tellines. Cependant, à considérer la coquille des Donaces, elle présente des caractères distinctifs qui doivent porter à conserver ce genre, quand il ne servirait qu'à rapprocher un certain nombre d'espèces identiques qui sont, pour ainsi dire, des termes moyens entre la nombreuse famille des Tellines et celle plus nombreuse encore des Vénus. Aussi Bruguière et Cuvier, à l'exemple de Linné, laissèrent ce genre entre l'une et l'autre famille. — Lamarck, qui transporta le genre Mactre dans une autre famille à côté des Crassatelles (*V.* MACTRACÉES), par ce seul changement, rapprocha plus encore les Donaces des Tellines et des Lucines. D'après les observations de Poli et celles relatives à la coquille, nous pensons que ce genre ne peut être mieux placé dans la série où il se trouve dans l'ordre de ses rapports.

Une singularité remarquable dans les Donaces, c'est l'apparente transposition du ligament, qui paraît placé dans la lunule au lieu de se trouver dans le corselet. Cette seule exception à une règle si générale a toujours occupé et embarrassé le conchyliologue. Blainville (Dict. des Sc. Nat.) a cherché à expliquer ce fait et à démontrer que ce que l'on prenait pour la lunule était réellement le corselet, de manière que ce n'est pas le ligament qui a changé dans sa position, mais plutôt l'Animal lui-même qui semblerait retourné. Ce qui a conduit Blainville à cela, c'est la direction de l'impression abdominale sur l'intérieur des valves; en effet, cette impression, par l'échancrure qu'elle offre, indique la présence des syphons qui sont toujours postérieurs; la tête et le pied sont du côté opposé; ici la tête occupe le côté le plus grand, comme cela a lieu également dans les Tellines, tandis que dans les Vénus et les Cythérées, c'est l'inverse; les syphons occupant le côté le plus grand, il n'y a donc de différence que dans la proportion relative des côtés. Un autre caractère aurait pu conduire au même résultat, si on ne s'était attaché à le regarder lui-même comme une anomalie. Nous avons établi en principe que les crochets dans les Conchifères réguliers étaient généralement dirigés vers la lunule; ce principe, qui a ici sa rigoureuse application, vient confirmer les observations de Blainville, observations très-judicieuses qui rétablissent un fait important, détruisent une apparente exception dans une règle qui de générale doit être universelle. La voici : toujours le ligament est placé

dans le corselet; une autre règle qui s'étend également à l'universalité des Conchifères réguliers, c'est que les crochets sont toujours dirigés vers la lunule. Nous ne connaissons aucune exception à ces deux règles. Il était nécessaire, après les observations précédentes qui rétablissent des faits mal fondés, de rappeler les principes généraux qui en découlent et de les perfectionner.

Parmi les Donaces de Linné et de Lamarck, on en observe un certain nombre qui n'ont pas, comme les autres, une forme en coin. Elles sont plus équilatérales, subovales, et se rapprochent beaucoup de certaines Cythérées; elles n'ont pas d'ailleurs tous les caractères des Donaces; celles-ci doivent avoir deux dents latérales; celles-là n'en ont souvent qu'une, encore est-elle, comme dans les Cythérées, placée sous la lunule; c'est d'après ces considérations que Megerle proposa son genre *Cuneus.* Trompés par la manière dont les caractères du genre sont exprimés, nous avions d'abord pensé qu'il devait se rapporter aux Cythérées (*V.* CUNEUS); mais depuis, ayant examiné avec plus d'attention les indications de Megerle, nous avons reconnu notre erreur que nous rectifions ici en rapportant le genre *Cuneus* à sa véritable place : deux motifs doivent empêcher d'admettre ce genre. Cependant le premier est le passage insensible que l'on remarque entre les Donaces les plus inéquilatérales et celles qui le sont le moins, ainsi que la disparition de la dent extérieure à mesure que l'on passe par des formes intermédiaires; le second, c'est que si les caractères tirés des Animaux portent à penser que les Donaces devront peut-être se réunir aux Tellines, à plus forte raison un démembrement du genre, quelle que soit ensuite l'opinion que l'on se formera sur sa conservation ou sur sa réunion avec celles-ci. En voici les caractères distinctifs : Animal semblable à celui des Tellines, conséquemment lamellipède et à syphons;

coquille transverse, équivalve, iné-quilatérale, à côté postérieur le plus souvent très-court et très-obtus. Deux dents cardinales, soit sur chaque valve, soit sur une seule; une ou deux dents latérales plus ou moins écartées; ligament extérieur court. Nous n'a-jouterons pas, comme Lamarck, qu'il est placé dans la lunule, puisque réellement il est à sa place ordinaire. Blainville (Dict. des Sc. Nat.), à l'occasion des Donaces, parle de deux ligamens dont le postérieur se-rait le plus fort et un autre antérieur plus faible. Puisque cette question se reproduit ici, nous allons la discuter et faire voir ce que l'on doit entendre par ce ligament. Dans tous les Con-chifères très-bâillans dont les valves ne se touchent que par deux points de leur circonférence, la charnière et une partie des bords inférieurs, comme cela se remarque dans quel-ques Solens, la plupart des Myes, des Lutraires et des Glycimères, on re-marque que la lunule, alors très-large-ment ouverte, est close pendant la vie de l'Animal par une membrane décurrente sur le bord et qui s'épais-sit avec l'âge; cette membrane, des-séchée, devient friable et ne se voit à cause de cela que très-rarement dans les individus de nos collections. A mesure que les bords se rapprochent et tendent à se toucher dans les gen-res voisins, la lunule devient aussi moins bâillante et la membrane moins nécessaire pour la fermer; elle doit donc alors diminuer en pro-portion. C'est ainsi que dans les Glycimères et les Lutraires on la voit dans son plus grand développe-ment; elle diminue dans les Solens et les Myes; elle est encore très-sensible dans les Tellines et quelques Mactres, et n'est plus que rudimentaire dans les Donaces, d'où l'apparence de deux ligamens, et finit par ne plus exister dans les genres de la famille des Conques, dont les Donaces forment le terme intermédiaire. Ce serait donc à tort que l'on donnerait le nom de ligament à ce rudiment membraneux, puisqu'il n'a aucune des fonctions du

ligament véritable, qu'il n'a aucune élasticité, et est seulement destiné à clore la lunule; cela est si vrai qu'il arrive souvent que cette membrane est naturellement partagée en deux pour laisser aux valves la faculté de s'ouvrir davantage. On peut diviser les Donaces en deux coupes naturel-les; celles qui sont cunéiformes et celles qui sont vénériformes. Les Co-quilles de cette seconde section com-prendront le genre *Cuneus* de Megerle.

† Coquilles cunéiformes.

DONACE PUBESCENTE, *Donax pu-bescens*, L., p. 3262, n. 2; Lamk., Anim. sans vert. T. v, p. 546, n. 2. La citation de la fig. F de la pl. 42 de Rumph a été faite à tort, même avec le point de doute; il n'en est point ainsi de la figure de Chemnitz, Conchyl. T. vi, p. 251, tab. 25, fig. 248, et de l'Encyclop., pl. 260, fig. 1, a, b. Dans cette espèce le corselet est armé, comme dans la Cythérée épineuse, d'une rangée d'épines assez longues qui le bordent; la coquille est triangulaire, striée longitudinale-ment et lamelleuse, suivant la direc-tion des bords, mais seulement vers la moitié antérieure. Cette Coquille rare, qui habite l'océan Indien, est violette en dedans, surtout vers les crochets, grise ou d'un blanc cendré en dehors. Longueur, un pouce; lar-geur, un pouce et demi y compris les épines.

DONACE BEC-DE-FLUTE, *Donax scortum*, L., loc. cit., n. 1; Lamk., loc. cit., n. 1; Chemnitz, Conchyl. T. vi, tab. 25, fig. 242 à 247; Eucycl., pl. 260, fig. 2, a, b, c. Elle se trouve comprise parmi les Tellines de Lister (Conchyl., tab. 377, n. 220). Celle-ci se reconnaît facilement, quoi-qu'elle ait bien des rapports avec la précédente; mais elle est toujours plus grande, constamment dépourvue d'épines au corselet, l'angle posté-rieur plus allongé, plus en bec; com-me dans l'espèce précédente, le bord postérieur est tronqué, mais plus obli-quement; elle est striée longitudinale-ment et transversalement; les stries transversales se relèvent en lames obtuses qui s'atténuent postérieurement et diminuent en nombre antérieurement. La surface intérieure est violette, l'extérieure est d'un blanc grisâtre passant au violâtre vers les crochets. Longueur, un pouce et demi ; sa largeur est de deux pouces et demi.

DONACE RIDÉE, *Donax rugosa*, L., *loc. cit.*, n. 3 ; Lamk., *loc. cit.*, p. 549, n. 17 ; Chemn., Conchyl. T. VI, tab. 25, fig. 250 ; Encyclop., pl. 262, fig. 5, a, b. La synonymie de cette espèce donnée par Gmelin, dans la treizième édition du *Systema Naturæ*, nous paraît tout-à-fait mal faite ; c'est ainsi qu'il y rapporte le Pamet d'Adanson, qui est certainement une espèce distincte ; qu'il cite la planche 575, fig. 216 de Lister, qui ne représente pas non plus la *Donax rugosa* ; qu'il y rapporte encore les fig. 37 et 38 de Bonanni (Récr., 2), qui paraîtraient plutôt avoir des rapports avec la Donace des Canards. Quant à la fig. L de la pl. 22 de d'Argenville, il est douteux qu'elle appartienne à l'espèce qui nous occupe, mais au moins s'en rapproche-t-elle plus que les trois précédentes. Pourtant cette Donace ridée se reconnaît facilement. Elle est triangulaire, bombée, tronquée postérieurement ; troncature cordiforme, striée longitudinalement ; le reste de la surface est couvert de stries multipliées. Cette Coquille est blanche en dehors, d'un violet peu foncé en dedans ; son bord est crénelé. On la trouve dans l'océan d'Amérique où elle est assez commune. Elle présente quelques variétés qui viennent des mers de la Nouvelle-Hollande. Sa longueur est d'un pouce, et sa largeur d'un pouce et demi.

DONACE ALLONGÉE, *Donax elongata*, Lamk., Anim. sans vert. T. V, p. 550, n. 19 ; Lister, Conchyl. t. 375, fig. 216. C'est le Pamet d'Adanson (Voy. au Sénégal, tab. 18, fig. 1) que nous rapportons pour compléter la rectification de la synonymie de l'espèce précédente. Nous ferons remarquer que de ce genre le Pamet est le premier qui ait été figuré avec l'Animal. Comme tout porte à croire que la figure est inexacte en ce que le pied et les syphons sont placés en sens inverse, ce qui prouverait, comme le pense Blainville, qu'elle a été faite de mémoire, il est bien à présumer que c'est à cela qu'est due l'erreur touchant la situation anomale du ligament, ce qui est cause en un mot de l'exception faite aux règles générales dont nous avons parlé précédemment. Le Pamet, comme l'espèce précédente, est strié longitudinalement, mais les stries sont moins sensibles, son côté postérieur est tronqué, ce qui la rend triangulaire. Elle présente à l'extérieur deux larges bandes violettes ou d'un brun violâtre qui partent des crochets. Ce qui la distingue le mieux, c'est un espace du corselet au-dessous du ligament dont les stries sont chagrinées ; elle présente les mêmes dimensions que la précédente. On la trouve surtout sur les côtes d'Afrique et dans l'océan Atlantique. Nous pourrions citer encore beaucoup d'autres espèces qui doivent se ranger dans cette section, entre autres la Donace des Canards, si commune sur nos côtes, dont on retrouve l'analogue fossile à Bordeaux, et presque toutes les espèces fossiles connues, au moins celles des environs de Paris, dont nous signalerons seulement la suivante.

DONACE ÉMOUSSÉE, *Donax retusa*, Lamk., Ann. du Mus. T. XII, pl. 41, fig. 1 ; Def., Dict. des Sc. Nat., n. 1. Cette Coquille est cunéiforme, aplatie ; sa section postérieure est presque perpendiculaire au bord supérieur ; la surface extérieure est légèrement striée et présente un enfoncement sinueux qui se voit depuis le crochet jusqu'au bord où il est marqué d'une manière très-sensible. Ses bords sont lisses ; il y a deux dents cardinales ; les dents latérales sont obsolètes. Lamarck l'indique de Parnes, et Defrance n'en connaît pas la localité ; jamais nous ne l'avons eue de Parnes, mais nous l'avons recueillie à Valmondois, près l'Ile-Adam. L'individu que nous possédons a neuf lignes de long et un pouce de large.

†† Coquilles vénériformes.

Donace a réseau, *Donax Meroe*, Lamk., Anim. sans vert. T. v, pag. 531, n. 22; *Venus Meroe*, L., pag. 3274, n. 22. C'est une des Tellines de Lister, Conchyl., t. 378, fig. 221; Encycl., pl. 261, fig. 1, a, b. Cette jolie Donace, qui est le *Cuneus costatus* de Megerle, se reconnaît à son aplatissement, à ses stries transverses, à son corselet très-enfoncé, au fond duquel on aperçoit la suture qui est bâillante, à la forme ovale, trigone, et enfin au joli réseau de couleur pourprée ou fauve sur son fond blanc; le bord inférieur est crénelé, son intérieur est violâtre; la dent latérale postérieure est rudimentaire dans les grands individus. Elle ne présente plus aucune trace du second ligament dont nous avons parlé précédemment. Cette Coquille, qui vient de la mer des Indes, a un pouce trois lignes de long sur un pouce neuf lignes de large.

Donace ondée, *Donax scripta*, Lamk., Anim. sans vert. T. v, p. 551, n. 23; Lister, Conchyl., tab. 379, fig. 222, et tab. 380, fig. 223; Chemn., Conchyl., 6, tab. 26, fig. 261 à 265; Encycl., pl. 261, fig. 2-4. Quoique celle-ci ait beaucoup de rapports avec la précédente, elle s'en distingue pourtant avec facilité; d'abord elle est constamment plus petite; elle n'a point de stries. Son bord est plus finement denté; le corselet est moins enfoncé, la suture n'est point bâillante. La dent latérale postérieure n'existe pas; elle est d'un violet rosâtre en dedans; en dehors toute sa surface est couverte d'ondes ou de réticulations onduleuses d'un violet pourpré sur un fond blanc grisâtre. On la trouve dans l'océan Indien où elle acquiert un pouce de long et un pouce quatre lignes de large.   (d.-h.)

*DONACIALE. moll. Espèce du genre Cyrène. *V.* ce mot.   (b.)

DONACIE. *Donacia*. ins. Genre de l'ordre des Coléoptères, section des Tétramères, établi par Fabricius aux dépens des Leptures de Linné, et rangé par Latreille (Règn. Anim. de Cuv.) dans la famille des Eupodes. Ses caractères sont : antennes filiformes composées d'articles allongés et presque cylindriques; yeux sans échancrure bien sensible; mandibules bifides; languette entière un peu échancrée; cuisses postérieures très-grandes. Les Donacies sont encore remarquables par leur tête nuancée, peu inclinée, supportant des yeux distincts, arrondis, et des antennes de onze articles guère plus longues que le corps; la bouche se compose des parties que nous avons indiquées, et offre des mâchoires bifides et quatre palpes, deux maxillaires et deux labiaux, filiformes; le prothorax est presque cylindrique; les élytres sont coriaces et recouvrent des ailes membraneuses; les tarses ont quatre articles dont les deux premiers triangulaires et le troisième très-sensiblement bilobé. Les larves des Donacies vivent particulièrement dans la racine des Glayeuls. L'Insecte parfait dont le corps offre un éclat métallique se trouve sur cette Plante, et très-communément aussi sur le Roseau, l'Iris, la Sagittaire, le Nymphea, et d'autres Plantes aquatiques. Le genre est assez nombreux en espèces. Dejean (Cat. des Coléopt., pag. 113) en mentionne vingt-six, parmi lesquelles nous citerons :

La Donacie crassipéde, *D. crassipes*, Fabr., ou le Stencore doré de Geoffroy, et la Lepture aquatique de Degéer. Elle est très-commune dans notre climat sur les Plantes aquatiques. Linné observe que la nymphe, enveloppée par une sorte de coque brune, se trouve sur la racine de la Phellandrie.

La Donacie de la Sagittaire, *Donacia Sagittariæ*, Fabricius, Olivier, Coléoptères, T. iv, n° 75, pl. 1, fig. 4. Elle est commune sur l'Iris aquatique et sur la Sagittaire. La *Donacia collaris* de Panzer ne paraît en être qu'une variété.

(AUD.)

DONACIER. MOLL. Animal des Donaces. *V.* ce mot.   (B.)

* DONACILLE. *Donacilla.* MOLL. Nom donné par Lamarck à un genre de Coquille bivalve qu'il a depuis (Hist. natur. des Animaux sans vert.) nommé Amphidesme. *V.* ce mot.

(AUD.)

DONATIA. BOT. PHAN. Genre de la Triandrie Trigynie, L., établi par Forster (*Charact. Gener.* 5, tab. 5) et que Jussieu a placé avec doute parmi les Caryophyllées. Ce genre, qui est éloigné maintenant de cette famille, puisque dans le *Prodromus* du professeur De Candolle il n'en est pas fait mention, était ainsi caractérisé : calice à trois divisions profondes ; neuf pétales entiers et quelquefois moins ; trois styles ; fruit non décrit.

La *Donatia fascicularis* est une Plante herbacée à feuilles imbriquées. Linné fils l'a rapportée au genre Polycarpon, et en a fait son *P. Magellanicum*; mais, selon Jussieu, elle diffère des Polycarpons par son port et le nombre de ses pétales. Elle croît à la Terre de Feu, où elle a été trouvée formant d'épais gazons. (G..N.)

DONAX. MOLL. *V.* DONACE.

DONAX. BOT. PHAN. Genre de Graminées fondé par Palisot-Beauvois (Agrostographie, p. 77, tab. 15, 16 et 19) aux dépens des *Arundo*, *Poa* et *Festuca* des auteurs. Il l'a caractérisé de la manière suivante : fleurs disposées en panicules composés ; lépicène membraneuse renfermant de trois à sept fleurs ; glume inférieure à trois soies dont l'intermédiaire est la plus longue ; glume supérieure tronquée, échancrée ou bidentée ; écailles lancéolées, entières ou tronquées et frangées ; ovaire velu au sommet ou glabre ; style à deux branches ; stigmates plumeux et aspergilliformes ; caryopse entière ou bicorne. L'auteur de ce genre observe que les variations dans les formes de la glume, des écailles et de

l'ovaire, pourraient autoriser à former trois genres dans le *Donax*, ce qu'il n'a pourtant pas osé entreprendre.

L'*Arundo Donax*, L., peut être considéré comme le type du genre dont il est question. Cette belle Graminée, que l'on cultive dans les jardins, atteint jusqu'à trois mètres de hauteur. Elle est très-commune en Provence où on en forme des clôtures de champs et de jardins. Ses tiges, dures et d'une grande légèreté, sont d'un grand usage dans les contrées méridionales de la France et en Espagne, pour construire la charpente des cerfs-volans, des robinets pour les barriques, etc. *V.* ROSEAU.   (G..N.)

DONDIA. BOT. PHAN. Genre de la famille des Ombellifères et de la Pentandrie Digynie, L., formé par C. Sprengel (*Prodrom. Umbellif.*, f. 2) aux dépens de l'*Astrantia* de Linné, et ainsi caractérisé : ombelle ramassée en tête ; involucre à six folioles plus longues que l'ombelle ; pétales entiers ; fruits ovales, solides, à quatre côtes et à fossettes (*valleculæ*) convexes. La *Dondia Epipactis*, Spreng., ou *Astrantia Epipactis*, L., est l'unique espèce de ce genre. Cette Plante, dont les feuilles radicales sont longuement pétiolées et palmées, les fleurs jaunes portées par une hampe anguleuse, croît dans les Alpes de Carniole et du Tyrol.   (G..N.)

DONDISIA. BOT. PHAN. Necker appelait ainsi le genre *Raphanistrum* de Tournefort. *V.* RAPHANISTRON.

(A. R.)

DONIA. BOT. PHAN. R. Brown sous ce nom, et Cassini sous celui d'*Aurelia*, avaient établi un genre nouveau de la famille des Corymbifères. Le premier à cru depuis devoir le réunir au *Grindelia*; le second pense qu'il doit être conservé, quelque nom qu'on lui donne. Comme nous l'avons décrit précédemment sous le nom d'*Aurelia*, nous nous contenterons ici de renvoyer à ce mot.

(A. D. J.)

* DONTFOE. REPT. SAUR. Selon

La Chênaye-Desbois, les nègres d'Afrique donnent ce nom à un Caméléon dont ils redoutent la rencontre comme celle d'un Animal de mauvais augure. (B.)

* DONTOSTOMA. MOLL. (Klein.) Syn. de Nérites. *V.* ce mot. (B.)

DONZELLE. POIS. Espèce du genre Ophidie dont quelques auteurs ont voulu étendre le nom à tout le genre. C'est aussi une espèce de Labre de Rafinesque. *V.* LABRE et OPHIDIE. (B.)

DOODIE. *Doodia.* BOT. CRYPT. (*Fougères.*) Genre établi par R. Brown (*Prodrom. Flor. Nov.-Holl.*, p. 151), et ainsi caractérisé : capsules disposées en séries, ou quelquefois en doubles séries linéaires ou en forme de croissant, parallèles à la côte ; involucre ou tégument plane, intérieurement libre, naissant d'une anastomose de la veine. Ce genre, dont son auteur indique l'affinité avec le *Woodwardia*, se compose d'espèces dont les frondes sont nombreuses, pinnées, à segmens dentés, et réunies par leur base. R. Brown (*loc. cit.*) en a décrit trois sous les noms de *D. aspera*, *D. media* et *D. caudata.* Cette dernière avait déjà été décrite par Cavanilles (*Demonst.* 1808, n. 633) et par Swartz (*Filic.*, 116) qui en avaient fait une Woodwardie. Elles habitent la Nouvelle-Hollande, et principalement les environs du port Jackson. (G..N.)

DORA. BOT. PHAN. *V.* DOURAH.

DORADE. POIS. Ce nom se donne à peu près indifféremment par les marins aux Coryphœnes Hippure et Doradon, mais plus particulièrement à ce dernier. *V.* CORYPHOENE. On a appelé DORADE CHINOISE ou de la Chine le *Cyprinus auratus*, DORADE DE BAHAMA le *Labrus chrysops*, L., et DORADE DE PLUMIER le Pomacanthe doré. *V.* CYPRIN, CRÉNILABRE et POMACANTHE. (B.)

DORADILLE. BOT. CRYPT. Nom vulgaire des Fougères du genre Asplénie, adopté par la plupart des botanistes français pour désigner ces Plantes. *V.* ASPLÉNIE. (B.)

DORADON. POIS. Espèce du genre Coryphœne. *V.* ce mot. (B.)

DORÆNA. BOT. PHAN. *V.* DORÈNE.

DORAS. POIS. Genre formé par Lacépède et conservé par Cuvier comme un sous-genre parmi les Silures. *V.* ce mot. (B.)

* DORAT DE LA MER DU SUD. POIS. (Commerson.) Syn. de *Coryphœna Chrysurus. V.* CORYPHOENE. (B.)

DORATIUM. BOT. PHAN. (Solander.) Syn. de *Curtisia. V.* CURTISIE. (B.)

DORCADION. BOT. PHAN. (Apulée.) Syn. de Serpentaire, *Arum Dracunculus.* (Dioscoride.) Syn. de Dictamne. *V.* ce mot et GOUET. (B.)

* DORCADION. BOT. CRYPT. (*Mousses.*) Le genre nommé ainsi par Adanson, est le *Polytrichum urnigerum* des auteurs modernes. *V.* POLYTRIC. (AD. B.)

DORCAS. MAM. Syn. de Chevreuil. *V.* CERF. On croit qu'Elien a voulu désigner le Kével sous ce nom. *V.* ANTILOPE. (B.,

DORCATOME. *Dorcatoma.* INS. Genre de l'ordre des Coléoptères, section des Pentamères, famille des Serricornes, tribu des Ptiniores (*Règn. Anim.* de Cuvier), fondé par Herbst, et ayant pour caractères, suivant Latreille : antennes composées de neuf articles, dont les trois derniers, beaucoup plus grands, semblent former une massue dentée en scie ou même pectinée.

Ces Insectes ressemblent sous plusieurs rapports aux Vrillettes, mais outre que leur corps est plus arrondi, ils s'en distinguent par les caractères qui viennent d'être mentionnés. On peut considérer comme servant de type au genre :

La DORCATOME DE DRESDE, *D. Dresdensis*, Herbst, Fabr. Parmi les auteurs qui l'ont figurée, nous citerons Herbst (Coléopt. T. IV, p. 39, f. 8), Panzer (*Faun. Ins. Germ. fasc.* 26 ; pl. 10). On la trouve en Suède. Dejean (Catal. des Coléopt.,

p. 40) en mentionne quatre autres désignées par les noms de *Bovistæ*, Schœnh.; *Rubens*, Schœnh.; *Zusmehausense*, Strum; *Museorum*, Dejean. Les trois premières sont originaires de l'Allemagne ; la quatrième a été rapportée de Cayenne. (AUD.)

DORÉ. POIS. *V.* ZÉE. Bloch donne ce nom à un Cyprin du sous-genre Tanche, et l'on a appelé DORÉ-LE-COQ, le *Zeus Vomer*. (B.)

DORELLA. BOT. PHAN. (Cœsalpin.) Syn. de Caméline. *V.* ce mot. (B.)

DORELLE. BOT. PHAN. L'un des noms vulgaires du *Chrysocoma Linosyris*. *V.* CHRYSOCOME. (B.)

DORÈNE. *Doræna.* BOT. PHAN. Genre encore peu connu, établi par Thunberg pour un Arbrisseau originaire du Japon, et appartenant à la Pentandrie Monogynie, L. Le DORÈNE du Japon, *Doræna Japonica*, Thunb., Flore Japon. 84, est un Arbrisseau de cinq à six pieds de hauteur, rameux, portant des feuilles alternes, pétiolées, petites, oblongues, aiguës, glabres. Ses fleurs sont petites, blanchâtres, et constituent des grappes axillaires, courtes. Elles se composent d'un calice à cinq divisions concaves; d'une corolle monopétale rosacée à cinq lobes obtus; de cinq étamines, dont les anthères sont presque sessiles. L'ovaire est libre, surmonté d'un style simple que termine un stigmate échancré. Le fruit est une capsule ovoïde de la grosseur d'un grain de Poivre, à une seule loge, contenant un grand nombre de graines. (A. R.)

DORIA. BOT. PHAN. Adanson avait adopté ce mot, d'après Gesner, pour désigner le genre nommé *Solidago* par Linné et par tous les botanistes modernes. D'un autre côté, Dillen, dans son *Hortus Elthamensis*, avait formé un genre *Doria* avec les Séneçons, dont le nombre des fleurons n'était que de cinq ou six, caractère qui n'a pas paru suffisant à Linné; et en conséquence ce genre a été réuni à celui des Séneçons. *V.* ce mot. (G..N.)

* DORIDE. *Doridium.* MOLL. Ce genre établi par Meckel pour les Acères proprement dites de Cuvier, ne comprend du genre Acère ou des Bulléens de Lamarck que les seuls Animaux dépourvus de coquille, quoique leur manteau en ait la forme. *V.* BULLÉENS et ACÈRE. (D..H.)

DORINE. *Chrysosplenium.* BOT. PHAN. Vulgairement Saxifrage dorée. Genre de la famille des Saxifragées et de la Décandrie Digynie, L., établi par Tournefort et adopté par tous les botanistes modernes qui le caractérisent ainsi : calice adhérent à l'ovaire, un peu coloré et à quatre ou cinq divisions inégales et persistantes ; corolle nulle ; huit ou dix étamines courtes ; deux styles et deux stigmates ; capsule uniloculaire, bivalve et surmontée de deux pointes, contenant un grand nombre de graines insérées au fond de cette capsule. Les caractères que nous venons d'exposer sont aussi ceux du genre *Saxifraga*, à l'exception de la corolle absente ici, et toujours présente dans les Saxifrages ; un port assez particulier nécessite en outre leur séparation. On ne connaît, dans ce genre, que deux espèces qui croissent dans les lieux humides et couverts de l'Europe tempérée.

La DORINE A FEUILLES OPPOSÉES, *Chrysosplenium oppositifolium*, L., a des tiges grêles, hautes de neuf à douze centimètres, un peu rameuses et portant des feuilles opposées, pétiolées, arrondies et un peu crénelées sur leurs bords. Ses fleurs sont jaunâtres, munies de bractées à leur base et portées sur de très-courts pédoncules.

La DORINE A FEUILLES ALTERNES, *Chrys. alternifolium*, L., ressemble beaucoup à la précédente, mais en diffère surtout, comme son nom spécifique l'indique, par ses feuilles alternes. Il est à remarquer que cette Plante préfère les endroits montueux, tandis que l'autre espèce s'accommode des lieux bas et boisés; celle-ci se trouve par exemple sur le penchant des côteaux dans toute la

France centrale et occidentale, et n'a pas été rencontrée dans les Alpes où, par opposition, le *Chrysosplenium alternifolium* est fort commun. Dans l'une et l'autre espèce, la plupart des fleurs ont toutes leurs parties en nombre quaternaire ou multiple de quatre; la fleur centrale seulement a cinq divisions, tant à la corolle qu'au calice, et dix étamines; ce qui a fait placer le genre dans la Décandrie du système sexuel. (G..N.)

DORIPPE. *Dorippe.* CRUST. Genre de l'ordre des Décapodes, famille des Brachyures, section des Notopodes (Règn. Anim. de Cuv.), établi par Fabricius et adopté par Latreille qui lui donne pour caractères : test en forme de cœur renversé, aplati, largement tronqué en devant; yeux insérés à son extrémité antérieure et latérale, et portés chacun sur un pédicule presque cylindrique, courbe, et qui s'étend obliquement jusqu'à l'angle antérieur; second article des pieds-mâchoires extérieurs, étroit, allongé, allant en pointe; les deux serres courbes; les quatre pieds suivans longs, étendus, comprimés, terminés par un tarse allongé et pointu; ceux de la troisième paire les plus longs de tous; les quatre derniers insérés sur le dos, petits, rejetés sur les côtés, et terminés par deux articles plus courts que les précédens, et dont le dernier crochet forme avec l'autre une sorte de griffe ou de pince; les antennes latérales ou extérieures, assez longues, sétacées, insérées au-dessus des intermédiaires; celles-ci pliées, mais ne se logeant pas entièrement dans les cavités propres à les recevoir. Les Dorippes, de même que tous les Notopodes, offrent une particularité très-remarquable : leur carapace, étant tronquée postérieurement, ne recouvre plus les dernières pates, ce qui permet à celles-ci de se recourber à la partie supérieure, comme si elles étaient insérées sur le dos. Ce genre se distingue des Ranines par les pieds terminés tous en pointe; il diffère aussi des Dromies

par un test déprimé, offrant des impressions et des bosselures correspondant exactement, suivant l'observation curieuse de Desmarest, aux parties molles qu'il recouvre. Les accidens de la carapace représentent quelquefois d'une manière grossière une sorte de masque ou de figure humaine. Enfin les Dorippes s'éloignent des Homoles par les quatre pieds postérieurs relevés sur le dos. Ce dernier caractère et plusieurs autres ayant échappé à Risso, cet observateur semble avoir confondu les Homoles avec les Dorippes. Ceux-ci sont encore caractérisés, suivant l'observation de Desmarest, par deux grandes ouvertures obliques, ciliées sur leurs bords, communiquant avec les cavités branchiales, et situées en dessous du test, l'une à droite, l'autre à gauche de la bouche.

Les mœurs de ces Crustacés sont peu connues : ils se tiennent à de grandes profondeurs dans les mers; la disposition de leurs pieds donne à penser qu'ils s'emparent de divers corps étrangers, et qu'ils les placent sur leur dos en manière de bouclier, pour se soustraire à la vue de leurs ennemis et tromper leur proie. On connaît plusieurs espèces propres à ce genre, entre lesquelles nous décrirons:

La DORIPPE LAINEUSE, *Dor. lanata*, Latr., ou le *Cancer lanatus* de Linné, et le *Cancer hirsutus alius* d'Aldrovande (de Crust., lib. 2, p. 194) figurée par Plancus (de Conch. min. not., t. 6, f. 6), et connu vulgairement sous le nom de *Facchino*. On la trouve dans la mer Adriatique et dans la Méditerranée.

La DORIPPE VOISINE, *Dor. affinis*, Desmar. Cette espèce, figurée par Herbst (pl. 11, f. 67), diffère de la précédente, et se rencontre dans la mer Adriatique.

La DORIPPE A QUATRE DENTS, *Dor. quadridens*, Fabr., ou le *Cancer Fascone* d'Herbst (pl. 11, fig. 70). Elle habite les Indes-Orientales. Notre ami Marion de Procé l'a recueillie à Manille.

Quant à la Dorippe Cuvier et à la

Dorippe épineuse de Risso, elles appartiennent, suivant Latreille, au genre Homole. La Dorippe mascarone ne paraît pas non plus faire partie du genre que nous décrivons.

On ne connaît qu'une seule espèce fossile :

La DORIPPE DE RISSO, *Dor. Rissoana* de Desmarest (Hist. des Crust. foss., p. 119). Ce Crustacé paraît très-voisin d'une espèce du même genre, *Dorippe nodosa*, rapportée de la Nouvelle-Hollande par Péron. Desmarest semble même croire qu'elle pourrait bien ne pas être fossile.

(AUD.)

DORIS. *Doris.* MOLL. Ce genre, dont nous devons la connaissance à Bohadsch (*Anim. mar.*, t. 5., fig. 5), sous le nom d'*Argo*, fut adopté par Linné sous celui de Doris, et ce législateur y réunit tous les Mollusques marins nus qui rampent au moyen d'un disque ou d'un pied charnu placé sous le ventre. Il sentit cependant que le genre Doris ne pouvait les admettre tous, puisqu'ils présentaient des caractères variables, ce qui lui fit créer les genres *Scyllée*, *Tritonie* et *Thetis*. Bruguière, conduit comme Linné par la considération de la place qu'occupe l'organe de la respiration, en sépara encore quelques espèces pour former le genre *Caroline*; et enfin Cuvier, se fondant sur les mêmes caractères que ses prédécesseurs, proposa encore les genres *Eolide* et *Tergipes*. Linné plaça le genre Doris parmi les *Mollusca pterotrachea*, dont le corps est percé d'une ouverture latérale. Les Limaces et les Doris se trouvèrent dans la même famille. Bruguière suivit à peu près l'ordre de Linné; il changea les familles en les fondant sur l'absence ou la présence de deux tentacules; c'est ainsi que les Laplysies, les Doris et les Limaces furent encore en contact. Lamarck, dans le Système des Animaux sans vertèbres, 1801, après avoir séparé les Mollusques céphalés nus en deux ordres, plaça les Doris encore avec les Limaces parmi ceux qui rampent sur le ventre. Il est étonnant que jus-

qu'alors on n'ait pas senti qu'un Animal qui vit dans l'air, et qui le respire, devait essentiellement différer de celui qui respire dans l'eau. Cuvier fut le premier qui, dans les Annales du Muséum, éloigna, sur des caractères évidens, les Doris et les Laplysies des Limaces. Lamarck lui-même, rectifiant ses idées d'après les faits exposés par Cuvier, sentit que ces Animaux étaient trop différens pour rester désormais voisins. On vit donc, par l'Extrait du Cours, 1811, qu'il avait adopté l'opinion du savant auteur de l'Anatomie comparée, opinion dont tous les naturalistes restèrent convaincus, et qui a prévalu comme les tableaux de Férussac, de Blainville, et la nouvelle classification de Lamarck dans l'Histoire des Animaux sans vertèbres le prouvent avec évidence. Voici les caractères que les zoologistes donnent à ce genre: corps rampant, nageant quelquefois, oblong, tantôt planulé, tantôt convexe ou subprismatique, bordé tout autour d'une membrane qui s'étend jusqu'au-dessus de la tête; bouche antérieure et en dessous, ayant la forme d'une trompe; quatre tentacules; deux placés antérieurement sur le corps, rentrant chacun dans une fossette ou une espèce de calice; deux autres situés près de la bouche; anus vers le bas du dos, entouré par les branchies qui sont saillantes, laciniées, frangées; ouverture pour la génération située au côté droit. Le dos des Doris est presque toujours chargé de tubercules plus ou moins gros; à la partie antérieure on aperçoit deux cavités destinées à contenir les tentacules antérieurs. Ces tentacules, variables dans leur forme, sont quelquefois composés d'une série de petits globules que Bohadsch avait pris pour autant d'yeux, d'où le nom d'*Argo* qu'il avait proposé; mais le plus souvent ce sont de petites lamelles semblables des deux côtés; les deux autres tentacules sont coniques, placés en avant sous le rebord du manteau sur les parties latérales de la bouche; elle est formée d'une pe-

tite trompe contractile dans l'intérieur de laquelle se trouve une petite
langue cartilagineuse munie de petits
crochets; l'œsophage est assez long,
replié sur lui-même; il entre dans
l'estomac non loin du pylore; l'estomac est membraneux, presque entièrement enveloppé par un foie très-
volumineux, lobé, qui verse dans
son intérieur, par plusieurs ouvertures, une quantité notable de bile;
le canal intestinal est court, se dirigeant vers l'anus qui s'ouvre à la
partie supérieure du corps au milieu
du disque branchial. Les Doris sont
hermaphrodites; elles ont un double
accouplement réciproque. Un ovaire
contenu dans le foie, un oviducte
qui s'élargit en forme de matrice,
voilà les organes générateurs femelles; un gros testicule, un canal
différent, une verge fort longue repliée sur elle-même, qui sort peu en
arrière du vagin, voilà les organes
générateurs mâles; une sorte de vessie qui s'adosse à la matrice, et qui y
aboutit, est un organe sur l'usage
duquel on n'a aucune donnée. Les
organes de la respiration ou branchies, placés comme nous l'avons dit
précédemment, se composent d'arbuscules de formes diverses, de nombre
variable, mais toujours symétriques,
quelquefois nus à l'extérieur, d'autres
fois cachés dans une poche qui a une
ouverture extérieure arrondie. Ces
branchies, comme tous les organes
destinés à la respiration, sont composées de deux ordres de vaisseaux; les
veines pulmonaires aboutissent à une
oreillette qui verse le sang dans un
cœur en forme de croissant situé près
de l'anus; il donne naissance à deux
aortes. Les Doris sont marines; elles
habitent à diverses profondeurs, et
surtout dans les lieux où il y a beaucoup de Varecs, dont elles paraissent
faire leur nourriture. Cuvier a disposé les espèces d'après la forme du
corps; ce que Blainville a également
fait dans le Dictionnaire des Sciences
naturelles. Nous allons donner quelques exemples dans chacune des divisions du genre.

† *Corps subprismatique, le manteau débordant à peine le pied.*

DORIS A BORDS NOIRS, *Doris atromarginata*, Cuv., Ann. du Mus. T. IV, pag. 473, pl. 2, fig. 6; Doris caudale, Lamarck, Anim. sans vert. T. VI, 1re part., pag. 513, n. 15. Le corps est allongé, subprismatique, le dos élevé et marqué postérieurement d'une ligne d'un très-beau noir; le corps est terminé postérieurement par une pointe aiguë ou une sorte de queue.

†† *Corps subhémisphérique débordant le pied.*

DORIS VERRUQUEUSE, *D. verrucosa*, Linné, pag. 3105, n. 1; Lamarck, Anim. sans vert. T. VI, 1re part., pag. 311, n. 3; Cuvier, Ann. du Mus. T. IV, pag. 467, pl. 1, fig. 4, 5, 6. Le corps de cette espèce est ovale, oblong, convexe, chargé de tubercules hémisphériques, saillans, lisses, dont les plus gros sont à la partie la plus élevée du dos; les ten-tacules supérieurs sont placés entre deux feuillets charnus et non dans une cavité cyathiforme comme dans la plupart des espèces. Longueur, un pouce. On la trouve à l'Ile-de-France.

††† *Corps comprimé, le manteau dé-passant beaucoup le pied.*

DORIS ARGUS, *Doris Argus*, Lamk., Anim. sans vert. T. VI, 1re part., pag. 310, n. 2; *Doris Argo*, L., Gmel., pag. 3107, n. 4; *Argo*, Bohadsch, *Anim. mar.*, pag. 65, tab. 5, fig. 4, 5; Encycl., pl. 82, fig. 18, 19. C'est une des espèces les plus anciennement connues, et que distinguent suffisamment la forme et la disposi-tion de ses tentacules. En effet, ils pré-sentent ce caractère singulier d'être formés d'une série de petits globules posés sur un pédicule; son corps est ovale, oblong, déprimé, lisse, écarlate en dessus, bleuâtre en dessous; les branchies sont découpées au nombre de six ou huit arbuscules dans deux troncs latéraux; elles peuvent ren-trer dans la cavité branchiale à la vo-lonté de l'Animal. Longueur, trois pouces et demi ; largeur, deux pouces; épaisseur, six lignes. Elle vient des mers de Naples.   (D..H.)

DORIS. BOT. PHAN. (Dioscoride.) Syn. de *Leontice Chrysogonum*, L. Dodoens donnait ce nom à l'*Onosma echioïdes*.   (B.)

* BORKADION. BOT. CRYPT. La Mousse désignée sous ce nom dans les anciens paraît être la même que l'Orthotric des botanistes modernes. *V.* ORTHOTRIC et DORCADION.   (B.)

* DORMAN. POIS. L'un des noms vulgaires de la Torpille sur certaines côtes de France.   (B.)

* DORMEUR. POIS. Espèce douteuse du genre Cotte, division des Platycéphales, établie sous le nom de Gobiomore d'après un dessin de Plumier, et originaire de la Martinique.   (B.)

DORMEUSE. BOT. PHAN. Syn. vulgaire d'Hyoseride. *V.* ce mot. (B.)

DORMILLE. POIS. Syn. de Cobite. *V.* ce mot.   (B.)

DORONIC. *Doronicum.* BOT. PHAN. Famille des Synanthérées, Corymbifères de Jussieu, et Syngénésie superflue, L. — Les caractères de ce genre ont été tracés de la manière suivante : involucre composé de folioles égales, appliquées, lancéolées et disposées sur deux rangs; capitule radié, formé de fleurons nombreux et hermaphrodites, et d'une couronne de fleurs en languettes et femelles; réceptacle conique, hérissé d'appendices filiformes, si courts qu'on ne les avait pas remarqués avant Cassini ; akènes des fleurons du disque surmontés d'aigrettes formées de soies plumeuses ; akènes des demi-fleurons sans aigrettes. Ce genre, fondé par Tournefort, fut adopté par Linné, Jussieu, Lamarck, et généralement par tous les botanistes modernes, mais on ne fut pas bien d'accord sur l'association des Plantes qui devaient le constituer. Les uns, et entre autres

Lamarck et Desfontaines, réunissent les genres *Doronicum* et *Arnica* de Linné; d'autres, tout en signalant la grande affinité de ces deux genres, continuèrent néanmoins de les distinguer. Le genre *Doronicum*, selon les premiers, doit renfermer plusieurs espèces d'*Arnica* qui, d'après Cassini, formeront de nouveaux genres. Cet auteur, après avoir reconnu que le genre *Arnica* était composé de Plantes hétérogènes, a proposé pour type l'*Arnica montana* et ne lui a trouvé aucune analogie avec les Doronics, tandis qu'il a reconnu celle de l'*Arnica scorpioides*, dont il a fait le type du nouveau genre *Grammarthron*. Nous n'entreprendrons pas d'exposer ici l'ordre qu'il a établi dans les deux groupes de Plantes connues jusqu'à ce jour sous les noms de *Doronicum* et d'*Arnica*, ni d'examiner s'il était absolument nécessaire de former des genres distincts avec des Plantes dont les rapports de structure et de facies sont si frappans et si généraux ; nous dirons seulement que les Doronics, dans la classification de Cassini, occupent une place parmi les Astérées, près des genres *Bellis* et *Bellidiastrum*, tandis que les *Arnica* appartiennent aux Hélianthées-Tagétinées. Cassini, ayant fait rentrer le *Doronicum nudicaule* de Michaux dans son genre *Grammarthron*, ne compte parmi les Doronics que cinq espèces qui sont des Plantes herbacées indigènes des montagnes de l'Europe. La France en nourrit quatre, savoir : trois dans les Alpes et les Pyrénées et la quatrième dans les bois montueux de l'intérieur. Cette dernière étant commune dans quelques lieux des environs de Paris et notamment à Saint-Germain, nous allons en donner une idée, ainsi que de l'espèce la plus répandue dans les Alpes et que l'on cultive dans les jardins où elle fleurit au premier printemps.

Le DORONIC A FEUILLES DE PLANTAIN, *Doronicum plantagineum*, L., est glabre dans toutes ses parties ; il a une tige simple, terminée par un seul capitule de fleurs d'un jaune pâle. Ses feuilles radicales sont ovales-oblongues, dentées et anguleuses; les caulinaires sont sessiles, ovales, et les supérieures quelquefois lancéolées.

Le DORONIC MORT-AUX-PANTHÈRES, *Doronicum pardalianches*, L., est tout hérissé de poils; sa racine est rampante et fibreuse; sa tige droite, simple, excepté vers le sommet où elle se divise en trois ou quatre rameaux terminés chacun par un capitule assez grand et de couleur jaune; les feuilles sont dentées, et les radicales embrassent la tige par un appendice foliacé. (G..N.)

*DOROS. *Doros*. INS. Genre de l'ordre des Diptères établi par Meigen et qui aurait pour type la *Milesia conopsea* de Fabricius (*Syst. Antl.* p. 195, n. 29), ou la *Musca conopsoïdes* de Linné (*Faun. Svec.* n. 90) décrite par Réaumur (*Mém. sur les Ins.* T. IV, pl. 33, fig. 12 et 13). *V.* MILESIE. (AUD.)

* DOROTHÉE. INS. (Geoffroy.) Libellule du genre Agrion. *V.* ce mot. (B.)

DORQUE. MAM. Syn. d'Orque. *V.* DAUPHIN. (B.)

*DORRO. OIS. Nom donné par les Africains à une espèce de Goëland que l'on présume être le Bourgmestre, *Larus glaucus*, Gmel. *V.* MAUVE. (DR..Z.)

* DORSAL, DORSALE. *Dorsalis*. ZOOL. et BOT. Adjectif qui s'applique spécialement à l'insertion d'un organe quelconque sur le dos de l'Animal, ou sur le revers des parties de la Plante. Dans les fleurs de l'Avoine, on dit que l'arête de la spathelle est Dorsale; les Fougères sont quelquefois nommées dorsifères à cause de la position de leurs sporules. Divers Sauriens portent des crêtes Dorsales; les Poissons sont souvent munis d'une à trois nageoires, que leur insertion fait simplement nommer Dorsales. (B.)

DORSCH. POIS. Nom de pays adopté par Cuvier (*Règn. Anim.* T. II, 213)

pour désigner en français le *Gadus Callarias*. *V.* GADE. (B.)

DORSIBRANCHES. *Dorsibranchia*. ANNEL. Deuxième ordre de la classe des Annelides, établi par Cuvier (*Règn. Anim.* T. II, p. 523), et comprenant des espèces qui ont leurs organes et surtout leurs branchies distribués à peu près également le long de tout le corps ou au moins de sa partie moyenne. Cuvier divise ce genre en deux groupes ou familles: ceux dont la bouche est armée de mâchoires, tel est le genre Néréide de Linné, et ceux dont la bouche en est privée, tel est le genre Aphrodite du même auteur. (AUD.)

* DORSIFÈRES. BOT. CRYPT. *V.* DORSAL, DORSALE et FOUGÈRES.

DORSTÉNIE. *Dorstenia*. BOT. PHAN. Genre de Plantes de la famille naturelle des Urticées, voisin des Figuiers, et que l'on reconnaît aux caractères suivants: ses fleurs sont monoïques, portées sur un réceptacle plane, ouvert, dilaté, légèrement concave; chaque fleur est enfoncée dans un alvéole, très-creux pour les fleurs femelles, presque superficiel pour les fleurs mâles; les bords de ces alvéoles sont irrégulièrement découpés et paraissent formés de folioles soudées entre elles; les fleurs mâles se composent en général de deux étamines, quelquefois d'un nombre moindre ou plus considérable; les filets sont grêles, les anthères globuleuses, presque didymes, à deux loges; dans les fleurs femelles, l'ovaire est pédicellé, ovoïde, comprimé, à une seule loge qui contient un seul ovule; le style est latéral et se termine par un stigmate bifide; le fruit est renfermé dans l'intérieur de l'alvéole: c'est une sorte de capsule comprimée, arrondie, épaissie dans son tiers inférieur et sur ses côtés, mince dans le reste de son étendue, s'ouvrant par sa partie supérieure qui est membraneuse, de sorte que quand la graine est tombée, la capsule se termine par deux cornes latérales, formées par les deux côtés épaissis; la graine est attachée transversalement sur le côté de la capsule d'où naît le style; son tégument est épais et crustacé; son embryon est recourbé et placé dans un endosperme blanc et presque charnu.

Les espèces de Dorsténie, au nombre de dix à douze, sont en général des Plantes herbacées et vivaces, dont les feuilles sont radicales; dans deux ou trois espèces seulement, les feuilles, ainsi que les pédoncules, naissent d'une tige. A l'exception d'une espèce qui croît dans l'Arabie heureuse, et que Forskahl a décrite sous le nom de *Kosaria radiata*, toutes les autres Dorsténies sont originaires de l'Amérique méridionale. Une de ces espèces a joui autrefois d'une assez grande réputation, à cause des propriétés médicales attribuées à sa racine, c'est la suivante :

DORSTÉNIE CONTRAYERVA, *Dorstenia Contrayerva*, L., Rich., Bot. méd. 1, p. 195. Sa racine est allongée, rougeâtre, fusiforme, un peu rameuse, de la grosseur du doigt, et donne naissance à un grand nombre de fibrilles radicellaires; ses feuilles sont toutes radicales, pétiolées, pinnatifides et presque palmées, un peu rudes au toucher, à lobes lancéolés, irrégulièrement dentés; du milieu de ces feuilles, s'élèvent deux ou trois pédoncules de cinq à six pouces de hauteur, cylindriques, légèrement pubescens, s'évasant à leur partie supérieure en un réceptacle plane, irrégulièrement quadrangulaire, à angles très-saillans, ayant son bord inégalement sinueux; la face supérieure de ce réceptacle, qui est légèrement concave, est creusée d'un grand nombre d'alvéoles, qui contiennent chacune une fleur femelle ou une fleur mâle. Cette Plante croît dans différentes contrées de l'Amérique méridionale, et entre autres au Mexique et au Pérou. On la cultive dans quelques jardins de botanique, où elle se multiplie d'elle-même dans les serres.

Pendant fort long-temps, on n'a pas connu en Europe l'origine de la racine connue sous le nom de *Contrayerva*. Hernandez la croyait celle d'une espèce de Passiflore. Bernard de Jussieu la rapportait au *Psoralea pentaphylla* de Linné. Mais bientôt, d'après les renseignemens fournis par Plumier et d'autres voyageurs, on a reconnu que cette racine était celle d'un *Dorstenia*, que l'on a pour cette raison nommée *D. Contrayerva*. Cette racine a une odeur aromatique, une saveur un peu âcre. En Amérique, elle jouit d'une très-grande réputation dans le traitement de la morsure des Serpens venimeux; et pendant long-temps, en Europe, on en a fait un fréquent usage; mais aujourd'hui elle est bien déchue de sa haute réputation, et elle n'est plus guère qu'un objet de curiosité dans les recueils de matière médicale.

(A. R.)

DORSUAIRE. POIS. Une phrase descriptive, trouvée dans les manuscrits de Commerson, a déterminé Lacépède (Pois. T. v, p. 483) à établir dans la famille des Cyprins un genre que Cuvier n'a pas sans doute trouvé assez exactement caractérisé pour en faire mention. Le Dorsuaire de Commerson, pêché dans les mers de Madagascar, atteint jusqu'à dix-huit pouces de long; aucune tache ne se distingue sur son corps, son dos est d'un bleu noirâtre, relevé en bosse très-comprimée, terminée par une carène tranchante et munie d'une seule dorsale. (B.)

DORTHÉSIE. *Dorthesia*. INS. Genre de l'ordre des Hémiptères, famille des Gallinsectes, établi par Bosc (Journal de Physique, février 1784. T. XXIV, p. 171) sous le nom d'*Orthesia*, en l'honneur de l'abbé d'Orthez, qui paraît avoir trouvé le premier l'Animal qui en fait le type. Ce petit genre paraît lier les Aleyrodes aux Cochenilles, et il diffère essentiellement de celles-ci par leurs antennes qui ont huit articles chez les femelles, et parce que ces dernières ne prennent point la forme d'une galle et continuent de vivre et de courir après la ponte. Les mâles sont pourvus d'ailes grandes, demi-transparentes, d'un gris de plomb et couchées sur le corps dans le repos; on n'aperçoit pas de trompe; les antennes sont plus longues que le corps et sétacées; l'extrémité postérieure de l'abdomen est garnie d'une houppe de filets blancs. La longueur de l'Animal est d'une ligne et demie environ. La femelle est aptère, ses antennes sont courtes, filiformes, d'un brun roussâtre; son corps a deux à trois lignes de longueur et offre une particularité très-remarquable : une substance blanche, farineuse, ayant assez de consistance pour former de petits cylindres réguliers deux à deux et constituant par leur réunion une masse également régulière, le recouvre en entier; un frottement assez léger fait-il disparaître ce singulier arrangement? l'Insecte, ainsi dépouillé, se trouve réduit d'un tiers, et laisse voir neuf sillons disposés transversalement sur son dos; il continue cependant à courir et à manger comme à l'ordinaire, et au bout de quelques jours, il se recouvre d'une poussière blanche qui augmente petit à petit et prend le même arrangement qu'auparavant. Cette même femelle présente une trompe courte qui occupe l'intervalle des deux pates antérieures. A l'époque de la ponte, il se forme à l'entour de l'extrémité postérieure du corps une sorte de sac cotonneux rempli de duvet et dans lequel sont pondus successivement les œufs. Ceux-ci ne tardent pas à éclore, et comme le sac est fixé à l'abdomen, on croirait qu'ils sortent directement de cette cavité et que l'Animal est vivipare. Les larves, dont le corps est farineux comme celui de la femelle, se nourrissent des feuilles de l'*Euphorbia Characias* ou de l'*Euphorbia pilosa*; fixées à la face inférieure de ces feuilles, elles y subissent leurs métamorphoses. A cet effet, la peau qui les recouvre se fend sur le dos, elles en sortent toutes nues et sont bientôt revêtues de lamelles blanches dont il a été parlé. Les mâles, qui sont très-rares,

se retirent, après la fécondation, au pied de l'Euphorbe, deviennent immobiles, se recouvrent de toute part d'une matière cotonneuse et périssent. Tous ces faits, dont on ne connaît aucun exemple dans la vie des autres Insectes, sont vraiment remarquables. Il en est un non moins curieux : on sait que les femelles des Cochenilles se dessèchent aussitôt après la ponte, celles des Dorthésies survivent à cet acte important, éprouvent de nouvelles mues, passent l'hiver sous les Mousses ou sous quelques pierres, et peuvent être fécondées de nouveau à la belle saison. Ces Insectes rendent aussi par l'extrémité de l'abdomen une liqueur visqueuse et sucrée.

On ne connaît encore qu'une espèce propre à ce genre.

La Dorthésie Characias, *Dorthesia Characias*, Bosc (*loc. cit.*, pl. 1, fig. 1, 2, 3). Elle se trouve très-abondamment aux environs de Nîmes, sur l'*Euphorbia Characias*. Olivier prétend l'avoir trouvée aux environs de Paris sur la Ronce. La progéniture de cette espèce est quelquefois détruite à l'état d'œuf par une larve de Coccinelle qui s'introduit dans le sac ovifère de la femelle sans occasioner aucun mal à cette dernière. Degéer (Mém. Ins. T. VII, pl. 44, fig. 26) a représenté une espèce de Cochenille qui, suivant la remarque judicieuse de Latreille, ressemble beaucoup à la Dorthésie Characias.

Le nom générique de Dorthésie avait été aussi donné à une espèce d'Insecte de l'ordre des Orthoptères, le Ripiphore subdiptère de Fabricius. Le genre, que nous venons de faire connaître, est aujourd'hui le seul adopté. (AUD.)

DORTMANNA. bot. phan. Ce nom, employé autrefois par Rudbeck pour désigner un genre que Linné réunit aux Lobélies, ne sert plus qu'à distinguer une espèce de ces dernières. Adanson sépara de nouveau le genre *Lobelia* de Linné en deux groupes, au second desquels il donna

le nom de *Dortmanna*. *V.* LOBÉLIE.
(G..N.)

DORWALLIE. *Dorwallia*. BOT.
PHAN. Ce genre, formé par Commerson, rentre dans le *Fuschia*, antérieurement établi. *V.* FUSCHIE. (B.)

DORYANTHE. *Doryanthes*. BOT.
PHAN. Genre de la famille de Amaryllidées de Brown et de l'Hexandrie Monogynie, L., établi par Corréa de Serra (*Transact. of Linn. Societ.* vol. 6, p. 211), et adopté par R. Brown qui l'a caractérisé ainsi : périanthe supère, coloré, à six divisions profondes, infundibuliforme et caduc; six étamines, dont les filets sont subulés et adnés par la base aux divisions du périanthe, et les anthères dressées, tétragones, en forme d'éteignoir lorsque le pollen est sorti; style à trois sillons; stigmate trigone; capsule triloculaire, à trois valves qui portent les cloisons sur leur milieu; graines déprimées, réniformes, disposées sur deux rangs, ayant un petit osselet latéral qui en occupe à peu près la moitié. Les détails des caractères génériques ci-dessus exposés, sont figurés par Corréa (*loc. cit.*, tab. 23 et 24). Cet auteur observe que le *Doryanthes* est très-voisin des genres *Agave* et *Fourcrœa*, mais que ceux-ci en diffèrent essentiellement par leurs anthères ou leurs filets; dans l'*Agave*, les anthères sont incombantes, et les filets du *Fourcrœa* sont ailés. Il faut avouer que ces différences sont bien légères, et qu'il est difficile de le distinguer surtout de l'*Agave*, dont les fleurs ont la même structure et la même disposition que celles des Doryanthes, données par Corréa dans les Transactions Linnéennes. L'unique espèce dont le genre *Doryanthes* est composé, a été nommée *D. excelsa* par Corréa; R. Brown a trouvé cette Plante au port Jackson de la Nouvelle-Hollande. Ses racines sont fasciculées; sa tige, élevée de cinq à six mètres, est garnie de feuilles petites, en comparaison des radicales qui sont un peu larges et ensiformes; les fleurs peu nombreuses et disposées en un capitule formé d'épis presque opposés, sont de couleur pourpre-foncé; elles ont de courts pédoncules, et elles sont comme enveloppées dans des bractées colorées. (G..N.)

DORYCNIER. *Dorycnium*. BOT.
PHAN. Genre de la famille des Légumineuses et de la Diadelphie Décandrie, L., établi par Tournefort, réuni par Linné aux Lotiers, mais distingué de nouveau par la plupart des auteurs modernes. Voici ses caractères : calice tubuleux à cinq dents inégales disposées en deux lèvres; corolle papilionacée, dont les deux ailes sont plus courtes que la carène; stigmate capitulé; gousse renflée, à peine plus longue que le calice, contenant une ou deux graines. Ce genre se compose de trois espèces dont deux croissent en France. Ce sont de petits Arbustes ou des Plantes herbacées à feuilles alternes, trifoliées, à fleurs blanches, petites, réunies et formant des espèces de petits capitules.

DORYCNIER SOUS-FRUTESCENT, *Dorycnium suffruticosum*, D. C., Fl. Fr.; *Lotus Dorycnium*, L. C'est un petit Arbuste à peine ligneux dans sa partie inférieure, haut d'un à deux pieds, portant de petites feuilles sessiles, trifoliées, munies de deux stipules presque aussi longues que les folioles. Les fleurs sont très-petites, blanches, rapprochées au nombre de douze à quinze et formant des espèces de capitules au sommet des rameaux. Cette Plante croît dans les provinces méridionales de la France.

DORYCNIER HERBACÉ, *Dorycnium herbaceum*, D. C., Fl. Fr. Sa tige est tout-à-fait herbacée, plus droite; ses folioles sont plus larges. Elle croît dans les mêmes localités. (A. R.)

Les anciens donnaient le nom de DORYCHNION, qui fut la racine de celui du genre qui vient de nous occuper, à un Arbuste semblable à l'Olivier, et dont la puissance narcotique causait la mort à qui en faisait un trop grand usage. Ce Dorychnion, qui ne peut être une Légumineuse innocente, a paru devoir convenir à quelques Liserons , à l'Alkekenge , enfin au *Phylliræa angustifolia.* (B.)

DORYLE. *Dorylus.* INS. Genre de l'ordre des Hyménoptères, établi par Fabricius et rangé par Latreille (Règn. Anim. de Cuv.) dans la section des Porte-Aiguillons , famille des Hétérogynes, division des Mutilles. Ses caractères sont, suivant cet auteur : tête petite avec trois yeux lisses ; antennes presque sétacées, courtes, insérées près de la bouche et de treize articles, dont le premier fort long et cylindrique ; deux mandibules avancées, longues , étroites , sans dentelures, pointues , crochues au bout et croisées; palpes maxillaires très-petits, beaucoup plus courts que les labiaux et composés comme eux de petits articles; abdomen long et cylindrique , avec le premier anneau transversal , arrondi en dessus et distingué du suivant par une division profonde; pieds courts, grêles, sans épines ; quatre ailes , les supérieures ayant une cellule radiale atteignant l'extrémité de l'aile, et deux cellules cubitales dont la première reçoit une nervure récurrente , et dont la seconde est fermée par le bord postérieur de l'aile. Ces divers caractères ont été pris sur des individus mâles; les femelles et les neutres, si tant est qu'il en existe, n'ont encore été observés de personne. Jurine (Classif. des Hyménopt. , p. 280) décrit ce genre et fait observer que les Doryles, placés successivement avec les Guêpes et les Mutilles , s'éloignent beaucoup de tous les Hyménoptères connus. La brièveté de leurs antennes est frappante; leurs yeux sont grands, et les stemmates ou yeux lisses, très-saillans; leur thorax est à peu près cylindrique ; leur ventre est d'une longueur disproportionnée avec celle du reste du corps; leurs cuisses sont remarquables par leur grosseur et par la forte apophyse à laquelle elles sont implantées ; leurs jambes enfin et leurs tarses semblent , par leur petitesse , être incapables de pouvoir soutenir un Insecte aussi grand. Les cellules de leurs ailes sont si semblables

à celles des Fourmis, qu'il faut les voir avec attention pour saisir les nuances qui les distinguent, et que les caractères le plus tranchés consistent dans la petitesse excessive du point de l'aile , dans la position de la cellule radiale qui est très-près du bout de l'aile ; dans la grandeur de la première cellule cubitale, et dans l'insertion de la première nervure récurrente au milieu de cette cellule , insertion qui n'est jamais autant avancée dans l'aile des Fourmis. On ne connaît que les espèces suivantes :

Le DORYLE ROUSSATRE , *Dor. helvolus* , Fabr., originaire de l'Afrique.

La seconde est fort voisine de celle-ci et a été observée au Bengale.

La troisième a été décrite par Fabricius , sous le nom de *Nigricans* ; elle est propre à la Guinée. Latreille croit devoir rapporter au genre Labide le *Dorylus mediatus* de Fabricius. *V.* LABIDE. (AUD.)

*DORYPETRON. BOT. PHAN. L'un des trois noms par lesquels Pline paraît désigner la Plante que les botanistes modernes appellent *Filago Leontopodium.* (B.)

DORYPHORE. *Doryphora.* INS. Genre de l'ordre des Coléoptères, section des Tétramères , famille des Cycliques (Règn. Anim. de Cuv.), établi par Illiger aux dépens des Chrysomèles , dont il se distingue, suivant Latreille, par les caractères suivans : dernier article des palpes maxillaires beaucoup plus court que le précédent , transversal , et dont l'arrière-sternum s'avance en forme de corne. Leur corps est hémisphérique ou arrondi; et leur prothorax est fortement échancré en avant. Olivier donne, sur les antennes et les parties de la bouche, quelques détails plus circonstanciés qu'on peut ajouter aux précédens. Les antennes sont filiformes, de onze articles ; les derniers paraissent comprimés; la lèvre supérieure est carénée, avancée, arrondie. Les mandibules sont cornées, arquées, voûtées, dentelées au bord supérieur et terminées par deux ou trois dents obtuses ; les mâchoires sont bifides ; leur division externe est arrondie et velue à l'extrémité ; l'autre division est comprimée et pointue ; la lèvre inférieure est cornée, avancée, étroite et un peu échancrée ; les palpes sont inégaux ; les antérieurs offrent quatre articles dont le premier petit ; le suivant allongé, conique ; le troisième large, en entonnoir ; le dernier court, cylindrique, tronqué ; les palpes postérieurs ou ceux de la lèvre sont triarticulés ; le premier article est petit, le second gros et le dernier ovale-oblong. Les espèces, propres à ce genre, appartiennent à l'Amérique méridionale et sont assez nombreuses. Dejean (Catal. des Coléopt. p. 121) en mentionne vingt-cinq. Olivier (Hist. nat. des Coléopt. T. v, n° 91, p. 583) en décrit douze, parmi lesquelles on remarque :

LA DORYPHORE PUSTULÉE, *D. pustulata*, Oliv. (n° 91, pl. 1, fig. a, b, c), ou la *Chrys. pustulata* de Fabricius, qui est la même que la *Chrys. undata* de Degéer (Mém. sur les Ins. T. v, p. 550, n° 2, t. 16, fig. 9). Elle est originaire de Cayenne.

LA DORYPHORE POINTILLÉE, *Doryphora punctatissima*, ou la *Chrysomela punctatissima* de Fabricius, figurée par Olivier (*loc. cit.*, n. 91, pl. 3, fig. 39). Elle a été rapportée de la Guiane française.

V., pour les autres espèces, Olivier et Dejean (*loc. cit.*). (AUD.)

DOS. *Dorsum*. INS. Ce nom a été appliqué tantôt à la partie supérieure du mésothorax et du métathorax réunis ; tantôt à telle ou telle autre de ces deux parties, ou bien à l'abdomen ; d'autres fois, enfin, à toute la partie supérieure de l'Insecte. Nous avons adopté ce dernier sens (Ann. des Sc. nat. T. 1, p. 130) et nous nous sommes servis du nom de tergum pour désigner la partie supérieure de chaque partie considérée isolément. Ainsi nous disons le tergum du prothorax, le tergum du mésothorax, le tergum du métathorax, le tergum de l'abdomen.

Nous employons aussi la dénomination d'arrière-tergum, lorsque nous désignons à la fois le tergum du mésothorax et celui du métathorax. *V.* TERGUM. (AUD.)

* DOS-BLEU. OIS. Syn. vulgaire de la Sittelle, *Sitta europœa*, L. *V.* SITTELLE. (DR..Z.)

DOS-BRULÉ. MAM. Espèce distincte ou variété de l'Aï, dans le genre Bradype. *V.* ce mot. (B.)

DOS-D'ANE. REPT. CHÉL. Nom vulgaire de la Tricarénée, espèce de Tortue. *V.* ce mot. (B.)

DOS-ROUGE. OIS. Syn. vulgaire à la Guiane du Tangara septicolor, *Tanagra Talaö*, L. *V.* TANGARA. (DR..Z.)

* DOS-TACHETÉ. OIS. Nom donné par Sonnini, dans sa Traduction de l'Histoire des Oiseaux du Paraguay, par d'Azzara, à une espèce qui paraît appartenir au genre Sylvie. (DR..Z.)

* DOS ou VENTRE-DE-CRAPAUD. BOT. CRYPT. L'un des noms vulgaires de l'*Agaricus maculatus* de Schœffer, *A. verrucosus* de Willdenow, espèce du genre Amanite. *V.* ce mot. (B.)

DOSIN. MOLL. (Adanson.) Syn. de *Venus concentrica*. (B.)

DOSJEN. BOT. PHAN. Ce nom japonais mérite d'être remarqué, parce qu'il désigne l'*Amaryllis Sarniensis*, Liliacée originaire du Japon, qui s'est naturalisée sur les côtes des îles Jersey et Guernesey, depuis le naufrage d'un navire qui en avait quelques oignons à son bord. On appelait aussi Dosjen, selon Kœmpfer, l'*Aralia cordata*. (B.)

* DOSO ET DUSU. BOT. PHAN. (Camelli.) Syn. de *Kœmpferia Galanga*. (B.)

DOTEL. MOLL. (Adanson.) Syn. de *Mytilus niger*, Gmel. (B.)

*DOTHIDÉE. *Dothidea*. BOT. CRYPT. (*Hypoxylées*.) Ce genre, établi par Fries, est très-voisin des Sphœria ; il se présente sous forme de tubercules charnus, noirâtres sur les bois morts, les jeunes rameaux et même sur les feuilles vivantes. Ces tubercules offrent dans leur intérieur une ou plusieurs cellules dépourvues de péridium propre et remplies d'une substance mucilagineuse, épaisse, formée de thèques fixées par leur base et entremêlées de quelques paraphyses ou filamens avortés. Ces thèques se résolvent en une substance gélatineuse qui s'échappe par l'orifice des cellules. Ce genre diffère essentiellement des Sphœria par l'absence de péridium propre à chaque cellule; il renferme plusieurs Plantes placées jusqu'alors parmi les Sphœria, les Xyloma ou même parmi les Lichens. Tels sont les *Sphœria ribesia*, Pers., *Sphœria Sambuci*, Pers. Fries rapporte à ce genre les *Polystigma* de De Candolle, qui en présentent en effet l'organisation; il y rapporte aussi avec doute et comme un sous-genre particulier le genre *Asteroma* du même auteur. (AD. B.)

* DOTO. *Doto*. MOLL. Ce genre, proposé par Ocken pour quelques espèces de Doris dont le corps est linéaire, a été caractérisé par son auteur de la manière suivante : deux tentacules et une pointe dans le calice des branchies qui sont placées sur le dos et ne peuvent être cachées. Il est fort difficile de juger de la bonté de ce genre qui semble faiblement caractérisé. Cependant Férussac l'a admis, et y a même ajouté deux espèces que nous ne connaissons pas davantage que celles données par Ocken, puisque ni l'un ni l'autre de ces auteurs n'en ont fait de descriptions. (D..H.)

* DOTTU. POIS. Espèce sicilienne du genre Spare. *V.* ce mot. (B.)

DOUBLE. ZOOL. et BOT. Ce mot, à peu près avec l'acception qu'il a dans le langage ordinaire, est passé dans celui de l'histoire naturelle, où l'on désigne soit vulgairement, soit même scientifiquement, sous les noms suivans, différens objets appartenant au règne organique. Ainsi, l'on appelle,

Chez les Mammifères :

DOUBLE-DENTS, d'après Vicq-d'Azyr, dans son Système anatomique des Animaux, la famille des Rongeurs qu'Illiger appelle *Duplicidentata*, et Desmarets, Léporins. *V.* ce mot.

DOUBLE-PANSE, RUMEN ou HERBIER, le premier et le plus grand des quatre estomacs des Ruminans. *V.* ce mot.

Parmi les Oiseaux :

DOUBLE-BÉCASSINE, le *Scolopax major*, Gmel. *V.* BÉCASSE.

DOUBLE-MACREUSE, l'*Anas fusca*, L. *V.* CANARD.

DOUBLE-SOURCIL, une Fauvette décrite par Vaillant, Ois. d'Afr. pl. 128.

Parmi les Poissons :

* DOUBLE-AIGUILLON, une espèce du genre Baliste. *V.* ce mot.

DOUBLE-BOSSE, l'*Antennarius bigibbus* de Commerson, espèce de Lophie du sous-genres Chironecte. *V.* LOPHIE.

DOUBLE-ÉPINE, la même Baliste qui porte le nom de Double-Aiguillon.

* DOUBLE-LIGNE, une espèce d'Achire. *V.* ce mot.

DOUBLE-MOUCHE, un Saumon du sous-genre Characin. *V.* SAUMON.

DOUBLE-TACHE, le *Labrus bimaculatus*. *V.* LABRE.

DOUBLES, les Pleuronectes qui sont également colorés des deux côtés, soit que le côté blanc, soit que le côté le plus fortement teint se répète.

Parmi les Reptiles :

DOUBLE-MARCHEUR, l'Amphisbène. Cuvier, adoptant ce nom, appelle Double-Marcheurs la première tribu de la seconde famille des Ophidiens, qui comprend les deux genres Amphisbène et Typhlops. *V.* ces mots. Les Serpens qui composent cette famille, formés d'anneaux cylindriques, contractiles, et ayant la tête toute d'une venue comme la queue, passent pour jouir de la faculté de marcher dans les deux sens, ainsi que les Lombrics. On n'en connaît point de venimeux.

Parmi les Mollusques :

DOUBLE - BOUCHE , le *Trochus Labio* , L. , type du genre Monodonte. *V*. ce mot. Chez les marchands de Coquilles , on appelle également Double-Bouche le Bitome de Soldani. *V*. BITOME , Moll.

Parmi les Plantes :

DOUBLE - BULBE , l'*Iris Sisyrinchium*, L.

* DOUBLE-CIL , le *Diplocomium* de Weber et Mohr. *V*. ce mot.

DOUBLE-CLOCHE , les variétés des Primevères doublées par la culture et le *Datura fastuosa*, L.

DOUBLE - DENT , les Mousses du genre *Didymodon*. *V*. ce mot.

DOUBLE-EPI , le genre formé aux dépens des Lycopodes, par Beauvois, sous le nom de *Diplostachyum*. *V*. ce mot.

DOUBLE-FEUILLE, l'*Ophrys ovata*, L.

DOUBLE-FLEUR , une belle variété de Pommiers à fleurs semi-doubles. Il ne faut pas confondre ce mot avec Fleur-Double , qui signifie tout autre chose. *V*. FLEURS.

DOUBLE-LANGUE, le *Ruscus Hypoglossum*. *V*. FRAGON.

DOUBLE-SCIE, le *Bisseruta Pelecinus* , L. *V*. BISSERULE.

DOUBLE-VESSIE, le *Buxbaumia foliosa* sur laquelle Bridel a établi son genre *Diphiscium*. *V*. ce mot. (B.)

DOUBLE-RÉFRACTION. MIN. *V*. RÉFRACTION.

DOUBLET. MIN. Pierre fausse, formée de deux pièces ajustées par une surface plane , et dont l'inférieure est un verre coloré , tandis que la supérieure est de Cristal de roche ou de Topaze incolore. Il est souvent difficile d'apercevoir la jointure lorsque la pierre a été montée avec soin. (G. DEL.)

DOUC. MAM. Espèce de Guenon. *V*. ce mot. (B.)

DOUCE-AMÈRE. BOT. PHAN. *Solanum Dulceamara*, espèce du genre Morelle. *V*. ce mot. Nous avons observé cette Plante depuis la pointe la plus méridionale de l'Espagne jusque vers l'embouchure du Niémen, et remarqué que vers le Nord ses feuilles sont simples, qu'elles prennent des auricules à mesure qu'on descend vers le Midi, et que dans les pays chauds, ces auricules vont jusqu'au nombre de trois de chaque côté du pétiole. (B.)

DOUCET. POIS. Nom vulgaire du *Callionymus Dracunculus* sur les côtes de France. *V*. CALLIONYME. (B.)

DOUCETTE. BOT. PHAN. On donne ce nom , soit au Prismatocarpe, Miroir de Vénus, soit aux Valérianelles ou Mâches qu'on mange en salade durant l'hiver. (B.)

DOUCIN. BOT. PHAN. Variété de Pommier que les jardiniers ne cultivent que pour servir de sujets aux greffes des autres sortes de Pommiers. (B.)

DOUGLASSIE. *Douglassia*. BOT. PHAN. Adanson (Famille des Plantes, T. II, p. 200) nomma ainsi, d'après Houston, le genre *Wolkameria* de Linné. D'un autre côté, Schreber appliqua ensuite la même dénomination à l'*Aiouea* d'Aublet ou *Laurus hexandra* de Swartz. *V*. VOLKAMÉRIE et LAURIER. (G..N.)

DOUM ou DOUME. BOT. PHAN. *V*. CUCI et CUCIFÈRE.

DOURAH , DORAH ou DORA. BOT. PHAN. On appelle ainsi en Égypte l'*Holcus Durra* de Forskahl, variété de l'*Holcus Sorghum*, Plante qui y est abondamment cultivée comme Céréale. *V*. SORGHO. Le *Zea Mays* se nomme DOURAH-KYZAN dans le même pays. (B.)

DOUROU. BOT. PHAN. La Plante ainsi nommée , dont on emploie à Madagascar les feuilles pour couvrir les maisons et dont les graines mangeables produisent de l'huile, paraît être un Balisier ou du moins appartenir à la famille des Cannées. (B.)

DOUROUCOULI. MAM. Même chose qu'Aote. *V*. ce mot et SAPAJOU. (B.)

DOUSSIN. ÉCHIN. L'un des noms

vulgaires de l'Oursin mangeable. (LAM..X.)

DOUVE. *Fasciola.* INTEST. Nom vulgaire du Distome hépatique et de quelques autres Vers intestinaux. *V.* DISTOME. Cuvier réunit sous le nom général de Douves tous les Trématodes de Rudolphi; il pense que l'on pourrait en former un seul genre sous-divisé en Festucaires, Strigées, Géroflés, Douves proprement dites, Polystomes, Tristomes, et duquel on rapprocherait même les Planaires. Si ce genre était admis, il faudrait le diviser en plusieurs à cause du nombre considérable d'espèces qu'il renfermerait, quelque naturel qu'il fût. Ces divisions ayant été faites depuis longtemps, nous croyons devoir les adopter telles qu'elles ont été établies par Rudolphi. (LAM..X.)

DOUVE (GRANDE et PETITE). BOT. PHAN. Noms vulgaires des *Ranunculus Lingua* et *Flammula. V.* RENONCULE. (B.)

DOUVILLE. BOT. PHAN. Variété automnale de Poires assez estimées et qui sont un peu pointues par les deux extrémités. - (B.)

DOYENNÉ. BOT. PHAN. Et non *Doyonné,* comme on le prononce mal à propos et le plus communément. Variété fort estimée de Poires. (B.)

DRABA. BOT. PHAN. *V.* DRAVE.

* DRABELLA. BOT. PHAN. Nom donné par De Candolle à la cinquième section qu'il a formée dans le genre *Draba,* et dont les *Draba nemoralis* et *D. muralis,* L., peuvent être considérés comme les types. *V.* DRAVE. (G..N.)

DRACÆNA. BOT. PHAN. *V.* DRAGONIER.

DRACANOS. BOT. PHAN. L'un des noms sous lesquels Dioscoride désigne la Garance. (B.)

DRACKENA. BOT. PHAN. (L'Ecluse.) Syn. de *Dorstenia Contrayerva,* L. *V.* DORSTÉNIE. (B.)

DRACO. REPT. SAUR. *V.* DRAGON.

DRACO. BOT. PHAN. *V.* DRAGONIER. Quelques botanistes, et entre

autres Dodoens, ont nommé l'Estragon DRACO-HERBA. *V.* ARMOISE. (B.)

DRACOCÉPHALE. *Dracocephalum.* BOT. PHAN. C'est-à-dire *Tête de Dragon.* Genre de la famille des Labiées, et de la Didynamie Angiospermie, L., ainsi caractérisé : calice à cinq divisions peu profondes et presque égales; corolle dont le tube allongé présente un renflement vers la gorge, et dont le limbe est partagé en deux lèvres, la supérieure courbée en voûte, entière ou légèrement échancrée; l'inférieure à trois lobes, dont deux latéraux courts et redressés, un moyen plus grand, entier ou bifide; quatre étamines didynames. Linné avait fondu dans ce genre plusieurs autres antérieurement établis. Mœnch a essayé d'en rétablir quelques-uns, d'en créer quelques autres. Tels sont le *Zornia* qu'il caractérise par un calice quinquéfide, et qui a pour synonyme le *Ruyschiana* de Boerrhaave; le *Cedronella,* dont le calice est à cinq dents, et dont les graines sont arrondies; le *Moldavica,* dans lequel le calice est légèrement bilabié. Comme ces genres n'ont pas été adoptés, il suffit de les indiquer ainsi. Le genre *Dracocephalum* renferme vingt et quelques espèces, originaires de pays assez variés, et dont plusieurs sont cultivées dans nos jardins. Ce sont des Plantes herbacées, plus rarement ligneuses, à feuilles opposées, tantôt entières, tantôt trifides ou pinnatifides; à fleurs ordinairement bleues ou violacées, dont les pédoncules axillaires, verticillés, accompagnés de bractées, sont uniflores ou ramifiés en épis. Parmi ces espèces, nous citerons le *Dracocephalum Virginianum,* nommé vulgairement Cataleptique, parce que ses fleurs dérangées dans certaines limites de leur position naturelle, conservent la position nouvelle qu'on leur a donnée, et offrent ainsi une sorte d'imitation du phénomène de la catalepsie; le *D. Moldavicum,* vulgairement la *Moldavique,* dont les infusions sont employées en médecine, ainsi que celles du *D. Canariense*, et dont les propriétés se rattachent à celles de la famille ; le *D. Mexicanum*, décrit et figuré dans le Voyage de Humboldt (Kunth, *Nov. Gen.*, tab. 160); le *D. variegatum*, qui est un *Prasium* de Walter (*V.* Ventenat, Jard. de Cels, t. 44). On peut encore consulter la *Flor. Dan.*, tab. 121; Jacquin, *Icon. rarior.*, tab. 112; Lamk., tab. 513, etc., etc.   (A. D. J.)

* DRACONCULE. POIS. Syn. de Dragonneau, qui n'est que la traduction du nom spécifique adopté par les ichthyologistes *V.* CALLIONYME. (B.)

DRACONIA. BOT. PHAN. La Plante citée sous ce nom par Adanson demeure inconnue.   (B.)

DRACONITE. REPT. SAUR. et MIN. *V.* DRAGON.

DRACONITES. POLYP. FOSS. Bertrand et des auteurs plus anciens ont donné ce nom à des Polypiers fossiles de l'ordre des Astrairées. (LAM..X.)

DRACONTIE. *Dracontium.* BOT. PHAN. Famille des Aroïdées, Heptandrie Monogynie, L. Ce genre offre pour caractères des fleurs hermaphrodites, portées sur un spadice cylindrique, qui en est entièrement couvert; la spathe est naviculaire; le calice se compose de cinq à sept écailles dressées ; le nombre des étamines est le même que celui des écailles ; ces étamines leur sont opposées ; l'ovaire est libre, globuleux, à trois angles obtus et à trois loges contenant chacune un seul ovule suspendu ; le stigmate est sessile; le fruit est une baie globuleuse, contenant d'une à trois graines qui sont dépourvues d'endosperme. Le genre *Dracontium*, qui est très-voisin des *Pothos*, se compose d'un petit nombre d'espèces , dont quelques-unes sont dépourvues de tiges , et ont toutes leurs feuilles radicales, et dont les autres sont munies d'une tige quelquefois grimpante et parasite. Les feuilles sont pétiolées, dilatées à leur base , simples ou plus ou moins profondément divisées. Ces espèces

sont presque toutes originaires d'Amérique.

Selon Robert Brown (Prodr. 1 , p. 337), le *Dracontium fœtidum* paraît former un genre particulier à cause de ses fleurs constamment à quatre étamines, ses baies soudées entre elles , contenant une seule graine très-grosse. Kunth (*in* Humb. *Nov. Gen.* 1) a fait du *Dracontium pertusum*, L., une espèce du genre *Calla* , à cause de l'absence du calice. Jacquin avait déjà fait la même remarque.   (A. R.)

Le nom de DRACONTIUM, emprunté des anciens par Linné pour désigner des Plantes du nouveau monde qui devaient leur être inconnues, était synonyme de *Dracunculus. V.* ce mot.   (B.)

DRACOPHYLLE. *Dracophyllum.* BOT. PHAN. Genre de la famille des Epacridées, établi par Labillardière, adopté et modifié par R. Brown qui lui assigna pour caractères : bractées nulles, ou deux seulement à la base du calice ; corolle tubuleuse dont le limbe est partagé en cinq parties étalées et dépourvue de barbes; cinq étamines hypogynes, insérées le plus souvent sur la corolle ; cinq écailles à la base de l'ovaire; une capsule à cinq loges polyspermes, et des placentas libres suspendus au sommet d'une colonne centrale. C'est par ce dernier caractère et par le petit nombre ou l'absence des bractées que ce genre diffère des Epacris, dont deux espèces décrites par Forster, et originaires de la Nouvelle-Zélande, doivent, suivant l'indication de Brown, prendre place parmi les *Dracophyllum*. Il en décrit de plus quatre autres espèces observées à la Nouvelle-Hollande : ce sont des Arbrisseaux ou des Arbustes, dont les feuilles imbriquées , à demi-engaînantes à leur base , laissent par leur chute de nombreux anneaux marqués sur les branches nues ; les fleurs sont disposées en épis simples ou en grappes quelquefois rameuses. Cette dernière inflorescence se remarque dans le *D. secundum*, où le calice est dépourvu de bractées, l'insertion des étamines immédiatement hypogynique, la corolle en entonnoir à tube renflé, à limbe aigu, à gorge à peine rétrécie. La première, au contraire, est celle de trois autres espèces qui diffèrent d'ailleurs de la précédente par leur calice muni de deux bractées, et leur corolle à laquelle s'insèrent les étamines hypocratériformes, à tube grêle, à limbe obtus, à gorge rétrécie. Elles forment une section distincte dans le genre, et pourraient peut-être même servir à fonder un genre nouveau qu'on nommerait *Sphenotoma*. (A. D. J.)

* **DRACUNCULUS**. BOT. PHAN. La Plante désignée sous ce nom par Théophraste et par Pline paraît être l'*Arum Dracunculus*, L. *V*. GOUET. D'autres botanistes ont appelé *Dracunculus* l'Estragon, la Ptarmique et jusqu'à la Bistorte. (B.)

DRAGANTE. BOT. PHAN. Nom vulgaire de l'Astragale qui produit la Gomme Adragante. (B.)

DRAGÉES DE TIVOLI ou **PISOLITHES**. MIN. Globules calcaires à couches concentriques, dont la formation a eu lieu dans une eau agitée par un tournoiement, comme ceux qui proviennent des bains de Tivoli près de Rome. (G. DEL.)

DRAGEONS. *Stolones*. BOT. PHAN. On désigne sous ce nom et sous ceux de rejets et de gourmands, de petites branches qui, dans certaines Plantes herbacées, partent de la touffe commune, s'étalent sur la terre où ils s'enracinent de distance en distance, et poussent de chacun des points où ils se sont fixés une nouvelle touffe de feuilles. Le Fraisier en offre un exemple. Les Drageons sont un des moyens de multiplication les plus puissans pour certains Végétaux. (A. R.)

DRAGON. OIS. Espèce du genre Troupiale, *Agelaius virescens*, Vieill. *V*. TROUPIALE. (DR..Z.)

DRAGON. *Draco*. REPT. SAUR. Genre de Sauriens de la famille des Iguaniens, établi par Linné, adopté par tous les erpétologistes et qui présente de grands rapports avec les Basilics. *V*. ce mot. Ses caractères consistent dans la disposition des six premières fausses côtes qui, au lieu de se contourner autour de l'abdomen, s'étendent en ligne droite et soutiennent un prolongement de la peau qui forme une espèce d'aile analogue à celle de certains Mammifères, mais qui ne se lie point avec les pates. Ce prolongement singulier ne sert guère au vol, comme nous l'avons dit au mot AILE, mais à un usage qu'on pourrait comparer à celui du parachute, et sert à faciliter les sauts de l'Animal sur les Arbres, parmi les rameaux desquels il circule avec une grande rapidité. La langue des Dragons est charnue, légèrement échancrée et peu extensible. Leur gorge est munie d'un long fanon en goître soutenu par la queue de l'os hyoïde et par les prolongemens des cornes du même os. La queue est longue et déliée, le corps petit et couvert d'écailles imbriquées; les cuisses sont dépourvues de grains poreux. Sur la nuque est une petite dentelure; chaque mâchoire est garnie de petites incisives, et de chaque côté existent une canine longue et pointue et une douzaine de mâchelières triangulaires et trilobées. Les doigts, libres et inégaux, sont au nombre de cinq à chaque pied. — Les Dragons sont des Animaux faibles et innocens, vivant d'Insectes qu'ils poursuivent en sautillant de branche en branche. Ils marchent assez mal, mais nagent fort bien, ce qui fait qu'on les rencontre rarement à terre, mais qu'on les voit fréquemment dans les eaux, quand ils ne se tiennent point sur la cime des Arbres. Ils déposent leurs œufs dans les trous des vieux troncs où la chaleur humide les fait éclore. Les trois espèces qu'on en connaît sont toutes originaires des côtes et des îles de l'Afrique orientale, de l'Inde et de ses archipels. Ces trois espèces, long-temps confondues, mais fort bien distinguées par Daudin, sont :

Le Dragon rayé, *Draco lineatus*. Sa tête est grosse et arrondie ; ses yeux sont petits et saillans en dessus ; la partie supérieure du corps est variée de gris et de brunâtre avec plusieurs marques transversales d'un bleu d'azur; les ailes sont brunâtres, avec neuf lignes transverses et blanches; plusieurs points occellés règnent sur les côtés du cou. Le dessous de l'Animal est bleuâtre vers la tête et blanchâtre au ventre et aux membres. Ce Reptile, des bois de l'île de Java , est extrêmement rare.

Le Dragon vert, *Draco viridis*, Daud., *Draco volans*, L., Gmel., *Syst. Nat.*, *Draco major*, Laurenti, *Amph.*; Encycl. Rept. La plus petite, la plus commune et la plus anciennement connue, cette espèce ne vient pas d'Amérique, comme l'avait dit Séba, mais des îles de la Sonde, et nous en avons vu quelques individus pris à Madagascar. Son nom indique sa couleur ; ses ailes, adhérentes à la base des cuisses, sont très-lâches et remarquables par six grandes échancrures. On la manie sans danger; la singularité de sa figure et la beauté de sa couleur la font souvent accueillir dans les maisons des Indiens. Les Serpens des forêts en font leur proie.

Le Dragon brun, *Draco fuscus*. Un peu plus long que les précédens ; ses couleurs sont aussi plus tristes, et quelques taches fasciées relèvent seules la teinte uniforme de son corps presque lisse et dont les écailles sont fort petites. Sa queue est plus courte que celle des deux autres espèces.

D'après la description que nous avons donnée des faibles Reptiles auxquels les savans imposèrent le nom fameux qui désigna dans diverses mythologies un Animal, emblème de force, de puissance, de prudence et de malice, on voit qu'il n'existe aucun rapport entre le Dragon de la nature et celui de la fable. Cependant l'histoire ne dédaigna pas d'associer l'existence du Dragon imaginaire à la sévérité de ses récits. Dans cette his-

toire, et même dans les livres sacrés, il n'est question d'autres Dragons que les innocens Iguaniens qui font le sujet de cet article. L'apôtre saint Jean (Apoc., chap. XII, vers. 2-4) en décrit un fort grand et roux, dans lequel de graves commentateurs ont prétendu reconnaître la figure de quelque empereur persécuteur des premiers chrétiens, quoiqu'il soit dit un peu plus bas (chap. XX , vers. 1-3), par le même évangéliste, qu'un ange étant descendu du ciel avec la clef de l'abîme à la main, ouvrit cet abîme et y jeta enchaîné le grand Dragon, être réel que le voyageur Paul Lucas prétend avoir vu vers l'Ethiopie. Saint Augustin confirme l'existence de ce Dragon et ne doute point qu'il ne s'en trouve encore avec de vastes ailes. C'est donc à tort qu'on a fait l'honneur aux païens d'avoir parlé avant les Pères de l'Église d'un être qui habite les enfers et les cieux selon les croyances religieuses de tous les peuples. Cependant quelque respectable que puisse être le témoignage de Lucain, d'Hérodote et de la docte antiquité, fortifié par celui des personnages infaillibles qui ont écrit sous la dictée du Saint-Esprit, malgré tout ce que rapportent les Légendes des saints et des saintes qui ont vaincu des Dragons, malgré les figures réputées authentiques de tels monstres consacrés dans le blason de nobles chevaliers qui en combattirent, les naturalistes incrédules prétendent qu'il n'existe point de Dragons tels que nous les représentent les poëtes grecs, les écrivains sacrés , les vieilles armoiries, les Légendes dorées , les peintures chinoises ou les porcelaines du Japon. En vain Conrad Gesner, Nicandre, Aldrovande, Nieremberg , Jonston, Ruysch et même Séba, presque de nos jours, ont-ils longuement disserté sur les Dragons, et fait soigneusement graver des dessins qui en représentaient ; la plupart des zoologistes pensent avec Linné que jusqu'à celui qu'on montrait à Hambourg avec ses sept têtes , tous les grands Dragons ne furent que des productions de l'art et de quelques imaginations malades. Les charlatans font encore des Dragons ainsi que des Basilics avec des Raies, et la crédulité humaine n'a renoncé que très-tard à ces chimères, tant l'erreur jette de profondes racines, surtout lorsque les choses que l'on regarde trop souvent comme des autorités irrécusables, lui prêtent leur appui. Selon nous, le Dragon dont on trouve l'idée chez tous les peuples, ne fut dans l'origine qu'un symbole de la puissance des feux souterrains et des volcans qui, vers le commencement de l'état social, paraissent avoir exercé une grande et destructive influence sur la patrie des premiers hommes commençant à se civiliser. Des souvenirs confus l'attestent; tels sont l'histoire de la destruction d'une grande île Atlantique, du jardin des Hespérides avec ses pommes d'or et son redoutable gardien qui vomissait des flammes, de la formation subite et violente du détroit de Gades, de la guerre des géans et des dieux, du combat des anges rebelles qui lançaient des montagnes contre les milices célestes, et autres traditions à travers lesquelles on peut reconnaître quelques lueurs de réalité. *V.* VOL-CANS.   (B.)

DRAGON. POIS. Nom d'une espèce du genre Pégase, et celui donné par les anciens à la Vive. Linné en a fait le nom spécifique de ce dernier Poisson, *Trachinus Draco.*   (B.)

DRAGONIER. *Dracæna.* BOT. PHAN. Genre de la famille des Asparaginées et de l'Hexandrie Monogynie, L., caractérisé par des fleurs disposées en une vaste panicule rameuse. Leur calice est tubuleux, composé de six sépales adhérens entre eux par leur base; les étamines, au nombre de six, ont leurs filets placés en face de chaque sépale; ils sont quelquefois soudés ensemble par leur partie inférieure, et un peu renflés dans leur partie moyenne; l'ovaire est libre, à trois angles obtus, à trois loges contenant chacune un seul ovule; le style et le stigmate sont simples. Le fruit est une baie globuleuse, ordinairement à trois loges et à trois graines dont une ou deux avortent quelquefois.

On compte environ vingt à vingt-cinq espèces de ce genre. Quelques-unes sont originaires de l'Inde; la plupart croissent aux îles australes d'Afrique et au cap de Bonne-Espérance; quelques-autres dans les îles de l'océan Pacifique. Presque tous les Dragoniers ont le port des Palmiers; leur tige est simple, et acquiert quelquefois d'énormes dimensions. Elle est couronnée par une touffe de feuilles simples engaînantes à leur base, du milieu desquelles naissent les panicules de fleurs. Cette tige est semblable à celle des Palmiers et pour le port et pour l'organisation intérieure. Nous mentionnerons ici quelques-unes des espèces les plus curieuses, principalement parmi celles que l'on cultive dans nos jardins.

DRAGONIER A FEUILLES D'YUCCA, ou DRAGONIER proprement dit, *Dracæna Draco*, L., Lamk., Ill., t. 249, f. 1. Il est originaire des îles Canaries où il acquiert parfois des dimensions énormes, tandis que dans nos jardins, c'est un Arbrisseau qui s'élève au plus à une douzaine de pieds, et dont la croissance est extrêmement lente. On en voit un pied près de la ville de l'Oratava, à la base du pic de Ténériffe, dont la tige a quarante-cinq pieds de circonférence, mesurée un peu au-dessus de la racine; cet Arbre d'une grande antiquité était, selon Bory de Saint-Vincent, dans ses Essais sur les îles Fortunées, déjà célèbre au temps de la conquête, c'est-à-dire vers 1400. Quelquefois le tronc du Dragonier se divise vers son sommet en plusieurs ramifications; ses courtes feuilles sont réunies en touffe au sommet de la tige ou de ses ramifications. Elles sont planes, ensiformes, longues d'un à deux pieds, aiguës, entières, rougeâtres inférieurement, où elles se terminent par une sorte de gaîne; les fleurs sont blanchâtres, très-petites, formant une panicule dressée, rameuse, pyramidale ; le fruit est une baie d'un jaune rougeâtre de la grosseur d'une petite Cerise. L'histoire du Dragonier se lie aux traditions mythologiques les plus reculées. On a prétendu que cet Arbre croissant au pied de l'antique Atlas, dans les îles Hespéries et dont le suc rouge porte le nom de sang de Dragon, avait quelque analogie avec ce monstre qui gardait les pommes d'or, et qui ne put empêcher Hercule de dérober de telles richesses.

DRAGONIER TERMINAL, *Dracœna terminalis*, L., Red. Lil., II, t. 90. Cette espèce, que Linné fils avait réunie au genre Asperge et Lamarck au genre *Aletris*, sous le nom d'*Aletris Chinensis*, est un Arbrisseau qui, dans la Chine sa patrie, s'élève à dix ou douze pieds, tandis que, dans nos serres, il dépasse rarement trois à quatre pieds ; son feuillage est d'un vert assez foncé, mais prend une teinte pourpre peu de temps après la naissance des feuilles ; celles-ci sont comme distiques, c'est-à-dire déjetées des deux côtés de la tige ; elles sont pétiolées, dilatées et embrassantes à leur base, lancéolées, aiguës, entières ; les fleurs sont purpurines et forment une panicule dressée, rameuse, plus courte que les feuilles du milieu desquelles elle s'élève. Cette espèce de Dragonier est originaire des Moluques, des Indes et de la Chine. On la cultive à Amboine, sur les bords des jardins et des propriétés. De-là vient le nom de *terminalis* qui lui a été donné, et qui indique qu'il sert de terme ou de limite.

(A. R.)

*DRAGONITE ou DRACONITE. MIN. Syn. de Cristal de roche.

(G. DEL.)

DRAGONNE. REPT. SAUR. Et non Dragone. Espèce de Saurien devenu type d'un sous-genre de Monitor. *V.* ce mot. (B.)

DRAGONNEAU. POIS. Espèce du genre Callionyme. *V.* ce mot.

DRAGONNEAU. MOLL. Nom marchand du *Cyprea stolida*, espèce de Porcelaine. *V.* ce mot. (B.)

DRAGONNEAU. *Gordius*. ANNEL.? Gmelin, Lamarck, Bosc et Cuvier désignent sous ce nom de petits Animaux filiformes qui abondent dans les eaux douces, dans la vase et dans les terres inondées qu'ils percent en tous sens. Linné et Bruguière les avaient rangés ainsi que le Ver de Médine dans le genre Filaire. Rudolphi et Blainville les réunissent aussi à ce dernier genre, et nous croyons devoir admettre leur manière de voir. *V.* FILAIRE. (AUD.)

DRAINE. OIS. Espèce du genre Merle, *Turdus viscivorus*, L., Buff., pl. enl., 489. *V.* MERLE. (DR..Z.)

* DRAKENSTÉNIA. BOT. PHAN. (Necker.) Syn. d'Acouroa. *V.* ce mot. (B.)

*DRAKOENA. BOT. PHAN. (L'Écluse.) Syn. de Dorstène Contrayerva. *V.* DORSTÈNE. (B.)

DRAP. MOLL. Ce mot, avec une épithète spécifique, s'emploie pour désigner quelques Coquilles, particulièrement du genre Cône, qui offrent dans leurs lignes colorées une contexture ou un entrecroisement qui rappelle plus ou moins l'arrangement des fils dont se compose une étoffe. Ainsi l'on a nommé DRAP D'ARGENT, le *Conus Stercus–Muscarum*, L. ; DRAP FLAMBÉ, le *Conus auricomus*, Lamk. ; DRAP D'OR, le *Conus textilis*, L. ; DRAP D'OR A DENTELLES, le *Conus Abbas*, Brug. ; DRAP D'OR VIOLET, le *Conus Archiepiscopus*, Brug. ; DRAP ORANGÉ, le *Conus auratus*, Brug. ; DRAP PIQUETÉ, le *Conus Nussatella*, Brug., et PETIT DRAP, le *Conus Panniculus*, Lamk. On a encore donné le nom de DRAP MORTUAIRE, à une espèce d'Olive, *Oliva lugubris*, Lamk. (D. H.)

On a aussi appelé Drap marin la croûte épidermoïde qui revêt le plus grand nombre des Coquilles, lorsqu'on les retire de la mer. On avait pensé autrefois que c'était un véritable épiderme ou périoste, lorsque l'on admettait que la Coquille prenait de l'accroissement comme les os des Vertébrés ; mais il est prouvé que les Coquilles ne s'augmentent que par superposition de couches, ce qui rend inadmissible l'hypothèse de l'épiderme ou du périoste des Mollusques. *V*. MOLLUSQUES.   (D..H.)

DRAPARNALDIE. *Draparnaldia.* BOT. CRYPT.(*Chaodinées.*)Nous avons, en 1808, institué ce genre dans les Annales du Muséum d'histoire naturelle en mémoire de notre ami Draparnaud, savant botaniste de Montpellier, ravi aux sciences à la fleur de son âge. Ses caractères consistent dans les articulations transverses de ses rameaux et de ses ramules que terminent des prolongemens ciliformes et qu'accompagne une mucosité qui donne aux Draparnaldies la souplesse et le brillant d'où résulte leur extrême élégance. Toutes celles qui nous sont connues habitent les eaux douces. Nous ajouterons à celles que nous avons décrites (*loc. cit.*) T. XII, p. 400 le *Conferva lubrica* de Lyngbye, *Tent.*, p. 150, tab. 5a, sous le nom de *Draparnaldia laxa*, N. Cette Plante, du plus beau vert, est remarquable par son aspect soyeux et sa grande mucosité ; elle s'allonge au point que ses ramules disparaissent sur l'étendue des filamens principaux. Ces filamens rappellent ceux de certaines Conferves, ce qui a déterminé, dans la Dissertation d'Agardh sur les métamorphoses des Algues, l'opinion de ce savant qui a cru voir des Draparnaldies devenir des Conferves, et celles-ci devenir des Draparnaldies. Nos anciennes Draparnaldies étaient : 1° *Draparnaldia mutabilis*, N., Ann. Mus. T. XII, pl. 35, f. 1, *Conferva mutabilis*, Roth ; Batrachosperme à houpe, De Cand., l'une des plus communes et des plus élégantes de nos marais ; 2° *Draparnaldia hypnosa*, N., Annal. Mus. T. XII, p. 35, fig. 2 ; Batrachosperme en plume, Vauch., pl. 11, f. 2, dont l'aspect est celui d'une jolie Mousse pinnée, flottant mollement dans l'eau pure et tranquille ; 3° *Draparnaldia dendroïdea*, N., Annal.

Mus. T. XII, pl. 35, fig. 3, des rivières de l'île Mascareigne ; 4° *Draparnaldia pygmæa*, N., Ann. Mus. T. XII, pl. 35, fig. 4, très-petite espèce presque microscopique parasite sur les autres Conferves d'eau douce des îles de France et de Mascareigne.   (B.)

DRAPARNALDINES. BOT. CRYPT. (*Chaodinées.*) Sous-genre de Batrachospermes. *V*. ce mot.   (B.)

DRAPÈTE. *Drapetes.* BOT. PHAN. Genre de la famille des Thymelées et de la Tétrandrie Monogynie, L., établi par Lamarck (Journ. d'Hist. natur. 1, p. 186, t. 10, fig. 1) pour une petite Plante, *Drapetes muscoïdes*, rapportée par Commerson du détroit de Magellan. Elle a le port d'une Passerine et l'inflorescence des Daïs ; ses tiges forment des touffes serrées de trois à quatre pouces de hauteur ; ses feuilles sont sessiles, opposées en croix, ovales, obtuses, entières, poilues, longues seulement d'une à deux lignes ; les fleurs sont très-petites, et forment au sommet des tiges un petit bouquet sessile autour duquel les feuilles supérieures constituent une sorte d'involucre ; le calice est coloré, infundibuliforme, à quatre lobes ; les étamines sont au nombre de quatre ; le fruit est une baie sèche contenant une seule graine enveloppée par le calice qui persiste.   (A. R.)

DRAPIER ou GARE-BOUTIQUE. OIS. Syn. vulgaire du Martin-Pêcheur d'Europe, *Alcedo ispida*, L., dont on a imaginé que la dépouille extérieure avait la propriété d'éloigner les teignes, conséquemment de préserver de l'atteinte de ces Insectes destructeurs les draps et autres étoffes de laine. *V*. MARTIN-PÊCHEUR.   (DR..Z.)

DRAP MORTUAIRE. INS. (Geoffroy.) Syn. de Cétoine stictique, espèce commune en été sur les Ombellifères.   (B.)

DRASSE. *Drassus.* ARACHN. Genre de l'ordre des Pulmonaires, famille des Aranéides, section des Tubitèles ou des Tapissières (Règn. Anim. de

Cuv.), établi par Walckenaer, et adopté par Latreille qui lui assigne pour caractères : les quatre filières extérieures presqu'égales ; mâchoires arquées au côté extérieur, formant un ceintre autour de la lèvre qui est allongée et presque ovale ; huit yeux placés très-près du bord antérieur du corselet, disséminés quatre par quatre sur deux lignes transverses ; la quatrième paire de pieds, ensuite la première, plus longues. Ce genre indiqué par Latreille (Dict. d'Hist. nat. prem. édit. T. xxiv), sous le nom de Gnaphose, a été caractérisé par Walckenaer (Tableau des Aranéïdes, pag. 45) de la manière suivante : huit yeux presque égaux entre eux, occupant le devant du corselet ; lèvre ovale, allongée, pointue et arrondie à son extrémité ; machoires allongées, courbées, entourant la lèvre ; pates allongées, la quatrième est la plus longue, ensuite la première ; la troisième est la plus courte. Les Drasses qui ne s'éloignent des Filistrates que par la disposition des yeux, sont des Araignées qui se tiennent à l'affût des Insectes, et les entraînent dans leur demeure aussitôt qu'ils les ont saisis. Ces demeures consistent en des cellules de soie très-blanches placées dans l'intérieur des feuilles, sous les pierres et dans les cavités des murs. Walckenaer distribue dans deux sections ou familles les Arachnides propres à ce genre.

Les LITHOPHILES, Lithophilœ.

† Yeux sur deux courbes opposées par leur côté convexe ; mâchoires très-dilatées dans leur milieu ; Arachnides se tenant derrière les pierres et les cavités des murs.

Le DRASSE LUCIFUGE, D. lucifugus, Walck., qui, à en juger par la figure de Schœffer (Icon. Ins., pl. 101, fig. 7) citée par Walckenaer, est la même espèce que le Drasse ventre-noir, Dr. melanogaster de Latreille. On le trouve en France et en Espagne.

†† Yeux sur deux lignes courbes, parallèles ; mâchoires peu dilatées dans leur milieu ; Arachnides se renfer-

mant dans dans les feuilles des Plantes qu'elles plient et rapprochent.

Le DRASSE NOCTURNE, D. nocturnus, L., qui paraît différer d'une espèce voisine très-commune aux environs de Paris, et décrite par Latreille sous le nom de Drasse très-noir, Dr. ater. La femelle de celui-ci construit un cocon rougeâtre, orbiculaire, très-aplati, se divisant en deux valves papyracées pour la sortie des petits. On le trouve très-communément aux environs de Paris.

††† Yeux sur deux lignes courbes parallèles ; les latéraux rapprochés entre eux ; mâchoires peu dilatées dans leur milieu ; Arachnides construisant sur la surface des feuilles une toile fine et blanche, transparente, à tissu serré, sous laquelle elles se tiennent.

Le DRASSE VERT, Drassus viridissimus, Walck. (Faun. Paris. T. ii, pag. 212). On le trouve aux environs de Paris. V., pour les autres espèces, Walckenaer (loc. cit. et Hist. des Aranéïdes).   (AUD.)

DRAVE. Draba. BOT. PHAN. Genre de la famille des Crucifères et de la Tétradynamie siliculeuse, établi par Linné, et adopté par De Candolle (Syst. Veget. 2, p. 331), qui en a séparé quelques espèces pour former de nouveaux genres, et a fixé ainsi ses caractères : calice dont la base n'est pas gibbeuse ; pétales entiers, obtus ou à peine échancrés ; étamines libres et non denticulées ; silicule ovale ou oblongue, entière, à valves planiuscules, contenant plusieurs semences non bordées et disposées sur deux rangs ; cotylédons accombans. Ce genre fait partie de la tribu des Alyssinées ou Pleurorhizées latiseptées, et se place près des genres Alyssum, Cochlearia, Clypeola et Peltaria. Brown en a détaché le Draba Pyrenaica, dont il a constitué le genre Petrocallis. Ce changement a été adopté par De Candolle qui, de son côté, a formé le genre Erophila avec le Draba verna, L. V. ces mots. Dans plusieurs espèces, le fruit est réellement siliqueux, ce qui est une grave objection à la division des Crucifères établie par Linné ; dans ce cas, les Draves sont très-voisines des Arabidées, et surtout du genre *Turritis*. Ce sont des Plantes vivaces ou annuelles, tantôt courtes et en gazons, tantôt allongées, le plus souvent couvertes de poils mous et veloutés. La plupart se trouvent dans les montagnes froides de l'hémisphère boréal, et principalement dans l'empire de Russie ; quelques-unes seulement ont été rencontrées en Amérique. Le *Prodromus Systematis Vegetabilium* du professeur De Candolle renferme les descriptions abrégées de cinquante-huit espèces de Draves, dont cinquante sont distribuées en quatre sections. La première, que De Candolle a nommée *Aizopsis*, et qui, selon Andrzjoski, doit former un genre particulier, se compose de onze espèces qui sont des Plantes vivaces dont le scape est nu, les feuilles roides et ciliées, les fleurs jaunes et le style filiforme de grandeur variable. Presque toutes sont indigènes des montagnes de la Sibérie et de l'Orient. On trouve sur les rochers de plusieurs chaînes de l'Europe l'espèce la plus remarquable, *Draba aizoïdes*, L. Cette jolie Plante fleurit de très-bonne heure, et forme des touffes élégantes par ses feuilles ciliées d'un vert sombre, et ses nombreuses fleurs d'un jaune d'or éclatant. Le *Draba ciliaris*, L., et une autre Plante décrite autrefois sous le même nom par De Candolle (Flore Française, 4, p. 697), ne sont que des variétés de la précédente.

La deuxième section, nommée *Chrysodraba*, renferme douze espèces qui croissent toutes dans le nord de l'Europe et sur les hautes montagnes de l'Asie, à l'exception des *Draba Jorullensis* et *D. Toluccensis*, Kunth, indigènes du Mexique. Ce sont des Plantes vivaces, dont les feuilles ne sont ni roides ni carénées; leurs fleurs sont jaunes, leur style presque nul ou très-court; et la silicule ovale-oblongue. Les *Draba incompta* et *D. mollissima*, Steven, charmantes peti-

tes Plantes qui appartiennent à cette section, ont été récemment figurées (Delessert, *Icones selectæ*, vol. 2, t. 44 et 45).

Dans la troisième section, qui a reçu le nom de *Leucodraba*, se trouvent quinze espèces, dont plusieurs habitent les Alpes et les Pyrénées. Ce sont des Plantes vivaces, caractérisées par leurs feuilles molles, leurs fleurs blanches et leurs pétales obtus ou légèrement échancrés. Nous mentionnerons ici seulement les *Draba nivalis*, *D. stellata*, et *D. lœvipes*, qui croissent dans les Pyrénées et les Alpes, près de la limite des neiges. Ces deux dernières viennent d'être figurées (Delessert, *Icones selectæ*, vol. 2, t. 46, f. A et B).

Les espèces de la quatrième section (*Holarges*, D. C.), au nombre de huit, et qui croissent pour la plupart dans les contrées les plus septentrionales, se distinguent par leur style court, et leurs fleurs blanches ou très-rarement jaunes.

Enfin, la cinquième section (*Drabella*, D. C.) se compose de Plantes annuelles ou vivaces, dont les fleurs sont très-petites, jaunes ou blanches, et sans style. Elles sont au nombre de quatre, dont deux sont indigènes de France, c'est-à-dire les *Draba nemoralis* et *D. muralis*; et les deux autres de la Russie orientale et de l'Amérique du Nord.

Outre les Plantes comprises dans ces sections, il en reste encore huit qui n'ont pas été classées à cause des renseignemens imparfaits donnés par leurs auteurs. Elles sont toutes étrangères à l'Europe ou sans désignation de patries.   (G.. N.)

* DRÈCHE. BOT. PHAN. Résidu des graines céréales que l'on a employées à la préparation des liqueurs alcoholiques. La Drèche retenant encore intactes ou peu altérées, diverses parties nutritives, forme un très-bon aliment pour engraisser les Bestiaux.   (DR. Z.)

DRELIGNE ou DRELIGNY. POIS. Syn. de *Perca Labrax*, espèce du sous-genre Centropome. *V.* PERCHE. (B.)

DRENNE. ois. Pour Draine. *V.* ce mot.　　　　　　　　　(B.)

* DREPANANDRUM. bot. phan. (Necker). Syn. de Topobea d'Aublet. *V.* ce mot.　　　　　　　(B.)

DRÉPANIE. *Drepania.* bot. phan. Ce genre, de la famille des Synanthérées, Chicoracées de Jussieu, et de la Syngénésie égale, L., fut d'abord confondu avec les *Hieracium* par Tournefort et Vaillant, puis avec les *Crepis* par Linné et Lamarck. Adanson en fit le premier la distinction, mais caractérisa son *Tolpis* (nom sous lequel il fit connaître le genre en question) d'une manière trop imparfaite pour qu'on l'adoptât généralement. Néanmoins, Gaertner, Willdenow, Persoon, etc., se sont servis de la dénomination proposée primitivement par Adanson. Dans son *Genera Plantarum*, Jussieu exposa les caractères de ce genre, sous le nom de *Drepania*, qui fut adopté par Desfontaines et De Candolle. Ces caractères ont été admis, à quelques rectifications près, dans la Flore Française, et tracés de la manière suivante : involucre composé de plusieurs séries de folioles, dont les intérieures sont droites et serrées, et les extérieures étalées en forme d'alènes, courbées en faux à leur maturité ; réceptacle alvéolaire ; akènes du disque couronnés par un bord membraneux, d'où sortent deux à quatre longues arêtes ; celles du bord ont une aigrette sessile, très-courte, composée de petites écailles membraneuses. L'espèce qui a servi à fonder ce genre, est une Plante des contrées méridionales de l'Europe, que l'on rencontre principalement dans les endroits sablonneux des environs de Nice, de Montpellier, etc. Ses tiges, fort rameuses, ne s'élèvent pas beaucoup au-delà de trois décimètres ; elles portent des feuilles étroites et peu nombreuses ; les radicales sont lancéolées, presque glabres et dentées ; les fleurs sont d'un jaune de soufre, et d'un noir purpurin dans le centre. Desfontaines et De Can-

dolle l'ont nommée *Drepania barbata.* Allioni (*Flor. Pedemont.*, n. 757) a changé le nom générique en celui de *Swertia*, oubliant qu'il existe sous cette dénomination un genre de la famille des Gentianées, établi par Linné.

Persoon (*Enchirid.* 2 , p. 377, *sub Tolpide*) a réuni à l'espèce précédente deux Plantes, dont l'une, *Drepania umbellata*, Bertoloni, n'en paraît être qu'une simple variété ; la seconde est le *Crepis ambigua* de Balbis et de De Candolle. Ces deux Plantes sont indigènes du Piémont et de la Ligurie.　　　　　　　　　　　　　(G..N.)

DREPANIS. ois. (Temminck.) Emprunté du mot grec qui désignait l'Hirondelle des rivages. *V.* Héorataire et Hirondelle.　(DR..Z.)

* DRÉPANOCARPE. *Drepanocarpus.* bot. phan. Dans sa Flore d'Esséquebo, le docteur Meyer a proposé ce genre nouveau pour le *Pterocarpus lunatus*, Willd., ou *Pterocarpus aptera*, Gaertn., *de Fr.*, t. 156, f. 3. Voici les caractères qu'il lui assigne : son calice est monosépale, campanulé, accompagné de deux bractées ; il offre cinq dents dont l'inférieure est plus grande et divergente ; la corolle est papilionacée ; les filets des étamines sont soudés en un tube cylindrique, fendu longitudinalement dans sa partie supérieure, et caché dans la carène ; l'ovaire est linéaire, oblong, comprimé, recourbé, pédicellé à sa base ; le style est adscendant, de la longueur des étamines, terminé par un stigmate obtus ; le fruit est une gousse orbiculaire, roulée sur elle-même en forme de fer de faux, comprimée, rugueuse, uniloculaire, indéhiscente, contenant une seule graine semilunaire, attachée vers le milieu de la loge. Ce genre est très-voisin du *Pterocarpus*, auquel il avait été réuni jusqu'ici, et dont il formait une espèce. Il s'en distingue surtout par sa gousse falciforme et contournée sur elle-même en forme de spirale, dépourvue d'aile, non variqueuse, et par sa

graine non attachée au fond de la loge du péricarpe.

Une seule espèce compose ce genre, c'est le *Drepanocarp. lunatus*, Meyer, Flor. Esséqueb., 238. C'est un Arbre dont les rameaux portent des épines géminées, formées par les stipules persistantes; les feuilles sont imparipinnées, composées en général de sept folioles; les fleurs forment des grappes terminales. Elles sont variées de blanc et de bleu.   (A. R.)

* **DRÉPANOPHYLLE.** *Drepanophyllum*. BOT. PHAN. Famille des Ombellifères et Pentandrie Digynie, L. Hoffmann (*Umbel. Gener.*, 2, p. 109) a constitué, sous ce nom, un genre particulier avec les *Sium latifolium* et *S. falcaria*, L., en le caractérisant ainsi: involucre polyphylle; pétales obovées; akènes oblongs, couronnés par les bords du calice et du stylopode à cinq côtes; les fossettes (*valleculæ*) marquées d'une seule bandelette. Ce genre n'a pas été admis par d'autre botaniste que son propre auteur.   (G..N.)

* **DRESSÉ.** *Erectus*. BOT. PHAN. Une tige est Dressée lorsque son axe est perpendiculaire à l'horizon. Il ne faut pas confondre cette expression avec celle de DROITE, *Rectus*. Une tige droite est celle qui n'offre aucune courbure; une tige Dressée peut être plus ou moins sinueuse; une tige droite n'est pas toujours Dressée, elle peut être oblique ou couchée. *V.* TIGE.   (A. R.)

DRHJAWAT. BOT. PHAN. Le Riz dans l'Inde, où cette Graminée fait le fond de la nourriture de l'Homme.   (B.)

DRIADE. *V.* DRYADE.

DRIANDRE. *V.* DRYANDRE.

DRILE. *Drilus*. INS. Genre de l'ordre des Coléoptères, section des Pentamères, famille des Serricornes, tribu des Melyrides (Règne Animal de Cuvier), établi par Olivier aux dépens des Ptylins de Geoffroy. Ses caractères sont: antennes plus longues que la tête et le prothorax, pectinées au côté interne;

palpes maxillaires avancés; prothorax transversal. Les Driles ont le corps déprimé et un peu allongé; leur tête se termine brusquement; leurs antennes sont composées de onze articles dont le second petit et arrondi, les mandibules sont unidentées, minces et cornées; les mâchoires sont simples, c'est-à-dire qu'elles manquent d'appendice intérieur; elles supportent deux palpes qui vont en grossissant; la lèvre inférieure est arrondie; le prothorax, un peu plus large que la tête et plus étroit que les élytres, offre un rebord sensible. Il existe des ailes membraneuses, repliées; les tarses ont cinq articles, et le pénultième est cordiforme. Ces Insectes volent avec assez de facilité. On les trouve sur diverses fleurs et sur certains Arbres, particulièrement sur le Chêne à l'époque de sa floraison. On n'a pas encore découvert leurs larves.

Le DRILE JAUNATRE, *Drilus flavescens*, Oliv., ou la Panache jaune de Geoffroy (Hist. des Ins. T. 1, pl. 1, fig. 2), peut être considéré comme le type du genre; il est très-commun en France. Dejean (Cat. des Coléopt., p. 39) en mentionne deux autres espèces qui sont nouvelles. La première (*Dr. fulvicornis*, Dej.) est originaire de la Dalmatie, et la seconde (*Dr. ater*, Dej.) a été trouvée en Allemagne.
    (AUD.)

DRILL. MAM. Grande espèce de Singe. *V.* ce mot.   (B.)

DRIMIE. *Drimia*. BOT. PHAN. Et non *Drimmia*. Genre de la famille des Asphodélées de Jussieu et de l'Hexandrie Monogynie, L., fondé par Jacquin (*Icon. Rar.*, 2, tab. 375, *et Collect. Suppl.*, p. 41) sur quelques Plantes du cap de Bonne-Espérance que Thunberg avait réunies aux Jacinthes. Un léger caractère le différencie de ce dernier genre; il est fondé sur l'insertion des étamines qui, ici, sont fixées près de la base de la corolle, et non sur son milieu; mais dans les diverses espèces de Jacinthes, l'insertion des étamines est très-variable. Néanmoins Persoon et Will-

lenow ont admis le *Drimia* de Jacquin, et en ont décrit les cinq espèces dans leurs ouvrages. Ce sont des
Plantes dont le périgone est verdâtre,
excepté dans le *Drimia ciliaris*, Jacq.;
qui a ses fleurs blanches. Le *Drimia
altissima* de Curtis appartient au
genre Ornithogale; c'est l'*Ornithoga-
lum altissimum* de Thunberg. *V.* OR-
NITHOGALE.   (G..N.)

 * DRIMIS. BOT. PHAN. Pour Drymis. *V.* ce mot.

DRIMMIA. BOT. PHAN. *V.* DRIMIE.

 * DRIMOPHYLLE. BOT. PHAN.
Pour Drymophile. *V.* ce mot.

 * DRINGUE. OIS. L'un des syn.
vulgaires de Fauvette. *V.* BEC-FIN.
                          (DR..Z.)

DROC. BOT. PHAN. L'un des noms
vulgaires de l'Ivraie. *V.* ce mot. (B.)

DROGON. MOLL. Nom marchand
du *Triton Lotorium*. *V.* TRITON.
                          (D..H.)

DROGUE. BOT. PHAN. L'un des
noms vulgaires de l'Ajonc. *V.* ULEX.
                          (B.)

 * DROIT. *Rectus*. BOT. *V.* DRESSÉ.

DROMADAIRE. MAM. Espèce
du genre Chameau, *V.* ce mot; le
DRAMAS des Grecs. On a étendu ce
nom à un Poisson d'Amboine figuré par Ruysch, tab. 18, n. 8, mais
qui n'est pas assez connu pour être
déterminé, ainsi qu'à divers Insectes,
tels qu'un Sirex et un Nématocère,
qui portent des proéminences sur le
corselet.   (B.)

DROMAIUS. OIS. (Vieillot.) *V.*
EMEU.

DROMIE. CRUST. Genre de
l'ordre des Décapodes, famille des
Brachyures, section des Notopodes
(Règn. Anim. de Cuv.), établi par Fabricius et ayant pour caractères suivant Latreille : pieds propres à la
course ou à la préhension; longueur
des six premiers diminuant graduellement, à commencer des serres; les
quatre derniers insérés sur le dos et
beaucoup plus petits; test ovoïde,
court ou presque globuleux, bombé;

yeux petits et rapprochés à son extrémité antérieure. Les Dromies ressemblent aux Crabes proprement dits par
la forme des antennes, des parties de
la bouche, et par la composition des
pieds; toutefois la position de ceux-ci
sur le dos est un caractère bien suffisant pour les distinguer de tous les
genres connus, à l'exception des Dorippes et des Homoles qui leur ressemblent sous ce rapport; mais dans
le premier de ces genres, les quatre
pieds relevés se terminent par un crochet simple, et le second n'a qu'une
paire de pates dorsales. Les Dromies
se font encore remarquer par un certain nombre de particularités. La carapace est ovale, arrondie, très-bombée, velue ou couverte d'un duvet
brun ou jaunâtre qui s'étend sur les
pates et sur les serres; sa partie antérieure est un peu rétrécie et prolongée
en manière de museau; les antennes
extérieures, très-petites, sont insérées au-dessous des pédoncules oculaires, les intermédiaires naissent en
dessous et un peu en dedans des yeux;
les pieds-mâchoires extérieurs ont
leur troisième article presque carré,
légèrement échancré à son extrémité
et en dedans; les serres sont égales,
grandes et fortes; les doigts en sont
robustes, creusés en gouttière dans
leur milieu, avec des dents sur les
bords qui s'engrènent mutuellement;
la seconde et la troisième paire de pates se terminent par un article simple
en forme de crochet fort aigu; les
deux paires suivantes sont plus courtes, insérées sur le dos de l'Animal
et terminées par un article pointu et
arqué; une autre épine plus petite et
de même forme existe sur l'article qui
précède le tarse, et la réunion de ces
deux épines constitue une sorte de
pince qui paraît avoir pour usage de
saisir divers corps étrangers pour les
fixer sur leur dos. Telles sont en effet
les mœurs curieuses de ces Crustacés
qu'ils s'emparent d'une espèce d'Alcyon, ordinairement l'*Alcyonum Do-
moncula*, ou bien des valves de certaines Coquilles, et qu'ils s'en font une
sorte de bouclier pour se soustraire à

la recherche de leurs ennemis et pour tromper leur proie. Au reste ils sont très-indolens, et ce n'est qu'à l'époque de la ponte que les femelles deviennent un peu actives et se rendent sur les bas-fonds pour y déposer un grand nombre d'œufs. On connaît plusieurs espèces de Dromies, parmi lesquelles nous citerons la DROMIE DE RUMPH, *Dr. Rumphii*, Fabr., ou le *Cancer heracleoticus alter* d'Aldrovande. Cette espèce, la plus grosse de toutes, et dont le dos est quelquefois recouvert d'un Alcyon, habite les mers des Indes et se rencontre aussi dans la Méditerranée. La femelle pond, vers le mois de juillet, des œufs d'un rouge carmin.

La DROMIE TÊTE-DE-MORT, *Dr. clypeata*, Latr., ou le *Cancer caput mortuum*, L. (*Act. Hafn.*, 1802). Elle fixe sur sa carapace l'Alcyon Domoncule; celui-ci continue à vivre et à se développer de manière à la cacher entièrement On la rencontre dans la Méditerranée. Il ne faut pas la confondre avec la DROMIE SABULEUSE, *Dr. sabulosa*, ou la Dromie tête-de-mort de Bosc, qui se trouve en Amérique et ne diffère pas du *Cancer sabulosus* d'Herbst (tab. 48, fig. 2 et 3). Latreille pense qu'elle est aussi la même espèce que le *Cancer pinnophylax* de Linné, figuré par Nicolson (Hist. Nat. de Saint-Domingue, p. 338, pl. 6, fig. 3 et 4). Elle recouvre son corps avec des valves de coquilles. (AUD.)

DROMIÉ. *Dromius*. INS. Genre de l'ordre des Coléoptères, section des Pentamères, famille des Carnassiers, tribu des Etuis tronqués, établi par Bonelli, et adopté par Latreille et Dejean (Iconographie des Coléoptères d'Eur.) et dont les caractères sont : palpes extérieurs finissant par un article dont la forme se rapproche de celle d'un cône renversé ou d'un cylindre, et qui est tantôt un peu plus grand que le précédent, tantôt de la même épaisseur; tête moins large que le corselet; languette cornée; antennes filiformes; corselet presque aussi long que large; pénultième article

des tarses divisé en deux lobes. Ces Insectes diffèrent des Cymindes de Latreille en ce que le dernier article des palpes labiaux est terminé en hache dans ces derniers; on les distingue des Lebies et des Lampires par la forme du corselet qui est plus large que long dans ces deux genres, et des Demetrias, parce qu'ils ont la tête plus large que le corselet, allongée et rétrécie en arrière. On trouve ces Insectes au commencement de l'année, sous les écorces des Arbres, où ils se tiennent cachés. Aussitôt qu'ils voient le jour, ils contrefont les morts et se laissent tomber à terre; passé le mois de juin, on n'en rencontre plus que très-rarement.

Les principales espèces sont : le DROMIÉ AGILE, *Dromius agilis*, Fabricius; le DROMIÉ A QUATRE TACHES, *D. quadrimaculatus*, Fabr., Pânz., Clairv. Elles sont l'une et l'autre très-communes aux environs de Paris. (G.)

DRONGEAR. OIS. Espèce du genre Drongo. *V.* ce mot. (DR..Z.)

DRONGO. *Edolius*. OIS. Genre de l'ordre des Insectivores. Caractères : bec assez robuste, déprimé à la base, un peu comprimé latéralement et à la pointe qui est échancrée; mandibule supérieure convexe, presque carenée, courbée et crochue, l'inférieure droite, retroussée à la pointe; base du bec garnie de soies longues et fortes, dirigées en avant; narines placées latéralement et près de la base du bec, à moitié fermées par une membrane et recouvertes à claire-voie par les soies; pieds assez faibles et courts; quatre doigts, trois devant, dont l'externe est uni à l'intermédiaire jusqu'à la première articulation; un derrière plus fort, mais un peu moins allongé que l'intermédiaire; ailes médiocres; la première rémige courte, les deux suivantes étagées; la quatrième et quelquefois la cinquième ou la sixième la plus longue; queue ordinairement fourchue, rarement égale.

Les espèces comprises dans ce genre appartiennent toutes, jusqu'à préent, à l'ancien continent. Leur place, long-temps incertaine dans les méthodes où elle était indiquée sur plusieurs points à la fois, et souvent opposés entre eux, a été enfin fixée d'une manière plus invariable par l'auteur du Régne Animal. Ces Oiseaux sont de véritables dévastateurs d'Insectes, et surtout d'Abeilles, dont la chasse les occupe toute la journée; ils vivent d'ordinaire en société, et se réunissent en plus grand nombre le matin et le soir sur la lisière des forêts dont on ne les voit guère sortir en d'autres temps; leurs réunions sont tellement bruyantes qu'elles se décèlent à une fort grande distance; on assure que plusieurs espèces font entendre, lorsqu'elles sont isolées, un chant agréable, et souvent mélodieux. Toutes choisissent pour y établir leur nid la cime des Arbres les plus élevés; les œufs, presque toujours au nombre de quatre, sont assez gros, arrondis et d'un blanc mat, marquetés de noirâtre. La couleur de leur plumage, qui est en général d'un noir irisé, jointe à leur turbulence naturelle et au peu de ressource qu'offre leur chair que l'on trouve d'assez mauvais goût, leur ont valu le surnom d'Oiseaux du Diable, qui leur est donné en différens pays par les naturels et les colons. Vieillot avait appliqué à ce genre le nom latin *Dicrurus*, qui signifie queue fourchue. Cette dénomination, se trouvant contradictoire avec la plupart des espèces nouvelles, a été remplacée par celle d'*Edolius*, assez insignifiante il est vrai, mais qui du moins n'induit pas en erreur.

DRONGO AZURÉ, *Edolius puellus*, Reinwardt; *Coracias puella*, Lath., Temm., Ois. color., pl. 70. Sommet de la tête, nuque, scapulaires, dos, tectrices caudales supérieures et inférieures d'un bleu d'azur des plus brillans; le reste du plumage d'un beau noir velouté, avec la base de chaque plume brune; queue légèrement arrondie; bec et pieds noirs. La femelle a le fond du plumage d'un brun noirâtre, avec l'extrémité de chaque plume d'un bleu ardoisé plus ou moins brillant, suivant l'âge, ce qui forme sur la nuque et diverses autres parties des mailles de cette couleur; le dos, le croupion et l'abdomen paraissent entièrement bleus. Taille, huit pouces. De Java.

DRONGO BALICASSE, *Corvus Balicassius*, Lath., Buff., pl. enl. 603. Plumage entièrement noir avec des reflets verdâtres, beaucoup plus vifs sur les parties supérieures; queue fourchue; bec et pieds noirs. La femelle a le noir moins décidé et les reflets moins vifs. Taille, dix pouces. De Java.

DRONGO BRONZÉ, *Dicrurus œneus*, Vieill.; Ois. de Levaill., pl. 176. Tout le plumage noir à reflets brillans et chatoyans bleus et d'un vert bronzé; abdomen, bec et pieds d'un noir mat. Du Bengale. Nous soupçonnons que cette espèce est la femelle du Drongo à rames; du moins tous les individus que nous avons reçus de l'Inde sous le nom de *Dicrurus œneus*, ne sont autres que ces mêmes femelles.

DRONGO DRONGEAR, *Dicrurus musicus*, Vieill., Levaill., Ois. d'Af., pl. 167 et 168. Tout le plumage noir, faiblement irisé, avec les barbes internes des rémiges grises et leur extrémité brune; queue très-légèrement fourchue; bec et pieds noirs. Taille, huit à neuf pouces. Des côtes méridionales d'Afrique.

DRONGO DRONGOLON, *Dicrurus macrocerus*, Vieill., Levaill., Ois. d'Af., pl. 174. Tout le plumage noir avec des reflets bleuâtres très-vifs; queue fort longue et très-fourchue; bec allongé, moins fort que dans les espèces précédentes, d'un gris plombé ainsi que les pieds. Espèce douteuse.

DRONGO DRONGRI, *Dicrurus leucophœus*, Vieill. Tout le plumage d'un gris plombé avec l'extrémité des rémiges d'un brun noirâtre; barbes extérieures des rectrices noires; queue longue et fourchue; bec et pieds plombés. Taille, neuf pouces. De Ceylan et de Java.

DRONGO DRONGUP, *Dicrurus lo-*

phorinus, Vieill. Plumage entièrement noir irisé ; front surmonté d'une petite huppe composée de quelques plumes libres et relevées. On présume que cette espèce est la même que le Drongo Balicasse.

DRONGO FINGHAH, *Lanius cœrulescens*, L., Ois. de Levaill., pl. 172. Parties supérieures d'un noir brillant à reflets bleus et cuivrés, les inférieures noirâtres, presque blanches vers l'abdomen ; rémiges d'un noir brunâtre ; les deux rectrices latérales terminées par une tache blanche ; bec et pieds bruns. Taille, sept pouces. Du Bengale.

DRONGO GRIS. *V.* DRONGO DRONGRI.

DRONGO GRIS A VENTRE BLANC, *Dicrurus leucogaster*, Vieill., Ois. de Levaill., pl. 171. Parties supérieures grises, les inférieures blanches ; bec et pieds plombés. De Java. Il paraît y avoir ici double emploi avec le Drongo Drongri.

DRONGO HUPPÉ, *Lanius fortificatus*, Lath., Levaill., Ois. d'Afrique, pl. 166. Plumage noir vivement irisé en vert ; une huppe formée de longues plumes étroites s'élève immédiatement sur le front et se recourbe en avant sur le bec, qui est ainsi que les pieds d'un noir plombé. Taille, dix pouces. Du cap de Bonne-Espérance.

DRONGO A LONGUE QUEUE. *V.* DRONGO DRONGOLON.

DRONGO A LONGS BRINS. *V.* DRONGO A RAMES ET A RAQUETTES.

DRONGO MOUSTACHE, *Dicrurus mystaceus*, Vieill., Levaill., Ois. d'Af., pl. 169. Tout le plumage noir, irisé en vert, à l'exception des ailes et de la queue dont la nuance tire sur le brun ; des faisceaux de plumes roides ou de poils s'élèvent et s'abaissent de chaque côté de la mandibule supérieure ; bec et pieds noirs ; queue médiocrement fourchue ; la femelle a quelques taches blanches sur l'abdomen. Taille, dix pouces. Corps assez épais et trapu. Du cap de Bonne-Espérance.

DRONGO A RAMES, *Edolius remifer*, Temm., Ois. col., pl. 178. Plumage noir à reflets vifs d'acier bruni ; abdomen d'un noir mat ; plumes de la base du bec veloutées, épaisses et dirigées en avant ; queue coupée presque carrément ; les deux rectrices latérales très-longues, interrompues dans leur milieu par un filet formé de la tige, et garni de rudimens de barbules seulement dans une partie de sa longueur ; l'extrémité de cette rectrice semblable à une racine ; bec et pieds noirs. Longueur, depuis l'extrémité du bec jusqu'à celle de la rectrice intermédiaire, neuf pouces. De Java. La femelle est un peu plus petite, et les rectrices latérales sont semblables aux autres.

DRONGO A RAQUETTES, *Dicrurus platurus*, Vieill.; *Lanius Malabaricus*, L.; *Cuculus paradiseus*, Briss., Ois. d'Afriq. de Levaill., pl. 175. Plumage noir, irisé en vert avec les parties inférieures moins brillantes ; plumes de la base du bec assez longues, et relevées sur le front ; queue fourchue ; les deux rectrices latérales beaucoup plus allongées que les autres, et divisées dans leur milieu par un espace où les barbules de chaque côté sont extrêmement courtes ; la racine ou raquette que forme l'extrémité de la rectrice est contournée en un commencement de spire, ce qui contribue à distinguer cette espèce de la précédente ; bec et pieds noirs. Taille, prise de l'extrémité du bec à celle de la seconde rectrice latérale, onze pouces. De Java.　　(DR..Z.)

DRONGOLON. OIS. Espèce du Genre Drongo. *V.* ce mot.　(DR..Z.)

DRONGRI. OIS. Espèce du genre Drongo. *V.* ce mot.　　(DR..Z.)

DRONGUP. OIS. Espèce du genre Drongo. *V.* ce mot.　　(DR..Z.)

DRONTE. *Didus.* OIS. Genre de l'ordre des Inertes. Caractères : bec long, fort, large, comprimé ; mandibule supérieure courbée à la pointe, transversalement sillonnée ; l'inférieure étroite, renflée et courbée vers l'extrémité supérieure ; narines percées obliquement dans un sillon ers le milieu du bec ; tarse court ; quatre doigts ; trois devant divisés, et un postérieur plus court; ongles courts et courbés; ailes impropres au vol. Une seule espèce constitue ce gen-e , et encore n'en conserve-t-on que les traditions historiques, car il reste peu d'espoir de retrouver cet Oiseau extraordinaire dont la race paraît absolument détruite. Les premiers naviga-teurs qui abordèrent aux îles de Masca-reigne et de Cirne, appelées depuis de la Réunion et de France, y trouvèrent les Drontes en abondance ; ils fondè-rent d'abord de grandes espérances sur ces Oiseaux qu'ils considérèrent comme des objets précieux de ravitail-lement; mais une chair dégoûtante et fétide les fit bientôt renoncer à un aliment dont l'extrême besoin eût pu seul faire surmonter le dégoût. C'est sans doute la répugnance qu'inspi-rait la chair de ces Oiseaux à tous ceux qui habitèrent les premiers les îles de France et de Mascareigne , qui amena la destruction complète d'une race jugée inutile et incommode. La stupidité et la pesanteur de ces Oi-seaux auxquels la nature avait en ou-tre refusé les organes du vol et de la natation, ne leur permettant pas de se soustraire aux poursuites des Hom-mes et de se répandre sur le conti-nent où de vastes forêts leur eussent offert des retraites sûres , il n'est pas étonnant qu'ils aient entièrement dis-paru du sol où on ne voulait pas les souffrir. En vain, au commencement de ce siècle, Bory de Saint-Vincent a-t-il, dans le pays, fait la recherche minutieuse du Dronte ou de ses tra-ces ; en vain ce voyageur actif et exact a-t-il fait publier qu'il donnerait une grande récompense à qui pourrait lui donner la moindre indice de l'an-cienne existence de cet Oiseau ; un si-lence universel a prouvé que le sou-venir même du Dronte était perdu parmi les créoles. Quelques descrip-tions à la fidélité desquelles il n'est pas permis d'accorder une aveugle con-fiance, un dessin assez grossier, pour-raient faire regarder comme fabuleuse l'existence du Dronte, si le bec et le pied de cet Oiseau que l'on conserve précieusement dans les Musées d'An-gleterre n'étaient point des indices suffisans pour rassurer les naturalistes dont la croyance d'ailleurs a été plus d'une fois abusée par les récits hasar-dés des navigateurs, et si l'on ne con-naissait l'assertion de Withighby (*Ornith.*, l. 2, pag. 107) qui dit avoir vu les dépouilles de l'Animal conser-vées chez John Tradescant. La figure que l'on trouve dans Edwards (*Glan.*, n. 294) et d'après laquelle ont été co-piées toutes les autres , passe pour avoir été faite à Maurice même d'après un individu vivant, et Shaw qui a donné (*Mel.*, p. 143) le dessin d'une jambe et de la partie de la tête du Dronte conservés à Londres, déclare que tous les doutes sur l'existence de cet Animal sont levés. La Descrip-tion que nous présentons ici du Dronte est tirée de L'Ecluse (*Exotic.*, p. 100), auteur scrupuleux qui le premier ait passablement décrit cet Oiseau auquel il a donné le nom de *Gallus gallinaceus peregrinus* , en lui conservant en même temps celui de *Cygnus cucullatus*, Cygne encapu-chonné, qui lui avait été précédem-ment appliqué.

Le DRONTE PROPREMENT DIT, *Didus ineptus*, L. Corps noirâtre, revêtu de quelques plumes seulement; tête couverte d'une membrane épaisse plissée, formant une espèce de capu-chon ; quatre ou cinq rémiges noires tenant lieu d'ailes; autant de plumes frisées et grises au lieu de queue; bec bleuâtre, jaunâtre à la base et noir à l'extrémité ; jambes d'une circonfé-rence égale à la hauteur qui est de quatre pouces , couvertes d'écailles brunâtres; doigts extrêmement courts et privés d'ongles. On dit que le Dronte pesait au moins cinquante li-vres. Ceux qui ont nié son ancienne existence se sont demandé : « Com-ment un Oiseau si pesant , dépourvu d'ailes pour voler et des moyens de nager, aurait-il pu franchir l'espace qui sépare les lieux désignés comme lui servant également d'habitation? » Autant vaudrait demander comment les Anguilles d'eau douce, identiques à Maurice et à Mascareigne, ont pu passer de l'une à l'autre de ces îles. Notre savant confrère, Bory de Saint-Vincent, a fort bien examiné cette importante question dans son Voyage aux quatre îles des mers d'Afrique et à l'article CRÉATION du présent volume où nous renverrons le lecteur.   (DR..Z.)

DROSÉRACÉES. *Droseraceæ*. BOT. PHAN. Famille naturelle de Plantes, établie par De Candolle pour le *Drosera*, d'abord placé dans la famille des Capparidées, et pour quelques autres genres qui ont des rapports d'affinité avec celui-ci. Avant de nous livrer à aucune discussion sur les genres qui doivent former cette famille, nous allons en exposer avec soin les caractères, tels qu'un examen attentif d'un grand nombre d'espèces nous les a montrés. En les comparant avec ceux qui ont été donnés par le célèbre professeur de Genève (*Prodr. Syst.* 1, p. 317), on verra qu'ils en diffèrent en plusieurs points essentiels. Le calice est monosépale, à cinq divisions très-profondes, qui atteignent quelquefois jusqu'à sa base, et forment cinq sépales distincts; il est persistant; la corolle se compose de cinq pétales alternant avec les divisions du calice; ces cinq pétales sont planes, égaux et réguliers; les étamines, au nombre de cinq, quelquefois de dix, alternent avec les pétales; leurs filets sont libres, leurs anthères biloculaires. Dans le genre *Parnassia*, on trouve en face de chaque pétale, sur le même rang que les cinq étamines, cinq appendices pédicellés, découpés en un grand nombre de filamens portant chacun une glande globuleuse à leur sommet; ces appendices sont de véritables étamines transformées. Les pétales et les étamines sont insérés dans le genre *Drosera* à la partie inférieure du tube calicinal, manifestement au-dessus de son fond. Dans le genre *Parnassia* ils semblent naître de la paroi externe de l'ovaire, un peu au-dessus de sa base; en sorte que l'insertion n'est

aucunement hypogynique comme l'ont dit tous les auteurs jusqu'à ce jour, mais bien réellement périgynique. L'ovaire est ovoïde, libre, en général à une seule loge, très-rarement à deux ou trois loges : dans le premier cas il contient un nombre très-considérable d'ovules attachés à trois ou cinq trophospermes pariétaux et longitudinaux, simples ou bifides; dans le cas de pluralité de loges, les cloisons sont formées par la saillie des trophospermes, qui se rencontrent et se soudent au centre de l'ovaire. Les stigmates sont en général sessiles, simples ou profondément bipartis, au nombre de trois à cinq, tantôt courts, épais, tantôt allongés et étalés en rosace. Le fruit est une capsule à une ou à plusieurs loges, s'ouvrant en général seulement par leur moitié supérieure en trois, quatre ou cinq valves, entraînant chacune sur le milieu de leur face interne un des trophospermes ou une des cloisons. Les graines sont en général recouvertes d'un tissu aréolaire, lâche, que quelques auteurs ont considéré comme un arille, mais qui n'en est pas un. Elles contiennent un embryon dressé, presque cylindrique, tantôt renfermé dans l'intérieur d'un endosperme mince, tantôt dépourvu de cet organe.

Les Droséracées sont généralement des Plantes herbacées, annuelles ou vivaces, rarement sous-frutescentes; les feuilles sont pétiolées, alternes, souvent garnies de poils glanduleux; elles sont souvent roulées en crosse avant leur développement, comme on l'observe dans la famille des Fougères.

Dans le premier volume de son *Prodromus Systematis*, le professeur De Candolle a exposé, pour la première fois, les caractères de cette famille adoptée par Salisbury (*Paradisus*, n. 96) et ceux des genres et des espèces qui la composent. Les genres qu'il y rapporte sont : *Drosera*, L. : *Aldrovanda*, Monti; *Romanzowia*, Chamisso; *Byblis*, Salisbury; *Roridula*, L.; *Dro-*

sophyllum, Link ; *Dionæa*, Ellis ; *Parnassia*, L. Mais parmi ces genres, deux au moins doivent évidemment en être éloignés. Le premier est le *Dionæa* dont nous avons déjà parlé précédemment, et qui, à cause de son insertion vraiment hypogynique et de ses graines, toutes attachées au fond de la capsule, doit être reporté probablement auprès des Hypéricinées. Le second est le *Romanzoffia* publié par Chamisso dans le premier volume des *Horæ physicæ Berolinenses*. Ce genre, que son port rapproche singulièrement des Saxifrages, nous paraît devoir être rangé dans la famille des Rhinanthacées, à cause de sa corolle monopétale et de la structure de son fruit.

En exposant les caractères généraux de la famille des Droséracées, nous avons fait voir que dans ce groupe l'insertion n'était pas hypogynique ainsi que tous les auteurs l'avaient dit, mais qu'elle était réellement périgynique ; néanmoins elle ne peut être éloignée des Violacées, qui cependant sont hypogyniques. En effet, on trouve dans ces deux familles le même nombre de parties et la même structure dans le fruit et dans la graine, mais le port est tout-à-fait différent. Les Violacées sont pourvues de stipules qui manquent dans les Droséracées, et enfin l'insertion n'est pas la même dans ces deux groupes naturels. *V.* VIOLACÉES.

(A. R.)

DROSÈRE. *Drosera.* BOT. PHAN. Genre qui sert de type à la famille des Droséracées. Il fait partie de la Pentandrie Trigynie, L., et offre pour caractères : un calice monosépale tubuleux à sa base, presque campaniforme, divisé en cinq lobes égaux ; une corolle rosacée formée de cinq pétales étalés égaux entre eux ; cinq étamines alternes avec les pétales, attachées ainsi qu'eux à la partie inférieure du tube calicinal, mais manifestement au-dessus de son fond, de sorte que l'insertion est périginique ; l'ovaire est libre, ovoïde, à une seule loge contenant un très-grand nombre d'ovules attachés à trois ou cinq trophospermes pariétaux ; les styles sont allongés, bipartis, au nombre de trois à cinq, d'abord dressés, puis étalés ; leur partie supérieure est glanduleuse et stigmatique. Le fruit est une capsule ovoïde, enveloppée dans le calice qui persiste, à une seule loge, s'ouvrant par sa moitié supérieure seulement en trois ou cinq valves incomplètes, portant chacune un des trophospermes sur leur paroi interne.

Les espèces de ce genre sont de petites Plantes herbacées d'un aspect élégant, croissant dans les lieux humides au milieu des *Sphagnum*; leurs feuilles qui sont simples, alternes, quelquefois toutes radicales, sont ornées de longs poils glanduleux qui présentent différens phénomènes d'irritabilité. Leurs fleurs sont petites, blanches, et forment en général des épis simples, qui, avant leur développement, sont roulés en crosse. De Candolle (*Prodrom. Syst.*, 1, p. 317) mentionne trente-deux espèces de Drosères, qui croissent dans toutes les contrées du globe, en Europe, en Asie, en Afrique, dans les deux Amériques, à la Nouvelle-Hollande. Il les divise en deux sections, l'une qu'il nomme *Rorella* comprend les espèces dont les styles sont simples ou divisés en deux ou trois lobes entiers et presque capitulés à leur sommet; l'autre, qu'il appelle *Ergalicum*, réunit le petit nombre d'espèces dont les styles sont multifides et comme pénicilliformes à leur sommet.

Le *Drosera Lusitanica* de Linné forme aujourd'hui un genre distinct, auquel Link a donné le nom de *Drosophyllum*. *V.* ce mot. Les principales espèces du genre Drosère sont :

DROSÈRE A FEUILLES RONDES, *Drosera rotundifolia*, L., Lamk., Illust., tab. 220, fig. 1. Cette jolie petite Plante, que l'on désigne vulgairement sous le nom de *Ros solis*, se trouve en Europe et dans l'Amérique septentrionale. Ce nom vulgaire est à peu près la traduction de l'étymologie

grecque de *Drosera* qui signifie couvert de rosée. Elle est peu commune
aux environs de Paris, où elle croît
dans les lieux humides, ombragés,
et parmi les Sphaignes. Sa racine est
annuelle ou plutôt bisannuelle; ses
feuilles sont toutes radicales, arrondies, petites, très-obtuses, portées
sur de longs pétioles, qui présentent
vers leur partie inférieure une sorte
de ligule ou de collerette analogue à
celle des Graminées, et profondément découpée en lanières étroites;
le limbe de la feuille est glabre inférieurement, recouvert à sa face supérieure et surtout sur ses bords de
poils glanduleux au sommet, et très-
irritables. En effet, dès qu'une Mouche ou un autre Insecte se repose sur
la face inférieure de la feuille, les
poils qui la bordent se rapprochent
étroitement et forment par leur entrecroisement une sorte de cage dans
laquelle l'Insecte se trouve renfermé.
Les fleurs sont blanches, presque
sessiles, et forment au sommet d'une
hampe de quatre à cinq pouces de
hauteur un épi simple. Dans une variété qui croît dans l'Amérique septentrionale, la hampe est bifurquée à
son sommet et porte deux épis.

DROSÈRE A LONGUES FEUILLES,
Drosera longifolia, L.; Lamk., Illust.
tab. 220, fig. 2. Cette espèce croît
dans les mêmes localités que la précédente; mais ses feuilles ont leur limbe allongé, spathulé, insensiblement
rétréci à la base en un pétiole glabre,
plus long que le limbe; les hampes qui
naissent du milieu des feuilles radicales sont un peu plus longues que
ces feuilles, mais elles sont plus courtes que dans le *Drosera rotundifolia*.
Ses graines ne sont pas celluleuses.

DROSÈRE D'ANGLETERRE, *Drosera
Anglica*, Smith, *Flor. Brit.* 437.
Cette espèce ne nous paraît qu'une
variété de la précédente, qui n'en
diffère que par ses hampes deux fois
plus longues que les feuilles et par
ses graines celluleuses en dehors.
Elle croît dans les mêmes localités.

DROSÈRE A FEUILLES PELTÉES,
Drosera peltata, Smith; Labill. *Nov.-*

Holl., tab. 106, fig. 2. (*V*. Pl. de
ce Dictionnaire.) Charmante petite
Plante d'une grande élégance dont
la tige, haute de quatre à six pouces,
porte des feuilles alternes, pétiolées,
peltées, presque triangulaires, glanduleuses et ciliées sur les bords. Les
fleurs sont éparses, pédonculées;
leur calice est cilié. Elle croît à la
Nouvelle-Hollande. (A. R.)

DROSOPHYLLE. *Drosophyllum*.
BOT. PHAN. Link (*in Schrad. Journ.*,
1806, 1, p. 53) a proposé l'établissement de ce genre pour y placer le
Drosera Lusitanica de Linné, et lui
a assigné les caractères suivans : sépales et pétales au nombre de cinq,
munis d'onglets très-rapprochés; dix
étamines, cinq styles filiformes; capsule à cinq valves, uniloculaire, paraissant presque 5-loculaire à cause
des replis intérieurs des valves qui
atteignent presque le milieu de la
capsule. Ce genre ne se compose que
d'une seule espèce, le *Drosophyllum
Lusitanicum*, Link, qui croît sur les
collines sablonneuses du Portugal,
et que Bory de Saint-Vincent a ré-
trouvé en Andalousie ainsi qu'à Ténériffe. Sa tige est frutescente, ses
feuilles sont linéaires, entières et couvertes de glandes stipitées. Ses fleurs,
de couleur de soufre, sont très-grandes et disposées en corymbes paniculés. Cette Plante, que De Candolle (*Prodromus Systemat. Veget.*,
1, p. 320) place dans la famille des
Droséracées, appartient à la Décandrie Pentagynie. Elle a été décrite par
Brotero (*Flor. Lusitan.* 2, p. 215) sous
le nom de *Spergula Droseroides*.
(G. N.)

DROUE. BOT. PHAN. Nom vulgaire de diverses Graminées dures,
telles que des Bromes et certaines Fé-
tuques. (B.)

DRUE. OIS. L'un des noms vulgaires du Proge. *V*. BRUANT. (B.)

DRUPACÉ (FRUIT). *Fructus Dru-
paceus*. BOT. PHAN. Fruit qui est de
la nature des drupes. *V*. DRUPE.
(A. R.)

* **DRUPACÉES** (PLANTES). BOT. PHAN. Les Plantes Drupacées sont celles qui ont une drupe pour fruit. *V.* DRUPE.   (A. R.)

* **DRUPARIA**. BOT. CRYPT. Et non *Drupasia*. Genre de Champignons établi par Rafinesque-Smaltz qui le caractérise ainsi : péridium ovale ou globuleux, cartilagineux, rempli d'une substance mucilagineuse ou gélatineuse, dans laquelle les séminules sont renfermées. Il paraît avoir des rapports avec les *Lycogala* et *Scleroderma*. L'auteur de ce genre en a décrit trois espèces sous les noms de *D. violacea*, *D. rosea*, *D. globosa*. Elles croissent aux Etats-Unis d'Amérique, et leur aspect est celui de drupes ou petits fruits à noyaux.

(G..N.)

DRUPATRE. *Drupatris*. BOT. PHAN. Grand Arbre des forêts de la Cochinchine, dont les feuilles sont alternes, ovales-oblongues, acuminées, dentées, glabres et grandes, les fleurs petites, blanches, disposées en épis allongés, la plupart terminaux. Le calice, adhérent à l'ovaire, est campanulé et supérieurement partagé en cinq lanières aiguës ; les pétales, au nombre de quatre, sont étalés, arrondis, concaves et plus longs que le calice ; les étamines dont le nombre dépasse vingt, à filets épais, à anthères bilobées et dressées, s'insèrent au calice et sont plus courtes que les pétales ; le style, de la même longueur qu'elles à peu près, se termine par un stigmate légèrement épaissi ; l'ovaire globuleux devient une drupe lisse, presque sèche, remplie par un noyau triloculaire. Ce genre, auquel Willdenow reconnaît quelque affinité avec l'*Hopea*, en a peut-être davantage avec les Myrtées.   (A. D. J.)

DRUPE. *Drupa*. BOT. PHAN. On appelle ainsi tous les fruits charnus qui contiennent un seul noyau osseux ; tels sont les Pêches, les Prunes, les Abricots, etc. Ce noyau a long-temps été regardé comme le tégument propre de la graine ossifiée. Mais il n'en est point ainsi, car il est formé par la membrane interne du péricarpe, et par la portion voisine du sarcocarpe, qui s'est graduellement solidifiée. Quelques auteurs ont voulu distinguer de la Drupe une autre espèce de fruit qu'ils nomment Noix ; elle n'en diffère que par sa chair moins succulente et ne mérite pas d'être distinguée ; tel est le fruit du Noyer, de l'Amandier, etc.   (A. R.)

DRUPÉOLE. BOT. PHAN. *V.* FRUIT.

DRUSA. BOT. PHAN. Une Plante rapportée de Ténériffe par Ledru, avait excité vivement l'attention des botanistes qui étaient loin de s'accorder sur la place qu'elle devait occuper dans l'ordre naturel. S'en rapportant trop à des apparences extérieures très-légères, Poiret (Encyclopéd. méthod., vol. 7, p. 153) en avait fait une espèce du genre *Sicyos* de la famille des Cucurbitacées. D'autres indiquaient ses relations avec les Saxifragées ; enfin, quelques personnes la rapprochaient, avec plus de raison, de la famille des Ombellifères. Cette Plante fut examinée avec soin par le professeur De Candolle, qui en fit le sujet d'un Mémoire inséré dans les Annales du Muséum, vol. 10, p. 466. Ce fut lui qui la nomma *Drusa*, en l'honneur du botaniste auquel on en doit la découverte, qui confirma sa position parmi les Ombellifères, et fixa ses caractères génériques de la manière suivante : limbe du calice non apparent ; pétales entiers, ovales ; deux styles épaissis vers leur base ; fruit comprimé, composé de deux akènes planes, munis de rebords sinués et dentés, chacun des angles bordé de petites pointes à quatre crochets étoilés ; fleurs axillaires ; involucre nul.

L'auteur du *Drusa* le rapproche, d'après la structure de son fruit, des genres *Heracleum*, *Artedia*, *Hasselquistia*, *Tordylium* et *Spananthe*. On a dit depuis qu'il ne différait pas du *Bowlesia* de Ruiz et Pavon, et que l'identité de ces deux genres avait été reconnue par De Candolle lui-même.

Néanmoins, l'extrême diversité de leur origine (puisque les *Bowlesia* sont indigènes du Pérou) et quelques différences dans les formes du fruit , semblent militer en faveur de leur séparation. Nous ne voyons en effet dans les figures des *Bowlesia palmata* et *B. lobata* , données par Ruiz et Pavon (*Flor. Peruv.* et *Chil.* vol. 3, tab. 251) et dans celle publiée par Achille Richard (Monographie du genre Hydrocotyle), ni la forme, générale arrondie du fruit , ni les angles saillans longitudinaux du Drusa. Des poils étoilés et recourbés en crochets uncinés, couvrent de toutes parts la surface de leurs akènes.

La *Drusa oppositifolia* , D. C. (*loc. cit.*, t. 38), est une petite Plante herbacée, à tige couverte de poils glanduleux, à feuilles opposées et trilobées dont les lobes sont multifides, et à pédoncules axillaires et multiflores. Elle croît dans les fissures des rochers humides de l'île de Ténériffe. (G..N.)

DRUSE. MIN. On entend par ce nom dérivé de l'allemand certaines cavités hérissées de cristaux prismatiques qu'on rencontre dans plusieurs roches. (G..N.)

DRYADE. *Dryas.* BOT. PHAN. Genre de la famille des Rosacées, section des Potentillées, de l'Icosandrie Polyginie, L., caractérisé par un calice simple dont le tube est légèrement concave et le limbe profondément découpé en huit ou neuf parties, entre lesquelles s'insèrent autant de pétales ; des étamines en grand nombre , des ovaires groupés en tête, portant chacun un style qui part de leur sommet et devenant autant d'akènes que surmonte une barbe plumeuse , reste du style, et que remplit une graine ascendante.

On n'a décrit de ce genre que trois espèces , l'une commune dans les montagnes alpines de l'Europe, c'est le *Dryas octopetala* , L.; l'autre originaire de Norwège, la troisième de l'Amérique septentrionale. Ce sont de petites Plantes vivaces, un peu ligneuses vers leur base ; à feuilles al-

ternes portées sur des pétioles auxquels sont adnées des stipules latérales et dont les fleurs sont sont solitaires à l'extrémité de pédoncules terminaux assez allongés. (A. D. J.)

DRYADEA. BOT. PHAN. Pour Dryas. *V.* DRYADE.

DRYANDRE. *Dryandra.* BOT. PHAN. Le nom de Dryander, naturaliste suédois, connu par plusieurs Dissertations, mais surtout par l'utile et savant Catalogue de la bibliothèque de sir Joseph Banks, avait été donné par Thunberg à un genre de la famille des Euphorbiacées. R. Brown le transporta à un genre nouveau, regardant celui de Thunberg comme congénère de l'*Aleurites* ou Bancoulier, antérieurement établi par Forster. Tout en croyant devoir rétablir ce dernier, comme il renferme beaucoup moins d'espèces que le Dryandra de Brown, c'est à celui-ci que nous avons conservé ce nom pour les moins multiplier, et nous avons donné à l'autre le nom d'Elæococca (*V.* ce mot) qu'il portait dans les manuscrits de Commerson. Le *Dryandra* de Brown , nommé *Josephia* dans une Dissertation spéciale d'abord par l'auteur lui-même, puis par Knight et Salisbury, est un genre de la famille des Protéacées , voisin du *Banksia*. Ses fleurs, comme celles de celui-ci, présentent un calice à quatre divisions plus ou moins profondes, creusées vers leur sommet d'une cavité dans laquelle l'étamine est enfoncée; quatre squamules hypogynes ; un ovaire à deux loges monospermes , qui devient un follicule de consistance ligneuse, partagé par une cloison libre et bifide. Mais elles en diffèrent par leur inflorescence, qui rappelle celle des Composées. Elles sont en effet placées sans ordre sur un réceptacle plane, garni de paillettes nombreuses et étroites , qui manquent rarement, et ceint d'un involucre à folioles imbriquées. R. Brown en a décrit treize espèces, recueillies toutes dans cette partie de la Nouvelle-Hollande connue sous le nom de Terre-de-Lewins;

et parmi elles on remarque la *Dryandra formosa*, belle Plante qu'il a fait figurer (*Linn. Trans.*, 10, tab. 3) avec les détails de sa fructification. Ce sont en général des Arbrisseaux peu élevés, dont les rameaux, lorsqu'il s'en trouve, sont épars ou en ombelles, les feuilles éparses, pinnatifides ou incisées, semblables dans les divers âges de la Plante; les involucres hémisphériques, solitaires, terminaux ou beaucoup plus rarement sessiles à l'aisselle des feuilles. Les bractées sont, dans quelques espèces, appendiculées à leur sommet, et dans la plupart, leur nombre semble augmenté par les feuilles voisines qui se serrent contre elles, et dont les inférieures ainsi comprimées changent en partie de grandeur et d'aspect.

(A. D. J.)

DRYAS. BOT. PHAN. *V.* DRYADE.

DRYAX. OIS. (Gesner.) Syn. d'Hirondelle de rivage. *V.* HIRONDELLE.

(B.)

DRYIN. POIS. Syn. d'Équille. *V.* ce mot.

(B.)

DRYINAS. REPT. OPH. Espèce du genre Crotale. *V.* ce mot. Dryinas est emprunté des anciens, qui appelaient *Dryinus* ou *Dryinos* un Serpent venimeux qu'on ne reconnaît plus. (B.)

DRYINE. *Dryinus.* INS. Genre de l'ordre des Hyménoptères, famille des Pupivores, tribu des Oxyures ou Proctotrupiens (Règn. Anim. de Cuv.), fondé par Latreille, et ayant pour caractères propres : pieds antérieurs longs, terminés par deux crochets fort allongés et dont l'un, en se repliant contre le tarse, fait avec lui l'office de pince. Les Dryines sont de petits Insectes qui ressemblent, sous plusieurs rapports, aux Bélytes et aux Omales. Leur corps est allongé, et la tête éminente sur les côtés est décidément plus large que le corselet; les antennes sont insérées près de la bouche de même que celles des Omales, mais elles ne sont point brisées et se composent, dans les deux sexes, de dix articles dont les derniers sont un peu plus gros; les mandibules présentent quatre dents; les mâchoires sont pourvues de palpes filiformes, très-longs, et de cinq articles; les palpes labiaux, beaucoup plus courts, n'ont que deux ou trois pièces dont la dernière, plus grosse, est presque ovoïde; la languette est entière. Les individus femelles paraissent être aptères, et leur thorax est comme divisé par des nœuds successifs; les mâles ont des ailes qui ont la composition suivante : on voit deux cellules opposées à leur base et une cellule radiale ovale, atteignant presque le bout de l'aile où elle se rétrécit et finit pas s'oblitérer; les nervures présentent aussi quelques accidens remarquables; enfin le point de l'aile est fort grand. Le thorax de ces individus ailés est rétréci antérieurement; les pieds sont très-allongés et les cuisses épaisses; l'abdomen ovoïde est dépourvu de tarière saillante à l'extérieur. Latreille ne cite que trois espèces propres à ce genre, encore paraissent-elles être fort rares :

La DRYINE FORMICAIRE, *Dr. formicarius*, Latr. (*Gener. Crust. et Ins.* T. 1, tab. 12, fig. 6); la DRYINE NOIRE, *Dr. ater*, Latr.; elle a été trouvée aux environs de Lyon; la DRYINE A CORSELET NOUEUX, *Dr. nodicollis*, Latr., ou le genre *Gonatopus* de Klug. Elle a été recueillie aux environs de Paris. Fabricius avait établi sous le nom de Dryine un genre d'Hyménoptères de la famille des Fouisseurs. *V.* PRONÉE.

(AUD.)

DRYITE. BOT. FOSS. On a donné ce nom à du bois pétrifié où l'on a cru reconnaître du Chêne.

(B.)

*DRYMAIRE. *Drymaria.* BOT. PHAN. Genre de la famille des Caryophyllées et de la Pentandrie Trigynie, L., établi dans le *Systema* de Rœmer et Schultes, d'après des notes laissées par Willdenow, et adopté par Kunth (*Nova Genera et Spec. Plant. æquin.*, T. VI, p. 21) avec les caractères suivans : calice à cinq divisions profondes; cinq pétales bifides; cinq étamines; trois styles; capsule divisée jusqu'à la base en trois valves, contenant cinq ou un plus grand nombre de graines; embryon périphérique et annulaire. Les Plantes de ce genre sont des Herbes couchées et rameuses, dont les petites tiges portent deux ou plusieurs stipules pétiolaires. Elles sont toutes indigènes de l'Amérique. Kunth a décrit quatre nouvelles espèces de Drymaires rapportées du Pérou et du Mexique par Humboldt et Bonpland, et a figuré les *Drymaria Frankenioides* et *D. Stellarioides* (*loc. cit* , t. 515 et 516). L'*Holosteum cordatum*, L., Plante des Antilles, a été réunie à ce genre sous le nom de *D. cordata*.

(G..N.)

DRYMIDE. *Drymis.* Genre de la famille des Magnoliacées établi par Forster, et qui offre un calice entier caduc ou persistant, ou divisé en deux ou trois parties; corolle composée de six à vingt-quatre pétales formant une ou deux séries; étamines fort nombreuses, ayant leurs filamens courts et épaissis vers le sommet, où ils portent deux loges écartées l'une de l'autre et placées de chaque côté du filet; les pistils sont au nombre de quatre à huit, très-rapprochés les uns contre les autres au centre de la fleur; chacun d'eux se compose d'un ovaire à une seule loge polysperme, surmonté par un stigmate très-petit et punctiforme. Ces pistils deviennent autant de baies uniloculaires polyspermes, ayant leurs graines disposées sur deux rangées. On compte cinq espèces de ce genre auquel Murray avait donné le nom de *Wintera*. Ce sont en général des Arbres ou rarement des Arbrisseaux, toujours ornés d'un feuillage vert. Leur écorce est âcre, aromatique; leurs feuilles pétiolées, ovales, oblongues, glabres et très-entières; leurs fleurs sont portées sur des pédoncules latéraux ou axillaires; les stipules aiguës, roulées, très-caduques. De ces cinq espèces, l'une croît à la Nouvelle-Zélande, c'est le *Drimys axillaris*, Forst., *Gen.* tab. 42. Les quatre autres habitent l'Amérique et s'étendent du Mexique au détroit de Magellan. Nous n'en ferons connaître qu'une seule qui est la plus intéressante, puisque c'est elle qui fournit le médicament connu sous le nom d'*écorce de Winter*.

DRIMYDE DE WINTER, *Drimys Winteri*, Forst., *Gen.*, p. 84, tab. 42; D. C. *Syst. Nat.*.1, p. 443; *Wintera aromatica*, Murr. Cet Arbre croît sur les côteaux escarpés du détroit de Magellan; il varie beaucoup dans ses dimensions et n'est quelquefois qu'un Arbrisseau rabougri de quatre à cinq pieds d'élévation, tandis qu'on en voit quelquefois des individus qui ont jusqu'à quarante pieds de hauteur. Ses feuilles sont alternes, pétiolées, ovales, allongées, obtuses, un peu coriaces, glabres, vertes en dessus, glauques à leur face inférieure. Les fleurs sont assez petites, tantôt solitaires, tantôt réunies au nombre de trois à quatre au sommet d'un pédoncule commun, simple ou divisé en autant de pédicilles qu'il y a de fleurs. Les fruits sont de petites baies globuleuses, glabres, de la grosseur d'un pois. C'est de cet Arbre, avons-nous dit, que l'on retire l'écorce connue en pharmacie sous le nom d'*écorce de Winter* qu'il ne faut pas confondre avec la Cannelle blanche que l'on retire d'un Arbre de la famille des Méliacées connu sous le nom de *Winterana Cannella*. Cette écorce est en plaques roulées, d'environ un pied de longueur, de deux à trois lignes d'épaisseur, d'un gris rougeâtre ou couleur de chair, quelquefois d'un brun foncé; sa cassure est compacte et rougeâtre; sa saveur âcre, aromatique et poivrée. Elle contient, d'après Henry, de la résine, une huile volatile, du tannin, une matière colorante et quelques sels. Cette écorce a été découverte en 1577 par Winter. Elle est tonique et stimulante. Cet auteur l'a d'abord employée, pendant son long voyage, pour combattre, dans les gens de son équipage, les symptômes du scorbut; il en obtint de grands succès, qu'il fit connaître à son arrivée en Angleterre. Malgré l'énergie de ce médicament, on y a assez peu recours.　　　(A. R.)

* DRYMIRRHIZÉES. BOT. PHAN. *V.* AMOMÉES.

* DRYMIS. BOT. PHAN. *V.* DRYMIDE.

DRYMOPHILE. *Drymophila.* BOT. PHAN. Genre établi par R. Brown (*Prodr. Flor. Nov.-Holl.*, p. 292) qui l'a placé dans sa famille des Smilacées, division de celle des Asparaginées de Jussieu. Ce genre, qui appartient d'ailleurs à l'Hexandrie Monogynie, L., est ainsi caractérisé : périanthe à six divisions pétaloïdes, étalées, égales et caduques ; six étamines hypogynes ; ovaire à trois loges polyspermes; style tripartite; stigmates recourbés ; baie subglobuleuse, à trois loges polyspermes. Le *Drymophila* est voisin des genres *Convallaria* et *Streptopus*. Il ne renferme qu'une seule espèce, *D. cyanocarpa*, Plante herbacée qui croît à la terre de Van-Diémen. Sa racine est rampante et noueuse; sa tige, inférieurement simple, droite et sans feuilles ou munie de stipules demi-engaînantes et éloignées, est divisée au sommet et porte des feuilles distiques, sessiles et renversées par suite de la torsion de leur partie inférieure. Les fleurs de cette Plante sont blanches, pédonculées, solitaires, axillaires ou terminales. Il leur succède des baies azurées et pendantes. Le tégument des graines est membraneux, l'albumen épais et charnu, l'embryon longitudinal et la radicule dirigée vers le centre.　　(G..N.)

*DRYMOPOGON. BOT. PHAN. (Tabernæ montanus.) Syn. de *Spiræa Aruncus.*　　　　　　(B.)

DRYOBALANOPS. BOT. PHAN. Gaertner fils (*Carpologia*, p. 49) a constitué sous ce nom un nouveau genre qu'il n'a pu caractériser que d'après le fruit et le calice, et dont la place n'est par conséquent fixée d'une manière certaine dans aucune classification méthodique. Voici ses caractères : calice monophylle, infère, cupulé, arrondi et ventru ; limbe divisé en cinq ailes foliacées, ligulées, dressées, roides, marquées de nervures, dilatées au sommet et très-obtuses ; corolle et étamines inconnues ; ovaire supère; capsule ovée, embrassée par le calice cupuliforme, uniloculaire et à trois valves ; graine unique dont les cotylédons sont chiffonnés à la façon des chrysalides d'Insectes et dont la radicule est supérieure. Ce genre est très-voisin du *Dipterocarpus* du même auteur et du *Shorea* de Roxburg ; mais en attendant de plus amples informations, nous pensons qu'il doit en demeurer distinct, ainsi que Gaertner fils l'a proposé. Corréa de Serra (Annales du Muséum. T. VIII et X) les a néanmoins réunis sous la nouvelle dénomination de *Pterigyum.* Ainsi le *Dryobalanops aromatica*, Gaertn. fils, t. 186, f. 2, est le *Pterigyum teres*, Corréa.　　(G..N.)

* DRYOCOLAPTES. OIS. Aristote mentionne sous ce nom un Oiseau qui paraît être le même que le Dryops d'Aristophane, mais qui n'est plus connu.　　　　　　　(B.)

DRYOPHANON. BOT. (Pline.) Syn. de *Mirica Gale*, selon les uns, et d'*Iberis umbellata*, selon d'autres. On a même rapporté cette Plante au *Coriaria myrtifolia* et à l'Osmonde royale, ce qui prouve l'incertitude de la synonymie des anciens qui décrivirent si mal les objets dont ils ont parlé, et à quel point leurs ouvrages sont inutiles pour l'étude de la véritable science.　　　　　(B.)

DRYOPS. OIS. *V.* DRYOCOLAPTES.

DRYOPS. *Dryops.* INS. Genre de l'ordre des Coléoptères, section des Pentamères, famille des Clavicornes, tribu des Macrodactyles, établi par Olivier, et qu'on a subdivisé ensuite dans les trois genres Dryops, Hydère, Hétérocère. Les Dryops proprement dits ont pour caractères, suivant Latreille : antennes semblables aux Gyrins et se logeant dans une cavité au-dessous des yeux, plus courtes

que la tête, composées de neuf à dix
articles, dont les six à sept premiers
forment une petite massue presque
cylindrique, un peu dentelée en scie
et un peu courbe; le second article
grand, presque en forme de demi-
entonnoir et faisant une saillie qui
présente l'aspect d'une oreillette, laquelle cache par un côté la massue et
recouvre même entièrement en façon
d'opercule le surplus de l'antenne,
lorsqu'elle est logée dans sa fossette;
labre extérieur et arrondi; mandibules assez fortes et dentelées au bout;
palpes presque égaux et terminés par
un article un peu plus gros, presque
ovalaire; mâchoires divisées au bout
en deux lobes dont l'intérieur plus
petit, en forme de crochet; languette
presque carrée et sans échancrure
sensible: avant-sternum dilaté et
s'avançant jusqu'à la bouche. Ce genre, curieux et bien caractérisé, se distingue essentiellement des Hydères
par l'avancement du sternum et la
structure des antennes; sous ce dernier rapport, il se distingue aussi des
Hétérocères. Au reste le corps des
Dryops est presque cylindrique, convexe, bordé, ordinairement soyeux
ou pubescent. La tête est reçue très-
avant dans le prothorax qui, un peu
plus étroit en avant et rebordé, présente des angles postérieurs aigus;
les élytres sont consistantes; les cuisses offrent en dessous un sillon assez
profond pour recevoir la jambe lorsqu'elle se contracte; les tarses, au
nombre de cinq, sont filiformes et entiers; le dernier, qui est beaucoup
plus long, se termine par deux crochets. On ne connaît rien sur la larve
et la nymphe de ces petits êtres; mais
on sait que l'Insecte parfait marche
difficilement et qu'il se trouve au printemps sur le bord des eaux.

On peut considérer comme type du
genre le DRYOPS AURICULÉ, *Dryops
auriculatus*, Oliv., ou le *Parnus pro-
lifericornis* de Fabricius, qui est la
même espèce que le Derméste à oreilles de Geoffroy. Il se trouve fréquemment en France. Duméril a trouvé en
Espagne le Dryops Duméril, *Dr. Du-*

merili, Latr. Quant au *Parnus acumi-
natus* de Fabricius et au *Dryops pici-
pes* d'Olivier, on doit les rapporter
au genre Hydère. *V.* ce mot. (AUD.)

*DRYOPTÉRIS. BOT. CRYPT. Espè-
ce européenne du genre Polypode.
V. ce mot. Adanson, empruntant ce
nom aux anciens, l'avait donné à
un genre de Fougères qui répondait
à l'Aspidium des modernes. Rumph
appelait Dryoptéris un Cheilanthe.
V. ce mot.   (B.)

DRYORCHIS. BOT. PHAN. Dans
la nomenclature de Du Petit-Thouars
(Histoire des Orchidées des îles australes d'Afrique), c'est le nom d'un
groupe de la section des Satyrions, et
qui est caractérisé par ses sépales bi-
partites et ses feuilles opposées. Ce
groupe renferme deux espèces nouvelles nommées par leurs auteurs
Antidris et *Erythrodris*. La première,
dont on n'a pu parler en temps utile,
est indigène des îles de Madagascar
et de Mascareigne. Ses feuilles sont
opposées et ses fleurs très-grandes,
purpurescentes. Elle est figurée (*loc.
cit.* T. 1) avec quelques détails d'organisation florale. Quant à la seconde,
V. ERYTHRODRIS.   (G..N.)

DRYPÈTES. *Drypetes.* BOT. PHAN.
Genre établi par Vahl et dont Poiteau
a mieux fait connaître la structure
(Mém. Mus. T. 1, p. 157). Adrien de
Jussieu le place avec juste raison
dans la famille des Euphorbiacées.
Ses caractères sont les suivans: fleurs
dioïques, très-petites; les mâles ont
un calice à quatre ou cinq divisions
très-profondes, quatre étamines dressées, ayant les anthères introrses,
globuleuses; au centre de la fleur on
trouve un tubercule charnu, lobé et
velu, qui est l'analogue du disque
que l'on remarque au-dessous de l'o-
vaire dans les fleurs femelles. Celles-
ci ont leur calice semblable à celui
des fleurs mâles. Leur ovaire est
tantôt bilobé et à deux loges qui contiennent chacune deux ovules suspendus, tantôt ils n'offrent qu'une seule
loge par suite de l'avortement de la seconde. Chaque loge se termine à son

sommet par un style épais , très-court, à peine distinct de la partie supérieure de l'ovaire ; le stigmate est terminal et en forme de croissant; au-dessous de l'ovaire on trouve un disque hypogyne plus ou moins lobé, et nulle trace des organes sexuels mâles. Le fruit est légèrement charnu; il est tantôt globuleux , tantôt bilobé, suivant qu'une des deux loges a avorté ou que toutes les deux ont été fécondées ; il offre une ou deux loges qui, chacune, ne contiennent qu'une seule graine. Celle-ci offre un embryon renversé comme elle-même , ayant les cotylédons minces , la radicule conique, placée au centre d'un endosperme charnu. Ce genre ne se compose que de trois espèces américaines : ce sont des Arbres à feuilles alternes , à fleurs dioïques et très-petites. Elles ont été décrites et figurées par Poiteau dans le premier volume des Mémoires du Muséum; l'une , *Drypetes glauca* , Vahl , Poit., *loc. cit.*, 1, p. 155, t. 6, croît à Porto-Ricco et à Mont-Serrat; l'autre, *Drypetes alba*, Poit., *loc. cit.* T. VII, est vulgairement appelée à Saint-Domingue Bois-Côtelette; enfin la troisième , *Drypetes crocea*, Poit. , *loc. cit.* T. VIII, est le *Schœfferia lateriflora* , Swartz., *Flor. Ind. occ.*, 1, p. 329, grand Arbrisseau originaire de Saint-Domingue.　　　　(A. R.)

DRYPIS. BOT. PHAN. Genre de la famille des Caryophyllées et de la Pentandrie Triginie, L., établi par Micheli , et adopté par Linné et Jussieu qui l'ont ainsi caractérisé : calice tubuleux, à cinq dents ; cinq pétales onguiculés , divisés profondément chacun en deux parties, et bidentés vers la gorge de la corolle ; cinq étamines; cinq styles; capsule uniloculaire , divisible transversalement , ne contenant qu'une graine réniforme, par suite d'avortement? Le *Drypis spinosa*, Jacq. et Lamk. , Illustr., tab. 214, est une petite Plante qui croît en Barbarie et en Italie. Ses feuilles caulinaires et florales sont munies de dents subulées; celles des rameaux sont entières et mucronées;

les fleurs sont disposées en têtes. Le nom de Drypis, employé par Théophraste pour désigner une Plante épineuse , servit aux botanistes du moyen âge pour des Plantes fort diverses. Tabernæmontanus appelait ainsi le *Salsola Tragus* de Linné , et Daléchamp l'appliqua au *Cirsium arvense* des botanistes modernes. Quelques auteurs ont donné cette dénomination à l'*Eryngium maritimum* , L. ; d'autres à une espèce d'Onoporde, etc.　　　　　　(G..N.)

DRYPTE. *Drypta*. INS. Genre de l'ordre des Coléoptères, section des Pentamères , famille des Carnassiers, tribu des Carabiques (Règn. Anim. de Cuv.), établi par Latreille qui lui assigne pour caractères : corselet presque cylindrique; les quatre palpes extérieurs terminés par un article plus grand, presque en cône renversé et comprimé ; les mandibules avancées , longues et très-étroites , avec la tête triangulaire; languette linéaire. Les Dryptes ont, de même que les Zuphies, les Galérites et les Odacanthes, une tête entièrement dégagée , des palpes saillans, un prothorax allongé et étroit ; des élytres tronquées à leur sommet et une échancrure au côté interne des jambes antérieures. Elles diffèrent de chacun de ces genres par la forme de la tête, du corselet , des articles de leurs palpes. Ces Insectes sont sveltes et carnassiers ; ils habitent les lieux humides. On les rencontre dans le midi de l'Europe. Les espèces sont fort peu nombreuses; parmi elles nous citerons :

La DRYPTE ÉCHANCRÉE, *Dr. emarginata* , Fabr., ou la *Cicindela emarginata* d'Olivier, et le *Carabus dentatus* de Rossi (*Fauna Etrusca*, p. 222, n. 551 , T. II , fig. 11). Les palpes labiaux de cette espèce se terminent en manière d'alène. Elle est commune en Espagne et en Italie ; on la trouve , mais rarement , aux environs de Paris. La DRYPTE COU-CYLINDRIQUE , *Dr. cylindricollis* , Fabr., ou le *Carabus distinctus* de Rossi. Dejean possède une espèce (*Dr. lineola*) originaire des Indes-Orientales. Schœn-herr rapporte à ce genre les *Carabus Cajennensis* et *tridentatus* d'Olivier.

(AUD.)

DRYS. BOT. PHAN. Ce nom, qui chez les Grecs désignait le Chêne, est la source d'une infinité d'étymologies de Plantes, telles que *Chamædrys*, petit Chêne, *Dryopteris*, Fougère croissant sur le Chêne, etc. (B.)

* **DSAANJA.** MAM. Syn. Tongouse de Musc. *V.* CHEVROTIN. C'est le Tschija des Tartares. (B.)

DSEREN ET **DSHEREN.** MAM. (Gmelin.) Syn. d'*Antilope gutturosa*.

(B.)

* **DSILENG.** BOT. CRYPT. (*Hydrophytes*.) Nom de pays du *Fucus muricatus* dont on se nourrit sur les frontières maritimes des empires de Chine et de Russie. (B.)

* **DUB.** REPT. SAUR. Le Lézard de dix-huit pouces de long et des déserts de l'Afrique, mentionné par Dapper et par Marmol sous ce nom, n'est pas déterminé. Ces auteurs disent que les Arabes mangent sa chair rôtie, qui est excellente, et que cet Animal ne boit jamais. (B.)

* **DUBERRIA.** REPT. OPH. (Séba.) Espèce de Vipère du sous-genre Elops. *V.* VIPÈRE. Louis de Copiné, dans un Voyage aux Antilles, nomme *Duberria marina* un grand Serpent d'espèce indéterminée. (B.)

DUBOISIE. *Duboisia*. BOT. PHAN. R. Brown a établi ce genre dans la famille des Solanées, et l'a ainsi caractérisé : calice court, bilabié ; corolle dont la forme tient le milieu entre l'entonnoir et la cloche, et dont le limbe se divise en cinq parties à peu près égales ; quatre étamines didynames, avec le rudiment d'une cinquième, insérées au bas de la corolle et plus courtes qu'elle ; stigmate en tête, échancré ; baie biloculaire, polysperme ; graines presque réniformes. Il en décrit une seule espèce observée à la Nouvelle-Hollande et à laquelle il donne le nom de *Myoporoïdes* à cause de sa res-

semblance avec un *Myoporum*. C'est un Arbuste glabre, dont les feuilles alternes et entières sont articulées sur le rameau qui les porte, et dont les fleurs blanches sont disposées en panicules axillaires, dans lesquelles des bractées caduques accompagnent les pédoncules à leurs points de division.

(A. D. J.)

DUC. OIS. Sous-division du genre Chouette adoptée par plusieurs auteurs et dont le Grand-Duc, *Strix-Bubo*, L., est le type pour la multitude d'espèces dont le nom commence par ce mot Duc. *V.* CHOUETTE.

(DR. Z.)

DUC. POIS. Espèce d'Holacanthe, le même que Boddaert a confondu avec les Acanthopodes. C'est aussi un Chœtodon. *V.* tous ces mots. (B.)

DUCHESNÉE. *Duchesnea*. BOT. PHAN. Genre de la famille des Rosacées et de l'Icosandrie Polygynie, L., constitué par Smith (*Transact. Linn. Societ.*, 8, 10, p. 371) et dédié à Duchesne, auteur d'une excellente Dissertation sur les Fraisiers. Il est ainsi caractérisé : calice à dix divisions profondes dont cinq extérieures, alternes et plus grandes ; cinq pétales obovés et de la longueur du calice ; environ vingt étamines beaucoup plus petites que les pétales ; fruit agrégé, formé de plusieurs petites baies (*Acini*) monospermes et portées sur un réceptacle charnu. Ce genre ressemble beaucoup par son port aux Fraisiers ; d'un autre côté il a des fleurs jaunes et un calice à dix segmens comme dans les Potentilles, et son fruit est le même que celui des *Rubus*.

La DUCHESNÉE FRAGIFORME, *Duchesnea fragiformis*, Smith, a été figurée par Andrews (*Reposit.*, tab. 479) sous le nom de *Fragaria Indica*. C'est une Plante dont la racine est fibreuse, les tiges sont nombreuses, rampantes, filiformes, velues et ne portant qu'un petit nombre de fleurs. Elle a beaucoup de feuilles radicales ; celles de la tige sont solitaires à chaque articulation de la tige, longuement pétiolées et ternées. Elle croît lans les montagnes élevées de l'Inde orientale, principalement sur les bords des torrens du Nepaul où elle fleurit en mars et avril.   (G..N.)

* DUCHESNIE. *Duchesnia*. BOT. PHAN. Genre de la famille des Synanthérées, Corymbifères de Jussieu, et de la Syngénésie superflue, établi par H. Cassini (Bullet. Philom., octobre 1817) qui, entre autres caractères, lui a assigné les suivans : calathide radiée dont le disque est formé de fleurons nombreux, réguliers, hermaphrodites, et la circonférence de demi-fleurons peu nombreux et femelles; involucre composé de folioles imbriquées et linéaires; réceptacle nu et plane; ovaires munis d'un bourrelet apiciaire, saillant; aigrette formée d'un simple rang de soies soudées par leur base et plumeuses; anthères pourvues de longs appendices sétiformes. Ce genre est placé par son auteur dans la section des Inulées; et en effet, la Plante qui le constitue a tant de rapports avec les *Inula* que Ventenat et Desfontaines l'avaient décrite sous ce nom générique.

La DUCHESNIE CRÉPUE, *Duchesnia crispa*, Cass.; *Aster crispus*, Forsk., croît en Egypte dans les fentes des murailles. C'est une Plante herbacée et annuelle, dont les tiges sont nombreuses, diffuses, rameuses et couvertes, ainsi que ses feuilles, d'un duvet blanc. Les fleurs sont jaunes, accompagnées de bractées, et solitaires au sommet des rameaux.   (G..N.)

DUCHESSE. POIS. L'un des noms vulgaires du Chœtodon Duc.   (B.)

DUCHOLA. BOT. PHAN. (Adanson.) Syn. d'*Omphalea*, L. *V*. OMPHALÉE.   (B.)

DUCHON. MOLL. Nom qu'Adanson (Voy. au Sénég., pl. 61, p. 4) a donné à une petite Coquille qu'il a rapportée au genre Porcelaine, et que les auteurs n'ont pas placée dans leur liste d'espèces; pourtant il était facile de s'apercevoir, d'après la description et la figure, que cette Coquille n'appartenait pas au genre

où on l'avait placée. Comme le *Bobi*, le *Duchon* doit rentrer dans les Marginelles, et nous pensons même que l'espèce dont il est ici question, n'est rien autre chose que la Marginelle interrompue de Lamarck. *V*. MARGINELLE.   (D..H.)

DUCQUET. OIS. Syn. vulgaire du Hibou commun, *Strix Otus*, L. *V*. CHOUETTE.   (DR..Z.)

DUCTILITÉ. MIN. Propriété dont jouissent certains corps et particulièrement les Métaux, de s'étendre et de s'allonger par une pression quelconque, soit que l'on emploie la puissance du marteau, soit qu'on emploie la filière, le laminoir, etc.   (DR..Z.)

DUDAIM. BOT. PHAN. Syn. hébreu du Bananier. *V*. ce mot. Le Dudaïm de la Bible, et particulièrement du très-moral Cantique des Cantiques, serait, selon quelque auteurs, un Concombre. F.-E. Bruckmann pense que c'était la Truffe, parce que Rachel en donnait à manger au patriarche Jacob pour le porter à certains actes auxquels le Concombre ne passe point pour être un excitant. Virey, très-versé dans le genre d'érudition qui a rapport avec ces matières, veut, dans une dissertation sur les Aphrodisiaques, que ce soit le *Salep*.   (B.)

* DUDRESNAYE. *Dudresnaya*. BOT. CRYPT. (Bonnemaison.) *V*. BATRACHOSPERME.

DUFOURÉE. BOT. PHAN. Plusieurs genres fort différens ont reçu ce nom, qui rappelle celui de Léon Dufour, naturaliste distingué à qui l'on doit des observations curieuses sur plusieurs points de cryptogamie et sur l'anatomie des Insectes et des Arachnides. Le premier des genres qui a porté ce nom est le *Dufourea*, publié en 1808, par Bory de Saint-Vincent, ami intime et compatriote de Léon Dufour, dans le cinquième volume du *Species Plantarum* de Willdénow, pour une petite Plante aquatique, ayant le port d'une Fontinale, et qu'il avait découverte pendant son séjour à l'Ile-de-France. Cette Plante, qu'il n'avait trouvée qu'en fruit, fut rapportée par Willdenow à la famille des Lycopodiacées. En 1811, Aubert Du Petit-Thouars publia, dans ses Mélanges de Botanique, entre plusieurs autres genres nouveaux observés par lui à Madagascar, un genre *Tristicha* qu'il plaça dans la famille des Naïades. Ce genre est celui que Bory de Saint-Vincent avait établi cinq ans auparavant sous le nom de *Dufourea*, nom dont Du Petit-Thouars ne fit aucune mention encore que Willdenow l'eût consacré depuis deux années. Quelque temps après le lichénographe Achar fit un autre genre *Dufourea* pour quelques espèces de Lichens; mais ce genre ne fut pas généralement reçu. Notre savant ami, le professeur Kunth, adoptant sans doute le *Tristicha* de Du Petit-Thouars, a fait plus récemment encore, dans le troisième volume des *Nova Genera* de Humboldt, un nouveau genre *Dufourea* qui appartient à la famille des Convolvulacées. Enfin Auguste de Saint-Hilaire, qui n'avait pas eu connaissance des Plantes désignées sous deux noms génériques par ses prédécesseurs, venait de publier sous un nouveau nom une troisième espèce du même genre, lorsqu'averti de l'hommage offert par Bory de Saint-Vincent à l'ami de son enfance, il a adopté le nom de *Dufourea* imposé par notre illustre voyageur. Dans cette question, nous pensons avec Auguste de Saint-Hilaire que la loi de l'antériorité doit faire accorder la préférence au nom de *Dufourea* donné par Bory de Saint-Vincent, Dufour ayant d'ailleurs depuis près de vingt ans agréé l'hommage de son compatriote, et que, par conséquent, le nom de *Tristicha* doit être supprimé; 2° que le *Dufourea* de Kunth doit recevoir un nouveau nom; mais comme nous ne pensons pas devoir prendre sur nous ce dernier changement, nous décrirons également le genre de Kunth à la suite de celui de Bory de Saint-Vincent.

Le genre *Dufourea* de Bory n'a été décrit que d'une manière très-incomplète par Willdenow. Du Petit-Thouars en a pu mieux faire connaître l'organisation, ayant vu les fleurs et les fruits. Enfin Auguste Saint-Hilaire a parfaitement dévoilé la structure du genre qui nous occupe, et c'est d'après les notes qu'il a bien voulu nous communiquer, que nous tracerons les caractères de ce genre. Les fleurs sont hermaphrodites, solitaires, pédonculées; leur calice est membraneux, à trois divisions profondes et persistantes; la corolle manque; on ne trouve qu'une seule étamine hypogyne, alternant avec deux des divisions du calice; le filet est capillaire, plane; l'anthère attachée par sa base offre deux loges qui s'ouvrent longitudinalement du côté interne; l'ovaire est libre, à trois loges contenant chacune plusieurs ovules insérés à leur angle interne; cet ovaire est surmonté par trois styles persistans, terminés chacun par un stigmate latéral; le fruit est une capsule oblongue, à trois valves qui alternent avec les cloisons; les trois placentas persistent au centre de la capsule quand les valves sont tombées, et forment une masse arrondie, recouverte par les graines qui sont d'une grande ténuité.

Les espèces de ce genre sont au nombre de trois; l'une a été trouvée la première de toutes par notre collaborateur Bory de Saint-Vincent à l'Ile-de-France, une seconde à Madagascar par Du Petit-Thouars; enfin Auguste Saint-Hilaire a fait récemment connaître la troisième qu'il a recueillie au Brésil. Ce sont de petites Plantes herbacées ayant le port de Mousses, croissant dans les eaux courantes, et s'attachant aux pierres qui garnissent le fond des ruisseaux. Bory et Willdenow, n'ayant observé que les capsules mûres de ce genre, l'avaient placé à la suite des Lycopodiacées; Du Petit-Thouars l'avait transporté dans la famille des Naïades, groupe composé d'élémens fort hétérogènes. Au-

uste Saint-Hilaire l'a, avec beau-
oup plus de justesse, rapproché des
oncées et des Restiacées, offrant à
a fois des caractères de ces deux or-
res naturels. Dans le Système sexuel
l forme un ordre nouveau dans la
Monandrie, puisqu'il n'y avait point
ncore de Trigynie pour cette classe.

DUFOURÉE DE BORY, *Dufourea
Boryi*, N., *trifaria*, Bory, *in* Willd.,
Sp., p. 55. Elle vient par touffes épaisses contre les pierres qui forment les
parois de l'aqueduc de la grande rivière, à l'Ile-de-France et dans plusieurs torrens du même pays. Sa couleur est d'un vert obscur, et son aspect celui d'une Fontinale; ses rameaux s'allongent, atteignant le courant de l'eau, ils s'y étendent, acquièrent une longueur de dix-huit
pouces et deviennent stériles; sa tige
est transparente, flexible, mais cassante et rameuse; ses feuilles sont
très-petites, elliptiques, obtuses,
très-entières, embrassantes à leur
base, rapprochées par trois et comme verticillées dans les rameaux
courts, fructifères, distiques dans
les plus longs, ce qui prouve à quel
point ce nom de *Tristicha* était vi-
cieux, ainsi que le reconnaît Du Petit-
Thouars lui-même dans une note
manuscrite de sa propre main, que
nous avons sous les yeux; elles n'offrent aucune nervure sensible. Les
fleurs sont solitaires, portées sur des
pédoncules assez courts.

DUFOURÉE DE DU PETIT-THOUARS,
Dufourea Thouarsii, N. Plus petite
que la précédente, elle a ses feuilles
toutes alternes ou éparses. C'est celle
que Du Petit-Thouars a découverte
dans les ruisseaux de Madagascar.

DUFOURÉE DE SAINT-HILAIRE, *Dufourea Hypnoïdes*, S.-Hil. Cette espèce
est excessivement petite, et ressemble tout-à-fait à un *Hypnum*. Sa tige, à en juger par un échantillon qui
nous a été remis par Auguste Saint-
Hilaire, n'a guère plus d'un pouce de
longueur; elle est presque simple; les
feuilles sont extrêmement courtes,
roides, très-rapprochées les unes contre les autres et presqu'imbriquées;

les pédoncules sont solitaires, grêles,
longs de trois à quatre lignes et uniflores. Cette espèce a été trouvée au
Brésil par Auguste Saint-Hilaire.
Elle croissait sur les pierres au fond
d'un ruisseau.

Nous ferons figurer dans les planches de ce Dictionnaire la première
et la troisième des espèces qui viennent d'être décrites.

Le DUFOUREA de Kunth (*in* Humboldt *Nov. Gen.* III, pag. 113) appartient à la famille des Convolvulacées et à la Pentandrie Digynie, L. Il a pour caractères : un calice persistant à cinq divisions inégales dont deux extérieures, très-
grandes, planes, réniformes, très-
entières; et trois intérieures, ovales,
oblongues, concaves et aiguës; corolle infundibuliforme, à tube court,
à limbe plissé, à cinq dents ou entier; cinq étamines incluses attachées au tube de la corolle, et alternant avec ses dents; filets subulés;
anthères cordiformes, allongées, aiguës, à deux loges, s'ouvrant par un
sillon longitudinal; ovaire libre, ovoïde, presque conique, à deux loges
contenant chacune deux ovules;
style inclus profondément biparti;
chaque division est terminée par un
stigmate globuleux; la capsule est
ovoïde, recouverte par le calice;
elle est à deux loges qui contiennent chacune une seule graine.
Ce genre se compose de deux espèces originaires de la Nouvelle-Grenade et des bords de l'Orénoque. Ce
sont des Arbustes grimpans, à feuilles alternes, très-entières, ponctuées;
les fleurs forment des panicules terminales, ou sont groupées à l'aisselle
des feuilles sur des pédoncules multiflores. Il est voisin des *Convolvulus*
et des *Breweria* dont il diffère par
son port et par la structure singulière
de son calice.

L'une des deux espèces qui composent ce genre, *Duf. sericea*, est figurée dans les *Nov. Gen.* T. III, p. 115,
t. 214. C'est un Arbuste très-rameux,
volubile, croissant près de la ville de
Mariquita, dans le royaume de la

Nouvelle-Grenade. Ses feuilles sont alternes, pétiolées, ovales, elliptiques, soyeuses à leur face inférieure; ses fleurs forment des panicules terminales; les divisions extérieures du calice sont colorées.

L'autre, *Dufourea glabra*, Kunth, *loc. cit.*, a ses feuilles entièrement glabres; ses fleurs groupées à l'aisselle des feuilles sur des pédoncules m.lti-flores; les divisions extérieures de son calice sont vertes. Elle croît près de San-Francisco Solano, sur les rives du Cassiquiares, dans les Missions de l'Orénoque. (A. R.)

DUFR. MOLL. Coquillage indéterminé de la mer Rouge, qu'on dit très-recherché au royaume de Dar-Four, comme parfum, usage fort extraordinaire pour une Coquille. (B.)

DUGANEOU. OIS. Syn. vulgaire des Hiboux. *V.* CHOUETTE. (DR..Z.)

DUGONG. MAM. Genre de Cétacés établi par Lacépède, caractérisé par des mâchelières composées de deux cônes adossés parallèlement dans les pénultièmes molaires, et d'un seul cône seulement pour les autres; par deux défenses ou grandes dents incisives dirigées en bas et saillant sous le mufle; par des lèvres hérissées de moustaches et une queue divisée en deux lobes.

Jusqu'aux laborieuses et courageuses expéditions de Diard et Duvaucel, jeunes voyageurs français occupés depuis six ans à explorer l'histoire naturelle du continent Indien et de son Archipel, on n'avait eu sur le Dugong que des informations fort inexactes, et la plupart mêlées de fables. Il ne faut en excepter que la note et les dessins donnés par Camper, t. 2, fig. 2 et 5 de la pl. 7, où il a donné aussi le trait de la figure autrefois publiée dans la collection de planches du libraire Renard, pl. 34, n. 180. Il résulte, dit Camper, après avoir comparé avec les récits antérieurs, une description et les croquis d'un jeune Dugong envoyés de Batavia par le docteur Vandersteege, qu'il y a long-temps qu'on connaît

sous le nom de *Dou-Joung*, Vache marine, un certain Poisson qui respire par les poumons, a des mamelles placées devant la poitrine entre les nageoires, avec une barbe autour des lèvres. Cuvier (Oss. Foss. T. v.) ayant donné la description du squelette du Dugong, et Frédéric Cuvier (Mam. lith., 3e douzaine), celle de l'Animal entier et vivant, d'après les notes sur lesquelles Diard et Duvaucel avaient composé un Mémoire inédit, adressé par eux à Banks; enfin, Stamford Raffles ayant, d'après leurs observations, écrit le petit Mémoire inséré dans les Transactions Phil. de 1820; et Everard Home, d'après les pièces également recueillies par nos compatriotes, ayant rédigé un supplément à ce Mémoire (*ibid.*, p. 315), où il décrit et représente l'Animal, son squelette et diverses parties de sa sphenchnologie; on a aujourd'hui sur le Dugong plus d'informations exactes que sur la plupart des autres Cétacés.

D'après la diversité des récits plus ou moins fabuleux des voyageurs sur le Dugong, et surtout d'après le défaut absolu de figure de cet Animal (car celle de Renard, citée plus haut, était restée ignorée, et ne fut découverte par Camper qu'à l'occasion des notes et des dessins qu'il reçut de Batavia), les zoologistes, même ceux qui écrivirent postérieurement à la publication de la figure et de la description que Daubenton donna d'un crâne entier très-bien conservé, placèrent le Dugong avec le Morse, en y réunissant le Lamantin. Il existait bien, comme l'observe Cuvier, une figure et une description, antérieures encore, du Dugong dans le Voyage de Leguat (t. 1, p. 93), mais c'était sous le nom de Lamantin. Et à cette époque, la grande distance des patries des Animaux n'était pas susceptible de faire même soupçonner de différence spécifique entre des Animaux présumés identiques. Aussi, même après Camper et jusqu'à Cuvier, tous les naturalistes, en parlant du Lamantin, lui assignaient pour patrie, outre les rivages intertropicaux de l'Atlantique, tous les rivages de l'océan Indien, où, sous ce même nom, il était question du Dugong. Buffon (T. XIII, p. 376) avait pourtant reconnu l'existence du Dugong, commé espèce différente du Lamantin, d'après la description du crâne faite par Daubenton ; et d'après une citation du Voyage de Barchewitz (en allemand, Erfurt, 1751), il avait su que le Dugong se trouvait aux Philippines. Mais nonobstant la figure du crâne dans Buffon, laquelle montre les défenses du Dugong implantées dans les intermaxillaires, comme on connaissait aussi des défenses au Morse, on ne fit pas attention à la différence de leur situation, et l'on fit toujours un Morse du Dugong. Ce qui ne doit pas étonner, puisq'on rattachait aussi au même genre le Lamantin qui n'a pas du tout de défenses. Ainsi, Shaw (Gen. Zool., t. 1, part. 1), même après que Camper eut indiqué ces différences et donné la figure entière de l'Animal, fit-il encore un Morse du Dugong.

Le rapprochement des Lamantins et des Dugongs était beaucoup plus naturel, d'après leur physionomie, que celui de ces deux genres avec les Morses qui sont tout autant quadrupèdes que les Phoques, tandis que les Dugongs et les Lamantins n'ont pas plus de membres postérieurs que les autres Cétacés.

Si même dans les têtes osseuses, on fait abstraction des dents et du renflement arqué des intermaxillaires, on est frappé de la ressemblance de la construction de ces têtes, et même de la proportion de leurs parties. « Les connexions des os, dit Cuvier (loc. cit.), leur coupe générale, etc., sont à peu près les mêmes, et l'on voit que pour changer une tête de Lamantin en une tête de Dugong, il suffirait de renfler et d'allonger ses os intermaxillaires, pour y placer les défenses, et de courber vers le bas la symphise de la mâchoire inférieure, pour la conformer à l'inflexion de la supé-

rieure ; le museau alors prendrait la forme qu'il a dans le Dugong, et les narines se relèveraient comme elles le sont dans cet Animal ; en un mot, on dirait que le Lamantin n'est qu'un Dugong dont les défenses ne sont pas développées. » Mais nous allons voir qu'il y a d'autres différences qui empêchent de considérer ces deux Animaux comme identiques, et distincts seulement par un degré de plus ou de moins de développement.

1°. Les dents sont en forme de cônes, dont les sommets sont d'abord irrégulièrement divisés en petits mamelons ; mais en s'usant, elles ne montrent qu'une couronne plate et lisse ; et la plus grande, qui est la quatrième dans le jeune, est seule formée de deux cônes adossés (Cuv., loc. cit., pl. 20, f. 3). Les molaires du Lamantin ressemblent au contraire à celles du Tapir.

2°. Il y a dans le Dugong dix-huit côtes, vingt-sept vertèbres caudales et peut-être plus, sept vertèbres cervicales, et des vestiges de bassin, analogues à ceux des autres Cétacés, et qui ont quelque rapport pour la forme avec les clavicules de l'Homme ; dans le Lamantin, il n'y a que seize côtes, vingt-quatre vertèbres caudales, six vertèbres cervicales, et aucun vestige de bassin, d'après les dissections de Cuvier, Daubenton et Everard Home.

L'énorme développement des intermaxillaires du Dugong reporte l'ouverture de ses narines presque au milieu du vertex, comme dans les Baleines. La fosse de l'ethmoïde est divisée en deux enfoncemens simples, très-écartés l'un de l'autre, et terminés en avant par deux ou trois petits trous ; l'odorat doit donc être fort obtus. Le trou optique est un long canal étroit, et la petitesse relative du globe de l'œil qui est sphérique n'annonce qu'assez peu d'énergie dans le sens de la vue. La mâchoire inférieure prend une hauteur correspondante à la courbure et à la longueur des os intermaxillaires. Cette partie, ainsi tronquée et déclive, montre de chaque côté, dans l'adulte, les restes de trois ou quatre alvéoles, et Everard Home a découvert dans un individu deux petites dents pointues dans deux de ces alvéoles. D'après une jeune mâchoire rapportée de la baie des Chiens-Marins par Quoy et Gaimard, Cuvier juge que le nombre régulier des mâchelières du Dugong est de cinq partout. L'humérus, dit toujours Cuvier, est beaucoup plus gros et plus court qu'au Lamantin, sa crête deltoïdale est plus saillante. Les os de l'avant-bras sont un peu plus gros à proportion qu'au Lamantin; mais leur forme est la même, et ils sont également soudés à leurs deux extrémités. Il n'y a, disposés sur deux rangs, que quatre os au carpe; celui du Lamantin en a six. Le pouce, comme dans le Lamantin, est réduit à un métacarpien pointu. Les autres doigts ont le nombre ordinaire de phalanges, dont les dernières sont comprimées et obtuses.

Quoique les Malais, d'après Diard et Duvaucel, distinguent deux Dugongs, l'un qu'ils nomment *Bunban*, et l'autre *Buntal* qui serait plus épais et plus court, comme c'est dans les mêmes parages que vivent ces Animaux qui ne différeraient que par ces légers caractères, il est peu présumable que ces différences soient spécifiques. Ce genre ne paraît donc composé que d'une seule espèce qui en Orient a reçu les mêmes noms comparatifs dans toutes les langues, que le Lamantin sur les rivages africains ou américains de l'Atlantique. Le mot malais Dugong (*Dou-Joung*) signifie Vache marine; c'est aussi le nom que lui donnent en leur langue les Hollandais de l'archipel Asiatique (*Zee-Koe*). Quelques voyageurs l'ont aussi appelé Sirène, Poisson Femme, *Pesce Dona*, *Pisce Muger* en espagnol et en portugais, noms que ces mêmes peuples ont attribué en Amérique au Lamantin.

Dugong, *Trichechus Dugong*, Gmel. (*V.* pl. de ce Diction.), Mam. lith. 3e douzaine, et Trans. Phil. (*loc. cit.*) Squelette et crânes, Cuvier, Oss. Foss. T. v, pl. 19 et 20. Cette espèce,

qui est unique jusqu'aujourd'hui, dit Cuvier (*loc. cit.*), a les plus grands rapports extérieurs avec le Lamantin dont elle ne diffère guère que par la nageoire en forme de croissant, par l'absence d'ongles aux nageoires pectorales, et par la lèvre supérieure prolongée et pendante, semblable au premier coup-d'œil à une trompe d'Eléphant qui aurait été tronquée un peu au-dessous de la bouche; recouvert en entier d'un cuir épais, bleuâtre, avec des taches plus foncées sur les flancs, et blanchâtres sous le ventre, il a le mufle hérissé de poils ou plutôt d'épines cornées, qui sur les lèvres où elles sont les plus longues n'ont guère qu'un pouce. Les parties de ses mâchoires qui saisissent les herbes sont hérissées de verrues cornées. La face buccale des joues est toute couverte de poils. La langue est courte, étroite, en grande partie adhérente et garnie de chaque côté de la base d'une glande à calice. Les yeux petits et très-couverts ont une troisième paupière. Le trou de l'oreille est fort petit. Ce trou, l'œil et la narine se trouvent presque sur une même ligne à peu près parallèle à l'axe du corps. Les bords des nageoires sont calleux. Il y a une mamelle de chaque côté de la poitrine. La verge, longue et grosse, se termine par un gland bilobé du milieu duquel sort une pointe où est percé l'urètre. Le larynx ne ressemble point à celui des Cétacés; il ne forme point un tube donnant derrière les narines. L'œsophage donne dans le milieu d'une partie ovale terminée à gauche par un court cul-de-sac conique, et séparé, par un léger étranglement, d'une partie oblongue terminée au pylore. Sur l'étranglement sont deux sortes de cœcums cylindriques, plus longs et plus minces que ceux du Lamantin; à l'intérieur, on voit dans la partie ovale deux groupes de glandes. Le duodénum est réticulé à l'intérieur par des plis dans les deux sens. Tout l'intestin a quatorze fois la longueur de l'Animal. Les deux ventricules du cœur sont détachés l'un de l'autre, ce qui fait paraître le cœur profondément bilobé par sa pointe.

Cet Animal est plus commun dans le détroit de Singapour que dans aucun autre lieu de l'Archipel des Indes. D'après le passage cité de Christophe Barchewitz, on a vu qu'il habite aussi les Philippines. Dampier le désigne à Mindanao et à la Nouvelle-Hollande sous le nom de Lamantin. Existe-t-il aussi sur la côte orientale d'Afrique, comme on le pourrait conclure des récits des voyageurs qui y mentionnent le Lamantin? Comme il est bien certain qu'il existe sur les côtes de la Nouvelle-Hollande, à la baie des Chiens-Marins, et comme cette distance de l'archipel Indien est beaucoup trop grande pour que l'on puisse supposer que les Dugongs s'y soient propagés par émigration, puisque nulle part ils ne sortent des bas-fonds voisins des rivages, ils sont évidemment autochtones en Australasie. Leur chair passe chez les Malais pour un manger délicieux, et on la réserve pour les princes; elle ressemble à celle du Bœuf. On harponne cet Animal durant la nuit. On n'en prend guère qui aient neuf ou dix pieds : ceux de cette taille échappent presque toujours. Ils sont plus nombreux à Singapour dans la mousson du nord que pendant l'autre mousson.   (A. D..NS.)

DUGORTIA. BOT. PHAN. Le *Parinarium* d'Aublet a reçu de Scopoli ce nouveau nom. C'est la troisième dénomination donnée au même genre, car Schreber lui avait déjà appliqué celle de *Petrocarya* qui avait occasioné un double emploi au compilateur Gmelin. V. PARINARI. (G..N.)

DUHAMELLIA. BOT. PHAN. (Dombey.) Pour Hamellia. V. ce mot.   (B.)

DUIKER-BOCK. MAM. (Barrow.) C'est-à-dire *Chèvre-Plongeante*. Espèce du genre Antilope. V. ce mot.   (B.)

* DULACIA. BOT. PHAN. (Necker.) Syn. d'Acioa d'Aublet ou de Coupi. V. COUÉPI.   (B.)

DULB. BOT. PHAN. Le Platane oriental chez les Arabes.   (B.)

DULCAMARA. BOT. PHAN. Genre proposé aux dépens des *Solanum* par Mœnch, dont la Douce-Amère qui porte ce nom spécifique serait le type; il n'a pas été adopté. V. DOUCE-AMÈRE et MORELLE.   (B.)

DULCICHINUM. BOT. PHAN (Gesner.) Syn. de *Cyperus œsculentus*, L. V. SOUCHET.   (B.)

DULCIFIDA ou **DULCISIDA.** BOT. PHAN. Syn. de Pivoine.   (B.)

DULCIN. ÉCHIN. L'un des synonymes vulgaires d'Oursin. V. ce mot.   (B.)

DULIA. BOT. PHAN. (Adanson.) Syn. de Ledum. V. ce mot.   (B.)

DULICHIUM. BOT. PHAN. Genre fondé par le professeur Richard (*in Pers. Syn. Pl.*), et qui fait partie de la famille des Cypéracées, section des Cypérées. Voici ses caractères : ses épillets sont formés d'écailles imbriquées et distiques, dont les inférieures sont vides. Chacune d'elles contient une fleur hermaphrodite à trois étamines, dont l'ovaire, surmonté de deux stigmates, est environné par huit soies coriaces, denticulées, presque de la hauteur des styles et des stigmates. Le fruit est un akène nu, c'est-à-dire non couronné par les styles.

Le type de ce genre est le *Schœnus spathaceus* de Linné, ou *Dulichium spathaceum* de Richard, Cypéracée originaire de l'Amérique septentrionale. Ses tiges sont rameuses, feuillues; ses fleurs disposées en grappes axillaires pédonculées; ses épillets distiques et multiflores.   (A. R.)

DULUS. OIS. (Vieillot.) Syn. d'Esclave. V. TANGARA.   (DR..Z.)

DUMÉRILIE. *Dumerilia.* BOT. PHAN. Genre de la famille des Synanthérées et de la Syngénésie égale, L., établi par Lagasca, qui l'avait placé parmi ses Chœnantophores, adopté par De Candolle et Cassini, qui le rangent, l'un dans ses Labiatiflores, l'autre dans sa tribu des Nassauviées.

Il est ainsi caractérisé : involucre court, campanulé, formé d'écailles disposées en une seule série, et appliquées contre les fleurons extérieurs ; calathide composée de fleurons peu nombreux, tous hermaphrodites et bilabiés ; la lèvre extérieure plane, oblongue, tridentée, l'interne à deux divisions profondes et linéaires; anthères appendiculées à la base; aigrette plumeuse; paillettes du réceptacle en petit nombre, et semblables aux écailles de l'involucre. Les Dumérilies sont des Plantes herbacées, dont les feuilles sont sinuées, incisées, comme palmées, et munies d'oreillettes à la base. Aux deux principales espèces dont nous allons donner une description abrégée, Lagasca en a ajouté quelques autres, et il a changé leur nom générique en celui de *Martrasia*. On a été d'autant moins disposé à adopter cette inutile mutation, que le premier nom est consacré au professeur Duméril, l'un de nos plus célèbres naturalistes.

La Dumérilie axillaire, *Dumerilia axillaris*, Lag. et D. C., Ann. Mus., vol. 19, p. 72, pl. 6, est une Plante qui croît dans le Chili, le Pérou, et près de Panama. Ses fleurs sont axillaires, pédicellées, et forment des espèces de grappes courtes aux sommets des branches; les lobes de ses feuilles sont inégaux.

La Dumérilie paniculée, *Dumerilia paniculata*, D. C., *loc. cit.*, p. 72, pl. 7, a ses fleurs disposées en panicules au sommet des rameaux, ses feuilles découpées en plusieurs lobes peu profonds, dont celui du milieu est le plus grand. Cette espèce habite le Pérou, d'où elle a été rapportée par J. Jussieu.   (G..N.)

* DUMEZ. bot. phan. (Pokoke.) *V.* Djummeiz.

DUMONTIE. *Dumontia*. bot. crypt. (*Hydrophytes.*) Genre que nous avons établi dans la classe des Floridées aux dépens des Fucus et des Ulves de Linné, et que nous avons dédié à notre respectable ami Charles Dumont, l'un des auteurs du Dictionnaire des Sciences naturelles. Le genre Dumontie offre les caractères suivans : substance presque gélatineuse; fructifications isolées, éparses, innées, ou ne formant jamais de saillie sur la surface de la Plante. Ce genre est un des plus difficiles à bien caractériser, et cependant les Plantes qui le composent, diffèrent essentiellement de toutes les autres Floridées; Roth en avait classé plusieurs espèces parmi ses Rivulaires, Agardh parmi les Ulves tubuleuses et les Chœtophores; Lyngbye parmi ses Gastridies ; et nous-mêmes, nous en avions considéré plusieurs comme des Alcyonidies, dont la principale espèce est maintenant reconnue pour un Polypier. Des observations nouvelles nous ont engagé à conserver ce genre tel que nous l'avons établi, et à l'augmenter de plusieurs Hydrophytes mal classés jusqu'à ce jour. Les Dumonties diffèrent des tous ces genres, principalement des Ulves, d'abord par les couleurs brillantes qui les ornent, et surtout par les changemens rapides que les fluides atmosphériques leur font éprouver; ensuite, par leur organisation tellement délicate et gélatineuse, que ces Végétaux, une fois comprimés par le dessiccateur, ne reprennent presque jamais leur première forme ; enfin, par leur fructification entièrement la même que celle des Floridées, sur le rapport des caractères généraux. Ces Hydrophytes n'ont jamais de feuilles proprement dites, leur fronde se divise tantôt en dichotomies régulières, tantôt en rameaux épars ayant l'apparence des feuilles cylindriques et charnues de quelques Liliacées, à cause de l'étranglement ou plutôt du rétrécissement que l'on voit à l'origine des rameaux et de leurs divisions. Souvent ces frondes sont fistuleuses, ou bien elles le deviennent avec l'âge; leur substance est éminemment gélatineuse, et n'offre jamais la consistance des autres Floridées; enfin, il y en a de cylindriques et très-régulières, et de très-irrégulières largement boselées ; beaucoup sont plus ou moins anguleuses à trois, quatre ou cinq côtes, en général avec les angles arrondis et variant souvent en nombre dans le même individu. L'organisation dans ces frondes est la plus simple de toutes celles des Floridées ; il semble que ces Plantes ne sont composées que d'un tissu cellulaire homogène se décomposant et s'altérant avec facilité, adhérant fortement au papier, et ne reprenant que très-difficilement ou jamais leur première forme lorsqu'on remet ces Plantes dans l'eau. La fructification des Dumonties est la même que celle des Floridées ; elle est double dans plusieurs espèces ; dans d'autres, elle est seulement capsulaire et répandue dans toute la substance de la Plante. Il en est de même de plusieurs Floridées. Ces fructifications, peu importe leur nature, sont toujours innées dans la substance même de la Plante ; jamais elles ne sont saillantes ; et c'est là un des caractères essentiels de ce genre.

Les Dumonties paraissent avoir une courte existence ; la même saison les voit naître, croître, fructifier et périr. Cependant elles acquièrent quelquefois jusqu'à un mètre de hauteur et même davantage, tandis que d'autres s'élèvent à peine à deux ou trois centimètres ; la localité influe quelquefois beaucoup sur les dimensions de ces Plantes. Elles sont ornées de couleurs brillantes et très-fugaces ; la plus petite cause les altère, tant leur tissu est délicat. Les vingt espèces environ que nous possédons, viennent presque toutes des mers d'Europe et de la Méditerranée ; les principales sont les *Dumontia fastuosa, Calvadosii, incrassata, ventricosa, interrupta,* etc.

(LAM..X.)

*DUNALIE. *Dunalia.* BOT. PHAN. Ce genre, qui fait partie de la famille des Solanées et de la Pentandrie Monogynie, L., a été dédié par Kunth (*in* Humboldt *Nov. Gen.* III, p. 55) à Félix Dunal, auteur des Monographies du genre *Solanum* et de la famille des Anonacées. Voici les caractères qui lui ont été assignés : son calice est

urcéolé, vésiculeux, à cinq dents égales ; sa corolle est infundibuliforme, à tube plus long que le calice, à limbe plissé, à cinq divisions ovales, aiguës, égales entre elles ; les étamines, au nombre de cinq, attachées au tube de la corolle, sont incluses ; leurs filets à trois lanières étroites, linéaires, dont celle du milieu est seule anthérifère ; les anthères sont oblongues, dressées, à deux loges, s'ouvrant par un sillon longitudinal ; l'ovaire est ovoïde, appliqué sur un disque annulaire ; le style est filiforme, saillant, terminé par un stigmate capitulé et émarginé ; le fruit est une baie globuleuse, enveloppée par le calice, à deux loges, contenant chacune un grand nombre de graines lenticulaires, attachées à deux trophospermes appliqués sur le milieu de la cloison. Par son port, ce genre se rapproche du *Witheringia,* et du Cestreau par la structure de ses fleurs ; son caractère distinctif consiste surtout dans ses filamens tripartis. Il se compose d'une seule espèce, *Dunalia solanacea,* Kunth, *loc. cit.,* pag. 36, tab. 194. C'est un Arbuste à feuilles alternes, entières, couvertes inférieurement de poils étoilés ; ses fleurs sont blanches et forment des sertules ou ombelles simples, extraaxillaires, sessiles. Il croît dans les lieux ombragés du royaume de la Nouvelle-Grenade où il a été recueilli par Humboldt et Bonpland.   (A. R.)

DUNAR. MOLL. (Adanson.) Syn. de *Nerita Senegalensis.*   (B.)

DUNES. GÉOL. Collines de sable mobile disposées parallèlement à certaines parties des rivages de la mer, ou qui marquent l'ancienne trace de ces rivages lorsqu'elles se trouvent éloignées des côtes actuelles. Les Dunes, amas de l'arène rejetée par les flots, sont toujours accompagnées d'une plage longue et unie, indication certaine du peu de profondeur des eaux jusqu'à une grande distance et de parages dangereux pour les navigateurs. Elles obéissent aux vents qui les déplacent et les façonnent en chaînes, où se représentent, avec une singulière fidélité et comme en mignature, les accidens qui caractérisent les plus hautes et les plus solides montagnes. Ces vents y creusent des vallées ordinairement humides, et dans lesquelles le sol délayé s'entr'ouvre souvent sous les pas du voyageur qui s'est imprudemment fié à sa surface unie et d'apparence solide. De tels piéges ne trompent que l'Homme; les Animaux, avertis par un instinct particulier, s'y prennent rarement; on les nomme sur la côte de Gascogne Bedouses, Blouses ou Tremblans.— La ceinture que forment les Dunes parallèlement aux côtes est souvent fort large : entre Bayonne et la pointe de Médoc, particulièrement du Marensin au bassin d'Arcachon, cette bande n'a pas moins d'une lieue et demie. Sur la côte de Flandre, entre Ostende et la Zélande, elle n'a pas au contraire trois cents pas d'épaisseur, et se forme en général d'un seul rang de monticules. C'est à tort que Patrin, qui paraît n'avoir connu de Dunes que celles du Pas-de-Calais, de Nieuport et d'Angleterre, les dit les plus considérables; nous n'y avons pas trouvé une hauteur de trente pieds, tandis que, vers la Teste de Buch, Biscarosse et Mimisan, dans les landes aquitaniques, nous en avons observé qui avaient jusqu'à trente toises d'élévation. En général on trouve les Dunes sur les parties occidentales des continens et des îles, comme si les vents d'ouest, y régnant avec plus de constance que tout autre, et secondant un certain mouvement périsphérique de l'Océan dû à la rotation du globe, déterminaient leur formation. Ainsi la côte océanique du Jutland offre des Dunes; les côtes de la Hollande, de l'île Walcheren dans la Zélande, la Flandre, depuis Breskens jusqu'à Calais, les rivages du Poitou, les bords du golfe de Gascogne depuis le Verdon jusqu'à l'embouchure de l'Adour, plusieurs points de la Galice et du Portugal, présentent le plus de Dunes en Europe, où l'on n'en retrouve presque point sur les expositions opposées. L'Afrique offre le même phénomème presque partout; il n'est pas jusqu'à la petite île de Mascareigne où nous n'ayons pas trouvé de Dunes du côté du levant, tandis qu'au Gol, entre la rivière d'Abord et Saint-Leu au couchant, nous en avons observé qui présentaient cette particularité que l'arène dont elles étaient composées n'était point quartzeuse et d'un blanc éblouissant, mais grisâtre et formée de sable basaltique, rempli, pour près d'un tiers, de parcelles de Péridot qui lui donnaient un reflet brillant.—A quelques lieues au nord de Maëstricht on commence à trouver une suite de Dunes fort hautes qui, se prolongeant droit au sud-ouest, bordent cette aride étendue, appelée Campine, dont est formée une grande partie du Brabant hollandais, et qui fut sans doute, à l'époque où ces Dunes s'élevèrent, le fond de la mer reculé maintenant jusqu'au Züyderzée, golfe destiné à se combler ou à devenir un simple lac; ce Zuyderzée sera alors séparé de l'Océan par une chaîne de Dunes qui se prépare dans la série d'îles dont le Texel fait partie. — Si partout les Dunes indiquent une plage étendue et des côtes basses, du côté occidental elles indiquent encore un pays fort plat au revers opposé : aussi le revers oriental de celles de Hollande et de Flandre ne s'étend-il que sur de vastes prairies marécageuses qui, sans les canaux dont l'industrie les coupa, verraient les eaux de leur monotone surface, interceptées par les collines riveraines, stagner jusqu'à ce qu'elles pussent forcer le passage sur quelque point. C'est ce qui arrive dans les départemens des Landes et de la Gironde, où les eaux intérieures, s'accumulant à la base orientale des Dunes, y forment les vastes étangs allongés du nord au sud, et dont les principaux sont connus sous les noms d'Hourtain, de la Canau, de Cazaux, de Biscarosse, d'Aurelian, etc. — Les vents généraux d'ouest poussent les Dunes vers l'intérieur du pays, y font refluer ces étangs qui deviennent pour la rive occidentale un véritable fléau en envahissant les propriétés de l'Homme. Quand elles ne se font pas précéder de l'inondation, les Dunes n'en sont pas moins des voyageuses redoutables qui portent la stérilité partout où elles passent, et qui engloutissent des villages entiers. Le long du canal de Furnes, nous avons vu une église ensablée dont le clocher seul saillait au-dessus des sables accumulés. On voit sur la côte de Médoc plusieurs maisons ainsi ensevelies, et vers la Teste de Buch, nous avons voyagé entre les branchages d'une antique forêt toute envahie, et dont le faît des plus grands Arbres, maintenant dépouillé, ne saille pas de huit pieds au-dessus du sol éblouissant. — La nécessité a forcé l'Homme à prendre des précautions contre l'usurpation des Dunes. On emploie le clayonnage qui consiste à former à leur surface de petites cloisons faites en claie ou en paille, élevées d'un pied à dix-huit pouces, parallèles au sens du vent qui règne le plus communément, et entre lesquelles on sème l'*Arundo arenaria*, L., dont les racines agglomèrent le sable. On y sème encore diverses graminées dont la nature elle-même semble prendre soin d'indiquer l'usage, le grand Ulex et le Genêt. A peine ces Plantes ont-elles poussé, que brisant le vent et maintenant le sol, on confie à celui-ci le Pin maritime, qui croît dans le sable avec une surprenante rapidité. C'est par ce moyen que la côte du golfe de Gascogne qui était nue, à quelques exceptions près, sera incessamment toute boisée. Elle offrira alors à la marine française d'excellens bois de construction, de la résine, du brai et du goudron. — Il ne faut pas imaginer que les Dunes, pour n'être formées que d'arène mobile, soient stériles : au contraire, dès qu'on parvient à fixer leur surface inconstante, les racines des Plantes s'y enfonçant avec une grande facilité et allant chercher une éternelle humidité à une cer-

taine profondeur, tandis que la réverbération de la surface entretient une grande chaleur, la végétation devient très-vigoureuse. Nous avons vu l'Hyppophaé rhamnoïde, l'Ulex européen, l'Arbousier Unedo y devenir presque des Arbres. Les vignes de Rota en Andalousie, célèbres par ce vin de Tintilla, si foncé et si liquoreux, sont cultivées dans des Dunes qui ne sembleraient pas capables de supporter d'autre végétation, et dont la mobilité est incroyable. Quelques Plantes particulières croissent aussi dans de telles expositions, et quand celles-ci n'y sont pas exclusivement propres, elles y prennent une figure toute singulière qui les fait souvent méconnaître. Plusieurs Insectes, entre lesquels certains Coprides, le *Scarabeus sacer*, L., des Curculionides et des Pimélies, se plaisent dans ces Dunes; on les y voit retirant leurs pates et leurs antennes, s'abandonner aux vents et se laisser rouler avec le sable à des distances prodigieuses. Quelques petits Oiseaux de proie les y viennent saisir pendant le voyage. — On trouve dans les Dunes d'Aquitaine des productions de pays beaucoup plus chauds que les régions environnantes. Un certain nombre de Cistes, et la Bruyère arborescente, commencent à s'y montrer. Leur élévation est telle que lorsque le soleil les frappe et leur donne une teinte rougeâtre souvent très-vive, on les distingue, comme un nuage ardent à l'horizon, de douze lieues au moins sur la lande rase. — Nous ne nous arrêterons pas à l'opinion du respectable Brémontier, qui, par ses calculs, croyait avoir prouvé que la formation des Dunes aquitaniques répondait précisément à l'époque du déluge universel, non plus qu'à celle d'un autre savant du Midi, lequel voit dans leur masse des débris de cette Atlantide de Platon, qui fut située dans le grand Océan, dont le nom sert comme de témoignage à son antique existence.

(B.)

DUPINIA. BOT. PHAN. Le genre nommé ainsi par Scopoli est le même que le *Ternstrœmia* de Linné. *V.* ce mot. (G..N.)

DUPLICIDENTATA. MAM. (Illiger.) *V.* DOUBLE-DENT de Vic-d'Azyr.

DUPLICIPENNES ou PTÉRODIPLES. INS. Famille de l'ordre des Hyménoptères, établie par Cuvier (Tableaux de l'Anat. comparée), qui le caractérise ainsi : abdomen pédiculé ; ailes supérieures ployées dans leur longueur ; antennes grossissant à l'extrémité. Cette famille comprend les genres Guêpe et Masare. *V.* ces mots. (AUD.)

DURANDEA. BOT. PHAN. Genre dédié à Durande, médecin distingué de Dijon et auteur de la Flore de Bourgogne, par Delarbre (Flore d'Auvergne, éd. 2, vol. 1, p. 365), qui l'a formé aux dépens du *Raphanus* de Linné. Necker a, d'un autre côté, établi un genre semblable sous les deux noms de *Dondisia* et d'*Ormycarpus*. Ce genre, qui ne se composait que du *Raphanus Raphanistrum*, L., n'a pas été admis par le professeur De Candolle dans son beau travail sur les Crucifères. (G..N.)

DURANTE. *Duranta.* BOT. PHAN. Genre de la famille des Verbénacées et de la Didynamie Angiospermie, L. Ses caractères sont : un calice en cloche, terminé par cinq dents : une corolle en entonnoir dont le limbe présente cinq divisions peu profondes, planes, inégales ; quatre étamines didynames insérées en haut du tube qu'elles ne dépassent pas ; un style simple ; une drupe recouverte par le calice persistant, et renfermant quatre osselets biloculaires, à loges monospermes. Ce genre comprend douze Arbrisseaux à peu près, qui tous habitent l'Amérique. Leurs tiges sont inermes, ou plus rarement armées d'épines axillaires ; leurs feuilles simples, opposées deux à deux ou ternées ; leurs fleurs d'un bleu tirant sur le violet, disposées en épis simples ou rameux, axillaires ou terminaux, et accompagnées de bractées. *V.* Lamk., Illust., t. 545. (A. D. J.)

DURAZ. OIS. Syn. arabe du Lagopède, *Tetrao lagopus*, L. Sonnini assure que ce nom est aussi donné à l'Outarde, *Otus Tarda*, L. *V.* TÉTRAS et OUTARDE. (DR..Z.)

DUR-BEC. OIS. Espèce du genre Bouvreuil. *V.* BOUVREUIL. Vieillot a fait de cette espèce, et sous le même nom, le type d'un genre qui n'est point adopté. (DR..Z.)

DURDO. POIS. L'un des noms vulgaires du *Sciœna Umbra*. *V.* SCIÈNE. (B.)

DURELIN. BOT. PHAN. L'un des noms vulgaires du Roure. *V.* CHÊNE. (B.)

DURE-MÈRE. ZOOL. *V.* MEMBRANES et CERVEAU.

DURGAN. POIS. (Risso.) L'un des noms vulgaires du Barbeau. *V.* CYPRIN. (B.)

* DURIAEN ou DURYAEN. BOT. PHAN. *V.* BATAN.

DURIO. BOT. PHAN. *V.* DURION. (Adanson.) Syn. d'Artocarpe. *V.* JACQUIER. (B.)

DURION. *Durio.* BOT. PHAN. Genre de la Polyadelphie Monogynie, établi par Linné, et placé par De Candolle (*Prodrom. Syst. Veget.* 1, p. 480) dans la nouvelle famille des Bombacées de Kunth. Il présente les caractères suivans : calice nu et à cinq lobes obtus ; cinq pétales plus petits que le calice ; étamines nombreuses, pentadelphes, à anthères anfractueuses ; ovaire couvert de petites écailles ; style filiforme ; stigmate presque arrondi ; fruit rond, muriqué, déhiscent par cinq fentes longitudinales ; à cinq loges pulpeuses intérieurement, et renfermant quatre ou cinq graines. D'après la structure des anthères, ce genre a de l'affinité avec l'Eriodendron. Le *Durio Zibethinus*, L., figuré dans Rumph (*Herb. Amboin.* I, p. 99, t. 29) est la seule espèce connue. Ses feuilles, semblables à celles du Cérisier, sont vertes supérieurement et glabres, et couvertes d'écailles cendrées à leur surface inférieure. Dans une grande partie des Indes, on estime beaucoup le fruit du Durion. Sa grosseur est à peu près celle d'un Melon ou de la tête d'un Homme. Une écorce épaisse et forte, verte dans l'origine et jaunissant à la maturité, le recouvre; elle se fend à la partie supérieure, et c'est alors que le fruit est parfaitement mûr. Il contient une pulpe d'une odeur excellente pour ceux qui en ont déjà goûté, car lorsqu'on en mange pour la première fois, on lui trouve d'abord un goût d'Ognon qui n'est pas fort agréable à certaines personnes.   (G..N.)

DURISSUS. REPT. OPH. Espèce du genre Crotale. *V*. ce mot.   (B.)

DUROIA. BOT. PHAN. Genre de la famille des Rubiacées, et que feu le professeur Richard (*Act. Soc. Lin. Paris.* I, p. 107) a réuni au Genipa. *V*. GENIPA.   (A. R.)

DURTOA. BOT. PHAN. On trouve dans Linschot qu'une Plante ainsi appelée et que ne décrit pas ce collecteur de voyages, est, à Goa, un poison narcotique assez violent qui cause la mort ou fait perdre la mémoire. Il est probable que c'est un Dàtura, parce que ces Plantes sont nommées Dutra et Dutroa dans l'Inde.   (B.)

*DURYAEN. BOT. PHAN. *V*. BATAN.

DUSODYLE ou DYSODYLE. MIN. (Cordier.) Houille ou tourbe papyracée; *Papiertorf*, W.; Terre foliée bitumineuse. Suivant Beudant, cette substance n'est qu'une Marne pénétrée de Bitume.   (G. DEL.)

DUTRA ou DUTROA. BOT. PHAN. *V*. DURTOA.

* DUVALIE. *Duvalia*. BOT. PHAN. Genre de la famille des Apocynées et de la Pentandrie Digynie, L., formé aux dépens des *Stapelia* par Haworth (*Synopsis Plant. succul.*, p. 44) qui l'a ainsi caractérisé: corolle dont les divisions ont leurs bords latéraux plus ou moins réfléchis en dehors; languettes nulles; étamines petites, creuses, simulant la tête d'un petit Oiseau, appliquées contre les angles du style; table du style ronde, mar-

quée de dépressions à cinq angles. Dans ce genre, les fleurs sont portées sur de courts rameaux qui s'implantent en terre et poussent de nombreuses racines. Les espèces ont été réparties en deux sections, d'après leurs corolles ciliées ou non entièrement pourvues de cils. Haworth (*loc. cit.* et Suppl., p. 13) en décrit huit, toutes originaires du cap de Bonne-Espérance, et qui sont cultivées dans les serres chaudes des jardins d'Europe, sous les noms de Stapélies. *V*. ce mot.   (G..N.)

DUVE. INTEST. Pour Douve. *V*. ce mot.   (B.)

DUVET. OIS. C'est ainsi que l'on nomme les petites plumes à barbes très-fines, très-déliées et ordinairement crépues qui couvrent tout le corps des Oiseaux dans leur extrême jeunesse. Du sein de ce Duvet, très-abondant chez quelques espèces, telles que les Chouettes, les Canards, s'élèvent ensuite les pennes qui doivent garnir tous les membres de l'Oiseau adulte, servir à son vêtement, et le diriger dans les régions atmosphériques. Ce duvet tient lieu, par la douce chaleur qu'il procure au jeune Oiseau, de l'aile maternelle qui ne peut le couvrir que jusqu'à certaine époque des premiers instans de sa frêle existence; il tombe chez un grand nombre d'espèces lorsque les véritables plumes ont acquis leur entier développement; il persiste chez beaucoup d'autres qui, destinées à s'élever à des hauteurs où la température est celle d'un éternel hiver, ne pourraient supporter les rigueurs du froid sans l'épais manteau qu'elles trouvent dans un secours qui, en outre, étant presque imperméable à l'eau chez les espèces aquatiques, préserve celles-ci des impressions d'un liquide qui ne les touche point, quoique souvent il les recouvre entièrement. Les plumes qui constituent le Duvet sont d'une extrême mollesse, mais elles jouissent en même temps d'une élasticité si grande, que le luxe s'en est emparé pour la formation de ces couches voluptueuses d'où bien des fois l'ennui ou la tristesse chasseraient le sommeil, si le Duvet ne le retenait par son assoupissante flexibilité. C'est de-là que le commerce a su étendre une de ses branches les plus considérables chez les peuples du Nord qui élèvent de nombreux troupeaux d'Oiseaux abondans en Duvet. Chaque année une moisson cruelle dépouille ces malheureux Oiseaux d'un vêtement dont la privation les expose à des souffrances inconnues sans doute du sybarite nonchalamment étendu sur leur édredon. *V.* PLUME. (DR..Z.)

DUVET. BOT. PHAN. Ce mot, emprunté à la zoologie, s'emploie aussi en botanique pour désigner une sorte de Coton plus ou moins épais qui couvre diverses espèces ou variétés de fruits, des feuilles et les tiges de quelques Plantes. (B.)

* DUYON. POIS. La Chesnaye-Desbois cite sous ce nom et sous celui d'*Anthropomorphos* un Animal certainement fabuleux, puisqu'il lui attribue une figure humaine. (B.)

DYANILLA ET DIANILLI. BOT. PHAN. (Hermann.) Plantes de Ceylan qui paraît être un *Tragia.* Dans Burmann, Dyanilli est un *Jussiæa,* (B.)

* DYASMÉE. *Dyasmea.* POLYP. Nom donné par Savigny, qui en a figuré quelques espèces dans le grand ouvrage sur l'Egypte, sans description, au genre que nous avions établi sous le nom de Dynamène. *V.* ce mot. (LAM..X.)

DYNAMÈNE. *Dynamene.* CRUST. Genre de l'ordre des Isopodes, section des Ptérygibranches, établi par Leach qui le place dans sa famille des Cymothoadées, et lui assigne pour caractères : appendices postérieurs du ventre ayant la petite lame extérieure et intérieure saillante; petites lames ventrales postérieures, comprimées, d'égale grosseur et foliacées; corps ne pouvant se ramasser en boule; abdomen ayant le dernier article avec une simple fente à son extrémité. Les Dynamènes ressemblent beaucoup aux Sphéromes. Latreille (Règn. Anim. de Cuv.) ne les en distingue pas. Elles se rapprochent davantage des Cymodocées dont le corps ne se contracte pas non plus en boule, mais qui ont le dernier article de l'abdomen échancré à son extrémité, avec une petite lame dans l'échancrure. Les Dynamènes habitent les bords de la mer, et semblent préférer les côtes hérissées de rochers; elles se logent dans les petites cavités ordinairement remplies de sable qui s'y rencontrent. On les trouve surtout dans les petits étangs formés à mer basse. Elles nagent avec vitesse et exécutent diverses évolutions en se plaçant souvent sur le dos à la manière des Sphéromes. Leach décrit trois espèces, qu'il place dans les deux sections suivantes :

† Le sixième article du thorax prolongé en arrière; la dernière petite lame extérieure du ventre plus longue que l'intérieure.

La DYNAMÈNE DE MONTAGU, *Dyn. Montagui,* Leach. Le corps est linéaire. Le sixième article du thorax offre un prolongement aplati en dessus; il existe deux tubercules au dernier article de l'abdomen; celui-ci présente une fente presque d'égale largeur. Cette espèce a été trouvée sur les bords de la côte occidentale du Devonshire en Angleterre.

†† Thorax dont tous les anneaux sont simples, la petite lame extérieure du ventre plus courte que l'intérieure.

La DYNAMÈNE ROUGE, *Dyn. rubra,* Leach, ou l'*Oniscus ruber* de Montagu. Son corps est sublinéaire; la fente du dernier article est presque égale en largeur; sa couleur est rouge. On la rencontre communément sur la côte occidentale de l'Angleterre.

La DYNAMÈNE VERTE, *Dyn. viridis,* Leach. Le corps est presque ovale et de couleur verte; la fente du dernier article de l'abdomen très-élargie à sa base. Elle est très-commune et habite les mêmes lieux que les espèces précédentes. (AUD.)

DYNAMÈNE. *Dynamena.* POLYP.
Genre de l'ordre des Sertulariées que nous avons établi dans la division des Polypiers flexibles cellulifères. Il renferme des Polypiers phytoïdes, cartilagineux, peu rameux, garnis dans toute leur étendue de cellules semblables entre elles et constamment opposées.

Dans notre premier travail sur ces Animaux, nous avions réuni les Dynamènes aux Sertulaires que nous divisions en deux sections caractérisées par les cellules opposées ou alternes; les nouvelles observations que nous avons eu occasion de faire depuis cette époque, la constance des caractères que nous ont offerts ces objets, la différence de leur port, etc., tout nous a décidé à les séparer et à en faire deux genres, le premier sous le nom de Dynamène que Savigny appelle Dyasmée, mais dont il ne donne point la description, et nous avons conservé le nom de Sertulaire au second. Lamarck ne les a point adoptés dans son Histoire des Animaux sans vertèbres; il les regarde l'un et l'autre comme des Sertulaires. Les Dynamènes se distinguent de toutes les Sertulariées par leur petitesse, leurs cellules sessiles et opposées, et leur mode de ramification, caractères qui ne s'observent point dans les autres Polypiers du même ordre. Les cellules sont quelquefois d'une diaphanéité telle qu'on ne peut les apercevoir qu'avec une forte loupe au sortir de la mer et lorsque les Polypes sont vivans; on est alors tenté de les regarder comme des Polypes nus fixés à leur tige par un pédicule plus ou moins long; mais on ne tarde pas à reconnaître la cellule qui sert de retraite à ces petits Animalcules, et dans les Polypiers des collections on les voit souvent au fond de cette cellule desséchés et formant un petit globule presqu'opaque. La substance des Dynamènes est membraneuse ou cornée. Dans le sein des eaux elles se parent de couleurs brillantes qui se ternissent ou qui disparaissent par leur exposition à l'air et à la lumière.

Toutes les espèces, à l'exception de l'Operculée, s'élèvent à peine à quelques centimètres de hauteur; cependant leur croissance paraît très-rapide; elles sont ordinairement parasites sur les Hydrophytes ou les autres productions marines des différentes mers qui couvrent la surface du globe. Le genre Dynamène est assez nombreux, et les collections renferment beaucoup d'espèces que les auteurs n'ont encore ni décrites ni figurées. Parmi les principales mentionnées dans les ouvrages, nous citerons la Dynamène operculée, Ellis, Cor., t. 5, f. b, B, que l'on trouve dans les mers d'Europe, d'Amérique et des Indes. — La Dynam. Pinastre, Sol. et Ellis, tab. 6, fig. b, B, B 1. De l'océan Indien. — La Dynam. tubiforme, Lamx., *Gener.*, tab. 66, fig. 6, 7. Parasite sur les Hydrophytes de l'Australasie. — La Dynam. rosacée, Ellis, tab. 4, fig. a, A, B, c. Des mers d'Europe. — La Dynam. naine, Ellis, Corall., tab. 5, fig. a, A. De l'océan Européen. — La Dynam. distante, Lamx., Hist. Polyp., t. 4, fig. 1, a, B. — La Dynam. distique, Bosc, Vers, III, t. 29, fig. 2. Sur le *Fucus natans*, etc., etc.　(LAM..X.)

* **DYOSPIROS.** BOT. PHAN. *V.* PLAQUEMINIER.

DYSCHIRIE. INS. *V.* DISCHIRIE.

DYSDÈRE. *Dysdera.* ARACHN. Genre de l'ordre des Pulmonaires, famille des Fileuses, tribu des Tubitèles ou Tapissières (Règn. Anim. de Cuv.), ayant pour caractères suivant Latreille : yeux au nombre de six, très-rapprochés, deux en avant et écartés, les quatre autres postérieurs et formant avec les précédens une ligne arquée en arrière; la première paire de pieds et ensuite la quatrième plus longue; la troisième la plus courte de toutes. Les Dysdères s'éloignent des Ségestries par la disposition des yeux et leur ressemblent par le nombre; elles diffèrent sous ce rapport des genres Clotho, Araignée, Agelène, Nysse, Filistate, Drasse,

Clubione et Argyronète, qui en ont huit. Ils ont au reste le corps oblong et l'abdomen mou, avec quatre filières presque égales en longueur ; les mandibules sont longues et avancées; les mâchoires sont droites, allongées, anguleuses à leur extrémité et très-dilatées à leur base ; la lèvre est allongée, carrée et terminée par une légère échancrure. Walckenaer (Tab. des Aranéïdes) place ce genre dans la division des Araignées claustralicoles. On n'a encore décrit qu'une espèce :

La DYSDÈRE ÉRYTHRINE, *Dysdera erythrina* de Latreille (Nouv. Dict. d'Hist. Nat., p. 134, et *Gener. Crust. et Ins.* T. I, p. 90) et de Walckenaer (*loc. cit.*, p. 47), ou l'*Aranea rufipes* de Fabricius. On la trouve en France et en Espagne, sous les pierres où elle est renfermée dans un sac oblong, d'un tissu blanc et serré.   (AUD.)

* DYSODA. BOT. PHAN. (Loureiro.) Syn. du Serissa de Commerson. *V*. ce mot.   (B.)

DYSODE. *Dysodium*. BOT. PHAN. Genre de la famille des Synanthérées, Corymbifères de Jussieu, et de la Syngénésie nécessaire, L., établi par feu le professeur Richard (*in Persoon Synopsis*, II, p. 489), et adopté par Cassini qui en a donné une description dont nous extrairons les caractères suivans : calathide radiée dont le disque est formé de fleurons nombreux, réguliers et mâles, et les rayons de demi-fleurons en languettes courtes et femelles ; involucre double, l'extérieur irrégulier, formé de cinq folioles étalées, disposées sur un seul rang et soudées par leur base ; l'intérieur formé de folioles dont chacune enveloppe complétement un ovaire de la circonférence, et se soude presque entièrement avec lui ; réceptacle petit, convexe et paléacé ; ovaires irréguliers, difformes, comprimés des deux côtés, et gibbeux par leur face externe, marqués de rides et d'excroissances qui appartiennent à la foliole de l'involucre avec laquelle ils sont presque soudés ; ovaires du

disque avortés ; corolles du disque à quatre lobes dont chacun se termine par un pinceau de poils. Ce genre, que Cassini place dans sa section des Hélianthées Milériées, a été réuni par R. Brown et Kunth au genre *Melampodium.* Il vient de paraître dans les Mémoires de l'Académie de Turin pour 1824, une dissertation sur le genre *Dysodium* par Colla, dans laquelle l'auteur revient à l'ancienne idée que la foliole qui enveloppe chaque ovaire des fleurs de la circonférence, est le tégument propre de l'akène qu'il nomme encore graine nue ; l'involucre, selon cet auteur, n'est donc composé que des cinq folioles externes, et sa simplicité le fait en cela distinguer des genres voisins. Nous ne pensons pas que la manière de voir du botaniste italien, relativement aux fruits des Composées, puisse être adoptée, et nous croyons que la distinction du *Dysodium* d'avec les genres *Alcina* et *Melampodium* n'est pas fort tranchée.

Le *Dysodium divaricatum*, Rich. et Colla (*Mem. della real. Acad. di Torino*) est une Plante herbacée annuelle, à tige divisée en plusieurs branches divergentes, à feuilles opposées, rhomboïdes, ovales, à fleurs jaunes, portées sur des pédoncules dans la dichotomie des rameaux. Elle croît près de Sainte-Marthe, dans l'Amérique méridionale, d'où elle a été rapportée par Richard et Bertero. On la cultive dans les jardins de botanique.   (G..N.)

* DYSODE. MIN. (Gerhard.) Syn. de Chaux carbonatée fétide.   (B.)

* DYSODES. OIS. Nom imposé par Vieillot à une petite famille qui comprend notre genre Sasa. *V*. ce mot.
                           (DR..Z.)

DYSODYLE. MIN. *V*. DUSODYLE.

DYSOPES. MAM. Nom donné par Illiger au groupe de Chauve-Souris que Geoffroy de Saint-Hilaire avait déjà nommé Molosse. *V*. ce mot.
                           (G.)

DYSOSMON. BOT. PHAN. (Dioscoride.) Syn. de *Tencrium Scorodonia*, L. *V*. GERMANDRÉE.   (B.)

DYSPHANIE. *Dysphania.* BOT. PHAN. R. Brown, auteur de ce genre qu'il place à la suite de ses Chénopodées, le caractérise ainsi: fleurs polygames monoïques; calice à trois divisions profondes, colorées, en forme de cuiller. Dans les mâles, deux étamines distinctes, insérées au bas du calice : un style indivis; un stigmate simple. Dans les femelles, cariopse turbinée épaissie par le calice qui prend de l'accroissement ; graine pourvue d'un périsperme embrassé par l'embryon periphérique dont la radicule est supérieure. Le *Dysphania littoralis*, espèce unique de ce genre, est une petite Herbe de la Nouvelle-Hollande, couchée, glabre, à feuilles alternes dépourvues de stipules, très-entières ; les fleurs d'une telle petitese, que, groupées au nombre de vingt, elles égalent à peine la tête d'une épingle, sont de couleur blanche, sans bractées, très-courtement pédicellées ; la supérieure hermaphrodite, les autres femelles.

(A. D. J.)

DYSPORUS. OIS. (Illigér.) Syn. de Fou. *V*. ce mot.   (B.)

DYSSODIA. BOT. PHAN. (Cavanilles.) *V*. BOEBERA.

* **DYTILES.** MAM. Le Chameau à deux bosses. *V*. CHAMEAU.

DYTIQUE. *Dytiscus.* INS. Genre de l'ordre des Coléoptères, section des Pentamères, famille des Carnassiers, tribu des Hydrocanthares, établi par Linné, et dans lequel il comprenait presque toutes les espèces qui vivent dans l'eau, les partageant en deux sections : l'une formée des espèces à antennes en masse, comme les Hydrophiles, l'autre de celles à antennes en soie, qui comprenait les Dytiques proprement dits, les Colymbètes, les Hygrobies, les Hydropores, les Notères et les Haliples. *V*. ces mots. Nous allons donner ici les caractères propres aux genres Dytique et Colymbète, tels qu'ils ont été établis

par Latreille et Clairville. Ces deux genres étant très-rapprochés, il nous suffira de faire connaître les légères différences d'organisation qui les distinguent, et nous les traiterons ensemble quant à leurs métamorphoses et à leur manière de vivre.

Les Dytiques proprement dits ont les palpes extérieurs filiformes ou un peu plus gros vers leur extrémité; le dernier article des labiaux est simplement obtus à son extrémité et sans échancrure; les antennes sont filiformes, de la longueur au moins de la tête et du corselet, et diminuant graduellement d'épaisseur depuis leur origine jusqu'à leur extrémité ; les articles de leurs tarses sont très-distincts, et les deux antérieurs ont dans les mâles les trois premiers articles très-larges et formant ensemble une palette, soit ovale et transverse, soit orbiculaire. Les Colymbètes sont parfaitement semblables quant aux palpes et aux antennes; mais les quatre tarses antérieurs ont, dans les mâles, leurs trois premiers articles presque également dilatés et ne formant ensemble qu'une petite palette en carré long ; ils ont aussi le corps un peu moins plat, et sont en général plus petits. Ces Insectes sont ovales, lisses et comme huileux; aussi la plupart des femelles, dans les Dytiques, ont-elles les élytres sillonnées, afin que les mâles puissent s'accrocher sur elles dans l'acte de l'accouplement; c'est pour le même but qu'ils ont, dans les deux genres, les tarses antérieurs dilatés et garnis en dessous de petits corps en papilles et en forme de godets ou de suçoirs; leur bouche est armée de deux mandibules grosses, arquées, terminées par deux ou trois dents inégales et de deux mâchoires cornées, pointues et fortement ciliées; leur corselet est plus large que long, très-échancré antérieurement. Le sternum du métathorax est prolongé en pointe; leurs pates sont propres à la course et à la natation, et les quatre dernières sont comprimées en forme de lames ciliées. Ils passent le premier et le dernier état de leur vie dans les eaux douces et tranquilles des lacs, des marais, des fossés, etc. Ils nagent très-bien et se rendent de temps en temps à la surface de l'eau pour respirer. Ils y remontent aisément en tenant leurs pieds en repos et se laissant flotter; leur corps étant renversé, ils élèvent un peu leur abdomen hors de l'eau et en inclinent un peu l'extrémité afin que l'air s'introduise dans les trachées en passant par les stigmates. Ils sont très-voraces et se nourrissent des petits Animaux qui font leur séjour habituel dans l'eau. Ils ne s'en éloignent que la nuit ou à son approche, et la lumière les attire quelquefois dans les maisons. Ils produisent en volant un bourdonnement semblable à celui des Scarabées et des Hannetons.

Ces Insectes ont des ennemis qui les incommodent beaucoup; ce sont des Arachnides très-petites qui s'attachent principalement aux articulations et aux parties les moins dures. On en connaît deux espèces; la première était connue depuis long-temps, la seconde a été découverte en 1821 par Audouin qui l'a nommée Achlysie (*V*. ce mot). Il en a donné une fort bonne description dans les Mémoires de la Société d'Histoire Naturelle de Paris. T. 1, 1re partie, p. 98. Elle s'attache sur le dos de l'abdomen, sur les intervalles membraneux qui séparent les anneaux, et se trouve recouverte par les ailes et les élytres de l'Insecte. Les larves ont le corps composé de onze à douze anneaux recouverts d'une plaque écailleuse; elles sont longues, ventrues au milieu, plus grêles aux deux extrémités, particulièrement en arrière, où les deux anneaux forment un cône allongé, garnis sur les côtés d'une frange de poils flottans, avec lesquels l'Animal pousse l'eau et fait avancer son corps, qui est terminé ordinairement par deux filets coniques, barbus et mobiles. Dans l'entre-deux sont deux petits corps cylindriques, percés d'un trou à leur extrémité, et qui sont des conduits aériens, auxquels aboutissent les deux trachées.

On distingue cependant des stigmates sur les côtés de l'abdomen. La tête est grande, ovale, attachée au corselet par un cou; elle porte des mandiles très-arquées et sous l'extrémité desquelles Degéer a aperçu une fente longitudinale, de sorte qu'à cet égard ces organes ressemblent aux mandibules des larves de Fourmilions, et servent de suçoirs; la bouche offre néanmoins des mâchoires et une lèvre avec des palpes; les trois premiers anneaux portent chacun une paire de pates assez longues, dont la jambe et le tarse sont bordés de poils qui sont encore utiles à la natation. Le premier anneau est plus grand ou plus long, et défendu en dessous aussi bien qu'en dessus, par une plaque écailleuse. Ces larves se suspendent à la surface de l'eau au moyen des deux appendices latéraux du bout de leur queue, et qu'elles tiennent à sec. Lorsqu'elles veulent changer subitement de place, elles donnent à leur corps un mouvement prompt et vermiculaire, et battent l'eau avec leur queue. Elles se nourrissent plus particulièrement des larves de Libellules, de celles des Cousins, des Tipules, des Adèles, etc. Lorsque le temps de leur transformation est venu, elles quittent l'eau, gagnent le rivage et s'enfoncent dans la terre; mais il faut qu'elle soit toujours mouillée ou très-humide: elles y pratiquent une cavité ovale et s'y renferment. Suivant Rœsel, les œufs du Dytique éclosent dix à douze jours après la ponte. Au bout de quatre à cinq jours, la larve a déjà près de cinq lignes de long, et elle se meut pour la première fois. Le second changement de peau a lieu au bout d'un intervalle de même durée, et l'Animal est une fois plus grand. Quand elle a acquis tout son accroissement, sa longueur est d'à peu près deux pouces. En été, on en a vu se changer en nymphe au bout de quinze jours, et en Insecte parfait quinze jours après. Les Dytiques ont, outre le cloaque des Insectes de cette famille, un cœcum assez long qui s'aperçoit dès l'état de larve.

Les principales espèces du genre Dytique proprement dit sont :

Le DYTIQUE TRÈS-LARGE, *Dyt. latissimus*, Panz., *Faun. Insect. Germ.*, LXXXVI, 1. Olivier en a donné une figure dans son Entomologie, sous le n° 40, pl. 3, f. 8.

Le DYTIQUE CIRCONFLEXE, *Dyt. circumflexus*, Fabr., *flavoscutellatus*, Latr. C'est sur cette espèce qu'Audouin a trouvé son *Achlysia Dytici*. Le baron de Mannerheim en a trouvé une autre espèce en Russie sur le *Dytiscus Laponicus*, Gyl.

Le DYTIQUE MARGINAL, *Dyt. marginalis*, L., Panz., *ibid.*, III, figuré par Rœsel, dans son 2ᵉ vol., pl. 1, fig. 9, 10 et 12. Esper en a conservé un pendant trois ans et demi dans un bocal de verre, il lui donnait chaque semaine un petit morceau de bœuf crû gros comme une noisette, sur lequel cet Insecte se jetait avec avidité et dont il suçait tout le sang. Il peut jeûner au moins quatre semaines. Il tue l'Hydrophile brun en le perçant entre la tête et le corselet, la seule partie du corps qui est sans défense. Esper dit qu'il est sensible aux changemens de l'atmosphère et qu'il les indique par la hauteur à laquelle il se tient dans le bocal.

Dans les Colymbètes nous citerons :

Le COLYMBÈTE BIPUSTULÉ, *Col. bipustulatus*, Fabr., Oliv., *ibid.*, pl. 3, fig. 26.

Le COLYMBÈTE A ANTENNES EN SCIE, *C. serraticornis*, Payk. (*Nov. Act. Acad. Scient. Stockh.* XX, 1, 3) très-singulier par la forme anomale des antennes du mâle dont les quatre derniers articles forment une masse comprimée et dentée en scie. Toutes ces espèces se trouvent en Europe.

(G.)

DZIGGETAI ou DZIGITAI. MAM. Même chose que Czigithai. *V.* ce mot et CHEVAL. (B.)

FIN DU TOME CINQUIÈME.

Fautes essentielles à corriger dans l'article CRÉATION.

~~~~~~~~~~

Page 41, colonne 1re, ligne 5, impriment, *lisez :* imprimant — Colon. 2, lign. 29, dévorent, les Herbivores et ces Insectes, *lisez :* dévorent les Herbivores, enfin ces Insectes. — *Ibid.*, lign. 32 et 33, hordes vivantes, *lisez :* hordes animées. — *Ibid.*, lign. 37, ANTHROPOLITE, *lisez :* ANTHROPOLITHE. — Pag. 42, colon. 1re, 36, qui rendent, *lisez :* qui rendant. — Pag. 44, colon. 2e, lign. 17, porté par l'Homme, *lisez :* introduit par l'Homme. — Pag. 45, colon. 2e, lign. 29, aux pieds palmés, *lisez :* au bec d'Albatros. — Pag. 46, colon. 1re, lign. 16, et selon les, *lisez :* et selon ces. — *Ibid.*, lign. 26, *ajoutez après* nouvelles : plus ou moins nombreuses. — Pag. 47, colon. 1re, lign. 1, soumise à l'expérience, *lisez :* mise en infusion.